T0206407

CAMBRIDGE LIBRARY COLLECTION

Books of enduring scholarly value

Physical Sciences

From ancient times, humans have tried to understand the workings of the world around them. The roots of modern physical science go back to the very earliest mechanical devices such as levers and rollers, the mixing of paints and dyes, and the importance of the heavenly bodies in early religious observance and navigation. The physical sciences as we know them today began to emerge as independent academic subjects during the early modern period, in the work of Newton and other 'natural philosophers', and numerous sub-disciplines developed during the centuries that followed. This part of the Cambridge Library Collection is devoted to landmark publications in this area which will be of interest to historians of science concerned with individual scientists, particular discoveries, and advances in scientific method, or with the establishment and development of scientific institutions around the world.

The Opus Majus of Roger Bacon

Roger Bacon, the medieval natural philosopher who broke new ground in promoting scientific method, produced the encyclopedic *Opus Majus* or 'Greater Work' in the mid-thirteenth century. This 1897 publication in two volumes was the first complete edition of the work to appear in print. Written at the request of Pope Clement IV, the *Opus Majus* is the most significant and most influential of Bacon's works, containing his observations of the natural world and theories on knowledge acquisition. Bacon's text appears in the original Latin, and Bridges includes a substantial introduction and brief analysis of each chapter in English, as well as extensive footnotes and an analytical table to aid the reader. Volume 2 contains the last three parts of Bacon's treatise, on Optics, Experimental Science, and Moral Philosophy. This volume also incorporates a later supplement containing additional material and corrections.

Cambridge University Press has long been a pioneer in the reissuing of out-of-print titles from its own backlist, producing digital reprints of books that are still sought after by scholars and students but could not be reprinted economically using traditional technology. The Cambridge Library Collection extends this activity to a wider range of books which are still of importance to researchers and professionals, either for the source material they contain, or as landmarks in the history of their academic discipline.

Drawing from the world-renowned collections in the Cambridge University Library, and guided by the advice of experts in each subject area, Cambridge University Press is using state-of-the-art scanning machines in its own Printing House to capture the content of each book selected for inclusion. The files are processed to give a consistently clear, crisp image, and the books finished to the high quality standard for which the Press is recognised around the world. The latest print-on-demand technology ensures that the books will remain available indefinitely, and that orders for single or multiple copies can quickly be supplied.

The Cambridge Library Collection will bring back to life books of enduring scholarly value (including out-of-copyright works originally issued by other publishers) across a wide range of disciplines in the humanities and social sciences and in science and technology.

The Opus Majus of Roger Bacon

VOLUME 2

PART 1 & 2

EDITED BY JOHN HENRY BRIDGES

CAMBRIDGE UNIVERSITY PRESS

Cambridge, New York, Melbourne, Madrid, Cape Town, Singapore,
São Paolo, Delhi, Dubai, Tokyo

Published in the United States of America by Cambridge University Press, New York

www.cambridge.org
Information on this title: www.cambridge.org/9781108014434

This edition first published 1897
This digitally printed version 2010

ISBN 978-1-108-01443-4 Paperback

THE OPUS MAJUS

OF

ROGER BACON

HENRY FROWDE, M.A.

PUBLISHER TO THE UNIVERSITY OF OXFORD

LONDON, EDINBURGH AND NEW YORK

THE 'OPUS MAJUS' OF ROGER BACON

EDITED, WITH

INTRODUCTION AND ANALYTICAL TABLE

BY

JOHN HENRY BRIDGES

FELLOW OF THE ROYAL COLLEGE OF PHYSICIANS
SOMETIME FELLOW OF ORIEL COLLEGE

'Induire pour déduire afin de construire'

AUGUSTE COMTE

'Omnes scientiae sunt connexae, et mutuis se fovent auxiliis, sicut partes ejusdem totius, quarum quaelibet opus suum peragit non solum pro se sed pro aliis'

ROGER BACON, *Opus Tertium*

IN TWO VOLUMES: VOL. II

OXFORD
AT THE CLARENDON PRESS
MDCCCXCVII

FRATRIS ROGERI BACON

ORDINIS MINORUM, OPUS MAJUS.

PARS QUINTA[1]

HUJUS PERSUASIONIS.

De Scientia Perspectiva; habens tres partes:

Prima est de communibus ad caeteras duas; secunda descendit in speciali ad visionem rectam principaliter; tertia ad visionem reflexam et fractam. Prima pars habet duodecim distinctiones.

DISTINCTIO PRIMA,

Quae est de proprietatibus istius scientiae, et de partibus animae et cerebri, et instrumentis videndi; habens quinque capitula.

CAPITULUM I.

De proprietatibus hujus scientiae.

The sense of vision.

Propositis[2] radicibus sapientiae tam divinae quam humanae, quae sumuntur penes linguas a quibus scientiae Latinorum

[1] In O. we have, 'Pars Quinta hujus persuasionis, habens novem distinctiones. Prima habet quinque capitula. Primum est de pulcritudine et utilitate hujus partis in universali.' No intimation is given that this is only the first part of the treatise on Perspective. The heading in the text, the first four words excepted, is that of Reg., the most important authority for this part of the work.

[2] The version of the *Perspectiva* published by Combach in 1614, begins thus: 'Cupiens te et alios sapientiae dignos excitare et disponere ad scientiam

sunt translatae, et similiter penes mathematicam; nunc volo radices aliquas discutere, quae ex potestate perspectivae oriuntur. Et si pulchra et delectabilis est consideratio quae dicta est, haec longe pulchrior et delectabilior, quoniam praecipua delectatio nostra est in visu, et lux et color habent specialem pulchritudinem ultra alia quae sensibus nostris inferuntur, et non solum pulchritudo elucescit, sed utilitas et necessitas major exsurgunt. Nam Aristoteles dicit in primo Metaphysicae quod visus solus ostendit nobis rerum differentias: per illum enim exquirimus certas experientias omnium quae in coelis sunt et in terra. Nam ea quae in coelestibus sunt considerantur per instrumenta visualia, ut Ptolemaeus et caeteri docent astronomi. Et similiter ea quae in aere generantur, sicut cometae et irides et hujusmodi. Nam altitudo earum super horizonta, et magnitudo, et figura, et multitudo, et omnia quae in eis sunt, certificantur per modos videndi in instrumentis. Quae vero hic in terra sunt experimur per visum, quia caecus nihil potest de hoc mundo quod dignum sit experiri. Et auditus facit nos credere, quia credimus doctoribus, sed non possumus experiri quae addiscimus nisi

perspectivam, scias auctores multos tractare de hac scientia. Sed quidam nimis parum ut Euclides et Jacobus Alkindi, et quidam alii diversos tractatus componunt de partibus perspectivae, sicut est liber de visu, et liber de speculis et alii praeter istos. Alhazen vero nimis superflue tractavit et in substantia et in modo. Ptolemaeus vero satis mediocriter procedit. Nunc ergo ad instantiam tuam quaedam medullaria sub compendio ex omnibus auctoribus cupio congregare. Sed semper habendus est prae manibus tractatus meus de generatione specierum et multiplicatione et actione et corruptione earum, sine quo nihil dignum potest intelligi de perspectiva. Haec autem scientia est longe pulcrior aliis et utilior, et ideo delectabilior, quoniam praecipua nostra delectatio est in visu.'

To whom this remarkable passage was addressed, or at what period of Bacon's life it was written, we do not know. Clearly it was not addressed to Pope Clement IV, who is always approached in the *Opus Majus* in a very different style. We may, I think, regard it as the preface to a later copy of the *Perspectiva*, written after 1267, but before the rigorous oppression which hampered the greater part of Bacon's life was renewed and intensified.

Of the works mentioned, Ptolemy's *Optics* have been recently edited by Govi (Turin, 1885), Euclid's by Heiberg (Leipsic, 1895). Alhazen (Ibn Alhaitan) is accessible in Risner's edition of Gerard of Cremona's translation (Basle, 1572). Alkindi has not, so far as I know, been edited. The book *De Visu* appears to have been an abridgement of Euclid's *Optica*; the *De Speculis* is better known as the *Catoptrica*, erroneously ascribed to Euclid (see Heiberg's Prolegomena to Euclid's *Optica*).

per visum. Si autem allegemus gustum et tactum et olfactum tunc induimus bestialem sapientiam. Nam bruta circa gustabilia et tangibilia versantur, et olfactum exercent propter gustum et tactum, sed vilia sunt et pauca et communia brutis de quibus certificant hi sensus, et ideo non assurgunt in dignitatem sapientiae humanae. Caeterum propter necessitatem et utilitatem et difficultatem constituuntur scientiae, quia ars est de difficili et bono, ut Aristoteles dicit secundo Ethicorum. Si enim facile est quod quaeritur, non oportet scientiam constitui. Similiter etsi sit difficile, et non sit utile, non fit scientia de eo, quia labor stultus esset et inanis. Etiam nisi valde esset utile et multas et praeclaras haberet veritates, non debet scientia separata constitui, sed sufficit ut in aliquo partiali libro vel capitulo determinetur cum aliis in scientia communi. Sed de solo visu scientia separata constituitur apud philosophos, ut perspectiva, et non de alio sensu. Quapropter oportet quod sit specialis utilitas sapientiae per visum, quae non reperiatur in aliis sensibus. Et quod nunc in universali jam tetigi, volo in particulari exhibere revolvendo radices hujus scientiae pulcherrimae. Potest vero aliqua scientia esse utilior, sed nulla tantam suavitatem et pulchritudinem utilitatis habet. [Et ideo est flos philosophiae totius et per quam, nec sine qua, aliae scientiae sciri possunt. Sciendum autem quod Aristoteles primo composuit hanc scientiam, de qua loquitur secundo Physicorum quod subalternatur res, et in libro de sensu et sensato, et redarguit Democritum quia non nominavit fractiones reflexiones visus de opticis et de nervis concavis visualibus, qui est translatus in Latinum. Post eum Alhazen abundantius exponit qui habetur. Abundantius Alkindi etiam aliqua composuit, et auctores librorum de visu et speculis[1].]

[1] This passage comes from the Magd. MS. and is not found in the other MSS. of *Perspectiva* which have come to my knowledge. The first reference to Aristotle is, I suppose, to *Nat. Auscult.* lib. ii. cap. 2, where Optic (ὀπτική) is spoken of as a distinct science, and is classed with Harmonic and Astronomy in opposition to pure mathematic. The expression *subalternatur res* is obscure. The second reference is to *De Sensu et Sensato*, cap. 2. This apparently is the work which Bacon speaks of as 'translatus in Latinum.'

CAPITULUM II.

De virtutibus animae sensitivae interioribus, quae sunt imaginatio et sensus communis.

Organs of sensation and perception.

Quoniam vero nervi optici, id est, concavi facientes visum, oriuntur a cerebro, atque auctores perspectivae virtuti distinctivae mediante visu ascribunt judicia facienda de viginti speciebus visibilium, quae postea tangentur, nec scitur utrum illa virtus distinctiva sit inter virtutes animae quarum organa sunt in cerebro distincta, multaque alia inferius tractanda supponunt certificationem virtutum animae sensitivae, ideo oportet a partibus cerebri et virtutibus animae inchoare, ut inveniamus ea quae ad visum sunt necessaria. Et auctores perspectivae dant nobis viam ad hoc, ostendentes quomodo a pelliculis cerebri et cute cranii descendunt nervi visuales; sed nullus explicat omnia necessaria in hac parte. Dico ergo, sicut omnes naturales et medici et perspectivi concordant, quod cerebrum involvitur duplici pelle, quarum una vocatur *pia mater*, quae est immediate continens cerebrum; et altera vocatur *dura mater*, quae adhaeret concavitati ossis capitis, quod cranium vocatur. Nam haec durior est, ut resistat ossi, et alia est mollior et suavior propter mollitiem cerebri, cujus substantia est medullaris, et unctuosa, in qua phlegma dominatur, et habet tres distinctiones, quae vocantur thalami, et cellulae, et partes. Et divisiones in prima cellula sunt duae virtutes: et est una sensus communis in anteriori ejus parte consistens, ut Avicenna dicit primo de Anima, qui est sicut fons respectu sensuum particularium, et sicut centrum respectu linearum exeuntium ab eodem puncto ad circumferentiam secundum Aristotelem secundo de Anima[1], qui judicat de singulis sensibilibus particularibus. Nam non completur judicium de visibili antequam species veniat ad sensum communem, et sic de audibili et aliis, ut patet ex fine de Sensu et Sensato,

[1] This should be *tertio*. It is in the third book that most of Aristotle's remarks on *Sensus communis* are to be found, Cap. 1 and 2; cf. also *De Somno et Vigilia*, cap. 2 Ἔστι δέ τις καὶ κοινὴ δύναμις ἀκολουθοῦσα πάσαις, ᾗ καὶ ὅτι ὁρᾷ καὶ ἀκούει αἰσθάνεται· οὐ γὰρ τῇ γ' ὄψει ὁρᾷ ὅτι ὁρᾷ, καὶ κρίνει δὴ καὶ δύναται κρίνειν ὅτι ἕτερα τὰ γλυκέα τῶν λευκῶν οὔτε γεύσει οὔτ' ὄψει οὔτ' ἀμφοῖν, ἀλλά τινι κοίνῳ μορίῳ τῶν αἰσθητηρίων ἁπάντων.

et secundo de Anima, et judicat de diversitate sensibilium, ut quod in lacte sit album aliud a dulci, quod non potest facere visus, nec gustus, eo quod non discernunt extrema, ut Aristoteles vult secundo de Anima. Et judicat de operibus sensuum particularium, nam visus non sentit se videre, nec auditus percipit se audire, sed alia virtus quae est sensus communis, ut vult Aristoteles secundo de Somno et Vigilia. Ejus autem operatio ultima est recipere species venientes a sensibus particularibus, et complere judicium de eis. Sed non retinet eas propter nimiam lubricitatem instrumenti sui, secundum quod vult Avicenna primo de Anima. Et ideo oportet quod sit alia virtus animae in ultima parte primae cellulae, cujus officium est retinere species venientes a sensibus particularibus propter sui temperatam humiditatem et siccitatem, quae vocatur imaginatio, et est arca ac repositorium sensus communis, secundum Avicennam ponentem exemplum de sigillo, cujus speciem aqua bene recipit, sed non retinet propter sui superfluam humiditatem: cera vero bene retinet propter sui temperatam humiditatem cum siccitate. Unde dicit quod aliud est recipere et aliud retinere, sicut patet in his exemplis. Et sic est in organo sensus communis et imaginationis. Et tamen tota virtus composita ex his duabus, scilicet, quae occupat totam cellulam primam, vocatur phantasia. Nam ex secundo de Anima et de Somno et Vigilia et libro de Sensu et Sensato patet quod phantasia et sensus communis sunt idem secundum subjectum, differentes secundum esse, ut Aristoteles dicit, et quod phantasia et imaginatio sunt idem secundum subjectum, differentes secundum esse. Quapropter phantasia comprehendit utramque virtutem, et non differt ab eis nisi sicut totum a parte. Et ideo cum sensus communis recipiat speciem, et imaginatio retineat eam, sequitur judicium completum de re, quod exercet phantasia.

CAPITULUM III.

De sensibilibus, quae sentiuntur a propriis sensibus, et sensu communi et imaginatione.

Sciendum est, quod imaginatio et sensus communis et sensus

Properties apprehended by sense.

particularis non judicant per se nisi de viginti novem sensibilibus; ut visus de luce et colore; tactus de calido et frigido, humido et sicco; auditus de sono; olfactus de odore; gustus de sapore. Et haec sunt novem propria sensibilia, quae suis sensibus, ut nominavi, appropriantur; de quibus nullus alius sensus particularis potest judicare. Sunt autem viginti[1] alia sensibilia, scilicet remotio, situs, corporeitas, figura, magnitudo, continuatio, discretio vel separatio, numerus, motus, quies, asperitas, laevitas, diaphaneitas, spissitudo, umbra, obscuritas, pulchritudo, turpitudo, item similitudo et diversitas in omnibus his, et in omnibus compositis ex his. Et praeter haec sunt aliqua, quae collocantur sub aliqua vel aliquibus istarum, ut ordinatio sub situ, et scriptura et pictura sub figura et ordinatione; et sicut rectitudo et curvitas, et concavitas et convexum, quae collocantur sub figura; et multitudo et paucitas, quae collocantur sub numero; et sicut aequalitas, et augmentum, et diminutio, quae collocantur sub similitudine et diversitate; et sicut alacritas et risus et tristitia, quae comprehenduntur ex figura formaque faciei; et sicut fletus, qui comprehenditur ex figura faciei cum motu lachrymarum; et sicut humiditas et siccitas, quae collocantur sub motu et quiete, quoniam ex sensu visus non comprehenditur humiditas, nisi ex liquiditate corporis humidi, et ex motu unius partis illius ante aliam, et siccitas comprehenditur ex retentione partium sicci, et ex privatione liquiditatis. Hic tamen considerandum, quod Aristoteles vult secundo de Generatione, quod humidum et siccum uno modo sunt qualitates primae, quae naturaliter elementis debentur, et per eas oriuntur inelementalis humiditas et siccitas, quae reducuntur ad primas, et causantur ab eis. De primis ergo dictum est, quod sunt sensibilia propria, et solo tactu perceptibilia. De aliis fit hic mentio. Prima enim humiditas est, quae de facili transit in omnes figuras male terminabiles de se, et bene termino alieno, ut in aere maxime, et deinde in aqua. Siccum

[1] 'Intentiones particulares quae comprehenduntur sensu visus sunt multae, sed generaliter dividuntur in viginti duo, et sunt lux, color, remotio, situs, corporeitas, figura, magnitudo, continuum, discretio, separatio, numerus, motus, quies, asperitas, laevitas, diaphaneitas, spissitudo, umbra, obscuritas, pulcritudo, turpitudo, consimilitudo, et diversitas,' Alhazen, ii. 15.

e contrario, et hoc maxime in terra, secundario in igne. Hic vero vocatur humiditas pro liquido et lubrico, et siccum vocatur aridum et coagulatum. Et est sic de multis aliis, quae reducuntur ad species et modos visibilium principales superius enumeratos. Et haec omnia patent ex primo[1] Ptolemaei de opticis et ex secundo Alhazen de aspectibus, et ex aliis auctoribus perspectivae. Et sunt sensibilia communia, de quorum aliquibus exemplificat Aristoteles secundo de Anima et in principio de Sensu et Sensato, ut de magnitudine, et figura, motu, quiete et numero; sed non solum sunt ista sensibilia communia sed omnia praedicta, licet vulgus naturalium non consideret hoc, quia non est expertum per scientiam perspectivae. Nam sensibilia communia non sic dicuntur quia sentiantur a sensu communi, sed quia communiter ab omnibus sensibus particularibus vel a pluribus determinantur, et maxime a visu et tactu, quia Ptolemaeus dicit secundo perspectivae, quod tactus et visus communicant in omnibus his viginti. Et haec viginti novem, cum eis quae reducuntur ad ea, sentiuntur a sensibus particularibus, et sensu communi, et imaginatione, et non possunt hae virtutes animae de aliis sensibilibus per se judicare nisi per accidens.

Capitulum IV.

De investigatione aestimativae et memoriae et cogitativae virtutis.

The faculty of judgement.

Sunt autem alia sensibilia per se, nam bruta animalia utuntur solo sensu, quia non habent intellectum. Et ovis, si nunquam viderit lupum, fugit eum statim, et omne animal timet ad rugitum leonis, etsi nunquam audiverit prius nec viderit, et sic est de multis quae sunt nociva et contraria complexioni animalium. Et eodem modo de utilibus et convenientibus. Nam si agnus nunquam viderit agnum, currit ad eum, et libenter moratur cum eo, et sic de aliis. Bruta ergo aliquid sentiunt in rebus convenientibus et nocivis,

[1] It seems that Bacon had access to the first book of Ptolemy's *Optics*, which is not now discoverable. [See Govi's edition, Turin, 1885.]

Ergo est aliquid ibi sensibiliter praeter viginti novem praedicta, et praeter ea quae ad illa reducuntur. Nam oportet quod sit aliquid magis activum et alterativum corporis sentientis quam lux et color, quia non solum inducit comprehensionem, sed affectum timoris vel amoris vel fugae vel morae. Et haec est qualitas complexionis cujuslibet rei qua assimilatur aliis in natura speciali vel generali, per quam conveniunt ad invicem confortantur et vigorantur, vel per quam differunt et contrariantur et mutuo sibi invicem fiunt nociva. Unde non solum lux et color faciunt suas species et virtutes, sed longe magis qualitates complexionales, immo ipsae naturae substantiales rerum sibi invicem convenientes vel contrariae faciunt fortes species, quae immutant animam sensitivam fortiter, ut moveatur affectionibus timoris et horroris et fugae vel contrariis. Et hae species seu virtutes venientes a rebus, licet immutent et alterent sensus particulares et sensum communem et imaginationem, sicut aerem per quem transeunt, tamen nulla illarum virtutum animae judicat de his, sed oportet quod sit virtus animae sensitivae longe nobilior et potentior, et haec vocatur aestimatio seu virtus aestimativa, ut dicit Avicenna primo de Anima, quam dicit sentire formas insensatas circa sensibilem materiam. Sensibilis materia vocatur hic illa, quae a sensibus particularibus et sensu communi cognoscitur, ut sunt viginti novem praedicta. Et insensata forma vocatur quae ab illis sensibus non percipitur per se, quia illi vulgo vocantur sensus, quamvis aliae virtutes animae sensitivae possint aeque bene dici sensus, si vellemus sic vocare, quoniam sunt partes animae sensitivae. Nam omnis pars animae sensitivae potest sensus dici, quia in veritate est sensus, et virtus sensitiva. Quod ergo dicitur, quod qualitates complexionales[1] non sentiuntur a sensu, intelligendum est quod a sensu particulari et communi, et imaginatione ; sed bene possunt sentiri ab aestimatione, quae licet non dicatur sensus, est tamen pars animae sensitivae.

Animals have an organ of

Sed aestimatio non retinet speciem, licet recipiat eam sicut sensus communis, et ideo indiget alia virtute in ultima parte

[1] Qualitates complexionales, as given in Magd., seems better than substantiae, the reading of the other MSS.

postremae cellulae, quae retineat species aestimativae et sit arca ejus et repositorium, sicut imaginatio est arca sensus communis, et haec est virtus memorativa, et hoc dicit Avicenna in primo de Anima. Cogitatio vero seu virtus cogitativa est in media cellula, quae est domina virtutum sensitivarum, et loco rationis in brutis, et ideo vocatur logistica, id est, rationalis, non quia utatur ratione, sed quia est ultima perfectio brutorum sicut ratio in homine, et quia illi immediate unitur anima rationalis in hominibus. Et per hanc facit aranea telam geometricam, et apis domum hexagonam, eligens unam de replentibus locum, et hirundo nidum, et sic de omnibus operibus brutorum, quae sunt similia artificio humano. Et homo in somnis videt mira per hanc virtutem, et huic serviunt omnes virtutes animae sensitivae et obediunt tam posteriores quam anteriores, quia propter eam sunt omnes. Nam species quae sunt apud imaginationem multiplicant se in cogitationem, licet apud imaginationem sint secundum suum esse primum propter phantasiam quae utitur illis speciebus; sed cogitativa nobilius habet species illas, atque species aestimativae et memorativae fiunt in cogitativa secundum esse nobilius quam sit in eis, et ideo utitur omnibus virtutibus aliis tanquam suis instrumentis. Et in homine supervenit ab extrinseco et a creatione anima rationalis, et unitur cogitativae primo et immediate, et utitur ea principaliter sicut suo instrumento speciali, et ab ea fiunt species in anima rationali. Unde quando illa laeditur, pervertitur maxime judicium rationis, et quando illa est sana, tunc bene et rationabiliter operatur intellectus.

thought distinct from that of judgement.

CAPITULUM V.

De expositione auctoritatum contrariarum circa jam dictas virtutes.

Sed textus Aristotelis Latinus[1] non ostendit nobis hanc

[1] Bacon had good cause to suspect the accuracy of the Latin translations of Aristotle, whether made from Arabic versions or directly from the Greek. But he exaggerates their defects; and sometimes, perhaps, he finds it a convenient

Aristotle on this subject imperfectly translated.

distinctionem, nam non expresse fit mentio nisi de sensu communi, et imaginatione, et memoria. Quoniam autem non potest textus Aristotelis propter perversitatem translationis intelligi ibi sicut nec alibi, et quoniam ubique Avicenna fuit perfectus imitator et expositor Aristotelis atque dux et princeps philosophiae post eum, ut dicit commentator super caput de Iride, propter hoc sententiae Avicennae, quae plana et perfecta est, adhaerendum est. Et licet translatores librorum Avicennae, ut in illo libro de Anima et in libro de Animalibus et in libris medicinae, aliter transtulerunt et vocabula mutaverunt, ita ut ubique non sit eadem intentio Avicennae translata, quoniam in libro de Animalibus Avicennae reperitur quod aestimatio est loco rationis in brutis, et sic aliquando invenitur alibi contrarietas respectu praedictorum, tamen non est vis de hoc quod diversi interpretes diversificantur in vocabulis, et aliquando a parte rei habent aliquam diversitatem; sed tenenda est ejus sententia in libro de Anima, quia ibi ex principali intentione discutit vires animae, alibi autem magis ex incidenti facit mentionem. Item ille liber est melius

mode of expressing a difference from Aristotle, who even then was beginning to assert the supremacy which in the two following centuries became so dangerous.

In the present instance the difference between Aristotle and the Schoolmen is a real one. Their studies of Arabian thinkers, and especially of Avicenna, had given them far sounder views of animal intelligence than those which Aristotle had held. Such passages as *De Anima*, iii. 10 (*ἐν τοῖς ἄλλοις ζῴοις οὐ νόησις οὐδὲ λογισμός ἐστιν, ἀλλὰ φαντασία*), or *Polit.* vii. 12 (*μόνον γὰρ ἔχει λόγον*), or *Nat. Auscult.* ii. 8 (*Μάλιστα δὲ φανερὸν ἐπὶ τῶν ἄλλων ἃ οὔτε τέχνῃ οὔτε ζητήσαντα οὔτε βουλευσάμενα ποιεῖ*) show systematic refusal to admit anything like reasoning power in animals. Memory as (distinct from recollection) he allowed them, sensus communis, and phantasia, but not anything which could be called cogitativa, or the rudimentary syllogizing of which Bacon speaks.

Turning to the psychology of Aquinas (S. T. Pars Prima, Quaest. lxxviii. Art. 4), we find substantial accordance with Bacon's view. For though Aquinas does not specify *cogitativa* as a distinct faculty of animals as distinct from *aestimativa*, yet he says: 'Quae in aliis animalibus dicitur aestimativa naturalis in homine dicitur cogitativa, quae per collationem quandam hujusmodi inventiones invenit. Unde etiam dicitur ratio particularis cui medici assignant determinatum organum, scilicet mediam partem capitis. Est enim collativa intentionum individualium, sicut ratio intellectiva est collativa intentionum universalium.' Cf. the *Quaestiones Naturales* of Adelard of Bath, cap. xiv, *Utrum bruta animas habent.* The translation of the *De Animalibus* (printed 1500) is, as Bacon says, stuffed with Arabic words. The *De Anima* of Avicenna (newly translated) was printed 1546.

translatus longe quam alii; quod manifestum est, quia pauca vel nulla habet vocabula aliarum linguarum, sed alii ejus libri habent infinita. Si quis vero consideret praedicta, necesse est ponere tres virtutes omnino diversas, secundum tres cellulas. Nam diversitas objectorum ostendit nobis diversitatem virtutum. Sensibilium enim duo sunt genera, scilicet unum exterius, ut viginti novem praedicta, aliud interius latens sensum exteriorem, ut qualitas complexionis nocivae vel utilis, seu magis ipsa natura substantialis utilis vel nociva. Et ideo oportet necessario quod ex hac causa sunt duo genera sensuum, scilicet unum quod continet sensus particulares et sensum communem et imaginationem, quae moventur per primum genus sensibile: et aliud quod continet aestimationem et memoriam, quae feruntur in secundum genus sensibile. Sed propter operationum nobilitatem quam habet cogitativa respectu aliarum, ideo distinguitur ab aliis. Apud translationem ergo Aristotelis vulgatam vocatur omnis virtus memoria, quae habet potestatem retinendi species, et ideo tam arca sensus communis quam aestimationis secundum hoc vocatur memoria. Et ideo quod hic vocatur imaginatio, comprehenditur sub memoria apud translationem Aristotelis quae est in usu vulgi. Sed proculdubio oportet tunc quod memoria sit duplex et valde diversa, ita quod una erit arca sensus communis et alia aestimationis; et erunt diversae secundum speciem et secundum subjectum et organum et operationem. Et cum jam positae sint istae virtutes in cerebro, intelligendum est, quod substantia cerebri medullaris non sentit, ut Avicenna docet decimo de Animalibus; et in hoc corrigit[1] Aristotelem pia interpretatione et reverenda.

Relation of brain and heart.

Nam medulla in aliis locis corporis sensum non habet, et ideo nec hic. Sed est vas et arca virtutum sensitivarum, continens nervos subtiles in quibus sensus et species sensibiles consistunt. Sed considerandum est, ut omnis tollatur dubitatio, quod anima sensitiva habet duplex instrumentum seu subjectum: unum est radicale et fontale, et hoc est cor, secundum

[1] Aristotle was aware that the substance of the brain was not sensitive. In *De Animalibus*, lib. iii. cap. 19, he remarks: *οὐκ ἔχει δ' αἴσθησιν τὸ αἷμα ἁπτομένων . . . οὐδὲ δὴ ὁ ἐγκέφαλος, οὐδ' ὁ μυελὸς οὐκ ἔχει αἴσθησιν ἁπτομένων.*

Aristotelem et Avicennam in libro de Animalibus; aliud est quod primo immutatur a speciebus sensibilium, et in quo magis manifestantur et distinguuntur operationes sensuum, et hoc est cerebrum. Nam laeso capite accidit manifesta laesio virtutum sensitivarum, et laesio capitis est nobis magis manifesta quam cordis, et pluries accidit, et ideo secundum manifestiorem considerationem ponimus virtutes sensitivas in capite; et haec est opinio medicorum, non aestimantium quod a corde sit fontalis origo virtutum. Sed Avicenna in primo Artis Medicinae dicit, quod licet ad sensum opinio medicorum sit manifestior, tamen opinio Philosophi est verior, quoniam omnes nervi et venae et virtutes animae oriuntur a corde primo et principaliter, sicut Aristoteles duodecimo de Animalibus demonstrat, et Avicenna tertio de Animalibus.

DISTINCTIO SECUNDA;

Habens tria capitula. Primum est de origine nervorum qui ad oculum exiguntur.

CAPITULUM I.

Origin and course of the optic nerves.

Manifestis ergo his, ne aliquis scrupulus dubitationis in sequentibus occurrat, consideranda est compositio oculi[1], quia sine hoc nihil potest sciri de modo videndi. Sed auctores quidam minus dicunt, quidam plus, et in aliquibus diversificantur. Auctores enim perspectivae transeunt generalius de his, supponentes naturales philosophos et auctores medicinae, tanquam omnis qui legit perspectivorum scientias praeviderit medicos et naturales. Et ideo sermo eorum in se est obscurus,

[1] This and the two following Distinctions deal with the anatomy of the eye and of the optic nerves. The description may be compared with that of Alhazen, lib. i. prop. 4–13, whom, however, Bacon has not followed blindly. Alhazen himself remarks at the end of his description: 'Omne quod diximus de tunicis oculi et compositione earum jam declaratum est ab anatomicis in libris anatomiae.'

nec intelligitur nisi recurratur ad intentionem medicorum et naturalium pleniorem. Propter quod necesse est hic aliquid uberius dici quam apud perspectivos inveniatur. Et quamvis sit difficile certificare ista, et certificata explanare, tamen spero per auctores certos haec posse fieri manifesta. Sed ne singularum opinionum rivulos superflue deducam, recitabo compositionem oculi praecipue secundum tres auctores, scilicet Alhazen in primo Perspectivae, et Constantinum [1] in libro de oculo, et Avicennam in libris suis; nam hi sufficiunt et certius pertractant quae volumus. Non tamen possum sequi verba singula cujuslibet, quia aliquando contrariantur propter malam translationem, sed ex omnibus formabo unam veritatem. Concordant ergo omnes, quod duae sunt partes anterioris concavitatis cerebri, quas vocant ventriculos, vel concavitates, vel cellulas. Et hi ventriculi non possunt esse instrumenta sensus communis et imaginationis de quibus dictum est prius. Nam illi sunt ordinati secundum prius et posterius, hi autem sunt positi secundum dextrum et sinistrum, ut dicit Constantinus. Nam tota cellula cerebri potest dividi in partem anteriorem et posteriorem ut superius dictum est. Et nihilominus secundum dextrum et sinistrum. Et anterius ejus, scilicet locus sensus communis, habet dextrum et sinistrum, ubi sunt duo ventriculi quodammodo distincti. Et a pia matre, quae tegit utrumque ventriculum, exit nervus duplex, unus de dextro ventriculo, et alius de sinistro, et sunt nervi optici, id est concavi secundum dictos auctores. Et inchoatur concavitas non a medio anterioris partis cerebri, quia ibi est instrumentum odoratus, qui est unus nervus, habens ex lateribus duas carunculas similes summitatibus mamillarum, secundum quod docet Avicenna decimo de Animalibus. Sed secundum Avicennam, et auctorem perspectivae, et Constantinum, nervi isti visuales de quibus loquimur exeunt a fundo ventriculorum anterioris partis; sicut Con-

[1] Constantinus Africanus lived in the middle of the eleventh century, and spent much of his life in Mesopotamia. His works were printed at Basle 1536 and 1539. The second volume contains a short anatomical treatise, in which is a brief and not very accurate description of the brain and of the eye. It is dedicated to Desiderius, Abbot of Monte Cassino.

stantinus exponit, docens respicere capita magnorum animalium, cum occiduntur non in aestate nec in calore, et inveniet foramen parvum in cranio per quod transit nervus, et postea scrutetur caute panniculum piae matris ne frangatur, et inveniet nervum exire a fundo anterioris partis cerebri.

Sed duo nervi, ut dictum est, a duabus partibus dextra scilicet et sinistra, secundum omnes concurrunt, et fiunt unus nervus, et post conjunctionem iterum dividuntur. Melius autem fuit ut concurrerent in foramine quam ante vel post. Nam sive sic sive sic, facerent duo foramina in osse capitis, sed melius est fieri per unum, quam per duo. Et os firmius est, quanto minus perforatur. Ergo cum natura facit meliori modo quo potest, concursus erit in foramine cranii, a quo loco iterum dividuntur. Et nervus, qui venit a dextra parte, vadit ad sinistrum oculum, et qui a sinistra vadit ad dextrum, ut recta sit extensio nervorum ab origine sua ad oculos. Nam si ille qui venit a dextra parte anterioris cerebri, iret ad dextrum oculum, jam fieret angulus in nervo communi ubi concurrunt et fieret nervus curvus et non recte extensus ad oculum. Sed hoc impediret visum, quia visus semper eligit rectas lineas quantum potest. Et tunc cum os oculi sit concavum habens foramen versus caput, ingreditur nervus foramen oculi et expandit se in concavitate ossis ad modum instrumenti, quo ponitur vinum in doliis. Sit ergo *a b c* cranium, et *d* sit dextra pars anterioris concavitatis cerebri, et *e* sit sinistra, involuta pia matre, a cujus fundo exeant a dextris et sinistris duo nervi concurrentes in foramine cranii, et postea se dividentes, ut nervus, qui venit a dextro, vadat ad sinistrum oculum qui sit *f*, et qui a sinistro, vadat ad dextrum, qui sit *g*, et ingrediantur foramina ossium concavorum, ut in illa concavitate expandantur, ut patet in figura. Sed intelligendum quod sicut a pia matre fiunt duo nervi, sic a dura, et similiter a cute cranii, in qua exterius involvitur, et isti tres nervi sunt concavi, et concurrunt in foramine, et fit unus nervus habens tres

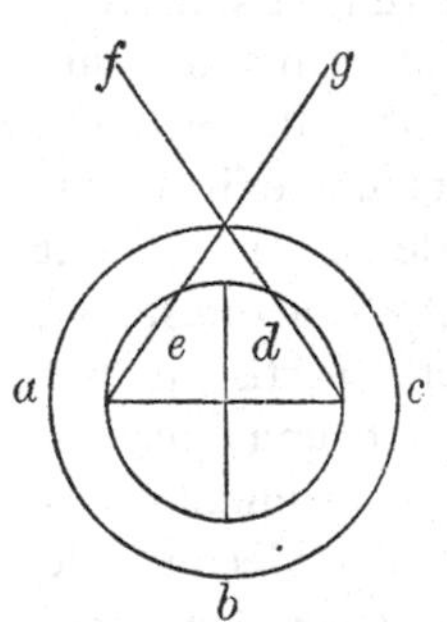

FIG. 24.

tunicas nervales, et iste nervus sic compositus vadit ad utrumque oculum, et uterque oculus habet naturaliter situm consimilem respectu concursus eorum in foramine, et aequalem distantiam ab eo, ut certius[1] compleatur visio.

Capitulum II.

De tunicis oculi compositis ex tribus nervis dictis.

The membranes of the eye.

Oculus ergo habet tres tunicas seu panniculos, et tres humores, et unam telam ad modum telae araneae. Et prima ejus tunica fit ex tunica nervi interioris, quae venit a pia matre secundum omnes auctores, et expanditur ab extremitate nervi, ubi ingreditur foramen ossis, et ramificatur ad modum retis concavi in prima parte sui, quae ideo vocatur rete vel retina, secundum Avicennam tertio libro Medicinae et secundum Constantinum, habens venas et arterias et nervos subtiles. Deinde pars ejus secunda est spissior, ut dicit Avicenna, et expanditur sphaerice usque ad anterius oculi habens foramen in medio suae anterioris partis, ut species lucis et coloris et caeterorum visibilium valeant pertransire per medium oculi usque ad nervum qui venit a cerebro. Nam hoc foramen opponitur directe extremitati nervi a qua expanditur retina, et ideo in hac tota tunica dicit Alhacen esse duo foramina, unum anterius, et aliud posterius quod est nervi concavi extremitas. Et haec pars ejus secunda vocatur uvea, quoniam est similis uveae, eo quod dimittit in anteriori parte sua foramen, sicut relinquitur in uva quando removetur suspensorium ejus, ut dicit Avicenna tertio libro Medicinae. Et a tunica nervi quae venit a dura matre, secundum omnes expanditur tunica oculi secunda, quae habet duas partes. Nam prima pars componitur ex venis et nervis et arteriis, et vocatur secundina, quia est similis secundinae; et secunda pars expanditur usque ad anterius oculi, et ibi apparet ejus pars manifesta, scilicet portio cujusdam sphaerae, quae circulatur super extremitatem

[1] Certius, the reading of the Harl. MSS. is better than citius, as given in J.

uveae, et est sicut cornu clarum, et ideo vocatur cornea. Et componitur, ut Avicenna dicit libro memorato, ex quatuor tunicis subtilibus corticalibus, et sunt sicut cortices, ut, si excorticetur unus eorum, non propter hoc laedantur alii. Et factum est ita, ut sit haec tunica fortis propter laesiones et impressiones exteriores ab aere venientes, et tum est valde diaphana, ut multitudo tunicarum ejus non impediat transitum specierum rerum visibilium. Tertia tunica oculi fit ex illa pellicula nervi tertia, quae venit a membrana corneae, et ejus pars prima conjungitur ossi oculi, et adeo est dura, et solida, et ideo dicitur sclerotica, reliqua vero pars extenditur usque ad corneam. Nam non completur haec tunica, sed deficit ei portio sphaerae, et est repleta carne pingui et alba, sicut videmus exterius in oculis, et vocatur consolidativa seu conjunctiva. Considerandum vero diligenter, quod uno modo dicuntur tres tunicae tantum, alio modo sex: et utraque consideratio vera est et rationabilis. Nam si integras tunicas consideremus, sunt tantum tres. Si vero consideremus partes posteriores distinctas a prioribus et nomine et re, sic sunt sex. Nam tres partes sunt a posteriori, et tres ab anteriori, Aliqui etiam voluerunt esse pauciores, et hoc multiplici consideratione; sed de his non est curandum, quia violenta est eorum interpretatio, et deviat a recta ratione. Aliqui etiam septem [1] tunicas posuerunt; sed falsum est, quia telam araneae pro tunica computaverunt, cum non sit: et illi, qui dicunt tres esse, totam primam tunicam vocant uveam, et totam secundam vocant corneam, et totam tertiam vocant consolidativam. Unde auctores perspectivae totam primam vocant uveam, et sic volo principaliter uti in modo videndi exequendo. Et ideo Alhazen dicit quod uvea habeat duo foramina, unum anterius, et aliud posterius quod est foramen nervi, a quo incipit expansio concavitatis uveae, unde extremitas nervi cum tota concavitate sequente usque ad foramen anterius est uvea secundum veritatem.

[1] Constantinus took this view.

CAPITULUM III.

De humoribus oculi, et tela araneae.

The humours of the eye.

Et ista tunica continet in se tres humores et unam telam. Nam ab anteriori parte illius tunicae oritur una tela parva et subtilis ad modum telae araneae, et in hac continetur corpus, quod vocatur glaciale vel crystallinum, vel grandinosum, et est hoc corpus directe compositum super extremitatem nervi. Sed habet duas partes; una est interior apud extremitatem nervi, et est similis vitro liquefacto, propter quod vocatur humor vitreus. Altera pars anterior est similis glaciei, et grandini, et crystallo, magis alba quam humor vitreus, et vocatur anterior glacialis, non habens aliud nomen proprium apud auctorem perspectivae. Sed vocatur apud alios humor crystallinus, vel glacialis, vel grandinosus, quia est similis eis, et totum corpus contentum infra telam sic vocatur ab hac parte sua. Deinde versus anterius oculi extra telam unus humor similis albumini ovi replet concavitatem uvae anteriorem, et ab una parte contingit anterius glacialis, et ex alia ingreditur foramen uveae, et contingit usque ad corneam, ita quod hujus humoris convexitas sphaerica tangit concavitatem corneae, et vocatur humor albugineus. Erunt ergo cornea, et humor albugineus, et glacialis, et vitreus, ct extremitas nervi consequenter, ut species rerum transeant per medium omnium usque ad cerebrum. Et dicit Avicenna quarto de Animalibus, quod retina ducit nutrimentum secundum veritatem ad partes oculi, et continet vitreum, ut dicit Constantinus, et auctor perspectivae concordat, volens quod pars uveae inferior contineat humorem vitreum, et in ultimo sui deferens sanguinem in venis suis et arteriis bene digestum, quo fiat et nutriatur vitreus humor, quatenus vitreus possit nutrire humorem crystallinum. Nam, ut Avicenna dicit tertio libro Medicinae humor vitreus est nutrimentum crystallini. Et hoc dicit Constantinus. Unde quia crystallinus est nimis albus et clarus, ei non competit sanguis pro nutrimento immediato, sed indiget nutrimento medio inter sanguinem et crystallinum, et hujusmodi est humor vitreus, qui est albior sanguine, et minus albus quam crystallinus. Et dicit Avicenna quod humor albugineus est superfluitas crystallini, et ideo opponitur in situ respectu sui nutrimenti, quod est vitreus, et propter hoc crystallinus est in medio eorum. Et humor vitreus replet totam concavitatem nervi usque ad sectionem communem, et est magis spissus quam anterior glacialis, uterque tamen est diaphanus, quatenus species rerum pertranseant in eis. Et humor crystallinus vocatur pupilla, et in ea est virtus visiva, sicut in subjecto quod primo immutatur, licet non radicaliter, quoniam nervus communis est organum radicale, et ibi completur visio, quantum potest virtus visiva, ut sequentia demonstrabunt.

DISTINCTIO TERTIA.

Habens capitula tria. Primum est de sphaericitate et centris humoris vitrei et glacialis, et corneae, et humoris albuginei et uveae.

CAPITULUM I.

The centres of curvature of the various ocular structures.

Considerandum vero deinceps est de figura oculi et partium ejus, et de centris tunicarum et humorum inveniendis: nam haec sunt omnino necessaria, sine quibus modus videndi non patescit. Oculus ergo totus accedit ad formam sphaericam, et tunicae similiter et humores propter proprietates sphaericae figurae laudabiles, quia est magis elongata ab impedimentis quam figura habens angulos, et est simplicior figurarum et amplior isoperimetrorum, ut dicit hic Alhazen auctor perspectivae. Sed in praecedentibus hae proprietates et aliae tactae sunt. Anterior vero glacialis est portio sphaerae diversae a sphaera cujus vitreus est portio : nam diversa corpora sunt, et diversarum diaphaneitatum. Et anterior glacialis est portio majoris sphaerae quam sit sphaera cujus humor vitreus est portio. Unde non sunt corpora sphaerica completa, sed sunt portiones sphaerarum diversarum, et ideo cum hae sphaerae secent se, oportet quod habeant diversa centra. Et cum concavitas vitrei sit versus glacialem, tunc ejus centrum est ultra centrum oculi versus anterius oculi. Similiter centrum anterioris glacialis est in profundo oculi. Sunt tamen ista centra super eandem lineam rectam quae intrat per foramen uveae anterioris et per foramen quod est in extremitate nervi, ubi incipit retina expandi. Corpora enim haec sic ordinantur, secundum auctores Perspectivae, videlicet quod a foramine ossis, ubi intrat nervus, extenditur nervus per aliquod spatium, et semper magis dilatatur, quousque veniat ad circumferentiam sphaerae totius glacialis, et consolidatur cum circumferentia ejus. Et tunc super extremitatem nervi componitur totum glaciale, et continetur in inferiori parte uveae, quod Alhazen vocat punctum concavitatis uveae, in cujus ultimo est foramen quod est extremitas nervi, ubi incipit uvea. Sed medium totius glacialis, scilicet humor vitreus, est in orificio foraminis. Nam extremitas nervi continet medium sphaerae totius glacialis, ut dicit Alhazen, quod medium est humor vitreus; et uvea consolidatur cum circumferentia sphaerae glacialis. Et humor albugineus contentus in uvea contingit sphaeram anterioris glacialis, et ille replet foramen usque ad contactum corneae, non quod contingat corneam in puncto, sed per applicationem superficierum, sicut sphaera interior continetur ab exteriori. Quoniam autem superficies convexa corneae est continuata cum superficie totius oculi, et cum toto oculo, ut dicit Alhazen, oportet quod habeant idem centrum. Et quoniam superficies corneae concava est, aequidistans superficiei exteriori convexae, oportet quod utraque superficies corneae et oculus totus habeant idem centrum, per librum Theodosii de sphaeris: sphaerae enim aequidistantes continentes se, una continens et alia contenta, habent idem centrum, ut sphaerae mundi, sicut coelum stellatum, et sphaera ignis, similiter in aliis: centrum enim mundi est centrum omnium. Et quoniam concava superficies corneae, et convexa superficies humoris albuginei, qui est in foramine sunt sicut sphaera interior et exterior, oportet quod convexa superficies humoris albuginei habeat centrum idem cum praedictis. Sed quia superficies concava corneae non contingit uveam in puncto uno, nec applicatur ei ut sphaera exterior interiori, sed conjungitur ei in circumferentia sui foraminis, oportet quod cornea secet uveam, et ideo habebunt diversa centra. Et quoniam cornea est major sphaera quam uvea, quia continuatur cum superficie totius oculi, et uvea continetur infra sphaericitatem corneae, ideo oportet quod centrum corneae sit ulterius in profundo oculi, sicut patet ad sensum in corporibus sphaericis sic junctis; et hoc patet per Theodosium de sphaeris, et Alhazen sic dicit.

Capitulum II.

In quo explicatur dubitatio difficilis circa praedicta.

Ocular structures only partially spherical.

Sed tunc grandis est dubitatio, quid replebit spatium inter ea, ubi declinat sphaera minor a majore, et ideo aestimant multi quod humor albugineus diffundit se infra concavitatem corneae, ubi separatur uvea ab ea. Caeterum objicitur, quod cum humor albugineus sit concentricus corneae, tunc continebitur in concavitate corneae, sicut sphaera applicata ei vel aequidistans; sed non est aequidistans, quia tangit eam; ergo applicabitur ei in concavitate sua, et replebit spatium quod est inter uveam et corneam. Sed contra hoc est, quod auctor Perspectivae non dicit hoc, sed semper quod sit intra uveam. Et ideo objecta solvuntur per hoc, quod partes oculi non sunt sphaerae completae, sed portiones sphaerarum, ut patet de partibus glacialis et sic de aliis quae antecedunt eas quae eis deserviunt principaliter, ut sunt anterius corneae, et humor albugineus in foramine uveae, et anterius uveae; unde non est curandum hic nisi de sphaericitate portionum: et ideo cum loquitur de sphaericitate corneae, hoc non est nisi in portione illa quae visui necessaria est, scilicet, quae est in anteriori parte oculi, alibi vero non est sphaerica. Et uvea licet in parte superiore sit sphaerica non tamen in inferiori: similiter albugineus non habet sphaericitatem concentricam corneae, nisi in foramine uveae, ubi ad corneam applicatur, infra enim uveam habet concentricitatem cum uvea. Et quia haec ita sunt, non oportet quod humor albugineus currat inter corneam et uveam. Si enim essent corpora completae sphaericitatis, hoc exigeretur, sed non est sic. Sed ubi declinant cornea et uvea, diffundit se consolidativa, et replet quicquid replendum est inter consolidativam et corneam, vel cornea et uvea relinquentes sphaericitatem completam dilatant se, et exterius coeunt vel interius vel utroque modo, et replent omne quod oportet repleri. Et quia anterior glacialis in sua convexitate secat uveam, oportet similiter quod ejus centrum sit aliud ab uvea, et sit interius in profundo; et quia totus oculus, et cornea, et humor albugineus habent aliud centrum ab uvea et in profundo oculi, sicut anterior glacialis, et haec requiruntur ut fiat visus in glaciali, melius est, ut dicit Alhazen, quod anterior glacialis habeat centrum idem cum istis. Et ideo totus oculus, et cornea, et humor albugineus, et anterior glacialis sunt concentrici. De anteriori vero glaciali citius manifestabitur in sequentibus, quod oportet ipsum habere idem centrum cum centro corneae et totius oculi, cum ostendetur fractio in vitreo humore. Interim sufficiat quod dictum est.

CAPITULUM III.

De centro et sphaericitate consolidativae.

The centres of curvature of these structures not identical, but on one straight line.

De consolidativa aestimatur, quod habeat centrum aliud ab omnibus his interius in profundo. Sed auctor perspectivae non dicit hoc, sed solum de uvea, et de humore vitreo, quod nec ad invicem nec cum aliis habeant centrum idem, atque arguendo quod centrum corneae et centrum uveae non sunt idem, dicit quod sphaera uveae non est in medio consolidativae, sed antecedens ad partem superficiei manifestae in anteriori ipsius oculi, et superficies manifesta oculi est ex sphaera majori sphaera uveae, quare centrum superficiei hujus manifestae erit interius in profundo quam centrum uveae. Sed superficies corneae manifesta et oculi, ut supponit ibi et postea exponit, sunt idem, ergo centrum uveae et corneae non sunt idem. Ex quo arguitur ab aliis, quod centrum concavae superficiei consolidativae et corneae sunt idem, propter hoc, quod per elevationem uveae a medio consolidationis ostendit uveam habere aliud centrum a centro corneae et totius oculi. Sed dicendum est, quod exterior superficies consolidativae non est concentrica interiori, ut patet; nec etiam interior est sphaerica plene, quia replet spatium ubi separantur cornea et uvea, propter quod egreditur a recta sphaericitate, et descendit ad interius oculi in illa parte magis quam alibi, et ideo cornea et interior consolidativa non sunt concentricae. Sed si sphaera utraque, scilicet cornea et consolidativa, compleretur, tunc jaceret cornea in concavitate consolidativae, et essent interior consolidativae et exterior corneae concentricae. Et cum superficies exterior consolidativae et interior non sunt concentricae, etiam exterior corneae et exterior consolidativae non erunt concentricae. Et etiam quia consolidativa non habet perfectam sphaericitatem exterius, ut dicit Alhazen, tendit enim in suo anteriori ad acuitatem, et ideo non recte habet centrum, a quo omnes lineae ductae ad circumferentiam sunt aequales, ideo nec extra nec intra est corpus vere sphaericum, et ideo ei non assignatur centrum ab Alhazen. Sic tamen potest habere punctum simile centro, quod erit ulterius in profundo oculi magis quam centrum alicujus alterius, ut patebit in figura. Si tamen volumus vitare omnem contentionem, possumus dicere quod superficies consolidativae exterior non est omnino sphaerica, sicut totius oculi, quia aliquantulum acuitur in anteriori parte, et sic non habebit totus oculus centrum sphaerae, nec superficies exterior consolidativae. Si vero interior superficies consolidativae sit sphaerica, tunc non replet quod replendum esset inter corneam et uveam. Sed vel cornea contrahit se ad superficiem uveae, et profundatur declinando a vera sphaericitate, praeterquam in anteriori parte quae objicitur foramini, vel uvea se exaltat et exit in gibbositatem exterius derelinquens veram sphaericitatem. Sed quamvis centra sint diversa in partibus oculi, tamen omnia sunt in eadem linea, quae est perpendicularis super totum oculum et partes omnes, quae transit per medium foraminis uveae, et per centra omnium, ac per medium foraminis in extremitate nervi, super quem componitur oculus. Quae linea est axis oculi, per quam oculus videt in fine certitudinis et per quam discurrit super singula puncta rei visae, ut quaelibet certificet successive, quamvis unam rem visibilem vel partem rei visibilis simul et semel comprehendat cum plena certitudine. Nam quia haec linea est perpendicularis super oculum et omnes ejus partes, ideo species veniens super eam est fortissima, quia incessus perpendicularis est fortissimus, ut habitum est in eis quae dicta sunt de multiplicatione specierum. Et illud necessum est, quatenus fortissime et certissime comprehendat quod debet.

Protraham ergo figuram in qua haec omnia declarantur ut possibile est in superficie, sed completa ostensio esset in corpore figurato ad modum oculi secundum omnia praedicta. Et exemplum ad hoc potest esse oculus bovis et porci et aliorum animalium, si quis vult experiri. Hanc autem figurationem aestimo meliorem sequenti, quamvis sequens sit antiquorum. Nam impossibile est quod centrum vitrei sit infra sphaeram anterioris glacialis, quia tunc dextrum videbitur sinistrum, et e contra, ut inferius declarabitur: nec etiam in superficie corporis sui, quia tunc species dextra nimis iret in dextram partem, et sinistra in sinistram, et nunquam concurrerent in nervo communi, quapropter erit extra versus anterius oculi. Et quoniam foramen uveae est parvum, et anterius glaciale minus, quia interius est, concentricum humori albugineo in foramine, tunc oportet quod vitreus secet valde parvam portionem de glaciali, ut est *c f d*, ita quod vix potest per manum hominis figurari, nam huic portioni respondet *m o* foramen uveae, quod est hic majus quam foramen uveae in oculo cujuslibet hominis istius temporis. Determinatur autem quantitas foraminis per lineas extremas pyramidis visualis, quae est *a b l*. Nam sit *a l* basis pyramidis, quae est res visa, cujus species penetrat corneam sub pyramidali figura et intrat foramen, quae tendit naturaliter in centrum oculi, et in illud iret, nisi prius obviaret ei corpus densius, in quo frangitur, scilicet humor vitreus *c h d*. Propter hoc ergo sic posui centrum vitrei, et sic figuravi sphaeram ejus; et patet quod sphaera ejus est minor sphaera anterioris glacialis. Sed in oculo non sunt sphaerae integrae, sed de illis sunt solum parvae portiones, ut sphaerae anterioris glacialis portio *c f d*, et vitrei portio *c h d*; complevi tamen sphaeras in figuratione propter evidentiam centrorum et portionum. Deinde est uvea figurata in sphaera completa, praeterquam in ejus foramine *m o*, et tamen non est in oculo completae sphaericitatis, ut dictum est, sed in ejus

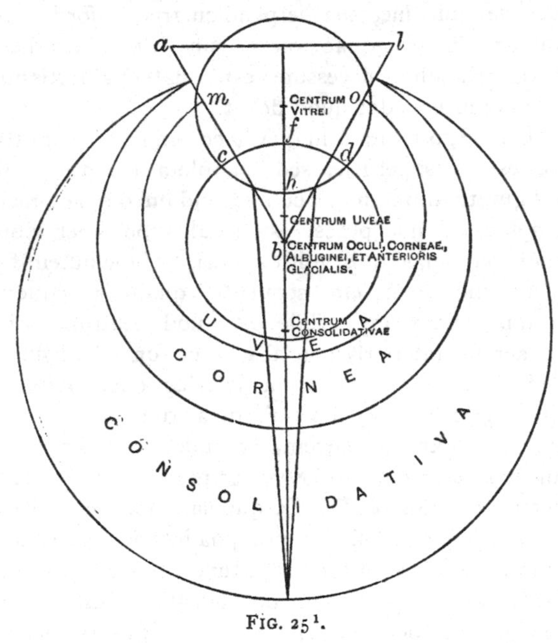

Fig. 25[1].

anteriori parte in qua est foramen, quia non requiritur sphaericitas ad visum, nisi in illo loco; alias est irregularis figurae, ne vacuum intercidat inter uveam et corneam;

[1] This figure is an exact copy of Reg. That of Harl. is similar. The alternative diagram (Jebb, Tab. i. 30) is not given in these MSS., and Jebb's version of it is wholly unintelligible, as indeed is his rendering of this one, all letters, for instance, being omitted. It must be remembered that *centrum vitrei* here means *centrum concavitatis vitrei.* The vitreous humour is hollowed out in front to receive the lens or *anterior glacialis.* It will be noted that the circle of the vitreous curvature is slightly less than that of the anterior glacialis; i.e. the curvature of the lens is slightly different on its two faces.

et lineae *c* et *d*, quae trahuntur versus interius oculi, sunt in lateribus nervi uveae, inter quas lineas est foramen uveae, secundum quod est versus fundum oculi. Super quod foramen componitur vitreus, ut patet: nam apertura harum linearum terminatur ad extremitates portionis vitrei, et distantia ejus est inter *c* et *d*, et haec distantia inter latera nervi repletur humore vitreo usque ad nervum communem in superficie cerebri; nervus tamen iste, in quo est haec via humoris vitrei se diffundit et expandit in circuitu vitrei et glacialis et albuginei, usque ad foramen uveae anterius *m o*, quod opponitur foramini suo interiori, quod est *c d*. Deinde sequitur cornea, et postea consolidativa, ut vocatum est in figura[1].

[1] It need not be said that the drawing here given is not intended by Bacon as a picture of anatomical structures, but as a geometrical diagram representing the various curvatures of the ocular media.

The technical terms used by him need a few words of explanation. *Consolidativa* means, generally speaking, the Sclerotic, the opaque strong fibrous tunic covering the greater part of the globe of the eye, and uniting in front with the transparent cornea. But Bacon is not quite consistent in the use of this term, since, in cap. ii, he seems to use it as comprehending, in addition to the Sclerotic, the muscular and other tissues filling the bony cavity of the orbit. (Alhazen's description of it is, 'pinguedo alba quae implet concavum ossis.') *Uvea*, as used by him, and also by Vesalius three hundred years afterwards, is the Choroid, inclusive of the Iris. The resemblance of the globe of the eye, when the Sclerotic is removed, to a dark grape plucked from the stalk, suggested the name: the opening where the stalk had been attached representing the pupil. *Glacialis* includes the vitreous humour and the lens: the former being called *vitreus humor*, the latter *anterior glacialis* or sometimes, *anterius glaciale*, or again *humor crystallinus*. *Humor albugineus* answers to what is now called the aqueous humour. *Tela araneae* appears to denote, in a somewhat confused way, the ciliary processes of the choroid, and also the capsule of the lens; or at least the anterior portion of this capsule.

It will be observed that by centres, Bacon means centres of curvature. Thus the concave surface formed in the vitreous humour by the lens has its central point in the anterior part of the eye. The centres for the cornea and the anterior surface of the lens are identical. The centre for the globe of the eye (*uvea*) is somewhat anterior. Throughout the whole of this description, Bacon in the main follows Alhazen. (Cf. Alhaz. *Opt.* i. cap. 4, 5.) See, however, Alhazen's remark quoted on p. 12. Galen was well known to the Arabs in the ninth century through the translations of Thâbit ben Corra and others. Note that Alhazen is often called by Bacon, auctor Perspectivae.

DISTINCTIO QUARTA.

Habens capitula quatuor. Capitulum primum est de proprietatibus corneae, albuginei, et uveae.

CAPITULUM I.

Cornea, aqueous humour, uvea.

Tunicae vero et humores secundum Alhazen habent proprietates suas laudabiles, ex quibus sequuntur utilitates visus, secundum quod ipse ostendit. Et prima utilitas cornea est, quod cooperit foramen uveae, ne humor albugineus fluat, et est diaphana, ut transeant species lucis et coloris per eam, quoniam non transeunt sensibiliter nisi per diaphana, ut prius verificatum in multiplicatione specierum [1]. Fortitudo autem ejus est, ut non corrumpatur cito, quoniam est exposita aeri, et potest cito corrumpi ex fumo et pulvere et similibus, et ideo habet quatuor tunicas ut superius expositum est. Humor albugineus est diaphanus, ut pertranseant species in illum et ultra. Humiditas autem ejus est, ut semper humefaciat humorem glacialem, et telam araneam, quae valde tenuis est, unde ex nimia siccitate posset corrumpi Uvea vero est nigra ut in pluribus, quatenus obscuretur humor albugineus et glacialis ita quod appareant in ea species lucis et coloris debiles, quoniam lux debilis valde apparet in locis obscuris, et latet in locis luminosis; et est aliquantulum fortis, ut retineat humorem albugineum, quatenus non resudet ex eo aliquod exterius; et est spissa ut sit obscura. Et tamen invenitur in oculis hominum aliquando glauca, et multoties in oculis equorum, et hoc est, quia calor naturalis non potuit sufficienter digerere materiam uveae vel humorum, et ideo albescunt aliquantulum, quia actio caloris digerentis debilis in humido est causa albedinis. Vel aliquando accidit ex perfecta digestione humiditatis et victoria siccitatis, ut patet in foliis arborum in autumno. Et haec glaucitas oculorum vel potest esse

[1] This is not necessarily a reference to the special treatise on the subject. See vol. i. p. 114.

propter uveam, nam si uvea est glauca, oculus est glaucus; si nigra, oculus est niger. Vel potest causari glaucitas propter humores, quoniam si fuerint humiditates clarae, et fuerint positae prope extra, et fuerit crystallinus multae quantitatis, et albugineus sit modicus, erit oculus glaucus, nisi accidat contrarium a tunica. Et si fuerint humiditates obscurae, et crystallinus sit tendens ad interius oculi, et fuerit parvus et albugineus multus, ita quod faciat obscurationem, sicut aqua multum profunda quae submergit et cooperit res, tunc oculus erit niger. Hoc voluit Aristoteles, et Avicenna decimo nono de Animalibus.

Capitulum II.

De proprietatibus anterioris glacialis.

The lens.

Anterior autem glacialis habet multas proprietates. Nam prima et principalis est, quod virtus visiva est tantum in eo, secundum Alhazen et caeteros. Alia enim omnia ante ipsum sunt instrumenta ejus, et propter ipsum. Nam si ipse laedatur, aliis salvis, destruitur visio, et si ipse sit salvus, et aliis accidat laesio, dummodo maneat eorum diaphaneitas, non destruitur visio, quin fiat; nam dum remanet diaphaneitas inter glacialem continuata cum diaphaneitate aeris, non destruitur visio, dummodo salvus sit ipse anterior glacialis. Et anterior glacialis est humidus, ut citius patiatur a specie lucis et coloris, nam bene sicca non de facili recipiunt impressiones; et est subtilis, quia subtilitas corporis facit ad subtilitatem sensus; et est aliquantulum diaphanus, ut recipiat formas lucis et coloris, et per ipsum transeant usque ad nervum communem; et est aliquantulum spissus, ut retineat in eo diu species, quatenus appareant virtuti visivae, et possit fieri judicium. Nam si esset nimiae diaphaneitas, tunc pertransirent species in eo, et non remanerent ut fieret aliquod judicium, et ideo oportet ut sit aliquantulum spissus, quatenus patiatur a speciebus passionem quae est de genere doloris. Videmus enim quod fortes luces et colores angustant visum et laedunt, et dolorem inferunt. Sed omnis actio lucis est unius naturae et coloris similiter, nisi quod aliqua est fortior et aliqua debilior. Ergo visus semper patitur passionem quae est de genere doloris, licet non semper hoc percipiat, quando scilicet species sunt temperatae. Sed passio dolorosa non fieret in corpore, nisi sit bene densum, quia si esset nimiae raritatis, non maneret species quatenus actionem doloris posset facere. Et superficies ejus est ex majori sphaera quam humor vitreus, ut superficies ejus sit aequidistans superficiei anteriori visus, quatenus idem habeant centrum, quod est centrum totius oculi et corneae et humoris albuginei quae ei principaliter deserviunt ad actum videndi, et magis quam uvea. Et est superficies seu portio anterioris glacialis minus medietate sphaerae suae, nam aliter non sequeretur quod ejus centrum esset interius in profundo oculi, ut suppositum est.

CAPITULUM III.

De proprietatibus vitrei, telae, et nervi visibilis, et consolidativae.

Vitreous, optic nerve, sclerotic.

Humor vero vitreus est spissior anteriori glaciali, quoniam oportet, quod species quae non est perpendicularis frangatur in eo inter perpendicularem ducendam a loco fractionis, et inter incessum rectum, de qua fractione in parte praecedente de multiplicatione lucis est satis dictum. Et nisi sic fieret fractio nunquam perficeretur visio, ut inferius exponetur. Et est color vitrei magis albus quam sanguis, et minus albus quam anterior glacialis, quae est nutrimentum ejus, ut superius est praetactum. Et est portio minoris sphaerae, quatenus centrum sphaerae ejus sit diversum a centro anterioris glacialis, quoniam hoc necesse est propter fractionem praenotatam. Et ejus nobilissima proprietas est quod sensus, qui est in anteriori glaciali, continuatur in eo per totum nervum opticum usque ad ultimum sentiens, quod est in anteriori cerebro, ut dicit Alhazen. Circumvolvuntur vero hi duo humores una tela, quoniam humores nisi retinerentur, aliquo fluerent, et non remanerent secundum unam figuram. Et ista tela est valde rara, ut non occultet species, et est sphaerica, quia continet portionem sphaerae, quamvis aliae sint rationes de hoc, sicut de toto oculo et partibus ejus. Nervus autem, ut dicit Alhazen, super quem componitur oculus, est totaliter opticus, ut currat species in eo usque ad cerebrum, et quatenus species rei visibilis, et calor naturalis ei debitus et virtus primi sentientis veniant libere ad oculum, et ideo opticitas est idem quod concavitas. Consolidativa quoniam est exterior, ut congreget et conservet omnia, et est aliquantulum humida, ut melius praeparentur loca tunicarum in ea, quia citius et facilius capiunt figuram loci in ea propter mollitiem quam si esset dura; et adhuc est humida, ut non accidat velociter siccitas in tunicis. Et est aliquantulum retentiva et fortis, ut conservet situs et figuras tunicarum, quatenus non alterentur cito; et est alba, ut per ipsam forma faciei sit pulchra.

Capitulum IV.

De palpebris, ciliis, et toto oculo.

Eyelids, lashes.

Palpebrae autem sunt, ut conservent oculum apud somnum, et ut faciant oculum quiescere quando fatigatur a forti specie. Et licet species sint temperatae adhuc, ne continue laboret oculus, indiget clausione palpebrarum. Et similiter nocet visui fumus et pulvis et alia, propter quod indiget clausione, et ideo sunt velocis motus, ut cito supponantur oculo cum appropinquant nocumenta. Cilia vero sunt ad temperandam lucem, quando generatur visus, et propter hoc adunat aspiciens oculum suum, et constringit ita ut possit aspicere ab angusto, quando lux fortis nocuerit ei. Duos autem oportet esse oculos ex benignitate Creatoris, ita quod si uni illorum accideret occasio vel laesio, remaneat alter. Et iterum ut forma faciei sit pulchrior. Oculi autem ambo sunt consimiles in suis dispositionibus, et in suis tunicis, et figuris suarum tunicarum, et in situ cujuslibet tunicae respectu totius oculi; et ambo habent consimilem positionem respectu nervi communis et cerebri. Et quamvis causae generales de rotunditate oculorum et partium suarum datae sint superius penes proprietates sphaerae, tamen oportuit specialiter ipsos esse rotundos propter duo, scilicet propter motum velocem ejus, ut possit visus discurrere quando volumus de uno visibili in aliud, et de parte una ejusdem visibilis ad aliam, quatenus quilibet comprehendatur in plena certitudine per hujusmodi motum velocem. Sed omnium figurarum sphaera est maxime apta motui. Atque oportuit oculos esse rotundos et partes ejus similiter, nam si esset planae figurae, species rei majoris oculo non posset cadere perpendiculariter super eum, quia lineae perpendiculares super planum tendunt ad puncta diversa, et singula secundum angulos rectos ut patet in figura. Nam lineae possunt cadere perpendiculariter super oculum *f g*, quod veniunt a *c d* visibili, quod aequatur oculo, sed ab *a* puncto et *b* non potest species venire perpendiculariter, sed ad angulos obliquos. Sed sensibilis actio, et talis qualis in visu exigitur, non est nisi quando species perpendiculariter cadit super visum. Cum ergo oculus videt magna corpora, ut fere quartam coeli uno aspectu, manifestum est quod non potest esse planae figurae nec alicujus nisi sphaericae, quoniam super sphaeram parvam possunt cadere perpendiculares infinitae quae a magno corpore veniunt, et tendunt in centrum sphaerae, et sic magnum corpus potest ab oculo parvo videri, ut patet in figura.

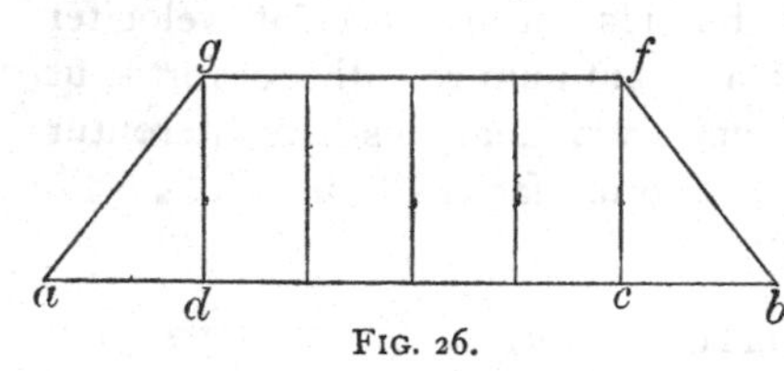

FIG. 26.

DISTINCTIO QUINTA.

Habens tria capitula. Primum est, quod species lucis et coloris exiguntur ad sensum.

CAPITULUM I.

Vision takes place through

Habitis his, quae proponenda sunt propter modum videndi, nunc oportet considerare quid sit iste modus, et quomodo fiat.

Et primo determinanda sunt, quae requiruntur ad visum factum per lineas rectas. Primum autem quod hic consideratur est, quod visus indiget specie rei visibilis, nam sine illa non videbit, secundum quod Aristoteles dicit secundo de Anima, quod universaliter sensus suscipit species sensibilium ad hoc, ut fiat operatio sentiendi. Item oportet patiens assimilari per agens; sed visus est virtus passiva, ut ostendit Aristoteles secundo de Anima, et ideo oportet quod assimiletur agenti, quod est visibile. Sed similitudo agentis non est nisi species, ut omnes sciunt. Item res continue facit speciem undique secundum omnes diametros. Sed cum obstaculum est inter speciem rei et visum non fit visus. Quando vero omne impedimentum amovetur, ut species ad oculum veniat, tunc videtur res. Quapropter oportet, quod visio fiat per speciem; sed praecipue per speciem lucis, et coloris. Quod enim colores operantur in visum, patet per hoc, quod cum aliquis aspexerit viridarium multae spissitudinis herbarum super quod oritur lux solis, et moretur in aspiciendo ipsum, deinde auferat visum suum et convertat eum ad locum obscurum, inveniet in illo loco obscuro formam illius lucis coloratam a virore herbarum. Et si in hac dispositione aspexerit visibilia alba in umbra, et in loco debilis lucis, inveniet colores rerum admixtos cum virore. Et si clauserit oculum et fuerit intuens in eo, inveniet in suo oculo formam lucis cum virore. Et eodem modo inveniet hujusmodi alterationem, si aspexerit colorem lazuleum vel purpureum, vel alium colorem fortem, ut quilibet potest experiri. Ergo oportet quod color operetur in visum. Sed lux magis; quoniam secundum diversitatem lucis orientis super visum et visibilia, accidit diversitas visionis in singulis. Nam lux multum excellens occultat visibilia caetera, et etiam laedit et gravat visum, et debilitat actionem videndi. Lux vero valde debilis non immutat visum ut oportet nec res revelat. Lux vero mediocris confortat visum in actione sua, et res denudat sufficienter. Quapropter species lucis maxime requiritur ad visum. Et iterum nos videmus, quod secundum diversitatem casus lucis ejusdem super eandem rem mutatur aspectus, et apparet visui color diversus, ut in collo columbae secundum quod vertit collum diversis sitibus ab luce, et sic

rays of light and colour passing from object to eye.

de cauda pavonis. Similiter multae res, ut squamae piscium, vel quercus putrida, et vermis quidam et avis quae vocatur noctiluca, quando lux oritur, occultatur eorum lux, et videtur color: quando vero sunt in tenebris, tunc lux eorum apparet. Manifestum est igitur, quod species lucis maxime operatur in visum. Et sine contradictione experimur, quod sine luce nihil videtur; oportet enim quod lux extrinseca solis, vel stellarum, vel ignis sit praesens in aere, vel lux propria oculi multiplicata ab oculo, sicut accidit de oculo cati. Quapropter oportet semper speciem lucis requiri ad visum.

CAPITULUM II.

Quod visio non compleatur in oculis, sed in nervo.

Vision effected not in the eye, but in the brain.

Sciendum est, quod visio non completur in oculis secundum quod docent auctores Perspectivae. Nam duae species diversae veniunt ad oculos, et diversitas speciei diversificat judicium, quia per diversas species judicabitur una res esse duae. Similiter per diversitatem judicantis. In duobus enim oculis judicia fiunt diversa. Ergo una res visa aestimabitur adhuc diversa. Oportet ergo quod aliud sit sentiens praeter oculos, in quo completur visio, cujus instrumenta sunt oculi qui reddunt ei speciem visibilem; et hoc est nervus communis in superficie cerebri, ubi concurrunt duo nervi venientes a duabus partibus anterioris cerebri, qui post concursum dividuntur, et extenduntur ad oculos. Ibi igitur est virtus visiva, ut in fonte, et quia tunc virtus fontalis est una, ad quam continuantur virtutes oculorum per medium nervorum opticorum, ideo potest una res apparere una, quantum est ex hac causa. Sed adhuc oportet quod duae species venientes ab oculis concurrant ad unum locum in nervo communi, et una fiat ex eis intensior et plenior, quam altera illarum. Naturaliter enim miscentur duae formae ejusdem speciei in eadem materia et eodem loco, et ideo non distinguuntur, sed fit una[1] postquam ad unum locum veniunt. et tunc quia virtus judicans est una, et species una, fit unum judicium a re una. Cujus signum est, quod

[1] fit una, i. e. una species; or una forma.

quando non veniunt species a duobus oculis ad unum locum in nervo communi, videtur una res duae. Et hoc patet, quia situs naturalis oculorum mutatur, ut si supponatur digitus alteri oculo aut obliquetur aliqualiter a loco suo, tunc species ambae non veniunt ad unum locum in nervo communi, et tunc videtur una res duae; sicut accidit de lusco, qui non habet situm consimilem oculorum respectu nervi communis, et ideo suorum oculorum species, nisi diligenter caveat et rectificet situm eorum, venient ad loca diversa in nervo communi, et ideo ei saepius apparet unum duo. Sed naturaliter oculi bene compositi et sani habent situm consimilem respectu nervi communis, et ideo species duae veniunt ad eundem locum in eo et fiunt una, ut sic per unam speciem et unum sentiens fiat judicium unum de re una. Et experientia docet, quod quando laeditur nervus communis, destruitur visio in oculis, et non destruitur virtus in nervo communi, propter laesionem oculorum. Et quando curatur nervus communis, fit visio in oculis sanis, et quando oculi sanantur, iterum fit visio, propter hoc quod virtus in nervo communi fuit salva, et non destruitur in nervo communi.

CAPITULUM III.

De ultimo sentiente.

Quoniam autem Alhazen dicit, quod istud ultimum sentiens est in anteriori parte cerebri, videretur sic alicui, quod esset sensus communis, et imaginatio, vel phantasia, quae sunt in anteriori cerebro, ut prius dictum est: praecipue cum ibi dictum sit, quod non completur judicium de aliquo sensibili antequam veniat species ad sensum communem. Sed dicendum est quod ultimum sentiens potest esse origo omnium sensuum, et sic non loquitur hic de ultimo sentiente: hoc enim est sensus communis in anteriori cerebri. Aliter est ultimum sentiens specialiter in visu, vel auditu, vel odoratu, vel aliis, loquendo de uno sensu particulari, et sic ultimum sentiens est nervus communis in visu respectu duorum oculorum, qui sunt instrumenta, quae primo immutantur a visibili,

The act of vision begins in the eye, but is completed at the point in the brain where the optic nerve originates.

sicut carunculae similes summitatibus mamillarum; nam illa sunt instrumenta quae primo immutantur ab odore, et nervus ad quem continuantur apud anterius cerebri est radicale et fontale instrumentum olfaciendi. Quod autem dicit hic ultimum sentiens esse in anteriori parte cerebri, dicendum quod non sumitur hoc anterius cerebri pro cellula prima cerebri, sed locus propinquus ei, scilicet in foramine cranii, ubi est concursus nervorum; quia enim est ante cerebrum et prope, vocatur anterius cerebri. Similiter est de instrumento olfactus; nam oritur ex medio anterioris cerebri, et extenditur inter duas summitates uberum prope cerebrum, et propinquius quam nervus visualis, quia maxime necessarium est animali ut per odorem confortetur cerebrum. Et praecipue in homine, quia habet majus cerebrum respectu sui corporis quam aliud animal, ut dicit Aristoteles in libro de Animalibus.

Et sic patet quod non solum oculi judicant de visibili, sed incipitur judicium in eis, et completur per ultimum sentiens, quod est virtus visiva fontalis in nervo communi. Et similiter patet quod oculi sentiunt, et non solum nervus communis. Sed quoniam oculi ordinantur ad virtutem radicalem, et ab illa fluunt virtutes ad oculos, et continuatur virtus sensitiva per totum nervum a nervo communi ad oculos, ut dicit Alhazen, ideo una est operatio visiva, et judicium quod perficitur per oculos et nervum communem. Et licet dicat, quod oculus est instrumentum ultimi sentientis, et medium inter ipsum et visibile, tamen oculus necessario habet judicium et virtutem videndi, licet incompletum. Nam angulus, per quem rei quantitas cognoscitur glacialem non excedit, atque ordinatio rei visae secundum esse suum fit in superficie glacialis, per quam ordinationem res distincte cognoscitur, et hoc est quod statim declaratur [1].

[1] With the foregoing description the words of Alhazen may be compared. 'Spiritus visibilis emittitur ex anteriori parte cerebri, et implet duas concavitates duorum nervorum primorum conjunctorum cum cerebro, et pervenit ad nervum communem et implet concavitatem ejus, et venit ad duos nervos secundos opticos, et implet ipsos, et pervenit ad glacialem, et dat ei virtutem visibilem.'

DISTINCTIO SEXTA.

De evacuatione confusionis videndi, habens capita quatuor.

CAPITULUM I.

In quo principaliter excluditur confusio videndi, quae videtur oriri ex parvitate pupillae.

Rays perpendicular to the ocular surface need alone be considered.

Considerandum ergo est, quod, ut in superioribus verificatum est[1], actio naturalis completur per pyramidem, cujus conus est in patiente, et basis est superficies agentis. Nam sic virtus venit a toto agente objecto patienti, ut prius declaratum est, quatenus actio fortis sit et completa; et ideo in visu sic exigitur, ut a tota superficie agentis veniat species. Sed licet in alteratione naturali patientium exigatur quod singulae pyramides veniant ad singulas partes patientis, propter hoc quod quilibet punctus patientis debet alterari, tamen in alteratione visus principaliter non exigitur nisi quod una pyramis veniat ab agente, et conus cadat in oculum, quae pyramis cadit perpendiculariter super oculum, ita quod omnes ejus lineae sint perpendiculares super ipsum. Nam principaliter non requiritur, nisi quod visus percipiat distincte rem ipsam et certitudinaliter et sufficienter, et hoc fieri potest per unam pyramidem in qua sint tot lineae quot sunt partes vel puncta in corpore viso, super quas species singulae veniant a singulis partibus usque ad anterius glaciale in quo est virtus visiva. Et illae lineae terminabuntur ad singulas partes glacialis, ut ordinentur species partium rei visae in superficies membri sentientis sicut sunt partes in re ipsa ordinatae, quatenus distinctum fiat judicium de singulis partibus et non confusum. Et sunt istae lineae perpendiculares super oculum ut fortiores species veniant, quatenus posset fortiter et potenter ac sufficienter videre, et judicare de re ipsa secundum esse suum. Nam oculus aut non

[1] Cf. vol. i. p. 119.

judicat, aut male per solas lineas non perpendiculares propter debilitatem speciei venientis per illas, quamvis tamen illae concurrentes cum perpendicularibus abundantius operentur ad cognitionem visibilis, ut inferius patebit. De perpendicularitate vero linearum et specierum, quare exigantur ad bonitatem actionis, satis habitum est in superioribus de multitudine specierum [1].

These may pass through the pupil in infinite numbers.

Sed nunc verificandum est, quod in superficie glacialis, licet sit modica, potest fieri distinctio visibilis cujuscunque per ordinationem specierum venientium ab eis, quoniam species rei, quantacunque sit, potest in minimo spatio ordinate collocari, quia tot sunt partes minimi corporis, quot sunt maximi, quia omne corpus est divisibile in infinitum, et omne quantum, sicut clamat tota philosophia. Et Aristoteles probat sexto Physicorum [2], quod non sit divisio quanti ad indivisibilia, nec componitur quantum ex indivisibilibus, et ideo tot sunt partes in grano milii, sicut in diametro mundi, quod patet in figura. Si fiat triangulus vel pyramis magnae basis *a b c*, et subtendatur cono ejus linea brevissima *e d*, constat autem quod a quodlibet puncto lineae *a b* potest duci linea in *c*, quia a puncto in punctum possumus lineam rectam ducere, et qua ratione ab extremitatibus basis potest duci linea in *c*, et ab aliis ejus punctis potest, et ab omnibus ejus partibus, quia lineae infinitae possunt ad unum punctum terminari. Hoc satis notum est. Si ergo omnes istae lineae pertingunt ad *c*, tunc pertranseunt per puncta *d e* lineae; cum ergo non concurrant ante *c*, transibunt per diversa puncta in *d e* linea, quia si per idem punctum omnes vel aliquae transirent, fieret concursus ante *c*, sed positum est quod non. Si enim fieret concursus omnium vel aliquarum in aliquo puncto *d e* lineae, proculdubio tunc post concursum separarentur ab invicem in infinitum, et non unquam concurrerent in *c*, ut patet ad sensum in hac pyramide breviori *f g h*. Quoniam ergo

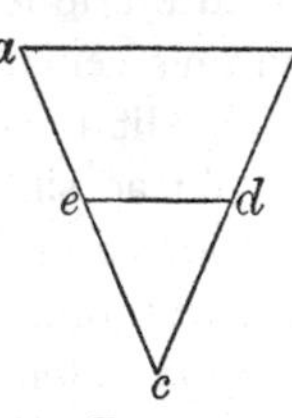

FIG. 27.

[1] Cf. vol. i. pp. 120–123.

[2] *De Nat. Auscult.* vi. § 3 *φανερὸν δὲ καὶ ὅτι πᾶν συνεχὲς διαίρετον εἰς ἀεὶ αἱρετα.* Cf. *Metaph.* xii. 8, § 9 *μέγεθος δ' ἐξ ἀδιαιρέτων συγκεῖσθαι πῶς δυνατόν;*

species partium rei visae quantaecunque possunt ordinari in superficie glacialis propter divisibilitatem quantitatis quae vadit in infinitum, et quae ponit tot partes in parvo corpore quot in magno, non accidit confusio quando species magna venit ad parvam superficiem glacialis.

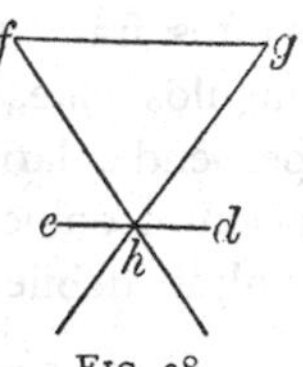

FIG. 28.

CAPITULUM II.

In quo evacuatur confusio secunda propter concursum radiorum declinantium cum perpendicularibus.

The oblique rays are neutralized by the greater force of the direct.

Caeterum oportet quod excludatur alia confusio quae potest fingi aliunde. Nam a qualibet parte rei visae exeunt species infinitae, ut in legibus[1] multiplicationis habitum est. Ergo tunc ad quamlibet partem glacialis venit species a tota re, et singulae pyramides, quarum coni sunt in quolibet puncto oculi et corneae et foraminis uveae, et basis omnium est res visa. Et ideo quilibet punctus corneae et foraminis uveae habebit species omnium partium confusas in se; quare fiet judicium confusum. Nec dicendum est, quod quilibet punctus oculi est divisibilis in infinitum, ut cadamus in cavillationem priorem. Quoniam nos hic accipimus punctum pupillae vel partem pro minimo sensibili in divisione partium pupillae, qua divisione hic utimur in distinctione partium membri sentientis secundum divisionem partium rei visae. Et propterea exclusa hac cavillatione possumus dicere, quod licet veraciter ad omnem punctum oculi et corneae veniat conus unius pyramidis a tota re, et quod species omnium partium sint ibi mixtae, tamen ad unum punctum oculi vel corneae et foraminis uveae non venit species perpendiculariter nisi ab uno puncto rei visae, quamvis ad eundem punctum veniant species infinitae declinantes ad angulos inaequales. Et ideo cum corpus oculi sit densius aere, oportet secundum leges

[1] speciebus, J. The reading of O., legibus, is better. Cf. vol. i. p. 117.

fractionis superius determinatas quod omnes lineae[1] declinantes frangantur in superficie corneae. Et quia casus ad angulos inaequales debilitat speciem, et similiter fractio, et perpendicularis incessus est fortis, ideo species perpendicularis occultat omnes declinantes, sicut lux major et fortior occultat multas debiles luces, ut lux solis luces stellarum infinitas occultat, unde ad *b* punctum venit perpendicularis ab ipso *c*, et ad idem *b* venit *a b* non perpendicularis, cum non cadat ad centrum oculi, et ideo occultatur species ipsius *a*, quamvis a puncto *b* possit species ipsius *a* venire ad glacialem per lineam *b d* fractam; et ideo penes perpendiculares est judicium. Et quia species perpendiculares sunt distinctae et ordinatae in superficie visus, ideo accidit distinctio[3]. Pyramis ergo perpendiculariter veniens facit visum adeo fortem, ut per ejus fortitudinem occultentur formae declinantes, et nihilominus distinctum ut excludat confusionem quae accidere videtur ex radiis declinantibus infinitis qui occupant quodlibet punctum pupillae. Et haec pyramis dicitur pyramis visualis et radiosa, per quam fit visus principaliter.

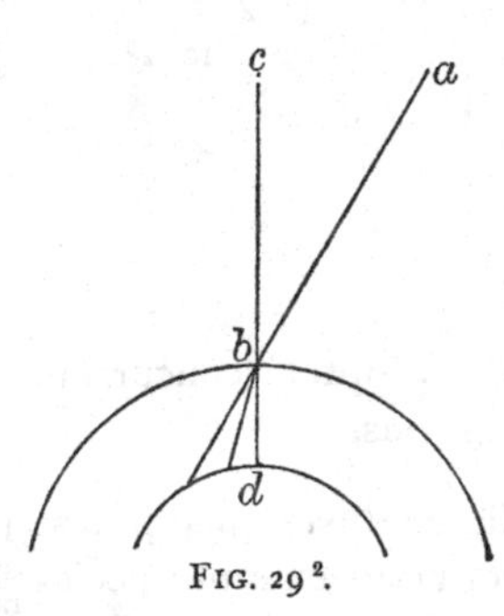

FIG. 29[2].

Some however by refraction may take part in vision.

Hoc dico, quia radii exeuntes a puncto rei a quo venit species perpendicularis ad punctum oculi, licet non cadant in illum punctum directe, sed ad alia puncta, tamen possunt ab aliis punctis in quae cadunt pertingere, per fractionem in tunicis oculi, ad eundem locum glacialis et nervi communis ad quem species perpendicularis super oculum venit ab eodem puncto rei, a quo veniunt illae declinantes; ut sic abundantius fiat visio cujuslibet partis rei visae, cum videatur per radios suos rectos et fractos. Sed de hoc fiet mentio in his quae de fractione dicentur. Atque propterea dixi fieri visum princi-

[1] illae, J.

[2] The figure is omitted in J.

[3] The reading in O. is, 'accidit distinctio, ut per ejus fortitudinem occultentur formae declinantes. Pyramis ejus perpendiculariter veniens facit adeo visum fortem et nihilominus distinctum ut excludat confusionem,' &c.

paliter per pyramidem radiosam: quoniam enim haec sola pyramis est perpendicularis super oculum, et cadit in foramen uveae, et directe opponitur centro oculi, ideo facit visionem bonam et principalem; et tamen nihilominus possunt species venire extra istam pyramidem ad oculum, quae cadent non perpendiculariter super corneam, et frangentur omnes, ut sic fiat visus per eas; sed debilis fiet, quia non perpendiculariter visa non manifeste apparent oculo. Et ideo possumus hic considerare duas pyramides; scilicet principalem, quae cadit in foramen uveae, vel unam majorem, compositam ex hac et ex speciebus venientibus ex utraque parte foraminis super corneam; quae tota sic aggregata non dicitur pyramis visualis, nec pyramis radiosa, cum tamen oculus per eam videat, sed aliquod principaliter et manifeste, ut omne illud quod cadit infra pyramidem visibilem, et alia oblique et debiliter, scilicet quae extra illam cadunt. Unde res potest esse ita magna, quod aliquod ejus cadet in pyramidem visualem, et bene videbitur, et alia a lateribus cadent extra pyramidem super oculum, et male videbuntur. Vel potest contingere, quod una res mediocris cadat in pyramidem visualem, et aliae res diversae videbuntur a lateribus. Vel potest esse, quod plures res parvae cadent in pyramide visibili, et a latere similiter cadent aliae. Sed semper videbitur principaliter et manifeste quod cadit in pyramide visibili, et nihil aliud. Maxime vero et in fine certitudinis videbitur illud, ad quod terminatur axis pyramidis visualis. Nam ille est perpendicularis super omnes tunicas et humores, et transit per omnia centra; et ideo species quae venit super eum est fortissima et plenissima, et facit certificationem. Sed de hoc inferius fiet sermo.

CAPITULUM III.

In quo evacuatur confusio tertia propter mixtionem specierum in aere.

Sed adhuc non modica dubitatio est, circa evacuationem tertiae confusionis, quae [1] habet ad purum discuti in tractatu

[1] From *quae* to the end of the following sentence is omitted from J.'s text,

Why rays from objects of many colours are not blended and blurred in transit.

de generatione et multiplicatione et corruptione et actione specierum, sine quo tractatu non potest sciri perspectiva. Sed tamen debet hic haec dubitatio propter necessitatem visionis aliquo modo brevius exponi, ne nimiam turbationem ingerat in modo videndi. Nam secundum veritatem species colorum miscentur in omni puncto medii; quoniam ex coloribus extremis fit medius, et ex duobus ejusdem naturae specificae fit una. Contraria enim scilicet extrema, dicit Aristoteles in decimo Metaphysicae[1], medium faciunt, ut album et nigrum; et duae albedines concurrunt in unum, quando sunt in eodem subjecto; non enim in eodem loco et subjecto possunt numerari, sed fit una. Sed sicut est de coloribus, sic de speciebus colorum, nam species est ejusdem naturae cujus est agens eam, et ideo de genere colorum est species colorum, quoniam species albedinis non potest esse in substantia nec in alio praedicamento, quam in qualitate, nec potest esse in aliquo genere vel specie specialissima alia quam in albedine, non enim est nigredo vel viriditas, nec aliqua alia. Ergo relinquitur quod species albedinis, quae est ejus similitudo, erit individuum in specie albedinis praedicamentali. Quapropter sicut albedo cum nigredine miscetur in eodem subjecto, sic species albedinis cum specie nigredinis. Et si hoc, ergo species mixta venit ab omni puncto aeris ad oculum perpendiculariter, et tota pyramis radiosa erit mixta a loco mixtionis in aere, et hoc est necessarium.

The reply that the ray is of immaterial nature is erroneous.

Et multitudo philosophantium vult in hac parte illud impedire, et dicunt quod species habent esse spirituale in medio et in sensu, et imponunt hoc Aristoteles et Averroes in libro de Anima secundo. Et quia esse habent spirituale et non materiale, ideo non servant leges formarum materialium, et propter hoc non miscentur, quia propter esse materiale miscentur formae materiales. Et ideo ponunt, quod diversae species lucis in medio et lumina infinita numerantur in eodem puncto aeris ac

and inserted in a foot-note. It should be restored to the text however, as it is found in the Harl. MSS. and in Combach's edition. [Cf. *De Multiplicatione Specierum*, Part III, cap. 3.]

[1] Apparently the reference is to *Metaphys.* lib. ix. 7, where proof is given that intermediate degrees must be of the same γένος as the extremes.

distinguuntur, ac species coloris et omnes hujusmodi species rerum, et propter hoc visus potest distincte videre res. Hic error est gravis valde: nam multa continet falsa et absurda, et oritur ex hoc, quod creditur quod oporteat ponere distinctionem visus, quam non aestimant fieri nisi species sint omnino distinctae in aere. Primo ergo salvabo distinctionem visus, ut videatur quod non est necesse sic errare. Deinde evacuabo facilius errorem, et exponam auctores qui videntur esse contrarii.

The solution lies in the preponderance of direct over oblique rays.

Dico ergo, quod species habent esse materiale et naturale in medio et in sensu: et quod vera mixtione miscentur species contrariae, ut species albi et nigri et mediorum colorum, et quod una sit species duarum albedinum et duarum lucium, et sic de caeteris speciebus ejusdem speciei praedicamentalis, et a loco mixtionis veniet species mixta ad oculum, et tota pyramis mixta erit. Sed species unius visibilis habet principalem et primam multiplicationem, caeterae autem habent accidentalem. Principalis autem multiplicatio seu prima est recta, fracta, et reflexa, et venit ab agente, ut superius verificatum est. Accidentalis vero seu secundaria non venit ab agente, sed a specie principali; sicut est de luce, quae venit ad angulos domus a radio solis cadente per fenestram; et haec est ita debilis ut non habeat comparationem ad principalem, nec ducit oculum in rem a qua venit multiplicatio. Unde homo in angulo domus habens speciem secundariam lucis solaris in oculo non videt solem sed radium cadentem per fenestram. Si vero ponat oculum ad radium principalem bene videbit solem. Dico ergo quod sicut radius perpendicularis occultat omnes declinantes qui cum eo terminantur; sic radius principalis occultat omnes radios accidentales. Unde in *d* puncto est vera mixtio albedinis, nigredinis, et rubedinis, et ab eo venit species mixta usque ad oculum super lineam *d e*. Sed in linea *d e* non est principalis multiplicatio nisi ab ipso *b* visibili, non ab *a* neque *c*, sed accidentalis et secundaria; quia non venit multiplicatio similis *a* et *c* nisi a speciebus eorum non ab ipsis. Sed principalis multiplicatio occultat omnes accidentales, sicut perpendicularis occultat omnes declinantes ei conterminales. Et sic tota pyramis est mixta ubique, sed nulla mixtio secundum multiplicationem principalem venit ad oculum.

Additional proof.

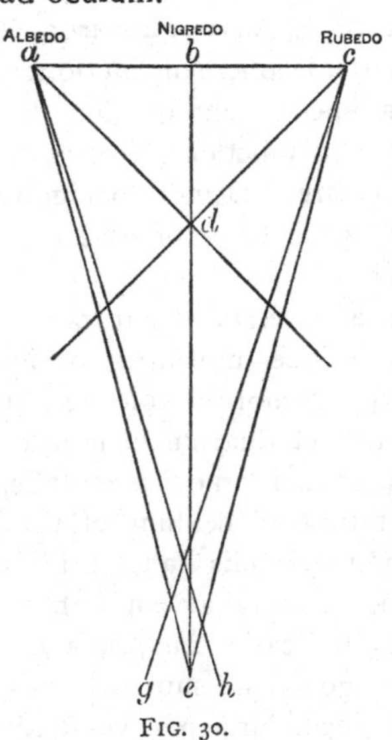

FIG. 30.

Et istud confirmatur per hoc, quod quando colores diversi habent eandem multiplicationem principalem, tunc apparet oculo color mixtus; ut quando vitrum vel crystallus, vel aliud corpus perspicuum coloratum opponitur visui, et aliud corpus densum retro illud perspicuum sit in directo illius et visus, tunc species utriusque corporis vadit in visum in eodem loco secundum multiplicationem principalem, et ideo mixtus color apparet. Et ideo per oppositum color simplex apparebit, quando unus color multiplicat se secundum lineam principalem, et alius accidentaliter, licet in eodem loco. Si ergo philosophantes istam visus distinctionem adverterent, nunquam ponerent species non misceri in medio, quia propter distinctionem visus, quam nesciunt salvare, cadunt in illum errorem. Et si dicatur, quod sicut species illae miscentur principali mixtione in quolibet puncto aeris, sic in oculo; ergo tunc erit confusio plena, quia vera et principalis erit ibi mixtio; dicendum est, quod vera et principalis potest esse mixtio in quolibet puncto oculi; sed una sola species in uno puncto erit perpendicularis, quae cadit in centrum oculi, et omnes aliae erunt declinantes, ut sunt *a h*, *c g*, et ideo occultabuntur, et non fiet judicium de eis, sed de perpendiculari quae est *b e*, et per eam de re ipsa quae est *b*[1].

[1] The figure in J. is incorrectly drawn; and further, as no reference is made to it in the text, the reasoning is made difficult to follow.

Capitulum IV.

In quo probatur vera mixtio specierum in quolibet puncto medii, cum evacuatione cavillationum in contrarium.

Cum autem dicunt, quod species habet esse spirituale in medio, hoc non est secundum quod spirituale sumitur proprie et primo, a spiritu, secundum quod dicimus Deum et angelum et animam esse res spirituales: quia planum est quod species rerum corporalium non sic sunt spirituales. Ergo de necessitate habebunt esse corporale, quia corpus et spiritus opponuntur sine medio. Et si habent esse corporale, etiam habent esse materiale, et ideo debent servare leges rerum materialium et corporalium, et ideo misceri, quando sunt contrariae, et una fieri, quando sunt ejusdem speciei praedicamentalis. Et hoc iterum patet, quoniam species est similitudo rei corporalis et non spiritualis: ergo habebit esse corporale. Item est in medio corporali et materiali, et omne quod recipitur in alio est per modum recipientis, ut dicitur in libro de Causis, et Boetius dicit in libro quinto de Consolatione. Ergo oportet quod habeat esse corporale in medio corporali. Caeterum species facit operationem corporalem, ut species caloris calefacit corpora, et exsiccat, et putrefacit, et sic de aliis speciebus. Ergo cum hoc facit calorem univoce, et mediante calore facit alia, necesse est quod sit res corporalis, quia res spiritualis non facit actionem corporalem univoce. Atque maxime facit ad hoc, quod species est ejusdem essentiae cum effectu agentis completo, et fit ille, quando agens invalescit super patiens. Quoniam in principio, quando ligna calefiunt, dum adhuc manent ligna, habent speciem ignis, et postea fortificatur actio, et species promovetur in ignem completum, quando ignis corruperit naturam specificam lignorum, et fit flamma, et carbo. Non ergo differt species a carbone et flamma, nisi sicut incompletum a completo, sicut embryo a puero, et puer a viro. Sed constat quod completum est materiale: ergo et incompletum, ubicunque accipiamus ea, quia incompletum fit completum. Manifestum est ergo, quod species rerum

Proof that the ray is material, not spiritual.

corporalium et materialium habebunt semper esse materiale et corporale, unde insania est contrarium sentire.

How the error arose.

Cum ergo Aristoteles et Averroes dicunt, quod species habet esse spirituale in medio et in sensu, patet quod non sumitur spirituale a spiritu, nec proprie. Ergo aequivoce et improprie, et hoc est verum. Nam pro insensibili sumitur: quia enim omne vere spirituale, ut Deus, angelus et anima, est insensibile, et non cadit sub sensum, ideo convertimus terminos et insensibilia vocamus spiritualia. Sed hoc est aequivoce, et extra verum et proprium sensum rei spiritualis. Unde species rerum non cadunt sub sensu forti et distinguenti et per se: cum enim nihil sit sensibile per se nisi densum, quia id solum potest visum terminare, lux vel species coloris in aere perspicuo non est visibilis per se, sed per accidens, quia scilicet aliquod densum est ultra aerem, ad quod visus terminatur, et sic percipit perspicuum esse in medio ad quod non terminatur visus, et per consequens claritas lucis in eo apparet. Et similiter cum cadit per fenestram radius, videtur per accidens propter figuram determinatam fenestrae a qua figuratur lux, et propter loca opaca undique, ut sic oppositum juxta suum contrarium positum facilius appareat. Similiter quando radius solaris transit per vitrum vel per pannum fortiter coloratum, apparet species coloris in opaco. Sed hoc est dupliciter per accidens, tum propter nimiam claritatem lucis respectu coloris, tum respectu opaci, quod luci opponitur. Et in corporibus stellarum videtur species lucis solaris, sed non per eam, sed propter densitatem corporis stellae, quae densitas terminat visum; et densum etiam est causa illuminationis, ut superius est annotatum. His ergo casibus videtur species per accidens, et similiter aliquando propter debilitatem visus nimiam et propter negligentiam videndi, sicut in certis casibus exponetur inferius. Et quia solum per accidens, ut ex defectu visus et negligentia videndi, possunt aliquando quasi a casu species visibilium percipi quodammodo, ideo non dicuntur visibiles nec sensibiles simpliciter, et nomine absoluto. Similiter in tangibilibus et odorabilibus et aliis speciebus sensibilium, nec per se nec per accidens accidit sensus de eis, et ideo species sunt insensibiles. Et quia insensibiles sunt, vocantur spirituales: sed haec spiritualitas non contradicit corporalitati nec materialitati in rebus materialibus et corporalibus.

True blending of rays.

Quod etiam species concurrant in unam, et quod vere fiat una ex pluribus, patet per auctorem perspectivae Alhazen[1], et per Ptolemaeum, qui hoc dicunt, et per ea quae dicta sunt de primo sentiente. Nam oportet quod in eo duae species venientes ab oculis fiant una, ut res visa appareat una, et non duae. Et dicit Alhazen in primo libro quod luces miscentur medio; et Ptolemaeus manifeste docet mixtionem specierum in libro tertio. Quod autem Alhazen per experimentum[2] vult probare, luces non misceri in aere, cum tres candelae opponuntur uni foramini; nam tunc luces apparent ultra foramen distinctae, ergo et in foramine, ut videtur dicere: dicendum est, quod uno modo intelligitur vera mixtio, et alio modo dicitur esse distinctio. Nam in veritate miscentur in foramine; sed quia lux incedit directo incessu, dum in eodem medio multiplicatur, ideo oportet quod lux cujuslibet candelae, sicut ante foramen per diversas lineas rectas transivit, sic ultra foramen quantum ad multiplicationem principalem, et ideo incessus primi et principales dividuntur ultra foramen sicut ante. Sed multiplicatio accidentalis duarum candelarum decurrit cum multiplicatione principali tertiae candelae, et sic est mixtio ultra foramen. Sed quia multiplicatio accidentalis non ponitur in nervum cum principali, nec visus de illa judicat, quia occultatur per principalem, ideo non apparet nobis confusio, nec mixtio in locis ubi cadunt lumina candelarum. Est ergo mixtio in casu luminum, scilicet accidentalis lucis cum principali; et auctor negat apparentiam mixtionis,

[1] Alhazen, i. cap. 5, § 28. Cf. Ptol. *Opt.* p. 79 (ed. Govi). Ptolemy deals specially with the union of the two *formae* (=species, or impressions) received by the two eyes. Alhazen, in the passage referred to, is speaking of the mixture of *formae* in the medium. His account of the matter is less clear than Bacon's. 'Proprietas coloris et lucis est,' he says, 'ut formae eorum extendantur secundum verticationes rectas.' Bacon admits the mixture, but asserts the preponderance of the vertical radiation. With regard to the experiment with the candles, the only difference between Alhazen and Bacon seems to be that the latter asserted that a mixture of rays took place in the opening, from which secondary rays proceeded. The distinctness, however, of the image of each candle is obvious to any one who tries the experiment.

[2] Alhazen, i. cap. 5, § 29.

quia occultatur, atque negat mixtionem principalium multiplicationum in locis ubi cadunt; et hoc concedo; et tum est ibi mixtio quam dixi de foramine. Dico vero quod lux considerata ut est in foramine absolute, oportet quod misceatur naturali mixtione, et fiat una lux indivisa, et hoc non negat. Sed si consideremus luces in foramine in quantum natae sunt ad incessus rectos principales divisos post foramen, sicut ante, sic dicuntur dividi et non misceri. Unde absolute loquendo miscentur, sed respectu incessuum principalium diversorum, in quos ipsae luces jam derivandae dicuntur esse in foramine, divisae et distinctae. Sed sic esse distinctum est aequivoce acceptum, nec opponitur verae mixtioni absolute, quia hoc est effective, non formaliter: solum enim in foramine dicuntur esse distinctae, quia faciunt post foramen incessus distinctos, sicut sol dicitur calidus, quia facit calorem, non quia informetur calore. Quicunque ergo vel stoici, vel philosophi, vel quicunque sapientes antiqui dicunt, quod species lucis et coloris vel aliae species simul sunt distinctae in medio, non est hoc intelligendum absolute, sed quia faciunt incessus distinctos principales ultra locum mixtionis, sicut ante[1].

[1] The problem discussed by Bacon in the two foregoing chapters is one that presented great difficulties to natural philosophers, not merely in antiquity and in the middle ages, but down to a period at least as late as the middle of the eighteenth century. Assuming that light, heat, or sound were conveyed to our senses by progressive disturbances of the medium interposed between the sensory organ and the object apprehended (and this, as will be seen, was Bacon's view), how was it that these lines of disturbance proceeding simultaneously from different objects or from different points in the same object did not produce confusion when they intersected? The explanation offered by some that these lines of radiating force were of immaterial and spiritual nature, and therefore like other spiritual things had no relation to space, Bacon rejects as an untenable evasion of the difficulty: one of the barren solutions characteristic of scholastic logic when unimpregnated by scientific research. (Cf. *Mult. Sp.* iii. 2.) His own solution was that the line of force which impinged vertically on the sense-organ was so much more effectual than those which fell upon it obliquely as to neutralize them. The solution was at least real, so far as it went; though of course entirely insufficient. But it was much to have conceived distinctly the importance of the problem. For a better solution the world had to wait until Daniel Bernoulli solved the problem of the coexistence of small oscillations; proving that the oscillations due to different causes went on as though each took place separately. (Cf. Comte, *Philosophie Positive*, i. 530, ed. Littré.)

DISTINCTIO SEPTIMA.

Habens capitula quatuor. Primum evacuat errorem visus, qui fieret si vitreus et glacialis essent ejusdem naturae.

CAPITULUM I.

The vitreous denser than lens, so that ray entering from latter is refracted.

Postquam evacuata est confusio videndi, nunc ostendum est quomodo alia, in quibus inest error, vitentur. Nam si radii pyramidis visualis concurrant in centrum anterioris glacialis, tunc oportet quod dividantur ab invicem, et quod fuit dextrum fiat sinistrum et e contra, et superius fiat inferius, et sic totus ordo rei visae mutabitur, ut facile patet in figura: et ita non veniet species dextrae partis rei ad locum suum, sed ad contrariam partem, et sic de sinistro, et de aliis differentiis positionis. Quatenus ergo hic error vitetur et species dextrae partis currat secundum suam partem, et sinistra secundum suam, et sic de aliis, oportet quod sit aliud inter anterius glacialis et inter centrum ejus, quod impediat hujusmodi concursum. Et ideo ingeniata est natura, ut poneret humorem vitreum ante centrum glacialis, quod est alterius diaphaneitatis et alterius centri,

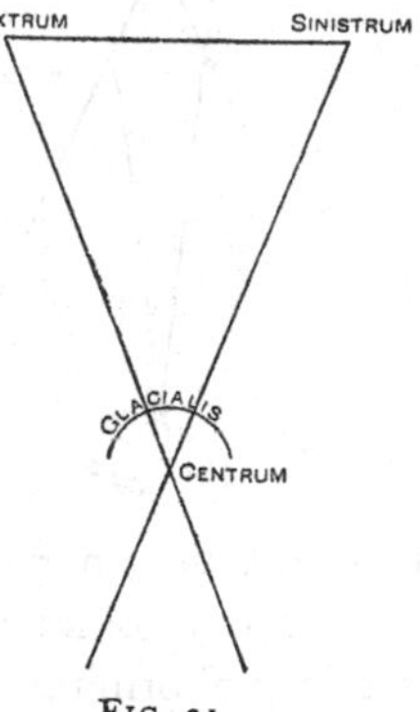

FIG. 31.

ut posset fieri fractio in eo, quatenus radii pyramidis elongentur a concursu in centrum anterioris glacialis. Cum ergo omnes radii pyramidis radiosae praeter axem, qui transit per omnia centra, sint declinantes ad angulos obliquos super humorem vitreum, quod est alterius diaphaneitatis, oportet quod omnes illi radii frangantur in ejus superficie, sicut superius in fractionibus certificatum est. Et quoniam humor vitreus est densior anteriori glaciali, ideo oportet, quod fractio fiat inter incessum rectum et perpendicularem ducendam a loco fractionis, ut in multiplicationibus specierum patuit. Quapropter oportet quod radius *m q*, cum venit in puncto *q* in superficie vitrei humoris, qui est *g d f*, non transeat per rectum incessum in *a* centrum anterioris glacialis, quod est *g h f*, sed frangetur in puncto *q*, inter incessum rectum qui est *q a* et inter perpendicularem ducendam a loco fractionis, qui est *q*, in humorem vitreum, qui perpendicularis est *b l*; nam *b l* vadit in centrum humoris vitrei[1], quod est *b*. Et sic species dextra semper ibit secundum partem suam usque veniat ad punctum nervi communis, qui est *c*, et non ibit secundum partem sinistram. Eodem modo *p u* radius non curret in *a* centrum anterioris glacialis, sed frangetur inter incessum rectum, qui est *u a*, et perpendicularem *b s* ducendam a loco fractionis, qui est *u*, et sic *p u* radius curret ad punctum nervi communis in *c*, et fiet semper secundum partem sinistram. Et sic est de speciebus venientibus ab aliis partibus omnibus, quod semper ibunt secundum vias sibi debitas, et per situm quem debent habere, ut nullus error accidat.

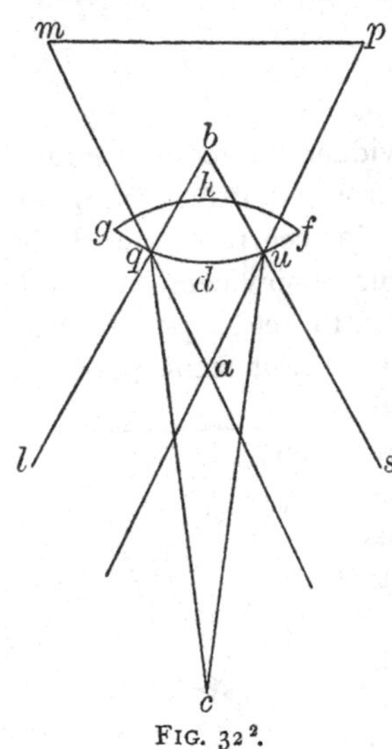

FIG. 32[2].

Quoniam vero nervus repletur a vitreo humore consimili usque ad nervum communem, ideo non est alia fractio, sed currit species uniformiter sine fractione, nec in aliquo immutat incessum rectum, nisi secundum tortuositatem nervi. Et in hoc est miranda potestas virtutis animae, quod facit speciem sequi

[1] It must again be repeated that by *centrum* Bacon means the centre of curvature of the concave surface of the vitreous humour formed by the convexity of the lens. So, too, the *centrum anterioris glacialis* means the centre of curvature of the anterior surface of the lens. Bacon was mistaken as to the refractive properties of these two media. The lens has the higher refractive index.

[2] In J's figure a straight line is drawn from *g* to *f*, and *q* and *u* are placed in this line, which spoils the reasoning. The refraction of the ray on entering the lens is not given.

tortuositatem nervi, ut secundum lineam fluat tortuosam, non secundum rectam, sicut facit in corporibus mundi inanimatis. Dum enim est in uno medio inanimato, semper vadit secundum vias rectas, ut superius declaratum est: sed propter necessitatem et nobilitatem operum animae, species in medio animato tenet incessum medii, et derelinquit leges communes multiplicationum naturalium, gaudens privilegio animae speciali. Sic ergo considerandum est, quod species rei visae necessaria est ad visum, et quomodo cadit in visum et omnes partes ejus [1].

Capitulum II.

In quo ostenditur, quod species seu virtus oculi fiat usque ad visibile propter actum videndi.

Force radiates from the eye to the object.

Nunc considerandum est, an species visus exigatur ad actum videndi. Manifestum est autem, quod species fit a visu sicut ab aliis rebus, quia accidentia et substantiae viliores visu possunt facere suas virtutes, multo magis ergo potest visus. Et patet per hoc, quod oculus est visibilis a se, ut per speculum, et ab alio potest videri. Sed nihil videtur nisi per speciem venientem a re visa. Sed an species haec, seu virtus visiva, seu radii visuales fiant ab oculo usque ad rem visam, dubium fuit semper apud sapientes. Sed Aristoteles sua dissolvit auctoritate decimo nono de Animalibus [2] hanc quaestionem, dicens quod nihil aliud est videre, quam virtutem visivam fieri ad rem visam. Et Ptolemaeus [3] in libro de Opticis,

[1] This remark on the propagation of force in living nervous tissue deserves attention.

[2] If to the nine books of *Historia de Animalibus* we add the four *De Partibus*, the one *De Incessu*, and the five *De Generatione*, we get nineteen. In *De Generatione Animalium*, lib. v. 1, Aristotle speaks of both theories, radiation to and radiation from the eye, without expressing a distinct preference for either. *Οὐδὲν γὰρ διαφέρει τὸ λέγειν ὁρᾶν, ὥσπερ τινές φασι, τῷ τὴν ὄψιν ἐξιέναι . . . ἢ τὸ τῇ ἀπὸ τῶν ὁρωμένων κινήσει ὁρᾶν.* On the other hand in the *Treatise de Sensu*, cap. ii. he condemns the latter decidedly; remarking, *ἄλογον δ' ὅλως τὸ ἐξιόντι τινὶ τὴν ὄψιν ὁρᾶν, καὶ ἀποτείνεσθαι μέχρι τῶν ἄστρων.*

[3] e.g. *Optica*, p. 17 (ed. Govi) 'Visus discernit situm corporum . . . per ordines radiorum a visu cadentium super illa.' And again, p. 29, 'Figuras cognoscit visus per figuras basium super quas cadunt visibiles radii.' But Ptolemy, while asserting the activity of the eye in vision, does not countenance the crude

id est, de aspectibus seu in perspectiva sua qui prius quam Alhazen dedit hanc scientiam, quam a Ptolemaeo acceptam Alhazen exposuit, vult per totum librum suum, quod ab oculo fiant radii visuales, usque ad rem visam. Et Tideus in libro Aspectuum affirmat hoc, et infert, quod visus nunquam certificaret distantiam inter ipsum et rem visam, neque quantitatem rei visae, neque locum et situm ejus, nisi radii visuales fierent a visu usque ad rem visam, et starent super ipsam, et comprehenderent superficiem ejus, et extremitates continerent. Et hoc similiter asserit Jacobus Alkindi in scientia sua de aspectibus, et Euclides, et omnes. Et si volumus per sanctos hoc confirmare, dicemus, quod ipsi concordant in hoc, et praecipue Augustinus; nam vult in sexto Musicae [1] quod species visus veniat et vegetetur in aere usque ad rem. Unde sicut res inanimata facit suam speciem inanimatam, sic res animata facit speciem quae habet quodammodo virtutem animae. Nam sicut se habet res inanimata ad suam speciem, quae similis est ei, sic se habet animata res ad speciem ei similem. Non tamen propter hoc medium quod est inanimatum erit animatum, sed assimilabitur animato per suam similitudinem jam receptam.

CAPITULUM III.

In quo objectiones solvuntur.

Apparent opposition of Alhazen and Aristotle to this view.

Et si contra hoc allegentur Alhazen, et Avicenna tertio de Animalibus, et Averroes in libello suo de Sensu et Sensato, respondeo quod non sunt contra generationem speciei visus, nec contra hoc quod faciat ad operationem visus, sed contra eos, qui posuerunt aliquod corpus ut speciem visibilem vel

view which Aristotle condemns, that the eye projects something from its substance towards the visible object. Euclid, again, in his *Optica*, and Theon, in his commentary on Euclid's work, speak of rays drawn from the eye to the object; as e.g. in the first of the definitions or postulates; *ὑποκείσθω τὰς ἀπὸ τοῦ ὄμματος ἐξαγομένας εὐθείας γραμμὰς φέρεσθαι διάστημα μεγέθων μεγάλων.* But they use this language rather as geometers than as physiologists.

[1] See Aug. *de Musica*, vi. 10, in which Augustine dwells on the activity of the soul (anima) in the act of sensation. But his language is hardly as explicit as Bacon represents it.

consimilem protendi a visu usque ad rem visam, per quod visus sentiret rem ipsam, et quod raperet speciem rei visae ac reportaret eam in visum. Haec enim fuit opinio aliquorum antiquorum in hac parte, qui nondum fuerunt experti certitudinem visionis. Dicendum est ergo, quod praedicti philosophi, scilicet, Alhazen et Avicenna et Averroes, nihil aliud impugnant, sicut patet ex eorum textu. Sed tamen vulgus imbuitur contrario propter exemplum Aristotelis in Topicis, quia quod quilibet audit a juventute trahit in consuetudinem, ut aliud recipere non velit. Aristoteles enim in libro Topicorum, quia dat artem arguendi ad omne problema, ponit exempla, quae sunt positiones philosophorum de quibus fuit dubitatio et sermo communis inter eos, sicut manifestum est ex libro illo. Et ideo illud exemplum famosum, quod visus fiat intus suscipiendo et non extramittendo, recitat secundum opiniones famosas. Nam Stoici sic posuerunt, ut patet per Boetium quinto de Consolatione in illo metro, Quondam porticus attulit obscuros nimium senes, &c. Atque in libro Priorum dicit, quod exempla non ponimus semper quia vera sunt, sed ut assentiat qui addiscit. Non ergo asserit Aristoteles quod visus non fiat extramittendo, sed recitat secundum opinionem vulgatam, et pro exemplo non pro veritate. Quod etiam secundo de Anima[1] nitatur ostendere, quod universaliter sensus est de genere virtutum passivarum, et non docet sensum esse activum; dicendum est, quod hoc fuit necessarium propter positionem sui magistri Platonis, et multorum Platonicorum. Nam vulgatum fuit inter eos, quod visus tantummodo fuit activus, et quod emitteret speciem visibilem ad omnia visibilia contuenda, unde subito ad astra visus secundum eos mittit speciem visibilem qui contuetur ea et reddit visui species

[1] J. has animalibus; but the reference is clearly to *De Anima*, ii. 12 § 1 (*ἡ αἴσθησίς ἐστι τὸ δεκτικὸν τῶν αἰσθητῶν εἴδων*, et seq.). The passage in the Topics (i. 12, § 2) merely expresses a view which might be held with a fair degree of probability, based on the analogy of the sense of sight with the sense of hearing.

The excuse here given for what Bacon evidently considers Aristotle's obscurity, if not error, is curious. This time it is not bad translation. By his use of the word *Stoici*, here and elsewhere, Bacon shows that he did not distinguish between the two Zenos.

earum. Et ideo Aristoteles, qui voluit certificare de singulis secundum possibilitatem sui temporis, reprobavit utramque opinionem de visu, scilicet Stoicorum, qui posuerunt eum tantum esse passivum, et Platonicorum, qui voluerunt esse tantum vel principaliter activum et erronee. Sed unam scilicet Stoicorum libro de Animalibus destruit, aliam Platonicorum libro de Anima, sicut ei placuit. Exercitati vero in philosophia Aristotelis et praecipue in perspectiva aestimant quod visus est activus et passivus. Nam recipit speciem rei visae, et facit suam virtutem in medium usque ad visibile. Quoniam multiplicatio speciei ad omnem distantiam est in instanti, ut plures aestimant, vel magis in tempore sed tamen insensibili, et latet sensum hoc tempus propter sui parvitatem.

Capitulum IV.

In quo redditur ratio veritatis.

Force travels simultaneously from object to eye and from eye to object.

Et ratio fit hujus positionis, quod omnis res naturalis complet suam actionem per solam virtutem suam et speciem, ut sol et caetera coelestia per suas virtutes immissas in res mundi causant generationem et corruptionem rerum; et similiter res inferiores, ut ignis per suam virtutem exsiccat, et consumit, et multa facit. Et ideo oportet quod visus faciat operationem videndi per suam virtutem. Sed operatio videndi est certa cognitio visibilis distantis, et ideo visus cognoscit visibile per suam virtutem multiplicatam ad ipsum. Praeterea species rerum mundi non sunt natae statim de se agere ad plenam actionem in visu propter ejus nobilitatem. Unde oportet quod juventur et excitentur per speciem oculi, quae incedat in loco pyramidis visualis, et alteret medium ac nobilitet, et reddat ipsum proportionale visui, et sic praeparet incessum speciei ipsius rei visibilis, et insuper eam nobilitet, ut omnino sit conformis et proportionalis nobilitati corporis animati, quod est oculus. Sed quoniam haec positio est dubia multis, ideo praeter verificationes nunc habitas afferam veras et certas experientias multiformes, secundum quod in diversis locis occurrent inferius circa alias conclusiones, quae necessario hanc positionem comitantur. De multiplicatione autem ejus intelligendum est quod jacet in loco eodem cum specie rei visae inter visum et rem visam, et fit secundum pyramidem cujus conus est in oculo et basis in re visa. Et secundum quod species rei in eodem medio recte incedit et frangitur diversis modis, quando occurrit medium alterius diaphaneitatis, et reflectitur quando venit obstaculum densi corporis; sic est de specie visus, quod omnino incedit secundum incessum speciei ipsius visibilis. Et quamvis species oculi jaceat in forma pyramidis, cujus conus est in oculo, et basis stat super omnes partes rei visae, tamen a superficie glacialis fiunt pyramides infinitae, quarum omnium una basis est, et earum coni cadunt in singula puncta rei visae, ut sic videantur omnes partes visibilis in ea fortitudine quae fieri potest. Et tamen una pyramis est principalis, scilicet illa cujus axis est linea transiens per centrum omnium partium oculi, quae est axis totius oculi; nam illa certificat omnia, sicut superius dictum est, et uberius exponetur.

Being of different nature, no confusion arises from their meeting.

Et licet species visibilium, ut lucis et coloris, misceantur in medio, scilicet quod plures luces in unam concurrant, et plures colores misceantur, ut dictum est, et haec species rei et species visus jacent in eodem loco indiviso; tamen non est confusio istarum specierum, nec mixtio, nec fit unum ex eis, quoniam non sunt ejusdem speciei, nec ejusdem generis; quoniam pupilla colorem non habet, nec color et lux habent virtutem animae. Species autem oculi est species animati corporis, in qua virtus animae dominatur[1], et ideo non habet comparationem ad speciem inanimatae rei, ut unum fiat ex eis, sicut nec ex albedine et dulcedine in lacte; et multo minus hic, quia magis distat animatum ab inanimato, quam duo inanimata.

[1] This is not inconsistent with what has been said before, that the *species*, or ray, is in all cases of material not of spiritual nature. *Animatum corpus* was, in Bacon's view, as material as *inanimatum*. His peculiar views as to the diversity of matter, of which something has been said in the Introduction, made this way of thinking easy to him.

DISTINCTIO OCTAVA.

In qua proponitur quod praeter speciem exiguntur novem[1] ad visum, habens tria capitula. In primo docetur, quod lux et distantia debita requiruntur ad visionem.

CAPITULUM I.

Conditions of vision. (1) Light.

Post haec vero considerandum est, quod praeter speciem, novem requiruntur ad visum, sicut docent auctores perspectivae. Unum est lux, quia nihil videtur sine luce. Lux enim est primo visibile, deinde color et caetera viginti quae prius numeravi, et omnia alia mediantibus eis videntur, sed nullum videtur nisi luce perfundatur. Cujus causa aestimatur multis modis esse, scilicet aut quia color non habet esse verum in tenebris, secundum Avicennam tertio de Anima, aut si habeat, non potest facere speciem in eis secundum Alhazen, aut si potest non operabitur in visum, nec immutabit ipsum ut fiat actus visionis, secundum eundem Alhazen. Primum destruit Ptolemaeus in secundo Perspectivae dicens[2]: Si enim sic esset, etiam quaelibet res duae habentes situm eundem respectu lucis et visus viderentur similis coloris, cujus contrarium videmus in diversis rebus quasi universaliter, et in eadem re in diversis temporibus, ut in chameleone, qui mutat colorem secundum diversitatem rerum quae appropinquant ei, et in eo qui rubescit ex verecundia et pallescit in timore; quamvis eundem situm habeat res semper respectu lucis. Secundum patet esse falsum per simile de omni re alia activa, quae speciem faciunt in tenebris et in luce. Tertium est verum, et causa, quia visibile primum et principale est lux, et ideo nihil potest videri nisi mediante ea; sicut in aliis sensibus, nihil olfacimus nisi mediante odore, nec tangimus nisi mediantibus quatuor

[1] The first six of those conditions are laid down by Alhazen, lib. i. prop. 36–42.

[2] Ptolem. *Optica*, pp. 11–12. Bacon has condensed Ptolemy's remarks, but has given his meaning accurately.

qualitatibus primis, quae sunt calidum, frigidum, humidum, siccum.

Secundum, quod ad visum exigitur, est distantia. Nam universaliter sensibile positum super sensum[1] non sentitur, ut Aristoteles dicit secundo de Anima: cujus causa est, quia omnis sensus fit extramittendo, id est, faciendo virtutem suam a se in medium, ut species sensibilis reddatur magis proportionalis sensui, et recipiat esse nobilius a specie sensus quatenus sit magis conformis sensui. Et hoc invenimus in omnibus sensibus. Nam de visu prius ostensum est; et similiter est in aliis duobus sensibus, qui habent medium extrinsecum, ut olfactus et auditus, quoniam Aristoteles dicit decimo nono de Animalibus[2], quod virtutes fiunt ab olfactu et auditu, sicut aqua de canalibus. Et similiter de sensibus qui non habent medium extrinsecum sed intrinsecum, ut tactus et gustus. Nam de tactu dicit Aristoteles secundo de Animalibus, quod ejus medium est caro et ejus instrumentum est nervus. Sed in duodecimo de Animalibus vult quod caro sentiat in tactu, sicut oculus in visu. Et Avicenna primo et secundo et tertio de Animalibus vult, quod cutis et caro sentiant. Ergo virtus sensitiva quae est in nervo, diffundit suam virtutem in medium tactus, quod est caro et cutis. Sed gustus est quidam tactus, ut Aristoteles dicit secundo de Anima, et habet medium intrinsecum, sicut tactus. Et ideo virtus gustandi, quae est in nervo, suam facit speciem in carnem et cutem linguae, immo quod plus est, in palatum et oris partes reliquas, ut quodammodo illae partes videantur sentire saporem.

(2) Distance.

Ad quantam vero distantiam possumus videre in planitie terrae et in montibus docet auctor de crepusculis[3], dicens, quod

[1] *De Anima*, ii. cap. 7, § 8. Aristotle shows that what is true of vision is also true of hearing and smell. *Οὐθὲν γὰρ αὐτῶν ἀπτόμενον τοῦ αἰσθητηρίου ποιεῖ τὴν αἴσθησιν.* It is even true, he goes on to say, though less evidently, of taste and touch.

[2] The nineteenth book *De Animalibus* is the fifth book *De Generatione*. The reference is apparently to the second chapter; though all that Aristotle says there is that animals which have something like long canals (*οἷον ὀχετούς*) connected with the senses of hearing and smell, hear and smell at greater distances.

The twelfth book *De Animalibus*, shortly afterwards referred to, seems to be the second book *De Partibus*. The reference is to cap. 8. See note on p. 170 of Dr. Ogle's admirable edition of this treatise.

[3] See vol. i. p. 229. The distance that would be visible from the summit of

prope tria milliaria ad plus videmus in terra plana; et in altissimo monte, cujus altitudo maxima est octo milliaria, non videbimus adhuc in superficie terrae nisi circiter 250 milliaria; et hoc facit gibbositas terrae visui resistens.

CAPITULUM II.

De tertio, quod est oppositio visibilis respectu visus.

Third condition. The object must confront the eye.

Tertium est oppositio visibilis respectu visus. Hoc enim exigitur in visu fracto secundum lineas rectas, sicut hic est intentio, quamvis per reflexionem et fractionem possit res videri sine oppositione. Sed mirabile est hoc, cum nos audiamus undique et olfaciamus, et in fronte sentiamus calorem ignis retro positi, si multus sit et fortis; et visus, qui est sensus nobilior, non facit sic. Et causa hujus rei est valde occulta et adhuc inaudita et invisa apud sapientes. Aristoteles enim in libro Problematum[1] debuit nos certificare de hoc, nam ibi tangit istud inter alia sua problemata secreta. Sed vel mala translatio, vel falsitas exemplaris Graeci, vel aliqua alia causa nos impedit in hac parte.

Propagation of sound and odour differs from that of light.

Certum tamen est, quod audimus ex omni parte sonos sine fractione et sine reflexione, ut proferens audit vocem propriam; sed impossibile est quod hoc sit secundum multiplicationem accidentalem, quia species accidentalis non facit nos sentire objectum, ut prius habitum est. Nec est per fractionem, quia unum est medium; nec est ibi densum, a quo fit reflexio; quapropter necesse est, quod sit secundum lineas rectas factas[2] in aurem. Ergo oportet quod sonus verus et non sola species soni sit opposita auri, et fiat multiplicatio in

a mountain eight miles in height is put, in J.'s ed., as *viginti quinque*, which is of course a gross understatement. In Alhazen's work, and in most MSS. of Bacon it is written in Arabic numerals, and the smallness of the final cipher led perhaps to the mistake.

[1] The reference is probably to sect. xi. 58, of this spurious work.

[2] Some MSS. have fractas (as in J.'s ed.) or fracta: but factas seems obviously right.

The meaning of the paragraph is that sound itself, consisting in tremor of aerial particles, and not merely the *species*, or radiation, from sound was diffused through space. (Cf. *De Mult. Spec.* i. 2.)

eam; sed primus sonus non potest objici auri. Ergo oportet quod sonus verus generetur in oppositione auris; et hoc est verum per hunc modum quem dicam. Nam sonus generatur ex hoc, quod partes rei percussae egrediuntur a situ suo naturali, ad quem situm sequitur tremor partium in omnem partem cum quadam rarefactione, quia motus rarefactionis est a centro ad circumferentiam, et sicut cum primo tremore generatur primus sonus, sic cum secundo secundus in secunda parte aeris, et cum tertio tertius in tertia parte aeris, et sic ulterius. Et quia hi tremores sunt impetuosi et maxime in aere, qui de facili mobilis est, et cum movetur bene, retinet impressionem motus, ideo secundus sonus et ultra usque ad bonam distantiam non est sola species soni, sed verus sonus saltem habens plus quam species. Et quia sic est, ideo voci multiplicatae ab ore juxta superficiem auris[1] secundum incessum primum potest consimilis per hujusmodi tremores aeris in omnem partem factos generari in aurem, non accidentali generatione sed principali, quia causa ejus est ibi, scilicet tremor dictus qui facit aerem tremere in aurem, et facit sonum verum in eam, et in omnem partem. Et sonus factus in aure vel prope aurem, et in directo ejus, non est species speciei, sed est ipse sonus factus a tremore. Et signum, quod sonus in partibus medii aeris a primo loco generationis non est species sola soni, sed habet magis de natura objecti, est quod violentior est sonus quam aliud sensibile, quia subito confundit auditum et interficit, quando multum excedit.

Odor autem non solum facit speciem, sed ab odorabili exit fumus, qui est corpus subtile diffundens se ubique in aerem, et cum venit in oppositione narium, multiplicat speciem suam usque ad instrumentum olfactus, et ideo fumus ille habet verum odorem, sicut odorabile primum; et propter hoc non solum species, sed verus odor invenitur hic in apertione narium, sed non primus, immo secundus, qui est in fumo.

Quatuor vero qualitates, ut superius tactum est[2] in legibus

[1] 'superficiem auris' is the reading of O. Four lines afterwards O. has 'aerem tremere in aurem.' The reading of J. 'aurem tremere in aurem' is unintelligible.

[2] The whole question of propagation of force is dealt with, though in a comparatively cursory way, in the fourth part of the *Opus Majus*. But it does

multiplicationum, possunt complere species suas, sicut quatuor elementa propter necessitatem generationis. Nam videmus, quod ignis non solum generat speciem suam, sed verum et perfectum ignem, in flamma et carbone; et sic calor ignis potest generare verum calorem, habens plus quam species sola, et hoc potest fieri undique in aere. Et ideo potest pertingere in oppositione partis animalis, quae non est exposita igni, scilicet, quando venit extra umbram ignis, quam facit res objecta usque ad punctum *a*, et tunc potest facere speciem in superficie rei, quae non est exposita igni per lineam *a b*. Sed hujusmodi casus non accidunt in istis visibilibus consuetis, et ideo oportet quod res sit in oppositione visus.

Capitulum III.

De quantitate sensibili ipsius visibilis.

Fourth condition. The object must be of a certain magnitude.

Quartum quod ad visionem exigitur est, ut res sit quantitatis sensibilis respectu sensus. Nam ita parvum potest esse visibile, quod non videbitur. Cujus causa est, quod species venientes a partibus visibilis debent ordinari distincte in superficie glacialis, et hoc sensibiliter respectu virtutis sentientis. Sed quando res est nimis parva, tunc species venientes a partibus visibilis singulis ad partes membri sentientis, licet secundum positionem quantitatis, ut est divisibilis in infinitum, distinguantur, tamen respectu sensus non distinguuntur, sed confunduntur propter nimiam propinquitatem in parva parte membri sentientis quam occupat pyramis visualis.

Extreme limit of angle of vision said to be a right angle.

Et huic annexum est considerare quantum in magnitudine maxima possumus videre per pyramidem visualem. Et hic est ingens dubitatio, quantum scilicet in maxima magnitudine potest ab oculo videri. Et homines dediti considerationibus perspectivae aestimant, quod oculus in superficie terrae, ut nunc videmus, non potest videre quartam coeli per pyramidem

not appear to contain any passage to which this can be a reference. On the other hand, in the treatise *De Multiplicatione Specierum* (Part I, cap. 6), this point is specially considered. The *Perspectiva* was often copied; and this reference to *De Mult. Spec.* may have been inserted afterwards.

radialem ; sed si oculus esset in centro mundi, videret quartam coeli sub illa pyramide ; quoniam ponunt, quod pyramis contineat in oculo angulum rectum, eo quod illi angulo subtenditur latus quadrati descriptibilis in sphaera uveae, scilicet, quod portio uveae, in qua est foramen, potest capere latus quadrati, et lateri quadrati respondet angulus rectus ; et cum ita sit secundum opinionem istorum, tunc aestimant quod in portione visa de coelo possit contineri latus quadrati, et ideo tota quarta videretur, si oculus esset in centro terrae. Quod si hoc, tunc sine dubitatione non potest quarta videri ab oculo existente in superficie terrae, per[1] vicesimam primi Elementorum Euclidis. Nam secundum eam, si a terminis basis trianguli ducantur duae lineae infra triangulum continebunt angulum majorem, ut patet in figura. Ergo conus pyramidis venientis in quarta coeli ad oculum in superficie terrae, contineret angulum obtusum. Cum ergo angulus pyramidis secundum eos rectus est, ipsa pyramis non habebit quartam coeli pro basi, quando oculus est in superficie terrae, sed minus quam quarta.

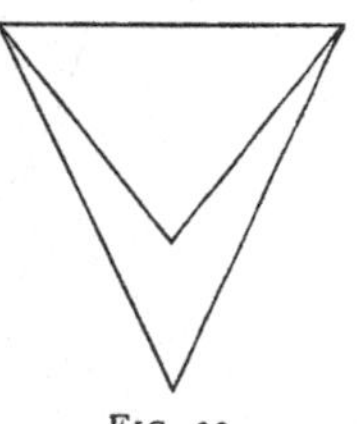
FIG. 33.

Sed quod supponitur, quod pyramis radialis contineat angulum rectum, neque habet auctoritatem neque experientiam neque demonstrationem usque ad hunc diem, et ideo eadem facilitate contemnitur qua probatur. Et cum redditur hujus causa per latus quadrati descripti in sphaera uveae hoc stare non potest : quia sphaera uveae et anterior glacialis non sunt concentricae, et ideo lateri quadrati in sphaera uveae non respondebit angulus rectus in sphaera glacialis, nec erunt portiones glacialis et uveae similes, et ideo nec portio coeli erit similis portioni uveae in qua protrahitur latus quadrati ; quod tamen oporteret. Et voco hic portiones similes, quae habent portiones proportionabiles respectu suarum sphaerarum, cum secentur ab ejusdem diametris terrae, ut patet in figura. Nam sit sphaera coeli *a c i*, sphaera glacialis ei concentrica *d o*, et sphaera uveae, cujus centrum est aliud versus anterius oculi scilicet *t*, sit *e f g*. Patet ergo quod *a c* quarta

This not borne out, either by theory,

[1] The twenty-first proposition in modern editions of Euclid.

coeli, et *d o* quarta glacialis sunt similes, et habebunt eundem angulum rectum, scilicet *o h d*; sed illud non habet *e g* quarta uveae, quoniam respicit angulum *g h e*, qui est pars anguli recti *o h d*, sed est major portio quam sit illa quarta scilicet

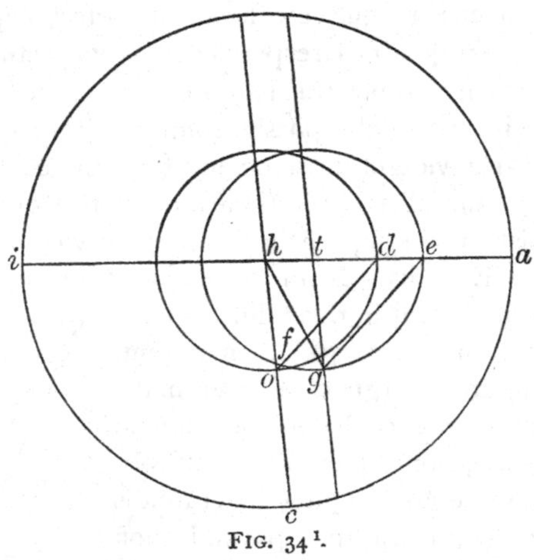

FIG. 34[1].

e f, et ideo latus quadrati, describendi in quarta uveae non potest respicere angulum rectum pyramidis et glacialis, et ideo per illud latus non potest concludi angulus pyramidis. Quod si concludatur, erit acutus, non rectus, ut patet ad sensum in angulo *g h e*, quoniam est pars recti anguli *f h d*, et *o h d*, quod idem est. Sed melius esset dicere, quod portio anterioris glacialis est quarta sphaerae; nam sic angulus pyramidis esset rectus, quia tota portio illa, quantacunque sit, est occupata per angulum pyramidis, quia tota est instrumentum videndi, et non sola pars aliqua. Et tunc latus quadrati describendi in glaciali subtenditur angulo recto pyramidis; et similiter in portione humoris albuginei, quae est in foramine uveae; et eodem modo in portione corneae, nam erunt quartae tunc sphaerarum suarum, quia sunt concentricae glaciali. Et quia coelum esset concentricum eis, si centrum oculi esset in centro mundi, tunc quarta coeli eis responderet cum latere quadrati describendi in ea, et sic videretur quarta coeli. Sed nec est certificatum, an portio anterioris glacialis sit quarta suae

[1] J. omits reference to this and the following figure.

sphaerae, et ideo nobis non est certificatum, quod oculus in centro mundi videret quartam coeli, nec per hanc viam potest nobis certificari quod oculus in superficie terrae videbit minus quarta, nec quantum minus.

or by experiment.

Sed per experientiam[1] certum est, quod oculus non potest videre quartam coeli in superficie terrae. Nam si aliquis inspiciat stellam aliquam quae est super caput ejus, et stet in loco plano, non poterit usque ad terram respicere, quantumcunque nitatur; sed quarta coeli est a zenith capitis usque ad terram. Et ideo quartam non videbit. Sed tamen parum minus, quia si sic aspiciens parum inclinet caput videbit terram, et non videbit stellam, et hujus causa non est alia quam dispositio oculi, eo quod pupilla est sic situata, et foramen uveae sic dispositum, quod non potest plus videre. Quod manifestum est per hoc, quod aliquis propter dispositionem oculi videbit plus de quarta et alius minus. Nam qui habet foramen uveae parvum, et pupillam in profundo, minus videbit de hac quarta, et ubi est e converso, plus videbit, ut patet in figura; ut si pupilla sit in *a* puncto, et chorda foraminis sit, *b c*, videbit minus, quam si pupilla esset in *d*, quia magis expanduntur lineae *d b* et *d c*, quam *a b* et *a c*. Similiter si foramen sit majus cum propinquitate pupillae plus videbitur, ut patet per *d f* et *d g* lineas, quae magis separantur; et haec est causa certa in hoc casu; et ideo in vanum finguntur, quae praetacta sunt.

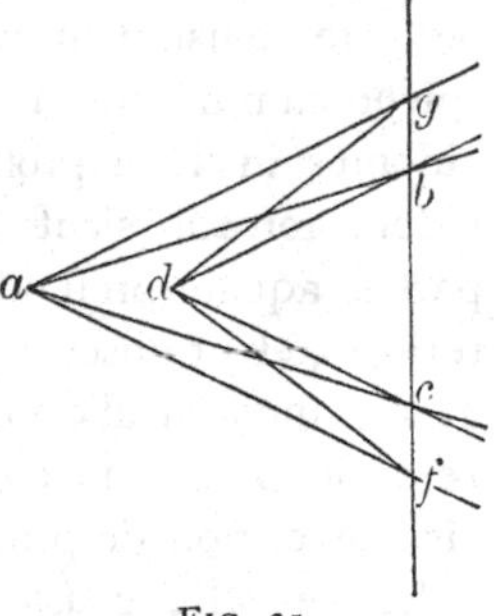

FIG. 35.

[1] What the greatest angular magnitude is that can be appreciated by the eye at any one moment (i. e. the maximum of the visual angle) is a problem which Bacon's knowledge did not enable him to solve: though he showed his usual 'positivity' in proposing it. As the angle becomes larger, the extreme rays will fall on portions of the retina nearer to its anterior border and less adapted for vision. The practice of landscape artists would indicate that the largest available visual angle was between 60° and 45°. The precise determination of the angle is complicated by the extreme mobility of the eye round its focal centre. Dr. Young calculated that the range of motion in the eye-ball is 55° in every direction, so that, the head being fixed, a single eye may have perfect vision of any point within a range of 111° (Todd's *Cycl. of Anat.* iv. p. 1442).

DISTINCTIO NONA.

Habens quatuor capitula. Primum est de densitate et raritate objecti.

CAPITULUM I.

Fifth condition. The object must be denser than the medium.

Quintum est, quod oportet ut visibile, quod communiter vocamus objectum visus, excedat densitatem aeris et coeli, ut docet Alhazen. Ideoque videmus aquam bene, quia densior est aere, et vapores, et nubes, et vitra et hujusmodi perspicua, quae parum habent de denso respectu eorum quae perfectam habent densitatem. Sed tamen sciendum est, quod Ptolemaeus dicit in secundo libro Perspectivae, quod nos videmus aerem vel perspicuum coeleste a longe et in superflua distantia, quamvis non in propinqua; multum enim de perspicuo cumulatur in magna distantia et se habet ad visum sicut illud quod est perfecte densum in parva distantia. Multum ergo de perspicuo cumulatum in magna distantia fit umbrosum, sicut nos videmus in aqua profunda, per cujus medium non possumus videre terram sicut per aquam parum profundam. Nam partes aquae profundae projiciunt umbram priores in posteriores, et fit obscuritas quae proprietatem raritatis absorbet, ut sic tanquam aliquod densum appareat tota aqua, et sic de aere vel perspicuo coelesti longinquo, propter quod redditur visibile, et non de prope.

Limitation of visual power even in a rare medium.

Sed et alia causa est, scilicet quod visus terminatur ad perspicuum longinquum. Nam ut dicit Alhazen in septimo, raritas corporum mundi finita est, et ideo quodlibet eorum habet aliquid densitatis et raritatis, licet non bene sensibilis et maxime a propinquo: nam species visus fit ab ipso ad visibile, et debilitatur in distantia, ita ut licet propter fortitudinem sui penetret aerem propinquum, non tamen perspicuum coeleste remotum; et ideo terminatur visus ad illud. Sed Avicenna dicit tertio de Anima, quod illud est verum visibile, quod terminat visum, et ideo hoc perspicuum coeleste est vere visibile a longe. Et pono exemplum in aere vaporoso et nebuloso in hyeme, qui a longe videtur sed non de prope, et tamen aer vaporosus uniformis est in densitate et raritate. Sed a distantia magna videtur propter hoc quod potest terminare speciem visus et ei resistere; et sic fit visibile, quod non potest facere de prope propter fortitudinem speciei visus. Nec est deceptio visus, quia aer ille vaporosus habet rationem objecti, quae ratio consistit secundum Avicennam in hoc quod potest visum terminare. Similiter dico hic, quod aer, vel sphaera ignis, vel coelum, de prope et a longe est similis raritatis quantum ad sensum: sed tamen habet aliquid densitatis de sua natura, et haec densitas potest speciem visus in magna distantia terminare, quod non potest facere in parva, et ideo bene videbitur a longinquo, sed non de prope. Quod ergo dicit Alhazen, quod visibile habet excedere densitatem aeris, et vocat aerem perspicuum totum usque ad stellas, intelligendum est in visibilibus consuetis quae in debita distantia et in fortitudine visus possunt videri. Quare vero appareat coloris vergentis ad nigrum, scilicet coloris caerulei, est propter hoc, quod sicut in aqua profunda apparet similiter ille color propter umbras projectas a partibus, ex quibus umbris redditur obscuritas, quae est similis nigredini, sic est in aere sive medio inter nos et coelum ultimum. Si vero aliquod corpus coeleste esset densum, tunc posset dici quod illud esset visibile principale quod visum terminaret, et totum perspicuum inter ipsum et oculum non perciperetur, nisi quia visus percipit se non terminari, antequam species ejus veniat ad illud densum. Et aestimatur a sapientibus astronomis, qui theologiam ignorant, quod coelum stellatum sit ubique densum. Sed aliter aestimatur, scilicet quod illud, quod videtur superius ad quod terminatur visus, sit coelum aqueum. Nam colorem habet sicut aqua maris hic, et illud coelum videmus per medium coelorum omnium octo quae sunt citra. Non enim est dubium theologis et philosophantibus secundum theologiam quin coelum nonum sit aqueum[1]; et tunc ultra illud est decimum. Sed de his alibi sermo est proprius.

[1] This corresponds to the *cielo crystallino* of Dante, *Parad.* xxvii–xxix. Neither here, however, nor in the second section of the *Convito*, in which the heavenly

How a luminous ray is rendered visible.

Sed objicitur de radio vel aere lucido cadente per fenestram quod ille est bene visibilis, et tamen aer ille est rarus, et

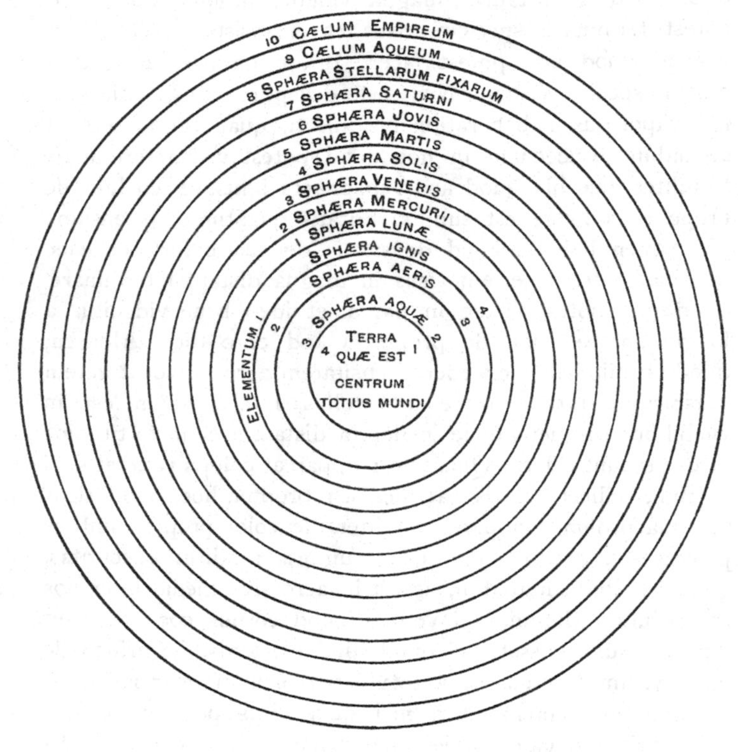

FIG. 36.

spheres are described, is anything said of the aqueous nature of the ninth sphere. I subjoin the diagram contained in Bacon's commentary on Aristotle's *Secretum Secretorum* (Bodleian, Tanner MSS., 116), which illustrates this view of the celestial spheres. It is appended to his note on ch. 67 of the *Secretum Secretorum*, in which he observes: 'Sphaera circumdans scilicet omnia, scilicet coelum nonum; et est coelum aqueum et empireum, ut intelligamus hos duos coelos hic ab Aristotele comprehendi sub sphaera continente. Quia primo Metaphysicae facit mentionem de coelo decimo quod est empireum circumdans scilicet omnia visibilia, et haec habet duas sphaeras scilicet coelum empireum et coelum aqueum. Hi duo coeli sunt invisibiles mortalibus et circumdant octo coelos inferiores et quatuor sphaeras elementorum. Unde quatuordecim sunt sphaerae mundi. De istis autem decem coelis non solum theologi sed philosophi loquuntur ut antiquissimus Pythagoras et Aristoteles in secundo

rarior quam extra casum lucis, quia lux rarefacit aerem ut generat calorem; calor enim non generatur nisi ex rarefactione. Et hic aliqui conati sunt ostendere, quod densitas non exigitur in corporibus luminosis, unde aestimant stellas non esse densas, sicut nec orbes. Sed propter nimium fulgorem lucis dicunt quod visus non potest eos penetrare, sed reverberatur aut deficit ex nimietate splendoris. Exemplum autem de radio cadente per fenestram solvitur evidenter, ut superius tactum est. Nam non est de se visibile nec visum terminat, sed densum circumstans terminat visum, et non radius: si enim non esset densum ultra illum non videretur, sicut nec aer lucidus extra videtur, nisi per densitatem coeli alicujus terminetur. Accedit tamen ad majorem sensibilitatem aer in fenestra, quia coarctatur in figura determinata propter partes fenestrae, et terram ad quam cadit. Non est ergo visibile nisi secundario et non primo, nec est visibile de quo loquimur hoc. quod scilicet potest de se debita distantia visum terminare. Et sicut hujus exempli intellectu jam falsitas evacuatur, sic oportet de illo quod confirmant per jam dictum exemplum de corporibus luminosis. Nam postquam antecedens falsum est, non oportet quod credatur consequentiae. Superius [1] vero in mathematicis declaratum est quod orbes non sunt lucidi, sed stella sola propter suam densitatem, ut dicit Averroes, sicut ibi notatum est. Et licet nimius fulgor confundat visum, ut patet aspiciendo ad solem in sua puritate, tamen hoc non excludit densitatem solis, quia densitas est causa illuminationis, ut dicit Averroes, atque luna et stellae fixae cum aspiciuntur non confundunt visum ex nimio splendore. Ergo visus penetrabit eas, nisi esset densitas corporum.

Ex hoc autem capitulo patet bene consideranti, quod oportet visum fieri per suam speciem factam ad visibile. Nam si perspicuum unum continuatum in superflua distantia terminat visum, et non terminat propter densitatem debitam, quae secundum se sit sensibilis in omni distantia, sed propter debilitatem speciei visus, quae deficit ad nimiam distantiam,

Metaphysicorum in translatione Boethii; et Messolana astronomicus in libro de causis orbis et commentator Ptolemaei super Almagesti.'

[1] Vol. i. p. 128.

oportet quod visus fiat extramittendo speciem, id est, faciendo speciem a se propter actum videndi [1].

CAPITULUM II.

De raritate medii.

Sixth condition. Rarity of the medium.

Sextum quod ad visum requiritur est raritas medii. Nam si densum ponatur inter visum et visibile, non potest species pertransire hinc inde, et sic abscindetur visus de necessitate. Sed aliqui, multa bene intelligentes in scientia Perspectivae, objiciunt de flamma interposita inter visum et visibile impediente visionem; et flamma, ut dicunt, est corpus rarissimum, propter quod Alhazen dicit libro tertio quod flammae raritas egreditur temperamentum. Ergo rarum magis impedit quam densum. Hic autem est magnus error nam oportet de necessitate quod flamma sit densior aere, quia Aristoteles dicit secundo de Generatione quod flamma est fumus terrestris ardens; et ideo egressus raritatis a temperamento potest intelligi, vel per declinationem ad extremum deficiens, vel ad extremum superabundans, quia temperamentum est medium [2] utriusque, sicut largitas inter prodigalitatem et avaritiam. Et ideo sicut avaritia egreditur temperamentum largitatis per defectum ejus, sic flamma egreditur temperamentum raritatis deficiendo ab ea, non excellendo. Et hoc intendit Alhazen; nam sic se exponit in sequentibus. Si vero objiciatur de lynce, qui videt per medium parietem, ut Boetius [3] tertio de Consolatione imponit Aristoteli, dicemus, etsi hoc sit verum de visu lyncis, tamen non de visu humano de quo datur scientia Perspectivae. De illo enim est hic sermo.

[1] It must be owned that in this fanciful conception of lines of force proceeding from the eye to the object, in addition to the lines of force proceeding from the object to the eye, Bacon shows himself inferior to his teacher, Alhazen; whose demonstration (lib. v. cap. v. § 23) that any such view was 'superfluus et otiosus' ought to have been conclusive.

[2] This reference to Aristotle's *Ethics* without mention of the treatise is significant as showing how familiar it had already become among students. It illustrates also the dominant tendency of Bacon's method; that of illustrating one science by another.

[3] *De Consolatione*, lib. iii. Prosa viii.

Sed si vacuum[1] poneremus inter coelum et terram, nec esset densum nec rarum: Et tamen aestimavit Democritus oculum in terra posse videre formicam in coelo, ut Aristoteles dicit secundo de Anima. Atque vacuum non habet aliquam naturam, unde impediat speciem, nec unde resistat speciei, quia nulla natura est ibi, ut Aristoteles dicit quarto Physicorum. Ergo species pertransirit a coelo ad oculum, et sic videremus stellas sine raro et denso. Dicendum est autem hic, quod non videremus aliquod, si vacuum esset. Sed hoc non esset propter aliquam naturam impedientem speciem, et resistentem ei, sed propter defectum naturae convenientis multiplicationi speciei; species enim est res naturalis, et ideo indiget medio naturali, sed in vacuo nulla natura est. Nam vacuum recte imaginatum est sola quantitas mathematica extensa secundum trinam dimensionem, stans per se sine calido et frigido, molli et duro, raro et denso, et sine omni passione naturali occupans locum, ut posuerunt philosophi ante Aristotelem tam infra coelum quam extra.

No vacuum between earth and heaven.

Septimum vero quod exigitur ad visum est tempus sensibile. Nam Aristoteles dicit libro de Memoria et Reminiscentia, quod omnis intellectus noster est cum continuo et tempore; multo ergo magis sensus[2]. Nam operatio intellectus est spiritualis, et operatio sensus est corporalis. Caeterum si repente ante oculos res deferatur, non videtur distincte et perfecte, et ideo ad sufficientem visum exigitur tempus sensibile, in quo fiat judicium visus. Unde Ptolemaeus secundo Opticorum dicit, quod res quae pertranseunt pyramidem visualem aestimantur velociter moveri, sicut sunt favillae ignis et res transeuntes per foramina et angusta loca, ad quae penetrat visus. Quia enim in parvo tempore pertranseunt pyramidem, aestimantur ferri velociter. Sed non est ita.

Seventh condition. Propagation of light occupies time.

[1] *De Anima*, ii. 7, § 6 Πάσχοντος γάρ τι τοῦ αἰσθητικοῦ γίνεται τὸ ὁρᾶν· Ὑπ' αὐτοῦ μὲν οὖν τοῦ ὁρωμένου χρώματος ἀδύνατον· λείπεται δὴ ὑπὸ τοῦ μεταξύ, ὥστ' ἀναγκαῖόν τι εἶναι μεταξύ· κενοῦ δὲ γενομένου, οὐχ ὅτι ἀκριβῶς, ἀλλ' ὅλως οὐθὲν ὀφθήσεται. Cf. *Natur. Auscult.* lib. iv. cap. 6–9. See also *De Multipl. Specierum*, iv. cap. 2. The reference to Democritus immediately precedes the passage quoted.

[2] sensu, J. O. has sensus.

CAPITULUM III[1].

Quod species visus et visibilis fiat in tempore.

View of Aristotle and Alkindi as to instantaneous propagation of light.

Sed hic oritur dubitatio maxima circa speciem visus et visibilis, an fiant subito et in instanti, an fiant in tempore; et si in tempore, an in tempore sensibili et perceptibili, vel non[2]? Nititur autem Alkindus ostendere in libro suo de Aspectibus, quod radius pertranseat in instanti omnino indivisibili, et affert rationem satis curialem et probabilem, cum dicit: Si in tempore aliquo species, ut lux solis quando oritur, fiat in prima parte aeris, tunc si illud tempus duplicaretur in secunda parte aequali, et in tertia triplicaretur, et sic quando veniret ad occidens, fieret unum tempus multiplex in magna proportione ad primum tempus; et quamvis primum esset insensibile, istud tamen tempus totum propter sui magnitudinem quasi incomparabilem respectu primi temporis erit sensibile. Et Aristoteles dicit secundo de Anima, quod licet in parva distantia posset sensum nostrum latere lucis multiplicatio, non tamen in tanta quae est inter oriens et occidens[3]. Ergo si in tempore fieret aliquo, hoc esset perceptibile sensu; sed non percipimus. Ergo non fiet in tempore sed subito. Et Aristoteles dicit libro de Sensu et Sensato quod de lumine alia ratio[4] est quam de aliis sensibilibus, et de

[1] This subject is also discussed in *De Mult. Spec.* iv. cap. 3. The present chapter and that which follows are specially interesting as showing the independent manner in which Bacon criticized his authorities, Aristotle included, while allowing due weight to their objections. He dissents from the conclusion of Aristotle and Alkindi that the propagation of light was instantaneous. He adopts the conclusion of Alhazen, while explaining that some of Alhazen's reasons for it were fallacious. Bacon's own reasoning on the subject is remarkable as an anticipation of the discovery made by Roemer in 1675.

[2] In Combach's edition we find the words 'Quae licet in tractatu de speciebus habet ad plenum determinari hic tamen tangenda est et exponenda, ut sufficit huic loco.' This, like other similar passages, was probably inserted in some version of the *Perspectiva* subsequent to that of 1267.

[3] *De Anima*, ii. cap. 7, § 3 *ἐν μικρῷ μὲν γὰρ διαστήματι λάθοι ἄν, ἀπ' ἀνατολῆς δ' ἐπὶ δυσμὰς τὸ λανθάνειν μέγα λίαν τὸ αἴτημα.*

[4] *De Sensu*, cap. 6 *περὶ δὲ τοῦ φωτὸς ἄλλος λόγος*, &c. The distinction drawn here by Aristotle between vision and the other senses seems hardly consistent with other passages in which he speaks of light as *κίνησίς τις*.

aliis docet quod multiplicationes eorum sunt in tempore. Ergo multiplicatio lucis est in instanti.

Alhazen opposes them, but on insufficient grounds.

Et omnes auctores istud dicunt praeter Alhazen qui conatur hoc destruere in secundo libro arguens sic[1]; Accipiatur ultimum instans in quo lux est in termino a quo et primum in quo est in termino ad quem. Cum ergo instantia sunt diversa, sicut nititur per experimentum probare, erit inter illa tempus medium; et dicit quod omnis alteratio est in tempore, sed medium et oculus alterantur per speciem. Sed hae rationes ipsius Alhazen non habent aliquam efficaciam, quia alibi[2] solvitur prima. Non enim oportet dare semper ultimum instans existantiae rei in termino a quo, sicut universaliter accidit in generatione rerum permanentium, sed oportet dare primum instans termini ad quem, sicut docet Aristoteles octavo Physicorum. Unde cum Socrates de non albo fit albus, non potest dici nunc ultimo est non albus, sumendo nunc pro instanti, sed nunc primo est albus: nam non albus est in toto tempore mensurante alterationem, et fit albus in fine illius temporis, scilicet in instanti quod est terminus ejus, ut Aristoteles docet, et est certum, licet sit nimis difficile ad intelligendum nisi optime explanetur; sed alias requiritur hoc Secunda ratio ejus nihil valet; nam omnes contrarium sentientes negant lucis multiplicationem esse alterationem successivam et temporalem.

Better reasons may be given.

Potest tamen sumi argumentum insolubile pro opinione Alhazen ex eis quae dicit in septimo. Nam ibi docet, quod ab eodem termino radius perpendicularis fit citius ad terminum spatii quam non perpendicularis. Sed citius et tardius non sunt nisi in tempore, ut Aristoteles dicit quarto Physicorum et sexto. Et istud demonstratur sine contradictione possibili. Nam nulla virtus finita agit in instanti, ut Aristoteles dicit sexto Physicorum[3]; et probat hoc, quia tunc major

[1] Alhazen, lib. ii. prop 21. Cf. lib. vii. prop. 8.

[2] Cf. vol. i. p. 150.

[3] *Nat. Ausc.* vi. cap. 3, § 6 *ὅτι δ' οὐδὲν ἐν τῷ νῦν κινεῖται ἐκ τῶνδε φανερόν· εἰ γὰρ ἐστίν, ἐνδέχεται καὶ θᾶττον κινεῖσθαι ἐν αὐτῷ καὶ βραδύτερον . . . ἐπεὶ δὲ τὸ βραδύτερον ἐν ὅλῳ τῷ νῦν κεκίνηται, τὸ θᾶττον ἐν ἐλάττονι τούτου κινηθήσεται. Ὥστε διαιρεθήσεται τὸ νῦν. 'Αλλ' ἦν ἀδιαίρετον.* Cf. iv. cap. 11, and viii. cap. 10

virtus ageret in minori quam sit instans, quod est impossibile. Sed virtus oculi, et suae speciei, et cujuslibet rei creatae est finita. Ergo nulla potest agere in instanti. Et in octavo Physicorum in fine ultimi, quod virtus finita et infinita non possunt agere in aequali et eadem duratione, quoniam tunc possent habere operationes aequales, et sic ipsae sibi invicem aequarentur. Sed proprium est virtutis infinitae agere in instanti. Ergo virtus finita non potest in eo aliquid facere, quapropter in tempore. Item sicut se habet instans ad tempus, sic punctus ad lineam. Ergo permutative, sicut se habet instans ad punctum, sic tempus ad lineam; sed pertransitus puncti est in instanti. Ergo omnis lineae pertransitus est in tempore. Ergo species pertransiens spatium lineare quantumcunque parvum pertransibit in tempore. Item prius et posterius in spatio sunt causa prioris et posterioris in translatione facta super spatium et in duratione, ut Aristoteles dicit quarto Physicorum. Ergo cum spatium per quod fertur species habet prius et posterius, oportet quod translatio facta habeat prius et posterius in se et sua duratione: sed prius et posterius in duratione non est nisi in tempore, quoniam in instanti esse non potest. Et si dicatur quod hoc est verum de illis quae habent esse corporale in medio, non de his quae habent esse spirituale, ut hic fingitur, jam patet per praedicta quod hoc nihil est. Et iterum si dicatur hoc esse verum de his quae commetiuntur se partibus spatii, quod non est species, ut fingitur, adhuc nihil est, quia illud secundum non dicitur nisi propter esse spirituale. Cum ergo species rei corporalis habeat verum esse corporale in medio, et sit vera res corporalis, ut prius ostensum est, oportet de necessitate quod sit dimensionata, et ideo dimensionibus medii coaptata.

Caeterum si in instanti eodem fieret per totum medium, tunc esset in termino a quo, et in medio spatii, et in termino ad quem, scilicet simul et semel. Sed hoc est multipliciter impossibile. Nam primo sequitur ex hoc, quod res creata esset simul et semel in pluribus locis, et qua ratione in pluribus, etiam in infinitis, sicut prius habitum est in capitulo de materia. Ergo haberet potentiam infinitam et esset Deus, vel aequalis Deo. Secundo arguitur ex hoc, quod dum res est in termino a quo, quiescit omnino, nec aliquo modo transmutatur; et quando est in termino ad quem, facta est jam transmutatio, et inter hos terminos fit transmutatio. Ergo simul et semel quiescerent species ante translationem, et finiretur transmutatio, et transmutaretur actualiter per totum spatium. Ergo simul transmutaretur et non transmutaretur, quae sunt contradictoria, ut arguit Aristoteles ad impossibile in alio casu sexto Physicorum.

Time needed for light, though less than sense can appreciate.

Ratio autem ultima ad hoc est, scilicet quod postquam lucis multiplicatio non dependet ab aliquo motu alio, ponamus ergo coelum quiescere et motum non esse, nam stante coelo bene potest fieri lucis multiplicatio, et fiet in fine mundi, si coelum stabit sicut creditur. Si ergo lucis multiplicatio est in instanti, et non in tempore, erit instans sine tempore; quia tempus non est sine motu. Sed impossibile est instans esse sine tempore, sicut nec punctum sine linea. Relinquitur ergo quod lux multiplicatur in tempore, et omnes species rei visibilis et visus similiter. Sed tamen non in tempore sensibili et perceptibili a visu, sed insensibili, quia quilibet experitur quod ipse non percipit tempus in quo fit lux ab oriente in occidens.

CAPITULUM IV.

De solutione objectorum contra veritates.

Alkindi and Aristotle answered

Ad hoc autem quod allegat Jacobus Alkindi, dicendum est, quod sicut primum tempus est insensibile, sic duplum ejus et triplum, et millesimum: unde totum tempus est insensibile, licet habeat partes multas quae omnes compositae ad invicem faciunt totum insensibile, tantae enim velocitatis est hic motus speciei, quod potest fieri in tempore insensibili in spatio maximo. Quod vero Aristoteles dicit, verum est secundum intellectum ejus, nam ipse arguit ibi contra Empedoclem, qui posuit lucem esse corpus et defluxum corporis, sicut aqua defluit a fonte; et non est possibile quod corpus mutaret locum secundum se totum ab oriente in occidens, quin perciperetur propter magnitudinem distantiae. Sed species non est corpus, neque mutatur secundum se totam ab uno loco in alium, sed illa quae in prima parte aeris fit non separatur ab illa, cum forma non potest separari a materia in qua est, nisi sit anima, sed facit sibi simile in secundam partem, et sic ultra. Et ideo non est motus localis, sed est generatio[1] multiplicata per diversas partes medii; nec est corpus quod ibi generatur, sed forma corporalis non habens tamen dimensiones per se, sed fit sub dimensionibus aeris: atque non fit per defluxum a corpore luminoso, sed per educationem de potentia materiae aeris, ut superius dictum[2] est quando tractabatur de generatione specierum. Et si adhuc diligentius quaeratur, quare non percipimus hanc generationem lucis fieri successive in partibus aeris, dici potest, quod lux in aere non est objectum, sed species habens esse debile et quasi insensibile secundum se, et suum subjectum inter oriens et occidens est insensibile, scilicet ipse aer, et propter hoc sensus non potest hujusmodi generationem successivam percipere.

Differences in propagation of light and sound.

Ad illud autem quod dicit Aristoteles aliam rationem esse de luce et in aliis; dicendum est quod hic decipiuntur multi: nam verum est quod dicit, sed haec alia ratio non est intelligenda ut lux fiat in instanti et caetera in tempore, immo intelligendum est quod licet lux habeat successionem in suo transitu, non tamen habet tantam sicut sonus et odor, de quibus loquitur ibi. Nam sonus habet motum egressionis partium rei percussae a situ suo naturali, et motum tremoris consequentis, et motum rarefactionis in omnem partem, sicut dictum est prius, et patet ex secundo de Anima; et hi sunt tres motus locales partium aeris, sicut rei percussae, quorum nullus accidit propter multiplicationem lucis. Nam licet ad hoc quod lux faciat calorem, oporteat aerem rarefieri, tamen propter sui ipsius multiplicationem non oportet, quoniam in coelestibus multiplicatur lux, ubi non est possibilis rarefactio nec caloris generatio. Quoniam ergo non est successio a parte lucis praeter ipsam successionem in multiplicatione, sed in multiplicatione soni triplex successio temporalis cui accidit,

[1] This view of light, not as an emanation of particles but as a propagation of motion, is in striking conformity with the undulatory theory.

[2] This appears to be a reference to *Mult. Spec.* Part. iii. cap. I. See note on p. 68.

quarum trium nulla est in lucis multiplicatione, ideo longe aliter est in luce quam in sono. Et tamen utriusque multiplicatio secundum se est successiva et in tempore.

Propagation of odour.

Similiter de odore longe alia ratio est, quam de luce, et tamen utriusque species transibit in tempore, nam in odore accidit fumi subtilis evaporatio, qui in veritate corpus est diffusum in aere usque ad sensum praeter speciem, quae similiter fit. Est etiam narium attractio fortis hujusmodi fumi et speciei ad hoc quod fiat sensus, sicut Avicenna docet tertio de Anima, et scimus per experimentum, et hoc est, ut removeatur cooperculum quod est super instrumentum olfactus secundum Aristotelem secundo de Anima[1]. Et ideo in sensu odoris est duplex motus localis, unus ex resolutione vaporis, et alius ex attractione ejus, praeter successionem in multiplicatione speciei; sed in visu nihil invenitur nisi successio multiplicationis. Et adhuc aliter potest exponi illud, quod alia ratio est de luce, et sono, et odore, nam lux citius longe fertur in aere quam illi, ut videmus de aliquo a longe percutiente cum malleo vel baculo, citius videmus eum percutere, quam sonum generatum audiamus. Nam secundam percussionem percipimus visu, antequam sonus primae percussionis veniat ad auditum. Et sic est de coruscatione, quam prius videmus ante auditum tonitrui, cum tamen fiat prius sonus in nube, quam coruscatio, quia ex ruptione nubis per vaporem inflammatum in eo nascitur coruscatio. Et ideo quod dicit, alia ratio est de luce et aliis, intelligi potest, quod ista alietas non est penes instans et tempus, sed penes minus tempus et majus. Omnes enim auctores, sive sancti sive alii, dicentes lucem multiplicari in instanti, intelligendi sunt de instanti divisibili, quod est tempus insensibile, et non de vero instanti, quod est indivisibilis terminus temporis, sicut punctus lineae. Si ergo speciei visus et visibilis multiplicatio sit in tempore in sensibili, quomodo dictum est prius quod visus erat in tempore sensibili? Et patet quod praeter hanc multiplicationem est judicium visus de visibili, et hoc judicium debet esse notum sensui; propter quod oportet quod fiat judicium in tempore sensibili.

[1] This seems a misunderstanding of *De Anima*, ii. cap. 9, § 7.

Eighth condition. Healthy state of eye.

Octavum quod exigitur ad visum est sanitas visus cum naturali sua dispositione: nam oculus erutus, vel caecus, vel multum laesus, vel turbatus ex aliquo humore fluente, vel ex resolutione vaporum confundentium pupillam non potest judicare de rebus, ut patet, et ideo non oportet hic immorari. Si enim oporteat dici aliquid, plus de hoc patebit in sequentibus. De situ quidem, qui est ultimum in visu, non potest hic explicari, quia coincidit cum aliis de quibus postea dicendum est.

DISTINCTIO DECIMA.

Habens capitula tria. Primum docet expressius quam superius, quae sunt sensibilia per se et per accidens.

CAPITULUM I.

Of what things vision takes cognizance.

Habitis his octo sine quibus non potest fieri visio, videndum est quae sunt cognoscenda per visum, et quibus modis cognoscantur et certificentur, et qualiter et quare errat visus in cognitione visibilium, cum fuerit visus per radios rectos factus. Sciendum ergo quod quando haec novem [1] non egrediuntur temperamentum, scilicet nec excellunt nec diminuuntur, tunc fit visus certificatus. Quando ergo egrediuntur modum vel deficiendo vel excedendo, tunc fit error in visu. Sunt autem certificabilia per visum viginti duo prius enumerata, ut lux, color, remotio, &c.; et praeter hoc visus percipit hominem et equum et caeteras res hujus mundi. Nam per lucem et colorem illa viginti cognoscuntur. Deinde mediantibus luce et colore et illis viginti alia fiunt nota, ut est possibile sensui, nam sensus particulares non possunt de omnibus certificari; sed illa viginti duo sensus particularis et communis et imaginatio possunt comprehendere sine errore, dummodo octo praedicta non egrediantur temperamentum. Vocantur autem

[1] The ninth condition is *situs* of which the consideration, as stated at the end of the last chapter, is postponed.

sensibilia per se de quibus possunt certificare, sed de quibus non possunt certificare sunt sensibilia per accidens.

Analysis of perception.

Et licet prius[1] tactum sit de his sensibilibus per se et per accidens, tamen ne aliquis error incurrat, necesse est ut uberius exponantur. Dico ergo quod sensibilia per accidens sunt dupliciter: quaedam possunt certificari ab aliis virtutibus animae sensitivae, ut ab aestimativa et memorativa, ut prius dictum est, quaedam[2] tamen dicuntur sensibilia per accidens respectu sensuum particularium, et sensus communis et imaginationis, quoniam sensus tales non percipiunt hujusmodi secundum se et per se, sed quia reperiuntur in eisdem rebus cum suis sensibilibus per se; ut quia inimicitia respectu agni est simul cum figura et colore lupi, agnus in videndo lupum videt inimicum et coloratum, sed de inimico nihil judicat oculus per se, sed solum quia invenitur cum colorato. Et quia sensus particularis et communis vulgariter vocantur sensus, ideo sensibilia de quibus illi certificant vocantur sensibilia per se, et de quibus illi non certificant vocantur sensibilia per accidens, quamvis aliqua illorum possint ab aliis virtutibus animae interioribus cognosci. Aestimativa enim, et cogitativa, et memorativa non vocantur sensus vulgato nomine, quamvis sint partes animae sensitivae, et ideo sensibilia ab illis vocantur sensibilia per accidens, propter hoc quod sensibilia referuntur ad sensus particulares et communem.

Reasoning process involved.

Sed alia sunt sensibilia per accidens quam[3] ea quae a virtutibus animae sensitivae cognoscuntur. Ut quando video hominem extraneum non possum per sensum percipere cujus sit filius, nec de qua regione sit, nec qua hora nec quo loco fuerit natus, aut quomodo vocetur, an Petrus an Robertus; et hujusmodi infinita sunt, quae accidunt cuilibet, de quibus nulla virtus animae sensitivae potest certificare, nec potest homo scire veritatem nisi per doctrinam. Et tamen in videndo illum

[1] Cf. *Distinct.* i. cap. 3-4.

[2] quae, J., which makes the sentence quite unintelligible, by destroying the contrast between the two acceptations, of sensibilia per accidens. O. has quaedam.

[3] The reading in J. is quoniam, but quam is equally consistent with the MSS., and the sentence should end with cognoscuntur. A new order of sensibilia per accidens is introduced, requiring further analysis.

hominem visus cadit super omnes ejus proprietates. Nam si sit filius Roberti, et Gallicus[1], et prima hora noctis natus Parisiis, et vocetur Petrus, videns eum videt Petrum Parisiensem natum prima hora noctis filium Roberti, quia haec coincidunt cum colore et figura et caeteris visibilibus. Et similiter naturae substantiales rerum, tam in rebus animatis, quam in rebus inanimatis non sunt sensibiles ab aliqua virtute animae sensitivae nisi per accidens: exceptis illis quae sunt nocivae vel utiles, quas comprehendit aestimativa, et tum sensus cadit super hoc per accidens. Unde cum video hominem video substantiam et rem animatam, et ideo visus cadit quodammodo super naturam ejus substantialem, et super animam etiam, quae est res spiritualis; sed hoc est valde per accidens. Et iterum sensibilia propria unius sensus sunt sensibilia per accidens aliorum sensuum, unde calidum et frigidum, humidum et siccum, odor, sonus, sapor sunt sensibilia per accidens respectu visus, et sic quaelibet sensibilia propria unius sunt sensibilia per accidens respectu aliorum. Sensibilia ergo per se, ut dictum est dupliciter sunt, quaedam sunt propria ut novem, et quaedam communia ut viginti, quia communiter possunt sentiri a sensibus pluribus, et maxime a visu et tactu. Nam ut Ptolemaeus[2] dicit in secundo libro, omnia quae visus percipit tactus discernit, praeter lucem et colorem; et omnia quae tactus certificat, visus potest certificare, praeter quatuor propria, scilicet calidum, frigidum, humidum et siccum.

Capitulum II.

De his quae faciunt speciem in visum.

Of sensible qualities light and

Ad hoc autem ut sciamus, quomodo hujusmodi sensibilia per se cognoscantur, oportet primo scire an omnia faciunt

[1] Gallus, J.

[2] 'In omnibus quae secundum principium nervosum communia sunt sensibus tactus et visus communicant sibi excepto in colore: color enim nullo sensuum dignoscitur nisi per visum. Debet ergo color esse sensibile proprium visui, et ideo factus est color id quod primum videtur post lumen;' Ptol. *Optica*, lib. ii. p. 11.

colour only are concerned in vision.

species suas in sensum. Cujus certificatio difficilis est, sed tamen Ptolemaeus in secundo libro Opticorum determinat hanc quaestionem, dicens, quod lux et color tantum faciunt suas species in visum. Et hoc vult Alhazen quarto libro; unde alia[1] non sunt activa in sensum nec in medium. Et causa quare haec non sunt activa est, quia omnia vel sunt quantitates vel proprietates quantitatum, ut patet, et quantitatis non est agere, quia debetur materiae cui non competit actio sed passio, ut Aristoteles dicit primo de Generatione, et Avicenna in secundo de Anima concordat. Nam medium vel instrumentum susceptivum soni est absonum, et susceptivum coloris non coloratum, ut dicit. Et ideo ejus sententia est, quod medium et sensus non debent habere naturas sensibilium quorum species debent suscipere, ut judicent de sensibilibus per eas. Unde humor glacialis non habet naturam aliquam lucis vel coloris sub illo gradu quem habent res visibiles extra. Nam licet oculus habeat lucem, hoc est respectu coloris videndi non respectu lucis, quia patiens non habet actu sed in potentia quo assimiletur agenti. Nec habet glacialis anterior aliquem gradum coloris, quo assimiletur vere coloratis extra de quibus habet judicare; licet habeat oculus in suis humoribus et tunicis quoddam esse coloris debile, per quod colores phantastici aliquando appareant, ut patebit cum de iride fiet sermo. Sed bene habet figuram, et quantitatem et corporeitatem, et alia sensibilia communia, quae[2] ei competunt, et ideo non est natum recipere species horum, nec ipsa sunt activa. Et quamvis Aristoteles dicat secundo de Anima, quod ultima perfectio omnis sensus est, quod ejus instrumentum est medium sensibilium, tamen ille gradus medietatis non invenitur in rebus sensibilibus; quia si inveniretur et fieret ejus species in sensum, non judicaret sensus de illa medietate, et ideo visus non potest species rerum recipere, ut judicet per eas de rebus, quarum naturae similes sunt in visu[3]. Cum ergo

[1] J. has haec, which is clearly wrong. Combach has alia. The reference to Alhazen seems wrongly given. It should be lib. ii. cap. 11, §§ 17, 18; or else, iii. cap. 5, § 20. His language is quite distinct: 'non fit comprehensio per sensum (visus) nisi lucis et coloris tantum.'

[2] quod, J.

[3] The meaning seems to be that the medium and also the sense-organ must

objicitur quod haec sunt sensibilia per se, ergo agunt in sensum, sicut propria ; dicendum est, quod non dicuntur per se sensibilia propter actionem in sensum, sed propter hoc quod sensus potest de eis certificare. Et si objiciatur, quod tunc visio non certificabitur de eis, postquam non faciunt in visu species suas : dicendum est quod sic : nam non exigitur in omnibus species propria, sed sufficit species visus cum specie lucis et coloris, et cum quibusdam aliis considerationibus ; quae cum omnia congregata fuerint potest haberi certitudo, ut postea explicabitur. Si dicatur, quod auctores perspectivae multoties dicunt quod figura et qualitas rei visae et hujusmodi ordinantur in superficie membri sentientis, et non possunt ibi attingere nisi per species ; dicendum est, quod non est sermo proprius, vel non bene translatus ; nam non plus volunt dicere, nisi quod a tota quantitate et figura veniunt species lucis et coloris quae ordinantur in superficie membri sentientis, et hoc sufficit.

Et cum superius dictum est, quod nos videmus aerem vel coelum a remotis, et certum est quod in aqua fluminis vel alia quae magnam habet latitudinem videtur coelum per reflexionem, sicut res in speculo ; et res in speculo videtur per hoc, quod species sua reflectitur a speculo ad visum ; tunc diceret aliquis, quod perspicuum coeleste vel aer remotus faciat speciem per quam in aqua videatur. Sed dicendum est, quod nulla rei visae species est ibi, sed species visus, quae in aere sine aqua multiplicatur secundum lineam rectam ad perspicuum coeleste distans, et apprehendit illud perspicuum cum adjutorio speciei lucis illuminantis illud perspicuum ; et cum videtur per aquam reflexive, reflectitur species visus ab aqua usque aerem visum a remotis, et non species rei. Non ergo omne quod videtur per reflexionem, videtur per speciem suam.

be of different nature and properties from the object perceived. The eye does not see the ether through which light passes ; nor again has the eye (with one exception) in its own structure anything akin to light and colour. On the other hand the eye does possess other sensible qualities as shape, texture, &c. For that very reason the visual organ takes no direct cognizance of these latter properties.

Sed hoc est ut in pluribus visibilibus consuetis, non tamen universaliter est hoc intelligendum, quia aquam videre possum per speculum, sed species aquae non fit ibi, sed species visus, et sic est hic[1].

CAPITULUM III.

Distinguens tres universales modos cognoscendi per visum.

Three modes of knowing. (1) Sensation pure.

Deinde oportet scire, quod praeter modos particulares cognoscendi sensibilia per se, sunt tres modi universales[2] secundum auctores perspectivae. Sed praecipue Alhazen exponit hos modos et sufficienter, nisi quod aliquando intercurrit inepta verborum translatio. Est ergo prima cognitio solo sensu sine aliqua virtute animae, et sic cognoscuntur lux et color in universali. Nam visus potest judicare quod sit color vel lux sine errore quando aspicit rem, dummodo octo praedicta sunt in suo temperamento; et ideo haec duo cognoscuntur solo intuitu sensus. Sed species et modi coloris et lucis non possunt ita leviter cognosci; nam si occurrat extraneus color quem non vidimus prius, nesciemus cujus sit color ille. Similiter si aliquod lucidum renovetur in aere, quod habeat lucem difformem ab aliis consuetis, ut stella comata vel aliud, et non prius vidimus, non possumus judicare per visum quae lux sit illa. Similiter si nos viderimus prius aliquem colorem, et postea tradiderimus oblivioni memoriam ejus, tunc quando iterum apparebit visui, colorem possumus judicare, sed quis color sit non percipiemus. Similiter quando in infantia vidimus lunam plenam, non percipiebamus an esset lux solis vel lunae, donec fuerimus assueti et fixum fuerit in animabus nostris quod talis lux est

[1] Cf. Alhazen, lib. iv. 1, § 20, which is in direct opposition to this view.

[2] These three modes are called by Bacon, following previous writers, sensation, science, and syllogism (see the final chapter of the second part of *Perspectiva*). He admits that the names are imperfect, but explains their meaning clearly enough. 1. A simple sense impression, as in the case of vision, that of light and colour. 2. The comparison of such sense impression with others of a like kind reproduced by memory. In this way we distinguish universals from particulars, and one particular from another. 3. Apprehension by a reasoning process, which often may be extremely rapid, and carried on unconsciously. See Alhazen, ii. prop. 10–13.

lunae, non solis. Et hoc modo accidit de stellis: quia multi homines vident aliquando Jovem, vel Venerem, vel Mercurium, et propter pulchritudinem earum libenter aspiciunt, et dicitur eis tunc ab astronomis quod talis est lux illius stellae, et talis alterius, et perpendunt differentiam ad sensum. Sed elapso tempore, quando alias vident unam illarum stellarum, non discernunt an sit lux Mercurii vel Veneris vel alterius, quia jam tradiderunt oblivioni imaginationem lucis propriae cujuslibet illarum.

(2) Memory of past sensation.

Sed si non tradiderunt oblivioni imaginationem lucis propriae cujuslibet stellarum prius visarum, cognoscunt luces earum cognitione secunda, quae est per similitudinem[1] secundum Alhazen. Et hic modus cognitionis non solum est circa colorem et lucem, sed circa omnes res in quibus distinguimus universale a particulari, et particularia ab invicem; ut cum video hominem quem prius vidi, si habeo imaginationem quod prius vidi eum, tunc cognosco non solum hominem in communi, sed istum particularem quem ab aliis discerno per hoc genus cognitionis; si autem tradidi oblivioni, video hominem, sed nescio quis sit.

Considerandum autem, quod cum dictum est quod visus cognoscit colorem vel lucem universalem solo sensu, et non particularem, excluditur particulare quod est inferius in linea praedicamentali, ut species coloris. Iterum particularia signata specie alicujus, ut lux solis, et lux lunae, quia forsan lux non habet species[2] sed modos, quia omnes luces stellarum a sole oriente proveniunt. Sed non excluditur particulare vagum, nam illud est ita commune sicut suum universale et convertitur cum eo, ut aliquis color, aliqua lux, aliquis homo, aliquis bos. Cognoscere ergo universalia ab invicem et a

[1] J.'s reading, sensibilem, deprives the passage of its meaning. Alhazen's words with regard to this form or degree of knowledge are (lib. ii. cap. 1, § 11) 'Cognitio est comprehensio consimilitudinis duarum formarum, scilicet formae quam comprehendit visus apud cognitionem, et formae illius rei visae vel sibi similis quam comprehendebat in prima vice: et propter hoc non erit cognitio nisi per rememorationem.' It is a ratiocinative process, he goes on to say: but distinguishable from the third degree of the (modus rationis) knowing process, in that it takes place 'non per inductionem omnium intentionum quae sunt in forma, sed per signa.'

[2] species seems used here in its ordinary acceptation.

particularibus, et particularia ab invicem per comparationem rei visae ad eandem prius visam, recolendo quod prius fuerit visa et nota videnti, facit hic secundum modum comprehendendi per visum.

(3) Interpretation of object by an instinctive reasoning process.

Cognitio vero tertia adhuc est, quae non potest fieri solo sensu, et non est per comparationem ad prius visum, sed absolute considerat praesentem rem; ad cujus cognitionem plura requiruntur, et est quasi quoddam genus arguendi. Sicut cum aliquis tenet in manu lapidem perspicuum, et non percipit ejus perspicuitatem, sed si exponat eum aeri, et sit aliquod densum retro illud in debita distantia et lux sufficiens, videbit lucem et densum ultra lapidem; et tunc cum non potest mediante lapide rem videre quae est retro nisi sit diaphanus, arguit quod sit transparens et perspicuus. Sed in rebus consuetis nos utimur hac cognitione subito, et non percipimus [1] nos arguere, cum tamen arguamus. Homo enim arguit ex natura sine difficultate et labore; ut cum puero offeruntur duo poma, quorum unum est alio pulchrius, puer elegit quod pulchrius est, sed non nisi quia melius sibi videtur, et ideo magis eligendum. Unde facit hoc argumentum, quod est pulchrius in quantum hujusmodi est melius, et quod est melius est magis eligendum, ergo pulchrius est magis eligendum; et tamen non percipit quod arguit, propter velocitatem arguendi innatam homini, sicut docet Alhazen.

Et jam in mathematicis et logicalibus confirmavi hanc sententiam Alhazen, et probavi quod scientiam arguendi, quae est logica, scimus a natura [2], sed vocabula propria ignoramus a principio, et illa per studium inventionis habuerunt primi auctores logicae, nos autem per doctrinam. Et propter haec vocabula fit tractatus et sermo de logica, non propter scientiae ipsius potestatem, quia haec est cuilibet innata, ut hic vult Alhazen et alias demonstravi. Et sic comprehenduntur viginti sensibilia communia, cum suis speciebus, non enim possent

[1] 'Homo est natus ad distinguendum sine difficultate et arguendum sine labore, et non percipit quod arguit;' Alhazen, ii. prop. 13.

[2] On the slight importance attached by Bacon to formal logic cf. *Opus Tertium*, cap. xxviii. The reference here however is to other works not included in the *Opus Majus*; another proof that this copy of the *Perspectiva* contains additions posterior to 1267.

certificari nisi per hanc cognitionem, et patet quod solus sensus non potest in hos duos modos ; et vocatur hic solus sensus, ut visus in pupilla et in nervo communi usque ad sensum communem. Nam nisi adsit imaginatio et memoria visionis prius factae circa rem, non fiet comprehensio in secundo modo. Sed imaginatio et memoria sunt ultra sensum communem. Et tertius modus magis elongatur a solo sensu, quia ibi considerantur plura quam in secundo modo, et magis accedit ad opus rationis propter viam arguendi. Sed hi modi non habent nomina recte translata. Primum vocat Alhazen cognitionem solo sensu. Secundum principaliter vocat cognitionem per scientiam. Tertium vocat cognitionem per syllogismum propter modum arguendi. Sed haec nomina non sunt propria, quia virtutes animae sensitivae habent has cognitiones, quibus non debetur scientia nec syllogismus ut communiter accipiuntur. Sed de hoc certius fiet quando inquiretur, quae sunt virtutes animae quae faciunt hic judicia mediante visu, quod fieri non potest antequam magis pateat, in exemplis de diversis visibilibus, qualiter certificentur.

PERSPECTIVAE PARS SECUNDA:

DISTINCTIO PRIMA.

Hic incipit pars secunda hujus tractatus, quae est de modis particularibus et causis videndi per[1] lineam rectam principaliter. Et habet distinctiones tres. Prima est de visione penes compositionem oculi, et habet tria capitula. Primum est de his quae a longe vident vel quae prope.

CAPITULUM I.

Connexion of deep-set eyes with long sight.

Et quoniam eadem est scientia oppositorum, ut dicit Aristoteles in Topicis, et in primo de Animalibus asserit quod rectum est index sui et ejus obliqui, quia per privationem sanitatis cognoscitur infirmitas, ideo simul modos particulares certificandi visibilia cum defectibus visus et erroribus ejus designabo, ut statim ipse defectus et error pateat per determinationem contrariae veritatis. Primo vero recurrendum est ad reddendam rationem videndi penes ea quae ad compositionem oculi spectant. Qui vero habent oculos profundos, necesse est ex hac causa quod possunt videre magis remota quam habentes oculos prominentes. Et hujus ratio prima est propter majorem fortitudinem quam habet oculus profundus propter majorem ejus appropinquationem ad nervum communem in quo est virtus visiva, sicut in fonte. Alia causa est, quod oculus profundus magis conservatur a nocumentis et plus elongatur a laesionibus quam prominens, et ideo fortior est. Tertia causa est, quod magis congregatur virtus visiva et adunatur, dum magis cooperitur interius in concavitate ossis, ut sic capiat viam strictiorem et rectiorem in rem visam, et minus dispergatur et dilatetur, ut sic cadat in locum pyramidis visualis. Et propter hoc homo, quando vult diligenter aspicere aliquid a longe, apponit concavitatem

[1] secundum, J.

manus suae ad os oculi, ut plus congregetur virtus visiva et minus dispergatur. Et signum est ad hoc, quod oculi animalium, ut in piscibus qui non habent custodiam palpebrarum, male vident a longe, quoniam virtus visiva dispergitur et dilatatur nimis, cum non habeat oculus circumdans et coarctans ipsum. Hujus sententiae est Aristoteles in decimo nono de Animalibus [1], et confirmatur hoc per experientiam. Nam homo existens in puteo vel alio loco profundo poterit videre stellas de die, quas non videbit cum est in superficie putei, sicut dicit Plinius in secundo Naturalis Philosophiae, et experientia docet. Et una causa hujus est propter angustiam viae, quia virtus visiva coarctatur diu, ut rectius incedat ad locum stellarum quae sunt super puteum, et hoc fit propter cooperimentum quod habet in profunditate putei. Et sic oculus profundatus in capite eodem modo potest videre fortius ex hac causa, quae inferius tangetur. Et hoc dicit Ptolemaeus expresse in secundo Opticorum, sub his verbis; Illi qui habent concavos oculos vident a remotiori; cujus causa est virtus visibilis, quae fit propter coarctationem [2], id est, congregationem et adunationem, et propter loci angustiam. Cum enim processio fuerit ex angustis locis, protenditur visus et elongatur, quia necessario magis colligitur virtus oculi, et in minorem locum coarctatur, et ideo fortior est: quia omnis virtus unita est fortioris operationis. Et ejus coarctatio patet in figura. Si *b c* sit foramen uveae, et *a* sit pupilla alicujus oculi interius, planum est quod virtus ejus cadit inter *e* et

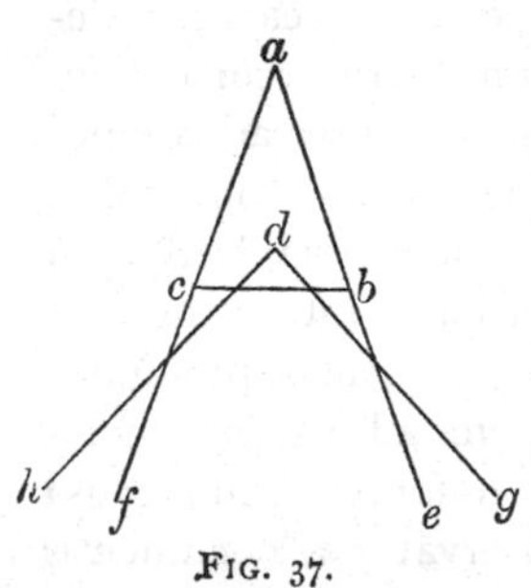

FIG. 37.

[1] i. e., as before stated, the fifth book of *De Generatione Animalium*. In the latter part of the first chapter, the whole of this foregoing statement as to the connexion of deep-set eyes with long sight, including the illustration of stars seen from a well, is clearly stated. In the same passage Aristotle distinguishes between long sight and fine discrimination of the colours of near objects; these are not, he says, always found in the same person. His views on this point form part of Bacon's next chapter.

[2] Jebb has cohabitationem. I substitute the word used in the passage of Ptolemy referred to (p. 38, ed. Govi).

f lineas; quod si esset in *d*, iret virtus per *g h* lineas magis dilatatas. Et tamen aliqui multa percipientes in hac scientia perspectivae, contradicunt causae quam Ptolemaeus et Aristoteles assignant et quam experientia docet, allegantes quasdam persuasiones quae in auctoritate tam valida et experientia efficaciori merito eliduntur. Hoc dico, quia non oportet hic dissolvere omnes cavillationes quae possunt fieri contra veritatem, nam infinitae contra quamlibet possunt adduci.

Other conditions of long sight.

Praeter autem hanc rationem de concavitate, potest alia assignari penes humores oculi, et est paucitas humoris albuginei: nam cum humor multus est in albugineo, accidit glaciali sicut illi qui aspicit in aquam multam et profundam, cujus multitudo ita abbreviat visum quod non potest longius videre. Et hujus sententiae est Avicenna decimo nono de Animalibus[1]; et Averroes in libro suo de Sensu et Sensato ponit causam videndi a remotis custodiam palpebrarum; dicens quod palpebrae conservant et custodiunt oculos a calore et frigore et multis impedimentis, et ideo fortior virtus est in oculis habentibus palpebras, et vident a longe; et affert exemplum de multis animalibus quae vident remotius quam homo, propter hoc quod habent palpebras spissiores[2].

The sight of old age.

Juxta hoc considerandum, quare senes multi cum distincte volunt videre res, ut cum legunt literas, vident melius a longe quam prope. Nam protendunt a se longius res, quas volunt videre. Et hujus causam docet Ptolemaeus in secundo Perspectivae, nam multa humiditas abundans in oculis eorum est in causa; senes enim multas humiditates accidentales superfluas habent. Cum ergo est modica humiditas, tunc visus

[1] This work, translated by Michael Scotus, and dedicated to his patron the Emperor Frederick II, was printed in Venice in 1500. The book is not so distinctly a commentary on Aristotle as are the principal philosophical works of Averroes and Aquinas, though it follows to some extent the Aristotelean arrangement. Not knowing Arabic, I can not speak of the accuracy of the translation. But it is clumsily and ungrammatically written, is filled with untranslated Arabic words, and gives the impression that the translator knew little of the subject. See pp. 10, 11 of this volume.

[2] See however Aristotle, *De Partibus*, ii. 14, and Dr. Ogle's note on the passage. Aristotle says that 'of hairy animals man alone has lashes on both lids'; also that very few birds have lashes.

transiens per eam statim expeditur ab ea, et sic potest rem occurrentem prope cito distincte videre; cum vero est superflua humiditas accidentalis, tunc confunditur oculus, et non ita cito expeditur propter quantitatem humiditatis. Et ideo oportet quod res longius distet ab oculis antequam distincte videatur; nam humiditas haec, quae decurrit in oculo et in superficie corneae et palpebrarum, non solum corpus oculi occupat, sed aerem humectat prope oculum; et ideo de prope non possunt oculi tales videre, sed oportet visum expediri ab ea et longius transire. Prior ratio tangebat causam videndi a remotis per humiditatem naturalem oculi, hic fit mentio de humiditate accidentali superflua[1]. Caeterum hic loquimur de visione a longe aliter quam prius: nam quod hic vocamus prope et longe continetur ibi sub altero illorum, scilicet sub prope, eo quod remotio ibi sumitur pro magna distantia, et hic loquimur de distantia et discreta cognitione quae sit semper prope. Sed potest fieri propinquius vel remotius, qui tamen sunt gradus in propinquitate contraria remotioni de qua in prioribus loquebamur.

CAPITULUM II.

In quo dantur causae de certa vel discreta visione in tenebris et luce.

Dependence of vision on size of lens and on transparency of humours and of cornea.

Et quia facta est mentio de discretione visus, quia aliud est videre a longe, aliud discernere; considerandum est, quae exiguntur ad discretionem visus et distinctionem, quantum est de compositione oculi. Et proculdubio necesse est quod humor glacialis sit bonae quantitatis, ut in eo possint partes rei bene distingui et sensibiliter. Si enim parvus est, species

[1] Fantastic as this explanation of Presbyopia may be, it should be remembered how very recent is the true explanation. Not till midway in the last century was it suggested (by Porterfield) that accommodation of sight to near objects depended on an increase in the curvature of the lens produced by contraction of the ciliary muscle; and that weakness of the muscle and rigidity of the lens came on with age. Knowledge of the precise mechanism of the process was reserved for our own time.

partium rei visae occupabunt loca nimis propinqua, et fiet confusio major. Item oportet quod sit mundus, et similiter humor albugineus: nam impressiones et maculae cito deprehenduntur in re munda, ut patet de maculis in panno mundo, et ideo species rerum impressae oculo melius et certius apparebunt, si humores sunt mundi et defaecati. Caeterum oportet quod humor albugineus sit temperatae quantitatis: nam aliter erit respectu glacialis sicut aqua profunda, ut dictum est, et obscurabitur visus. Praeterea oportet quod tela aranea et cornea sint tenues et subtiles et bene perviae, ne umbram faciant glaciali. Insuper oportet quod non sint rugosae, sed lenem et expansam habeant superficiem. Quoniam si rugas habeant faciunt umbram: et haec est causa quare senes impediantur a visione distincta et discreta, quoniam aranea et cornea habent rugas in senibus, sicut et cutis totius corporis.

Relation of sight to quantity of light.

Non solum considerandum est de acumine visus ad videndum longius, et de discretione videndi per naturam compositionis oculis; sed de hoc conferendum est, quare quidam vident in tenebris et crepusculo et parva luce melius quam in pleno lumine, et alii e contra. Et proculdubio illi qui habent multum de humore albugineo indigent multa luce, antequam clarificetur; praecipue si est spissus, et maxime immundus; et ideo tales oculi non vident bene de nocte ad modicum lumen. Et ad hoc facit si humor glacialis sit multus et spissus et immundus, et si tela aranea et cornea sunt spissae et rugosae: necessaria[1] enim est multa operatio lucis et fortis, ut omnia ista clarificentur, et in die et in pleno lumine bene vident, et non aliter. Sed illi qui habent paucam humiditatem in humoribus, et claram et mundam, et telam et corneam bene perspicuas et sine ruga, non possunt videre in magna luce: quia lux multa confundit oculum talem ex nimia claritate, et in tantum occupat visum lucis fulgore ut fiat respectu rerum visibilium exteriorum inhabilis ad discernendum in illis. Sicut homo qui stetit in forti lumine, quando convertit se ad loca tenebrosa, non potest discernere res in eis propter speciem lucis fortem quae in oculis suis

[1] nociva, J. obviously an error. necessaria, O.

superflue operatur: nam fortior motus animae semper occultat debiliores. Et ideo homines habentes dispositionem hujusmodi oculi vident bene in crepusculis, et ad lumen candelae de nocte, et ad lumen stellarum. Et in his omnibus quae dicta sunt de distinctione et de visu in tenebris et in luce, Aristoteles et Avicenna dant auctoritatem in libris suis de animalibus superius annotatis.

Some eyes have intrinsic light.

De visu tamen in tenebris et in luce potest alia causa assignari, scilicet quando oculus habet multum de luce propria: nam oculus in hominibus, et equo, et cato[1], et multis animalibus lucet de se, sicut squamae piscium, quod patet quando homo in tenebris movet oculum a situ suo per digitum. Sed quidam homines habent plus de luce, quidam minus: et illi qui multum habent possunt videre in parvo lumine et tenebris, si aliae causae a parte humorum, et telae et corneae adsint, quae dixi. Sed qui parum habent de luce, non sic: praecipue si caeterae causae assint a parte humorum et telae et corneae.

CAPITULUM III.

De variis erroribus visus propter compositionem et complexionem oculi.

Double vision has many causes.

Praeterea ex bonitate compositionis oculi accidit, quod res una videtur una; quando scilicet pupillae habent eundem situm respectu nervi communis; quoniam tunc species veniunt a duobus oculis ad eundem situm in nervo communi, et fit unum judicium. Quando vero natura errat, ut accidit in lusco quod glacialis unius oculi non habet situm consimilem ad glacialem in alio, tunc species naturaliter vadunt ad loca diversa in nervo communi, et ideo oportet luscum laborare multum et ingeniari ad hoc, ut reducat oculos ad situm consimilem quatenus non erret, ut unitatem rei possit comprehendere. Et licet oculus bene sit compositus, nihilominus tamen accidit multiplex impedimentum ex nimio calore vel frigore, secundum quod homines stant multotiens in locis

Strabismus.

Cold or heat.

[1] caro J.

calidis, ut fabri, et pistores, et coquinarii, et hujusmodi; nam resolvitur oculus et destruitur per fortitudinem ignis et destruitur a naturali complexione, et impeditur judicium videndi. Similiter, ut Averroes dicit libro suo de Sensu et Sensato, accidit impedimentum quando instrumentum videndi fuerit infrigidatum a rebus intrinsecis infrigidatione intensa. Nam debilitatur et obscuratur oculus in locis in quibus est multa nix aut multa aqua, et ideo apparent ripae maris turbidae et paucae lucis, et similiter loca nivis.

Passion or intemperance.

Et similiter in ebriosis et infirmis et iracundis accidit recessus oculi a naturali complexione: unde ebriis et infirmis videtur unum duo et res visa vacillare et moveri, propter hoc, quod nimia humiditas vaporum ascendentium ad oculos resolutorum per fortitudinem vini, aut humoris calidi dominantis in causa morbi, turbat oculos et cogit egredi a suo situ naturali, sicut in irato. Nam calor accenditur circa cor, et accendit sanguinem, et resolvit vapores, qui de facili surgunt ad oculos et penetrant propter poros eorum, et movent oculos a suo situ naturali, ita quod species non possint figi in uno loco nervi communis; atque nec in uno loco glacialis oculi ejusdem, secundum Averroem loco memorato. Nam propter motum et ebullitionem vaporum accidit quod species formatur in diversis partibus, sicut species solis et lunae in aqua mota, et dum formatur in una non adhuc abscinditur ab alia, et ideo duae apparent, sicut apparet nobis duplex species solis et lunae in aqua mota.

Nervous derangement or disturbance of vitreous humour.

Et similiter ex passione capitis accidit aliquando resolutio vaporum ad oculum quibus visus movetur, ut in scotoma [1] et vertigine, et tunc aestimatur res visa moveri, ut exemplificat Ptolemaeus in secundo Opticorum, et illud operatur ad intelligendam causam scintillationis, et sic apparet unum duo et res visa moveri. Et Avicenna dicit tertio de Animalibus, cum contingit aliqua causarum quae scriptae sunt in libris philosophiae, quae moveat spiritum qui est in anteriori ventriculo cerebri circulariter, et virtus visibilis reddidit ei formam sensatam, non quiescit species in loco uno, sed circulariter movetur secundum motum spiritus revoluti, et sic videbitur res

[1] Ptol. *Optica*, p. 51.

circulariter moveri. Et Avicenna tertio de Animalibus dat causas tres a parte dispositionis nervi communis et oculi, quod unum potest videri plura. Nam humor vitreus, qui extenditur ab oculo ad nervum communem, et spiritus visibilis, qui fluit a sensu communi in nervum communem et in oculum, sunt subtilia corpora et mobilia multum, et ideo de facili mutantur a situ suo, et hoc potest esse vel secundum dextrum et sinistrum, vel secundum ante et retro. Quod si in nervo communi vacillent secundum dextrum et sinistrum tunc species duae quae veniunt ab oculis duobus non possunt figi in eodem loco nervi communis, sed una cadit in dextrum, et alia in sinistrum, et sic duae apparent, et oportet quod res una videatur duae. Similiter si vacillent secundum ante et retro, figetur una anterius et reliqua posterius, et ideo duae distinctae apparebunt. Et quando uterque motus accidit erit motus speciei, sicut vertigo, et apparebit res vacillare secundum duos situs.

Compression of globe of eye.

Tertiam causam assignat de uvea; quae de facili recepit motum. Nam per motum spirituum et calorem fortem et multum, potest interius concuti, atque per conatum oculi dilatatur, et per suum nervum ex quo componitur potest dilatari vel comprimi secundum quod nervus ille contrahitur vel distenditur. Potest etiam exterius concuti ex multis occasionibus, ut quando digitus comprimit uveam vel aliis modis, et per has concussiones aliquando mutatur foramen in directum, aliquando in obliquum, et haec variatio potest fieri in uno oculo et non fiet in alio, aut in ambobus oculis simul fiet, sed diversis modis. Quapropter ipsa species diversificabitur in utroque oculo et per consequens in nervo communi, ut major vel minor appareat res et species, et sic majorem locum in nervo communi una species habebit quam alia, et ideo res quae est una videbitur duplicata.

Double vision in a single eye through obstruction of lens, or debility.

Praeter omnia quae dicta sunt de hoc quod unum videatur duo, sunt adhuc casus diversi naturales cum suis causis. Et accidit ergo aliquando quod humor extraneus coagulatur infra uveam inter glacialem et foramen; et aliquando a superius ad inferius secundum longitudinem, aliquando ex transverso secundum latitudinem, aliquando circulariter; et ita fit divisio glacialis, ut videat per partes suas diversas eandem rem, et ideo ei apparet una res duae. Hanc causam tangunt medici in libris et docent curationem, ut per Avicennam patet in cura oculi. Quod si non contingeret, aestimatur quod potest fieri hic deceptio. Et vero aliter creditur posse fieri apparitionem duorum ex eo, quod visus fit extramittendo, et quod species potest aliquo modo videri. Nam sunt multi homines, qui quum aspiciunt aliquam rem unam, apparent eis duae, et non est propter oculorum diversitatem, quoniam si uno oculo aspiciant idem eis accidit. Uno ergo oculo vident duo omnibus causis exclusis praedictis. Quapropter non potest esse, nisi vel quia species rei, dum fit prope rem, est fortior et plus habet de natura rei, et ideo magis est sensibilis quam longius multiplicata. Cum ergo homo habeat debiles oculos, tunc virtus non solum secundum se est debilis, sed magis debilitata ex distantia stabit ad speciem rei prope eam, et fiet species ei pro objecto, ut terminetur virtus debilis ad illam, sicut ad vaporem terminatur visus ex distantia debilitatus. Sed oculus fortis penetrat aerem, in quo est species prope rem, et occultatur ei species propter fortitudinem visus, sicut vapor in aere prope oculum occultatur et penetratur propter vigorem oculi. Et illud frequentissime accidet hominibus habentibus debiles oculos, maxime scilicet quando negligenter vident. Et aliquando homines habentes bonos oculos cadunt quoquo modo in istam passionem, quando scilicet negligentissimi sunt in videndo et oculum semiclaudunt, et sunt ipsi et res visa in locis obscuris et temporibus caliginosis, sicut in crepusculis.

Double pupil.

Et necesse est istud, vel quod oculus unus habeat geminas pupillas; quod licet sic hoc possibile, non sum hoc expertus. Solinus enim in libro de Mirabilibus Mundi facit mentionem de quadam regione in qua mulieres solebant habere duas pupillas. Et Plinius sexto libro per diversa loca mundi ostendit homines habentes geminas pupillas in oculis; quod si contingat unum potest videri duo.

DISTINCTIO SECUNDA.

De modo videndi recto considerato penes speciem visus et rei visae; habens quatuor capitula.

CAPITULUM I.

That a cloud can be seen from without not from within, proves ocular radiation.

Deinde considerandae sunt causae visionis a parte specierum visus et visibilium. Et jam in promptu est causa quare oculus existens extra aerem vaporosum et nebulosum videt eum, et quando est in aere tali non videt nec percipit vapores et nubilia. Hoc enim superius tactum est incidenter, nunc autem ex causa principali. Oportet enim quod fortitudo et debilitas radii visualis sit causa hujus: nam quando est prope aerem talem, et in eo virtus visiva est fortis ex propinquitate sua ad oculum, propter sui fortitudinem potest penetrare aerem spissiorem, et nihil videtur nec percipitur a visu, nisi quod potest visum terminare, ut dictum est prius. Et ideo tunc[1] non percipitur aer vaporosus. Sed quando oculus longe fit ab illo aere vaporoso, tunc species oculi debilitata invenit resistentiam et terminationem, et ideo valet a longe videre aerem nebulosum. Et ex hoc experimento patet manifeste, quod fit visus extramittendo. Nam si sola species rei visae fieret, tunc non posset ratio reddi hujus visionis.

The axis of vision.

Et a parte speciei considerandum est ulterius non solum absolute, sed per comparationem ad situm, sine quo non potest fieri, nec distincte, nisi diligenter observetur. Dicendum ergo quod unus oculus facit speciem usque ad rem visam, et res visa facit ad oculum suam speciem in eodem loco, unde habent axem communem, qui est perpendicularis super omnes partes oculi, eo quod transeat per centrum omnium. Et ideo cum perpendicularis incessus sit fortis et potens, oculus judicat

[1] Tunc is the reading of O., not etiam, as in J. The punctuation in J., and the insertion of et before propter sui fortitudinem, obscure the meaning. See p. 62.

fortissime per speciem partis quae venit super hanc lineam, et eam comprehendit in fine certitudinis, quantum potest unus oculus comprehendere. Et ideo dicitur in libro de Visu[1], quod nullum visorum videtur simul secundum totum, et hoc est intelligendum in fine certitudinis, sed una pars tantum super quam cadit axis dictus: nihilominus tamen eodem aspectu videtur tota res quae est basis pyramidis visualis, et plus ut tactum est, et ideo simul plura videntur. Sed propter complementum certitudinis et partes ex utroque latere propinquiores termino axis certius videntur, et remotiores minus certe. Quando vero oculus movetur ut certificet singulas partes visas, tunc axis decurrit super eas, et certificat successive unam post aliam.

Binocular vision.

Et quoniam naturaliter duo oculi situm habent consimilem respectu nervi communis, tunc se habebunt axes oculorum uniformiter ad omnem punctum super quem cadunt, et cadent necessario super eundem punctum rei, et tunc ille punctus melius et certius videbitur a duobus oculis quam ab uno. Et intelligendum est, quod a nervo communi dirigatur linea recta imaginabilis inter duos oculos, usque ad rem visam, concurrens in eandem partem rei visae cum axibus oculorum, et haec linea est axis communis, et ille punctus super quem cadunt isti tres axes, videtur in fine certitudinis, ut patet in figura, et aliae partes secundum magis et minus, secundum quod habent situm diversum respectu hujus axis. Nam *a* punctus videtur certissime, quia tres axes concurrunt in eo, et *b* atque *c* certius videbuntur quam *e* et *d*.

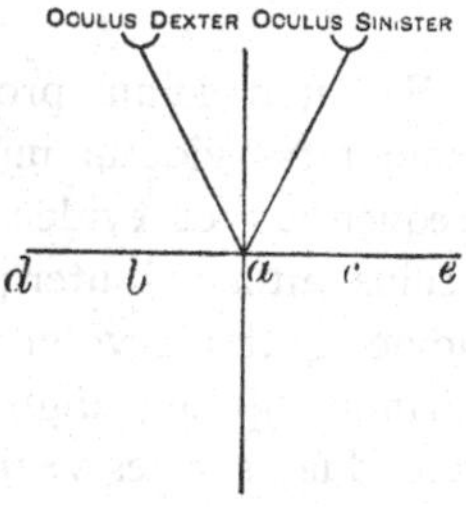

OCULUS DEXTER OCULUS SINISTER

d b a c e

FIG. 38.

[1] This is the first proposition of Euclid's *Optics*. Οὐδὲν τῶν ὁρωμένων ἅμα ὅλον ὁρᾶται. His mode of explaining this proposition is curious. Rays proceed from the eye to the object (αἱ προσπίπτουσαι ὄψεις). These impinge upon certain points leaving other points unaffected, and therefore unseen. It takes time for all the points to be touched so that the image becomes continuous; although the time is too short for us to be conscious of it. Δοκεῖ ὁρᾶσθαι ἅμα τῶν ὄψεων ταχὺ παραφερομένων. But Euclid did not combine as Bacon did, the geometrical point of view with the physiological. The dependence of vision upon ocular movement could hardly be better stated than Bacon states it.

Sed inter omnia pars illa certissima videtur ad quam cum terminantur axes est species propria ei perpendicularis, nam tunc est duplex fortitudo. Et propter hoc *a* videtur fortius per axes, quam *c* et *b*, nam species visus ipsius *a* est perpendicularis super ipsum, ut patet, non sic super *b* et *c* est species eorum perpendicularis species enim *b* et *c* sunt perpendiculares super oculum, sed non super se ipsas. Species autem ipsius *a* est perpendicularis super ipsum et super oculum.

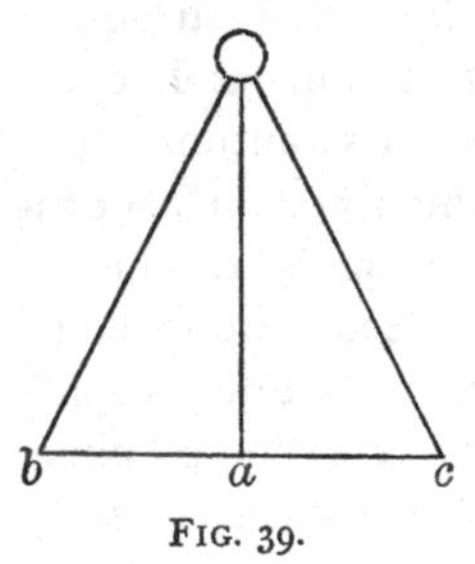

FIG. 39.

CAPITULUM II.

In quo ostenditur duobus diversis experimentis, et diversis figurationibus, quomodo unum videatur duo [1].

Experiments on double vision. (1) Pressure on the globe of one eye. (2) An object placed nearer than the point of convergence of the axes, appears double.

Sed non solum propter causas in praecedenti distinctione memoratas videtur unum duo, sed propter multas alias. Et frequentius et evidentius accidit haec passio ex hoc quod oculus alter vel uterque moveatur a situ suo, sicut quando homo gratis revolvit alterum oculorum a situ debito, aut quando supponit digitum oculo, et pellit eum a situ suo. Nam tunc duae species veniunt ad loca diversa in nervo communi, et apparet una res duae. Et contingit quod unum videatur duo secundum magnam elongationem ab axibus propter sensibilem diversitatem anguli, quam faciat species in oculis, ut patet in figura. Nam sit *m c* res visa, et *a* et *b* oculi, et *a c* et *b c* sint axes fixi super punctum *c*, quod ab eis videtur in fine certitudinis : tunc potest aliqua pars in tantum removeri ab

[1] The account of binocular vision in the foregoing chapter, and that of diplopia (double sight) in this chapter and the following, are taken from Alhazen (lib. iii. cap. 2, §§ 2–15). Bacon's exposition is far shorter and clearer than that of his teacher. In consulting Risner's edition of the Latin version of Alhazen it must be borne in mind that the diagrams, and the headings of each section, were added by Risner.

axibus, ut *m*, quod videbitur duo propter sensibilem diversitatem anguli quem constituit in oculis, quoniam *m a c* est longe major in oculo *a* quam *m b c* in oculo *b*; et ideo non potest species utraque propter hanc diversitatem venire ad eandem partem nervi communis, sed oportet quod major occupet majorem partem nervi communis, et ideo videtur visui, quod *m* sit duo. Et non solum accidit hoc, quando punctus visus cadit a dextris et a sinistris axium, ut nunc figuratum est, sed quando in aliqua distantia fit dexter respectu unius axis, et sinister respectu alterius, scilicet quod quando inter concursum axium cadit vel ultra, ut apparet in figura. Nam si oculorum *a* et *b* axes figantur diligenti intentione in *o* partem visibilis *m o n*, tunc visibile *k* infra concursum axium videbitur duo, et *h* visibile ultra concursum similiter videbitur duo necessario. Nam hoc potest experimentator probare, accipiendo unum asserem latitudinis unius palmae, et longitudinis quatuor, vel quinque, vel sex, et sit superficies ejus laevis, et accipiat tria individua visibilia, vel de cera vel de ligno formata ad quantitatem supremi articuli digiti minoris in figura pyramidali, et sint diversimode colorati propter evidentiam majorem, et ordinet ea secundum ordinem *h o k*, ita quod sit sensibilis distantia inter ea, ut medium eorum sit in medio tabulae, et unum aliorum sit in extremitate tabulae remotiore, et tertium sit in medio inter medium videndum et oculum, et tabula in extremitate sua respectu oculi habeat quandam concavitatem, ut bene possit applicari oculis, et quod tabula possit bene applicari super extremitatem nasi ad oculos, et tunc oculi figant axes super medium individuum, quod videbitur unum, et utrumque aliorum duorum videbitur duo, nam *k* et *h* videbuntur quatuor et *o* videbitur unum.

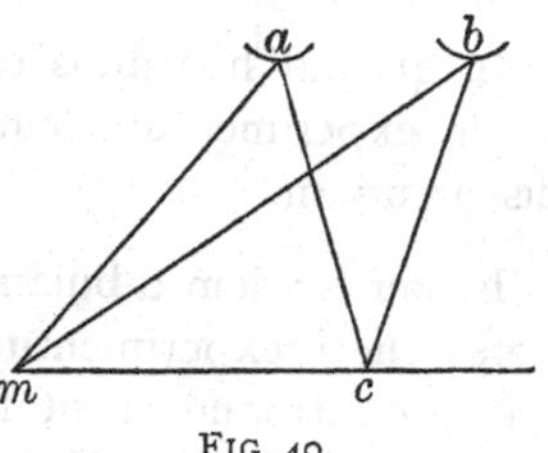

FIG. 40.

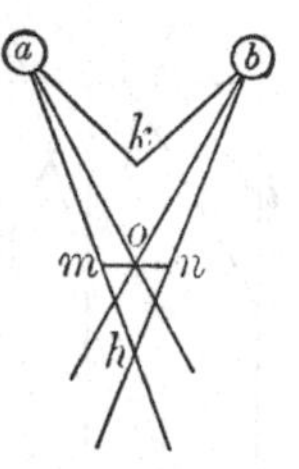

FIG. 41.

Capitulum III.

In quo ad hos duos errores componitur una figuratio per unum experimentum, cum consideratione imaginum plurium disparentium.

Further experiments. With right eye closed, left image disappears.

Et per eandem tabulam, si latitudinem habeat sufficientem, potest fieri experimentum de priori errore. Sufficiat ergo una pro utroque et sit hujusmodi, ut apparet in hac figura

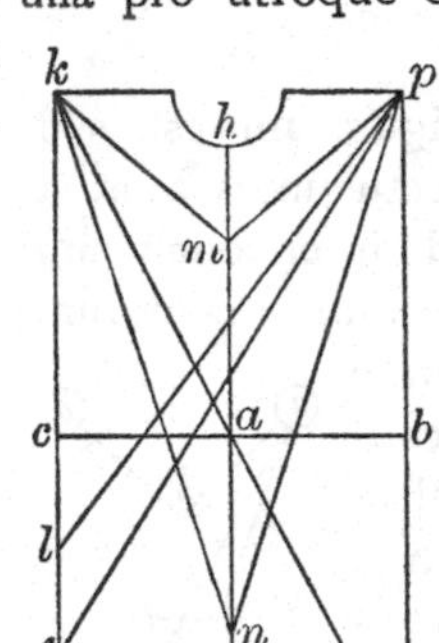

Fig. 42.

Nam *a* et *c* et *b* videbuntur ut sunt, dummodo oculi aptentur recte, ut extremitates pyramidis visualis cadant super *c* et *b*, et axes super *a*. Sed si alia individua, vel illa eadem, scilicet *a b c* ordinentur secundum longiorem diametrum *h a*, ut *c* ponatur in loco *m*, et *b* in loco *n*, videbuntur *m* et *n* esse quatuor; et sicut *c* videbitur esse unum, quando est in diametro minori et transversali, sic *l*, quod parum ab eo distat[1] et ab axibus; sed *f* quod multum obliquatur videbitur duo, secundum quod in priore errore fuit annotatum. Nam ab oculo *p* videbitur sub angulo *f p k*, qui est minor recto, et ab oculo *k* videtur sub angulo *f k p* qui est rectus, et ideo oportet quod ob diversitatem anguli videatur duo. Et experimentator potest sine tabula experiri multa in hac parte. Nam potest de nocte elevare digitum inter ipsum et candelam. Si ergo figat axes super candelam, videbitur unus digitus duo. Et in his considerandum est, quod si claudatur oculus dexter, disparebit imago sinistra, et clauso oculo sinistro dextra evanescet imago; quod admiratus est beatus Augustinus, et longum fore dare causam hujus rei scribit in undecimo libro de Trinitate capitulo secundo[2]. Et vere longum est homini ignoranti perspectivam, quia oportet ipsum primo addiscere hanc scientiam. Similiter est longum ut doceat

[1] distant J. [2] primo J.

causam hujus rei, quia oportet ipsum ea quae scripta sunt in hac parte quinta hujus persuasionis bene considerare, et maxime quae in hoc capitulo de causis visionis a parte specierum dicuntur et scribuntur. Certum ergo est, quod axibus oculi fixis super *a* visibile, nihilominus tamen virtus visiva tendit in *m* visibile, sed species veniens ab oculo dextro tendit in sinistrum, si procedatur ultra, et similiter species oculi sinistri tendit ad dextrum, nam hae species intersecant se in *m* puncto, et separantur ita, ut dextra transeat ad sinistram partem, et sinistra ad dextram, ut patet ad sensum. Quoniam ergo *m* apparet duo, necesse est ut imago quae respondet dextro oculo sit ultra *m* in partem sinistram, quia species oculi dextri tendit in partem illam. Et ideo quando oculus dexter clauditur, oportet quod evanescat imago sinistra; et consimilis ratio est de oculo sinistro et imagine dextra, et istud patet in figura.

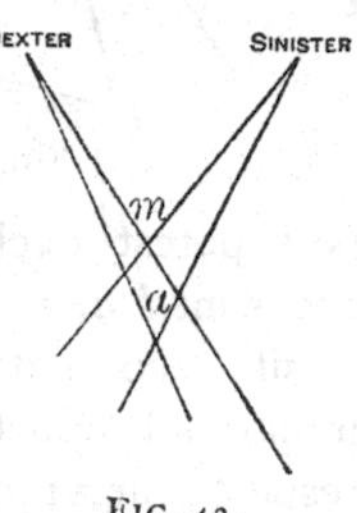

FIG. 43.

Et tamen non semper disparebit imago dextra oculo sinistro clauso, nec sinistra ad clausionem dextri oculi; sed bene accidit quod clauso dextro oculo, imago dextra dispareat, et clauso sinistro imago sinistra disparebit, ut potest quilibet experiri ad stellas fixas in aestate in crepusculo ante obscuram noctem, et ita posset fieri de ignibus longe distantibus.

It is otherwise with rays from very distant objects.

CAPITULUM IV.

De hoc, quod appareat unum duo propter elongationem axium particularium ab axe communi, cum expositione omnium modorum situs [1] et assignatione causae visionis bonae vel malae in omnibus.

Non solum est diversitas visionis erroneae, eo quod diversa sit positio rei visae respectu axium, ut dictum est, sed ipsi

Dependence of double

[1] Omnium modorum situs is omitted in J. *Situs* is the ninth of the conditions of vision referred to on p. 74 as needing further explanation.

vision on the relative position of ocular axes.

axes possunt obliquari nimis ab axe communi, ut patet in figura. Nam *a b d* angulus in *b* oculo est longe major quam *a c d* angulus in oculo *c*, et ideo erit error, et videbitur *a* duo, ad quod terminantur axes *b a*, et *c a*, et hoc quia declinant ab *e d* axe communi[1]. Et hoc est quando oculi convertunt axes suos ab axe communi ad partem unius oculi, et alius oculus sequitur quantum fieri potest declinatio, et ideo axes non terminantur ad *d*, nec sunt *b d*, et *c d*, sed *b a* et *c a*, nam axes sic declinant a situ suo naturali et obliquantur. Possunt etiam terminari ad punctum rei visae idem, sub tamen diverso situ respectu nervi communis; et tunc videtur ille punctus duo, sicut patet per elevationem unius oculi a situ suo recto vel utriusque. Et ex his obliquationibus patet manifeste, quod sive axes obliquantur nimis ab axe communi, sive res visa, vel pars rei visae nimis obliquetur ab axibus oculorum, videbitur male res, et hoc sive uno oculo, sive duobus, sive etiam fiat obliquatio extremitatum rei a faciali oppositione. Et per oppositum erit, quod illud quod facialiter erit objectum, ad quod axis specialis et communis concurrunt, videbitur in fine certitudinis. Si vero sit prope axes, res ab eadem parte videbitur sufficienter; et sic minuetur visio ejusdem rei usque ad locum tantae obliquationis quod unum videtur duo, ut praedictum est. Et horum omnium causa est, secundum Alhazen in tertio libro, et Ptolemaeum similiter in tertio, quod quando res facialiter videtur vel prope, tunc species ejus venit ad superficiem glacialis sub magno angulo et occupat magnam partem pupillae, in qua sensibiliter possunt partes distingui; sed quando est magna obliquatio, tunc species venit sub parvo angulo ad membrum sentiens, et occupat parvam partem illius, ita quod insensibiliter congregantur species partium rei visae, et collocantur confuse, et ideo non est judicium certum de eis. Et sic patent omnia quae habent

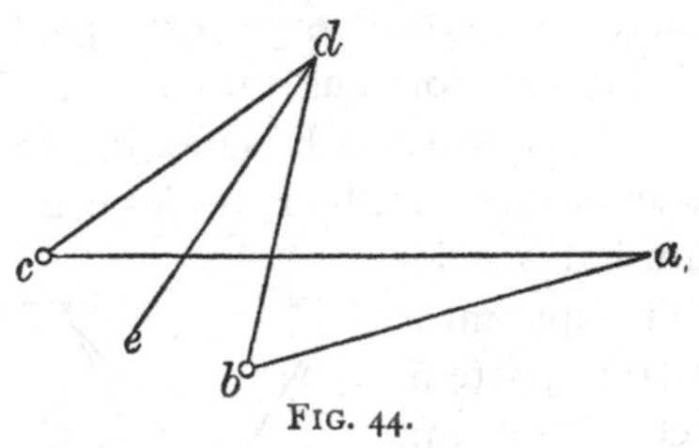

FIG. 44.

[1] This is wrongly lettered, both in the text and the figure, in J.

sciri de situ respectu oculi. Nam de facili potest quilibet differentias situs jam elicere. Est enim situs facialis, quando res facialiter opponitur oculo vel oculis, nec elevatur una extremitas, nec alia declinat. Et est situs obliquatus per elevationem unius extremitatis et depressionem alterius ; et hic dicitur situs obliquus. Item in situ faciali est situs partis unius respectu axium, et aliae partes magis declinant ; et similiter in situ obliquo quaedam partes sunt remotiores ab axe, quaedam proximiores. Et dictum est quomodo fit comprehensio et error in omnibus similibus. Situs autem, qui est extra pyramidem non solum visualem, sed totam, excludit visionem omnino.

DISTINCTIO TERTIA.

In qua consideratur de triplici modo videndi penes octo praedicta, habens septem capitula. Et primo ponuntur exempla de cognitione solo sensu.

CAPITULUM I.

His habitis a parte oculi et specierum situs, nunc considerandum ulterius de triplici modo videndi penes octo quae necessaria sunt sine quibus non potest fieri visio. Lux ergo et color videntur solo sensu, et non erratur circa ea, quando haec octo non egrediuntur a suo temperamento ; immo tunc videtur lux sicut est, et color sicut est. Quando vero egrediuntur a suo temperamento, tunc accidit error vel defectus. Nam lux stellarum de die non videtur quando ad oculum venit plenitudo lucis solaris propter egressum illius lucis a temperamento respectu oculi et lucis stellarum, ut quando homo est in superficie putei, ad ejus oculos venit lux solaris principalis excellens lucem stellarum principalem. Sed si homo ingrederetur profundum putei videret stellas quae essent super caput ejus ; non solum propter causam prius tactam, sed propter hoc quod temperaretur lux solaris, eo

Perception of light and colour.

quod sola lux ejus accidentalis veniret ad oculum et nullus radius principalis, et ideo stellae videntur per radios suos principales, et non occultarentur.

The milky way.

Sed de galaxia[1] mirum est, quod non potest apparere in sphaera coelesti, nec in sphaera aeris, sed in sphaera ignis. Galaxia vero uno modo est circulus in coelo coelestis, quae lactea via vocatur, habens multas stellas minutas congregatas, et haec pars coeli facit, secundum Aristotelem primo Meteorologicorum, impressionem luminosam continuam per concursum lucis solaris cum lucibus hujusmodi stellarum parvarum, et haec impressio vocatur similiter galaxia. Unde aequivocatur nomen ad causam et effectum : et apparet continuum lumen et oblongum, licet stellae sint distinctae. Sed distantia facit hoc, sicut si quis a longe aspiceret ollam perforatam in partibus multis propinquis, in qua ignis contineretur : appareret enim ei propter distantiam ignis continuus propter propinquitatem foraminum, quam non discerneret visus propter remotionem. Hanc tamen impressionem non perciperet oculus in orbe coelesti, licet hoc lumen transeat per eum, nec in aere licet similiter transeat. Sed in igne fit sensibilis, quia orbis coelestis est tam excellentis subtilitatis, quod non potest lux incorporari in eo, ut sit visibilis. Aer autem est majoris densitatis quam hic requiratur. Nam quia ista impressio debilis est propter debilitatem lucium parvarum stellarum, cito potest opprimi loci obscuritate, nec sufficit ad purgandum aeris tenebras densioris. Sed in suprema parte ignis potest galaxia visui apparere, quia proportionalis est apparitioni propter mediocritatem sui inter nimiam subtilitatem coelestis perspicui, et inter majorem densitatem in aere quam hujusmodi apparitio[2] requirat ; et ideo in igne potest apparere, ut Aristoteles dicit, licet parum exprimat de causa. Sed lumen stellarum aliarum fixarum majorum, et similiter planetarum,

[1] Bacon refers to Aristotle's explanation of the milky way (*Meteorologica*, lib. i. cap. 8) as though it were his own. But his own is far nearer the truth. Aristotle attributes it to a disturbance at the confines of the sphere of air and of fire caused by the motion of the many *large* stars which are situated in the milky way. Bacon speaks of it as *multas stellas minutas* from which a continuous luminous impression is conveyed to the eye.

[2] appericatio J.

habet tantum fortitudinis, quod non recipit occultationem in aere, sicut nec in sphaera ignis et coelesti, et ideo uniformiter illustrat totum medium, scilicet orbes coelorum et ignis et aeris; et ideo visus non percipit in aliquo diversitatem incorporationis lucis istarum. Et ideo non fit aliqua impressio distincta apparitionis per luces cadentes ab aliis stellis quam a stellis galaxiae, propter quod philosophi non faciunt mentionem de aliqua alia impressione, quae sit pura lux, quam de illa quae galaxia vocatur. Et sic patet, quod galaxia non potest apparere in sphaera aeris nec coeli, propter egressum medii a temperamento raritatis. Non in aere, propter defectum raritatis sufficientis, in coelo vero propter superfluitatem. Sciendum tamen quod multum facit ad notitiam galaxiae consideratio fractionum in sphaera ignis; omnes enim radii qui cadunt ad angulos obliquos in superficie ignis franguntur. Sed hujus explanatio alibi requiratur.

The dawn.

Similiter mirum est de luce aurorae, qualiter apparet nobis tunc et non ante: nam coelum totum illuminatur, praeterquam in umbra terrae. Et coelum voco hic totum mundum, unde extra umbram terrae aer illuminatur, et sphaera ignis et orbes coelestes. Et nos[1] bene videmus stellas de nocte in omni parte horizontis; ergo similiter videtur quod deberemus videre species coelorum et ignis et aeris illuminari extra umbram. Nam inter nos et stellas est aer illuminatus necessario, et sphaera ignis, et orbes coelorum, non solum per lucem stellarum, sed per lumen solis, quod transit in aere per latera umbrae, et ideo sicut in aurora videmus aerem illuminatum, sic probabile est quod aer illuminatus videretur prius. Sed egressus distantiae a temperamento cum egressu raritatis a temperamento solvit hoc. Nam stellae sunt corpora densa, et habent multum de luce[2] propria et fixa, et ex hac utraque

[1] Combach reads non; but O. and Reg. have nos, which is the reading adopted by J. The punctuation however of J. needed altering. The question asked is this: Why is there not twilight all through the night? We see the stars which derive light (at least indirectly) from the sun. Why not then the diffused light from the spheres in which the stars are placed, and also from the sphere of air? for these are illuminated all through the night by the sun. The answer contains much more truth than error.

[2] See the discussion of this point in vol. i. p. 129. On twilight cf. vol. i. p. 229.

causa possunt videri per species suas diffusas in umbram usque ad oculum. Sed partes orbium illuminatae, et sphaera ignis et aer extra umbram sunt corpora nimis rara, nec habent lucem fixam sed transeuntem, et ideo debilis lux est, et multum distant; ex quibus causis videri non possunt de nocte, quia species veniens ab eis in umbram est nimis debilis, nec potest oculum immutare. Sed quando sol appropinquat ad ortum, et hoc est quando est in decimo octavo gradu circuli suae depressionis sub horizonte, secundum quod Ptolemaeus docet in Almagesti[1], tunc radii ejus cadunt in aere propinquiori ad nos, et ingrediuntur summitatem umbrae et latera ejus, et sic potest aer illuminatus propinquior facere speciem fortiorem ad oculum, et incipit videre eum, et magis videtur secundum quod propinquior illustratur. Additur autem ad hanc causam, quod aer propinquior est densior, et praecipue quando lux venit ad aerem vaporosum, cujus altitudo maxima est quinquaginta et unum milliaria, et quaedam partes milliaris, secundum quod demonstratur in libro de Crepusculis; et propter densitatem hanc plus retinetur de luce in tali aere denso, sicut in stellis, et ideo fit fortior species ad oculum. Et haec nobis ostendunt, quod aurora non fit per fractionem vel reflexionem lucis in nube, sicut sciunt instructi; sed fit per speciem solis accidentalem, quae venit ad nos a radiis ejus transeuntibus in aere vaporoso et nubiloso, sicut a radio solis per fenestram cadente venit species accidentalis per totam domum.

Luminous bodies in rapid motion.

Accidit etiam, quod lux parva, sive corpus lucidum modicae quantitatis, appareat aliquando magnae extensionis in aliquibus propter sensibilem distantiam et motus celeritatem in stellis discurrentibus[2], sicut dicit Ptolemaeus in secundo Perspectivae. Nam impressiones inflammatae in aere ex vaporibus ignitis in similitudinem stellarum, quae vocantur Arabice Assub[3] ascendens et descendens, sunt corpora parvae quanti-

[1] This word is properly written al-mijasṭī; the i being long, corresponding to the Greek η in μεγίστη. In its Latin form it is usually, though not uniformly, treated as indeclinable.

[2] Ptol. *Optic.* p. 41.

[3] An orientalist friend referred me to Freytag's Arabic Lexicon: '*'asb*, nubes rubicunda, apparens in magna siccitate anni.' But Professor Rieu, who has kindly examined this passage for me is clearly of opinion that the word in

tatis. Sed propter distantiam et motus celeritatem apparent habere lumen longum. Similiter accidit in scintillis ascendentibus velociter de igne; nam motus celeritas facit quod multotiens apparent extendi in magna longitudine, cum tamen sint parvae quantitatis.

Modifications of colour.

Sicut vero lux percipitur solo sensu, sic color: et si illa novem, de quibus dictum est quod sint necessaria ad visum, non egrediantur temperamentum, visus percipiet veritatem coloris. Si autem egrediantur, non percipiet: ut si corpus coloratum sit solidum sufficienter, quatenus visum possit terminare, aestimabitur color visus esse illius corporis. Sed si non sit satis solidum, ut crystallus, cui si applicetur a parte posteriori corpus coloratum, apparebit visui quod sit color crystalli, cum non sit [1]. Et cum viderit oculus colores fortes et postea convertat se ad loca luminosa, remanebit species coloris fortis in oculo suo ad tempus, et primo apparebit ei color puniceus, deinde purpureus, et postea niger, et sic evanescit, ut Aristoteles dicit secundo de Somno et Vigilia [2]. Et hic error contingit ex superfluitate lucis variantis sicut judicium coloris. Et Ptolemaeus in secundo Perspectivae docet, quod diversi colores [3] videntur unus propter duas causas. Prima causa est; nam in re diversorum colorum apparet unus propter distantiam superfluam, ita quod angulus qui totam rem continet non habeat idoneam quantitatem. Cum singuli autem anguli, qui continent diversos colores, fuerint insensibiles, accidit ex compressione partium quae non discernuntur, quod color totius rei sit unus aliter quam singularum partium. Alia causa est; nam accidit ex motu rei veloci, ut in motu trochi plures colores habentis, quod non moratur unus et idem radius super unum et eundem colorem, quoniam recedit color ab eo propter celeritatem motionis; et sic idem radius cadens super omnes colores non potest discernere inter primum et novissimum, nec inter eos qui sunt in toto trocho, sed apparent

question is الشُهُب *ash-shuhub*, plural of الشهاب *ash-shihāb*, a shooting star; ascendens et descendens ought therefore to be in the plural.

[1] The sentence is incomplete, though the sense is clear.

[2] What Bacon calls the second book *De Somno et Vigilia* is what is now called *De Insomniis*. The passage quoted is in cap. iii.

[3] Ptol. *Optic.* pp. 40–1.

quasi unus, et videtur quod ille sit quasi mixtus ex omnibus. Et de his sunt exempla infinita, et posita sunt aliqua in principio[1], et in diversis locis; et ideo pertranseo.

CAPITULUM II.

De cognitione per scientiam.

Facts about the moon learnt by repeated experience.

Quae vero comprehenduntur per scientiam[2], sunt per distinctionem universalium ad invicem vel particularium vel universalium a particulari, ut dictum est: unde diversitas et distinctio rerum visibilium consideratur in hac cognitione, et haec cognitio primo et per se attenditur circa lucem et colorem, quoniam sunt maxime sensibilia. Quando ergo luna est extra umbram terrae, habet lumen clarum et album, quando est in superiori parte umbrae habet lumen rubeum, quando vero est in inferiori parte non videtur lumen, quando etiam soli conjungitur in novilunio non apparet ei lumen. Et ideo visus percipit hanc diversitatem: sed non potest solus sensus hoc certificare, sed postquam pluries vidit has diversitates et aspiciat lunam, potest cognoscere quod in tali tempore vel in tali sic vel sic apparet, et in aliis non videtur.

Explanation of these facts.

Causa vero hujus rei difficilis est; certum tamen est quod lumen lunae causatur a sole, sicut omnium stellarum, ut superius dictum est. Sed ut dicit Ptolemaeus in libro secundo Opticorum, quando conjungitur soli[3] tunc illud quod impedit lunam illuminari versus nos est propinquum lunae, quoniam est fere medietas corporis lunaris nobis objecta, quia alia pars illuminatur. Et ideo radii solares non possunt attingere ad partem versus nos; neque principales[4], ut patet; sed multum

[1] See pp. 39–46.

[2] The word is here used in the sense attributed to it, provisionally, on pp. 79–80, of memoria visionis prius factae. The knowledge to be considered under this head is that which results from reiterated experience: no faculty being needed other than the power to discriminate between one universal and another, or one particular and another, or again, between a particular and a universal. The instance here given applies of course only to the facts discerned; not to the disquisition as to their cause; which, however interesting, is a digression.

[3] Ptol. *Optic.* p. 39.

[4] Neque principales, should be followed by neque accidentales, but the structure of the sentence was altered, in the hurry of composition, as is often the case with Bacon. The explanation why the Moon is completely hidden

recedunt et separantur. Et ideo radii accidentales non sufficiunt accendere lunam. Sed quando est in umbra, tunc terra quae obtegit lunam a sole, est multum elongata a luna, et ideo radii solares principales multum prope concurrunt propter strictitudinem umbrae in parte superiori; et propter hoc radii accidentales possunt venire de prope in magna fortitudine ad corpus lunae, et ideo accendunt lunam. Sed quia accidentales sunt debilioris operationis quam principales, propter hoc non clare illuminant lunam nec plene, et ideo fit subrubea vel pallida, declinans ad ruborem, et magis rubea est, quando minus cadit in spissitudinem umbrae, et magis pallida, quanto magis cadit in eam. Et tamen potest ingredi spissitudinem umbrae, et descendere in eccentrico suo versus terram, quod non possunt radii accidentales eam accendere propter magnam separationem radiorum principalium ipsius solis, et remanet tota tenebrosa, sicut in conjunctione, quia de se lumen non habet, sed est corpus densum.

Second example. Colour of object seen through a fine particoloured web.

Similiter de colore potest poni exemplum. Nam si per medium panni valde rari colorati diversis coloribus in partibus suis visus aspiciat aliquod corpus unius coloris, tunc si foramina panni sunt magna, videbit colorem corporis sicut est, sed si sint parva et subtilia, apparebit ei color rei postpositae mixtus, et ideo ex diversitate raritatis medii per quod videtur videbitur color diversus, et sic errabit in scientia. Cujus causa est dubia. Nam constat, quod colores partium corporis non veniunt ad visum nisi per foramina panni inter fila, et colores filorum veniunt secundum suas lineas et verticationes proprias ad alia puncta quam species colorum partium postpositi corporis: quapropter figuntur colores partium illius corporis ad puncta alia in oculo quam colores

when in conjunction with the Sun (i. e. when new) and only partially hidden when in eclipse, is quite just, if allowance be made for the difference in technical language between his time and ours. He observes that, in the first case the source of light is near to the object obscured (propinquum lunae), being, in fact, the further side of the moon lit by the sun's rays. The direct rays (principales), therefore, diverge so much that the diffused rays (accidentales) are inoperative. In the second case the direct rays which bound the cone of the earth's shadow, coming from a more distant source, are far less divergent, and the accidental rays, being less remote, produce a dim reddish colour on the eclipsed surface.

filorum, quare non videtur quod color erit mixtus. Sed dicendum est, quod sic: nam quando foramina sunt minuta, tunc colores transeuntes per foramina sunt multum propinqui filis, et ideo colores filorum et colores transeuntes per foramina sunt valde propinqui, et attingunt ad puncta habentia insensibilem distantiam: et quia sic est, ideo non erit sensibilis diversitas colorum istorum, et per hoc apparebit visui mixtus.

CAPITULUM III.

Appreciation of distance by a series of intermediate objects.

De his vero quae per syllogismum comprehenduntur accidunt similiter exempla notabilia. Primum quidem inter ea est distantia seu remotio. Circa quod primo consideratur, quod distantia superflua impedit visum; quia eadem res distans facit parvum angulum in oculo quae faceret magnum quando est propinqua, ut patet in figura. Et quoniam ex parvitate anguli accidit quod parva res pupillae occupatur, non potest res sensibiliter quantum oportet distingui in oculo, et ideo res male percipitur ex superflua distantia. Comprehenditur vero et certificatur distantia, si sit mediocris, per continuationem et ordinationem corporum sensibilium interjacentium inter visum et rem remotam. Ut cum aliquis sit juxta murum unum, et aspiciat alium murum ultra primum elevatiorem eo et satis ab illo distantem, non percipit aliquam distantiam inter ipsos, quia aut non sunt corpora continuata inter eos, aut ea non potest percipere propter interjectionem primi muri sub quo stat.

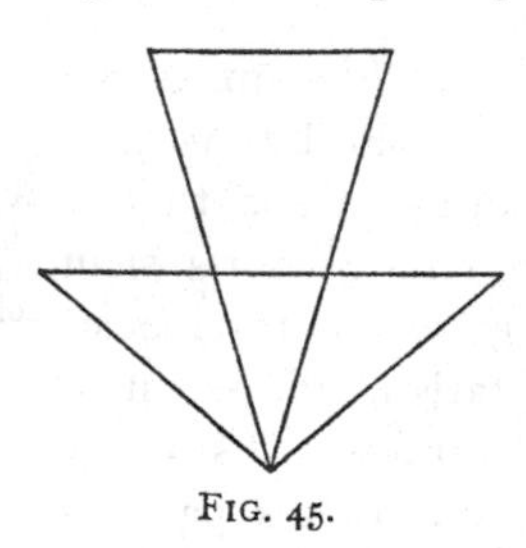

FIG. 45.

Height of clouds.

Et inde accidit, quod quando non sumus prope altos montes, sed in locis planis, non percipimus altitudinem nubium[1]; immo aestimamus quod sint longe remotiores a nobis quam sunt, quia non sunt corpora sensibilia posita inter nos et eas sed solus aer qui non est sensibilis nobis, et ideo tunc non percipimus altitudinem nubium. Sed cum fuerimus prope altos montes, quamvis non sint multum alti ultima altitudine quae est circiter octo milliaria, videbimus

[1] See vol. i. p. 229.

nubes in capitibus montium et cacumina superiora nubibus. Ex quo concludit Alhazen in secundo libro quod nubes non sunt magnae altitudinis, quamvis vapores bene ascendant usque ad unum et quinquaginta milliaria, sicut demonstratur in libro de Crepusculis. Sed non omnes vapores faciunt nubes, soli enim aquei ; et non omnes sunt materia nubium, terrestres vero altius ascendunt quamvis sint graviores, quia siccum est subjectum caloris et bene calorem retinet postquam receperit, ut lapis melius quam lignum. Inde accidit quod calor solis fortior et abundantior retinetur in vaporibus terrestribus quam aqueis, et propter hoc altius elevantur. Nunc autem ne fieret objectio de altitudine nubium, per contrarietatem libri de Crepusculis, feci mentionem de hoc libro.

Difficulty of estimating extreme distances.

Remotio [1] ergo comprehenditur quando corpora continuata sunt inter visum et rem, et hoc in mediocri distantia, et tunc quando visus illa corpora aspexerit et mensuras eorum certificaverit. Quod si aliquid istorum defuerit non certificabitur remotio. Et remotio mediocris respectu visus, id est cujus quantitas certificatur a visu, est remotio apud cujus ultimum non latet visum aliqua pars illius spatii habens quantitatem sensibilem ad totam remotionem. Et remotio mediocris respectu rei visae, in qua visus comprehendit unam partem rei visae, est apud cujus ultimum non latet pars illius rei visae habens proportionem sensibilem ad quantitatem rei visae. Remotio vero quae est extra mediocritatem respectu visus est illa, apud cujus ultimum latet quantitas habens proportionem sensibilem ad totam illam remotionem. Et remotio intemperata respectu rei visae est, quae partes proportionales toti proportioni sensibili abscondit a visu.

Erratur ergo de certificatione distantiae propter intem-

[1] This is treated of in Alhazen (lib. ii. cap. 11, prop. 22, 24, 25, and 39). He points out in a way that would be clear enough, were it not for his extreme diffuseness, that our estimate of the distance of an object depends on the existence of a series of familiar things interposed between the eye and the object. We gain an estimate of the distance of things round us by measuring the time taken in walking to them, or by reference to parts of our own body, as the foot or hand, as measures of this distance. When the distance is very great, and no such series of objects is interposed, the eye has no means of determining distance. Bacon is less verbose, and more lucid.

Errors of judgement resulting from distance.

perantiam longitudinis rerum a visu. Nam sic arbores multum a longe positae, quamvis sint satis distantes videntur tamen continuari aut sibi propinquae. Et ob hoc stellae erraticae aestimabuntur in eadem superficie cum stellis fixis, propter immoderatam distantiam stellarum a visu: cum tamen stellae erraticae plurimum distent a fixis. Et figura multorum aequalium laterum directe visui opposita videtur circularis figurae, et circulus videtur recta linea, et sphaera aestimabitur plana figura. Nam propter immoderatam longitudinem anguli figurae, licet sint sensibiles respectu totius in debita distantia, quando tamen fuerit immoderata distantia, occultabuntur a visu respectu totius, et ideo judicabitur res angularis rotundae figurae, quia quando est clausus talis angulus, tunc est rotundae figurae. Similiter cum gibbositas arcus circuli objiciatur visui, licet medium gibbositatis circuli sit propinquius visui quam extremitates ad diametrum, tamen haec propinquitas non apparet visui propter distantiam immoderatam: et ideo occultatur accessus partis propinquioris visui, et aufertur in judicio visus ipsa gibbositas; quapropter curva linea apparebit recta[1]. Et ob hoc accidit, quod quando luna est septima vel vicesima prima, tunc linea circularis basis pyramidis luminosae solaris occupantis corpus lunae apparet linea recta, cum tamen in aliis temporibus apparet curva. Et sphaerica videbitur plana propter eandem causam. Propinquitas tumoris ejus excedit imperceptibiliter propinquitatem extremitatis illius tumoris propter immoderatam distantiam. Et ideo sol et luna videntur esse superficiei planae, cum tamen sint sphaericae.

CAPITULUM IV.

De figuratione lunae secundum diversas aetates; et additiones aliquorum in fine.

Phases of moon obscurely ex-

Et per jam dicta potest apparere causa de diversa apparitione figurationis luminis lunaris secundum quod crescit et

[1] See Euclid's *Optica*, prop. 22. *Ἐὰν ἐν τῷ αὐτῷ ἐπιπέδῳ ἐν ᾧ τὸ ὄμμα κύκλου περιφέρεια τεθῇ, ἡ τοῦ κύκλου περιφέρεια εὐθεῖα γραμμὴ φαίνεται.* Euclid goes on to explain, as Bacon does, that the illusion is more complete the greater the distance of the object.

decrescit. Nam aliquando basis pyramidis lucis solaris occupantis corpus lunae, apparet linea arcualis, ut ante septimum diem et post, sed in septimo apparet linea recta. Cujus causam Aristoteles secundo Coeli et Mundi et Averroes imperfectis et transitoriis sermonibus[1] occultant; atque liber Problematum Aristotelis Latinus suae translationis obscuritate dubios nos relinquit. Mirum enim satis est, quare eadem linea curva apparet aliquando recta, aliquando curva, ex eadem distantia. Si enim secundum causam datam de immoderata longitudine linea arcualis debet apparere recta: quomodo ergo poterit pluries, immo fere per totum mensem lunarem, apparere curva, et bis tantum recta judicari?

plained by Aristotle and Averroes.

Abstrahamus ergo nos a sensu, et imaginemur secundum veritatem, lunam esse corpus sphaericum, et primo intelligamus eam esse positam juxta nos in distantia moderata, et solem similiter, ita tamen quod habeant eandem comparationem ad invicem, et motus suos sicut in coelo, et quod eundem respectum habeant respectu visus nostri sicut quando sunt in coelo, excepto quod distantia non sit immoderata. Tunc hic videbimus duas pyramides; una est visualis, cujus basis est portio superficiei lunae nobis objecta, et alia est pyramis luminosa solaris, cujus basis principalis est superficies solis. Et quoniam haec pyramis est curva, eo quod antequam possit pervenire ad conum suum occurrit ei superficies lunae, oportet quod habeat ibi basim secundariam[2], licet longe minorem prima, et est major portio lunae objecta soli. Ante vero quam pars lunae objecta visui nostro incipit in aliquo illuminari, scilicet dum sol et luna sunt in conjunctione, basis pyramidis lucis solaris non apprehendit aliquid de basi pyramidis visualis. Sed quam cito separatur luna a conjunctione sua, ut aliqua pars de portione illuminata objiciatur nobis, tunc basis pyramidis solis occupat illam partem basis pyramidis visualis, et ideo circuli illorum statim intersecant se in duobus locis, et includunt infra se partem illuminatam. Et

True explanation.

[1] Aristotle's remark on the moon's phases in *De Coelo* (ii. cap. 11), is undoubtedly meagre.

[2] That is, it is a truncated cone. The use of the word *conus* to denote the apex of the cone has been already noted. Cf. vol. i. p. 119.

secundum quod portio basis pyramidis solaris plus secat de basi pyramidis visualis secundum hoc crescit lumen in portione nobis objecta. Circulus ergo basis pyramidis solis in distantia moderata semper curva linea apparebit, et nunquam recta: quia sola distantiae immoderatio facit quod aliquando potest apparere recta. Sed in distantia superflua sicut nunc est oportet quod pluries appareat circularis[1]. Nam circuli dupliciter possunt intelligi in sphaera; scilicet, ut aequidistantes ad invicem, ut sunt aequinoctialis in sphaera mundi, et tropici et caeteri aequinoctiali aequidistantes, ex utraque sui parte; et alii sunt circuli intersecantes se et hujusmodi aequidistantes, ut qui transeunt per polos sphaerae sicut coluri in sphaera mundi, et omnes sunt circuli majores in sphaera. Priorum autem una sola est de majoribus, scilicet major aequidistantium, ut aequinoctialis in coelo: nam illi soli circuli sunt majores in sphaera qui transeunt per centrum sphaerae et dividunt sphaeram in duas partes aequales.

Explanation continued.

Sic ergo consideremus sphaeram corporis lunae, et hoc in portione nobis objecta, ita quod in hac portione quae respicit terram, intelligamus majorem aequidistantium, quae dividit corpus lunae in duas partes aequales, et post eam versus nos intelligamus alias, quot volumus versus polum corporis lunae nobis objectum; et intelligamus magnos circulos intersecantes se in polis sphaerae lunaris, unus tamen nobis sufficit hic, cujus gibbositas directe objiciatur visui nostro, separans lunam in duas partes aequales versus oriens et occidens, qui transit per polum nobis objectum, et per alium ejus oppositum, et vocemus hic ipsum colurum. Certum ergo est, quod immoderata distantia occultat gibbositatem istius coluri, secundum superius declarata. Unde oportet, quod aliquando appareat linea recta. Sed nulla distantia potest occultare gibbositates aequidistantium, quoniam tota circumferentia cuilibet earum habet penitus eundem situm respectu oculi, et non accedit aliqua pars circumferentiae ad visum magis quam alia, ut

[1] The Magd. MS. has pluries circularis et aliquando recta. The addition, however, seems hardly needed. Even with the condition of distance (Bacon means), the straight line can only appear twice in the lunation. Circularis is apparently used in a comprehensive sense for *curved*. In reality the line, when not straight, is elliptical.

appareat visui in omni distantia, et ideo nihil occultandum est in eis; propter quod semper apparent in sua circumferentia et circulatione, sicut nos percipimus de linea circulari quae est circumferentia basis pyramidis visualis. Illa enim est una de aequidistantibus istis, et major inter omnes quae possunt visui objici, et patet quod visus cujuslibet judicat eam perfecte circularem; et sic faceret de omnibus aequidistantibus quae signarentur in portione nobis objecta, sed nulla est assignata quantum est de ratione lunae secundum se. Pyramis tamen visualis signat unam, quae est circumferentia suae basis, et pyramis solis signat aliam, quae similiter est basis suae circumferentia. Cum autem haec circumferentia basis pyramidis solis attingit portionem lunae nobis objectam, necesse est ejus gibbositatem esse versus solem, sicut nos ad oculum videmus. Et causa hujus est, quia est portio circularis quae est prope majorem in sphaera; nam est portio unius de aequidistantibus describendis circa portionem sphaerae lunae nobis objectae, quae aequidistans est major omnium quae possunt ibi describi. Sed non est simpliciter major, quae secet sphaeram lunae in partes aequales, quia non est medietas sphaerae lunae nobis visibilis, sed portio parum minor ejus medietate, ut nunc supponitur, et sequentia explicabunt magis loco suo. Quia tamen arcus basis pyramidis solaris est fere portio majoris circuli, ideo nullo modo potest ejus concavitas in portione lunae nobis visibili jacere versus solem. Si enim esset arcus circuli bene parvi, tunc posset concavitas esse versus solem, ut patet. Erit ergo arcus illius gibbositatis versus solem in novilunio: et quando attingit primo circumferentiam basis pyramidis visualis, tunc arcus visualis pyramidis et arcus solaris sunt aequales, et jacent simul et terminantur ad terminos chordae portionis visibilis ipsius lunae. Sed quando pyramis solaris occupat aliquam partem portionis lunae nobis objectae, tunc arcus pyramidis solaris relinquit arcum basis pyramidis visualis, semper tamen ei conterminalis, et separantur ad invicem continentes portionem illuminatam, et intersecant se in terminis chordae portionis lunae nobis objectae; et tunc arcus pyramidis solaris est sicut arcus unius aequidistantis prope magnitudinem majoris aequidistantium. Et debet imaginari primo fuisse in circumferentia basis pyramidis visualis, et póstea continue mota ab ea versus colurum de quo dictum est prius, qui transit per polos lunae, scilicet per illum polum nobis objectum et per ejus oppositum, dividens lunam in duas medietates, ac si moveretur per quartam lunae a[1] circumferentia basis pyramidis visualis usquequo fiat colurus. Quando ergo erit colurus, tunc oportet quod ejus gibbositas nos lateat propter intemperatam distantiam, et apparebit linea recta. Sed ante non ; quoniam semper prius fuit arcus unius aequidistantis, et partes circumferentiae aequidistantium habent eundem situm respectu oculi. Nulla enim magis accedit ad oculum quam alia, ut prius visum est.

Quapropter a prima illuminatione lunae, usquequo portio basis pyramidis veniat ad locum coluri, erit semper arcualis et in se et secundum judicium visus. Sed quando in septima die veniet ad locum coluri, oportet quod appareat visui in linea recta tanquam diameter superficiei lunae, quae nobis plana apparet. Et tunc cum sit in altera medietate lunae fit iterum arcualis, quia jam accedit ad naturam aequidistantis. Et quoniam est arcus aequidistantis prope majorem aequidistantium, necesse est quod ejus concavitas sit versus solem. In illa enim medietate lunae non posset tanta aequidistans designari, cujus gibbositas sit versus solem, bene enim posset in parva aequidistante, ut patet consideranti[2]. Et si tunc

[1] The Magd. MS. has ad circumferentiam, but clearly the first quarter of the lunation is being described, not the fourth.

[2] This is the reading of Reg. Magd. has 'quod ejus gibbositas sit versus solem: in illa enim medietate lunae posset aequidistans tam parva assignari quod ejus concavitas sit versus solem.' The passage is somewhat obscure. During the first quarter both curves of the illuminated surface are convex towards the sun.

Bacon's explanation of the moon's phases is remarkable as a piece of lucid exposition addressed to a vigorous intellect with such elementary mathematical knowledge as we may suppose Pope Clement IV to have possessed. It will be noted that the whole description is brought in to illustrate an error of vision caused by distance: namely, that a circle or half-circle in the plane of the eye appears a straight line. The proposition has to be qualified by noting that the illusion does not take place except under the condition of distance (distantiae immoderatio).

The use of the words aequidistantes for lines parallel to the equator of a sphere, major aequidistantium for the equator and coluri for great circles

movebitur ille arcus pyramidis donec jaceat super arcum basis pyramidis visualis, et tota circumferentia illius aequidistantis jacebit super totam basim pyramidis visualis, tunc oportet quod tota superficies lunae nobis objecta sit illuminata, et eadem erit basis utriusque pyramidis, et tunc erit luna plena. Deinde propter situm solis variatum respectu lunae, arcus basis pyramidis solaris incipit recedere a basi pyramidis visualis, et incipit luna deficere a luce, sicut in novilunio crevit, ita quod semper apparet basis pyramidis solaris linea curva propter rationem aequidistantis, usquequo basis pyramidis solaris veniat ad locum coluri in prima et vicesima die, et tunc iterum apparet linea recta, sicut in die septima. Sic ergo potest per hujusmodi immoderatam distantiam et rationes circulorum intelligi figuratio lucis lunaris per aetates suas variatas [1].

Patet ergo quod impossibile est ut coelum sit planae figurae; quamvis hoc visus aestimet, vel saltem quod accedit multum ad planam figuram. Nam sicut hic dictum est, anguli figurae polygoniae aequalium laterum apparent ex immoderata distantia habere rotunditatem. Paulatim enim absconduntur anguli, quia non habent proportionem ad immoderationem distantiae, nec accessus anguli ad oculum excedit sensibiliter partem circuli inscribendi in tali figura, vel sphaerae inscribendae, propter hoc quod anguli quantitas modica est vel nulla sensibilis respectu tantae remotionis. Et hoc non solum apud Alhazen dicitur in tertio suo libro, sed in libro De Visu hoc idem vult auctor, cum dicit in decima propositione [2],

The heavens present a concave spherical surface.

passing through the poles, has been illustrated in the geographical section. Attention is fixed in this case on one particular colure, that which lies in the plane of the eye.

[1] It is not at first sight very easy to reconcile this description with the denial in vol. i. p. 129, that lunar light was reflected from the sun. But it will be observed that Averroes in that passage, while maintaining that the moon (as well as other planets and stars) had intrinsic light, yet held that solar influence was needed to call it forth.

[2] J. has, a propositione; Combach gives decima propositione. It is the ninth proposition of Euclid's *Optica*, *τὰ ὀρθογώνια μεγέθη ἐξ ἀποστήματος ὁρώμενα περιφερῆ φαίνεται.* Cf. Eucl. *Optica* (ed. Heiberg), p. 17. But the demonstration given is by no means complete or satisfying. The treatise *De Visu*, if not identical with Euclid's *Optica*, was at least founded on it. Cf. Alhazen, iii. 24, 25, 26.

Rectangulae magnitudines e distantia visae peripheriae apparent. Sed quia rectangulae figurae hujusmodi non possunt esse nisi aequilaterae, ideo alia translatio subjungit, quadrata per distantiam apparent rotunda, et non solum quadrata, sed omnis figura aequilatera, quia eadem est ratio de omnibus. Sicut de aliis polygoniis, in quibus circuli et sphaerae inscribi non possunt, non est verum, quia potest esse sensibilis accessus anguli ad oculum licet magna distantia sit. Hoc addidi propter intellectum istius occultationis. Si ergo anguli corporis aequilateri paulatim occultentur, donec corpus appareat rotundum, ita quod non semel et simul occultatur tale corpus propter angulorum protènsionem, tunc corpus rotundum, quia non habet angulos, simul et semel totum occultabitur, et ex magna distantia apparebit planae figurae. Ergo si coelum extenderetur ad oriens et occidens sub plana figura, tunc stellae in occasu occultarentur secundum se totas simul et semel, cum sint sphaericae figurae. Sed nos videmus contrarium, quia pars post partem occidit et occultatur, ac similiter oritur. Quapropter non potest hoc esse in plana distantia et ideo nec coelum erit planae extensionis, sed curvae.

Capitulum V.

De comprehensione magnitudinum.

As with distance, so with magnitude: a

Sicut vero exemplificatum est de comprehensione distantiae pro syllogistica cognitione, sic potest exemplificari in magnitudine. Et auctor libri de Visu [1] et multi aestimabant

[1] The fourth of the seven definitions of Euclid's *Optica* lays it down that *τὰ μὲν ὑπὸ μείζονος γωνίας δρώμενα μείζονα φαίνεσθαι, τὰ δὲ ὑπὸ ἐλάττονος ἐλάττονα, ἴσα δὲ τὰ ὑπὸ ἴσων γωνιῶν δρώμενα*. The Latin translation quoted by Bacon is exact.

Alhazen, lib. ii. 36, shows clearly enough that other data besides the angle of vision are needed to determine the magnitude of an object. 'Non est possibile,' he observes, 'ut sit comprehensio quantitatum rerum visarum a visu ex comparatione ad angulos quos res visae respiciunt apud centrum visus tantum.' If an object is held at a foot from the eye and then again at two or three feet, it is judged of the same size though the visual angle is very different. Transverse diameters of a circle held before the eye in various planes subtend very different visual angles. In props. 37 and 38, he shows one element of the perception of magnitude to be the proportion that the part of the object embraced

magnitudinem comprehendi per quantitatem anguli apud oculum. Unde in principio illius libri supponitur, quod visa sub majori angulo apparent majora, et sub minori minora, et sub aequalibus angulis visa apparere aequalia. Sed hoc non sufficit, sicut docet Alhazen per exempla; quoniam si in circulo signentur diametri diversae ut *a b*, *c d*, patet ad sensum quod *a b* videtur longe sub minori angulo, et tamen diametri sunt aequales. Similiter de lateribus quadrati, nam *a b* latus facit longe minorem angulum in oculo quam *d c*, et tamen latera sunt aequalia, et visus apprehendet hujusmodi latera esse aequalia: et similiter diametros circuli ejusdem, vel circulorum aequalium, judicat visus aequales in mediocri distantia. Ergo quantitas anguli comprehensa non sufficit. Praeterea una re visa in minori distantia et majori, dummodo sit mediocris excessus, diversificabitur angulus sensibiliter. Sed visus non judicabit rem visam esse majorem et minorem; ut si oculus ponatur in cono pyramidis brevioris, major in eo erit angulus quam in cono longioris, per xxi primi Euclidis. Atque si triplicaretur distantia, scilicet ut prima sit unius cubiti, secunda sit duorum, tertia sit trium, erit extranea diversitas anguli, et tamen judicabitur esse ejusdem quantitatis. Quoniam ergo ita est, non potest esse certificatio magnitudinis rei secundum quantitatem anguli. Sed oportet

reasoning process necessary.

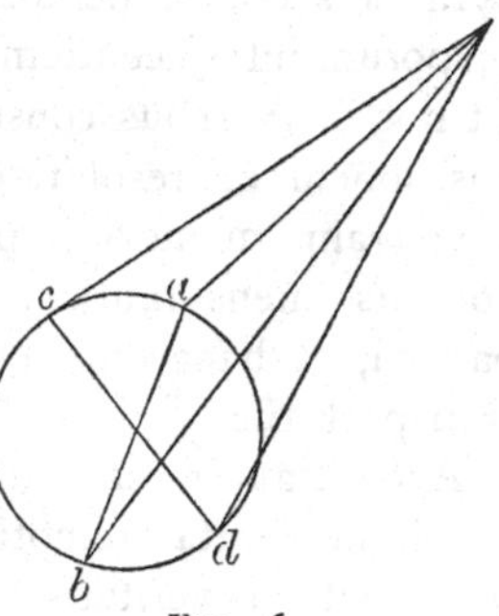

FIG. 46.

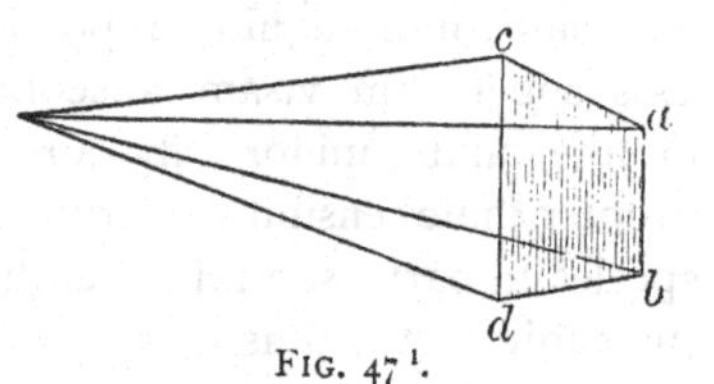

FIG. 47[1].

by the visual angles bears to the whole object, and another element to be the length of the visual cone, in other words, our estimate of the distance of the object. The question of distance has been already spoken of.

[1] This diagram is accurately copied from Reg. It supposes the eye of the observer to be at the vertex of the visual angles, i.e. to the left (in the diagram) of the shaded area. Thus *a b* represents the side of the square which being farthest from the eye, has the smallest visual angle. The diagram in J. is without meaning.

quod consideretur angulus et longitudo pyramidis, et his comparetur basis pyramidis quae est res visa. Longitudo vero pyramidis comprehenditur per comprehensionem quantitatis corporum interjacentium, sicut prius dictum est de remotione. Et hoc fit in rebus consuetis et mediocris distantiae per compositionem et resolutionem subjectam ad aliquam certam mensuram memoriae promptam, cujusmodi est quantitas hominis mensurantis secundum se totum vel secundum partem, et haec omnia certificat axis visualis super visibilia transportatus.

Effect of excessive distance on estimate of magnitude.

Accidit autem error in magnitudinis comprehensione quando est immoderata remotio, quoniam videbitur multo minus quam sit in veritate. Cujus causa est quoniam longitudo intemperata est, quae partes proportionales toti in proportione etiam sensibili abscondit visui; et cum fuerit occultatio partium sensui perceptibilium, anguli in quos cadunt non sentiuntur, licet sint totali angulo proportionales. Unde cum discurrerit axis super rem visam, absconduntur lineae ex ea et partes multae, unde minor efficitur totalis apparentia. Et etiam propter male sensibilem parvitatem anguli non bene ordinabitur species in parte sensibili membri sentientis, et ideo non bene judicabitur quantitas.

CAPITULUM VI.

In looking at a sphere we see less than half.

De corporibus autem sphaericis, sicut sunt stellae et alia, non est possibile quod oculus videat medietatem, sed oportet quod videat minorem portionem. Nam radii extremitatum rei concurrunt in oculum: radii autem, qui ab extremitatibus medietatis sphaerae venirent, contingerent terminos diametri, per xix tertii Elementorum, et facerent angulos rectos cum terminis diametri, sicut ibidem dicetur. Ergo relinquitur quod non concurrent per petitionem.

Quod autem stellae ex causa perpetua videantur majores[1]

[1] Ptolom. *Optica*, p. 78; 'Visibilis radius, quando cadit super res videndas aliter quam inest ei de natura et consuetudine, minus sentit omnes diversitates quae in eis sunt; similiter etiam erit sensibilitas ejus de distantiis quas comprehendit minor. Videtur enim hac de causa quod de rebus quae sunt in coelo et subtendunt aequales angulos inter radios visibiles, illae quae propinquae sunt

in oriente et occidente quam in medio coeli, dicit Ptolemaeus in tertio et quarto; et Alhazen in septimo. Et potest demonstrari per hoc, quod visus judicat coelum quasi planae figurae extensae super caput in orientem et occidentem, quando aspicit ad alterum illorum. Sed quod videtur prope caput propinquius videtur, et ideo stella quando est in medio coeli videtur esse propinquior, et ideo in horizonte videtur magis distare. Sed quod magis videtur distare videtur esse majus, postquam sub eodem angulo videtur. Sed quod secundum veritatem magis distat est majus postquam sub eodem angulo cum re minori videtur. Ut *a b* magis distat ab oculo, et majus est quam *c d*, et *c d* quam *e f*. Ergo tunc relinquitur quod stellae apparent majoris quantitatis in oriente quam in medio coeli. Et hoc patet aliter. Remotio earum quando sunt in oriente comprehenditur per interpositionem terrae; sed sic non possunt comprehendi quando sunt in medio coeli propter insensibilitatem aeris. Ergo cum magis percipitur earum remotio quando sunt in oriente quam in medio coeli, sequitur quod magis videntur tunc distare, quam quando sunt in medio coeli. Ergo ut prius apparebunt majora.

Why stars seem larger near the horizon.

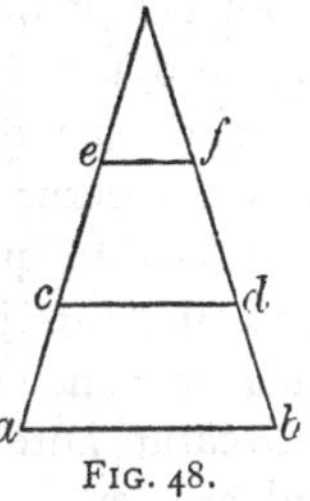

FIG. 48.

Potest etiam exemplificari de motu et quiete, quantum ad cognitionem quae dicitur esse per syllogismum. Motus autem cognoscitur ex comparatione rei motae ad aliam respectu cujus mutat situm. Unde non comprehendit visus motum, nisi quando comprehenderit rem in duobus locis et sitibus diversis; et situs rei visae non diversificatur, nisi in tempore. Quapropter motus non comprehenditur nisi in tempore sensibili. Quies similiter comprehenditur a visu, ex comprehensione rei visae in eodem loco et eodem situ tempore sensibili. Et visus multipliciter errat in comprehensione motus et quietis. Nam aliquando motis nubibus aestimatur

Optical illusions in perception of motion and rest.

puncto qui super caput nostrum est apparent minores; quae vero sunt prope horizontem videntur diverso modo, et secundum consuetudinem.' Cf. Alhazen, lib. vii. cap. 7, prop. 51. He attributes the apparent enlargement in great part to mists and vapours near the horizon.

esse lunae motus, et accidit error iste ex intemperata longitudine: nam ex temperata non fit ita. Unde baculum fixum in aqua videmus semper quiescere, et motum aquae transeuntis percipimus. Accidit autem error praedictus in motu lunae cum nubes fuerint multae et continuae, quoniam non comprehenditur motus nisi per accessionem alicujus ad aliud vel recessum. Cum autem paucitas et diminutio fuerint nubium motus, possumus discernere motum earum per accessum ad invicem et ad stellam per recessum. Et ideo per contrarium cum coelum fuerit nubibus coopertum, propter continuationem earum et multitudinem non decernimus motum in eis; et tamen lunam videmus moveri motu celerrimo, propter hoc quod pertransit velociter partes diversas nubis, tum propter motum proprium tum propter motum nubium. Et quando videns vadit in partem in qua est luna vel aliae stellae, videtur ei quod stellae moveantur ante se in partem in quam vadit; quoniam in fine motus sui eandem distantiam et eundem situm judicat se habere, sicut in principio motus. Et quia sic, concludit virtus distinctiva mediante visu, quod stella moveatur ante faciem videntis in partem ad quam movetur videns; et similiter si fugiat videns in partem contrariam videbitur ei quod stella sequatur. Sicut si viderit hominem ante se qui semper habeat eundem situm ad ipsum, necesse est quod aequali motu moveantur in partem eandem, et ideo aestimat videns quod stellae moveantur in partem suam, aut procedendo aut subsequendo. Nam situs ejus respectu stellae quantum ad judicium visus est idem.

Et causa hujus est distantia immoderata inter ipsum et stellam, propter quam non percipit se per motum suum elongari vel appropinquare stellae, et ideo judicat se habere semper situm eundem. Et eodem modo accidit, quod quando sol est in meridie et homo vadit ad oriens, semper videtur quod sol sit in ejus directo; et si plures homines stent in eadem linea inter oriens et occidens, licet multum distent, tamen sol apparet in directo cujuslibet eorum. Et hoc verum est propter immoderatam distantiam et solis magnitudinem. Et umbrae illorum hominum videntur aequidistantes; et similiter radii solis venientes ad eos videntur aequidistantes, quamvis concurrant in centrum solis ; sed propter distantiam superfluam non percipitur concursus, et ideo videntur radii aequidistare et umbrae similiter. Cum autem homo aspicit stellas erraticas, licet moveantur in coelo motu veloci ad occidentem, tamen quando visus aspicit ea, aestimet quod quiescant nec percipit motum. Et causa hujus est, quia propter immoderatam distantiam, non percipit visus accessum vel recessum eorum respectu alicujus fixi, nec situs diversitatem : et ideo radius visibilis judicatur immobilis, habens eundem situm respectu rei, et ideo aestimat visus rem esse immobilem.

Illusion from rapid rotatory motion.

Et quando homo revolvitur saepius in circuitu, cum quiescit putat quod visus moveatur et res aliae in circuitu, quoniam moto vidente movetur interius vis visibilis. Et licet videns steterit, non statim res visibilis stabit, sed motus ejus in videntis quiete durabit : quia humores oculi sunt de facili mobiles, et cum receperint motum retinent ipsum bene, sicut aqua et species etiam visibiles quae sunt corpora subtilia sunt facilis motus, et ipsum bene continuant. Nam sunt de genere evaporationum et resolutionum, et ideo visus movetur interius quiescente ipso vidente ; et quia visus movetur, aestimat res visas moveri, sicut dicit Aristoteles secundo Coeli et Mundi, et Averroes et Ptolemaeus in secundo et Alhazen in tertio Perspectivae[1]. Et quando homo est in navi mota, videntur ei arbores et alia in ripa moveri, et hoc est propter motum virtutis visivae. Et maxime res illae videntur moveri quae longe sunt ab axibus : nam si axes bene figantur super rem propinquam aquae, non videtur moveri.

[1] Cf. Alhazen, iii. 7, § 70 : 'Si quis enim saepius in circuitu volvitur, cum quiescit putat quod parietes moveantur. Et est, quoniam moto vidente, movetur intrinsecus vis visibilis : et licet videns steterit, non tamen vis visibilis stabit, sed motus ejus in videntis quiete durabit ; et ob hoc motus visarum rerum aestimatio insurgit.' Alhazen's third book is chiefly occupied with optical illusions of the kind spoken of in this chapter by Bacon, who has selected some of the most significant. The illusory appearance of the moon moving in clouds is noticed in cap. iv, § 19 of this book. The reference to Aristotle is *De Coelo*, ii. 8, § 6, a passage which is further discussed in the next chapter.

CAPITULUM VII.

De scintillatione.

Difficulties of the problem not overcome by Aristotle.

Et his annexa est difficultas philosophica valde, sed magis insolubilis quam aliqua praeter iridem. Omni nocte possumus intueri res in quibus accidit hujusmodi dubitatio, unde nihil totiens videmus cujus causam minus sciamus; et est de scintillatione stellarum. Stellae vero fixae aliquando manifeste scintillant, et aliquando non. Planetae quidem secundum Aristotelem [1] non scintillant. Scintillatio vero est quidam tremor stellae, et motus apparens, et hoc maxime accidit quando stellae sunt in ortu vel in occasu, ut Aristoteles vult in secundo Coeli et Mundi, quia tunc videntur magis distare, ut habitum est, et ideo visus minus certificat eas. Nam Aristoteles primo Posteriorum et secundo Coeli et Mundi dicit, quod causa hujus rei est propter distantiam stellarum fixarum, unde quia planetae sunt prope, ideo non scintillant, ut dicit. Et ait quod non est haec passio in stellis, sed videtur solum propter resolutionem et tremorem visus, quia ut infert, planetae prope sunt, et ideo potens est super eos visus. Ad fixas autem porrectus tremit propter longitudinem: quia tremor visus facit ipsius astri videri motum nihil enim differt moveri visum, aut quod movetur. Haec est sententia Aristotelis secundum quod ex pluribus translationibus colligitur evidenter, et maxime per eam quae immediate de Graeco purior est transfusa [2].

Comparison of stars with planets.

Sed cum dicat absolute, quod planetae non scintillant, tamen vult secundo Coeli et Mundi, quod sol quodammodo tremit,

[1] Aristotle's view on Scintillation throws such light on the discussion that follows that it is well to quote it fully (*De Coelo*, ii. 8, § 6): *ἡ γὰρ ὄψις ἀποτεινομένη μακρὰν ἑλίσσεται διὰ τὴν ἀσθένειαν. Ὅπερ αἴτιον ἴσως καὶ τοῦ στίλβειν φαίνεσθαι τοὺς ἀστέρας τοὺς ἐνδεδεμένους, τοὺς δὲ πλάνητας μὴ στίλβειν· οἱ μὲν γὰρ πλάνητες ἐγγύς εἰσιν, ὥστ' ἐγκρατὴς οὖσα πρὸς αὐτοὺς ἀφικνεῖται ἡ ὄψις· πρὸς δὲ τοὺς μένοντας κραδαίνεται διὰ τὸ μῆκος, ἀποτεινομένη πόρρω λίαν. Ὁ δὲ τρόμος αὐτῆς ποιεῖ τοῦ ἄστρου δοκεῖν εἶναι τὴν κίνησιν· οὐθὲν γὰρ διαφέρει κινεῖν τὴν ὄψιν ἢ τὸ ὁρώμενον.*

[2] Probably the translation of William of Moerbecke, made from the Greek at the suggestion of Thomas Aquinas, is here referred to. See Jourdain, *Traductions Latines d'Aristote*, p. 67 (ed. 1843).

et maxime quando est in oriente et prope. Cujus ratio est quia hic tremor non est motus scintillationis, sed debilior eo. Fortior enim tremor requiritur ad scintillationem, nec est nisi in horizonte vel prope; sed stellae scintillantes tremunt ubique. Quod autem Venus et Mercurius prope ortum et occasum aliquantulum tremere videntur, ut experientia docet, non reputatur scintillatio, quia modicus est, et non fit nisi in illis locis. Unde hic tremor in sole et in istis propter debilitatem sui non habet evidentiam respectu scintillationis in stellis fixis, nec fit ubique in coelo sicut in eis; et ideo non computantur tremores isti inter scintillationes. Sed cum longior orbis Saturni sit aequalis remotionis cum stellis fixis, tunc Saturnus quando est in sua longiori longitudine scintillabit propter distantiam, sicut stellae fixae: hoc autem non videmus. Et potest dici, quod cum spissitudo Saturni sit 29,240 milliaria, ut patet ex prius declaratis in his quae de arithmetica tacta sunt, propinquior nobis est per hujusmodi quantitatem quam stellae fixae, et ideo distantia ejus non tanta.

A certain degree of brilliancy required.

Praeterea lux intensa et bene sensibilis exigitur in re visa ad hoc quod scintillet, eo quod videtur projicere jacula lucis; unde Averroes dicit, quod sol habet illum motum, de quo dictum est superius, plusquam alii planetae, propter fulgorem sui luminis. Et si dicatur quod non omnes stellae fixae scintillant, cum tamen plus distent quam planetae; dicendum est quod illae quae majores sunt et plus habent de lumine scintillant abundantius quam stellae aliae. Unde ad scintillationem requiritur splendor sufficiens, eo quod visio manifesta et sensibilis accidit in scintillatione. Si vero objiciatur, quod lux solis et stellarum est fortior et splendidior quando sunt in meridie quam quando sunt in horizonte, quia tunc cadunt radii stellarum magis ad angulos rectos, quare[1] tunc magis apparet tremor in eis, si hujusmodi splendor requiritur, et operatur ad scintillationem; dicendum est, quod sicut diminutus splendor non sufficit ad scintillationem, sic superfluus

[1] J. has quam tunc, which is unintelligible. The reading in the text is that of Reg. In the same sentence, and on the same authority, sic has been substituted for sicut before superfluus.

confundit oculum et absorbet in totum, ut tremor non percipiatur.

Strain of the eye in regarding distant objects.

Atque quod stellae magis videntur distare in horizonte quam in meridie, facit visum errare in cognitione visibilis; quia enim erronee aestimat stellam plus distare quando est in horizonte, plus conatur intueri stellam, et ex conatu est motus oculi fortior et involutio. Nam ex magno conatu exprimitur oculus et recedunt tunicae et humores a situ naturali, et tamen statim naturaliter inclinantur ad eundem, et ideo accidit involutio et tremor. Atque natura semper recurrit ad locum laesum vel indigentem, et mittit abundantius spiritus et calores, et ideo a nervo communi in hujusmodi conatu oculi resolvuntur spiritus et calor naturalis, et hujusmodi superfluitas humores concutit et facit recedere a situ naturali ad quem statim reinclinantur. Et sic accidit tremor oculi et per consequens in re visa secundum apparentiam; sicut Ptolemaeus hanc assignat causam secundo Perspectivae. Et etiam quia visus aestimat solem et stellas plus distare quando sunt in horizonte, ideo magis conatur et involvitur. Et secundum hoc potest reperiri causa praecisa de planetis splendidis, ut maxime de sole et luna, et Venere, et Mercurio, et Jove, quare non scintillant; quia visus aestimat illa bene et reputat per consequens ea esse propinquius, secundum quod dicit Ptolemaeus in libro Opticorum secundo, quod splendida, ut sol et luna, reputantur prope; quae vero minus sunt luminosa non sic. Et dicit Alhazen in tertio, quod color fortis licet sit remotior tamen apparet propinquior, quia bene immutat visum; et quia sic est, visus non conatur circa hujusmodi planetas, et ideo non involvitur. Praeterea secundum veritatem sunt propinquiores stellis fixis, et ideo species debilior venit ad visum a stellis fixis, et species visus debilitatur ex distantia et ideo magis conatur circa stellas fixas.

Objections to this explanation discussed.

Quod si dicatur quod magis conatur oculus in contuendo stellas minutas quam majores, ergo citius erit involutio; dicendum est, quod alia causa, quae est penes splendorem, deficit in eis. Et si dicatur quod conatus iste sit secundum voluntatem hominis, ergo ab arbitrio ejus dependet, quare in potestate ejus est hic conatus; ergo aequaliter potest conari ad majorem stellam sicut ad minorem, et ad planetam sicut ad stellam fixam, et ad stellam in horizonte sicut in medio coeli; quapropter hujusmodi conatus nihil operatur hic: dicendum est quod sic. Nam visus ex consuetudine habet quod conatur plus et minus secundum distantiam visibilis, et secundum debilitatem ipsius visus, et secundum quod visibile habet parum de visibilitate. Et[1] quia in hoc visus est exercitatus et consuetus, et consuetudo est altera natura, ut dicit Aristoteles, et maxime in visu, ut docent auctores perspectivae. Unde non percipit se videre per reflexionem et fractionem, sed per lineas rectas tantum, quia consuevit videre per lineas rectas, sicut inferius declarabitur. Et ideo in potestate animae rationalis non est conatus visus, sicut nec caetera judicia consueta, quamvis hic nitantur aliqui per hujusmodi cavillationem conatum hunc, et quaedam consimilia naturalia visui consueta, reprobare. Si objiciatur, quod visus non judicat de distantia planetarum et stellarum, sola enim ratiocinatione comprehendimus stellarum distantias, ergo visus aequaliter judicabit de stellis fixis et planetis, quantum ad passiones rerum visibilium quae fundantur super distantiam; dicendum est, quod non. Nam licet non potest certificare distantiam stellarum, quia non sunt corpora continuata inter stellas, tamen propter majorem sensibilitatem planetarum splendidorum, ut dictum est, apparent propinquius, licet non sciat visus dicere quantum sint propinquius. Et iterum quia speciem debiliorem recipit a fixis stellis quam a planetis, quia species debilitatur ex distantia, magis conatur visus circa species fixarum quam circa species planetarum, et similiter species visus debilitatur ex distantia, et ideo non est tantae virtutis cum pervenit ad visibile multum distans, et ideo conatur plus et accidit ejus involutio et motus major.

Density of the medium.

Si[2] objiciatur, quod sicut ex distantia debilitatur visus, et deficit et conatur et revolvitur, sic ex densitate medii deficit

[1] This sentence is grammatically incomplete, the inference being drawn in the next but one. The intermediate sentence is a parenthetical illustration. The sense, however, is clear enough.

[2] This in O. begins a new chapter. It seems, however, hardly necessary. The usual dicendum est does not follow here. Its place is taken by Et Averroes respondet.

a vera comprehensione visibilis. Ergo posita densitate medii proportionali distantiae stellarum scintillantium scintillarent. Quod non creditur esse verum. Et Averroes respondet ad hoc in secundo Coeli et Mundi: nam bene vult, quod densitas medii faciat ad scintillationem et tremorem, dicens quod si sol tremit solum in occasu et ortu, est propter densitatem medii. Si autem ubique, tunc est propter fortitudinem lucis magis quam in aliis planetis. Vult ergo quod densitas medii operetur ad tremorem. Et ideo licet vulgus hoc neget, tamen hoc non est improbabile: et ideo stellae magis scintillant in ortu et occasu, non solum ex causa superius dicta, sed propter spissitudinem medii vaporosi, quia multitudo vaporum abundat in medio circa illas horas, eo quod sol elevat tunc vapores, et non consumit sicut in meridie; propter hoc quod radii ejus sunt debiles in ortu et occasu, eo quod cadunt ad angulos obliquos super horizontem, ut in prioribus habitum est.

Motion of the medium.

Quod si spissitudo medii non faceret hoc, potest tamen motus medii hoc operari, sicut ibidem docet hoc Averroes. Nam medium est in continuo motu, et ideo species rei dum cadit in unam partem, remanet in ea mota a loco suo, dum reliqua pars succedat in locum primae partis, et ideo utraque habet speciem visibilem, et faciunt necessario sibi similes species in oculo eodem, et in diversis ejus partibus, et in nervo communi: sicut idem Averroes docet per exemplum in libro de Sensu et Sensato de specie solis cadente super aquam motam. Non enim statim absconditur species a parte mota, sed manet in ea ad tempus donec reliqua pars veniat in locum suum, et tunc utraque facit speciem in partes ejusdem oculi et nervi optici, et sic videtur eadem res habere diversitatem situs continue, et ideo tremere. Et hanc sententiam approbat[1] Ptolemaeus in secundo Opticorum ponens exemplum hoc de aqua mota, et de medio moto.

Intermittent vision from exhaustion of visual power.

Affert et Averroes tertiam causam, propter abscissionem visus: ponens exemplum de homine qui aspicit rem aliquam in uno loco, et si oculum moveat digito suo constringens tunc videbit rem in alio loco propter motionem oculi, quia non figitur species rei in uno loco certo, sed in pluribus. Et

[1] Ptol. *Optica*, pp. 54 55.

similiter si homo aspiciat rem aliquam secundum permutationem frequentem, scilicet nunc uno oculo nunc alio, vel uno oculo saepius interveniente clausione, dummodo continue aperiatur et claudatur, videtur res tanquam in diversis locis; et sic quasi in tremore et vacillatione de loco ad locum. Et hoc facit oculus quando magna distantia est rei ad ipsum; nam saepe claudit oculos et aperit. Atque licet palpebrae possint esse apertae, virtus visiva in pupilla et nervo fatigatur ex conatu, et abscinditur actus videndi omnino vel distincte; et ideo species rei distantis non figitur apud visum, propter quod aestimatur res vacillare.

In what sense motion of the medium is suggested as a solution.

Si vero dicatur, quod tunc aere moto fortiter per ventum, fieret major scintillatio et vehementior; dicendum est, quod sicut splendor debitus, nec superfluus nec diminutus, requiritur ad scintillationem, ut superius dictum est; (et sicut distantia certa similiter: nam tantum possent stellae distare quod non scintillarent, sicut tam parvum lumen aliqua habent quod non scintillant;) sic potest dici de motu medii. Nam ad scintillationem sufficit motus aeris qui est per motum coeli et vaporum, qui continue in eo invenitur; et hic determinatus est scintillationi stellarum, ita quod major non requiritur, nec minor sufficit. Si etiam dicatur, quod species multiplicat se secundum vias rectas in eodem medio, nec recedit a verticatione recta propter motum medii[1], quia non variatur incessus ejus nisi per fractionem et reflexionem quae non accidunt in motu ejusdem medii, et ideo non fiet species in diversis locis sed uno tantum, et sic non habebit situm diversum in oculo; dicendum est, quod verum est speciem tenere semper eandem verticationem in eodem medio, et se multiplicat directe secundum unam viam et unum locum. Sed tamen quia partes diversae cadunt successive in eundem locum, et pars prima habens speciem retinet eam postquam a verticatione speciei recessit, et prius venit alia pars in locum verticationis antequam species abscindatur a prima, ideo partes duae

[1] The question whether the propagation of radiant force is influenced by transverse currents in the medium is discussed in *Multipl. Specierum*, iii. cap. 1, and answered in the negative. What is meant here is that the impression made by the ray on one retinal point lasts for a part of the time occupied in making a second impression on an adjacent point.

habentes situs diversos faciunt species in partes diversas oculi, et causant passionem quae dicta est. Si vero dicatur quod radii omnium stellarum et planetarum transeunt sic per medium tremulum; dicendum quod aliae rationes de conatu oculi et splendore rei visae desunt, secundum quod ex solutionibus objectionum manifestum est.

It may be that all these causes co-operate.

Ex omnibus his colligi potest causa scintillationis, quamvis cum difficultate propter varias objectiones occurrentes. Oportet enim quod a parte oculi sit conatus propter quem involvitur. Nam propter eum accidit superflua resolutio spirituum et calorum cogentium humores oculi egredi a situ naturali, et nihilominus ex conatu est compressio oculi et constrictio, ex quibus partes oculi non tenent situm suum. Iterum tertio oritur ex hoc abscissio visionis, propter quod visibile apparet situm mutare, ut exemplificatum est per Averroen. Hic ergo tria causantur ex conatu oculi, qui conatus causatur non solum ex debilitate virtutis visivae et speciei propter distantiae veritatem, sed propter judicium apparentis distantiae, et ideo abundantius conatur ad fixas quam ad planetas splendidos, quos prope aestimat propter superfluum splendorem. Sed non solum iste conatus requiritur, sed splendor sufficiens, a parte rei scintillantis, quia res scintillans videtur jacula lucis spargere, et ideo Saturnus et stellae parvae non scintillant. Necesse quidem similiter est, quod tremor medii sit, ut dictum est, et omnia haec requiruntur ad scintillationem propter distantiam rei visibilis, quia res in debita distantia posita non scintillat: et propter hoc Aristoteles adscribit passionem principaliter distantiae licet multa circumstent consideranda. Sic intelligendum est de scintillatione in coelestibus, de qua loquitur Aristoteles, quamvis tamen sit specialis modus scintillationis in his inferioribus, de qua inferius dicetur.

CAPITULUM VIII [1].

Can animals reason?

Et jam in fine istius sermonis de modo videndi secundum lineas rectas propter tres modos visionis, solo sensu, scientia,

[1] What follows is rightly marked off as a distinct chapter in O. An entirely

et syllogismo, merito dubitatur quae virtus animae sit, quae in scientia et syllogismo negotiatur circa visibilia mediante sensu visus. Et si accipiamus scientiam et syllogismum, sicut in logicalibus et naturalibus et mathematicis, ut est in usu vulgi philosophantium, necesse est quod sit anima rationalis; quia syllogismus et scientia pertinent ad eam solam, ut accipiuntur in dictis scientiis. Et Alhazen hanc partem animae vocat virtutem distinctivam, quae ratiocinatur et intelligit secundum eum: aliquando enim inveniuntur haec verba et consimilia, ut videatur ad literam quod sit anima intellectiva et rationalis.

They can store up impressions, and can draw conclusions from them.

Sed constat canem cognoscere hominem prius visum cum iterum viderit eum. Et simia et bestiae multae sic faciunt, et distinguunt inter res visas quarum habent memoriam, et cognoscunt unum universale ab alio, ut hominem a cane vel ligno, et individua ejusdem speciei distinguunt; et ideo cognitio quam perspectivi vocant per scientiam, debetur brutis sicut hominibus. Ergo est per virtutem animae sensitivae. Quod similiter de cognitione quae dicitur per syllogismum manifestum est: nam motus cognoscitur per eum, sicut canis, quando elevat aliquis baculum ut ipsum percutiat, fugit; quod non faceret nisi perciperet baculum mutare situm suum respectu ipsius rei et ei appropinquari. Similiter, quando brutum, ut canis vel catus vel lupus vel aliud, tenet animal aliquod quo cibetur, dum praeda quiescit depraedator stat immobilis; quando vero animal captum fugit, tunc depraedans insequitur donec apprehendat si potest. Quod non faceret nisi quia percipit situm praedae mutatum respectu sui, et ideo percipit motum et quietem et distantiam. Et concedendum est, quia bruta habent hujusmodi cognitiones aliquas quadam industria naturali et instinctu naturae sine deliberatione, et virtus quae operatur est cogitativa, quae est

new subject is discussed, viz. how far the functions of sensation, judgement, and ratiocination are common to men with animals. Bacon, and indeed some other mediaeval thinkers, as Adelard (cf. vol. i. p. 6), held views on this subject far more scientific than those ordinarily held, under the influence of the Cartesian philosophy, until our own century. Some of Bacon's remarks, as, e. g. the capacity of an animal for recognizing an 'universal,' recall the celebrated *Lettres sur les Animaux* of Georges Leroy, one of the first restorers of the sounder view.

domina virtutum, quae utitur caeteris virtutibus animae. Nam hic exigitur recordatio hujusmodi visibilium propter distinctionem universalium et particularium, et haec recordatio est ipsius imaginationis, ut prius dictum est, si sit respectu lucis et coloris et viginti sensibilium communium, quia imaginatio est arca specierum venientium ab eis. Si vero sit rerum quae pertinent ad aestimationem et memoriam, tunc illa memoria deservit hic in recordando. Nam etsi agnus lupum quem non viderit fugit, tamen, si eum prius viderit, citius fugit et diligentius quando secundo eum viderit. Et accidit sic distinctio per cogitativam mediante memoria, quae est arca intentionum insensatarum circa materiam sensibilem, ut prius expositum est. Et ideo cognitio qua distinguuntur res prius visae ab aliis erit in brutis. Propter quod aequivocatur hic; vel magis est vitium translationis quae non habet vocabulum proprium ad hunc modum cognoscendi[1]. Similiter quia oportet syllogismum arctari[2] in proposito. Nam proculdubio nulla ratione potest dissimulari, quin[3] bruta percipiant distantiam rerum et motum et quietem, licet de aliis sensibilibus communibus non sit ita.

They are not conscious of their mental processes.

Sed de argumento oportet considerare quod dispositio argumenti in figura et distinctio conclusionis a praemissis non pertinet nisi ad animam rationalem. Sed quaedam collatio plurium ad unum ex naturali industria et instinctu naturae, quae plura assimilantur praemissis, et quod unum sit simile conclusioni quia colligitur ex eis, potest bene reperiri apud bruta. Nam videmus simias offensas parare insidias hominibus, et multa ordinare ad hoc ut sequantur vindictam, et ideo colligunt unum quod intendunt ex multis[4]. Videmus etiam araneas ordinare telam, et non quocunque modo, sed per

[1] cognoscendum, J.

[2] The word syllogism (Bacon means), should be limited to its ordinary use, and not extended to unconscious and instinctive reasoning, as was done by Alhazen and others.

[3] quoniam, J. See the list of *sensibilia* on p. 6 of this volume. On many of these it is obvious that the lower animals could not 'syllogize' consciously or unconsciously. Cf. also p. 82.

[4] Here follows in Combach's edition of the *Perspectiva* an anecdote of a malicious ape. I can confirm Jebb's exclusion of it, as it is not found in any MS known to me.

varias texturas geometricas, ut muscae involvantur de facili. Et lupus devorat terram ut sit ponderosior quando capit equum vel taurum vel cervum per nares, ut vi ponderis terrestris facilius deprimat animal atque detineat. Atque vidi murilegum qui desideravit pisces natantes in magno vase lapideo, et cum non potuit propter aquam deprehendere eos, abstraxit clepsydram et deduxit aquam donec vas siccabatur, ut in sicco pisces caperet. Plura ergo opera hic concepit ut finem intentum haberet. Et apis facit omnes domos hexagonas, eligens unam de figuris replentibus locum ne spatium vacuum inter domos relinquatur; et non vult spatium hoc ne mella vel pulli cadant extra vasa et pereant. Propter ergo hunc finem qui assimilatur conclusioni multa colligit in sua cogitatione quae praemissis similantur. Et sic est de infinitis, in quibus bruta animalia cogitant multa per ordinem respectu unius rei quam intendunt, ac si arguerent apud se conclusionem ex praemissis. Sed decursum suae cogitationis non disponunt in modo et figura, nec ex deliberatione distinguunt ultima a primis. Nec percipiunt se hujusmodi discursum facere, quia ex solo intuitu et instinctu naturali sic decurrit cogitatio eorum. Et hic decursus est similis argumento et syllogismo, et ideo auctores Perspectivae vocant argumentum et syllogismum. Et certe magis proprie hanc cogitationem vocant syllogisticam, quam distinctionem universalium et particularium prius visorum vocant cognitionem per scientiam[1].

[1] It will be seen that no attempt is made in this passage to distinguish between instinctive processes like nest-building or hive-building, and the intentional adaptation of means to ends of which Bacon gives several instances. Cf. the nineteenth chapter of Romanes' work on *Mental Evolution in Animals.*

PERSPECTIVAE PARS TERTIA:

DISTINCTIO PRIMA.

In qua descendit auctor ad visionem reflexam et fractam, et habet tres distinctiones. Prima est de reflexo visu, habens sex capitula. Primum est de reflexione in universali [1].

CAPITULUM I.

Habito de visu facto secundum lineas rectas, nunc dicendum est de aliis modis, scilicet per lineas reflexas et fractas. Quoniam autem ea quae sunt dicta de partibus animae et compositione oculi, et de incessu speciei in tunicis et humoribus oculi usque ad nervum communem, et de triplici modo cognoscendi sensibilia per solum sensum, et syllogismum, et scientiam, sunt communia visioni factae per lineas rectas et reflexas et fractas, ideo pauciora sunt de his dicenda. Primo ergo circa visus reflexionem recolendum est, quod quantum ad judicium visus humani densum [2] potest impedire speciem omnino ut paries et hujusmodi densa, vel in parte ut aqua et vitrum et crystallus. Nam omne densum in quantum densum reflectit speciem, sed non quia fiat violentia speciei, immo quia species sumit occasionem a denso impediente transitum ejus ut per aliam viam se multiplicet ei possibilem. Et duplex est densum; asperum et politum. Partes vero asperi corporis non habent conformitatem ad invicem, et ideo quaelibet facit suam propriam reflexionem. Et propter hoc dissipant totam speciem, nec potest integra ad oculum pervenire, et ideo non potest fieri sensibilis reflexio nec repraesentatio rei videndae.

Nature and cause of reflexion.

[1] This heading is omitted in O. With the treatment of reflexion in this *Distinctio* should be compared cap. 5-7 of the second part of *De Multiplicatione Specierum*.

[2] Cf. vol. i. p. 114.

Sed propter aequalitatem et laevitatem superficiei corporis politi, ut in speculis, omnes partes concordant in unam actionem, et redit species integra et sensibilis usque ad oculum et fit visio manifesta; veruntamen non ita perfecta sicut quando oculus videt per lineam rectam, quia reflexio debilitat speciem, ut dictum est in libro de Multiplicationibus[1].

Equality of angles of incidence and reflexion, whether the surface be plane, convex, or concave.

Et quoniam, si species transiret per medium speculi faceret angulum *a* aequalem angulo incidentiae qui est *b*, per quintam decimam[2] primi Elementorum Euclidis, quae dicit angulos oppositos esse aequales, oportet quod angulus reflexionis, ut *d*, sit aequalis angulo incidentiae, quoniam qualem angulum constituerit infra speculum, talem constituit citra. Et hoc adhuc probatur leviter[3] sic: Sit *a b c* speculum planum, et *d* sit visibile, et *e* sit oculus, et sint *a b* et *b c* aequalia, et *d a* et *e c* sint perpendiculares et aequales, et *d b* sit radius incidentiae, *b e* sit radius reflexionis, tunc cum *c e* et *c b* aequantur ad *a d* et *a b*, et anguli contenti infra latera sunt aequales, quia recti sunt, oportet per quartam primi Elementorum quod reliqui anguli sese respicientes sint aequales, scilicet *g* et *f*, quod est propositum. Si ergo trianguli sunt aequales, patet propositum. Si autem unus sit major alio, adhuc anguli incidentiae et reflexionis sunt idem, et non mutantur, ut patet, et ideo semper stabit propositum. Sed auctor libri de Speculis supponit triangulos esse similes, et ideo proportio erit *a b* et *c b*, sicut et *d a* et *e c*, et ideo *g* et *f* anguli sunt aequales.

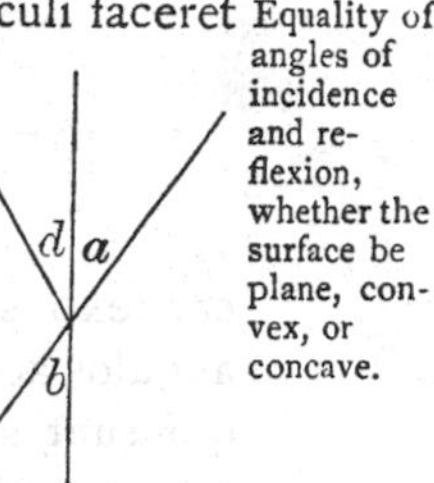

FIG. 49.

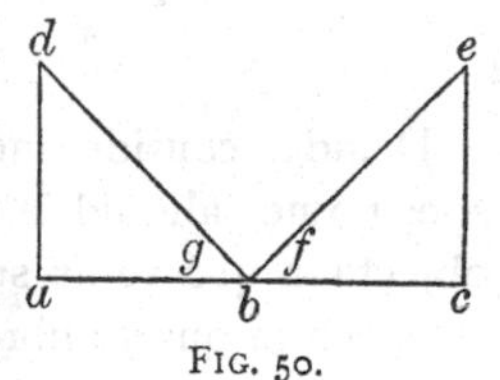

FIG. 50.

Et per hoc patet de convexis speculis et concavis. Nam *a* et *b* faciunt aequales angulos cum speculo plano, quod est *d c*, sed anguli contingentiae sunt aequales. Ergo illis separatis

[1] Note the reference to this treatise as a distinct work.

[2] J. has xix. In Reg. the Arabic numerals 15 are given. The primitive form of 5, ɥ, is always used in the oldest MSS. of Bacon, and might easily be mistaken for 9.

[3] That is, sufficiently for a *persuasio preambula*; not by the elaborate experimental process described by Alhazen, in the fourth book of his *Optica*.

ab angulis constitutis cum speculo plano, erunt residui anguli scilicet *f* et *g* aequales, quod intendimus. Eodem modo de

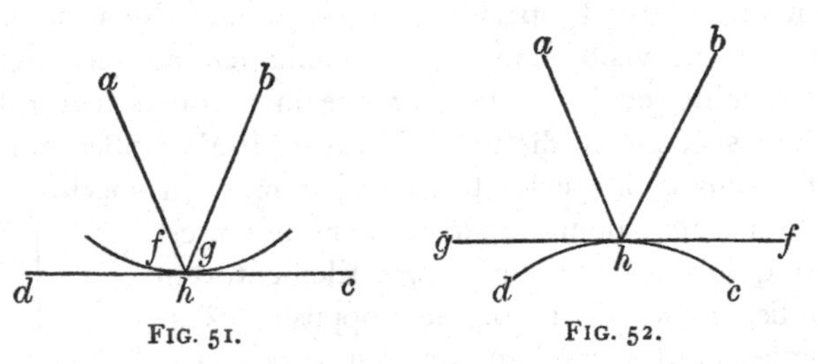

FIG. 51. FIG. 52.

convexo speculo. Nam *a b* cum speculo plano *g f* facit angulos aequales. Ergo si eis addantur anguli contingentiae, qui sunt semper aequales, fient *a h d* et *b h c* aequales, quod est propositum. Sic fit demonstratio in libro de Speculis, et in libro Alkindi de Aspectibus.

CAPITULUM II.

Reflexion produces no effect on the mirror. The ray from object to eye is continuous though bent.

Deinde considerandum est diligenter quod nihil est in speculo nec aliquid in eo videtur, ut vulgus aestimat. Sed res objecta a qua venit species videtur, sicut multis modis docet Alhazen in quarto libro. Nam sicut terminus lineae rectae *o a*, quando fit visus per eam, est ipsum visibile, sic oportet quod terminus lineae reflexae scilicet *o d a*, erit *a*. Praeterea species non videtur nisi in casu, et per accidens, ut superius expositum est. Item tunc esset de specie sicut esset de macula aliqua impressa in speculo vel de parte speculi aliqua signata, in qua imprimeretur species, sed non oportet quod habeat situm determinatum, ut videat maculam in speculo, vel aliquam partem ejus signatam ; ergo nec in visu facto per reflexionem exigitur determinatus oculi situs ; quod falsum est.

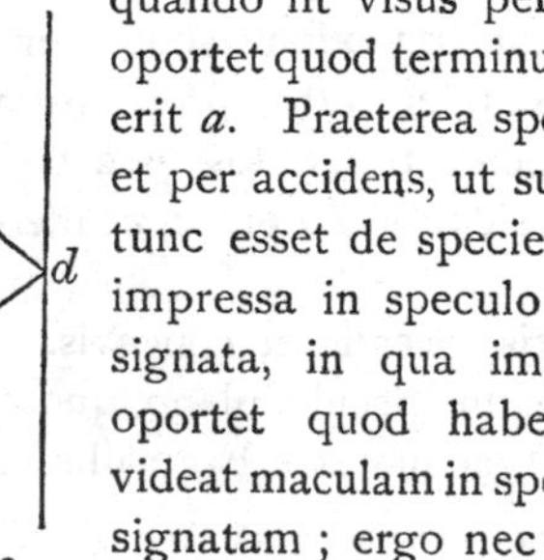

FIG. 53.

Nam nisi oculus sit in *o*, non videbit aliquid per reflexionem ad *o*. Si enim esset alibi species haec reflexa, non veniret ad eum, propter aequalitatem angulorum incidentiae et reflexionis.

Multis ergo modis hoc ostendi potest, sed quia certissimum est omnibus scientibus perspectivam, ideo non oportet amplius immorari. Et ex hoc tunc patent infinita pertractanti: nam primo sequitur, quod species non infigitur in substantia speculi, nec imprimitur in eo, ut aestimat vulgus, sed solum transit per ejus superficiem usque in oppositam partem secundum aequalitatem angulorum incidentiae et reflexionis.

Light from the moon, stars, and comets and rainbow.

Et cum ita sit, tunc si lumen, quod venit a luna et stellis esset lux solis reflexa a superficiebus earum, ut vulgus philosophantium aestimat, tunc in videndo lunam et stellam videremus solem. Et ideo non solum patet hoc esse falsum [1], propter aequalitatem angulorum incidentiae et reflexionis, ut in superioribus demonstratum est, secundum Averroen in secundo Coeli et Mundi, sed propter causam nunc tactam. Et eodem modo sequitur, quod cometa non fit per reflexionem lucis solaris a superficie stellae, secundum quod multi posuerunt comam quam trahit cometa nihil aliud esse quam lux solis reflexa a superficie stellae ad nos, vel quod lumen veniens ad nos a cometa sit lux solis reverberata a superficie alicujus stellae. Sed hoc falsum est. Nam tunc in videndo cometam videremus solem, quod falsum est. Et cum iris nihil aliud sit quam imago solis reflexa a nube rorida, ut omnes aestimant et certum est, sicut probatur inferius in Scientia Experimentali, tunc in videndo nubem videremus solem, et nihil aliud; quod tamen videtur absurdum, cum visus aestimet se videre colores et arcum coloratum. Sed in sole nec est talis figura, nec sunt ibi tales colores. Sed de hoc certificabitur posterius sermone latiori.

Apparent position of reflected object.

Et cum his sciendum est, quod res non apparet visui per reflexionem in loco suo, quia visus est assuetus videre per

[1] See vol. i. p. 129; also note on p. 113 of this volume as to the difficulty of reconciling these statements with Bacon's lucid explanation of the moon's phases. What he says here as to the non-existence of the sun's image in the moon is explained to the modern mind by what is said in the first chapter of the present section, in which the difference between rough and polished surfaces with regard to reflexion is now spoken of. But the mediaeval mind found a difficulty in conceiving the surface of any one of the heavenly bodies as being other than perfectly smooth and uniform. Cf. the discussion in the *Paradiso* (Cant. ii. 49–148) as to the lunar spots.

lineas rectas in extremitatibus earum, et ideo non percipit incurvationem reflexionis; et propter hoc aestimat rem esse semper in radio visuali, et locum imaginis, quam vocamus apparitionem rei, esse in aliquo puncto ejus. Ad hoc facit quod visus fit extramittendo, et ideo in directione speciei oculi judicat visus esse rem. Sed tamen non semper in eodem loco, sed ut in pluribus[1], in concursu radii visualis cum catheto, qui est perpendicularis ducta a re super speculum. Et aliquando non in concursu illo, sed in solo radio visuali, quia potest aequidistare catheto, ut in speculo concavo, sicut exponetur. Et quando concurrit cum catheto tunc variatur ejus concursus multis modis. Nam aliquando retro caput concurrunt, aliquando in oculo, aliquando in superficie speculi, aliquando in speculo, aliquando ultra speculum, et hoc diversimode. Nam contingit quod tantum ultra appareat res, quantum ipsa distat a speculo aliquando, et haec diversitas accidit propter diversitatem speculorum. Propter quod ad illam accedendum est.

Capitulum III.

Seven varieties of mirrors.

Specula[2] ergo sunt septem, in quibus visus secundum auctores perspectivae variatur, scilicet sphaerica, pyramidalia, columnaria, extra et intra polita, et haec sunt sex; septimum est planum. Nam quodlibet de primis potest esse concavum quod est intra politum, vel convexum quod est extra politum, et sic sunt sex; planum vero unam habet dispositionem. In his ergo volo secundum sententias auctorum Perspectivae et

[1] i. e. in the ordinary case of plane mirrors. The *concursus* spoken of is, of course, that of the perpendicular from the object with the visual ray, supposing these two lines produced behind the mirror.

[2] The third and fourth discourses of Ptolemy's Optics are devoted to the study of reflexion (pp. 60–142). He (or rather the Latin translation from the Arabic) speaks of it as *reverberatio radii*; the words *reflexio* or *flexio* being used for refraction. Bacon has called attention to the confusion thus caused (*Mult. Sp.* pt. ii. cap. 2).

Alhazen occupies his fourth, fifth, and sixth books (128 closely printed folio pages) with the investigation of reflexion; dealing successively with the seven kinds of mirrors here spoken of. Geometrical problems of great intricacy are raised, as Cantor has remarked; *Gesch. der Mathem.* i. p. 677.

praecipue Ptolemaei et Alhazen, revolvere quantum possum brevius modos videndi secundum diversitatem speculorum.

Plane mirrors.

In planis ergo speculis minimus error accidit, quia res apparent in figura et quantitate debita. Solus enim situs variatur, quia dextra apparent sinistra, et e converso, ac superiora inferiora, unde turres videntur in aqua eversae, cum fiat reflexio a plana superficie aquae. Est tamen in planis speculis error communis qui est in omnibus, scilicet quod res non apparet in loco suo, nec locus imaginis est ibi. Cum autem dicimus locum imaginis, vocamus apparitionem rei, nihil enim aliud intelligimus per vocabulum. Nec res ergo in his speculis nec locus imaginis apparent in loco rei, sed in radio visuali semper, propter duas causas dictas. Sed in planis apparitio determinatur in concursu radii visualis cum catheto, tantum scilicet ultra speculum, quantum res visa distat a speculo; quod non reperitur in aliis speculis. Et hoc probari potest per demonstrationem. Nam sit *a* res visa, *o* oculus, *a d* cathetus, *o d* radius visualis. Dico quod *d b* aequatur ipsi *a b*. Sed *b d* est distantia imaginis rei a superficie speculi, et *a b* est distantia rei ab eadem superficie speculi; veruntamen ultra speculum apparet, quantum distat a speculo. Nam *e* et *f* anguli, cum sint recti, sunt aequales, et *g* et *h* aequantur, per xv primi Elementorum Euclidis, et *h* et *c* sunt aequales, quia sunt anguli incidentiae et reflexionis. Ergo patet, quod *c* et *g* aequabuntur. Cum ergo *e* et *g* anguli trianguli *e g d* aequantur *f* et *c* angulis trianguli *a c f*, et latus interjacens est commune utrique triangulo, patet per xxvi primi Euclidis triangulos istos aequari in omnibus. Ergo *a b* et *b d* latera erunt aequalia. Quare visus aestimat rem esse tantum ultra speculum in continuum et directum quantum est citra, in speculis planis. Et per hoc et superius dicta eliditur error multorum, qui credebant speciem rei secundum veritatem esse ibi, et diffundere se per medium speculi et apparere ibi. Sed non est ibi species visibilis, ut dictum est, nec ingreditur speculum quatenus fiat

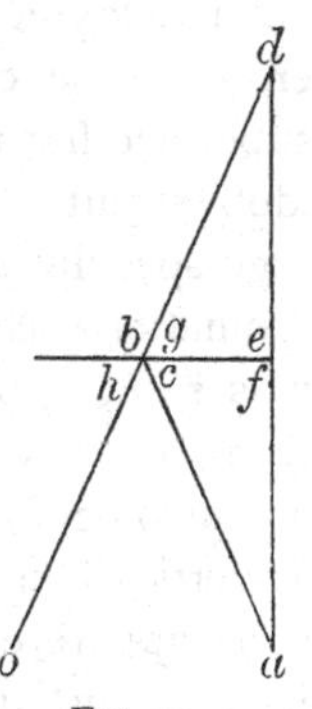

FIG. 54.

visio per hujusmodi ingressum, sed solum transit per superficiem speculi usque ad terminum reflexionis in parte opposita ad aequalitatem angulorum incidentiae et reflexionis. Unde non videtur locus imaginis esse in conjunctione radii visualis cum catheto propter veritatem existentiae ejus ibi, sed propter apparentiam tantum.

Spherical convex mirrors.

Et in sphaericis etiam extra politis secundum judicium visus apparet res in concursu radii visualis cum linea ducta a re in centrum sphaerae, qui concursus potest esse ultra speculum, vel intra, vel in superficie speculi. Et sic intellige in columnari et pyramidali. Omnes autem errores qui sunt in planis, accidunt et in convexis, et plures, quia in his frequenter res visa apparet minor quam sit ;. aliquando tamen aequalis vel major, sed rarissime. Minor autem apparet ideo, quia minor est latitudo superficiei speculi a qua reflectuntur radii ad oculum concurrentes quam in speculis planis ; radii enim reflexi a convexo magis disgregantur quam a plano ; ut ergo in visu currant sicut a plano, oportet quod a breviori superficie fiat reflexio quam a plano. Repraesentatio autem idoli sequitur conditionem reverberantis superficiei. In his ergo speculis pene nihil apparet secundum quod est, excepta ordinatione partium, quae talis est in speculo sicut in re. In istis recta apparent curva ; cum enim reflexio sit ad superficiem convexam radiorum extremorum, termini magis distant a centro oculi quam extremitates radii medii, et quod accidit in verticatione judicatur inesse rei. Rarissime tamen contingit recta apparere recta, quando scilicet visus fuerit in superficie in qua sunt linea visa et centrum sphaerae. Cujus demonstratio mathematica diffusior est quam sit nunc opus[1]. Iterum notandum, quod in speculis convexis minor est distantia idoli a speculo quam rei visae, cum tamen in planis sit aequalis : cujus causa est, quia in convexis citius concurrit radius cum catheto quam in planis, ut patet inquirenti.

Convex cylindrical mirrors.

In columnaribus extra politis idem error accidit qui in convexis sphaericis, et plures. In his enim res visa longe apparet

[1] One of many indications that the limit of Bacon's mathematical attainments is not to be defined by the *Opus Majus*.

minor quam in convexis [1]. Cujus causa patet consideranti diversitatem hujus et illius superficiei. In his ergo maxima apparent minima, et recta multo curviora quam in convexis. Sed notandum quod in his aliquando fit reflexio a longitudine columnae, ut cum linea visa aequidistat lineae longitudinis columnae, et tunc est reflexio sicut a planis, hoc excepto, quod quia linea, a qua fit reflexio, habet latitudinem, et apparet linea visa aliquantulum curva, aliquando fit reflexio a transverso columnae, et tunc est imago turpissima et brevissima. Aliquando vero fit reflexio a situ medio, et hoc aut magis appropinquando longitudini aut latitudini, et sic in imaginibus erit.

Convex conical mirrors.

In pyramidalibus vero extra politis accidunt similiter iidem errores qui in convexis, quia idolum minus est re visa, et recta apparent curva, et diversificatur in his reflexio sicut in columnaribus, quia aut fit reflexio a longitudine pyramidis, aut latitudine, aut medio modo. Iterum in his forma apparet pyramidalis. Generaliter enim verum est, quod species comprehensa per reflexionem assimilatur formae superficiei speculi. In his etiam quanto res magis distat a speculo, tanto videtur minor, et quanto magis appropinquat, tanto major apparet.

CAPITULUM IV.

Concave mirrors more illusive than convex.

Inter omnia specula maxima deceptio est in sphaericis concavis : accidit enim in his deceptio in quantitate sicut in aliis, quia quandoque major, quandoque minor, quandoque aequaliter ; et praeter hoc in numero, quia quandoque unum apparet duo, quandoque tria, quandoque quatuor, secundum diversos situs, ita quod hunc numerum impossibile est excedere. Item in his apparet partium inordinatio, quia res aliquando apparet erecta, aliquando eversa ; et ita manifestum est quod in his nihil apparet nisi cum fallacia. In speculis tamen concavis lineae rectae quandoque apparent rectae, quandoque convexae, quandoque concavae ; et lineae convexae

[1] The word convex is used here only of spherical mirrors, not of cylindrical or conical. These are spoken of *extra polita* or *intra polita*.

quandoque apparent convexae, quandoque concavae; et quandoque concavae comprehenduntur convexae ut probatur libro sexto Alhazen, capitulo septimo; et hoc secundum diversitatem situs ad speculum. In his ergo speculis aliquando cathetus aequidistat radio visuali, et tunc est locus imaginis cum puncto reflexionis, et hoc quia punctus reflexionis divisibilis est, et ratione unius medietatis apparere deberet ultra speculum, ratione alterius citra, ut patebit. Sed quia una est forma et continua, apparet tota in media distantia, scilicet in ipso puncto reflexionis. Sed quando concurrunt cathetus et radius visualis, apparet res in eorum concursu, et hoc diversimode juxta situm diversum. Aliquando enim est locus imaginis in speculo, aliquando ultra, aliquando citra, et hoc aut intra visum et speculum, aut in ipso centro visus, aliquando retro oculum.

Example of those illusions.

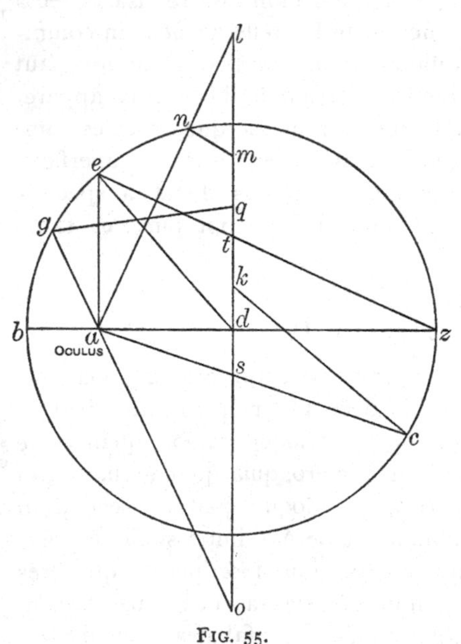

FIG. 55.

Quae omnia patent in figura subscripta[1]. Nam forma reflectitur ab *e* ad *a* per *e a* radium aequidistantem perpendiculari *t d*, et apparet in *e*; et *m* reflectitur ab *n* ad *a*, et concurrit cum perpendiculari *m l*; et *k* reflectitur a puncto *c* ad oculum *a*, et apparet in *s*; et *q* cadit in *g*, et reflectitur in *a*, concurrit autem cum catheto retro oculum, scilicet in *o*; et *z* cadit in *e*, et reflectitur ad oculum. Nusquam vero concurrit *a e* radius cum catheto ducto a puncto *z* per *d*, nisi in ipso

[1] The points which this figure is intended to illustrate are discussed with very much greater fullness by Alhazen, lib. v. prop. 60, whose exposition is copied

centro oculi, unde ibi apparet *z*. In his autem omnibus diversitatibus apparitionum nusquam apprehenditur veritas imaginis nisi cum ejus locus fuerit ultra speculum, aut inter visum et speculum ; unde ea quae apparent in centro oculi aut retro caput apparent non certificata. Visus enim non est natus apprehendere verticationem formarum, nisi sibi sint oppositae. Cum autem oculus est in centro speculi concavi, ipse sibi tantum apparet: nulla enim reflectitur in centrum nisi quae egreditur a centro, sola quidem perpendicularis in se redit. Si autem ponatur oculus in peripheria vel extra, ipse sibi non apparet, sed est reflexio in partem oppositam. Si vero ponatur infra peripheriam, nihil apparet eorum quae sunt in semidiametro in qua est. Si autem visibile aliquod ponatur in centro, videri non potest reflexione, ejus enim species non reflectitur nisi supra se.

De numero imaginum sciendum, quod quando ita situatur oculus, ut a quatuor partibus speculi fiat reflexio formae ejusdem rei, et in diversis locis fuerit concursus singulorum radiorum cum catheto quatuor erunt imagines, quando a tribus tres, quando a duobus duae, quando ab uno una, ut subtilissime declaratur libro quinto parte secunda [1]. Et nota quod omnes demonstrationes loca reflexionis rimantes hoc inquirunt, scilicet, ubi angulus incidentiae possit esse aequalis angulo reflexionis, et quot sunt tales puncti sub eodem situ et respectu ejusdem oculi, tot imagines simul apparent; si tamen radii in diversis locis concurrant cum perpendiculari distantia sensibili. Quando enim remotio puncti visi major fuerit ab uno oculo quam ab alio, erunt loca imaginum diversa respectu utriusque oculi, sed imperceptibiliter remota, propter quod apparent una.

Notandum quod diversimode reflectuntur a speculis concavis propinque et longe distantia ; quod patet ex undecima

Contrast between distance

by Vitello or Witelo, Bacon's contemporary, in the eighth book of his *Optica*, prop. 11. The figure in the text, copied from the contemporary MS. Reg., is more accurate than that of J. But the explanation is too condensed to be intelligible.

[1] Cf. Alhazen, lib. v. prop. 70, 71, 72 (corresponding to Vitello, lib. viii. prop. 24, 25, 26).

and proximity in concave mirrors.

propositione de speculis [1]. Visibile enim *e d* cadit in speculum per radios concurrentes in *z*, licet enim ab omni puncto fiat reflexio, tamen soli se intersecantes concurrunt a tanta distantia in oculo. Visibile enim *k n*, quod est intra radiorum confluentiam, apparet aliter quam est; quia universaliter altitudo et profunditas, quae sunt intra radiorum confluentiam, apparent eversae; quae autem extra, apparent erectae sicut sunt, ut dicit illa propositio. Quod patet, quia radius *b a*, qui est elevatior, reflectitur ad *e*, quod est superius in re visa et superius cum catheto concurrit, quia in *l*, et *b g*, qui est inferior radius, reflectitur ad *d* punctum in visibili *e d*, et inferius concurrit cum catheto ut in *m*, unde apparet res sicut est. Sed *b g* radius inferior reflectitur usque ad *k*, quod est superius in visibili *k n*, et *b a* radius ad *n*, unde necessario *k* apparet in *f*, et *n* in *c* [2], et ita res eversa. Et currit haec demonstratio juxta hoc primum primi

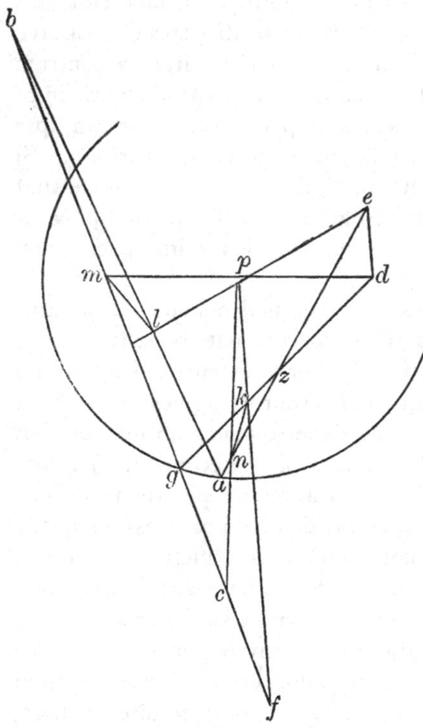

FIG. 56.

[1] The proposition illustrated here is discussed in *Catoptrica* attributed (though, according to Heiberg, wrongly) to Euclid (prop. xi and xii). See Heiberg's Prolegomena to Euclid's *Optica*, p. xlix. Cf. Vitello's *Optica* (viii. 52 and 53). Bacon's criticism of the two figures given in the *Catoptrica* is just. In his own figure the lines *e l* and *d m* passing through the centre *p* are of course vertical to the mirror.

[2] Reg. has *n* in *c*. J. has *n c*.

libri de visu, 'sub elevatioribus radiis visa elevatiora apparere, sub humilioribus humiliora[1].' Sed tamen considerandum quod male figuratur demonstratio in libro de Speculis, quia catheti debent cadere in centrum sphaerae, quod ibi non servatur, et ideo hic pono rectam figurationem.

In speculis columnaribus intra politis accidunt similia ut in speculis concavis tam in quantitate rei visae, quam in numero imaginum: quoniam eversione visibilium fit etiam diversimode reflexio in his, ut in columnaribus exterioribus, a longitudine, latitudine, a situ medio; et juxta hoc diversificantur imagines et variantur nihilominus loca imaginum, secundum diversitatem situs respectu columnae, sicut in concavis sphaericis. In pyramidalibus concavis accidunt similia ut in columnaribus et sphaericis concavis; variatur etiam in his reflexio, ut in pyramidalibus extra politis, a longitudine, latitudine et medio modo; et juxta hoc diversificantur imagines in figura et quantitate.

CAPITULUM V[2].

Dependence of colour on the angle of incidence.

Et juxta jam dictas reflexiones possumus adhuc aliqua alia proponere exempla speciosa in rebus naturalibus. Nam cum saepe dictum sit quod ex diversitate casus lucis et reflexionis a coloribus et rebus ad oculum apparet diversus color et diversa lucis relucentia in rebus lucidis, intelligendum est quod hoc est propter casum et reflexionem ad angulos diversos. Nam quando incidit et reflectitur ad angulos rectos fortior est actio lucis, et quando ad angulos minus rectos debilior, et quando ad angulos multum acutos tunc multo debilior, et sic lux cadens diversimode potest vel manifestare, vel occultare, vel mitigare intensionem coloris, vel augmentare in diversis modis, ut patet in collo columbae et canda pavonis, et multis rebus. Non tamen dico, quin[3] veri colores sint in

[1] Vid. Eucl. *Optica*, def. 5 *ὑποκείσθω . . . τὰ μὲν ὑπὸ μετεωροτέρων ἀκτίνων ὁρώμενα μετεωρότερα φαίνεσθαι, τὰ δὲ ὑπὸ ταπεινοτέρων ταπεινότερα.*

[2] I follow O. in marking this as a distinct chapter. The subject changes altogether. The distinction is not, however, indicated in Reg.

[3] quoniam, J.

cauda pavonis et collo columbae, licet aliqui negant, maxime de collo columbae; figura enim determinata coloribus in cauda pavonis manifesto continet colorem certum, sed propter plumarum tenuitatem in collo columbae, quia non habent spissitudinem, et propterea magnam vicinitatem, non percipimus sic colores veros qui sunt in eis. Non tamen nego, quin per diversum casum lucis ad diversos angulos nunc manifestentur magis colores illi, nunc magis occultentur, nunc clarificentur et vivificentur, nunc obscurentur et debilitentur. Et sic est in parte de coloribus iridis: nam in rei veritate non sunt nisi secundum apparentiam quantum facit casus lucis ad angulos determinatos. Et generatio ejus est per reflexionem non per fractionem; quoniam variatur secundum aspectum videntis, ut Scientia Experimentalis docebit.

Illusions due to enfeebled sight.

Ebrii vero et infirmi secundum Aristotelem tertio Meteorologicorum [1], et secundum Senecam libro de Iride vident se, et videtur eis quod vident se ipsos ambulare ante se. Cujus causam Seneca assignat [2], dicens quod species ab eis venientes, id est, visus eorum sunt debiles, et ideo aer licet parum spissus potest resistere speciei et reflectere in visum, et ideo coram se ipsis fit species in aere et redit ad oculos, et ad totum corpus. Unde vident se sicut viderent in speculo. Et hic solum fit visio per speciem oculi, et non per speciem rei visae, nisi quia oculus cum toto homine videtur, et species oculi reflectitur ad omnes partes anteriores corporis, et videtur homo ante se, quia locus imaginis est ante hominem in concursu radii visualis cum catheto. Quod autem solum fiat haec visio per speciem oculi manifestum est, quia species aliarum partium corporis et pannorum sunt fortes, ut penetrent aerem qui speciem oculi debilem reflectit. Et per hoc manifestum est quod visus facit speciem suam a se. Et haec visio debilis est quia per solam speciem oculi fit; et species visus magis et citius debilitatur quam alterius partis oculi, quia oculus tenuiorem et imbecilliorem habet substantiam.

[1] Lib. iii. cap. 4.

[2] Seneca, *Naturales Quaestiones*, i. 3, quoting from Aristotle: 'Quidam hoc genere valitudinis laborant, ut ipsi sibi videantur occurrere, ut ubique imaginem suam cernant. Quare? quia infirma vis oculorum non potest perrumpere ne sibi quidem proximum aera, sed resistit.'

Si dicatur tunc quod radii visuales, cum deficiunt versus coelum in profunditate aeris vel perspicui coelestis, ut dictum est prius, possent reflecti, et similiter in aqua profunda, et tunc homo videret se quando aspicit a longe illam aquam profundam, quod non est verum; dicendum, quod non accidit hoc, nisi aer sit prope eos densus aliquantulum, quod in ebriis potest esse propter humiditates vaporum vini resolutorum, et in infirmis similiter propter vapores semper prope eos resolutos ex morbo. Unde mali et foetidi vapores sunt semper prope eos in aere, quibus aer inficitur prope eos et densatur, ut possit esse vice speculi in parte sua prope illos, quod non fieret in alia parte aeris remotiori. Et similiter aer prope terram densatur vaporibus resolutis a terra et aqua; et ideo ex utraque causa densitatis potest aer propinquus habere vicem speculi. Et ideo propter hanc difformitatem in partibus aeris accidit quod una pars habet vicem speculi et alia non, respectu oculorum ebriosorum et infirmorum. Sed oculus fortis aspiciens in aqua invenit eam uniformis densitatis. Et similiter a longe in sphaera coeli; et non invenit ibi partem magis densam quae vicem speculi possit habere, immo semper magis raram, et ideo multiplicatur species usque deficiat sine reflexione. Quod si dicatur quod oculus fortis invenit vapores in aere et partes nubium, ut fiat reflexio; dicendum est quod vapores pertransit propter fortitudinem, et nubes leves et tenues; sed spissas non pertransit. Nec tamen se videt propter elongationem speculi, et propter defectum plenae politurae: non enim habent superficies politas omnino et regulares. Distantia tamen impedit maxime, sicut si ad unam leucam poneretur speculum magnum, vel ad duas vel tres, quantumcunque magnum esset, non propter hoc homo se videret; et ideo nec per nubes, quoniam distant a nobis circiter quinquaginta milliaria, sicut docetur in libro de Crepusculis.

The air round diseased persons may be so densified as to possess reflecting power.

Potest vero visio infirmorum et ebriorum aliter aestimari, scilicet per visum rectum. Nam species eorum sunt in aere ante eos, et quia virtus visiva est debilis ideo statim terminatur et fit species in aere ei pro objecto, sicut prius dictum est de debili oculo quod videt aliquando speciem cum re ut appareat

Another explanation of the illusion.

unum duo, quae non accidunt in forti oculo propter causam ibi datam.

Rays from a candle.

Quando vero oculus aspicit candelam et demittit palpebras, videt candelam projicere radios in modum pyramidis radiosae cujus conus est in candela, et dispersio radiorum valde sensibilis fit versus oculum. Cujus causa est, quod radii candelae cadunt super cilia, et pili illi sunt politi habentes rationem speculi, propter quod fit reflexio ab eis in oculum, quando sic inclinantur ut oculus possit recipere radios reflexos ad aequalitatem angulorum incidentiae. Et ideo non in quocunque situ ciliorum hoc accidit, sed in determinato.

Scintillation from a metal cross on a tower due to solar motion.

Quando vero homo aspicit aliquid splendidum et politum, ut crucem de electro super campanile vel turrim altam, videbit hujusmodi corpus valde scintillare, quando radii solis vel lunae cadunt super illud et reflectuntur in visum. Cujus causa est sensibilis variatio anguli propter motum stellae. Nam licet propter distantiam stellae a nobis, non percipimus motum ejus, tamen propter mediocritatem distantiae corporis talis scintillantis possumus judicare de casu lucis secundum angulos variatos ad motum stellae, et ideo videtur projicere radios secundum diversa loca et scintillare. Si enim imaginaremur rotam, cujus centrum esset centrum mundi, et circumferentia esset coelum motum, tunc licet radii extensi a centro usque ad circumferentiam, id est, rami seu baculi infixi in centro et deducti ad circumferentiam, non apparerent moveri prope circumferentiam propter distantiam visus, videntur tamen sensibiliter moveri circa centrum ab oculo posito prope illud. Et ideo similiter radii solis cadentes super rem hic inferius facient sensibilem variationem anguli, licet in sole non appareret nobis motus. Et hic est novus modus scintillationis quod promisi in praecedentibus me fore dicturum [1].

CAPITULUM VI.

Double image when a mirror is immersed in water.

Est autem vulgatum apud perspectivos, quod speculo posito in vase habente aquam, cum duplex appareat ibi imago, una

[1] See the concluding sentence of the chapter on Scintillation, p. 126.

erit solis, alia erit alicujus stellae existentis prope solem. Sed stella fixa esse non potest quia sol occultat eas, nec est aliquis de planetis. quoniam planetae distant aliquando minus aliquando plus. Sed imagines habent semper uniformem distantiam. Praeterea ad lumen lunae sicut solis accidit ; item ad lumen candelae ; quod negligunt experiri. Quapropter non est stella quae apparet, sed est duplex imago solis vel lunae vel candelae de duplici speculo reflexa. Nam superficies aquae est specularis, et ab illa fit una imago et alia a speculo. Et aestimatur quod illa quae ab aqua fit major est et sensibilior, quoniam radius qui facit aliam imaginem multum debilitatur propter hoc, quod primo frangitur in superficie aquae, deinde reflectitur a speculo, tertio frangitur ad superficiem aeris. Sed reflexio et fractio multum debilitant speciem, ut non possit sufficienter repraesentare rem ; et ideo est imago illa debilior et minor et minus sensibilis. Sed intentioni meae dominatur quod imago major fit per reflexionem a speculo ; quia speculum densum est et habet plumbum ex altera sui parte quod impedit transitum speciei ; et ideo speculum habet unde recipiat imaginem et reddat. Nam aqua propter sui raritatem habet minus de natura speculi, et ideo debilem reddit imaginem. Quod autem objectum est de fractionibus ; dicendum est quod debilitatio quae accidit per eas non facit minorem imaginem quam ab aqua, sed minorem quam fieret [1] si speculum esset in sicco extra aquam.

Images from fractured mirror.

Aestimatur vero a vulgo quod omnino verum sit quod in speculo fracto apparent tot imagines quot sunt partes fractae. Sed non est ita nisi quando partes fractae non recipiunt eundem situm sed diversum. Si enim retineant eundem situm quem habuerunt in speculo integro, non apparebit nisi una imago, quia species veniens fit una et remanet una sive fuerit integrum speculum sive fractum, dummodo partes retineant situm suum eundem ; quia punctus reflexionis est unus, et unus locus est in quem cadit. Quando vero partes speculi fracti recipiunt diversum situm, tunc species necessario

[1] fieret, Reg. J. has faceret.

mutatur, quia locus ejus in quem recipiuntur diversus est, et puncta reflexionum sunt diversa et in diversis locis, et ideo diversae apparent imagines.

DISTINCTIO SECUNDA.

Tertiae partis, quae est de visu fracto, habet quatuor capitula. Primum est in universali de visione per fractionem [1].

CAPITULUM I.

Refraction of rays falling obliquely on the eye.

Manifestato quomodo visio fiat per lineas rectas et reflexas, nunc tertio manifestandum est, quomodo fiat per fractas. Et licet istud sit difficilius praedictis, tamen jam habemus magnam dispositionem ad sciendum per praedicta, eo quod in multis convenit hoc cum illis, ut in parte illa quae est de visu recto dictum est. Quomodo necesse est radios frangi in humore vitreo omnes praeter axem pyramidis radiosae, quae transit per centra tunicarum et humorum, et quod non frangitur aliquis radius pyramidis visualis super corneam, nec humorem albugineum, nec super anterius glacialis, quoniam tota pyramis cadit perpendiculariter super ista tria corpora. Et irent radii in centrum eorum, nisi occurrerent humor vitreus ante punctum illud, et ideo abscinditur necessario conus pyramidis, et fit curta pyramis et detruncata. Possunt autem multa videri praeter ea a quibus venit haec pyramis; sed non per radios reflexos super oculum, quia tunc recederent ab eo; et ideo per fractos. Nam sit $a\,c$ anterius glaciale et $b\,d$ cornea, et $f\,e\,o$ pyramis radialis, tunc $p\,n$ radius venit a re visibili

[1] Refraction, always spoken of by Bacon as *fractio*, is discussed in the fifth discourse of Ptolemy's *Optica*, and in the seventh book of Alhazen. There is no mention of it in Euclid or in any of the works which pass under his name, though as has been already said, the word *refringere* and its derivatives are used in the mediaeval translation of *Catoptrica* to describe reflected rays; the Greek original being ἀνακλᾶν, ἀνάκλασις, &c. By Ptolemy the words *fractio* or *flexio* are used of both reflexion and refraction: the first being distinguished as *reverberatio radii*, the second as *penetratio radii*.

extra pyramidem visualem, qui non cadit super corneam perpendiculariter, nec ingreditur foramen uveae, aut si ingrederetur non iret ad glacialem, sed transiret ultra usque ad latus oculi, sicut ad *l* punctum. Ergo, cum virtus visiva non sit nisi in glaciali, non videbitur *p* per radium *p l*; sed quia cornea est densior aere, et *p n* radius non cadit perpendiculariter super corneam, licet cadat infra pyramidem antequam venit ad corneam, oportet quod frangatur in ingressu ejus. Similiter si a puncto extra pyramidem radialem cadat radius super corneam, et extra pyramidem visualem, ut *q d*, non ibit in *s*, sed frangetur in *d* puncto in superficie corneae, inter incessum rectum *d s*, et inter perpendicularem *d o*, usque ad *z* punctum in glaciali. Et sic videbitur *p* inter incessum rectum qui est *n l* et perpendicularem ducendam a loco fractionis qui est *n o*, et ibit fractio usque ad *k* punctum in glaciali, et sic videbitur *p* per radium fractum scilicet *p k*. Et ideo minus bene videtur quam res quae sunt in basi pyramidis, quoniam illae videntur per radios rectos et perpendiculares. Et eodem modo est de *q* visibili, ut patet ex figura.

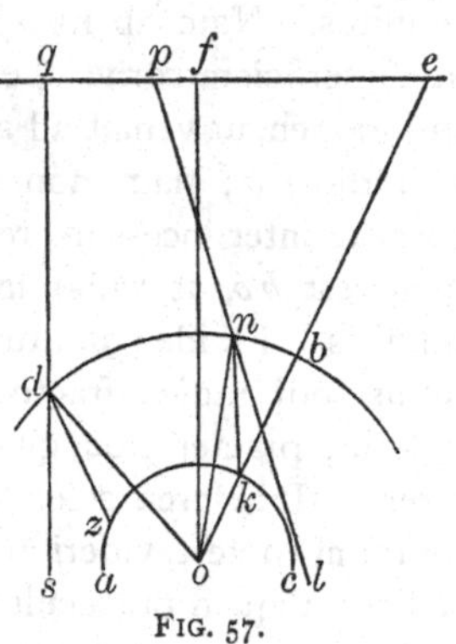

FIG. 57.

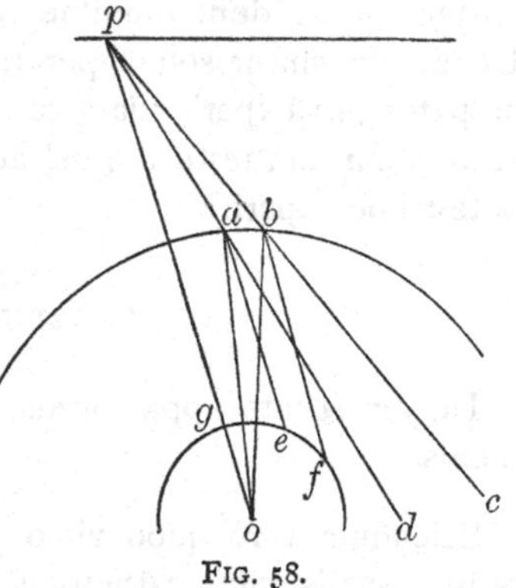

FIG. 58.

Similiter quicquid videtur per radios rectos et reflexos, videtur necessario simul per fractos, et sic certius videtur, quia duplici modo; et in hoc completur bonitas et certitudo visionis. Nam *p* punctus videtur per radium perpendicularem *p g*, quae vadit in centrum *o*, et nihilominus videtur per *p e*. Nam *p a* non vadit in *d*, sed frangitur in *a* puncto corneae, inter incessum rectum *a d*, et perpendicularem *a o* usque in *e* punctum in superficie glacialis.

These oblique refracted rays take part in vision.

Et non solum videtur *p* per unum radium fractum, sed per infinitos. Nam ab ipso *p* possint infiniti declinantes protrahi ad superficiem corneae, et quaelibet illarum frangetur et cadet in foramen, ut veniat ad aliquem punctum glacialis, sicut patet in radio *p b*; nam non vadit in *c*, sed frangitur in *b* puncto corneae inter incessum rectum qui est *b c*, et perpendicularem quae est *b o*, ut vadat in *f* punctum glacialis, et sic est de infinitis. Et ideo multum melioratur et completur visio per hujusmodi radios fractos infinitos in quibus omnis res visa videtur, praeter hoc quod videatur per radium perpendicularem. Praeterea sciendum est quod aliquod quod objicitur foramini potest videri fracte et non videbitur recte, quando scilicet aliquod obstaculum parvae latitudinis interponitur; ut festuca parva stans contra oculum inter ipsum et aliquod visibile impediet transitum speciei alicujus partis ejus directum. Et tunc radii declinantes cadent super corneam ab illa re; quia praeter unam perpendicularem quae caderet nisi esset obstaculum, cadunt infinitae declinantes, ut nunc visum est. Et ideo videbitur solum per radios fractos et non per rectos, ut patet per experientiam, si quis teneat inter oculum suum et aliquam rem festucam vel acum; et praecipue ad candelam potest hoc experiri.

CAPITULUM II.

De diversitate apparitionis loci imaginis per fractionem in planis.

Refraction at plane surfaces.

Sciendum vero quod visio per fractionem est in concursu radii visualis cum catheto, sicut dictum est de reflexione. Sed hoc potest esse modis variis et mirabilibus. Quatenus autem omnem diversitatem hujusmodi apparitionis comprehendamus, oportet considerare quando in planis corporibus et concavis et convexis accidit hujusmodi diversitas. Et secundum hoc quod oculus est in medio subtiliori vel densiori, et res visa e contra. Si vero oculus sit in perspicuo subtiliori et inter oculum et rem visam sit medium densius, ut aqua planae superficiei vel crystallus, vel vitrum, et hujusmodi alia perspicua, tunc res apparet longe major quam sit: nam videtur sub majori angulo, et satis propinquius quam si medium esset uniforme. Cujus demonstratio patet in figura ista. Nam *f* visibile videbitur in *d*, ubi radius visualis *a d* concurrit cum catheto *f h*; et similiter *g* apparebit in *c*, ubi *a c* radius visualis concurrit cum *g m* catheto[1], et ideo tota res *g f* apparebit in loco *c d* propinquius oculo, et videbitur sub majori angulo, quam si corpus unum esset. Nam sub angulo *o a p* videbitur per haec duo corpora, sed sub angulo *g a f* videretur per unum medium sine fractione. Si vero oculus sit in densiori medio, et res visa in subtiliori, tunc est e contra. Nam res videbitur minor, tum quia sub minori angulo videbitur, tum quia remotius apparebit. Nam *o* videbitur in *h*, et *f* in *k* ultra rem visam, ita quod *o f* apparebit in *k h*: nam radius visualis *a b* concurrit in *h* cum catheto *h c*, et radius visualis *a d* concurrit in *k* cum catheto *p f k*; et sub minori angulo videtur, quam si per unum medium videretur. Nam nunc videtur res tota sub *d a b* angulo propter fractionem; et sine fractione videtur sub *f a o* angulo majori.

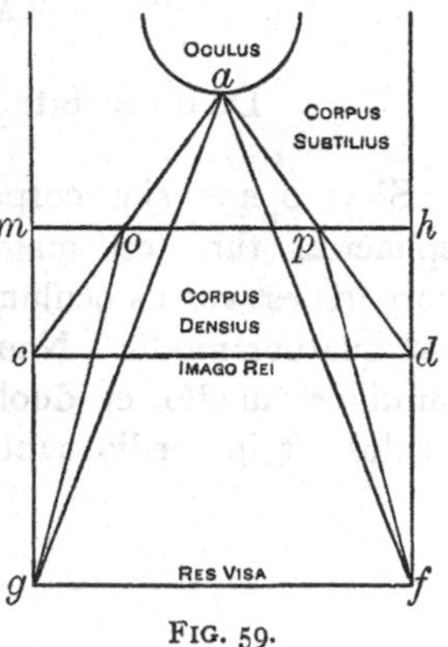

FIG. 59.

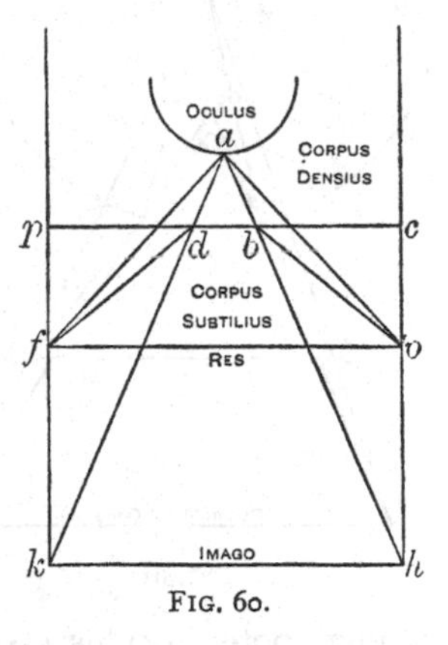

FIG. 60.

[1] This reading of Reg. is obviously right. J. has *g* in catheto.

CAPITULUM III.

De diversitate loci imaginis in sphaericis.

Refraction at spherical surfaces.

Si vero non sint corpora plana per quae visus videt sed sphaerica, tunc est magna diversitas. Nam vel concavitas corporis est versus oculum vel convexitas. Si concavitas tunc est quatuor modis. Nam duobus modis est, si oculus sit in subtiliori medio, et duobus modis si in densiori. Si ergo oculus sit in medio subtiliori, et concavitas medii sit versus

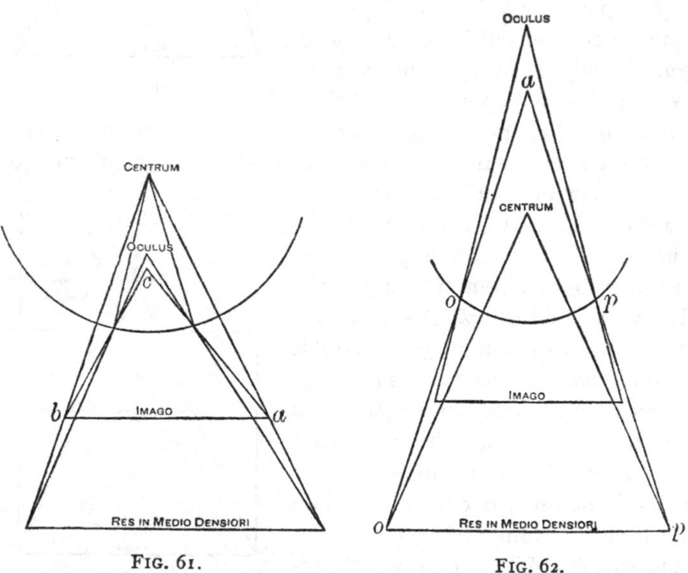

FIG. 61. FIG. 62.

oculum, potest oculus esse inter centrum medii et rem visam, aut centrum inter oculum et rem visam. Et non fiat hic vis de centro medii densioris vel subtilioris, quia idem est centrum utriusque, et concavitas utriusque est versus oculum, quia idem est centrum sphaerici continentis et contenti. Ponam ergo primo omnes istos modos, deinde exemplificabo in figuris; nam sic oportet fieri propter canonum singulorum parvitatem et figurarum magnitudinem [1]. Et haec omnia patent in his figuris, quae hic ponuntur secundum ordinem octo articulorum praedictorum.

Eight cases illustrated; four, of refracting surfaces concave to the eye;

Si ergo oculus sit in subtiliori medio et concavitas sit respectu oculi, et oculus sit inter centrum et rem visam, videbitur res propinquius quam sit. Nam angulus visualis sic erit major, quam si lineae rectae trahantur ab oculo sine fractione ad extremitates rei, et sub majori angulo, et tamen imago minor est re ipsa. Si vero oculus sit in subtiliori medio et concavitas sit versus oculum, et centrum densioris

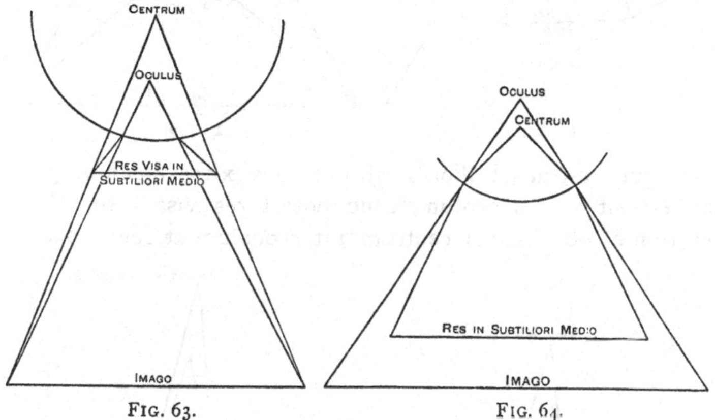

Fig. 63. Fig. 64.

corporis sit inter oculum et rem, adhuc videbitur res propinquior. Sed angulus erit minor, et imago minor. Si vero oculus sit in densiori medio, et concavitas versus oculum, et oculus sit inter centrum concavi corporis et rem, tum res videbitur ultra locum suum remotius, et sub minori angulo, et imago erit major. Si vero centrum corporis concavi sit inter oculum et rem visam, caeteris conditionibus remanentibus, adhuc res visa videbitur remotius et sub angulo majori, et imago erit major.

[1] Each of the following eight figures in Reg. covers one side of a folio. In a side note on each of the eight pages, the point to be illustrated is briefly stated: thus on the first (answering to fig. 61 in this edition) are the words, 'Exemplum quum oculus est in subtiliori medio et concavitas est versus oculum, et oculus est inter centrum et visibile'; and so with the others. The words *sub signo* appended to the chapter in J. are unintelligible.

four cases of convex surfaces.

Si autem convexitas corporis sit versus oculum, erit similiter quatuor modis: nam duobus, si oculus sit in subtiliori medio, et duobus, si oculus sit in grossiori. Si

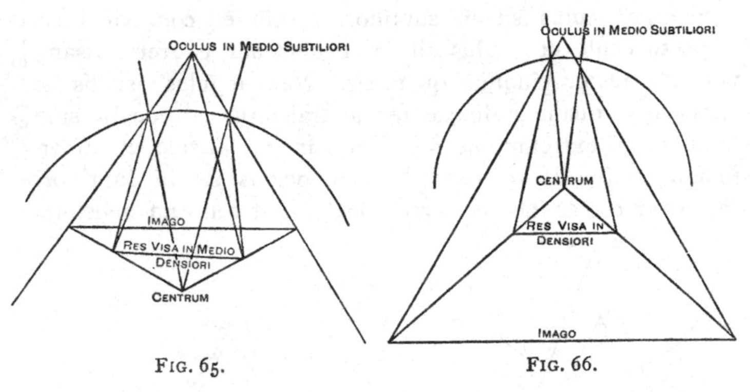

Fig. 65. Fig. 66.

ergo oculus est in subtiliori medio et convexitas medii in quo res est sit versus oculum, tunc potest res visa esse inter centrum et oculum, vel centrum inter oculum et rem visam.

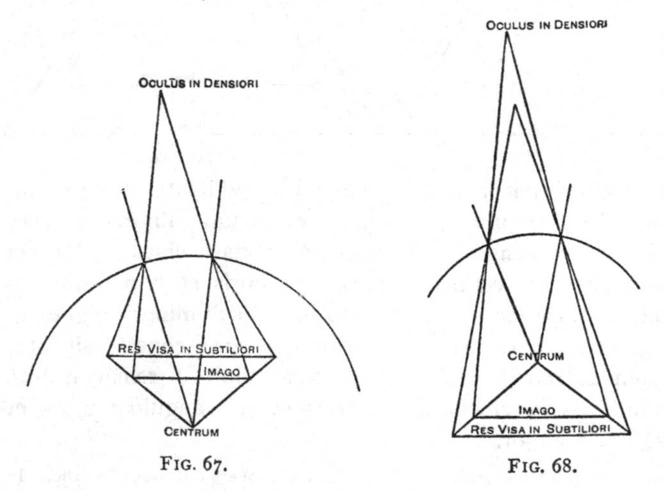

Fig. 67. Fig. 68.

Si res sit inter oculum et centrum, tunc imago erit propinquior et major et angulus major. Si centrum fuerit inter oculum et rem visam, erit adhuc imago major, et angulus major. Sed locus imaginis erit remotior. Si autem oculus sit in medio densiori, et res visa sit inter oculum et centrum, imago erit remotior et minor, et sub minori angulo videbitur. Si vero oculus sit in medio densiori, et centrum sit inter oculum et rem, erit imago propinquior et minor et sub minori angulo videbitur, et quantitas anguli sub quo videtur res cognoscitur esse minor quam deberet esse, si medium esset unum. Et hoc etiam est quando continet angulum illum, quem faciunt lineae incessus recti, et terminantur extra ipsum ad alium punctum; major vero perhibetur, ut patet in figura prima, quando infra ipsum concurrit ad punctum alium, sed tunc angulus quem lineae incessus recti faciunt est minor quam angulus sub quo videtur res, et ideo angulus sub quo videtur res est major quam si esset medium unum. Nam[1] tunc videtur sub angulo *b c a* contento sub lineis rectis. Et in figura sequenti sub angulo *o a p* contento ex lineis rectis videretur, si medium esset unum, et ita sub majori angulo quam sit angulus contentus ex lineis fractis sub quo videtur res per duo media. Et secundum hunc modum intelligendum est, in aliis omnibus sequentibus figuris.

CAPITULUM IV.

De exemplis penes hujusmodi fractiones.

Application to natural phenomena. An oar under water.

Descriptis his figuris circa modum videndi per fractionem possunt poni exempla in rebus visis. Et primo de baculo qui videtur fractus, quando una pars est in aere et alia pars in aqua, et oculus est in aere. De hoc enim est vulgata contentio apud philosophantes quando disputant de quolibet, et nunquam solvitur apud vulgus eorum, quia nesciunt hanc tertiam partem Perspectivae. Quando autem oculus est in eodem medio cum superiore parte baculi, videbit ipsam per visum rectum, sicut est. Sed quando oculus est in subtiliori medio respectu partis inferioris baculi, quae est in aqua, primus canon supradictus de medio plano, vel quintus de medio densiori in quo res est cujus convexitas est versus oculum, habet hic locum[2]. Nec est vis

[1] Cf. fig. 61 and 62.

[2] Cf. fig. 59 and 65.

de qua loquamur hic in aquis fluminum et fossarum consuetis, quoniam licet aqua habeat naturaliter superficiem convexam ubicunque sit propter hoc quod semper fluit ad locum inferiorem, ut in superioribus est declaratum [1], tamen aquae consuetae in fluminibus et fontibus et caeteris concavitatibus apud nos habent quantum ad sensum superficiem superiorem planam. Et quocunque modo loquamur oportet quod res visa in aqua appareat propinquius oculo quam sit ejus locus verus, et major, sicut patet in utraque figuratione. Et ideo pars baculi, quae est in aqua, non apparebit visui in continuum et directum alterius partis, sed propinquius oculo, et ideo necesse est baculum apparere in figura curva, et angulari, ac si esset fractus in ingressu aquae, quod patet in figura. Nam sit *f b* baculus, *a* oculus, et *h m* superficies aquae, *b* faciet speciem suam usque ad *c*, sed non ibit in *o* per incessum rectum, sed frangetur in medio subtiliori usque *a*, ut incessus rectus sit inter fractionem et perpendicularem ducendam a loco fractionis quae est *g c*. Sed res apparet in concursu radii visualis cum catheto, et cathetus est *b d p*, atque concurrit radius visualis *a c* in *d* puncto catheti. Ergo *b* extremitas baculi videbitur in *d*, et eodem modo quaelibet particula ipsius quae est in aqua videbitur in directo ipsius *d*. Ergo totum quod est in aqua apparebit in linea *n d*. Quare baculus totus videbitur in *f n d* linea, et ideo in linea curva habente angulum in *n*, et sic fractus apparebit. Et cum homo possit videre in aqua, tunc per artificium debitum sciens morari infra aquam videret baculum fractum in superficie aeris, sicut nunc videt in aqua propter canonem secundum de

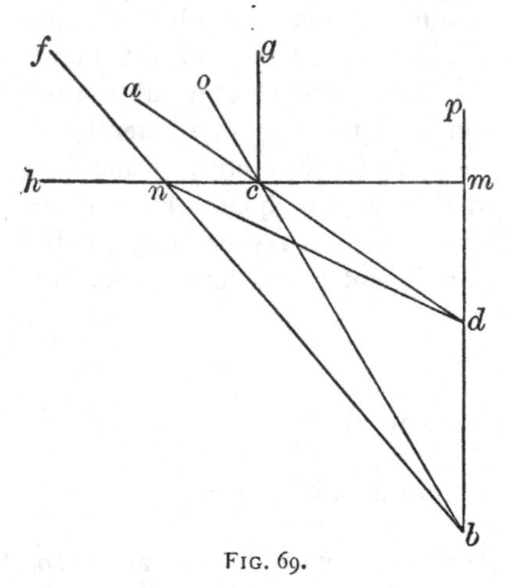

FIG. 69.

[1] Cf. vol. i. p. 158.

corpore plano cum ejus figura, vel propter canonem tertium cum sua figura, ubi oculus est in medio densiori cujus concavitas est versus oculum[1].

Object in a vessel rendered visible by adding water.

Similiter accidit, si in vas mittatur aliquod sumaturque distantia ut jam non videatur, eodem spatio existente inter videntem et vas videbitur quod immissum est, si aqua infundatur, ut dicitur in principio libri de speculis[2]. Et hoc quilibet potest experiri, licet inexpertis videatur mirabile vel magis falsum: cujus causa ex canonibus memoratis, scilicet primo de planis et quinto de concavis, manifesta est. Nam propter hoc quod oculus est in subtiliori medio, et res in grossiori, oportet quod res appareat propinquius et elevatius versus oculum, ubi est concursus radii visualis cum catheto, et apparebit major. Quapropter videbitur visui quod res posita in vas elevatur a fundo vasis usque ad superficiem aquae. Nec est haec alia figuratio quam quae in praedictis locis facta est, et ideo illa sufficit.

Apparent magnitude of sun and moon near horizon.

Si vero aspiciamus solem vel lunam et stellas in oriente et occidente mediantibus vaporibus aqueis, sicut saepe accidit in aestate et autumno, videmus ista luminaria insolitae magnitudinis, ut quilibet experitur. Sed causa hujusmodi accipitur ex canone primo cum ejus figura[3], ubi oculus est in medio subtiliori, et res in medio densiori, cujus concavitas est versus oculum, et oculus est inter centrum et rem visam, Nam hujusmodi vapores sphaerici sunt et concentrici mundo, quia aequaliter recedunt a centro; et ideo erit eorum concavitas versus oculum, et oculus erit inter eos et centrum eorum, quod est centrum mundi. Et ideo, ut patuit ex illa figuratione, imago rei est propinquior et sub majori angulo videtur, et ideo major et propinquior apparet res.

Is this due to vapour? Objections and replies.

Si objiciatur quod imago minor est quam res, propter quod diceret aliquis quod minor deberet videri; dicendum est quod majoritas anguli cum propinquitate praevalet in hac parte.

[1] Cf. fig. 60 and 63.

[2] This observation occurs as an isolated remark in the introduction to the *Catoptrica* attributed to Euclid. *'Εὰν εἰς ἀγγεῖον ἐμβληθῇ τι, καὶ λάβῃ ἀπόστημα ὡς μηκέτι ὁρᾶσθαι, τοῦ αὐτοῦ ἀποστήματος ὄντος ἐὰν ὕδωρ ἐγχυθῇ, ὀφθήσεται τὸ ἐμβληθέν.* No conclusions seem to have been drawn from it.

[3] See fig. 61.

Res enim propinquior caeteris paribus apparet evidentius in sua quantitate, et praecipue quando sub majori angulo videtur. Si iterum dicatur, quod radii stellarum inveniunt vapores et nubes non solum in horizonte et prope, sed versus medium coeli et in illo medio; sed sol quando est prope medium coeli vel in medio non apparet insolitae quantitatis; ergo nec prope ortum et occasum [1]. Et quidam probabiliter instructi in rebus perspectivis aestimaverunt vapores non esse causam hujus rei, propter hanc objectionem. Sed decepti sunt, quia aliam causam dare non possunt: nam illa quae prius assignata est de magnitudine stellarum in horizonte est perpetua, haec autem apparitio [2] magnitudinis est ad tempus, nec semper, et ideo habet causam temporalem. Atque nos videmus, quando aer est serenus et siccus in ortu et occasu carens vaporibus, tunc stellae habent solitas magnitudines: quando vero vaporosus est, in illis temporibus accidit apparitio insolitae magnitudinis. Manifestum ergo est, quod vapores sunt in causa. Objectio vero solvitur per hoc, quod radii stellarum prope ortum et occasum cadunt omnino ad angulos obliquos et ideo franguntur in superficie aeris secundum tenorem canonis dicti. Sed quando stella tendit ad medium coeli, accedunt radii ad rectitudinem angulorum, propter quod non sic franguntur ut quando stella est in oriente. Et si objiciatur, quod omnes radii planetarum franguntur circa tropicum Cancri, ut prius habitum est, quia non cadunt in centrum mundi, sed versus horizonta; concedendum est: sed tamen longe minus franguntur, et magis accedunt ad perpendicularitatem, quando stella est versus medium coeli; et ideo licet tunc apparet majoris quantitatis propter vapores, non tamen insolita magnitudine, de qua hic loquimur. Majoritas autem anguli fractionis et major recessus ab incessu recto facit, quod res major apparet et propinquior.

Apart from vapour, refraction affects our

Si vero consideremus stellas et media secundum suam naturalem dispositionem, exclusis vaporibus et exclusa reliqua causa perpetua de qua superius dictum est, tunc accidit canon

[1] The usual form, dicendum est, is wanting here.

[2] Here, as often elsewhere, this word is frequently written in J. apericatio. It is always apparitio in Reg.

tertius[1] de sphaericis corporibus, quorum concavitas est versus oculum et oculus est in densiori medio, quoniam in medio elementari, et res in subtiliori, scilicet in coelesti, et oculus est inter centrum et visibile. Et apparebunt stellae minores quam sunt, et quam apparerent si medium unum esset, quoniam sub minori angulo videntur, et sic erit error in judicio visus de stellis. Si dicatur quod imago est longe major re, et ideo apparebit major: iterum si dicatur quod locus imaginis est longe ultra rem, et ideo magis distare videbitur, et ideo majora apparebunt, nam superius habitum est quod ea quae magis videntur distare majora videntur: dicendum est ad primum, quod quantitas anguli praevalet in istis apparitionibus. Et ideo quia sub minori angulo videtur stella, non obstat magnitudo imaginis ad sensum quod propter mediorum perspicuorum transparentiam corpora interjacentia non percipiuntur, et ideo non percipitur distantia imaginis, quia a remotiori, ut prius habitum est, non cognoscitur a visu nisi percipiantur corpora interjacentia. Et ideo licet locus imaginis sit remotior, et appareat hic visui per errorem, tamen secundum veritatem visus non percipit hanc remotionem, et ideo non debet res apparere major propter hoc.

estimate of stellar magnitudes.

Si vero homo aspiciat literas et alias res minutas per medium crystalli vel vitri vel alterius perspicui suppositi literis, et sit portio minor sphaerae cujus convexitas sit versus oculum, et oculus sit in aere, longe melius videbit literas et apparebunt ei majores. Nam secundum veritatem canonis quinti[2] de sphaerico medio infra quod est res vel citra ejus centrum, et cujus convexitas est versus oculum, omnia concordant ad magnitudinem, quia angulus major est, sub quo videtur, et imago est major, et locus imaginis est propinquior, quia res est inter oculum et centrum. Et ideo hoc instrumentum est utile senibus et habentibus oculos debiles. Nam literam quantumcunque parvam possunt videre in sufficienti magnitudine. Si vero sit portio major sphaerae vel medietas tunc

Magnifying lens.

[1] Fig. 63. It will be noticed that what Bacon says is, that in that case the object will be seen further off, under a smaller angle, and the image will be greater.

[2] See fig. 65.

secundum canonem sextum[1] accidit majoritas anguli, et majoritas imaginis, sed propinquitas deest, quia locus imaginis est ultra rem, eo quod centrum sphaerae est inter oculum et rem visam. Et ideo non ita valet hoc instrumentum, sicut si esset minor portio sphaerae. Et instrumenta planorum corporum crystallinorum secundum primum canonem de planis, et sphaericorum concavorum secundum primum canonem et secundum de sphaericis, possunt facere hoc idem. Sed inter omnia portio minor sphaerae, cujus convexitas est versus oculum, evidentius ostendit magnitudinem propter tres causas simul aggregatas, ut notavi.

Why a light may seem greater at a distance than near.

Quod autem candela appareat major a longe quam de prope, dummodo non sit in superflua distantia, accidit quod non solum videtur per radios rectos sed fractos, et visus non percipit fractionem, propter quod aestimat se videre per lineas rectas ubi radius visualis concurrit cum catheto ducta a re. Unde res visa videtur propter hoc dilatari usque ad *g r*, eo quod ejus puncta extrema non solum videntur per *a u* radium, et per *c p* radium aliquando, sed per *a o* radium fractum in *b* puncto in superficie oculi et per *c d* radium fractum in *m* puncto, et *o b* radius visualis concurrit in *g* puncto cum catheto *c a*, et *d m* radius fractus concurrit in *r* puncto cum catheto *a c*, et ideo diameter rei visae apparet esse *r g*, et major longe quam *a c*. Posset etiam esse alia causa praecipue debili oculo et negligenti, quod species prope rem est fortis, et ideo nata est terminare debilem oculum et negligentem, et propter hoc rei quantitas videtur major secundum quantitatem spatii in qua species apparet sensibilis. Multotiens enim hoc contingit debilibus oculis et infirmis et ebriis

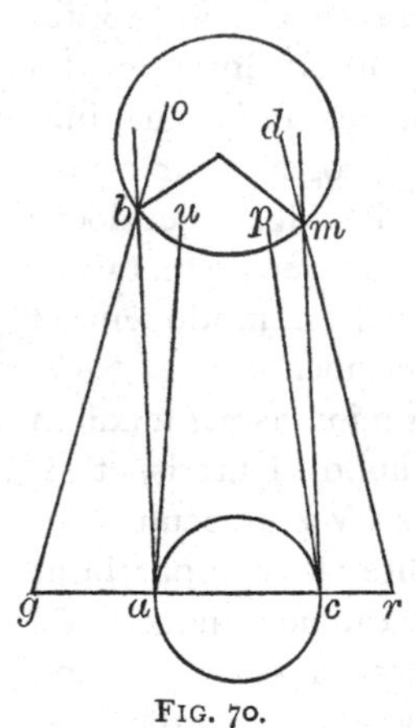

FIG. 70.

[1] See fig. 66. By *portio major sphaerae* is meant here a lens of great convexity, therefore of short radius; so that the lens is half, or nearly half, of the sphere.

et negligentibus ac languide conspicientibus rem visam. Possunt quidem alia exempla proponi, in quibus multitudo sapientiae resplendet sicut in his; sed quia sermo praesens est magis persuasionis gratia quam tractatus componendi, ideo nunc dicta sufficiant [1].

ULTIMA DISTINCTIO.

De comparatione perspectivae ad sacram sapientiam et mundi utilitates [2], habens capitula quatuor.

CAPITULUM I.

All that relates to the eye is of spiritual significance,

Et jam dictum est de rebus perspectivis prout ad sapientiam philosophiae et rerum hujus mundi cognitionem necessariae sunt. Volo nunc in fine innuere quomodo haec scientia habet ineffabilem utilitatem respectu sapientiae divinae. Et primo considerandum est, quod cum haec scientia res naturales certificat, ut planum est per ea quae dicta sunt, et per consequens liquet quod caeteras scientias elucidat et declarat, necesse est quod haec scientia sit utilis divinae veritati, propter hoc quod illa requirit notitiam scientiarum et rerum hujus mundi. Praeterea cum divina sapientia absolute consideratur intelligenda et exponenda, et ad regimen hujus mundi ordinatur, utroque modo necessaria est haec scientia Perspectivae. Nam in scriptura Dei nihil

[1] It is clear from the foregoing, and especially from the discussion illustrated by fig. 69, that Bacon had a clear conception of an image as resulting from a series of points, each point in the *res visa* being separately refracted. But he did not apprehend the necessity for focussing an image of the object on the retina, as was so clearly demonstrated, nearly four centuries afterwards, by Descartes in the fifth discourse of his *Dioptrique*. 'We find in Roger Bacon's works,' says Whewell (*Hist. of Inductive Sciences*, vol. ii. p. 275, 3rd edit.), a tolerably distinctive explanation of the effect of a convex glass.' But of the combination of two lenses necessary for the construction of the telescope, there is no evidence whatever.

[2] Sic Reg. O. has sacram scripturam et ejus utilitates.

tantum multiplicatur sicut ea quae pertinent ad oculum et visionem, ut manifestum est perlegenti; et ideo nihil magis necessarium est sensui naturali et spirituali, sicut hujus scientiae certitudo. Quod nunc transeundo volo innuere, quoniam non opus hic talibus multis immorari, quia scita veritate rerum quae in Scriptura ponuntur, facillimum est omni theologò sensus utiliter elicere spirituales. Cum enim dicitur, 'custodi nos, Domine, ut pupillam oculi,' impossibile est scire sensum Dei in hoc verbo, nisi primo consideret homo quo modo pupillae custodia perficitur, quatenus ad ejus similitudinem Deus nos custodire dignetur: quando enim aliquid in exemplum et similitudinem proponitur, non potest exemplatum cognosci, nisi exempli ratio habeatur. Veluti cum dicit Dominus, 'estote prudentes sicut serpentes,' voluit Dominus discipulos suos considerare serpentinas proprietates in quibus prudentia ejus consistit, et columbae naturam in qua simplicitatis suavitas reperitur.

which without the science of Optic cannot be appreciated.

Sed non sciemus custodiam pupillae nisi per scientiam Perspectivae. Nam pupilla est anterius glaciale, quod duobus humoribus ante et post innititur: et una tela et tribus tunicis continetur, insuper continuam et superfluam influentiam spirituum et virtutum recipiens a fontali plenitudine in sectione crucea[1] consistente; et ita septem requirit ad sui custodiam. Haec est ergo literalis expositio, cui assimilari spiritualem vult Psalmista cum petit custodiam pupillae spiritualis, id est, animae; pro qua perfecte custodienda necessaria sunt septem, scilicet virtus, donum, beatitudo, sensus spiritualis, fructus, et revelatio secundum modos raptus, et insuper continua influentia charismatum gratiae a plenitudine Crucifixi. Caeterum virtutes principales septem sunt, ut tres theologicae, caritas, fides et spes, et quatuor cardinales, justitia, fortitudo, temperantia, et prudentia, per quas habet nostra pupilla spiritualis custodiri. Necnon dona Spiritus Sancti sunt septem, et petitiones Dominicae orationis septenario concluduntur. Sed beatitudines octo sunt, ut patet ex quinto Matthaei, et ideo septem custodiis pupillae corporalis dabimus octavam palpebrarum, ut octo spiritualibus

[1] The optic commissure seems to be meant.

totidem corporalia valeant respondere. Sensus vero spirituales sunt quinque, et ea quae immediate deputantur ad custodiam pupillae sunt quinque, scilicet tela, et humor albugineus, ac tres tunicae. Nam humor vitreus potest in hac consideratione cum pupilla intelligi, eo quod in tela araneae cum anteriori glaciali continuetur. Et proculdubio totum vocatur pupilla, licet specialius anterius glaciale. Vel possunt quinque annotari sic, crux, humor, tela, tunica, palpebra. Nam haec quinque sunt radices custodiae, licet in ramos aliquot et humor et tunica dividantur. Sed fructus duodecim sunt, ut enumerat apostolus ad Galatas v, et ideo si accipiamus pupillam stricte pro anteriori glaciali, et consideremus omnia quae possint hic inveniri ad custodiam ejus tam remota quam propinqua, inveniemus duodecim, scilicet octo praedicta, et cilia, et supercilia, quae habent speciales utilitates in custodia oculi, ut superius est annotatum. Atque cum nervi visuales descendant ab anteriori parte cerebri, in qua sunt sensus communis et imaginatio, a quibus fluunt virtutes et spiritus in visum, nec compleatur visio antequam species visibilis veniat ad ista duo, ut prius habitum est, erunt in universo duodecim custodiae pupillae corporalis deputandae, sicut sunt duodecim fructus in custodia oculi spiritualis. Et dictum est, quod ad visionem exigitur non solum ut fiat intus suscipiendo, sed extramittendo, et cooperando per virtutem et speciem propriam: similiter et visio spiritualis non solum requirit ut anima recipiat ab extra, scilicet a Deo, gratias et virtutes, sed cooperetur per virtutem propriam. Nam motus liberi arbitrii et consensus requiritur cum gratia Dei ad hoc ut videamus et consequamur statum salutis.

CAPITULUM II.

Spiritual interpretation, (1) Of the eight conditions of vision.

Octo etiam exiguntur ad visionem; scilicet lux, distantia et caetera praenotata, et hoc statim occurrit similiter in visu spirituali per octo beatitudines. Sed et aliter patet illud; nam horum octo similia de necessitate requiruntur ad visionem spiritualem: nam sicut nihil videmus corporaliter sine luce corporali, sic impossibile est nos aliquid videre spiritualiter sine luce spirituali divinae gratiae. Et sicut distantia corporis temperata requiritur ad visionem corporis, ut nec ex superflua distantia videatur, nec ex nimia appropinquatione, sic spiritualiter exigitur in hac parte; nam elongatio a Deo per infidelitatem et multitudinem peccatorum tollit visionem spiritualem, et nihilominus praesumptio nimiae familiaritatis divinae, et perscrutatio majestatis. Sed qui moderate appropinquant pedibus ejus exclamantes cum apostolo, 'O altitudo divitiarum sapientiae et scientiae Dei, quam incomprehensibilia sunt judicia ejus, et ininvestigabiles viae ejus,' accipient de doctrina ejus secundum prophetam, 'et ibunt paulatim de virtute in virtutem, donec videatur Deus Deorum in Sion.' Et sic de aliis sex facile patet consideranti quomodo cooperantur eorum similitudines in visu spirituali; et ideo non est singulis immorandum.

(2) Of the three modes of perception.

Et cum triplex est visio, scilicet solo sensu, scientia, et syllogismo: similiter necesse est homini, ut triplicem habeat visionem. Nam solo sensu pauca cognoscimus et parum, ut lucem et colorem, et hoc debiliter, scilicet an sint seu quod sint; sed per scientiam cognoscimus cujusmodi sint et quales, an lux solis vel lunae, an color albus vel niger. Per syllogismum quidem cognoscimus omnia quae circumstant lucem et colorem secundum omnia viginti sensibilia communia. Et ideo prima cognitio est debilis, secunda est perfectior, tertia est perfectissima. Similiter accidit in visione spirituali: nam quod homo scit solo sensu proprio modicum est, quoniam indiget duplici cognitione praeter istam, scilicet per doctores a juventute usque ad senium. Nam semper possumus addiscere per sapientiores nobis. Et ideo tertia cognitione indigemus, quae est per divinam illuminationem.

(3) Of the three modes in which luminous rays are propagated.

Aliter vero triplicatur visio secundum quod fit recte, fracte, et reflexe. Prima est perfectior aliis, et secunda certior est, tertia incertissima. Propter hoc ostensum est superius quod operatio secundum lineam rectam est fortissima, et fractio minus debilitat quam reflexio. Et haec sicut sunt in aliis, sic sunt in visione; et sicut in visione corporali, sic in spirituali oportet esse. Et hic potest fieri multiplex comparatio; nam rectitudo visionis Deo debetur: declinatio a rectitudine per fractionem, quae debilior est, angelicae naturae convenit: reflexiva visio, quae est debilior, homini potest assignari. Nam sicut speculum cooperatur ad visionem propter suam aptitudinem, et dat speciei occasionem multiplicandi se in oculum, ut fiat visio, sic corpus animatum anima sensitiva ex sua proprietate et idoneitate adjuvat animam intellectivam in sua cognitione, et dat ei cognitionem a parte ista quam intellectus ex sensu corporali deprehendet. Et ideo cognitio hominis quantacunque sit perfecta, est debilior cognitione angelica ex hac causa, et merito dici potest specularis propter dictam similitudinem. Loquor de homine puro cum exceptione Beatae Virginis, et secundum statum communem hominis et angeli. Et homo habet triplicem visionem, unam perfectam, quae erit in statu gloriae post resurrectionem; aliam in anima separata a corpore in coelo usque ad resurrectionem, quae debilior est; tertiam in hac vita, quae debilissima est, et haec est recte per reflexionem. Secundum quod dicit apostolus, 'videmus nunc per speculum in aenigmate, sed in gloria a facie ad faciem,' et post resurrectionem secundum plenam rectitudinem, et ante eam in anima secundum obliquationem ab illa rectitudine: eo quod non complebitur anima plenitudine visionis antequam uniatur suo corpori, sicut nec alias dotes habebit plenas ante illud tempus, ut theologi non ignorant, et quia appetitus quidam naturalis[1] inest animae ad suum corpus, qui perfici non potest nisi resurrectione. Et in statu praesenti est visio triplex, scilicet recta in perfectis; fracta in imperfectis; et in malis et in negligentibus mandata Dei est etiam per reflexionem, secundum Jacobum Apostolum; nam comparantur viro consideranti vultum nativitatis suae[2] in speculo.

[1] Cf. Dante, *Parad.* xiv. 61–66. But the poet touches the thought with a magic finger:

> Tanto mi parver subiti ed accorti
> E l'uno e l'altro coro a dicer: 'Amme,'
> Che ben mostrar disio dei corpi morti;
> Forse non pur per lor, ma per le mamme,
> Per li padri, e per gli altri che fur cari
> Anzi che fosser sempiterne fiamme.

[2] Cf. the Greek version: τὸ πρόσωπον τῆς γενέσεως αὐτοῦ (James i. 23).

CAPITULUM III.

Application to political problems of the laws of reflexion.

Secundum vero quod sapientia Dei comparatur ad regimen universi, sic patenter et utiliter et ad suam pulchritudinem haec scientia visionis. Et ponam aliqua exempla tam de fractione quam de reflexione. Nam per reflexionem contingit unum apparere multa et infinita; sic enim visi sunt aliquando in coelo simul plures soles et lunae, secundum quod Plinius recitat in Naturalibus. Et hoc non accidit nisi quando vapor dispositus fuit ad modum speculi, et hoc ut sit multiplex vapor, et in diverso situ. Et quod natura potest facere, ars perficiens naturam multo magis potest illud operari; unde possunt specula sic fieri et taliter poni et ordinari, quod una res apparebit quotquot volumus. Et ideo unus homo videbitur plures, et unus exercitus plures. Et jam praetactae[1] sunt radices ad hoc, una scilicet de speculo fracto, cujus partes recipiunt situm diversum, et diversae erunt imagines secundum diversitatem fractionum; et alia radix de aqua et speculo, a quibus diversa imago resplendet. Si ergo ordinarentur specula utroque istorum modorum quot voluerimus manifestum est, quod una res apparebit in tot imaginibus quot cupimus, et sic pro utilitatibus reipublicae et contra infideles possent hujusmodi apparitiones fieri utiliter et in terrorem. Et si quis noverit aerem densare, ut reflexio fieret ab eo, posset multas hujusmodi apparitiones insolitas procurare. Sic vero creditur quod daemones ostendunt castra et exercitus et multa miraculosa hominibus; et possunt per visionem reflexivam omnia occultata in locis abditis in civitatibus, exercitibus, et hujusmodi deduci in lucem. Nam draconem, qui infecit et animalia et homines suo anhelitu corrupit, Socrates philosophus inter latibula montium deprehendit, sicut historiae certificant.

Similiter possent specula erigi in alto contra civitates contrarias et exercitus, ut omnia quae fierent ab inimicis viderentur; et hoc potest fieri in omni distantia quam desideramus; quia secundum librum de speculis[2] potest una et

[1] Pp. 144–145.

[2] See prop. 13, 14, and 15, of the *Catoptrica* attributed to Euclid.

eadem res videri per quotcunque specula volumus, si debito modo situentur. Et ideo possunt propinquius et remotius situari, ut videremus rem quantum a longe vellemus. Sic enim Julius Caesar, quando voluit Angliam expugnare, refertur maxima specula erexisse, ut a Gallicano littore dispositionem civitatum et castrorum Angliae praevideret. Possunt autem specula sic ordinari ut appareant quot voluerimus et quaecunque in domo vel platea; et omnis aspiciens res illas videbit secundum veritatem, et cum currat ad loca visionis nihil inveniet. Nam sic situabunt specula in occulto respectu rerum, ut loca imaginum sint in aperto, et appareant in aere in conjunctione radiorum visualium cum cathetis, et ideo aspicientes currerent ad loca visionis, et aestimarent res ibi esse cum nihil fuerit, sed apparitio tantum. Et sic secundum hujusmodi nunc tacta de reflexione et consimilia possent fieri non solum utilia amicis et terribilia inimicis, sed solatia maxima valent philosophice procurari, ut omnis joculatorum vanitas obfuscetur ex pulchritudine miraculorum sapientiae, et gaudeant homines ex veritate, longius exclusa magicorum fallacia.

Capitulum IV.

Similar application of laws of refraction.

De visione fracta majora sunt; nam de facili patet per canones supradictos, quod maxima possunt apparere minima, et e contra, et longe distantia videbuntur propinquissime et e converso. Nam possumus sic figurare perspicua, et taliter ea ordinare respectu nostri visus et rerum, quod frangentur radii et flectentur quorsumcunque voluerimus, ut sub quocunque angulo voluerimus videbimus rem prope vel longe. Et sic ex incredibili distantia legeremus literas minutissimas et pulveres ac arenas numeraremus propter magnitudinem anguli sub quo videremus, et maxima corpora de prope vix videremus propter parvitatem anguli sub quo videremus, nam distantia non facit ad hujusmodi visiones nisi per accidens, sed quantitas anguli. Et sic posset puer apparere gigas, et unus homo videri mons, et in quacunque quantitate, secundum quod possemus hominem videre sub angulo tanto sicut montem, et prope ut volumus. Et sic parvus exercitus videretur maximus, et longe positus apparet prope, et e contra: sic etiam faceremus solem et lunam et stellas descendere secundum apparentiam hic inferius, et similiter super capita inimicorum apparere et multa consimilia, ut animus mortalis ignorans veritatem non posset sustinere[1].

[1] With the two foregoing chapters should be compared the concluding section of Part vi, and also Bacon's letter *De secretis operibus artis et naturae et de nullitate magiae*, inserted as an appendix to Brewer's work (pp. 523–551).

The exaggerated claims sometimes set up for Bacon as an inventor must not blind us to the thoroughly scientific spirit which inspired these forecasts. It is enough for his fame that he conceived the possibility of the telescope, and gave solid grounds for his belief, more than three centuries before the conception was realized. And the same may be said of many other of his anticipations of man's mastery over physical forces.

PARS SEXTA

HUJUS PERSUASIONIS.

Et est[1] sexta pars majoris operis,

DE SCIENTIA EXPERIMENTALI.

CAPITULUM I.

Experiment and reasoning compared.

Positis radicibus sapientiae Latinorum penes Linguas et Mathematicam et Perspectivam, nunc volo revolvere radices a parte Scientiae Experimentalis, quia sine experientia nihil sufficienter scire potest. Duo enim sunt modi cognoscendi, scilicet per argumentum et experimentum. Argumentum concludit et facit nos concedere conclusionem[2], sed non certificat neque removet dubitationem ut quiescat animus in intuitu veritatis, nisi eam inveniat via experientiae; quia multi habent argumenta ad scibilia, sed quia non habent experientiam, negligunt ea, nec vitant nociva nec persequuntur bona. Si enim aliquis homo qui nunquam vidit ignem probavit per argumenta sufficientia quod ignis comburit et laedit res et destruit, nunquam propter hoc quiesceret animus audientis, nec ignem vitaret antequam poneret manum vel rem combustibilem ad ignem, ut per experientiam probaret quod

[1] est, which is the reading of O., is obviously better than etiam.

[2] J. has concludere quaestionem. The text in the first edition of this part of the work has more errors than the rest. Of the two MSS., O. and D, on which this section almost entirely depends, the first was not known to Jebb; the second (which I have elsewhere given reasons for thinking a copy of O.) was not very carefully examined by him. The errors noted here often obscure, and sometimes nullify, the author's meaning. Every correction made here, as elsewhere, is authorized by the MSS.

argumentum edocebat. Sed assumpta experientia combustionis certificatur animus et quiescit in fulgore veritatis. Ergo [1] argumentum non sufficit, sed experientia.

Experiment in mathematics.

Et hoc patet in mathematicis, ubi est potissima demonstratio. Qui vero habet demonstrationem potissimam de triangulo aequilatero sine experientia nunquam adhaerebit animus conclusioni [2], nec curabit, sed negliget usquequo detur ei experientia per intersectionem duorum circulorum, a quorum alterutra sectione ducantur duae lineae ad extremitates lineae datae; sed tunc recipit homo conclusionem cum omni quiete. Quod ergo dicit Aristoteles quod demonstratio syllogismus [3] est faciens scire, intelligendum est si experientia comitetur, et non de nuda demonstratione. Quod etiam dicit primo Metaphysicae, quod habentes rationem et causam sunt sapientiores expertis, loquitur de expertis qui solum noscunt nudam veritatem sine causa. Sed hic loquor de experto, qui rationem et causam novit per experientiam. Et hi sunt perfecti in sapientia, ut Aristoteles vult sexto Ethicorum [4], quorum sermonibus simplicibus tunc credendum est ac si afferrent demonstrationem, ut dicit ibidem.

Errors due to neglect of experiment.

Qui ergo vult sine demonstratione gaudere de veritatibus rerum, oportet quod experientiae sciat vacare; et hoc patet ex exemplis [5]. Nam multa scribunt auctores, et vulgus tenet per argumenta quae fingit sine experientia, quae sunt omnino falsa. Vulgatum enim est apud omnes quod adamas non potest frangi nisi sanguine hircino [6], et philosophi et theologi hac sententia abutuntur. Sed nondum certificatum est de fractione per hujusmodi sanguinem, quanquam elaboratum est ad hoc; et sine illo sanguine potest frangi de facili. Hoc enim vidi oculis meis; et necesse est hoc, quia gemmae non possunt sculpi nisi per fragmenta hujus lapidis. Similiter vulgatum est quod castorea quibus medici utuntur sunt testes masculi animalis. Sed non est ita, quia castor habet ea sub pectore, et tam mas quam foemina hujusmodi testes producit.

[1] Quo, J.; ergo, D. and O.
[2] quaestioni, J.; conclusioni, D. and O.
[3] similis, J.; syllogismus D. and O.
[4] Cf. *Eth. Nic.* vi. 11, § 6.
[5] The last five words of this sentence omitted in J.
[6] Cf. Plin. xxxvii. 3.

Et praeter ista castorea habet mas sua testimonia in loco naturali; et ideo quod subinfertur est mendacium horribile[1], scilicet quando ipsi venatores insequuntur castorem, ipse sciens quid quaerant dentibus abscindit castorea. Deinde vulgatum est, quod aqua calida citius congelatur quam frigida in vasis, et arguitur ad hoc quod contrarium excitatur per contrarium, sicut inimici sibi obviantes. Sed certum est quod aqua frigida citius congelatur experienti. Et imponunt hoc Aristoteli secundo Meteorologicorum[2]; sed pro certo non dicit hoc, sed simile affirmat quo decepti sunt, scilicet quod si aqua frigida et calida infundantur in locum frigidum, ut super glaciem, citius congelatur calida, et hoc est verum. Sed si in duobus vasis ponantur aqua calida et frigida, citius congelabitur frigida. Oportet ergo omnia certificari per viam experientiae.

Physical experience should be supplemented by spiritual.

Sed duplex est experientia; una est per sensus exteriores, et sic experimenta ea, quae in coelo sunt per instrumenta ad haec facta, et haec inferiora per opera certificata ad visum experimur. Et quae non sunt praesentia[3] in locis in quibus sumus, scimus per alios sapientes qui experti sunt. Sicut Aristoteles auctoritate Alexandri misit duo millia hominum per diversa loca mundi ut experirentur omnia quae sunt in superficie terrae, sicut Plinius testatur in Naturalibus. Et haec experientia est humana et philosophica, quantum homo potest facere secundum gratiam ei datam; sed haec experientia non sufficit homini, quia non plene certificat de corporalibus propter sui difficultatem, et de spiritualibus nihil attingit. Ergo oportet quod intellectus hominis aliter juvetur, et ideo sancti patriarchae et prophetae, qui primo dederunt scientias mundo, receperunt illuminationes interiores et non solum stabant in sensu. Et similiter multi post Christum fideles. Nam gratia fidei illuminat multum, et divinae inspirationes, non solum in spiritualibus, sed corporalibus et scientiis philosophiae; secundum quod Ptolemaeus dicit in Centilogio quod duplex est via deveniendi ad notitiam rerum, una per

[1] Cf. Plin. xxxii. 3.

[2] The reference is apparently to *Meteor.* i. 13, § 18. J. has Metaphysicae.

[3] pervenientia, J.

experientiam philosophiae, alia per divinam inspirationem, quae longe melior est, ut dicit.

Intellectual reaction of moral purity illustrated by Bacon's disciple.

Et sunt septem gradus hujus scientiae interioris, unus per illuminationes pure scientiales. Alius gradus consisit in virtutibus. Nam malus est ignorans, ut dicit Aristoteles secundo Ethicorum. Et Algazel [1] in Logica dicit, quod anima deturpata peccatis est sicut speculum rubiginosum, in quo non possunt species rerum bene apparere; sed anima ornata virtutibus est sicut speculum bene politum, in quo formae rerum bene apparent. Et propter hoc philosophi veri plus laboraverunt in moralibus pro virtutis honestate, diffitentes apud se quod causas rerum videre non possunt nisi animas a peccatis mundas haberent. Sicut Augustinus [2] recitat de Socrate in octavo de Civitate Dei, capitulo tertio. Propter quod ait Scriptura, in malevolam animam, &c. Nam impossibile est quod anima quiescat in luce veritatis, dum est peccatis maculata, sed sicut psittacus vel pica recitabit verba aliena quae per longam meditationem didicit. Et hoc experimentum est, quod pulchritudo [3] veritatis cognitae in suo fulgore allicit homines ad ejus amorem, sed probatio amoris est exhibitio operis. Et ideo qui contra veritatem operatur, necesse est ut eam ignoret, licet sciat verba decoratissima componere, et alienas sententias recitare, sicut brutum animal quod voces humanas

[1] The name of this writer is Muhammad ben Muhammad (Zain Al Din) Al Ghazzâlî. His *Logica et Philosophia* was translated by Dominicus Gundisalvi at Toledo in the twelfth century; and the translation was printed in Venice, 1506. In the second chapter occurs the following passage, more than once referred to in the *Opus Majus*:

'Perfectio animae constat in duobus; munditia scilicet et ornatu. Munditia vero animae est ut expurgetur a sordidis moribus; et suspendatur a phantasiis turpibus. Ornatus vero ejus est ut depingatur in ea certitudo veritatis ita ut revelentur ei veritates divinae.... Verbi gratia: Sicut est speculum cui non est perfectio nisi appareat in eo forma pulcra secundum quod ipsa est sine deformitate et permutatione, quod non fit nisi sit omnino tersum a sorde et rubigine, et nisi postea apponantur ei formae pulcrae in rectitudine. Anima vero speculum est; nam et depinguntur in ea formae totius esse cum munda et tersa fuerit a sordidis moribus, nec potest ipsa discernere vere inter mores honestos et inhonestos nisi per scientiam. Depingi autem formas omnium quae sunt in anima nihil aliud est quam scientiam omnium esse in ea.'

[2] 'Non eas [causas] putabat nisi mundata mente posse comprehendi.' *De Civitate Dei*, viii. 3.

[3] plenitudo, J.

imitatur, et velut simia quae opera hominum nititur peragere, quamvis non intelligat horum rationem. Virtus ergo clarificat mentem ut non solum moralia sed etiam scientialia homo facilius comprehendat. Et hoc probavi diligenter in multis juvenibus mundis, qui propter animae innocentiam profecerunt ultra id quod dici potest, quando habuerunt consilium sanum de doctrina. De quibus est lator praesentium, ad cujus radices paucissimi Latinorum attingunt. Cum enim sit satis juvenis [1], ut circiter viginti annorum, et pauper omnino, nec potuit habere magistros, nec quantitatem unius anni posuit in addiscendo magnalia quae scit, nec est magni ingenii nec memoriae, non potest esse alia causa nisi gratia Dei quae propter munditiam animae suae dedit ei illa quae fere omnibus studentibus donare denegavit. Nam virgo immaculata recessit a me nec aliquod genus peccati mortalis potui in eo invenire, quanquam diligenter inquisivi, et ideo habet animam ita claram et perspicuam quod modica instructione cepit plus quam potest aestimari. Et feci ut juvarem ad hoc, ut hi duo juvenes forent vasa utilia in Ecclesia Dei, quatenus totum studium per gratiam Dei rectificent Latinorum.

Other stages of spiritual experience.

Tertius gradus est in septem donis Spiritus Sancti, quae enumerat Isaias. Quartus est in beatitudinibus, quas Dominus in evangeliis determinat. Quintus est in sensibus spiritualibus. Sextus est in fructibus, de quibus est pax Domini quae exsuperat omnem sensum. Septimus consistit in raptibus [2] et modis eorum secundum quod diversi diversimode capiuntur, ut videant multa, quae non licet homini loqui. Et qui in his experientiis vel in pluribus eorum est diligenter exercitatus, ipse potest certificare se et alios non solum de spiritualibus, sed omnibus scientiis humanis. Et ideo cum omnes partes philosophiae speculativae procedant per argumenta, quae vel fiunt per locum ab auctoritate vel per caeteros locos argumentandi praeter hanc quam nunc investigo, necessaria est nobis scientia, quae experimentalis vocatur. Et volo eam explanare, non solum ut utilis est philosophiae, sed sapientiae Dei, et totius mundi regimini; sicut in prioribus comparavi

[1] Cf. vol. i. p. 22. Cp. also, *Opus Tertium*, caps. 19 and 20.

[2] J. captibus.

linguas et scientias ad suum finem, qui est divina sapientia qua omnia disponuntur.

CAPITULUM II.

Discrimination of truth from imposture.

Et quia haec Scientia Experimentalis a vulgo studentium est penitus ignorata, ideo non possum persuadere de ejus utilitate, nisi simul ejus virtus et proprietas ostendantur. Haec ergo sola novit perfecte experiri quid potest fieri per naturam, quid per artis industriam, quid per fraudem, quid volunt et somniant carmina conjurationes invocationes deprecationes sacrificia, quae sunt magica, et quid fit[1] in illis ut tollatur omnis falsitas et sola veritas artis teneatur. Haec sola docet considerare omnes insanias magicorum, non ut confirmentur sed ut vitentur, sicut logica considerat sophisticam artem.

First prerogative of experimental science illustrated in the case of the rainbow.

Et haec scientia habet tres magnas praerogativas[2] respectu aliarum scientiarum. Una est quod omnium illarum conclusiones nobiles investigat per experientiam. Scientiae enim aliae sciunt sua principia invenire per experimenta, sed conclusiones per argumenta facta ex principiis inventis.

[1] J. sit.

[2] This word is used (see p. 215) as the equivalent of dignitas, which is sometimes, in mediaeval Latin, the translation of ἀξίωμα. 'Leading feature' will perhaps best express its meaning. In any case, these prerogatives are as follow:—

1. Experimental science confirms conclusions to which other scientific methods already point.

2. It reaches results which take their place in existing sciences, but which are entirely new.

3. It creates new departments of science.

It will be seen by reference to the *Novum Organum* (lib. ii. 21) and to the note on that passage on page 406 of Dr. Fowler's edition (1878), that Francis Bacon uses the word in an entirely different sense from that intended in the *Opus Majus*. With regard to the first of Roger Bacon's *prerogatives*, a passage from Whewell (*Hist. of Induct. Sciences*, vol. i. p. 373, ed. of 1857) may be quoted. 'We may observe that by making Mathematics and Experiment the two great points of his recommendation, Bacon directed his improvement to the two essential parts of all knowledge, Ideas and Facts, and thus took the course which the most enlightened philosophy would have suggested. He did not urge the prosecution of experiment to the comparative neglect of the existing mathematical sciences and conceptions; a fault which there is some ground for ascribing to his great namesake and successor.'

Si vero debeant habere experientiam conclusionum suarum particularem et completam, tunc oportet quod habeant per adjutorium istius scientiae nobilis. Verum est enim quod mathematica habet experientias universales[1] circa conclusiones suas in figurando et numerando, quae etiam applicantur ad omnes scientias et ad hanc experientiam, quia nulla scientia potest sciri sine mathematica. Sed si attendamus ad experientias particulares et completas et omnino in propria disciplina certificatas, necessarium est ire per considerationes istius scientiae, quae experimentalis auctoritate vocatur. Et pono exemplum in iride et ei annexis, cujusmodi sunt circulus circa solem et stellas, virga quoque jacens a latere solis vel stellae, quae apparet visui in linea recta, et vocatur ab Aristotele tertio Meteorologicorum[2] perpendicularis, sed a Seneca dicitur virga, et circulus dicitur corona, quae pluries habent colores iridis. Naturalis vero philosophus sermocinatur[3] de eis, et perspectivus habet multa addere, quae pertinent ad modum videndi, qui necessarius est in hac parte. Sed nec Aristoteles nec Avicenna in suis Naturalibus hujusmodi rerum notitiam nobis dederunt, nec Seneca, qui de eis librum composuit specialem. Sed Scientia Experimentalis ista certificat.

Induction from similar phenomena.

Experimentator ergo consideret, in rebus scilicet visibilibus, ut inveniat colores ordinatos in praedictis et figuram. Accipiat enim lapides de Hibernia vel India hexagonos, qui irides vocantur apud Solinum de Mirabilibus Mundi, et eos teneat in radio solari cadente per fenestram, et colores omnes iridis, et ordinatos sicut in ea, inveniet in opaco juxta radium. Et ulterius idem experimentator convertat se ad locum aliquantulum tenebrosum, et ponat lapidem ad oculum fere clausum, et videbit colores iridis manifeste ordinatos sicut in iride. Et quia multi utentes lapidibus istis aestimant quod sit ex speciali virtute illorum lapidum et propter figuram hexagonam, ideo experimentator procedet ulterius et inveniet hoc in lapide crystallino recte figurato, et in aliis perspicuis lapidibus. Et non solum in albis sicut sunt Hibernici, sed in nigris ut patet in crystallo fusco et in omnibus lapidibus

[1] J. utiles. In the same sentence J. has quaestiones, instead of conclusiones.
[2] J. has Metaphysicae. [3] J. judicat.

perspicuitatis consimilis. Insuper in figura alia ab hexagona, dummodo sint rugosae superficiei, ut lapides Hibernici, et non omnino politae, nec magis asperae quam illi, et sunt tales in proprietate superficiei, quales natura producit Hibernicos. Nam rugarum diversitas facit diversitatem coloris. Et ulterius considerat remigantes, et in rorationibus distillantibus ab instrumentis elevatis colores eosdem experitur quando radii solares penetrant hujusmodi rorationes. Similiter est de aquis cadentibus a rotis molendini; et quando homo aspicit in aestate de mane herbas contingentes guttas roris in prato vel campo, videbit colores. Et similiter quando pluit, si stet in loco umbroso et radii ultra eum transcurrant in stillicidiis, tunc in opaco prope apparebunt colores; et multoties de nocte circa candelam apparent colores. Atque si homo in aestate, quando surgit a somno et habet oculos nondum bene apertos, subito aspiciat ad foramen per quod intrat radius solis, videbit colores. Et si sedens ultra solem extendat capitium suum ultra oculos, videbit colores; et similiter si claudat oculum, contingit idem sub umbra superciliorum: et iterum idem accidit per vas vitreum plenum aqua in radiis solis. Vel similiter si quis tenens aquam in ore, et fortiter spargat aquam in radiis, et stet a latere radiorum; et si per lampadem olei pendentis in aere transeant radii in debito situ, ut lumen cadat super olei superficiem, fient colores. Et sic per infinitos modos, tam naturales quam artificiales, contingit colores hujusmodi apparere, sicut diligens experimentator novit reperire.

CAPITULUM III.

The form of the rainbow.

Similiter quoque figuram colorum poterit experiri. Nam per lapidem crystallinum et hujusmodi inveniet figuram rectam. Et per cilia et supercilia et multa alia, atque per foramina pannorum, inveniet circulos coloratos integros. Similiter in loco, ubi fit roratio plena et sufficienter ad capiendum circulum integrum, et locus ubi circulus iridis debet fieri sit obscurus proportionaliter, quia in lucido non apparet, tunc circulus completus fiet. Similiter integri circuli apparent saepius circa candelas, ut Aristoteles dicit et experimur.

CAPITULUM IV.

Postquam autem conformiter impressionibus in aere, iridis scilicet coronae et virgae, sic invenimus colores et figuras varias, confirmamur et excitamur multum ad intelligendam veritatem in his quae in coelo contingunt. Et ulterius capiat experimentator instrumentum debitum, et inveniat altitudinem solis super horizonta, et instrumento immobili manente convertat se in oppositam partem et aspiciat per foramina instrumenti, donec videat gibbositatem iridis supremam, et respiciat altitudinem iridis super horizonta; et inveniet quod quanto sol est altius, tanto iris est inferius, et e converso[1]. Per hoc scit quod iris semper est in opposito solis, et quod linea una transit per centrum solis, et per centrum oculi aspicientis, et per centrum iridis usque ad nadir solis, quod est punctus in coelo oppositus centro solis. Et secundum quod extremitas illius lineae versus solem elevatur super horizontem, reliqua deprimitur, quae per centrum iridis transit, et e converso; sicut est de regula in dorso astrolabii, cujus una extremitas deprimitur secundum quod altera elevatur. Et experimentator perfectus potest experiri ad hoc, quod inveniat oppositam altitudinem iridis et solis, scilicet illam ultra quam non potest esse iridis apparitio. Et tunc oportet considerare rationem altitudinis circulorum.

Accurate determination of relation between altitude of sun and that of summit of rainbow.

Considerandum est ergo horizontem esse circulum, et in centro ejus elevari axem usque in coelum stellatum ad zenith capitis aspicientis, et transeat unus circulus per illum punctum et per duas partes horizontis, ut si velimus per orientem et occidentem, et sub terra declinet usque ad punctum oppositum zenith capitis. Et hic circulus est circulus altitudinis stellae fixae, et transit per corpus ejus, nam quando stella oritur super horizontem, dicimus quod ascendit secundum gradus illius circuli donec venit ad lineam meridiei. Et tunc est in maxima altitudine, et hic circulus intersecat horizontem

Definition of astronomical altitude.

[1] J. here, and a few lines further on, gives *ergo* which vitiates the reasoning. As the well-known abbreviation of *e contrario* is accurately interpreted in other parts of the work, the doubt occurs whether this sixth part underwent J.'s personal revision.

ad angulos rectos; et dividunt[1] se mutuo in partes aequales, et uterque eorum est major circulus in sphaera. Altitudo igitur stellae fixae super horizontem est arcus hujus circuli interceptus inter stellam et finem horizontis. Sed altitudo Saturni et caeterorum super horizontem non est notanda per circulum intersecantem horizontem, sed per minorem et ei concentricum, quia circulus transiens per corpus Saturni, vel alterius rei inferioris, non transit per extremitatem axis horizontis, sed per aliud punctum in axe inferius, quod est punctum suppositum zenith capitis, et ideo transit hic circulus non per fines horizontis qui est *a b* circulus, sed per concentricum ei, ut per *c d* circulum, et hic circulus altitudinis Saturni transit per corpus Saturni, quod in eo elevatur super horizontem et deprimitur sub horizonte. Et circulus Jovis transit per minorem concentricum et per punctum inferius in axe suppositum zenith capitis, et sic de caeteris planetis; ita quod quanto res est inferior, tanto habet minorem circulum transeuntem per punctum inferius in axe horizontis et intersecantem circulum minorem concentricum horizonti. Et quamvis ita sit secundum veritatem, tamen in usu loquendi non distinguimus illa puncta in axe a zenith capitis, nec circulos aequidistantes horizonti distinguimus ab horizonte, sed omnes vocamus horizontes; et circulos altitudinis reputamus omnes aequales et transire per zenith capitis, cum tamen sint inaequales; et licet propter evidentiam posui sic omnes in eadem superficie, et quia hoc potest contingere[2], tamen pluries contingit eos esse in diversis superficiebus et intersecare se multipliciter.

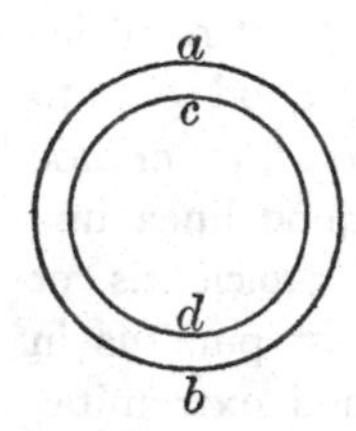

FIG. 71.

Correction for position of observer.

Considerandum est etiam ulterius quod radius visualis aequidistat horizonti et circulis ei concentricis, et ideo arcus circuli altitudinis qui est inter horizontem et radium visualem debet annotari, qui est secundum quantitatem elevationis corporis aspicientis. Verum licet communiter sumpta altitudo rei super horizontem dicitur arcus circuli altitudinis interceptus

[1] dividit, J.

[2] The words, 'et quia hoc potest contingere,' seem superfluous.

inter rem elevatam et inter[1] horizontem, tamen si proprie loquendo sumatur altitudo rei, tunc arcus circuli altitudinis inter horizontem inter rem et radium visualem est ejus altitudo; quia oculus non est in centro horizontis; sed superius in axe suo, et ideo res, quae sunt in aere et luna, considerantur secundum hujusmodi altitudinem. Nam habent diversitatem aspectus quia prope terram sunt, sed sol et caetera remotiora non sic, propter nimiam remotionem. Nam quantitas elevationis aspicientis non habet differentiam sensibilem ad remotionem corporum illorum, sed solum habet comparationem ad ea quae in aere apparent, ut sunt cometae et irides. Ex his igitur patet quod altitudo iridis proprie sumpta erit arcus sui circuli altitudinis interceptus inter supremam gibbositatem iridis et inter radium visibilem aequidistantem horizonti, quod necessarium est sciri propter sequentia.

The result of the inquiry.

Experimentator igitur, sumpta altitudine solis et iridis super horizontem, inveniet quod ultima altitudo qua potest apparere iris super horizontem est 42[2] graduum, et haec est maxima elevatio iridis. Et haec elevatio continet arcum inter suppositam gibbositatem et inter radium visualem, et est propria ejus altitudo, quamvis praeter eam sit arcus, qui est inter radium et finem horizontis, vel fines circuli concentrici horizontis, per quem transit circulus altitudinis iridis. Et ad[3] hanc maximam elevationem pervenit iris, quando sol est in horizonte, scilicet in ortu vel occasu; et etiam quando est prope ortum vel occasum sub horizonte, non usque ad finem crepusculi vespertini, neque[4] usque ad principium crepusculi matutini, sed prope ortum aut occasum, ut dictum est. Et tunc, si materia rorida sit superius praeparata in nubibus, apparebit gibbositas iridis, licet sol sit parum sub horizonte, quando ejus radii possunt attingere ad vapores altos in aere, licet non ad vapores prope horizontem. Et experimentator novit experiri quod quando sol est in altitudine 42 graduum tunc

[1] The repetition of inter in this sentence, and in another a few lines further, is a common mannerism of Bacon.

[2] Arabic numerals in MS.

[3] J. has per, instead of ad.

[4] J. has licet for neque.

iris non apparet in coelo, nisi quod modicum gibbositatis lividae[1] suae potest apparere juxta horizontem, si materia rorida sit ibi praeparata. Et quando sol ascendit ulterius, tunc nusquam potest iris apparere. Et ideo dicit Aristoteles et Seneca quod in aestate apud fervorem diei non apparet iris. Et hujus causa est, quia in climate[2] Parisius est altitudo solis in meridie aequinoctii 41 graduum et 12 minutorum, tunc sol est fere in tanta altitudine, ut non possit iris apparere, et ideo post paucum debet elevari in tantum altius, ut sit in meridie super horizontem ultra 42 gradus in circulo altitudinis, et ideo in fervore aestatis non accidit iris in meridie usque sol descendat ad altitudinem minorem quam[3] sit 42 gradus.

CAPITULUM V.

Conditions determining the portion of the circle of which the bow consists.

Postquam igitur experimentator invenit hoc, tunc cogitur per suas experientias cognoscere quantitatem et figuram iridis, et ad hoc habendum imaginatur unam pyramidem rotundam cujus conus est in oculo, et basis est circulus iridis cujus portio apparet colorata. Et axis pyramidis est linea de qua superius dictum est, quae transit per centrum oculi et centrum solis et centrum iridis usque ad nadir solis. Et basis hujus pyramidis elevatur et deprimitur ad elevationem et depressionem solis, ut dictum est de illa linea, et secundum quod deprimitur cadit aliquando in terram, et secat eam, et secatur ab ea. Et potest haec pyramis imaginari ut non secet terram, sed tota sit elevata super horizontem, et tota basis sua sit super horizontem, et haec varietas accidit secundum brevitatem et longitudinem pyramidum. Nam aut potest esse tam brevis quantitatis quod basis sua sit super horizontem, et tunc potest totus circulus apparere coloratus, sicut potest fieri in aspersionibus debitis si prope sint, sicut prius exemplificatum est in rorationibus, quando aqua spargitur ab homine debito modo, et quando descendit aqua ab alto loco. Quando vero extenduntur pyramides in tantum ut contingant terram, tunc ad ultimum potest circulus integer apparere.

[1] J. has lucidae.
[2] The words, in climate, are omitted in J.
[3] quae, J.

Si vero in tantum extendantur quod basis secetur a terra, tunc secundum quantitatem sectionis apparebit portio circuli colorati. Et primo potest apparere major portio quando minus secatur basis pyramidis; et deinde si medietas circuli secetur, altera[1] medietas tunc apparebit; et minor portio, si plus secetur. Sic secundum quod majus vel minus secatur, et extenditur pyramis, major vel minor apparebit portio; et in tantum potest extendi quod nihil apparet; et sic secundum longitudinem et brevitatem pyramidum fiunt majores bases vel minores, et circuli majores colorati vel minores, et majores portiones vel minores resecatae, et portiones majorum circulorum et minorum, ut jam satis patet cuilibet consideranti. Et haec apparitio circulorum et portionum consideratur penes brevitatem et longitudinem pyramidum, ut dixi, licet non consideremus elevationem et depressionem solis. Sed tamen in nubibus nunquam apparet circulus integer iridis, sed ut in pluribus minor[2] portio, et aliquando semicirculus et major portio. Nam basis pyramidis secat terram semper in generatione iridis in[3] nubibus propter ejus longitudinem ab oculo, et ideo nunquam apparet circulus completus. Quando vero sol est in oriente, et iris elevatur super horizontem quasi per 42 gradus, et materia sit praeparata rorida distillans habens stillicidia infinita, tunc apparet major portio circuli per quantitatem arcus inter radium visualem et horizontem; et quando sol est in altitudine illius lineae[4], tunc iris habet semicirculum; et quando sol transcendit illam lineam, tunc fit minor portio circuli; sic ulterius quanto sol altius ascendit, fit iris minor et minor, quia magis abscinditur de suo circulo per terram.

The horizon cuts off a larger or smaller portion of the circle according to the sun's altitude.

Considerandum est tamen hic quod secundum Aristotelem, praecipue in nova translatione[5], minor portio circuli apparens

Curvature of the bow

[1] J. has alia. [2] J. necnon instead of minor.

[3] J. cum nubibus.

[4] illius lineae, i.e. the radius visualis directed to the centre of the iris makes an angle with the horizon of 21°.

[5] The old translation was probably that of Gerard of Cremona, who in the twelfth century translated from the Arabic the first three books of the *Meteorologica*. [See Jourdain (ed. cit.) p. 168.] Whose was the new version here spoken of, is more doubtful; probably that of William of Moerbeke, of whom the Slavian chronicle, quoted by Jourdain, p. 67, says, 'transtulit omnes libros Aristotelis de Graeco in Latinum, verbum ex verbo, qua translatione

varies with its elevation.

est portio majoris circuli, et major portio est portio minoris circuli. Verum quando sol est in oriente, licet appareat plus semicirculo coloratum, tamen illud est portio minoris circuli quam quando sol est in elevatione magna immo in elevatione maxima super radium visualem, in qua potest minimum iridis apparere: verum quando sola ejus gibbositas apparet prope terram, dum sol est in maxima altitudine determinata generationi iridis, tunc illa modica portio est pars basis majoris circuli. Nam non est aestimandum quod pyramis eadem maneat et eadem basis in elevatione et depressione solis, sed intelligendum quod nova et nova renovari debet in imaginatione habenda de iride, ita quod major aestimatur quando iris est inferior, et minor quando est superior. Quum vero major portio circuli iridis apparet, quando sol est in oriente secundum quantitatem aspicientis, tunc si esset in alto monte vel in turri alta videret longe majorem portionem secundum quantitatem totius elevationis.

Rainbow possible when sun is below horizon.

Et considerandum est quod quando sol est sub horizonte prope, tamen potest iris apparere. Sed tamen est portio minor, et non major, nec semicirculus, et hoc non est nisi propter defectum materiae, nam tunc radii solares non attingunt vapores prope terram, sed in alto positos, et ideo non potest compleri semicirculus coloratus nec major portio sed parum circa gibbositatem, quamvis major portio circuli sit super horizontem.

Position of the eye with respect to the rainbow.

Et intelligendum est quod pyramis visualis et pyramis iridis non sunt eaedem, licet sint aequales, et jaceant superius in eodem loco. Nam dicunt, quando oculus fit immotus sunt

scholares adhuc hodierna die utuntur in scholis ad instantiam Domini Thomae de Aquino.' Whether the expression omnes libros included the *Meteorologica* we cannot be quite sure. Michael Scot certainly translated *De Coelo* of Aristotle, and perhaps the *Meteorologica* also. His translation seems to have been made from the Arabic. [Jourdain, p. 127.]

The statement that 'major portio est portio minoris circuli' is borne out by reference to the Greek text (*Meteor.* iii. 2, § 3): *δύνοντος μὲν καὶ ἀνατέλλοντος, ἐλαχίστου μὲν κύκλου μεγίστη δ' ἡ ἀψίς, αἰρομένου δὲ μᾶλλον, κύκλου μὲν μείζονος, ἐλάττων δ' ἡ ἀψίς.* Bacon's theory of the rainbow as being, partly, an optical illusion, made him readier to accept this view. The passage in Aristotle immediately preceding is conclusive evidence that the true theory of the rainbow was unknown to him. *Τῆς δ' ἴριδος οὐδέποτε γίνεται κύκλος, οὐδὲ μεῖζον ἡμικυκλίου τμῆμα.*

hae pyramides simul[1]. Quando vero oculus flectit se ad dextram vel sinistram, sursum vel deorsum, capite tamen manente immobili, cadit pyramis visualis secundum partem vel secundum totum extra locum pyramidis iridis. Quod fieri potest quia centrum oculi in hoc motu est immobile per quod transit axis pyramidis iridis, et ideo pyramis haec iridis jacet fixa in loco suo, licet pyramis visualis moveatur et mutetur secundum quod oculus aspicit inferius vel superius, aut a latere. Et tunc nihil de iride apparebit, nisi quantum de basi pyramidis iridis capit basim pyramidis visualis, quum nihil videtur nisi quod cadit infra pyramidem visualem, nihil dico per speciem venientem ad rectos angulos, et quod fit visibile principale, sicut hic est iris (vel pars, secundum quod pyramis visualis capit de loco suo), et secundum hoc apparebit arcus iridis major vel minor. Et istud est valde considerandum, ut sciatur veritas iridis, et de hoc inferius fiet sermo.

Et cum jam habitum est, quod cum altitudo solis fuerit 42 graduum vel major, non potest iris apparere, potest de facili apparere quo tempore anni et in quibus locis debeat iris ut poterit apparere in meridie diei[2].

CAPITULUM VI.

In latitudes lower than 24° 25′, no rainbow possible at noon even in winter.

Et cum jam habitum est de altitudine et magnitudine et figurae varietate, potest de facili patere de tempore generationis et loco Nam quare in aestate apud fervorem diei non apparet, causa assignata est per rationem altitudinis compositae a parte solis et iridis deputatae suae generationi; sed tunc ante meridiem et post dum sol est infra altitudinem 42 graduum, potest apparere. Sed tamen hoc potest esse in climatibus notis, quae septem vocantur; sed non oportet quod sit in omnibus regionibus a medio mundi usque ad polum. Considerandum est igitur quod major altitudo solis super horizontem est in hora meridiei, et minor altitudo solis in omnibus climatibus in quibus sol lucet super horizontem, tam

[1] J. has similiter. What is meant is that the two cones coincide.

[2] This sentence properly belongs to the next chapter, but since it is repeated there, I have left it as it stands.

in hyeme quam in aestate est in Capricorno, scilicet in solstitio hyemali; et propter hoc sunt breviores dies [1]. Sed iris non potest generari in omnibus his locis, quando sol est in meridie. Nam in regione cujus latitudo, id est, distantia zenith capitis ab aequinoctiali circulo seu medio mundi, est 24 graduum et 25 minutorum vel minus, et hoc est habitantibus prope finem secundi climatis sub tropico Cancri ultra Jerusalem, nunquam potest iris esse, quando sol est in meridie. Nam si hoc posset esse, fieret quando sol est minoris altitudinis super horizontem, et hoc esset quando foret in solstitio hyemali, scilicet in primo gradu Capricorni. Sed non potest esse, quoniam tunc altitudo solis est 42 graduum super horizontem. Quod autem altitudo solis in regione illa apud solstitium hyemale fuerit 42 graduum, manifestum est per hoc, quod quarta coeli est ab horizonte ad zenith capitis; et zenith capitis distat ab aequinoctiali per 24 gradus et 25 minuta, ut dictum est; subtrahatur enim hoc a quarta coeli, scilicet a 90 gradibus, et iterum tota solis declinatio quae est inter aequinoctialem et Capricornum, scilicet 23 gradus et 35 [2] minuta, quae simul juncta faciunt 48 gradus, quibus subtractis a 90, remanebunt 42 gradus, qui sunt altitudo capitis Capricorni. Ergo cum sol fuerit in eo erit in meridie super horizontem per 42 gradus; quare iris non poterit generari in meridie illa. Quare nec in aliqua totius anni, quia et ante et post erit meridies majoris altitudinis.

From this limit to latitude of 66° 25′ a noon rainbow in winter is possible,

Sed si ambulaverimus ab illo loco versus septentrionem usquequo latitudo regionis sit 66 graduum et 25 minutorum, et hoc est ultra Scotiam, ubi in solstitio hyemali nullus est dies, nisi quod subito medietas corporis solaris super terram apparet, potest in omnibus his regionibus iris apparere quando

[1] The words after aestate to end of sentence are omitted in J., so that both sentence and sense are mutilated.

[2] D. and O. have 35. J.'s reading of 25 makes the calculation wrong. Subtracting from 90° first 24° 25′, and secondly 23° 35′, we get 42° as the result. It will be observed that Bacon regards the greatest North and South declinations of the sun as 23° 35′. In reality they are 23° 28′ (nearly). Hence the latitude of 66° 25′ of which he speaks in the next paragraph would be stated in a modern treatise as 66° 32′. But it has to be remembered that the diminution in the obliquity of the ecliptic during the six centuries which separate Bacon's time from ours amounts to something over four minutes.

sol est in meridie, et in Capricorno, quia semper minuitur altitudo capitis Capricorni, et ideo altitudo solis in meridie. Et magis ac magis potest iris grandior apparere, non solum illa die in hora meridiei in omnibus regionibus, sed in diebus prope solstitium, et secundum quod plus et plus deambulaverimus versus septentrionem, et fuerit latitudo regionis major. Sed hoc plus potest apparere dum sol est in meridie, non solum dum sol est prope Capricornum, sed in multis aliis temporibus; secundum quod in septimo climate, ubi latitudo est 48 graduum et 42 minutorum, potest apparere iris, sole exeunte in meridie ab autumnali aequinoctio usque ad vernale. Nam sol in isto tempore in meridie non habet in septimo climate altitudinem 42 graduum, nec etiam in diebus aequinoctiorum, quoniam altitudo capitis Arietis et Librae super horizontem non est nisi 41 gradus et 10 minuta, ut prius tactum est, et patet hoc per latitudinem regionis subtractam a 90. Nam 48 gradibus et 48 minutis, quae sunt latitudo regionis, subtractis a 90, non remanent nisi 41 gradus et 12 minuta, et hoc est minus quam 42 gradus, qui faciunt altitudinem solis in qua potest iris apparere.

and towards the northern limit at other times of year.

Et si ultra hoc clima deambulaverimus ad septentrionem, adhuc poterit iris in fervore aestatis apparere, quando sol est in meridie. Nam altitudo capitis Arietis est parva, et similiter altitudo capitis Cancri quando latitudo regionis est 54 graduum vel 60[1], et maxime quando est 66 graduum et 25 minutorum. Nam tunc nulla altitudo est Capricorni, quia horizon transit per idem, et in solstitiis in instanti jacet horizon sub zodiaco, non declinans ab eo. Et quia zodiacus movetur cum coelo, subito separatur ab horizonte, et revolvitur caput Capricorni sub horizonte per diem naturalem, nisi quod medietas solis apparet super terram. Verum ei nulla est altitudo super horizontem in solstitio hyemali. Et tunc iris potest apparere, quando sol est in meridie, dum medietas apparet super terram[2], et potest esse major quam semicirculus. Et quia repente occidit medietas solis, ideo statim disparet iris. Similiter in aliis diebus fere totius anni apud illum locum

[1] After 60 J. interpolates minutorum, which is not in either D. or O.

[2] super terram, omitted in J.

potest apparere, quia maxima altitudo solis est quando sol est in Cancro, sed non elevatur tunc sol super horizontem nisi per ambas solis declinationes maximas, quarum una est 23 graduum et 35 minutorum, et altera totidem, quorum summa est 47 graduum et 10 minutorum, quae non excedunt maximam altitudinem solis, in qua potest iris apparere, nisi in 5 gradibus et 10 minutis; et ideo in paucis diebus respectu totius anni impedietur generatio iridis sole exeunte in meridie.

What happens beyond this latitude.

Sed si deambulaverimus ultra haec loca, nunquam erit sol in meridie[1], sed in aquilone et oriente et occidente tantum, quia sol semper hominibus habitantibus ultra loca illa apparet ante eos versus polum mundi, et aliquando per mensem sine nocte, aliquando per duos, aliquando per plures usquequo appareat per 6 menses, scilicet habitantibus sub polo. Et ideo ille locus, cujus latitudo 66 graduum et 25 minutorum, est ultimus in quo iris potest apparere dum sol est in meridie; sicut primus in quo sole exeunte in meridie, fuit ille locus cujus latitudo incipit esse plus quam 24 gradus et 25 minuta.

Sic ergo considerandum est in quo tempore, et praecipue sole exeunte in meridie, et in quibus climatibus potest iris apparere. Et in istis regionibus potest accidere in vero aquilone, quando scilicet sol est in meridie, et in aliis partibus inter orientem et aquilonem, et inter occidentem et aquilonem. Et etiam in aestate potest accidere in vespere inter orientem et meridiem, et in mane inter occidentem et meridiem, quia in solstitio aestivali sol declinat mane multum ad aquilonem, et tunc in opposito loco inter occidentem et meridiem fieri potest iris; et

[1] Cf. vol. i. p. 297; Et deinde semper apparet sol in aquilone versus polum: the meaning of which though awkwardly expressed, is that from the Arctic circle to the pole there are days when the sun does not set. The description of the polar day and night that follows is perfectly clear, and is evidently taken from Ptolemy's *Syntaxis* (lib. xi. cap. 6) with the Latin version of which, translated from the Arabic, Bacon was perfectly well acquainted. But what is the meaning of the words, 'nunquam erit sol in meridie'? Of course in the latitude of 90°, the equator coinciding with the horizon, the sun during that half of the year when he is north of the equator describes in every twenty-four hours circles parallel with the horizon, so that no one point in the revolution could be called south more than another. But this is true of the polar point only, and of no other within the Arctic circle: and the words in question do not bear out this interpretation. I think the passage has probably been vitiated by the transcriber.

in vespere declinat ad aquilonem, et ideo fieri potest iris inter orientem et meridiem. Sed nunquam in vera meridie potest esse iris in his climatibus ab aequinoctiali usque ad latitudinem 66 graduum et 25 minutorum. Potest tamen bene fieri in meridie in locis ultra hanc latitudinem, et hoc usque ad[1] polum; quoniam sol in illis regionibus est semper in parte aquilonari vel in oriente aut occidente; et iris fit in oppositum solis, et tunc omni hora diei potest fieri iris. Nam nunquam elevatur sol super horizontem nisi per maximam solis declinationem per 23 gradus et 35 minuta, propter quod iris semper potest eis apparere de die, quando materia est praeparata.

Ex his igitur patet quod iris sequitur motum solis dupliciter; uno modo secundum elevationem et depressionem solis in suo circulo altitudinis, prout prius dictum est; et alio modo secundum motum solis super horizontem motu diurno, quia iris semper sequitur nadir solis, et nadir vadit continue in oppositum solis.

CAPITULUM VII.

Experiments as to the nature of the rainbow.

Experimentator ulterius inquirere nititur annon fiat iris per radios incidentes vel per reflexionem vel per refractionem, et an sit solis imago, ut suppositum est in his quae de Perspectiva dicta sunt, et an sint veri colores in ipsa nube, et de varietate, et de causa figurationis; cum superius tantum sit dictum de quantitate figurae, scilicet quod aliquando sit circulus completus, et aliquando major portio, et aliquando minor. Sed ad haec intelligenda necessarium est uti experientiis certis. Quae sunt hujusmodi, videlicet[2] quod aspiciens iridem, si moveatur aequidistanter iridi, tunc iris sequitur ipsum a latere; si vero moveatur versus iridem, iris fugit; si vero retro cedat, iris sequitur ipsum, et non solum tardo motu, sed eadem velocitate qua videns movetur. Verum si velocissime currat homo vel equitet, videbitur iris pari velocitate transferri, sicut manifeste potest homo deprehendere, si villae vel nemora, vel alia corpora sint ante eum circa locum iridis; videbit enim iridem

Motion of the rainbow with the observer.

[1] The words, hanc latitudinem, et hoc usque ad, are omitted in J.

[2] videlicet—not vel, as in J.

accedere ad ea valde velociter, si sint[1] post illam, vel recedere si sint[1] ante.

Similar apparent motion of the sun.

Item[2] per experientiam scimus quod sol, propter distantiam maximam a nobis quam non possumus judicare, videtur semper esse in eadem distantia fugienti ante ipsum; et propter hoc videtur quod sol sequitur fugientem, quia aliter eadem distantia non judicaretur. Et similiter quando accedit versus solem, videtur quod sol fugiat ante eum propter hoc quod apparet semper in eadem distantia; quae apparentia salvari non potest nisi visus judicet solem moveri ante se. Et hujusmodi motum apparentem videmus manifeste, quando sol transit super nemora vel caetera elevata in aere a quibus recedit, vel ad quae accedit. Item scimus quod sol videtur esse in directo aspicientis et apparet moveri aequidistanter, et hoc propter superfluitatem distantiae. Et propter hoc semper apparet sol in oppositum videntis iridem, quocunque moveatur aequidistanter iridi. Ut si sol sit in meridie, et iris in aquilone, videns motus ad orientem aspicit solem ex uno latere contra eum, et iridem ex alio, ita quod linea transit a centro solis per centrum oculi et iridis; et variatur motus iridis per hoc quod sol videtur moveri aequidistanter aspicienti et iridi. Si enim sol staret secundum judicium visus, tunc iris moveretur secundum motum videntis, sed plus pertransiret de spatio quam videns et transiret videntem.

Nam sic est generaliter, quod visibili quieto, si videns moveatur, imago movebitur si speculum continuetur[3]; sed si res visa simul moveatur in partem videntis, motus imaginis non pertransibit nisi spatium aequale motui videntis. Si vero visibile quiescat, imago majus spatium pertransibit. Nam sit *a* centrum solis immobile, *b* centrum oculi, *c* centrum iridis in linea *a b c*, et *b* et *c* moveantur ita quod *b* in *d*, et *c* in *f*, manifestum est quod *c f* spatium est majus quam *b d*, et tunc linea *a c* et linea *a f* non aequidistant sed a parte

[1] J.'s substitution of fuit for sint in both cases in this sentence is a most bewildering mistake.

[2] Cf. *Perspect.* Pt. ii. Dist. iii. cap. 6, where this and other similar phenomena are discussed.

[3] Continetur is the reading of D. and O.: but U. has continuetur, which is doubtless correct.

a concurrunt, et ab altera parte separantur, ut apparet in figura. Si vero *a* moveatur versus *g* in directo *d*, tunc *c* erit in *h*, et tunc linea *b d*, et *c h*, et *a g* erunt aequales, et *a c* linea et *g h* aequidistantes. Sed centrum iridis est semper in directo centri oculi facialiter. Quapropter oportet ponere quod sol videtur moveri in directo videntis, ut sic possit iris moveri aequidistanter videnti.

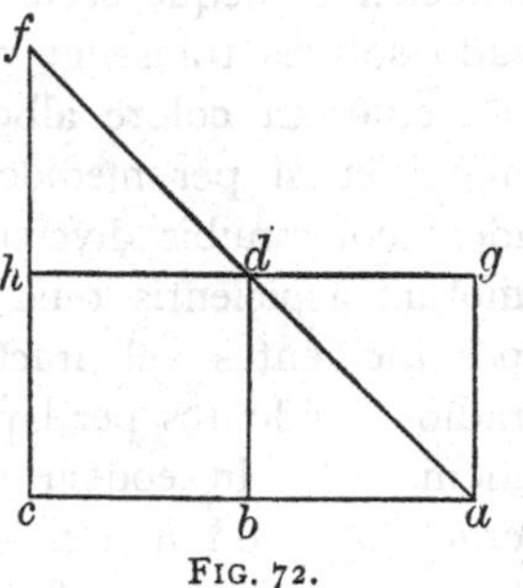

FIG. 72.

Parallelism of solar shadows.

Item scimus quod sol apparet in oculum cujuslibet. Si mille homines ordinarentur secundum lineam unam ab oriente ad occidens; umbrae eorum essent aequidistantes secundum sensum, et radii solares cadentes super eos. Et hoc est propter hoc, quod non percipimus concursum radiorum solarium in centrum ejus propter nimiam distantiam. Item propter eandem distantiam, non percipimus motum solis diurnum in parvo tempore, sed videtur nobis quod sol stet in coelo.

Each observer sees his own rainbow.

Ex quo ostenditur quod nihilominus experimur, scilicet quod iris numeratur secundum numerum hominum aspicientium. Nam si duo simul stent aspicientes iridem in aquilone, et unus recedat ad occidens, iris movebitur aequidistanter ei, et si alius vadit ad oriens, iris movetur aequidistanter illi, vel si stet in loco primo, stabit iris. Manifestum est ergo quod iris numeratur secundum numerum hominum aspicientium; et ideo impossibile est quod duo videant unam et eandem iridem, quamvis inexpertus hoc non percipiat. Nam umbra cujuslibet dividit arcum iridis in duo aequalia, et ideo, cum umbrae sint aequidistantes quoad sensum, non concurrunt ad medium ejusdem iridis, et ideo cuilibet aspicienti debetur propria iris. Et hoc patet, quia si in diversas et contrarias partes duae moveantur irides, movebuntur secundum motum videntium, et ideo quot sunt videntes, tot sunt irides.

Ex his[1] ergo sequitur quod iris non videtur nisi per radios

[1] It was left for Descartes to explain that the ray of light was twice refracted and once reflected in the raindrop. He discovered much more than this; as

The rainbow consists of reflected rays.

solis reflexos, quia si per radios incidentes, tunc esset iris res fixa in uno loco nubis, quae non variaretur secundum motum aspicientis, neque secundum numerum eorum; nam quando radii solares transeunt nubem aliquam raram, apparet nubes illa colorata colore albo, et si per multum spissam, colore nigro, et si per mediocrem, colore aliquo de mediis. Sed idem color nubis diversis apparet aspicientibus, nec sequitur motum aspicientis, quia non videtur per radios reflexos, sed per incidentes vel fractos. Similiter quando fit color per radios incidentes per lapidem crystallinum, ibi fit fractio, sed idem color in eodem situ videtur a diversis. Manifestum ergo est quod non fit iris per rectos radios incidentes vel fractos. Ergo per reflexos; quia non est nisi triplex radius principalis. Nec per radios accidentales videbitur, quum illi situm non mutant nisi causentur a reflexione. Verum ex proprietate reflexionis patet idem; nam locus reflexionis et imaginis mutatur secundum mutationem aspicientis. Sed sic est hic; ergo fit per reflexionem.

It is not due to refraction.

Nec potest dici quod substantia iridis manet, et locus imaginis variatur in fractione radiorum, quum loci mutatio in iride est secundum distantiam sensibilem valde, ut pari velocitate qua homo curreret vel equitaret quantum posset velocissime [1]. Sed locus imaginis rei quietae, quamvis varietur, tamen non eadem velocitate qua iris, quia tota varietas imaginis est in loco uno communi, et ideo vocatur transitus spatii. Item imago rei visae per fractionem non sequitur videntem si retrocedit, neque fugit si appropinquat, neque movetur ei aequidistanter; quod patet cum videmus piscem quietum in aqua, aut baculum fixum in ea, aut solem aut lunam per medium vaporum, aut literas mediante crystallo vel vitro. Sed potest objici, quod non sit nisi locus imaginis motus, et ideo potest fieri per refractionem sicut per reflexionem. Quod autem non sit nisi mutatio loci imaginis videtur, quia speculum [2], ut materia apta iridi, est immobile;

will be seen when Bacon's explanation of the form and of the colour of the bow is considered.

[1] velocissime, U.; a better reading than velocius.

[2] The mirror is the cloud—materia apta iridi—or rather, as Bacon explains, it is a collection of mirrors, each raindrop being one.

sed quando sic est, licet videns accedit ad speculum, non propter hoc mutatur nisi solus locus imaginis, ut citius concurrat radius visualis cum catheto, et non fugiet locus reflexionis mutari, praecipue cum speculum non in superficie sit, sed in profundo, quum tota materia rorationis habet naturam speculi, et ideo locus reflexionis mutat situm sensibiliter secundum judicium visus.

The motion of the sun may be left out of account.

Sed totum hoc est, cum sol secundum veritatem sit in eadem distantia respectu speculi, non est diversitas in hora apparitionis iridis de qua curandum est, sive moveatur a Cancro versus meridiem sive a Capricorno versus septentrionem, quia in die naturali non movetur per unum gradum. Et ideo in hora apparitionis iridis non est aliqua[1] distantia solis a nube diversa de qua sit curandum. Quapropter apprehendet ejus radius eandem rorationem vel partem rorationis, ut primam vel secundam ; et ideo pars aliqua certa, vel ipsa roratio tota, fit speculum immotum. Et non sufficit dicere quod iris fugit ante videntem, quum sol videtur persequi, quamvis hoc sit verum, ut sic videretur variari locus reflexionis et iridis, quia solis radii penetrant totam materiam roridam, et ab omni stillicidio fit reflexio. Et propter hoc, nisi aliud esset in causa, iris una appareret immobilis et fixa per totam rorationem, habens spissitudinem secundum totam rorationem.

Conditions of light and shadow necessary.

Quapropter dicendum est, quod iris non apparet nisi in certa dispositione aeris secundum majorem et minorem luciditatem, ut a parte oculi sit illuminatio debita, et in loco iridis obscuritas determinata, quia res debilis est et non apparet nisi in loco obscurato. Quum ergo aer inter oculum et iridem est debito modo dispositus, tunc extenditur pyramis ab oculo cujus basis est circulus iridis et terminatur in nube rorida ad locum debitae tenebrositatis, et apparet iris in illo loco. Sed quando oculus[2] mutatur in partem iridis, jam attingit aerem ulteriorem qui lucidus est, et appropinquat

[1] aliqua, not alia as in J.

[2] The meaning seems to be when the eye shifts its position with reference to the rainbow in consequence of the observer approaching it, the base of the visual cone may fall on bright illuminated cloud instead of on dark cloud, and there will be no rainbow.

ad locum priorem iridis, ita quod propter approximationem videntis jam non invenitur locus idem ejusdem dispositionis, immo clarior quam requiratur ad iridis apparitionem. Non enim in omni dicta loci dispositione potest apparere, quoniam licet materia sit rorida usque ad oculum, non tamen videbitur nisi in loco proportionalis obscuritatis; ideo oportet quod basis pyramidis cadat in nube ulterius in loco debitae obscuritatis. Et sic tota pyramis mutat locum secundum motum aspicientis, ac si portetur pyramis ante faciem hominis ambulantis, cujus conus sit in oculo fixus, et corpus ejus extendatur in aere usque ad locum iridis, ubi propter distantiam ab oculo invenitur umbrositas propter spissitudinem vaporum et nubis obumbrantis. Et est simile de homine aspiciente vaporem nebulosum a longe quem videre non potest de prope, nam propter distantiam debilitatur species visus, et potest a spissitudine vaporum terminari, quem de prope potest penetrare; et propter hoc patet quod licet ubique sit in materia rorida reflexio, tamen non ubique apparet iris, sed in loco determinato. Sic solvitur illa [1] objectio prima.

Secunda patet ex eodem; nam non manet hic idem speculum, nec in eodem loco, propter umbrositatem quae exigitur ad apparitionem colorum, et ideo nunc in una parte rorationis apparet iris, nunc in alia.

Si dicitur, quod moto vidente ad orientem sol movetur ad occidentem [2], ideo punctum reflexionis mutabitur secundum motum solis, et ideo accedet iris ad solem magis quam ad videntem, patet per supradicta quod non; quia motus solis ad orientem in hora apparitionis iridis est insensibilis, et ideo aestimatur stare, id est non moveri ad occidentem.

CAPITULUM VIII.

What causes the colours of the bow.

Sed tunc patet per hoc, quod nihil erit in loco iridis nisi apparentia colorum, et non erit nisi quando apparet. Nam dictum est quod secundum diversitatem aspicientium diversificatur iris. Sed aspectus non facit colores. Visus enim non

[1] illa, omitted in Jebb.
[2] sol movetur ad occidentem, omitted in J.

potest creare colores in nube, ut patet; quare nihil erit nisi per apparentiam. Item visio per reflexionem habet visibile in termino radii visualis reflexi, ut patuit prius, et ideo non in puncto reflexionis nec alibi; quia res visa est terminus reflexionis et lineae reflexae, ergo per reflexionem nihil videtur in nube[1].

They are due to the weakness of visual organs.

Si vero dicatur, quod sensibiliter et vivaciter movetur visus per iridem, et apparent colores valde vivi in iride, ergo non potest esse sola apparentia colorum; dicendum est quod sicut est sola apparentia colorum, sic est sola apparentia sensus et vivacitatis immutationis visus; quoniam hujusmodi immutatio non est nisi ex defectu visus, sicut videmus in exemplis. Quum enim in aestate de mane aliquis demittit caput ad terram, ut videat guttulas roris in summitatibus herbarum, si sit negligens in videndo et languidus, et semiclaudat oculos, videbit secundum apparentiam omnes colores iridis. Et similiter de circulo colorato circa candelam; et similiter quando aliquis surgit de somno in aestate, habens oculos male apertos et vaporosos, et aspiciat ad aliquid foramen parvum per quod transit radius solaris, apparebunt ei colores; et maxime eis qui habent debiles oculos et male vident a longe. Et ideo oportet quod apparitio sit propter defectum visus, et propter hoc est sola apparentia, et non veritas. Fortificatur autem haec apparitio, tanquam in loco iridis sit, propter hoc quod cito concurrit radius visualis cum catheto propter parvitatem stillicidiorum; et ideo prope punctum reflexionis fit hujusmodi apparitio, et propter hoc in ipsa materia et loco iridis.

Prismatic colours have a different cause.

Si vero dicatur, quod radii solares transeuntes per crystallum faciunt colores veros et fixos, qui speciem faciunt et sunt in ratione objecti; dicendum est, quod aliud est hic et ibi. Solum aspiciens facit iridem, nec est ibi nisi sola reflexio. Hic autem est causa naturalis, scilicet radius et lapis rugosus qui habet magnam superficiei diversitatem, ut secundum casum lucis diversitas colorum resultet. Et aspectus in illos facit hic adesse colores[2], nam prius est color quam videatur hic, et a diversis videtur in eodem loco. Sed hic ex aspectu est

[1] Cf. *Perspect.* Pars iii. Dist. i. cap. 2.

[2] ad essentiam colorum, J.

apparitio, et ideo non potest esse veritas sed sola apparentia. Et hoc est manifestum per superius dicta de pyramide visuali; quae quum cadit tota in locum pyramidis iridis, tunc apparet tota iris secundum quantitatem ei possibilem juxta altitudinem et depressionem solis et juxta materiae dispositionem; ita quod si sol sit in horizonte, et materia sit praeparata, apparet iris semicircularis vel major portio sphaerae, dummodo pyramis visualis tota cadat in locum pyramidis iridis. Quod si sol sit in horizonte et materia sit praeparata, sed pyramis visualis non cadat tota in locum pyramidis iridis, tunc solum apparebit de arcu iridis, quantum capit basis pyramidis visus de loco iridis; ergo manifestum est quod iris non est nisi solum in conspectu.

Capitulum IX.

Each drop in the rain-cloud reflects its own image.

Deinde considerandum est quod iris est imago solis, et ad hoc imaginandum debemus considerare sententiam Senecae in libro de iride, quoniam oportet ponere nubem suspensam in aere, et rorationem descendentem ab ea, cujus conus cadit in terram, et basis circularis attingit concavitatem nubis. Sunt ergo stillicidia infinita parvae quantitatis, et a quolibet fit reflexio sicut a sphaerico speculo, et quoniam sine intervallo descendunt, videntur ex distantia continuari, et ideo videtur imago solis continua et non multiplex secundum multitudinem stillicidiorum; et similiter est in circulis coloratis per aspersionem. Et sic solvitur objectio quae posset fieri de multitudine imaginum. Sed de figura, quantitate et colore dubitatur; et dicendum est, quod specula sphaerica et maxime parva mutant quantitatem et figuram rei visae multis modis, et reddunt figuras monstruosas, et dissipant totam proportionem partium rei ab invicem, ut patet in perspectivis. Et dissipata figura et quantitate, etiam per consequens dissipatur ordinatio proprietatum, quae exigunt figuram et debitam quantitatem, et possunt colorem immutare, et de non colorato facere colorem apparere, et e converso. Et quia lux incorporata in materia assimilatur colori, licet in veritate non sit color, ut nubes rarae videntur albae et spissae videntur nigrae quando radii penetrant eas, sic potest hic de facili lux solis cadens ad hujusmodi specula ostendere quid simile colori, praecipue cum non sit nisi sola apparentia, ut dictum est.

CAPITULUM X.

Errors in Aristotle's statements due to faulty text or to bad translation.

Cum his considerandum est de diversitate colorum. Et omnes dicunt quod accidit ex diversitate nubis roridae, et hoc habetur in textu Aristotelis vulgato, unde dicunt secundum quod materia spissior est, videtur esse nigrior; et secundum quod minus spissa, videtur esse color lazuli; et secundum quod minus spissa, videtur viridis esse; et si minus, videtur vinosa, et rubea; secundum quod adhuc minus, videtur esse glauca et subrubea; et secundum quod rarior, videtur esse alba. Secundum quod ponitur exemplum Aristotelis de flamma, quae propter raritatem et spissitudinem fumi terrestris apparet clara et rubea et nigra, et sic diversis modis. Sed istud nihil est, sicut patet per experientiam lapidis crystallini. Nam ibi generantur colores, et nulla est diversitas materiae in spissitudine et raritate, et tamen hic veri colores generantur. Et iterum, cum non sit verus color in iride, sed apparentia, non oportet ponere nisi causam apparentiae, vel apparentiam causae. Item per experientiam in rorationibus ex aspersione non accidit aliquid de his diversitatibus, nec in guttis roris in summitatibus herbarum; ergo manifestum est, quod haec causa diversitatis falsa est. Et non est contra Aristotelem, quia multa alia falsa continentur in capitulo de iride, et alibi in translationibus vulgatis, sicut manifestum est per totam philosophiam Latinorum, si quis diversas translationes inquirat et Graecum ipsum, a quo transumptum est quod habent Latini. Verum non est sententia Aristotelis ubique translata, sed error fuit exemplarium [1] Graecorum et Arabicorum, vel potius vitium translatorum, quorum nullus perfecte scivit linguas nec scientias, ut praetactum est.

Necesse autem est aliud mendacium quod in hoc capitulo

[1] J. has interpretum. Cf. what is said on Aristotle's theory of the rainbow in vol. i. pp. 40 and 212–13.

de iride reperitur evacuari; et ideo sic intelligendum est de hac falsitate jam evacuata. Et ne animus suspendatur, dico, quod idem est falsum quod habetur in textu vulgato, scilicet quod iris non causatur a luna nisi bis in quinquaginta annis. Nam quandocunque luna plena est, et non impeditur per nubem, et sit materia rorida in opposito ejus, potest iris apparere sicut per solem; et hoc potest experientia cujuslibet probare, et probatum est per experientias certas.

Capitulum XI.

The form of the bow cannot be explained by treble refraction.

De figura vero iridis est maxima difficultas. Nam aliqui aestimant quod debeat figurari sicut est basis pyramidis rorationis distillantis; et hoc est impossibile. Nam in rorationibus ex aspersione, patet per experientiam, quod in globo rorationis irregularis figurae apparet figura iridis. Similiter illi [1], qui dicunt iridem causari ex fractione, ut habeat figuram pyramidis assimilatae curvae superficiei pyramidis rotundae expansam in oppositum solis, propter quod figurae aestimatur secundum eos arcualis. Et quia conus praedictae pyramidis, ut dicunt, est prope terram, et ejus expansio est in oppositum solis, necesse est ut medietas illius figurae vel amplius cadat in superficiem terrae, et reliqua medietas vel minus cadat in oppositum solis [2] in nube. Sed istud reprobatur per hoc quod probatum est quod iris non potest generari per fractionem, quoniam in roratione aspersionis non possumus hujusmodi causam figurae dare. Dicunt enim quod radii prius franguntur in contiguitate aeris et nubis, et postea in contiguitate nubis et partis superioris ipsius rorationis, ut per has fractiones concurrant radii in parte inferiori rorationis et densiori; nam pars densior est inferior quia gravior. Ibi enim radii fracti sicut a cono pyramidali se diffundunt non in pyramidem rotundam, ut dicunt, sed in figuram assimilatam curvae superficiei pyramidis rotundae [3]. Patet ergo quod per tres

[1] The sentence is not completed; errant, or some such word must be understood.

[2] The twenty-one words from necesse est to oppositum solis are omitted in J.

[3] It is not quite clear what figure is meant; apparently a cone with elliptic

fractiones veniunt ad hanc figuram. Sed non possunt esse tres in aspersione facta in radiis, sed una tantum; et tamen eadem figura accidit sicut in coelo; quapropter non est causa hujusmodi fractionis.

Circular form of the bow.

Postremo[1], quare non dabunt pyramidem rotundam, sed figuram assimilatam curvae superficiei pyramidis rotundae? non enim secundum legem fractionis erit hoc, quia fractio pyramidem rotundam habet facere regularem, quia fractio omnium radiorum cadentium in unam circulationem corporis sphaerici est ad angulos aequales, et ideo non incurvabitur magis in una parte quam in altera, et erit omnino regularis figurae et uniformis. Nec a roratione potest esse haec curvitas, quia roratio non est talis figurae, sed est globus ex stillicidiis infinitis compositus pyramidalis figurae rotundae secundum eos, et ideo non est ratio illius figurationis per hunc modum.

Quaerenda[2] est igitur alia ratio; et potest dici quod necesse est quod sit in figura arcuali circulari. Nam secundum diversitatem situs rei respectu lucis apparet diversus color, ut in collo columbae. Cum igitur idem color in uno circulo iridis apparet

base. Bacon sometimes tries to popularize his scientific language, for the benefit it may be supposed of the Pope to whom he was writing.

[1] J. has fractionis postremae. O. has postremo, which begins a new argument.

[2] The reasoning in this paragraph is a remarkable combination of observation and inference. The colours in the bow do not shift like those on the dove's neck. In the case of the dove, this shifting of colour is caused by varying incidence of light. In the case of the bow, therefore, the permanence of each colour throughout the whole arch indicates that the incident and reflected angles are constant. Therefore all parts of the bow must be similarly situated with regard to the eye and the sun. But from this it follows that the bow must be of circular form.

The question raised in the succeeding paragraph is one that admitted of no solution till Snell and Descartes had discovered that the direction of the refracted ray varied not with the angle of incidence but with the sine of the angle of incidence. Applying this law to the rainbow Descartes 'showed that the rays which, after two refractions and a reflection, come to the eye at an angle of about forty-one degrees with their original direction, are far more dense than those in any other position. He showed also that the existence and position of the secondary bow resulted from the same laws.' See Descartes, *Météores*, Discours viii; and Whewell, *Hist. of Induct. Sciences*, vol. ii. p. 277 (ed. 1857). Bacon's attempt to explain the facts is of course a failure, as every other attempt must have been till the 'law of sines' was discovered.

ab extremitate una ad alteram, oportet quod eundem situm habeant omnes partes respectu radii solaris et respectu oculi. Sed talis situs identitatis non potest esse nisi in circulari figura propter aequalem partium declinationem. Et etiam in vapore sphaerico possunt signari duo genera circulorum. Unum est transiens per polos, ut sunt coluri in sphaera; aliud est aliquod de aequidistantibus intersecantibus istos coluros ex transverso. Circulatio vero coluri absconditur semper ex distantia, quia non habet eundem situm respectu oculi in extremitatibus et in medio, sed aequidistantes bene apparent in sua circulatione, propter aequalem situm respectu oculi, ut dictum est in Perspectiva de luna. Cum igitur circulus iridis fit de aequidistantibus, poterit in sua circulatione apparere.

Why the whole contained surface is not coloured.

Sed si objiciatur contra hoc, quod non solum coloraretur in gibbositate sua arcus basis pyramidis sed alibi in superficie per totum, sicut luna plena tota illuminatur in parte nobis objecta, et ideo tota superficies basis quae est super terram, coloraretur; ad hoc potest dici differenter, quod stillicidia non sunt ubique a quibus reflectuntur radii ad oculos ad angulos aequales angulo incidentiae. Hoc enim non est nisi in situ circuli, sicut apparet in reflexionibus et fractionibus speculi concavi et aliorum; et ideo cum circulationes quatuor vel quinque iridis possunt esse in stillicidiis a quibus fiunt reflexiones in visum ad angulos aequales angulo incidentiae, potest color generari in eis, et impressio iridis apparere.

CAPITULUM XII.

Thus, the rain-cloud is not coloured.

Aliqui vero aestimabant, quod nubes rorida esset colorata per totum, quia in omnibus stillicidiis est reflexio, et iris ex reflexione causatur. Item quia secundum numerum videntium et diversitatem situs ejusdem videntis apparet iris ubique. Sed dicendum est ad primum, quod ubique est aptitudo ut fiat iris, sed actualiter non est nisi in stillicidiis a quibus reflexio venit ad oculum; quia apparentia colorum sola est, quae apparentia venit ex fantasia et deceptione visus, ut dictum est. Et ideo nusquam in nube rorida est coloris veritas, nec apparentia nisi in stillicidiis a quibus fit ad visum reflexio.

Sed ab omni stillicidio non fit reflexio in eodem tempore, dum oculus est in uno loco, propter aequalitatem angulorum incidentiae et reflexionis. Ad secundum dicendum, quod colores ubique apparere possumus imaginari ex duabus causis, uno modo quod color esset fixus, sicut in aliis rebus; et faceret speciem a se ad oculum, et tunc ubique esset, et sic ubicunque essent aspersiones, videret colorem. Sed sic non est hic, quia non est verus color, sed solum ex visus fantasia; et ideo causa apparentiae est solius visus erroneum judicium, et ideo non apparet nisi in loco a quo ad oculum fit reflexio; et ex hac causa, non prima, mutatur secundum mutationem videntis.

Enumeration of colours.

Quinque vero sunt colores principales, ut albedo, glaucitas, rubedo, viriditas, et nigredo. Rubeus enim aequidistat ab extremis, et habet unum medium respectu albi, et aliud respectu nigri. Quum enim Aristoteles dicit in Sensu et Sensato septem esse colores, hoc est verum dividendo glaucum in plures gradus, ut caeruleum et puniceum, et similiter dividendo viriditatem in gradus diversos; sed quinque principales colores sunt per naturam distincti. Nam quinarius est melior numeris omnibus, ut Aristoteles dicit libro Secretorum, et hoc quantum ad numerum certitudinaliter distinguendum; licet quantum ad proprietatem naturalem in quolibet repertam ternarius est melior. Nam hunc extrahimus a natura rerum, ut Aristoteles dicit primo Coeli et Mundi, quia in omni re trinitas consistit, ut ibi docet, tam in Creatore quam in creatura. Et quia numerus quinarius res certius distinguit et melius, ut dictum est, ideo natura magis intendit quinque colores. Et ideo isti quinque colores sunt in iride, magis quam alii, ex ordinatione communi naturae operantis et intendentis quod melius est. Color quidem lazuli, quem vocant coelestem, niger est cum[1] quadam splendoris suavitate, et ideo sub nigro computatur.

Their connexion with ocular structures.

Et aestimatur ab expertis quod isti colores causantur ab humoribus et tunicis oculi; isti enim sunt colores tantum apparentes, et oculi partes habent aliquid de natura colorum licet debiliter, secundum quorum esse apparent colores in

[1] in quadam, J.

iride. Et quinque sunt corpora in oculo, scilicet tres humores, et duae tunicae, scilicet uvea et cornea; consolidativa quidem nihil operatur ad visionem; et ideo quinque colores apparent secundum proprietates eorum. Et quandoque [1] illa corpora non habent distinctos colores. Nam in oculis diversorum variantur, et apparent irides diversae aliter et aliter variari in eadem hora, etiam in diversis temporibus, secundum quod aer inter ipsum et iridem in dispositione sua secundum lucidum et obscurum variatur. Signum autem quod colores iridis possunt apparere per oculum, est quod lapide hexagono posito ad oculum in loco tenebroso fiunt hujusmodi colores, et ideo similiter in materia apta in loco tenebroso in nube possunt saltem apparere.

Haloes.

Et juxta jam dicta patet facilius causa coronae, et similiter impressionis apparentis in figura recta, quam Seneca vocat virgam, et Aristoteles perpendicularem; istae enim impressiones sunt coloratae et non aliae. Dicit igitur Seneca [2], si vaporem erexeris, virga est; si incurves in portione circuli, iris est; si in completum circulum, corona est; quam Aristoteles vocat circulum circa solem et lunam, et Halo et Halaleti. Et aliam differentiam [3] assignant, quod iris generatur in opposito solis, virga a latere, corona sub sole. Sed quae de circulo et corona dicta sunt possunt dici sine calumnia [4]. De perpendiculari tamen et virga aliud est. Nam non est nisi portio parva coronae, quae ex distantia superflua videtur esse linea recta, quum materia deficit ad ejus complementum. Globus autem vaporis grossi aliquando concurrit in directum solis sub eo, scilicet qui est densior aere, et tamen non est superfluae densitatis sed proportionatae ad hujusmodi impressionem. Dico

Attempt at explanation.

[1] quoniam, J.

[2] See *De Sensu et Sensili*, cap. 4. The passage is curious from the attempt made to correlate savours with colours. *Ἑπτὰ γὰρ ἀμφοτέρων εἴδη, ἄν τις τιθῇ, ὥσπερ εὔλογον, τὸ φαιὸν μέλαν τι εἶναι· λείπεται γὰρ τὸ ξανθὸν μὲν τοῦ λευκοῦ εἶναι ὥσπερ τὸ λιπαρὸν τοῦ γλυκέος, τὸ φοινικοῦν δὲ καὶ ἁλουργὸν καὶ πράσινον καὶ κυανοῦν μεταξὺ τοῦ λευκοῦ καὶ μέλανος, τὰ δ' ἄλλα μικτὰ ἐκ τούτων.* Cf. *Meteorol.* i. 5, and iii. 2, §§ 4, 5. In the latter passage the bow, both inner and outer, is described as three-coloured, the colours of the outer bow being fainter and following the reverse order of the inner.

[3] J. has doctrinam for differentiam.

[4] The sentence ends here. J. confuses the meaning by carrying it on, as in many other passages too numerous to mention.

ergo quod cum vapor ille sit densior aere, et sit quasi sphaericae figurae, quae aequidistat terrae quantum potest propter naturam gravis, radii omnes exeuntes a puncto *o*[1] praeter perpendicularem *o d* franguntur in superficie vaporis inter incessum rectum et perpendicularem ducendam a loco fractionis, et omnes qui cadent in una circulatione circa axem illum franguntur ad angulos aequales, quia anguli incidentiae omnes sunt aequales, sicut *a* et *f*, et anguli fractionum intra corpus sunt aequales, et sic de omnibus angulis radiorum cadentium in circumferentia, quae transit per puncta *a g f*, et eodem modo radii qui cadunt in circumferentia, quae transit per *b g*, omnes franguntur ad angulos aequales, quia incidunt ad aequales, sicut manifestum est per demonstrationem geometricam. Radii ergo unius circulationis ut *o a* et *o f* et omnes qui in circumferentia transeunt per *a* et *f*, cadunt et vadunt post fractionem in corpore vaporis aequidistantis. Deinde quum ad concavitatem vaporis occurrit aer, quod est corpus subtilius, franguntur declinando a perpendiculari ducenda a loco fractionis, et concurrunt necessario ad punctum unum ut in *o*. Et similiter est de illis qui cadunt in alia circulatione, ut *o b* et *c g*, et sunt in eadem circumferentia conterminales, et concurrunt per secundam fractionem ad punctum remotius ut in *d*, quia radii cadentes in circulatione majori concurrunt in punctum remotius. Et sic de aliis cadentibus in aliis circumferentiis semper verum est quod omnes radii unius circulationis cadent in unum punctum diversum a puncto, a quo concurrunt radii aliarum circulationum. Et sicut radii unius circulationis stant in introitu vaporis in figura circulari super eum, sic quando exeunt, fiunt a basi circulari, et concurrunt in unum punctum pyramidis ; nam lumen hoc totum, quod pertransit vaporem veniens ab uno puncto solis fractum in radiis infinitis est quasi una columna rotunda, et habet figuram circularem in utraque extremitate, dum est in vapore, sed postquam exivit vapores declinantur radii in corpus pyramidale, cujus basis est extremitas lucis columnaris, et

[1] No figure is given for this theorem in either D. or O. which makes it difficult to follow the reasoning. With the punctuation used in J., it is impossible.

conus cadit in terram. Si igitur oculus[1] conum recipiat unius pyramidis, videbit basim illius pyramidis, et quia ille vapor densior est tanta densitate ut sit visibilis, praecipue cum habeat in se lumen potest videri infra bases pyramidis, et ideo in circulari.

Further researches are needed on this subject.

Sed sicut experientiae multae requiruntur ad certificationem iridis, et de colore et de figura, sic est hic, ubi considerandum est quod radii possunt dupliciter intelligi, vel scilicet venientes ab uno puncto et in unum circulum in vapore qui concurrunt ad conum unius pyramidis; et alii qui ab eodem puncto et in alium circulum cadunt faciunt[2] aliam pyramidem, et sic de aliis; sed coni omnium illarum pyramidum cadunt in axem et perpendicularem venientes a puncto illo, a quo veniunt radii fracti, et pyramides fiunt curtae[3], nec transeunt ad puncta concursus propter objectum aspicientis, et ideo nullus videbit per illas pyramides curtas. Quare si plures aspiciant coronam, oportet unum eligi ex duobus, vel quod ab aliis punctis solis veniant radii frangendi in pyramidem, ita quod ad singulos aspicientes radii veniant a singulis punctis solis, vel quod a basi pyramidis unius, cujus conus cadit in oculum aspicientis unius, veniant ad alios aspicientes pyramides aliae quae fiunt ex radiis accidentalibus; ut basis pyramidis principalis quae venit ad oculum unius videatur ab aliis per pyramidem accidentalem, sicut illi qui sunt in angulo domus vident per radios accidentales lumen incidens per fenestram. Sed hoc secundum non potest stare, quia judicium per radios principales et accidentales non potest esse aequale, sed aspicientes simul coronam judicant aequaliter. Item quilibet judicat solem esse centrum coronae; ergo quilibet videt solem, sed radii accidentales non ducunt visum in rem, sed in speciem, ut exiens in angulo domus non potest videre solem, licet videat radium cadentem per foramen. Manifestum est ergo quod ad oculum cujuslibet venit una pyramis, cujus radii veniunt a puncto solis determinato, ita quod ab uno puncto ad unum oculum veniant radii, et ad alium oculum ab alio, et ad tertium a tertio.

[1] Omitted in O. but given by U.
[2] Sic O. J. has ut faciant.
[3] Not curvae, as in J.

Scientific experiment rather than reasoning must decide.

Sed haec omnia docet experientia, sicut de iride. Unde argumenta non certificant haec, sed grandes experientiae per instrumenta perquiruntur, et per varia necessaria; et ideo nullus sermo in his potest certificare; totum enim dependet ab experientia. Et propter hoc non reputo me attigisse hic plenam veritatem; quia nondum expertus sum omnia quae sunt hic necessaria, et quia in hoc opere procedo via persuasionis, et ostensionis[1] quae oporteat requiri in studio sapientiae, et non per viam componendi scripta de ea. Et ideo non pertinet ad me hac hora dare certificationem impossibilem, sed sub forma persuadendi de studio sapientiae pertransire.

De circulo vero circa candelam aestimatur quod sit a vaporibus resolutis a cibis et potibus in mensa; vel quando aer humidus est potest apparere, aut in vaporibus oculi humidi generatur distans a candela. Sic igitur quilibet sapiens de facili recipiet quod experientia certificat quaestiones circa has res, et non argumentum. Sed nunc transeo ad secundam praerogativam istius scientiae experimentalis[2].

[1] This and the preceding thirteen words omitted in J. This passage is of great importance as indicating the purpose and the limitations of the *Opus Majus*.

[2] The foregoing chapters must be judged partly as a piece of scientific research, partly as a method; as an illustration that is of Roger Bacon's first *prerogative*, the confirmation of mathematical reasoning by experiment and observation. It will be noted that these last words are used in the widest sense; being made applicable, as the first chapter shows, to the drawing of a geometrical diagram: an extension of ordinary use which reminds us of the opening sentences of Wallis' *Arithmetica Infinitorum*, in which the inductive method is frankly applied to the investigation of series.

Bacon was led by his method to some sound results. He begins with a collection of phenomena, colours in crystals or half-polished surfaces, in spray from a mill-wheel, or from an oar when lit by the sun, and the like, which, as Whewell says, 'are almost all examples of the same kind as the phenomena under consideration.' He combines astronomical theory with astronomical observation in explaining the connexion between the altitude of the bow and that of the Sun. In his proof that the centre of the bow, of the eye, and of the Sun are always in one straight line the union of theory with observation is equally marked. The conclusion that each observer sees a distinct rainbow is clearly drawn. Not less striking is his discussion of the form of the rainbow; which was pushed as far towards the truth as was possible at a time when the law of variation in the angles of refraction was still undiscovered.

With regard to the colours of the rainbow, and indeed with regard to colour in general, he shared the ignorance, not of his own time only, but of the three

Capitulum de secunda praerogativa scientiae experimentalis.

Definition of second prerogative.

Haec autem est quod[1] veritates magnificas in terminis aliarum scientiarum, in quas per nullam viam possunt illae scientiae, haec sola scientiarum domina speculativarum potest dare; unde hae veritates non sunt de primarum substantia, sed penitus extra eas, licet sint in terminis earum, quum nec sint conclusiones[2] ibi, nec principia. Et possunt poni exempla manifesta de his; sed in istis omnibus quae sequuntur, non oportet hominem inexpertum quaerere rationem ut primo intelligat, hanc enim nunquam habebit nisi prius habeat experientiam; unde oportet primo credulitatem fieri, donec secundo sequitur experientia, ut tertio ratio comitetur. Si enim inexpertus magnetem trahere ferrum, nec audiens ab aliis, quod trahat, quaerat rationem, ante experientiam nunquam inveniet. Et ideo in principio debet credere his qui experti sunt, vel qui ab expertis fideliter habuerunt, nec debet reprobare veritatem propter hoc, quod eam ignorat, et quia ad eam non habet argumentum. Recitabo igitur ea, quae per experientiam teneo esse probata[3].

Exemplum I.

Astrolabe moved by the revolution of the heavens.

Mathematica bene producere potest astrolabium sphaericum, in quo describuntur quaecunque de coelo necessaria sunt homini, secundum longitudines et latitudines certas, tam de circulis quam de stellis juxta artificium Ptolemaei in octavo Almagesti, juxta quod dixi per quandam similitudinem, sed non tamen omnino per artificium illud, oportet enim plus

centuries and a half that followed, till Descartes initiated the analysis of white light into the spectrum (*Météores*, Discours huitième).

[1] Haec . . . quod omitted in J.

[2] J. has quaestiones, as in several other passages.

[3] The second *prerogative* corresponds to the class of cases in which deductive reasoning, while not excluded, holds yet a position subordinated to experiment. An apt illustration of it is afforded by the whole career of the great physicist Faraday, who, while not denying the value of mathematical reasoning in his electrical researches, yet made no personal effort to acquire the use of this instrument, feeling, as he used to say, that it would withdraw him from his experiments.

esse operis. Sed quod hoc corpus sic factum moveatur naturaliter motu diurno, non est in potestate mathematicae. Experimentator autem perfectus potest considerare vias hujus motus, excitatus ad eas considerandas per multas res quae sequuntur motum coelestium, ut sunt primo tria elementa, quae rotantur circulariter per influentiam coelestem, sicut dicit Alpharagius in libro de Motibus Coelestibus, et Averroes in primo Coeli et Mundi; deinde cometae, maria, et flumina fluentia, medullae et cerebella et morborum materiae. Herbae etiam in partibus suis multum aperiunt se et claudunt secundum solis motum. Et multa talia inveniuntur quae secundum motum localem totius vel partium moventur motu coeli. Sapiens igitur excitatur per considerationem hujusmodi rerum similem in parte illi quod intendit, ut ad illud perveniat aliquando. Et tunc thesaurum unius regis valeret hoc instrumentum et cessarent instrumenta astronomiae, et horologia, et esset pulcherrimum spectaculum sapientiae. Sed pauci de tanto miraculo et similibus in mathematicae terminis praeclare et utiliter scirent cogitare [1].

[1] A copy of Ptolemy's astrolabe is given on the title-page of Halma's edition of the *Syntaxis*. For the remarkable conception of a globe revolving with the daily revolution of the sky, moved, not by mechanical appliances, but by magnetic force, Bacon was indebted to the remarkable and almost unknown genius to whom he so often confesses his obligations, Peter Peregrinus, of Maricourt (see biographical remarks in the Introduction). In Gilbert's work *De Magnete, Magneticisque corporibus et de magno Magnete Tellure* (translated by Mottelay, 1893), many references to Peter Peregrinus will be found. 'The manner,' says Sir Kenelm Digby, 'in which this great man (Gilbert) arrived to discover so much of magnetical philosophy .... was by forming a little loadstone into the shape of the earth' (Treatise of Bodies, quoted on p. xviii of Mottelay's edition). For the initial step in his investigations, the mode of finding the poles in this spherical magnet, Gilbert was undoubtedly indebted to Peter Peregrinus. Of this any reader of Gilbert's work may convince himself by comparing lib. i. cap. 3 of Gilbert's work with the only known work of Roger Bacon's friend, his letter to a certain Sygerus, or Sygerius, which was printed at Augsburg in 1558. (The copy in the Brit. Mus. has marginal notes by John Dee, some of which refer to the connexion of Peter Peregrinus with Bacon.)

The connexion of magnetic force with the rotatory movement of the earth was no unreasonable hypothesis; and was not so regarded by Gilbert. (See p. 332 of Mottelay's ed.)

Exemplum II.

Prolongation of human life.

Potest vero aliud exemplum poni in terminis medicinae, et est de prolongatione vitae humanae, ubi ars medicinalis remedium non habet nisi regimen sanitatis. Est autem ulterior longae vitae extensio possibilis. A principio mundi fuit magna [1] prolongatio vitae, sed nunc [2] abbreviata est ultra modum. Causam autem hujus prolongationis et abbreviationis aestimaverunt multi esse a parte coeli. Nam aestimaverunt quod coeli dispositio fuerit optima a principio, et mundo senescente omnia tabescunt, aestimantes stellas fuisse creatas in locis convenientioribus, in quibus stellae suas habent dignitates, quae vocantur domus, exaltatio, triplicitas, facies et terminus, et in meliori proportione earum ad invicem secundum diversitatem aspectuum [3] vel projectionem radiorum invisibilem, et quod ab illo statu paulatim recesserunt, et secundum hunc recessum ponunt vitae decurtationem usque ad aliquem terminum fixum, in quo est status. Sed hoc habet multas contradictiones et difficultates, de quibus est modo dicendum.

Rules of Hygiene neglected.

Et sive hoc fuerit verum sive non, necesse est aliam causam assignari, quae nobis prompta est et plana, cui contradici non potest, quam scimus per experientiam. Et ideo circa illam negotiandum est, ut appareat mirabilis et ineffabilis utilitas et magnificentia Scientiae Experimentalis, et aperiatur via ad maximum secretum secretorum, quod Aristoteles occultavit in libro de Regimine Vitae [4]. Cum enim regimen sanitatis debeat esse in cibo et potu, somno et vigilia, motu et quiete, evacuatione et retentione, aeris dispositione, et passionibus animi; ut haec in debito temperamento habeantur ab infantia; de his temperandis nullus homo vult curare, etiam nec medici, quia nos videmus quod de millenario medicorum vix erit unus qui saltem leviter curabit. Et rarissime accidit quod aliquis curat sufficienter, et hoc nunquam accidit in juventute, sed aliquando inter tria millia unus [5] cogitat de his, quum senescit

[1] longa, J.
[2] nec, J.
[3] aspicientium, J.
[4] See note on vol. i. p. 10.
[5] aliquis, J.

et tendit ad mortem, tunc enim timet sibi et cogitat ut valet. Sed tunc non potest apponere remedium propter debilitatem virium et sensus et propter experientiae defectum. Et ideo patres corrumpuntur, et generant filios corruptos, et habentes dispositionem ad mortis festinationem. Et deinde per defectum regiminis filii corrumpunt seipsos, et sic filius filii habet dispositionem malam duplicem, et tertio seipsum corrumpit propter defectum regiminis. Et sic currit de patre in filios corruptio complexionis, usquequo festinatio facta sit ultimata, sicut accidit his temporibus.

Et non solum haec causa accidentalis invenitur, sed alia quae consistit in defectu regiminis morum. Peccata enim debilitant vires animae, ita quod impotens est ad corporis regimen naturale; et ideo debilitantur vires corporis, et festinat ad mortem; et haec corruptio currit a patre ad filium, et sic ulterius. Et ideo oportuit propter has duas causas naturales, quod longaevitas hominis non servaret ordinem naturalem a principio; sed propter has duas causas abbreviata est longaevitas hominis contra naturam. Praeterea certis experimentis probatum est, quod ista festinatio nimia est retardata pluries, et longaevitas prolongata per multos annos per experientias secretas; et multi hoc scribunt auctores. Propter quod oportet quod sit haec nimia festinatio accidentalis, habens remedium possibile.

Postquam vero ostensum est, quod causa hujusmodi festinationis est accidentalis, et ideo quod remedium sit possibile, nunc redeo ad hoc exemplum quod volui in terminis medicinae declarare, in quo potestas artis medicinalis non habet unde compleat. Sed ars experimentalis supplet defectum medicinae in hac parte. Non enim potest ars medicinalis nisi dare regimen sanitatis sufficiens secundum omnes aetates. Quamvis enim de sufficienti regimine senum insufficienter locuti sunt auctores noti, hoc tamen fuit arti medicinae possibile. Et hoc regimen consistit in temperato usu cibi et potus, motus et quietis, somni et vigiliae, evacuationis et retentionis, aeris et passionum animae. Quod si a nativitate homo haberet sufficiens regimen usque ad finem vitae, tunc veniret ad terminum vitae quem Deus et natura constituerunt, secundum possibilitatem regiminis sufficientis. Sed quia impossibile est quod hoc regimen servetur ab aliquo, et pauci immo etiam quasi nullus a juventute curat de hoc regimine, et paucissimi senes servant hoc regimen ut possibile est, ideo oportet quod veniant accidentia senectutis ante senectutem et senium, scilicet in tempore consistendi, quae est aetas pulchritudinis et fortitudinis humanae, quae his temporibus non durat ultra quadraginta quinque vel quinquaginta annos.

Failure of medical art in dealing with old age.

Et haec omnia accidentia senectutis et senii sunt canities, palliditas, cutis corrugatio, multitudo mucilaginis, excreatus putridus, lippitudo oculorum, et universalis laesio organorum sensibilium, diminutio sanguinis et spirituum, debilitas motus et anhelitus et totius corporis, defectus virium animae tam animalium quam naturalium, insomnietas, ira, et inquietatio animi, et oblivio, de qua dicit Haly[1] regalis, quod senectus est domus oblivionis: et Plato, quod est mater lethargiae. Et propter defectum regiminis sanitatis haec accidentia omnia et plura alia veniunt hominibus in aestate consistendi, scilicet secundum majus et minus: et secundum quod melius et pejus se rexerint homines in sanitate, et secundum quod sunt melioris et fortioris complexionis et secundum quod melius vel pejus rexerunt se in moribus. Sed ars medicinae non dat remedia contra istam corruptionem quae venit ex impotentia et defectu regiminis, sicut sciunt omnes medici in sua arte experti, cum tamen fateantur medicinae auctores quod remedia possibilia sunt, sed non docent. Haec enim remedia semper fuerunt occultata non solum a medicis, sed a vulgo sapientium omni, et solum manifestata maxime notis, quos

[1] The reference is to the work called 'Liber totius medicinae necessaria continens quem sapientissimus Haly filius Abbas discipulus Abimeker filii Moysi filii Seiar edidit regique inscripsit unde et regalis dispositionis nomen assumpsit'; translated from Arabic at Antioch, A. D. 1127, by Stephen his disciple. It was printed at Frankfurt in 1523. The passage referred to is in Pars II, lib. i. cap. 24, *De regimine senum*. The rules for diet, exercise, and general management of health there given are extremely sensible, and quite in accordance with the best modern practice.

Whether this Haly (or Ali) is identical with the Haly spoken of, vol. i. p. 389, and elsewhere, as a commentator on the *Centilogium* of Ptolemy, does not seem certain; but it is probable. Bacon's treatise, *De retardandis senectutis accidentibus* (edited at Oxford by John Williams in 1590), is, as he says himself in the course of this treatise, largely indebted to Haly's work.

Aristoteles tangit primo Topicorum in dictione probabilis. Et non solum sunt remedia possibilia contra passiones senectutis venientes in tempore consistendi et ante tempus senectutis, sed etiam si regimen senectutis esset completum, possunt adhuc passiones senectutis et senii retardari, ne[1] statim suo tempore venirent, et cum venerint possunt mitigari et temperari, ut sic tum per retardationem tum per mitigationem eorum, prolongetur vita ultra terminum qui secundum regimen plenum senectutis consistit in dictis sex articulis. Et alius est terminus ulterior, qui positus est a Deo et a natura, secundum proprietatem remediorum retardantium accidentia senectutis et senii et mitigantium malitiam eorum, et primus terminus transgredi[2] potest, sed secundus non.

Agents by which the limits of life can be enlarged.

Et propter hos duos terminos dicit Scriptura pluraliter, Constituisti terminos ejus, qui praeteriri non potuerunt: impossibile enim est ultimum terminum praeteriri, sed tamen prior pertransiri potest, licet raro pertranseatur; sed secundus non potest. Regimen ergo sanitatis sufficiens, quantum homo possit habere, prolongaret vitam ultra communem terminum vivendi accidentalem, quem homo propter stultitiam suam sibi non servat; et sic vixerunt aliqui per multos annos ultra communem statum vivendi. Sed regimen speciale per remedia retardantia dictum communem statum quem ars regendi sanitatem non transgreditur, potest longe plus vitam prolongare. Et quod sit possibile patet per Dioscoridem, qui dicit, possibile est quod sit medicina aliqua, quae prohibeat hominem a velocitate senectutis et frigore et siccitate membrorum, ut per illud elongetur vita hominis. Et hoc vult Haly supra Tegni[3] circa finem. Et dicit iterum, Illi qui vixerunt diu usi sunt medicinis quibus elongata est vita eorum. Et de hujusmodi Avicenna in secundo Causarum dicit sic, Est medicina quae ponit et dividit omnem complexionem ad partem quam meretur. Sed auctores medicinae non dederunt medicinas istas, nec in libris eorum scriptae sunt, solum artem

[1] From ne to temperari, omitted in J.

[2] We should expect transiri or praeteriri.

[3] This word comes from the Latin version of the Arabic version of Galen's word τέχνη. As in the word *Almagesti*, the last letter represents the Greek η. Both words are used as indeclinables.

regiminis sanitatis attendentes; et hoc non ut oportet sufficienter de senibus et senioribus, [ut] est jam dictum. Sed sapientes dediti experimentali scientiae de his excogitaverunt, non solum moti propter utilitatem, sed excitati per brutorum animalium industriam, quae multis modis obviant festinationi moriendi, ut cervus et aquila et serpens, et multa alia suam vitam prolongantia per industriam naturalem, sicut auctores scribunt et experientia docuit. Quorum exemplis excitati crediderunt, quod Deus ipse brutis hoc concessit ad instructionem hominis mortalis. Et ideo insidiati sunt animalibus brutis ut scirent vires herbarum et lapidum et metallorum et aliarum rerum, quibus sua corpora rectificabant multis modis tanquam miraculosis, sicut ex libris Plinii, Solini, Avicennae de Animalibus, et Tullii de Natura Divina, ex philosophia Artephii, et libris aliis et auctoribus variis, certissime colligitur, et experti sunt multi. Nam Parisius nuper fuit unus sapiens, qui serpentes quaesivit et unum accepit et scidit eum in parva frusta, nisi quod pellis ventris, super quam reperet[1], remansit integra, et iste serpens repebat ut poterat ad herbam quandam, cujus tactu statim sanabatur. Et experimentator collegit herbam admirandae viriditatis. Et quia potest humana ratio supra omnem prudentiam bestialem, ideo sic excitati per exempla brutorum excogitaverunt vias meliores et majores.

The ancients knew of these.

Et praecipue haec sapientia mundo concessa est per primos, scilicet per Adam et filios ejus, qui receperunt ab ipso Deo specialem cognitionem in hac parte, quatenus vitam suam longius protenderent. Sic videndum est per Aristotelem in libro Secretorum, ubi dicit quod Deus excelsus et gloriosus ordinavit modum et remedium ad temperantiam humorum et conservationem sanitatis, et ad plura adquirenda scilicet ad obviandum passionibus senectutis et ad retardandum eas, et mitigandum hujusmodi; et revelavit ea sanctis et prophetis suis, et quibusdam aliis, sicut patriarchis, quos praeelegit et illustravit spiritu divinae sapientiae, &c. Et infra dicit[2] quod est medicina, quae vocatur gloria ineffabilis et thesaurus philosophorum, quae totum corpus humanum rectificat ad

[1] J. repit. [2] J. has infudit.

plenum, quae dicitur inventa ab Adam vel ab Enoch, habita per visionem, sicut ipsemet refert, licet non fuerit certificatum ad plenum, quis eorum eam primo perceperit. Sed haec et hujusmodi secretorum secretissima semper fuerunt occultata a vulgo philosophantium, et maxime postquam homines coeperunt abuti sapientia, disponentes ad malum quod Deus in salutem hominum et utilitatem plenam concessit.

Horum autem exempla scribuntur multa. Artephius, qui omnes regiones orientis peragravit propter sapientiam inquirendam, Tantalum magistrum regis Indiae invenit in aureo throno sedentem, de natura et motibus coelestibus docentem, cui Artephio idem Tantalus humiliavit se in discipulum[1], fertur in libro suae philosophiae vixisse multis annorum centenariis per secretas experientias. Verum[2] et Plinius vicesimo secundo libro Naturalis Historiae coram Octaviano Augusto refert hominem stetisse, qui ultra centum annos vitam suam prolongasset, fortis et robustus et strenuus in stuporem astantium: itaque imperator admiratus quaesivit ab eo, quid faceret ut ita viveret; et ipse respondit in aenigmate, ut ait Plinius, quod posuerat oleum exterius, et mulsum interius. Deinde quod dicitur libro de Accidentibus Senectutis[3], a tempore regis Guillelmi Siciliae inventus est homo, qui statum juventutis in robore et sensu et prudentia renovavit[4] ultra omnem aestimationem humanam circiter sexaginta annos; et de rustico bubulco factus est regis bajulus. Qui recepit liquorem optimum aureo vase in campis occultato sub terra, quod vas, aratro terram dividente, reperit, et aestimans rorem coelestem bibit, et faciem lavit, et renovatus est mente et corpore supra modum. Et in libro nunc tacto scribitur, quod homo totus perunctus unguento optimo, praeter plantas pedum, vixit pluribus annorum centenariis incorruptus, excepto quod in

[1] disciplinam, J.

[2] J. has rerum, affixed to foregoing sentence. Cf. Plin. xxii. 24.

[3] This is Bacon's treatise above referred to. The reference to it here fixes the date of its composition before 1267, which some have doubted. It was written, as Bacon says himself, in Paris. 'Hanc epistolam suasu duorum sapientum Parisius composui.' The anecdote of the countryman's treasure trove is told in cap. 8, and it is repeated in the Epistola de secretis operibus Artis et Naturae (see Brewer, p. 539).

[4] revocavit, J.

plantis, quas neglexerat ungere, recepit corruptionem, et ideo quia semper equitavit. Et auctor istius libri testatus est, quod hominem videret et cum eo locutus fuerat, qui pluribus annorum centenariis vixerat, eo quod medicinam a sapientibus magno regi paratam desperanti pro seipso et volenti indocto homini probare medicinam, recepit eam. Et sic prolongata est vita hominis, et a summo pontifice illius temporis et aliis habuit litteras bullatas de hac veritate.

Ingredients of the remedy.

Et ideo dicit experimentator bonus in libro de Regimine Senum, quod si illud quod est in quarto gradu temperatum, et quod natat in mari, et quod vegetatur in aere, et quod a mari projicitur, et planta Indiae, et quod est in visceribus animalis longae vitae, et duo repentia quae sunt esca Tyrorum et Aethiopum, praepararentur et adhiberentur, ut oportet, et minera nobilis animalis adesset, multum posset vita hominis prolongari, et passiones senectutis et senii retardari et mitigari. Quod vero est in quarto gradu temperatum est aurum, secundum quod dicitur in libro de Spiritibus et Corporibus, quod est maxime amicum naturae inter omnia. Et si per experientiam certam fieret optimum quod potest esse, vel saltem longe melius quam natura et ars alkimiae possunt facere, sicut fuit vas quod rusticus invenit, et resolveretur illud in aquam qualem bibit bubulcus, tunc miram operationem faceret in corpus hominis. Et si jungitur illud quod natat in mari, videlicet, margarita, quae est res multum efficax ad vitae conservationem, ac etiam addatur res quae in aere vegetatur, et est *anthos*, et est flos roris marini, qui ineffabilem habet virtutem contra passionem senectutis. Sed quod ponitur in electuario *dianthos* non est flos, sed mixtum ex foliis et fragmentis arbusti et parum de flore. Purus enim flos in tempore suo debet colligi, et multis modis contingit uti eo tam in cibis quam in potibus et electuariis. Quibus addendum est quod a mari projicitur et est ambra [1], quae est sperma cetae, res mirae virtutis in hac parte. Planta Indiae his est conformis, et est bonum lignum aloes, novum, non sophisticatum. Quibus annectitur quod est in corde

[1] Not arubra, as in J. It is ambergris.

animalis longae vitae, scilicet cervi, et est os quod generatur in corde cervi, habens magnam proprietatem contra festinationem senectutis. Repens autem quod est esca Tyrorum, est tyrus serpens de quo fit Tyriaca, et cujus carnes praeparantur ut oportet, et comeduntur cum rebus aromaticis; et haec est res omnino electa contra passionem senectutis et contra omnes corruptiones complexionis, si cum rebus accipiatur congruis cuilibet complexioni et passioni, ut docetur in libro de Regimine Senum. Et Aristoteles in libro Secretorum docet maximum documentum contra malas passiones per hujusmodi carnes tyri. Repens quod est esca Aethiopum est draco, secundum quod David dicit in psalmo, Dedisti eam escam populis Aethiopum. Nam certum est quod Aethiopes sapientes[1] venerunt in Italiam et Hispaniam et Franciam et Angliam, et in istas terras Christianorum in quibus sunt dracones boni volantes, et per artem occultam quam habent excitant dracones de cavernis[2] suis, et habent sellas et froena in promptu, et equitant super eos et agitant in aere volatu fortissimo, ut dometur rigiditas carnium et temperetur durities, sicut apri et ursi et tauri agitantur canibus et variis percussionibus flagellantur, antequam occidantur pro comestione. Cum ergo sic domesticaverint eos, habent artem praeparandi carnes eorum, sicut est ars praeparandi carnes tyri, et utuntur eis contra accidentia senectutis, et vitam prolongant et intellectum subtiliant ultra omnem aestimationem. Nam nulla doctrina quae per hominem fieri potest tantam sapientiam inducere valet sicut esus istarum carnium, secundum quod per homines probatae fidei didicimus sine mendacio et dubitatione.

Principles on which the remedy is founded.

Si vero elementa praepararentur[3] et purificarentur in aliquo mixto quocunque, ita quod nulla infectio esset unius per aliud, sed reducerentur ad puram simplicitatem, tunc aestimaverunt sapientissimi quod summam medicinam haberent. Nam sic essent elementa aequalia. Et Averroes arguit contra Galienum[4] super decimo Metaphysicae[5], quod si mixtum esset per aequalitatem miscibilium, tunc non esset actio et

[1] serpentes, J. [2] concavis, J. [3] praeparentur, J. [4] Salienum, J. [5] Mathematicae, J.

passio elementorum nec corruptio. Et hoc vult Aristoteles in quinto Metaphysicae, ubi sanxit, quod potentiae activae cum fuerint aequales non accidit corruptio; et hoc est certum.

Equality of elements approached in Adam's body, and attained after the resurrection.

Nam sic erit in corporibus post resurrectionem. Aequalitas enim elementorum in corporibus illis excludit corruptionem in aeternum. Nam haec aequalitas est ultimus finis materiae naturalis in corporibus mixtis, quia nobilissimum est, et ideo in eo quiesceret appetitus materiae, et non desideraret aliquid ultra. Corpus autem Adae non habuit elementa in plena aequalitate, et ideo fuerunt in eo actio et passio elementorum contrariorum, et per consequens[1] deperditio, et ideo indiguit nutrimento. Et propter hoc fuit ei praeceptum, ut non comederet de fructu vitae. Sed quia elementa in eo fuerunt prope aequalitatem, ideo modica fuit in eo deperditio; et propter hoc fuit aptus ad immortalitatem quam posset consequi, si fructum ligni vitae semper comedisset. Hic enim fructus aestimatur habere elementa prope aequalitatem; et ideo potuit continuare incorruptionem in Adam, quod factum fuisset, si non peccasset. Sapientes ergo laboraverunt, ut in aliquo comestibili vel potabili reducerent elementa ad aequalitatem vel prope, et docuerunt vias ad hoc. Sed tum propter difficultatem istius experientiae maximae, tum quia pauci curant de experientiis, quia multiplex est ibi labor et expensarum magna effusio, nec advertunt homines naturae secreta et artis possibilia, ideo accidit quod paucissimi laboraverunt in hujusmodi arcanum scientiae maximae, et pauciores venerunt ad finem laudabilem.

Illi tamen de quibus facta est mentio, qui per annorum centenarios vitam protraxerunt, habuerunt hujusmodi medicinam secundum magis et minus praeparatam. Nam Artephius[2], qui legitur vixisse mille viginti et quinque annis, habuit meliorem medicinam quam bubulcus senex, in quo renovata fuit juventus per sexaginta annos. Liquor ille, quem bibit ille rusticus, aestimatur versus aequalitatem elementorum

[1] J. alters this to gradus.

[2] A work bearing the name of this alchemist was printed at Frankfurt in 1685, with the title, 'Artefii Arabis philosophi Liber Secretus; nec non Saturni Trismegisti sive Fratris Heliae de Assisio libellus; quorum primus magicum ignem ab omnibus occultatum aperit, alter operandi modum aperte docet.'

accessisse longe ultra cibos et potus communes; sed tamen multum deficit ab aequalitate plena. Gradus enim multi sunt in accessu ad ultimum aequalitatis; quod etiam non attigit Artephii medicina, sicut nec illa quae per quingentos[1] annos fecit illum vivere qui literam papalem habuit in attestatione tanti miraculi, de quo dictum est superius[2]. Nec mirum si Aristoteles non tantum vixit, nec Plato, nec multi famosi philosophi; quum in praedicamentis dicit Aristoteles se ignorasse quadraturam circuli[3], quae non habet comparationem ad hujusmodi secretum. Et Avicenna dicit in tertio Physicorum, se nondum scivisse praedicamentum habitus; et modo aestimo hoc sciri de facili, et miramur eos tam aperta nescivisse. Omnis enim sapientia a Domino Deo est; et ideo aliquando simplicibus dantur quae studiosissimi et famosissimi scire non possunt. Sed medicina ista dare non potest, nec loquitur; sed magnitudo secreti scientiae experimentalis hujusmodi probavit. Quae vero sunt remedia et quas res accipiunt, invenitur maxime in libro Secretorum Aristotelis et in philosophia Artephii, et in libro de Passionibus Senectutis, et in tractatu de Senum et Seniorum Regimine, et in libris Plinii, et alibi multis modis[4].

[1] centum sextos, J.

[2] See p. 210.

[3] *Categ.* v. 18 *'Επιστήμης μὴ οὔσης, οὐδὲν κωλύει ἐπιστητὸν εἶναι· οἷον καὶ ὁ τοῦ κύκλου τετραγωνισμός· εἴ γέ ἐστιν ἐπιστητόν, ἐπιστήμη μὲν αὐτοῦ οὐκ ἔστιν οὐδέπω, αὐτὸς δὲ ἐπιστητόν ἐστιν.* The quadrature of the circle, or the method of approximating to it which is rightly called by that name, was discovered by Archimedes in the century succeeding that of Aristotle.

[4] Bacon's treatise *De retardandis senectutis accidentibus* was translated into English in 1684 by a member of the College of Physicians, Dr. Richard Brown, with notes on each chapter which not merely throw some light on the ingredients of his *elixir vitae*, but show, what is even more important, that to the medical mind four centuries after Roger Bacon, and half a century after Harvey, there was no *a priori* absurdity in the supposition that these ingredients were of value.

The amazing want of relativity which still continues to vitiate historical judgements, and especially judgements in the history of science, suggests a caution analogous to that already given in the case of Astrology. Till the laws of living bodies were studied at the close of the eighteenth century by Bichat, Hunter, and others in the light of physical and chemical science, there was no antecedent improbability in supposing the possibility of indefinite prolongation of human life. Limits very different from those imagined by Bacon are now universally recognized; but it would be rash to say that all has been done that can be done to reach them. Again, as to the nature of the remedies. What

EXEMPLUM III.

Improvements to be effected in Alchemy.

Tertio exemplificari potest hujus scientiae dignitas in alkimia. Nam tota ars illa vix attingit ad hoc, ut de levioribus metallis fiant veraciter majora, ut aurum de plumbo, et argentum de cupro. Sed illa ars nunquam sufficit ad ostendendum gradus auri naturales et artificiales et modos graduum istius. Nam scientia experimentalis utrumque produxit in lucem, quoniam et gradus auri invenit, et quatuor naturales et modos horum septendecim, et artificiales. Experimenta est possibile produci quantum placet ultra viginti quatuor. Sic vas, in quo continebatur liquor, de quo bubulcus factus ęst regis bajulus, auri tenuit dignitatem longe ultra viginti quatuor, ut ejus probatio et pretium manifestaverunt. Quum vero isti viginti quatuor gradus inveniuntur in massa auri, tunc est optimum aurum quod potest per naturam produci; quum vero sunt viginti quatuor gradus auri et una pars argenti vel unus gradus, tunc est pejus aurum quam prius, et sic vadit diminutio graduum auri usque ad sexdecim, quatenus octo sunt gradus auri cum admixtione argenti. Virtus vero mineralis in ventre terrae non potest aliquando digerere materiam et naturam auri, et facit quod potest digerens eam in formam argenti. Et ne illud fingam ex me, inveniuntur homines in pluribus partibus mundi, qui istos sexdecim modos apti sunt generare, et invenerunt frusta et massas auri, secundum istos septendecim; deinde procuraverunt fieri mixtionem argenti et aeris cum auro secundum modos praedictos, ut frusta haberent auri artificialiter facti septendecim, per quae cognoscant modos auri naturales. Et quia haec ars ignoratur a vulgo eorum qui auro inhiant, oportet quod multiplices fraudes fiant in hoc mundo. Ars

physician thirty years ago, looking at a case of the disease now called Myxoedema (which presents many of the appearances of premature old age), would not have smiled on hearing that it might be arrested or even cured by swallowing an extract from the thyroid gland of a sheep? This would be precisely one of the cases covered by Bacon's second *prerogative*: a discovery made within the limits of the science of medicine, but arrived at experimentally, and independently of medical principles hitherto recognized. Vaccination would be another instance.

igitur alkimiae non solum omittit hos modos, sed ad aurum viginti quatuor graduum rarissime invenitur, et cum summa difficultate, et pauci fuerunt semper, qui simul viventes sciverunt hoc secretum alkimiae; et non pervenit haec scientia ultra istud. Sed Scientia Experimentalis novit per Secreta Secretorum Aristotelis producere aurum non solum viginti quatuor graduum, sed triginta et quadraginta et quantum volumus. Propter hoc Aristoteles dixit ad Alexandrum 'volo ostendere secretum maximum'; et vere est secretum maximum, nam non solum procuraret bonum reipublicae et omnibus desideratum propter auri sufficientiam, sed quod plus est in infinitum, daret prolongationem vitae. Nam illa medicina, quae tolleret omnes immunditias et corruptiones metalli vilioris, ut fieret argentum et aurum purissimum, aestimatur a sapientibus posse tollere corruptiones corporis humani in tantum, ut vitam per multa secula prolongaret. Et hoc est corpus ex elementis temperatum, de quo prius dictum est[1].

Capitulum de tertia praerogativa vel dignitate artis experimentalis.

Definition of the third prerogative.

Tertia autem dignitas hujus scientiae est. Et est ex propriis per quae non habet respectum ad alias scientias, sed sua potestate investigat secreta naturae. Et hoc in duobus consistit; scilicet in cognitione futurorum praeteritorum et praesentium, et in operibus admirandis quibus excedit astronomiam judiciariam vulgatam in potestate judicandi. Nam Ptolemaeus in libro introductorio Almagesti dicit, quod alia est via quam per astronomiam vulgatam certior; et haec est via experimentalis, quae vadit secundum cursum naturae,

[1] The subject of Alchemy was more fully treated by Bacon in the *Opus Minus*, of which all that is known to be extant is to be found in Brewer, (see pp. 313–15, and 359–89). See also *Opus Tertium*, cap. xii. Other works of Bacon on Alchemy are (1) *Speculum Alchemiae*, printed in 1541 and translated both into French and English; (2) *De secretis operibus artis et naturae* reprinted as an Appendix to Brewer's work: (3) The treatise *De retardandis senectutis accidentibus* already spoken of; (4) *Sanioris medicinae magistri Rogeri Baconis angli de arte chymiae scripta*, printed in 1603, and sometimes spoken of under the title given to it in the second edition of 1620, of *Thesaurus chemicus*.

For the position of Alchemy in the history of science, the remarks of Comte (*Philosophie Positive*, vol. vi. p. 209, ed. Littré) may be consulted with advantage.

ad quam intendunt multi fidelium philosophorum, sicut Aristoteles et turba multa auctorum judiciorum astrorum, ut ipse dicit, et nos scimus per proprium exercitium, cui contradici non potest. Et haec sapientia inventa est in purum remedium humanae ignorantiae et imprudentiae; difficile enim est habere instrumenta astronomiae certa et sufficienter, et difficilius est habere tabulas verificatas, praecipue in quibus sit motus planetarum aequatus. Et difficilis est harum tabularum usus, sed difficilior usus instrumentorum. Haec autem scientia definitiones et [1] vias adinvenit, per quas expedite ad omnem quaestionem respondeat, quantum potest philosophiae singularis proprietas, et per quas [2] ostendat nobis figurationes coelestium virtutum; et impressiones coelestium in hoc mundo, sine difficultate astronomiae vulgatae. Et haec pars judicativa habet quatuor radices principales, seu scientias secretas.

Alterations of environment affecting character.

Opera vero hujus scientiae, quae ostendunt philosophiam, quidam testantur esse in alteratione regionis, ut mores vulgi alterentur, de quibus Alexandro quaerenti ab Aristotele de gentibus quas invenit, an eos exterminaret propter morum feritatem, an permitteret eos vivere, ipse Aristoteles philosophorum doctissimus in libro Secretorum respondit, Si [3] potes alterare aerem ipsorum, permitte eos vivere; si non, interfice eos. Voluit enim quod aer eorum potuit alterari utiliter, ut complexiones corporum eorum alterentur, et deinde animi excitati per complexiones elicerent bonos mores ex arbitrii libertate; et hoc est unum ex secretis.

Quidam vero plus assentiunt [4] in alteratione per solem, de quibus est exemplum Aristotelis dicentis ad Alexandrum, da calidum grano plantae in usum cui volueris, et ipse obediet tibi toto tempore vitae tuae. Quidam ponunt ut exercitus obstupescat et fugiat de quibus Aristoteles dicit ad

[1] definitiones et, om. in J.

[2] per quam ostendent, J. O. has per quam ostendat, but I think quas is called for.

[3] Cf. vol. i. p. 393.

[4] J. leaves a hiatus here. The reading here given I believe to be that of O. though the MS. is somewhat defaced. The word philosophi in J. is certainly not in this MS.

Alexandrum, Accipe talem lapidem super te, et fugiet omnis exercitus a te. Haec et hujusmodi innumerabilia testantur esse vera, non intendentes quod violentia fiat libero arbitrio; cum ipse Aristoteles, qui hoc proponit, dicit in Ethicis, quod voluntas cogi non potest. Potest autem corpus alterari per virtutes rerum, et animi deinde excitantur et moventur ut omnino gratis velint illud ad quod inclinantur; sicut per potiones et medicinas multas in libro Medicorum, [videmus][1] multos non solum in corpore posse alterari sed in passionibus animae et inclinatione voluntatis.

Unsuspected inventions.

Sunt autem alia opera quae sunt magis naturalia, quae sic non respiciunt inclinationem voluntatis mirabilem, et hujus sunt diversitatis. Quaedam habent pulchritudinem sapientiae cum aliis utilitatibus, ut de balneis perpetuis humano usui aptissimis absque renovatione artificii alicujus: sicut de luminaribus perpetuo lucentibus sine extinctione; videmus enim multas res igne non posse comminui, immo purificantur ex igne, sicut pellis salamandrae, et multa talia, quae etiam sic praeparari possunt ut luceant secundum se extra et virtutem ignis retineant, et flammam et lucem reddant. Et contra inimicos reipublicae adinvenerunt magnas artes, ut sine ferro, et absque eo quo tangerent aliquem, destruerent omnes resistentes, et eorum sunt multa genera. Et quaedam nullo sensu percipiuntur, aut solo olfactu, et horum patet liber Aristoteles de alteratione aeris, non de quo[2] prius tetigi sed alterius rationis, quoniam per viam infectionis procedunt. Et alia sunt, quae sensum aliquem immutant, et haec diversitas fit secundum omnes sensus.

Ever-burning lamps.

Greek fire.

Quaedam vero solo tactu immutant et sic tollunt vitam. Nam malta, quae est genus bituminis et est in magna copia in hoc mundo, projecta super hominem armatum comburit eum. Istud autem Romani gravi caede perpessi sunt in expugnationibus regionum, sicut Plinius testatur secundo Naturalis Historiae, et historiae certificant. Similiter oleum citrinum petroleum, id est, oriens ex petra, comburit quicquid occurrit, si rite praeparetur. Nam ignis comburens fit ex eo qui

[1] Some such word as videmus is wanting to complete the sense.

[2] cujus, J.

cum difficultate potest extingui; nam aqua non extinguit. Quaedam vero auditum perturbant in tantum, quod si subito et de nocte et artificio sufficienti fierent, nec posset civitas nec exercitus sustinere. Nullus tonitrui fragor posset talibus comparari. Quaedam tantum terrorem visui incutiunt, quod coruscationes nubium longe minus et sine comparatione perturbant; quibus operibus Gideon in castris Midianitarum consimilia aestimatur fuisse operatus. Et experimentum hujus rei capimus èx hoc ludicro puerili, quod fit in multis mundi partibus, scilicet ut instrumento facto ad quantitatem pollicis humani, ex violentia illius salis qui sal petrae vocatur tam horribilis sonus nascitur in ruptura tam modicae rei, scilicet modici pergameni, quod fortis tonitrui sentiatur excedere rugitum, et coruscationem maximam sui[1] luminis jubar excedit.

Explosive compounds.

Sunt etiam res quamplurimae, quae omne animal venenosum tactu lenissimo interficiunt, et circulo facto circa illa animalia per res hujusmodi, non possunt exire, sed moriuntur licet non tangantur. Quod si homo sit percussus veneno animalis, rasura pulveris hujusmodi rerum sanatur, sicut Beda scribit in Ecclesiastica Historia et scimus hoc per experientiam. Et sic sunt res innumerabiles, quae habent hujusmodi virtutes extraneas, quarum potestates[2] ignoramus ex sola negligentia experiendi.

Antidotes for animal poisons.

Sed alia sunt opera quae non tantam habent utilitatem reipublicae, sunt tamen spectanda miracula naturae, sicut est de experientiis magnetis, non solum respectu ferri, sed auri et aliorum metallorum. Et si experimentum respectu ferri non esset notum mundo, videretur magnum miraculum. Et certe circa operationem magnetis respectu ferri sunt opera incognita eis qui utuntur magnete, quae dissolutiones naturae mirabiliter ostendunt. Sicut etiam experimentator fidelis motum rerum ad invicem aliarum ab his novit experiri, ut de lapide qui currit ad acetum, et de bitumine quod capit ignem a se longius distantem, secundum quod narrat Plinius secundo Naturalium; et de quibusdam aliis rebus localiter distantibus ad invicem motu naturali concurrentibus. Quod est omnino

Magnetic and other attractions.

[1] i. e. of the lightning accompanying the thunder.

[2] proprietates, J.

stupendum super omnia quae vidi et audivi. Postquam enim hoc intuitus sum, nihil fuit meo intellectui difficile ad credendum, dummodo habuit auctorem certum. Et ne lateat Vestram Reverentiam, hoc accidit in partibus plantarum divisis et localiter separatis. Nam si surculus unius anni suscipiatur qui oritur juxta radices coruli, et secundum ejus longitudinem dividatur, et separentur partes divisae per spatium palmae seu quatuor digitorum, et unus teneat ex una parte extremitates duarum partium, et alius ex alia parte similiter, et semper teneant aequaliter et leniter, ita quod sicut partes in toto fuerant contra se positae sic teneantur, infra spatium dimidii milliaris incipient partes virgae sibi appropinquare paulatim, sed fortius in fine, ut tandem omnino concurrant et sint simul, extremitatibus tamen existentibus [1] diversis, quia per violentiam detinentium praepediuntur. Et hoc est valde admirabile. Et ideo magici utuntur hoc experimento, et dicunt carmina diversa, et credunt quod ex virtute carminum istud contingat. Et ego neglexi carmina et inveni opus naturae mirabile. Et simile est de magnete et ferro. Nam sicut propter similitudinem naturae quae est in ferro et magnete, unum currit ad aliud, sic est hic; unde virtus naturalis, quae est similis in utraque parte plantae, movet eas ad conjunctionem. Quod si debito modo aptarentur, concurrerent in extremitatibus sicut in medio et citius [2], ut si subtiliter perforarentur extremitates et transirent fila per foramina, quatenus in aere suspenderentur sine impedimento. Et non solum hoc est de surculis coruli, sed de multis aliis, ut in salicibus, et forsan in omnibus, si debito modo aptarentur. Sed quia in talibus aptius cogitat animus quam calamus scribat, ideo supersedeo ad tempus. Hic non scribo nisi recitando dicta sapientum et quae facta sunt ab eis, quorum ingenia magis admiror quam intelligo.

Application to religious and civil uses.

Et sic faciens finem de scientia ista experimentali absolute, convertam eam ad utilitatem theologiae, sicut in aliis egi consimiliter. Cum vero jam monstravi proprietatem hujus

[1] exeuntibus, J. In the same sentence J. has propediuntur.

[2] citius om. in J.

scientiae secundum se, jam cuilibet patet quod utilissima est haec scientia post moralem, et primo ipsi theologiae absolutae propter sensum literalem et spiritualem, in quibus ipsa consistit. Superius enim habitum est quod literalis sensus consistit in veritate creaturarum per definitiones et descriptiones earum exprimenda, et similiter habitum est quod argumentum non attingit ad hanc veritatem, sed experientia. Quapropter haec scientia post moralem maxime dabit veritatem Scripturae literalem, ut per convenientes adaptationes et similitudines extrahantur sensus spirituales, propter proprietatem Scripturae sacrae et secundum vias sanctorum et omnium sapientum.

Deinde ut refertur ad rempublicam fidelium valet haec scientia, ut tactum est in futurorum praesentium et praeteritorum cognitione speciali, atque in operum mirabilium exhibitione pro Ecclesia et Republica, ut promoveantur omnia negotia utilia, et impediantur contraria tam in paucis quam in multitudine, sicut exemplificatum est. Et si procedamus ad conversionem infidelium, patet quod valet duobus modis principalibus, qui habent ramos infinitos, quantum persuasio fidei notabiliter fieri potest per scientiam hanc; non argumentis sed operibus, quod fortius est. Neganti enim veritatem fidei, quia intelligere eam non valeat, proponam cursum naturalem rerum ad invicem, sicut exemplificatum fuit. Similiter quod sine violentia humana dolium frangatur, et vinum contentum stet immobile per tres dies non fluens; et quod aurum et argentum in marsupio, et ensis in vagina, consumantur, eis in quibus continentur illaesis; ut Seneca docet in libro Naturalium Quaestionum [1]; et quod aves qui vocantur halcyones mare tempestuosum in profunda hyeme cogant quiescere et se retrahere donec, ova fecerint et foetus produxerint, sicut Basilius et Ambrosius in Hexaemeron, et philosophi et poetae scribunt. Haec enim et his similia debent hominem movere, et ad receptionem divinarum veritatum excitare. Quoniam si in vilissimis creaturis reperiuntur veritates, quibus oportet subdi superbiam intellectus humani [2] ut credat eas licet non intelligat, aut injuriabitur veritati infallibili, quanto magis

[1] Seneca, *Nat. Quaest.* ii. 19. Seneca is speaking of the effects of lightning.
[2] interius humanam, J.

debet homo humiliare mentem suam veritatibus Dei gloriosis. Certe non est comparatio.

Elimination of magic.

Est autem alius modus utilissimus; quoniam[1] ad hanc, ut dixi, scientiam pertinet judicare quid potest fieri per naturam aut per artis industriam, et quid non. Et novit illa separare magicas illusiones, et deprehendere omnes earum errores in carminibus et invocationibus et conjurationibus et in sacrificiis et culturis. Sed infideles occupantur his insaniis et confidunt in eis, et crediderunt Christianos uti talibus in operibus miraculorum. Quapropter summae utilitatis est haec scientia in fidei persuasione, quum per eam solam inter partes philosophiae contingit procedere in hoc casu, eo quod haec sola considerat hujusmodi, et potest convincere omnem falsitatem et superstitionem et errorem infidelium quantum ad hujusmodi magica, ut sunt carmina et caetera praetacta. Qualiter autem valeat ad infidelium obstinatorum reprobationem, jam patet per opera violenta quae jam tacta sunt[2], et ideo pertranseo.

Paramount importance of this science.

Est tamen considerandum, quod licet aliae scientiae multa mirabilia faciant, ut geometria practica facit specula comburentia omne contumax, et sic de aliis; tamen omnia hujusmodi utilitatis mirificae in republica pertinent principaliter ad hanc scientiam. Nam haec se habet ad alias, sicut navigatoria ad carpentariam, et sicut ars militaris ad fabrilem; haec enim praecipit ut fiant instrumenta mirabilia, et factis utitur, et etiam cogitat omnia secreta propter utilitates reipublicae et personarum; et imperat aliis scientiis, sicut ancillis suis, et ideo tota sapientiae speculativae potestas[3] isti scientiae specialiter attribuitur. Et jam ex istis scientiis tribus patet mirabilis utilitas in hoc mundo pro ecclesia Dei contra inimicos fidei, destruendos magis per opera sapientiae, quam per arma bellica pugnatorum; quibus Antichristus copiose et efficaciter utetur, ut omnem hujus mundi potentiam conterat et confundat; et per quae tyranni, retroactis temporibus, orbem sibi subjugabant. Quod manifestum est per exempla infinita.

Illustrated by history of Alexander.

Sed nunc affero unum pro omnibus de Alexandro magno, qui quum de Graecia profectus est ut mundum expugnaret,

[1] quantum, J. [2] Cf. vol. i. pp. 401-2. [3] proprietas, J.

non habuit peditum nisi triginta duo millia, et equitum quatuor millia et quingentos; tamen, ut dicit Orosius ad Augustinum in libro de Ormesta Mundi, inferens hac tam parva manu bellum universo terrarum orbi, utrum admirabilius sit quod vicerit aut quod aggredi ausus fuerit, incertum est. Primo ergo cum Dario rege congressu sexcenta millia Persarum prostravit, sed in suo exercitu centum viginti equites et novem pedites defuere. In secundo vero congressu devicit quadraginta millia hominum, et de suo exercitu centum triginta pedites et centum quinquaginta equites ceciderunt; per hoc residuum mundi territum facilius subjecit. Sed Orosius dicit, non minus arte quam virtute Macedonum superavit. Nec mirum, cum Aristoteles fuerit cum eo in his bellis, ut legimus in vita Aristotelis. Et etiam Seneca in Naturalibus dicit, quod mundum vicit Alexander, Aristotele et Callisthene ducibus, qui magistri ei fuerunt in omni sapientia. Sed Aristoteles extitit principalis; et facile patet per praedicta quomodo per vias sapientiae potuit Aristoteles mundum tradere Alexandro. Et hoc deberet ecclesia considerare contra infideles et rebelles, ut parcatur sanguini Christiano, et maxime propter futura pericula in temporibus Antichristi, quibus cum Dei gratia facile esset obviare, si praelati et principes studium promoverent et secreta naturae et artis indagarent [1].

[1] Bacon's third *prerogative* deals with the phenomena lying outside the boundaries of any science recognized in his time, in which new departments of knowledge were to be created by experiment and observation alone. Here obviously the restraining influence of deduction from established principles could be no longer exercised; and observation unguided by rational hypothesis, led to strange results. For rules of induction, even faintly analogous to those of the *Novum Organum*, the student of the *Opus Majus* will seek in vain. Yet those who are disposed to be severe on the credulity of Roger Bacon, or of his century, will find it well matched if not surpassed in the *Silva Silvarum* of his namesake. We may go farther. His description of the mutual attraction of the split hazel-wands is curiously suggestive of the procedure followed even now by water-finders, who are not seldom consulted by practical men.

In his attempt to handle scientifically the real or pretended wonders exhibited by the wizards of his time, and to sift true from false, Bacon showed singular audacity as well as insight. The few physicians of our time who have striven to do the same with the allegations of *clair-voyants*, have had to run the gauntlet of imputations dangerous to their fame, though not, as in Bacon's case, to liberty or life.

PARS SEPTIMA[1]

HUJUS PERSUASIONIS.

Moralis Philosophia : Pars Prima.

Definition and rank of Moral Science.

Manifestavi in praecedentibus, quod Cognitio Linguarum et Mathematica, atque Perspectiva, nec non Scientia Experimentalis sunt maxime utiles et principaliter necessariae in studio sapientiae, sine quibus nullus potest ut oporteret[2] in ea proficere; et non solum absolute sumpta, sed relate[3] ad Dei Ecclesiam et cetera tria praenarrata. Nunc vero radices quartae scientiae volo revolvere quae melior est omnibus praedictis et nobilior; et haec est inter omnes practica, id est operativa, et de operibus nostris in hac vita et in alia constituta. Omnes enim aliae dicuntur esse speculativae. Nam licet quaedam sint activae, et operativae, tamen sunt de operibus artificialibus et naturalibus, non moralibus, et speculantur veritates rerum et operum scientialium quae referuntur ad intellectum speculativum et non sunt de eis quae pertinent ad intellectum practicum; qui ideo dicitur practicus quod praxim, id est operationem boni vel mali, exercet. Unde practica hic stricte sumitur, ad opera moris quibus boni vel mali sumus; licet largo modo sumendo practicam pro omni operativa scientia, multae aliae sunt practicae; sed autonomatice haec dicitur practica, propter

[1] In D. and O. the heading is 'Incipit Pars Septima hujus Persuasionis de Morali Philosophia ; habens Distinctiones et Capitula.' It must be remarked, however, that the division into Distinctions and Chapters is very imperfectly carried out in these two MSS.

[2] oporteret, O.; oportet, M.

[3] relate, O.; relata, M.

principales operationes hominis, quae sunt circa virtutes et vitia[1], et felicitatem et miseriam alterius vitae.

Its relation to Theology.

Haec vero practica vocatur moralis et civilis scientia. quae ordinat hominem ad Deum et ad proximum, et ad seipsum, et probat has ordinationes, et ad eas nos invitat et excitat efficaciter. Haec enim scientia est de salute hominis per virtutem et felicitatem complenda; et aspirat haec scientia ad illam salutem, quantum potest philosophia; ex quibus in universali patet quod haec scientia est nobilior omnibus partibus philosophiae. Nam cum sit sapientiae humanae[2] finis internus, et finis est nobilissimum in re qualibet, oportet quod haec scientia sit nobilissima. Similiter[3] de iisdem negotiatur haec sola scientia, vel maxime, de quibus Theologia: quia Theologia non considerat nisi quinque praedicta licet alio modo, scilicet in fide Christi. Et[4] haec scientia multa praeclara testimonia de eadem fide continet; et a longe articulos principales olfacit in magnum adjutorium fidei Christianae ut sequentia declarabunt. Sed Theologia est scientiarum nobilissima; ergo illa quae maxime convenit cum ea est nobilior inter caeteras. Sed ut hujus scientiae utilitas pateat maxima, oportet ejus partes investigari, quatenus de partibus et toto quod volumus extrahatur.

It presupposes the results of preceding sciences.

Et quoniam Moralis Philosophia est finis omnium partium philosophiae, necesse est ut conclusiones aliarum scientiarum sint principia in ea secundum formam praecedentium scientiarum ad sequentes; quia conclusiones praecedentium supponuntur in subsequentibus[5] naturaliter. Et ideo conveniens est ut sint in praecedentibus bene probatae et certificatae, ut mereantur accipi in usu scientiarum sequentium secundum quod ex metaphysicis patens est. Et ideo principia Moralis Philosophiae certificantur[6] in scientiis praecedentibus: et propter hoc debent haec principia extrahi ex aliis scientiis, non quia sunt illarum sed quia ea suae dominatrici praeparaverunt. Unde ubicunque inveniantur ascribenda sunt Morali Philosophiae, quoniam secundum substantiam suam sunt

[1] et vitia om. M.
[2] humanae om. M.
[3] caeterum, M.; similiter, O.
[4] Quanquam et. M.
[5] sequentibus, M.
[6] verificantur, M.

moralia. Et licet in aliis scientiis recitentur, hoc est propter gratiam philosophiae moralis. Quapropter omnia hujusmodi reputanda sunt de philosophia morali et ei ascribenda[1]. Et ideo si volumus uti eis secundum jus suum, necesse est ut in scientia morali ab omnibus aliis colligantur. Nec mirum si philosophi per totam philosophiam speculativam sparserunt moralia: quia sciverunt ea esse de salute hominis; et ideo in omnibus scientiis sententias pulcras miscuerunt ut semper homines excitarentur ad bonum salutis, ut sciretur ab omnibus quod non quaeruntur scientiae ceterae nisi propter istam quae est humanae sapientiae dominatrix. Et ideo si allegem auctoritates de aliis locis quam eas quae in libris moralibus continentur: considerari oportet quod hae in hac scientia debent proprie collocari; nec possumus negare esse scripta in libris hujus scientiae: quia non nisi secundum partes in Latino habemus philosophiam Aristotelis, Avicennae, et Averrois, qui sunt auctores in ea principales. Sicut enim Theologia veritates salutiferas esse suas intelligit, ubicunque eas invenit, ut a principio[2] allegavi, et posterius tactum fuit; sic et Moralis Philosophia[3] in suum jus vindicat quicquid de rebus sui generis reperit alias esse scriptum. Haec vero scientia moralis vocatur ab Aristotele et ab aliis civilis scientia, quia jura civium et civitatum demonstrat. Et quoniam solebant civitates dominari regionibus ut Roma imperabat mundo; ideo haec scientia civilis denominatur a civitate, jura tamen Regni et Imperii construendo.

Twofold division of subject. First division falls under three heads: duty to God, to neighbour, and to self.

Haec autem scientia primo docet componere leges et jura vivendi: secundo[4], docet ea credi et probari, et homines exhortari ad operandum et vivendum secundum illas leges. Prima pars dividitur in tres; nam primo naturaliter occurrit ordinatio hominis in Deum et respectu substantiarum angelicarum. Secundo ad proximum; tertio ad se ipsum, sicut Scriptura facit. Nam primo in libro Moysi sunt mandata et leges de Deo et cultu divino. Secundo de comparatione hominis ad proximum in eisdem libris et sequentibus. Tertio docetur[5]

[1] imponenda, M. [2] Cf. vol. i. pp. 56-59. [3] Moralis Scientia, M.
[4] In the fourth part, and the missing fifth and sixth parts of this seventh section. [5] docet, O.

de moribus, ut in libris Salomonis. Similiter in Novo Testamento, haec tria tantummodo continentur. Nam homo non potest alias recipere comparationes.

Relation of Metaphysics to Moral Philosophy.

Non solum vero propter primum sed propter omnia sequentia necesse est quod principia hujus scientiae in principio praeponantur, per quae caetera verificantur. Horum autem principiorum quaedam sunt mere principia et solum metaphysice nata sunt declarari. Alia licet sint principia, respectu sequentium, tamen vel sunt primae conclusiones hujus scientiae, vel licet aliquo principii gaudent privilegio, tamen propter eorum maximam difficultatem, et quia eis minus contradicitur[1], atque propter excellentem utilitatem respectu sequentium, debent sufficienter stabiliri. Secundum quod Aristoteles in principio naturalis philosophiae probat primum principium istius scientiae, scilicet quod motus est contra eos qui posuerunt tantum unum esse immobile[2]. Sciendum autem quod Metaphysica et Moralis Philosophia maxime conveniunt; nam utraque de Deo negotiatur et angelis et vita aeterna et hujusmodi veritatibus[3], licet diversimode. Nam Metaphysica per communia omnium scientiarum investigat propria metaphysice, et per corporalia investigat spiritualia: et per creata reperit Creatorem, et per vitam praesentem negotiatur circa futuram, et multa praeambula ad moralem philosophiam praemittit. Quae Metaphysica[4] propter scientiam civilem perquirit, ut secundum quod jus est conjungentis hanc scientiam cum Metaphysica; quatenus hic supponantur quae in Metaphysica habent declarari, ne scientias diversas ad invicem confundam si quae propria sunt Metaphysicae hic intendam probare.

Primary principles established by Metaphysic.

Dico igitur quod Deum esse oportet sicut ibi debet ostendi: secundo quod Deum esse naturaliter cognoscitur ab omni

[1] The sense seems to demand, *ut eis minus contradicatur*. This, in fact, is Bacon's meaning: there is, or will be less contradiction, if the principle is demonstrated.

[2] The passage referred to is probably *Nat. Auscult.* i. cap. 2, § 3 *τὸ μὲν οὖν εἰ ἓν καὶ ἀκίνητον τὸ ὂν σκοπεῖν οὐ περὶ φύσεώς ἐστι σκοπεῖν*, et seq. He goes on to show that since *φύσις* is *ἀρχὴ κινήσεως*, the study of the one and immovable, and the study of motion, are wholly distinct and disparate inquiries.

[3] hujusmodi multis, O.

[4] I give the reading of M.: O. has, 'unde recitabo solum hic quae in Metaphysicis habent declarari neque scientias diversas ad invicem confundam.'

homine: et tertio, quod Deus est potentiae et bonitatis infinitae, et simul cum hoc quod est substantiae et essentiae infinitae, ut sic sequatur quod sit optimus, sapientissimus, et potentissimus. Quarto, quod est unus Deus in essentia et non plures. Quinto, quod non solum est unus in essentia sed alio modo trinus, qui modus a metaphysico in universali proferri habet, hic autem in propria disciplina explicandus. Sexto, quod omnia creavit et gubernat[1] in esse Naturae. Septimo, quod praeter corporalia formavit substantias spirituales quos vocamus Intelligentias et Angelos; quia intelligentia est nomen materiae, angelus vero est nomen officii; et quot sunt, et quae sunt operationes earum, secundum quod ad metaphysicam pertinent, prout possibile est sciri per rationem humanam. Octavo, quod praeter Angelos fecit alias[2] substantias spirituales quae sunt animae rationales in hominibus. Nono, quod fecit eas immortales. Decimo, quod felicitas alterius vitae est summum bonum. Undecimo, quod homo est capax illius felicitatis. Duodecimo, quod genus humanum Deus gubernat in via moris, sicut caetera in esse naturae. Decimo tertio, quod illis qui recte vivunt secundum gubernationem Dei Deus promittit futuram felicitatem, sicut Avicenna docet decimo Metaphysicae, et quod male viventibus debeatur infelicitas futura horribilis. Decimo quarto, quod Deo cultus cum omni reverentia et devotione debeatur. Decimo quinto, quod sicut homo ad Deum naturaliter ordinatur per debitam reverentiam sic ad proximum per justitiam, et pacem, et ad se ipsum per vitae honestatem. Decimo sexto, quod non potest homo per propriam industriam scire qualiter Deo placeat cultu debito nec quomodo ad proximum, nec ad se ipsum se habere debeat, sed indiget in his revelanda veritate. Decimo septimo, quod uni tantum debet fieri revelatio; quod iste debet esse mediator Dei et hominum, et vicarius Dei in terra, cui subjiciatur[3] totum genus humanum, et cui credere debet sine contradictione, quando probatum fuit certitudinaliter quod iste sit talis ut modo assignatum est; et est legislator et summus sacerdos qui in temporalibus et spiritualibus habet plenitudinem potes-

[1] gubernavit, M. [2] alias, O.; illas, M. [3] subjiceretur, O.

tatis tanquam Deus humanus, ut dicit Avicenna in decimo Metaphysicae, quem licet adorare post Deum.

Transition from Metaphysic to Ethic.

Et per haec continuatur Metaphysica cum Morali[1] Philosophia, et descendit in eam sicut in finem suum, sicut Aviçenna pulcre conjungit eas in fine Metaphysicae[2]. Caetera vero sunt propria istius scientiae nec sunt in Metaphysicis explicanda, quamvis Avicenna plura addat. Sed in principio sui voluminis dat causam hujus quod non fecerat moralem philosophiam et nescivit an compleret eam; et ideo plura miscuit cum his quae tamen sunt propria morali philosophiae ut patet inquirenti. Et his consideratis tunc debet Legislator in principio descendere ad proprietates Dei in particulari, et Angelorum, et ad felicitatem alterius vitae ac miseriam et ad immortalitatem corporum post resurrectionem[3], et hujusmodi ad quae Metaphysicus non potuit aspirare. Nam ipse negotiatur in omnibus istis principaliter de quaestione an sit; quia ejus proprium est quaestionem hanc declarare de omnibus, eo quod consideret ens et esse in sua communitate. Sed aliae scientiae descendunt ad caeteras quaestiones in rebus: scilicet quid est unumquidque et quale et quantum, et hujusmodi, secundum decem predicamenta. Non tamen debet philosophus moralis omnia secreta Dei et Angelorum et aliorum explicare; sed ea quae necessaria sunt multitudini in quibus convenire habent omnes, ne cedant in quaestiones et haereses, ut docet Avicenna in radicibus Moralis Philosophiae.

The Trinity regarded as a doctrine of Moral Philosophy.

Dico igitur quod Moralis Philosophia primo explicat de Deo Trinitatem, quam veritatem habet Legislator per revelationem magis quam per rationem. Ratio quidem unde philosophi multa locuti sunt de divinis in particulari quae

[1] moralibus, M.

[2] The first and, as far as I know, the only printed edition of Avicenna's *Metaphysics*, is that of Venice, 1498. It is in ten books, of which the eighth, ninth and tenth deal with questions of moral philosophy, as Bacon understood the word. Mehren, in his memoir on *La philosophie d'Avicenne* (Louvain, 1882) remarks that 'La théologie ou la philosophie spéculative d'Avicenne peut être désignée comme un déisme spiritualiste dont l'auteur se tient autant que possible au dedans du domaine de l'Islam. . . . Bien qu'il ait été reconnu après sa mort comme disciple de l'Islam, ses écrits ont généralement été estimés hérétiques. C'est pourquoi l'on s'est efforcé de les détruire.'

[3] post resurrectionem, om. M.

excedunt humanam rationem et cadunt sub revelatione[1], tacta est prius in Mathematicis[2]. Nam ibi ostensum est qualiter potuerunt habere multas nobiles veritates de Deo quae habitae sunt per revelationem factam eis secundum quod Apostolus dicit, Deus enim illa revelavit. Sed magis patriarchis et prophetis de quibus constat quod revelationem habuerint[3] a quibus philosophi omnia didicerunt, ut prius est evidenter probatum[4]. Nam patriarchae et prophetae non solum divina tractabant theologice aut prophetice, sed philosophice, quia totam philosophiam adinvenerunt, sicut in secunda parte hujus operis probatum est. Potuit autem Metaphysicus satis docere quod Deus est, et quod naturaliter cognoscitur, et quod est infinitae potentiae, et quod est unus, et quod est trinus. Sed quomodo ibi sit Trinitas non potuit ad plenum explicare; et ideo hic est hoc verificandum.

Anticipations of the doctrine by Greek and Arabian philosophers.

Est igitur beata Trinitas, Pater et Filius, et Spiritus Sanctus. Nam Claudius[5], unus de expositoribus Scripturae Sacrae, in eo libro quo contra hanc heresim, Deus nihil sentit passionis sensu vel compassionis affectu, disputat, infert dicens, 'Plato tres in Divinitate personas laudabili ausu, mirabili ingenio immutabili consilio[6] quaesivit[7], invenit, prodidit; Patrem Deum, paternam quoque mentem artem sive consilium, et utriusque amorem mutuum.' Unam summam aequitrinam indivisam Divinitatem non solum ita credi oportere docuit, sed ita esse convicit. Haec ex libro suo de divinis rebus manifesta sunt. Et Porphyrius, ut Augustinus dicit, decimo de Civitate Dei capitulo vigesimo nono, praedicavit Patrem et ejus Flium quem vocavit paternum intellectum et mentem, et horum medium quem, ut ait Augustinus, putamus ipsum dicere Spiritum Sanctum, et more suo[8] appellans tres Deos, ubi etsi verbis

[1] et . . . revelatione, om. M.

[2] Vol. i. p. 175 et seq. Cf. also the whole of the second part.

[3] per revelationem habuerunt, D. et O.

[4] ut . . . probatum, om. M.

[5] I presume this to be the Bishop of Turin, who in the ninth century held acrimonious controversy with Jonas Bishop of Orleans, with regard to images; Claudius being an Iconoclast, and even suspected of Nestorianism. His works, or some of them, are in the 104th volume of Migne's *Patrologia*.

[6] immutabili consilio, om. M.

[7] quae sunt, M.

[8] nostro is the reading of D., O., and M. But this seems a mistake for suo.

utatur indisciplinatis, videt tamen quid tenendum sit. Et Augustinus eodem libro, capitulo trigesimo secundo[1], quendam Platonicum philosophum, cujus nomen tacet, recitat principium Evangelii secundum Joannem dixisse, usque ad incarnationem Christi, in quo principio distinctio personarum divinarum evidenter habetur. Et Augustinus in decimo de Civitate Dei capitulo trigesimo sexto, et trigesimo septimo, asserit Porphirium dicentem in libro primo de regressu animae quod non possunt peccata purgari, nisi per Dei Filium. Et Aristoteles dicit in principio Coeli et Mundi quod in cultu divino adhibemus nos magnificare Deum unum per numerum ternarium[2] eminentem proprietatibus rerum quae creatae sunt. Et ideo cum omnis creatura, ut ex Metaphysicis patet, est vestigium Trinitatis, oportet quod in Creatore sit Trinitas. Et cum Aristoteles compleverit philosophiam praecedentium[3] secundum possibilitatem sui temporis, longe certius sentire habuit de beata Trinitate personarum ut confiteretur Patrem et Filium et Spiritum Sanctum. Et propter hoc in lege

In the original it is more vestro ; because Augustine is addressing Porphyrius. Quemlibet appellasse Deum, is the reading of the following words in M. But the reading in the text, which is that of O. and D., is closer to the quotation from *De Civitate,* x. 29. Reference to this passage shows how St. Augustine maximizes the heterodoxy of Porphyrius, which Bacon is minimizing.

[1] capitulo trigesimo secundo, om. M. The passage is not in the thirty-second chapter, but at the end of the twenty-ninth of the tenth book *De Civitate Dei.* The reference to the thirty-sixth and thirty-seventh chapters in the following sentence appears to be to the thirty-second chapter, as commonly edited. It is only by a large and lax interpretation of Porphyrius that the doctrine attributed to him by Bacon can be extracted.

[2] Bacon here, as in the case of Porphyrius, somewhat stretches Aristotle's meaning. Aristotle says (*De Coelo,* i. cap. 1. § 2), *τὸ πᾶν καὶ τὰ πάντα τοῖς τρισὶν ὥρισται· τελευτὴ γὰρ καὶ μέσον καὶ ἀρχὴ τὸν ἀριθμὸν ἔχει τὸν τοῦ παντός, ταῦτα δὲ τὸν τῆς τριάδος. Διὸ παρὰ τῆς φύσεως εἰληφότες ὥσπερ νόμους ἐκείνης, καὶ πρὸς τὰς ἁγιστείας χρώμεθα τῶν θεῶν τῷ ἀριθμῷ τούτῳ.* In the commentary of Averroes on this passage the words occur, 'Et secundum istum numerum tenemur magnificare Creatorem remotum a modis creaturum in orationibus et sacrificiis ; nam omnia ista non sunt nisi ad magnificandum Creatorem.' Without reference to the Arabic, it is impossible to say how far this passage was modified by the Latin translator. The preamble to the Venice edition of 1495, from which this extract is made, frankly avows that such interpolations in defence of Christian orthodoxy have been made.

[3] praecedentium, om. O. et D.

Aristotelis fuerunt sacrificia tria, et orationes tres, sicut Averroes dicit super principium Coeli et Mundi: et manifestum est hoc per politicam[1] Aristotelis quae est liber legum. Et Avicenna praecipuus Aristotelis expositor ponit Spiritum Sanctum in radicibus moralis philosophiae.

The third person of the Trinity less clearly apprehended by them.

Sed longe magis potuit veritatem de Patre et Filio sentire, quia difficilius est intelligere processionem Spiritus Sancti a duabus personis distinctis quam generationem unius earum[2] ab alia. Propter quod philosophi magis deficiebant a comprehensione Spiritus Sancti quam a notitia Patris et Filii. Et ideo illi qui potuerunt habere notitiam Spiritus Sancti longe magis habuerunt de aliis personis. Et Ethicus philosophus in libro suo[3] de divinis et humanis et naturalibus, quem Hebraeo sermone, Graeco, et Latino, propter secretorum magnitudinem conscripsit, ponit in Deo Patrem, et Verbum Patris, et Spiritum Sanctum; et quod sunt tres Personae, Pater scilicet et Filius et Spiritus Sanctus. Et hoc necesse est per rationem haberi. Quae tamen ratio non debuit poni ante ea quae de Deo in particulari habent exprimi, nec ante philosophorum magnalium[4] auctoritates, quae ad hoc idem introducuntur in hac scientia tanquam in loco eis appropriato.

Definite statement of the doctrine, reserving the proof.

Dico igitur quod Deus est infinitae potentiae; et potentia infinita potest in operationem infinitam; ergo potest fieri a Deo aliquid infinitum, sed non aliquid[5] per essentiam, quia tunc plures possent esse Dii; cujus contrarium ostensum[6] est in Mathematicis[7]. Ergo oportet hoc quod est genitum a Deo deus esse, cum habeat essentiam generantis; alterum tamen in

[1] ex politica, M. [2] earum, om. O. et D.

[3] This is the *Cosmographia* of Ethicus, about whom somewhat more controversy has taken place, ancient and modern, than the subject merited. In the note to p. 302 of vol. i. I ought to have included a reference to the work of Karl Friedrich Pertz (Berlin 1853) who claims to have proved that the Latin *Cosmographia*, as we now have it, is a version from the Greek made by Jerome. See also Wuttke's two works on Ethicus, of 1853 and 1854.

[4] moralium, M. [5] aliud, D. et O. [6] ostensum, om. M.

[7] The reference seems to be to vol. i. p. 164, where the plurality of worlds is discussed. Nothing is said in that place directly as to the plurality of Gods. But compare the corresponding passage in cap. 41 of the *Opus Tertium*. 'Si plures [mundi], tunc essent plures dii secundum pluralitatem mundorum; quod est impossibile.'

persona. Et cum hoc genitum habeat potentiam infinitam, cum sit bonum infinitum, potest producere infinitum: ergo potest in[1] aliam personam. Aut tunc ergo eandem personam producit Pater; et erit tunc Spiritus ab utroque procedens; aut solum a Filio producetur; et tunc non attinebit Patri, nec erit plena germanitas, et tunc non erit plena convenientia in Divinis, quod est contra rationem. Item nec paritas amoris potest esse, secundum hoc quia Pater plus diligeret Filium, quam Spiritum Sanctum, quia generat Filium, et non producit Spiritum Sanctum. Sed cum Spiritus Sanctus sit Deus, quia habet essentiam divinam, oportet quod ei debeatur amor infinitus; et ideo infinito amore Pater amabit ipsum sicut Filium. Et etiam quia amor Patris non potest esse nisi infinitus, quia ejus amor est secundum suam potentiam, relinquitur ergo quod tantus erit amor Patris ad Spiritum Sanctum sicut Filii ad eundem. Quare oportet quod a Patre producatur tam Spiritus Sanctus quam Filius. Quod autem non sint nec possint esse plures personae non potest hic nec debet declarari, sed supponi, usque in quarta parte hujus scientiae probetur, cui attribuetur plenitudo persuasionis. Trinitatem vero personarum, scilicet Patris et Filii et Spiritus Sancti necessarium fuit hic probari et exponi, quia est radicale fundamentum in hac scientia propter cultum divinum statuendum[2] et propter alia multa. Nec oportet allegari in contrarium quod nulla scientia habet probare sua principia. Nam hoc quomodo est intelligendum patuit superius. Caetera vero quae possunt de Deo quaeri et in quibus debet esse dubitatio probabilis, sunt conclusiones partis quartae, et ideo ibi determinabuntur.

Forecasts of the Incarnation.

Non solum vero locuti sunt philosophi de Deo absolute, sed de Deo incarnato qui est dominus Jesus Christus, et de eis quae ad ipsum pertinent. Nam hujusmodi veritates sunt necessariae humano generi, et non est salus homini nisi per notitiam istarum veritatum. Et ideo oportuit quod omnibus salvandis a principio mundi essent hujusmodi veritates notae, quantum sufficit saluti. Hoc dico propter hoc quod quidam

[1] in, om. M.

[2] statuendum, om. D. et O.

magis[1] quidam minus noverunt hujusmodi veritates. Decuit etiam ut philosophi sapientiae dediti aliquid scirent de hac veritate, sive salvarentur sive non: quatenus mundus praepararetur et disponeretur ad hanc veritatem perfectam, ut facilius reciperetur quando tempus daretur. Et uberius persuasum est de hoc[2] in superioribus, ideo quod sufficit persuasio universalis hic, quatenus per experientiam cognoscamus philosophos sensisse multa de Christo praeclara, nec non de Virgine gloriosa. Et prius in astronomicis[3] recitata est sententia Albumazar in libro majoris introductorii sexto, ubi confirmat per auctoritatem omnium a principio philosophiae quod Virgo pareret filium qui Christus Jesus vocaretur. Et in libro Conjunctionum similiter locutus est. Sed haec sententia, licet dicatur in Astronomicis et verificetur ibi sicut conclusio, tamen est proprium principium in hac scientia. Unde haec scientia recipit hoc principium nobile probatum in Astronomia; et in hoc deservit ei tanquam Dominae ancilla, sicut in quibusdam aliis, ut innotescit ex praecedentibus, et inferius recitabitur. Et Porphirius dixit non posse peccata tolli nisi per Dei filium ut superius dictum est. Et super illud verbum, De disciplina scolarium Platonis probata divinitas[4], dicit expositor quod in tumba Platonis aureis literis quaedam scriptura inventa est super pectus ejus continens haec verba, Credo in Christum nasciturum de virgine, passurum pro humano genere et tertia die resurrecturum. Sed et Ethicus philosophus libro supradicto ait, Justi merebuntur videre Dominum Jesum Christum Regemque suum et signa et figuras clavorum, Verbumque Patris atque principium, cum eo cuncta componens. Et excitari potest mens humana ad partum Virginis per hoc quod quaedam animalia in virginitate permanentia concipiunt et pariunt, ut vultures et apes, sicut dicit Ambrosius in Hexaemeron. Et equae in pluribus regionibus concipiunt quoque sola virtute ventorum[5], quando masculas desiderant, sicut Plinius[6] quinto libro Naturalium dicit, et Solinus narrat libro

[1] quidam magis, om. M.

[2] ad hoc, M. The reference is to Part II. of *Opus Majus*.

[3] Cf. vol. i. p. 257. [4] deitas, M. [5] virtute masculorum distantium, M.

[6] Plin. iv. 22; viii. 42. Lisbon is mentioned as the locality of this marvel.

de Mirabilibus Mundi. Et Aristoteles vult secundo de Vegetabilibus quod fructus palmarum feminarum maturescunt ex odore a masculis veniente.

Prophecies as to Antichrist.

Et quia notitia Antichristi pertinet ad fidem de Christo, quia fides Christiana tenet Antichristum fore venturum, quem Christus destruet: ideo annexum est articulis fidei quod credatur Antichristus venturus; ideo unum principium istius scientiae est de adventu Antichristi in confirmationem eorum quae pertinent ad fidem Christi. Dicit igitur Ethicus philosophus quod circa tempora Antichristi erit una gens de stirpe Gog et Magog contra ubera Aquilonis circa portum Euxinum, pessima inter omnes nationes quae cum semine eorum pessimo recluso post portas Caspias Alexandri[1] facient multam hujus mundi vastationem, et occurrent Antichristo et vocabunt eum Deum Deorum[2]. Et Albumazar in libro Conjunctionum verificat similiter hoc principium, dicens et ostendens quod veniet princeps cum lege foeda et magica post legem Machometi, qui destruet alias leges ad tempus. Sed parum durabit propter malitiae magnitudinem; hoc superius expositum est. Et proculdubio multum considerandum est hoc principium hujus scientiae. Nam gens Tartarica exivit de locis illis, ut certum est, quoniam habitabant post portas illas, inter aquilonem et orientem, inclusi in montibus Caucasi[3], et Caspii, et secum ducunt populos qui jam a montibus dictis dominantur usque ad finem Poloniae[4], Boemiae et Hungariae quae sunt longe citra ubera Aquilonis. Verum enim est quod aliae exiverunt gentes de locis illis, et mundum invaserunt meridianum usque ad terram sanctam, sicut nunc Tartari faciunt, ut Hieronymus scribit in epistolis et historiae narrant. Atque gens Gothica et Vandalorum quae postea invasit meridiem

The reference that follows to the spurious Aristotelian treatise *De Plantis* (i. 17) is curious, as bearing on the question of the date of recognition of the sex of plants. After speaking of the results that follow from the apposition of corresponding parts of the male and female palm, and of the distinction of the two in the size of the leaf and in odour; the writer adds, *τυχὸν δὲ καὶ εἰ ἐκ τῆς εὐωδίας τοῦ ἄρρενος ἐπαγάγῃ τι ἄνεμος πρὸς τὸν θῆλυν, πεπαίνονται καὶ οὕτως οἱ καρποί, ὥσπερ ὁπόταν τὰ φύλλα τοῦ ἄρρενος τῷ θήλει ἀπαιωρῶνται.*

[1] Alexandri, om M.

[2] Vol. i. p. 268.

[3] Vol. i. pp. 303, 354.

[4] Poloniae, om. M.

sunt de finibus Aquilonis. Et ideo discursus Tartarorum non sufficit verificare[1] tempus de adventu Antichristi, sed alia exiguntur ut sequentia explicabunt.

Aliud vero principium est de judicio futuro[2]. Nam in hoc cadit unus articulus fidei Christianae de quo dixit Ethicus philosophus, Diabolus, qui primo conditus fuerat[3] et primus corruerat, ante omnes pessimos homines punietur et in inferno recludetur; qui quia creaturae praefulsit in ordine primus, et viarum Dei claruit in miraculum, idem primus in novissimo judicio terribili venturo poenas patietur, et ei quales ab initio datae sunt in caverna laci, tot ante tribunal regis ipso judicio sunt dilatae, ut cernant impii truculentissimum suae mortis auctorem.

Views of Greeks and Arabians on Creation;

De Creatione vero est aliud principium, quod quia in mathematicis habet probari, notum est; ideo solum moraliter hic tangendum est. Aristoteles quidem in libro de Regimine Regnorum expresse ponit et nominat Adam et Enoch, et ideo primum hominem et principium mundi intellexit. Quod si principium habuit, necesse est creatum fuisse, ut superius est edoctum. Et Albumazar in libro Conjunctionum egregie serviens morali philosophiae ponit primum hominem, scilicet Adam, et docet quantum fuit ab eo usque ad diluvium, et quantum a diluvio usque ad Christum, et quantum a Christo usque ad Machometum, et quantum ab eo usque ad legem foedam. Et Avicenna in Moralibus omnino ponit creationem. Et Ethicus philosophus dicit, Primum omnium Deus omnes creaturas aedificavit, et summo opere unam molem[4] instituit, atque ea quae ex nihilo fecit multipliciter dilatavit. Et Trismegistus in libro de Divinitate ad Asclepium ait, In Creatore sunt omnia antequam creasset ea; ut concordat cum Joanne Evangelista qui dicit, Quod factum est in ipso vita erat; cum tamen hic Trismegistus fuit circiter tempus Moysi et Josuae, ut habetur ab Augustino libro de Civitate Dei.

on Angels.

Circa vero primo creata, invenitur principium hujus scientiae: hujusmodi autem sunt Angeli boni et mali. Primo igitur per motus corporum mundi, quos invenerunt circiter

[1] determinare (*pro* verificare), M.
[2] venturo, M.
[3] Vol. i. p. 190: also *Opus Tertium*, cap. 41.
[4] molam, M.

sexaginta, posuerunt Angelos bonos tot esse, quia illi motus sunt voluntarii et ideo fiunt per Angelos. Et istud patet ex Metaphysicis Aristotelis et Avicennae. Deinde extenderunt se ad ulteriorem considerationem, invenientes quasi numerum infinitum correspondentem nobis, sicut multiplicantur individua in hoc mundo inferiori sub una specie, et distinguuntur ab invicem numero, sicut individua sensibilia, sicut in libro De Causis scribitur; differenter tamen, quia Angeli ita separantur ab invicem quod non corrumpantur, sed maneant in esse stabili. Haec autem individua nota separantur ab invicem ita quod aliquando corrumpantur. Et si volumus ulterius admirari verba Ethici, possumus dicere, sicut ipse dicit in libro suo, Viginti[1] ordines Angelorum sunt; quos etiam posuit stetisse in gloria coelesti.

Quotation from Apuleius of Mandara: De Deo Socratis.

Sed longe magis admirandus est Apuleius[2] Mandarensis, in libro de Deo Socratis, in quo multa mirabilia edisserens de Angelica natura transfert sententiam Platonis in Symposio, videlicet quod cuilibet uni homini deputatur unus Angelus ad custodiam contra mala omnia, et ad promovendum et excitandum ad bona. Et postquam anima separata est, bonorum et malorum omnium quae gessit illa in corpore fit testis coram Deo judice. Atque asserit Angelos deferre petitiones hominum ad coelestia et reportare dona ab eis ad homines; et aliquis praeest uni provinciae, et alius alii; et multa talia dicit sub his verbis; 'Sunt quaedam divinae mediae potestates in isto interstitio inter homines celicolasque per quas desideria nostra et merita ad eos comeant, vectores[3] hinc precum inde donorum, qui ultra cito petitiones portant hinc inde suffragia, seu quidam utriusque interpretes, et salutem geri per hos curant singuli eorum ut est cuique tributa provincia, vel somniis confirmandis, vel praepositis guber-

[1] D. and O. have novem.

[2] See *De Civitate Dei*, lib. viii. cap. 14 et seq. The difference in tone between St. Augustine and Bacon is similar to that noticed in the case of Porphyrius. That the word Daemon should be used in any sense but a bad one was not acceptable to St. Augustine. That something analogous to the conception of Angels should have been reached by a pre-Christian thinker was welcome to Bacon.

[3] motores hinc precum, M.

nandis, vel obscurioribus[1] erudiendis, vel vatibus inspirandis, vel caeteris quae a Deo dinoscimus. Quae cuncta coelesti voluntate et numine et auctoritate, sed Angelorum ministerio, obsequio, et opera fieri arbitrandum est. Ex hac igitur Angelorum copia Plato autumat singulis hominibus in vita agenda testes et custodes singulis addictos, qui menti perspicui semper adsunt arbitri non solummodo actorum verum etiam cogitatorum. Ac ubi vita edita remeandum est eundem illum qui nobis praeditus fuit, raptare illico et trahere veluti custodiam suam ad judicium; atque illic in causa dicenda assistere et prorsus illius testimonio ferri sententiam.' 'Deinde vos omnes admoneo qui hanc Platonis sententiam divinam me interprete auscultatis, ita et animos vestros ad quaecunque agenda vel judicanda formate, ut sciatis nihil homini prae istis custodibus intra animam nec foris esse secreti, quin omnia curiose ille percipiat, visat omnia et intelligat hic custos singularis praefectus, domesticus speculator, proprius tutator, intimus cognitor, assiduus observator, individuus arbiter, inseparabilis testis, malorum improbator, probator bonorum, in rebus incertis prospector, in dubiis praemonitor, in periculosis tutator, egenis opitulator, qui vobis queat tum in somniis, tum in signis, tum coram cum usus postulat, mala truncare, bona prosperare, secunda regere, adversa corrigere.' Mira enim haec sententia et omnino favorabilis Christiano, nec in litera nec in sensu aliquid indignum continet; immo[2] valde dinoscitur praeclaros fidei annexos habere articulos; nec oportet philosophum hic interpretari in pejus, cum nihil nisi consentaneum veritati mirabiliter pateat continere. Hoc dico quia aliquando nituntur alii obscurare sententias Catholicas in libris philosophorum repertas: sed gaudenter debemus eas recipere in testimonium nostrae fidei; et quia certum est eos haec habuisse per revelationem factam eis et sanctis patriarchis et philosophis, sicut prius est ostensum[3].

Similar testimony from Porphyry and others.

Et Porphyrius, sicut recitat Augustinus, decimo de Civitate Dei, dixit Angelos [esse] qui deorsum descendentes hominibus divina pronuntiant, et alios qui in terris ea quae Patris sunt et

[1] necessitatibus erudiendis, M. [2] immo . . . articulos, om. O. et D.
[3] Another reference to the second part of the *Opus Majus*.

altitudinem ejùs et profunditatem declarant. Et de Diabolo et Angelis ejus multa locuti sunt. Nam Ethicus philosophus de eo sententiam fidelem expressit, ut prius habitum est[1], tam ad creationem quam de peccato et damnatione sua primordiali et finali post judicium. Et etiam praesumpsit dicere decimum ordinem cecidisse post peccatum in poenam inferni. Et Apuleius et Plato et alii distinguunt duo genera Daemonum, quia Daemon graece idem est quod sciens latine. Ideo quoque sunt calo-daemones et caco-daemones, id est boni et mali. Calon[2] enim est bonum et cacon est malum. De bonis vero intelligendum est quae dicta sunt de custodia hominum. Mali vero sunt diaboli nomine et hi passionibus animi irrationabiliter cedunt secundum Apuleium; unde indignari et angi et laetari de malo et irasci, et caeteros malignos motus habent. Et ii sunt de quibus loquuntur poetae, ut dicit Apuleius, et quos fingunt esse Deos[3] et amatores quorundam, et odiosos aliis; et quidam sunt incubi, et ducunt homines ad peccata et vitia, et postea ad poenam inferni, de qua loquuntur Hermes Trismegistus et Ethicus philosophus.

Witness of non-Christian thinkers to immortality, not merely of soul but of body.

De Immortalitate Animae in Metaphysicis est tactum. Sed hic moraliter et praecipue de corporis resurrectione est dicendum, de qua non potuit Metaphysicus dare sententiam nec universalem nec particularem. Non solum autem Aristoteles et Avicenna dederunt vias utiles ad immortalitatem animarum de quibus prius dictum est, sed philosophi in moralibus sunt locuti. Nam primo de Quaestionibus Tusculanis, Cicero sententiat immortalitatem animae, et per totum librum istum[4] investigat, et persuasiones varias ad hoc revolvit, quae ex libro illo patent, nec possunt hic poni propter prolixitatem. Et similiter in libro de Senectute eadem immortalitas a Marco Tullio determinatur. Et in libro de Natura Divina Hermes Mercurius pulcre dicit, Deus et pater omnium et dominus, et is qui solus est omnia in omnibus, se

[1] ut prius habitum est, om. O. et D.

[2] Probably these words were originally written by Bacon in Greek letters. But in the fourteenth and first half of the fifteenth century knowledge of Greek in northern Europe was even rarer than in the thirteenth.

[3] Deos et, om. M.

[4] primum, *pro* istum, D. et O.

libenter ostendit : non ubi sit loco, nec qualis sit qualitate nec quantus sit quantitate ; sed hominem sola intelligentia mentis illuminans qui discussis ab animo errorum tenebris et veritatis claritate percepta, toto se sensui divinae intelligentiae commiscet, cujus amore a parte naturae, qua mortalis est, liberatus immortalitatis futurae concipit fiduciam. Et dicit Avicenna in Moralibus quod Machometus[1] solum locutus est de gloria corporis; sed nos scimus, ut ait, quod major est gloria animarum, quia non sumus asini reputantes tantum corporis delicias; et ideo suum legislatorem Avicenna comprehendit, et vult alium investigare qui non solum corporum promittit gloriam, sed magis animarum. Et in hoc consentit Seneca per totum, et Socrates et Plato, ut patet in Phaedone. Et Avicenna in Moralibus dicit quod ponenda est corporum resurrectio, ut totus homo in anima et corpore glorificetur, si Dei mandatis obediat. Et hoc non solum Avicenna et caeteri de domo Aristotelis senserunt, sed Democritus antiquior et philosophus magnae auctoritatis, sicut Plinius refert in Naturalibus, libro septimo. Et etiam ipse Plato dixit sine corporibus[2] animas in aeternum esse non posse, sed ad ea redire, sicut Augustinus docet vicesimo secundo de Civitate Dei. Et Varro in libro de

[1] Avicenna's remarks on this subject will be found in his *Metaphysics*, lib. x. cap. 2. He there shows that if Mahomet wished his spiritual truths to be apprehended by the people, he had no alternative but to use physical images in a parabolic sense. 'Vulgus enim non potest imaginare has dispositiones pro modulo suo, pauci enim possunt imaginare certitudinem hujus unitatis et singularitatis; et quia non credunt esse hujusmodi ideo incidunt in haereses, et convertuntur ad inquisitiones et argumentationes quae retrahunt eos a suis operibus civilibus, et aliquando faciunt eos incurrere in sententias contrarias utilitatibus civitatis et contradicentes debito veritatis. . . . Non enim fuit in Sapientia divina ut omnia essent facilia. Non debet autem legislator dicere vulgo se occultasse aliquid quod eis non revelaverit, quia non oportet eum esse facilem ad dicendum eis aliquod de his, immo oportet ut insinuet eis gloriam Dei et magnitudinem ejus aliquibus nutibus et parabolis sumptis a rebus quae sunt apud eos gloriosae et magnificae, et quod hoc dicat eis quod non est sibi aliquod aliud compar nec simile. Similiter etiam oportet ut affirmet eis id quod dicitur de promissione taliter ut possint imaginare ejus qualitatem, et quiescant in eo animae eorum, et ut felicitatis et terroris inducat exempla, per quae ipsi intelligunt et imaginant de eis; veritatem autem non detegat eis, nisi aliquid commune, scilicet quod est aliquid quod nec oculus vidit nec auris audivit, et quod illis est regnum delectationis maximae, et doloris est horror aeternus.'

[2] Aug. *De Civ. Dei*, lib. xxii. cap. 27.

gente populi Romani refert multos philosophantes dixisse ad eadem, Anima in idem corpus enimvero aliquando redibit. Si ergo Plato voluit animas redire ad corpora, et Varro ad idem corpus et Porphyrius[1], philosophorum maximus secundum Augustinum, vult quod anima purgata nunquam ad malum, neque ad hunc mundum, sed ad Deum patrem itura est; tunc oportet quod ex dictis philosophorum sequatur resurrectio.

How this conclusion was reached.

Et hoc necesse est, quoniam ex fonte[2] philosophiae eruerunt quod virtus est totius conjuncti ex anima et corpore, id est hominis, non animae tantum nec animae in homine, sed hominis per animam, sicut intelligere et aedificare, ut dicit Aristoteles primo de Anima[3]. Et ideo felicitatem posuerunt totius[4] conjuncti esse, unde non posuerunt hominem esse animam in corpore sed vere compositum ex anima et corpore ita quod essentia hominis sit constituta ex anima et corpore, et non quod sua essentia sit sola anima in corpore. Illud enim quod est nobilius a parte hominis posuerunt subjectum praecisum virtutis et felicitatis, hoc autem est conjunctum in quantum hujusmodi, quia ipse qui est compositus ex anima et corpore est nobilis substantia[5]. Et quamvis felicitas spiritualis et virtus insint homini ratione animae, tamen non sunt animae, ut ibi sit status, sed propter hominem ipsum conjunctum; et ideo posuerunt felicitatem, quae est finis hominis, complere hominem totum, tam a parte corporis, ut debetur ei, quam a parte animae. Et ideo posuerunt corpus aliquando conjungi cum anima, ut utrumque perficeretur secundum sui proprietatem. Sciebant autem per rationem, quod forma appropriatur materiae suae, et e contrario. Et ideo forma incorruptibilis appropriat materiam incorruptibilem, et e contrario. Sciebant autem quod appetitus formae non completur nisi in sua materia. Et posuerunt appetitum animae totaliter

[1] *De Civ. Dei,* lib. xxii. cap. 3 teste Porphyrio, nobilissimo philosopho Paganorum.

[2] sic M. virtus secundum eos, D. et O.

[3] *De Anima*, i. 4, § 12 *τὸ δὲ λέγειν ὀργίζεσθαι τὴν ψυχὴν ὅμοιον κἂν εἴ τις λέγοι τὴν ψυχὴν ὑφαίνειν ἢ οἰκοδομεῖν*, et seq.

[4] totius, om. M.

[5] 'quia ipse homo non est compositus ex anima sola, quia corpus humanum est nobilis substantia,' D. et O.

compleri per felicitatem. Quapropter posuerunt quod foret in corpore.

Rationes vero et persuasiones philosophorum ad hoc sunt hujusmodi. Sciverunt enim quod potentia Dei infinita est, et ideo potest facere quod idem corpus redeat. Et agens potentiae finitae potest facere idem specie[1], ut natura de grano corrupto facit alia grana ejusdem speciei. Quare multo fortius agens infinitae potentiae poterit facere idem numero. Nam potentia infinita excedit finitam in infinitum. Sed productio ejusdem secundum numerum[2] excedit in infinitum. productionem ejusdem secundum speciem. Caeterum Aristoteles dicit nono Metaphysicae[3], quod ex mortuo fit vivum si fiat resolutio ad materiam primam. Cum ergo Deus potest facere hanc resolutionem, ut planum est, potest fieri resurrectio. Item magna persuasio est nobis de phoenice quo resoluto in pulveres suos iterum reviviscit, et fit phoenix. Sed major est de verme qui natus cito post moritur; et iterum reviviscens, remanet immortalis, ut philosophi et sancti narrant, sicut ex libris Hexaemeron qui determinant opera sex dierum, demonstratur.

Future state of happiness.

De felicitate quidem alterius vitae, et de miseria malis praeparata oportet moralem philosophiam ponere principia propter hoc quod tactum est in Metaphysicis. Nam ibi in universali, hic in particulari habent ista tractari. Pulcre enim determinant philosophi causas quibus impedimur a cognitione[4] vitae aeternae; et sunt quatuor: peccatum; occupatio circa corpus; mundi sensibilis amplexus; et defectus revelationis. Nam revelatio non est in potestate nostra. Sed de quaestione, an sit promissio aeterna, potuerant habere cognitionem ut dixi, et in universali, quantum ad quaestionem quid sit haec et quae et qualis. Non tamen in particulari et in propria disciplina; et hoc praecipue propter quatuor causas nunc dictas. Unde Avicenna in radicibus moralis philosophiae,

Four causes of spiritual blindness; pointed out by Avicenna. 1st. Sin.

[1] Et agens . . . specie, om. D. et O.

[2] naturam, *pro* numerum, M.

[3] The reference seems to be to *Metaph.* vii. 5. § 4 *ὅσα δὴ οὕτω μεταβάλλει εἰς ἄλληλα, εἰς τὴν ὕλην δεῖ ἐπανελθεῖν, οἷον εἰ ἐκ νεκροῦ ζῷον, εἰς τὴν ὕλην πρῶτον, εἶθ' οὕτω ζῷον.*

[4] cogitatione, M.

post multa concludit, Nostra dispositio erga illa est sicut dispositio surdi qui nunquam audivit in sua privatione imaginandi delectationem armonicam, cum ipse sit certus de amoenitate ejus, an sit, seu quid sit. Et non solum intellectus sic se habet in cognoscendo, sed affectus et voluntas in desiderando, et amando et sapiendo seu gustando dulcedinem vitae aeternae, ut Avicennae utar eloquio. Comparat enim nos paralytico, cui apponatur cibus delectabilis; non sentit ejus suavitatem, donec curetur ejus paralysis, et auferatur mala dispositio. Sic quae dicit esse in nobis respectu dulcedinis vitae aeternae, et propter peccata, et propter communionem corporis mortalis; peccata[1] enim inficiunt appetitum animae rationalis, et moles corporis aggravat. Unde dicit Avicenna eleganter, Quod nos, in saeculo nostro et hoc corpore, demersi sumus in multa turpia, et ideo non sentimus illam delectationem, cum tamen apud nos fuerit aliquid de causis ejus. Et ideo non inquirimus eam, nec allicimur ad eam, nisi prius deposuerimus a cervicibus nostris jugum voluptatis et irae, et sorores earum, et sic degustemus aliquid delectationis illius; et sic fortassis imaginabimur de illa parum, tanquam per interpositum, quia adhuc revelatio necessaria est. Et ideo dicit, quod tunc verius sentiemus, praecipue cum solutae fuerint quaestiones de Deo et felicitate et immortalitate animarum et resurrectione corporum; et revelata fuerint hujusmodi quaesita nobilia. Tunc, ut Avicenna dicit, Comparatio istius nostrae delectationis ad illam nostram delectationem erit comparatio delectationis sensibilis, quae est odorandi odores gustatorum delectabilium, ad delectationem comedendi ea.

2nd cause: care for bodily comfort.

Sed et animae occupatio cum corpore, ut infert, facit eam oblivisci sui ipsius et ejus quod amare debet; sicut infirmus obliviscitur ejus quod opus est restaurare pro eo quod resolvitur de eo. Substantiam enim animae, ut ipse dicit, corpus occupat et reddit eam stultam, et facit eam oblivisci sui proprii desiderii, et inquirendi perfectionem quae sibi competit et percipiendi delectationem perfectionis suae. Non quod anima sit impressa corpori, et immersa: sed quia ligatio est

[1] peccata . . . rationalis, om. M.

inter illa duo, quod est desiderium naturale gubernandi corpus et agitandi affectiones ejus.

Et quartum[1] impedimentum est occupatio hominis cum isto mundo sensibili, quamvis homo non peccaret nec de corpore curaret. Quia enim sumus dediti mundo sensibili, ideo negligimus insensibilem et spiritualem, secundum quod edocet Avicenna. In quibus evidenter et magnifice tangit causas impedientes nos a consideratione et amore felicitatis.

3rd cause: worldly occupations.

Et per contrarium ostendunt nobis sua verba, quae sunt adjutoria cognoscendi et amandi et gustandi delectationem futurae felicitatis. Quorum unum est mundificatio animae a peccatis; et aliud est subtractio animi a naturali suo desiderio regendi corpus. Et tertium est suspensio mentis ab hoc mundo sensibili, ut adhaereat saeculo intelligibili. Et quartum est, certificatio per revelationem et prophetiam de eis, de quibus mens humana non potest praesumere, sicut sunt quaesita nobilia de quibus loquitur; nam in hujusmodi, ut dicit, Credimus testimonio prophetae et legislatoris, qui recepit legem a Deo. Qui vero haec quatuor haberet non poneret felicitatem in hoc mundo, sed miseriam et mortem, sicut satis exponetur inferius: et cum Aristotele et cum Theophrasto, et Avicenna, et aliis vere philosophantibus, vacaret contemplationi felicitatis futurae, quantum homini ex potestate sua est possibile; quatenus pius et misericors Deus pleniorem revelaret veritatem, sicut probatum est ipsum revelasse aliis quam eis qui in lege veteri vel nova nati sunt et educati, ut in Metaphysicis habet declarari. Et quoniam perceperunt quod ad cognitionem felicitatis necesse fuit eis separare se a peccatis et a corporali amore superfluo et a mundo, ut quartum possent a Deo recipere, scilicet illuminationem interiorem, quatenus articulos veritatum fidelium perciperent, omnibus abjectis vacabant contemplationi sapientiali futurae felicitatis.

The four remedies indicated by him.

Nam sapientia, ut Aristoteles dicit quarto Ethicorum, est fere idem quod felicitas, quoniam sapientia non est nuda scientia sed est virtus intellectualis, ut ipse determinat, per-

Example of wisdom set by Aristotle.

[1] This should have been tertium. The fourth cause, want of revelation, as Bacon has pointed out before, was one that only Christian writers could obviate.

ficiens magis affectum quam intellectum et initium felicitatis futurae; quoniam utraque est cognitio et amor Dei. Sed sapientia haec duo habet ut possibile est in hac vita, et felicitas comprehendit illa imperfecte. De felicitate enim planum est, et de sapientia patet hoc idem per primum Metaphysicae, et sextum Ethicorum, et decimum. Et ideo ipse Aristoteles omnium philosophorum excellentissimus, omnibus renuntiavit quatenus contemplationi vacaret sapientiali, quia haec vita est simillima vitae divinae; et ideo a sapiente visa est dignissima, ut Tullius scribit de Aristotele, in quinto[1] Academicorum libro: et similiter de Theophrasto ejus successore in philosophia.

Perfect bliss as conceived by Boetius and Avicenna.

Postquam vero fuerunt praeparati ad illuminationes divinas recipientes eas, posuerunt quod felicitas haec est totius hominis, tam in corpore quam in anima, beatitudo, quam oculus non vidit[2] nec auris audivit, ut dicit Avicenna. Quae felicitas est status omnium bonorum aggregatione perfectus, sicut docet philosophia Boetii[3], in tertio Consolationum libro. Et ibidem probat, quod non potest esse, nisi participatione summi boni, quod est Deus, quia completa boni participatio non est nisi in participatione Dei qui est bonum perfectum. Et ideo beati et felices non possunt esse nisi fruendo Dei bonitate. Et ideo philosophia nobile concludit corollarium, scilicet quod beati sunt Dii; sed unus est Deus naturae, participatione deitatis[4] multi, scilicet omnes beati[5]. Et Aristoteles primo Moralis Philosophiae docet quod appetitus humanus non potest terminari in aliquo bono nisi in summo quo clauditur; quia desiderium animae rationalis transcendit omne bonum finitum et vadit in infinitum. Et ideo oportet quod bono summo et infinito, quod est Deus, participet si ejus appetitus debet compleri. Sed constat per felicitatem complendus, quare oportet quod Deo fruatur in aeternum. Et tunc quantum ad intellectum speculativum fiet anima, secun-

[1] All the MSS. have quinto. Perhaps the reference is to *De Finibus*, lib. v. cap. 25.

[2] videt . . . audit, M.

[3] Boetii, om. M.

[4] deitatis, M.; dignitatis, O. et D.

[5] Boet. *De Consol.* lib. iii. Prosa 10 'Uti justitiae adeptione justi, sapientiae sapientes fiunt, ita divinitatem adeptos Deos fieri simili ratione necesse est.'

dum Avicennam, seculum intelligibile, et describetur in ea forma totius universi et ordo omnis a primo, scilicet Deo, et per omnes substantias spirituales et coelos, etc., quousque perficiatur in ea dispositio universitatis, ut sic transeat in seculum intellectum, cernens id quod est pulcritudo absoluta et decor verus. Et quantum ad intellectum practicum, dicit quod perficietur bonitate pura, et erit sua delectatio non de genere delectationis sensibilis, quae solum est per conjunctionem superficierum corporum sensibilium immutantium sensus nostros; immo intrat animam, et infunditur in substantiam ejus, et est delectatio conveniens dispositioni naturali quae est in substantiis vivis et puris et spiritualibus. Et est excellentior et nobilior omni delectatione; et haec est delectatio felicitatis, ut affirmat.

Future punishment.

Et non solum de felicitate locuti sunt, sed de miseria alterius vitae quae malis reservatur. Unde posuerunt quod Deus obedientibus sibi preparavit promissionem felicem quam oculus non vidit nec in cor hominis ascendit; et inobedientibus promissionem terribilem, sicut Avicenna dicit. Et Tullius et Trismegistus et Socrates et multi alii locuti sunt expresse de eis promissionibus. Unde Tullius ait primo de Tusculanis Quaestionibus[1] duas vias duplicesque cursus hominum: qui autem integros castosque se servassent quibusque fuisset minima cum corporibus contagio, essentque in corporibus humanis vitam imitati divinam, iis ad eum a quo erant profecti, scilicet ad Deum, reditum facilem patere. Qui autem se vitiis humanis contaminassent iis demum iter seclusum a consiliis Dei. Et Hermes Mercurius[2], in libro de Divina Natura sic ait, Cum fuerit animae a corpore facta discessio tunc arbitrium examenque meriti ejus transit in summam potestatem, quae eam cum piam justamque perviderit, in sibi competentibus locis manere permittit. Sin autem delictorum illitam maculis vitiisque oblitam viderit, desuper ad ima deturbans tradit aeternis poenis agitandam, ut in hoc obsit

[1] *Tusc. Disput.* lib. i. cap. 30 [Orelli's ed. 1861]. It will be noted that here (as in many of the numerous extracts from Seneca that follow), Dii is changed to Deus.

[2] Cf. *De Civitate Dei,* lib. viii. cap. 23, 24; which contain long quotations from this writer, foretelling the downfall of paganism.

animae aeternitas quae sit immobili sententia aeterno supplicio subjugata. Ergo ne iis implicemur verendum timendum cavendumque esse cognoscimus. Incredibiles enim post delicta cogentur credere non verbis sed exemplis, non minis sed ipsa passione poenarum. Et Ethicus philosophus, et Alchimus[1], in libris suis docent quod mali passuri sunt in inferno cum diabolo, ut cernant[2] impii truculentissimum ac furibundum mortis auctorem quem secuti fuerunt in desideria multa et inutilia et nociva. Et justi merebuntur videre Dominum Deum suum, sicut expositum est superius.

Worship of God: principles laid down by Avicenna and others.

Positis principiis respectu subsequentium, quamvis sint conclusiones respectu suarum declarationum praetactarum, et hujusmodi aliarum, nunc accedendum est ad leges cultus divini, prius quam ad alia jura inter homines publica vel privata. Et patet quod propter reverentiam Dei infinitus debetur ei cultus debitus, et propter beneficium creationis, quod est potentiae infinitae effectus[3], et propter futuram felicitatem. Propter primum dicit Avicenna in Moralibus Radicibus quod de jure ejus est ut obediatur ejus praeceptis; propter secundum vero dicit, quod oportet ut ejus mandatis obediatur cujus est creatura. Propter tertium dicit quod obedientibus sibi preparavit promissionem felicem et inobedientibus promissionem terribilem. Et propter purgationem humani generis a peccatis per Filium Dei, de qua Porphyrius locutus est, debetur ei cultus; quia plus est hoc quam creare. Et propter acceptionem humanitatis nostrae in unitate Divinae personae de qua Albumazar, Plato et Ethicus locuti sunt; nam hoc debet esse gaudium infinitum: atque propter fixuras clavorum, et passionem et redemptionem quas Plato et Ethicus firmaverunt. Et non solum hoc, sed totum quod praedictum est excitat homines ad cultum divinum; et concludit hunc fieri debere.

[1] Wuttke, in one of the works on Ethicus referred to p. 231, identifies Alchimus with Alcimus Avitus, Bishop of Vienne, who wrote a poem *De Origine Mundi, etc.*, which was printed at Basle in 1545. Alcimus died more than a hundred years after Jerome, and he is twice mentioned in the *Cosmographia* of Ethicus. The personality of Ethicus is wrapped in utter obscurity, where it may well be left.

[2] cernant, O.; quaerant, M.

[3] effectus, om. O. et D.

By Cicero.

Propter quod Marcus Tullius dicit primo de Quaestionibus Tusculanis[1], Philosophia omnium artium mater [quid est aliud] nisi, ut Plato, donum, ut ego, inventum Dei? Haec nos primum ad ejus cultum, demum ad jus hominum, quod situm est in generis humani societate, erudivit. Et idem in secunda de Natura Divina ait, 'Cultus Dei est optimus idemque sanctissimus castissimus plenissimusque pietatis, ut eum semper pura, integra, incorrupta mente et voce veneremur. Non enim philosophi solum sed majores nostri superstitionem a religione separaverunt. Nam qui totos dies precabantur, et immolabant ut ipsi et sui liberi superstites essent, superstitiosi sunt appellati, quod nomen patuit[2] postea latius. Qui autem omnia quae ad Dei cultum pertinent diligenter curabant[3] et tanquam relegentes, sunt dicti religiosi ex relegendo, eligentes eligendo, tanquam legentes ex legendo, et intelligendo intelligentes. Alterum nomen vitii est; alterum laudis.' Nam Augustinus quarto de Civitate Dei sententiam hanc Tullii de superstitione et vera religione, nec non, octavo ejusdem, de religione et religiosis, accipit et exponit; volens quod religiosi dicti sunt quod Deum eligant et relegant relegentes, et iterum et iterum eligentes per verum cultum et continuum.

Avicenna and Aristotle on public ceremonial.

In isto autem cultu, secundum Avicennam et alios, habent ordinari templa, et orationes, et oblationes, et sacrificia, et jejunia, et peregrinationes maximae ad locum legislatoris ut habeatur in memoria et veneratione. Et Aristoteles in suis considerationibus[4] de hoc cultu dicit nunquam verecundiores nos esse debere quam cum de divinis agitur; si intramus templa simus compositi, ad sacrificium accessuri vultum demittamus, si in oratione argumento modestiae fungamur. Et ideo dicit Avicenna, Oportet ut doctor doceat oratorem

[1] *Tusc. Disput.* lib. i. cap. 26. The words in brackets are omitted in the MSS., and Deorum is substituted for Dei. The quotation which follows is from *De Natura Deorum*, ii. 28. It is transcribed correctly; excepting that ipsi et sui liberi is substituted for sibi sui liberi. St. Augustine quotes the passage, *De Civitate Dei*, iv. 30.

[2] patebit, D. et O.

[3] curarent, O.; relegerent, M.

[4] Cf. the spurious treatise *Rhetorica ad Alexandrum*, cap. 2. But the quotation is perhaps from the *Theologia* of Aristotle, a work written in Greek, and translated into Arabic, thence into Latin. I have not seen it, but compare Ravaisson's *Métaphysique d'Aristote*, vol. ii. p. 542.

dispositiones quibus preparetur ad orandum, quemadmodum homo consuevit praeparare se ad occurrendum regi humano in munditia et decore, et ut faciat assuescere munditiae et decori firma consuetudine; et instituat eum ad modum hominis preparantis se ad occursum regis cum humilitate et vultu demisso compressis membris, cessans a revolutione et ab omni perturbatione. Et determinant philosophi ut Avicenna et alii quod solemnitates magnae debent statui eo quod faciunt gentes congregari, et dant eis audaciam et emulationem legis; et ut orationes multitudinis exaudiantur: et propter eas inveniunt benedictiones a Deo. Et similiter fraternitates generales debent fieri propter easdem causas.

Hermes Mercurius on worship.

Et quo modo in speciali oratio convenienter fiat, docet Hermes Mercurius in libro de divinis, incipiens sic, Praeclare nihil deest ipsi Deo, sed nos agentes gratias adoremus. Hae enim sunt summae incensiones Dei cum gratia aguntur a mortalibus. Et infert 'Gratias tibi summe, exsuperantissime, tua enim gratia tantum sumus cognitionis tuae lumen consecuti. O nomen sanctum et honorandum nomen tuum, quo solus Deus est benedicendus religione paterna, quoniam omnibus paternam pietatem et religionem et amorem et quaecunque sunt dulciori efficacia praebere digneris, et donas nobis sensum rationem et intelligentiam. Sensum ut te cognoscamus; rationem ut te limpidius[1] indagemus; intelligentiam ut te cognoscentes gaudeamus, ac numine tuo salvati gaudeamus quod te nobis ostenderis totum, gaudeamus quod nos in corporibus sitos aeternitati fueris consecrare dignatus[2]. Haec enim est sola humana gratulatio, tuae cognitio majestatis. O vitae vera vita! O naturarum omnium faecunda praegnatio! cognovimus te, aeterna perseveratio! In omni igitur ista oratione te adorantes hoc tantum deprecamur ut nos velis servare perseverantes in amore cognitionis tuae, et nunquam ab hoc vitae genere separari. Hoc optantes convertimus nos ad puram et sine animalibus coenam.'

Pagan ritual worthless, and observed by

De sacrificiis vero eorum, oblationibus, et caerimoniis non est opus sermonem texere, quia superstitiosa fuerunt et inutilia pro majori parte, nisi in quantum aliqua absumpse-

[1] limpidius, O. et D.; suspicionibus, M. [2] consecrare digneris, O. et D.

runt a sacerdotibus legis Hebraeorum. Unde etiam ipsi philosophi talibus vacabant propter statuta civilia et propter multitudinem, non propter veritatem, sicut Seneca dicit in libro quam composuit contra superstitiones. Nam licet, quia Senator erat, statuta publica oportuit eum dissimulare, tamen dicit hujusmodi caerimonias non ad rem pertinere, sed ad consuetudinem vulgi; et quod nullus sapiens deberet ea apud se reputare. Etiam observationes Judaeorum reputavit absurdas et indignas homini sapienti, sicut et Deus magis concessit eis hujusmodi caerimonias ne fierent Idololatrae, quam propter veritatem, sicut Sancti testantur. Et sic terminantur radices primae partis Philosophiae Moralis.

Philosophers only on legal grounds.

PARS SECUNDA
PHILOSOPHIAE MORALIS[1].

CAPITULUM I.

De lege matrimonii et reipublicae servanda.

Human institutions. Marriage laws.

Secunda pars descendit ad leges et statuta hominum inter se. Et consideratur primo salus humanae speciei secundum lineam generationis pro populo multiplicando legibus ligaturo[2]. Et ideo dantur leges conjugii et statuunt quomodo habent fieri et qualiter impedimenta amoveantur. Et praecipue quod a civitatibus excludantur fornicatores et sodomitae, qui inducunt contrarium constructioni civitatis, quoniam retrahunt homines ab eo quod melius est in civitatibus[3], scilicet conjugio, ut Avicenna et alii volunt.

Government; classes, and gradations of rank.

Deinde dantur leges secundum quas ordinantur subditi ad praelatos et principes, et e contrario, et servi ad dominos secundum omne genus servitii et dominii, et secundum quas paterfamilias debet vivere[4] in regimine prolis et familiae, et magister ad discipulos. Deinde statuuntur doctores et artifices in singulis scientiis et artibus: et eliguntur ex

[1] In D. and O. the heading is Incipit Secunda Distinctio habens duo capitula; capitulum primum de lege matrimonii et reipublicae servanda. As however the divisions of the seventh part of the *Opus Majus* are always spoken of as *partes*, both here and in the references made to *Moralis Philosophia* in the *Opus Tertium*, it seems best to abide by the word chosen by Bacon. It will be remembered that the fifth part (*Perspectiva*) is also divided into three parts. The fragments that are extant of Bacon's *Scriptum Principale*, notably his *Communia Mathematicae*, show that he attached great importance to careful divisions and subdivisions. The inequality in this respect of the seven parts of the *Opus Majus* is possibly due to the different degrees of haste with which the various parts were written.

[2] So in all the MSS.

[3] civitate, M.

[4] regi, pro vivere, O.

juvenibus instruendis ad hujusmodi studia et officia exercenda aptiores juxta consilia sapientum; et reliqui ad officium militare deputantur pro justitia exsequenda et malefactoribus compescendis. Et oportet ut dicit Avicenna, ut instituendo legem, sit haec prima intentio, scilicet ordinare civitatem in tres partes scilicet in dispositores, ministros, et legis peritos, et quod in unoquoque eorum [1] ordinetur aliquis praelatus. Post quem ordinentur alii praelati inferiores eo, et post hos iterum alii ordinentur, quousque perveniant ad paucos; ad hoc ut nullus sit in civitate inutilis quin habeat aliquem statum laudabilem, et ut ab unoquoque proveniat utilitas civitati. Unde apud Platonem illa civitas justissime ordinata traditur in qua quisque proprios noscit [2] affectus. Et ideo, ut Avicenna dicit, prohibere debet princeps civitatis otiositatem et vacationem. Qui autem non possunt compesci debent expelli a civitate, nisi causa hujus sit infirmitas vel senectus; et tunc instituendus est locus in quo permaneant hujusmodi et deputetur eis procurator. Oportet autem quod in civitate sit quidam locus reipublicae pecuniariae quae partim proveniat ex jure quod instituitur contractibus, partim ex calumniis quae pro poena infliguntur, partim ex praediis et praedis rebellium, partim ex aliis, et ut haec respublica [3] sit partim praeparata illis qui non possunt lucrari propter infirmitatem et senectutem, et partim legis et medicinae doctoribus, et partim communibus usibus.

Laws of inheritance and contract.

Et deinde docet legislator statuere patrimonia et haereditates et testamenta; quia dicit Avicenna quod substantia necessaria vitae partim est ramus, partim est radix. Sed radix est patrimonium et aliquid quod est ex testamento legatum et datum, ex quibus tribus radicibus firmius, est patrimonium. Ramus autem substantiae venit ex adquisitione per species negotiationis. Deinde debent ostendi leges circa contractus omnium specierum negotiationis in emendo, vendendo, locando, conducendo, mutuando, commodando, expendendo, servando et hujusmodi, ut removeatur in contractibus quicquid potest nocere, sicut dicit Avicenna.

[1] istorum, M. [2] nescit, O.

[3] respublica is here used in the sense of a public fund.

Laws against turbulent or gambling sports.

Deinde jura habent statui secundum quae in omnibus causis et casibus [1] ostendatur quid juris sit et secundum quae causae possint terminari, ut pax et justitia foveantur inter cives. Postea ut dicit Avicenna, prohiberi debent studia propter quae amittuntur hereditates et census, et pax et concordia civium turbantur; et artifices horum studiorum sunt qui cupiunt vincere causa lucri alicujus, ut luctator, aleator, et hujusmodi. Similiter debent prohiberi studia quae inducunt contraria utilitatibus, sicut exemplificat in doctrina furandi et rapiendi et in caeteris hujusmodi.

War.

Et ulterius debent fieri ordinationes, sicut dicit Avicenna, ut homines se adjuvent mutuo et defendant, et contra inimicos legis sint unanimes etiam ad expugnandum eos. Si autem alia civitas vel regimen sit bonarum constitutionum et legum, hoc non adversatur ei nisi tempus fuerit debere non esse aliam legem, cujus institutio, quoniam optima est, tunc dilatanda est per totum mundum. Et in hoc verbo lex Christiana innuitur, ut inferius exponetur. Si autem aliqui sint inter eos qui a lege discordant, prius corrigantur ut resipiscant; quod si facere noluerint, occidantur.

CAPITULUM II.

Change of government.

Et ultimum quod hic exigitur est quod Legislator sibi constituat successorem. Et hoc fit secundum Avicennam per hunc modum. Debet enim hoc facere cum consensu majorum et vulgi; et talem eligat qui bene regere possit et sit prudens et honestorum morum; audax, mansuetus, peritus gubernandi, et peritus legis, quo nullus sit peritior, et hoc sit manifestum omnibus. Si autem post hoc discordaverint ut alium velint eligere, jam negaverunt Deum, et ideo debet interponere judicia in lege sua ut quisquis se intrudere voluerit potentia vel pecunia, tota civitas unanimiter irruat in eum et occidat. Quod si potuerint facere et non fecerint, jam contradixerunt Deo, nec est reus sanguinis qui interfecerit hujusmodi, ita

[1] omnibus rationibus, O. et D.

tamen ut prius populo innotescat. Si autem ille qui debet institui non sit dignus et probatum fuerit, alius instituatur[1].

Et sic terminatur intentio radicum secundae partis cum consequentibus ad radices in summa. Et sub hac parte comprehenditur jus civile quod nunc est in usu Latinorum; ut manifestum est ex radicibus hujus partis. Et certum est quod Latini a Graecis habuerunt jura et leges; scilicet a libris Aristotelis ac Theophrasti ejus successoris, praeter leges duodecim tabularum quas primo transtulerunt de legibus Solonis Atheniensis.

[1] Cf. the very remarkable observations of John of Salisbury on the justification of tyrannicide; *Polycraticus*, lib. viii. cap. 18-21. The mediaeval Church was no believer in absolute submission. I speak of course of the Western Church. In the East it was far otherwise.

In his somewhat meagre treatment of this branch of his subject, Bacon compares unfavourably with St. Thomas Aquinas, whose masterly treatment of the virtue of Justice would occupy two hundred of these pages. Cf. *S. T.* Secunda Secundae Quaest. lvii–lxxx.

PARS TERTIA

PHILOSOPHIAE MORALIS[1].

CAPITULUM I.

De regimine hominis in comparatione ad se ipsum.

Relation of third part to second.

Tertia vero pars Scientiae Moralis et Civilis est de moribus cujuslibet personae secundum se, ut honestas vitae in quolibet habeatur, et turpitudo vitiorum relinquatur propter futuram felicitatem et horrorem aeternae poenae. Et quod haec debet esse tertia pars patet evidenter, quoniam quod illa pars quae continet cultum Dei sit prima planum est, sicut declaratum est. Bonum autem commune praeponitur bono privato, ut Aristoteles dicit primo[2] Metaphysicae. Sed pars praecedens bonum habet commune; pars ista bonum exhortatur privatum. Caritas enim maxima virtus est, et haec ordinatur ad bonum commune, et Pax et Justitia eam comitantur; quae virtutes excedunt mores singularum personarum. Nam homo est animal sociale, et de sua proprietate est, ut dicit Avicenna quinto de Anima, ut non vivat solus sicut brutum animal quod sibi soli in vita sua sufficit. Et ideo leges quae ordinant hominem ad proximum sunt majores.

Graeco-Roman views on social ethic.

Et secundum[3] Aristotelem et Averroem, decimo Metaphysicae, vir eremita qui non est pars civitatis, sed sibi soli vacat, non est bonus neque malus. Et Tullius in libro de Officiis verba Platonis recitans[4] dicit praeclare scriptum esse a

[1] In D. and O., the heading is, Incipit Tertia Distinctio habens tria capitula. In M. these is no heading at all.

[2] This seems the right reading; O. and D. have septimo. Perhaps the reference is to *Met.* i. 2, § 6.

[3] eundem, pro secundum, O.

[4] recitans . . . quod, M.; narrans dicit clare, D. et O.

Platone quod nobis solis nati non sumus. Ortus nostri partem patria vendicat, partim amici, atque ut placet Stoicis ad usum hominum omnia creari, homines hominum causa esse generatos ut ipsi inter se alii aliis prodesse possint. Quoniam ipse Tullius, quinto Academicorum libro, dicit, Nihil est tam illustre quam communicatio utilitatum. Innatum est enim homini ut habeat quiddam civile et populare, quod Graeci *politicon* vocant. Unde in libro de Vita Beata dicit Seneca, Hoc verbum exigitur ab homine ut prosit omnibus si fieri potest, aut multis[1]; si minus paucis; si minus proximis; si minus sibi. Quapropter oportet quod secunda pars principalis philosophiae moralis sit de legibus communibus, ut assignatum est; et tertia erit de vita et honestate quam quilibet debet sectari. Et hoc est verum secundum ordinem dignitatis Naturae, et simpliciter loquendo, licet Aristoteles hunc modum non teneat in libris suis; quia procedit secundum viam inquisitionis, et ideo ab eis quae notiora sunt nobis non naturae. Sed quoniam jam sumus certificati per eum et alios quid requirat potestas hujus scientiae, ideo possumus partes ejus collocare secundum ordinem quem Naturae dignitas exposcit.

Value of Graeco-Roman writings on personal ethic.

Et hic philosophi mira locuti sunt circa virtutes et vitia; ut omnis Christianus confundi possit, quando infideles homines tam sublimia virtutum habuisse concipimus, et nos turpiter a virtutum gloria cadere videmur. Caeterum multum animari debemus ut ad virtutis culmen aspiremus, et exemplis nobilibus excitati nobiliores fructus virtutum producamus, quoniam majus juvamen in vita habemus quam ipsi philosophi, et sine comparatione majora auxilia[2] per Dei gratiam recipere comprobamur. Et primo in universali recitabo quaedam circa virtutes et vitia: secundo ad particularia declinabo.

CAPITULUM II.

Aristotelian ethic.

Ostendit autem Aristoteles in primo Ethicorum[3] quod virtus est duplex; una est secundum ipsam in parte animae

[1] aut multis, om. M.

[2] auxilii, D.

[3] The *Nicomachean Ethics* were translated from the Arabic by Hermann (known as Alemannus) in 1240 A. D., at Toledo. They were probably included

Theory of the mean.

sensitiva, in quantum obedit rationi, vel in ratione dominante super partes animae sensitivae, et sic regulante eas ut ejus obediant imperio. Et hujus modi virtus moralis vocatur, et consuetudinalis, qua homines consuescunt mores honestos. Et docet secundo[1] Ethicorum quod sunt duodecim, et de eis tractat in quarto, et vocat eas medietates, quia quaelibet earum est medium inter duo vitia contraria ad invicem et virtuti. Nam unum extremum deficit a virtute et aliud superabundat; ut accidit de avaritia quae deficit a largitate, et de prodigalitate quae superabundat. Nam largus dat solum quae dare debet, avarus nihil dat vel parum; prodigus omnia effundit. Et sic de vitiis circumstantibus alias medietates.

Twelve moral virtues.

Et haec duodecim secundum Aristotelem sunt hujusmodi. Prima est fortitudo in agressione terribilium et sustinentia adversorum. Secunda est castitas tam in eis quae gustus sunt, quam in illis quae sunt tactus. Tertia est largitas circa mediocres expensas. Nam quarta virtus est magnificentia, quae est circa magnifica, vel circa templa et cultum divinum, et hospitalitates et caetera bona communia. Et sicut magnificentia et largitas differunt circa pecuniam, sic magnanimitas et quaedam alia virtus se habent circa meritum et honorem virtutis. Unde magnanimus est qui non deprimitur adversitate nec prosperitate gloriatur, sed solum de virtute. Unde magnanimitas est ornatus omnium virtutum, sicut dicit Aristoteles, qua extollit homo animum super omnia humana, et soli virtutis innititur dignitati, et haec est emeritae probitatis

in the translation of Aristotle from the Greek which William of Moerbeke (often called Flemingus, or Brabantinus) made at the instigation of Thomas Aquinas. An earlier translation, also apparently from the Greek, was in the hands of Albertus Magnus; and it is cited by William of Auvergne, who died 1248. This, there is some ground for thinking, was made by, or under the direction of Robert Grosse-tête. [See Jourdain, pp. 60, 144, 180, 288, 296.] A comparison between Bacon's short sketch of Aristotelian Ethic, and the elaborate treatment of the subject in the *Summa* of Aquinas, would be out of place here. Readers of the latter do not need to be told that the discussions turn in many places entirely on the comparison of one passage of the *Ethics* with another, or with a passage from some other work of 'The Philosopher.' Aquinas's treatment of the theory of the mean, and of its conciliation with the exalted enthusiasm of Christian virtue, is very characteristic of his general method and spirit (see Prima Secundae Quaest. lxiv. Art. 1–4).

[1] secundo Ethicorum, D. et O.; primo Ethicae M.

in omnibus, neque injuriam reputat nec inimicitias. Nam non meditatur injuriarum ultiones, neque malorum servat memoriam, nec aliquid sua ira dignum aestimare dignatur, nec stultitiam hominum curat nec incurias, sed omnia animi magnitudine dissimulat; nec gaudet de honore sibi facto, aut modicum, quia virtuti perfectae, ut dicit Aristoteles, non invenitur reverentia aequalis, nec quantum meretur; nec admiratur quicquam, cum non sit aliquid respectu ejus eximium, promptus ad retributiones et beneficia, similis Deo quantum homini possibile est.

Sexta medietas quae se habet ad largitatem sicut largitas ad magnificentiam, non habet nomen in Latino, sed consistit circa minora merita quam magnanimitas, et competit cuilibet juxta statum suum. Septima virtus est mansuetudo quae compescit iras. Octava est socialis amicitia in convictu, ut placeat homo alteri, non adulatione nec sit invidus aut molestus sed modestus[1]. Nona est veritas quae excludit ab homine simulationem et fictionem vitae, ut qualis apparet exterius talis sit in conscientia apud se. Decima est in solatio honesto, ut excludatur scurrilitas, et quod homo non sit sylvester et rudis, conturbatus[2] et tristis ad solatia aliorum. Nam tranquilla requies et jocosum solatium sunt necessaria in usu vivendi inter homines[3], ut ait philosophus. Undecima est verecundia ad peccata, quae maxime est necessaria juvenibus, ut non inclinentur de facili ad vitia. Et ideo dicit Aristoteles, Laudamus juvenes verecundos. Nam Seneca[4] in libro Epistolarum primarum refert de quodam juvene qui peccavit, et cum sapiens quaerebat an verecundaretur, et responsum est quod sic, dixit, Ergo res salva est. Duodecima est de justitia.

Speculative virtues only deserve the name when connected with divine or moral purposes.

Et praeter has virtutes sunt aliae nobiliores quae non dependent a sensu sed sunt absolute in mera ratione, et ideo vocantur virtutes intellectuales, quae sunt intellectus, scientia, ars, prudentia, et sapientia. Sed haec possunt considerari in pure speculativis, ut finis eorum est veritas nuda. Et sic non sunt virtutes sed habitus scientiales et cogitativi, aut possunt

[1] nec discolus aut molestus, D. et O.
[2] conturbandus, M. [3] inter homines, M., juvenibus, D. et O.
[4] *Sen. Ep. Mor.* lib. iv. 11 (Haase's ed.).

esse in rebus operabilibus, et secundum quod finis eorum est bonum. Et sic quoque sunt virtutes, scilicet quando ista tendunt ad salutem animae; et hoc est quando feruntur circa cultum divinum, et circa bonum publicum inter cives, et circa vitae et morum honestatem, et circa considerationem vitae eternae et hujusmodi. Et intellectus est habitus principiorum in operabilibus et scientia est habitus conclusionum. Ars vero est notitia bonorum operum[1] in effectu, et prudentia est habitus directivus horum. Sapientia vero est perfecta notitia bonorum spiritualium cum amoris suavitate, in qua est pax mentis humanae quanta possibilis est ei in hac vita; et ideo haec est principium felicitatis futurae, et fere idem quod felicitas, ut dicit Aristoteles sexto Ethicorum[2].

Aristotle's distinction between natural and acquired virtue.

Et in eodem dicit quod in omni genere virtutis est una naturalis, et alia per adquisitionem, ut invenimus unum hominem castum per naturam et audacem, et sic de aliis virtutibus. Et similiter in fine decimi distinguit; et ibi dicit quod virtutes naturales non sunt a nobis, sed per gratiam divinam; quod est verbum mirabile. Ergo longe magis virtutes quae adquiruntur sunt a Deo, quae sunt longe nobiliores, quamvis consuetudo actionis virtuosae eas conservet et roboret et exprimat, propter quod consuetudinales vocantur, et ex operationibus nostris dependere dicuntur.

Ancient philosophers upheld virtue as the sole good.

Et omne bonum hominis in hac vita et solum ponunt virtutem, secundum quod Seneca in libro de Beata Vita per totam docet[3], et Tullius in quinto de Quaestionibus Tusculanis ubique. Atque ipsemet in libro de Paradoxis jurejurando confirmat quod nunquam aliquid ducet in bonis nisi virtutem. Quod et auctoritate unius de septem sapientibus confirmat. Qui cum omnes de locis suis fugerent propter expugnantes eos, dicebant ei, Quare non res suas secum transferret sicut caeteri?

[1] operum, om. O. et D.

[2] *Eth. Nic.* vi. 12 § 5 *ἔπειτα καὶ ποιοῦσι μέν, οὐχ ὡς ἡ ἰατρικὴ δὲ ὑγίειαν, ἀλλ' ὡς ἡ ὑγίεια, οὕτως ἡ σοφία εὐδαιμονίαν· μέρος γὰρ οὖσα τῆς ὅλης ἀρετῆς τῷ ἔχεσθαι ποιεῖ καὶ τῷ ἐνεργεῖν εὐδαίμονα.* The references in the following paragraph are to vi. 13 § 1, 2, and x. 9 § 6. The words *τὸ μὲν οὖν τῆς φύσεως δῆλον ὡς οὐκ ἐφ' ἡμῖν ὑπάρχει, ἀλλὰ διά τινας θείας αἰτίας τοῖς ὡς ἀληθῶς εὐτυχέσιν ὑπάρχει*, would naturally strike Bacon as *verbum mirabile.*

[3] It will be seen that this work is largely quoted from afterwards. See pp. 335-347.

dixit, Omnia mea mecum porto; nihil suum definiens nisi virtutem. Et hic fuit Bias Prieneus, secundum quod Valerius Maximus libro quarto docet. Et Seneca, in libro ad Serenum, Quomodo in sapientem nec injuria nec contumelia cadit[1], refert etiam quod Stilbon philosophus cum suam civitatem et omnia bona temporalia tyrannus occupaverat et invaserat, quaesitus a tyranno si aliquid perdidisset; Nihil, inquit, Omnia enim mea mecum sunt; et se non invictum tantum sed indemnem testatus est. Habebat enim vera secum bona, in quae non est manus interjectio. At quae dissipata et direpta ferebantur non judicabat esse sua, sed adventitia fortunae nutum fortunae sequentia.

Virtue the life of man.

Et etiam virtus vita hominis est. Quia Seneca dicit in primis epistolis quod homines prius moriuntur quam incipiant vivere; loquens de iis qui in peccatis se occupant usque ad mortem naturalem. Unde Apuleius nobilissimus[2] in libro de Deo Socratis admiratur nimis quod homines non curant animas suas ut vivant. Et ait, 'Nihil aeque miror quam cum cupiant homines optime vivere et sciant non in alia[3] re quam in animo vivi, nec fieri posse quin, ut optime vivas, animus colendus sit, tamen suum animum non colant; ut, si quis velit cernere, acriter oculi curandi sunt, si velis perniciter currere, pedes curandi sunt, similiter in caeteris membris sua cuique cura est. Quod cum omnes facere perspiciam, nescio satis mecum reputare et admirari cur non etiam animum similiter ratione excolant; quae quidem ratio vivendi omnibus aeque necessaria est, et non ratio pingendi nec ratio psallendi; et idem de caeteris artibus, ne omnes prosequar, quas licet tibi nescire, nec pudet. Cum vero dicis, Non pudet me nescire vivere bene, nunquam hoc dicere audebis. Et cum primis mirandum est, quod ea quae minime volunt videri nescire tamen discere negligunt, et ejusdem artis disciplinam simul et ignorantiam detractant.'

Cicero on consistency of practice with principle.

Et hoc maxime est contra eos qui aliis sunt in exemplum et doctrinam morum; de quibus Aristoteles dicit in Elenchis, Dicunt decoratissimas orationes, volunt autem contraria. Secundum quod Tullius de talibus secundo de Quaestionibus

[1] Otherwise called *De Constantia Sapientis*. See pp. 303-311.

[2] nobilissimus, om. O. et D.

[3] altera, *pro* alia, D. et O.

Tusculanis quaerit[1], 'Quotus eorum est qui sit ita morigeratus animo et vita constitutus ut ratio postulat? Quis disciplinam suam non ostentationem scientiae sed legem vitae putet, qui sic obtemperet sibi ipsi ut suis decretis pareat? Videre licet alios tanta levitate et jactatione ferri ut his fuerit non didicisse melius; alios pecuniae cupidos; gloriae nonnullos; multos libidinum servos, ut cum eorum vita mirabiliter pugnet eorum oratio. Quod quidem mihi videtur esse turpissimum. Ut enim si Grammaticam professus quisque barbare loquatur: aut si absurde canit is qui se velit haberi musicum, hic turpior sit quod in eo ipso peccet cujus profitetur sapientiam, sic in vitae ratione peccans hic turpior sit quod in officio cujus magister esse vult labitur, artemque vitae professus delinquit in vita.' Cum tamen Xalenchus legislator apud Locrenses mirabili juris aequitate et zelo virtutis legem de adulteris quam dederat de poena duorum oculorum in filio voluit observari, repugnante civitate propter patris honestatem; sed verax judex unum oculum sibi abstulit, alterum filio, ne legem quam dederat violaret. Haec scribit Valerius Maximus libro sexto.

The beauty of virtue.

Caeterum omnes philosophi volunt quod virtutis honestas sua miranda pulcritudine quemlibet debet invitare, quoniam honestum est, ut ait Tullius in libro de Officiis, quod sua vi nos trahit et sua dignitate nos allicit. Apuleius etiam in libro tertio de dogmate Platonis dicit virtutem esse animi pulcritudinem. Et Tullius, quarto de Quaestionibus Tusculanis, dicit[2] 'Ut corporis est quaedam apta figura membrorum cum colorum quadam suavitate eaque pulcritudo vocatur, sic in animo opinionum judiciorumque aequalitas et constantia cum firmitate quadam et stabilitate virtutem subsequens aut virtutem ipsam antecedens pulcritudo vocatur.' Et Apuleius virtutem non solum esse pulcritudinem animi sed sanitatem et vires. Et sic Cicero, ut ex secundo et tertio et quarto et quinto de Quaestionibus Tusculanis, multipliciter manifestum est.

Et licet impossibile aut difficile sit eum qui induratus est in moribus antiquis tempore longo mutari ad virtutes, ut

[1] *Tusc. Disp.* ii. 4. The quotation, like many others made by Bacon from Latin authors, is nearly but not quite accurate.

[2] *ib.* iv. 13.

Cicero and Seneca maintain change of inveterate habits to be difficult but not impossible.

Aristoteles dicit in fine Ethicae, tamen Seneca dicit libro secundo de Ira, 'Nihil est[1] tam difficile et arduum quod non humana mens vincat et in familiaritatem perducat assidua meditatio. Nulli enim sunt tam ferrei et sui juris affectus ut non disciplina perdomentur. Quodcunque sibi animus imperavit obtinuit. Quidam ne unquam riderent consecuti sunt. Quidam vino et omni humore interdixere corporibus. Alius contentus brevi somno vigiliam indefatigabilem extendit. Didicerunt quidam[2] tenuissimis et adversis funibus currere et ingentia vixque humanis toleranda viribus onera portare, et in immensam altitudinem, ac sine ulla respirandi vice, perpeti maria. Mille quidem sunt alia in quibus pertinacia impedimentum omne transcendit.' Ostenditque nihil esse difficile cui sibi ipsa mens patientiam indiceret. Nam ut Averroes dicit secundo Physicorum, multi veneno nutriri consueti sunt, ut scribit in libro Secretorum Aristoteles. Ipse enim puellam speciosam Alexandro missam cum caeteris muneribus veneno deprehendit esse nutritam. Labor igitur improbus omnia vincit, ut ait Virgilius.

Et ideo nulla est difficultas in virtute apud eum qui illam amat. Nam avida periculi virtus est. Quo tendit, non quid passura sit, cogitat, ut scribit Seneca de Copia Verborum, et illud idem recitat in libro alio[3] in quo quaerit quare multa incommoda[4] bonis accidant. Et addit ibi cum id quod passura est gloriae pars est. Militares viri gloriantur vulneribus laeti fluentem meliore casu sanguinem ostentant. Idem licet fecerint qui integri revertuntur ex acie, magis spectatur qui saucius redit. Et septimo de Beneficiis[5] dicit, quod facile est scire et habere virtutes quantum est a parte illarum, et a parte naturae; et addit dicens, 'Quicquid hos meliores beatosque facturum est aut in aperto aut in proximo natura posuit, si quis

[1] Seneca, *De Ira*, ii. 12. (The three parts of the *De Ira* are marked as Dial. III, IV, and V in most editions of Seneca: e. g. in that of Haase, Leipsic, 1887, which has been used in this work.)

[2] quidam, om. M.

[3] Seneca, *Dial.* i. 4.

[4] mala. pro incommoda, D. et O. The version of the quotation given by M. is, 'pars est gloriae tolerantia adversitatum,' which is less correct than that of O.

[5] Ch. 1. of seventh book. Bacon has somewhat changed the order of the sentences in this quotation.

animum virtuti consecravit. Et quocunque vocat illa planum putat, si sociale animal et in commune genitum mundum ut unam domum spectat, semperque tanquam in publico vivit, se magis quam alios veritus. Subductus ille tempestatibus tribulationum in solido ac sereno stetit. Consummavit scientiam utilem. Nullius enim rei difficilis est inventio nisi cujus hic unus inventae [1] fructus est invenisse.' Et hoc est in speculativis puris, non in eis quae ad vitam beatam pertinent immediate. Et Seneca in secundo libro de Ira [2] contra quaerentes solatia vitiorum pro difficultate virtutis, sic ait, 'Non est in vitiis quod dicas excidi non posse; sanabilibus aegrotamus malis, ipsosque nos in rectum genitos Natura si emendari velimus juvat. Nec ut quibusdam visum est arduum in virtutes et asperum iter est; plano itur ipso Deo juvante. Multo difficilius est facere ista quae facitis. Quid est animi quiete otiosius, quid ira laboriosius? quid clementia remissius, quid crudelitate negotiosius? Vacat pudicitia, libido occupatissima est. Omnium denique virtutum tutela facilis est, vitia magno coluntur.' Et Tullius tertio de Quaestionibus Tusculanis dicit 'Sicut ingeniis nostris scientia innata virtutum, quae si adolescere liceret ipsa nos ad beatam vitam natura produceret. Eandem sententiam dicit Seneca in libro Epistolarum primarum. Illa tamen, ut dicit libro primo de Ira, certissima [3] est virtus quae se diu multumque suspexit ac rexit et ex lento et destinato provexit.'

CAPITULUM III.

The way in which these philosophers spoke of sin.

Algazel, Socrates, Cicero,

De peccato vero sermocinantur in communi sicut de virtute. Nam Tullius quinto de Quaestionibus dicit, 'Quod peccare nemini licet'; quia peccata impediunt totam animi perfectionem et adquisitionem felicitatis aeternae. Quoniam Algazel [4] dicit in Logica quod haec felicitas est ex perfectione animae. Perfectio autem ejus consistit in duobus, in munditia et ornatu. Munditia est ut expurgetur a sordidis

[1] in mente, *pro* inventae, D. et O., wrongly.

[2] *De Ira*, ii. 13.

[3] *ib.* i. 11.

[4] Agazel, M. The passage is cited in the first chapter of Scientia Experimentalis, p. 170.

moribus et sanctificetur a fantasiis turpibus ; ornatus ut depingatur in ea certitudo veritatis divinae, et esse totius universi secundum speciem ejus, revelatione, in qua non sit error nec occultatio ; verbi gratia sicut speculum, cui non est perfectio nisi appareat in eo forma pulcra ; quod non fit nisi cum omnino tersum fuerit a sorde et rubigine et postea apponantur ei formae pulcrae. Anima igitur est sicut speculum ; nam depinguntur in ea formae totius universi cum mundata et tersa fuerit a sordidis moribus. Haec Algazel. Et ideo peccata excaecant hominem, quia omnis malus est ignorans ut Aristoteles dicit, secundo Ethicorum[1]. Et Socrates ait quod non est possibile ut quis faciat factum pravum nisi propter ignorantiam : quoniam quando venerit ad passionem desiderii peccandi, amittit scientiam et absorbetur intellectus. Tanta enim est vilitas et turpitudo peccati quod sapiens dixit, Si scirem deos esse ignoscituros et homines ignoraturos dedignarer peccare ; propter quod Tullius in secundo Academicorum dicit homines tenebras et solitudines nactos ad perpetranda peccata, quia per se foeditate sua ipsa turpitudo deterret. Et Seneca quinto Naturalium dicit quod propter turpitudinem scelera conspectum sui reformidant, quibus abscondendis nulla nox satis atra est. Apuleius etiam in tertio de Beatitudine Platonis dicit, Malitiam seu peccatum esse animae foeditatem, et non solum hoc sed infirmitatem et aegritudinem. Et hoc idem ex Tullio in Quaestionibus Tusculanis multipliciter patet.

Seneca, on spiritual blindness.

Peccatum autem non solum excaecat, nec foedat, nec debilitat animam rationalem, sed convertit in vitam bestialem, sicut philosophi ostendunt in multis locis. Unde Seneca in libro de Vita Beata ait, 'Eodem loco[2] pono homines quo in numerum pecorum et animalium redegit hebes natura et ignorantia sui. Nihil interest inter hos et illa, quoniam illis nulla ratio est, his prava et malo suo atque in perversum solers.' Et Philosophia probat, quarto Consolationum, quod mali non sunt quia idem[3] est quod ordinem retinet servatque naturam. Sed

Human nature lowered to the level of brutes.

[1] *Eth. Nicom.* iii. 1 § 14 *ἀγνοεῖ μὲν οὖν πᾶς ὁ μοχθηρὸς ἃ δεῖ πράττειν.*

[2] *De Vita Beata*, cap. 5.

[3] The meaning is that only those who keep within bounds can be regarded

peccatum est contra ordinem naturae, ergo mali esse desistunt. Et ideo necesse est ut quos ab humana conditione dejecit improbitas infra hominis meritum detrudat. Evenit ergo ut quem transformatum vitiis videas hominem aestimare non possis. Et infert, 'avaritia fervet alienarum opum violentus ereptor? lupi similem dixeris. Ferox et qui linguam litigiis exercet? cani comparabis. Insidiator occultus subripuisse fraudibus gaudet? vulpeculis exaequatur. Irae intemperans fremit? leonis animum gestare credatur. Pavidus ac fugax non metuenda formidat? cervis similis habeatur. Segnis ac stupidus torpet? asinum vivit. Levis et inconstans studia permutat? nihil avibus differt. Foedis immundisque libidinibus immergitur? sordide suis voluptate detinetur. Itaque fit ut qui probitate deserta homo esse desierit, vertatur in belluam.'

Influence of example.

Et quia libenter excusamus nostra peccata quaecunque, parva vel magna, multa vel pauca, Seneca libro secundo [1] de Ira quaerit, Cui tandem vitio [2] advocatus defuit? sed aliorum non sic excusamus vitia. Nam in eodem dicit, Aliena vitia in oculis habemus, a tergo nostra sunt. Et quia cum sancto sanctus eris et cum viro innocente innocens eris, ideo dicit Seneca libro secundarum Epistolarum, 'Nulla res [3] animis adeo honesta induit dubiosque et in malum inclinabiles revocat ad rectum quam bonorum conversatio.' Et in tertio libro de Ira, 'Finguntur [4] a conversantibus mores, et ut quaedam in contactos corporis vitia transiliunt, ita animus mala sua proximis tradit. Ebriosus convictores in amorem meri traxit. Impudicorum coetus fortem et si liceat virum emollit. Avaritia in proximos virus suum transtulit. Eadem e converso ratio virtutum est ut omne quod secum habent mitigent. Nec tam valetudini corporali profuit mitis regio et salubrius coelum quam animis parum firmis in meliore turba versari. Quae res quanto possit intelliges, si videris feras convictu nostro mansuescere nullique immani bestiae vim suam permanere, si

as preserving their identity. The passage is condensed from the second *Prosa* of the fourth book of Boetius' work. The extract that follows is from the third *Prosa* of the same book.

[1] D. has primo; M. secundo, which is right.

[2] *De Ira*, ii. 13. In M. this is referred to the wrong dialogue.

[3] *Ep.* lib. xv. 2 § 40.

[4] *De Ira*, iii. 8. Seneca has sumuntur.

hominis contubernium diu passa est. Accedit huc quod non tantum exemplo melior sit qui cum quietis hominibus vivit, sed quod causas vitii non invenit nec vitium suum exercet.'

Self-examination.

Et in eodem libro ad correctionem omnium vitiorum dicit quod 'omnes sensus[1] perducendi sunt ad firmitatem. Nam patientes sunt si animus desit illos corrumpere, qui quotidie ad rationem reddendam vocandus est. Faciebat hoc Sextius ut consummato die cum se ad nocturnam quietem recepisset, interrogaret animum suum, Quomodo hodie malum tuum sanasti? cui vitio obstetisti? qua parte melior es? Quicquam ergo est melius pulcriusque hac consuetudine excutiendi totum diem? Qualis ille somnus post recognitionem sui sequitur; quam tranquillus altus et liber cum aut laudatus est animus aut admonitus; et speculator suique censor secretus cognoscit de moribus suis.' Et ipse in eodem libro dicit de seipso, 'Utor hac potestate, et quotidie apud me causam dico[2] cum sublatum e conspectu lumen est; totum diem jam mecum scrutor, factaque ac dicta mea metior, nihil mihi ipse abscondo, nihil transeo. Quare enim quicquam ex erroribus meis timeam, cum possim dicere, Vide ne istud amplius facias, nunc tibi ignosco.'

Training of the young.

Et quia beatus[3] est ille qui allidit parvulos suos ad petram, ideo dicit Seneca ad Marciam 'omnia vitia[4] penitus insident nisi dum surgunt oppressa sint, leniore medicina est oriens adhuc restringenda vis, vehementius contra inveterata pugnandum est. Nam vulnerum sanitas facilis est dum a sanguine recentia sunt.' Et quia hoc maxime debet fieri in aetate juvenili, ideo dicit Aristoteles secundo Ethicae[5], Quod non parvum differt sic aut sic assuesci a juventute. Nam virgae recenti, quae in omnem partem flecti potest et de facili a curvitate in rectitudinem ducitur, comparat innocentiam juvenilem. Et Seneca secundo de Ira dicit, 'Facile[6] est teneros adhuc animos componere; difficulter enim rescinduntur vitia

[1] *De Ira*, iii. 36. All the MSS. give infirmitatem for firmitatem; and saepius for Sextius; and M. is quite incorrect in the whole quotation.

[2] duco, *pro* dico, O.

[3] The meaning of this reference to Psalm cxxxvii. 9 does not seem obvious.

[4] *Ad Marciam*, 1. M. has insurgunt for insident.

[5] *Eth. Nic.* ii. 1 § 8.

[6] *De Ira*, ii. 18.

quae nobiscum creverunt.' Item Seneca ad Helviam dicit, 'In hoc casu[1] nunc compone juvenis mores, nunc formam. Altius praecepta descendunt quae teneris imprimuntur aetatibus. Multum ei dabis, etiam si nihil dederis ei praeter exemplum.' Et ideo in secundo de Ira dicit, 'Proximis[2] applicatur omne quod tenerum est, et in eorum similitudinem crescit. Nutricum et pedagogorum retulere mox in adolescentiam mores. Apud Platonem educatus puer, cum ad parentes relatus vociferantem et clamantem videt patrem, Nunquam hoc, inquit, apud Platonem vidi. Non dubito quin citius patrem imitatus esset quam Platonem, si apud patrem nutritus fuisset.'

CAPITULUM IV[3].

Each of the seven mortal sins denounced by these philosophers.

Et si consideremus ea quae dicunt et fecerunt in particulari de hujusmodi moribus, gratissima dinoscuntur[4]. Omnia vero reducuntur ad contemptum divitiarum contra avaritiam, vel ad despectum honorum contra superbiam, vel ad fugam deliciarum contra luxuriam et gulam, vel ad motus et passiones animi contra iram et invidiam et accidiam; ut sic peccata septem mortalia devitentur. Et omnia peccata praeter iram ad prospera feruntur. Nam languet animus in divitiis et honoribus et deliciis dum in illis delectatur peccatis. Nam de avaritia, superbia, luxuria, gula, planum est quod ad delectationem magna concupiscentia promoventur. Invidia etiam de bono et prosperitate alterius exoritur. Accidia quidem nascitur ex hoc quod in deliciis et caeteris prosperitatibus animus absorbetur. Tunc enim evenit homini taedium veri boni quod in virtute consistit, et tristatur ad omne virtutis opus, iners et languidus cui mors animae in januis est, ut vita spiritualis ocius finiatur. Sola quidem ira prospera neglexit et pugnat in adversis. Propter quod primo tangam quae

[1] *Ad Helviam*, 18.

[2] *De Ira*, ii. 21.

[3] In D. and O. this chapter is headed 'Incipit Distinctio quarta, habens capitula tria.' This is omitted in M. and is evidently a mistake, as the fourth section of this seventh Part comes much farther on. I have thought it best to call it cap. iv. See conclusion of cap. i. of this third part, p. 255.

[4] discriminantur, M.

pertinent ad contemptum prosperorum; secundo quomodo adversa non sunt formidanda.

Renouncement of the world.

Portatur [1] igitur Aristoteles summus in medium ante alios qui in contemptum mundi cum omnibus suis divitiis et honoribus et voluptatibus patriam reliquit, in exilio vitam suam finivit. Et Theophrastus ejus praecipuus successor in philosophia, ut Tullius recitat de eis in quinto de Quaestionibus Tusculanis. Non solum autem ipsi, sed alii nobilissimi philosophi et patres philosophorum, ut Xenocrates qui fuit veteris Academiae princeps, sicut dicit Censorinus in libro de Die Natali, et Carneades, qui fuit auctor tertiae Academiae quae dicitur nova. Platonici enim vocati sunt Academici a loco in quo Plato studuit, et diversificati sunt in sectas multas post mortem magistri sui. Sed non solum isti, sed et quam plures alii famosi, quos nominat Tullius usque ad sexdecem: et alii innumerabiles, ut ipse dicit, aetates suas in exilio et perpetua peregrinatione consumpserunt, qui semel egressi nunquam domum regressi sunt. Et cum quaereretur [2] a Socrate cujus est, respondit, Mundanus sum; totius enim mundi se esse incolam et civem arbitrabatur, ut testatur Cicero quinto de Quaestionibus Tusculanis. Et ideo Seneca Marcello [3] exulanti dicit, 'Quod si patria cares non est miserum. Ita te disciplinis imbuisti ut scires omnem locum sapienti patriam esse. Humile tugurium nempe virtutes recipit. Jam omnibus templis formosius erit cum illic justitia conspecta fuerit cum continentia, cum prudentia pietas, omnium officiorum recte dispensatorum ratio, humanorum divinorumque scientia; nullus angustus est locus qui hanc tam magnarum virtutum turbam capit.' Et Ptolomaeus in sapientiis suis Almagesti praepositis dicit 'Inter homines altior est qui non curat in cujus manu sit mundus.' Nec mirum si hic philosophus hoc dicit qui plus in coelestibus et mundi partibus principalibus [4] cognoscendis laboravit. Probat enim in primo libro Almagesti quod tota terra nullam quantitatem sensibilem habet respectu coeli, sicut supra copiosius confirmatur. Et Seneca ad Helviam [5] dicit, Angustus animus est quem terrena delectant.

[1] Ponatur, M., portatur, D. et O.
[2] loqueretur, M.
[3] *Ad Helviam*, cap. 9.
[4] principibus, D. et O.
[5] *Ad Helviam*, cap. 9.

Nam quo altius turres sustulerint, quo majore mole fastigia coenationum subduxerint, hoc plus erit quod illis coelum abscondit. Et Xenophon Socraticus dixit nihil egere est Dei, quam minimum autem proximum est Deo, sicut recitat Censorinus.

Seneca on the insignificance of the earth as compared with the universe.

Et Seneca quinto Naturalium veraciter judicans mundum terrenum esse punctum respectu coeli, quod per astronomicam scitur certitudinem, omnia quae in hoc mundo humano inter homines describuntur vilificat et adnihilat, respectu coeli ad quod factus est homo. Dicit igitur 'Qui jam animum laxat[1] et praeparat ad cognitionem coelestium dignumque efficit ut in consortium Dei veniat, tunc consummatum habet plenumque bonum sortis humanae; cum calcato omni malo petit altum et in interiorem naturae sinum venit, tunc juvat inter ipsa sidera vagantem divitum pavimenta videre et totam cum auro suo terram, non illo tantum quod egessit, sed illo quod in occulto servat posteriorum avaritiae.' 'Hoc est punctum quod inter tot gentes ferro et igne dividitur. O quam ridiculosi sunt termini mortalium! ultra Istrum Dacus non exeat. Parthis obstet Euphrates, Danubius Sarmatica atque Romana disterminet, Rhenus Germaniae modum faciat. Pyrenaeus inter Galliam et Hispaniam medium extollat jugum. Inter Aegyptum et Aethiopiam arenarum inculta vastitas jaceat. Si quis formicis det intellectum hominis, nonne illae unam aream in multas divident provincias? Cum videbis exercitus subrectis ire vexillis, equitem modo ulteriora explorantem modo a lateribus affusum, formicarum iste discursus [est] in angusto laborantium. Quid illi et nobis interest nisi exigui mensura corpusculi? Punctum est istud in quo navigatis, in quo regnatis, in quo bellatis. Sursum ingentia spatia sunt in quorum possessionem[2] animus admittitur; ac velut vinculis liberatus in originem redit. Et hoc argumentum est divinitatis suae, quod illum delectant divina nec ut alienis, sed ut suis interest tunc contemnet prioris domicilii angustias. Quod enim ab ultimis Hispaniae usque ad Indos jacet paucissi-

[1] This is not from the fifth, but from the prologue to the first book of *Naturales Quaestiones*. The quotation has been somewhat altered by Bacon.

[2] passionem, *pro* possessionem, M.

morum dierum spatium est si navem suavis ferat ventus. At illa regio coelestis per triginta sex millia [1] annorum velocissimo sideri viam praestat.'

Apuleius, Cicero, Sallust and others on the vanity of worldly prosperity.

Et Apuleius, in libro de Deo Socratis, dicit convenienter omnia bona extrinseca et corporis esse despicienda nec considerandа in laude hominis boni, sub his verbis 'In hominibus [2] contemplandis noli aliena existimare sed ipsum hominem penitus considera, ipsum ut meum Socratem pauperem specta. Aliena autem voco quae parentes pepererunt, et quae fortuna largita est, quorum nihil laudibus Socratis mei admisceo, nullam generositatem, nullos longos natales, nullas invidiosas divitias. Igitur omnia simul dona numeres; generosus est? parentes laudas. Dives est? non credo fortunae. Nec magis ista dinumero. Validus est? aegritudine fatigabitur. Pernix est? abibit in senectutem. Formosus est? expecta paulisper, et non erit. At enim bonis artibus doctus, et apprime eruditus, et quantum licet homini sapiens et boni consultus? tandem aliquando ipsum virum laudas. Hoc enim neque a patre hereditarium est, neque a casu pendulum, nec a suffragio adminiculum, nec a corpore caducum, nec ab aetate mutabile. Haec omnia meus Socrates habuit et ideo caetera habere contempsit.' Propter quod Tullius in libro de Paradoxis gloriatur se nunquam aurum nec argentum nec honorem nec aliquid hujus mundi computare inter bona. Et Sallustius in Catilinario dicit 'fortuna res cunctas magis ex libidine quam ex vero celebrat. Primo pecuniae deinde imperii cupido fuit. Ea quasi materies omnium malorum fuere. Namque avaritia fidem probitatem caeterasque artes bonas subvertit; pro his superbiam, crudelitatem, Deum negligere, omnia venalia habere edocuit. Avaritia pecuniae studium habet quam nemo sapiens concupivit. Ea quasi venenis malis imbuta corpus animumque virilem effeminat; semper infinita insatiabilis, nec copia nec inopia minuitur.' Et Seneca libro tertio de Ira dicit, 'Circa pecuniam [3] plurimum vociferationis est; haec fora

[1] Seneca has triginta annos. Bacon refers to the precession of the equinoxes; Seneca to the revolution of Saturn. Suavis should be suus.

[2] Apuleius, *de Deo Socratis*, cap. 24. There are several mistakes in D. O. and M., which it was necessary to correct if the passage was to be intelligible.

[3] *De Ira*, iii. 33.

defatigat, venena miscet, gladios tradit, haec est sanguine nostro delibata, propter hanc tribunalia magistratuum premit turba, reges saeviunt, civitates evertunt; fremitu judiciorum basilicae resonant, evocati ex longinquis regionibus judices sedent, judicaturi utrius justior avaritia sit.' Et in libro de Copia Verborum, dicit, 'Avarus nihil recte facit nisi cum moritur.' Sallustius vero libro memorato dicit; 'Ambitio quidem dominandi multos mortales falsos fieri coegit; aliud in pectore clausum, aliud in lingua promptum habere. Et cum vita hominum sine cupiditate ageretur in terris, satis cuilibet sua placebant. Verum ubi superbia dominandi invasit, fortuna simul cum moribus immutatur.' Propter quod in libro de Beneficiis Seneca alloquens superbos propter bona fortunae dicit, 'Omnia quae vos[1] tumidos et super humana elatos oblivisci cogunt vestrae fragilitatis, quae ferreis claustris custoditis, quae ex alieno sanguine rapta vestro defenditis, propter quae ruptis toties affinitatis amicitiae collegiique foederibus inter contendentes duos terrarum orbis elisus est, non sunt vestra; jam ad alium dominum spectantia sunt; aut hostis illa, aut hostilis animi successor, aut ignis aut alium infortunium invadet. Quaeris quomodo illa tua facies? dona dando. Consule igitur rebus tuis, et certam tibi earum atque inexpugnabilem possessionem para; honestiores illas non solum, sed tutiores facturus. In quo te divitem atque potentem putas, quamdiu possides, sub nomine sordido jacet; domus est, servus est, nummi sunt. Cum donasti beneficium est.' Et ideo quaerit in libro primarum Epistolarum, Quis est dignus Deo nisi qui opes contempsit?

Capitulum V.

Cicero, Seneca, and others on carnal appetites.

De voluptatibus quidem vitae satis pulcra loquuntur. Et Cicero libro de Senectute sic dicit[2], Cum homini Deus nihil praestabilius mente dedisset, huic divino muneri nihil est tam inimicum quam voluptas. Impedit enim consilium voluptas rationi inimica et mentis oculos perstringit. Magnus etiam

[1] *De Beneficiis*, vi. 3. The last words of the quotation have needed some correction from the original.

[2] *De Senectute*, xii. 40, 41.

Archytas Tarentinus Pythagoricus et Platonis magister nemini censebat fore dubium quin, quamdiu voluptate gauderet, nihil agitare mente, nihil ratione nihil cogitatione consequi posset; si quidem ea, cum major esset atque longior, omne lumen animi extingueret. Unde Tullius tertio de Quaestionibus Tusculanis dicit, 'Intemperantiam esse fontem omnium perturbationum animi quae est a tota mente a recta ratione defectio, sic adversa a prescriptione rationis ut nullo modo appetitiones animi nec regi nec contineri queant.' Et ideo Plinius dicit decimo quarto Naturalis Historiae, 'Postquam voluptas vivere coepit vita desit.' Aristoteles etiam libro de Regimine Vitae[1] dixit Alexandro, 'Declina conatus bestialium voluptatum, carnales enim appetitus inclinant animum ad corruptibiles voluptates animae bestialis nulla discretione praehabita. Et ideo corpus corruptibile laetabitur, et contristabitur incorruptibilis intellectus Conatus ergo carnalis voluptatis generat carnalem amorem. Carnalis autem amor generat avaritiam, avaritia generat desiderium divitiarum; desiderium divitiarum inverecundiam; inverecundia praesumptionem, praesumptio infidelitatem. Et ideo voluptas maculas inducit secum in animam hominis, per quas redditur tenebrosa.' Et ideo dicit Aristoteles, in libro Problematum, Quod magis dicimur incontinentes et vituperabiles propter gustum et tactum quam propter alios sensus, quoniam a pessimis delectationibus vincimur et in quibus communicamus cum brutis etiam animalibus. Illa enim non delectantur in visu et auditu et olfactu[2] sicut homo. Nam odorem non quaerunt propter se, sed propter cibum ad quem ducuntur per odorem. Sed homo delectatur in odore non famelicus, ut in rosis et in aliis odoriferis. Et multum in auditu et in visu delectatur; sed bruta non nisi propter ea quae ad gustum vel ad tactum pertinere noscuntur. Et ideo fiunt leges et documenta vivendi honeste circa delectationes et gustus et tactus; et laudamur magis quando abstinemus ab his et vituperamur propter eas delectationes quia viles sunt et brutales.

[1] What follows is an extract from the *Secretum Secretorum*, for which, as already mentioned, *De Regimine Vitae* is a second title.

[2] gustu, D. et O.

Et Seneca dicit secundo de Ira, Ubi animum[1] simul et corpus voluptates corrupere nihil adversi tolerabile videtur, non quia dura sunt, sed quia mollis patitur. Et ideo cum duplex sit principalis modus voluptatis unus in libidine, alius in crapula et ebrietate, quaerit Tullius in quinto de Tusculanis Quaestionibus 'Illum quem libidinibus furentem[2] et inflammatum videmus, omnia rabide appetentem cum inexplebili cupiditate affluentius undique voluptates hauriat eo gravius ardentiusque sitientem nonne recte miserrimum dixeris?' Et Seneca dicit septimo de Beneficiis[3] quod 'voluptas fragilis est, brevis fastidio objecta quo avidius hausta est, citius in contrarium recidens, cujus necesse est aut poeniteat aut pudeat in quo nihil magnificum aut quod naturam hominis Deo proximi deceat, res humilis membrorum turpium exitu foeda.' Et Seneca in libro Declamationum secundo dicit, Adolescens luxuriosus insanit, nam et senectuti dedecus parit, et adolescentiam juvenum impudentiorem reddit. Et Cicero quarto de Quaestionibus hunc libidinosum curare docens, ostendit istius voluptatis vilitatem sub his verbis; 'Sic ergo[4] affectioni huic adhibenda curatio est ut ostendatur quam leve quam contemnendum, quam nihil sit omnino, quam facile vel aliunde vel alio modo perfici, vel omnino negligi possit. Abducendus est non nunquam ad alia studia, solicitudines, curas, negotia; loci deinque mutatione, tanquam aegroti non convalescentes, curandus est. Maxime autem admonendus est quantus sit furor amoris. Omnibus enim ex animi perturbationibus est profecto nulla vehementior, ut si jam ipsa illa accusare nolis, stupra dico et adulteria, incesta denique quorum omnium accusabilis est turpitudo; sed ut haec omittas, perturbatio ipsa mentis in amore foeda per se est. Nam ut haec praeteream quae sunt furoris, haec ipsa per sese quam habent levitatem quae videntur esse mediocria, injuriae, suspiciones, inimicitiae, bellum, pax rursum' inita, quae omnia consequentur libidinosos. Hoc fit ut 'postulans certa ratione agere nihilo plus agas, quam si des operam ut cum ratione insanias. Haec inconstantia mutabilitasque mentis quem non ipsa

[1] *De Ira*, ii. 25. [2] *Tuscul. Disp.* v. 6. [3] *De Beneficiis*, vii. 2. [4] *Tuscul. Disp.* iv. 35.

pravitate deterreat? Et etiam illud quod in omni perturbatione dicitur demonstrandum nullam esse nisi opinabilem nisi judicio susceptam nisi voluntariam. Etenim si naturalis amor esset et amarent omnes et semper amarent, neque alium pudor, alium cogitatio, alium satietas deterreret.' Et propter hoc Aristoteles in Secretis Secretorum dicit Alexandro 'Clemens Imperator, nolite inclinare ad coitus mulierum, quia coitus est quaedam proprietas porcorum. Quae gloria est tibi si exerces vitium irrationalium bestiarum, et actus brutorum? Crede mihi indubitanter quod coitus est destructio corporum et abbreviatio vitae, et corruptio virtutum, legis transgressio, femineos mores generat.' Et ideo, ut omne malum moris vitetur, Seneca ad Helviam dicit, 'Si cogitas libidinem non voluptatis causa homini datam sed propagandi generis, quem non violaverit hoc secretum et infixum visceribus ipsis exitium omnis alia cupiditas intactum praeteribit.'

Gluttony and drunkenness.

De voluptate vero quae est in gula Seneca loquitur pulcre ad Helviam, 'O[1] miserabiles quorum palatum non nisi ad pretiosos cibos excitatur! Pretiosos autem non eximius sapor aut aliqua faucium dulcedo, sed raritas et difficultas parandi facit. Alioquin, si ad sanam illis placeat mentem reverti, quid opus est tot artibus ventri servientibus? quid vastatione sylvarum, quid profundi perscrutatione? passim jacent alimenta quae rerum natura omnibus locis disposuit. Sed haec velut caeci transeunt, . . . et cum famem exiguo possint sedare, magno irritant. Undique convehunt omnia nota fastidienti gulae; et quod dissolutus deliciis stomachus vix admittit, ab ultimo portatur Oceano. Deus istos perdat quorum gulae luxuria sic fines loci transcendit.' Et de crapula et ebrietate Seneca dicit in libro Epistolarum primarum[2], 'O quam multa ebrii faciunt quibus sobrii erubescant! [Dic] nihil aliud esse ebrietatem quam voluntariam insaniam. Extende in plures dies illum ebrii habitum, numquid de furore dubitabis? . . . Certe eruit omne vitium ebrietas et incendit et detegit; obstantem malis conatibus verecundiam removet; . . . ubi animum possedit nimia vis vini, quicquid mali latebat emergit.

[1] *Ad Helviam*, 10. The order of the sentences is somewhat changed by Bacon.
[2] *Epist.* lib. xii. 1.

Tunc libidinosus cupiditatibus suis quantum petierunt sine dilatione permittit; tunc impudicus morbum profitetur, tunc petulans non linguam non manum continet.' Et quia sic est, ideo Aristoteles dicit in secundo Ethicorum quod ebrio debetur duplex maledictio. Et post multa de hac materia dicit Seneca in loco praefato, 'Fere vinolentiam crudelitas sequitur, debellatur enim exasperaturque sanitas mentis. Quemadmodum difficiles faciunt oculos diutini morbi ad minimam radii solis offensionem, ita ebrietates continuae efferant animos. Nam cum saepe apud se non sint, consuetudine insaniae durata vitia e vino concepta etiam sine illo valent.' Et Seneca primo de Naturalibus Quaestionibus contra deliciosos in potu ait 'O Deus bone, quam facile est extinguere sitim sanam! sitim istam putas delicatorum?' quasi dicat non, sed febris est. 'Et quidem eo acrior quod non tactu venarum, neque in cutem effuso calore deprehenditur; sed cor ipsum excoquit luxuria, invictum malum[1].'

Simplicity of life and detachment from temporal cares.

Placet praeteritis nunc in fine subjungere Anacharsis philosophi epistolam voluptati dissonantem quam Hammoni diviti scripsit sub his verbis: 'Anacharsis Hammoni salutem. Mihi amictui est Scythicum tegimen, calceamentum solorum callum, cubile terra; pulmentum fames: lacte, caseo, carne vescor. Quare ut ad me quietum licet venias. Munera illa quibus delectatus es civibus tuis vel diis immortalibus dona.' Tullius quinto Quaestionum hanc epistolam libenter recitat[2]. Seneca in libro primarum Epistolarum, [dicit] 'Qui exit in lucem hujus mundi, contentus sit ut pane et aqua vivat.' Et in libro suo qui est Quare multa mala bonis viris accidant exhortatur nos ad fugam deliciarum, dicens, 'Fugite[3] delicias, fugite enervatam felicitatem qua animi permadescunt, et nisi aliquid intervenerit quod humanae sortis admoneat, velut perpetua ebrietate sopiuntur.' Et in Phaedone Platonis legimus quod manifestus est ille philosophus absolvens quam maxime animam a corporis communione, qui minime solicitus est voluptatum quae per corpus sunt. Meditatio autem philosophorum est solutio et separatio animae a corpore. Confidere docet de sua anima virum qui voluptates quae circa corpus

[1] *Nat. Quaest.* iv. 13. [2] *Tusc. Disp.* v. 32. [3] *Dialog.* i. 4.

sunt permittit valere velut alienas, exornans animum non alieno sed sui ipsius ornatu, sobrietate, justitia, fortitudine, liberalitate, atque virtute. Quapropter Tullius in libro de Immortalitate Animae ex multis concludit quod 'tota philosophorum vita commentatio mortis est'; secernere a corpore animum[1], ecquid aliud est quam emori [discere]? et ideo infert, 'Distinguamus ergo nos a corporibus, id est consuescamus mori, et sic dum erimus in terris erimus illi coelesti vitae similes, et cum illuc ex his vinculis feremur . . . tunc denique vivemus.' Nam 'haec quidem vita mors est,' ut ipse dicit eleganter. Et Seneca ad Marciam 'Nunquam[2] magnis ingeniis cara in corpore mora est; exire atque erumpere gestiunt: aegre has angustias ferunt, vagi per omne, sublimes et ex alto assueti humana despicere. Inde est quod Plato clamat sapientis animum totum in mortem prominere, hoc velle, hoc meditari, hac semper cupiditate ferri.' 'Haec quae vides circa nos, ossa nervos et obductam cutem vultumque et ministras manus, et caetera quibus involuti sumus, vincula animorum et tenebrae sunt; obruitur his animus, effugatur, inficitur, arcetur a veris et a suis in falsa conjectus; omne illi cum hac gravi carne certamen est: nititur illo unde dimissus est, ibi illum eterna requies manet.' Et ideo dicit Avicenna in Moralibus, 'Non liberabitur homo ab hoc mundo et ab ejus illecebris nisi postquam homo totus suspensus ab illo mundo celesti desideret id quod est ibi, et amor eorum quae sunt ibi removeat eum omnino a consideratione ejus quod est post se[3].'

CAPITULUM VI[4].

Anger: its distinction from other mortal sins.

Dictum est de prosperis, et quomodo peccata sex mortalia nutriuntur per ea. Nunc dicendum est de adversis, et quomodo ira pugnat cum illis, licet turpiter devincatur. Primo

[1] *Tusc. Disp.* i. 31.

[2] *Ad Marciam*, 23, 24.

[3] Here MS. M. ends with the remark, Explicit hic moralis philosophia Bacun.

[4] D. and O. have the heading, 'Incipit Distinctio Quinta habens novem capitula.' But the nine chapters are not all noted, and no further *Distinctio* is spoken of. I have thought it best to number the chapters of this third part

T 2

ponam radices circa ea quae sunt consideranda in remedio Irae, et secundo de gloriosa sustinentia adversorum.

Picture of this vice drawn from Seneca's Dialogues on Anger.

Primum vero remedium contra iram est ut comprehendamus ejus conditiones horribiles, ut quilibet has memorans irasci studeat abhorrere. Ira autem est peccatum pessimum. Nam iratus blasphemat in Deum, amittit proximum, confundit se ipsum, bona sua temporalia dissipat, non verens pro motu irae bona eterna negligere, et se ad poenas infernales obligare. Primo ergo considerandum est quod ira est contra omnem humanam naturam. Nam descriptio hominis, secundum quod homo est, est ut sit animal mansuetum natura. Et ideo Seneca in libro primo de Ira probat iram esse contra humanam naturam in hunc modum: 'Si hominem[1] inspexerimus, quo quid est mitius dum in recto animi habitu est? quid autem ira crudelius?' Et infert 'Ira est avida poenae, cujus cupidinem inesse pacatissimo hominis pectori minime secundum ejus naturam est.' Caeterum aliter arguit sic. 'Homo in adjutorium mutuum genitus est, ira in exitium: hic,' id est homo, 'congregari vult, illa discedere: hic prodesse, illa nocere: hic etiam ignotis succurrere, illa carissimos perdere: hic aliorum incommodis vel impendere se paratus est, illa in periculum, dummodo deducat, descendere. Quis ergo magis naturam rerum ignorat, quam qui optimo ejus operi et emendatissimo,' scilicet homini, 'hoc ferum atque perniciosum vitium assignat?' 'Beneficiis enim humana vita constat, et concordia, nec terrore sed mutuo amore in foedus auxiliumque commune constringitur.' Et in primo libro comparat illos bestiis quae alienae sunt a natura humana, dicens, 'Ira[2] se profert et in faciem

consecutively, without regard to *Distinctiones*. The remainder consists entirely of quotations from Seneca, with an occasional comment from Bacon. It will be seen that Bacon himself apologizes for their length; his justification being partly, that the books of Seneca from which he quotes were not generally known; and partly, their intrinsic worth and beauty. In fact, using Seneca's writings as a rich quarry, Bacon builds out of them a manual of Christian morality. He has hitherto been dealing with the first six of the mortal sins, involving, in one way or other, slavery to pleasure. He now passes to the failure to endure pain, as shown in the vice of Anger. He concludes by describing the state of patient forbearance and resignation under extremest trial.

[1] *De Ira*, i. 5. Here, as elsewhere, Bacon changes the order of the sentences very freely.

[2] *ib.* 1.

exit; quantoque major hoc effervescit manifestius. Non vides ut omnium animalium, simul ad nocendum insurrexerint, praecurrant notae[1], ac tota corpora solitum quietumque egrediantur habitum? spumant apris ora, dentes acuuntur attritu, taurorum cornua jactantur in vacuum et arena pulsu pedum spargitur, leones fremunt, inflantur irritatis colla serpentibus, rabidorum canum tristis aspectus est.' Et quod magis elongentur homines iracundi a benignitate humana quam aliae bestiae, sententiat in tertio libro suo, 'Ferarum[2] mehercules sive illas fames agitat, sive infixum visceribus ferrum, minus tetra facies est, etiam cum venatores suos semianimes morsu ultimo petunt, quam hominis ira flagrantis.' Deinde contra naturam hominis est ira, quia proprium subjectum primo destruit et confundit. Nam primo hominem transfigurat exterius quantum ad totum corpus in foedam et horribilem formam. Unde Seneca in principio libri sui sic eloquitur; 'Exegisti[3] a me, Novate, ut scriberem quemadmodum posset ira leniri, nec immerito mihi videris hunc affectum pertimuisse maxime ex omnibus tetrum et rabidum. Caeteris enim aliquid quieti et placidi inest, hic totus concitatus ac in impetu est doloris.' Et in secundo libro de Ira dicit, 'Nihil tamen[4] aeque profuerit quam primum intueri deformitatem rei. Nec ullius affectus facies turbatior. Pulcherrima ora foedavit. torvos vultus ex tranquillissimis reddit. Linquit decor omnis iratos. Et sive amictus illis compositus est, ad legem irae trahent vestem omnemque curam sui effundent, sive capillorum natura vel arte jacentium non informis habitus, cum animo inhorrescunt; tumescunt venae, concutietur crebro spiritu pectus, rabida vocis eruptio colla distendit, tum artus trepidi, inquietae manus, totius corporis fluctuatio. Qualem intus esse putas animum cujus externa imago tam foeda est? Quanto illi intra pectus terribilior vultus est, [acrior spiritus, intentior impetus[5]] rupturus se nisi eruperit. Qualia poetae inferna monstra finxere succincta igne et flatu, talem nobis iram fingeremus

[1] D. and O. have rotae, and several other words in this quotation have needed correction.

[2] *De Ira*, iii. 4. [3] *ib.* i. 1. [4] *ib.* ii. 35.

[5] acrior . . . impetus, om. MSS.

sibiloque mugitu et stridore perstrepentem, omni odio laborantem sui, maxime si aliter nocere non possit, terras, maria, coelumque ruere cupientem[1].' Et in tertio libro dicitur, 'Necessarium[2] est itaque foeditatem ejus et feritatem coarguere et ante oculos ponere, quantum monstrum sit homo in hominem furens;' et 'ut iracundum descripsimus acrem et nunc subducto retrorsus sanguine fugatoque pallentem, nunc in os omni colore et spiritu verso subrubicundum et similem cruento, venis tumentibus, et oculis nunc trepidis et exsilientibus, nunc in uno obtutu defixis et haerentibus. Adjice dentium inter se arietatorum non alium sonum quam est apris tela sua attritu acuentibus. Adjice articulorum crepitum cum se ipsas manus frangunt, et pulsatum saepius pectus, anhelitus crebros tractosque altius gemitus, instabile corpus, incerta verba, subitis exclamationibus trementia labra interdumque compressa, et dirum quoddam exsibilantia.' Praeterea contra naturam hominis est quia corpus multis gravaminibus laedit et variis passionibus et informitatibus flagellat. Nam Seneca dicit in fine secundi libri 'Videndum[3] quam multis per se ira nocuerit. Alii nimio fervore rupere venas, et sanguinem super vires elatus clamor egessit, et luminum suffudit aciem in oculos vehementius humor egestus, et in morbos aegri recidere.' Et vidimus sanos multoties homines aegritudines varias incurrere ferventiore ira permotos.

Anger destructive of intellectual faculties.

Sed similiter a parte animae est ira innaturalis homini. Duae enim sunt partes animae intellectivae; una est speculativa et ratione utens; alia est practica et in amorem virtutis ordinata. Primam vero perturbat ira et est ei maxime inimica, et eam multoties ducit in furorem et insaniam. Nam in secundo libro dicit Seneca, 'Ratio[4] utrique parti tempus dat, et sibi petit ut excutiendae veritati tempus habeat. Ira festinat. Ratio adjudicari vult quod aequum est. Ira illud aequum non vult quod Ratio judicavit. Ratio nihil praeter ipsum de quo agitur spectat. Ira vanis et extra causam obversantibus commovetur. Iracundia non vult regi; iras-

[1] The latter part of this quotation is somewhat condensed from the original.
[2] *De Ira*, iii. 3, 4.
[3] *ib.* ii. 36.
[4] *ib.* i. 18, 19 (not from the second book).

citur veritati ipsi si contra voluptatem suam apparuerit. Cum clamore et tumultu et totius corporis jactatione, quos destinavit insequitur, adjectis conviciis maledictionibusque. Hoc non facit Ratio, sed, si ita opus est, silens quieta familias rei publicae pestilentes cum conjugibus ac liberis perdit, tecta ipsa diruit, et solo exaequat, et inimica libertati nomina extirpat, haec non frendens nec caput quassans nec quicquam indecorum agens.'

Compa-rison with mania.

Et iterum Ira rationem deducit in insaniam et furorem. Nam Seneca in fine secundi libri de Ira dicit, 'Nulla [1] celerior ad insaniam via est. Multi itaque continuaverunt irae furorem, nec quam expulerant mentem unquam receperunt. Ajacem in mortem egit furor, in furorem ira.' Et in tertio dicit, 'Quid ergo [2]? sanum hunc aliquis vocat, qui, velut tempestate correptus, non it, sed agitur; et furenti malo servit nec mandat ultionem suam, sed ipse ejus exactor animo simul et manu saevit.' Et in primo libro dicit: 'Ut [3] scias animos non esse sanos quos ira possedit, ipsum illorum habitum intuere. Nam ut furentium certa indicia sunt, audax et minax vultus, tristis frons, torva facies, citatus gradus, inquietae manus, color versus, crebra et vehementius acta suspiria, ita irascentium eadem sunt signa; flagrant, emicant oculi: multus ore toto rubor, exaestuante ab imis praecordiis sanguine; labra quatiuntur, dentes comprimuntur, horrent ac subrigent capilli, spiritus coactus ac stridens, articulorum se ipsos torquentium sonus, gemitus mugitusque et parum explanatis vocibus sermo praeruptus et complosae saepius manus, et pulsata humus pedibus et totum concitum corpus magnas irae minas agens, foeda visu et horrenda facies . . . Nescias utrum magis detestabile vitium sit an deforme.' Demum tota innaturalis homini ira est, cum non abhorreat homo iratus ad omne periculum vitae se praebere, nec mortem timet, sed gratis ut se vindicet, mortis se subjicit periculo. Unde in fine secundi dicit, 'Irati gladiis et pugnare parati sunt et incumbere.' Et in principio tertii, 'Iratus non sine pernicie [4] sua perniciosus, et ea deprimens quae mergi nisi cum mergente non possunt.' Et non solum se ipsum perimit

[1] *De Ira*, ii. 36. [2] *ib.* iii. 3. [3] *ib.* i. 1. [4] *ib.* iii. 3.

sed proximum amittit; et non solum inimicos invadit ad mortem, sed causa mortis est amicorum. Cujus rei pulcherrimum exemplum Seneca promit in secundo libro de quodam qui captus a tyranno eum tanta delusit cautela ut ipsemet tyrannus interficeret omnes inimicos suos; et ipse tandem tyrannus emoritur. Dicit ergo, 'Notus est [1] ille tyrannicida qui imperfecto opere comprehensus, et ab Hippia tortus ut consocios indicaret, circumstantes tyranni amicos nominavit, quibus maxime caram ejus salutem sciebat. Et cum ille singulos ut nominati erant occidi jussisset interrogavit ecquis superesset; Tu, inquit, solus. Neminem enim alium, cui carus esses, reliqui. Effecit igitur ira ut tyrannus tyrannicidae manus accommodaret, et praesidia sua gladio suo caederet.'

Anger incompatible with virtuous life.
(1) With clemency.

Sicut vero partem speculativam animae confundit, et ei innaturalis est ira, sic et practicam, et longe magis. Nam haec habet virtutem pro dote, in hac virtus consistit; et ira vitium est. Cum ergo omnes virtutes, secundum Senecam libro Epistolarum primarum, et secundum Tullium libro de Officiis, et secundum eundem libro secundo de Quaestionibus Tusculanis, sunt connexae, ut qui habeat unum habeat omnes propter generales circumstantias in quibus connectuntur, licet differant in specialibus circumstantiis, necesse est quod ira non compatiatur secum aliquam virtutem, cum mansuetudinem, quae aliis virtutibus annexa est principaliter, excludat. Et hoc est quod dicit Seneca, secundo de Ira: 'Necesse est [2] prius virtutem ex animo tollas, quam iracundiam recipias, quoniam cum virtutibus vitia non coeunt; nec magis quisquam eodem tempore et iratus potest esse et vir bonus, quam aeger et sanus.' Denique tollit virtutes nobilissimas scilicet mansuetudinem, clementiam, magnanimitatem, pietatem, gaudium, et pacem cordis. Aristoteles enim in quarto libro Ethicorum, docet quod mansuetudo est virtus contraria irae. Et Seneca dicit in primo libro de Clementia, nullam [3] ex omnibus virtutibus homini magis convenire quam clementiam, cum sit nulla humanior. Sed ira excludit clementiam quia in crudelitatem degenerat; quae crudelitas est recte contraria clementiae; ut dicit Seneca libro secundo.

[1] *De Ira*, ii. 23. [2] *ib.* ii. 12. [3] *De Clementia*, i. 3.

Et licet clementia omnibus conveniat, tamen, ut ait Seneca, nullum clementia magis quam regem et principem decet. Reges enim Israel clementes sunt, ait Scriptura. Nam ut dicit Seneca, 'Pestifera[1] vis est [valere] ad nocendum; illius demum magnitudo stabilis atque fundata est quam omnes tam supra se esse quam pro se sciunt: quo precedente non tanquam noxium animal defugerint, sed tanquam ad clarum ac beneficum sidus certatim advolant'; et addit, quoniam 'non decet regem saeva nec inexorabilis ira,' 'Principem talem civibus se esse decet qualem Deum sibi.' 'Si Deus[2] placabilis et aequus non statim delicta peccantium persequitur, quanto aequius est hominem hominibus praepositum miti animo exercere imperium, et cogitare utrum mundi status gratior oculis pulchriorque sit sereno et puro die an cum fragoribus crebris omnia quatiuntur; . . . atqui non alia facies est quieti moratique imperii quam sereni coeli et nitentis!' 'Haec est vera clementia,' ut infert[3], 'quae non saevitiae paenitentia cepit nullam habere maculam. Haec est in maxima potestate verissima animi temperantia. Clementia non tantum honestiores sed tutiores praestat. Tyranni in voluptate saeviunt; reges non nisi ex causa et necessitate. Clementia efficit ut magnum inter regem et tyrannum discrimen sit. Non potest habere quisquam fidos et bonae voluntatis ministros, quibus utitur non aliter quam bestiis.' Nam severitas assiduitate amittit auctoritatem. 'E converso est is in cujus animo nihil hostile, nihil efferum est; qui potentiam suam placide ac salutariter[4] exercet; sermone affabilis, accessu facilis, vultu qui maxime populos demeretur amabilis, . . . de quo eadem homines secreto loquuntur et palam.'

Clemency in rulers.

Et pulchrum exemplum[5] affert, dicens 'Natura commenta est regem, quod et ex aliis animalibus licet cognoscere, et ex apibus, quarum regi amplissimum cubile est medioque ac tutissimo loco. Onere vacat exactor alienorum

Example of bees.

[1] *De Clementia*, i. 3.
[2] *ib.* i. 7. Here again Deus is substituted for Dei; peccantium for potentium.
[3] *ib.* i. 10, 13.
[4] salubriter, O.
[5] *De Clementia*, i. 19.

operum; et amisso rege totum dilabitur; nec unquam plus quam unum patiuntur, melioremque pugna quaerunt. Insignis regi forma est dissimilisque caeteris tum magnitudine, tum nitore. Iracundissimae ac pro corporum captu pugnacissimae sunt apes, et aculeos in vulnere relinquunt: rex ipse sine aculeo est. Noluit illum Natura nec saevum esse nec ultionem magno constaturam petere, telumque detraxit, et iram ejus inermem reliquit: exemplar hoc magnis regibus ingens est . . . cum tanto hominum moderatior esse animus debeat quanto vehementius nocet. Utinam eadem homini lex esset, ut ira cum telo suo frangeretur, nec saepius liceret nocere quam semel.' Et infert, 'Errat si quis existimat tutum esse regem ubi nihil a rege tutum. Securitas securitate mutua paciscenda est. Non opus est muris turribusque se sepire . . . salvum regem in aperto clementia praestabit. Unum est inexpugnabile munimentum amor civium. Quid enim pulcrius est quam vivere optantibus cunctis?' 'Hortamur[1] igitur ut manifeste laesus animum in potestate habeat, et poenam, si tuto poterit, donet, sin minus, temperet, longeque sit in suis quam in alienis injuriis exorabilior. Nam quemadmodum non est magni animi qui de alieno liberalis est, sed ille qui quod alteri donat sibi detrahit, ita clementem vocabo, non in alieno dolore facilem, sed eum qui cum suis stimulis agitetur, non prosilit.' Et iterum dicit, 'Verecundiam[2] peccandi facit ipsa clementia regentis,' 'Nec minus turpia principi sunt multa supplicia quam medico multa funera.' 'Natura' enim 'contumax est humanus animus et in contrarium atque arduum nitens, sequiturque facilius quam ducitur. Et ut generosi et nobiles equi fraeno facili reguntur, ita clementiam voluntaria innocentia impetu suo sequitur.' Et tandem convertens sermonem ad principem Romanum[3] dicit, 'Tradetur ista animi tui mansuetudo, diffundeturque paulatim per omne imperii tui corpus, et cuncta in similitudinem tuam formabuntur, a capite bono in omnes valetudine dilatata.'

Sic igitur induxi aliqua ad ostendum pulchritudinem et

[1] *De Clementia*, i. 20. [2] *ib.* i. 22, 24.

[3] *ib.* ii. 2.

nobilitatem clementiae ut principale propositum elucescat, scilicet insania iracundiae, quae hanc virtutem gloriosam destruit, et in crudelitatem convertit. Nunc volo inferre aliqua verba de aliis virtutibus cum clementia superius numeratis, quas omnes elidit iracundia furiosa. Et illa quae maxime est annexa clementiae est magnanimitas, quae, ut Aristoteles docet quarto Ethicorum, est ornatus omnium virtutum. De cujus proprietate est ut habens eam injuriarum sit immemor, et negligat eas, sicut superius est annotatum, et non dignetur irasci nec reputet aliquem sua iracundia dignum. Unde Seneca dicit libro secundo de Ira, 'Magni[1] animi est injurias despicere; ultionis contumeliosissimum genus est non esse visum dignum ex quo peteretur ultio.' Et in libro de quatuor cardinalibus virtutibus dicit Seneca; 'Si magnanimus fueris[2], nunquam judicabis tibi fieri contumeliam. De inimico dices, Non nocuit mihi, sed animum nocendi habuit: et cum illum in potestate tua videris, vindictam putabis vindicare potuisse. Scias enim honestissimum et majus genus vindictae esse ignoscere.' Et in libro secundo de Ira dicit, 'Pusilli hominis[3] est et miseri repetere mordentem. Mures formicaeque, si manum admoveris, ora convertunt; imbecillia se laedi putant, si tanguntur.' Secundum quod in primo libro dicit, 'Iracundissimi[4] sunt infantes, senesque et aegri: et invalidum omne natura querulum est.' Et in tertio libro dicit, 'Nunquam[5] sine querela aegri tanguntur. Ira pusilla et angusta est. Nemo enim non eo a quo se contemptum judicat, minor est. At ille ingens animus et vere aestimator sui non vindicat injuriam quia non sentit. Ut tela a duro resiliunt, et cum dolore caedentis solida feriuntur, ita nulla magnum animum injuria ad sensum sui adducit, fragilior eo quem petit. Quanto pulcrius velut nulli penetrabilem telo omnes injurias contumeliasque respuere! Ultio enim doloris confessio est; non est magnus animus, quem incurvat injuria. Aut potentior te, aut imbecillior laesit: si imbecillior, parce illi; si potentior, tibi. Nullum est argumentum magnitudinis certius quam

(2) Anger incompatible with magnanimity.

[1] *De Ira*, ii. 32.

[2] From the book otherwise called *De formula honestae vitae*.

[3] *De Ira*, ii. 34. [4] *ib.* i. 13. [5] *ib.* iii. 5. 6.

nihil posse quo instigeris accidere.' 'Quis enim traditus dolori et furens, non primam rejecit verecundiam? Quis impetu turbidus et in aliquem ruens, non quicquid in se verecundi habuit, abjecit?'

Magnanimity in rulers.

Cum igitur nihil aeque hominem quam magnus animus decet, ut dicit Seneca libro secundo de Clementia, et hanc virtutem gloriosissimam confundit ira, et evacuat, debet homo iracundiam a suo animo funditus extirpare, et maxime qui praeest. Quoniam in primo libro dicit, quod 'magni animi[1] est injurias in summa potentia pati, nec quicquam gloriosius esse principe impune laeso.' Et in secundo de Ira affert exemplum ad hoc, 'Ille magnanimus[2] et immobilis est qui more magnae ferae latratus suorum civium securus exaudit.' Et adhuc in tertio adjicit, 'Illud non veniet[3] in dubium quin se exemerit turbae et altius steterit quisquis despexit lacessentes: proprium est enim verae magnitudinis non sentire se esse percussum. Sic immanis fera ad latratum canum lenta respexit.' Nam leo non dignatur festinare ad clamores venantium et tumultus. 'Sic irritus ingenti scopulo fluctus adsultat. Qui non irascitur, inconcussus injuria perstitit; qui vero irascitur motus est.' Unde hoc est consilium quod contra iram adhibet dicens, 'Vide ne magnitudo animi tui creditumque apud plerosque robur cadat'; propriissime respicit homines magnam auctoritatem habentes. Et in tertio, 'Pars[4] superior mundi et ordinatior ac propinqua sideribus nec in nubem cogitur nec in tempestatem nec versatur in turbinem; omni tumultu caret. Inferiora fulminantur. Eodem modo sublimis animus, quietus semper et in statione tranquilla collocatus, omnia intra se premens quibus ira contrahitur, modestus et venerabilis est et dispositus; quorum nihil invenies in irato.' Unde ira non habet aliquid magnitudinis, secundum quod dicit in primo libro. 'Ne illud quidem[5] judicandum est, aliquid iram ad magnitudinem animi conferre. Non enim est illa magnitudo, tumor est. Nec corporibus copia vitiosi humoris intentis morbus incrementum est, sed pestilens abundantia. Omnes quos vecors animus

[1] *De Clementia*, i. 20. [2] *De Ira*, ii. 32. [3] *ib.* iii. 25. [4] *ib.* iii. 6. [5] *ib.* i. 20.

supra cogitationes extollit humanas altum quidem et sublime spirare se credunt: ceterum nil solidi subest, sed in ruinam prona sunt quae sine fundamentis crevere. Non habet ira cui insistat: non ex firmo mansuroque oritur; sed ventosa et inanis est.' 'Ut exulcerata et aegra corpora quae ad tactus levissimos gemunt, ita ira muliebre maxime et puerile vitium est . . . Non est quod credas irascentium verbis quorum strepitus magni minacesque sunt; intra est mens pavidissima,' quia turbantur et laeduntur ad minima. Unde crocodilo[1] simillimus est iracundus qui est animal audacissimum timido, et timidissimum audaci. Nam persequentem fugit et fugientem persequitur: sic maxime accidit assuetis ad iram. Nam humiliantibus sibi insurgunt: sed cum magnanime eis resistitur, tabescunt. Unde nunquam turbarentur ad modica nec frequenter nisi propter animi imbecillitatem. Cum igitur ira aliena sit a magnanimitate quae est virtus honore dignissima, penitus a cordibus nostris releganda est.

(3) Anger incompatible with mercy and forgiveness.

Et non solum propter hanc virtutem magnanimitatis et caeteras praedictas; immo propter alias, ut misericordia, pietas, patientia, gaudium et pax cordis. Tullius quidem Caesarem rogans pro Marcello ut ei parceret, ait, Nulla de tuis virtutibus plurimis nec admirabilior nec gratior est misericordia; homines ad deum nulla re propius accedunt quam salutem hominibus dando. Nihil habet fortuna tua majus quam ut possis, nec natura tua melius quam ut velis, servare plurimos. Propter quod in persona cujuslibet, dicit Seneca libro tertio, 'Quis[2] sum cujus aures laedi nefas? ignoverunt multi hostibus; ego non ignoscam pigris, negligentibus, garrulis? puerum aetas excusat, feminam sexus, extraneum libertas, domesticum familiaritas.' 'Amicus est: fecit quod voluit: inimicus, fecit quod debuit. Prudentiori cedamus, stultiori remittamus. Pro quocumque illud nobis respondeamus, sapientissimos viros multa delinquere; neminem esse tam circumspectum cujus non diligentia aliquando sibi ipsa excidat, . . . neminem tam timidum offensarum qui non in illas dum vitat incidat . . . Quod si prudentissimi peccant cujus non error bonam causam habet? . . . Iniquus est qui

[1] See *Nat. Quaest.* iv. 2.

[2] *De Ira*, iii. 24, 25, 26, 27.

commune vitium singulis objecit. Non est Aethiopis inter suos insignitus color, nec rufus crinis et coactus in nodum apud Germanos virum dedecet. Nihil in .uno judicabis notabile aut foedum, quod genti suae publicum est. Et ista quae retuli unius regionis atque anguli consuetudo defendit; vide nunc quanto in iis justior venia sit, quae per totum genus humanum vulgata sunt. Omnes inconsulti et improvidi sumus; omnes incerti queruli ambitiosi. Quid levioribus verbis ulcus publicum abscondo? Omnes mali sumus: quicquid itaque in alio reprehenditur, id unusquisque in sinu suo inveniet.' 'Placidiores invicem simus: mali inter malos vivimus. Una res nos facere quietos potest, mutuae facilitatis conventio. Ille jam mihi nocuit, illi ego nondum. Sed jam aliquem fortasse laesisti; sed laedes. Noli aestimare hanc horam, hunc diem. Totum inspice mentis tuae habitum: etiam si nihil mali fecisti, potes facere. Quanto satius est sanari injuriam quam ulcisci! Multum temporis ultio absumit, multis se injuriis objicit, dum una dolet. Diutius irascimur omnes quam laedimur: quanto melius est abire in diversum nec vitia vitiis opponere! Num quis[1] satis constare sibi videatur, si mulam calcibus repetat et canem morsu? Ista, inquis, peccare se nesciunt. Primum quam iniquus est, apud quem hominem esse ad impetrandam veniam nocet. Deinde si caetera animalia hoc irae tuae subducit, quod consilio carent, eodem loco tibi sit quisquis consilio caret. Quid enim refert an alia mutis dissimilia habeat, si hoc quod in omni peccato muta defendit simile habet, caliginem mentis? Peccavit; hoc enim primum? hoc extremum? Et iste peccabit, et in istum alius, et tota vita inter errores volutabitur.'

Et ideo dicit in secundo libro, 'Ne singulis[2] irascaris, universis ignoscendum est: generi humano venia tribuenda est.' 'Num quis irascitur pueris quorum aetas nondum novit rerum discrimina? Major est excusatio et justior hominem esse quam puerum.' 'Quid tollit iram sapientis? turba peccantium. Intelligit quam et iniquum sit et periculosum irasci publico vitio.' 'Non irascetur peccantibus

[1] Nunquam satis, D. et O.

[2] *De Ira*, ii. 10.

sapiens, quia scit neminem nasci sapientem. Scit etiam paucissimos omni aevo sapientes evadere, quia conditionem humanae vitae perspectam habet. Nemo naturae sanus irascitur. Quid enim si mirari velit non in silvestribus dumis poma pendere? Quid si miretur spineta et sentes non utili aliqua fruge compleri? Nemo irascitur ubi vitium natura defendit. Placidus itaque sapiens et aequus erroribus, non hostis, sed corrector peccantium, omnes[1] tam propitius aspicit, quam aegros medicus.' Ex his igitur manifestum est quod misericordia et iracundia constare non possunt.

(4) Anger incompatible with inward peace.

Similiter et aliae virtutes magnificae repugnant irae ut Pietas, Patientia, Gaudium et Pax cordis. Et quia planum est de eis, et sermo effusus est de aliis quae his virtutibus cognatae sunt, ideo non oportet in eis immorari. Pietas vero quae ad omnia valet, secundum Aristotelem, tollitur per iram, quia animus iracundi impius est et crudelis, propter nimium vindictae desiderium. Et quod patientiam tollat et gaudium, et pacem cordis, manifestum est; et ideo totum bonum aufert et extinguit, et omne scutum contra adversitatem frangit. Nam dum homo patientiam et gaudium mentis et pacem tenet, nihil timet, in nullo turbatur, incuriam non sentit, sed possessionem animi sui nactus, quicquid vocatur adversum despiciet. Sic igitur se ipsum homo iracundus, tam a parte animae quam corporis, destruit per iram, in hoc quod ipsa ira agit in proprium subjectum, tollens quicquid laudabile est in eo. Sed non solum sic accidit iracundis periculum, immo ira agitati et jam furentes in vindictam, se ipsos omni periculo vitae exponunt, et mortem non timentes, manibus inimicorum cum impetu se opponunt, gladiis pugnare parati et incumbere, ut dicit Seneca libro secundo[2].

Examples of uncontrolled anger.

Et in tertio refert quod Cambysem[3] regem nimis deditum vino Praexaspes unus ex carissimis monebat ut parcius biberet, turpem esse dicens ebrietatem in rege, quem omnium oculi auresque sequerentur. At ille objurgatoris filium [procedere] ultra limen jubet, tunc intendit arcum et ipsum

[1] sic MSS.; omnia ista, Sen.

[2] Here follows a repetition of the story of Hippias, told p. 280.

[3] *De Ira*, iii. 14, 15, 16, 17.

cor adolescentis figit. Et infert, 'Non dubito quin Harpagus[1] regi Persarum aliquid tale suaserit, quo offensus illi liberos epulandos apposuit.' 'Et Darius qui primus post ablatum Mago imperium Persas obtinuit, rogatus ab Oeobazo nobili sene ut ex tribus liberis unum patri in solatium relinqueret et duorum opera uteretur, omnes se illi dixit remissurum, et occisos in conspectu parentis abjecit.' Et infert 'Dabo tibi ex sinu Aristotelis Alexandrum regem qui Clitum carissimum sibi et una educatum inter epulas transfodit, et Lysimachum aeque familiarem sibi leoni objecit, et Telesphorum amicum suum undique decurtatum cum aures illi nasumque abscidisset in cavea velut novum animal et inusitatum diu pavit.' Cumque perambulavit mundum, Aristotele et Callisthene ducibus, Callisthenem[2] unum e magnis interfecit, ut Seneca narrat in libro Naturalium. Et Aristotelem in tantum provocavit quod coactus fuit se et mundum liberare per venenum quod ei miserat bibendum, sicut narrat Plinius trigesimo Naturalis Historiae. Sed haec pauca sufficiunt exempla, quia nota et scripta sunt de quibus est sermo.

Capitulum VII.

Other results of anger: hatred of self, of men, of God.

Non solum vero iracundia destruit proprium subjectum et proximum et amicos amittit; sed divitias dissipat, famam negligit, honorem contemnit. Nam amor vindictae superat omnem aliam affectionem animi et omne aliud vitium devincit. Quoniam dicit Seneca, in fine secundi de Ira, 'Avaritiam[3] durissimum malum minimeque flexibile ira calcavit, adacta opes suas spargere, et domui rebusque in unum collatis injicere ignem. Quidam vero ambitiosus magno aestimata projecit insignia, honoremque delatum repulit. Nullus affectus est in quem non ira dominetur.' Et non tantum iratus se ipsum perdit, nec solum proximum, nec bona fortunae, sed Deum offendit et amittit. Non quidem tantum quia ira peccatum est, sed quia specialiter iracundi in Deum blasphemant, ut sunt exempla infinita, et fuerunt et erunt. Et contra

[1] *De Ira*, iii. 15, 16, 17. [2] *Nat. Quaest.* vi. 23. [3] *De Ira*, ii. 36.

tales, Seneca secundo de Ira dicit, 'Deus[1] non vult obesse nec potest. Natura illi mitis est et placida, tam longe remota ab aliena injuria quam a sua. Dementes itaque et ignari veritatis illi imputant saevitiam maris, immodicos imbres, et pertinaciam hyemis . . . Nihil ergo horum in nostram injuriam fit, immo nihil non ad salutem.' Unde recitat primo libro quod 'Caius Caesar[2] eo quod comessatio sua fulminibus terreretur ad pugnam vocavit Deum. Quanta dementia fuit! [putavit] aut sibi noceri ne a Deo quidem posse, aut se nocere Deo posse.'

Comparison with other vices.

Et cum proposita sunt mala multa, quae contigerunt ex ira, quia homo amittit corpus, et rationem, et virtutem et proximum et res et honorem et Deum, adhuc potest ostendi ejus malitia singularis qua excedit omnia alia peccata. Unde Seneca dicit in libro tertio 'ut ira qualis sit[3] appareat, comparanda cum pessimis est. Avaritia acquirit et contrahit quo aliquis melior utatur. Iracundus tamen irascendo plus quam id erat propter quod irascebatur, amittit. Pejor est quam luxuria, quoniam illa sua voluptate fruitur, haec alieno dolore. Vincit malignitatem et invidiam; illae enim infelicem fieri volunt, haec facere. Illae fortuitis malis delectantur; haec non potest expectare fortunam. Nocere ei quem odit non noceri vult' vel ab alio vel a fortuna. Et in principio ibi dicit, 'Nec aliorum[4] more vitiorum solicitat animos,' 'incitata et se ipsa rapiens violentia non paulatim procedit: cita est nec in ea tantum in quae destinavit, sed in occurrentia impetum facit. Caetera vitia impellunt animos, ira praecipitat. Etiam si resistere contra affectus suos non licet, at certe affectibus ipsis licet stare. Haec, non secus quam fulmina procellaeque et si qua alia irrevocabilia sunt, quia non eunt sed cadunt, vim suam magis ac magis tendit. Alia vitia a ratione, sed hoc a sanitate desciscit. Alia accessus lenes habent et incrementa fallentia: in ira dejectus animorum est. Nulla itaque res urget[5] magis

[1] *De Ira*, ii. 27. Seneca has 'di immortales.'

[2] *ib.* i. 20. Deum in this quotation substituted for Jovem.

[3] *ib.* iii. 5.

[4] *ib.* iii. 1, 2. D. and O. have, 'in se ipsam rabies violenta.'

[5] assurgit, *pro* urget, D. et O.

attonita et in vires suas prona, et sive successit superba, sive frustratur, insana. Ne repulsa quidem in taedium acta, ubi adversarium fortuna subduxit, in se ipsam morsus suos vertit. Nec refert quantum sit ex quo surrexerit, ex levissimis enim in maxima evadit. Nullam transit aetatem; nullum hominum genus excipit. Quaedam enim gentes beneficio egestatis non novere luxuriam. Quaedam quia exercitae et vagae sunt effugere pigritiam . . . Nulla gens est quam non instiget ira . . . Denique caetera singulos corripiunt. Hic unus affectus est qui interdum publice concipitur. Nusquam populus universus faeminae amore flagravit, nec in pecuniam aut lucrum tota civitas spem suam misit. Ambitio viritim singulos occupat. Saepe in iram uno agmine itum est. Viri faeminae senes pueri principes vulgusque consensere, et tota multitudo verbis paucissimis concitata ipsum concitatorem antecessit. Ad arma protinus ignesque discursum est.' Et in primo libro dicit, 'Jamque [1] si effectus ejus damnaque intueri velis, nulla pestis humano generi pluris stetit. Videbis caedes ac venena, et reorum [2] mutuas sordes et urbium clades et totarum exitia gentium . . . nec intra moenia coercitos ignes, sed ingentia spatia regionum hostili flamma relucentia. Aspice nobilissimarum civitatum fundamenta vix notabilia: has ira dejecit. Aspice solitudines per multa milia sine habitatore desertas: has ira exhausit.' Et quoniam Seneca in libro tertio dicit, 'Ne irascamur [3] praestabimus, si omnia vitia irae nobis subinde proposuerimus . . . accusanda est apud nos et damnanda. Ejus ergo mala perscrutanda sunt atque in medium protrahenda'; ideo in prioribus enarravi omnes radices malorum irae quatenus funditus extirpetur, nec ulla ejus remaneant in animis vestigia.

Capitulum VIII.

Examples of self-restraint in Socrates and other philosophers.

Et non solum consideratio horum permonet ut iracundiae renuntiemus, sed exempla sapientum et magnificorum principum praeclara recitabo quae omnem hominem quemcunque iracundum possunt merito demulcere, et ab animo iracundiam fugare. Solinus in libro de Mirabilibus Mundi recitat inter

[1] *De Ira*, i. 2. [2] eorum, D. et O. [3] *De Ira*, iii. 5.

caetera miracula, quod Socrates, parens philosophorum grandium, nunquam vultum mutavit, sed semper in eodem animi et faciei habitu permansit. Et Seneca libro secundo de Ira idem tangit de Socrate. Et Hieronymus tangit contra Jovinianum de Socrate habente pessimam uxorem, cum quaereretur ab eo quare tam acerbam uxorem non abigeret, dixit, Exerceor domi, ut foris injuriam et contumeliam facilius feram. Et ibidem recitat Hieronymus quod quodam tempore a superiore loco aqua perfusus erat immunda post convitia infinita per uxorem, nec aliud dixit quam hoc; Sciebam, inquit, ut futurus ista tonitrua imber sequeretur. Et narrat Cassianus in libro Collocationum de quodam exprobrante Socrati quod esset corruptor puerorum; scholaribus autem volentibus insurgere in eum compescit eos dicens, Sum etenim, sed me contineo. Seneca vero secunda de Ira dicit, Socrates servo ait, Caederem te nisi irascerer. Et in tertio libro dicit 'Socratem aiunt colapho [1] percussum nihil amplius dixisse quam molestum esse quod nescirent homines quando cum galea prodire deberent.' 'Plato vero, Socratis discipulus, servum sua manu caesurus, postquam intellexit irasci se, sicut sustulerat manum, suspensam detinebat, et stabat percussuro similis. Interrogatus deinde ab amico quid ageret, Exigo, inquit, poenas ab homine iracundo; oblitus jam servi, quia alium quem potius castigaret invenerat.' Hoc narrat Seneca libro tertio de Ira. Et infert ex eo alium exemplum. 'Ob peccatum quoddam Plato commotior, Tu igitur, Speusippe, servulum istum verberibus objurga: nam ego irascor. Ob hoc non cecidit . . . Irascor inquit, plus faciam quam oportet, libentius faciam: non sit iste servus in ejus potestate qui in sua non est.' Et in secundo libro refert exemplum, quod superius positum est, de puero nutrito apud Platonem qui, cum domum reversus vidit patrem clamosum, dixit hoc non vidisse se apud Platonem. Et Archytas Tarentinus alter magister Platonis cum villico suo factus esset iratior, ait, Quo te modo accepissem, nisi iratus essem! Haec verba Tullius [2] recitat quarto de Quaestionibus Tusculanis. Et Eusebius in Chronicis refert, quod Xenophon Socraticus

[1] *De Ira*, iii. 11, 12.

[2] *Tusc. Disp.* iv. 36.

major post Platonem, maledicenti ei quodam dixit, Tu mihi maledicis: ego teste conscientia didici maledicta contemnere. Diogenes Philosophus[1], ut refert Seneca libro tertio de Ira, 'cui de ira cum maxime disserenti adolescens protervus inspuit, tulit hoc leniter et sapienter. Non quidem, inquit, irascor, sed dubito tamen an irasci oporteat.' Et infert Seneca, 'Quanto videtur sapiens melius qui, cum agenti causam in frontem mediam quantum poterat attracta pingui saliva inspuisset Lentulus factiosus, abstersit faciem, et, affirmo, inquit, omnibus, Lentule, falli eos qui te negant os habere.' Democritus vero philosophus similis Socrati fuit in vultus serenitate. Nam ut Seneca narrat, libro secundo de Ira, 'Nunquam sine risu[2] in publico fuerat; adeo illi nihil videbatur serium eorum quae serio gerebantur.' Sed Heraclitus philosophus, ut ibidem recitat Seneca, 'quotiens prodierat et tantum circa se male viventium immo male pereuntium numerum viderat, flebat, miserebatur omnium.'

Self-restraint in ordinary men;

Exempla igitur haec et hujusmodi sunt philosophorum. Sunt autem et aliorum facta imitanda. Cum vero Cambyses rex pessimus sagittam in cor filii demisisset, et quaereret a patre an certam haberet manum, atque negavit Apollinem certius demittere sagittam, non maledixit regi nullumque emisit calamitosi verbum, cum aeque cor suum quam filii transfixum videret[3]. Nam, si quid tanquam iratus dixisset, nihil tanquam pater facere potuisset. Haec dicit Seneca libro tertio de Ira. Et infert cum Rex Persarum apposuit Arpago amico suo 'liberos epulandos et quaesivit an placeret conditura, respondit, Apud regem omnis coena jucunda est . . . hoc interim colligo, posse ex ingentibus malis nascentem iram abscondi et ad verba contraria cogi.'

in rulers.

Et addit, 'Sed cum utilis[4] sit servientibus affectuum suorum

[1] *De Ira*, iii. 38.

[2] *ib.* ii. 10.

[3] *ib.* iii. 14. It might be wished that Bacon had quoted the words of righteous indignation with which Seneca tells the story. 'Di illum male perdant animo magis quam conditione mancipium! Sceleratius telum illud laudatum est quam missum.' But this and the following story are only mentioned to show the possibility of self-restraint, without touching the question how far self-restraint was praiseworthy or blameworthy.

[4] *ib.* iii. 16, 22, 23.

et praecipue hujus rabidi atque effreni continentia, utilior est regibus. Nam perierunt omnia, ubi quantum ira suadet fortuna permittit.' 'Quid enim facilius fuit Antigono regi quam duos manipulares suos duci jubere, qui incumbentes regis tabernaculo faciebant quod homines periculosissime et libentissime faciunt [qui] de rege suo male existimant? Audierat omnia Antigonus utpote cum inter dicentem et audientem palla interesset, quam ille leviter commovit, et Longius, inquit, discedite ne vos rex audiat. Idem quadam nocte cum quosdam ex militibus suis exaudisset omnia mala imprecantes regi qui ipsos in illud iter et inextricabile lutum [1] deduxisset, accessit ad eos qui maxime laborabant, et cum ignorabant a quo adjuvarentur, "Nunc," inquit, "maledicite Antigono cujus vitio in has miserias incidistis: ei autem bene optate qui vos ex hac voragine eduxit." Idem tam miti animo hostium suorum maledicta quam civium tulit. Itaque cum in parvulo quodam castello Graeci obsiderentur, et fiducia loci contemnentes hostem multa in deformitatem Antigoni jocarentur, et nunc staturam humilem nunc collisum nasum deriderent, "Gaudeo," inquit, "et aliquid boni spero [si in castris meis Silenum habeo [2]] ". Cum vero hos fame domuisset, captis sic usus est ut eos qui militiae utiles erant in cohortes describeret, caeteros praeconi subjiceret; idque se negavit facturum fuisse, nisi expediret his dominum habere qui tam malam haberent linguam.'

'Si vero aliqua,' ut ait Seneca in hoc loco, 'in Philippo rege patre Alexandri virtus fuit, haec erat contumeliarum patientia, ingens instrumentum ad tutelam regni. Nam cum legati Atheniensium venirent ad eum, et ipse quaereret quid esset gratum Atheniensibus, unus respondit, "Te suspendere." Et cum indignatio circumstantium ad tam inhumanum responsum exorta erat, eos Philippus conticescere jussit, et illum legatum salvum et incolumem dimitti. "At vos" inquit, "caeteri legati nuntiate Atheniensibus multo superbiores esse qui ista dicunt, quam qui impune dicta audiunt."' Alexander [3] vero Macedo Antigoni nepos, et filius Philippi qui licet superbus

[1] inextricabilem luctum, D. et O.

[2] Omitted in MS.

[3] *De Ira*, ii. 23.

et perversus moribus fuerit, tamen, ut ait Seneca secundo libro, 'cum legisset epistolam matris qua admonebatur ut a veneno Philippi medici caveret, acceptam potionem non deterritus bibit. Plus sibi de amico suo credidit. Hoc ego in Alexandro laudo, quia nemo tam obnoxius irae fuit. Quanto major moderatio in regibus hoc laudanda magis est.' Seneca libro tertio [ait] 'Pisistratum[1] Atheniensium tyrannum memoriae proditur, cum multa in crudelitatem ejus ebrius conviva dixisset, nec deessent qui vellent ei manus commodare, et alius hinc et alius illinc faces subderent, placido animo tulisse et hoc irritantibus respondisse "non magis se succensere quam si quis obligatis oculis in se concurrisset."' Marcus Cato[2] secundum historias, nulli secundus virtute, in sapientia magnus princeps Romanorum, quem, ut dicit Seneca secundo libro, 'cum ignorans in balneo quidam percussit imprudens (quis enim illi sciens faceret injuriam?) postea satisfacienti inquit, "Non memini me percussum"; melius putavit non agnoscere quam vindicare.' Et in tertio libro dicit 'Multa divus Augustus[3] digna memoria fecit dixitque ex quibus apparet iram illi non imperasse. Timagenes historiarum scriptor quaedam in ipsum, quaedam in uxorem ejus, quaedam in totam domum ejus dixerat, nec perdiderat dicta. Magis enim circumfertur et in ore hominum est temeraria urbanitas. Saepe illum monuit Caesar ut moderatius lingua uteretur. Patienter sustinuit; nunquam cum Pollione hospite inimici sui questus est. Hoc dumtaxat Pollioni dixit, "Fruere, mi Pollio, fruere."' Et infert Seneca, 'Dicat itaque sibi quisque, Numquid potentior sum Philippo? illi tamen impune maledictum est. Numquid in domo mea plus possum quam in toto orbe terrarum divus Augustus potuit? Ille tamen contentus fuit a conviciatore suo secedere.'

CAPITULUM IX.

Remedies against anger.

Remedia vero habemus contra iram, ex consideratione malarum conditionum ejus: deinde per exempla sapientium et potentium excitamur. Ad haec docet Seneca remedia magis

[1] *De Ira*, iii. 11.
[2] *ib.* ii. 32.
[3] *ib.* iii. 23, 24. The quotation is much condensed.

(1) Clear information as to the facts in dispute.

propria. Quorum unum est notitia veritatis ante quam irascamur. Nam, ut dicit secundo libro, 'Ex[1] his quae nos offendunt, alia renunciantur nobis, alia ipsi audimus aut videmus. De his quae narrata sunt, non debemus cito credere; multi enim mentiuntur ut decipiunt, multi quia decepti sunt. Alius criminatione gratiam captat et fingit injuriam, ut videatur doluisse factam. Est aliquis malignus, et qui amicitias cohaerentes diducere velit. . . . De parvula summa judicaturo tibi res sine teste non probaretur. Testis sine jurejurando non valeret. Utrique parti dares actionem, dares tempus, non semel audires. Magis enim veritas elucet, quo saepius ad manum venit. Amicum condemnas de praesentibus? antequam audias, antequam interroges, antequam illi aut accusatorem suum nosse liceat aut crimen, irasceris? . . . Hic ipse qui ad te detulit, desinet dicere si probare debuerit. "Non est," inquit, "quod me protrahas. Ego productus negabo; aliòquin nihil unquam tibi dicam." Eodem tempore et instigat, et ipse se certamini et pugnae subtrahit. Qui dicere tibi nisi clam non vult, paene non dicit. Quid est iniquius quam secreto credere, palam irasci?' Et iterum dicit, 'Plurimum[2] mali credulitas facit. Saepe ne audiendum quidem est, quoniam in quibusdam rebus satius est decipi quam diffidere.' Quarundam vero rerum testes sumus, sed 'tollenda est ex animo suspicio et conjectura, fallacissima irritamenta; "Ille me parum humane salutavit. Ille osculo meo non adhaesit. Ille inchoatum sermonem cito abrupit. Ille ad coenam non vocavit. Illius vultus aversior visus est." Non deerit suspicioni argumentatio: simplicitate opus est et benigna rerum aestimatione; nihil nisi quod in oculos incurret manifestumque erit credamus; et quotiens suspicio nostra vana apparuerit, objurgemus credulitatem. Haec enim castigatio consuetudinem efficiet non facile credendi.' Et ideo dicit in tertio libro, 'Multos absolvemus[3] si coeperimus ante judicare quam irasci. Nunc autem primum impetum sequimur; deinde quamvis vana nos concitaverint, perseveramus ne videamur cepisse sine causa: et quod iniquissimum est, pertinaciores nos facit iniquitas irae. Retinemus enim illam et augemus, quasi

[1] *De Ira*, ii. 29. [2] *ib.* ii. 24. [3] *ib.* iii. 29, 30.

argumentum sit juste irascentis graviter irasci.' . . . 'Quod accidere vides animalibus brutis, id in homine deprehendes. . . . Et taurum color rubicundus excitat, ad umbram aspis assurgit, ursos leonesque mappa proritat. Omnia quae fera ac rabida sunt, consternantur ad vana.' Et consimile dicit libro secundo, 'Vanis vana[1] terrori sunt. Curriculi motus rotarumque versata facies leones redegit in caveam. Elephantos porcina vox terret.' Et in tertio dicit: 'Idem inquietis[2] et stolidis ingeniis evenit. Rerum suspicione feriuntur adeo quidem ut injurias vocent modica beneficia, in quibus frequentissima, certe acerbissima, iracundiae materia est. Carissimis enim irascimur quod minora nobis praestiterint quam mente concepimus, quamque alii tulerint. . . . "Minus habeo quam speravi . . . quam debui." Haec pars maxime metuenda est; hinc pernicissimae irae nascuntur, et sanctissima quaeque invasurae. Divum Julium plures amici confecerunt quam inimici, quorum non expleverat spes inexplebiles . . . Neque enim quisquam victoria liberalius usus est, ex qua nihil sibi vindicavit nisi dispensandi potestatem. Sed quemadmodum sufficere tam improbis desideriis posset, cum tantum omnes concupiscerent, quantum unus poterat? . . . Haec res sua in reges arma convertit, fidissimosque eo compulit ut de morte eorum cogitarent, pro quibus et ante quos mori votum habuerant. Nulli ad aliena respicienti sua placent. . . . Tanta importunitas hominum est, ut quamvis multa acceperint, injuriae loco sit plus accipere potuisse. Dedit mihi praeturam: sed consulatum speraveram. . . . Dedit mihi quae debebat alicui dare: de suo nihil protulit. Age potius gratias pro his quae accepisti. Reliqua expecta, et nondum plenum esse te gaude. Inter voluptates est superesse quod speres. . . . Considera quanto antecedas plures quam sequaris.'

(2) Delay in taking action.

Secundum est mora in exactione poenae. Unde Seneca dicit secundo libro, 'Maximum[3] remedium irae mora est. Hoc ab illa pete in initio, non ut ignoscat, sed ut judicet: desinet, si expectat.' Et in tertio dicit, 'Nihil tibi[4] liceat, dum irasceris. Quare? quia vis omnia licere. Pugna tecum:

[1] *De Ira*, ii. 11.
[2] *ib.* iii. 30, 31.
[3] *ib.* ii. 29.
[4] *ib.* iii. 12, 13.

si vincere iram non potes, te incipit vincere. Si absconditur, si exitus illi non datur, signa ejus obruamus, et illam quantum fieri potest occultam secretamque teneamus. Cum magna id nostra molestia fiet. Cupit enim exsilire et incendere oculos et mutare faciem. Sed si eminere illi extra nos licuit, supra nos est. In imo pectoris secessu recondatur: feraturque, non ferat. Immo in contrarium omnia ejus indicia flectamus. Vultus remittatur, vox lenior sit, gradus lentior. Paulatim cum exterioribus interiora formantur. In Socrate irae signum erat vocem submittere, loqui parcius. Apparebat tunc illum sibi obstare . . . Rogemus amicissimum quemque ut tunc maxime libertate adversus nos utatur, cum minime illam pati poterimus, nec adsentiatur irae nostrae. Contra hoc potens malum, et apud nos gratiosum . . . optimum est notis vitiis impedimenta prospicere, et ante omnia ita componere animum, ut etiam gravissimis rebus subitisque concussus iram aut non sentiat, aut magnitudine inopinatae injuriae exortam in altum retrahat, nec dolorem suum profiteatur.'

Et in secundo libro similiter utrumque remedium jam dictum congregat pulcre et utiliter, dicens, 'Contra primas[1] itaque causas pugnare debemus: causa enim iracundiae opinio injuriae est, cui non facile credendum est. Ne apertis quidem manifestisque statim accedendum est. Quaedam enim falsa veri speciem ferunt. Dandum semper est tempus: veritatem tempus aperit. Ne sint aures criminantibus faciles; hoc humanae naturae vitium suspectum notumque nobis sit, quod quae inviti audimus libenter credimus, et antequam judicemus, irascimur. Quid quod non criminationibus tantum sed suspicionibus impellimur? et ex voltu risuque alieno pejora interpretati innocentibus irascimur? Itaque agenda est contra se causa absentis et in suspenso ira retinenda. Potest enim poena dilata exigi: non potest exacta revocari.' Et ideo adhuc dicit in tertio, 'Non expedit[2] omnia videre, omnia audire; multae nos injuriae transeant, ex quibus plerasque non accipit, qui nescit. Non vis esse iracundus? ne fueris curiosus. Qui inquirit quid de se dictum

[1] *De Ira*, ii. 22. [2] *ib.* iii. 11.

sit, qui malignos sermones, etiamsi secreti habiti sunt, eruit, se ipse inquietat. Quaedam interpretatio eo perducit ut videantur injuriae; itaque alia differenda sunt, alia deridenda, alia donanda. Circumscribenda multis modis ira est: pleraque in lusum jocumque vertantur.' Et praeter haec omnia argumentum triplex contra iram proponit in secundo: arguit enim sic: 'Nefas est[1] nocere patriae; ergo civi quoque, nam hic pars patriae est. Sanctae partes sunt, si universum venerabile est. Ergo et homini, nam hic in majori tibi urbe civis est,' scilicet in mundo. Secundum est per simile in membris ejusdem corporis, sic: 'Quid si nocere velint manus pedibus, manibusque oculi? Ut omnia inter se membra consentiunt, quia singula servari totius interest, ita homines singulis parcent, quia ad coetum geniti sunt.' Tertium argumentum est propriissimum et pulcherrimum, cujus conclusionem praemittit, dicens, 'Ergo ira abstinendum est, sive par est qui lacessendus est, sive superior, sive inferior. Cum pare contendere anceps est, cum superiore furiosum, cum inferiore sordidum.' Et ait, 'Vir bonus[2] est qui injuriam fecit? Noli credere. Malus? noli imitari. Dabit poenas alteri quas debet tibi: et sibi dedit, qui peccavit.'

Reason for dwelling so long on this vice.

Multa vero alia sunt consideranda circa iram, quae omnia pendent principaliter ex libris Senecae, de Ira et de Clementia. Sed quia sermo praesentis tractatus est persuasionis gratia, non scripti principalis, ideo facio finem in his. Abundantius vero locutus sum de hoc vitio quia totum genus humanum semper violabit et confundet dum homo statum istius mortalitatis obtinebit. Vitium enim pessimum est, et maxime homini innaturale, et in periculum ejus excandens. Et ideo copiosius et specialius de hac parte conscripsi.

CAPITULUM X[3].

Et cum jam dictum est de ira, quae pugnat cum adversis et vincitur, nunc aliqua inferentur quae vincunt adversa et

[1] *De Ira,* ii. 31, 34.

[2] *ib.* ii. 30. In this quotation Bacon substitutes imitari for mirari.

[3] The following pages to p. 303 are occupied with extracts from Seneca's dialogue *De Providentia.* Apart from obvious errors of the transcriber, some of

Resignation in adversity: from Seneca's dialogue De Providentia.

negligunt prospera hujus mundi. Fecit vero Seneca librum ad Lucilium cujus titulus est, Cum mundus providentia gubernetur, quare multa mala viris bonis accidant? In quo dicit, 'Cum videris bonos viros acceptosque Deo laborare sudare, per arduum escendere[1], malos autem lascivire et voluptatibus fluere, cogita nos filiorum modestia delectari, vernularum licentia: illos disciplina tristiori contineri; horum ali audaciam. Bonum virum Deus in deliciis non habet; experitur, indurat, sibi illum parat. Nihil accidere bono viro mali potest: non miscentur contraria. Quemadmodum tot amnes, tantum superne dejectorum imbrium, tanta medicatorum vis fontium non mutant saporem maris, ne remittunt quidem; ita adversarum impetus rerum viri fortis non vertit animum. Manet in statu, et quicquid evenit in suum colorem trahit: est enim omnibus externis potentior. Nec hoc dico, non sentit illa; sed vincit, et quietus et placidus contra incurrentia attollitur. Omnia adversa exercitationes putat' . . . 'Marcet sine adversario virtus. Tunc apparet quanta sit quantumque polleat, cum quid possit patientia ostendit.' 'Quicquid accidit boni consulant, in bonum vertant. Non quid, sed quemadmodum feras, interest. Non vides quanto aliter patres aliter matres indulgeant? Illi exercitari jubent liberos ad studia subeunda mature, feriatis diebus non patiuntur esse otiosos, et sudorem illis, aliquando lacrymas excutiunt. At matres fovere in sinu, continere in umbra volunt: nunquam flere, nunquam laborare, nunquam contristari. Patrium Deus adversos bonos viros habet animum, et illos fortiter amat, et, Operibus, inquit, doloribus damnis exagitentur, ut verum colligant robur. Languent per inertiam saginata: nec labore tantum, sed motu et ipso sui onere deficiunt. Non fert ullum ictum illaesa felicitas. At ubi assidua fuit cum incommodis suis rixa, callum per injurias duxit, nec ulli malo cedit, sed etiam si cecidit, de genu

Cap. 1, 2.

which are noted, the quotations are nearly exact, except that here as elsewhere, for Di immortales, Bacon usually substitutes Deus; the singular being of course in many places used by Seneca himself. Words necessary to complete the sense have been occasionally supplied from Seneca, and are enclosed in brackets.

[1] D. et O. extendere.

pugnat' . . . 'Ecce [par] deo dignum [spectaculum], vir fortis cum fortuna mala compositus.'

De Providentia, cap. 3.

'Nihil mihi videtur infelicius eo cui nihil unquam evenit adversi[1]. Non licuit enim illi se experiri. . . . Indignus visus est a quo aliquando vinceretur fortuna; quasit dicat, "Istum mihi adversarium assumam? statim arma submittet. Non opus est in illum tota potentia mea . . . non potest sustinere vultum meum . . . pudet congredi cum homine vinci parato." Ignominiam judicat gladiator cum inferiore componi, et scit eum sine gloria vinci, qui sine periculo vincitur. Idem facit fortuna: fortissimos sibi pares quaerit, quosdam fastidio transit, contumacissimum quemque et rectissimum aggreditur, adversus quem vim suam intendat. . . . Magnum[2] exemplum nisi mala fortuna non invenit . . . Quanto plus tormenti tanto plus est gloriae: . . . prosperae res in plebem et in vilia ingenia deveniunt.

Cap. 4.

'At calamitates terroresque mortalium sub jugum mittere, proprium viri magni est. Semper vero esse felicem et sine morsu animi transire vitam ignorare est rerum naturae alteram partem. Magnus es vir; sed unde scio, si tibi fortuna non dat facultatem exhibendae virtutis? . . . Miserum te judico quod nunquam fuisti miser. Transisti sine adversario vitam. Nemo sciet quid potueris; ne tu quidem ipse. Opus est enim ad notitiam sui experimento. Quid quisque possit nisi tentando[3] non didicit. Itaque quidam ipsi ultro se cessantibus malis obtulerunt et virtuti iturae in obscurum occasionem per quam enitesceret[4] quaesierunt. Gaudent,' inquit, 'magni viri aliquando rebus adversis, non aliter quam fortes milites bellis[5]. . . . Avida est periculi virtus: quo tendat, non quid passura sit cogitat: quoniam etiam quod passura est, gloriae pars est. Militares viri gloriantur vulneribus; laeti fluentem meliori casu sanguinem ostentant. Idem licet fecerint qui integri revertuntur ex acie, magis spectatur qui saucius redit. . . .' 'Gubernatorem in tempestate, in acie

[1] Of this sentence, quoted from Demetrius, Seneca says that it is always ringing in his ears.

[2] malum, *pro* magnum, MSS.

[3] experimento, *pro* tentando, in MSS.

[4] innotesceret, MSS.

[5] belli triumpho, MSS.

militem intelligas. Unde possum scire quantum adversus paupertatem tibi animi sit, si divitiis diffluis? Unde possum scire, quantum adversus ignominiam et infamiam odiumque populare constantiae habeas, si inter plausus senescis? . . . Nolite vos expavescere quae Deus velut stimulos admoveat animis; calamitas virtutis occasio est. Illos merito quis dixerit miseros qui [nimia] felicitate torpescunt, quos velut in mari lento tranquillitas iners detinet . . . magis urgent saeva inexpertos; grave est teneris cervicibus jugum. Ad suspicionem vulneris tiro pallescit; audacter veteranus cruorem suum spectat, qui scit se saepe vicisse post sanguinem.

'Hos itaque Deus quos probat, quos amat, indurat . . . exercet. Eos autem quibus indulgere videtur, molles venturis malis servat. Erratis si quem judicatis exceptum: veniet ad illum diu felicem sua portio. Quisquis videtur dimissus esse, dilatus est. Quare Deus optimum quemque aut mala valetudine aut luctu aut aliis incommodis afficit? Quia in castris quoque periculosa fortissimis imperantur. Dux lectissimos mittit qui nocturnis hostem adgrediantur insidiis. . . . Nemo eorum qui exeunt dicit, male de me imperator meruit; sed, bene judicavit. Idem dicant quicumque jubentur[1] pati timidis ignavisque flebilia; digni visi sumus Deo in quibus experiretur, quantum humana natura posset pati. Fugite delicias, fugite enervatam felicitatem, qua animi permadescunt et, nisi aliquid intervenit quod humanae sortis admoneat, velut perpetua ebrietate sopiti. . . . Cum omnia quae excesserunt modum noceant, periculosissima felicitatis intemperantia est. . . . Hanc rationem Deus sequitur in bonis viris quam in discipulis suis praeceptores, qui plus laboris ab iis exigunt in quibus certior spes est. . . . Nunquam virtutis molle documentum est. Verberat nos et lacerat fortuna. Patiamur; non est saevitia, certamen est; quo saepius adierimus, fortiores erimus. Solidissima corporis pars est quam frequens usus exagitavit. Praebendi fortunae sumus, ut contra illam ab ipsa duremur. Paulatim nos sibi pares faciet. Contemptum periculorum assiduitas periclitandi dabit. Sic sunt nauticis corpora a ferendo mari dura; agricolis manus tritae, ad excutienda

[1] videntur, *pro* jubentur, MSS.

tela militares lacerti valent, agilia sunt membra cursoribus; id in quoque solidissimum est quod exercuit. Ad contemnendam malorum potentiam animus patientia pervenit. . . . Quid miraris bonos viros, ut confirmentur, concuti? Non est arbor solida nec fortis nisi in quam frequens ventus incursat. Ipsa enim vexatione constringitur, et radices certius figit. Fragiles sunt quae in aprica valle[1] creverunt. Pro ipsis ergo bonis viris est ut esse interriti possint, multum inter formidolosa versari et aequo animo ferre quae non sunt mala nisi male sustinenti.

Cap. 5.

'Hoc est propositum Deo quod sapienti viro ostenderet. . . . Boni viri laborant, impendunt, impenduntur et volentes quidem; non trahuntur a fortuna, sequuntur illam et aequant gradus. Si scissent antecessissent . . . Hoc[2] unum de te, Deus, queri possum quod non ante mihi voluntatem tuam notam fecisti; prior enim ad ista venissem, ad quae nunc vocatus adsum. . . . Vis aliquam partem corporis? sume. Non magnam rem promitto. Cito totum relinquam. Vis spiritum? nullam moram faciam, quominus recipias quod dedisti. A volente feres, quicquid petieris. Quid ergo? maluissem offerre quam tradere. Accepimus peritura perituri. . . . Nos laeti ad omnia et fortes cogitemus nihil perire de nostro. Quid est boni viri? praebere se fato. Grande solatium est cum universo rapi. . . . Ignis aurum probat; miseria viros fortes.

De Providentia, cap. 6.

'Quare tamen bonis viris patitur aliquid mali Deus fieri? omnia mala ab illis removet, scelera, flagitia, cogitationes improbas, avida consilia, libidinem caecam, et alieno imminentem avaritiam. Ipsos tuetur ac vindicat. . . . Democritus divitias projecit, onus illas bonae mentis existimans. Quid

[1] At this point the Dublin MS. suddenly shifts into another context; the rupture of continuity occurring on the twelfth line of folio 224 *a*. The sentence is continued on folio 229 *c*, thirteen lines from the bottom. In the Bodleian MS. a corresponding error occurs; but the sentence is broken off at the end of one folio, and is continued with the first word of a subsequent folio: a mere transposition of pages, in fact. This seems to indicate that the Dublin MS. was copied from O.

[2] The following eight lines are quoted by Seneca from Demetrius, under the form of a prayer to the Immortal Gods.

ergo? miraris, si id Deus bono viro accidere patitur quod vir bonus aliquando vult sibi accidere? . . . Puta itaque Deum dicere, Quid habetis quod de me queri possitis vos quibus recta placuerunt? aliis bona falsa circumdedi, et animos inanes velut longo fallacique somnio lusi; auro illos et ebore adornavi; intus boni nihil est. Isti quos pro felicibus[1] aspicis si non qua occurrunt, sed qua latent videris, miseri sunt, sordidi, turpes, ad similitudinem parietum suorum extrinsecus culti. Non est ista solida et sincera felicitas. Crusta est, et quidem tenuis. Itaque dum illis licet stare et ad arbitrium suum ostendi, nitent et imponunt' (id est pingunt). 'Cum aliquid inciderit quod disturbet et detegat, tunc apparet quantum altae ac verae foeditatis alienus splendor absconderit. Vobis dedi bona certa, mansura, quanto magis versaverit aliquis et undique inspexerit, meliora majoraque. Permisi vobis metuenda contemnere, cupiditates fastidire. Non fulgetis extrinsecus, bona vestra introrsus obversa sunt. Sic mundus exteriora contempsit, spectaculo sui laetus. Intus omne posuit bonum. Non egere felicitate, felicitas vestra est. At multa incidunt tristia horrenda, dura toleratu. Quia non poteram vos istis subducere, animos vestros adversus omnia armavi. Fortiter ferte; hoc est quo Deum antecedatis; Ille extra patientiam malorum est; vos supra patientiam. . . . Dum optatur vita, mortem condiscite.'

CAPITULUM XI.

Proofs that the wise man can be affected neither by injury nor insult. From Seneca's dialogue De Constantia. Cap. 3.

Et in libro ad Serenum, Quare in sapientem non cadit injuria nec contumelia; proponit nunquam sapientem injuriam recipere nec contumeliam posse. Et probat hoc, dicens; 'Ego vero[2] sapientem non imaginario honore verborum exornare constitui, sed eo loco ponere quo nulla permittatur injuria. Quid ergo? nemo erit qui lacessat, qui temptet? nihil in rerum natura tam sacrum est, quod sacrilegum non inveniat; sed non ideo divina minus in

[1] fidelibus, *pro* felicibus, MS.

[2] From this point to p. 311, follow extracts from the dialogue Ad Serenum, *De Constantia Sapientis* (noted as *Dial.* lib. ii. in Haase's edition).

sublimi sunt. . . . Invulnerabile est non quod non feritur, sed quod non laeditur: ex hac tibi nota sapientem exhibeo. Numquid dubium est quin certius robur sit quod non vincitur quam quod non lacessitur, cum dubiae sint vires inexpertae, at merito certissima firmitas habeatur quae omnes incursus respuit? sic tu sapientem melioris scito esse naturae, si nulla illi injuria nocet, quam si nulla ei fit. Et illum fortem virum dicam, quem bella non subigunt nec admota vis hostilis exterret, non cui pingue otium est inter desides populos. Hoc igitur dico, sapientem nulli esse injuriae obnoxium. Itaque non refert quam multa in illum conjiciantur tela, cum sit nulli penetrabilis; quomodo quorundam lapidum inexpugnabilis ferro duritia est, nec secari adamas aut caedi vel deteri potest, sed incurrentia ultro retundit. Quemadmodum quaedam non possunt igne consumi, sed flamma circumfusa rigorem suum habitumque conservant: quemadmodum projecti quidam in altum scopuli mare frangunt nec ipsi ulla saevitiae vestigia tot verberati saeculis ostentant; ita sapientis animus solidus est et id roboris colligit, ut tam tutus sit ab injuria quam illa quae retuli.' . . . 'Majore enim intervallo a contactu inferiorum abductus est, quam ut ulla vis noxia usque ad illum vires suas perferat. . . . Quicquid [fit] in sapientem proterve, petulanter, proterve, frustra temptatur.'

Cap. 4.

'Dividamus, si tibi videtur, Serene, injuriam a contumelia. Prior illa natura gravior est, haec levior et tantum delicatis gravis, qua non laeduntur homines sed offenduntur. Tanta est tamen animorum dissolutio et vanitas, ut quidam nihil acerbius putent: sic invenies servum qui flagellis quam colaphis caedi malit, et qui mortem ac verbera tolerabiliora credat quam contumeliosa verba. Ad tantas ineptias perventum est, ut non dolore tantum sed doloris opinione vexemur[1], more puerorum, quibus metum incutit umbra et personarum deformitas et depravata facies. . . . Injuria propositum hoc habet aliquem malo afficere. Malo autem sapientia non relinquit locum. Unum enim illi malum est turpitudo peccati[2], quae intrare eo ubi jam virtus honestumque

De Constantia, cap. 5.

[1] versemur, MSS.

[2] peccati, ins. MSS.

est, non potest.... Omnis injuria est diminutio ejus in quem incurrit, nec potest quisquam injuriam accipere sine aliquo detrimento vel dignitatis vel corporis vel rerum extra nos positarum. Sapiens autem nihil perdere potest. Omnia enim in se reposuit, nihil fortunae credit, bona sua in solido habet, contentus virtute, quae fortuitis non indiget ideoque nec augeri nec minui potest. Nam [et] in summum perducta incrementi non habet locum, et nihil eripit fortuna nisi quod dedit. Virtutem autem non dat, ideo nec detrahit. Libera enim est, inviolabilis, immota, inconcussa. Sic contra casus indurat ut ne inclinari quidem, nedum vinci possit.... Rectos oculos tenet, nihil ex vultu mutat, sive illi dura sive secunda ostentantur. Itaque nihil perdet quod perire sensurus sit. Unius enim in possessione virtutis est, ex qua depelli nunquam potest. Caeteris precario utitur: quis autem jactura movetur alieni? Quodsi injuria nihil laedere potest ex his quae propria sapientis sunt, quia virtute sua salva sunt, injuria sapienti non potest fieri. Megaram rex[1] Demetrius ceperat cui cognomen[2] Poliorcetes fuit. Ab hoc autem Stilbon philosophus interrogatus num aliquid perdidisset, Nihil, inquit; omnia mea mecum sunt. Atqui et patrimonium ejus in praedam cesserat, et filias rapuerat hostis et patria in alienam ditionem[3] pervenerat, et ipsum rex circumfusus victoris exercitus armis ex superiore loco rogitabat. [At] ille victoriam illi excussit, et se urbe capta non invictum tantum, sed indemnem esse testatus est: habebat enim vera secum bona, in quae non est manus injectio. At quae dissipata et direpta ferebantur, non judicabat sua, sed adventicia et nutum fortunae sequentia; ideo ut non propria dilexerat. Omnium enim extrinsecus affluentium lubrica et incerta possessio est.' Sapiens 'aspicit dura . . . et fert secunda moderate, nec illis cedens[4] nec his fretus. Unus idemque inter diversa est, nec quicquam suum nisi se putat esse, ea parte qua melior est. . . . Illa quae sapientem tuentur et a flamma et [ab] incursu tuta sunt; nullum introitum praebent, excelsa, inexpugnabilia, deo aequa.'

De Constantia, cap. 6.

[1] rex, ins. MSS. [2] nomen, MSS. [3] conditionem, MSS.
[4] cadens, MSS. In this sentence Seneca has, aspiciat, and, ferat.

De Constantia, cap. 7.

'Non est quod dicas ista, ut soles, hunc sapientem nostrum[1] nusquam inveniri. Non fingimus illud humani ingenii vanum decus, nec ingentem imaginem falsae rei concipimus, sed qualem confirmamus et exhibuimus . . . raro forsitan magnisque aetatum intervallis unum. Neque enim magna et excedentia solitum et vulgarem modum crebro gignuntur. Caeterum M. Cato vereor ne supra nostrum exemplar sit. Denique validius debet esse quod laedit eo quod laeditur. Non est autem fortior nequitia virtute: non potest ergo laedi sapiens. Injuria in bonos nisi a malis non temptatur. Bonis inter se pax est. Mali non tam bonis[2] perniciosi quam inter se. Quodsi laedi nisi infirmior non potest, malus autem bono infirmior est . . . injuria in sapientem virum non cadit. [Illud] enim jam non es admonendus, neminem bonum esse nisi sapientem. Si injuste, inquis, Socrates damnatus est, injuriam accepit. Hoc loco intelligere nos oportet posse evenire ut faciat aliquis injuriam mihi, et ego non accipiam: tanquam si quis rem quam e villa mea subripuit in domo mea ponat, ille furtum fecerit, ego nihil perdiderim. . . . Si quis cum uxore sua tanquam aliena concumbat, adulter erit, quamvis illa adultera non sit. Aliquis mihi venenum dedit, sed vim suam remixtam cibo perdidit; venenum illud dando sceleri se obligavit, etiam si non nocuit. . . . Omnia scelera etiam ante effectum operis, quantum culpae satis est, perfecta sunt. . . . Si injuriam accepi, necesse est factam esse. Si est facta, non est necesse accepisse me; multa enim incidere possunt quae submoveant injuriam.'

Cap. 8.

'Praeterea justitia nihil injustum pati potest, quia non coeunt contraria . . . ergo sapienti injuria non potest fieri. Nec est quod mireris: si nemo potest illi injuriam facere, ne prodesse quidem quisquam potest. Sapienti nihil deest quod accipere possit loco muneris. . . . Non potest ergo quisquam aut nocere sapienti aut prodesse; quoniam divina nec juvari desiderant nec laedi possunt. Sapiens autem vicinus proximusque Deo consistit, excepta mortalitate similis Deo. Ad illa nitens pergensque excelsa, ordinata, intrepida, aequali et concordi[3] cursu fluentia, secura, benigna, bono

[1] virum, *pro* nostrum, MSS. [2] boni, MSS. [3] ex certo cursu, MSS.

publico nata, et sibi et aliis salutaria, nihil humile concupiscet, nihil flebit, qui rationi innixus per humanos casus divino incedet animo. Non habet unde accipiat injuriam. Ab homine me tantum dicere putas? Ne a fortuna quidem, quae, quotiens cum virtute congressa est, nunquam par recessit. . . . Et si fortunae injurias moderate fert, quanto magis hominum potentium, quos scit fortunae manus esse?'

'Adjice nunc quod injuriam nemo immota mente accipit, sed ad sensum ejus perturbatur. Caret autem perturbatione vir erectus. Erroribus moderatur suis altae quietis et placidae. Nam si tangit illum injuria, et movet et impedit. Caret autem ira sapiens, quam excitat injuriae species, nec aliter careret ira nisi et injuria, quam scit sibi non posse fieri: inde tam erectus laetusque est, inde continuo gaudio elatus. Adeo ad offensiones rerum hominumque non contrahitur[1], ut ipsa illi injuria usui sit, per quam experimentum sui capit et virtutem temptat.' Cap. 9.

'Quoniam priorem partem percurrimus, ad alteram transeamus,' scilicet contumeliam. 'Est minor injuria, quam queri magis quam exequi possimus, quam leges quoque nulla vindicta dignam putaverunt. Hunc affectum movet humilitas animi contrahentis se ob factum dictumque inhonorificum. Ille me hodie non admisit cum alios admitteret: sermonem meum aut superbe adversatus est, aut palam risit . . . et alia hujus notae, quae quid vocem nisi querelas nausiantis animi? in quae fere delicati et felices incidunt. . . . Nimio otio ingenia natura infirma et muliebria, et inopia verae injuriae lascivientia, his commoventur, quarum pars major constat vitio interpretantis. Itaque nec prudentiae quicquam in se esse nec fiduciae ostendit, qui contumelia afficitur. Non dubie enim contemptum se judicat, et hic morsus non sine quadam humilitate animi evenit supprimentis se ac descendentis[2]. Sapiens autem a nullo contemnitur. Magnitudinem suam novit, nullique tantum de se licere nuntiat sibi, et omnes has, quas non miserias animorum sed molestias dixerim, non vincit sed ne sentit quidem. Alia sunt quae sapientem feriunt, Cap. 10.

[1] trahitur, MSS. [2] detendentis, MSS.

etiam si non pervertunt[1], ut dolor corporis et debilitas, aut amicorum liberorumque amissio, et patriae bello flagrantis calamitas. Haec non nego sentire sapientem. Nec enim lapidis [illi] duritiam ferrive asserimus. Nulla virtus est quae non sentiat perpeti. Quid ergo est? quosdam ictus recipit, sed receptos evincit et sanat et comprimit. Haec vero minora ne sentit quidem, nec adversus ea solita illa virtute utitur dura tolerandi, sed aut non adnotat, aut digna risu putat.

De Constantia, cap. 11.

'Praeterea cum magnam partem contumeliarum superbi insolentesque faciant et male felicitatem ferentes, habet quo istum affectum inflatum respuat, pulcherrimam virtutem omnium magnanimitatem: illa quicquid ejusmodi est transcurrit, ut vanas species somniorum visusque nocturnos nihil habentes solidi atque veri . . . Contumelia a contemptu dicta est, quia nemo nisi quem contempsit tali injuria notat. Nemo autem majorem melioremque contemnit, etiam si facit aliquid quod contemnentes solent. Nam et pueri os parentum feriunt, et crines matris turbavit laceravitque infans et sputo adspersit, aut nudavit in conspectu suorum tegenda, et verbis obscaenioribus non pepercit. Et nihil horum contumeliam dicimus. Quare? quia qui fecit contemnere non potest . . . Quanta autem dementia est iisdem modo delectari, modo offendi, et rem ab amico dictam maledictum vocare, [a servulo] joculare convicium?

Cap. 12.

'Quem animum nos adversos pueros habemus, hunc sapiens adversus omnes, quibus etiam post juventam canosque puerilitas est. An quicquam isti profecerunt quibus animi mala[2] sunt auctique in majus errores, qui a pueris magnitudine tantum formaque corporum differunt, caeterum non minus vagi incertique, voluptatum sine delectu appetentes, trepidi et non ingenio sed formidine quieti? Non ideo quicquam inter illos puerosque interesse quis dixerit, quod illis talorum nucumve et aeris minuti avaritia est, his auri argentique et urbium . . . Ergo par pueris longiusque progressis sed in alia majoraque error est. Non immerito itaque horum contumelias

[1] pro virtute, MSS.
[2] This passage is regarded as a *locus corruptus* by most editors of Seneca.

sapiens ut jocos accipit. Et aliquando illos tanquam pueros malo poenaque admonet et afficit, non quia accepit injuriam, sed quia fecerunt emendat[1], et ut desinant facere. Sic enim et pecora verbere domantur, nec irascimur illis cum sessorem recusaverunt, sed compescimus ut dolor contumaciam vincat. Ergo et illud solutum scies . . . quare si non accepit injuriam sapiens nec contumeliam, punit eos qui fecerunt? non enim se ulciscitur, sed illos emendat.'

'Quis enim phrenetico medicus irascitur? . . . hunc affectum adversus omnes habet sapiens quem adversus aegros suos medicus . . . Scit sapiens omnes hos qui togati purpuratique incedunt, valentes coloratosque male sanos esse; quos non aliter videt quam aegros intemperantes[2]. Itaque ne succenset quidem, si quid in morbo petulantius ausi sunt adversus medentem, et quo animo honores eorum nihilo aestimat, eodem parum honorifice facta. Quemadmodum non placebit sibi si illum mendicus[3] coluerit, nec contumeliam judicabit, si illi homo plebis ultimae salutanti mutuam salutationem non reddiderit, sic ne suspiciet quidem, si illum multi divites suspexerint. Scit enim illos nihil a mendicis differre, immo miseriores esse. Illi enim exiguo, hi multo egent. Et rursus non tangetur, si illum rex Medorum Attalusve Asiae salutantem silentio ac vultu adroganti transierit. Num moleste feram si mihi non reddiderit nomen aliquis ex his . . . quorum tabernae pessimorum servorum turba refertae sunt? Non, ut puto . . . Nullius ergo movebitur contumelia. Omnes enim inter se differunt, sapiens quidem pares illos ob aequalem stultitiam omnes putat. Nam si semel se demiserit eo, ut aut injuria moveatur aut contumelia, non potuerit unquam esse securus. Securitas autem proprium bonum sapientis est, nec committet ut, judicando contumeliam sibi factam, honorem habeat ei qui fecit. Necesse est enim a quo quisque contemni moleste ferat suspici gaudeat.' Cap. 13.

'At sapiens colaphis percussus quid faciet? quod Cato, quum illi os percussum esset: non excanduit, non vindicavit Cap. 14.

[1] emundatis is the reading of D. and O., emendatis of most editions of Seneca. Both are unintelligible; emendat is, has been suggested.

[2] intemperatos, MSS.

[3] medicus, MSS.

injuriam, ne remisit quidem, sed factam negavit; majore animo non agnovit quam ignovisset. Quis enim nescit nihil ex his quae creduntur mala aut bona ita videri sapienti ut omnibus? ... non respicit quid homines turpe judicent aut miserum. Sed ut sidera contrarium mundo iter intendunt, ita hic adversus opinionem omnium vadit.'

De Constantia, cap. 15.

'Et cum cogitastis quantum putetis vos pati posse, sapientis patientiae paulo ulteriorem terminum ponitis; at illum in aliis mundi finibus sua virtus collocavit, nihil vobiscum commune habentem. Quare et aspera et quaecumque toleratu gravia sunt audituque et visu refugienda, non obruetur eorum coetu, et qualis singulis talis universis obsistet. Qui dicit illud tolerabile sapienti, illud intolerabile, et animi magnitudinem intra certos fines tenet, male agit: vincit nos fortuna, nisi tota vincitur ... Domus sapientis angusta, sine cultu, sine strepitu, sine adparatu, nullis adservatur[1] janitoribus; sed per hoc limen vacuum et ab ostiariis liberum fortuna non transit. Scit non esse illic sibi locum, ubi sui nihil est.'

Cap. 16, 17.

'Epicurus ... dixit injurias tolerabiles [esse] sapienti; nos injurias non esse. Nec est quod dicas hoc naturae repugnare. Non negamus rem incommodam esse verberari et impelli et aliquo membro carere; sed omnia ista negamus injurias esse. Non sensum illis doloris detrahimus, sed nomen injuriae; quod non potest recipi virtute salva ... [Utraque exempla][2] hortantur contemnere injurias, et quas injuriarum umbras ac suspiciones dixerim, contumelias, ad quas despiciendas non sapiente opus est viro sed tantum conspiciente; ... si merito ista mihi accidunt ... judicium est. Si immerito, illi qui injusta facit, erubescendum est ... Fructus contumeliae in sensu et indignatione patientis est.'

Cap. 18.

'Respiciamus eorum exempla quorum laudamus patientiam, ut Socratis, qui comoediarum publicatos in se et spectatos[3] sales in partem bonam accepit, risitque non minus quam cum

[1] acervatur, MSS.

[2] Seneca had been comparing the Epicureans and Stoics to two brave gladiators when wounded; the first did his best to staunch the blood from his wounds, the second maintained that he was not wounded at all. Bacon, as will be seen afterwards, is very unwilling to praise Epicurus.

[3] expectabat, *pro* et spectatos, MSS.

ab uxore Xanthippe immunda aqua perfunderetur. Antistheni mater barbara et Thraessa objiciebatur: respondit et deorum matrem Idaeam esse.

'Non est in rixam colluctationemque veniendum . . . Quicquid horum ab imprudentia fiet . . . negligendum et honores injuriaeque vulgi in promiscuo habendae; nec his dolendum nec illis gaudendum . . . Non est autem libertas nihil pati. Libertas est animum superponere injuriis.' Cap. 19.

Capitulum XII[1].

Consolation under adversity. From Seneca's dialogue, Ad Helviam Matrem.

Seneca libro ad Helviam matrem suam scribens de consolatione loquitur de remediis non solum contra luctum et dolorem sed contra paupertatem et exilium et contumeliam et multa hujusmodi adversa. Male igitur sustinenti aliquam adversitatem remedium proponit, dicens; 'omnes itaque luctus illi suos omnia lugubria admovebo. Hoc erit non molli via mederi, sed urere ac secare. Quid consequar? ut pudeat animum tot miseriarum victorem aegre ferre unum vulnus in corpore tam cicatricoso. Fleant itaque diutius et gemant quorum delicatas[2] mentes enervavit longa felicitas et ad levissimarum injuriarum motus conlabantur; at quorum omnes anni per calamitates transierunt, gravissima quoque [forti] et inmobili constantia perferant. Unum habet assidua infelicitas bonum, quod quos semper vexat, novissime indurat.' Cap. 2.

'Quemadmodum tirones leviter saucii tamen vociferantur et manus medicorum magis quam ferrum horrent, at veterani quamvis confossi patienter ac sine gemitu velut aliena corpora exsaniari patiuntur' . . . et ideo enarrat matri omnia mala quae fortiter passa est, ut dolorem filii sui elidat. Cap. 3.

Deinde ipse Seneca per exemplum sui ipsius vult eam consolari, dicens; 'Vincam autem puto primum, si ostendero nihil me pati propter quod ipse dici possim miser . . . Indico me non esse miserum. Adjiciam, quo securior sis, ne fieri quidem me posse miserum.' Et hoc probat sic. 'Bona quidem condicione geniti sumus si eam non deseruerimus. Id Cap. 4, 5.

[1] Extracts from dialogue *Ad Helviam Matrem*, to p. 319.

[2] dilatatas, MSS.

egit [rerum] natura ut ad bene vivendum non magno apparatu opus esset. Unusquisque facere se beatum potest. Leve momentum in adventiciis rebus est et quod in neutram partem magnas vires habeat; nec secunda sapientem evehunt nec adversa demittunt. Laboravit enim semper ut in se plurimum poneret, intra se omne gaudium peteret. Quid ergo? sapientem esse me dico? Minime. Nam id quidem si profiteri possum, non tantum negarem miserum esse me, sed omnium fortunatissimum et in vicinum Deo perductum praedicarem; nunc, quod satis est ad omnes miserias leniendas, sapientibus me viris dedi, et nondum in auxilium mei validus in aliena castra confugi, eorum scilicet, qui facile se ac suos tuentur. Illi me jusserunt stare assidue velut in praesidio positum, et omnes conatus fortunae et omnes impetus prospicere multo ante quam incurrant. Illis gravis est quibus repentina est; facile eam sustinet qui semper expectat. Nam et hostium adventus eos prosternit quos inopinantes occupavit: at qui futuro se bello ante bellum paraverunt, compositi et aptati primum, qui tumultuosissimus[1] est, ictum facile excipiunt. Nunquam ego fortunae credidi, etiam cum videretur pacem agere. Omnia illa quae in me indulgentissime conferebat, pecuniam honores gratiam eo loco posui, unde posset sine motu meo repetere. Intervallum inter illa et me magnum habui. Itaque abstulit illa, non avulsit. Neminem adversa fortuna comminuit nisi quem secunda decepit. Illi qui munera ejus velut sua et perpetua amaverunt, qui se suspici propter illa voluerunt, jacent et moerent, cum vanos et pueriles animos omnis solidae voluptatis ignaros falsa et mobilia oblectamenta destituunt. At ille qui se laetis rebus non inflavit nec mutatis contrahit, adversus utrumque statum invictum animum tenet exploratae jam firmitatis: nam in ipsa felicitate quid contra infelicitatem valeret expertus est. Itaque ego in illis quae omnes optant existimavi semper nihil veri boni inesse: tum inania et . . . decepturo fuco circumlita inveni, intra nihil habentia fronti suae simile.'

Et postea descendit ad mala specialia, scilicet exilium, paupertatem, contumeliam, dicens: 'Nunc in his quae mala

[1] impetuosissimus, MS.

vocantur nihil tam terribile ac durum invenio quam quod opinio vulgi minabatur . . . Populi scita ex magna parte sapientes abrogant.

'Remoto ergo judicio plurium quos prima rerum species, utcumque credita [est] aufert, videamus quid sit exilium: nempe, loci commutatio est. [Ne] angustare videar vim ejus, et quicquid pessimum in se habet subtrahere; hanc commutationem loci sequuntur incommoda; paupertas, ignominia, contemptus . . . Primum illud intueri volo quid acerbi afferat ipsa loci commutatio.'

Ad Helviam, cap. 6.

'Aspice agedum hanc frequentiam cui vix urbis,' Romae scilicet, 'immensae tecta sufficiunt: maxima pars istius turbae patria caret . . . Jube istos omnes ad nomen citari et, unde domo, quisque sit quaere: videbis majorem partem esse quae relictis sedibus suis venerit in maximam[1] . . . urbem non tamen suam. Deinde ab hac civitate discede, quae veluti communis potest dici. Omnes urbes circumi; nulla non magnam partem peregrinae multitudinis habet.'

Secundam rationem ex proprietate animae affert, dicens; 'Mobilis et inquieta homini mens data est: nunquam se tenet, spargitur, et cogitationes suas in omnia nota atque ignota dimittit, vaga et quietis impatiens et novitate rerum laetissima. Quod non miraberis, si primam ejus originem adspexeris: non est ex terreno et gravi concreta corpore; ex illo coelesti spiritu descendit. Coelestium autem natura semper in motu est, fugit, et velocissimo cursu agitur. Aspice sidera mundum illustrantia; nullum eorum perstat . . . Nunc et humanum animum moleste ferre transitum et migrationem puta; cum natura[2] assidua et citatissima commutatione vel delectet se vel conservet.'

Tertiam rationem inducit ex experientia per omnes nationes, dicens; 'A coelestibus agedum te ad humana converte: videbis gentes populosque universos mutasse sedes. Quid sibi volunt[3] in mediis barbarorum regionibus Graecae urbes? quid inter Indos Persasque Macedonicus sermo?

Cap. 7.

[1] Bacon omits the words et pulcherrimam, which would hardly be true of Rome in the thirteenth century.

[2] Seneca has Dei natura.

[3] vult, MSS.

Scythia et totus ille ferarum indomitarumque gentium tractus civitates Achaiae Ponticis impositas littoribus ostentat. Totum Italiae [latus quod infero mari adluitur major Graecia fuit, Tuscos] Asia sibi vindicat. Tyrii Africam incolunt. In Hispaniam Poeni, Graeci se in Galliam intulerunt, in Graeciam Galli. Pyrenaeus Germanorum transitus non inhibuit. Per incognita versavit se humana levitas . . . Alii longo errore jactati non judicio elegerunt locum sed lassitudine . . . Illud utique manifestum est nihil eodem loco mansisse quo genitum est . . . Omnes autem istae populorum transportationes quid aliud quam publica exilia sunt?'

Ad Helviam, cap. 8.

'Adversus ipsam commutationem locorum detractis caeteris incommodis quae exilio adhaerent satis hoc remedii putat Varro, doctissimus Romanorum, quod quocunque venimus eadem rerum natura utendum est. M. Brutus satis hoc putat quod licet in exilium euntibus virtutes suas secum ferre. Haec [etiam] si quis singula parum judicat efficacia ad consolandum exulem, utraque in unum collata fatebitur plurimum posse. Quantulum enim est quod perdidimus? duo quae pulcherrima sunt quocunque nos moverimus sequentur: natura communis et propria virtus.' Sic vero rerum communem naturam dicit esse 'quicquid optimum est [1]; id extra humanam potentiam jacet; nec dari nec eripi potest. Mundus hic, quo nihil neque majus neque ornatius rerum natura genuit, animus contemplator admiratorque mundi, pars ejus magnificentissima propria nobis et perpetua et tamdiu nobiscum mansura sunt quamdiu [ipsi] manebimus. Alacres itaque et erecti, quocunque res tulerit intrepido gradu properemus . . . Undecumque ex aequo ad coelum dirigitur acies, paribus intervallis omnia divina ab omnibus humanis distant.'

Cap. 9.

'Angustus animus est quem terrena delectant' . . . sicut superius est allegatum ex hoc libro. 'Brutus in eo libro quem de virtute composuit ait se Marcellum vidisse Mytilenis exulantem, et quantum modo natura hominis pateretur beatissime viventem, neque unquam cupidiorem bonarum artium quam illo tempore . . . Adjicit, visum sibi se magis in exilium ire qui sine illo rediturus esset quam illum in exilio relinqui.

[1] Bacon here condenses a somewhat pantheistic passage of his author.

O fortunatiorem Marcellum eo tempore quo exilium suum Bruto adprobavit, quam quo reipublicae consulatum! . . . Ita te, Marcelle, disciplinis imbuisti ut scires omnem locum sapienti viro patriam esse.'

'Bene ergo exilium tulit Marcellus, nec quicquam in animo ejus mutavit loci mutatio, quamvis eam paupertas sequeretur. In qua nihil mali esse quisquis modo nondum pervenit in insaniam omnia subvertentis avaritiae atque luxuriae, intelligit . . . Corporis exigua desideria sunt; frigus submoveri vult, alimentis famem ac sitim extinguere. Quicquid extra concupiscitur vitiis non usibus laboratur. Non est necesse omne perscrutari profundum, nec strage animalium ventrem onerare, nec conchylia ultimi maris ex ignoto litore eruere; di istos deaeque perdant quorum luxuria tam invidiosi imperii fines transcendit . . . Undique convehunt omnia nota fastidienti gulae. Quod dissolutus [deliciis] stomachus vix admittat, ab ultimo portatur Oceano. Vomunt ut edant, edunt ut vomant, et epulas quas toto orbe conquirunt nec concoquere dignantur. Ista si quis despicit quid illi paupertas nocet? . . . O miserabiles' . . . ut superius est notatum[1]: et infert; 'Libet dicere; Quid deducitis naves? quid manus et adversus feras et adversus homines armatis? quid tanto tumultu discurritis? quid opes opibus adgeritis? non vultis cogitare quam parva vobis corpora sint? nonne furor et ultimus mentium error est, cum tam exiguum capias, cupere multum? Licet itaque augeatis census, promoveatis fines: nunquam tamen corpora vestra laxabitis . . . Haec accidunt divitias non ad rationem revocantibus, cujus certi fines sunt, sed ad vitiosam consuetudinem, cujus immensum et incomprehensibile arbitrium est. Cupiditati nihil est satis, naturae satis est etiam parum.' Cap. 10.

'Nihil homini natura quod necessarium faciebat fecit operosum . . . Non fortunae iste vitio sed suo pauper est . . . Qui continebit itaque [se] intra naturalem modum paupertatem non sentiet; qui naturalem modum excedit eum in summis quoque opibus paupertas sequetur. Necessariis' enim 'rebus exilia' semper 'sufficiunt, supervacuis nec regna. Animus est Cap. 11.

[1] p. 273.

qui divites facit. Hic in exilia sequitur, et in solitudinibus asperrimis, cum quantum satis est sustinendo corpori invenit, ipse bonis suis abundat et fruitur; pecunia ad animum nihil pertinet non magis quam ad deum immortalem. Omnia ista . . . lapides, aurum, argentum et magni mensarum orbes terrena sunt pondera quae non potest amare sincerus animus ac naturae suae memor, levis ipse, expers, et quandoque emissus fuerit ad summa emicaturus: interim quantum per moras membrorum et hanc circumfusam gravem sarcinam licet, celeri et volucri cogitatione divina perlustrat. Ideoque nec exulare[1] unquam potest liber et Deo cognatus et omni mundo omnique aevo par . . . Corpusculum hoc, custodia et vinculum animi, huc atque illuc jactatur. In hoc supplicia, in hoc latrocinia, in hoc morbi exercentur; animus quidem ipse sacer et aeternus est, et cui non possit injici manus.'

Ad Helviam, cap. 12.

. . . 'Aspice quanto major pars sit pauperum quos nihilo notabis tristiores sollicitioresque divitibus: immo nescio an eo laetiores sint, quod animus illorum in pauciora distringitur . . . Me quidem quotiens ad antiqua exempla respexi, paupertatis uti solatiis pudet, quoniam quidem eo temporum luxuria prolapsa est, ut majus viaticum exulum sit quam olim patrimonium principum fuit. Unum fuisse Homero servum, tres Platoni, nullum Zenoni a quo coepit Stoicorum rigida ac virilis sapientia [satis constat]. Num ergo quisquam eos misere vixisse dicet, ut non ipse miserrimus ob hoc omnibus videatur?'

Cap. 13.

'Responderi potest: Quid artificiose ista diducis, quae singula sustineri possunt, collata non possunt? Commutatio loci tolerabilis est, si tantum locum mutes. Paupertas tolerabilis est, si ignominia absit quae vel sola opprimere animos solet. Adversus hunc quisquis me malorum turba terrebit, his verbis utendum erit; Si contra unam quamlibet partem fortunae satis tibi roboris est, idem adversus omnes erit. Cum semel animum virtus induraverit, undique invulnerabilem praestat; si avaritia te dimiserit, vehementissima generis humani pestis, moram tibi ambitio non faciet. Si ultimum diem non quasi poenam sed quasi naturae legem aspicis, ex

[1] exclamare, MSS.

quo pectore metum' mortis 'ejeceris, in id nullius rei timor audebit intrare. Si cogitas libidinem non voluptatis causa homini datam sed propagandi generis, quem non violaverit hoc secretum et infixum visceribus ipsis exitium, omnis alia cupiditas intactum praeteribit. Non singula vitia ratio sed pariter omnia prosternit; in universum semel vincitur.' Et infert de ignominia; 'Ignominia tu putas quemquam sapientem moveri posse qui omnia in se reposuit, qui ab opinionibus vulgi secessit? plus etiam quam ignominia est mors ignominiosa. Socrates tamen eodem illo vultu quo triginta tyrannos solus aliquando in ordinem redegerat, carcerem intravit, ignominiam ipsi loco detracturus. Neque enim poterat carcer videri in quo Socrates erat . . . Nemo ab alio contemnitur, nisi a se ante contemptus est. Humilis et projectus animus sit isti contumeliae opportunus; qui vero adversus saevissimos casus se extollit et ea mala quibus alii opprimuntur evertit ipsas miserias infularum[1] loco habet; quando' scilicet 'ita affecti sumus ut nihil aeque magnam apud nos admirationem occupet quam homo fortiter miser. Ducebatur Athenis ad supplicium Aristides, cui quisquis occurrerat dejiciebat oculos et ingemiscebat, non tanquam in hominem justum, sed tanquam in ipsam justitiam animadverteretur. Inventus est tamen qui in faciem ejus inspueret . . . at ille abstersit faciem et subridens ait comitanti se magistratui; admone istum ne postea tam improbe oscitet . . . Si magnus vir cecidit, magnus jacuit; non magis illum [putes] contemni quam cum aedium sacrarum ruinae calcantur, quas religiosi aeque ac stantes adorant.'

Et cum dederit matri haec adversorum remedia, resumit omnia mala quae ei contigerunt ut doceat eam virum vincere qui tot animo virili prostravit. Dicit igitur, 'Sed quanto ista duriora sunt, tanto major tibi virtus advocanda est, et velut cum hoste noto ac saepe jam victo acrius est congrediendum. Non ex intacto corpore tuo sanguis hic fluxit: per ipsas cicatrices percussa es.' Cap. 15.

[1] in fabularum, MSS.

CAPITULUM XIII.

Is death an evil? [From De Remediis Fortuitorum.] Cap. 2.

Seneca de remediis fortuitorum[1], Gallioni scribens dicit, 'Morieris, Ista est hominis natura non poena. Hac conditione intravi ut exirem. Stultum est timere quod vitare non possis . . . Morieris: nec primus nec ultimus: multi me antecesserunt, omnes sequentur . . . Me nescio [esse] animal rationale et mortale?

Cap. 7.

'Male de te opinantur homines. Sed mali. Nunc malis displicere, laudari est. Non potest ullam auctoritatem habere sententia ubi qui damnandus est damnat . . . Male de te loquuntur. Moverer, si judicio facerent; nunc morbo faciunt. Non de me loquuntur sed de se. Nesciunt bene loqui. Faciunt non quod mereor sed quod solent . . .'

Cap. 8.

'Exulabis. Erras: Omnium una est patria. Non patria mihi interdicitur sed locus[2] . . . Nulla terra exilium est sed altera patria . . . Patria est ubicunque bene est. Illud autem per quod bene est, in homine non in loco est . . . Si sapiens est, peregrinatur: si stultus, exulat.'

Cap. 9.

'Dolor imminet. Si exiguus est, feramus: levis est patientia. Si gravis est, feramus: non levis est gloria . . . Dura res est dolor. Immo tu mollis. Pauci dolorem ferre potuerunt. Simus ex paucis.'

Cap. 10.

'Paupertas mihi gravis est. Immo tu paupertati. Non in paupertate vitium est sed in paupere. Illa expedita est, hilaris, tuta . . . Pauper es quia videris. Nihil deest avibus. Pecora in diem vivunt . . . Accepit ille grandem pecuniam. Ergo [et] superbiam . . . Hominem illum judicas? Arca est. Quis aerario, quis plenis invidet loculis? Quem tu dominum aestimas pecuniae loculus est. Si prodigus est non habebit, si avarus, non habet. Iste quem tu felicem credis saepe dolet, saepe suspirat. Multi illum comitantur. Mel muscae sequuntur, cadavera lupi, frumentum formicae. Praedam

[1] This treatise is in a very fragmentary condition, and its authenticity has been often doubted. Haase, however, gives strong reasons for accepting it as Seneca's. It is not included in Lipsius' edition (1605).

[2] Contrast the sounder doctrine of Danton, when urged to flee from the guillotine: Does a man carry his country at the sole of his foot?

similiter ista turba, non hominem.' Mors, exilium, luctus, dolor, et hujusmodi non sunt supplicia sed tributa vivendi.

Capitulum XIV.

Ad Marciam scribens Seneca pro consolatione doloris de morte filii sic ait:

Consolation for the death of a son. [From Seneca's dialogue, Ad Marciam.] Cap. 1, 5, 6.

'Renovat se et corroborat cotidie luctus . . . et fit infelicis animi . . . voluptas dolor.' 'Cogita non magnum esse in rebus prosperis fortem se gerere ubi secundo cursu vita procedit. Ne gubernatoris [quidem] artem tranquillum mare et obsequens ventus ostendit; adversi aliquid incurrat oportet quod animum probet . . . Nulla re major invidia fortunae [fit] quam aequo animo.' 'Turpis est navigii rector cui gubernacula fluctus eripuit, qui fluitantia vela deseruit, permisit tempestati ratem. At ille [vel] in naufragio laudandus quem obruit mare navem tenentem et obnixum.'

Cap. 7.

'Naturale desiderium est suorum. Quis negat, quamdiu modicum est? . . . Sed plus est quod opinio adjicit quam quod natura imperavit. Adspice mutorum animalium quam concitata sint desideria et tamen quam brevia. Vaccarum uno die alterove mugitus auditur, nec diutius equarum vagus [ille] amensque discursus est. Ferae cum vestigia catulorum consectatae sunt . . . [cum] ad cubilia expilata redierunt, rabiem intra exiguum tempus extinguunt. Aves cum stridore magno inanes nidos circum fremuerunt, intra momentum tamen quietae volatus suos repetunt. Nec ulli animali longum fetus sui desiderium est nisi homini . . . Ut scias autem non esse hoc naturale, luctibus frangi; primum magis feminas quam viros, magis barbaros quam placidas [1] gentes, magis indoctos quam doctos, eadem orbitas vulnerat. Atqui ea quae a natura vim acceperunt eamdem in omnibus servant. Apparet non esse naturale quod varium est. Ignis omnes aetates omniumque urbium cives tam viros quam feminas uret. Ferrum in omni corpore exhibebit secandi potentiam. Quare? quia vires illi a natura datae sunt . . . Paupertatem, luctum, ambitionem alius aliter sentit, prout illum consuetudo infecit: et

[1] 'placidae eruditaeque gentis homines,' Seneca.

imbecillum impatientemque reddidit praesumpta opinio de non timendis terribilis.

Ad Marciam, cap. 8, 9.

'Deinde quod naturale est non decrescit mora; dolorem' autem 'dies longa consumit.' Sed dices 'Non putavi futurum. Quicquam tu putas non futurum quod multis scis posse fieri, quod multis vides evenisse? Egregium versum et dignum qui non e populo exiret,

Cuivis potest accidere quod cuiquam potest.

'Ille amisit liberos; et tu amittere potes. Ille damnatus est; et tua innocentia sub ictu est. Terror decipit hic... aufert vim praesentibus malis qui futura prospexit.

Cap. 10.

'Quicquid est hoc, Marcia, quod circa nos ex adventicio fulget, liberi, honores, opes, ampla atria, clientium turba, referta vestibula . . . caeteraque ex incerta et mobili sorte pendentia, alieni commodati[que] adparatus sunt. Nihil horum dono datur; collaticiis et ad dominos redituris instrumentis scena adornatur. Alia ex his primo die, alia secundo referentur, pauca usque ad finem perseverabunt. Itaque non est quod nos suspiciamus tanquam inter nostra positi: mutua accepimus. Usus fructusque noster est, cujus tempus ille arbiter muneris sui[1] Deus temperat: nos oportet in promptu habere quae in incertum diem data sunt, et adpellatos sine querela reddere. Pessimi debitoris est creditori facere convicium . . . Saepe admonendus est animus, amet ut recessura, immo tanquam recedentia. Quicquid a fortuna datum est, tanquam exemptum auctore possideas . . . Nihil de hodierna nocte promittitur . . . nihil de hac hora. Festinandum est; instatur a tergo . . . Rapina rerum omnium est; miseri nescitis fuga vivere.'

Cap. 11.

'Quid opus est partes deflere? tota flebilis vita est. Urgebunt nova incommoda priusquam veteribus satisfeceris . . . Quid est homo? quodlibet quassum vas et quolibet fragile jactatu. Non tempestate magna ut dissiperis est opus. Ubicumque arietaveris solveris. Quid est homo? imbecillum corpus et fragile, nudum, suapte natura inerme, alienae opis indigens, ad omnis fortunae contumelias projectum . . . cujus-

[1] Deus is interpolated here by Bacon.

libet ferae pabulum, cujuslibet victima . . . frigoris aestus laboris impatiens . . . Odor illi saporque et lassitudo et vigilia . . . et cibus, et sine quibus vivere non potest, mortifera sunt . . . non omne coelum ferens, aquarum novitatibus [flatuque] non familiaris aurae et tenuissimis causis morbidum; . . . cum interim quantos tumultus hoc tam contemptum animal movet! in quantas cogitationes oblitum conditionis suae venit! Immortalia aeterna volutat animo, et in nepotes pronepotesque disponit, cum interim longa conantem eum mors opprimit, et hoc quod senectus vocatur, paucissimorum circuitus annorum.'

'Nulli fere magna bona et diuturna contingunt. Non durat nec ad ultimum exit nisi lenta felicitas.' Ad Marciam, cap. 12.

Et infert exempla patientiae in amissione filiorum. 'Ne nimis admiretur Graecia illum patrem qui, in ipso sacrificio nuntiata filii morte, tibicinem tantum tacere jussit, et coronam capiti detraxit, caetera rite perfecit. Pulvillus effecit pontifex cui Capitolium dedicanti mors filii nuntiata est, quam ille exaudisse dissimulavit et solemnia[1] verba concepit, gemitu non interrumpente precationem.' Cap. 13.

'Cornelia Scipionis filia, Gracchorum mater, duodecim partus totidem funeribus recognovit . . . Gracchos, quos qui bonos viros negaverit magnos fatebitur, et occisos vidit mater et insepultos. Consolantibus tamen miseramque dicentibus, "Nunquam," inquit "infelicem me dicam quae Gracchos peperi." Octavia et Livia[2], altera soror Augusti, altera uxor, amiserunt filios duos juvenes, utraque spe futuri principis certa . . . Octavia nullas admisit voces . . . Talis per omnem vitam fuit qualis in funere . . . secundam orbitatem judicans lacrimas mittere nullam imaginem filii carissimi voluit, nullam sibi de eo fieri mentionem . . . Livia nec plus doluit quam aut honestum erat Caesari aut aequum matri. Non desiit filii sui celebrare nomen, nunquam[3] privatim publiceque repraesentare, libentissime de illo loqui de illo audire.' Cap. 16.

'Plena et infesta variis casibus vita est, a quibus nulli longa Cap. 16.

[1] After solemnia Seneca has the words pontificia carmina which Bacon omits. In the sentence that follows, he has slightly altered Seneca's construction.

[2] This passage is taken out of its order from cap. 2 and 3 of the *Ad Marciam*.

[3] Seneca has, 'ubique illum sibi privatim,' etc.

est pax, vix induciae sunt . . . Est quidem natura mortalium ut nihil magis placeat quam quod amissum est.'

Cap. 19. 'Opinio est quae nos cruciat, et tanti quodque malum est, quanti illud taxavimus. In nostra potestate remedium est[1].'

Cap. 21. 'Omnia humana brevia et caduca sunt et infiniti temporis nullam partem occupantia . . . cujus quantumcumque fuerit incrementum non multum aberit a nihilo. Uno modo multum est quod viximus si satis est . . . Nulla erit illa [brevissimi] longissimi[que] aevi differentia, si inspecto quanto quis vixerit spatio, comparaveris quanto non vixerit.'

Cap. 22. 'Quereris, Marcia, non tam diu filium tuum vixisse quam potuisse? unde enim scis an diutius illi expedierit [vivere]? an illi hac morte consultum sit? Quem invenire hodie potes cujus res tam bene positae fundataeque sint ut nihil illi procedente tempore timendum sit? Labant humana et fluunt . . . ideoque felicissimis optanda mors est' . . . 'Nihil [est] tam fallax quam vita humana, nihil tam insidiosum; non . . . quisquam illam accepisset nisi daretur inscientibus.'

Ad Marciam, cap. 23. 'Praeter hoc quia[2] omne futurum incertum est, et ad deteriora certius, facillimum ad superos est iter animis cito ab humana conversatione dimissis. Minimum enim faecis ponderisque traxerunt antequam altius terrena conciperent . . . Liberati leviores ad originem suam revolant . . . Nec unquam magnis ingeniis cara in corpore mora est.' Et caetera[3] ut superius est annotatum.

CAPITULUM XV.

Two reasons for these long extracts from Seneca. (1) Their superiority to Christian teaching in this branch of moral philosophy.

Ampliavi jam hanc partem tertiam Moralis Philosophiae, ultra illud quod a principio aestimavi. Sed delectat sententiarum moralium pulcritudo; et praecipue quia magna rationis vivacitate eruuntur per philosophorum industriam. Et tanto avidius recipiendae sunt, quanto nos philosophantes Christiani nescimus de tanta morum sapientia percogitare, nec tam eleganter persuadere. Utinam operibus comprobaremus ea quae ipsi philosophi nobis tam sapienter proponunt Quamvis

[1] remedium habemus, Seneca.

[2] quod, Seneca.

[3] Already quoted in cap. 5. See p. 275.

enim de virtutibus gratum[1] facientibus, de fide et spe et caritate et hujusmodi, possimus ex Christiana professione sentire quae ipsi philosophi nescierunt, tamen in virtutibus quae communiter requiruntur ad vitae honestatem, et ad communionem humanae societatis, et sermonem, sumus eis impares, et operibus minus efficaces, sicut manifestum est ex consideratione sapientiae quam proponunt. Et hoc est satis vituperabile nobis et omni derisione dignissimum. Necessarium esset igitur philosophantibus Christianis quod considerent meram gloriam quae a philosophis proponitur. Atque ad hoc excitamur per sanctorum exempla. Nam diligenter traxerunt ad divinam doctrinam philosophorum [dicta] et maxime ea quae ad mores et instituta vivendi pertinebant.

(2) The dialogues here quoted are but little known.

Sed et causa specialis est quod in his libris Senecae moror; quia licet hujusmodi libros persecutus sim ab infantia, tamen libros *De Ira* et *Ad Helviam*, et *Cur bonis mala accidunt*, et *An in sapientem cadunt contumeliae et injuriae*, et *Ad Marciam*, et tres[2] ad hoc sequentes, non potui unquam videre nisi nunc; et nescio si ad manus Vestrae Gloriae pervenerunt, propter quod abundantius hic scribere sum conatus.

Capitulum XVI.

Seneca ergo ad Paulinum de vitae brevitate eum consolans sic incipit perorare;

Extracts from Seneca's dialogue De Brevitate Vitae. Cap. 1.

'Major pars mortalium de naturae malignitate conqueritur, quod in exiguum aevi gignimur ... Non exiguum temporis habemus, sed multum perdidimus. Satis longa vita et in maximarum rerum consummationem large data est, si tota bene collocaretur. Sed ubi per luxum et negligentiam diffluit, ubi nullae bonae rei impenditur, ultima demum necessitate cogente, quam ire non intelleximus, transisse sentimus. Ita est, non accepimus brevem vitam, sed fecimus; nec inopes ejus, sed prodigi sumus. Sicut amplae et regiae opes, ubi ad

[1] We should expect gratiam; but gratum is the reading of both MSS.

[2] These appear to be, (1) *De Brevitate Vitae*: (2) *De Vita Beata* and *De Otio* (marked as seventh and eighth of the Dialogues in Haase's ed.; but formerly regarded as one): (3) *De Tranquillitate* (the ninth dialogue in Haase's ed.).

malum dominum pervenerunt, momento dissipantur; at quamvis modicae si bono custodi traditae sunt, usu crescunt; ita aetas nostra bene disponenti multum patet.'

De Brevitate Vitae, cap. 2.

'Vita si uti scias, longa est. Alium insatiabilis tenet avaritia, alium in supervacuis laboribus operosa sedulitas. Alius vino madet. Alius inertia torpet . . . Omne spatium non vita, sed tempus est. Urgentia circumstant vitia undique nec resurgere aut in dispectum veri attollere oculos sinunt, [sed] mersos et in cupiditatem infixos premunt. Nunquam illis recurrere ad se licet. Si quando aliqua fortuito quies contigit, veluti profundo mari, in quo post ventum quoque volutatio est, fluctuantur nec unquam illis a cupiditatibus suis otium instat.' 'Ille illius cultor est, hic illius. Suus nemo est.'

Cap. 3.

'Omnia licet, quae unquam ingenia fulserunt, in hoc unum consentiant, nunquam satis hanc humanarum mentium caliginem mirabuntur.' 'Nemo invenitur qui pecuniam suam dividere velit; vitam unusquisque quam multis distribuit! Adstricti sunt in continendo patrimonio; simul ad jacturam temporis ventum [1] est, profusissimi in eo cujus unius honesta avaritia est . . . Centesimus tibi vel supra premitur annus; agedum, ad computationem aetatem tuam revoca. Dic quantum ex isto tempore creditor, quantum amica, quantum rex, quantum cliens abstulerit; quantum lis [2], quantum servorum coercitio, quantum officiosa per urbem discursatio. Adjice morbos quos manu fecimus. Adjice quod [et] sine usu jacuit; videbis te pauciores annos habere quam numeras. Repete memoria tecum quando certus consilii fueris . . . quando tibi [3] usus tui fuerit, quando in statu suo vultus, quando animus intrepidus, . . . quam multi vitam tuam diripuerint, te non sentiente quid perderes . . . intelliges te immaturum mori. Quid ergo est in causa? tanquam semper victuri vivitis. Numquam vobis fragilitas vestra succurrit. Omnia tanquam mortales timetis, omnia tanquam immortales concupiscitis.

[1] temporum perventum, MS.

[2] Seneca has, lis uxoria.

[3] Here begins the passage into which, as mentioned on p. 302, the scribes of D. and O. suddenly pass, without any perception of a rupture of continuity. The error is accurately copied in the Gale MS., in the possession of Trin. Coll. Camb., which is a copy of D.

Audies plerosque dicentes, A quinquagesimo anno in otium secedam! Sexagesimus me annus ab officiis dimittet... Quis ista sicut disponis ire patietur? Non pudet te reliquias vitae tibi reservare, et id tempus solum bonae menti destinare, quod in nullam rem conferri possit? Quam serum est tunc vivere incipere, cum desinendum est . . . differre sana consilia, et inde vitam velle inchoare quo pauci perduxerunt.'

'Potentissimis et in altum sublatis hominibus excidere voces videbis, quibus otium captent[1] laudent omnibus suis bonis praeferant. Cupiunt interim ex illo fastigio suo, si tuto liceat, descendere. Nam ut nihil extra lacessat aut quatiat, in se ipsa fortuna ruit. Divus Augustus cui Deus plura quam ulli praestitit, non desiit quietem sibi precari, et vacationem a republica[2] petere. Omnis ejus sermo ad hoc semper revolutus est ut speraret otium. Hoc labores suos, etsi falso, dulci tamen oblectabat solatio . . . Sed ista fieri speciosius quam promitti possunt... Tanta visa est res otium ut illam quia usu non poterat cogitatione praesumeret. Qui omnia videbat ex se uno pendentia, qui hominibus gentibusque fortunam dabat, illum diem laetissimum cogitabat quo magnitudinem suam exueret. Expertus enim erat quantum illa bona per omnes terras fulgentia sudoris exprimerent, quantum occultarum sollicitudinum tegerent,' non removerent. Cap. 4.

'Marcus Cicero . . . dum fluctuatur cum Republica et illam pessum euntem tenet . . . quotiens illum ipsum consulatum suum non sine causa sed sine fine laudatum detestatur! Quam flebiles voces exprimit . . . Supervacaneum est commemorare plures qui cum aliis felicissimi viderentur, ipsi in se verum testimonium dixerunt, perosi omnem actum suorum annorum... Vita licet supra mille annos exeat in artissimum tamen contrahetur[3].' Cap. 5, 6.

'In primis autem illos numero, qui nulli rei nisi vino ac libidini vacant. Nulli enim turpius occupati sunt. Caeteri etiam si vana gloriae imagine teneantur . . . omnes virilius[4] Cap. 7.

[1] optent, Seneca. In the next sentence the MSS. read concupiunt for cupiunt.

[2] The MSS. have Romano populo instead of republica.

[3] contrahe, O.

[4] viribus, MSS.

peccant; in venerem ac libidinem projectorum inhonesta tabes est. . . . Deinde inter omnes convenit nullam rem bene posse exerceri ab homine occupato; non eloquentiam, non liberales disciplinas, quando districtus animus nihil altius recipit, et omnia velut inculcata respuit. Nihil minus est hominis occupati quam vivere: nullius rei difficilior scientia est. Professores aliarum artium vulgo multique sunt. Quasdam vero [ex his] pueri admodum ita percepisse visi sunt, ut etiam praecipere possent: vivere tota vita discendum est; et quod magis fortasse mirabere, tota vita discendum est mori. Tot maximi viri relictis omnibus impedimentis, cum divitiis, officiis voluptatibusque renuntiassent, hoc unum in extremam usque aetatem egerunt ut vivere scirent. Plures tamen ex his nondum se scire confessi vita abierunt. . . . Magni mihi crede et supra humanos errores eminentis viri est nihil ex suo tempore dilabi[1] sinere. Et ideo ejus vita longissima est, quia quantumcunque patuit, totum ipsi vacavit. Nihil inde incultum otiosumque [vacavit] nihil sub alio fuit. Neque enim quicquam reperit[2] dignum quod cum tempore suo permutaret custos ejus parcissimus[3]. Itaque satis illi fuit; iis vero necesse est defuisse, ex quorum vita multum populus tulit,' plus vitia detraxere. . . . 'Dispunge, inquam, et recense vitae tuae dies; videbis paucos admodum et reiculos[4] apud te resedisse . . . At ille qui nullum non tempus in usus suos confert, qui omnes dies tanquam vitam[5] ordinat, nec optat crastinum nec timet: fortunam jam ut volet ordinat; vita jam in tuto est. Huic adjici potest, detrahi nihil. Et adjici sic quemadmodum saturo jam et pleno aliquid cibi, quod nec desiderat, capit. Non est itaque quod quemquam propter canos aut rugas putes diu vixisse; non ille diu vixit, sed diu fuit. Quid enim si illum multum putes navigasse quem saeva tempestas a portu exceptum huc et illuc tulit, ac vicibus ventorum ex diverso furentium per eadem spatia in orbem egit? Non ille multum navigavit, sed multum jactatus est.

De Brevitate Vitae, cap. 8.

'Mirari soleo cum video aliquos tempus petentes, et eos

[1] delibari, in Seneca. [2] respexit, D. et O. [3] peritissimus, MSS.
[4] ridiculos, D. et O. [5] unam, O.

qui rogantur facillimos. Illud uterque spectat propter quod tempus petitum est, ipsum quidem neuter: quasi nihil petitur, quasi nihil datur res omnium pretiosissima, luditur. Fallit autem eos quia res incorporalis[1] est, quia sub oculos non venit.' . . . At 'nemo aestimat tempus. [Utuntur] illo laxius quasi gratuito. At eosdem aegros vide si mortis periculum proprius est admotum, medicorum genua tangentes; si metuunt capitale supplicium, omnia ut vivant paratos impendere; tanta in illis discordia affectuum est. Quodsi posset quemadmodum praeteritorum annorum cujusque numerus proponi, sic futurorum, quomodo illi qui paucos viderent superesse, trepidarent, quomodo illis parcerent? Atqui facile est quamvis exiguum dispensare quod certum est: id debet servari diligentius, quod nescias quando deficiat.'

'Impendio vitae vitam instruunt. Cogitationes suas in longum ordinant. Maxima porro vitae jactura dilatio est . . . illa eripit praesentia, dum ulteriora promittit. Maximum vivendi impedimentum est expectatio, quae pendet ex crastino, perdit hodiernum: quod in manu fortunae positum est, disponis; quod in tua, dimittis. Quo spectas, quo te extendis? omnia quae ventura sunt, in incerto jacent: protinus vive. Clamat ecce[2] maximus vates. . . . *Optima quaeque dies miseris mortalibus aevi Prima fugit.*' Cap. 9.

'Quid cessas? nisi occupas, fugit. Et cum occupaveris tamen fugiet. Itaque cum celeritate temporis utendi velocitate certandum est . . . Hoc quoque pulcherrime ad exprobrandam infinitam cogitationem, quod non optimam quamque aetatem, sed "diem" dicit' poeta. 'De die tecum loquitur, et de hoc ipso fugiente. Non dubium est ergo quin prima quaeque optima dies fugiat mortalibus miseris, id est, occupatis, quorum pueriles adhuc animos senectus opprimit, ad quam imparati inermesque perveniunt. Nihil enim provisum est: subito in illam nec opinantes inciderunt.'

'Solebat dicere Fabianus, non ex his cathedrariis philosophis, sed ex veris et antiquis, Contra affectus impetu, non subtilitate, pugnandum; nec minutis vulneribus sed incursu Cap. 10.

[1] incomparabilis, D.

[2] quomodo, D. et O.

avertendam aciem non probam[1]. ... Tum ut illis error exprobretur suus, docendi non tantum deplorandi sunt. In tria tempus[2] dividitur; quod fuit, quod est, quod futurum est. Ex his quod agimus breve est: quod acturi sumus, dubium: quod egimus, certum. Hoc est enim in quod fortuna jus perdidit, quod in nullius arbitrium reduci potest. Hoc amittunt occupati. Nec enim illis vacat praeterita respicere; et si vacet, injucunda est poenitendae rei recordatio. Inviti itaque ad tempora male exacta animum revocant, nec audent ea retemptare, quorum vitia . . . retractando patescunt. Nemo, nisi [a] quo omnia acta sunt sub censura sua, quae nunquam fallitur, libenter se in praeteritum retorquet. Ille qui multa ambitiose concupiit, superbe contempsit, impotenter vicit, insidiose decepit, avare rapuit, prodige effudit, necesse est suam memoriam timeat. Atqui haec est pars temporis nostri sacra ac dedicata, omnes humanos casus supergressa, extra regnum fortunae subducta, quam non inopia, non metus, non morborum incursus exagitet. Haec nec turbari nec eripi potest; perpetua ejus et intrepida possessio est. Singuli tantum dies, et hi per momenta, praesentes sunt; at praeteriti temporis omnes cum jusseritis aderunt, ad arbitrium tuum inspici se ac detineri patientur . . . Securae et quietae mentis est in omnes vitae suae partes discurrere; occupatorum animi, velut sub jugo sint, flectere se ac respicere non possunt. Abit igitur vita eorum in profundum . . . sic nihil refert quantum temporis detur . . . per quassos foratosque animos transmittitur. Praesens tempus brevissimum est; adeo quidem ut quibusdam nullum videatur. In cursu enim semper est, fluit et praecipitatur, ante desinit esse quam venit. . . . Solum igitur ad occupatos praesens pertinet tempus, quod tam breve est ut adripi non possit, et id ipsum illis districtis in multa subducitur.

De Brevitate Vitae, cap. 11.

'Denique vis scire quam non diu vivant? Vide quam cupiant diu vivere. Decrepiti senes paucorum annorum accessionem votis mendicant. Minores natu ipsos esse fingunt. Mendacio sibi blandiuntur, [et tam] libenter se

[1] improbrari, D. et O.

[2] In tria tempora vita (Seneca).

fallunt quam si una fata decipiant. Jam vero quum illos aliqua imbecillitas mortalitatis admonuit, quemadmodum paventes moriuntur, non tanquam exeant de vita, sed tanquam extrahantur. Stultos se fuisse, ut non vixerint, clamitant et si modo evaserint, ex illa valitudine in otio victuros. Tunc quam frustra paraverint quibus non fruerentur, quam incassum omnis labor eorum ceciderit cogitant. At quibus[1] vita procul ab omni negotio agitur . . . nihil ex illa spargitur, nihil fortunae traditur . . . nihil negligentia interit, . . . nihil supervacuum est. . . . Quantulacunque itaque abunde sufficit, et ideo, quandoque dies ultimus venerit, non cunctabitur sapiens ire ad mortem certo gradu.'

Et quia sapientem posuit in otio, et stultos ac vitiosos esse occupatos, et non esse otiosos, ideo dividit eos in tres. Quidam enim habent mentes solicitudinibus peccatorum et vanitatum occupatos, quamvis nihil horum aut parum, fortasse quia non possunt, faciant. De quibus dicit. 'Quorumdam otium occupatum est; in villa, aut in lecto suo, in media solitudine. Quamvis enim ab hominibus recesserint, sibi ipsi molesti sunt, quorum non otiosa vita dicenda est, sed desidiosa occupatio.' Non otiosi sunt quorum voluntates multum negotii habent. Qui vero peccatis et stultitiis occupatur continue, et se immergit in vitia, de eo dicit; 'Non hic otiosus est. Aliud illi nomen imponas. Aeger est, immo mortuus [est].' Qui vero non vitiis hujusmodi corporalibus mente nec opere vacant, tamen curiositate studii delectantur, de illis dicit, 'Nemo dubitabit quin operose nihil agant,' quum 'literarum inutilium studiis detinentur quae . . . sive contineas[2], nihil tacitam conscientiam juvant, sive proferas, non doctior videaris sed molestior. Ecce Romanos quoque invasit inane studium. . . . His diebus audivi quendam referentem quae primus quisque ex Romanis ducibus fecisset: primus Curius Dentatus in triumpho duxit elephantos. . . . Romanis [quis] primus persuaserit navem conscendere? Claudius is fuit, Caudex ob hoc ipsum appellatus, quia plurium tabularum contextus caudex apud antiquos vocatur, unde publicae tabulae codices

Cap. 12, 13.

[1] This sentence has been much abridged by Bacon.

[2] contumelias, MSS.

dicuntur. Et naves nunc, quae ex antiqua consuetudine commeatus per Tiberim subvehunt[1], codicariae vocantur. Non est profutura talis scientia. . . . Num et hoc cuiquam curare permittes quod primus L. Sulla in circo leones solutos dedit, cum alioqui adligati darentur, ad conficiendos eos missis a rege [Boccho jaculatoribus?] . . . Num et Pompeium primum in circo elephantorum duo de viginti pugnas edidisse, commissis more proelii noxiis hominibus, ad ullam rem bonam pertinet? . . . memorabile putavit spectaculi genus novo more perdere homines . . . Satius erat ista in oblivionem ire, ne quis postea potens disceret, invideretque rei minime humanae. . . . Alia deinceps innumerabilia quae aut ficta sunt, aut mendaciis similia. . . . Dubitare se enim [Fabianus noster aiebat] an satius esset nullis studiis admoveri quam his implicari.'

Comment of Bacon on foregoing paragraph.

Haec tamen recitavit Seneca, ut daret exempla verbo suo, atque tanquam vitanda concludit. Ego vero haec introduxi[2] magis propter utilitatem expositionis vocabulorum antiquorum, in quibus nos omnes quantum ad vocabulorum antiquorum proprietatem erramus, non solum in humanis verum etiam in divinis. Nam caeterorum vocabulorum obmisso relatu, habemus hic quid Circus significet, unde ludi circenses, de quibus in Epistola ad Paulinum praeposita Bibliae, Hieronymus eloquitur. Non dicuntur circenses ludi quia circa enses, licet hoc recitet Isidorus octavo decimo Etymologicorum, nec aliis modis quibus fingitur mendax explanatio. Sed circenses a circo dicuntur, qui fuit locus rotundus ad modum circuli in quo gladiatores et jaculatores ad invicem contra feras in spectaculum publicum dimicabant, sicut adhuc fit in multis provinciis quod homines congregantur in circuitu circa illos qui ad invicem confligunt cum feris.

De Brevitate Vitae, cap. 14.

Sed cum Seneca redeundum est ad propositum dicente, 'Soli omnium otiosi sunt qui sapientiae vacant; soli vivunt; nec enim suam tantum aetatem tuentur'; verum 'omne aevum suo adjiciunt. Quicquid annorum ante illos actum est, illis adquisitum est. Nisi ingratissimi sumus, illi clarissimi

[1] subeunt, MSS.

[2] It is curious to find Bacon, in opposition to the main argument, extracting value from what was held by Seneca to be useless knowledge.

sacrarum opinionum conditores nobis nati sunt, nobis vitam praeparaverunt. Ad res pulcherrimas ex tenebris ad lucem erutas alieno labore deducimur. Nullo nobis saeculo interdictum est, in omnia admittimur. Et si magnitudine animi egredi humanae imbecillitatis angustias libet, multum per quod spatiemur temporis est. Disputare cum Socrate licet, dubitare cum Carneade[1], . . . hominis naturam cum Stoicis vincere, cum Cynicis excidere, quum rerum natura in consortium omnis aevi patiatur incedere. Quidni ab hoc exiguo et caduco temporis transitu in illa toto nos demus animo quae immensa quae aeterna sunt, quae cum melioribus communia? . . . Qui Zenonem qui Pythagoram cotidie et Democritum caeterosque antistites bonarum artium, qui Aristotelem et Theophrastum volent habere quam familiarissimos . . . ferent ex illis quicquid volent[2]. Per illos non stabit quominus plurimum quod ceperint hauriant. Quae illum felicitas, quam pulchra senectus manet qui se in horum clientelam contulit! habebit cum quibus de minimis maximisque rebus deliberet, quos de se cotidie consulat, a quibus verum audiat sine contumelia . . . ad quorum se similitudinem effingat. . . . Hi tibi dabunt ad aeternitatem iter, et te in illum locum ex quo nemo dejicitur, sublevabunt, haec vera[3] ratio est extendendae mortalitatis[4]. . . . Honores, monumenta, quicquid aut decretis ambitio jussit aut operibus exstruxit, cito subruitur. . . . Quae consecravit sapientia . . . nulla abolebit aetas. . . . Sapientis ergo multum patet vita. Non idem illum qui caeteros terminus claudit. Solus generis humani legibus solvitur. Omnia illi saecula ut deo serviunt. Transiit tempus aliquod; hoc recordatione comprehendit. Instat; hoc utitur. Venturum est; hoc praecipit' et disponit[5]. . . .

Cap. 15.

'Illorum brevissima . . . aetas est qui praeteritorum obliviscuntur, praesentia negligunt, de futuro timent. . . . Gaudia

Cap. 16, 17.

[1] It is noteworthy that the following words, cum Epicuro quiescere, are omitted by Bacon.

[2] 'feres . . . voles,' Seneca.

[3] una, Seneca.

[4] Seneca adds, 'immo in immortalitatem vertendae.'

[5] The last three lines of this paragraph are incorrectly transcribed by D. and O.

quoque eorum trepida sunt; non enim solidis causis innituntur, sed eadem qua oriuntur vanitate turbantur.... Maxima quaeque bona sollicita sunt, nec ulli fortunae minus bene quam optimae creditur. Alia felicitate ad tuendam felicitatem opus est, et pro ipsis quae successere votis vota facienda sunt. Omne enim quod fortuito obvenit, instabile est. Quo altius surrexerit opportunius est in casum. Neminem porro casura delectare[1] debent. Miserrimam ergo necesse est, non tantum brevissimam, vitam eorum esse qui magno parant labore quod majore possideant. Operose adsequuntur quae volunt, anxii tenent quae adsecuti sunt. . . . Novae occupationes veteribus substituuntur. Spes spem excitat, ambitionem ambitio. Miseriarum non finis quaeritur, sed materia mutatur. . . . Nunquam deerunt[2] vel infelices vel miserae sollicitudines, omne per occupationes vitae rodetur otium. Otium nunquam agetur. Vita semper optabitur.

De Brevitate Vitae, cap. 18.

'Excerpe itaque te vulgo, carissime, et in tranquilliorem portum, non pro aetatis spatio jactatus, tandem recede. Cogita quot fluctus subieris, quot tempestates partim privatas sustinueris, partim publicas in te converteris. Satis jam per laboriosa et inquieta documenta exhibita tibi virtus est: experire quid in otio faciat. Major pars aetatis, certe melior rei publicae data sit: aliquid temporis tui sume etiam tibi . . . Tu quidem orbis terrarum rationes administras tam abstinenter quam alienas, tam diligenter quam tuas, tam religiose quam publicas. In officio amorem consequeris in quo odium vitare difficile est. Sed tamen, mihi crede, satius est vitae suae rationem quam frumenti publici nosse.'

Cap. 19.

'Nunc dum calet sanguis vigentibus ad meliora eundum est. Expectat te in hoc genere vitae multum bonarum artium, amor virtutum atque usus, cupiditatum oblivio, vivendi ac moriendi scientia, alta[3] rerum quies. Omnium quidem occupatorum conditio misera est, eorum tamen miserrima, qui

[1] delectant, Seneca.

[2] Haase's edition reads thus: 'Nunquam deerunt vel felices vel miserae sollicitudinis causae; per occupationes vita trudetur: otium nunquam agetur, semper optabitur.'

[3] aliarum, D. et O.

ne suis quidem laborant occupationibus, ad alienum dormiunt somnum, ad alienum ambulant gradum . . . Hi si volent scire quam brevis ipsorum vita sit, cogitent ex quota parte sua sit.'

'Lex a quinquagesimo anno militem non legit, a sexagesimo senatorem non citat. Difficilius homines a se otium impetrant quam a lege.' Cap. 20.

Capitulum XVII.

Extracts from Seneca's dialogue Ad Polybium. Cap. 1.

Et in solatium[1] mortis propriae et suorum eleganter dicit 'Quis tam superbae quam impotentis arrogantiae est, ut in hac naturae necessitate omnia ad eundem finem revocantis se unum ac suos seponi velit, ruinaeque etiam ipsi mundo imminenti aliquam domum subtrahat[2]? Maximum igitur solatium est cogitare id sibi accidisse quod omnes ante se passi sunt omnesque passuri. Et ideo mihi videtur rerum natura quod gravissimum fecerat commune fecisse ut crudelitatem fati consolaretur aequalitas.'

'Diutius accusare fata possumus, mutare non possumus . . . Quid autem tam humile ac muliebre est quam consumendum se dolori committere?' Et quia magnus homo fuit cui loquitur, ideo dicit 'multa tibi non licent quae humilibus et in angulo jacentibus licerent. Magna servitus est magna fortuna.' 'Mihi crede, beatior est is cui fortuna supervacua est, quam is cui parata est. Omnia ista bona quae nos speciosissima[3] sed fallaci voluptate delectant, pecunia, dignitas, potentia aliaque complura, ad quae caeca cupiditas generis humani obstupescit, cum labore possidentur cum invidia conspiciuntur, eosdemque ipsos quos exornant, premunt. Plus minantur quam prosunt. Lubrica et incerta sunt. Nunquam bene tenentur, nam, ut nihil de tempore futuro timeatur, ipsa tamen magnae[4] felicitatis tutela solicita est. Si velis credere altius veritatem intuentibus, omnis vita supplicium est: in hoc profundum inquietumque projecti mare, alternis Cap. 4, 6, 9.

[1] Here follow extracts from the dialogue *Ad Polybium*, regarded by the first editors of Seneca as part of the dialogue *De Brevitate*.

[2] subruat, MSS. [3] speciosa, Sen. [4] magnitudine, O.

aestibus reciprocum, et modo adlevans nos subitis incrementis, modo majoribus damnis deferens assidueque jactans, nunquam stabili consistimus loco. Pendemus et fluctuamur et alter in alterum inlidimur, et aliquando naufragium facimus, semper timemus. In hoc tam procelloso et in omnes tempestates exposito mari navigantibus nullus portus nisi mortis est . . . Est, mihi crede magna felicitas in ipsa felicitate moriendi. Nihil in totum diem quidem certum est. Quis in tam[1] obscura et involuta veritate divinat utrumne morienti[2] mors inviderit an consuluerit?'

Ad Polybium, cap. 10, 11.

'Iniquus est qui muneris sui arbitrium danti non relinquit; avidus qui non lucri loco habet quod accepit, sed damni quod reddidit. Ingratus est qui injuriam vocat finem voluptatis, stultus qui nullum fructum esse putat bonorum nisi praesentium. . . . Si quis pecuniam creditam solvisse se moleste ferat, eam praesertim cujus usum gratuitum acceperit, nonne injustus vir habeatur? Dedit natura vitam, quae, suo jure usa, tum eam aufert[3]. Nec illa in culpa est cujus nota erat conditio, sed mortalis animi spes avida, quae subinde quid rerum natura sit, obliviscitur, nec unquam sortis suae meminit nisi cum admonetur.' 'Quanto ille justior qui nuntiata filii morte dignam magno viro vocem[4] emisit; "Ego cum genui tum moriturum scivi." . . . Gaudeamus eo quod dabitur, reddamusque id cum reposcemur . . . Utrumne stultius sit nescio mortalitatis legem ignorare an impudentius recusare.'

Cap. 15, 16.

'Divus Augustus amisit Octaviam sororem carissimam . . . generos, liberos, nepotes; ac nemo magis ex omnibus mortalibus hominem esse se, dum inter homines erat, sensit; tamen tot tantosque luctus cepit rerum omnium capacissimum ejus pectus, victorque divus Augustus, non gentium tantummodo externarum, sed etiam dolorum fuit.' 'Sed ut omnia alia exempla praeteream . . . bis me fraterno luctu adgressa fortuna est, bis intellexit laedi me posse, vinci non posse . . . sic tamen affectum meum rexi ut nec relinquerem quidquam

[1] vitam, for, in tam, O. et D. In the same sentence morienti is substituted for fratri tuo of original.

[2] Substituted for fratri tuo of Seneca.

[3] Condensed from original.

[4] The MSS. have, magnam viri fortis vocem.

quod exigi deberet a bono fratre, nec facerem quod reprehendi posset in principe.' 'Nam non sentire mala sua non est hominis, et non ferre non est viri.' Cap. 17.

CAPITULUM XVIII.

Post haec accedendum est ad sententias Senecae de vita beata et de tranquillitate animi. Nam quae in illis libris scribuntur animum contra adversa roborant, confirmant, et deducunt in negligentiam prosperorum. Princeps igitur moralium dogmatum Seneca inchoat librum de Vita Beata ad Gallionem in hunc modum:

The Blessed Life; from Seneca's dialogue De Vita Beata.

'Vivere, Gallio frater, omnes beate volunt, sed ad pervidendum quid sit quod beatam vitam efficiat, caligant... Ut eo quisque ab ea longius recedat quo ad illam concitatius fertur, si via lapsus est, quae ubi in contrarium ducit, ipsa velocitas majoris intervalli causa fit... Quamdiu autem passim vagamur, non ducem secuti, sed fremitum et clamorem dissonum in diversa vocantium, conteretur vita inter errores brevis, etiamsi die noctuque bona mente laboremus... quoniam quidem non eadem hic quae in caeteris peregrinationibus conditio est. In illis enim comprehensus aliquis limes et interrogati incolae non patiuntur errare. At hic tristissima[1] quaeque via et celeberrima maxime decipit. Nihil ergo magis praestandum est quam ne pecorum ritu sequamur antecedentium gregem, pergentem non quo eundum est, sed quo itur. Atqui nulla res nos majoribus malis implicat quam quod ad rumorem componimur, optima rati ea quae magno assensu recepta sunt' et caetera[2] sicut in prima parte hujus operis suo loco collocavi. 'Nocet enim applicari antecedentibus, et dum unusquisque mavult credere quam judicare, nunquam de vita judicatur... Sanabimur si modo separemur a coetu.'

Cap. 1.

'Non est quod mihi illud discessionum more respondeas; "Haec [pars] major esse videtur": ideo enim pejor est. Non tam bene cum rebus humanis agitur [ut] meliora pluribus

De Vita Beata, cap. 2.

[1] certissima, O.

[2] See vol. i. p. 5.

placeant'; et caetera prout superius . . . 'Quaeramus quid optimum factu[1] sit, non quid usitatissimum, et quid nos in possessione felicitatis constituat, non quid vulgo, veritatis pessimo interpreti, probatum sit . . . Habeo melius et certius lumen quo a falsis vera dijudicem; animi bonum animus inveniat. Hic si unquam respirare illic et recedere in se vacaverit, o quam sibi ipse verum tortus a se fatebitur ac dicet, Quicquid feci adhuc, infectum esse mallem . . . Mihi ipsi nondum amicus sum . . . Ista quae spectantur, ad quae consistitur, quae alter alteri stupens monstrat, foris nitent, introrsus misera sunt.

De Vita Beata, cap. 3.

'Quaeramus aliquid non in speciem bonum, sed solidum et aequale et a secretiore parte formosius . . . nec longe positum [est]; invenietur. Scire tantum opus est quo manum porrigas; nunc velut in tenebris vicina transimus . . . Sed ne te per circuitus traham . . . rerum naturae assentior. Ab illa non deerrare et ad illius legem exemplumque formari sapientia est. Beata est ergo vita conveniens naturae suae; quae non aliter contingere potest, quam si primum sana mens est et in perpetua possessione sanitatis suae, deinde fortis ac vehemens, tunc pulcherrima et patiens[2] apta temporibus, corporis sui pertinentiumque ad id curiosa non anxie; tum aliarum rerum quae vitam instruunt diligens sine admiratione cujusquam, usura fortunae muneribus, non servitura. Intelligis, etiamsi non adjiciam, sequi perpetuam tranquillitatem, libertatem, depulsis iis quae aut irritant nos aut territant. Nam pro voluptatibus et pro illis quae parva ac fragilia sunt . . . ingens gaudium subit, inconcussum et aequale, tum pax et concordia animi et magnitudo cum mansuetudine.'

Cap. 4.

'Potest aliter quoque definiri bonum nostrum eadem sententia, non iisdem verbis . . . Summum bonum est animus fortuita despiciens, virtute laetus; aut, invicta vis animi, perita rerum, placida in actu cum humanitate multa et conversantium cura. Libet et ita finire, ut beatum dicamus hominem

[1] factum, O. In the same sentence, after felicitatis Bacon omits the word aeternae.

[2] 'pulcherrima compatiens apta temporibus corpori suo pertinentibus,' MSS.

cui nullum bonum malumque sit nisi bonus malusque animus: honesti cultor, virtute contentus quem nec extollant fortuita nec frangant, qui nullum majus bonum[1] eo quod sibi ipse dare potest noverit, cui vera voluptas erit voluptatum contemptio. . . . Quid enim prohibet nos beatam vitam dicere liberum animum et erectum et interritum ac stabilem, extra metum extra cupiditatem positum, [cui] unum bonum sit honestas, unum malum turpitudo, caetera vilis turba rerum, nec detrahens quicquam beatae vitae nec adjiciens, sine auctu ac detrimento summi boni veniens ac recedens. Hoc ita fundamentum necesse est velit nolit sequatur hilaritas continua et laetitia alta . . . ut quae suis gaudeat nec majora domesticis cupiat . . . Hanc non alia res tribuit quam fortunae negligentia; tum orietur . . . quies mentis in tuto collocata, et sublimitas, expulsisque terroribus ex cognitione veri gaudium grande et immotum, comitasque et diffusio animi, quibus delectabitur non ut bonis sed ut ex bono suo ortis.'

'Beata ergo vita est in recto certoque judicio stabilita et immutabilis. Tunc enim pura mens est et soluta omnibus malis, cum non tantum lacerationes sed etiam vellicationes effugerit, statura semper ubi consistit, ac sedem suam etiam irata et infestante fortuna vindicatura.' Cap. 5.

Et quod voluptas carnalis non sit summum bonum ostendit, dicens 'Voluptas ad vitam turpissimam venit, [at] virtus malam vitam non admittit . . . [infelices ob ipsam voluptatem sunt] quod non eveniret si virtuti se voluptas immiscuisset, quia virtus saepe caret ea, nunquam indiget. Quid dissimilia, immo diversa, componitis? Altum quiddam est virtus, excelsum, regale, invictum, infatigabile; voluptas humile, servile, imbecillum, caducum, cujus statio ac domicilium fornices et popinae sunt. Virtutem in templo convenies, in foro, in curia . . . callosas habentem manus; voluptatem latitantem saepius ac tenebras captantem circa balnea ac sudatoria . . . mero et unguento madentem.' Item, 'Summum bonum immortale est . . . nec satietatem habet nec poenitentiam. Nunquam recta mens vertitur, nec sibi odio est . . . At voluptas cum Cap. 7.

[1] cui nullum magis bonum MSS. In the same sentence, non erit is the reading of the MSS. for noverit.

maxime delectat extinguitur. Non multum loci[1] habet, itaque cito implet, et taedio est, et post primum impetum marcet; nec id unquam certum est cujus in motu natura est. Ita ne potest quidem ulla ejus esse substantia, quod venit transitve celerrime in ipso usu sui periturum. Eo enim pervenit ubi desinat, et dum incipit[2] spectat ad finem.'

De Vita Beata, cap. 8.

Item, 'quid quod tam bonis quam malis voluptas inest? nec minus turpes dedecus suum quam honestos egregia delectant. Ideoque praeceperunt veteres optimam sequi vitam, non jucundissimam, ut rectae ac bonae voluntatis non dux sed comes sit voluptas. Natura enim duce utendum est: hanc ratio observat, hanc consulit. Idem est ergo beate vivere, et secundum naturam. Hoc quid sit jam aperiam. Si corporis dotes et apta naturae conservabimus diligenter et impavide, tanquam in diem data et fugacia, si non subierimus eorum servitutem nec nos aliena possederint si corpori [grata et] adventicia eo nobis loco fuerint, quo sunt in castris auxilia et armaturae [leves]; serviant ista, non imperent; ita demum utilia sunt menti. Incorruptus vir sit externis et insuperabilis miratorque tantum sui, fidens animo atque in utrumque paratus artifex vitae. Fiducia ejus non sine scientia sit, scientia non sine constantia; maneant illi semel placita, nec ulla in decretis ejus litura sit. Intelligitur, etiam si non adjecero, compositum ordinatumque fore talem virum, et in iis quae aget cum comitate magnificum . . . in se revertatur[3]. Nam mundus quoque cuncta complectens, rectorque universi Deus in exteriora quidem tendit, sed tamen in totum undique in se redit. Idem nostra mens faciat; cum secuta[4] sensus suos per illos se ad externa porrexerit, et illorum et sui potens sit. Hoc modo una efficietur vis ac potestas concors sibi, et ratio illa certa nascetur, non dissidens nec haesitans in opinionibus, . . . quae cum se disposuit et partibus suis consensit, et ut ita dicam concinuit, summum bonum tetigit. Nihil enim pravi nihil lubrici superest, nihil in quo arietet aut labet. Omnia faciet ex imperio suo nihilque inopinatum accidet, sed

[1] laeti for loci, MSS.

[2] decipit, O.

[3] revertatur. This sentence is very imperfectly transcribed in D. and O.

[4] consecuta, for, cum secuta, O. et D.

quicquid agetur, in bonum exibit facile et parate et sine tergiversatione agentis. Nam pigritia et haesitatio pugnam et inconstantiam ostendit. Quare audaciter [licet] profitearis summum bonum esse animi concordiam[1]. Virtutes enim ibi esse debebunt ubi consensus atque unitas erit: dissident vitia.

'Sed tu, inquit, non ob aliud virtutem colis quam quia aliquam ex illa quaeris voluptatem . . . Non, si voluptatem praestatura virtus est, ideo propter hanc petitur . . . sed labor ejus, quamvis aliud petat, hoc quoque assequetur. Sicut in arvo quod proscissum est segeti, aliqui flores internascuntur, non tamen huic herbulae, quamvis delectet oculos, tantum operis insumptum est. Aliud fuit serenti propositum, hoc supervenit. Sic et voluptas non est merces nec causa virtutis, sed accessio . . . Summum bonum in ipso judicio est et habitu optimae mentis, quae cum suum implevit, et finibus se suis cinxit, consummatum est summum bonum nec quicquam amplius desiderat. Nihil enim extra totum est, nec magis quam ultra finem. Itaque erras cum interrogas quid sit illud propter quod virtutem petam; quaeris enim aliquid supra summum. Interrogas, quid petam ex virtute? ipsam. Nihil enim habet melius, ipsa pretium sui . . . Cum enim dicam summum bonum est infragilis animi rigor et providentia et subtilitas et sanitas et libertas et concordia et decor. Quid mihi voluptatem nominas? hominis bonum [quaero].' Cap. 9.

Et quia cavillator statim diceret quod non loquitur de voluptate carnali sed spirituali et mentali, ideo inducit verbum cavillantis excludentis carnalem voluptatem, ut aliam virtuti det; propter quod sic ait ergo cavillator, 'Quaero[2] non ventris qui pecudibus ac beluis laxior est. Dissimulas, inquit, quod a me dicatur. Ego enim nego quenquam posse jucunde vivere nisi simul et honeste vivit; quod non potest mutis contingere animalibus, nec bonum suum cibo metientibus. Clare, inquit, et palam testor hanc vitam, quam ego jucundam voco, non sine adjecta virtute contingere.' Sed Seneca obviat, dicens quod voluptas non solum est in gula et luxuria, sed in aliis vitiis spiritualibus, quia homines ita gaudent in aliis Cap. 10.

[1] constantiam, O.

[2] In Seneca the passage runs, 'Hominis bonum quaero, non ventris,' etc.

sicut in istis. Et ideo non potest virtus esse propter voluptatem animi, cum concomitetur peccata, quamvis virtutem comitetur, quia res communis est virtuti et vitio, eo quod homines gaudent et jocundantur in malo sicut in bono. Et hoc est quod infert; 'Quis ignorat plenissimos esse voluptatibus stultissimos quosque? et nequitiam abundare jucundis animumque ipsum genera voluptatis prava et multa suggerere? in primis insolentiam et nimiam aestimationem sui tumoremque elatum super caeteros et amorem rerum suarum caecum et improvidum' . . . Quia tunc diceretur ei quod saltem homo bonus jocundatur et gaudet et ideo voluptatem habet animi, dicit quod 'virtus voluptates aestimat antequam admittat, neque si probavit[1] magni pendit, utique enim admittit, nec tum usu earum sed temperantia laeta est.' Et ait cavillatori, 'Tu voluptatem complecteris, ego compesco. Tu voluptate frueris, ego utor. Tu illam summum bonum putas, ego nec bonum. Tu omnia voluptatis causa facis, ego nihil.'

De Vita Beata, cap. 11, 12.

'Non voco autem sapientem, supra quem quicquam est, nedum voluptas. Ab hac enim occupatus quomodo resistet labori periculo et egestati . . . quomodo conspectum mortis, quomodo doloris feret? Quomodo mundi fragores et tantum acerrimorum hostium a molli adversario victus?' Et quia cavillator adhuc instaret, ideo infert oppositionem ejus 'Non vides quam multa sit suasura voluptas? "Nihil," inquit, "poterit turpiter suadere, quia adjuncta virtuti est."' Sed removet hoc dicens, 'Non vides iterum quale sit summum bonum, cui custode opus est, ut bonum sit? virtus autem quomodo voluptatem reget quam sequitur, cum sequi parentis sit, regere imperantis? a tergo ponis quod imperat? egregium autem habet virtus apud vos officium, voluptates,' scilicet, 'praegustare, . . . et quod plerisque contingit hilarem insaniam insanire ac per risum furere. At contra sapientium remissae voluptates et modestae ac paene languidae sunt, compressaeque et vix notabiles, ut quae neque accersitae veniant nec, quamvis per se accesserint, in honore sint, neque ullo gaudio percipientium exceptae. Miscent enim illas et interponunt vitae ut ludum

[1] et quas si probavit, MSS.

jocumque inter seria. Desinant ergo inconvenientia jungere et virtuti voluptatem implicare per quod vitium pessimis quibusque adulantur.' Ille effusus in voluptates, ructabundus [1] semper atque ebrius, quia scit se cum voluptate vivere, credit et cum virtute. Audit enim voluptatem separari a virtute non posse; deinde vitiis suis sapientiam inscribit, et abscondenda profitetur. Itaque . . . vitiis dediti . . . quaerunt libidinibus suis patrocinium aliquod ac velamentum; et quod unum habebant in malis bonum perdunt, peccandi verecundiam' . . .

'Parum est luxuriae quod naturae satis est . . . Quisquis ad virtutem accessit dedit generosae indolis speciem. Qui voluptatem sequitur [videtur] enervis [2] fractus degenerans, vir perventurus in turpia, nisi aliquis distinxerit ei voluptates, ut sciat quae ex eis intra naturale desiderium desistant, quae praeceps ferantur infinitaeque sint et quo magis implentur [3] eo magis inexplebiles . . . Non est bonum quod magnitudine laborat sua.' Cap. 13.

'Et si placet [4] ista junctura virtutis et voluptatis, virtus antecedat, comitetur voluptas, et circa corpora ut umbra versetur . . . habebimus voluptatem, sed domini ejus et temperatores erimus. Aliquid nos exorabit, nihil coget. At ei qui voluptati tradiderunt principatum utraque caruere; virtutem amittunt, et non ipsi voluptatem sed ipsos voluptas habet, cujus aut inopia torquentur aut copia strangulantur; miseri si deseruntur ab illa, miseriores si obruuntur . . . Quae quo plures majoresque sunt eo ille minor [et] plurium servus est quem felicem vulgus appellat . . . Qui sectatur voluptatem primam libertatem negligit, ac pro ventre dependit: non voluptatem sibi emit, sed se voluptatibus vendit. Quid tamen, inquit, prohibet in unum virtutem [et] voluptatem confundi, et ita effici summum bonum, ut idem honestum et jucundum sit? Quia pars honesti non potest esse nisi honestum. Nec summum bonum habet in se sinceritatem suam, si aliquid in se viderit dissimile meliori. . . . Qui vero virtutis voluptatisque Cap. 14, 15.

[1] raptabundus, MS.

[2] inermis, D.

[3] ferantur, *pro* implentur, D.

[4] Here is another break in both MSS., like that before mentioned, in which the transcriber of D. blindly copies the error of O.

societatem facit . . . fragilitate alterius boni quicquid in altero vigoris est hebetat, libertatem illam [1] qua nihil pretiosius novit invictam sub jugum mittit. Nam quae maxima servitus est, incipit ei opus esse fortuna . . . Non ergo das virtuti fundamentum grave [et] immobile sed jubes illam in loco volubili stare. Quid enim tam volubile quam fortuitorum expectatio, et corporum rerumque corpus afficientium varietas? Quomodo potest hic Deo parere et quicquid evenit bono [animo] excipere . . . casuum suorum benignus interpres, si ad voluptatum dolorumque punctiunculas concutitur? Sed ne patriae quidem bonus tutor ac vindex est, nec amicorum propugnator, si ad voluptates vergit. Illo ergo summum bonum ascendat, unde nulla vi detrahitur quo neque dolori neque timori neque spei sit aditus, nec ulli rei quae deterius summi boni jus faciat. Ascendere autem illo sola virtus potest; illius gradu clivus iste frangendus est. Illa fortiter stabit et quicquid evenerit feret, non patiens tantum sed etiam volens, omniumque temporum difficultatem sciat esse legem naturae. Et ut bonus miles fert vulnera, enumerabit cicatrices et transverberatus telis moriens amabit eum pro quo cadit imperatorem. Habebit [2] illud in animo vetus preceptum, Deum sequere. Quisquis autem queritur et plorat et gemit, imperata facere vi cogitur, et invitus rapitur ad jussa nihilo minus. Quae autem dementia est potius trahi quam sequi! tam ignorantia conditionis est suae quam stultitia dolere . . . admirari et indigne ferre ea quae tam bonis accidunt quam malis. [Quicquid ex universi constitutione patiendum est, magno suscipiatur] animo. Ad hoc sacramentum adacti sumus ferre mortalia nec perturbari iis quae vitare non est nostrae potestatis . . . Deo parere libertas est.

De Vita Beata, cap. 16.

'Ergo in virtute posita est [vera] felicitas. Quid haec virtus tibi suadebit? ne quid aut bonum aut malum existimes quod nec virtute nec malitia continget. Deinde ut sis immobilis et contra malum ex bono, ut qua fas est Deum effingas. Quid tibi pro hac expeditione promittit? ingentia et aequa divinis; nihil cogeris, nullo indigebis, liber eris, tutus, indemnis. Nihil

[1] Seneca has, 'libertatem illam ita demum, si nihil se pretiosius novit, invictam.'
[2] habebat aliquando D. et O.

frustra temptabis, nihil prohibeberis, omnia tibi ex sententia cedent. Nihil adversum accidet, nihil contra opinionem . . . Quid ergo? Virtus ad beate vivendum sufficit. Quidni sufficiat? immo superfluit. Quid enim deesse potest extra desiderium homini[1] posito? Quid extrinsecus opus est ei qui omnia [sua] in se collegit?'

Seneca's defence against charges of inconsistency.

Sed quia nulli aut paucissimi sunt tales, et objici possent Senecae aliquae imperfectiones suae, ut non ad limam omnia quae virtus exposcit perfecerit, doctor virtutis ideo hujusmodi ei facta oppositione respondet.

Cap. 17.

'Nunc hoc respondeo tibi; non sum sapiens et, ut malivolentiam tuam pascam, nec ero. Exige itaque a me ut non optimis par sim, sed ut malis melior: hoc mihi satis est cotidie aliquid ex vitiis meis demere et errores meos objurgare . . . Delenimenta magis quam remedia podagrae meae compono, contentus si rarius accedit et si minus verminatur: vestris quidem pedibus comparatus debilis cursor sum.'

Cap. 18.

'Aliter, inquis, loqueris, aliter vivis. Hoc . . . Platoni objectum est . . . hoc Zenoni. Omnes isti dicebant non quemadmodum ipsi viverent[2], sed quemadmodum esset ipsis vivendum. De virtute, non de me, loquor, et cum vitiis convicium facio . . . Nec malignitas me ista multo veneno tincta deterrebit ab optimis. Ne virus quidem istud quo alios spargitis quo vos necatis me impediet [quo minus perseverem] laudare vitam, non quam ago, sed quam agendam scio: quominus virtutem adorem, et ex intervallo ingenti reptabundus sequar.'

Cap. 20.

'Multum praestant philosophi quod loquuntur honesta . . . Nam si quidem et paria dictis agerent, quid illis beatius? Interim non est quod contemnas bona verba et bonis cogitationibus plena praecordia. Studiorum salutarium etiam citra effectum laudanda tractatio est. Quid mirum si non escendunt in altum ardua adgressi? sed vires[3] suscipe. etiam si decidunt, magna conantis. Generosa res est alta tentare et mente majora concipere quam quae etiam ingenti

[1] hominum, D.; homini, O. [2] vixerunt D. et O.
[3] Si vir es suspice, is the reading in Haase's ed. of Seneca.

animo . . . effici possunt. Qui sibi hoc praeposuit; Ego mortem eodem vultu cum quo audiam videbo; ego laboribus quanticumque illi erunt, parebo animo fulciens corpus: ego divitias et praesentes et absentes aeque contemnam, nec, si alicubi jacebunt, tristior, nec si circa me fulgebunt, animosior: ego fortunam nec venientem sentiam nec recedentem: ego terras omnes tanquam meas videbo, meas tanquam omnium: ego sic vivam quasi sciam aliis me natum . . . unum me donavit omnibus uni mihi omnes; quicquid habebo nec sordide custodiam nec prodige spargam; nihil magis possidere me credam quam bene donata, non numero nec pondere beneficia nec ulla nisi accipientis aestimatione perpendam; nunquam id mihi multum erit quod dignus accipiet: nihil opinionis causa, omnia conscientiae[1] faciam: populo spectante fieri credam quicquid me conscio faciam; edendi mihi erit bibendique finis desideria naturae restinguere, non implere alvum et exinanire; ero amicis jucundus, inimicis mitis et facilis; exorabor antequam roger, honestis precibus occurram; patriam meam esse mundum sciam et praesidem Deum[2]; hunc supra me circaque me stare factorum dictorumque censorem; quandoque aut natura spiritum repetet aut ratio dimittet, testatus exibo bonam me conscientiam amasse, bona studia, nullius per me libertatem deminutam . . . qui haec facere proponet, volet, temptabit, ad deos iter faciet: nae ille, etiamsi non tenuerit, "magnis [tamen] excidit ausis." Vos quidem, qui virtutem cultoremque ejus odistis, nihil novi facitis. Nam et solem lumina aegra formidant et . . . nocturna animalia . . . ad primum ejus ortum stupent, et latibula sua passim petunt . . . gemite, infelicem linguam bonorum exercete convicio . . . citius frangetis dentes quam imprimetis.'

De Vita Beata, cap. 21.

'Quare ille philosophiae studiosus est, et tamen dives vitam agit? quare opes contemnendas dicit et habet? vitam contemnendam putat, et tamen vivit? valetudinem contemnendam putat, et tamen illam diligentissime tuetur? . . . et exilium vanum nomen putat et ait: quid est mali mutare regiones; et tamen . . . senescit in patria?'

Et solvit hanc quaestionem, ostendens quomodo bonus [est]

[1] causa scientiae, D.

[2] praesides deos (Seneca).

sapiens qui vult habere divitias, et non vult esse pauper: qualiter ad eas se debet habere, ponens differentiam inter usum sapientis et stultorum. Nam stulti hujus mundi divitiis abutuntur. Sapiens vero sicut malus necessaria vitae requirit: et sic ex abundantia propter utilitates mundi vult habere necessaria sibi et aliis ut indigentibus subveniat, et negotia reipublicae tractet. Et ita cum propter honestum finem et utilem divitias possideat, non amittet virtutem, quam malus perdet propter abusum divitiarum. Dicit ergo 'ista debere contemni a sapiente non ne habeat, sed ne sollicitus habeat. Non abigit illa a se, sed abeuntia securus prosequitur. Divitias quidem ubi tutius fortuna deponet quam ibi, unde sine querela reddentis receptura est? . . . Non amat sapiens divitias sed mavult. Non in animum illas sed in domum recipit . . .'

Et stulto loquitur 'Mihi si [divitiae] effluxerint, nihil auferent nisi semet ipsas; tu stupebis, et videberis tibi sine te relictus, si illae a te recesserint. Apud me divitiae aliquem locum habent, apud te summum . . . Divitiae meae sunt: tu divitiarum es.' Cap. 22.

'Habebit philosophus amplas opes, sed nulli detractas nec alieno sanguine cruentas, sine cujusquam injuria partas, sine sordidis quaestibus, quarum tam honestus sit exitus quam introitus, quibus nemo ingemiscat nisi malignus . . . Ille patrimonio suo per honesta quaesito nec gloriabitur nec erubescet. Habebit . . . quo glorietur si aperta domo et admissa in res suas civitate poterit dicere; quod quisque agnoverit tollat. O magnum virum, optime divitem! . . . Veniant [divitiae], hospitentur. Nec jactabit illas nec abscondet; alterum, infruniti animi[1] est, alterum timidi et pusilli . . . Habebit opes sed tanquam leves et avolaturas: nec alii nec sibi graves esse patietur . . . Donabit bonis . . . aut eis quos facere poterit bonos. Donabit cum summo consilio dignissimos eligens . . . Donabit ex recta et probabili causa. [Nam] inter turpes jacturas malum munus est: habebit sinum facilem, non perforatum, ex quo multa exeant et nihil excidat.' Cap. 23.

'Et hoc primum attendite; aliud est studiosus sapientiae, aliud jam adeptus sapientiam. Ille tibi dicet, Optime loquor, Cap. 24.

[1] aurum, D. et O.

sed adhuc inter mala volutor plurima. Non est quod me ad formulam meam exigas . . . Facio me et formo et ad exemplar ingens attollo. Si processero quantum proposui, exige ut dictis facta respondeant.' Sed secundus, 'assecutus . . . humani boni summa aliter tecum aget, et dicet stulto; Primum non est quod tibi permittas de melioribus ferre sententiam; mihi jam, quod argumentum est recti, contingit malis displicere. . . Divitias nego bonum esse: nam si essent, bonos facerent. Nunc quoniam apud malos deprehenduntur, bona dici non possunt; hoc illis nomen nego . . .'

Cap. 25. 'Pone in opulentissima me domo; pone aurum et argentum . . . non suspiciam me ob ista, quae, etiamsi apud me, extra me tamen sunt . . . Inter egentes abige: non tamen ideo me despiciam, quod in illorum numero consedero qui manus ad stipem porrigunt. Quid enim ad rem an frustum panis desit cui non deest mori posse? . . . Nihilo me feliciorem credam quod mihi molle erit amiculum, quod purpura convivis meis substernetur . . . Nihilo miserius ero, si lassa cervix mea in manipulo foeni adquiescet . . . Nulla hora sine aliqua querela est; non ideo me dicam inter miserrima miserum . . . Provisum est enim a me ne quis mihi ater dies esset . . . Ergo non ego aliter, inquit sapiens, vivo quam loquor. Sed vos aliter auditis. Sonus tantummodo verborum ad aures vestras pervenit: quid significet non quaeritis.

Cap. 26. 'Quid ergo inter me stultum et te sapientem interest, si uterque habere volumus divitias? Plurimum. Divitiae enim apud sapientem virum in servitute sunt, apud stultum in imperio. Sapiens divitiis nihil permittit, vobis divitiae omnia. Vos tanquam aliquis vobis aeternam possessionem earum promiserit, assuescitis illis et cohaeretis; sapiens tunc maxime paupertatem meditatur cum in mediis divitiis constitit . . . Marcetis in vestris rebus nec cogitatis quot casus undique immineant, jam jamque pretiosa spolia laturi. Sapienti quisquis abstulerit divitias omnia illi sua relinquet. Vivit enim praesentibus laetus, futuris securus. Nihil magis Socrates ille . . . persuasit mihi quam ne ad opiniones vestras actus vitae meae flecterem. Solita conferte undique verba: non conviciari vos putabo, sed vagire velut infantes miserrimos' scio

. . . 'Vestras hallucinationes[1] fero quemadmodum Jupiter optimus maximus ineptias poetarum, quorum alius illi alas imposuit, alius cornua, alius adulterum illum induxit . . .'

De Vita Beata, cap. 27, 28.

'Ecce Socrates ex illo carcere quem intrando purgavit omnique honestiorem curia reddidit, proclamat, Quis iste furor, quae ista inimica Deo hominique natura est infamare virtutes et malignis sermonibus sancta violare? Si potestis bonos laudate; si minus transite. Quod si vobis exercere tetram istam licentiam placet, alter in alterum incursitate. Nam cum in coelum insanitis, non dico sacrilegium facitis, sed operam perditis . . . Produci enim virtuti et temptari expedit, nec ulli magis intelligunt quanta sit, quam qui vires ejus lacessendo senserunt. Duritia silicis nullis magis quam ferientibus nota est. Praebeo me non aliter quam rupes aliqua in undoso mari destituta, quam fluctus non desinunt undique verberare, nec ideo aut loco eam movent aut per tot aetates crebro incursu suo consumunt. Adsilite, facite impetum. Ferendo vos vincam. In ea quae firma et inexsuperabilia sunt, quicquid incurrit malo suo vim suam exercet. Proinde quaerite aliquam mollem cedentemque materiam, in qua tela [vestra] figantur. Vobis autem vacat aliena scrutari mala et sententias ferre de quoquam? quare hic philosophus laxius habitat, quare hic lautius coenat? papulas observatis alienas, obsiti plurimis ulceribus? Hoc tale est quale si quis pulcherrimorum corporum naevos aut verrucas derideat, quem fera scabies depascitur. Objicite Platoni quod petierit pecuniam, Aristoteli quod acceperit, Democrito quod neglexerit, Epicuro quod consumpserit. Mihi ipsi assem[2] objectate. O vos maxime felices cum primum vobis imitari vitia nostra contigerit! Quin potius mala vestra circumspicite, quae vos ab omni parte confodiunt, alia grassantia extrinsecus, alia in visceribus ipsis ardentia? . . . Quid porro? non nunc quoque etiam si parum sentitis turbo quidam animos vestros rotat et involvit fugientes petentesque eadem.'

[1] ruminationes, *pro* hallucinationes, O.

[2] Seneca has, Alcibiadem et Phaedrum.

CAPITULUM XIX[1].

Rest. From Seneca's dialogue De Otio, Cap. I.

'Nam inter caetera mala illud pessimum est quod vitia ipsa mutamus . . . vexatque nos hoc quoque quod judicia nostra non tantum prava sed etiam levia sunt. Fluctuamus, aliudque ex alio comprehendimus, petita relinquimus, relicta repetimus. Alternae inter cupiditatem nostram et poenitentiam vices sunt. Pendemus enim toti ex alienis judiciis, et id optimum nobis videtur quod petitores laudatoresque multos habet, non id [quod] laudandum petendumque est. Nec viam bonam aut malam [per se] aestimamus, sed turbam vestigiorum in quibus nulla sunt redeuntium.'

Cap. 5.

'Homo ad immortalium cognitionem nimis mortalis [est].'

Et quia studium sapientiae et virtutis adhuc reprehenditur a multis quia negotia publica deserit, ideo allegat contra otium sapientis: dicit ergo, 'Natura utrumque me facere voluit, et agere et contemplationi vacare.'

Cap. 6.

'Imperfectum ac languidum bonum est in otium sine actu projecta virtus, nunquam id quod didicit ostendens . . . Nec tantum quid faciendum sit cogitare debet, sed etiam aliquando manum exercere . . . Ad otium sapiens secedit, ut sciat ea se . . . acturum, per quae posteris prosit. Nos certe sumus qui dicimus et Zenonem et Chrysippum majora egisse quam si duxissent exercitus, gessissent honores, leges tulissent; quas non uni civitati sed toti humano generi [tulerunt]. Quid est ergo, quare tale otium non conveniat bono viro per quod futura saecula ordinet, nec apud paucos concionetur sed apud omnes . . . quique sunt quique erunt[2]? . . . invenerunt, quemadmodum plus quies illorum hominibus prodesset quam aliorum discursus et sudor. Ergo nihilominus hi multum egisse visi sunt, quamvis nihil publice agerent . . . Ad quam rempublicam sapiens accessurus est? . . . Ad Atheniensium, in qua Socrates damnatur, Aristoteles, ne damnaretur, fugit? in qua opprimit invidia [virtutes?] . . . Ad Carthaginiensium

Cap. 8.

[1] The dialogue *De Otio*, in the older editions of Seneca, was attached to *De Vita Beata*.

[2] 'Qui sunt discursus siderum,' is the reading of the MSS.; either an interpolation, or a corruption of the text.

ergo rempublicam sapiens accedet in qua assidua seditio [est] et optimo cuique infesta libertas . . . Si percensere singulas voluero, nullam inveniam quae sapientem aut quam sapiens pati possit.'

CAPITULUM XX.

Nunc in fine inferam aliqua ex libro Senecae ad Serenum de tranquillitate animi, quia haec comitatur vitam beatam; et certum est quod non potest in hac vita beatitudo possibilis perfici sine animi tranquillitate. Nec vita verae beatitudinis futurae complebitur sine illa, qua habita necesse est omnia adversa tolerari posse de facili. Sed quia nos non magis adulamus aliis quam nobis ipsis, et falsam animi laetitiam vitia nostra palliando metimur, ideo dicit porro egregie, 'Familiariter domestica aspicimus, et semper judicio favor officit. Puto multos potuisse ad sapientiam pervenire nisi putassent se pervenisse, nisi quaedam in se dissimulassent, quaedam opertis oculis transiluissent. Non est enim quod magis aliena judices adulatione [nos] perire quam nostra. Quis sibi verum dicere ausus est? Quis non inter laudantium blandientiumque positus greges plurimum tamen sibi ipse adsentatus est?'

Peace of mind. From Seneca's dialogue De Tranquillitate Animi.

Cap. 1.

'Quod desideras, Serene, magnum et summum est Deoque vicinum, non concuti. Hanc stabilem animi sedem Graeci εὐθυμίαν[1] vocant, de qua Democriti volumen egregium est; ego tranquillitatem voco . . . Ergo quaerimus quomodo animus semper aequalis secundoque cursu eat, propitiusque sibi sit, et sua laetus aspiciat, et hoc gaudium non interrumpat, sed placido statu maneat nec attollens se unquam nec deprimens; id tranquillitas erit.' Et primo tangit vitia mentis quae tollunt tranquillitatem, ut ea sciamus vitare, quatenus ad statum animi[2] redeamus. Dicit ergo: 'Sunt qui levitate vexantur ac taedio assiduaque mutatione propositi quibus semper placet quod reliquerunt . . . marcent et oscitantur. Adjice eos qui non aliter quam quibus difficilis somnus est,

Cap. 2.

[1] This word is hopelessly mis-spelt in D. and O, and is in Roman letters.
[2] Some such word as hunc, or priorem seems missing.

versant se et hoc atque illo modo componunt, donec quietem lassitudine inveniant: statum vitae suae formando subinde in eo novissime manent, in quo illos non mutandi odium sed senectus ad [novandum] pigra deprendit. Adjice [et] illos qui non inconstantiae vitio parum leves sunt sed inertiae, et vivunt non quomodo volunt sed quomodo coeperunt. Innumerabiles . . . proprietates sunt sed unus effectus vitii; sibi displicere;' per quae tranquillitas abscedit. 'Hoc oritur ab intemperie animi et cupiditatibus timidis aut parum prosperis, ubi aut non audent quantum concupiscunt. aut non consequuntur, et in spem toti prominent[1], semper instabiles mobilesque sunt, quod necesse est accidere pendentibus ad vota sua . . . Illos poenitentia coepti tenet et incipiendi timor; subrepitque illa animi jactatio non invenientis exitum, quia nec imperare cupiditatibus suis nec obsequi possunt, et cunctatio vitae parum se explicantis, et inter destituta vota torpentis animi situs. Quae omnia graviora sunt, ubi odio infelicitatis operosae ad otium perfugerunt et ad secreta studia, quae pati non potest animus ad civilia erectus agendique cupidus et natura inquietus, parum scilicet in se solatiorum habens; ideo detractis oblectationibus quas ipsae occupationes discurrentibus praebent, domum, solitudinem, parietes non fert; invitus aspicit se sibi relictum. Hinc illud est tedium et displicentia sui, et nusquam residentis animi volutatio, et otii sui tristis atque aegra patientia . . . Inclusae cupiditates sine exitu se ipsae strangulant: inde moeror marcorque et mille fluctus mentis incertae, quam spes inchoatae habent [suspensam] deploratam, tristem. Inde ille affectus otium suum detestantium querentiumque nihil ipsos habere quod agant, et alienis incrementis inimicissima invidia. Alit enim livorem infelix inertia et omnes destrui cupiunt, quia se non potuerunt provehere . . . Natura enim humanus animus agilis est et pronus ad motus. Grata omnis illi excitandi se abstrahendique materia est, gratior pessimis quibusque ingeniis quae occupationibus libenter deteruntur. Ut ulcera quaedam nocituras manus appetunt et tactu gaudent, et foedam corporis scabiem delectat quicquid exasperat: non

[1] permanent, D. et O.

aliter dixerim his mentibus in quas cupiditates velut mala ulcera eruperunt, voluptati esse laborem vexationemque. Sunt enim quaedam quae corpus quoque nostrum . . . delectent, ut versare se et mutare nondum fessum latus, et alio atque alio positu ventilari. . . . Proprium aegri est nihil diu pati et mutationibus ut remediis uti. . . . Infirmi sumus ad omne tolerandum, nec laboris patientes nec voluptatis, nec nostrae nec ullius rei diutius. Hoc quosdam egit ad mortem, quod proposita saepe mutando in eadem revolvebantur et non reliquerant novitati locum. Fastidio esse illis coepit vita et ipse mundus.'

Deinde remedia infert contra haec vitia. Et primo tangit super opinionem alienam dicens, 'Adversus hoc taedium quo auxilio putem utendum quaeris. Optimum erat, ut ait Athenodorus, actione rerum et rei publicae tractatione et officiis civilibus se detinere. Nam ut quidam sole atque exercitatione et cura corporis diem ducunt, athletisque longe utilissimum est lacertos suos roburque, cui se uni dedicaverunt, majore temporis parte nutrire, ita vobis animum ad rerum civilium certamen parantibus in opere esse longe pulcherrimum est. Nam cum utilem se efficere civibus mortalibusque propositum habeat, simul et exercetur et proficit qui in mediis se officiis posuit, communia privataque pro facultate administrans.'

De Tranquillitate, cap. 3.

Hoc autem Senecae non placet, sed studium sapientiae. Dicit ergo; 'Sed quia in hac tam insana hominum ambitione, tot calumniatoribus in deterius recta torquentibus, parum tuta simplicitas est, et plus futurum semper est quod obstet quam quod succedat, a foro quidem et publico recedendum est: sed habet ubi se etiam in privato laxe explicet magnus animus. Nec ut leonum animaliumque impetus caveis coercetur sic hominum, quorum [maximae] in seducto actiones [sunt]. Ita tamen delituerit ut, ubicumque otium suum absconderit, prodesse velit singulis [universisque] ingenio, voce, consilio. Nec enim is solus reipublicae prodest qui . . . tuetur reos et de pace belloque censet; sed qui juventutem exhortatur, qui in tanta bonorum praeceptorum inopia virtutem instillat animis, qui ad pecuniam luxuriamque . . . ruentes . . . retrahit et si nihil aliud certe [moratur], in privato publicum negotium agit. An ille plus praestat, qui inter peregrinos et cives aut urbanus praetor adeuntibus [adsessoris] verba pronuntiat, quam qui quid sit justitia, quid pietas, quid patientia, quid fortitudo, quid mortis contemptus, quid Dei intellectus, quantum adjutorium hominum sit bona conscientia? Ergo si tempus in studia conferas quod subduxeris officiis, non deserueris nec munus detrectaveris. Neque enim ille solus militat qui in acie stat et cornu [dextrum laevumque] defendit, sed qui portas tuetur, et statione minus periculosa non otiosa tamen fungitur, vigiliasque servat et armamentario praeest; quae ministeria, quamvis incruenta sint, [in] numerum stipendiorum veniunt. Si te ad studia revocaveris omne vitae fastidium effugeris, nec noctem fieri optabis taedio lucis, nec tibi gravis eris nec aliis supervacuus. Multos in amicitiam attrahes, adfluetque ad te optimus quisque. Nunquam enim quamvis obscura virtus latet sed emittit sui signa: quisquis dignus fuerit, vestigiis illam colliget. Nam si omnem conversationem tollimus et generi humano renuntiamus, vivimusque in nos tantum conversi, sequetur hanc solitudinem omni studio sapiente carentem inopia rerum agendarum. Incipiemus aedificia alia ponere, alia subvertere . . . et male dispensare tempus . . . qua re nihil turpius est. Saepe grandis natu senex nullum habet aliud argumentum quo se probet diu vixisse praeter aetatem.'

De Tranquillitate, cap. 4.

'. . . In domibus, in spectaculis, in conviviis bonum contubernalem, fidelem amicum, temperantem convivam agat. Officia civis amiserit; hominis exerceat. Animos nostros non unius urbis moenibus clusimus, sed in totius orbis commercium emisimus patriamque nobis mundum professi sumus, ut liceret [latiorem] virtuti campum dare. . . . Nunquam inutilis est opera civis boni. Auditus est visusque; vultu nutu . . . incessuque ipso prodest. Ut salutaria quae citra gustum tactumque odore proficiunt, ita virtus utilitatem etiam ex longinquo et latens fundit, sive spatiatur . . . sive precarios habet excessus . . . sive otiosa mutaque est et angusto circumsepta . . . in quocunque habitu est, prosit. Quid? tu parum utile putas exemplum bene quiescentis? Longe itaque optimum [est] miscere otium rebus, quotiens actuosa vita impedimentis fortuitis aut civitatis conditione prohibetur.

Numquam enim usque eo interclusa sunt omnia ut nulli actioni locus honestae sit.

'Numquid potes invenire urbem miseriorem quam Atheniensium fuit, cum illam triginta tyranni divellerent? Mille trecentos cives, optimum quemque occiderant, nec finem ideo faciebant, sed irritabat se ipsa saevitia. . . . Socrates tamen in medio erat, et lugentes patres consolabatur, et desperantes de republica exhortabatur, et divitibus opes suas metuentibus exprobrabat . . . et imitari volentibus magnum circumferebat exemplar cum inter triginta tyrannos liber incederet. Hunc tamen Athenae ipsae in carcere occiderunt, et qui tuto insultaverat agmini tyrannorum civis liber, tamen ipsa libertas non tulit[1].' Cap. 5.

'Inspicere autem debemus primum nosmet ipsos; deinde ea quae aggredimur negotia; deinde eos quorum causa aut cum quibus. Ante omnia . . . necesse est nosmet ipsos aestimare, quia fere plus nobis videmur posse quam possumus; alius eloquentiae fiducia prolabitur, alius patrimonio suo plus imperavit quam ferre posset; alius infirmum corpus laborioso pressit officio. Quorundam parum idonea est verecundia rebus civilibus, quae primam frontem desiderant. Quorundam contumacia non facit ad aulam. Quidam non habent iram in potestate, et illos ad temeraria verba quaelibet indignatio offert. Quidam urbanitatem' in reprehensionibus 'nesciunt continere, nec periculosis abstinent salibus. Omnibus his utilior negotio quies est. . . . Aestimanda sunt deinde ipsa quae aggredimur, et vires nostrae cum rebus quas temptaturi sumus comparandae. Debet enim semper plus esse virium in actore quam in onere. Necesse est opprimant opera quae ferente majora sunt. Quaedam praeterea non tam magna sunt negotia quam faecunda, multumque negotiorum ferunt. Et haec refugienda sunt ex quibus nova occupatio multiplexque nascetur. Nec accedendum eo unde liber regressus non sit; iis admovenda manus est quorum finem aut facere aut certe sperare possis. Relinquenda quae latius actu procedunt nec ubi proposueris desinunt. Cap. 6.

'Hominum itaque dilectus habendus est, an digni sint Cap. 7.

[1] 'libertatem libertas non tulit,' Seneca.

quibus partem vitae nostrae impendamus; an ad illos temporis nostri jactura perveniat. Quidam enim ultro officia nobis nostra imputant. Athenodorus ait ne ad coenam quidem se iturum ad eum qui sibi nil pro hoc debiturus sit. . . . Considerandum est utrum natura tua agendis rebus an otioso studio contemplationique aptior sit; et eo inclinandum quo te vis ingenii feret. . . . Male enim respondent coacta ingenia [1]. . . . Nihil autem aeque oblectat animum quam amicitia fidelis et dulcis. Quantum bonum est ubi sunt praeparata pectora in quae tuto secretum omne descendat, quorum conscientiam minus quam tuam timeas, quorum sermo solicitudinem leniat, sententia consilium expediat, hilaritas tristitiam dissipet, conspectus ipse delectet! quos scilicet vacuos [a] cupiditatibus quantum fieri poterit eligemus. Serpunt enim vitia et in proximum quemque transiliunt et contactu nocent [2]. Itaque quod in pestilentia curandum est, ne correptis jam corporibus et morbo flagrantibus assideamus, quia pericula trahemus adflatuque ipso laborabimus, ita in amicorum legendis ingeniis dabimus operam ut quam minime inquinatos [3] adsumamus. Initium morbi est aegris sana miscere. Nec hoc praeceperim tibi ut neminem nisi sapientem [4] sequaris aut attrahas. Ubi enim istum [5] invenies quem tot saeculis quaerimus? Pro optimo est minime malus. . . . Nunc vero in tanta [bonorum] egestate minus fastidiosa fiat electio. Praecipue tamen vitentur tristes et omnia deplorantes, quibus nulla non causa in querelas placet. Constet illi licet fides et benevolentia; tranquillitati tamen inimicus est comes perturbatus et omnia gemens.

De Tranquillitate, cap. 8.

'Transeamus ad patrimonia, maximam aerumnarum materiam. Nam si omnia alia quibus angimur compares, mortes, aegrotationes, metus, desideria, dolorum laborumque patientiam, cum iis quae nobis mala pecunia nostra exhibet, haec pars multum praegravabit. Itaque cogitandum est quanto levior dolor sit non habere quam perdere; et intel-

[1] In Haase's edition of Seneca, this and the foregoing sentence occur somewhat earlier. In the earliest printed edition (1492) they come in the order in which Bacon quotes them.

[2] intrant *pro* nocent, D. et O.

[3] inflammatos, D. et O.

[4] perfectae sapientiae, D. et O.

[5] illud, D. et O.

ligemus paupertati eo minorem tormentorum quo minorem damnorum esse materiam. Erras enim si putas animosius detrimenta divites ferre: maximis minimisque corporibus par est dolor vulneris. Bion eleganter ait, "Non minus molestum esse calvis quam crinitis pilos velli."... Tolerabilius est . . . . non adquirere quam amittere; ideoque laetiores videbis quos nunquam fortuna respexit quam quos deseruit. Vidit hoc Diogenes, vir ingentis animi, et effecit ne quid sibi eripi posset. Tu istud paupertatem, inopiam, egestatem voca, quod voles ignominiosum securitati nomen impone; putabo hunc non esse felicem, si quem mihi alium inveneris cui nihil pereat. Aut ego fallor, aut regnum est inter avaros, latrones . . . unum esse cui noceri non possit. Si quis de felicitate Diogenis dubitat, potest idem dubitare et de Dei immortalis[1] statu, an parum beate degat, quod illi nec praedia nec horti sint, nec alieno colono rura pretiosa, nec grande in foro foenus. Non te pudet, quisquis divitiis adstupes? respice agedum mundum; non videbis Deum[2] omnia dantem, nihil habentem? Hunc tu pauperem putas, an Deo immortali similem, qui se fortuitis omnibus exuit? Feliciorem divitem[3] putas? . . . Diogeni servus unicus fugit, nec eum reducere, cum monstraretur, tanti putavit. Turpe est, inquit, Manen sine Diogene posse vivere, Diogenem sine Mane non posse. Videtur mihi dixisse; Age tuum negotium, fortuna. Nihil apud Diogenem jam tui est. Fugit mihi servus? immo liber abiit. . . . Sed quoniam non est nobis tantum roboris. angustanda [certe] sunt patrimonia, ut minus ad injurias fortunae simus expositi. Habiliora sunt corpora in bella quae in arma sua contrahi possunt, quam quae superfunduntur et undique magnitudo sua vulneribus objecit: optimus pecuniae modus est qui nec in paupertatem cadit, nec procul a paupertate discedit.

'Placebit autem haec nobis mensura, si prius parcimonia placuerit, sine qua nec ullae opes sufficiunt . . . praesertim cum in vicino remedium sit, et possit ipsa paupertas in divitias se, advocata frugalitate, convertere. Assuescamus a nobis (Cap. 9.)

[1] Deorum immortalium (Seneca).
[2] Seneca has, nudos videbis deos.
[3] Seneca has, Demetrium Pompeianum.

removere pompam, et usus rerum, non ornamenta metiri. Cibus famem domet, potio sitim . . . discamus membris nostris inniti, cultum victumque non ad nova exempla componere . . . discamus continentiam augere, luxuriam coercere, gloriam temperare, iracundiam lenire, paupertatem aequis oculis aspicere, frugalitatem colere, etiamsi multos pudebit[1], ut populus desideriis naturalibus parvo parata remedia adhibere, spes effrenatas et animum in futura eminentem velut sub vinculis habere, id agere ut divitias a nobis quam a fortuna petamus. . . . Assuescamus ergo coenare sine populo, et servis paucioribus serviri, et vestes parare in quod inventae sunt, et habitare contractius.'

Et infert remedium de studio, dicens; 'Studiorum quoque quae liberalissima impensa est tamdiu rationem habet, quamdiu modum. Quo innumerabiles libros et bibliothecas, quarum dominus vix tota vita indices perlegit? onerat discentem turba, non instruit, multoque satius est paucis te auctoribus tradere, quam errare per multos. Quadraginta millia librorum Alexandriae arserunt; pulcherrimum regiae opulentiae monumentum alius laudaverit, sicut et Livius qui elegantiae regum curaeque egregium id opus ait fuisse; non fuit elegantia illud aut cura, sed studiosa luxuria, immo ne studiosa quidem, quoniam non in studium sed in spectaculum comparaverant. . . . Vitiosum est ubique quod nimium est. Quid habes cur ignoscas homini armaria captanti, aut ignotorum auctorum aut improbatorum et inter [tot] millia librorum oscitanti, cui voluminum suorum frontes maxime placent titulique? . . . Ignoscerem plane, si studiorum nimia cupidine oriretur: nunc ista conquisita cum imaginibus suis descripta et sacrorum opera [ingeniorum] in speciem et cultum parietum comparantur.

De Tranquillitate, cap. 10.

'Ad aliquod genus vitae difficile incidisti, et tibi ignoranti vel publica fortuna vel privata laqueum impegit, quem nec solvere posses nec erumpere. Cogita compeditos primo aegre ferre onera et impedimenta crurum. Deinde ubi non indig-

[1] The text of this passage is generally recognized by Seneca's editors as corrupt. I give it as amended by Haase. D. and O. have 'hos pudebit ei plus desideriis,' etc.

nari illa sed pati proposuerunt, necessitas fortiter ferre docet, consuetudo facile. Invenies in quolibet genere vitae oblectamenta et remissiones et voluptates, si volueris. . . . Nullo melius nomine de nobis natura meruit, quam [quod] cum sciret quibus aerumnis nasceremur, calamitatum mollimentum consuetudinem invenit, cito in familiaritatem gravissima adducens. Nemo duraret si rerum adversarum eandem vim assiduitas haberet quam primus ictus. Omnes cum fortuna copulati sumus: aliorum aurea catena est, aliorum laxa, aliorum arta et sordida. Sed quid refert[1]? eadem custodia universos circumdedit, allegati[que] sunt etiam qui adligaverunt . . . alium honores, alium opes vinciunt. Quosdam nobilitas, quosdam humilitas premit. Quibusdam aliena supra caput imperia sunt, quibusdam sua. Quosdam exilia uno loco tenent, quosdam sacerdotia. Omnis vita servitium est. Assuescendum [est] itaque condicioni suae et quam minimum de illa querendum. . . . Nihil tam acerbum est in quo non aequus animus solatium inveniat. . . . Adhibe rationem difficultatibus; possunt et dura molliri et angusta laxari. . . Non sunt praeterea cupiditates in longinquum mittendae, sed in vicinum illis egredi permittamus. . . . Relictis his quae aut non possunt fieri aut difficulter possunt, prope posita speique nostrae adludentia sequamur; et sciamus omnia aeque levia esse, extrinsecus diversas facies habentia, introrsus pariter [vana]. Nec invideamus altius stantibus; quae excelsa videbantur, praerupta sunt. . . . Multi sunt . . . in fastigio summo ex quo non possunt nisi cadendo descendere; sed hoc ipsum testatur maximum onus suum esse, quod aliis graves esse cogantur, nec sublevatos se, sed suffixos. Justitia, mansuetudine humana, larga . . . manu praeparent multa ad secundos casus praesidia quorum spe [securius] pendeant. Nihil tamen aeque hos ab his animi fluctibus vindicaverit, quam semper aliquem incrementis terminum figere, nec fortunae arbitrium desinendi dare, sed multo quidem citra exempla consistere, sic et aliquae cupiditates animum acuent, et finitae non in immensum incertumque producent.

'Ad imperfectos et . . . male sanos hic meus sermo pertinet, Cap. 11.

[1] Si quis refert, D. et O.

non ad sapientem. Huic non timide nec pedetentim ambulandum est. Tanta enim fiducia sui est ut obviam fortunae ire non dubitet, nec unquam loco illi cessurus sit . . . quia non mancipia tantum possessionesque et dignitatem sed corpus quoque suum et oculos et manum, et quicquid cariorem vitam facturum est, seque ipsum inter precaria numerat, vivitque ut commodatus[1] sibi et reposcentibus sine tristitia redditurus. Nec ideo vilis est sibi quia scit se ipsum suum non esse, sed omnia tam diligenter faciet, tam circumspecte, quam religiosus homo sanctusque solet tueri fidei commissa. Quandocumque autem reddere jubebitur[2], non queretur cum fortuna, sed dicit; Gratias ago pro eo quod possedi habuique. Magna quidem res tuas mercede colui, sed, quia illa imperas, do, cedo gratus libensque. . . . Signatum argentum domum familiamque meam reddo restituo. Adpellavit[3] natura quae prior nobis credidit, et huic dicemus; "Recipe animum meliorem quam dedisti. Non tergiversor nec refugio. Paratum habes a volente quod non sentienti dedisti." . . . Male vivet quisquis nesciet bene mori. Huic itaque primum rei pretium detrahendum est et spiritus inter vilia[4] numerandus. . . . Saepe vero causa moriendi est timide mori. Fortuna illa quae ludos sibi facit; "Quo," inquit, "te reservem, malum[5] et trepidum animal? eo magis convulneraberis et confodieris quia nescis praebere jugulum; at tu et vives diutius et morieris expeditius, qui ferrum non subducta cervice nec manibus oppositis, sed animose recipis." . . . At qui sciat hoc sibi cum conciperetur statim condictum, vivet ad formulam, et simul illud quoque eodem animi robore praestabit, ne quid ex iis quae eveniunt subitum sit. Quicquid enim fieri potest, quasi futurum sit, prospiciendo, malorum omnium impetus emolliet, qui ad praeparatos expectantesque nihil afferunt novi: securis et beata tantum spectantibus graves veniunt. Morbus enim, captivitas, ruina, ignis nihil horum repentinum [est]. Sciebam in tumultuosum me contubernium naturam clausisse. Totiens in vicinia mea conclamatum est, totiens immaturas exequias fax cereusque praecessit. Saepe

[1] commodius, D. et O.
[2] videbitur, D. et O.
[3] adpellaverit, Seneca.
[4] in servitia, *pro* inter vilia, D. et O.
[5] nullum, D. et O.

a latere[1] ruentis aedificii fragor sonuit. Multos ex iis quos forum, curia, sermo mecum contraxerat, nox abstulit et junctis [ad] sodalitium manus copulatas interscidit; debeo ego mirari ad me aliquando pericula accessisse quae circa me semper erraverint.... Publius, tragicis comicisque vehementior ingeniis, ... hoc ait;

"Cuivis potest accidere quod cuiquam potest."

'Hoc si quis in medullas demiserit et omnia aliena mala, quorum ingens cotidie copia est, sic adspexerit, tanquam liberum illis et ad se iter sit, multo antea se armabit quam petatur. Sero animus ad periculorum patientiam post pericula instruitur. Non putavi hoc futurum ... quae sunt divitiae quas non egestas et fames et mendicitas a tergo sequatur? ... quod regnum est cui non parata sit ruina et proculcatio? ... nec magnis ista intervallis divisa sed horae momentum interest inter solium et aliena genua. Scito ergo omnem conditionem versabilem esse et quicquid in ullum incurrit posse in te quoque incurrere. Locuples es: numquid divitior Ptolemaeo[2] ... mendicavit stillicidia: fame ac siti periit. ... Quo die [Sejanum] senatus deduxerat, populus in frusta divisit. ... In tanta' igitur 'rerum sursum ac deorsum euntium versatione, si non quicquid fieri potest pro futuro habes, das in te vires rebus adversis, quas infregit quisquis prior vidit.'

De Tranquillitate, cap. 12.

'Circumcidenda concursatio, qualis est magnae parti hominum domos et theatra et foro pererrantium. Alienis se negotiis offerunt semper aliquid [agentibus] similes. Horum si aliquem exeuntem e domo interrogaveris; Quo tu? quid cogitas? respondebit tibi. Non scio; sed aliquos videbo, aliquid agam. Sine proposito vagantur quaerentes negotia ... inconsultus illis vanusque cursus est qualis formicis per arbusta repentibus, quae in summum cacumen deinde in imum inanes aguntur. ... Omnis itaque[3] labor aliquo referatur, aliquo respiciat. Non industria inquietos, [sed] insanos falsae rerum imagines agitant[4]. ... Eodem modo unumquemque ex his quos

[1] altius, D. et O. The transcription of this and the following passages has many errors, which are not all noted here. [2] Pompeio, D. et O.

[3] Bacon has somewhat altered the order of the sentences in this passage.

[4] inquietant, O.

inanes et leves causae per urbem circumducunt et [qui] ad augendam turbam exeunt . . . quidam [quasi] ad incendium currunt aut salutaturi [aliquem] non resalutaturum, aut funus ignoti hominis prosecuturi[1]. . . . Ex hoc malo dependet illud temerarium vitium, auscultatio et publicorum secretorumque inquisitio, et multarum rerum scientia, quae nec tuto narrantur nec tuto audiuntur.

De Tranquillitate, cap. 13.

'Hoc secutum [puto] Democritum ita coepisse: Qui tranquille volet vivere, nec privatim agat multa nec publice; ad supervacua [referentem]. . . . Nam qui multa agit saepe fortunae sui potestatem facit, quam tutissimum est raro experiri, [ceterum] semper de illa cogitare et nihil sibi de fide ejus promittere. . . . Hoc est quare sapienti nihil contra opinionem dicamus accidere. Non illum casibus hominum excerpimus sed erroribus: nec illi [omnia] ut voluit cedunt, sed ut cogitavit. Imprimis autem cogitavit aliquid posse propositis suis resistere. Necesse est autem levius ad animum pervenire destitutae cupiditatis dolorem, cui successum non utique promiseris.

Cap. 14.

'Faciles nos facere debemus ne nimis destinatis rebus indulgeamus[2], transeamusque [in] ea in quae nos casus deduxerit, nec mutatione aut casus aut consilii pertimescamus dummodo nos levitas, inimicissimum quieti vitium, non excipiat. Nam et pertinacia[3] necesse est anxia et misera sit . . . levitas multo gravior, nusquam se continens. Utrumque infestum est tranquillitati, et nihil mutare posse, et nihil pati. Utique animus ab omnibus externis in se revocandus est; sibi confidat, se gaudeat, sua suspiciat, recedat quantum potest ab alienis, et sibi applicet, damna non sentiat, etiam adversa benigne interpretetur. Nuntiato naufragio Zenon philosophus[4], cum omnia sua audiret submersa. Jubet, inquit, me fortuna expeditius philosophari. Minabatur Theodoro philosopho tyrannus mortem et quidem insepultam; Habes, inquit, cur tibi placeas. Hemina[5] sanguinis in tua potestate est; nam quod ad sepulturam pertinet, O te ineptum si putas mea interesse supra

[1] This sentence has been much altered from the original.

[2] immisceamus, D. et O.

[3] pertimescentia, O.

[4] noster, Seneca.

[5] Anima *pro* hemina, D. et O.

terram an infra putrescam. Canus Julius vir . . . magnus . . . cum Caio Caesare diu altercatus, . . . morti addictus dixit, Gratias tibi ago optime princeps. . . . Ludebat quoque latrunculis, cum centurio agmen periturorum trahens illum quoque excitari juberet. Vocatus numeravit calculos, et sodali suo, Vide, inquit, ne post mortem meam mentiaris te vicisse. Tum adnuens centurioni, Testis, inquit, eris uno me istum antecedere. . . . Tristes erant amici talem amissuri virum: Quid moesti, inquit, estis? Vos quaeritis an immortales animae sint: ego jam sciam. Nec desiit veritatem in ipso fine scrutari, et ex morte sua quaestionem habere. . . . Nec jam procul erat tumulus in quo Caesari . . . fiebat cotidianum sacrum. Is, quid, inquit, Cane, nunc cogitas? aut quae tibi mens est? Observare, inquit Canus, proposui illo velocissimo momento an sensurus sit animus exire[1] se. Promisitque, si quid explorasset, circumiturum et indicaturum quis esset status animarum. Ecce in media tempestate tranquillitas. Ecce animus aeternitate dignus, qui statum[2] suum in argumentum veri vocat, qui in ultimo illo gradu positus exeuntem animum percunctatur, nec usque ad mortem tantum, sed aliquid etiam in ipsa morte discit.'

'Sed nihil prodest privatae tristitiae causas abjecisse' nisi publicas vincamus. 'Occupat enim [nos] nonnunquam odium generis humani, et occurrit tot scelerum felicium turba; . . . rara simplicitas . . . et ignota innocentia. . . . In hoc itaque flectendi sumus, ut omnia vulgi vitia non invisa nobis sed ridicula videantur, et Democritum potius imitemur quam Heraclitum. Hic enim, quoties in publicum processerat, flebat, ille ridebat. Huic omnia quae agimus miseriae, illi ineptiae videbantur. . . . Adjice quod de humano genere melius meretur qui ridet illud, quam qui luget; ille et spei bonae aliquid relinquit; hic autem stulte deflet quae corrigi posse desperat. Et universa contemplatus majoris animi est qui risum non tenet quam qui lacrimas. . . . Singula propter quae laeti ac tristes sumus sibi quisque proponat, et sciet verum esse quod Bion dixit; omnia hominum negotia similia initiis esse, nec vitam illorum magis sanctam aut severam esse quam

Cap. 15.

[1] exuere se, D. et O.

[2] fatum, Seneca.

conceptum nihilo natum. Sed satius est publicos mores et humana vitia placide excipere nec in risum nec in lacrimas excidentem [1]. Nam alienis malis torqueri aeterna miseria est, alienis delectari malis voluptas inhumana.'

De Tranquillitate, cap. 16.

'Sequetur pars quae solet non immerito contristare . . . ubi bonorum exitus mali sunt, ut Socrates cogitur in carcere [mori]. . . . Cicero clientibus suis praebere cervicem, Cato . . . virtutum viva imago, incumbens gladio simul de se ac de republica palam facere [2]. . . . Vide quomodo quisque illorum tulerit, et si fortes fuerunt, ipsorum illos animos desidera. Si muliebriter et ignave perierunt nihil periit. . . . Neminem flebo laetum, neminem flentem': in sufferendo pericula 'ille lacrimas meas ipse abstersit, hic suis lacrimis effecit ne ullis dignus sit.'

CAPITULUM XXI.

Bacon's remarks on the importance of relaxation.

Et quia secundum Scripturam corpus quod corrumpitur aggravat animam, et terrena inhabitatio deprimit sensum multa cogitantem, ideo ad tranquillitatem animi necessarium est ut humana fragilitas a curis interioribus et exterioribus aliquando relaxet animum ad solatia et recreationes corpori necessarias. Nam aliter spiritus fit anxius et hebes et accidiosus et tristior quam oporteret, et cum taedio boni languens et querulus et pronus ad motus impatientiae et irae frequenter. Propter quod sanctissimi viri aliquando curas laxabant spirituales in solatia, et rigorem abstinentiae solvebant aliquando, nec non vigilias temperabant excessivas. Unde beatissimus Johannes Evangelista in solatium humanae fragilitatis cum perdice ludebat, sicut dicitur in Collationibus Cassiani [3]; et beatus Benedictus monachos ducens in solatium corporale redarguitus a viatore transeunte, dixit ei quod tenderet arcum magis ac magis. Quo respondente, Non faciam, quia frangerem cordam, intulit sensum a simili quod in tantum posset

[1] excidere, D. et O. [2] se expedicus, D. et O.

[3] This was the celebrated Semi-Pelagian of the fifth century. The anecdote will be found in the twenty-first chapter of the twenty-fourth of the Collations (p. 623 of the Frankfurt edition of 1722). It is almost identical with the story of St. Benedict which follows.

cogere monachos ad rigorem patientiae quod sustinere non possent, sed ipsa violentia frangerentur. Et ideo Jacob Patriarcha se excusavit a societate Esau, nam, si secum ambulasset fortius, morerentur filii sui et uxores et animalium greges.

Confirmed by Seneca.

Propter quod Seneca sapientissimus, cui sunt revelata quod paucis Divinitas concessit, ut ait Apostolus [1], aestimans pondus humanae fragilitatis, convertit se in fine persuasionis suae de animi tranquillitate ad solatia et recreationes corporales, ut interpositis hujusmodi remediis, fortius vires resumantur. Nam et Cato ait, Interpone tuis interdum gaudia curis; ut dicat Deo quilibet cum psalmista, Fortitudinem meam ad te custodiam. Seneca igitur hujusmodi solatia tangens sic eloquitur; 'Miscenda sint ista et alternanda, solitudo et frequentia. Illa nobis faciet desiderium hominum, haec nostri, et erit altera alterius remedium. Taedium turbae sanabit solitudo, taedium solitudinis turba. Nec in eadem intentione retinenda mens est, sed ad jocos evocanda,' et caeteras corporis recreationes. 'Cum puerulis Socrates ludere non erubescebat. Cato vino laxabat animum curis publicis fatigatum. Scipio illud triumphale et militare corpus movit ad tripudia, non molliter se infringens ut mos est, ad muliebrem mollitiem, sed ut antiqui illi viri solebant inter lusum ac festa tempora virilem in modum tripudiare, non facturi detrimentum etiam si ab hostibus suis spectarentur [2]. Danda est animis remissio; meliores activioresque [3] requieti resurgent. Ut fertilibus agris non est imperandum, cito enim illos exhauriret nunquam intermissa faecunditas, ita animorum impetus assiduus labor franget: vires recipient resoluti paululum et remissi. Nascitur ex assiduitate laborum animorum hebetatio [4] quaedam et languor. Nec ad hoc tanta hominum cupiditas tenderet, nisi naturalem quandam voluptatem lusus haberet jocusque; quorum tamen frequens usus omne animis pondus omnemque vim eripiet. Nam et somnus refectioni necessarius est, hunc

De Tranquillitate, cap. 17.

[1] A quotation from the fourteenth letter of the apocryphal correspondence between Paul and Seneca. Paul says: 'Perpendenti tibi ea sunt revelata quae paucis Divinitas concessit. Certus igitur ego in agro tam fertili semen fortissimum sero;' et seq.

[2] sectarentur, D. et O.

[3] acrioresque, Seneca.

[4] hesitatio, D. et O.

tamen si [per] diem noctemque continues mors erit. Multum interest remittas aliquid an solvas. Conditores legum festos instituerunt dies, ut ad hilaritatem homines publice cogerentur, tanquam necessarium laboribus interponentes temperamentum; et magni viri sibi menstruas certis diebus dabant ferias. Quidam vero nullum non diem[1] inter otium et curas dividebant, quos nulla res ultra decimam horam retinuit; ne epistulas quidem post hanc horam legebant, ne quid novae curae nasceretur, sed totius diei lassitudinem duabis illis horis ponebant. . . . Majoresque nostri novam relationem in senatu post horam decimam fieri vetabant. Indulgendum est animo dandumque subinde otium. quod alimenti et virium loco sit, et ambulationibus apertis vagandum, ut coelo libero et multo spiritu augeat attollatque se animus. Aliquando vectatio iterque et mutata regio vigorem dabunt, convictusque et liberalior potio; . . . eluit[2] enim curas vinum, et ab imo animum movet, et ut morbis quibusdam ita tristitiae medetur. Liber, qui est Bacchus, non ob licentiam linguae dictus est inventor vini, sed quia liberat a servitio curarum animum atque audaciorem in omnes conatus facit. . . . Solonem' unum de septem sapientibus, 'Arcesilaumque philosophum indulsisse vino credunt. Catoni ebrietas objecta est. Facilius[3] efficiet, quisquis objecerit, hoc crimen honestum quam turpem Catonem. Sed ut libertatis ita vini salubris moderatio est; nec saepe faciendum est, ne animus malam consuetudinem ducat. Et tamen aliquando in exultationem libertatemque extrahendus, tristisque sobrietas removenda paulisper. Nam sive Graeco poetae credimus, Aliquando etiam insanire jucundum est, sive Platoni, Frustra poeticas fores compos sui semper pepulit, sive Aristoteli, Nullum magnum ingenium[4] sine mixtura dementiae fuit. Non potest grande aliquid et super caeteros loqui nisi mota mens, cum vulgaria et solita contempsit, instinctuque sacro surrexit excelsior, tunc demum aliquid cecinit grandius homine mortali. Non potest sublime

[1] The quotation in the MSS. being unintelligible here, the words of Seneca are given.

[2] Bacon here omits words which encourage occasional excess.

[3] This sentence is unintelligibly transcribed in the MSS.

[4] Arist. *Poet.* cap. 17 εὐφυοῦς ἡ ποιητική ἐστιν ἢ μανικοῦ.

quicquam et in arduo positum contingere quamdiu apud se est. Desciscat oportet a solito, et efferatur, et mordeat frenos, et rectorem rapiat suum, eoque ferat quo per se timuisset ascendere.'

Hic finis verborum Senecae[1]; volentis quod per recreationes aliquando excellentes intendat animi vigorem, et majora conetur quam si se spiritualibus et mentalibus occupationibus continuis se daret. Heliseus quidem propheta jussit psalterium adduci ut harmoniae corporalis delectatione excitatus animus facilius ad divina raperetur.

[1] The foregoing extracts from Seneca contain many variations from the text now usually adopted. Some of these are evidently due to Bacon himself, occurring naturally as the result of condensation. Some may be due to the imperfection of the text used by him. [This may have been a copy of the Milan MS., considered by experts to be of the ninth century, and containing the Dialogues for which, Bacon tells us, he had for a long time made search in vain. Such a copy may have been sent to him by Campano of Novara.] Other errors are doubtless due to the incompetence of Bacon's transcribers. Some of the more obvious mistakes have been corrected. But no attempt has been made to elevate this series of extracts to the standard of a critical edition.

PARS QUARTA

PHILOSOPHIAE MORALIS.

CAPITULUM I.

The Christian faith the highest of all subjects, and the goal of philosophy.

Protraxi hanc partem tertiam Philosophiae Moralis gratis propter pulcritudinem et utilitatem sententiarum moralium, et propter hoc quod libri raro inveniuntur a quibus erui has morum radices, flores, et fructus. Nunc autem volo accedere ad partem quartam hujus scientiae, quaé licet non sit tam copiosa et tam praegnans sicut tertia, est tamen mirabilior et dignior non solum ea parte sed omnibus: quoniam consistit[1] in persuasione sectae fidelis credendae et amandae et operibus comprobandae, quam debet humanum genus recipere. Nec est aliquid de philosophia magis necessarium homini, nec tantae utilitatis nec tantae dignitatis. Nam maxime propter hanc partem verum est quod Morali Philosophiae subjiciuntur omnes scientiae. Tota enim sapientia ordinatur ad salutem humani generis cognoscendam; et haec salus consistit in perceptione eorum quae ducunt hominem in felicitatem alterius vitae. De qua dicit Avicenna quod ipsa est quam oculus non vidit nec auris audivit, ut prius tactum est. Et cum haec pars quarta philosophiae intendit hanc salutem investigare, et ad eam allicere homines, ideo omnes scientiae artes et officia, et quicquid cadit in consideratione hominis, obligatur huic parti nobilissimae civilis scientiae; et hic est finis humanae considerationis.

Influence of established law on the welfare of states.

Propter quod utilissimum est considerare intentionem hujus partis; et cuilibet Christiano competit propter suae professionis confirmationem, et quatenus habeat unde corrigat oberrantes. Nunquam vero Deus potest denegare humano

[1] consistit, om. D.

generi cognitionem viae salutis, cum omnes homines velit salvos fieri secundum Apostolum. Et sua bonitas infinita est, propter quod reliquit semper hominibus modos per quos illuminentur ad cognoscendum vias veritatis. Aristoteles quidem in sua Politica descendit ad species sectarum, et dicit quod ipse vult considerare de sectis et legibus civitatum quatuor vel quinque simplicium, et videre quae leges corrumpant civitates et regna, et quae non. Dicitque quatuor vel quinque simplices esse sectas corruptas, intendens quod secta vel lex dicitur simplex propter legem simplicem, et composita propter finem compositum, quia omnis secta variatur secundum conditionem finis, ut docet Alpharabius in libro De Scientiis, exponens sententiam Aristotelis circa sectas[1]. Istique fines simplices secundum Alpharabium, evidentius tamen secundum Boetium, tertio de Consolatione Philosophiae, sunt; Voluptas, Divitiae, Honor, Potentia, Fama seu Gloria nominis[2].

Et nunc recitabo principales nationes apud quas variantur sectae per mundum quo modo currunt ut sunt, Saraceni, Tartari, Pagani, Idololatrae, Judaei, Christiani. Non enim sunt plures sectae principales, nec possunt esse usque ad sectam Antichristi[3]. Sectae autem compositae sunt ex omnibus istis, vel quatuor quibusque, vel tribus, vel duobus, secundum diversas combinationes.

The religions of the world.

Sed praeter hos fines est alius, scilicet felicitas alterius vitae, quam diversi diversimode quaerunt et intendunt. Quia quidam ponunt hanc in deliciis corporis, quidam in deliciis animae, quidam in deliciis utriusque. Adhuc sunt sectae

Their various conceptions of a future life.

[1] The reference is to the fifth chapter of Alpharabius' short work *De Scientiis* (see note, vol. i. p. 101): 'Universalis scientia inquirit de speciebus accidentium et consuetudinum voluntarium, et de habitibus et motibus et gestibus a quibus procedunt illae actiones et consuetudines, et de finibus propter quas sint . . . et ex finibus propter quas fiunt distinguit actiones quae sunt in usu, et declarantur quae ex eis vere sunt beatitudo, et putantur, cum non sint, beatitudo. . . . Quae autem putantur beatitudo et non sunt, sunt sicut victoria, et gloria, et dilectiones.'

[2] Cf. *Consol. Philosophiae*, lib. iii. Prosa 2. 'Habes ante oculos propositam fere formam felicitatis humanae; opes, honores, potentiam, gloriam, voluptates.'

[3] Both MSS. have Christianam. But I think it so certain that Bacon wrote Antichristi, that I have ventured to insert it in the text.

compositae ex hac felicitate, et aliis finibus omnibus vel pluribus, et hoc diversis modis. Nam licet futuram felicitatem intendant, tamen multi dant se voluptatibus, et alii ad divitias anhelant, et quidam ad honores aspirant, et quidam ad potentiam dominandi, et quidam ad gloriam famae. Tangam autem primo tres divisiones sectarum ut pateat ad quid tendatur. Deinde negotiabor circa electionem sectae fidelium, quae sola debet mundo communicari.

Saracens.

Quidam autem volunt istos fines vitae praesentis habere, non aestimantes se deficere a futura felicitate qualitercunque abutantur bonis temporalibus, et immergant se illecebris voluptatum, ut Saraceni qui uxores multiplicant quantum volunt, secundum legem suam.

Tartars.

Quidam vero ardent libidine dominandi, ut Tartari secundum quod imperator eorum dicit unum dominum[1] debere esse in terra sicut unus Deus in coelo, et ille dominus debet ipse esse et constitui, ut patet in epistola quam misit Domino Ludovico regi Franciae, in qua petit ab eo tributum, sicut in libro[2] fratris Gulielmi de moribus Tartarorum continetur, quem librum scripsit praedicto Regi Franciae. Et patet ex operibus eorum quomodo jam regna Orientis possederunt, de nullis deliciis curantes; sed magis inhumani in hac parte. lacte equino abutentes pro potu, et cibos immundos et immunde soliti sunt percipere, ut ex libro praedicto, et fratris Johannis de vita Tartarorum, et ex Cosmographia Ethici philosophi manifestum est. Nam iste philosophus et illi

[1] dominum, O.; deum, D. The letter of Mangu which Rubruquis took back with him to Louis IX, began thus: 'Praeceptum eterni Dei est, in Caelo non est nisi unus Deus aeternus, super Terram non est nisi unus dominus Chingis Chan.' The letter concludes in the same defiant strain: 'Si vultis nobis obedire, mittatis nuncios vestros ad nos: et sic certificabimur utrum volueritis habere nobiscum pacem vel bellum.' The predecessor of Mangu, Kuyuk, had replied to Pope Innocent IV's mission, directed by Carpini, in a similiar way. 'Si pacem desideratis habere nobiscum, tu papa, imperatores, reges omnes cunctique potentes civitatum et terrarum rectores ad me pro pace diffiniendo nullo modo venire differatis, et nostram audietis responsionem pariter et voluntatem. . . . Vos habitatores occidentis Deum adoratis et solos vos Christianos esse creditis, et alios contemnitis; sed quomodo scitis cui gratiam suam conferre dignetur? Nos Deum adoramus, et in fortitudine ipsius ab oriente usque ad occidentem delebimus omnem terram.'

[2] Already often referred to. See vol. i. p. 356.

libri de moribus Tartarorum describunt hanc gentem pessimam et immundissimam, ut patuit in parte Mathematicae[1] de gentibus et locis hujus mundi.

Pagani vero puri qui consuetudine vivendi pro ratione legum utentes, ut Praceni[2] et nationes confines eis, deliciis divitiis et honore istius vitae detinentur, cum intentione alterius, ut qualis fuerit hic et quantus, talis et tantus aestimatur fore in vita futura. Unde in morte faciunt se comburi publice cum lapidibus pretiosis et auro et argento et dextrariis et familia et amicis et omnibus divitiis et bonis, sperantes quod post mortem omnibus his gaudebunt.

Pagans.

Similiter Idololatrae cum bonis istius mundi credunt possidere futura, excepto quod Sacerdotes eorum castitatem[3] vovent, et a delectatione luxuriae gaudent abstinere, sicut patet ex regionibus Orientis in parte Aquilonari, ut prius tactum est in Locis Mundi. Et omnes isti expectant bona corporalia alterius vitae, nihil de spiritualibus sapientes; et non est contra leges eorum ut, qualitercumque possint, quaerant bona mundi hujus, nec se reputant, qualitercumque contingat, frustrari a vita futura.

Idolaters.

Sed Judaei bona temporalia et aeterna sperabant; diversimode tamen, quia spiritualiter sapientes virtute legis aspirabant ad bona non solum corporis sed animae. Literaliter vero considerantes legem, credebant bona alterius vitae tantum corporalia. Similiter nec per fas et nefas, secundum legem eorum, quaerunt temporalia, sed auctoritate Dei et secundum jura. Licet enim spoliaverint multas nationes et

Jews.

[1] D. has Metaphysicae. But the reference is to the geographical section of the fourth part of the *Opus Majus*. Cf. vol. i. p. 371, for a notice of John Carpini's report on Tartary. The fourth chapter of Carpini's work treats of the good and the bad side of the Tartar character. After doing justice to their admirable military discipline, and to the chastity of their women, he describes their intemperance, their foul feeding, their treachery, and the systematic slaughter of their captives. (*Soc. de Géog. Recueil de Mémoires*. vol. iv. (1839), pp. 594 and 633–641.)

[2] This word is so spelt in D. and O. But it should have been written Pruseni or Prusceni, as in vol. i. p. 360, where the Prusceni and other surrounding tribes are spoken of as Pagans. Cf. p. 377, where their ill-treatment by the Teutonic knights is spoken of as a bar to their conversion.

[3] See vol. i. p. 373. By Rubruquis, as by Marco Polo, the Buddhists are always spoken of as Idololatrae.

subjugaverint, hoc fecerunt secundum justitiam. Nam eis debebatur de jure haereditario Terra Promissionis, eo quod fuerunt de stirpe filii Noe; et filii Cham invaserunt illas regiones injuste, cum non fuerunt datae in sortem eorum a principio. Nam Egyptus, et Africa, et Aethiopia fuerunt datae filiis Cham, ut patet ex Scriptura, et per Sanctos, et per historias; et prius tactum est de hoc[1].

Christians.

Christiani vero spiritualibus spiritualia comparantes secundum legem suam, possunt temporalia habere propter humanam fragilitatem ut exerceant spiritualia in hac vita, quatenus tandem perveniant ad aeternam, tam corporaliter quam spiritualiter. Et tamen in illa vivent sine rebus extrinsecis quibus in hac vita praesenti utuntur homines. Nam corpus animale fiet spirituale, et totus homo glorificabitur, et vivet cum Deo et angelis.

Relative value of these religions.

Principales igitur sectae sunt hae. Paganorum prima est, minus de Deo scientium; nec habent sacerdotium, sed quilibet pro voluntate sua fingit sibi Deum et colit quod vult, et sacrificat ut sibi placet. Deinde sunt Idololatrae, qui sacerdotes habent et synagogas et campanas magnas, sicut Christiani, quibus vocantur ad suum officium, et orationes certas et sacrificia determinata, et ponunt plures Deos, nullum autem omnipotentem. In tertio gradu sunt Tartari, qui unum Deum adorant omnipotentem et colunt. Sed nihilo minus ignem venerantur et limen domus. Nam omnia transducunt per ignem; unde res mortuorum et exennia et nuntios ducunt inter ignes et alia, ut purificentur. Nam lex eorum dicit omnia expiari per ignem. Quicunque etiam calcat super limen domus damnatur ad mortem. Et in his duobus et quibusdam aliis sunt brutales multum. In quarto gradu sunt Judaei, qui plus secundum suam legem deberent sentire de Deo, et veraciter aspirare ad Messiam, qui est Christus. Et sic fecerunt illi qui spiritualiter legem sciebant, ut Sancti Patriarchae et Prophetae. Quinto loco sunt Christiani, qui legem Judaeorum spiritualiter peragunt, et addunt ad ejus complementum fidem Christi. Postremo veniet lex Antichristi, qui subvertet alias leges ad tempus, nisi quod electi

[1] Cf. vol. i. p. 316.

in fide Christiana stabunt, licet cum difficultate propter furorem persecutionis. Sex igitur sunt leges secundum hanc distinctionem et sex secundum priorem, penes voluptatem, divitias, honorem, potentiam, famam, ac felicitatem alterius vitae neglectis his bonis temporalibus.

Connexion of these religions with planetary influences.

Atqui superius [1], in comparatione Mathematicae ad Ecclesiam, revolutae sunt sectae secundum vias Astronomiae, et inventae sunt sex, ut lex Saturni, lex Martis, lex Solis, lex Veneris, lex Mercurii, lex Lunae. Qualitercumque igitur sectas distinguamus, inveniemus semper sex. Nam prima et principalis distinctio haec est penes planetas; ad illam sequuntur aliae, quoniam coelestis virtus inclinat hominem ad legum susceptionem, aut omnino, aut ut multum, aut ut facilius suscipiantur. Nam licet anima rationalis non cogitur ad aliud, tamen, ut superius est verificatum, multum alteratur complexio hominis ad scientias, ad mores et leges. quibus alterationibus anima excitatur in quantum est actus corporis, et inducitur ad actus publicos et privatos per coelestem constellationem, salva in omnibus arbitrii libertate [2]. Et inde accidit quod, secundum conjunctiones Jovis cum aliis planetis, sex oriuntur in cordibus hominum innovationes legum et consuetudinum, sicut superius est notatum. Et plures sectae non possunt esse nisi sex; et aliquando homines unius sectae inclinant se ad sectam alterius, propter fortitudinem constellationis, et aliquando mutant sectam propriam omnino, vel principaliter, vel miscent conditiones alterius sectae, secundum quod diversae constellationes occurrunt. Et sic accidit quod fiunt sectae compositae ex partibus plurium sectarum. Nam Saraceni licet principaliter utuntur lege Venerea, tamen miscent multum de lege Judaeorum et lege Christiana, quoniam variis baptismatibus, sicut Judaei, utuntur, et sacrificiis consimilibus in parte. Christum autem dicunt Filium Virginis, et maximum prophetarum et multa Evangelica dicta retinent in sua lege, et omnes desiderant mori morte Christianorum; sicut in disputatione quam habuerunt cum Christianis et Idololatris coram magno imperatore Tartarorum professi sunt, ut in libro de moribus Tartarorum

[1] See vol. i. pp. 254–269.

[2] Cf. vol. i. pp. 246–252.

docetur[1]. Tartari vero legem Martis principaliter confitentur. Nam et ignem venerantur, et bello student et philosophiae magnalibus vacant, more antiquorum Chaldaeorum quibus lex Martis ascribitur. Et tamen inclinant se ad legem Mercurialem. Nam filios eorum permittunt instrui in Evangelio et vitis Patrum. Et quando infirmantur, petunt sacerdotes Christianos et crucem, et aquam benedictam, sicut in libro fratris Gulielmi docetur, et experientia hominum fide dignorum nos certificat in hac parte. Lex vero Judaeorum est Saturni ; et lex Christianorum Mercurialis ab astronomis dicitur, propter certas causas ut superius annotatum est. Sectae vero Paganorum et Idololatrarum reducuntur ad sectam Martis et Aegyptiacam, quae est secta colens solem, qui est dux militiae coelestis. Nam istae duae sectae et illae colunt creaturam pro creatore, eo quod Idololatrae imagines manu factas et coelestes venerantur. Et ideo, in quantum coelestes naturas colunt, cum Aegyptiacis concordant. In quantum haec inferiora, cum Martis lege conveniunt. Pagani vero simul colunt inferiora et coelestia. Quicquid enim eis occurrit utile, sive Sol sive Luna sive animal sive lucus sive aqua sive ignis, sive aliud aliquid, colunt per amorem. Quicquid vero eis terribile est colunt per timorem.

Which of these religions is the true?

Propositis vero his Sectis principalibus tam secundum usum gentium quam secundum vias Astronomiae, et secundum diversitates finium sequitur consideratio qualiter oporteat persuadere de sectae veritate. Dictum est quidem prius in Mathematicis circa infidelium conversionem quod dupliciter[2] contingit fieri persuasionem de sectae veritate quae sola est

[1] See note on p. 387.

[2] It is interesting to compare what follows with the third and fourth chapters of the first book of Thomas Aquinas' treatise *Contra Gentiles*, e. g. 'Est in his quae de Deo confitemur, duplex veritatis modus. Quaedam namque vera sunt de Deo quae omnem facultatem rationis excedunt, ut Deum esse trinum et unum. Quaedam vero sunt ad quae etiam ratio naturalis pertingere potest, sicut est Deum esse, Deum esse unum, et alia hujusmodi, quae etiam philosophi demonstrative de Deo probaverunt, ducti naturalis lumine rationis.' What particular passage in the fourth part of the *Opus Majus* is referred to by Bacon is not quite clear. But it is full of passages that would be apposite. Cf. vol. i. pp. 253-4. The whole of the second part is directed to the same purpose.

Christiana. Quoniam aut per miracula, quae sunt supra nos et supra infideles, de qua via nullus potest praesumere; aut per viam communem eis et nobis, quae est in potestate nostra, et quam non possunt negare, quia vadit per vias humanae rationis et per vias philosophiae; quae etiam propria est infidelibus; quoniam ab eis totam habemus philosophiam, et non sine causa maxima, quatenus nos pro nobis habeamus confirmationem fidei nostrae, et ut pro salute infidelium possimus efficaciter perorare. Nec oportet objici illud Gregorii quod fides non habet locum, ubi humana ratio praebet experimentum [1]. Nam hoc est intelligendum ubi homo Christianus solum inniteretur humanae rationi aut principaliter. Sed hoc non debet fieri: immo credendum est Ecclesiae et Scripturae et Sanctis et doctoribus Catholicis et hoc principaliter.

Two ways of demonstrating the Christian faith; revelation and philosophy.

Sed in solatium humanae fragilitatis, quatenus vitet tentationes erroneas, utile est Christiano habere rationes efficaces eorum quae credit, et debet habere rationem suae fidei pro causa omni requirenti eam, sicut docet beatus Petrus in Epistola prima, dicens, Dominum autem Christum sanctificate in cordibus vestris, parati semper ad satisfactionem omni poscenti vos reddere rationem de ea quae est in vobis fide et spe. Sed non possumus hic arguere per legem nostram, nec per auctoritates Sanctorum, quia infideles negant Christum Dominum et legem suam et sanctos. Quapropter oportet quaerere rationes per alteram viam, et haec est communis nobis et infidelibus, scilicet philosophia. Sed potestas philosophiae in hac parte maxime convenit cum sapientia Dei, immo est vestigium sapientiae divinae datum a Deo homini, ut per hoc vestigium excitetur ad divinas veritates. Nec ista sunt propria philosophiae sed communia theologiae et philosophiae, fidelibus et infidelibus, a Deo data et revelata a philosophis, quatenus genus humanum praeparetur ad divinas veritates speciales. Et rationes de quibus loquor, non sunt alienae a fide, nec extra principia fidei, sed ex radicibus ejus eruuntur, sicut manifestum est ex dicendis.

With the heathen philosophy must be employed first.

Possem vero ponere vias simplices et rudes vulgo infidelium

The appeal here made

[1] Aquinas (*Summae Prima*, Quaest. 1, art. 8) quotes the same passage from Gregory, and deals with it in a similar way.

is to the more instructed amongst them.

proportionales, sed hoc non expedit. Nam vulgus est nimis imperfectum, et ideo persuasio fidei quae vulgo debetur est rudis et indigesta et indigna sapientibus. Volo igitur altius procedere, et dare persuasionem de qua sapientes habent judicare. In omni enim natione sunt aliqui industrii et apti ad sapientiam, quibus rationabiliter persuaderi potest; ut, ipsis informatis, fiat vulgo per eos persuasio facilior.

Some knowledge is innate.

Suppono vero in principio tres esse cognitiones; una est per studium inventionis propriae per viam experientiae. Alia est per doctrinam. Tertia est ante istas, et via in eas, quae vocatur cognitio naturalis; et hoc ideo quia est communis omnibus. Illud enim naturale est quod omnibus ejusdem speciei est commune, ut comburere est naturale igni, sicut Aristoteles exemplificat quinto Ethicorum; et Tullius hoc idem dicit in principio de Quaestionibus Tusculanis, et videmus per exempla infinita. Nam dicimus voces brutorum significare naturaliter, quia sunt communes individuis suae speciei; et hujusmodi naturaliter a nobis cognita sunt in quibus omnes concordamus, ut quod omne totum majus est sua parte, et hujusmodi, tam incomplexa quam complexa. Scimus etiam quod anima rationalis nata est veritatem cognoscere et amare eam, cujus amoris probatio est operis exhibitio, secundum Gregorium et omnes sanctos et philosophos. Quidam autem aestimant quod duae partes sunt in anima diversae, seu duae potentiae, ut una sit qua verum cognoscat, alia qua velit audire veritatem cognitam. Quidam vero credunt quod una est substantia animae quae utraque facit, quia isti actus sunt ordinati ad invicem, eo quod veritatis cognitio est propter ejus amorem; una enim et eadem potentia. Secundum eos primo apprehendit veritatem, et postea eam cognitam diligit et complet in opus. Unde Aristoteles vult tertio[1] de Anima quod intellectus speculativus veritatis per extensionem ad ejus amorem fit practicus. Nec unquam facit differentiam specificam inter intellectum speculativum et practicum, sicut facit inter intellectum et sensum et animam

[1] *De Anima*, iii. cap. 7. The whole chapter is to the point, and especially § 6: *καὶ τὸ ἄνευ δὲ πράξεως τὺ ἀληθὲς καὶ τὸ ψεῦδος ἐν τῷ αὐτῷ γένει ἐστὶ τῷ ἀγαθῷ καὶ κακῷ, ἀλλὰ τῷ γ' ἁπλῶς διαφέρει καί τινι.*

vegetivam. Arguit enim secundo de Anima haec tria esse diversa secundum speciem, quia operationes sunt diversae secundum speciem, ut intelligere, sentire, et vegetare; nec ordinantur ad invicem. Sed cognitio veritatis ordinatur ad amorem ejus et propter eam fit; et ideo una est potentia, seu natura, seu substantia, animae rationalis quae cognoscit veritatem et amat eam. Unde tertio de Anima, Aristoteles sic incipit[1]: De parte autem animae qua cognoscit et sapit dicendum est; volens quod eadem sit pars quae habet utramque operationem; sicut est in sensitiva: quod eadem est potentia quae cognoscit et appetit, ut patet in omni sensu. Nam tactus cognoscit calidum et appetit, et gustus saporem, et sic de aliis.

Belief in God is innate, but feeble.

Sed de his non est magna vis qualitercunque dicamus. Scimus enim quod anima rationalis veritatem nata est cognoscere et amare. Veritas autem sectae in tantum percipitur quantum Dei cognitio abundat in quolibet, quia omnis secta refertur in Deum; et ideo, qui vult in cognitionem certam sectae devenire, oportet quod a Deo incipiat. Cognitio vero Dei, quoad quaestionem an sit, nota est omnibus naturaliter, sicut docet Tullius libro de Immortalitate Animae. Et probat hoc dicens, Nulla gens[2] tam fera est et immanis cujus mentem non imbuerit Dei opinio, nec est aliqua quin cultum divinum aliquem exhibeat. Quod si Avicenna dicat primo Metaphysicae[3] quod esse Dei quaeritur in hac scientia per demonstrationem, dicendum est quod hoc est verum quantum ad plenam certitudinem. Nam cognitio naturalis quam quilibet habet de Deo est debilis, et debilitatur per peccata quae multiplicantur in quolibet. Nam peccatum obscurat animam, et maxime quantum ad divina.

It needs the support of argu-

Et ideo oportet quod juvetur haec cognitio per argumentum et per fidem. Sed cognitio de unitate Dei et quid sit Deus

[1] *De Anima*, iii. cap. 4. The words are, περὶ δὲ τοῦ μορίου τῆς ψυχῆς ᾧ γινώσκει θ' ἡ ψυχὴ καὶ φρονεῖ . . . σκεπτέον.

[2] This seems taken from two passages in *De Natura Deorum*, i. 16 and 23.

[3] Avicenna's words are (*Met.* lib. i. cap. 1), 'Inquiramus ergo quid sit subjectum hujus scientiae, et consideremus an subjectum hujus scientiae sit ipse Deus excelsus. Sed non est. Immo ipse est unum de eis quae quaerantur in hac scientia'

ment as well as of faith.

et qualis et cujusmodi non est nota naturaliter. Nam in his discordabant homines semper, alii ponentes plures Deos, alii aestimantes stellas esse deos, alii res inferiores, ut adhuc pure pagani et idololatrae. Et ideo oportet quod errent in secta. Caeteri homines qui unum Deum dicunt non intelligunt alia quae vera sunt de Deo. Et ideo oportet quod persuasor sectae in principio sciat persuadere quae requiruntur de Deo in communi. Non tamen oportet quod descendat ad omnes particulares veritates in primis; sed paulatim procedat et a facilioribus incipiat in hunc modum. Sicut enim geometer ponit suas descriptiones, ut res innotescant quid sint, et quomodo vocentur, quibus utitur, sic oportet hic: quia nisi hoc sciat quid est quod dicitur per nomen, non erit aliqua certificatio.

Proofs of God's existence. (1) The consent of the majority of mankind.

Deus igitur est prima causa ante quam non est alia, quae non exivit in esse nec potuit non esse, infinitae potentiae, sapientiae, et bonitatis: Creator omnis rei et gubernator cujuslibet, secundum quod singulorum capax est natura. Et in hanc descriptionem concordant Tartari, Saraceni, Judaei, et Christiani. Sapientes etiam Idololatrarum et Paganorum, accepta ratione de hoc, non possunt contradicere; nec per consequens vulgus, cui praesunt sapientes tanquam rectores et duces. Nam fiet eis modus duplex arguendi ad hoc: unus per consensum omnium aliarum nationum et sectarum et reliqui totius generis humani. Sed majori parti minor se debet conformare: et turpis est pars quae suo non congruit universo. Et constat sapientiores homines esse apud alios sectas; et hoc non ignorant pagani et idololatrae. Nam quando fit cum eis collatio convincuntur de facili, et suam ignorantiam manifeste percipiunt; sicut patuit per Imperatorem Tartarorum qui convocavit ante se Christianos, Saracenos, et Idololatras, ut de sectae veritate conferent; et statim confundebantur Idololatrae et convincebantur. Istud factum patet ex libro de moribus Tartarorum Domino regi Franciae qui nunc est directo [1]. Et quando Christiani conferunt cum Paganis, ut sunt Praceni [2] et aliae nationes conjunctae, de facili cedunt et vident se erroribus detineri. Cujus probatio est quod liben-

[1] See note on p. 387. [2] Praceni for Prusceni as on p. 369.

tissime volunt fieri Christiani, si Ecclesia vellet demittere eos in sua libertate et gaudere bonis suis in pace[1]. Sed Christiani principes qui laborant ad eorum conversionem, et maxime fratres de domo Teutonica volunt eos reducere in servitutem, sicut certum est Predicatoribus et Minoribus et aliis viris bonis per totam Alemanniam et Poloniam. Et ideo repugnant; unde contra violentiam resistunt, non rationi sectae melioris.

(2) Secondary causes lead up to a first cause.

Deinde persuasor sectae fidelis habet ex parte Metaphysicae et istius Scientiae Moralis unde per alium modum arguendi procedat; quod volo modo innuere, donec compleatur scriptura[2] quam Vestra Celsitudo deposcit. Et quidem homini industrio et consideranti efficaciam rationis potest proponi tanquam receptibile, quod causae non vadunt in infinitum, quoniam non possunt esse nec intelligi infinitae. Omnia enim quae sunt et quae intelliguntur sunt in aliquo numero comprehensa, ut dicit Aristoteles tertio Physicorum. Non est igitur causa ante causam in infinitum. Ergo standum est ad aliquam causam primam, quae non habet causam ante se, et omnis multitudo ad unitatem reducitur. Et in omni genere est unum primum ad quod caetera reducuntur. Quare, si haec sit causa prima, non habens aliam causam ante se, manifestum est quod non exivit in esse per causam, nec aliud est causa sui esse, nec facit se esse post non esse, quia tunc, dum non esset, haberet esse, ut faceret se esse. Omne enim quod facit aliud esse post non esse, habet esse dum hoc facit; ergo nihil est causa sui esse. Quapropter haec causa prima nunquam habuit non esse, ergo semper fuit. Sed si hoc, tunc semper est. Quoniam multa sunt quae semper erunt, et tamen non semper fuerunt, ut Angeli, et Animae, et Coelum, et Terra, et hujusmodi. Et ideo illud quod nunquam habuit non esse longe facilius conservabit suum esse in aeternum. Quod etiam nunquam habuit non esse est elongatum in infinitum a non esse; et ideo impossibile est quod cadat in non esse. Res enim aliquae quae exiverunt in esse possunt non esse, quia non est infinita earum elongatio a non esse. Nam

[1] Such a word as sineret seems to be wanted.

[2] Another reference to the scriptum principale which Bacon always kept before him.

aliquando non fuerunt: ergo cum non esse elongetur in infinitum ab eo quod semper fuit, non est proportio inter illa. Et ideo talis res non poterit non esse: et istud est receptibilius omni eorum quae hic dicuntur, et ideo magis est conceptibile quam indigens probatione.

Eternity of existence implies infinite power.

Quod autem res quae semper fuit et erit sit infinitae potentiae, manifestum est. Quia si sit finitae potentiae tunc sua potentia est imperfecta, quia in omni finito potest aliquid addi, et omne imperfectum est naturaliter subjectum mutationi, sed non est possibile poni aliquam mutationem nisi ponatur prima. Primum enim est ante posterius naturaliter. Et ideo cum prima mutatio sit circa esse et non esse, oportet quod haec sit possibilis in eo quod habet potentiam finitam. Sed haec mutatio non cadit in eo quod semper fuit et semper erit; quapropter nec finitas potentiae.

Infinite power implies infinite essence.

Item Philosophia arguit tertio de Consolatione[1] hoc modo. In omni genere ubi reperitur imperfectum natum est reperiri perfectum. Et ideo in genere potentiae oportet reperire potentiam perfectam postquam imperfectam reperimus. Sed perfectum[2] est cui nihil deest, nec aliquid addi potest; secundum Aristotelem tertio Physicorum et quinto Metaphysicae. Et cui nihil addi potest illud est infinitum; quia finito omni in quantum hujusmodi, potest fieri additio, et aliud extra illud intelligi potest. Oportet ergo quod potentia perfecta sit infinita. Sed in rebus aliis ab hac causa quam quaerimus non est potentia perfecta et infinita, ergo in hac erit talis potentia. Sed si potentia ejus est infinita, tunc essentia est infinita, quia potentia non excedit essentiam. Nam essentia vel est aequalis potentiae vel major. Et jam positae sunt demonstrationes ad hoc in eis quae dicta sunt de materia[3]. Manifestum est igitur quod essentia causae primae est infinita.

[1] *Consol. Philosophiae*, lib. iii. Prosa x: 'Omne enim quod imperfectum esse dicitur, id imminutione perfecti imperfectum esse perhibetur. Quo fit ut si in quolibet genere imperfectum quid esse videatur, in eo perfectum quoque aliquid esse necesse sit. Etenim, perfectione sublata, unde illud quod imperfectum perhibetur extiterit ne fingi quidem potest.'

[2] *De Coelo*, ii. 4 τέλειόν ἐστιν οὗ μηδὲν ἔξω λαβεῖν αὐτοῦ δυνατόν.

[3] Cf. vol. i. pp. 143–148.

Infinite power and essence imply infinite goodness and wisdom.

Et certe si essentia et potentia sint infinitae, oportet quod bonitas ejus sit infinita[1], quia res cujus essentia est finita habet bonitatem finitam. Ergo infinita habebit infinitam ; et aliter non est proportio bonitatis ad essentiam in hac causa ; quod non potest esse in tanta majestate. Et si bonitas esset finita, esset imperfecta, et ei addi posset aliquid, et minui, et ita posset subjici transmutationi ; et ideo natum est habere non esse, ut prius arguebatur de potentia. Sed quod habet infinitatem majestatis in essentia et potentia et bonitate non est possibile quod careat cognitione, quia res quae hujusmodi est habet utilitatem, nec potest ad infinitatem majestatis deduci, ut elementa et lapides et vegetabilia.

Deinde videmus quod res carentes potentia infinita, ut animalia et homines et angeli, habent cognitionem, propter nobilitatem suae naturae: ergo cum natura causae jam quaesitae sit nobilior in infinitum quam aliquid hujusmodi, habebit potestatem cognoscendi. Sed cum omnia alia quae in ea sunt inveniuntur infinita, haec causa habet sapientiam infinitam. Item si esset finita, esset imperfecta, et subjecta naturaliter transmutationi ad majus et minus, ut patet in caeteris cognoscentibus, sicut omne imperfectum. Et ideo prima mutatio quae est circa esse et non esse posset hic reperiri, ut superius est persuasum. Oportet igitur quod sit sapientia infinita in hac causa ; sed si potentia ejus est infinita potest hunc mundum producere, et ejus sapientia infinita novit de hoc optime ordinare, et ejus bonitas requirit quod fiat, quia optimi est optima facere, et suam bonitatem communicare aliis, in quantum possibile est eis. Ergo haec causa produxit mundum necessario.

The universe not eternal, nor is there more than one.

Nisi cavillator dicat quod mundus non exivit in esse unquam, nec habuit non esse. Sed tunc esset infinitae potentiae sicut haec causa, et ideo esset par ei et Deus, quod nullus

[1] Bacon does not attack the objection to which Aquinas gave such prominence (*S. T.* Quaest. ii. Art. iii): 'Si Deus esset nullum malum inveniretur. Invenitur autem malum in mundo. Ergo Deus non est.' The reply being in the words of St. Augustine 'Deus cum sit summe bonus, nullo modo sineret aliquid mali esse in operibus suis, nisi esset adeo omnipotens et bonus ut bene faceret etiam de malo. Hoc ergo ad infinitam Dei bonitatem pertinet ut esse permittat mala, et ex eis eliciat bona' (Cf. Quaest. xix. Art. ix.).

dignatur audire, nec aliqua secta ponit. Si enim mundus semper fuerit, et nunquam habuit non esse ante esse, tunc non exivit in esse post non esse. Nec simul habuit esse et non esse, quia secundo contradictorum non sunt simul vera nec tempore nec natura. Ergo mundus fuit productus in esse, sed non nisi ab hac prima causa. Nisi dicas quod plures sunt hujusmodi causae; quod esse non potest quia neutra esset infinitae potentiae. Quia si una est infinitae potentiae potest facere quicquid vult, ergo contra voluntatem alterius; ergo reliqua non est infinitae potentiae postquam potest ejus voluntas impediri. Et saltem in uno mundo unus erit Deus. Nam unus sufficit ad unum mundum. Et Aristoteles octavo Physicorum dicit quod melius est ponere unum quam plura, postquam unus sufficit; sed plures mundi coesse non possunt, ut prius habitum est in capitulo de unitate[1] mundi. Manifestum est igitur quod unus est Deus tantum. Item si plures mundi essent, adhuc sufficeret unus Deus, quia ipse infinitae est potentiae, ergo producere et regere posset omnes illos mundos, quia omnes illi, quotquot essent, non facerent aliquod infinitum.

Caeterum Aristoteles[2] in octavo Physicorum et in undecimo Metaphysicae concludit unum primum motorem esse, seu unam primam causam esse, per hoc quod unus est motus primus, scilicet diurnus, et unus mundus. Et quod non possunt plures mundi esse ipse demonstrat in primo Coeli et Mundi[3], per hoc quod tunc terra istius mundi esset similis in natura et specie terrae alterius mundi. Sed res ejusdem naturae habent motum naturalem ad eundem locum, ut secundo gravia quaecunque nata sunt moveri in deorsum idem. Ergo terra alterius mundi nata esset moveri ad locum eundem ad quem nata est moveri terra istius mundi, cum sit ejusdem naturae

[1] Vol. i. pp. 164–5.

[2] In *Nat. Auscult.* lib. viii., after having shown (cap. 6) that the Prime Motor is itself motionless, Aristotle goes on to show that the *primum mobile* (τὸ πρῶτον ὑπὸ τούτου κινούμενον) is eternal, and that this eternal motion must be circular. In *Metaph.* xi. 8 § 2, these conclusions are restated, and eternity of motion is predicated not merely of the universe as a whole (ἡ τοῦ παντὸς ἁπλῆ φορά) but of each of the planetary orbs.

[3] *De Coelo*, i. 8, 9.

specificae. Sed terra alterius mundi non posset moveri ad centrum istius mundi nisi transiret circumferentiam alterius mundi, et hoc est moveri sursum in circumferentiam[1] alterius mundi ut ipsum penetraret, et tandem caderet in centrum istius mundi. Cum igitur hoc sit impossibile, non potest fieri quod duae terrae sint nec duo mundi. Est igitur Deus unus, qui est causa prima omnium causarum, qui semper fuit et semper erit, habens majestatem infinitam et infinitatem potentiae, sapientiae et bonitatis, Creator omnium rerum et gubernator. Nec possent esse plures Dei, sed unus Benedictus in saecula saeculorum, Amen.

Duty of obedience to God.

Postquam hoc principium sufficienter verificaverit persuasor sectae, tunc debet ulterius arguere, quod homo tenetur facere ejus voluntatem, et ei servire cum omni reverentia. Nam ejus Majestas est infinita, ut jam habitum est. Ergo ei debetur reverentia infinita. Caeterum beneficium creationis est infinitum, in hoc quod non potest fieri nisi per potentiam infinitam. Nulla enim potentia finita potest creare, quia infinita est distantia inter non esse et esse. Ergo oportet quod transitus de non esse ad esse sit per infinitam potentiam agentis. Quapropter creatura debet Creatori reverentiam infinitam. Unde dicit Avicenna in Moralium Radicibus quod est de jure Dei ut obediatur praeceptis ejus. Oportet enim obedire mandatis ejus cujus est creatura.

Belief in a future state universal.

Sed et tertia ratio hujus rei est propter felicitatem infinitam quam dabit obedientibus sibi, et propter poenam infinitam quam infliget inobedientibus sibi. Unde has causas reddit Avicenna quare serviendum est Deo, dicens quod obedientibus sibi praeparavit promissionem felicem quam nec oculus vidit nec auris audivit, et inobedientibus sibi praeparavit promissionem terribilem. Et hoc manifestum est per Metaphysicam et primam partem hujus Scientiae Moralis. Nam anima est immortalis, sicut dicit Aristoteles, et Avicenna et omnes philosophi nobiles; et Tullius fecit librum de hac immortalitate. Et Seneca ubique hoc confitetur; et omnes sectae aspirant ad vitam alteram. Etiam pagani puri credunt se victuros post mortem in corpore et anima, ut tactum est prius; et ideo

[1] The MSS. have centrum; which I have ventured to correct.

ponunt resurrectionem mortuorum. Unde Saraceni hoc ponunt. Sed non aestimant nisi delicias corporales nunc in hac vita. Nam Avicenna dicit in Radicibus Moralium quod Machometus non dedit nisi gloriam corporum, non animarum, nisi in quantum anima condelectatur corpori. Et Judaei similiter resurrectionem ponunt, et Christiani. Et si primi et ultimi, scilicet Pagani et Christiani, in hoc concordant, necesse est omnes sectas medias; et ideo Idololatras sicut alias oportet fateri hoc. Et philosophi notabiliter hoc docent, sicut prius ostensum est in prima parte hujus Scientiae Moralis.

Future bliss.

Sed non potest esse quod homo placens Deo in hac vita post resurrectionem habeat vitam qualem nunc habemus, quia haec est plena omnibus miseriis, nec est de bonitate naturae humanae. Et ideo, cum resurrectio fiet ut reducatur ad statum immortalitatis, oportet quod ab his miseriis liberemur. Nec consequentur aliquam miseriam qui Deo servierunt, quia justum est ut praemium eis reddatur, secundum largitatem divinae bonitatis. Et iterum boni habent plerumque plura mala hic quam mali. Ergo si Deus est justus judex, non tribuit in praesenti vita bonis sua praemia, nec per consequens in alia vita erunt similia praesentibus. Ergo oportet quod liberentur justi ab omni miseria; et cum ille status est perfectus, oportet quod fiat gloria corporis et animae. Sed appetitus animae rationalis transcendit omne bonum finitum. Et ideo ejus appetitus non potest claudi nisi per bonum infinitum, et hoc est Deus; et ideo gloria humana erit in participatione bonitatis Deitatis; et ex hoc sequitur corollarium philosophiae nobilissimum, libro Consolationum tertio[1] conclusum, quod participatione Deitatis fient homines Dei, licet unus Deus sit natura.

Future misery.

Similiter cum mali hic offendunt Divinam bonitatem quae infinita est, et cadunt in crimen laesae majestatis, necesse est quod poena eorum sit ineffabilis in alia vita et infinita

[1] *Consol. Philosophiae*, lib. iii. Prosa x: 'Quoniam beatitudinis adeptione fiunt homines beati, beatitudo vero est ipsa divinitas, divinitatis adeptione beatos fieri manifestum est. Sed uti justitiae adeptione justi, sapientiae sapientes fiunt, ita divinitatem adepti Deos fieri simili ratione necesse est. Omnis igitur beatus, Deus; sed natura quidem unus, participatione vero nihil prohibet esse quam plurimos.

duratione. Quae cum ita sint, necesse est homini ut velit Deo placere quod faciat ejus voluntatem, quatenus ei sic serviat ut fugiat poenam intolerabilem, et consequatur beatitudinem infinitam.

Necessity of revelation follows: (1) From discordance of religions and sects.

Si vero oportet hominem facere voluntatem Dei propter causas dictas, scilicet dignitatem majestatis infinitae, et propter beneficium creationis et conservationis in esse naturae, et propter retributionem futuram, tunc oportet quod cognoscat divinam voluntatem, et ea quae Dei sunt, et statum futurae felicitatis et miseriae. Sed haec non potest homo scire per se ipsum; quod manifestum est propter errores et haereses et diversitates, immo contrarietates sectarum principalium, et non solum harum, sed propter articulos ejusdem sectae principalis. Apud enim Christianos videmus tot diversitates. Nam quidam sunt haeretici, quidam schismatici, quidam vero Christiani. Et haereticorum diversitas est infinita. Similiter apud Judaeos: nam quidam fuerunt Pharisaei, quidam Saducaei, et alii contrariantes ad invicem, ut Evangelia docent, et Josephus in Antiquitatum libris manifestat. Similiter Saraceni: nam Avicenna, et philosophi caeteri contradicunt plebi et sacerdotibus. Ostendunt enim quod non solum est gloria corporum, sed propria et major animarum; et determinant quod secta illa cito destruetur. Et similiter Idololatrae habent sectas diversas. Nam illi qui vocantur Ingures [1], quorum literas habent Tartari, ponunt Deum unum quod non facit alia multitudo Idololatrarum, sicut in libro de moribus Tartarorum edocetur. Tartari vero similiter multum discordant. Nam quidam convertunt se ad Christianorum ritum, quidam ad Saracenorum, quidam ad Idololatrarum, licet in principali secta concordent [2]. Paganorum quidem major est

[1] See Marco Polo (Yule's ed.), vol. i. p. 225.

Rubruquis speaks of the Ingures (pp. 282-3 and 288. ed. cit.) as a tribe or nation who, owing to mixture with Nestorians and Mahommedans, held a modified form of idolatry (Buddhism). 'Sunt,' he says, 'quasi secta divisa ab aliis.' And again, 'Ingures qui sunt mixti cum Christianis et Saracenis, per frequentes disputationes, ut credo, pervenerunt ad hoc quod non credunt nisi unum Deum.' It was on the northern limit of their territory, says Rubruquis, that Cara Corum, the headquarters of the Mongol power, was situated.

[2] Rubruquis says that on feast days Mangu held formal receptions of the representatives of the various religions round him, Christian, Mahommedan and

diversitas et error, quia quilibet fingit sibi Deum ut vult, et colit quod sibi placet.

(2) From limitation of man's faculties.

Caeterum potentia sciendi in homine ad corpora hujusmodi et similia non sufficit, ut manifestum est cuilibet. Nemo enim scit veraciter et sufficienter naturam unius rei minimae, ut unius herbulae, vel muscae, vel alterius. Et videmus discordiam infinitam sapientum in naturis rerum corporalium. Multo magis igitur errabit homo circa res insensibiles, ut sunt substantiae spirituales, et status alterius vitae, et maxime circa ea quae ad Deum et voluntatem Dei pertinent. Quapropter necesse est quod habeat revelationem.

Et hoc est quod Aristoteles dicit in secundo Metaphysicae quod intellectus humanus se habet ad hujusmodi manifestissima in natura sua sicut oculus vespertilionis[1] et noctuae ad lumen solis. Et Avicenna dicit primo Metaphysicae quod homo se habet ad ea quae sunt Domini saeculorum in regno suo, sicut surdus a nativitate ad delectationem harmonicam et sicut paralyticus ad cibum delectabilem. Quapropter non poterit homo ascendere ad haec ut de his certificet sicut nec vespertilio nec noctua et surdus et paralyticus de his quae tacta sunt. Praeterea Alpharabius dicit in Moralibus[2] de hac materia quod, sicut se habet puer indoctus ad hominem sapientissimum sapientia humana, sic talis sapiens se habet ad divinas veritates; et ideo non poterit proficere nisi per doctrinam et revelationem. Et addit quod, si homo posset consequi veritatem sectae divinae, tunc non necesse esset mundo ut esset revelatio et prophetia. Sed haec, ut dicit, concessa sunt mundo, et necessaria sunt. Igitur non potest homo scire

Buddhist. An Armenian monk whom Rubruquis found there, assured Rubruquis that Mangu while desirous that all should pray for him, believed only in Christianity. 'But he was speaking falsely,' says Rubruquis; 'he believed none of them, as will be seen afterwards; they all hang round his court like flies round a honey pot; they all think themselves his intimate friends, and prophecy smooth things' (p. 313, ed. cit.).

[1] *Met.* lib. i. (minor) cap. 1 *Ὥσπερ γὰρ τὰ τῶν νυκτερίδων ὄμματα πρὸς τὸ φέγγος ἔχει τὸ μεθ' ἡμέραν, οὕτω καὶ τῆς ἡμετέρας ψυχῆς ὁ νοῦς πρὸς τὰ τῇ φύσει φανερώτατα πάντων.*

[2] I am unable to verify this reference. The book *De Scientiis* already referred to does not contain any such passage; and no other printed work of Alpharabius is known to me. But the editor of *De Scientiis* speaks of other works as yet untranslated from the Arabic.

hujusmodi veritates per se ipsum. Et hoc manifeste docet Avicenna in Radicibus moralis philosophiae, dicens quod necesse est ut fiat revelatio sectae a Deo; et quod homo mortalis non potest ad haec immortalia transcendere; secundum quod dicit Seneca, libro de Tranquillitate animi, quod homo nimis est mortalis ad immortalia.

Religious truth would be inaccessible without revelation.

Deinde, sicut non potest homo ad haec per se pertingere, sic nec debet praesumere de his certificare per se sine revelatione et doctrina, propter duas rationes. Una ratio stat in hoc quod ea quae sunt alterius saeculi, et praecipue voluntas Dei et quae ad Deum pertinent, sunt dignitatis infinitae. Ergo non sunt proportionalia miseriae humanae; nec est homo dignus ut ea nitatur ex sua propria virtute explorare, ut intelligat; quare sufficit ei ut credat edocenti. Nec etiam est dignus fide istorum propter sua peccata et miserias. Gaudeat igitur ut doceatur ab alio, sed non nisi a Deo vel ab Angelis auctoritate Dei. Manifestum est igitur quod non debet homo conari ut inquirat de istis divinis veritatibus antequam doceatur et credat. Item Deus ipse in infinitum melius et certius novit quae ejus sunt quam creatura possit scire. Et auctoritas Dei est infinita ac sapientia, respectu cujus nulla auctoritas humana habet comparationem nec sapientiam, et maxime respectu eorum quae Dei sunt.

All religions claim revelation.

Relinquitur ergo quod auctoritas Dei requiri debet sola, postquam ejus bonitas est infinita quae vult humano generi revelare quod necesse est ad salutem. Et proculdubio nos videmus adimpletum in sectis, quod omnes credunt suas sectas per revelationem haberi. Nam de Christianis et Judaeis planum est. Saraceni etiam credunt quod Machometus habuerit revelationem, et ipsemet fingit; alias non fuisset ei creditum. Et si non habuit Deum revelantem, daemones ei revelaverunt. Tartari similiter dicunt quod Deus revelavit sectam eorum, sicut in libro memorato scribitur, et certum est. Similiter et Idololatrae et Pagani credunt quod Déus revelet ea quae ad hujusmodi sectas pertinent: quia aliter non crederet homo homini in hac parte. Omnis enim qui sectam proponit ascribit Deo auctoritatem ut melius ei credatur.

Quoniam igitur hae sectae ita se habent, oportet ulterius persuaderi quod revelatio debet fieri uni soli perfecto legislatori, et quod una lex perfecta debet a Deo dari. Et hoc ostenditur propter discordias et haereses. Nam si plura essent capita, non posset humanum genus uniri, quia quilibet pro sua sententia stare contendit. Item postquam unus est Deus, et unum est genus humanum regulandum secundum sapientiam Dei, necesse est quod haec sapientia unitatem sortiatur ab unitate duplici praedicta, aut aliter non esset conformis nec uni Deo nec uni humano generi. Si enim essent plures Dei et plures mundi, et, ut ita dicam, plura genera humana, tunc possent esse plures sapientiae divinae[1]. Sed non est possibile Deos multos esse, nec plures mundos. Ergo non est possibile sapientiam Dei multiplicem esse. Item cum secta perfecta debet ostendere homini quicquid necessarium est sciri de Deo et quicquid utile est homini, tunc alia aut erit superflua si eadem sententiet, aut erronea si contraria promulget. Quapropter non potest esse nisi una secta fidelis et perfecta, et similiter unus solus legislator qui accipiat eam a Deo; quia si secta una est, et legislator est unus; et e contrario. Et hoc est quod Avicenna docet in Radicibus Moralium, et Alpharabius in Moralibus. Oportet enim, ut dicit Avicenna, quod unus sit mediator Dei et hominum, et vicarius Dei in terra, qui recipiat legem a Deo et promulget eam. De quo ait Alpharabius, Cum probatum fuerit quod advenit nobis per inspirationem a Deo non est possibile ut sit mendax. Et cum certificaverimus veritatem hujusmodi, tunc oportet quod remaneat illud quod dicit. Et neque debet esse perscrutatio ulterior de dictis ejus, neque consideratio si ei credendum est omnino.

Which is the true revelation?

Hoc autem stabilito, inquirendum est quis debeat celebrari pro legislatore, et quae sit secta divulganda per mundum. Ritus vero principales, ut dictum est, sunt aut Paganorum qui sola consuetudine vivunt, et qui sacerdotes non habent, sed quilibet sibi est doctor. Secundus ritus est Idololatrarum qui

[1] A remarkable speculation. Note throughout Bacon's argument the inseparable connexion of the unity of God with the unity of the world, of the church, and of man.

sacerdotes habent, et conveniunt in aliquibus ordinationibus, et congregantur in unum locum horis debitis pro solemnitatibus faciendis. Nam campanas habent magnas sicut Christiani ut prius habitum est[1]. Differunt etiam Idololatrae a Paganis. Nam Idololatrae manufacta colunt: Pagani vero naturalia ut nemora, aquas, et infinita talia. Tertius ritus est Tartarorum qui philosophiam sectantur et artes magicas. Quartus est Saracenorum. Quintus Judaeorum. Sextus Christianorum. Non enim sunt sectae plures principales in hoc mundo, nec erunt usque ad sectam Antichristi[2].

The claim of the Tartars abandoned by themselves.

Quoniam vero Pagani et Idololatrae ponunt creaturam esse Deum etiam multitudinem Deorum affirmant, et utrumque eorum est impossibile per praedicta, manifestum est ritus esse erroneos. Unde Imperator Tartarorum qui Manguncha[3]

[1] Cf. vol. i. p. 373, where it is said that the use of bells by the Buddhists (Idololatrae) had deterred Oriental Christians from using them.

[2] Cf. note on p. 367.

[3] This is the reading of O.: Mangu Khan is of course meant. The account of this religious parliament will be found in pp. 352-360 of Rubruquis' narrative; it is full of interest. There was a very large gathering of Nestorian Christians, of Musulmans and of Buddhists, here called Tuini, each bringing their wisest as champions. Violent or contentious language was strictly forbidden under pain of death. Three arbiters, a Christian, a Mahommedan, and a Buddhist, were appointed. Rubruquis, with some difficulty, persuaded the Nestorians to let him begin the conference with the subject of the unity and omnipotence of God, against which the Buddhists pleaded the existence of evil. 'Si deus tuus talis est ut dicis, quare fecit dimidietatem rerum malam? Falsum est, dixi: qui fecit malum non est Deus. Et omnia quaecunque sunt bona sunt. Ad istud verbum mirati sunt omnes Tuini, et redigerunt in scripto illud tanquam falsum vel impossibile.' Rubruquis, evading this point, forces them to admit that no one of their own gods was omnipotent, on which all the Mahommedans present burst into laughter. These Mahommedans seem not to have been of the strictest; for when the Nestorians began to controvert their views, they remarked, We admit that your law is true, we confess the truth of everything in the gospel; therefore we do not care to dispute with you. They declared, moreover, that in all their prayers they asked that their death might be like that of the Christians.

On the following day Mangu had a friendly interview with Rubruquis, but told him to return to Europe. He assured him that he too believed in one God: but that as a man's hand had several fingers, so God had given to men various rules of life. To the Christians he gave their scriptures; to the Tartars their diviners. The Tartars were, however, he remarked, more obedient to their authority than the Christians to theirs. The letters given by Mangu for delivery to King Louis were similar to those which Mangu's predecessor Kuyuk had sent by Carpini to Innocent IV.

dicitur, de quo superius tactum est in eis quae de Locis Mundi dicta sunt, convocavit fratrem Gulielmum praedictum cum Christianis, et Saracenos et Idololatras, ut disputarent de sectis. Et Christiani et Saraceni statim convicerunt Idololatras, et sectam suam evacuaverunt, sicut frater Gulielmus in suo libro recitat Domino Ludovico illustri regi Francorum, de quo superius est notatum. Et quia spurcitia Paganorum et Idololatrarum manifesta est, ideo non oportet plus immorari ad praesens.

The claim of Pagans and Idolaters may be dismissed at once.

Quamvis vero Tartari unum verum Deum colant, tamen nihilominus declinant ad Idololatriam. Nam ignem venerantur credentes omnia purgari et expiari per eum. Unde transducunt filios suos per ignem et nuncios et munera. Similiter limen domus celebrant; nam quicunque calcat super limen morti condemnatur[1]. Unde similiter Azotii non calcabant super limen templi Dagon, primo Regum quinto. Praeterea ipsi non habent sacerdotes nisi philosophos qui etiam declinant ad artes magicas, et utuntur responsis daemonum, sicut docetur in libro de moribus eorum, et hoc certum est. Unde philosophiam non transcendunt, sive veram sive magicam. Sed supra habitum est quod philosophia est circa sectam. Nam perfectus in sapientia philosophiae est respectu sectae revelandae sicut puer indoctus respectu hominis perfecti in sapientia philosophiae, sicut superius est edoctum. Ergo manifestum est quod Tartarorum secta non est illa quam quaerimus, et hoc ipsimet fatentur. Nam praefatus imperator Tartarorum confessus est sectam Christianorum dari a Deo et esse optimam. Et faciunt instrui filios suos in Evangelio et vita sanctorum, et recipiunt aquam benedictam et crucem et sacerdotes Christianos quando infirmantur, et ad eos recurrunt tanquam ad ultimum refugium, sicut habetur in libro de moribus eorum, et certum est per experientiam. Nam et Imperatrix illius imperatoris vocavit fratrem Gulielmum et sacerdotes Christianos cum aqua benedicta et cruce, petens

[1] The Franciscan Thomas, who accompanied Rubruquis, got into serious difficulties by accidentally touching the threshold as he was leaving the royal presence. (See p. 319 of R.'s narrative.)

ab eis consilium, cum fuerat infirmata[1]. Facile est igitur consideranti has evacuari debere sectas. Sed tres aliae sunt magis rationabiles, scilicet, secta Judaeorum, Saracenorum, et Christianorum.

Christian revelation supported by philosophy.

Quod autem sola lex Christiana sit praeferenda potest homo considerare his modis. Primo per sententias philosophorum superius annotatas in applicatione mathematicae ad Ecclesiam, et in prima parte Moralis Philosophiae[2]. Nam ibi dantur nobilia testimonia de articulis fidei Christianae, scilicet de beata Trinitate, de Christo, et de beata Virgine; de creatione mundi, de angelis, de animabus et de futuro judicio, de vita aeterna, de resurrectione corporum, de poena purgatorii, de poena inferni, et hujusmodi quae in secta Christianorum continentur.

Not so the Mahommedan; or the Jewish.

Non sic autem Philosophia est conformis sectae Judaeorum et Saracenorum; nec dant philosophi eis testimonia. Ergo manifestum est quod cum Philosophia est praeambula ad sectam, et disponit homines in eam, oportet quod sola Christianorum secta sit tenenda. Item philosophi non solum dant viam in sectam Christianam, sed destruunt alias duas sectas. Quoniam Seneca in libro suo quem fecit contra sectam[3] Judaeorum ostendit multis modis quod irrationabilissima est et erronea, secundum quod ad solam literam tenetur, ut Judaei carnales crediderunt qui eam sufficere ad salutem aestimaverunt.

Et philosophi Saraceni suam legem vituperant et determinant quod cito deficiet. Nam Avicenna nono Metaphysicae suae redarguit Machometum propter hoc quod solum posuit delicias corporales et non spirituales. Et Albumazar in primo libro Conjunctionum docet quod ad plus non durabit secta illa nisi per 693 annos, et jam transierunt 665[4], et ponit quod potest deficere in minori, sicut superius in Mathematicis

[1] Cf. pp. 321–4 of the narrative.

[2] Cf. vol. i. pp. 253–4, and vol. ii. pp. 228–48.

[3] Among the fragments of Seneca (41, 42), there is a passage (quoted by St. Augustine, *De Civitate Dei*, vi. 11), in which he attacks the Sabbatarian practices of the Jews. But no systematic treatise attacking Judaism as a whole is extant.

[4] 665 Mahommedan years of 354 days, equal very nearly 644⅝ of our own years; which brings the date to 1267 of our era, i. e. to the year in which Bacon was writing. Cf. vol. i. p. 266.

est notatum. Et patet quod Tartari fere totum dominium Saracenorum deleverunt, et Aquilone et Oriente et meridie, usque ad Egyptum et Africam. Ita quod Kaliph qui est loco papae apud eos jam destructus est tredecim annis, et Baldach civitas istius Kaliph capta cum infinita multitudine Saracenorum. Sed aliter possumus hoc idem videre per Sibyllas. Nam, sicut superius patuit, ipsae praedicabant Christum esse Deum, et omnes articulos principales Christianae fidei protulerunt. Sed nullum testimonium dant aliis: immo solam hanc sectam salutis esse dixerunt.

Jewish expectation of Christ, indicated in Josephus and Esdras.

Est et alia via considerandi ista, descendendo ad proprietates legislatoris et sectarum. Secta quidem Judaeorum non ponit fidem in Moyse, sed expectat Messiam qui est Christus; licet Judaei non expectent Christum qui est caput Christianorum, sed alium quem fingunt adhuc venturum. Ergo manifestum est quod illa lex non sufficit, cum legislatorem perfectiorem expectent quam sit Moyses. Quod autem hic sit Christus Dominus Christianorum potest per legem eorum probari, et per auctoritates eorum. Nam prophetia Danielis manifesta est per computationem annorum usque ad Christum; post enim tempus illud venit. Et praeterea adveniente Christo cessavit sacerdotium Judaeorum et regalis dignitas apud eos, ut ipsi negare non possunt. Sed hoc adimpletum est tempore Christi. Nam jam transiit regnum Judaeorum primo ad Herodem et postea ad Romanum imperium, ut historiae Judaeorum docent, sicut patet ex libris Josephi Judaei qui destructionem Judaeorum per Titum et Vespasianum narravit. Caeterum Josephus dicit ibidem quod in tempore suo apparuit Jesus Christus sanctissimus homo, si fas eum dicere hominem, de quo omnia impleta sunt quae Prophetae nostri locuti sunt de eo, sicut ipse gloriose testatur. Item ipse dicit quod, quando Dominus crucifixus fuit, audita est vox coelestium virtutum in Jerusalem, Relinquamus has sedes. Qui cum sit maximus auctorum apud Judaeos et Graecos et Latinos in historiis scribendis, ut omnes sapientes et sancti fatentur, manifestum est per eum quod Messias quem lex Judaeorum promittit est Dominus Jesus Christus quem colunt Christiani.

Idem patet per Esdram libro quarto. Nam refert Deum

Patrem sic dixisse, Revelabitur Filius meus Jesus cum eis qui cum eo jocundabuntur qui relicti sunt in annis quadringentis: et post annos quingenti morietur Filius meus Christus, et convertetur saeculum[1]. Sed tot anni fluxerunt ab Esdra ad Christum. Item in libro duodecim Patriarcharum docetur manifestissime de Christo. Nam quilibet Patriarcha docebat tribum suam certificationem de Christo, sicut adimpletum est.

Apocryphal books true, though of doubtful authorship.

Et si dicatur quod hi libri sunt Apocryphi, id est de quorum auctoribus non est certum, hoc non tollit veritatem, quia libri hi recipiuntur a Graecis, Latinis, et Judaeis. Nam beatus Ambrosius in Omelia super Evangelium Lucae recitat illam auctoritatem Esdrae. Et multis aliis utitur Ecclesia in officio de libro illo. Multi enim sunt libri in usu Latinorum, Hebraeorum, et Graecorum de quibus non est certum qui sunt auctores: immo de paucis nos Latini sumus certificati, et in multis erramus. Nam cum aestimamus quod Avicenna fecit librum Coeli et Mundi qui communiter habetur, falsum est. Et multi commentarii libri aestimantur esse ipsius Averrois qui non sunt, sed magis Alpharabii, ut super librum Physicorum Aristotelis. Et in theologia libri Ecclesiastici et Sapientiae non habent certos auctores, cum alii aestimant hos esse Solomonis, alii Philonis, alii alterius. Unde non obstat quod liber sit ignoti auctoris, dummodo a multitudine sapientum comprobetur.

The bad side of Judaism.

Praeterea si consideremus sectam Judaeorum ad literam ut ipsa datur, est abominabilis, irrationabilis, et intolerabilis. Abominabilis vero est quia primorum arietum, vitulorum, taurorum, et hircorum in Templo occisio per sacerdotes horribilis est et immundissima; et omnino irrationabilis est, quia continet abusiones infinitas, ut patet cuilibet; et importabilis, quia onus ibi est infinitum; nec unquam potuerunt Judaei adimplere caerimonias illius legis; sicut beatus Petrus ait, Nec nos nec patres nostri. Et planum est hoc ex serie Scripturae legis: quoniam propter impossibilitatem onerum

[1] 2 Esdras, ch. vii. 28, 29 (revised version): 'For my son Jesus shall be revealed with those that be with Him, and shall rejoice them that remain four hundred years. After these years shall my son Christ die and all that have the breath of life.'

converterunt se ad Idololatriam et alienos deos secundum singulas aetates. Et Deus ipse testatur quod ei non placuerunt hujusmodi caerimoniae, sicut in Psalmis pluribus continetur, cum dicitur, Sacrificium et oblationem noluisti, aures autem perfecisti mihi. Et in alio, Non accipiam de domo tua vitulos neque de gregibus tuis hircos. Et primo Isaiae patet manifeste et alibi. Unde ne omnino fierent Idololatrae, Deus occupavit eos in hujusmodi caerimoniis. Deinde lex non promittit nisi bona temporalia et corporalia; sed secta perfecta promittit bona aeterna et spiritualia, ut patet ex praehibitis.

Mahommedan claims refuted by Mahommedans themselves.

Eodem modo contingit nos descendere ad sectam Saracenorum et legislatorem eorum. Ipse quidem Machometus in Alkoran, qui est liber legis suae, dicit Christum natum de virgine Maria[1] sine commixtione hominis afflatu Spiritus Sancti, et dicit eum esse majorem prophetam Dei. Unde praefert Christum Machometo, et ideo lex Christi praeferenda est. Cum ergo debet una lex esse in mundo, ut probatum est, tunc erit illa quae melior et dignior est; et haec est secta Christi. Item philosophi Saracenorum reprobant hanc sectam. Sed secta veritatis licet sit supra philosophiam, non tamen est contra eam, nec a philosophia reprobata, sed approbata; sicut de secta Christi in Mathematicis et in prima parte Moralis Philosophiae edocui. Similiter ostendunt quod destruetur haec secta, et tempus notatur suae destructionis. Sed secta salutis semper durabit usque ad vitam aeternam, quia ducit in eam; ergo non est secta Machometi. Item legislator fuit vilissimus in vita; nam pessimus adulter fuit, sicut in libro Alkoran scribitur. Omnem enim mulierem pulcram a viris eorum rapuit ipse per violentiam et violavit. Sed adulterium est contra omnem legem et sectam; quia hoc est quod inducit discordiam civium; et similiter falsos haeredes instituit, et ideo dissolvit jura rei publicae.

Caeterum si descendamus intimius[2] magis ad has tres sectas,

[1] The teaching of the Koran as to Mary will be found in the 3rd and 19th chapters (Sale's ed.). The miraculous conception was accepted; Jesus being regarded as a great prophet. This was of course accompanied by indignant and repeated denial of the Incarnation.

[2] intimis, D., intimius, O.

possumus uberius videre quae sit tenenda. Et pro radice istius considerationis, oportet ponere quod historiae omnium nationum concedendae sunt aequaliter, ubi occurrit forma disputandi. Nam si Christiani negent historias Saracenorum et Judaeorum, illi negabunt eodem jure historias Christianorum. Sustineamus gratia disputationis historias istarum sectarum, ut videamus quae praevalere debeat in hac parte. Dicitur igitur in historia Evangelica quod inter natos mulierum non surrexit major Johanne Baptista; sed idem Johannes dicit quod non est dignus solvere corrigiam calceamenti Jesu Christi; ergo nec Machometus nec Moyses, quia non est comparatio eorum ad Christum, nec legis ad legem. Item Alpharabius docet in libro de Scientiis modos probandi sectas, et duos prae aliis notabiles ponit. Unus est quod ille debet esse legislator perfectus cui perhibent testimonium prophetae praecedentes et subsequentes. Sed non perhibent testimonium prophetae praecedentes et subsequentes Moysi nec Machometo. Ergo Christus solus est legislator quem quaerimus. Quod autem prophetae priores perhibeant testimonium Christo hoc ipsemet testatur, dicens Lucae ultimo, Sicut scriptum est in lege Moysis et Prophetis et Psalmis de me. Et Johannis secundo, Moyses enim scripsit de me; et per prophetiam Danielis manifestum est praetactam; et per Isaiam qui dicit, Ecce virgo concipiet et pariet filium; cui Machometus concordat cum dicit Christum esse filium Virginis; et per Josephum, qui testatur quod omnia impleta sunt in Christo quae per prophetas dicta sunt de eo. Sed hoc non solum patet sic, sed per prophetas posteriores eo, qui sunt sancti innumerabiles, qui non solum dederunt testimonium Christo, sed testantur quod prophetae priores omnia locuti sunt de eo.

Weight of testimony from all three religions in favour of Christ.

Istis autem sanctis prophetis posterioribus credendum est propter sex rationes. Nam prima et potissima ratio quare his credendum est est sanctitas perfecta. Quoniam Tullius in Topicis, ubi docet considerationes auctoritatis, digne attribuit eam primo et per se virtuti; quia homo bonus et sanctus non vult mentiri. Secunda conditio est sapientia ineffabilis qua sciverunt cavere ab omni errore. Nam non solum apparentia coram oculis cognoverunt sed absentia; et non solum

Six reasons for accepting the witness of the Saints.

corporalia sed spiritualia secundum conscientias hominum; et non solum praesentia sed praeterita et futura, pleni spiritu prophetico, sicut historiae Christianorum narrant infinities. Tertia conditio fuit potentia miraculorum inenarrabilis qua praediti sunt illi sancti. Sed Alpharabius dicit quod propter miracula credendum est. Hic enim est alter modus probandi sectam, scilicet per miracula, quem ponit. Quarta conditio fuit in his sanctis quod usque ad mortem steterunt pro sua doctrina, quod non fecissent, nisi scivissent summam veritatem esse in ea. Quinta conditio est quia existentes in diversis partibus mundi eandem sententiam protulerunt, nullo ab alio recipiente doctrinam. Ergo oportuit quod per inspirationem Dei loquerentur, et ideo sine errore. Sexta conditio est quia fuerunt idiotae et laici, ut Petrus et alii, et pauperes, et viles homines et abjecti: et tamen praevaluit eorum sententia contra imperatores et philosophos et pontifices eorum. Manifestum est igitur per haec quod isti sunt digni ut eis credatur. Sed isti dicunt prophetas priores dare testimonium Christo: ergo hoc est verum. Et praeterea ipsimet dant testimonia infinita Christo: immo tota vita eorum, non solum doctrina, fuit confirmatio legis Christianae. Cum ergo Prophetae priores et posteriores innumerabiles dederunt testimonium Christo, ita etiam quod Moyses et Machometus dederunt ei testimonium, et non sic habent Moyses et Machometus, ut planum est ex historiis Judaeorum et Saracenorum; oportet ergo quod Christus sit legislator perfectus.

Miracles.

Hoc idem probatur per secundum modum Alpharabii de probando sectas, qui est penes miracula. Nam etsi Moyses fecit grandia secundum veritatem, et Machometus secundum fraudes et apparentias, quae etiam gratia disputationis concedantur, tamen non habent comparationem ad miracula Christi. Nam concedentes eorum miracula omnia et historias omnes, inveniemus in historia evangelica Johannis ultimo capitulo; Sunt autem haec et multa alia quae fecit Jesus, quae si scribantur per singula, nec ipsum arbitror mundum capere [posse] eos, qui scribendi sunt, libros; propter multitudinem et magnitudinem miraculorum: quod non potest haberi de historiis Moysi et Machometi. Item dicit, Ut autem sciatis quod

Filius hominis habet potestatem dimittendi peccata, ait paralytico, Tibi dico, surge. Sed dimittere peccatum et curare animam est infinitum miraculum, et majus quam infinita miracula facere corporalia. Et huic annexum est maximum argumentum pro Christo. Nam nullus potest dimittere peccatum nisi fuerit Deus: ergo ipse fuit Deus. Item historiae omnes confitentur ipsum esse Deum, et istae historiae illatae sunt per sanctos quorum est sextupla conditio praedicta, qui non potuerunt mentiri. Igitur oportet quod hoc sit verum. Et prophetae priores fatentur ipsum esse Deum. Unde Isaias, Vocabitur Emanuel, id est, Nobiscum Deus. Et David, Sedes tua Deus in saeculum saeculi. Et alibi infinities, secundum quod sancti posteriores qui errare non possunt prophetias exponunt. Cum igitur sit Deus, quod non esse verum de Machometo nec de Moyse, etiam Judaei et Saraceni testantur, manifestum est quod ipse est perfectus legislator et solus, ut nulla sit comparatio Moysi et Machometi nec alterius ad ipsum.

Ethical superiority of Christianity.

Et adhuc patet istud item per collationem legum. Nam omnis sanctitas et vitae perfectio traditur in lege Christiana, et nulla immunditia peccati conceditur. Sed apud Machometum multa peccata conceduntur, ut planum est in Alkoran, et nulla vitae perfectio observatur, quoniam deliciis luxuriae propter multitudinem uxorum[1] absorbentur. Similiter Judaei supra omnia aspirabant ad generationem. Nam sub maledictione legis continebatur sterilis, nec est virginitas ab eis laudata, nec paupertas voluntaria, nec obligatio hominis ad voluntatem alterius, quae tria sunt maxima perfectio. Nam nullus potest dubitare quin virginitas est res mundissima et sacratissima, et paupertas voluntaria est res ab omnibus philosophis approbata, secundum quod satis patet superius ex tertia parte Moralis Philosophiae. Sed maximum quidem et arduissimum est subjicere se voluntati alterius omnino; ut quilibet novit. Et ideo cum haec docentur in lege Christi, et non in lege Machometi nec in Moysi, manifestum est Christi legem omnino praevalere. Item certificatio de Deo, et de vita futura beatorum et malorum, habetur per legem

[1] uxoriae, D.

Christi, ut de beata Trinitate et resurrectione et aliis. Scd haec non habentur per legem Moysi, nec per Machometum, ut planum est. Ergo lex Christi praeferri debet. Sed talis est divulganda per mundum, ut ostensum est prius. Ergo oportet ut haec sit lex Christiana.

Special examination of the doctrine of the Eucharist.

Probato quod lex Christiana sola tenenda est, tunc patent omnes ejus articuli. Nam si totum approbatur, oportet quod quaelibet ejus pars concedatur. Quum tamen alius articulus videtur humanae fragilitati gravis, eo quod quidam negant, et aliis est dubium, alii cum difficultate recipiunt, quibusdam durum videtur, alii imperfecte sentiunt, pauci de facili et cum plena pace et suavitate animi tenent; et est hoc Sacramentum Altaris, circa quod, secundum Apostolum, multi sunt infirmi et imbecilles et dormiunt multi; ideo circa hoc dignum duxi negotiari, ut ostendatur quod est verissimum et certissimum, quod debet ardentissime desiderari et instantissime peti, quod ferventissime debemus expectare, cum omni reverentia colere, cum gaudio et devotione tenere, fide certissima contemplari, quod, si non esset, diligentissime a Deo impetrari, et non corruptibilibus auro et argento emi, sed vita et morte[1]: quod si fuerit et ignoretur, debet statim cum proponitur recipi, immo rapi de ore proferentis, immo sine doctore sciri et amari super omnia, ut homo fidelis nihil aliud gaudeat scire nec habere; quoniam, hoc scito, sciuntur omnia quae ad salutem pertinent; hoc ignorato omnia ignorantur; hoc habito, omnia habentur, et quo qui caret nihil convincitur possidere. Quia igitur hoc sapere necessarium est cuilibet, cum tamen multi ignorant hoc Sacramentum, alii, quando convertuntur ad fidem, hic turbantur magis quam alibi, multi Christiani, qui cum sensu humano nituntur judicare de divinis, titubant aut imperfecti sunt; ideo quomodo et infidelibus et Christianis fiat certissima persuasio de hac veritate optimum est considerare. Ponam igitur radices hujus persuasionis secundum gratiam mihi datam.

Proofs from Scripture and from general assent of the Church.

Igitur quod sit verissimum, scilicet quod in hoc Sacramento Dominus Jesus est verus Deus et verus homo ostenditur primo per probationem totius sectae Christianae; et cum

[1] debet seems wanting, but is delayed till the next clause.

illa probata est, et hoc est unum quod profitetur haec secta, manifestum est quod veritatem habebit. Item praeter vias communes toti sectae, habet haec beata veritas suos modos proprios sicut tota secta. Nam per Scripturam sacram in Evangeliis et apud Apostolum hoc manifeste docetur; Patres vestri manducaverunt manna et mortui sunt; qui manducat me vivit propter me; et, Ego sum panis vivus, qui de coelo descendi: si quis manducaverit ex hoc pane, vivet in aeternum. Et decimo sexto Sapientiae, Angelorum esca nutris populum tuum; et infra, Substantiam enim tuam et dilectionem quam in filios habes ostendis. Haec est esca in quam desiderant Angeli prospicere, secundum Petrum Apostolum. Et ideo non est istud manna populi antiqui, cum illud non sit Angelorum esca; cum dicit, Substantiam tuam[1], etc., patet non esse intelligendum de manna antiquo. Et Apostolus qui primo persecutus est veritatem Christi postea confitetur quod accepit a Domino hoc sacrificium. Praeterea per Scripturam sacram non solum patet, sed per omnes sanctos qui testimonium perhibent de hoc articulo, qui mentiri non poterant propter conditiones quas superius de eis enumeravi. Caeterum hoc patet per communem consensum et definitionem omnium doctorum Catholicorum, ut magistrorum et lectorum in lege Dei. Nam omnes una sententia testantur Christum esse in hoc Sacramento.

Miraculous proofs have occurred in this generation.

Deinde miracula sunt hic infinita quae in scriptis sanctorum et historiis inveniuntur. Sed duo ponam hic, quae adhuc non sunt scripta, quae certissima sunt et nulli dubitationi subjecta. Nam quaedam matrona Deo devota desiderans habere prolem ab episcopo hereticorum fuit excitata, cui filium promisit. Et vocato Nigromantico qui daemones scivit suscitare, convenerunt in locum secretum domina et Episcopus falsus et Nigromanticus. Quo peragente quae voluit in circulis et carminibus, apparuit Daemon in specie pueri coronati qui ab eis sciscitabatur quid vellent. Et Nigromanticus et Episcopus fallax quaesiverunt a Domina quid desideraret. Dum autem ipsa perterrita et timore Dei correpta nihil respondit, recessit

[1] Wisdom, ch. xvi. 20, 21. In the version adopted by the Revisers, the force of Bacon's quotation is diminished.

Daemon ad murum quendam prope et deposita corona a capite suo adoravit et genu flexit. Quo facto reversus est ad eos, iterum quaerens quid vellent. Et cum Dominam homines perversi sollicitabant, ipsaque prae timore non est ausa loqui, rediit Diabolus ad locum priorem ubi adoraverat, et inclinavit caput suum, sed non deposuit coronam nec genu flexit. Deinde rediit ad eos, et quaesiverunt ab eo quare sic primo fecit et sic secundo. Ipse vero dixit quod quidam infirmus jacuit ultra murum in domo quadam, et sacerdos portavit corpus Christi ad eum: et 'oportuit me,' dixit Daemon, 'coronam de capite meo deponere et adorare et genu flectere, quia scriptum est, In nomine Jesu omne genu flectitur coelestium, terrestrium, et infernorum. Et quando secunda vice redii, dederat sacerdos corpus Christi infirmo, et portabat vas vacuum, et ideo non deposui coronam nec genu flexi, sed tantum propter reverentiam portitoris et vasis Christi ego inclinavi caput et adoravi.' Tunc Episcopus haereticus factus est verus Christianus, et statim incepit fidem Christi praedicare, et haereticam confundere pravitatem. O quam vera probatio et quam nobilis est ista, cujus laus enarrari non potest! Et vivunt multi qui istud factum noscunt certitudinaliter.

Accidit etiam in ordine Fratrum Minorum quod unus frater per multos annos hoc Sacramentum communicare non poterat, nec stetisset coram altari cum fratribus quando communicabant, si quis ei totum mundum dedisset; qui tamen nescivit quid esset in causa. Et sicut Deo placuit, unus frater sapiens et sanctus dixit ei quod vel fuit in peccato mortali crudeli, vel non fuit baptizatus. Ipse vero, diligenter considerans quod non habuit conscientiam de peccato, incepit dubitare de baptismo. Et inquirens a parentibus de modo baptizandi, invenit quod ipse et alius puer fuerunt sacerdoti simul praesentati, qui alterum baptizavit et istum per simplicitatem neglexit. Quo comperto fecit se in ordine baptizari, et postea recepit Sacramentum Altaris sicut alius homo. Ex quo patet quod veritas hujus Sacramenti per Baptismum probata est et vera est, et veritas Baptismi per hoc Sacramentum. Et ideo, cum Ecclesia tenet quod Baptismus primo habet fieri ut caetera consequantur, manifeste patet per hoc miraculum quod verum est quod Sancta Ecclesia credit de hoc nobilissimo Sacramento.

Rational proofs. First.

Praeter vero hos modos probationis sunt rationes hujusmodi. Sicut enim Creator se habet ad creaturam et qualem ad esse Naturae rerum, sic Redemptor ad redempta sive ad eos qui sunt in esse Gratiae, et abundantius. Nam plus est recreare quam creare; sed ex lege majestatis Creatoris est [quod][1] ubique praesens est creaturae, nec est aliqua expers suae praesentiae. Ergo ex potestate Recreantis infiniti erit quod praesens sit cuilibet recreato habenti esse gratiae. Sed aliter non datur praesentia ejus nobis nisi ex hoc Sacramento. Ergo necesse est hoc Sacramentum esse.

Second proof.

Item necessitas creaturae infinita requirit praesentiam Creatoris. Nam aliter deficeret, eo quod creatura in non esse tenderet, nisi manu teneretur per praesentiam majestatis: ut philosophia et theologia concordant. Sed tanta, immo major, est necessitas recreati ad Redemptorem; ergo oportet quod Recreator sit in recreato et ei fiat praesens, si debeat stare in esse recreati, id est in esse gratiae. Nam sicut esse naturae se habet ad Creatorem, sic esse gratiae ad Recreantem. Et ideo sicut creatura caderet in non esse naturale nisi esset praesentia Creantis, sic recreatum caderet in non esse oppositum gratiae nisi per praesentiam Redemptoris teneatur.

Third proof.

Item potentia Christi est infinita, cum sit Deus, et ejus sapientia est infinita, et bonitas similiter. Quapropter si ex infinitate potentiae potest hoc facere, et ex infinitate sapientiae novit hoc facere, ergo ex infinitate bonitatis vult hoc facere; quia optimi est optima facere. Et ideo, habens bonitatem infinitam, debet facere bonum infinitum et quantum potest recipi ab eo. Sed hoc bonum recipi potest a recreato, id est existente in esse gratiae, ergo oportet quod fiat ei.

Fourth proof.

Et adhuc per simile patet hoc. Nam creatura in esse naturae quaelibet recipit a Creatore quantum potest capere secundum suum statum: secundum quod dicit Tullius in libro de Natura Deorum, Omnes partes[2] mundi ita constitutae sunt,

[1] quod, though not in the MSS., seems called for.

[2] *De Nat. Deor.* ii. 34.

ut neque ad usum possint meliores esse, nec ad speciem pulcriores. Ergo similiter quodlibet recreatum habens esse gratiae recipiet de bonitate recreantis quantum potest capere. Sed potest capere bonitatem suae substantiae; ergo hanc recipiet secundum sententiam libri Sapientiae, cum dicitur, Substantiam tuam eis dedisti. Et ideo oportet quod omnis homo stans in gratia recipiet suum Salvatorem secundum quod Ecclesia ordinavit.

Fifth proof.

Caeterum peccatum originale deleri non potest sine hac hostia Deo offerenda. Sed hodie multiplicantur peccata mortalia. Ergo oportet quod haec hostia satisfaciat Deo patri pro peccatis mundi. Item Deus assumpsit hanc humanitatem ut permitteret sanguinem fundi de ea pro nobis moriendo et sic redemit nos. Sed plus est hoc quam nos pascere hac carne et hoc sanguine. Ergo si quod plus est voluit ex sua bonitate pro nobis facere, multo fortius voluit facere quod minus est, cum sit nobis utile, conveniens, et necessarium.

Not merely assent is needed, but passionate assent.

Haec vero et hujusmodi possunt aptari ad hoc quod hoc Sacramentum possit habere veritatem, ut nullus possit nec debeat contradicere. Sed hoc non solum requiritur; sed ut facillime recipiatur, et facilius et libentius et devotius quam aliqua veritas quae potest in hac vita nobis proponi; immo ut in hac vita quiescamus sicut in dulcedine vitae aeternae; ut nihil velimus nisi propter hoc; quo si careremus, reputaremus nos nihil scire vel habere respectu hujus gloriosae veritatis qua deificamur et assumimur in vitam aeternam.

The content of this Sacrament.

Circa vero ejus facilitatem sunt plures modi. Unus est per considerationem illius quod continetur in hoc Sacramento; alius per modum existendi; tertius per modum utendi, et quidam alii, ut notabitur. Res quidem contenta est in culmine majestatis et gloriae atque in plenitudine salutis et in fine pulcritudinis; haec plana sunt cum Deus et Homo glorificatus et unus in una persona ibi consistant. Deus enim ex sua natura habet infinitatem majestatis et bonitatis, et pulcritudinis, ut patet ex his quae tacta sunt superius. Nam quicquid est in eo est infinitum. Similiter homo, assumptus in gloriam Dei et bonitatem et pulcritudinem, communicat infinitatem triplicem ratione unionis individuae personae. Et ideo plena infinitas gloriae et salutis et pulcritudinis in contento hujus sacramenti reperitur.

Similiter in modo existendi. Nam cum hic et in coelo sit haec persona in natura divina et humana ejusdem majestatis consimiliter, sic in omni ecclesia, et in omni qui habet gratiam, recipitur simile et simul. Hoc est potentiae infinitae, quia non limitatur ad hoc nec ad illud, et hoc infinitae majestati attestatur. Similiter, quod in qualibet parte hostiae totus Christus est, hoc est potentiae infinitae; quia non est limitatus ad partem, nec partes ejus secundum partes hostiae dividuntur. Est igitur triplex ratio majestatis in modo existendi. Item quarto est ibi evidens ratio majestatis. Nam humanitas licet secundum se sit creatura, tamen ibi transcendit leges creaturae, nec habet modum existendi qui debetur creaturae, scilicet non commetitur se dimensionibus nec loco corporali, sicut nec Deitas; et ideo quantum ad modum existendi sublimatur ad modum existendi divinum, ut omnem legem existendi quae creaturae debeatur excedat. Et hoc fieri potest per virtutem Dei infinitam, sicut per eandem facta est assumptio humanitatis in unionem personalem.

The ubiquity in it of Christ's twofold nature.

Similiter vero est ibi infinitas nostrae salutis ex bonitate infinita descendens. Nam cum confertur nobis, vel cum volumus per nostrum ministerium [quod] mirabiliter existat in hoc Sacramento Salvator, plus nobis conceditur quam si daretur nobis unde posset quilibet mundum novum sibi facere, immo plus quam si faceret infinitos. Nam mundorum infinitorum utilitas nulla nobis est respectu illius Sacramenti. Non ergo oportet nos dicere cum Propheta, Si moram fecerit, expecta eum. Nec cum alio, Utinam dirumperes coelos et descenderes; quia in nostra potestate positum est ut faciamus eum existere apud nos quando volumus secundum divinae bonitatis dispensationem qua dicitur, Hoc facite in meam commemorationem. Nam mandavit nubibus, et januas coeli aperuit, et pluit nobis manna vitae aeternae quando volumus proferre verba quinque. Mira Dei bonitas! quae, cum nihil sit facilius nobis quam verbum formare, dedit nobis potestatem ut solo verbo faceremus Dominum Salvatorem nobiscum existere cum volumus. Non enim oportet nos in coelum

The power conferred upon the priest.

ascendere, maria transire, nec arare, nec metere pro hoc panc, nec vineas pro hoc potu plantare nec calcare, sed cum facilitate verba quinque proferre, ut sit nobiscum Deus et Dominus noster qui est benedictus in saecula. Propter hoc dicitur Deuteronomiae xxx, Mandatum hoc quod ego praecipio tibi non supra te est, nec procul positum, nec in coelo situm, ut possis dicere, Quis nostrum ad coelum valet ascendere ut deferat illud ad nos, et audiamus atque opere compleamus? nec trans mare positum ut causeris et dicas, Quis ex nobis transire poterit mare et istud usque ad nos deferre, ut possimus audire et facere quod praeceptum est? Sed juxta te est valde sermo in ore tuo et in corde tuo. Non oportet ergo, ut vitam aeternam habeamus, nisi corde credere, et sermonem proferre brevem et numero quinario verborum coartatum. Nam hic numerus in rerum variarum comprehensione distincta est melior omnibus numeris, secundum Aristotelem libro Secretorum.

The true nature of it mercifully hidden from sense.

Deinde quod a nostro sensu occultatur accidit nobis ex ejus a nobis incomprehensibilitate. Nam sustinere sensibiliter majestatem non possemus, sed deficeremus penitus propter reverentiam et devotionem et admirationem: sicut Apostoli post resurrectionem non potuerunt sustinere Dominicam praesentiam sensibilem. Nec etiam beatus Dionysius Areopagita potuit perferre praesentiam Virginis Mariae post ascensionem Domini. Immo cum de Graecia in terram sanctam transiret ut matrem Domini videret, ingrediens locum ubi beata et gloriosa virgo oravit, cecidit tanquam mortuus, exclamans quod educeretur, libere confitens quod nullus fidelis deberet videre gloriosam Virginem propter ejus reverentiam. Ergo longe magis nullus posset sustinere praesentiam Domini sensibilem; et hoc probamus per experientiam. Nam illi qui exercitant se in fide et amore istius Sacramenti non possunt sustinere devotionem quae ex pura fide nascitur, quin defluant in lacrymas, et dulcedine devotionis totaliter liquescat animus super se elevatus, nesciens ubi sit nec de quibus. Quapropter sensibilem praesentiam impossibile esset homini fideli sustinere, et ideo summa bonitate nobiscum dispensatum est ut occultetur a nobis visio sensibilis.

Praeterea nec possemus sustinere propter horrorem et abominationem. Nam cor humanum non posset perferre ut carnes crudas et vivas masticaret et comederet et sanguinem crudum hauriret. Et ideo infinita bonitas Domini in occultatione hujus Sacramenti declaratur. Caeterum alia utilitas est maxima ut discamus aspirare ad vera bona. Nam omnia principalia bona nostra et mala sunt invisibilia; ut Deus, Angeli et Sancti, et vita aeterna et virtus ac gratia, Daemones, purgatorium, et infernus. Et hoc non posset esse de genere principalium bonorum nostrorum nisi occultaretur a sensibus nostris, propter quod Dominus dicit, Nisi ego abiero, Paracletus non veniet ad vos; quatenus sciamus quod debeamus adherere bonis invisibilibus quae non apparent; secundum Apostolum, Ea quae sunt, id est apparent, reputemus non esse, et ea quae non apparent reputemus esse et bona. Necesse fuit nobis et propter utilitatem nostram infinitam ut bonum infinitum occultaretur a sensibus nostris, et solo mentis intuitu hanc salutem sciremus.

Incorporation with Christ.

Tertio recipimus facilitatem credendi propter usum istius Sacramenti. Nam si modus existendi habet infinitatem salutis et majestatis et pulcritudinis, multo magis ipse usus in quo Deo conjungimur. Tria sunt hic consideranda. Nam nutrimur corpore glorioso et sanguine glorificato potamur, immo toto Christo, Deo et Homine, reficimur. Hoc autem est vita aeterna et salus infinita quantum potest haec mortalitas sustinere. Non enim sufficit Deo suis creaturis nos pascere et potare sensibiliter, sed se ipso et sui carne et sanguine spiritualiter refovere. Deinde ex participatione Dei et Christi deificamur et christificamur et fimus Dei, secundum quod Philosophia tertio Consolationum concludit quod participatione Deitatis fiunt multi dei, licet unus sit per naturam. Et ideo participatione Christi fimus Christi. Et propter hoc dicit Scriptura, Ego dixi, dii estis; et alibi, Nolite tangere Christos meos. Et quid potest homo plus petere in hac vita [1]?

[1] Here the MS. both in D. and O. breaks off abruptly. In the fourteenth chapter of *Opus Tertium*, in which the six divisions of this treatise on moral philosophy are briefly described, we see of what the missing fifth and sixth parts consisted.

'Quinta pars est de sectae jam persuasae et probatae exhortatione, ad implendum in opere et ad nihil faciendum in contrarium, et hic exigitur modus praedicationis. Et tam haec pars quam quarta utitur potenter ornatu rhetorico, non solum in verbis sed et in sententiis, et in gestibus corporis et in animi motibus, sicut ego declaro per radices certas secundum vias sanctorum et non solum philosophorum. Nam, ut Augustinus docet quarto de Doctrina Christiana, summa eloquentia est in usu sanctorum in Scriptura; et optime hoc docet. Hanc autem partem elevo ad considerationes scientiarum, quia compono eam ad usum theologiae, et similiter facio de omnibus quae scripsi, tam in Opere Majori quam Minori. Nam una comparatio est philosophiae ad theologiam, ut saepe dixi.'

'Sexta vero pars moralis philosophiae est de causis ventilandis coram judice inter partes, ut fiat justitia: sed hanc solum tango propter causas quas assigno.'

From other parts of the *Opus Tertium* (Brewer, pp. 266 and 304–8), it would seem that in the fifth part of this treatise Bacon enlarged on the importance of oratory, style, and gesture to the moral and religious teacher. 'Docetur,' he says, 'quo modo fiant sermones sublimes tam in voce quam sententia, secundum omnes ornatus sermonis, tam metrice et rhythmice quam prosaice, ut animus ad id quod intendit persuasor, rapiatur sine praevisione, et subito cadat in amorem boni et odium mali, secundum quod docet Alpharabius in libro de Scientiis.'

TRACTATUS
FRATRIS ROGERI BACON
DE
MULTIPLICATIONE SPECIERUM

TRACTATUS

FRATRIS ROGERI BACON

DE

MULTIPLICATIONE SPECIERUM.

Incipit Tractatus Magistri Rogeri Bacon de Multiplicatione Specierum [1].

CAPITULUM I.

Various names for what is

Primum igitur capitulum circa influentiam agentis habet tres veritates seu conclusiones : prima est quid sit secundum nomen

[1] The theory of Democritus as to emanations from objects of sense is spoken of by Aristotle in *De Divinatione per Somnum*, ch. 2. He remarks, *ὥσπερ λέγει Δημόκριτος, εἴδωλα καὶ ἀπορροίας αἰτιώμενος· ὥσπερ γὰρ ὅταν κινήσῃ τι τὸ ὕδωρ ἢ τὸν ἀέρα, τοῦθ' ἕτερον ἐκίνησε καὶ παυσαμένου συμβαίνει τὴν τοιαύτην κίνησιν προϊέναι μέχρι τινός, τοῦ κινήσαντος οὐ παρόντος, οὕτως οὐδὲν κωλύει κίνησίν τινα καὶ αἴσθησιν ἀφικνεῖσθαι πρὸς τὰς ψυχὰς τὰς ἐνυπνιαζούσας, ἀφ' ὧν ἐκεῖνος τὰ εἴδωλα ποιεῖ καὶ τὰς ἀπορροίας.*

From the comparatively simple conception of motion propagated through space from particle to particle had thus arisen the highly artificial conception, which we find expounded with much detail in the fourth book of Lucretius, of films peeled off from the surface of things ('membranae summo de corpore rerum dereptae'), which resemble in shape and colour the things themselves, and which are called idola, simulacra, or, to use an expression employed by Bacon, 'umbra philosophorum.'

> 'Dico igitur rerum effigias tenuisque figuras
> Mittier ab rebus summo de corpore rerum,
> Quae quasi membranae vel cortex nominitandast.
> Quod speciem ac formam similem gerit eius imago
> Cuiuscumque cluet de corpore fusa vagari.'

But let it be stated at once that but few traces of this crude philosophy will be found in Bacon's treatment of the subject. He takes care at once to supply a series of synonyms for the word, so as to guard his readers against attaching

here called species.

et secundum essentiam. Recolendum est igitur quod in tertia parte[1] hujus operis tactum est, quod essentia, substantia, natura, potestas, potentia, virtus, vis, significant eandem rem, sed differunt sola comparatione. Nam essentia dicitur secundum se considerata, substantia dicitur respectu accidentis aut respectu operationis eliciendae, sed natura dicit aptitudinem operandi, caetera ulteriorem inclinationem. Sed potentia et potestas sunt idem, et communiter sumuntur respectu operationis completae vel incompletae. Virtus vero et vis sunt idem, sed dicunt complementum solum operationis. Et hic loquor de potentia quae elicit actionem, non de illa quae expedit. Nam haec est in secunda specie qualitatis; quae vero elicit est in omnibus activis, et hae sunt substantiae et sensibilia

importance to the metaphor conveyed by it. In a page of the *Opus Tertium*, in which this treatise is referred to, it is spoken of as Tractatus de radiis. And just as a modern physicist will speak of a ray of light without holding the emission theory, so Bacon uses the expression *species* as equivalent to force; and the multiplication of *species* for the radiation or propagation of force.

[1] The third part of the *Opus Majus* deals with languages. In the fourth part the question of species is discussed (cf. vol. i. p. 111 et seq.), but no such statement as that in the text is to be found, nor does the fifth part (*Perspectiva*) contain it. It is thus clear that this treatise is part of a larger work in which questions of physical philosophy were handled. In the *Opus Tertium* are to be found several allusions to the present work. Bacon observes (cap. xi. p. 38, ed. Brewer): 'Completiorem tractatum mitto vobis de hac multiplicatione.' And again (cap. xxxvi. p. 117), 'In opere primo (i. e. *Opere Majori*) posui multa de hac materia. Et praeter hoc misi tractatum specialem de hoc negotio ex proposito editum.' Other references to it will be found on pp. 99, 161, and 227. It seems probable that this treatise, or at least something like it, had been already written when Pope Clement's message to Bacon was delivered. The passage in *Opus Tertium* (p. 13), is not at all decisive to the contrary. It only asserts that communication of any writing to outsiders was forbidden.

But what was the larger work of which this treatise was a part? Our thoughts turn at once to the 'Scriptum Principale,' so often spoken of by Bacon as an unaccomplished project. Referring to the Introduction for further details, I may observe here that among the copious extracts given by Emile Charles from the MS. in the Mazarine library containing the 'Communia Naturalium' of Bacon, are certain passages implying that this work was begun before 1267. The subject of *Multiplicatio Specierum* is discussed in it at considerable length, though less fully than in the treatise now before us, which may possibly be a later and amplified edition. [This MS., now numbered 3576, is nearly identical with the Br. Mus. MS. Royal, 7 F vii, as I can testify from inspection of both. Neither are spoken of by Brewer; cf. however his remarks on 8756 (Additional, Br. Mus.) p. lii.]

propria, nisi sit instantia in sono, sicut inferius exponetur[1]. Aliter sumitur virtus pro effectu primo virtutis jam dictae, propter similitudinem ejus ad hanc virtutem, et in essentia et in operatione, quia similis est ei in distinctione et in essentia specifica, et per consequens est similis in operatione, quia illa quae sunt similis essentiae habent similes operationes. Et haec virtus secunda habet multa nomina; vocatur enim similitudo agentis, et imago, et species, et idolum, et simulacrum, et phantasma, et forma, et intentio, et passio, et impressio, et umbra philosophorum, apud auctores de aspectibus.

Sense in which the word is used here.

Species autem non sumitur hic pro quanto universali apud Porphyrium, sed transumitur hoc nomen ad designandum primum effectum cujuslibet agentis naturaliter. Et ut in exemplo pateat haec species, dicimus lumen solis in aere esse speciem lucis solaris, quae est in corpore suo, et lumen forte cadens per fenestram vel foramen nobis satis est visibile, et est species lucis stellae. Et Avicenna dicit tertio de Anima, quod lux est qualitas corporis lucentis, ut ignis vel stellae, lumen vero est illud quod est multiplicatum et generatum ab illa luce quae sit in aere, et in caeteris corporibus raris, quae vocantur media, quia mediantibus illis multiplicantur species. Sed tamen usualiter lucem accipimus pro lumine et e contrario. Et quando per medium vitri aut crystalli aut panni fortiter colorati transit radius, apparet nobis in obscuro juxta radium color similis colori illius corporis bene colorati. Et ille color in opaco dicitur similitudo et species coloris in corpore fortiter colorato per quod transit radius. Dicitur autem similitudo et imago respectu generantis eam cui assimilatur et quod imitatur. Dicitur autem species respectu sensus et intellectus secundum usum Aristotelis et naturalium; quia dicit secundo de Anima quod sensus universaliter suscipit species rerum sensibilium, et in tertio dicit quod intellectus est locus specierum. Dicitur vero idolum respectu speculorum; sic enim multum utimur. Dicitur phantasma et simulacrum in apparitionibus somniorum, quia istae species penetrant sensus usque ad partes animae interiores et appa-

[1] See p. 419.

rent in somniis tanquam res quarum sunt, quia eis assimilantur; et anima non est ita potens judicare in somnis sicut in vigilia, et ideo decipitur, aestimans species esse ipsas res quarum sunt propter similitudinem. Forma quidem vocatur in usu Alhazen, auctoris Perspectivae vulgatae. Intentio vocatur in usu vulgi naturalium propter debilitatem sui esse respectu rei, dicentis quod non est vere res, sed magis intentio rei, id est, similitudo. Umbra philosophorum vocatur, quia non est bene sensibilis nisi in casu duplici dicto, scilicet de radio cadente per fenestram, et de specie fortiter colorati, et dicitur esse philosophorum, quia soli potenter philosophantes cognoscunt istius umbrae naturam et operationem, ut ex hoc tractatu clarescet. Dicitur vero virtus respectu generationis et corruptionis; unde dicimus solem facere virtûtem suam in materiam mundi pro generatione et corruptione faciendis; et sic de omni agente dicimus quod facit virtutem suam in patiens. Impressio vocatur quia est similis impressionibus, unde Aristoteles tertio de Anima[1] comparat generationem speciei impressioni factae ab annulo et sigillo in cera, licet non sit simile per omnia, sicut postea scietur. Vocatur autem passio, quia medium et sensus in recipiendo speciem patiuntur transmutationem in sua substantia, quae transmutatio tamen est in perfectionem et salutem, nisi fiat plus quam sola species, ut postea melius exponetur.

Species is the first effect of the agent, and resembles it.

Investigandum est igitur quid sit secundum suam essentiam; et quum intentio est ostendere quod haec species sit similis agenti et generanti eam in essentia et definitione, ideo primum oportet duci in medium, quod omnes habent confiteri, scilicet quod species est primus effectus agentis. Per hanc enim omnes aestimant effectus caeteros produci, unde sapientes et insipientes circa multa in specierum cognitione differunt. Communicant tamen in hoc, quod agens influit speciem et

[1] Cf. *De Anima*, ii. 12, § 1, also iii. 12, § 9. In a previous chapter (ii. 7), Aristotle, after explaining the necessity of a medium for all senses except touch and taste, conceives sensation to take place by motion of the medium originating at the object, thence propagated from point to point till it ultimately reached the sense-organ, *τὸ μὲν χρῶμα κινεῖ τὸ διαφανές, οἷον τὸν ἀέρα, ὑπὸ τούτου δὲ συνεχοῦς ὄντος κινεῖται τὸ αἰσθητήριον.* He compares the action of the object on the medium to that of a seal on wax; an analogy which Bacon discusses afterwards, partly accepting and partly rejecting it. See p. 432.

materiam patientis, quatenus per eam primo factam possit educere de potentia materiae effectum completum quem intendit. Et ideo nulli dubium est quin species sit primus effectus. Quod vero iste primus effectus cujuslibet agentis naturaliter similis sit ei in essentia specifica et natura et operatione, manifestum est ex dicendis, quia agens intendit assimilare sibi patiens, eo quod patiens, ut vult Aristoteles in libro de Generatione, universaliter est in actu[1] tale quale est agens, sicut idem dicit; et in principio est de se dissimile[2] agenti ante actionem, et per actionem fit simile, ut dicit; et agens statim, quando operatur in patiens, assimilat illud ei, et facit illud patiens esse tale quale est ipsum agens in actu, sicut Aristoteles dicit. Et ideo si ignis est agens, facit ignem, si calor calorem, si lux lucem, et sic de omnibus. Sed plus potest in primum effectum et immediatum quam in secundum et mediatum, ergo illum maxime assimilabit. Propter quod oportet ponere quod virtus, seu species, facta ab agente sit consimilis agenti natura, definitione, et in essentia specifica et operatione. Item omnis diversitas ad identitatem reducitur, et dualitas ab unitate descendit et non e contrario, et ideo primus effectus agentis non potest esse diversus ab eo in essentia specifica, ut postea nascatur consimilis et uniformis. Nam sic diversitas esset principium unitatis, quod est contra naturam. Item effectus lucis sunt hi, scilicet species ejus, et lux generata in medio, calor, putrefactio, mors, sic enim in re corrumpenda ordinantur. Sed nos videmus quod tertius gradus effectus magis distat ab agente in natura quam secundus, quare secundus magis quam primus, vel erunt idem in essentia vel numero, et hoc est quod intendimus. Unde species lucis est lux licet primo incompleta, et postea completa, in quibus potest compleri, ut in luna et stellis, quae sunt retentiva lucis.

Item species ignis, si non est similis natura et essentia et definitione igni, ut sit in eadem specie specialissima cum igne, tunc non erit in aliquo praedicamento, quod est impossibile,

It belongs to the same category.

[1] This, which is the reading of O., seems preferable to potentia, which is that of Reg. Cf. *De Generatione*, i. cap. 21.

[2] Not difficile, as in J.

quia in praedicamentis accidentium esse non potest, quia non contingit hoc assignari in quo praedicamento esset, neque in tantum possit primus effectus elongari ab agente ut transeat in aliud praedicamentum. Nullus enim potest dicere quod species albedinis et lucis transit in aliud praedicamentum; et ideo nec species ignis, praecipue cum per hanc speciem dicatur ignis generari. Nullum enim accidens est principium generandi substantiam, sed nec potest esse aeris vel aquae, nec in aliqua specie specialissima substantiae, nec subalterne, ut patet. Quare oportet quod sit in eadem specie cum igne. Nec convenit dici quod est medium inter substantiam et accidens, quia metaphysicus probat quod inter ea non potest esse medium. Atque non potest dici quod reducatur ad speciem ignis specialissimam, et sit in eodem genere et in eadem specie specialissima solum per reductionem; quia quaelibet res habet aliquam essentiam et naturam, quae est necessario substantia determinata, vel accidens; et ideo secundum se collocabitur et per se in aliqua rerum manerie, et hoc est in aliquo praedicamentorum, et in aliquo genere, et in aliqua specie specialissima.

Illustration from light and colour.

Item per Ptolemaeum [1] secundo de Opticis sive de Aspectibus declaratur quod a colore et luce advenit medio et visui coloratio et illuminatio, sed coloratio non est nisi per esse coloris, nec illuminatio nisi per esse lucis; et videmus hoc per experimentum. Nam radius solaris cadens per fenestram est nobis visibilis, et immutat visum per se et primo, nec est color, et ideo est lux vera. Solum enim lux et color nata sunt immutare visum per se et primo. Similiter quando aspicimus radios penetrantes vitra bene colorata, videmus in opaco juxta vitrum colorem sensibilem qui visum immutat per se et sensibiliter, et tamen scimus quod est species et similitudo coloris vitri. Quapropter species coloris est color, et species lucis est lux, et sic de omnibus; ergo species communicat cum suo agente in natura et definitione. Et ideo dicit Aristoteles in secundo de Anima [2], quod susceptivum

[1] Cf. Ptol. *Optica*, pp. 8–15.

[2] Cf. *De Anima*, ii. 7, § 4 *ἔστι δὲ χρώματος μὲν ζεκτικὸν τὸ ἄχρουν, ψόφου δὲ τὸ ἄψοφον· ἄχρουν δ' ἐστὶ τὸ διαφανὲς καὶ τὸ ἀόρατον.*

coloris et soni et omnis sensibilis est non coloratum et absonum et carens naturis sensibilium de se, ut medium et organum sentiendi; volens per hoc quod medium et sensus recipiant colorem et sonum ut recipiant species illorum, et sic de aliis speciebus sensibilium; et ideo species de qua hic loquimur est similis agenti in natura specifica et definitione.

The species is in an incompleted stage of being.

Si igitur contra hoc objiciatur, quod tunc species solis erit sol, et species hominis homo, et sic de omnibus rebus, quod omnino absurdum est; dicendum quod ista nomina, homo, sol, asinus, planta, et hujusmodi, imponuntur rebus in esse completo, et ideo non dicuntur de illis quae habent esse incompletum, quamvis sint ejusdem essentiae; ut embryo in ventre matris non dicitur homo, et maxime ante receptionem animae intellectivae. Et tamen postquam essentia animalis transmutatur et promovetur, ut fiat species humana, oportet quod sit renovatum ultra essentiam generis, antequam anima rationalis infundatur et sit de natura hominis, quia natum est recipere animam rationalem, et non animam asini, nec aliam. Non igitur dicimus quod illud sit homo, et tamen est in specie hominis, sed secundum esse incompletum. Similiter vero dicimus de specie hominis, quae est similitudo ejus facta in aere ab eo; non enim est homo, quia habet esse incompletissimum quod potest inveniri in specie hominis, et longe incompletius quam embryo ante receptionem animae rationalis; quia embryo compleri potest in hominem, species vero nequaquam. Et considerandum est, quod quaedam possunt facere fortes species, ut color, et lux, et calor, et quaedam talia, ut exponetur postea. Sed res quanto sint nobiliores, ut coelestia et homo et hujusmodi, tanto incompletiorem faciunt speciem. Cujus causa dabitur inferius. Et ideo species coloris et lucis et caloris magis potest dici lux et calor vel color, quam species solis vel hominis dicatur homo vel sol. Semper tamen erit ejusdem naturae specificae, sed sub esse incompletissimo, et impossibili ad complementum; propter quod non recipit nomen quod esse completiori est impositum.

Only the first effect of the agent is

Ex quo sequitur secunda veritas, quod impossibile est quod sit effectus similis agenti in essentia, nisi unus; et hic vocatur primus, et vocatur univocus, et ejus generatio dicitur univoca.

similar to its source.

Alii possunt esse plures et vocantur equivoci, et generatio eorum dicitur equivoca, ut calor et putrefactio et mors sunt effectus plures lucis; sed equivoci, non univoci. Solum enim lumen in medio, vel lux in corpore stellae producta per lumen solis[1], dicitur effectus univocus lucis solaris. Sed in principio, dum est effectus incompletus, nominatur species et virtus, et nominibus praedictis; et hoc est dum patiens manet in natura sua specifica, assimilatum tamen agenti per speciem illam et virtutem; ut ligna, cum in principio igniuntur, habent speciem et virtutem ignis dum adhuc ligna manent in sua natura specifica, licet assimilentur igni per speciem receptam. Cum autem agens invalescit super patiens, ut tollat naturam specificam patientis et corrumpat eam, ut inducat completum effectum suum in materiam convenientem ei et patienti, ut accidit in rebus generabilibus et corruptibilibus, tunc cessat effectus vocari species et virtus, et caeteris nominibus dictis, et vocatur nomine ipsius agentis. Ut cum ignis invalescit super ligna, et corrumpit naturam specificam ligneam, inducens completam ignis essentiam, tunc quod generatum est vocatur ignis, et non species, nec virtus, sed fit carbo vel flamma[2]; et ideo species ignis et ignis completus non differunt, nisi sicut incompletum et completum. Et propter hoc unus effectus et idem numero est qui primo vocatur species, dum habet esse incompletum, et deinde sortitur plenum nomen agentis et generantis, quando completur in esse, et destructa est natura totalis specifica patientis. Sed hoc est intelligendum in istis rebus inferioribus corruptibilibus. In rebus vero incorruptibilibus potest bene species aliqua compleri in effectum completum sine destructione patientis, quia patiens natum est ad hujusmodi effectum de natura sua; ut stellae et luna natae sunt habere lucem perfectam quantum exigit earum natura, licet sol plus habeat de luce; et tamen in principio fit species lucis usque ad lunam et stellas, et postea completur in eis; sicut fuit a prima creatione, et sicut post eclipses stellarum accidit. Nam primo debiliter habent lucem, tanquam similitudinem et speciem, et postea claram, et completam. Cujus signum est

[1] Cf. the explanation of lunar and stellar light in vol. i. p. 129.

[2] flamina, J.

quod luna, etiam quando in eclipsi est, rubea est, quia extra umbram non recipit lucem; sed in umbra habet speciem lucis debilem, quae venit a luce transeunte extra per latera et fines umbrae, sicut postea magis explanabitur. Veruntamen sciendum, quod species solis, quae est de natura ejus specifica, non potest compleri in luna et stellis, licet in eis fiat lux, quia tunc oporteret lunam et stellas fieri solem, quod est impossibile. Lux enim est qualitas communis soli et stellis et igni, licet magis sit in sole; et ideo potest species lucis compleri in luna et stellis et non species substantiae solis, quia sol et luna et stellae differunt in substantia specifica, sicut ex posterioribus manifestum erit. Et lux non est de eorum substantia, sed accidens commune eis et igni; licet aliqui solebant dicere lucem esse formam substantialem solis et stellarum; sed hoc est falsum.

Et haec nunc dicta manifestantur per hoc, quod si sint duo effectus omnino similes agenti et omnino diversi numero, ita quod non sint sicut unus effectus, qui primo est incompletus, et postea ille idem numero compleatur, tunc cum agens agat in eandem partem patientis, erunt in eadem parte patientis duae formae ejusdem speciei ponentes in numerum. Sed hoc non est possibile, quia forma appropriat et numerat sibi materiam propriam in qua est; et tunc essent duo ignes in eadem parte ligni igniti, quod fieri non potest propter dictam rationem. Et iterum quia sequeretur quod alter esset otiosus; una enim illarum formarum sufficeret perficere materiam in qua est, ergo reliqua superfluit; sed natura nihil facit superflue nec otiosum nisi ex errore, ut in monstris et peccatis naturae, quod hic non habet locum.

Identity of the patient preserved though assimilated to the agent.

Sciendum tamen quod licet species sit similis nomine et definitione generanti eam, ut species ignis in aere et ligno, tamen magis proprie et intelligibilius dicitur quod aer vel lignum assimiletur igni per speciem, quam quod ibi sit individuum ignis, propter hoc quod individuum aeris vel ligni est ibi actu existens in sua natura specifica, et ideo non sunt ibi duo individua, ponentia in numerum, scilicet unum aeris, et aliud ignis, sed unum absolute, scilicet aeris, quod habet esse completum, et ideo praevalet in hac parte ut fiat ab eo denominatio individuitatis. Est tamen hoc individuum aeris igni assimilatum in natura igneitatis per speciem ignis praesentem in eo; unde hoc individuum dicitur aer ignitus. Nec enim est tantum aer, nec tantum ignis, nec principaliter ignis, sed principaliter aer ignitus tantum; et ideo quod ibi est de igne est individuum ignis incompletum, et in alio completiori existens, quod principalius est et quod magis est nominatum. Et ideo multo minus dicemus quod in aere est individuum hominis vel solis vel alterius rei nobilis; sed dicemus quod aer est assimilatus homini vel soli per speciem, quae tamen est ejusdem naturae specificae in qua est homo vel sol, et in forma eadem collocatur, licet secundum esse incompletissimum; quod etiam impossibile est compleri, ut docebatur prius. Et propter illud esse incompletissimum dicitur individuum aeris assimilatum soli, non individuum solis cum individuo aeris, nam a completo fit denominatio.

Si vero contra hanc veritatem et priorem adhuc dicatur, quod Aristoteles dicit in libro de Sensu et Sensato [1], quod color non habet esse nisi in mixto, et similiter odor et sapor, et hujusmodi, et ideo in aere et simplicibus elementis et corporibus non potest esse color aliquis: dicendum est quod color secundum esse completum non potest esse ibi, nec odor, nec sapor, nec hujusmodi, sed tantum secundum esse incompletum. Et iterum concedendum est quod aer et caetera simplicia, quantum recipiunt de esse coloris et hujusmodi passionum quae sunt naturaliter in mixtis, tantum recipiunt de esse mixtionis. Agens enim quod potest alterare aerem ad colorem, potest alterare ad mixtionem; scilicet ut in aere simplici species cujuslibet mixti fiat, secundum quod requiritur ad species passionum quae fiunt in aere ab illis passionibus cujusmodi sunt color et odor et hujusmodi. Nam aer est in potentia ad mixtum, et potest mixtum completum fieri de eo, et ideo multo fortius potest alterari ad esse mixti quantum species mixti requirit.

[1] The reference is to the third chapter of the treatise *De Sensu et Sensili*, in which the nature of colour is discussed at considerable length. It will be seen that Aristotle was very far from saying that there could be no colour in elemental bodies, though his own explanation is, as may be supposed, obscure and inadequate.

Uniformity of action in natural agents.

Tertio sciendum est quod agens naturaliter facit eundem effectum primum, ut speciem, in quamcunque agat, ita quod uniformiter agit a parte sua; quia solum agens quod agit secundum libertatem voluntatis et per deliberationem, potest agere difformiter a parte sua. Agens naturale non habet voluntatem nec deliberationem, et ideo uniformiter agit. Etiam si agens habens voluntatem, ut homo, agat per modum naturae in generando speciem, adhuc agit uniformiter et uno modo a parte sua, quia et natura et modus naturae se habent uno modo. Et propter hoc quodcunque patiens ei occurrat, semper facit eundem effectum primum; et ideo sive agat in sensum, sive in contrarium, sive in materiam ei proportionalem quae non sit contraria, oportet quod solam faciat speciem incompletam vel completam, ita quod non facit alium effectum primum. Quapropter calidum sive agat in sensum tactus, sive in frigidum ei contrarium, semper facit speciem quantum ad effectum primum. Et si sol operetur in ista inferiora, quae non sunt ei contraria, similiter facit solam speciem, quantumcunque sunt diversa ad invicem et contraria. Similiter si res agat in intellectum faciet speciem suam solam, sicut in sensum, et ideo sicut in contrarium. Sed de hoc, scilicet quando in universali et in particulari fiat species in diversis patientibus tam spiritualibus quam corporalibus, patebit inferius. Nunc autem solum hic tango de patientibus propter respectum agentis ad illa in faciendo eundem effectum primum in quodcunque fiat actio, et quia sic est quod agens naturaliter agit a parte sua uno modo, et omne agens quod est agens naturaliter et per modum naturae. Ideo cum calidum diversas operationes facit in frigidum et tactum, hoc erit propter diversitatem recipientium, sicut sol per eandem virtutem dissolvit ceram et constringit lutum.

Et ex hoc evacuatur error eorum qui aestimant quod agens aliud immittit in sensum, et aliud in contrarium, volentes quod fiat species in sensum, et non in contrarium, sed alia virtus; dicentes quod calidum corrumpit frigidum, sed non corrumpit sensum, dummodo non excedat. Aristoteles enim dicit in secundo de Anima[1] quod actio in contrarium est in

[1] Cf. *De Anima*, ii. 5, §§ 5, 6 *οὐκ ἔστι δ' ἁπλοῦν οὐδὲ τὸ πάσχειν, ἀλλὰ τὸ μὲν*

corruptionem, sed actio in sensum est in salutem et perfectionem, et delectatur sensus in specie sensibili, sed in contrarium semper laeditur et corrumpitur in parte vel in toto. Et licet in sensu aliqua passio sit et laesio ex sensibili quantumcunque proportionali, secundum auctores Aspectuum, et praecipue per Alhazen primo de Aspectibus, tamen simul cum hoc est delectatio vincens illam passionem et laesionem, quod non est in contrario. Et ideo posuerunt aliud recipi in sensum et aliud in contrarium, quod impossibile est per praedicta. Et hoc confirmatur per Aristotelem in septimo Physicorum[1], ubi dicit quod quale naturale alterat et alteratur in eo quod sensibile, sed in eo quod sensibile non facit nisi illud quod natum est sensum immutare, et hoc est species; ergo in eo quod omne agens naturale agit naturaliter non facit nisi speciem.

CAPITULUM II[2].

What things produce species?

1. Qualities that act on the senses (except perhaps sound) produce species.

Deinde considerandum est secundum principale circa influentiam corporalem scilicet, quae res agant et faciant hujusmodi species. Et habet octo veritates[3]. Et planum est de sensibilibus propriis quod agant species, quia immutant sensum, et universaliter sensus recipit species sensibilium, ut Aristoteles dicit, et in hoc omnes auctores et magistri concordant; nisi in sono. Non enim video quomodo sonus faciat speciem aliquam; sed aliter tamen fit sufficienter per tremorem partium rei percussae, quia in prima parte rei percussae generatur sonus non nisi per tremorem partium, et egressum etiam continuum a situ naturali. Nam rarefiunt partes consequenter et ordinate egrediuntur a situ naturali per violentiam

φθορά τις ὑπὸ τοῦ ἐναντίου, τὸ δὲ σωτηρία μᾶλλον τοῦ δυνάμει ὄντος ὑπὸ τοῦ ἐντελεχείᾳ ὄντος καὶ ὁμοίου. Aristotle proceeds to show that the action of *sensibilia* on sense-organs is of the latter kind. The reference to Alhazen that follows is from the first chapter of his *Optics*.

[1] libro physicorum, J. The reference seems to be to *Nat. Auscult.* vii. 2, §§ 3-5.

[2] In Reg. the reading is, 'Distinctio secunda; in qua consideratur quae res possint facere species, habens capitula. Et primum est quod sonus multiplicat speciem et similiter odor.' But as *Distinctions* are not indicated throughout this MS., I have merely kept the division into Parts and Chapters, as given in O.

[3] octo conclusiones sive veritates, O., octo veritates, Reg.

percussionis, ex quo egressu causatur tremor qui facit primum sonum tanquam effectum aequivocum, et consimilis tremor fit in secunda parte rei percussae per primam partem trementem. Nam ad tremorem primae tremit secunda, ad tremorem secundae tremit tertia, et sic ultra; et ideo de secundo tremore nascitur secundus sonus, qui est similis primo sono nomine et definitione; et ideo ejus similitudo et species debilior est primo, quia tremor secundus debilior est primo, et quod fit a virtute violenter movente, et omnis motus violentus, debilitatur et deficit in fine. Quapropter soni generatio semper debilitatur, sicut in aliis speciebus et virtutibus. Quare cum sonus omnis ex tremore causatur immediate, et non est res fixa nec permanens, ideo non videtur mihi quod aliquis sonus ex alio generatur; et ideo alium habent soni modum quam qualitates aliae sensibiles; sed in omnibus est simile, praeterquam in causa generationis soni et modi generandi. Unde secundus sonus est species primi, et tertius secundi, et sic ulterius; sed non fit secundus a primo, nec tertius a secundo propter causam dictam [1].

2. Substances produce species. Relation of accident to substance in this matter.

Secundo est magna dubitatio de substantiis, et major ignorantia. Quod vero substantia agat similiter speciem manifestum est per hoc, quod substantia nobilior est accidente quasi in infinitum: quapropter poterit effectum sibi similem producere longe magis quam accidens, et hunc effectum vocamus speciem. Item substantia generatur et ignis, et aliae multae; sed nullum generans est vilius generato; quare non generabitur natura substantialis ignis ab accidente; ergo a substantia. Sed quod in fine generationis dicitur ignis, vocatur species in principio, et dum habet esse incompletum. Ergo substantia generat suam speciem in principio sicut accidens. Item accidens non generatur in aliquo nisi prius natura generetur suum subjectum proprium, propter quod Aristoteles dicit septimo

[1] Cf. pp. 56–57, also p. 72 of this vol., in which the problem of sound is treated in the same way. Cf. also *De Anima* ii. 8, for Aristotle's view. Aristotle held that the conditions of sound were (1) percussion of a hard object, or of a column of air enclosed in a tube, (2) vibration of the air between the sonorous body and the ear, (3) vibration of air contained in the internal ear. He says nothing of the succession of vibrations in the body from which the sound originates.

Metaphysicae[1], quod prius est aggregatum quam accidens absolute consideratum. Ergo cum subjectum proprium caloris est pars illius aggregati, et hoc est substantia ignis, fiet ibi species substantiae ignis, sicut species caloris. Et Averroes vult quod omne accidens alicui subjecto per accidens est accidens per se alterius subjecti, aut iretur in infinitum. Ergo calor ignis fit in aqua et in alio; cum calor sit accidens aquae, erit accidens per se alicujus alterius, per cujus generationem in ipsa aqua regenerabitur calor in ea. Ergo substantia ignis ibi fiet, sive species substantiae ejus similis substantiae. Et illud subjectum proprium cadit in definitionem accidentis, sicut Aristoteles determinat septimo Metaphysicae. Et in tertio dicit quod eadem sint principia essendi et cognoscendi: quapropter accidens non potest esse sine suo subjecto proprio. Et ideo si caliditas ignis renovatur in aqua per actionem ignis in eandem, oportet quod natura substantialis ignis, quae est subjectum proprium caliditatis ignis, ibi renovetur prius natura, quum subjectum est prius natura suo accidente, licet sint simul tempore. Sed illam caliditatem generatam in aqua, vel alio quocunque, vocamus speciem caliditatis; ergo similiter illa natura substantialis ibidem generata vocabitur species substantiae. Item sicut se habet accidens ad substantiam[2], sic species accidentis ad speciem substantiae; ergo sicut accidens non potest esse sine substantia, sic nec species accidentis sine specie substantiae.

Defective translation of Aristotle has caused confusion.

Ex quibus sequitur necessario quod falsa est positio eorum, qui dicunt speciem tantum fieri ab accidentibus. Et si textus Aristotelis perverse translatus et ideo male expositus adducatur in contrarium, solvendum est secundum virtutem rationum praedictarum. Si enim allegetur illud septimi Physicorum, quale alterat et alteratur, in eo quod sensibile, ut fiat vis in hoc, planum est quod alteratio est in faciendo speciem sensibilem, quare alteratio est penes accidens. Sed ad hoc non arctatur generatio quae fit e forma substantiali.

[1] Cf. *Metaphys.* vi. 17, §§ 7, 8, where Aristotle shows that a composite whole is something more than the addition of its elements.

[2] The MSS. (Reg. included) have, substantia ad accidens; but the sense seems to require the transposition given in the text.

Et ideo licet accidens, per quod est alteratio, faciat speciem sensibilem, non propter hoc oportet quod forma substantialis faciat speciem sensibilem, sed aliam speciem quam sensibilem, saltem a sensu communi et particulari; et ad literam Aristoteles in illo capitulo tractat modum alterationis, ut manifestum est in textu, quum vult ostendere quod alterans et alteratum sint simul, et nihil ipsorum medium [1].

Species of substance apprehended by a mental process, not by sense directly.

Potest etiam aliter dici magis realiter, quod etsi illud verbum extendatur ad omne agens naturale quod substantia facit speciem sensibilem, non tamen a sensibus exterioribus quinque nec a sensu communi. Sed potest tamen sentiri bene, quasi a cogitatione et aestimatione, quibus ovis sentit speciem complexionis lupi inficientem et laedentem organum aestimativae, et ideo fugit lupum primo aspectu, licet nunquam prius viderit eum [2]. Et haec est species substantiae nocivae vel inimicae ipsi ovi. Et e contrario species substantiae amicae et convenientis alterius ovis confortat organum aestimativae, et ideo non fugit una ovis aliam. Unde bene potest anima sensitiva percipere substantiam per speciem suam, ut nunc dictum est, licet pauci considerent hoc, cum velit vulgus naturalium, quod substantialis forma non immutet sensum, et sic loquimur communiter. Sed hoc intelligendum est de sensibus exterioribus et sensu communi, qui retinent naturam sensus et nomen; non enim aestimationem et cogitationem vocamus sensus, licet sint partes animae sensitivae. Quinque enim sensus particulares et sensus communis, si volumus adjungere eis imaginationem, quod bene possumus facere, ut patuit in praecedentibus, et magis tangetur posterius, non comprehendunt nisi accidentia, quamvis per eos transeant species formarum substantialium. Sed horum plenior certificatio patebit in suo loco [3].

In what sense substance can be said to have a contrary.

Si etiam dicatur illud Aristoteles de Sensu et Sensato, quod ignis secundum quod ignis non agit nec patitur, sed secundum quod contrarium, dicendum est quod hic et hujus-

[1] Cf. *Nat. Auscult.* vii. 2, §§ 2, 3 *φανερὸν ὅτι τοῦ κατὰ τόπον κινουμένου καὶ κινοῦντος οὐδέν ἐστι μεταξύ. Ἀλλὰ μὴν οὐδὲ τοῦ ἀλλοιουμένου καὶ τοῦ ἀλλοιοῦντος.*

[2] See *Perspectiva*: Pars I, Dist. I, cap. iv.

[3] See pp. 427–8.

modi auctores intelliguntur ad literam de alteratione et generatione sensibili, et manifesta sensui particulari et communi. Hanc enim naturalis philosophus considerat, quia principaliter considerat ea quae sunt ad sensum, secundum quod dicit Aristoteles pluries quod considerat materiam[1] sensibilem et ea quae sensus sunt; et ideo haec potest esse una causa quare inter virtutes animae sensitivae nihil tangit de aestimativa et cogitativa, quae naturam sensibilem vulgariter excedunt. Sensibilia enim vulgato nomine dicuntur, quae apprehenduntur a sensibus particularibus et communi, et ideo non cogit illa auctoritas nec aliqua consimilis. Et potest etiam veraciter dici quod substantiae est aliquid contrarium, ut inferius exponetur; et est contrarietas inter formas substantiales elementorum et substantias eorum; et tamen non agunt ad invicem transmutando se et mutuo corrumpendo. Sed quoad eorum substantiales naturae considerantur in se, non possunt contrarietatem habere; sed in quantum contrariae sunt, [agunt se corrumpendo, secundum eorum substantiales formas[2].] Et hoc est quod Aristoteles dicit, quod ignis et terra non agunt secundum quod ignis et terra, sed in quantum contraria[3]. Non tamen intelligit hic de sola contrarietate inter accidentia elementorum, licet de illa magis exemplificat, quia sensibilior est; sed de contrarietate formarum substantialium eorum, propter quae fit fallacia contradicentis in cavillatione. Et licet Aristoteles dicat logice, quod substantiae nihil est contrarium, tamen patet quod uno modo est contrarietas aliquarum formarum circa idem subjectum actualiter constitutum in esse specifico, ut albedinis et nigredinis circa sortem, et calidi et frigidi circa lignum. Et hujusmodi contrarietas non est in substantia sed maxime aut solum in qualitate, et de hac loquitur in Praedicamentis suis logice, et ad instructionem grossam, et similiter in quinto Physicorum. Sed aliter dicit, in fine de Generatione, substantiam esse substantiae contrariam; et in primo Physicorum[4], quod con-

[1] naturam, O., materiam, Reg.

[2] The words in brackets are omitted in Reg.

[3] *De Gen.* ii. 8, § 2 *γῆ μὲν γὰρ ἀέρι, ὕδωρ δὲ πυρὶ ἐναντίον ἐστίν, ὡς ἐνδέχεται οὐσίαν οὐσίᾳ ἐναντίαν εἶναι.* Cf. *De Coelo,* ii. 3, § 3.

[4] Cf. the discussion of this question in *Nat. Auscult.* i. cap. 5, 6, 7.

trarietas est duarum formarum circa subjectum ens in potentia, quod est res alicujus generis, non alicujus speciei, ut forma gravis et levis circa idem genus, cujus essentia est eadem materia communis gravi et levi, in qua communicant, et circa quam mutuo se transmutant et expellunt, cum de terra fit ignis, et e contrario, et quodlibet elementum de alio, et mixtum de elemento, et e contrario, vel unum mixtum de alio, propter commune genus et materiam circa quam variantur et diversificantur et contrariantur, ut contrarietas exigitur in substantia. Et ideo forma substantialis ignis facit suam speciem substantialem in corpore terrae vel ligni, vel alterius, et corrumpit formam substantialem terrae vel ligni, tanquam sibi contrariam ea contrarietate quae in substantiis reperitur et requiritur.

3. The species of substance not of form only, but of matter compounded with form.

Tertio considerandum est quod species substantiae non est tantum ipsius formae seu materiae, sed totius compositi; eo quod Aristoteles vult primo de Anima quod omnes operationes sunt ipsius conjuncti et compositi [1]. Etiam nititur ostendere, quod intelligere est [2] ipsius compositi, unde homo intelligit, licet per animam; et magis proprie et verius sic dicitur quam quod anima intelligat in homine. Quapropter generatio speciei erit ipsius compositi, et ideo species est similitudo totius compositi. Praeterea ea forma proprie esse non potest nisi in materia propria; quapropter si innovatur in ligno vel in quocunque alio forma ignis, oportet quod ibi innovetur materia ejus. Et hoc patet per praedicta, quoniam si accidens non potest innovari nisi cum subjecto suo proprio, oportet [3] poni speciem subjecti generari in materia in qua species accidentis sui proprii, et essentialior est comparatio formae ad materiam quam accidentis ad substantiam, necesse est ubi generatur forma vel species formae, quod ibi generetur materia vel species materiae, et ideo species com-

[1] oppositi, J. compositi, is the reading of O. and of Reg. The reference would seem to be rather to the first chapter of the second book, containing Aristotle's celebrated definition of the *Psyche*. Such expressions as *πᾶν σῶμα φυσικὸν μετέχον ζωῆς οὐσία ἂν εἴη, οὐσία δ' οὕτως ὡς συνθέτη*, were in Bacon's mind. As a Christian philosopher he attached infinite importance to the composite nature of man; as may be seen in his moral philosophy.

[2] intelligere est magis proprie, O. Reg. omits magis proprie.

[3] quod non oportet, O. The reading in the text is that of Reg.

posita generatur. Ad hoc idem est quod Aristoteles in septimo Metaphysicae probat et determinat, quod forma tantum non generatur, sed compositum novum ex materia nova et forma nova [1]. Cum ergo effectus generantis univocus sit unus et idem qui primo vocatur species, et postea sortitur nomen generantis, oportet quod species sit composita, et hoc est omnino necessarium. Ex quo sequitur quod error est eorum qui ponunt speciem esse similitudinem formae, et non materiae nec compositi, nec habent auctoritatem nec rationem per se apparentem, sed solam consuetudinem falsitatis. Si dicatur quod tunc materia faciat speciem, quod falsum est, quia ejus non est agere, sed recipere tantum et pati; sed dico quod compositum per formam facit sibi simile in quantum est compositum, et ideo per unam et eandem actionem compositi, per formam oritur in patiente species totius compositi, et ideo non solum formae, sed materiae, primo tamen et principaliter compositi. Si dicatur quod nullum agens finitae potentiae potest in totum compositum, quia hoc est creatio; nam materia semper supponitur in actione naturae; dicendum est quod materia est subjectum generationis simpliciter, sed materia specifica renovatur sicut forma, ut prius in Communibus Naturalium [2] demonstratum est. Et sicut est in generatione completa, quod materia specifica completa et forma specifica completa et compositum specificum completum generantur, sic est hic in generatione incompleta, quae est generatio speciei, quod materia incompleta et forma incompleta et compositum incompletum fiunt sicut esse specierum requirit. Et ideo fit hic species materiae sicut formae, et propter hoc species composita generatur.

4. Species produced by sense-organs.

Quarto potest verificari, quod omnis substantia corporalis potest facere speciem, et non est calumnia nisi in uno casu ut in sensu. Quoniam cum [3] accidentia et substantiae viliores quolibet sensu faciunt speciem, necesse est quod

[1] Cf. *Metaph.* viii. 8, §§ 4 and 9, § 7.

[2] The unpublished work on 'Philosophia Naturalis' spoken of in the note on p. 408, of which the present treatise, or a shorter version of it, is a part, begins with an elaborate discussion of 'Communia Naturalium.' Some account of Bacon's peculiar views on matter and form will be found in the Introduction.

[3] tantum, J.

sensus faciat. Et hoc patet considerando particulariter in singulis. De visu enim patet hoc, quia homo videt oculum alterius sine speculo et per speculum, et oculum proprium per speculum, sed nihil videtur sine specie, et hoc nullus negare potest absolute. Sed multi negaverunt aliquid fieri ab oculo propter actum videndi complendum, ponentes quod visio compleatur solum intus recipiendo, et non extramittendo, nec quod aliquid fiat ab oculo quod operetur et faciat ad actionem videndi. Quod autem hoc sit falsum patet per Aristotelem nono Metaphysicae expresse, et per Tideum de Aspectibus manifeste, et per Ptolemaeum in libro Aspectuum multipliciter. Et haec verificari debent in sequentibus, et solventur omnia, quae Alhazen et Avicenna et Averroes videantur in contrarium fabulari; et ostendetur quod non est contra eos haec veritas, et hoc fiet quando erit sermo in particulari de agentibus et patientibus. Similiter instrumenta tactus, gustus, olfactus, auditus, cum sint corpora sensibilia naturalia, possunt per suos colores et odores et sapores et quatuor qualitates tangibiles facere species sicut res aliae, et sensum immutare quantum est de se, et multo magis erunt activa specierum in quantum sunt animata, quia sic sunt nobiliora, et ideo magis activa. Quapropter faciunt species; et hoc negari non potest absolute, sed an hae species ab eis factae cooperentur ad actus sentiendi, dubium esset aliquibus, non tamen illis qui bene examinant veritatem; quia proculdubio faciunt species a se, ut compleantur et certificentur suae operationes per illas species circa sensibilia, ut expresse potest probari per Aristotelem et Avicennam in libris de Animalibus et multis modis. Sed haec inferius habent certificari; nunc in tantum sufficiat quod sensus universaliter faciat speciem, sicut alia agentia corporalia [1].

Deinde considerandum est de aliis a praedictis, an faciant species; non enim est ita notum de caeteris rebus corporalibus, et quae sunt passiones corporum, an faciant vel non.

5. Matter does not produce them.

Quia vero Aristoteles dicit quarto Metaphysicae quod materia est in sola potentia passiva, et in libro de Generatione quod materiae debetur pati, et formae agere, et omnes abhor-

[1] Cf. the discussion of this point in *Perspectiva*, pp. 49-53.

rent dicere materiam aliquo modo agere, potest dici quod materia nullo modo facit speciem, sed per actionem compositi et formae generatur species materiae specificae sicut et formae et compositi, ut tactum est prius.

Many attributes of body do not. Species affecting vision come solely from light and colour.

Alia autem corporalia, quae maxime accedunt ad ista accidentia, sunt sensibilia communia, quia per se sunt sensibilia, ut Aristoteles dicit, quae sunt magnitudo, figura, numerus, motus et hujusmodi usque ad viginti, cum eis quae reducuntur ad illa, sicut habitum est prius. De his vero dicit Ptolemaeus [1] in secundo libro de Aspectibus, quod non faciunt passionem in visum similem eis nomine et definitione, sed solum lux et color hanc faciunt, quae passio nominatur ab eo coloratio et illuminatio. Alia autem sensibilia comprehenduntur per aliam viam, ut determinat. Et hoc idem vult Alhazen secundo Aspectuum, et expresse determinat hoc quarto Aspectuum, dicens quod nihil venit a corporibus nisi species lucis et coloris. Et uterque determinat hanc viam aliam, propter quam visus solum non sufficit ad judicandum veritatem horum; nec ei attribuitur judicium de aliis, sed aliis virtutibus animae, mediante visu vel tactu vel alio. Unde Alhazen dicit, quod virtus distinctiva et ratiocinativa haec judicant, mediante sensu particulari. Et Tideus de Aspectibus his concordat, volens quod situm et figuram et magnitudinem et hujusmodi non potest visus cognoscere nisi species visus fieret ad rem ipsam, quoniam species istorum sensibilium contrariae non fiunt a rebus, secundum eum. Et istud patet [2] per hoc quod nos percipimus visum pati e forti luce et colore, ita quod quando aspeximus fortem lucem vel colorem, et convertamus nos postea ad alia visibilia debilioris lucis et coloris, non statim percipimus illa alia visibilia, propter impressionem adhuc remanentem a forti colore vel luce, sed cum paulatim evanescit, augmentatur visio et apprehensio rerum illarum. Sed hoc non accidit nobis in videndo forte densum vel rarum, vel asperum vel lene, vel magnitudinem vel corporeitatem, vel figuram, vel hujusmodi, quando postea aspicimus alia visibilia; et per hoc scimus quod sensus non patitur ab his sicut a sensibilibus propriis. Item si non esset densum, a parte post

[1] See Ptol. *Opt.*, pp. 8–13.

[2] Cf. p. 103.

ipsius perspicui, non percipimus ipsum perspicuum; similiter nec densum, nisi quia inter nos et ipsum est perspicuum; nec corpus et figuram et caetera percipimus, nisi quando percipimus densum. Sed tamen perspicuum sine denso et densum sine perspicuo habent esse naturale et vere esse; quare si ex natura sua activa facerent speciem in visum, tunc videremus aerem et sphaeram ignis, et sphaeras coelestes extra loca planetarum, cum in omnibus his sint quantitas et figura, magnitudo, et corporalitas, perspicuitas et hujusmodi, et tunc sine hujusmodi perspicuis videremus densum, et densum de se natum esset facere speciem. Sed visus non judicat de denso nisi mediante perspicuo ad quod terminatur[1].

6. No species from Quantity.

Caeterum quantitas debetur materiae quia est passio materiae et ideo non dicitur esse activa, sicut nec materia quae est substantia, et ejus subjectum proprium, quare nec passiones quantitatis, quae sunt rectum, curvum, figura, superficies et forma corporis, nec hujusmodi. Et iterum susceptivum soni est absonum, et coloris similiter, et aliorum immutantium medium et sensum. Sed sensus et medium habent quantitates et figuras et hujusmodi. Item multa horum reperiuntur in subjecto generationis, et ideo praecedunt generationem et sequuntur corruptionem, et sunt in rebus ingenerabilibus et incorruptibilibus et in omnibus corporibus omnia aut plura. Propter quod oportet quod horum saltem multorum non sit generatio nec corruptio. Augmentatio enim vel diminutio potest in his esse, sed quae de novo generentur, et eorum pariter totaliter non accidit in omnibus; sed immutatio speciei est per generationem et ejus annihilatio per corruptionem totaliter. Quapropter non sunt generativa speciei haec quae sic reperiuntur circa subjectum naturae et materiam naturalem.

7. Nor from *sensibilia communia*, perception of which depends on the organ of judgement.

Sed eadem ratio est sensibilis, in omnibus istis, quae vocantur sensibilia communia, eadem ratio, dico, generalis propter quod si aliqua non sunt nata facere speciem, nec alia. Et tamen contra hoc videtur esse, quod ista sunt sensibilia per se sicut propria, propter quod videretur quod speciem agerent et immutarent plures sensus, sicut sensibile proprium immutat

[1] Cf. pp. 62–66 for discussion of opacity of object and transparency of medium as conditions of vision.

unum sensum. Dicendum est, quod non ob hoc dicuntur sensibilia per se, nec propria nec communia, sed quia virtus distinctiva quae est cogitativa, cujus esse est in media cellula[1] cerebri, judicat de his sensibilibus tam propriis quam communibus, mediante sensu communi et particulari, qui solum de partibus animae sensitivae vocantur a vulgo nomine sensus; et quia de sensibilibus per accidens eadem cogitativa potentia judicat, mediante aestimatione et memoria, et non mediante sensu communi et particulari; propter quod sensibilia communia et propria vocantur per se sensibilia, quia mediante sensu, et non aestimatione, comprehenduntur. Horum autem intellectus planior patet non solum ex praecedentibus, sed dependet ex subsequentibus; et ideo quod hic minus planum est, requiratur a locis aliis propriis.

Objection that opacity is visible, and therefore generates rays.

Reply: the rays are those of colour and light, which opacity renders visible.

Quod autem posset dici quod nihil videtur nisi densum, et densum, etiam sine colore et luce innata, potest videri ut in terra et aqua, et forte in coelo octavo vel nono, secundum diversitatem opinionum de illis, ut inferius patebit, propter quod densum videtur esse maxime sensibile et visibile; et ideo quod speciem faceret in sensum. Dicendum est quod hoc non valet, non enim est maxime visibile propter hoc quod nihil sine eo videtur, quia occasio magis est quam causa, et quia per aliud comprehenditur, sicut perspicuum interjacens. Et ideo non est ex sua natura absoluta ut videatur, sed dependet a perspicuo; propter quod non debet facere speciem ut de se immutet, nec requiritur ejus perceptio ad hoc ut percipiantur color et lux, sed sufficit visui quod color et lux fiant in denso aliquali, scilicet, ut terminetur visus; non enim terminatur nisi per densum. Ad esse ergo coloris et lucis requiritur densitas, ut visus terminetur ad colorem et lucem. Sed tunc ex natura sua propria faciente speciem videntur prius quam percipiatur densum, quoniam densum non comprehenditur solo sensu, sed per cogitationem, nec per se, sed per collationem ad perspicuum, et mediante eo, sicut patet ex libris Aspectuum.

Quod vero dicit Alhazen secundo de Aspectibus[2], quod in

[1] Cf. p. 9, as to the cerebral organ of virtus cogitativa.

[2] Concavum nervi communis is, as explained in *Perspectiva*, p. 14, the retina. Alhazen, in the passage here referred to (lib. ii. prop. 16) explains that each

concavo nervi communis duorum oculorum, et in parte membri sentientis, id est, anterioris glacialis quae est anterior pars pupillae, figuratur circumferentia rei visae. sed circumferentia reducitur ad sensibilia communia, ut patet ex eodem libro, quapropter videretur quod quantitas et figura, et hujusmodi, faciant impressionem et speciem in organo, et ideo prius in aere; ad hoc dicendum est quod illud intelligendum est, sicut loquitur de magnitudine rei visae, quando dicit quod ordinatur et describitur in superficie membri sentientis. Hoc enim non est quia magnitudo faciat suam speciem, sed quia a tota rei magnitudine venit species coloris et lucis, et a tota superficie. Et tunc species coloris venientes a singulis partibus rei visae non confunduntur in una parte pupillae, sed distinguuntur et ordinantur in superficie pupillae. in quantitate sensibili secundum numerum partium in re visa, ut visus distincte comprehendat totum colorem vel lucem rei visae. Sic igitur describitur in pupilla magnitudo rei visae, id est, color totius magnitudinis vel lux, ita quod solum sit ibi species coloris vel lucis ordinata in pupilla et non ipsius magnitudinis. Propter quod similis intellectus est de figuratione circumferentiae rei, et descriptione ejus in membro sentiente et nervo communi, scilicet, quod color vel lux ipsius circumferentiae totius faciat speciem suam, quae figuratur et ordinatur in organo et medio, sed non ipsa circumferentia; hic enim est auctoris intellectus de omnibus talibus.

Objection that magnitude is directly apprehended by the eye.

Reply, that points of light and colour only are directly apprehended.

Quod autem dictum est quod species materiae renovatur sicut formae, tunc proprietatum materiae species debent similiter renovari cum suo subjecto, sed quantitas est pro-

Further objection, and reply.

point of light and colour in the object is represented on the retina and is there apprehended by the ultimum sentiens. He comes extremely near to the conception, first, I believe, realized by Kepler, and subsequently set forth in the *Dioptrique* of Descartes, of a clear retinal image as a condition of distinct vision. What hindered his precise apprehension of the truth was the notion that the sentient function though carried on more actively by the nervous structure, was yet vaguely distributed through the other structures of the eye (virtus sensitiva est per totum istius corporis). But his view of the function of the retina may be gathered from these words: 'Si res visa habuerit unum colorem, erit illa pars (i.e. concavum nervi) corporis sentientis unius coloris; et si partes rei visae fuerint diversi coloris, erunt partes illius corporis partis sentientis diversi coloris; et ultimum sentiens sentit colorem rei visae ex coloratione quam invenit in illa parte.'

prietas materiae; dicendum est quod species materiae primae non renovatur sed specificae, et illius proprietates renovantur; sed hae non sunt corporeitas, et figura, et hujusmodi communia, quum sint proprietates materiae primae. Si igitur ista sensibilia communia non faciant species, multo fortius nec aliae res praedicamentales et corporales, ut ratio, relatio, situs, quando et hujusmodi. Sensibilia autem per accidens[1] dicuntur respectu sensuum particularium et communis, qui autonomatici vocantur sensus, sed tamen multa eorum sunt sensibilia per se ab aestimativa, ut prius dictum est de substantiis. Sed sensibilia per accidens, alia a substantiis, sicut filius et pater, et caeterae res praedicamentales a substantiis et sensibilibus propriis et communibus non sunt activa specierum, postquam sensibilia per se multa non possunt facere species, cum tamen sint magis activa quam talia sensibilia per accidens.

8. Are there species from universals?

Post haec autem octavo[2] expedit considerari quod sicut rerum quaedam sunt universales, quaedam singulares, sic species fiunt ab his et illis. Et ideo sicut species singularum sunt singulares, sic universalium universales. Et cum universale non sit nisi in singularibus, sicut ostensum est in Metaphysicis[3] propter contentiones multorum, nec potest singulare carere suo universali, erit proportio speciei universalis ad speciem singularem, sicut rei universalis ad rem singularem, quarum sunt hae species. Et ideo cum singularia hominis faciunt suas species in medio et in sensu et intellectu, sic homo universalis simul facit suam speciem in speciebus singularibus; ita quod sicut homo universalis est una natura specifica in quolibet singulari tota et totaliter, sic species universalis est una natura specifica suo modo et tota et totaliter, et in qualibet specie singulari, nec e contrario. Et propter hoc iteratur in medio, et sensu, et intellectu species universalis, quando venit cum specie cujuslibet singularis, et sic figitur in anima et fortius quam species alicujus singularis. Et hoc determinat Alhazen evidenter in libro secundo.

[1] Cf. *Perspectiva*, pp. 74–75.

[2] octavo omitted in O.

[3] Some remarks on Bacon's attitude in the controversy as to Universals will be found in the Introduction; and Charles' monograph, pp. 383–384, contains important quotations from the Mazarine MS. bearing on the subject.

Ex his igitur sequitur corollarium, quod sive in medio sive in sensu, sive in intellectu sint species universales, oportet quod ibidem sint species singulares eis respondentes. Et ideo non intelligo quod in intellectu aliquo creato sint tantum species universales fixae sine singularibus speciebus, ut per applicationem multarum talium specierum universalium, quarum res universales sint in aliquo individuo alicujus speciei, fiat cognitio de tali re singulari. Quanquam et ipsa applicatio non est mihi intelligibilis. Sed de his tractabitur alias suis locis.

Species of the same nature as its agent.

Ex dictis in hoc capitulo patet, quod cum quaeritur universaliter de omni specie in medio an sit substantia vel accidens, nulla est quaestio, et similiter an species sit quoddam compositum vel simplex, et an universale vel singulare. Nam species substantiae est substantia, et species accidentis est accidens, et species compositi est compositum, et species simplicis est simplex, ut materiae species est materia, et formae forma, et species rei universalis est universalis, et rei singularis est singularis. Quia breviter dicendum, quod sicut se habet accidens ad substantiam, et forma ad materiam, et universale ad singulare, scilicet, quod nullum istorum est sine suo compari, sic se habet species accidentis ad speciem substantiae, et species materiae ad speciem formae, et species rei universalis ad speciem rei singularis, ita quod nulla est earum sine sua socia.

CAPITULUM III[1].

Habito de agente, consequenter considerandum de modo agendi, quod est tertium hic principale, et habet tres conclusiones. Quarum prima est, quod non potest species exire

How are species propagated?

[1] This chapter deserves special attention, as justifying what has been said in the note on p. 408, that though the word *species* recalls the crude philosophy of emanations, best known to us through the poem of Lucretius, in Bacon's mind it had almost entirely lost that connotation, and is used as the word ray, current, or undulation might be used by a modern scientist, to express action of one body on another: the *multiplication of species* expressing the continuity of such action, in other words, the propagation or radiation of force. With regard to the part taken by the medium in the transmission of force, it will be seen that Bacon's view is far more nearly akin to the views of Descartes, Young, or Faraday than to the emission theory of Newton. Action at a distance was as inconceivable to him as to Aristotle, and to most modern physicists.

1. Not by emission.

nec emitti ab ipso agente, quia accidens non permutat subjectum, nec pars substantialis sine corruptione substantiae totius. Sed maxime activa, ut substantiae spirituales et coelestia, non sunt corruptibilia; quare species nullo modo exibit ab agente, cum omne quod est in eo sit substantia vel accidens, nec contingit ponere medium, ut prius declaratum est. Quapropter male loquitur vulgus et improprie, quando dicit quod agens emittit a se speciem, exemplificans in odorabili, quod aliquid emittit, ut in mosco sine accensione, vel in thure accenso. Sed dicendum est quod odorabile, in quantum activum est speciei, non emittit aliquid, sed in quantum patitur per calidum intra resolvens aut extra; et ideo agens naturale, in quantum agens, non emittit aliquid, sed in quantum patitur et destruitur. Caeterum actio non est in deperditionem et corruptionem agentis, sed in perfectionem; quia tunc unumquodque perfectum est, cum sibi simile facere potest, secundum Aristotelem secundo de Anima[1].

Nor (2) by creation or (3) by introduction of anything into the matter acted on;

Deinde manifestum est quod agens non creat speciem ex nihilo, neque accipit eam alicubi extra se vel extra patiens, ut eam reponat in patiente; hoc enim ridiculum esset. Quapropter improprie et male dicitur, quod agens immittit aliquid in patiens et quod influit; nam tunc ab extra ingrederetur aliquid in ipsum patiens, quod non potest esse, quia tunc vel exiret ab agente, vel agens inveniret id extra se vel patiens, vel crearet illud de nihilo, quorum quodlibet est falsum.

Nor (4) by impress of agent on patient as with a seal.

Et ideo oportet unam duarum viarum eligi, scilicet quod per viam impressionis[2] fiat species, aut quod per naturalem immutationem et eductionem de potentia materia patientis. Sed via impressionis non est possibilis, quoniam impressio non fit nisi in superficie, ut sigilli in cera, per elevationem quarundem partium superficiei et depressionem aliarum. Sed actio naturalis est in profundo patientis. Item per species rerum sentimus res ipsas; sed per impressiones quae fiunt in cera et hujusmodi non sentimus res imprimentes, ergo non est con-

[1] *De Anima*, ii. 4, § 2.

[2] Cf. p. 410, where reference is made to *De Anima*, ii. 12, § 1 *ἡ αἴσθησίς ἐστι τὸ δεκτικὸν τῶν αἰσθητῶν εἰδῶν ἄνευ τῆς ὕλης, οἷον ὁ κηρὸς τοῦ δακτυλίου ἄνευ τοῦ σιδήρου καὶ τοῦ χρυσοῦ δέχεται τὸ σημεῖον.*

similis actio hinc et inde. Ex quo sequitur quod improprie dicitur quod speciei generatio est per viam impressionis, secundum quod utimur hoc nomine prout est impressio in sigillo et hujusmodi. Sic enim ad literam intelligit vulgus species imprimi ab agentibus, sed non est ita. Si tamen largius accipiatur impressio, prout communiter signat omnem transmutationem patientis per actionem agentis, sicut aliquando inveniuntur auctoritates accipi apud ipsos auctores vel apud interpretes, tunc posset dici quod per impressionem fieret species. Et sic convenit quodammodo cum impressione primo modo dicta; licet non omnino, quia continet eam sicut universale suum particulare, haec enim impressio est communiter, sive fiat actio in superficie sive in profundo. Et sic usus est Aristoteles cum dicit secundo de Anima, quod sensus suscipit species sensibilium, sicut cera speciem annuli; quodammodo enim est similitudo, sed non plena; et sic multae auctoritates inveniuntur, quod modo habent similitudinem.

But (5) the latent activities of the matter acted on are called out.

Cum igitur nullo praedictorum modorum fiat generatio speciei, manifestum est quod quinto modo oportet fieri, scilicet per veram immutationem et eductionem de potentia activa materiae patientis. Non enim aliquis est alius modus excogitabilis praeter praedictos, et haec est conclusio tertia. Et non est solum per hunc locum; patet hoc a divisione[1]. Sed necessarium est hoc, quoniam effectus naturaliter facti dicuntur generari secundum Aristotelem de potentia materiae activa, ut omnes fatentur sine contradictione. Sed species est effectus agentis naturalis, et naturaliter productus est, quare species ipsa debet de potentia materiae generari. Item potentiae receptivae respondet dator formae, et hic est Creator; quare si in materia esset potentia solum receptiva specierum, tunc poneremus in rebus naturalibus datorem formarum, contra Aristotelis doctrinam; ergo non fiet species in potentia receptiva, sed de potentia activa materiae naturalis seu patientis. Et iterum patet ex dictis quod haec virtus est eadem cum effectu completo. Illa enim fit ipse effectus completus quando agens invalescit, et ideo idem erit modus producendi effectum istum incompletum et completum.

[1] additione, Reg., a divisione, O.

Quare si completus effectus educitur de potentia materiae, oportet quod prius educatur effectus incompletus de eadem potentia.

It is objected that this would imply action at a distance.

Sed contra hoc quaedam objectio decipit multos. Arguitur enim, quod agens et patiens simul sunt, et nihil est ipsorum medium, secundum quod Aristoteles probat septimo Physicorum, et determinat nono Metaphysicorum, et libro de Generatione. Praecipua enim conditio agendi est quod conjungatur agens cum patiente sine medio, et aliter non transmutabit ipsum. Sed conjunctio duplex intelligitur, scilicet vel secundum substantiam vel secundum virtutem, ut dicunt; sed agens non potest esse simul cum profundo patientis, secundum suam substantiam; quare oportet quod sit simul secundum virtutem, ut generet effectum suum per eductionem ejus de profundo patientis. Et ideo dicit multitudo quod virtutis est datio et infusio in profundum patientis, ut de potentia ejus educatur effectus, et quod non debeat virtutis generatio fieri de potentia illa; et ideo ponitur quod virtus seu species non educitur de potentia materiae, sed quod datur et infunditur, et quod est aliud ab effectu intento finaliter et solum fit ab agente, ut transmutetur profundum patientis, et ut per illam educatur effectus de potentia materiae, verum instrumentum est agentis ad effectum producendum principale. Et aliter, ut dicunt, non posset agens producere effectum quem intendit, ut ignis ignem, seu formam ignis, nec homo hominem, nec aliquod agens produceret effectum ei similem nomine et definitione.

Objection refuted (1) by reference to the argument on p. 414 et seq.

Et sic cogimur redire ad praedictam pluralitatem [1] effectuum univocorum. Sed cum illa suo loco non poterunt contradici, quia sequitur [2] quod species est ipse effectus agentis primus et univocus, complendus per operationem completam, ut tunc recipiat nomen et definitionem agentis, sicut prius ostensum est, nec potest esse nisi unus talis effectus, [ideo] manifestum est has cavillationes vanas esse.

(2) The objector's view

Et iterum contingit argui contra generationem [3] [virtutis, quam ipsi fingunt aliam ab effectu principali, sicut contra

[1] praedicta circa pluralitatem, J. Cf pp. 414, 415.
[2] consequetur, J., sequitur, O.
[3] The words in brackets are omitted in Reg.

generationem] effectus principalis, scilicet, quomodo[1] faciat agens eam in profundo patientis, cum substantia agentis non sit infra illud profundum? Quapropter fictio illius virtutis praeter effectum principalem non evadet hanc objectionem; quia qua ratione agens non potest generare effectum principalem in profundo patientis sine tertio ab eis, eo quod non sit secundum se in illo profundo, et hoc tertium est virtus, sequitur quod nec generabit virtutem in profundo illo sine aliquo tertio, cum ipsum agens, dum generat virtutem hanc, non sit in profundo patientis, et sic ibitur in infinitum. Et ideo propter evasionem illius objectionis non debet fingi talis virtus praeter effectum principalem. Contra igitur sic arguentes est argumentum eorum, sicut contra eos quos impugnant; et ideo male arguunt.

would imply perpetual generation of new force.

Item species accidentis, ut caloris vel alterius, est forma accidentalis ipsius patientis, et species formae substantialis ignis fit forma substantialis patientis quando gignitur; quia calor et species caloris sunt ejusdem essentiae specificae, et universaliter species cum eo cujus est, ut prius ostensum est. Et ideo sicut calor est forma ejus in quo est, sic species caloris et sic de aliis. Sed nulla forma alterat materiam cujus est actus nisi tantum anima; quia anima non solum est actus sed motor sui corporis. Unde forma ignis non alterat materiam ignis vel alterius, ergo non potest species facta in prima parte patientis alterare illam partem ad alium effectum producendum in ea, sed partem secundam. Et ita quae fit in secunda alterabit tertiam, et sic ulterius.

(3) The effect generated in the first part of the patient becomes a force acting on the second, and so onward.

Praeterea in confirmationem istius sententiae quaero ab eis qui sic dicunt, quo devenit haec virtus, postquam effectus principalis generatus est; ut postquam ignis generavit ignem ex alia materia, vel homo hominem, vel quodlibet aliud juxta speciem suam, quid accidit de hac virtute? Si enim non est educta de potentia materiae, tunc non corrumpetur in eam; ergo si corrumpatur, corrumpetur in nihil; quare fuit producta de nihilo; ergo fuit creata, quod est impossibile. Si dicatur quod non corrumpitur sed manet in generato, sequitur inconveniens quoniam cum generabitur oportet quod sit corruptibilis; omne generabile est corruptibile, et probabitur

(4) What becomes of the force supposed to be emitted by the agent?

[1] quo, J.: the sense has been obscured by defective punctuation.

post quod sit corruptibilis et quod corrumpitur. Et si nunquam corrumpatur, vel statim vel tarde, non corrumpetur in potentiam materiae, sed in nihil, ut dictum est, et tunc fuit facta de nihilo et creata, quod est impossibile. Nec cadit creatura in nihil propter hoc quod a Creatore continente manu tenetur; derogaretur enim infinitati bonitatis et sapientiae et potentiae Creatoris. Item res agens per necessitatem et sine deliberatione agit uniformiter; ergo agens eodem modo agit in faciendo speciem et effectum quemcunque, quantum est a parte sua. Cum igitur a parte materiae recipientis non est diversitas quia etiam uniformis est, manifestum est speciem fieri ab agente, sicut alium effectum, et ita de potentia materiae.

Action is propagated from particle to particle.

Quapropter cum haec omnia inconvenientia sequuntur ex hoc, quod dicitur quod species non de potentia materiae generatur, oportet [1] quod sic fiat ejus generatio. Et ad objectionem communem respondendum est, scilicet quod agens non debet esse in profundo patientis neque secundum substantiam suam, neque aliter ut de potentia profundi educatur aliquid. Hoc enim non requirit actio naturalis, nec Aristoteles hoc determinat, sed solum quod inter agens et patiens nihil sit medium. Tunc enim substantia agentis activa tangens sine medio substantiam patientis potest ex virtute et potentia sua activa transmutare primam partem patientis quam tangit, et redundat actio in profundum illius partis, quia illa pars non est superficies, sed corpus quantumcunque sit parva, nec sine profunditate sua potest accipi nec intelligi, et ideo nec tangi nec alterari. Sed illa pars, licet quantitatem habeat, et sit maximum quod potest secundum naturam recipere actionem agentis, tamen valde modicum est et insensibile. Postquam enim agens tangit patiens, et non solum superficiem nudam, sed substantiam, mediante superficie, et haec substantia sit corpus, quantumcunque sit parva, et ideo habens profundum, dico quod agens tangit profundum primae partis quantum sufficit, nec oportet quod sit in illo profundo, neque secundum substantiam, neque aliter. Et sic fit tota actio naturae et generatio effectuum naturalium; nec plus requiritur, sed verum judicium; quamvis falsae imaginationi nihil sufficiat.

[1] oportet, Reg., sed, J.

Special objection as to the propagation of heat and colour.

Et jam patet quod objectio vana est, quae dicit speciem non esse formam aeris, quia est motor et facit calorem in eo. Dicendum est enim, quod non est motor ejus cujus est forma sed alterius; unde species in prima parte aeris non inducit calorem in ea, sed in secunda parte facit calorem, et sic ulterius; ut tactum est in objectione veridica facienda in his terminis. Si dicatur quod species fortis et sensibilis sit a vitro bene colorato, quando radius solis fortis penetrat hujusmodi vitrum, sed non possit tam vehemens color produci ita cito de potentia materiae, et praecipue aeris, quod est corpus simplex; quapropter videtur quod alius modus sit gignendi speciem, quam de potentia materiae; dicendum est quod non est alius modus, ut probatum est, et ad hanc cavillationem dicendum est quod in duobus peccat. Unum est quod supponit colorem fortem esse generatum a vitro sicut apparet, non tamen est ita fortis sicut videtur. Nam quando radius solis transit per hujusmodi vitrum, non apparet color talis, et ideo magis est in apparentia quam in existentia coloris veri, et est sola species, et ideo potest produci de potentia materiae, praecipue alicujus mixti. Nam quando iterum supponit haec cavillatio, quod proprie fiat in aere; dicendum est, quod species vitri prius fit in aere quam in opaco mixto, sed debilior longe fit in aere propter simplicitatem corporis; sed quando venit ad corpus mixtum, quod magis aptum est ad colorem, potest species in aere existens educere de potentia materiae speciem pleniorem, sicut virtus magnetis differtur in aere usque ad ferrum, sed fortior est in ferro quam in aere propter aptitudinem ferri majorem. In mixto tamen opaco concedendum est hoc, quod species sola est licet appareat habere multum de colore. Hujus autem apparentiae causa duplex est. Una est multitudo lucis penetrantis vitrum; nam in debili luce non apparet sic; lux enim nata est detegere colores et facere eos apparere. Alia causa est debilitas coloris opaci, respectu fortis coloris vitri et speciei ejus respectu fortis coloris speciei vitri; et ideo non solum color vitri apparet sensui fortis et bene sensibilis respectu coloris opaci, sed species coloris vitri potest sensui apparere, licet species coloris opaci non appareat. Dico igitur quod hujusmodi apparitio est species, et non est ita vivus color sicut apparet, et habet satis parum de esse, ut bene possit educi de potentia materiae opaci. Item ponamus quod habeat tantum de esse sicut apparet, quid prohibet ipsum de potentia saltem corporis mixti educi, quia corpora mixta nata sunt colorari? Nos enim videmus multos effectus naturae completos subito quasi fieri, ut una candela accendatur ab alia, et combustibilia statim igniuntur, cum igni applicantur; quare similiter potest esse hic.

CAPITULUM IV.

Six propositions. 1. The smallest quantity of an agent is effective in its degree.

Sed nunc ad illa plenius intelligenda oportet annecti capitulum quartum, quod habet sex conclusiones. Prima est quod ad agens in hac influentia non exigitur quantitas determinata. Secunda est, quod totum agens secundum lineam profunditatis suae agit secundum se totum in patiens, et non aliqua sola pars signanda. Tertia est, quod omne agens attingit aliquam partem patientis quam potest alterare, et non plus. Quarta, quod minus quam illud non potest esse subjectum sufficiens actionis, ut est in suo toto. Quinta est quod medietas agentis non alterat unam medietatem, et altera medietas aliam. Sexta, quod medietas primae partis patientis alterata non potest secundam alterare.

First proof.

Prima igitur est, quod ad agens in hac influentia non exigitur quantitas determinata, ita quod in minori non possit agere. Nam tunc in rebus inanimatis oporteret ponere virtutem augmentativam, sicut in animatis, ut per aliquod corporale veniens convertendum in rem inanimatam [1] virtus illa augmentativa duceret illam rem ad debitam quantitatem in qua possit operari, sicut accidit de animatis pro actione generandi secundum propagationem. Haec enim est necessitas quare in rebus animatis est augmentatio. Sed istud locum non habet in rebus inanimatis, quare ad actionem earum non requiritur quantitas determinata. Et haec est actio speciei

[1] animatam, J., which vitiates the reasoning, inanimatam, O. The argument rests upon an entirely just appreciation of the difference between living and dead matter.

quae universaliter est communis rebus animatis, quia in actione ista omnia agunt eodem modo.

Second proof.

Item Aristoteles vult tertio Physicorum[1], quod omne agens physice patitur et transmutatur insimul dum agit, et quod omne patiens physice agit; et in libro de Generatione primo vult idem. Sed in quacunque quantitate parva ponatur aliquid, illud potest alterari et corrumpi per agens forte, ergo simul aget ut corrumpens patiatur et alteretur. Nec contingit dicere quod patitur in hoc quod illud corrumpendum resistit per naturam contrarietatis, licet non alteret ipsum corrumpens. Nam sic coelum pateretur ab ipsis inferioribus, et computaretur inter agentia physice, eo quod suae virtuti resistit materia elementaris. Aliter enim non fieret motus nec actio in tempore. Cum enim lux solaris dicitur generare calorem in aere frigido, necesse est quod frigiditas aeris resistet luci, sicut resistit igni, sed non alterat lucem sicut ignem. Cum ergo coelum non agat physice nec patiatur per Aristotelem, ut omnes volunt; tunc cum dicitur quod agens physice patitur et quod patiens physice agit, hoc non est solum in resistendo, sed in hoc quod patiens transmutat et alterat ipsum agens.

Third proof.

Item Averroes dicit super secundo Metaphysicae, quod nulla substantia est otiosa in fundamento naturae, et ideo oportet quod substantia sub quacunque quantitate possit suam facere operationem. Item per Aristotelem septimo Physicorum[2], ubi dicit quod si aliqua virtus alteret aliquid mobile in aliquo tempore, tunc medietas virtutis mobile ei proportionale alterabit tantum et in tanto tempore. Si allegetur illud in primo Physicorum de carne minima[3]; dicendum est, quod non loquitur nisi de minimo secundum sensum, et non secundum

Objections and replies.

[1] *Nat. Auscult.* iii. 1 § 8 *πολλὰ ποιήσει καὶ πείσεται ὑπ' ἀλλήλων· ἅπαν γὰρ ἔσται ἅμα ποιητικὸν καὶ παθητικόν. Ὥστε καὶ τὸ κινοῦν φυσικῶς κινητόν· πᾶν γὰρ τὸ τοιοῦτον κινεῖ κινούμενον καὶ αὐτό.* In the view here adopted by Bacon from Aristotle, we have a very distinct foreshadowing of Newton's law of Action and Reaction, recently extended to every department of Physics.

[2] *Nat. Auscult.* vii. 5, §§ 1, 2.

[3] *Nat. Auscult.* i. 4, § 5 *εἰ δὲ ἀδύνατον ζῷον ἢ φυτὸν ὁπηλικονοῦν εἶναι κατὰ μέγεθος καὶ μικρότητα, φανερὸν ὅτι οὐδὲ τῶν μορίων ὁτιοῦν . . . Δῆλον τοίνυν ὅτι ἀδύνατον σάρκα ἢ ὀστοῦν ἢ ἄλλο τι ὁπηλικονοῦν εἶναι τὸ μέγεθος ἐπὶ τὸ μεῖζον ἢ ἐπὶ τὸ ἔλαττον.* Aristotle is explaining that if there are limits of magnitude (superior and inferior) for the animal or plant as a whole, there must be limits

naturam et simpliciter; nam hoc sufficit suae demonstrationi contra Anaxagoram, qui posuit omnia esse in quolibet, ut in aqua esse ignem, et carnem, et os, et caetera omnia; sed denominatur magis a quo secundum sensum excedit alia et abundat. Veritas igitur est, quod distinctio carnis stat secundum sensum, ut minor accipi non possit sensibilis, et sic de quacunque re. Deveniatur igitur ad carnem minimam secundum sensum, et tamen haec erit secundum quantitatem divisibilem et secundum substantiam, licet sensum non possit immutare aliqua pars ejus. Accipiatur igitur aliqua pars ut medietas sit, ita haec pars non habet virtutem carnis sensibilem; ergo caro non dicetur magis quam aliud, quia pars quaelibet denominatur a superabundanti secundum sensum, ut posuit Anaxagoras. Quapropter non erit caro secundum rectam denominationem carnis, sed neque aliquid aliud, quia nil aliud sensibiliter in eo potest denominari; nam maxime videretur hoc de carne; quare non erunt omnia in eo, nec principium materiale erit in quo sunt omnia, nec aliquid erit, et sic destruitur positio Anaxagorae, qui posuit omnia esse in quolibet, quod denominatur a superabundanti secundum sensum, et sic habet intelligi pertractatio rationis Aristotelis in illo loco, et dictum commentatoris ibidem habet sic exponi. Quod allegatur ex fine libri[1] de Sensu et Sensato nihil est, nam ibi loquitur de actione in sensum, ut patet ex contradistinctione libri, quia loquitur de sensibilibus agentibus in sensum. Et bene concedendum est quod aliquid sensibile potest esse tam parvae quantitatis, quae non immutabit sensum; et tamen alterabit aerem et sensum, sed sensus non percipiet; et sensus perceptionem dicimus ejus immutationem.

The smallest particle of matter has gravity;

Quod vero Averroes vult secundo Coeli et Mundi, et alibi, quod terra, vel aliud, non habet speciem vel actionem terrae nisi in quantitate debita, potest hic intelligi ad actionem non impe-

for their organs: and he is using this inference as an argument against Anaxagoras' view that body consisted of infinitely small and infinitely numerous elements. Bacon's point seems to be that, while organic tissue, like every other form of matter, is infinitely divisible, yet beyond a certain stage of division it is indistinguishable from inorganic matter.

[1] Cf. *De Sensu et Sensili*, cap. 7 *ὅτι δὲ τὸ αἰσθητὸν πᾶν ἐστὶ μέγεθος καὶ οὐκ ἔστιν ἀδιαίρετον αἰσθητόν, δῆλον*, et seq.

ditam, vel quoad actionem sensibilem in sensibili tempore. Nam ad hoc quod lapis debeat medium penetrare, ut resistentia media non impediat ipsum, et ut faciat actionem divisionis et descensus in tempore sensibili sensibilem, oportet quod quantitatem habeat sufficientem, nec in omni quantitate potest hoc facere; et sic de aliis rebus intelligendum est. Nam proculdubio non exigit grave quantitatem determinatam. Nam sit *a* grave illud, et cum sit quantum, sint *b* et *c* partes ejus; *a* igitur est gravius quam *b*, quia per additionem ipsius *c*, additur ad gravitatem; ergo *b* est grave, ergo *a* totum non fit minimum grave. Et sic in infinitum: ut Aristoteles tertio Physicorum vult quod divisio magnitudinis naturalis vadit in infinitum, quia ibi loquitur de rebus naturalibus; ergo non solum quantitas, sed quantitas naturalis. Quapropter natura sensibilis, quae est naturalis, est divisibilis in infinitum; et ideo agens sensibile naturale non determinat sibi quantitatem.

though resistance of the medium may conceal it.

Secunda conclusio est, quod totum agens secundum lineam profunditatis suae agit secundum se totum in patiens, et non aliqua sola pars signanda quae tangit patiens. Nam tunc reliqua pars esset otiosa. Item tunc parvum corpus sicut magnum aequalem faceret operationem; et loquor de magnitudine secundum profundum. Et ideo si medietas solis secundum profundum amoveretur, tunc ageret tam nobilem actionem sicut nunc; et sic de quolibet agente; quod est impossibile. Si dicatur quod una pars secundum profundum tangit patiens, et aliae non, et agens et patiens debent esse similes sine medio, ut Aristoteles dicit; dicendum est, quod totum secundum profunditatem acceptum tangit patiens in sua superficie sicut aliqua pars illius profundi, et sicut interior pars cujuslibet partis datae distat in superficie patientis per corpus illius partis interjacens, et inde ipsa pars dicitur sufficienter conjungi patienti respectu actionis, sic similiter erit de toto quod sufficienter conjungitur cum patiente per tactum suae superficiei sine medio, licet extremum totius alterum distet a patiente per corpus interjacens totius. Unde non requiritur alia approximatio, nisi quod agens conjungatur in sua superficie cum superficie patientis, quantumcunque alia

2. Force comes from the whole depth of the agent; not merely from the point in contact with the patient.

extremitas agentis distet. Si dicatur quod si pars posterior agentis agat speciem, tunc faceret eam in partem priorem, et ideo alterabit seipsum prius quam patiens; dicendum est, quod pars hic non agit per se, nec est distinctio partium in actione, ut una faciat unam partem et alia aliam, sicut objectio procedit, sed totum facit totam actionem.

3. Definite portion of patient affected in each action.

Tertia conclusio est quod omne agens contingit aliquam partem patientis quam potest alterare ita quod plus non alteret. Nam agens non projicit nec infundit aliquid in patiens, ut prius probatum est, sed ipsum per sui contactum transmutat; sed agens non transmutat superficiem, quare oportet quod aliquam partem substantiae patientis alteret, quae pars est corpus necessario, licet non actu divisum a toto. Sed quia approximatio requiritur ad actionem tanquam necessaria conditio, ideo oportet quod partis alterandae extremitas remotior ab agente sit remota ad minus, quam fieri potest[1] per naturam, et ideo non erit haec pars cujuslibet quantitatis sed determinatae, ita quod plus alterare non poterit. Caeterum nos videmus quod sol et luna aeque cito immutant quantitatem eandem medii, et candela et ignis locum obscurum eundem aeque cito illustrant, licet unum intensius et magis quam aliud; et sic de omnibus agentibus; quare oportet quod quantitas determinetur. Si dicatur, quod hoc est secundum sensum, sed aliter erit secundum naturam actionis; dicendum est, quod tunc sensibilis excellentia unius agentis super aliud ut in centupla vel majori faceret sensibilem differentiam secundum quantitatem. Et ita sol longe plus quam centies posset illustrare tantam quantitatem spatii plus quam luna, quia sol est centies major quam tota terra et fere septuagies, et luna non est nisi una de 39 partibus terrae[2], vel circiter hoc, sicut Ptolemaeus docet in Almagesti. Sed non accidit soli, quod in eodem tempore centies plus de spatio illustret quam luna. Si dicatur quod si aliqua virtus movet aliquod mobile

[1] quod fieri non potest, Reg. The reading in the text is that of O. What we should expect is ad minimum quod fieri possit per naturam.

[2] Cf. vol. i. p. 233. J.'s error in putting cccxc is the more unaccountable, that in Reg., a MS. which he had constantly before him, and which he usually followed, 39 (in Arabic figures) is clearly written. It seems clear that Bacon did his best to familiarize his limited public with the Arabic notation of numbers.

per aliquod spatium, tunc duplum illius virtutis potest movere idem mobile per duplum illius spatii, secundum Aristotelem septimo Physicorum; concedendum est hoc in motu locali naturali gravium et levium, non in violento; nam homo debilis projiciet ita longe unum folium sicut fortis. Sed nec in alteratione concedendum est, quia alteratio non respicit quantitatem per se, sed formam quae debet intendi vel remitti in eadem quantitate. Et similiter generatio et corruptio. Unde concedendum est, quod si aliqua virtus posset alterare vel generare aliam formam, tunc dupla virtus potest facere duplum illius in eodem subjecto, sed non in duplo spatio[1].

4. Less than that portion will not suffice.

Deinde quaeratur quarto, an minus quam illud potest esse sufficiens subjectum actionis. Et dicendum est quod non, ut est in toto; sed si dividatur a toto, tunc potest esse subjectum sufficiens. Ad hoc enim quod aliquid patiatur ab alio, non requiritur in rebus generalibus nisi quod contrarietas sit, et quod approximentur. Et si coelum est agens, non requiretur nisi materia obediens et approximatio; sed haec duo sunt hic. Si dicatur, quod contraria nata sunt fieri circa idem, et ideo si determinatur hic quantitas patientis in magnitudine, similiter in parvitate; dicendum est quod non; quia approximatio non salvatur in omni extensione[2] magnitudinis, sed salvatur in omni divisione quantitatis. Et ideo non sequitur, nec oportet quod contraria semper ferantur circa idem, quando unum inest determinate propter aliam causam, ut est hic.

5. The whole agent acts on each part of the portion affected.

Deinde quinto, an medietas agit in medietatem, vel totum agit in medietatem. Et dicendum est quod totum; quia prima pars non ageret in primam partem, sed secundam, quia secunda ei conjungitur, nec in secundam, quia secunda pars agentis magis ei appropinquat. Item si prima pars agentis ageret in partem primam, et secunda in secundam, tunc magis ageret secunda in primam quam in secundam, quia ei conjungitur. Si objiciatur de septimo Physicorum, quod si virtus tota agit totam actionem, ergo medietas medietatem;

[1] There is here a glimpse of the truth that a given amount of energy may manifest itself either in change of velocity or direction, or change of constitution of the body on which work is done.

[2] extensione, Reg., continuatione, O.

dicendum est, quod jam patuit prius quod actio totius est indivisa, dum partes sunt etiam in toto, sed si totum divideretur et patiens similiter, consequeretur haec regula.

6. The whole of the portion affected changed by the agent; not the second half by the first.

Deinde sexto, an medietas alterata potest reliquam alterare. Dicendum quod non, quia tunc non esset quantitas determinata in magnitudine ad actionem, et tunc medietas medietatis prima alteraretur, et sic in infinitum. Si igitur objiciatur, quod dum medietas illius partis remanet in toto, oportet quod agens illam medietatem primo alteret quam alteretur secunda, et antequam totum alteretur, per secundam conclusionem septimi Physicorum, quae est, quod nullum mobile primo movetur, sed aliqua pars ejus, quia parte quiescente quiescit totum, et ideo pars primo movetur; sed species in illa prima medietate est completa in actu suo, ergo non erit otiosa, quare alterabit medietatem secundam, et praecipue cum medietas sufficeret ad hoc; ergo agens principale non alterabit medietatem secundam, et praecipue cum medietas prima est magis conjuncta cum medietate secunda, quam agens principale; dicendum est, quod tunc eadem est objectio de illa medietate prima, nam habet medietatem, de qua eodem modo potest argui, et sic ulterius in infinitum, quod est impossibile; et sic sequetur quod non contingit dare aliquam partem determinatam in quam possit agens datum; quia quaelibet habet medietatem, quam solam medietatem primam alterabit agens principale secundum has rationes. Et ideo hae objectiones nullae sunt, quae redarguunt ipsum qui eas proponit.

Conclusion.

Praeterea solvendum est aliter, videlicet quod licet agens prius alterat medietatem primam quam secunda alteretur, tamen illam secundam alterabit agens et non medietas prima, quia agens potest in eam et habet majorem virtutem quam medietas prima jam alterata, et ideo potentius et melius potest medietatem secundam alterare, quam prima medietas, et natura facit quod melius est et perfectius, propter quod concedit principali agenti, ut alteret secundam medietatem, et denegat hoc primae medietati, ita ut non terminetur actio ipsius agentis donec compleat suam actionem per alterationem utriusque medietatis. Sed si objiciatur illud Aristotelis in septimo Physicorum in fine, quod si aliqua virtus alteret aliquod mobile in aliquo tempore, tunc medietas virtutis alterabit medium mobilis secundum aequalem alterationem in toto eo tempore; dicendum est, quod haec intelligenda sunt si mobile dividatur actualiter; sed dum totum est integrum, non determinabitur actio, antequam totum alteretur. Si dicatur, quod idem manens idem natum est facere idem, ergo idem manens idem natum est pati idem, et eodem modo, quare sive sit in toto medietas sive separata, poterit esse subjectum passionis in quo terminetur actio agentis; dicendum est quod non sequitur, quia in toto est pars in potentia, non in actu. Et similiter cum hoc dicendum est, quod totum potest in totum, et ideo natura non abscindit suam actionem, usquequo compleatur in tota parte patientis, in qua natum est agens suam actionem complere. Et etiam dicendum est, quod agens principale potest melius et perfectius alterare secundam medietatem, quam eandem alteret prima[1] medietas, ut dictum est.

CAPITULUM V.

Nunc considerandum est quintum principale circa influentiam agentis in patiens, et consistit in his quae exiguntur a parte patientis. Et sunt conclusiones tres. Prima est de inferioribus respectu coelestium. Et quod a superioribus

On what bodies can action be exercised? (1) Action of celestial bodies on terrestrial.

[1] post, the reading of Reg., has been adopted by J.; but O. has prima, which is more intelligible.

The foregoing chapter may be regarded as an attempt to conciliate the infinite divisibility, in other words the continuity of matter, with its molecular or particulate constitution. That the smallest conceivable portion of matter had gravity Bacon clearly grasped. His language on that point is emphatic and remarkable. But in the transmission of radiant force, as he conceived it, a certain definite portion or region of matter was acted on as a whole; this, when its latent activities had been evoked, became itself the force acting on the succeeding region; and so onward. This region must be regarded, he says, practically as a whole: its parts cannot be regarded as acting separately. Just so the modern physicist, while maintaining the existence of an absolutely continuous ether, is driven to suppose that portions of it assume a definite shape: as vortex-atoms or otherwise. Similarly in the undulatory theory the wave, whether of water, air, or ether, has to be considered as a definite whole. How far these theories are to be regarded as more than useful, or indeed indispensable, working hypotheses, cannot be discussed here. The point of interest is to trace their operation in the thirteenth century.

possint pati inferiora patet, quia communicant in materia, et quod illa quae communicant in genere communicant in materia, ut dicitur quinto Metaphysicorum[1]. Et ideo licet non communicent in tantum ut sit mutua generatio et corruptio completa inter inferiora et coelestia, hoc enim negatur libro de Generatione et alibi, tamen postquam in genere communicant, oportet quod in materia communicent, secundum quod Aristoteles dicit. Et ideo manifestantur haec in Prioribus, quod essentia generis proximi est materiale principium in naturalibus respectu duarum specierum, et individuum generis respectu duorum individuorum illarum specierum. Congruentia autem est ad hoc ; quoniam quanto magis partes universi assimilentur, tanto major est salus earum et utilitas. Et ideo cum inferiora non possunt assimilari per naturas completas, naturae coelorum congruit ut saltem per species receptas. Necessitas autem concludit hoc idem per generationem rerum et corruptionem, cujus causa principalis est duplex allatio solis sub obliquo circulo; sed sol non est per substantiam in inferioribus, et ideo per virtutem. Et sic de aliis corporibus coelestibus. Et per experientiam patet illud de luce diffusa a coelestibus per omnia inferiora. Et ideo cum objiciatur quod natura coelestis non est generabilis et corruptibilis, propter quod non generabitur in materia elementari ; dicendum est quod hoc est verum sub esse completo, sed sub esse speciei non est inconveniens, immo necessarium.

(2) Action of celestial bodies on each other.

Sed secundo sciendum est, quod coelestia possunt recipere species ab aliis coelestibus, ut luna et stellae recipiunt virtutem et speciem solis, ita quod lux solis veniens ad superficiem lunae vel stellae cujuslibet educit ibi per naturalem immutationem lucem de potentia materiae[2]. Et hoc dicit commentator super secundum Coeli et Mundi, et arguit ad hoc per aequalitatem angulorum incidentiae et reflexionis, ut patebit inferius. Et Aristoteles ipse dicit octavo Metaphysicorum quod non omne alterabile est generabile, propter coelestia ; et hoc est quia alteratio lucis est in coelestibus. Et ideo dicit Aristoteles secundo Meteorologicorum[3], quod sol illuminat

[1] Cf. *Metaphys.* iv. 6, § 15.
[2] Cf. vol. i. p. 129.
[3] Metaphysicorum, J., Meteorum, Reg. Cf. *Meteorologica*, i. 8, § 6.

omnes stellas. Si igitur objiciatur, quod Aristoteles vult in primo Coeli et Mundi, quod natura coeli sit incorruptibilis, nec sit alterabilis, nec passibilis; dicendum est, quod alteratio est duplex secundum Aristotelem secundo de Anima[1], uno modo, ut ejus utar eloquio, in habitus naturam et perfectionem; et haec est alteratio quae est per species et virtutes, seu fiat in sensum seu in aliud. Et cum hoc non fiat sine quadam generatione, concedenda est haec generatio speciei, quae est in perfectionem appetitus coelestis naturae, non in corruptionem, nisi ipsius defectus, et cujusdam imperfectionis quam habent luna et stellae respectu solis praecipue. Alia est alteratio seu transmutatio quae est cum completa generatione novae formae in patiente, et cum completa ablatione et corruptione naturae specificae patientis. Et hujusmodi transmutatio vel alteratio non est in coelestibus, et haec non est in speciebus. Et si dicatur quod potentia in coelestibus est completa per actum, et appetitus materiae est terminatus, dicendum est quod respectu novae formae quae tolleret formam praesentem in corpore coeli per veram et completam corruptionem naturae specificae coelestis, est appetitus terminatus; et non respectu speciei et virtutis lucis et hujusmodi, quae simul stant cum natura specifica lunae et stellarum. Unde appetitus quidem est in luna et stellis incompletus de se, et perficitur per speciem et virtutem solis. Et similiter per species alterius cujusque stellae; quaelibet enim facit suam speciem in aliam.

(3) Action of terrestrial bodies on celestial.

[Tertio[2]] Sciendum est, quod non solum contingit fieri speciem in coelestibus ab aliquo coelesti, sed ab inferioribus. Est enim ad hoc possibilitas et congruentia, sicut dictum est de actione coelestium in inferiora; sed absoluta necessitas non est propter coelestia in se, sed in quantum sunt partes universi assimilandae aliis per receptionem specierum, et in quantum sunt medium in sensu. Si enim oculus esset in orbe lunae, posset videre multa in sphaeris elementorum posita, sed non videt nisi per species, et cum species visus nostri exigitur ad actionem videndi, ut prius tactum est, et tenendum secundum

[1] Cf. *De Anima*, ii. 5, § 5 οὐκ ἔστι δ' ἁπλοῦν οὐδὲ τὸ πάσχειν, ἀλλὰ τὸ μὲν φθορά τις ὑπὸ τοῦ ἐναντίου, τὸ δὲ σωτηρία μᾶλλον τοῦ δυνάμει ὄντος ὑπὸ τοῦ ἐντελεχείᾳ ὄντος καὶ ὁμοίου, οὕτως ὡς δύναμις ἔχει πρὸς ἐντελέχειαν.

[2] The word in brackets is not in the MSS, but is evidently required.

auctores, et probatur post[1], tunc in videndo stellas, oportet quod visus nostri species generetur in coelo, sicut in sphaeris elementorum. Et ideo quicquid hic objiceretur de intransmutabilitate coeli, et quod non est generabile nec corruptibile, dicendum, quod hoc solum intelligendum est de transmutatione et generatione et corruptione quae tollunt naturam specificam patientis, et renovant aliam formam specificam in esse completo. Sed bene est hic alteratio, quae est per generationem speciei, qua coelestis natura assimiletur inferiori propter majorem conformitatem universi et salutem, et propter necessitatem sensus et maxime visus, cujus species venit ad stellas, et ad quam species stellarum veniunt ad visum.

In certain respects terrestrial things may rank above celestial.

Si vero objiciatur, quod omne agens est nobilius patiente, ut Aristoteles dicit tertio de Anima, dicendum quod hoc est verum in quantum hujusmodi; quoniam in quantum coelum habet aptitudinem et potentiam et appetitum quendam respectu virtutum rerum inferiorum, quibus caret ut assimiletur eis propter majorem proportionem universi, in hoc est minus nobile quam res inferior quantumcunque vilis, quae talem speciem habet in actu et completam. Nec derogatur in hoc nobilitati coelestis substantiae, quia non est hoc ad ejus ignobilitatem, sed ad decorem, ut completa sit concordia partium universi et salus et perfectio, quatenus conveniant ad invicem, quantum possibile est. Si objiceretur ex decimo Metaphysicorum[2], quod corruptibile et incorruptibile non communicant in genere, et hoc non posset exponi de genere praedicabili, ut patet, cum sint in eodem praedicamento, necesse est exponi eodem genere subjecto, quia genus dicitur aequivoce ad subjectum et ad idem, quod de pluribus differentibus specie praedicatur in eo quod quid, quare videtur quod in eodem subjecto coelesti non erit natura corruptibilis cum incorruptibili, praecipue cum corpus coeleste sit simplex. Aliud enim est de homine qui est compositae naturae multipliciter, in quo est aliud corruptibile et aliud incorruptibile. Sed dicendum

[1] prius, J., post, O. and Reg.

[2] Cf. *Metaphysica*, ix. 10, § 1 *ἀνάγκη ἕτερον εἶναι τῷ γένει τὸ φθαρτὸν καὶ τὸ ἄφθαρτον.*

est, quod corruptibile et incorruptibile completa in esse naturae non possunt esse in eodem simplici, possunt tamen esse dummodo unum sit in esse specifico naturali completum, et aliud sit assimilatio ejus ad aliquod alterum; hoc enim est possibile et valde conveniens, et quodammodo necessarium.

Si dicatur illud Aristotelis primo Meteorologicorum [1] quod coelum non recipit peregrinas impressiones, et has vocat alterationes formarum elementarium; dicendum est, quod non sunt peregrinae propter esse speciei renovandae, de qua hic loquimur, sed solum propter completum esse hujus formarum et transmutationum, quae accidunt per corruptionem patientis in parte vel in toto, et per laesionem suae substantiae specificae; et hujusmodi transmutationes non fiunt in coelestibus. Si objiciatur quod cum coelum agat in haec inferiora, et possit ab eis pati per generationem speciei tunc erit agens physice, cujus contrarium vult tertio Physicorum, et libro de Generatione, et alibi pluries; dicendum est, quod passio quae est in generatione speciei non inducit actionem physicam, sed ista quae est per corruptionem essentiae patientis, quae non est in coelestibus. Quod autem dicit Avicenna tertio de Anima, quod absurdum est dicere quod coeli patiantur a nostro visu, dicendum est quod ipse prius immediate tetigit quo modo intelligit hanc passionem; loquens contra eos qui posuerunt aerem et coelum in tantum pati a visu et alterari, ut aer et coelum essent instrumentum sentiendi visibile et deferendi seu reddendi visui ejus speciem, et quod a visu fieret aliquid corporale protensum in medio usque ad rem visam. Et non loquimur contra hoc, quod coelum sit sicut medium in visu recipiens speciem visus et visibilis; [hoc enim necessarium est][2].

Capitulum VI.

On earth, the centre of the universe, the

Nunc considerandum est sextum principale circa influentiam agentis in patiens, et in hoc consistit ut sciatur quae agentia

[1] Cf. *Meteorologica*, i. 2.

[2] These words omitted in O. Throughout this chapter Bacon is feeling his way towards the abolition of the distinction, supposed to be absolute, between terrestrial and celestial substance; a distinction which Giordano Bruno and Galileo were one day to obliterate. But this could not be done in the thirteenth century as the next chapter shows.

action of species is carried out to completion.

corporalia possunt complere suas species in patientibus extrinsecis quae ab eis tanguntur, ut tollant naturam specificam patientis, et faciant effectus completos similes eis nomine et definitione. Et scimus quod de complemento universi sunt generabilia et corruptibilia. Si enim omnia essent ingenerabilia et incorruptibilia, non essent nisi sphaerae elementorum et coelestia et substantia spiritualis, et ita omnia alia deessent mundo, quod inconveniens esset. Sed cum mundus sit sphaericae figurae propter rationes proprias, quae postea inducendae sunt suo loco, nunc una est necessaria ad praesens, videlicet quod sphaericae figurae esse debet, ut undique e partibus sphaerae confluant virtutes coelorum in centrum hujus sphaerae quod est locus generationis. Et haec est terra, quae est locus mixtionis et generationis et corruptionis.

The motors of the heavenly spheres not susceptible of such change.

Et ideo superiora, ut coelestia, sunt ingenerabilia et incorruptibilia secundum ordinem universi, et quia continuant generationem et corruptionem in his inferioribus. Quando vero oportet quod moveantur propter generationem et corruptionem, quia motus adducit generans, id est, stellam, ut Aristoteles dicit in fine de Generatione, et exemplificat in obliquo circulo solis, in quo movetur per accessum et recessum respectu climatum et regionum, ideo oportet dari motores continuos motuum coelestium. Sed cum hic motus non sit naturalis, eo quod non est a contrario in contrarium, propter uniformitatem orientis et occidentis et caeterarum partium coeli in quibus non est contrarietas, oportet quod hi motus sint voluntarii, et ideo a substantiis habentibus voluntatem vel rationem, cujusmodi sunt intelligentiae. Propter quod oportet quod intelligentiae moveant orbes et stellas ; et quia omne movens nobilius est moto, oportet quod hujusmodi motores sint incorruptibiles et ingenerabiles, quamvis et rationes aliae sint ad idem et caetera nunc tacta.

Action of the four elements and especially of fire is carried to completion.

Sed transeo ad ea quae sunt propria ad id quod intendo, scilicet ad videndum quae agentia possunt complere effectus et quae non. Et patet quod quatuor elementa possunt hoc facere. Aristoteles enim dicit libro Meteorologicorum, quod aqua multoties convertit aerem in se, et e contrario ; et quodlibet potest fieri ex quolibet, ut vult libro de Generatione.

Et maxime ignis hoc facit, quia magis est nobile, et ideo magis activum, et omnia corporalia non coelestia in se converteret; et ageret in infinitum, si ei materia combustibilis apponeretur, secundum quod vult Aristoteles secundo de Anima; licet hoc verbum habeat suam expositionem, ut tangetur post. Verum non solum effectum suum complet in elementis, sed in mixtis omnibus. Alia vero elementa non tantum possunt facere; sunt enim longe debilioris operationis, et multas operationes debiles et insensibiles faciunt. Et hae solae substantiae corporales possunt suas species complere in effectus suos factas, scilicet in patientibus extra eas. Unde nec mixta inanimata, nec animata generata ex putrefactione, nec propagata, nec coelestia faciunt nisi species suas in rebus mundi eis propinquis extra se. Hoc dico propter plantas et matres in animalibus, quae in semine deciso perficiunt species in effectus completos cum adjutorio virtutis coeli et motorum in coelestibus. Sed tamen nec plantae nec matres facientes suas species in corporibus extra se complent eas, velut ignis complet speciem factam in ligno ei appropinquato extra se in effectum plenum similem ei nomine et definitione.

Why mixed substances, being nobler than elementary, cannot always do the same.

Sed gravissimum dubium est in hac parte, eo quod nobiliora sunt omnia mixta, inanimata et animata et coelestia, quam elementa, et ideo habent plus de virtute activa, et ideo in materia mundi magis videntur posse complere suas species. Nec est impedimentum per hoc quod dici solet, quod non est aptitudo a parte materiae mundi ad tam nobiles formas complendas ut corporum coelestium et hominum, et hujusmodi propagatorum. Quoniam si quaeratur, cum elementum agit in mixtum vel in aliud elementum, quae est aptitudo a parte materiae naturalis, non potest dici, nisi quia illa materia apta nata est, et habet aptitudinem naturalem ad species diversas et communes eis. Et haec secundum veritatem est essentia alicujus generis proximi, quae est in potentia ad species contrarias et apta nata ad utramque, ut substantia corporea non coelestis est in potentia ad elementum et mixtum, et res significata per hanc circumlocutionem est subjectum et materia in transmutatione mixti in elementum, et e contrario. Et quando elementum est fortius mixto corrumpit naturam specificam mixti usque ad radicem communem ei et mixto; id est ad essentiam illius generis de cujus potentia producitur natura specifica elementi. Et e contrario, cum mixtum, vel aliud agens sufficiens ad generationem mixti, sicut coelum, potest invalescere super elementum, tollit naturam specificam elementi, et de radice communi et ex ejus potentia producit naturam specificam mixti[1].

Constat igitur ratio generationis effectus completi in duobus, scilicet quod agens habeat potentiam majorem quam patiens ut vincat, et quod materia[2] sit communis agenti et patienti, quae materia est essentia alicujus generis proximi quod commune est duabus speciebus, scilicet, agenti et patienti. Et in genere individuorum est individuum generis respectu duorum individuorum diversarum specierum (sicut enim se habet genus ad species, sic individuum generis ad individua specierum), loco principii naturalis apti ad utrumque. Haec uberius patuerunt in praecedentibus. Sed nunc sufficit ad hoc quod volo ut concedatur sine contradictione quod victoria alterius speciei agentis, posita sub genere et potentia generis proximi, sufficiunt ad generationem et corruptionem effectuum completorum. Cum igitur coelum majoris sit potentiae ad agendum quam ignis et quam aliquod corpus inferius, et communicat in genere proximo cum corpore non coelesti (communicant enim in primo genere subalterno) et coelum est nobilius et magis activum, invenitur hic tota ratio effectus complendi. Et sic ulterius de homine et omnibus mixtis, quae sunt nobiliora elementis, et ideo magis generativa specierum suarum complendarum in effectus, cum inveniatur

[1] On the views expressed in this and the following paragraph, as to the successive integrations or disintegrations of matter, some light is thrown by an extract from Bacon's 'Communia Naturalium' given in the Introduction.

[2] See Arist. *De Generatione*, i. 7, § 11 *ὅσα μὲν οὖν μὴ ἐν ὕλῃ ἔχει τὴν μορφήν, ταῦτα μὲν ἀπαθῆ τῶν ποιητικῶν, ὅσα δ' ἐν ὕλῃ, παθητικά. Τὴν μὲν γὰρ ὕλην λέγομεν . . . τὴν αὐτὴν εἶναι τῶν ἀντικειμένων ὁποτερουοῦν ὥσπερ γένος ὄν.* Aristotle distinguishes in this chapter between primary and secondary agents. We may say that the physician heals, or that his wine and food heals. In the first case there is no reaction from the body acted on; in the second case there is. The secondary agent being of the same *genus* as the patient is affected by the patient. *Τὸ σιτίον ποιοῦν καὶ αὐτὸ πάσχει τι, ἢ γὰρ θερμαίνεται ἢ ψύχεται ἢ ἄλλο τι πάσχει ἅμα ποιοῦν.*

materia seu essentia generis proximi communis duabus speciebus quibuscunque datis. Quapropter sequitur quod in illis et in omnibus agentibus est aptitudo ut compleant suos effectus, quantum est a parte agentium et patientium, et materiae communis eis.

Such a result would subvert the order of the universe; the stronger agents would change everything into their own likeness.

Sed tamen licet sit aptitudo dicta, non tamen est potestas nec possibilitas ad hos effectus complendos propter multas rationes. Non enim omne quod habet aptitudinem, habet possibilitatem; ut caecus aptus natus est ad videndum, non tamen potest videre, nec potentiam videndi habet per naturam. In proposito vero est sola aptitudo, et tamen ante privationem; unde non est ablata potentia per inductionem privationis, ut in caeco, sed excluditur potentia, et similiter actus propter videndi necessitatem. Cum enim non sit quasi proportio virtutis activae in corpore respectu substantiae spiritualis, et similiter in corpore non coelesti respectu substantiae coelestis, si complerentur species substantiarum spiritualium, omnia fierent spiritualia, et si complerentur species substantiarum coelestium tollerentur omnes naturae corporales inferiores, et fierent solum substantiae coelestes; et ideo destrueretur ordo universi et mundi. Propter quod licet ex lege naturae particularis aptitudo sit a parte substantiae spiritualis activae, et a parte substantiae coelestis activae, et a parte materiae communis substantiae spirituali et corporali, et similiter communis substantiae coelesti et non coelesti, ut fierent substantiarum spiritualium et coelestium effectus completi, tamen ex ordinatione divina, et ex lege naturae universalis, de qua facit Avicenna mentionem sexto Metaphysicae, abscinditur potentia, et excluditur actus; ita quod non possunt substantiae spirituales nec substantiae coelestes facere nisi suas species et nullo modo complere effectus eis similes nomine et definitione; quia tunc fierent omnia spiritualia et coelestia, et destruerentur res multae quae sunt de complemento universi. Non solum secundum statum praesentis cursus, sed simpliciter hoc dico, quia finaliter multa auferentur omnino a numero rerum quae tamen nunc sunt necessaria in mundo propter hominem, propter quem facta sunt caetera. Et tamen nihilominus ex natura particulari ipsius substantiae spiritualis et coeli est quod sit aptitudo a parte sua ut produceret effectum completum, et aptitudo est a parte materiae mundi, quae est communis spirituali et corporali atque coelesti et non coelesti. Nec obstat quod tunc aliqua spiritualia et coelestia essent generata et alia creata, quoniam si Creator crearet modo unum hominem, et alius generaretur per propagationem, modus hic diversus exeundi in esse non diversificaret speciem; prima enim individua animalium et plantarum non fuerunt generata, sed vel creata vel plasmata. Et substantiae spirituales et coelestes generatae non essent corruptibiles, sed incorruptibiles sicut aliae, quia nulla virtus activa creata haberet posse super earum corruptionem, nec unquam deficerent in se. Propter quod sermo ille, quod omne generabile est corruptibile, arctandus est ad ea quae actualiter nunc in mundo subsunt generationi, non ad omnia quae apta nata sunt generari, quae quia solum aptitudinem habent et non potentiam nec actum, ideo non computantur inter generabilia de quibus loquimur in hoc mundo.

Eodem modo est per omnia de aliis nobilibus agentibus comparatis ad ignobiliora, ut de hominibus respectu aliarum rerum generabilium et corruptibilium. Si enim species hominum complerentur in patientibus extrinsecis, tunc caeterae res destruerentur et delerentur de mundo, quod fieri non debet ex lege naturae universalis; licet ex natura particulari humana sit aptitudo ad hujusmodi effectus complendos propter nobilitatem ejus respectu aliarum rerum generabilium. Et quia aptitudo materiae communis invenitur sed utilitas totius mundi praefertur, et etiam hominis propria, quia sine aliis rebus vivere et esse non posset, propter quod [1] non respondet huic aptitudini potentia nec actus; et ideo arctata est generatio hominis ad modum propagandi; non solum propter alias res, sed propter ipsos homines, ne multiplicarentur plus quam oporteret. Insuper ipsa mors singulorum secundum statum praesentis vitae, necessaria est ex lege naturae universalis, ut dicit Avicenna secundo Physicorum, licet natura particularis illius vel istius non intendit corruptionem, sed vitam et salutem.

[1] quod, om. J.

Et eodem modo est de aliis rebus mixtis omnibus ad patientia viliora semper comparatis, quod ex lege naturae universalis intendentis bonum commune ablata est potentia et actus similiter complendi species in effectus completos, licet ex natura particulari sit ibi aptitudo; propter quod arctata est generatio effectus completi in paucissimis, scilicet in elementis, et praecipue in igne. Nec accidit inconveniens de hoc, quia ignis qui est in aliis nobilior in sua sphaera non facit speciem nisi in alia corpora mundi, eo quod locus salvat locatum. Et est simile de eo respectu aliorum, sicut de coelestibus respectu inferiorum. Alius autem ignis hic inferius generatus non generatur nisi determinata quantitate secundum usum hominum, et reprimitur ejus actio et cavetur, nisi quando ex stultitia humana multiplicat se ultra modum in nocumentum rerum aliarum.

No such danger follows from the action of elementary substances, even of fire.

Et eadem ratio est de sphaeris aliorum elementorum quantum ad puritatem naturarum suarum. Ut continent se mutuo, nobilius non corrumpit vilius, sed per suam virtutem salvat, sicut locus salvat locatum, ut Averroes determinat secundo de Anima; quamvis ex hoc quod miscentur ad invicem, et in quantum per virtutes coelorum alterantur, contrahunt naturam activam et corruptivam mutuo, et possunt sic facere effectus completos; ut dictum est, quod aqua convertit aliquando aerem in se, et e contrario. Et hujusmodi elementorum transmutatio maxime accidit in elementis, scilicet ut sunt in mixto, aut in confinio sphaerarum suarum; ubi etiam quodammodo miscentur et confunduntur naturae eorum ad invicem, sicut patet ex libro Meteorologicorum et de Generatione. Similiter etiam alterantur ad invicem in simplicitate sua propter mixti necessariam generationem; quorum tunc alteratio magis est per virtutem coeli, quam per unum elementum in sua sphaera transmutans illud.

Et cum dictum est quae substantiae possunt complere species, et quae non, sciendum est in accidentibus. Et certum est quod quatuor qualitates tangibiles, scilicet caliditas et frigiditas, siccitas et humiditas, possunt suas species complere in patientibus aliquibus, et maxime caliditas, quia magis est nobilis et magis activa, et magis mundo necessaria.

The completion of species by attributes. It can only be asserted of the four tangible qualities, and of light.

Similiter et lux potest in aliquibus corporibus aptis complere effectum suum, ut lux solis complet effectum in corpore planetarum et stellarum et nubibus, ita quod sufficienter generata in eis potest facere ad inferiora suam speciem et virtutem efficaciter; et in flamma et carbone similiter. Unus enim fumus inflammatus illuminat alium et res multas, et similiter carbo illuminatus alias res illuminat ei junctas, ut compleatur species lucis in eis. Color autem non sic potest, quamvis aliquis color fortis faciat sensibilem speciem, quae bene apparet, praecipue in obscuro juxta radium lucis, sicut contingit de coloribus fortibus vitrorum, quando per ea radius transit solaris sensibiliter. Sed hoc expositum est prius. Odor vero non complet speciem quia illud quod relinquitur extra odorabile fortiter immutans sensum est fumus subtilis resolutus per calidum extra vel intra, et non est species nec effectus completus odoris, sed corpus quoddam in esse specifico odorabilis constitutum, quod dividit partes medii et obtinet locum inter latera continentis. Sapor vero non facit extra se speciem nec complet eam, licet magna sit immutatio gustus per saporem, quia sapor non immutat bene nisi propter humiditatem salivalem cui commiscetur, et per quam saporabile resolvitur ut fortius immutet. Sonus vero non facit effectum completum, cum nec videatur facere speciem, ut tactum est prius [1]. Et cum hae qualitates sensibiles non omnes faciunt effectum completum, multo magis nec aliae qualitates in prima specie et secunda et quarta. Quoniam autem non agunt aut minus activae sunt in res extra, et multo minus res aliae praedicamentales, ideo sola quatuor tangibilia et lux videntur posse complere suos effectus extra se. Et sic terminatur prima pars istius tractatus, quae est de generatione speciei.

[1] prius, cf. pp. 418–419.

PARS SECUNDA

MULTIPLICATIONIS SPECIERUM.

CAPITULUM I.

Nunc dicendum est de secundo principali scilicet de multiplicatione ipsa ab agente et a loco primo suae generationis, secundum omne genus lineationis et anguli et figurae, in quibus natura delectatur operari. Et haec multiplicatio est actio univoca agentis et speciei, ut lux generat lucem, et lux generata generat aliam, et sic ulterius. Sed in quarto [1] principali est consideratio de actione aequivoca, quae est ut lux generat calorem et hujusmodi. Et haec multiplicatio habet veritates multas, quae in capitulo decimo congregantur.

Mode in which force is propagated.

Et prima est quod prima pars patientis transmutata et habens speciem in actu transmutat partem secundam, et secunda tertiam, et sic ulterius. Et hoc vult Aristoteles secundo de Somno et Vigilia [2], et septimo Physicorum [3], et primo de Generatione [4] et Corruptione. Et oportet hoc, quoniam agens non conjungitur secundae parti patientis nec aliis, et eas non transmutat [5]. Et prima pars jam habens speciem in actu, habet unde possit secundam alterare, propter quod alterabit eam. Secundo sciendum, quod oportet partes has esse aequales et ejusdem quantitatis, sicut in motu locali idem mobile semper transit partes aequales spatii. Et causa est, quod oportet hic approximationem in omnibus esse aequalem. Nam super approximationem fundatur actio naturalis. Si dicatur quod prima pars habet minus de virtute

First part of patient when transmuted acts on second part, and so onward. These successive parts are equal.

[1] This should be *quinto*. Cf. p. v. cap. 1. But it was never fully dealt with.

[2] The reference seems to be to *De Insomniis*, cap. 2 τὸ κινῆσαν ἐκίνησεν ἀέρα τινά, καὶ πάλιν οὗτος κινούμενος ἕτερον.

[3] *Nat. Auscult.* vii. cap. 2, §§ 4 and 5.

[4] *De Gen.* i. cap. 6.

[5] This sentence, as given in J., is quite unintelligible. The reading in the text is that of Reg.

quam agens, ergo minus alterabit; dicendum quod non in quantitate sed in qualitate.

From each point of contact between agent and patient force radiates in every direction.

Praeterea considerandum quod ab eodem puncto, seu a parte agentis minima secundum latitudinem et longitudinem, seu a parte prima patientis, quod magis proprie dicitur, multiplicantur species radiosae quasi infinitae; quia qua ratione ille punctus lucis et alterius multiplicabit se in partem unam, eadem ratione in partem alteram; aut igitur secundum omnem aut secundum nullam; ergo secundum omnem directionem positionis sursum et deorsum, ante et retro, et secundum omnes diametros. Item ubicunque ponitur oculus secundum omnes diametros fit visio illius partis, si non sit obstaculum. Sed oculus non videt nisi per speciem venientem. Ergo oportet quod ad omnem partem veniant species radiosae ab eodem puncto; nec est aliquid hic in contrarium, quod probabiliter possit dici. Et tamen non pono infinita in actu, sumendo infinitum absolute, sed sub sensu Aristotelis secundo de Generatione; scilicet non tot quin plura; quia non tot radii signandi sunt et fiendi ab eodem puncto, quin plures possunt signari. Nec tamen fit hujusmodi species radiosa a parte agentis, quae exeat ab ea, sed ut dictum est, ut fiat de potentia patientis, a virtute tamen et potentia activa partis ipsius agentis. Et non solum est de parte verum, quod sic fiunt infiniti radii in omnem partem, in qua non fit impedimentum; sed de quocunque agente est ita, quod agens est tanquam punctus communis a quo lineae in omnem partem fiunt infinitae super quas multiplicantur species radiosae. Et tamen magis proprie dicitur quod prima pars patientis est tanquam hujusmodi punctus, quia in veritate prima origo speciei est totaliter in prima parte patientis, et ab ea diffunditur ubique in omnem partem, et secundum omnes directiones positionis et omnes diametros. Unde prima pars patientis est tanquam centrum commune ad infinitas lineas et radios, et est terminus omnium ad quem terminantur. Pars vero agentis est centrum et terminus ad quem contiguantur. Et quia hujusmodi multiplicatio, cujuscunque sit, est similis radiis multiplicatis a stella, ideo universaliter omnem multiplicationem vocamus radiosam, et radios dicimus fieri, sive sint lucis, sive coloris, sive alterius. Et alia ratio est hujusmodi nominationis; quia, scilicet, magis manifesta est nobis multiplicatio lucis quam aliorum, et ideo transumimus multiplicationem lucis ad alias[1].

Rays of force proceed in straight lines unless reflected or refracted.

Sed animadvertendum est de istis lineis super quas est multiplicatio quod oportet quod sint rectae, quantum est ex natura multiplicationis usque quo recipiant impedimentum reflexionis et fractionis, aut mutentur propter animae necessitatem, ut patebit inferius. Et post impedimentum multiplicationes non cessant quin vadant super rectas lineas quantum est de se. Quod autem multiplicatio ex natura sua appetat fieri secundum rectas lineas, auctores Aspectuum, praecipue Ptolemaeus et Alhazen, determinant; et per experimenta docent ad sensum quod multiplicatio in omnibus rebus inanimatis currit per lineas rectas, donec per obstaculum redeat et faciunt angulum, aut per corpus, scilicet alterius raritatis quod est magis vel minus rarum, occurrens aliud a primo, in quod secundum corpus multiplicatio cadens non perpendiculariter facit angulum, ut patebit satis inferius. Et Jacobus Alkindi in libro de Aspectibus dicit, hoc manifestum est ex rectitudine finium umbrarum corporum et luminibus per fenestras ingredientibus. Unde hoc ita manifestum est ex hujusmodi omnibus considerationibus, quod non est necesse quaerere experimenta secreta, nisi per pulchritudinem operationum naturae.

Rays of force have magnitude in three dimensions.

Sed sciendum quod hujusmodi lineae, super quas est multiplicatio, non sunt habentes solam longitudinem inter duo puncta extensam, sed earum quaelibet est habens latitudinem et profunditatem, sicut auctores Aspectuum determinant. Alhazen[2] in quarto libro hoc ostendit, quod omnis radius qui venit a parte corporis habet necessario latitudinem et profunditatem, sicut longitudinem. Et similiter Jacobus Alkindi dicit, quod impressio similis est cum eo a quo fit; imprimens autem

[1] This indication of the characters common to all radiant forces is remarkable. It will be remembered that this treatise is spoken of in the *Opus Tertium* as *Tractatus de radiis*.

[2] Alhazen, lib. iv. 16. His words are—'Omnis linea per quam movetur lux a corpore luminoso ad corpus oppositum est linea sensualis non sine latitudine.' He distinguishes in the same section linea sensualis, a line visible to the eye, from an imaginary line, linea intellectualis.

corpus est habens tres dimensiones, quarum radius habet corporalem proprietatem ; et addit, quod radius non est secundum lineas rectas inter quas sunt intervalla, sed multiplicatio est continua, quare non carebit latitudine. Et tertio dicit, quod illud quod caret latitudine, profunditate, et longitudine, non sentitur visu. Radius igitur non videtur, quod falsum est. Et scimus quod radius non potest transire nisi per aliquam partem medii, sed quaelibet pars medii est habens trinam divisionem. Sed oportet hic descendere ulterius ad omnes modos linearum super quas est multiplicatio possibilis, quoniam licet natura appetat operari super lineas rectas, tamen impeditur aliquando, vel alias propter necessitatem aliquam mutat incessum, et facit eam decurrere super lineas non rectas. Et quibus modis hoc fiat intendo nunc declarare.

CAPITULUM II.

Five kinds of rays to be considered. 1. Direct rays where the medium is uniform or where the ray is perpendicular to media varying in density.

Secundum vero quinque modos linearum potest haec fieri multiplicatio. Prima est protensa ab agente in continuum et directum, et vocatur recta, super quam currit generatio speciei quousque medium, hoc est, corpus in quo multiplicatur, est uniforme, scilicet unius raritatis, ut est aer vel aqua vel aliud, et non recipit obstaculum, nec sit medium animatum ut in humoribus contentis in nervis sensuum, et principalem habeat multiplicationem, non accidentalem, quia his modis quatuor currit multiplicatio speciei super lineam habentem angulum. Diaphanum vero et diaphonum perspicuum, et pervium transparens translucens, et lucidum, et luce transeunte, non fixa, et rarum, haec omnia significant idem secundum rem, sed differunt secundum considerationes aliquas. Nam rarum dicit dispositionem corporis absolute secundum quod partes ejus remotae jacent, ut est aer et aqua et hujusmodi. Alia dicuntur per comparationem ad sensum vel sensibile, secundum quod species eorum potest transire, ut patet in aqua et aere, et sphaera ignis, et orbibus planetarum extra corpora eorum. Nam visus penetrat haec omnia, et species rerum penetrant ipsa. Et diaphanum idem est quod duplicis apparitionis, scilicet in superficie et in profundo. Nam phano Graece idem est quod appareo Latine, et dia idem est quod duo[1]. Et phonos est sonus, unde diaphonum quasi duplicis sonoritatis tam scilicet in imo quam in summo. Lucidum vero dicitur dupliciter, vel idem quod habet lumen innatum sicut ignis, carbo, flamma, et stellae, vel quod non de se lucet, sed est medium in luce per quod transit, ut aqua vel aer, vel aqua et ignis in sua sphaera, et orbes planetarum. Unde Aristoteles dicit secundo de Anima quod color est motivus visus secundum actum lucidi, id est, medii illuminati ut aeris vel alterius. Et in primo Meteorologicorum dicit quod ignis est lucidus in sphaera sua, sed tamen non habet lucem fixam sed transeuntem, quia non habet lucem fixam nisi in carbone et flamma. Densum vero opponitur omnibus istis, sed primo et per se contrariatur raro, quia densum est quod habet partes propinque jacentes et mediante raro apponitur aliis. Si etiam medium sit duplex in natura et specie, et tamen conveniat in diaphaneitate ordinata, ut accidit in confinio aeris et ignis, ad hoc est incessus rectus; unde omnes radii qui transeunt a sphaera ignis in sphaeram aeris tenent incessum rectum, et non faciunt angulum, sicut inferius explanabitur suo loco. Et sic est de corporibus coelestibus. Nam orbes coelestes, licet sint diversi in natura et specie, tamen conveniunt in diaphaneitate, ut non impediatur incessus rectus quoad judicium sensus nostri. Si autem sint media diversae diaphaneitatis sensibiliter, ut est coelum et ignis, similiter aer et aqua, tunc si species venit perpendiculariter super ea adhuc fit incessus rectus, nec fit angulus. Unde omnes radii, qui cadunt perpendiculariter super corpora mundi, hoc est, in centrum mundi, tenent incessum rectum in illis corporibus.

2. Refracted rays when the direction is oblique and there is a change in density of medium.

Sed quando species non cadit perpendiculariter super corpus secundum diversae diaphaneitatis a primo, tunc mutatur incessus, nec fit rectus in corpore secundo secundum incessum quem habuit in primo, sed in ingressu speciei in corpus secundum incipit declinare ab incessu recto ad dextram vel sinistram, et facit angulum; et hoc est proprie fractio speciei

[1] The habit of spelling dia as dya, and the pronunciation of the Greek υ as the Italian i, may explain this error. Bacon corrected some of his Greek mistakes in his later writings, as I have before remarked. See vol. i. p. 239.

et incessus fractus secundum quod moderni utuntur. Sed tamen auctores Aspectuum vocant fractionem reflexionem, et ab eis vocatur species reflexa, et radius reflexus; sed quia aliter utimur reflexione, et similiter ipsi auctores, et magis proprie sicut postea scietur, ideo imputandum est vitio translationis, quae non distinxit in Latino aequivocationem et dubietatem alterius linguae. Et ideo apud Ptolemaeum et Alhazen et caeteros valde cavendum [1] est, quod sciatur quando accipitur reflexio pro fractione, et quando non, et maxime primo libro, et secundo et septimo, ubi multum accipitur reflexio pro fractione, et similiter apud libros Ptolemaei ei conformes. Sed quoniam fractio non plene intelligitur sine incessu recto et perpendiculari ducendo a loco fractionis in corpus secundum, ideo ponam exemplum, ubi traham perpendicularem et incessum rectum et fractionem in aere et aqua.

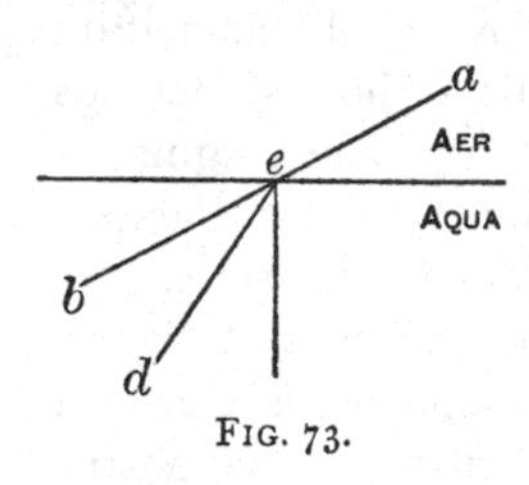

FIG. 73.

Quando enim species descendit ab aere in aquam non perpendiculariter, oportet quod frangatur, et cadet fractio inter incessum rectum et perpendicularem ducendam a loco fractionis. In sphaericis vero corporibus perpendicularis cadit in centrum sphaerae. Et quia facta est mentio de fractione in corporibus mundi sphaericis, ideo nunc subjungam exemplum in eis, ut inferius in planis, et secundum omnes modos sphaericorum ubi in particulari dicetur de natura fractionis. Sit igitur agens *a*, ut avis in aere vel nubes vel aliud, et medium subtilius sit aer, et densius sit aqua; *a* igitur facit perpendiculariter et non perpendiculariter suam speciem per medium aeris et aquae. Quando vero illa species venit non perpendiculariter ad superficiem aquae, invenit medium densius, et ideo oportet quod mutet incessum suum rectum et declinet ab eo, et faciat angulum, et transibit usque ad *d*, relinquens densum quod vadit ad *b*, quia frangitur inter incessum rectum et perpendicularem ducendam a loco fractionis qui est *e*. Quomodo vero multis aliis modis fiat fractio,

[1] Bacon's caution is most needful. Cf. passages quoted on pp. 473 and 475. Ptolemy, however, sometimes uses the word *reverberatio* for reflected rays.

patebit inferius. Sufficit enim nunc ut videatur in universali, qualiter frangitur radius per angulum declinando ab incessu recto.

3. Reflected rays.

Si vero corpus secundum non differt in diaphaneitate a primo, sed omnino est densum, ita quod potest impedire transitum speciei, tunc species sumens occasionem a denso in partem alteram redit ex propria virtute; ut cum non possit se multiplicare in densum corpus multiplicat se in primo corpore faciens angulum, et dicitur species reflexa proprie, et in communi usu apud omnes; nec tamen repellitur per violentiam, sed solum sumit occasionem a denso impediente transitum, et vadit per aliam viam, ut possibile est ei. Sic sit *a b* densum, et *o* agens; species igitur veniens ab *o* ad *a b* non potest transire, et ideo constituit angulum, et redit per lineam *c d*. Prima vero species, quae est *o c*, vocatur species vel radius incidentiae, quia incidit ad densum; et alia pars vocatur species reflexa vel conversa, et tamen tota multiplicatio vocatur reflexa vel conversa, et denominatur pars e toto.

o d a c b

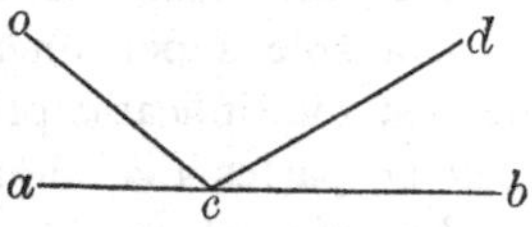

FIG. 74.

4. In animate bodies the ray may pass tortuously along a nerve.

Quarta linea est tortuosa super quam venit species aliquando, et hoc non est in medio inanimato. Impossibile enim est quod agens in medium inanimatum faciat speciem tortuose; sed recte, ut prius ostensum est. Sed in medio animato per virtutem animae dirigitur species secundum exigentiam operationum animae, et quia operationes animae circa species fiunt in nervis tortuosis, sequitur species tortuositatem nervi propter necessitatem operationum animae; unde species tangibilium currunt per fila nervorum tortuosa ab ipsa cute corporis per vias flexuosas usque ad instrumentum tactus, quod radicatur juxta cor[1]. Et similiter est de specie gustus, quae currit per

[1] From the discussion at the beginning of *Perspectiva* (pp. 4–5, and p. 9), it would seem that Bacon regarded the brain as the *sensorium commune*. Here, however, he reverts to the Aristotelian view that, at least for the senses of touch and taste, the heart was the centre. See Dr. Ogle's recently published commentary on the Aristotelian treatise *Youth and Old Age, Life and Death, and Respiration*, pp. 3–7, and pp. 111–112: 'The flesh and the tongue were (for Aristotle) in no connection whatever with the brain (nerves of course being then undiscovered) and were indeed shut off from it completely by the bony

nervum linguae continuatum flexuose usque ad prope cor; quia organa radicalia istarum duarum virtutum sunt prope cor, ut Aristoteles dicit libro de Animalibus. Similiter species omnium sensibilium vadunt ad cor, quia ibi est radicaliter virtus sensitiva, sicut Aristoteles et Avicenna determinant. Sed nervi sic a sensibus usque ad cor extensi habent multas flexuositates, et ideo species incedit per lineam tortuosam. Et hoc Alhazen determinat in pluribus locis in libro suo.

5. Accidental rays proceeding not from an object but from a primary ray.

Quinta vero linea, super quam vadit species, differt ab omnibus praedictis quia scilicet non venit ab agente, sed ab aliqua praedictarum linearum quatuor, et ideo non venit a re faciente speciem, sed a specie. Verum species super eam decurrens est species speciei, sicut lux in angulo domus venit a radio solari cadente per fenestram. Nam radius ille venit a sole super lineam rectam fractam vel reflexam, et ideo est multiplicatio principalis. Sed ista lux, quae a radio venit ad partes alias domus, est multiplicatio accidentalis; et quod omnino alia sit multiplicatio haec a praedictis, non solum patet per praedicta, sed per hoc quod oculus per eam non videbit agens principale, sed ejus speciem principalem rectam vel fractam vel reflexam, quoniam oculus in angulo domus non videt solem, sed radium cadentem per foramen vel fenestram vel aliam aperturam. Quod si ponatur ad radium principalem, videbit solem; et Plinius dicit secundo Naturalium, et scitur per experientiam, quod oculus existens in profundo putei videt stellas fixas de die, quia radii solis principales non cadunt in puteum, sed accidentales tantum; et ideo non impeditur oculus in contuitione stellarum per radios principales earum cadentes in puteum; sed existens in superficie putei recipit impedimentum per radios principales solis, qui sunt fortiores longe quam radii principales stellarum, propter quod occultantur a visu, quia major lux abscondit minorem. Quae etiam multiplicatio accidentalis specierum coelestium

walls of the skull. They were, however, not thus shut off from the heart, which was, moreover, made of the same substance as themselves, and could therefore readily respond to their motion. As, then, all five senses alike could communicate their motions to the heart, while only three could communicate them to the brain, the heart and not the brain must be the *sensorium commune.*' It will be noticed, however, that Bacon was not ignorant of nerves.

et aliarum rerum plurium est magis necessaria hominibus et caeteris animalibus et multis rebus quam multiplicatio principalis, quia illae res non possunt continue sustinere species principales.

CAPITULUM III.

Fuller investigation. The surface on which the ray falls, and the angle of incidence must be considered.

Et quatenus haec plenius cognoscantur, oportet nos descendere in particulari ad has lineas propter actionem specierum in hoc mundo, de qua dicetur inferius; quia nisi sciatur varietas multiplicationis, non potest sciri diversitas actionis. Notum est autem satis quod species veniens super lineam rectam potest dici cadere ad lineam vel ad superficiem. Si ad lineam, tunc cadit vel ad rectam, vel ad convexam, vel concavam, vel tortuosam; si ad rectam. vel cadit ad angulos rectos vel obliquos. Si ad convexam, tunc vel cadit ad angulos obtusos aequales, si per centrum transeat, ut in quarta parte hujus tractatus ostensum est, vel ad unum obtusum et alium rectum, si non vadat per centrum. Si ad concavum, tunc potest cadere ad aequales, quorum uterque est acutorum maximus, qui sunt anguli semicirculi, si per centrum transeat; vel ad obliquos inaequales, qui sunt anguli portionum majoris et minoris. Si vero super tortuosam, tunc vel cadit super partem rectam, vel concavam, vel convexam et variatur multiplicatio sicut prius. Et haec omnia patent ex quarta[1] parte, et diversificant actionem speciei in hoc mundo, ut patebit. Et similiter multiplicatio cadens ad lineas dictas vel est perpendiculariter vel non, secundum quas multum variatur actio naturae. Quae autem sint perpendiculares, et quae non, ad singulas lineas dictas patuit ex quarta parte, et patebit postea quantum necessarium est. Si vero dicatur species recta venire ad superficiem (vel corpus, quod idem est, cum

[1] Here seems to be a reference to the fourth part of the *Opus Majus*. Bacon may have inserted it as a note; or it may have been added by a later writer, which, however, is not probable, as it is found in the contemporary MS. Reg. The alternative is to suppose that *quarta* is here wrongly written for *quinta*; since the fifth part of the present treatise reverts to the questions here discussed. A little further on, p. 468, we find a repetition of a remark made on p. 121 of vol. i. But throughout Bacon's work repetitions are so numerous that it is sometimes difficult to found inferences upon them.

non cadat super corpus nisi quia super aliquam superficiem), tunc cadit super superficiem planam, vel concavam, vel convexam, in quibus multum diversificatur actio naturalis, et maxime secundum quod concava et convexa dividuntur in sphaerica, pyramidalia, et columnaria, et ovalia, et annulosa, et lenticularia. Haec enim specialiter diversificant actionem specierum venientium ad ea propter diversitatem suarum specierum; ad quas cadunt species perpendiculariter et non perpendiculariter, secundum diversas positiones et modos varios, juxta proprietatem singularum superficierum dictorum corporum. Nec est notabilis diversitas nisi in dictis corporibus recipientibus species agentium; quoniam corpora quae habent superficies concavas vel convexas, in quibus est notabilis diversitas vel varietas actionis naturalis, sunt sphaerica, vel pyramidalia, vel columnaria, vel ovalia, vel annulosa, vel lenticularia; nam caetera habent planas superficies.

The two modes of refraction; from a rarer medium to denser, or conversely.

Similiter oportet secundo sciri quod diversificatur multiplicatio super lineas fractas. Et fractio est duobus modis. Quando igitur medium secundum est densius, tunc fractio speciei est in superficie corporis secundi inter incessum rectum et perpendicularem ducendam a loco fractionis in corpus secundum, et declinat ab incessu recto in profundum corporis secundi, dividens angulum qui est inter incessum rectum et perpendicularem ducendam a loco fractionis in corpus secundum. Non tamen dividit illum angulum semper in duas partes aequales, licet hoc senserunt aliqui, quoniam secundum diversitatem densitatis medii secundi accidit major recessus et minor fractionis ab incessu recto, secundum quod Ptolemaeus in quinto Aspectuum, et Alhazen in septimo determinant quantitates angulorum fractionis multipliciter diversificari. Nam quanto corpus secundum est densius, tanto minus recedit fractio ab incessu recto, propter resistentiam medii densioris, densitas enim resistit radio, ut Alhazen dicit. Quando vero corpus secundum est subtilius, tunc fit fractio speciei in superficie corporis secundi ultra incessum rectum, per recessum a perpendiculari ducenda a loco fractionis; id est, quod inter fractionem et perpendicularem illam cadit incessus rectus. Et variatur recessus fractionis et anguli quantitas, secundum quod corpus subtilius est minus et magis subtile.

Illustration by diagrams.

Figurabo igitur in planis et sphaericis quomodo intelliguntur radii fracti et non fracti. Primo in planis; et loquor de corpore secundo planae superficiei, quia de ejus figura est tota vis. Si ergo corpus secundum sit planae superficiei, tunc radius veniens perpendiculariter non frangitur ut dictum est; sed omnes non perpendiculares franguntur. Si ergo

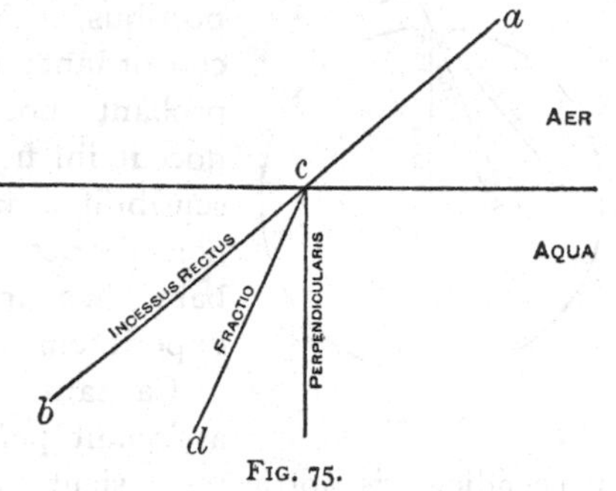

Fig. 75.

corpus secundum quod est planum densius est, tunc fractio est, ut dictum est, inter incessum rectum et inter perpendicularem ducendam a loco fractionis in illud corpus secundum

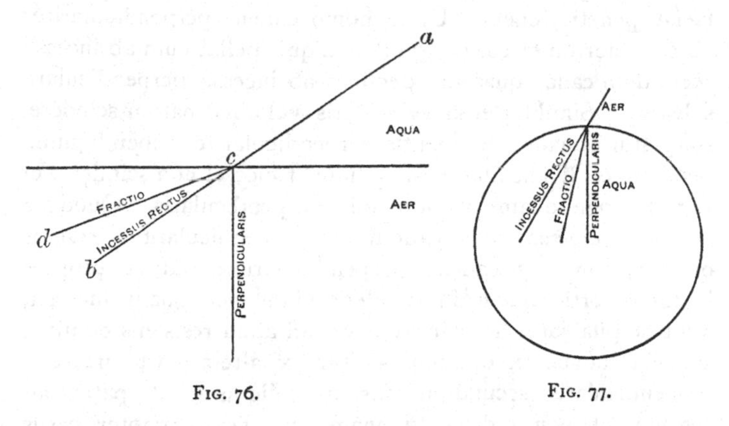

Fig. 76. Fig. 77.

hoc modo. Si vero corpus secundum est subtilius, tunc incessus rectus fit inter fractionem et perpendicularem ducendam a loco fractionis, verbi gratia. Si vero corpus secundum quod sit sphaericum est densius priori, tunc fiet fractio in superficie ejus inter incessum rectum et perpendicularem in centrum ejus ducendam a loco fractionis hoc modo. Si vero corpus secundum sit subtilius, tunc incessus rectus fit inter perpendicularem ducendam a loco fractionis et inter ipsam fractionem, ut hic. Et in hanc duplicem fractionem, Ptolemaeus quinto de Aspectibus, et Alhazen septimo, et omnes concordant; nec potest aliter esse, atque probant hoc per instrumenta, quae docent ibi figurari ad hoc, ut videatur sensibiliter quomodo franguntur radii non perpendiculares. Similiter probant has fractiones per causas et experimenta.

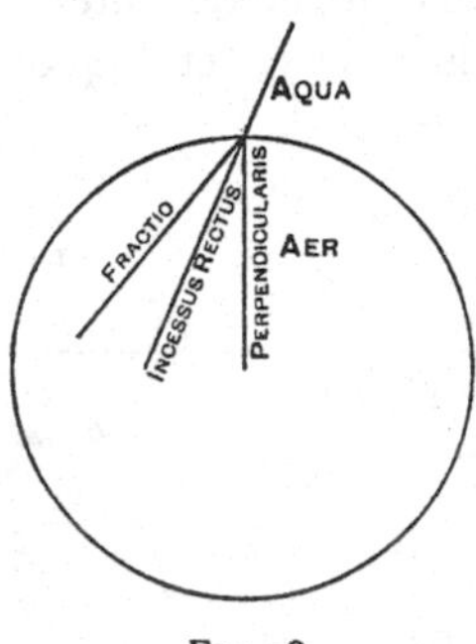

FIG. 78.

The cause of reflexion and of refraction.

Causam autem hujus fractionis assignant per hoc, quod casus speciei perpendicularis fortis est, sicut patet in lapide cadente deorsum, si non obliquatur ejus casus, ut si aliquis impediverit casum perpendicularem et fecerit lapidem deviare ab incessu perpendiculari, manifestum est sensui quod debilem faciat penetrationem. Unde homo cadens perpendiculariter ab alto moritur ex casu. Quod si aliquis pellat eum ab incessu recto dum cadat, quatenus declinet ab incessu perpendiculari, salvatur. Similiter ensis vel securis, vel aliud natum scindere, si aptatur a manu percutientis perpendiculariter super lignum, penetrat et dividit illud ; si oblique, tunc vel non scindet, vel minus longe quam quando fuit perpendicularis. Quod si corpus recipiens rem cadentem perpendiculariter resistit omnino, tunc res cadens perpendiculariter rediret propter incessus fortitudinem in eandem viam per quam incessit, sicut de pila jacta ad parietem vel ad aliud resistens omnino. Et pila cadens ex obliquo labetur ex altera parte incessus perpendicularis secundum casum obliquum, ut patet ad sensum, et non rediret in viam qua venit propter casus debilitatem. Experimenta de his sunt infinita.

Every medium offers some resistance to the passage of the ray.

Sed diaphanum non omnino resistit speciei ut redeat; hoc enim facit solum corpus densum, a quo fit reflexio. Quapropter species veniens super diaphanum quodcunque pertransit in illud, sive cadat oblique, sive perpendiculariter. Sed cum perpendicularis sit fortior, et species obliqua debilior, non possunt eandem legem retinere in corpore diaphano, sed non est alia via quam incessus rȩctus vel declinatus. Et incessus rectus fortior est; quapropter ille debetur speciei perpendiculari, ut rectus incedat in secundo corpore sicut in primo; et declinatum speciei obliquae competere necesse est. Et ideo perpendicularis species non declinat nec frangitur, quia declinatio est fractio, sed obliqua frangetur in superficie secundi corporis, propter hoc quod diaphanum resistit ei magis quam perpendiculari, propter debilitatem ejus, et fortitudinem perpendicularis. Omne enim diaphanum habet aliquid grossitiei, unde potest aliquantulum resistere et impedire transitum speciei. Determinata enim est, ut dicit Alhazen septimo, natura diaphaneitatis in rebus naturalibus ut non vadat in infinitum, sed stat ad aliquam grossitiem etiam in coelesti corpore; propter quod tam perpendicularis quam obliqua species impedietur aliquantulum, sed magis species obliqua. Non enim aufertur a perpendiculari rectitudo incessus propter ejus fortitudinem, sed tantum successio major causatur in suo transitu propter grossitiem medii qualemcunque. Si enim esset vacuum medium sine omni grossitie naturali et posset transire lux in eo, seu etiam quodcunque corpus, fieret ibi successio quae esset causata a parte medii solum propter prius et posterius ipsius spatii, et non propter medii grossitiem resistentem. Sed in medio naturali pleno, quod habet aliquam grossitiem naturalem, oportet quod ratione grossitiei quae non omnino cedit nec omnino resistit, sed partim sic et sic, causabitur successio nova propter illam resistentiam. Et ideo diaphanum per suam grossitiem resistit speciei obliquae et perpendiculari, et inducit successionem in utraque; et in hoc communicant; sed ulterius propter debilitatem speciei obliquae impedit eam plus, et denegat viam incessus recti quam prius habuit in corpore altero.

Why a ray passing from rarer to denser medium is refracted towards the perpendicular.

Causa vero quare a corpore subtiliori species veniens in corpus grossius frangatur versus partem perpendicularis ducendae a loco fractionis, inter scilicet incessum rectum et illam perpendicularem, est quia, sicut incessus perpendicularis fortior est, sic omnis incessus ei magis vicinus est fortior remotiori, ut ratio dictat et asserunt auctores. Et ideo cum multum velocius feratur species in corpore subtiliori quam possit in corpore secundo densiori propter magnam resistentiam grossitiei corporis talis, virtus naturalis generans ipsam speciem appetit faciliorem transitum et eligit illum; et hic est versus perpendicularem. Quapropter sic debet frangi inter incessum rectum et perpendicularem ducendam a loco fractionis.

Why, when passing from denser to rarer, it is refracted away from perpendicular.

Et cum contrariorum contrariae sint causae, et contrariarum causarum contrarii effectus, tunc oportet quod, cum species veniat a densiori in subtilius, declinet a perpendiculari, ut incessus rectus cadat inter lineam fractionis et perpendicularem ducendam a loco fractionis. Cum enim in corpore denso priori magnam resistentiam habeat, propter grossitiem excellentem super grossitiem secundi corporis, cujus grossities est subtilitas magna, ut de facili agat species veniens in ipsum, non oportet quod quaerat faciliorem transitum, scilicet versus perpendicularem; quia omnis transitus est ei facilis respectu difficultatis quam habuit in priori corpore, et ideo potest ire in partem diversam a perpendiculari, et necessario debet hanc partem eligere, quia quantum potest uniformiter agit et uno modo, et ideo invita transit ad contrarietatem dispositionis suae vehementem. Propter quod, cum in primo corpore habuit magnam difficultatem transitus seu modicam facultatem, ideo ex uniformitate sua, quam intendit semper quantum potest, non debet eligere contrarietatem excellentem, ut ad partem facillimi transitus, scilicet versus perpendicularem, declinet; sed quodammodo continuet, ut potest et debet, difficultatem transitus, seu minorem facilitatem; et hoc est transeundo ultra incessum rectum per elongationem a perpendiculari, cum ei sufficiat ille transitus, et poterit eum adimplere; sicut quando species venit a subtiliori in grossius, continuat in grossiori facilitatem transitus in corpore secundo, ut ejus incessus in utroque corpore sit proportionalis quantum potest et uniformis; quanquam et similiter cum hoc grossities superflua corporis secundi excitat virtutem generativam speciei, ut ad partem facilioris transitus declinet.

Experimental proof. Concentra-

Et quod per causam manifestum est de duplici fractione, possumus multipliciter verificare per effectum et experientiam. Nam si quis crystallum sphaericum vel corpus urinale rotundum plenum aqua teneat in radiis fortibus solis, stans contra radios venientes per fenestram, inveniet punctum in aere inter ipsum et urinale, cui puncto si combustibile apponatur, quod de facili comburatur, accendetur et inflammabitur; quod impossibile est fieri, nisi ponamus duplicem fractionem praedictam. Nam radius solaris exiens a puncto solis per centrum urinalis non frangitur, quia est perpendicularis super urinale et aquam et aerem, eo quod per eorum centrum transeat. Idem enim est centrum omnium istorum trium, quia idem est centrum continentis et contenti. Omnes autem radii, qui exeunt ab eodem puncto solis a quo dicta perpendicularis exivit, franguntur necessario super corpus urinalis, quia cadunt ad angulos obliquos, et quoniam corpus urinalis est densius

tion of rays after two refractions through a lens.

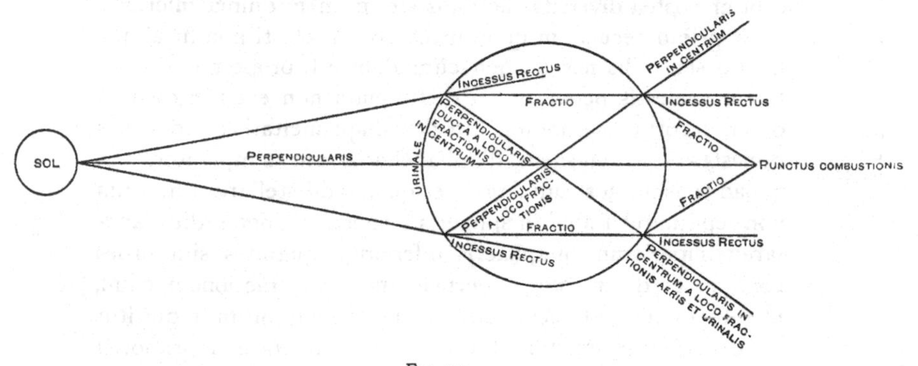

Fig. 79.

aere, ideo fractio vadit inter incessum rectum et perpendicularem ductam a loco fractionis in centrum urinalis, et quando transit extra ad aerem, tunc cum occurrat corpus subtilius, cadit incessus rectus inter fractionem et perpendicularem ducendam a loco fractionis, ut possit radius fractus cadere super perpendicularem primam, quae venit a sole sine fractione. Et cum radii infiniti exeunt ab eodem puncto solis et unus solum est perpendicularis supra urinale, omnes alii franguntur, et concurrunt in punctum unum super perpendicularem, quae cum eis exit a sole, et hic punctus est locus combustionis, quia in eo congregantur radii infiniti, et congregatio lucis facit combustionem, quae congregatio non fieret nisi per duplicem fractionem, sicut patet in figura. Et sicut super perpendicularem principalem concurrunt duo radii in punctum unum per duplicem fractionem, sic intelligendum est de omnibus radiis exeuntibus ab eodem puncto solis, qui sunt nobis infiniti.

CAPITULUM IV.

Celestial refraction.

Postquam autem manifesta est varietas haec in fractionibus specierum et virtutum agentium multiplicatarum, oportet considerare in quibus corporibus mundi principalibus possibile est fieri hanc fractionem, ut videatur in quibus frangantur virtutes coelorum et in quibus non. Per hoc enim certificabitur postea diversitas actionis stellarum in omnia inferiora.

No refraction in celestial spheres, their density being uniform.

Et primo secundum quod in corpore coelesti non fit aliqua fractio sensibilis nec de qua curandum est, propter uniformitatem coelestis perspicui. Fractio enim non est nisi quando occurrit corpus secundum alterius diaphaneitatis; sed orbes coelestes sunt ejusdem diaphaneitatis, aut simpliciter, aut quoad sensum nostrum; propter quod radii stellarum fixarum non reputantur frangi in sphaeris planetarum, nec radii planetarum superiorum in sphaeris inferiorum, quamvis sint orbes contigui et diversarum superficierum. Ad fractionem enim, ut satis tactum est secundum documenta auctorum, requiritur quod corpus secundum sit alterius diaphaneitatis a primo, et hoc sensibiliter, si judicium nostrum debeat esse hic ut curetur, unde non invenitur per instrumenta diversitas sensibilis quae causaretur ex fractione in coelo, nec auctores hoc percipiunt, sed supponunt non esse.

Refraction at surface of sphere of air shown by Ptolemy.

Sed in superficie ignis[1] franguntur omnes radii non perpendiculares; et hoc vult Ptolemaeus quinto Aspectuum, et Alhazen in septimo, et demonstrant hoc per considerationes instrumentorum. Et propter pulchritudinem harum veritatum et probationis, volo recitare verba multa dictorum philosophorum, quatenus evidentius et certius appareant quae

[1] It will be seen from this passage that the sphere of fire was regarded as identical, or at any rate as of the same density, with the sphere of air. Later on in this chapter, pp. 476-7, this is explained. The space occupied by the planetary and stellar spheres was conceived to be pervaded by ether.

dicenda sunt. Coelum autem vocat aethera in quo dicit sidera collocari, et corpus contiguatum aetheri vocat aerem, sub aere comprehendens sphaeram ignis propter rationem dicendam inferius. Et similiter Alhazen non curat de diversitate ignis et aeris, ut patebit.

Dicit igitur Ptolemaeus, 'Possibile[1] est nobis dignoscere, quod in loco contiguationis aeris ad aetherem fit reflexio radii,' id est, fractio lineae; 'invenimus enim res, quae oriuntur et occidunt magis declinantes ad septentrionem, cum fuerint prope horizonta, et metitae fuerint per instrumenta quibus mensurantur sidera. Cum enim fuerint orientes vel occidentes, circuli utrique aequidistantes aequinoctiali qui describuntur super illas propinquiores sunt septentrioni quam circuli qui describuntur super illas cum fuerint in medio coeli. Et quanto magis appropinquant horizonti habent majorem declinationem ad septentrionem. Siderum vero semper apparentium distantia a septentrionali polo erit minor cum fuerit in meridionali linea versus horizonta; et cum fuerit in linea meridionali in loco qui est propinquior puncto qui est super caput nostrum fit in ipso loco circulus aequidistans aequinoctiali major, in priori autem loco minor. Quod accidit propter flexionem radii, quae fit a superficie quae determinat inter aerem et aetherem, quae debet esse sphaerica, et centrum ejus est centrum commune universis elementis, quod est centrum terrae.'

Igitur videtur stella describere minorem circulum de aequidistantibus aequinoctiali quando est in horizonte quam quando plus ascendit, ita quod quanto magis ascendit versus zenith capitis, tanto majorem aequidistantem videatur describere; quae aequidistans est major necessario propter majorem distantiam a polo, ut patet ad sensum in sphaera, quoniam portio circuli meridionalis seu cujuslibet coluri major est inter polum et aequidistantem quam describit stella, cum fertur per zenith capitis, quam quando est in horizonte. Et

[1] Ptol. *Optic.*, p. 151. This is a literal quotation from the fifth chapter of Ptolemy's optical work. In this chapter, which is the most original of the treatise, Ptolemy gives tables of refraction for different angles from 10° to 80° for rays passing from air to water, from water to air, and from water to glass; one of the earliest attempts to deal quantitatively with experimental research.

cum hoc sit verum, de necessitate sequitur, quod stella non videatur semper in loco suo vero, nec per lineas rectas. Quoniam si in suo loco vero semper videretur et per lineas rectas, tunc eandem distantiam a polo habere judicaretur in horizonte et alibi, quia in eadem nocte et semper videretur ferri in eodem circulo aequidistante. Nisi quod in maximo tempore aliter apparet, secundum quod Thebit[1] et multi probationum magistri firmaverunt, scilicet capita Arietis et Librae zodiaci mobilis in circulis brevibus circa capita Arietis et Librae zodiaci immobilis circum ferri, aut totum zodiacum mobilem moveri motu accessionis et recessionis secundum latitudinem ascendendo et descendendo, ut sapientes Indi posuerunt, aut propter aliquem alium motum, quem magistri probationum excogitaverunt esse possibilem in coelo stellato, sive sit inventus adhuc, sive non; secundum quod unus eorum Albategni dicit, possibile est aliquem motum in coelo latere omnem philosophum. Cum igitur non videatur stella secundum lineas rectas, propter diversam distantiam a polo quam habere non potest secundum veritatem, oportet quod videatur reflexe, vel secundum lineam fractam; sed non est ibi reflexio, cum non sit ibi densum; oportet ergo quod per lineam fractam videatur.

Alhazen's instrumental proof of Ptolemy's discovery.

Et Alhazen exponit Ptolemaeum in hac parte sicut in aliis dicens, quod 'si aliquis voluerit hoc experiri, accipiat instrumentum de armillis et ponat illud in loco eminenti, et in quo poterit apparere horizon orientalis, et ponat instrumentum armillarum suo modo proprio, scilicet, quod ponat armillam quae est in loco circuli meridionalis in superficie circuli meridiei, et polus ejus sit altior terra, secundum altitudinem poli mundi super horizonta loci in qua ponitur instrumentum, et in nocte observet[2] aliquam stellam fixarum magnarum, quae transit per zenith capitis illius loci aut prope, et observet eam in ortu suo ab oriente; stella autem orta, revolvat armillam, quae revolvitur in circuitu poli aequinoctialis donec fiat aequidistans aequinoctiali, et certificetur locus stellae ex armilla, et sic

[1] For Thebit's imagined 'motion of trepidation' cf. vol. i. p. 192.

[2] J. has *preservet* here and elsewhere throughout the quotation. I have corrected it from Risner's edition of Gerard's translation of Alhazen (lib. vii. 15).

habebit longitudinem stellae a polo mundi, et deinde observet stellam usquequo perveniat ad circulum meridiei, et moveat armillam, quam prius moverat, donec fiat aequidistans aequinoctiali, et sic habebit longitudinem stellae a polo mundi, cum stella fuerit in vertice capitis. Hoc autem facto, inveniet remotionem stellae a polo mundi apud ascensionem [id est, ortum] minorem remotione ejus a polo mundi in hora existentiae ejus in verticatione capitis. Ex quo patet quod visus comprehendit stellas reflexe [1], id est, fracte, non recte: stella enim fixa semper movetur per eundem circulum de circulis aequidistantibus aequatori diei, et nunquam exit ab ipso, ita quod appareat, nisi in longissimo tempore. Et si stella comprehenderetur recte, tunc lineae radiales extenderentur a recto visu ad stellas, et extenderentur formae stellarum per lineas radiales recte quousque pervenient ad visum. Et si forma extenderetur a stella ad visum recte, tunc visus comprehenderet eam in suo loco, et sic inveniret distantiam stellae fixae a polo mundi in eadem nocte eandem. Sed distantia stellae mutatur in eadem nocte a polo mundi, ergo visus non recte comprehendit stellam. In coelo autem non est corpus densum tersum neque in aere, a quo possunt formae reflecti [2]. Et cum visus non comprehendat stellam recte, nec secundum reflexionem, ergo secundum refractionem, cum his tribus solis modis comprehenduntur res a visu.' Haec sunt verba Alhazen in septimo.

Similiter ostendit illud idem per lunam, quoniam si per computationem, id est, per tabulas et canones lunae distantia a verticatione capitis aequatur, et similiter per instrumentum sumatur altitudo lunae, invenietur minor distantia lunae a verticatione capitis per considerationem instrumenti quam per computationem. Ergo lux lunae non videtur recte per duo foramina instrumenti per quod sumitur elevatio; tunc

[1] The printed translation of Alhazen has refracte; but this is probably a correction of the editor; Bacon seldom uses the word refractio, but simply fractio.

[2] Jebb's edition has converti, which I have corrected from the printed text of Alhazen. It will be seen, however, by reference to p. 463, that the reflected ray was sometimes spoken of as *conversus*; another illustration of the ambiguous use of words relative to this subject, spoken of on p. 462. Alhazen's reference to lunar observations immediately follows.

enim distantia ejus a verticatione capitis esset ista quae esset inventa per computationem; sed non est ita; ergo lux lunae non extenditur a coelo ad aerem per lineas rectas; quare per fractionem. Et qua ratione de lumine lunae, similiter de lumine aliarum stellarum; et ideo oportet quod species omnium stellarum frangantur, et sic patet quod fractio debeat esse omnium radiorum coelestium in superficie ignis qui non cadunt perpendiculariter super corpus ignis.

Proof that in this case the refraction is from rare to dense.

Quod autem haec fractio sit propter transitum speciei a subtiliori in densius versus perpendicularem declarant per hoc, quod circulus aequidistans aequinoctiali transiens per stellam, quando venit ad circulum meridiei et zenith capitis, est vere designans locum stellae, et est in quo deferebatur stella a principio noctis quousque veniret ad circulum meridiei; quoniam visus tunc comprehendit stellam recte; quia linea extensa a visu ad zenith est perpendicularis super corpus coeli et corpus ignis, ut certum est, et uterque hoc dicunt, Ptolemaeus et Alhazen. Cum ergo stella est in verticatione capitis et in circulo majori, qui secundum veritatem est circulus ejus, tunc species radiosa non frangitur, quia perpendicularis non frangitur. Sed cum appareat in circulis minoribus versus horizontem, et in horizonte erit necessario fractio, ut prius probatum est, et videbitur stella per lineas fractas, quia tunc radii cadunt ad angulos obliquos super sphaeras elementorum; sed quaelibet illarum fractarum declinat ad diametrum mundi, qui exit a puncto fractionis, sicut docent Ptolemaeus et Alhazen figurationibus diversis, et hic diameter est perpendicularis super concavitatem coeli et convexitatem sphaerae ignis; quapropter fractio haec est secundum legem incessus a subtiliori in densius per declinationem ad perpendicularem, ut cadat species fracta inter incessum rectum et perpendicularem ducendam a loco fractionis, qui est mundi diameter in hac parte.

No refraction from sphere of fire to that of air.

Secundum autem Ptolemaeum et Alhazen oportet scire secundo quod non fit fractio in superficie aeris, qui proprie dicitur aer, secundum quod distinguimus aerem ab igne, cum non inveniatur aliqua diversitas aspectus nostri causari nisi propter unicam fractionem specierum venientium a stellis per sphaeram aeris et ignis, quantum est de puritate naturae suae. Hoc dico, quia mediantibus nubibus et vaporibus accidit magna diversitas, quia sol et stellae omnes videntur esse majoris quantitatis in horizonte quam in medio coeli, propter interpositionem vaporum exeuntium in aere inter nos et stellas orientes, in quibus vaporibus franguntur radii solares praeter fractionem quam habuerunt in superficie ignis, quae fractio facit ut videantur majoris quantitatis in horizonte quam in coeli medio. Quamvis et alia sit causa hujus majoritatis perpetua, sicut Ptolemaeus et Alhazen determinant; de qua fractione per vapores exemplificabitur postea in figura, cum fiet mentio de actione speciei. Sed dum sphaera aeris est munda a vaporibus, non est ibi fractio, ut auctores Aspectuum certificant, secundum quod dicit Alhazen, quia 'aer[1] quanto magis appropinquat coelo tanto magis purificatur, donec fiat ignis. Subtilitas ergo ejus fit ordinate secundum successionem, non in differentia terminata. Formae ergo eorum quae sunt in coelo quando extenduntur ad visum, non reflectuntur [id est, non franguntur] apud concavitatem sphaerae ignis, cum non sit ibi superficies concava determinata. Nullum ergo invenitur corpus subtilius aere, cum quo extenduntur formae visibilium et franguntur apud superficiem ejus, nisi corpus coeleste.' Hoc dicit Alhazen; quapropter secundum ipsum et Ptolemaeum non est fractio speciei in superficie sphaerae aeris, cum venit species a sphaera ignis. Sed in superficie aquae est fractio sensibilis, propter manifestam diversitatem diaphaneitatis aeris et aquae cum differentia superficierum.

Between the tropic and the pole all planetary rays refracted.

Sed adhuc tertio sciendum est, quod a tropico Cancri versus polum nostrum fit fractio omnium specierum venientium a planetis, propter hoc quod species illae multiplicantur super lineas quae non sunt perpendiculares, eo quod non cadunt in centrum mundi, sed tendunt ad horizonta, propter quod oportet quod nulla species directa veniat citra illum tropicum ad loca climatum, similiter nec ultra tropicum Capricorni, per eandem rationem. Sed nec a stellis quae sunt inter

[1] The nine lines that follow are quoted from Alhazen, vii. § 51. In Risner's edition of Gerard's Latin version, refringuntur is substituted for reflectuntur. In the MSS. (Reg. and O.) Bacon inserts the gloss after non reflectuntur, which I have enclosed in brackets.

tropicos veniunt species directae ultra eos propter consimilem rationem. Ab illis tamen stellis fixis quae sunt extra tropica possunt venire perpendiculares ad loca climatum, quando scilicet transeunt earum species super lineas cadentes in centrum mundi per loca illa.

CAPITULUM V.

Habens quatuor conclusiones.

Reflexion of rays. No bodies are wholly impervious to rays. Those of heat and sound may pass where luminous rays cannot.

Reflexio vero, ut dictum est, est generatio radii in partem contrariam incessus incidentis super corpus densum impediens transitum speciei. Considerandum autem primo quod nullum est tam densum quin species potest transire, quia omnia communicant in materia, et ideo potest fieri transmutatio cujuslibet per aliud saltem quae est per multiplicationem speciei, et ideo per medium dolii aurei et aenei species ignis et soni transeunt [1]. Et cum Boetius velit tertio de Consolatione et alii, quod lynceus oculus possit penetrare parietes densos, oportet quod species oculi et visibilium transeunt per medium parietis. Sed tamen sunt multa densa quae visum hominum impediunt omnino et alios sensus similiter, ita quod species sensibiles non pertranseant in tanta fortitudine ut valeant sensum humanum immutare, licet secundum veritatem transeant, sed insensibiliter nobis.

The same bodies may reflect and refract.

Sunt etiam alia corpora mediocris densitatis, a quibus fit reflexio simul et fractio, ut est aqua. Nam videmus pisces et lapides in ea per fractionem, et videmus solem et lunam per reflexionem, sicut experientia docet. Unde propter densitatem, quae sufficit reflexioni aliquali, radii omnes reflectuntur, sed propter mediocritatem densitatis, quae non impedit transitum lucis, franguntur radii in superficie aquae. Et ideo quilibet radius solis cadens super aquam multiplicat sibi similem tam reflexione quam per viam fractionis; et ideo debilior est reflexio quam illa quae fit a denso perfecte, et debilior fractio quam si corpus secundum esset tam rarum ut nulla fieret reflexio, sicut est in aere.

[1] This is a striking proof of Bacon's sound instinct in physical reasoning, tending, as it did, towards the correlation of radiant forces. Cf. vol. i. p. 114.

Considerandum etiam secundo quod durum et solidum nec faciunt reflexionem nec fractionem, sed solum densum et rarum. Nam crystallus est dura res et solida, et vitrum et hujusmodi multa, et tamen quia rara sunt, pertransit species visus et rerum visibilium, et fit bona fractio in eis; quod non contingeret si esset ita densa sicut sunt dura et solida. Densum enim est quod habet partes propinque jacentes, et rarum est quod habet partes distanter jacentes, et ideo vitrum est rarum, et crystallum et hujusmodi non densum perfecte, licet aliquantulum, sed sufficienter sunt rara ut permittant species lucis transire. Durum autem et solidum [1] non dicuntur ex congregatione partium, sed ex stabilitate et firmitate et fixione, propter naturam siccitatis, ad quam consequitur durities et soliditas, ut Aristoteles vult secundo de Generatione [2].

Distinction between hardness and density.

Tertio considerandum est quod densum laeve et politum, ut speculum, facit bonam reflexionem et sensibilem propter aequalitatem suae superficiei. Partes enim ipsius omnes concordant in una actione, ut dicit Averroes super secundo de Anima [3], capitulo de sono; et ideo aequaliter et concorditer agunt, et integra fit reflexio speciei a superficie speculari. Sed partes corporis asperi, propter ejus superficiei inaequalitatem non concordant in una actione, propter quod dissipatur tota species, et amittens suam integritatem non sufficit repraesentare rem cujus est, et ideo non videtur per corpora aspera sicut per specula. Et Ptolemaeus dicit secundo Aspectuum, quod de aspero fit confusio, eo quod partes non sunt ordine consimiles. Et Alhazen dicit in quarto libro, quod ex politis corporibus, non ex asperis, fit bona reflexio, quoniam corpus politum ejicit speciem lucis, sed asperum non potest, quum in corpore aspero sunt pori, quos subintrat species lucis vel alterius.

For distinct reflexion the surface must be smooth.

Atque oportet scire quarto, quod determinant auctores Perspectivae, quod reflexio non est intelligenda ut forma seu species veniat a re, et figuretur in corpore polito, et faciat suam speciem ulterius in sensum; quoniam tunc si sentiens

No change takes place in the mirror. The reflected ray

[1] Bacon means that the hardness and solidity of bodies have nothing to do with the way in which light affects them. This depends on their density and rarity. With the paragraph that follows cf. pp. 130-1.

[2] *De Gen.* lib. ii. cap. 2.

[3] Arist. *de Anima*, lib. ii. cap. 8, § 1.

is continuous with the incident ray; the direction only is changed.

primo videns illam formam in parte speculi prima propter hoc, quod forma ibi fixa est, incipiat moveri a situ illius partis, adhuc videret se in parte illa speculi, quia forma ejus fixa est; sicut quando sic movetur videret rem quantumcunque fixam in suo loco. Sed nunc non est ita; eo quod cum videns est in directo secundae partis, vel tertiae vel quartae, videt se vel formam non in prima parte, sed in secunda vel tertia vel quarta, vel aliqua alia respectu cujus se habet. Amplius viso aliquo corpore, et vidente ab eo situ remoto, poterit accidere quod non videbit corpus illud in speculo illo, licet videat totam speculi superficiem; quod quidem non esset si imprimeretur forma in speculo, cum videatur speculum et speculum non mutet locum, et corpus visibile similiter sit immotum, quia forma ejus similiter inficiet speculum sicut prius. Amplius viso corpore in speculo et post elongato, comprehendetur corpus magis intra speculum quam prius, quod non erit si forma corporis sit in superficie speculi. Et planum est consideranti quod nulla forma est impressa in speculo per reflexionem, sed magis contrarium; quoniam reflexio, ut dictum est prius, est virtutis venientis ad superficiem densi generantis se in partem contrariam et contra incessum incidentem, occasione sumpta a densitate speculi, quae prohibet transitum ipsius virtutis se multiplicantis. Et ideo non imprimit haec virtus aliquid in speculo, sed facit suam speciem in aere recedendo a speculo per continuam generationem. Verum tali impressioni factae in speculo repugnat ipsa proprietas reflexionis; quod si ex abundanti virtute generativa sui similis posset illa species, veniens ad superficiem speculi, non solum per reflexionem generare se in contrariam partem in aere, sed in substantia speculi, sicut bene possibile est, tamen illa species sic in speculo producta nihil facit ad visionem per reflexionem, et per proprietatem speculi, scilicet ut per eam res visibilis cognoscatur et videatur; hoc enim impossibile est, et otiosum si sic esset: impossibile quidem, propter rationes tactas de modo videndi per reflexionem, et secundum proprietatem reflexionis; otiosum autem esset et vanum, quia sufficit reflexio seu forma reflexa, ut perficiat visionem de re visibili, quantum ad hanc visionem exigitur, quoniam visio per reflexionem denominatur solum a reflexione, sicut fit solum secundum ejus proprietatem, et non per alicujus formae impressionem. Caeterum magis impediret haec impressio, quia esset sicut macula in speculo, et ideo si esset bene fortis et sensibilis sentiretur, et non ipsa res per eam, sicut nec aliquid videmus per maculam in speculo, quantumcunque esset ei aliquid simile, sed ipsam solam maculam; quoniam si imago Herculis esset ibi depicta quantumcunque similis, non videretur Hercules juxta positus, sed solum imago; quare similiter hic sola imago impressa videretur, et non res cujus esset imago. Cum tamen dicimus et scimus nos videre ipsam rem per imaginem suam mediante speculo; et ideo nihil aliud videmus nisi ipsam rem per speciem reflexam, sicut nihil nisi rem videmus per speciem venientem super lineam rectam super[1] speculo; et ideo sicut res est terminus lineae rectae per quam fit visus rectus, et dicitur sola videri, et non aliqua forma vel imago, sic terminus lineae reflexae erit ipsa res, et illa sola per eam videbitur, et nulla imago in speculo nec in aere; sed tamen fiet ejus imago ab ipsa re usque ad speculum, a quo redibit ad oculum, ut sic solum compleatur visio per reflexionem.

Reflexion from a broken mirror.

Considerandum[2] ergo in hac parte, quod dum superficies speculi sit una, aut sit multipliciter fracta dummodo partes habeant eundem situm et aequalem situm sicut ante fractionem, fit una reflexio, et apparet una imago unius rei. Quando vero partes franguntur et mutant situm, tum secundum multitudinem partium est multitudo reflexionum, et multitudo imaginum unius rei. Et quoniam hoc non est propter solam partium divisionem, sed propter difformitatem situs, ideo oberrant qui putant ex sola fractione semper imagines multiplicari; nam sensus probat contrarium.

Capitulum VI.

Habens duas conclusiones.

Vertical rays reflected

Deinde considerandum quod radii quidam cadunt super speculum ad angulos obliquos et convertuntur seu redeunt ad

[1] sub, J. Cf. pp. 132-3. [2] Cp. p. 145.

vertically; oblique obliquely.

obliquos, et quidam cadunt ad angulos rectos et ad rectos convertuntur, ut dicit auctor libri de Speculis Comburentibus, figurando per radium conversum duos angulos rectos, quia radius conversus continet cum linea, quae est directae communis inter superficiem duarum linearum quae sunt radius conversus, et inter superficiem planam quae est superficies speculi (aut superficies contingentes specula concava et gibbosa), duos angulos aequales[1]. Quando igitur cadit radius ad angulos obliquos, tunc angulus incidentiae vocatur iste qui est acutus, et a parte anguli obtusi fit reflexio secundum quantitatem anguli incidentiae, ita quod illa pars anguli obtusi quae separatur per lineam reflexam, et linea quae est communis directae de qua dictum est, est angulus reflexionis. Et sic linea incidens et linea rediens sunt diversae et in diversis locis sitae, in eadem tamen superficie, et constituunt unam lineam totalem, quae ab auctore libri de Speculis Comburentibus vocatur radius conversus; quamvis et ejus pars una quae a superficie speculi oritur vocetur proprie reflexa vel conversa, et alia quae a re venit vocetur proprie incidens. Et dicit Ptolemaeus tertio de Aspectibus, quod talis est positio radii incidentis et reflexi ad angulos obliquos, quod unusquisque istorum duorum pervenit ad punctum speculi a quo fit reflexio, et continent cum perpendiculari quae ab ipso puncto procedit de speculo aequales angulos, et hoc vult Alhazen et alii. Ut si speculum sit *a b*, et radius incidens sit *d c*, et reflexio *c f*, et perpendicularis sit *k c*, tunc angulus *d c k* et *k c f* sunt aequales. Quando vero fit reflexio ad angulos rectos, tunc redit radius in se, et simul loco sunt incidens linea et rediens, et fit radius unus compositus ex incidenti et rediente. Quando vero reflectuntur ad angulos

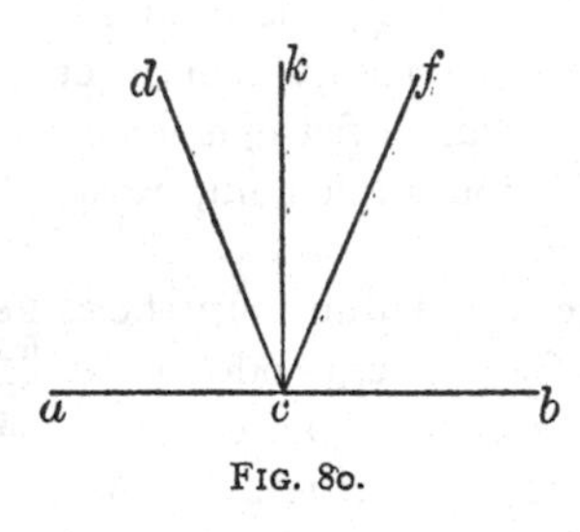

FIG. 80.

[1] This is expressed very cumbrously, and would be quite unintelligible if Bacon did not explain in the next sentence that radius conversus was used by some authors to denote the whole ray, the incident as well as the reflected part. Superficies duarum linearum, is the plane of the two lines; the line in the reflecting surface with which the angles of incidence and reflexion are made lies, of course, in the same plane with them (directa communis).

obliquos, tunc radius incidens et reflexus separantur loco et distant, sed tamen sunt in eadem superficie.

Equality of angles of incidence and reflexion proved by experiment.

Deinde considerandum est secundo, quod reflexio omnis fit ad angulos aequales, sicut Ptolemaeus de Opticis, hoc est, Aspectibus, et Alhazen in Perspectiva, et Jacobus Alkindi de Aspectibus, et omnes auctores concordant. Unde experimentum et causa et effectus hoc ostendunt, et docent fieri instrumenta ad hoc experiendum[1]. Et de facili possumus dicere quod si accipiatur instrumentum columnare rotundum circiter altitudinem pedis et dimidii cujus latitudo est semipedalis concavum interius et sine basi superiori habens basim inferiorem, in qua constituatur speculum convexum, cujus speculi superficiei subtendatur conus quartae partis circuli de aere vel alio metallo, et illius quadrantis basis tangat instrumenti concavitatem lateralem habentem foramina parva rotunda in circuitu, e directo quorum lineantur in lamina dicta protractiones linearum super quas veniunt radii ad speculum et super quas reflectuntur, ita quod linea incidens super speculum et reflexa contineant angulos aequales cum superficie speculi, inter quas perpendicularis cadat in foramina ad superficiem speculi, quam perpendicularem circumstant lineae incidentes et reflexae, videbitur ad sensum quomodo natura operatur miro modo; quoniam radius veniens redibit super lineam continentem aequalem angulum angulo incidentiae, et non super aliam, si experimentator sciat se aptare ad secreta naturae continenda; et radius veniens super perpendicularem redibit in se, ut ad sensum patere potest.

[1] The fourth book of Alhazen, cap. 3, gives a very detailed account of the construction of the apparatus for testing the equality of the angles of reflexion and incidence. The cases of plane, spherical, cylindrical and conical mirrors are separately investigated. [See also Vitello, lib. v. 9, which is almost exactly copied from Alhazen, though as usual without acknowledgement.] The description illustrates the extreme care taken by the Arab investigators in the construction of their instruments. The orifices in the armillary through which the rays were admitted were half a barleycorn, or one-sixth of an inch in diameter. But for more precise investigation the orifice was closed with wax, and a smaller opening made through the central point. Farther, a comparison was made between the ray passing from the orifice in the armillary to the point of reflexion through a closed tube and a similar ray unconfined in its passage. It was noted that the reflected ray was found feebler in the first case, though the direction was unaltered.

And also by reasoning; in the case both of plane and of curved surfaces.

Et ratio ad hoc est, cum species venit ad speculum, si transiret in ejus profundum, faceret angulos interiores aequales exterioribus super communem differentiam superficiei, in qua est radius incidens, et superficiei speculi plani, aut superficiei contingentis speculum convexum vel concavum, quia omnis linea recta stans super aliam facit angulos rectos vel aequales duobus rectis, et ita ex utraque parte faciet rectos vel aequales rectis; sed omnes recti sunt aequales, et omnes duo aequales rectis sunt aequales conjuncti aliis duobus aequalibus rectis; quapropter anguli duo interiores *a b*[1] sunt aequales angulis duobus exterioribus *c* et *d*; et anguli contra positi aequales sunt; quapropter angulus *a* et angulus *c* sunt aequales; sed tamen non potest species transire superficiem speculi sensibiliter, ut nunc est intentio, qualem angulum faceret intra speculum, ut est *a*, talem faciet in suo reditu citissimo a superficie speculi, qui vocatur angulus reflexionis, ut est *e*, pars ipsius *d*; quia eodem modo se habet ad superficiem speculi extra et intra; ergo cum angulus incidentiae, scilicet *c*, et hic angulus reflexionis, scilicet *e*, sint aequales angulo interiori, scilicet ipsi *a*, ut habitum est, erunt aequales inter se, ut patet in figura subscripta.

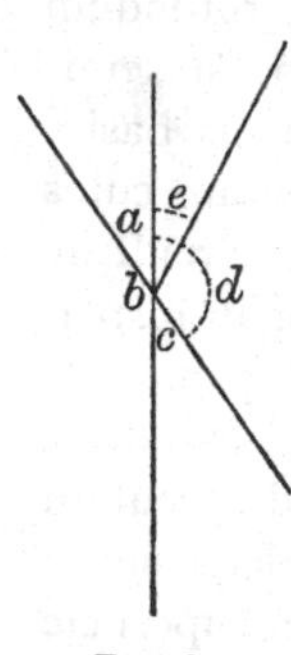

FIG 81.

Hoc etiam demonstratur in libro Jacobi Alkindi de Aspectibus, et primo in planis speculis sic; si *a q* linea moveatur super polos suos *a* et *q* immobiles, cadet *d n* linea super *d e*, quando per motum *a q* lineae *d n* veniet ad partem alteram in circuitu, et ideo idem angulus constituetur ex *d e* et *d q* ac ex *d n* et *d q*, postquam *a q* revolvitur tantum in loco suo, et poli ejus sunt immobiles; sed angulus *g d a* et angulus *n d q* sunt aequales, quia sunt contra positi, quare *g d a* et *e d q* erunt aequales. Et hanc probationem eandem affert Euclides ad quintam propositionem sui libri.

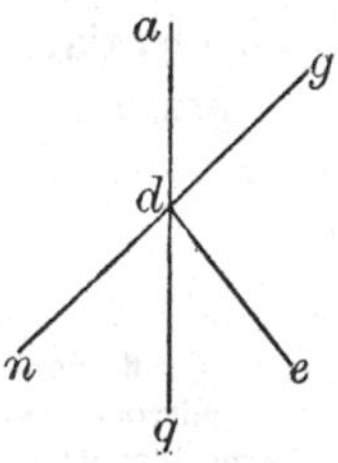

FIG. 82.

[1] The angles *a* and *b* are here called inner angles, as being behind the mirror. The incident and reflected rays are represented as on the right of the mirror.

Et hoc probato ostenditur idem in reflexione a concavis et convexis. Nam ex nunc probatis patet quod anguli *h b n* et *c b z* sunt aequales, et quia *a b n* et *g b z* sunt anguli contingentiae, et ideo aequales, cum uterque omnium acutorum minimus, ut ex libro Elementorum patet, tunc si illos angulos contingentiae auferimus a totalibus angulis *h b n* et *c b z*, oportet quod *h b a* et *c b g* sint aequales, qui sunt anguli reflexionis a concavo speculo, cujus figura haec est. Et si *n b d* et *z b e* anguli contingentiae addantur ad *h b n* et *c b z* aequales, oportet per conceptionem quod *h b d* et *c b e* sint aequales; et sic anguli reflexi a superficie convexa erunt aequales, ut patet in figura. Et haec eadem demonstrantur in principio libri de Speculis vulgati, quoniam prima propositio dicit, In planis speculis et convexis et concavis visus in aequalibus angulis revertuntur. Sed de convexis et concavis probat eodem modo, sicut jam probatum est. De planis vero aliter dicit hoc modo, scilicet quod proportio *g k* est ad *k a* sicut cathetorum, scilicet *b g* et *d a*, hoc enim est in elementis positum, anguli ergo *b g k* et *d a k* erunt similes per Euclidem; ergo angulus *e* est aequalis angulo *z*. Similia enim trigona sunt aequiangula, ut ex elementis patet: cujus figura est haec.

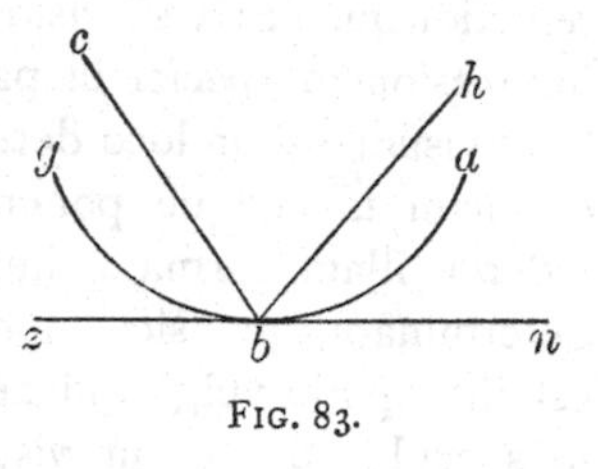

FIG. 83.

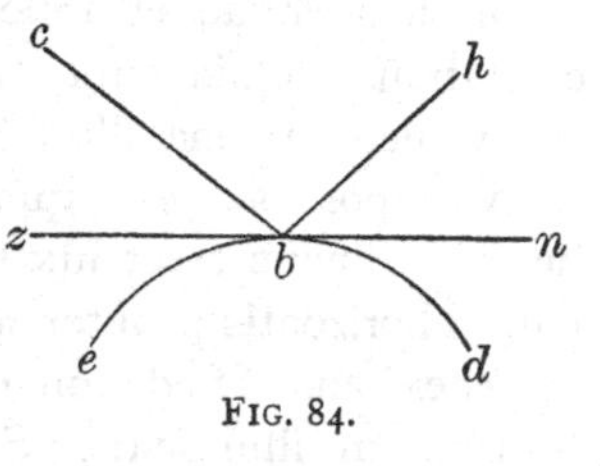

FIG. 84.

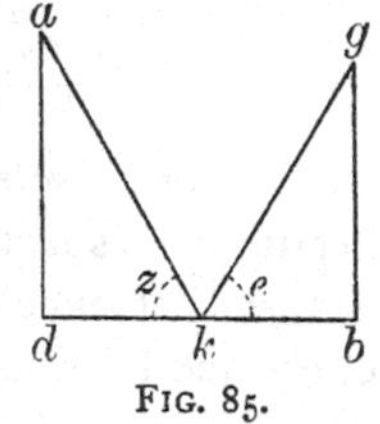

FIG. 85.

Further practical proof.

Et per effectum similiter potest declarari. Quia enim angulus incidentiae et reflexionis sunt aequales, non potest visus compleri per reflexionem, ita ut forma impressa in speculo faciat visionem (de qua impressione tactum est) quoniam propter aequalitatem angulorum incidentiae et reflexionis, oportet quod oculus videns per reflexionem occurrat radio reflexo, quoniam ille radius propter ejus aequalitatem ad angulum incidentiae vadit ad partem determinatam.

ita quod non ad aliam. Et ideo si oculus sit in illa parte videbit, si vero in alia, non videbit; quod dicitur videri per reflexionem. Sed si visio compleretur per reflexionem per impressionem speciei in parte determinata speculi non oporteret visum esse in loco determinato, nec in termino reflexionis, quoniam ubicunque poneretur, dummodo videret speculum, videret illam formam impressam, sicut maculam in parte determinata, aut sicut ipsam speculi partem; et ideo falsa est illa opinio vulgi, qui aestimat formas seu species imprimi in speculo ad hoc, ut visus compleatur per reflexionem per illam formam.

Et non solum sic ostenditur per effectum aequalitatis angulorum incidentiae et reflexionis, sed per alium effectum in coelestibus. Quia enim talis aequalitas est necessaria, ideo lux veniens a luna illuminans totum hemisphaerium habitationis impossibile est[1] quod sit lux solis reflexa a superficie lunae. Si enim esset lux solis reflexa iret ad partem determinatam horizontis propter aequalitatem angulorum incidentiae et reflexionis. Sed non est ita, cum totum quod est supra horizontem illuminat. Sed de hoc fiet sermo plenior in sequentibus.

Capitulum VII.

Habens duas conclusiones.

Divergence of rays in plane mirrors. In spherical concave

Et ulterius sciendum est quod radii adhuc diversimode reflectuntur a speculis diversis. Et una notabilis diversitas est ista, scilicet quae ponitur in libro Speculorum Comburentium, et est quod radius qui convertitur a speculo plano ad punctum

[1] See vol. i. p. 129, where the same statement is made. Yet the description given (vol. ii. pp. 109-113) on the phases of the moon, shows that Bacon was well aware of the dependence of the moon's phases on solar light. He also knew perfectly well that reflexion of an image depended on smoothness of the mirror, the light falling on a rough surface being, as described on p. 130, broken and diffused. But it was, I imagine, impossible for him to conceive the surface of the moon or of any celestial body as other than polished. Consequently no other solution was left to him than the one put forward on vol. i. p. 129; viz. that the moon, and the other stars, had innate or latent light of their own which was called into activity by the light of the sun.

unum, non convertitur nisi ab uno puncto tantum ipsius speculi, et ille qui convertitur ex speculo sphaerico, non convertitur nisi a circumferentia unius circulorum qui cadunt in illa sphaera. Sed philosophi aspexerunt in proprietatibus sectionum pyramidum[1], et invenerunt radios cadentes super communem planitiem superficiei concavae corporis ovalis figurae, aut secundum figuram annuli, converti ad punctum unum eundem, quoniam propter aequalitatem cujuslibet anguli reflexi ad angulum incidentiae non possunt duo radii venientes a plano speculo converti ad unum et eundem punctum in superficie, in qua radii extenduntur incidentes et reflexi. Sed propter figuram speculi concavi aptiorem, omnes radii qui cadunt in circumferentiam unius circuli circa axem transeuntem per centrum speculi concavi, reflecti possunt ad unum punctum ipsius axis, et qui cadunt in circumferentia alterius circuli describendi circa axem, possunt reflecti ad punctum aliud in axe, et sic de omnibus circulis imaginandis circa axem; quorum omnium punctus qui est extremitas axis inferior est polus; quorum circulorum quidam sunt minores et quidam majores, secundum quod eorum circumferentiae magis et minus accedunt ad axem. Et hi circuli sunt intra sphaeram imaginandi, sicut extra describimus aequinoctialem et aequidistantes ei, et radii circumferentiae minimi circuli concurrunt in puncto axis superiori et majoris circumferentiae, post illam ad punctum inferiorem, ita quod quanto circulus est minor, tanto radii ejus reflectuntur altius, et quanto circulus est major, tanto reflectuntur ejus radii inferius.

mirrors, rays converge at different points on the axis.

Quod ad praesens demonstrare volo in sphaerico circulo dimidiato. Nam radii infiniti exeunt a centro solis, qui

Geometrical determination

[1] Conic sections; the cone being always spoken of as pyramis. From this passage and from the last paragraph of this chapter we see that Bacon knew that by using parabolic mirrors, all the reflected rays would be concentrated in a single focus. Nevertheless he exaggerates the defects of the spherical mirror, from a small portion of the surface of which all the rays are practically focussed in a single point. He does not seem to distinguish the case of parallel rays, proceeding from a distant source of light, from that of divergent rays, when the source of light is near. See, however, p. 497.

Alhazen's work shows no acquaintance with parabolic mirrors. But their properties and the mode of constructing them are minutely described by Witelo (*Vitellonis Opticae*, lib. ix. cap. 39–44).

of the point at which convergence occurs.

cadunt in superficiem speculi concavi, quorum unus transit per. centrum speculi et per axem ejus et per polos. In isto igitur speculo concavo contingit imaginari circulos magnos transeuntes per polos ejus infinitos intersecantes se, sicut sunt coluri in sphaera, quorum omnium diameter est linea quae est axis sphaerae. In quolibet igitur circulorum istorum cadunt radii infiniti, et aliqui cadunt prope polum axis inferiorem, et aliqui altius; omnes tamen transeunt per polum superiorem seu per terminum diametri altiorem versus solem, et postea transeunt ultra in semicirculo cadentes in puncto suae circumferentiae, aliqui altius, aliqui inferius, tanquam lineae a termino diametri ductae usque ad diversa puncta in circumferentia utriusque semicirculi hoc modo. Sed lineae cadentes propinquius ipsi *b* faciunt angulum obtusum minorem et acutum angulum majorem quam lineae cadentes remotius. Cum ergo acuti anguli sint anguli incidentiae, et ab obtusis fiat reflexio, et anguli incidentiae et reflexionis sint aequales, oportet ut radius *a g*, quando reflectitur, minus distet a via incidentiae, et majorem angulum reflexionis relinquat quam radius *a c*; ergo *a g* radius reflectetur ad punctum altiorem in diametro *a b* quam *a c* radius. Et adhuc *a k* radius reflectitur inferius quam *a c*; hoc enim exigit aequalitas angulorum incidentiae et reflexionis. Et sic in alio semicirculo *a f* reflectitur altius quam *a d*, et *a d* altius quam *a q*. Sed si *a g* et *a f* sint aequales, ponantur ita, et tunc reflectentur ad punctum idem in axe. Nam anguli incidentiae quos faciunt sunt aequales; ergo anguli reflectionis sunt aequales; quare radius *g o* reflexus nec plus nec minus distabit a loco incidentiae quam *f o* reflexus; et ideo oportet quod ad idem punctum diametri transeant, scilicet ad *o*; et similiter *a c* et *a d* reflectentur ad idem punctum, posito quod sint aequales; et eodem modo *a k* et *a q*, qui cadunt in terminis diametri et

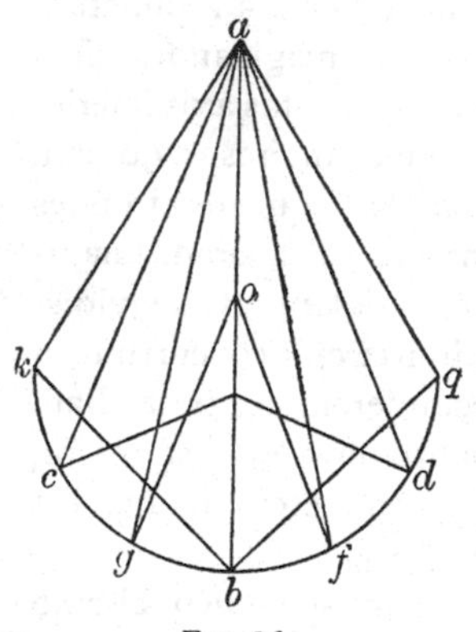

FIG. 86.

in finibus medietatis sphaerae, quoniam radii reflectuntur ad terminum axis inferiorem. Nam cum radius incidentiae scilicet *a k* vel *a q*, attingit quartam circuli habens angulum minoris portionis valde acutum, cui habet aequari angulus reflexionis, oportet quod linea reflexa cadat in extremitatem poli sphaerae et axis ejus inferiorem. Nulla enim alia linea alibi terminata constituet angulum reflexionis aequalem angulo incidentiae nisi illa, quia nulla constituit portionem aequalem portioni quam angulus incidentiae facit nisi illa. Oportet enim quod sit quarta circuli. Quare nullus angulus portionis reflexus potest esse aequalis angulo incidentiae, nisi iste quem constituit linea cadens in extremitatem axis.

Quoniam igitur in hoc coluro seu circulo lineae aequales et arcus resecantes aequales, et quae aequaliter declinant ab axe, reflectuntur ad idem punctum axis, oportet quod ita sit in omnibus aliis coluris quasi infinitis habentibus eundem axem sphaerae pro diametro. Ex quibus manifestum est quod si comparaverimus omnes istos coluros ad invicem et sumpserimus lineas aequales in omnibus, qui de suis coluris arcus resecent aequales, quae etiam lineae aequaliter declinent ab axe communi, oportet quod anguli incidentiae et reflexionis sint aequales ubique. Et quoniam reflexio haec fit necessario ad axem, tunc omnes illae lineae reflectuntur per aequalem distantiam ab incidentiis suis et respectu axis; quare oportet quod in idem punctum axis concurrant omnes. Sed si haec vera sunt, tunc cum dicit Theodosius vicesima octava [1] propositione libri sui primi, 'Si a polo alicujus circuli in sphaera signati recta linea ad sphaerae superficiem producatur, quae sit aequalis lineae ab eodem polo super ejus circumferentiam decedenti, necesse est eam in ejusdem circuli circumferentia terminari,' oportet quod circumferentia circuli quae transit per extremitatem unius istarum linearum transeat per omnes, quoniam omnes sunt aequales et aequaliter distantes ab axe communi, et aequales arcus suorum colurorum resecantes. Quapropter

[1] The first book of the Spherics of Theodosius only contains twenty-three propositions; and this is not among them. It is evident enough however; and is indeed involved in the fifth of his definitions; *Κύκλου πόλος ἐν σφαίρᾳ ἐστὶ σημεῖον ἐπὶ τῆς ἐπιφανείας τῆς σφαίρας ἀφ' οὗ πᾶσαι προσπίπτουσαι εὐθεῖαι πρὸς τὴν τοῦ κύκλου περιφέρειαν ἴσαι ἀλλήλαις εἰσίν.*

patet ultima conclusio, quod omnes radii cadentes in circumferentiam cujuscunque circuli imaginati in concavitate speculi sphaerici circa axem reflectantur ad unum et idem punctum in axe. Et qui in alia circumferentia cadent, reflectentur in alium punctum, et qui in tertia in tertium, et sunt isti circuli quasi aequidistantes in sphaera, ut aequinoctialis et sui compares.

The circles used in this demonstration are purely imaginary.

Considerandum tamen quod isti circuli non faciunt ad reflexionem sed accidunt omnino. Non enim in eorum superficiebus jacent radii incidentes et reflexi, sed in coluris dictis coincidunt isti circuli solum in locis reflexionum, qui sunt in coluris, propter aequalem distantiam ab axe in circuitu, et ex hoc oriuntur isti circuli et possunt intelligi circa axem. Et ideo multi decipiuntur aestimantes quod hi circuli sunt necessarii ad reflexionem, quia omnes radii cadentes in unam circumferentiam reflectuntur ad punctum unum. Sed hoc omnino accidentale est; quoniam etsi non essent hi circuli, fieret reflexio, sed nobis manifestatur levius per imaginationem istorum circulorum. Et haec reflexio probatur per experientiam et effectum. Nam speculo concavo ad solem posito, ignis accenditur, ut dicit ultima propositio de Speculis, scilicet in puncto axis ad quem reflectuntur omnes radii circumferentiae unius circuli. Unde si stupa vel aliud combustibile apponatur, sole fortiter radiante, comburi potest in puncto illo.

Construction of mirrors the curvature of which shall effect complete convergence.

Sed non omnes radii cadentes in superficie illius speculi concurrunt in punctum unum, nec ad omnem distantiam quam volumus. Et ideo philosophi ingeniati sunt specula concava aliarum figurarum quam sunt specula dicta communiter concava, ut fiat congregatio omnium radiorum cadentium in superficie speculi ad punctum unum in axe, et non solum fiat ad aliquam determinatam distantiam, sed ad omnem quantum voluerit experimentator perfectus. Et hoc probatur per auctorem libri de Speculis Comburentibus, qui dicit, qualiter autem habeamus speculum concavum comburens, cujus combustio sit secundum longitudinem notam quamcunque voluerimus, ponemus laminam de chalybe, etc., quod docet fieri secundum figuram ovi vel annuli, et ponit ad hoc demonstrationes suas, ut ex libro ejus pateat, quas nimis longum esset enarrare, et difficilius explicari quam praesens opusculum requirat. Breviter tamen sciendum quod istud speculum sic debet figurari, quatenus omnes anguli cadentes in omnibus circulationibus circa axem fiant aequales, ut si speculum concavum sphaericum premeretur undique aequaliter, donec omnes aequidistantes circa polum suum possent recipere terminos linearum, quae in omnium colurorum singulis punctis facerent angulos aequales. Et quatenus in quolibet coluro imaginato, quorum diameter est axis speculi, radii cadentes tam longe quam prope respectu axis constituant angulos aequales, ut scilicet quos angulos unus radius faciat in medietate coluri faciat quilibet, et hoc est impossibile in sphaera. Sed oportet quod speculum sphaericum mutet undique suam figuram, ut laxetur sphaericitas ex omni parte, quatenus declinet ad ovalem figuram vel annularem, ubi coluri et aequidistantes imaginandi non sunt veri circuli. Nam non omnes lineae ductae a puncto in medio ad circumferentiam sunt aequales, sed sunt sicut communes sectiones pyramidum rotundarum et superficierum planarum, quae secantur secundum longitudinem, non secundum latitudinem [1]. Docet enim Euclides in tricesima tertia [2] propositione de Speculis, sic figurari speculum, ut congregatio radiorum fiat ante et retro, quod qualiter possit intelligi, exponetur inferius.

Capitulum VIII.

Habens unam veritatem principalem, et tres incidentales vel annexas.

Rays from agent diverge equally in

Deinde consideranda est multiplicatio secundum figuras, et patet quod multiplicatio est sphaerica naturaliter, quoniam

[1] The definition is not quite clear, but probably indicates that the section was to be made parallel to the side of the cone, i. e. was to be a parabola.

[2] The Greek original of the *Catoptrica*, attributed to Euclid, only contains thirty-one propositions. But this work, considered by the best authorities to be of far later date, possibly by Theon, has come down to us in an imperfect state. The book *De Speculis*, attributed to Euclid, exists only in a Latin version. It appears to be taken from the *Catoptrica*. See Heiberg's edition of Euclid's *Optica*, Prolegomena, pp. l–li. On parabolic mirrors cf. vol. i. p. 116.

all directions as from the centre of a sphere.

agens undique et in omnem partem et secundum omnes diametros facit speciem suam, ut probatum est prius [1]. Quare oportet quod agens sit centrum a quo lineae in omnem partem procedant; sed tales lineae sunt semidiametri sphaerae, et non possunt terminari nisi ad superficiem sphaericam. Item natura facit quod melius est ad salutem rei, et ideo acquirit sibi figuram, quae magis operatur ad salutem. Sed vicinia partium in toto est maxime operativa salutis earum et totius; quia divisio et distractio earum saluti maxime repugnat; quapropter omnis natura acquirens sibi figuram ex sua proprietate debet quaerere illam quae maxime habet viciniam partium in toto, nisi propter causam finalem repugnet. Sed haec est sphaerica, quoniam omnes partes plus vicinantur in ea quam in alia, cum non pellantur in angulos nec latera, in quibus distant partes ad invicem; quapropter lux adquiret sibi figuram sphaericam, sicut guttae roris pendentes a terminis herbarum sphaericam sibi figuram acquirunt, quamvis in rebus animatis, propter operationes animae varias, oportet quod figura sit secundum exigentiam operationum animae; et hoc volunt omnes auctores. Possent autem rationes hic induci de proprietatibus figurae sphaericae; sed quia sunt communes figurationi aliarum rerum multarum et propriae speciei, nec est necesse modo eas induci, ideo pertranseo; inferius enim circa mundi corpora figuranda considerabitur ratio istius figurae.

How far the shape of a ray is affected in passing through an orifice.

Sed in oppositum arguitur quod lux cadens per foramen oblongum vel multiangulum cadit in figuram secundum figurationem foraminis, praecipue si sit aliquantum magnum, quia si sit valde parvum, tunc lumen in figura cadit rotunda. Et dicendum est, quod licet in distantia parva non acquirat sibi figuram debitam, tamen in sufficienti distantia acquiret. Quanto enim foramen est majus, tanto in majori distantia acquirit, quia scilicet majores dimensiones foraminis multilateri magis a circulo et sphaera elongantur. Si enim paries in tantum a foramine elongaretur, quantum foramen ab agente, ut a sole, vel alio, necesse est quod species solis fiat aequalis proportioni solis multiplicanti speciem illam, ut patet

[1] See p. 458.

per vigesimam quintam et quartam primi Elementorum. Anguli enim duorum triangulorum, quorum unius basis est chorda portionis in sole multiplicantis speciem, et alterius chorda speciei cadentis super parietem, sunt aequales, quia contraponuntur; et ex hypothesi latera triangulorum illorum sunt aequalia; quare bases sunt aequales, quae sunt chordae portionum solis et suae speciei, ut patet in figura. Et ideo patet, quod ex elongatione accidit acquisitio quantitatis et figurae quae non accidit ex propinquitate distantiae. Et similiter videmus, quod radii solis vel alterius cadentis in meridie transeuntes per idem foramen faciunt speciem magis rotundam quam in mane. Unde non oportet quod licet sit idem foramen, quod propter hoc sit omnibus modis eadem conditio speciei, et prope et longe, et in una hora et in alia, et ad unum casum radiorum et alium; non enim ita est. Nam in mane cadunt radii ad angulos obliquos per medium vaporum, propter quas causas debiliores sunt, facientes speciem debiliorem, quae causae non accidunt in meridie, et ideo acquirunt sibi figuram rotundam in meridie, quoniam fortiores sunt. E contrario accidit quod in meridie sit species minoris quantitatis quam in mane, quia colligitur in sphaera quod in alia figura minus rotunda dispergitur.

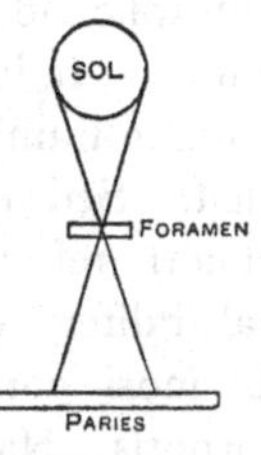

FIG. 87.

The conical shape of flame.

Quod autem lux ignis ascendit in figura pyramidali, hoc est ratione corporis ascendentis, non ratione lucis, quia figura illa apta est motui sursum; praecipue, quia partes ignis interiores propter distantiam a contrario continentur, scilicet aere fracto sunt efficaciores in ascensu, et ideo in ascendendo expediunt se, et ideo altius attingunt, et aliae partes consequuntur per ordinem, secundum quod magis aut minus distant a contrario circumstanti, quapropter rotundantur in pyramidem [1]. Sed tamen si ad locum naturalem ignis devenit, non stat in pyramide, sed sphaericam figuram eligeret, in qua quiesceret naturaliter. Nam ignis in sphaera jacet in concavitate orbis lunae sphaericae. Et sicut dicit Euclides libro de Speculis et probatur in septima propositione, figura lucis est major quam

[1] Cf. vol. i. p. 118.

foramen. Sed hoc est intelligendum in distantia debita, quoniam valde prope foramen non accideret hoc, sed intersectio radiorum cum debita distantia est causa hujus.

Et considerandum est quod semper est majus lumen et fortius in medio lucis cadentis; et causa hujus est, quia ad illud medium pertingunt radii non solum intersecantes se, sed recti ad circumferentiam non attingunt nisi intersecantes, qui sunt causa debilitationis. Quoniam vero in sphaera possunt omnes figurae corporales et regulares intelligi, et in sphaera possunt omnes circuli circumduci, in quibus omnes figurae superficiales regulares possunt similiter inscribi, atque licet proprie inscribi aliae non possunt per definitionem inscriptionis, tamen valent figurari in sphaera omnes. Quapropter in multiplicatione sphaerica omnia genera figurationum includuntur: et ideo omnis multiplicatio speciei secundum quamlibet figuram potest reperiri in multiplicatione sphaerica quam facit. Sed quantum ad fortem illuminationem cujuslibet puncti rei tenebrosae, sola figura pyramidalis requiritur naturaliter; et non quaelibet, sed illa cujus basis est super os luminosi corporis, et ejus conus cadit in partem tenebrosi corporis. Nam in hac sola figura salvatur perfecta illuminatio et actio naturae, ut exponetur inferius suo loco.

Capitulum IX.

Habens tres veritates.

Rays proceed from all points in the agent. This is shown by examination of shadows.

Habito in universali de figuratione specierum, nunc magis in particulari considerandum propter quaedam corpora, a quibus est principalis multiplicatio in hoc modo considerata, ut est in sphaericis, cujusmodi sunt stellae et oculi. Et certum est quod ab una parte agentis tantum non sit species, nec a duabus solum, sed ab omnibus, quod certificatum est per dicta Jacobi Alkindi de Aspectibus. Quoniam si ab una parte, ut ponamus a centro de quo maxime credebant aliqui speciem radiosam solum fieri, tunc omnis umbra dilataretur quanto magis procederet, ut arguit praedictus philosophus et patet in figura. Et destruit consequens ex hoc, quod umbra coangustatur in pyramidalem figuram, quando corpus illuminatum minus est illuminante, et protenditur in infinitum contenta lineis aequidistantibus, quando illuminans et illuminatum sunt aequalia, et dilatatur solum quando illuminatum est majus

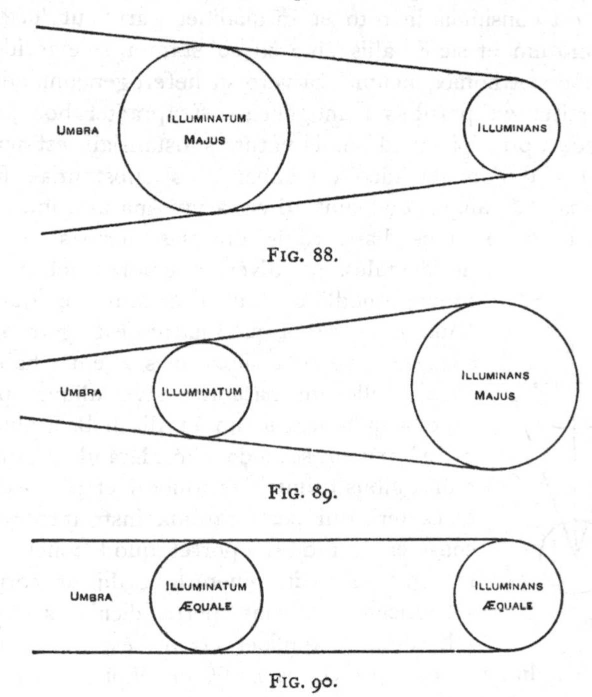

Fig. 88.

Fig. 89.

Fig. 90.

illuminante, sicut patet in figura. Similiter nec potest fieri a duobus partibus tantum, quoniam si aequidistanter fiat multiplicatio, tunc species lucis seu alterius et umbra per consequens similiter continerentur semper duabus lineis aequidistantibus, et neque augmentarentur neque minuerentur, sed protenderentur in infinitum. Si vero non aequidistanter fiat multiplicatio a duabus partibus, tunc cum natura operatur semper uno modo, oportet quod fiat lumen semper dilatando, et in umbram semper dilataretur in infinitum: vel semper contrahendo, et tunc umbra semper contraheretur et arctaretur. Et haec patent ex positione figurarum praesentium; et ideo oportet quod sit a pluribus una et duabus, sed qua ratione a tribus, et a quatuor et ab omnibus; propter quod oportet quod sit ab omnibus et a tota superficie agentis [1].

Et hujus causam praeter dicta dat Jacobus in hoc, quod agens est consimilis in toto et in qualibet parte, ut lucidum et coloratum, et sic de aliis, sive sit substantia, sive accidens, dummodo sit homogeneum. Si vero sit heterogeneum, adhuc componitur ex partibus homogeneis. Et praeter hoc patet ex dictis a principio quod omnis natura substantialis est activa praeter materiam, et ideo quaelibet pars substantiae facit speciem, sed aliquando sunt diversarum naturarum. Et similiter de partibus habentibus diversas formas activas accidentales, ut diversos colores vel hujusmodi; quodlibet tamen talium de quibus habitum est prius, quod natum est agere, aget speciem, sive tota superficies agentis habeat alicujus illorum naturam, sive aliqua pars superficiei habeat unum, et alia habeat aliud.

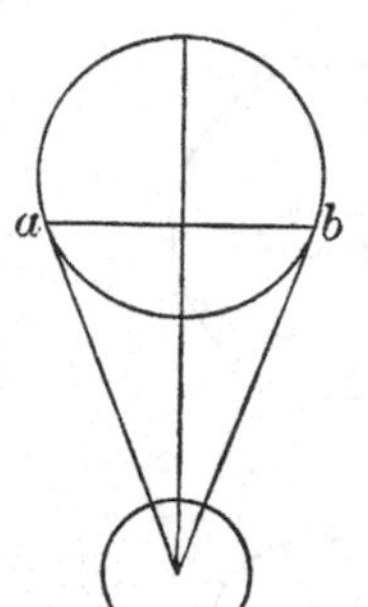

FIG. 91.

The axis of each cone of rays is the really effective part.

Sed tamen secundo considerandum, quod radii quibus utuntur astronomi et perspectivi et caeteri, qui per foramina instrumentorum considerant radios, oportet quod concurrant in centrum si imaginentur trahi in corpus sphaericum, et sunt perpendiculares super sphaeram, et quilibet eorum est axis unius pyramidis luminosae, cujus conus cadit in aliquod punctum corporis patientis; et tota illa pyramis denominatur ab illo radio; unde tota vocatur nomine illius in consideratione philosophantium. Et causa hujus est, quia fortitudo pyramidis est ab hoc radio. Nam hic radius est brevior omnibus, sicut patet per undevisesimam primi Euclidis [2], ut in hac figura patens est. Nam facit angulos rectos cum chorda portionis sphaerae. Et ideo per undevisesimam latera duorum triangulorum reliquo sunt longiora. Item plus de virtute activa causat illum radium, quia totum profundum sphaerae usque ad alteram extremitatem diametri, quod est majus quolibet illorum, quia perficit illas lineas pyramidis, ut patet per octavam tertii

[1] Cf. vol. i. p. 119. [2] 29, J.

Elementorum Euclidis; imaginato circulo *a b*; qui transeat per polos sphaerae, cujus unus sit in termino axis pyramidis. Sequitur enim per octavam tertii, quod illa linea intra circulum, quae transit per centrum, erit omnium longissima, et sic habebit plus de virtute profundi ipsius agentis. Quare axis pyramidis a majori virtute causabitur quam aliae lineae.

Rays from a very distant source appear parallel, though strictly speaking they are not.

Et tertio sciendum quod quia hi radii nati sunt concurrere in centrum, non sunt aequidistantes, unde radii solares sic accepti philosophice non sunt aequidistantes, sicut docet Euclides in libro suo de Speculis nona propositione ostendens quod lumen solis, quod venit ad nos, non est aequidistans, licet appareat. Si tamen objiciatur quod umbrae sunt aequidistantes, ergo et radii; dicendum est, quod umbrae diversarum rerum ut hominum vel aliarum rerum objectarum rectae, solum sunt aequidistantes secundum sensum, sed non secundum veritatem. Nam axes umbrarum, sicut pyramidum luminosarum, vadunt in centrum solis. Quoniam igitur concursus radiorum et umbrarum distat a nobis quasi per infinitam distantiam respectu judicii sensus nostri, non percipimus concursum, et ideo judicamus esse aequidistantes[1]. Nam soli *f g* radii sunt aequidistantes ad angulos rectos, et *c* et *d* radii noti sunt non esse aequidistantes, quia punctus concursus eorum est notus oculo qui prope est. Sed *a b* non bene apparent non esse aequidistantes quia longiores sunt, et punctus concursus non apparet. Item *h* et *e* longe minus apparebunt non esse aequidistantes quia propinqui sunt aequidistantibus, et remotius concurrunt. Multa enim sunt quae secundum sensum nostrum apparent aequidistare; propter hoc, quod concursum eorum non percipimus sensu, ut parietes domus videntur secundum sensum nostrum esse aequidistantes, sed non sunt, cum tendant in centrum mundi, quia omne grave

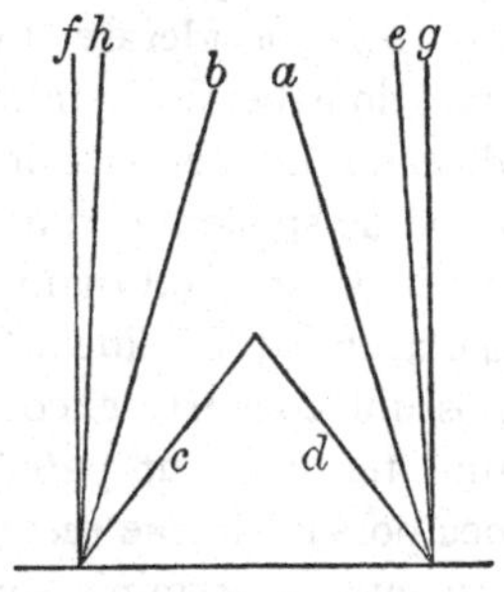

FIG. 92.

[1] Cf. vol. ii. p. 118.

tendit ad centrum. Similiter, circuli meridiani diversi videntur esse aequidistantes, sed tamen concurrunt in polis mundi, et sic de multis. Sic igitur est hoc intelligendum.

CAPITULUM X.

Habens tres veritates.

The visual cone from a sphere embraces less than half the surface.

Et quoniam bonitas operationum naturae est per multiplicationes venientes in figura pyramidali, ut tactum est superius et explicabitur inferius, quarum pyramidum coni cadunt in partes patientium et bases sunt in agentibus, atque sphaerica corpora, ut stellae, maxime in hoc mundo sunt activa, oportet considerare multiplicationem speciei pyramidalem, quando habet fieri a talibus sphaericis dictis. Et patet jam origo dicendorum per vicesimam quartam[1] de visibus, quae dicit, quod de sphaera cernitur, ejus medio minus est. Impossibile quidem est quod diametri sphaerarum sint bases pyramidum dictarum, quia lineae contingentes diametri terminos non possunt concurrere, eo quod contineant angulos rectos super illos terminos, ut patet per decimam sextam tertii Euclidis, nec possunt lineae rectae intercidere, per eandem[2]. Et lineae exeuntes a terminis diametri extra lineas contingentiae non possunt concurrere, quia faciunt angulos majores rectis, secundum quod cadunt a stellis ad terram. Et si basis pyramidis cadentis in terram non possit esse diameter stellae, non poterit multo magis esse chorda majoris portionis. Quapropter oportet quod sit chorda minoris portionis. Et quia magna differentia est actionis penes pyramides breviores et longiores, ut patebit, ideo consideranda est differentia multiplicationis pyramidis longioris et brevioris. Et patet figuranti, quod pyramis brevissima, quae veniat a tota chorda minoris portionis, est illa cujus lineae laterales sunt contingentes sphaeram in terminis illius chordae, nec tamen contingunt eam propter terminos chordae; sed quia illi termini sunt termini diametrorum duorum, ut patet. Et omnes aliae

[1] This proposition forms part of the twenty-third of Euclid's *Optica*. Σφαίρας ὁπωσδηποτοῦν ὁρωμένης ὑπὸ ἑνὸς ὄμματος ἔλασσον ἀεὶ ἡμισφαιρίου φαίνεται.

[2] incidere in eandem, J., intercidere per, Reg.

pyramides sunt longiores, quarum omnium basis una est, scilicet chorda illius portionis, ut patet in figura per decimam nonam tertii Elementorum, quae pyramis maxime est activa, et quanto longiores tanto minus agunt, ut exponetur et probabitur inferius.

His habitis, optimum est considerare, quod licet quaelibet agentis pars nata est multiplicare se sphaerice, tamen ab aliis partibus et exterioribus obstaculis recipit impedimenta. Quoniam tamen in sphaericis corporibus est impedimentum regulare et naturaliter, et haec corpora maxime multiplicant virtutes in hoc mundo, ut stellae, et maxime judicant de hac multiplicatione in omnibus rerum differentiis, ut oculi, ideo justum est in his videre quantum contingat impedimenti et quantum non, ut nobis determinetur multiplicatio istorum corporum nobilium.

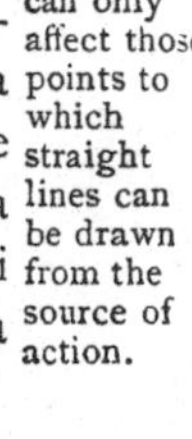
The ray can only affect those points to which straight lines can be drawn from the source of action.

Et satis convenienter determinat Jacobus Alkindi veritatem hujus rei, dicens quod ab omni puncto corporis sphaerici convexi, ut oculi vel stellae, venit species radiosa ad omnia loca medii, ad quae a quolibet puncto dato in agente corpore contingit duci lineam rectam, et solum ad illa medii puncta ad quae lineae rectae possunt a puncto agentis sphaerici et convexi deduci. Quod autem virtus extendatur radiosa super lineas rectas ad loca medii, jam ostensum est secundum ipsum et secundum alios auctores Aspectuum. Sed quod non possit ad alia loca pertingere species radiosa quam ad illa ad quae a puncto agente ducantur lineae rectae, hoc ostendit per sextam decimam tertii Elementorum, ponens exemplum in terminis et figura sic.

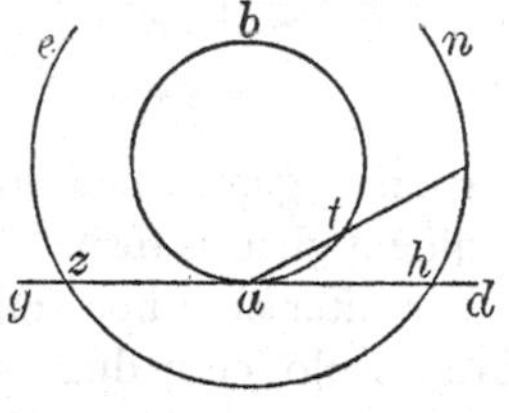

FIG. 93.

Corpus sphaericum convexum faciens virtutem et speciem, ut stella vel oculus, sit *a b*, et linea contingens ipsum in puncto *a* sit *g d*; corpus illuminandum sit *e n*; arcus vero illius corporis qui secatur a linea *g d* sit *h z*; dicit igitur, quod ab *a* puncto possibile est duci lineas rectas ad omnem punctum in arcu *z h*, et patet per petitionem; sed ad puncta in arcubus *e z* et *n h* non est possibile lineas rectas duci ab *a* puncto, per secundam partem decimae sextae tertii Euclidis. Si enim aliqua linea recta contingat circulum, non est possibile, ut dicit iste Jacobus, ut a nota, supra quam contingat circulum, producatur linea recta in partem circuli, nisi linea circulum secans, sicut est linea *a n*, quae circulum secat in *t* puncto. Non est ergo possibile ut protrahatur ab *a* puncto linea recta ad notam *n*, gibbositas namque *a t* prohibet lineam a rectitudine; nec ad notam aliquam aliam, quae sit in arcu *h n*. Et similiter in arcu *e z*; quoniam impossibile est lineam rectam cadere inter lineam contingentiae et circumferentiam circuli. Quapropter non veniet species ab *a* puncto usque ad loca quae sunt in arcubus *e z* et *h n*, sed solum ad puncta arcus *h z*, ut patet in figura. Igitur ex his colligendum est praecise, quod ad nihil spatii, quod est inter lineam contingentiae et corpus sphaericum, potest venire species a puncto in quo linea sphaeram contingit; sed ad omnia illa loca, quae separantur a corpore sphaerico per lineam contingentiae, possibile est ut veniat species, et virtus corporis agentis, non solum prope sed longe, secundum fortitudinem virtutis ipsius.

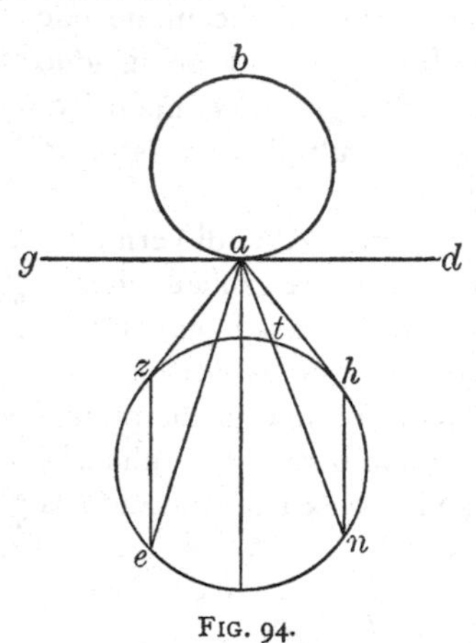

FIG. 94.

In the mutual action of two spheres more than half the surface of the smaller is involved, less than half of the larger.

Similiter cum hoc considerandum est quod dicitur libro de Crepusculo, cum duae sphaerae sunt aequales, tunc illud de utraque quod respicit aliam est medietas sphaerae; cum vero altera est minor, tunc illud quod ex minore respicit majorem est plus medietate minoris, et de majore, minus medietate illius. Et ex hoc patet, cum species venit a majori sphaerico super minus, veniet a minore ejus portione, et cum veniat a minori sphaera super majorem, veniet a majori portione sphaerae minoris; et cum aequales sint sphaerae, veniet species a medietate sphaerae utriusque. Et juxta hoc manifestum est quantum de superficie patientis recipit speciem agentis. Quoniam, cum aequalia corpora influunt in se invicem, species agentis occupat medietatem patientis, et neque plus neque minus; et cum majus et minus in se invicem multiplicant species suas, tunc species minoris occupabit minus medietate majoris, et species majoris plus medietate minoris; et haec omnia patent in figura. Propter quod, cum a sole et stellis venit multiplicatio ad terram et caetera minora sphaerica, oportet quod plus medietate terrae recipiat speciem solis et stellarum quae sunt majores terra. Et similiter est de stellis respectu solis, cujus speciem recipiunt. Et e contrario species corporum convexorum minorum non occupabunt medietatem majorum sphaericorum. Quapropter species terrae vel totius oculi, multiplicata ad stellas et ad alia majora eis, occupabit de eorum convexitate minus medietate. Quamvis non loquor hic de virtute oculi pyramidali, cujus conus tendit ad centrum visus, et basis cadit ad superficiem rei visae,

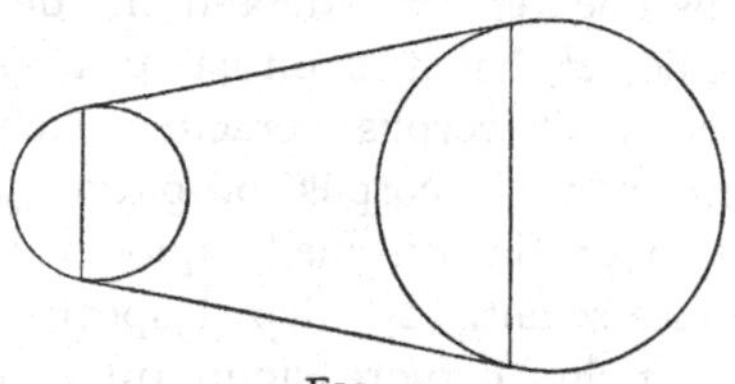

FIG. 95.

quae virtus facit operationem videndi, ut inferius demonstrabitur; sed de specie totius oculi, seu quocunque alio corpore sphaerico multiplicato ampliori modo quo potest ad superficiem corporis sphaerici majoris. De specie enim visus quae deservit operationem videndi coarctata in pyramide visuali, cujus conus nititur in centrum visus, certum est quod non potest ejus basis occupare medietatem corporis convexi majoris neque aequalis neque minoris, sicut dicitur[1] vigesima quinta libri de Visu, propter hoc quod radii istius pyramidis concurrunt in visum, cujus ratio patet satis ex praedictis.

[1] i. e. Euclid's. This is the twenty-third of Euclid's *Optica*, already referred to. It may be noted that, in J., the 16th prop. of Eucl. iii. is several times spoken of as the 25th. The old way of writing Arabic numerals made this mistake easy to a scribe unfamiliar with them. With the latter part of this chapter cf. vol. i. pp. 124–5.

PARS TERTIA

MULTIPLICATIONIS SPECIERUM.

Incipit tertia pars hujus tractatus.

CAPITULUM I.

The species has no bodily existence apart from that of the medium through which it passes.

Habito de lineatione et figuratione speciei multiplicata, consequenter considerandum de modo ejus existendi in medio, et habet capitula tria. In primo consideratur an species sit corpus veraciter, sicut multi posuerunt. Quod vero non sit corpus probatur per hoc, quod non dividit latera continentis medii, quod est locum in alio occupare, ut omnes sciunt. Et ideo si species esset corpus secundum se, essent duo corpora simul, quod non est possibile. Et Aristoteles dicit tertio Metaphysicae [1], quod corpora esse simul verificari non potest de naturalibus nec de mathematicis nec de spiritualibus corporibus. Et quarto Physicorum dicit, quod dimensio corporalis dato vacuo non potest aliam sustinere secum, et ideo posito vacuo nullum corpus recipietur in eo, ut ipse vult ibi, quia non cederent dimensiones vacui dimensionibus corporis advenientis, eo quod in vacuo nulla est natura quae cedat, cum nec habeat mollitiem, nec aliam passionem naturalem, nec sua dimensio stans fixa in loco suo permitteret aliam recipi, ut dicit, quia dimensio vacui habet unde impleat locum. Repletio enim loci est per trinam dimensionem, quam dederunt philosophi vacuo veraciter, ut aestimaverunt. Non enim est repletio vacui per calidum et frigidum, nec aliquam aliam passionem naturalem, sed solum per trinam dimen-

[1] *Met.* ii. 5, § 10 *ὅταν γὰρ ἅπτηται ἢ διαιρῆται τὰ σώματα, ἅμα ὁτὲ μὲν μία ἁπτομένων, ὁτὲ δὲ δύο διαιρουμένων γίγνονται.* Cf. *De Anima*, lib. ii. 7, § 2 *οὐδὲ γὰρ δύο σώματα ἅμα δυνατὸν ἐν τῷ αὐτῷ εἶναι.* The point as to the dimensions of a vacuum is discussed in *Natur. Auscult.* iv. 8, § 13, but the conclusion drawn is somewhat different from Bacon's.

sionem, ut dicit Aristoteles. Ex quibus omnibus patet quod species in medio, non faciens dimensionem inter latera ejus, non potest habere aliam dimensionem a dimensione medii, quia de se non possunt compati simul.

Item prius[1] tactum est quod generatio naturalis non tollit naturam corporis, quia certum est quod natura praesupponit corpora in principio materiali; aliter enim posset de corpore fieri spiritus, ut angelus vel anima, per naturam; sed hoc est impossibile; ergo natura non aufert a principio materiali in quod agit dimensionem corporis, nec generat novam cum illa sufficiat. Unde corpus quod est genus secundum, nec est generabile nec corruptibile, sed creabatur in elementis et de elementis, remanet in mixtis sine generatione et corruptione, licet augmentetur vel diminuatur; quia augmentum et diminutio sunt circa quantitatem, non generatio nec corruptio. Haec sunt magis verificata in prioribus; sed nunc quae dicta sunt sufficiant. Quapropter cum medium sit principium materiale, in quo et de cujus potentia per agens et generans educitur species, non poterit haec species habere aliam naturam corporalem a medio distinctam. Et hoc certum est per hoc, quod effectus completus similis agenti nomine et definitione non habet novam dimensionem corporalem, sed illam quae fuit medii sive corporis in quo generatur talis effectus completus, quando agens invalescit super ipsum, et tollit naturam specificam ejus, de cujus potentia educit illum effectum completum. Quapropter concedendum est illud idem de specie, quae est effectus incompletus, vadens ad effectum completum nunc dictum.

Quod autem dici possit quod ad minus species substantiae corporeae cum sit idem in essentia, nomine, et definitione cum eo cujus est, erit corpus et habens trinam dimensionem, et locum per se occupabit sicut agens; dicendum est, quod habebit haec species quantum potest de omnibus his; sed quia nimis est sub esse incompleto, nec per se existens, sed in alio quod per illam assimilatur agenti, manens in natura sua specifica corporali, replens locum praecise, quod ideo praevalet in hac parte, ut ei locus ascribatur et trina dimensio simul,

[1] Cf. Part I. ch. iii. of this treatise.

in quo loco et sub trina dimensione claudit secum ex incidenti debilitatem speciei [1]. Ideo haec species non meretur dici corpus, saltem cum medio in quo est ponens in numerum in trina dimensione et loci determinatione; sed est una dimensio et unus locus, quibus unum corpus principaliter correspondet, scilicet ipsum medium, assimilatum tamen agenti per speciem ejus corporalem incompletam, unde est corpus in actu distinctum, et ideo est corporale in corpore actualiter, alias accidentaliter existens.

The species in the first part of the line of force is not identical in substance with the species in the second.

Quod etiam generaliter pro omni specie videatur posse proferri, quod species incedit per se in medio, licet medium sit immobile et quietum, et ex sua potestate petit loca diversa, non operante aliquid ipso medio, nec juvante movente nec moto; sit ita, quod quiescat; quare est corpus, cum nihil per se transmutat locum in corpore quiescente nisi corpus; dicendum est, quod non est idem numero in prima parte medii et secunda et aliis. Nec illud quod est in parte prima exit eam, nec similiter quod est in secunda vadit ad tertiam, sed quaelibet in suo quiescit loco [2]; et ideo non est aliquid quod moveatur ibi de loco ad locum, sed est continua generatio novae rei, sicut est de umbra quae non movetur sed renovatur diversa et diversa, nec est renovatio penes loca proprie et per se, sed penes subjecta, quia species est passio medii, nec locus ibi requiritur nisi locus medii.

Why a transverse wind does not affect the direction of the force.

Si dicatur quod moto aere per ventum vel aliud, non movetur species, sed secundum eandem extensionem lineae vel sphaerae continue a suo agente multiplicatur, occupans locum fixum immobilem secundum se totum, licet renovetur secundum partes medii in eodem loco, ut nunc tactum est, sed si esset indistinctum ab aere et ejus passio, tunc moveretur moto aere, quia moventibus nobis moventur omnia quae in nobis sunt indistincta in dimensionibus; dicendum est, quod haec est fallacia consequentis a duabus causis ad unam.

[1] The ray, being nothing whatever but a portion of the medium momentarily modified by the agent, has no dimensions other than those of that portion of the medium.

[2] This passage, and indeed the whole chapter, contains striking anticipations of modern physical theories as to propagation of force. If the word *wave* or *undulation* were substituted for *ray* or *species*, little would need changing.

Quod enim species sic jaceat in uno incessu immobiliter licet aer moveatur, hoc potest esse, aut quia nata est occupare locum per se ut corpus, et sic non est hic, aut quia propter directionem agentis debentis facere suam actionem in partem unam, ipsa species quae est passio medii tenet incessum unum, sed tamen semper praesupponit partem aeris in qua sit, per quam habeat locum, licet illa pars aeris sit diversa et diversa succedens propter motum quarundam partium aeris. Locum immobilem non tenet species ut corpus et per se, sed semper per partem aeris prius renovatam in tali loco, quae pars speciei est subjectum. Et non solum pars aeris renovatur in qua species jaceat sicut in subjecto non in loco, sed ipsa species in partibus renovatis renovatur, nec manet eadem numero. Quoniam, etsi aer quiesceret, renovaretur in parte renovata, et in parte alia et alia; et ideo cum partes aeris succedunt in eodem loco, non manet eadem species occupans locum illum, sed corrumpitur cum pars aeris in qua fuit mutat illum locum, et non generatur nova, antequam alia pars veniat in illum locum, et ideo non habet locum per se sed per aliud.

What happens in the case of reflexion.

Si vero arguitur de reverberatione a corpore, patet ex dictis quod non fit ex violentia, sed generat se in partem sibi possibilem cum prohibetur transire propter densitatem resistentis. Si enim violenter repercuteretur ut pila a pariete, oporteret necessario quod esset corpus. Quod si dicatur, cum facit se iterum per reflexionem in alium locum per suam naturam propriam, medio nec pellente nec movente nec moto, nec aliquo alio juvante nec faciente quod removeat locum, quod non accidit in umbra, quia ad motum corporis renovatur, videtur quod per se locum occupare debeat; dicendum est, quod locum non quaerit ut corpus sed subjectum, nec tamen unum in numero illud quaerit solum sed diversum semper, propter hoc quod species in una parte medii generata potest facere sibi similem in alia. Et ideo non est ibi acquisitio loci ut corpus acquirit, sed est ibi renovatio speciei per generationem in partibus medii pluribus.

Quod vero diversum est hic et in umbra, accidit non ex hoc quod species sit corpus, sed quia habet virtutem activam, quae potest sibi similem producere in parte medii conjuncta illi in qua est secundum omnes diametros. Sed umbra non est activa nec sui similis generativa, sed convertitur umbra per aliud et requirit illud aliud, scilicet corpus objectum praeter medium in quo sit. Sed species solum requirit medium postquam est in medio jam multiplicata, et potest sibi similem per se facere et sua potestate activa.

Light is not body.

Multae aliae tricae possunt hic objici, quae nihil valent. Et ideo transeo determinando quoddam incidens, quia inter omnes species maxime aestimatur de luce sive lumine in medio quod sit corpus. Sed hoc esse non potest secundum Aristotelem, qui dicit quod lux non est corpus, nec defluxus corporis. Similiter nec tenebrae est corpus sed passio, quare nec ejus oppositum quod est lumen, ut arguit. Et iterum tertio dicit quod tunc ab oriente ad occidens translatum non lateret nos, licet in parvo spatio nos posset aliquo modo latere. Et in veritate lux est in tertia specie qualitatis, cum sit possibilis qualitas inferens sensui per se passionem, quare non erit corpus. Quae vero dicuntur in contrarium, omnia sunt fantasiae communes omni speciei, cujusmodi dicta sunt et consimiles, praeter exemplum Aristotelis in Topicis[1] cum recitat quod ignis est lux, quia species ignis dicit tres, carbonem, flammam et lucem. Hoc multipliciter evacuatur per hoc quod ipsemet dicit, quod exempla ponimus non ut vera sint, sed ut sentiant qui addiscunt.

In the Topics Aristotle does not express his own opinions.

Et omnia ejus exempla in Topicis[2] sunt positiones philosophorum, secundum definitionem positionis ibidem datam, et ideo fere omnia sunt falsa. Unde haec falsitas venit ex hoc quod posuerunt stellas esse ex luce sua calidas et igneas, quia lux calefacit, sicut ipse recitat secundo Coeli et Mundi. Et ideo posuerunt lucem esse ignem, et unam speciem ignis esse lucem stellarum, nec posuerunt stellam esse nisi lucem congregatam et densatam secundum trinam dimensionem; et ideo posuerunt lucem esse corpus. Sed haec omnia falsa sunt. Quod autem minus[3] communiter dicitur ad hanc auctoritatem Aristotelis,

[1] *De Anima*, lib. ii. cap. 7 *τὸ φῶς . . . οὔθ' ὅλως σῶμα οὐδ' ἀποῤῥοὴ σώματος οὐδενός*. In the following passage Aristotle rejects the view of Empedocles, that light consisted in the passage of particles between the sky and earth.

[2] Lib. v. cap. 5, § 11.

[3] This is the reading of Reg., J. has mitius.

cum dicit lucem esse tertiam speciem ignis, hoc dicitur pro igne secundum se et secundum suam essentiam, non pro aliquo ignito, cujusmodi sunt carbo qui est substantia grossa terrestris ardens, et flamma quae est fumus terrestris ardens. Et ita sumitur lux concretive, non pro forma, sed pro subjecto sub forma, scilicet pro substantia et natura lucida, aestimando quod ignis de se luceat et in sphaera sua. Hoc omnino falsum est, quia certificabitur in posterioribus quod impossibile est quod ignis de se luceat, nec in sphaera sua nec alibi quam denso terrestri et aqueo, sicut Averroes declarat in diversis locis. Et hoc tactum est supra [1], et patebit inferius.

CAPITULUM II.

Proofs that the ray is of corporeal not spiritual nature.

Secundo considerandum est, an species agentis corporalis debeat dici res corporalis vel spiritualis, propter hoc quod multi solebant dicere, quod species habet esse spirituale in medio et in sensu. Et patet quod est vere res corporalis, quia non est anima, nec intelligentia, nec prima causa. Sed omne aliud ab illis est vere res corporalis. Item species agentis corporalis est similis ei nomine et definitione, ut in principio ostensum est, sed res spiritualis non est hujusmodi respectu corporis. Item species est ejusdem essentiae cum effectu completo, ut prius probatum est. Sed effectus completus corporalis agentis est vere corporalis, ergo et species. Item nullum agens et generans est ignobilius generato, ut dicitur quarto Metaphysicae et tertio de Anima; si igitur species est res spiritualis, non habebit causam corporalem; ergo nulla species fieret a corporibus, quod falsum est. Sed tamen hic necessario concludunt et dicunt quidam quod species rei corporalis, licet nec sit corpus distinctum a medio, nec sit res spiritualis sed corporalis secundum suam essentiam, habet tamen esse spirituale in medio, unde habet secundum eos modum existendi spiritualem, et non corporalem, et ita habebit esse spirituale, licet sit res corporalis secundum essentiam, ita quod accipiant spirituale in propria significatione alia a corporali. Sed istud stare non potest, quia universaliter modus existendi proportionatur essentiae habenti illum modum,

[1] Cf. p. 461; 'Ignis non habet lucem fixam nisi in carbone.'

ut videmus in singulis. Et hujus causa est, quia esse est propria passio ejus cujus est, secundum veritatem et Avicennam, vel essentialius[1] secundum Averroem et vulgus sequens eum; et ideo si essentia cui debetur esse est corporalis, et modus existendi erit corporalis; praecipue cum istud esse habeat in re corporali et secundum ejus proprietatem. Ex quo contingit iterum arguere, quod omne quod recipitur, recipitur per modum recipientis, ut omnes concedunt, et multipliciter dicit auctoritas primi libri de Causis, et Boetius quinto de Consolatione et alibi. Cum igitur medium corporale recipiens speciem de cujus potentia educitur, ut prius probatum est, habet esse penitus corporale, non poterit haec species habere nisi esse corporale. Item essentia nobilior est quam ejus essendi modus, ut certum est; sed spirituale est nobilius corporali, quare modus essendi spiritualis non debetur rei corporali secundum essentiam. Item spiritus existens in se vel in re spirituali, si ponatur absolutus a corpore, ut anima, non amittit aliquid de dignitate sui modi essendi spiritualis, quae suae essentiae proportionalis est; ergo nec corporalis essentia existens in corpore amittit aliquid de esse corporali, quod proportionatur suae essentiae. Et iterum, quod plus est, spiritus in corpore conjunctus, sicut forma et perfectio, ut anima rationalis, non amittit suum esse spirituale quod debetur suae essentiae, immo magis istud esse spirituale redundat in corpus quam e contrario; et fit homo quasi totus quodammodo spiritualis propter nobilitatem animae spiritualis, cum anima sit principalior quam corpus quasi sine comparatione. Quapropter corporale, cum existit in corporali, longe minus amittit esse quod secundum legem corporalem ei debeatur. Item esse non habet ipsa species a casu nec fortuna, sed nec a creatione, ut planum est, nec aliquid creatum est causa sui esse, quare habebit esse ex suis causis. Sed causae suae sunt omnino corporales, scilicet generans et materia corporalis, de cujus potentia generatur. Quare oportet quod esse speciei sit corporale. Item esse habet secundum rationem trinas dimensiones, licet indistincte a medio; ergo habet esse corporale. Et in idem inconveniens

[1] O. has exemplarium. The text follows Reg.

redit quod dicitur a vulgo, quod species non habet esse materiale, quod materiale vocatur hic corporale, et sic est; et ideo falsum est istud sicut aliud, scilicet quod dicitur habere esse spirituale, et magis falsum. Quoniam angelus et anima, licet sint substantiae spirituales, tamen habent esse in materia, quia sunt compositae ex vera forma et vera materia, ut nunc suppono, et probatur inferius[1]; quare multo magis habebit species esse materiale. Idem educitur de potentia materia activa, quare esse materiale habet. Item probatum est prius quod species substantiae corporalis est similitudo totius compositi, et quod non renovatur in medio esse formale tantum, cum species generatur, sed esse materiale, et vera materia sub esse incompleto. Quapropter insania est dicere, quod species non habet esse materiale. Item est simile agenti nomine et definitione; ergo habet esse materiale, sicut illud. Item est idem in essentia cum effectu completo quod habet esse naturale. Item propter nobilitatem generantis respectu generati sequeretur quod aliquod spirituale[2] daret esse spirituale speciei. Sed non potest hoc dici.

Erroneous conclusions on this subject due to bad translations. *Spiritual* used laxly for *imperceptible.*

Quoniam igitur istud non potest salvari aliquo judicio rationis, nec etiam habet probabilitatem aliquam, ut patet homini volenti dimittere stultitiam vulgi, et sequi rationem, ideo absolute definio, quod species rei corporalis est vere corporalis, et habet esse vere corporale, ut expositum est, praecipue ut est in corpore, de cujus potentia educitur. Postea vero inquiretur de speciebus rerum spiritualium, ut sunt anima et intelligentia et causa prima, qualiter se habeant ibi. Nec est aliquid contra illud nisi mala translatio verborum Averrois, Avicennae, et Aristotelis. Scimus quidem quod innumerabilia sunt ad literam eorum quae sustinere non possumus. Nec etiam vulgus naturalium propter horrorem falsi cupit sustinere; sed oportet interpretari et exponi in melius, cujus causae datae sunt a principio. Et ideo quod translatio imponit Averrois in libro de Sensu et Sensato, et super librum Aristo-

[1] In Bacon's 'Communia Naturalium' the distinction between different kinds of matter running parallel to the distinction between different kinds of form is carefully elaborated. See Introduction.

[2] corporale, D. and O. But spirituale is the reading of Reg., and is undoubtedly right. Eight lines further, J. has corporalium, wrongly, for spiritualium.

telis de Anima, quod species rei corporalis habet esse immateriale et esse spirituale in medio; dicendum est, quod omnino intelligendum est de esse insensibili, ad quod vulgus vel translator traxit hoc nomen spirituale, propter similitudinem rerum spiritualium ad insensibiles. Nam res spirituales sunt insensibiles, et ideo convertimus sermonem vulgariter transumentes hoc nomen insensibile ad spirituale, ut omne quod non habet esse sensibile nobis dicatur habere esse intelligibile et spirituale. Sic spirituale est aequivoce acceptum, et remanet veraciter de natura corporali, et secundum esse corporale. Et ideo quod Aristoteles dicit secundo de Anima, quod sensus suscipit species sensibilium sine materia; dicendum est, quod ipse sumit ibi sine materia, hoc est immateriale, pro insensibili; non pro spirituali, secundum quod opponitur corporali. Sed si cavillator dicat species habere esse sensibile, ut patet de radio cadente per fenestram, et de specie colorum fortium, ut patet cum radius penetrat vitra vel pannos bene coloratos, jam solutum[1] est primum quod hoc est in paucis speciebus, et in illis in quibus est accidit et per accidens est, ut prius expositum est.

Reply to Avicenna's view as to the non-material character of certain impressions.

Quod autem contra medicos dicentes substantiam cerebri mollem ut recipiat aptas figuras imaginandi eo quod res humida de facili recipit impressiones, Avicenna decimo de Animalibus dicit sub his verbis; 'Nam videtur mihi istud, quod res humida de facili recepit alterationem, sed non omnem, sed illam quae est cum divisione et receptione figurarum. Sed imaginatio et aestimatio non sunt cum motu corporis, vel divisione aliqua in corpore, propter quae verba videatur quod species non debeat habere esse corporale; et ideo spirituale.' Dicitur ad hoc primo, quod auctoritas Aristotelis[2] praevalet in hac parte, determinans libro de Memoria et Reminiscentia, quod senes habent debilem memoriam propter nimiam siccitatem organorum, quorum organa sunt sicut ligna antiqua putrefacta quae non bene recipiunt impressiones et figuras rerum; et pueri nihilominus habent malam memoriam,

[1] Cf. p. 437.

[2] *De Memoria*, cap. 1. The metaphors of running water and of a decayed wooden house are used to express the short memories of the young and the old respectively. On neither can the seal leave a permanent impression.

eo quod habeant organa nimis humida, propter quod non retinent species et figuras rerum. Deinde dico quod Avicenna est alibi istius sententiae in multis locis, tam in libris medicinalibus quam naturalibus. Dicit enim in libro de Anima primo, quod sensus communis recipit species sed non retinet, imaginatio vero retinet: addens quod aliud est retinere, aliud vero recipere, ponens exemplum de aqua quae recipit impressionem sigilli, sed non retinet. Sed innumerabilia verba sua ad hoc possent induci, nec oportet; et ideo cum non est fatendum quod ipse tantus philosophus fuerit sibi nec Aristoteli contrarius, dicendum quod male fuit illud verbum decimo de Animalibus translatum, et pejus exponitur, ut concludatur in hoc casu ex hoc esse spirituale ipsius speciei corporalis, praecipue cum sua verba ad literam nihil tangunt de esse spirituali. Et praeter haec omnia dici potest quod Avicenna non contradicit proposito in aliquo, quoniam nos loquimur hic de specie comparata ad solum corpus inanimatum in quo est, et ipse loquitur de specie comparata ad animam et ad corpus animatum, praecipue ratione animae, de qua comparatione nihil loquimur hic. Haec enim auctoritas habet locum proprium in sequentibus; et ibi dabo ejus intellectum, secundum quod videbitur expedire.

Capitulum III.

Mixture of rays in the medium.

Et cum jam ventilaverim diu esse materiale[1] et corporale ipsius speciei rei corporalis in medio, quod tamen jam teneo secundum veritatem, sequitur tertia veritas mirabilis vulgo ex imaginatione falsa. Nulli tamen sapienti sit stupenda; sed propter magnitudinem occultationis tantae veritatis, et propter hanc eliciendam, laboravi evidentius circa esse naturale et corporale specierum in medio corporali. Dico igitur praecise quod species rerum corporalium miscentur in omni parte medii[2], quando ad invicem concurrunt illae quae sunt contrariae, et non sunt contingentes. Et similiter illae quae sunt ejusdem speciei. Contraria enim naturaliter miscentur, aut unum vincit super reliquum ut illud corrumpat,

[1] naturale, J.

[2] Cf *Perspectiva*, pp 39-42.

et non numerantur simul in eadem materia et subjecto. Similiter res ejusdem speciei non simul numerantur in eadem materia et subjecto. Res autem contingentes vocantur quae simul se compatiuntur, ut album et dulce, quae non sunt ejusdem generis nec ejusdem speciei. Et ideo bene numerantur, quia non est natum aliquid unum fieri ex eis, et sunt simul in eodem subjecto ut in mixto, loquendo de vera mixtione ut nunc loquimur. Cum ergo luces omnes sint ejusdem speciei et congregentur a diversis luminaribus in una parte medii, dico quod fit una lux numero; et similiter quod diversi colores ejusdem speciei, quando veniunt ad idem punctum medii, fiunt una species. Et quando contrariorum colorum species veniunt, fit una mixta ab eis, nisi altera in tantum dominetur, quod reliqua corrumpatur a causis generantibus colores. Similiter quando duae species coloris veniunt ad eandem partem medii, fit una species et unus color. Et quando species calidi et frigidi veniunt, ut una non corrumpat aliam, omnino fit mixtio, et ita fit in omnibus, quod probatur per omnia praedicta.

The supposed spiritual nature of species has suggested a doubt.

Dicit enim vulgus quod species, quia habent esse spirituale et non materiale, non miscentur sed sunt distinctae. Cum ergo probatum sit quod habent esse vere materiale, et nullo modo spirituale, quod excludat esse vere materiale, ideo manifestum est quod debent misceri vera mixtione, sicut caeterae formae materiales. Item ipsa generantia species illas, cum ad invicem veniunt in eodem subjecto, miscentur vera mixtione; sed species sunt similes nomine et definitione et essentia illis a quibus causantur; quare sequuntur naturam et proprietatem illorum. Item nullus de vulgo studentium vult negare quin effectus completi, quando veniunt in eadem parte materiae, misceantur vere; sed species sunt penitus ejusdem naturae, et fiunt hi effectus quando completur esse specierum; quare prior naturaliter est mixtio in speciebus quam in effectibus completis.

Great authority of Ptolemy

Et Ptolemaeus tertio de Opticis dicit expresse quod mixtio [1] specierum est in aere, et in colorum speciebus et in aliis. Item Alhazen in libro primo Perspectivae, dans causam

[1] See *Ptol. Optica*, p. 80 (ed. Govi).

quare una res videatur una, cum tamen ad duos oculos veniunt duae species diversae, dicit quod duae species quae veniunt ad duos oculos transeunt ad nervum communem, ad quem continuantur oculi, et supponitur una alii ex eadem parte illius nervi communis, et fit una forma ex eis; et ideo virtus sensitiva, quae est in illo nervo, judicat de re una quod sit una, propter unam formam quam habet. Ex qua sententia manifestum est, quod species miscentur ad invicem, et fit una ex illis. Plenitudo vero sapientiae istorum duorum philosophorum in libris manifestat quod nullum falsum dicunt. Et ideo ipsi in libris Aspectuum sunt de illis auctoribus qui in omnibus sunt recipiendi, sicut habetur in prologo istius operis, quia florem philosophiae explicant sine falsitate qualibet.

and Alhazen in this matter.

Sed licet haec pars sit omnino vera, tamen habet valde probabiles contradictiones per auctoritates multorum male intellectas. Et propter distinctam visus cognitionem, propter quam vulgus studentium aestimat quod species omnes sunt distinctae in omni parte medii, et quod aliter salvari non potest distincta visus cognitio, propter quod vulgus trahit auctoritates multorum et magnorum ad suam partem. Sed hoc non oportet, quia et possunt salvari auctoritates et distincta visus cognitio, licet in medio fiat vera specierum mixtio earum quae natae sunt visui. Et ideo propter hujus ignorantiam clamat vulgus in contrarium, et doctores vulgi similiter, solatium suae imperitiae quaerentes manifestando per hunc modum.

The difficulty of reconciling such mixture with distinct perception is a real one.

Dico igitur, quod licet species albi et nigri venientes a diversis agentibus naturaliter misceantur in parte medii, et veniant species mixtae ad pupillam, tamen a loco mixtionis primo in medio una illarum veniet ab ipsa re sensata perpendiculariter super oculum et pupillam, et aliae secundum lineam accidentalem; nec a re sensata veniet perpendiculariter ad visum, sed solum a loco mixtionis, et ideo una venit fortis et occultat aliam, sicut major lux occultat minorem, et occupatur virtus visiva circa corpus immutans, et dimittit aliam speciem. Et in tantum potest esse dominium unius contrarii, quod illius species praevalebit in loco mixtionis primo,

The superior energy of perpendicular rays as compared with oblique explains it.

ita quod alia omnino destruatur, et praecipue in medio a loco mixtionis ad oculum, ita quod antequam ad pupillam veniat, convertatur species una in contrariam per actionem naturalem. Et ideo judicabit visus de re una per speciem unam, aut ita fortem quod occultabitur reliqua.

Quod vero a loco mixtionis primo veniat una species perpendiculariter super lineam principalem, et alia accidentaliter, manifestum est propter situm oculi respectu duorum visibilium diversorum, quantumcunque propinque ad invicem collocantur. Quamvis enim ad locum mixtionis veniat species a visibilibus per lineam principalem rectam vel fractam vel reflexam, tamen ab illo loco planum est, quod una species super lineam principalem alterius non incedit principali multiplicatione sed accidentali, quoniam lineae principales duarum specierum vadunt per vias diversas et ad puncta diversa medii et oculi, et nunquam concurrunt nisi per aliquas reflexiones vel fractiones cogerentur concurrere. Sed linea principalis unius speciei potest bene concurrere cum linea accidentali alterius a loco mixtionis usque ad eandem partem oculi, et tunc vel consumetur species accidentalis per principalem, vel per ejus fortitudinem occultabitur, ut patet in hac lineatione.

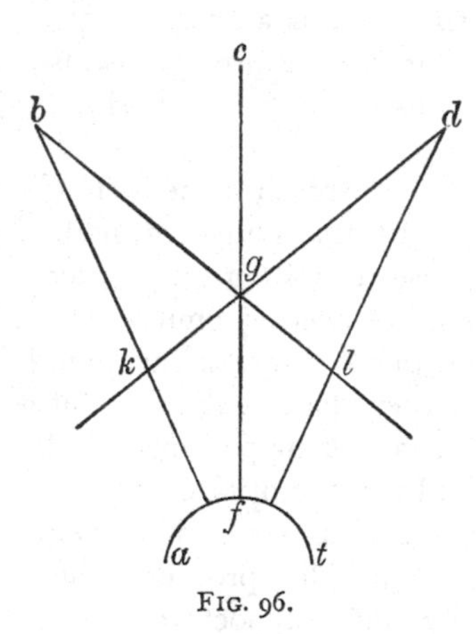

FIG. 96.

Sit *a t* oculus, *c* punctus a quo species venit perpendiculariter ad oculum super lineam *c f*[1], dico quod in puncto *g* est vera mixtio colorum seu specierum venientium ab ipsis *b* et *c* et *d*; sed ab ipso *g* non est multiplicatio principalis nisi speciei quae venit ab ipso *c*, et species principalis sola potest ducere visum in rei cognitionem. et non accidentalis, ut prius dictum est. Nec perpendiculariter venit a re ipsa, sed solum a loco

[1] Jebb has *e f*. His diagram, Tab. ii. 34, is confused, the letters *k* and *l* not being noted. The diagram here given is from Reg.

mixtionis; et eodem modo est in mixtionibus apud *k* et *l*. Quoniam igitur a re visa ad unam partem pupillae non venit nisi una species principalis et perpendicularis habens sic duplicem fortitudinem, scilicet ex perpendicularitate et ex principalitate, propter quam alia consumitur inter locum mixtionis et partem pupillae aut occultatur, oportet quod haec mixtio, licet sit vera, non tamen inducat aliquam confusionem in visu, sed plenam relinquit distinctionem.

Experimental researches of Alhazen on this matter.

Quum igitur auctores varii, ut Alhazen libro de Aspectibus et alii perspectivi, et etiam naturales, ut Seneca et alii in libris naturalibus, volunt species distingui in medio, intelligendum est hoc modo, scilicet quod a rebus veniunt species per lineas principales distinctas usque ad locum mixtionis et deinde ulterius tendunt per diversas vias et distinctas, loquendo de lineis principalibus, quamvis accidentales minus coincidant a loco mixtionis in partibus medii et oculi, et adhuc haec coincidentia reputatur distinctio, eo quod fortitudo principalis multiplicationis occultat aliam aut corrumpit penitus. Et ideo quod Alhazen in primo libro inducit experimentum [1] ad distinctionem specierum probandam, scilicet per discursum earum per idem foramen usque ad partes diversas in corpore objecto; dicendum quod verum est quod sic est distinctio ut intendit, quia species in foramine in quo miscentur, vadunt per lineas diversas principales, sicut extra foramen venerunt a rebus per lineas diversas principales, quae terminantur ad puncta diversa in corpore objecto repraesentantia species diversas principales in partibus diversis corporis objecti. Sed tamen in foramine fuit vera mixtio, ut dictum est, visum nullo modo impediens propter causas dictas, quin distincte fiat.

Summary of conclusions.

Et jam juxta haec patet quod tenendum est de unitate speciei quae venit a re una vel pluribus. Si enim agens sit unius naturae activae, ut lucidum, vel unius coloris, vel cujuslibet alterius proprietatis activae, patet unam esse multiplicationem secundum speciem, et quantum ad unitatem secundum numerum et secundum essentiam. Nam licet quaelibet pars faciat multiplicationem unam sphaericam, non tamen numerantur in eadem materia et subjecto, sed cedunt omnes in unam, quia

[1] Cf. *Perspectiva*, p. 45.

formae ejusdem naturae non numerantur in eadem materia. Si vero sint contrariae naturae activae in diversis partibus agentis, ut in pica vel scuto vel aliis, tunc naturaliter miscentur, et fit unum per essentiam. Si vero sint contingentes ut lux et calor in igne, tunc fiunt subjecto unum et unum numero; ut album et dulce in lacte, quia sunt in eodem subjecto secundum numerum sed non sunt unum numero in essentia, sicut nec in specie. Si vero sint diversae res agentes et locis separatae, tunc fit una species his tribus modis, quando concurrunt ad invicem in eodem loco et subjecto.

Et huic veritati conjuncta est consideratio de continuitate speciei. Cum enim in superficie tota agentis est una natura activa continua, et medium unum continuum, oportet quod multiplicatio sit continua. Cum vero una natura activa sit in una parte et alia in alia, ut in pica vel in scuto vel quomodocunque sit, dummodo sint contrariae, fit continua species et una, sed mixta. Si vero sint contingentes, tunc non sunt proprie continuae nec contiguae multiplicationes, sed diversae simul existentes. Si vero media et subjecta sunt diversa, tunc sunt species diversae et discontinuae propter diversitatem et discontinuitatem subjectorum et mediorum [1].

[1] In what relates to mixture of radiations, the foregoing chapter should be compared with *Perspectiva*, pp. 39–42. With the previous chapter, on the corporeal nature of radiations, compare pp. 43–46.

PARS QUARTA

MULTIPLICATIONIS SPECIERUM.

CAPITULUM I.

Habet duas conclusiones.

Resistance of the medium to the processes of condensation and rarefaction involved in the propagation of force.

Habito de generatione speciei et figuratione multiplicationis suae a loco generationis, insuper de existentia speciei multiplicatae in medio, nunc considerandum est de ejus debilitate et quibusdam annexis. Ad ejus vero debilitatem quaeritur primo, an medium ei resistat, et patet quod sic, per Alhazen et caeteros auctores Aspectuum. Nam hoc dicunt expresse. Item sive sit natura elementaris agens sive consequens ad eam, ut sapor et odor et hujusmodi, sive sit natura coeli, necesse est rarefactionem fieri et densationem, quia nihil generatur in natura sine istis, quia hae sunt primae passiones materiae naturalis ad quas aliae consequuntur, ut Aristoteles[1] vult in octavo Physicorum et alibi. Sed rarum naturaliter resistit condensationi, et densum rarefactioni, quare oportet quod omne medium sive rarum sive densum resistat. Et Alhazen vult quod rarum habet finem et statum in corporibus mundi, ita quod rarius possit intelligi esse, licet non sit. Et ideo omne rarum est respective densum, licet non absolute. Et densum natum est per se resistere, sicut docet Alhazen. Et videmus hoc per experimentum corporum densorum objectorum speciei lucis, et aliorum, propter quod omne corpus quantumcunque rarum resistit speciei.

[1] *Nat. Auscult.*, lib. viii. cap. 7, § 2 *πάντων τῶν παθημάτων ἀρχὴ πύκνωσις καὶ μάνωσις.*

Si vero dicatur solum contrarium resistit, et multis speciebus nihil est contrarium, ut speciei lucis et cujuslibet coelestis, et colori et sapori et hujusmodi, quae sequuntur mixtionem, dicendum est quod virtuti coelesti non est aliquid contrarium absolute secundum suam essentiam; effectui tamen equivoco ejus, cujusmodi est rarefactio, est aliquid contrarium, et similiter est de condensatione, et aliis est aliquid contrarium, et ipsi in quantum est efficiens contrariam dispositionem in materia, et sic de colore et aliis quae sunt in mixtis. Nam eodem modo est de eis, sicut de coelestibus activis, et quod plus est, quia in illis relucet vestigium contrarietatis elementaris, quia a qualitatibus elementorum contrariis causantur. Et licet non sit in coelestibus contrarietas quatuor qualitatum activarum et passivarum, tamen ibi est contrarietas penes rarum et densum et penes lucidum et obscurum et hujusmodi, sicut inferius evidentius exponetur. Si dicatur quod materia appetit speciem, quia non est in corruptionem sed in complementum, ut dictum est prius [1], quare non resistit; dicendum est quod licet eam appetat, tamen est ibi aliqua transmutatio modica circa raritatem et densitatem, et densum resistit rarefactioni, et e contrario; quae tamen transmutatio recompensatur in melius propter generationem speciei, per quam quodlibet cuilibet assimilatur in natura propter generationem speciei, per quam quodlibet cuilibet assimilatur in natura propter salutem partium et totius universi. Sed haec certius determinabuntur inferius, quando de corruptione specierum agetur [2].

The weakening of force by distance.

Deinde accedamus ad debilitatem; et dicendum est quod species debilitatur magis ac magis in corporibus mundi in quibus multiplicatur, quantum est de natura multiplicationis transeuntis quae manet sub ratione speciei. Nam hoc dico propter hoc quod species impeditur aliquando transire per medium corporis, et accidit quod illud corpus natum est recipere speciem continue generatam in eo, unde fortificatur species et fit effectus completus, sicut accidit de luce solis in corpore lunae et stellarum. Et species ignis fortificatur quando materia occurrit, ut in combustione magna apparet, et

[1] Cf. pp. 417-8.

[2] Cf. Part VI. of this treatise.

quando occurrunt multum inflammabilia, ut olea, et bitumina ardentia, sicut naphtha et hujusmodi; lana etiam bene sicca aere interposito comburitur et non aer. Sed nunc loquor de sola specie et non de effectu completiori, quae fit ex congregatione multarum specierum in corpore apto ad eam. Et hanc debilitatem probamus per sensum, qui minus immutatur a longe quam prope. Item per alias operationes naturales, quoniam patientia remotiora minus alterantur, ut minus calefit qui ab igne est remotior, caeteris paribus.

Distance alone will not account for this.

Alhazen quidem quarto Perspectivae ponit duas causas hujus debilitationis. Una est distantia ab agente. In qua causa intelligitur secundum multos expositores quod agens est fortius specie generata in prima parte spatii, et illa est fortior specie generata in secunda, et sic ulterius. Sed haec causa non sufficit. Nam propter debilitatem esse speciei, quod est incompletissimum quod est, potest species prima et agens producere speciem aequalem in materia competenti. Praeterea, quid impediet speciem primam ut faciat speciem sibi aequalem in medio competenti? cum agens ipsum potest in materia competenti facere in prima parte effectum completum, ut candela una illuminat et accendit aliam, et comburit lanam, et alia levia ei approximata. Et videmus virtutem adamantis et magnetis fortiorem esse in ferro distanti quam in aere propinquiori, et tamen transit per aerem ad ferrum. Et videmus speciem vitri fortiter colorati quando multum illuminatur, apparere fortius in corpore mixto quam in aere propinquiori. Et tamen sola species et virtus magnetis est in ferro, quia ferrum manet in natura sua specifica, et quantum ad sensum non alteratur. Similiter de specie coloris vitri et de hujusmodi. Quapropter distantia in quantum hujusmodi videtur esse causa cum tali expositione.

Dispersion by radiation is, in part, the cause.

Aliam causam assignat Alhazen in eodem loco, scilicet quod a specie ubique exeunt radii accidentales infiniti secundum omnes diametros, propter quam specierum infinitam generationem debilitatur vis generativa, secundum incessum principalem ab agente. Sed quando agens invenit materiam semper aptiorem combustioni, ut ignis in istis combustibilibus magnis, facit effectum semper completiorem; et tamen est ibi multiplicatio illa accidentalis a qualibet parte ignis secundum omnes diametros, et non impedit fortitudinem effectus; ergo si occurrat in speciei generatione hujusmodi materia, oportet quod fiat species fortior, et hoc videmus in specie magnetis et specie vitri et multis aliis.

But another cause is density of the medium; though in certain cases this diminishes as the ray advances.

Dicendum tamen, quod Alhazen bene dicit secundum intentionem suam, quia certissimus auctor est, nec in aliquo fefellit nos in sua scientia. Sed ipse intendit quod in corporibus mundi quae recipiunt multiplicationem speciei transeuntis, quae sunt media pervia et non retinent speciem, neque propter densitatem ut ibi aggregatur, ut corpus lunae respectu speciei lucis, neque propter aptitudinem et convenientiam naturalem, ut in magnete respectu speciei ferri, quae convenientia non est in aere, et sic de multis [1]. In his, inquam, corporibus mediis oportet quod species lucis et cujuslibet debilitetur in distantia, quia a coelestibus in inferiora semper ad sensum vel saltem secundum naturam augmentatur densitas, et raritas deficit etiam in coelis et in confinio aeris et ignis, licet quantum ad sensum non sit diversitas. Et quia densum resistit, ideo oportet quod species secunda habeat majorem resistentiam quam prima, et tertia quam secunda. Et similiter cum hoc est dispersio et debilitatio, propter multiplicationes accidentales infinitas ab omni parte medii. Sed quia secundum distantiam majorem major crescit resistentia, ideo praevalet causa a parte distantiae. Similiter e contrario quando species ab inferioribus ad coelestia progreditur; nam tunc principatur causa secunda Alhazen, scilicet dispersio speciei secundum omnes diametros in omni parte medii, cui debilitationi non potest respondere subtiliatio medii continua a deorsum in sursum. Nam major est debilitatio quam subtiliatio, et ideo semper accidit debilitatio major et major. Si tamen responderet subtiliatio debilitationi quae est per dispersionem, constat quod fieret species aequalis et non debilitaretur in aliquo, quia esse speciei debile est, et ideo species in omni parte medii posset eam producere. Similiter non solum secundum sursum et deorsum, sed secundum alias differentias positionis accidit. Unde quando homo stat in cacumine montis altissimi, et videt

[1] This sentence is not finished. The next continues the sense.

per medium aeris ab oriente in occidens, et a septentrione in meridiem, oportet quod debilitatio speciei sit propter dispersionem, et magis quam a deorsum in sursum, quia a deorsum in sursum est aliqua subtiliatio[1] continua. Secundum alias positiones non est necesse; sed minor est debilitas quantum a deorsum in sursum propter aequalitatem raritatis; quae non est a sursum in deorsum. Si tamen media in hoc mundo essent sic disposita, ut semper esset subtiliatio major vel aequalis debilitationi speciei ex dispersione, tunc non debilitaretur. Sed hoc non est possibile secundum vias contrarias, ut a sursum in deorsum, et e contrario; nec est in actu secundum aliquam illarum. Accidentaliter tamen evenit quod speciei occurrat ex distantia corpus magis aptum ad esse speciei, sicut dictum est de magnete et multis. Et tunc non debilitatur, sed fortificari potest vel aequari.

CAPITULUM II.

If space were infinite, could force be propagated to infinite distances?

Post haec sciendum de ista multiplicatione an in infinitum apta nata sit fieri, si spatium hujus mundi esset infinitum. Quod non sic fieret tenendum est, quoniam species debilitatur ex elongatione a sua origine, ut nunc declaratum est, et ideo necesse est ipsam deficere in sui multiplicatione. Quod autem diceretur quod omnis punctus lucis potest se multiplicare secundum omnes diametros; dicendum est quod hoc falsum est absolute loquendo. Oportet enim hoc arctari ad speciem quae tantam habet fortitudinem ut possit sibi generare similem, quod non est verum de specie nimis debilitata. Quod vero dicit Aristoteles secundo de Anima, quod ignis ageret in infinitum si apponeretur combustibile[2]; dicunt quidam quod ibi loquitur de calore igneo in corpore animato qui aget indeterminate et indiscrete respectu corporis sustentandi, nisi ab anima regularetur et dirigeretur in finem determinatum et certum, ut

[1] O. and other MSS. have a deorsum in sursum. But the reverse order seems intended.

[2] *De Anima*, lib. ii. cap. 4, § 8 ἡ μὲν γὰρ τοῦ πυρὸς αὔξησις εἰς ἄπειρον, ἕως ἂν ᾖ τὸ καυστόν. Aristotle is refuting the notion that nutrition can be explained simply by reference to fire.

expedit animato corpori et partibus ejus. Et ideo infinitum vocat ibi incertum et indeterminatum et ineptum corpori animato.

Theoretically it could, if material for the continuous formation of species were always forthcoming; but this is not the case.

Sed istud non sufficit. Nam si materia magis ac magis inflammabilis continuaretur in spatio infinito, necesse esset quod actio semper iret continue secundum continuitatem materiae. Sed hujusmodi materia non invenitur respectu multiplicationis speciei, nec posset inveniri, sicut nec respectu ignis completi generandi. Sed, si inveniretur, seu respectu speciei sive respectu ignis, fieret actio in infinitum. Si tamen contra istud nunc dictum objiciatur quod nulla virtus finita se extendit ad actionem infinitam, ergo in nulla natura posset species nec ignis fieri in infinitum; dicendum est, quod sicut in divisione continui ponimus quod potest divisio fieri in infinitum, id est, nunquam cessare nec stare ad indivisibile, non tamen quod divisio sit actu infinita, sic est de appositione materiae et de generatione speciei vel ignis quod in infinitum fieret, id est non cessaret; nec tamen quod actio esset actu infinita. Dicendum igitur quod virtus infinita non se habet simul et semel ad infinitam actionem in actu et intensive, sed bene potest fieri aliqua actio sine fine in tempore, id est, continuari, praecipue una actio composita et aggregata ex infinitis sibi invicem succedentibus, ut divisio in infinitum, quae ex infinitis divisionibus causatur, quarum quaelibet est in se finita. Et sic est hic, quaelibet actio vel generatio speciei et ignis est finita et in tempore finito; sed tamen hae possunt succedere sibi invicem in infinitum si materia magis ac magis apta apponeretur in infinitum. Sed non est possibile quod materia talis inveniatur in hoc mundo, et ideo speciei multiplicatio stat in actu sicut et ignis.

Argument that this material is infinitely divisible.

Si vero dicatur quod species in parte priori generata est aequalis vel multiplex ad speciem in posteriori parte vel secundum speciem aliquam majoris inaequalitatis, ergo secundum considerationem Aristotelis[1] in septimo Physicorum, ubi

[1] *Nat. Auscult.*, lib. vii. cap. 5, § 1 *εἰ δὴ τὸ μὲν* A *τὸ κινοῦν, τὸ δὲ* B *τὸ κινούμενον, ὅσον δὲ κεκίνηται μῆκος τὸ* Γ, *ἐν ὅσῳ δὲ ὁ χρόνος ἐφ' οὗ* Δ· *ἐν δὴ τῷ ἴσῳ χρόνῳ ἡ ἴση δύναμις ἡ ἐφ' οὗ* A *τὸ ἥμισυ τοῦ* B *διπλασίαν τῆς* Γ *κινήσει, τὴν δὲ τὸ* Γ *ἐν τῷ ἡμίσει τοῦ* Δ· *οὕτω γὰρ ἀνάλογον ἔσται.* Frequent reference is made to this passage in Part I. ch. 4 of this treatise.

dicit, quod si tota potentia potest in aliquam operationem, pars poterit in partem, et ita species in ultima parte posita poterit aliquid spatii alterare, dicendum est quòd haec ratio nimis est violenta in apparentia, et solvi videretur alicui per hoc, quod prius[1] ostensum est, quod aliquod spatium est generationi speciei determinatum, ut in majori eo non fiant singulae generationes, possunt tamen in minori in infinitum. Et ideo concedendum est quod infra illam quantitatem determinatam potest species in penultima parte existens facere sibi simile in ultima, sed nunquam extra illam ultimam procedet, neque etiam usque ad terminum illius, et ideo pro nihilo computatur haec multiplicatio, quia haec quantitas determinata est valde parva et quasi insensibilis. Per totam igitur hanc quantitatem in qualibet parte patientis usque ad penultimam fieri potest generatio speciei. Sed species occupans penultimam partem spatii non faciet sibi simile per totam quantitatem ultimae partis, sed per partem ejus; et sic nunquam transibit species quantitatem ultimae partis. Sed illa quae est in penultima parte, faciet speciem modicam in aliqua parte ultimae partis. Et illa species faciet speciem in aliqua parte residui, et sic ultra. Si vero objiciatur, quod tunc in illa parte ultima non cessaret generatio speciei in tempore infinito, responderetur quod non cessaret, si species haberet esse fixum et permanens. Sed continue generatur et corrumpitur, et ideo non continuatur generatio alicujus speciei in parte illa ultima secundum divisionem partis in infinitum.

This argument carries no conviction.

Sed ista solutio totius objectionis videtur esse nimis dura, quia indignum naturae et tanquam otiosum et frustra videretur actio naturalis, si fieret in tempore infinito in tam parva quantitate spatii, quantum in omnibus partibus praecedentibus alterat in minimo tempore. Et ideo potest aliter responderi ad hoc, quod scilicet species in parte priori est aequalis vel in aliqua proportione respectu speciei in parte sequente secundum aliquam specierum[2] majoris inaequalitatis, et ideo nata est secundum illam proportionem alterare aliquid; sed non oportet quod aliquid medii illius quod prius alteratum est, sed

[1] Cf. p. 442.

[2] We should expect *proportionem* to follow.

subtilioris et aptioris ad alterandum, et quod est sufficiens debilitationi, quia medium naturaliter resistit, sicut Alhazen docet. Sed hujusmodi medium majoris aptitudinis et sufficientis debilitationis continuari in infinitum non est possibile. Quod si continuaretur, fieret actio. Si dicatur quod tunc erit haec species otiosa, dicendum est quod non; quia apta nata est operari, quamvis non operetur et impediatur, sicut lapis sursum detentus, aut pluvia per densitatem medii. Non enim dicitur res otiosa, nisi quando apta nata est operari et non sit impedita per aliud. Licet enim homo non videat, non dicitur otiosus in vitium naturae, vel licet non semper in actu suscipiat disciplinam. Sed tunc est aliquid otiosum, quando, cum teneatur et debeat operari, non operatur; sed non debet operari cum prohibetur a sua operatione, ut lapis non est otiosus quando projicitur sursum vel detinetur, non habens operationem suam. Quia enim virtus naturalis est virtus finita, ideo potest ab operatione prohiberi per impediens.

Even in a finite world the ray does not reach the extreme limit.

Et jam huic conclusioni annexum est, an quaelibet res potest perficere speciem suam per totum medium quantumcunque finitum. Et dicendum est quod non. Nam res debilis virtutis facit speciem debilem, quia invenit resistentiam in medio improportionalem sibi. Medium enim hujus mundi e terra usque ad coelum ultimum non tantum subtiliatur, quantum continue debilitatur species per multiplicationes accidentales infinities infinitas, quoniam in omni puncto lucis fiunt multiplicationes accidentales infinitae. Sed, si aptitudo medii per continuam subtiliationem majorem et majorem fieret e terra in coelum secundum proportionem debilitationis speciei, bene accideret quod quaelibet res suam speciem compleret usque in coelum sphaerice. Sed nunc non est ita. Quod si objiciatur quod quae est proportio agentis fortis ad speciem fortem in distantia data, eadem est agentis debilis ad speciem debilem in eadem distantia; dicendum est quod si sola ratio distantiae consideraretur, verum esset; sed aliud est impediens, scilicet resistentia medii, quae impedit speciem debilem citius quam fortem.

Deinde si spatium esset vacuum infra coelum, non fieret multiplicatio speciei in eo. Et voco vacuum quod philosophi posuerunt, scilicet spatium dimensionatum, non habens corpus locatum, possibile tamen recipere corpora locanda, secundum eos. Quoniam in vacuo, dicit Aristoteles, nulla est natura, et ideo non competit ei aliqua actio naturalis; sed multiplicatio lucis est hujusmodi. Item nulla forma continere posset partes vacui, quia nullam habent, ergo discretae ab invicem essent in actu; sed partes indimensionatae sunt infinitae, quare essent infinitae actualiter in vacuo. Et ideo in medio vacuo minimo essent infinitae in actu; sed non contingit pertransire infinita. Et ideo multiplicatio haec non potest fieri in vacuo aliquo quantumcunque minimo. Quod si dicatur, in vacuo nulla est resistentia, et ideo in eo poterit fieri multiplicatio, patet quod non valet; quia duo exiguntur ad hoc quod fieret multiplicatio, scilicet quod non fuerit ibi resistentia plena densitatis, et quod ibi sit debita dispositio medii respectu naturalis multiplicationis, quae ibi non est; quia in vacuo nulla est proprietas naturae, et ideo non est proportionale naturali multiplicationi rei naturalis. Quare nec multo minus in nihil, ut extra coelum, quia non est comparatio alicujus ad nihil, nec proportio; et ideo stellae et nonum coelum et decimum non multiplicant species extra coelum, sive nihil ibi intelligamus, sive stulte imaginemur vacuum; quia Aristoteles vult quarto Physicorum, et primo Coeli et Mundi[1], quod non est vacuum extra coelum, sed nihil.

It cannot pass through a vacuum.

CAPITULUM III.

Postea sciendum est quod virtutis multiplicatio est in tempore, sicut dicit Alhazen secundo Perspectivae et probat per duas rationes. Una est quod omnis alteratio est in tempore, sed alteratur aer in speciei multiplicatione et receptione. Item in aliquo instanti est lux in principio spatii vel medio, non curo, sed in eodem instanti non est in fine spatii; esset enim in diversis locis simul et semel, quod non competit creaturae. Quare in alio instanti est in fine quam in principio vel medio; sed inter quaelibet duo instantia cadit tempus medium;

The transit of force occupies time,

[1] *De Coelo*, i. 9, § 9 *δῆλον ὅτι οὐδὲ τόπος οὐδὲ κενὸν οὐδὲ χρόνος ἐστὶν ἔξω τοῦ οὐρανοῦ.*

quare ut concludit, oportet quod speciei multiplicatio sit in tempore. Ex septimo vero similiter ejusdem habetur quod citius pervenit species perpendicularis ad terminum suae multiplicationis quam species fracta, quando veniunt ab eodem agente. Sed citius et tardius non sunt nisi in tempore, ut Aristoteles dicit quarto Physicorum, et sexto. Item nulla virtus finita [1] agit in instanti, ut habetur ex sexto Physicorum Aristotelis, quia tunc major virtus ageret in minori quam in instanti, et tunc virtus finita et infinita aequarentur in duratione actionis, ut habetur in fine octavi Physicorum, quia virtus infinita agit in instanti. Sed speciei est virtus finita, quare non agit in instanti. Item quae est proportio puncti ad lineam, est instantis ad tempus; ergo permutatim, quae est puncti ad instans, est lineae ad tempus; sed pertransitus puncti est in instanti, ergo et spatii linearis in tempore. Item prius et posterius in spatio sunt causa prioris et posterioris in translatione spatii et in duratione, et ita in tempore, ut habetur in quarto Physicorum; ergo translatio speciei secundum prius et posterius spatii habet prius et posterius in duratione et ita in tempore. Item multiplicatio speciei non dependet ab alio motu. Ponatur ergo quod non sit alius motus. Si ergo hujusmodi motus non est motus, tempus non est tempus, quia tempus non est sine motu. Sed instans non est sine tempore, sicut nec punctus sine linea; ergo translatio speciei in quantum hujusmodi non erit in tempore nec in instante; aut oportet instans posse intelligi sine tempore, quod esse non potest.

though the time in some cases may be too short to be perceived.

Si vero objiciatur, quod multi auctores dicunt quod multiplicatio speciei lucis est subito, ut Averroes et Seneca in Naturalibus, et alii dicunt; dicendum est, quod subito hic sumitur pro tempore insensibili, et similiter instans, in quo dicunt fieri hujusmodi diffusionem. Quod vero Aristoteles dicit secundo de Anima, quod in parvo spatio possit nos motus lucis latere, sed in magno, sicut est ab oriente in occidens, non est hoc possibile, et ita non fiet ab oriente in occidens insensibiliter et imperceptibiliter, sed in tempore perceptibili;

[1] This subject is discussed in *Nat. Auscult.*, lib. vi. cap. 7, and in lib. viii. cap 10. With this chapter should be compared *Perspectiva*, pp. 68–74.

dicienda est, quod hoc dicit contra Empedoclem[1] qui ponit lucem unam et eandem numero diffundi, etiam ab oriente in occidens esse corpus motum, vel quia posuit lucem esse defluxum corporis, sicut dicit, ut rivulus defluit a fonte. Sed si esset corpus unum et idem numero sic motum, non esset possibile quod nos lateret; quia videremus quod fieret successive ab oriente ad medium coeli, et ab eo ad occidens, quoniam mutaret locum sensibiliter. Nunc autem non ponimus lucem esse corpus motum, nec ponimus eandem lucem in numero fieri ab oriente in occidens per omnes partes spatii; sed ponimus ejus generationem fieri secundum esse debile in prima parte spatii orientis, et ab illa ponimus aliam lucem fieri in sensum, et sic ultra; et ideo non apparet nobis quod fiat ibi successio, tum quia non est corpus sensibile, tum quia non est unum numero. Si etiam esset fluxus corporis oportet quod sensibilis esset, et in tempore sensibili per partes spatii habentes sensibilem distantiam.

Aristotle's distinction between light and sound must be understood as relating to their very great difference in velocity.

Quod vero Aristoteles dicit libro de Sensu et Sensato[2] quod de lumine alia ratio est quam de sono et odore, loquitur de translatione specierum aliorum sensibilium, ut soni et odoris, quam dicit fieri in tempore; dicendum quod alia ratio est de lumine, quia ejus successio fit in tempore breviori et magis insensibili propter ejus subtilitatem et naturam magis activam; atque sonus fit cum motu aeris propter successionem propriae delationis; et odor fit cum fumo corporali expirante et cum attractione aeris a naribus, ut Avicenna dicit tertio de Anima, et ita multiplices motus fiunt circa sonum et odorem, sed unus solus circa lucem, et brevior quam circa illos; propter quod dicit quod alia ratio est, et non quod fiat in instanti omnino

[1] *De Anima*, lib. ii. cap. 7. 3 *καὶ οὐκ ὀρθῶς Ἐμπεδοκλῆς, οὐδ' εἴ τις ἄλλος οὕτως εἴρηκεν, ὡς φερομένου τοῦ φωτὸς καὶ γενομένου ποτὲ μεταξὺ τῆς γῆς καὶ τοῦ περιέχοντος, ἡμᾶς δὲ λανθάνοντος.* Aristotle had been explaining that light was not a *defluxus corporis* (*οὐδ' ἀπορροὴ σώματος οὐδενός*), but the active condition of the medium (*ἐνέργεια τοῦ διαφανοῦς*).

[2] The passage referred to is in cap. vi. Aristotle expresses himself in a somewhat hesitating way as to the comparison of light with sound in respect of time occupied in transit. On the whole he leans towards the view that light is not to be regarded as a motion. *Περὶ τοῦ φωτὸς ἄλλος λόγος· τῷ εἶναι γάρ τι φῶς ἐστίν, ἀλλ' οὐ κίνησίς τις . . . εὐλόγως δ' ὧν ἐστὶ μεταξὺ τοῦ αἰσθητηρίου, οὐχ ἅμα πάντα πάσχει, πλὴν ἐπὶ τοῦ φωτός, διὰ τὸ εἰρημένον.*

indivisibili. Non enim hoc dicit, sed solum dicit in universali, quod de lumine alia ratio est; et jam assignata est ratio, quare aliter est in lumine et in aliis.

Even a great accumulation of very small periods may be imperceptible.

Sed quod inducit Jacobus Alkindi fortius est praedictis, arguens quod si in aliquo tempore licet insensibili pertransit lux spatium aliquod parvum, tunc transit duplum illius spatii in duplo temporis et triplum in triplo, et sic in maxima distantia, ut ab oriente ad occidens, fieret tempus ita multiplex ad primum tempus insensibile, quod hoc tempus multiplicatum esset sensibile; sed non est ita; ergo videtur quod lucis generatio sit omnino in indivisibili instanti et non in tempore. Sed dicendum est quod propter velocissimam speciei generationem tempus imperceptibile habet gradus multos, in quibus primi temporis minimi sumatur tempus multiplex, quantum oporteat multiplicationi toti inter oriens et occidens, ita quod ultimum multiplex sit infra metas sensibilitatis, sicut et primum tempus minimum, licet magis accedat ad sensibilitatem, remanens tamen extra ipsam.

It might be thought that emission of particles would proceed more rapidly than the propagation of species here described. But it is not so.

Si vero dicatur quod conceditur, si species corpus esset, quod pertransiret partes spatii in tempore sensibili, et nunc tot sunt generationes singulae in singulis partibus, quot essent replicationes particulares illius corporis per singulas et easdem partes spatii; ergo sicut replicationes illae corporis moti fierent in tempore sensibili, sic hae generationes in eisdem partibus spatii; dicendum est quod hoc est fortius aliis praedictis. Nam valde videtur esse simile de hujusmodi multiplicatione per singulas partes, et de translatione illius per easdem. Magis autem manet haec cavillatio, quia tempus duplicari videtur in multiplicatione, respectu temporis in translatione. Nam inter singulas multiplicationes inest quies media propter hoc, quod quaelibet pars per ordinem transmutat aliam, et prius permutatur prima pars quam permutat secundam, et sunt actiones divisae; quare agentia et patientia sunt distincta et diversa; quare quies erit media inter singulas, et omnis quies est in tempore; sed in translatione locali continua non intercipitur quies; quare cum multiplicetur tempus in generatione speciei magis quam in translatione corporis, tunc magis erit successio sensibilis in multiplicatione lucis quam si lux esset corpus vel defluxus corporis. Item tertio fortificatur haec objectio quia in hac multiplicatione speciei est actio per contrarium propter medii passionem contrariam, ut dictum est; sed in translatione corporis non est actio per contrarium; ergo videtur quod plus de tempore requiritur in speciei generatione quam in corporis translatione. Et aliter est, quod resistentia medii in divisione sua per corpus motum est major longe quam resistentia medii penes contrarietatem quae invenitur in generatione speciei. Nam species est res debilis valde, et ideo debilis est medii alteratio, atque materia multum appetit speciem, sed non appetit mobile, quia omni nisu ei resistit. Et propter has duas causas velocissima est speciei multiplicatio, et incomparabilis quantum ad sensum respectu translationis corporalis; et ideo possunt quietes insensibiles intercipi, ut tamen totum tempus sit insensibile respectu motus localis in tanto spatio; tempus enim insensibile potest habere gradus innumerabiles, ut dictum est [1].

[1] This chapter should be compared with pp. 68–71 of *Perspectiva*. It is difficult to refrain from comparing it also with the celebrated passage of the *Novum Organum* (ii. 46) in which Francis Bacon confesses to the *dubitatio monstrosa* that perhaps the passage of light from the stars to the earth might occupy time; a *dubitatio*, however, which on further consideration, though, as most of his readers will think, upon wholly insufficient grounds, *plane evanuit*. No one can doubt that on this occasion Roger Bacon showed himself a far more philosophical reasoner than his namesake. His conception of different orders of imperceptibles, recalling the successive orders of Infinitesimals of the Differential Calculus, is especially striking.

It will be noticed that Bacon speaks of the disturbance of the medium caused by each successive species as *debilis*. He was right in this: but it need hardly be said that the mathematical knowledge of his time was wholly incapable of measuring the amount of energy involved in it; still less of measuring the enormous magnitude of the energy involved in the sums of such disturbances, within narrow limits of space and time. 'The radiation of energy by the sun amounts to about 7000 horse power per square foot of the sun's surface. This, striking the earth, amounts to about eighty-three foot-pounds per square foot of the earth's surface per second.'—Daniel, *Text-book of Physics*, p. 432 (ed. 1884).

PARS QUINTA

MULTIPLICATIONIS SPECIERUM.

Pars Quinta, de actione speciei; et habet tria capitula.

CAPITULUM I.

Habet tres conclusiones principales.

Various degrees of action.

Dicto in primis de generatione speciei; et secundo de ejus multiplicatione et figura; et tertio de ejus existentia in medio; et quarto de debilitatione et ejus annexis; nunc quinto dicendum est de ejus actione secundum omnes gradus ejus. Sed actio univoca est ejus multiplicatio, ut lux facit lucem. Actio vero aequivoca est, ut quando species facit aliquid alterius essentiae, ut lux facit calorem et alia. Nunc igitur licet principaliter intendo prosequi aequivocam; tamen quod omissum de actione univoca, quantum scilicet ad fortitudinem et debilitatem, patebit hic. Nam eadem est consideratio utrobique, sed in actione aequivoca debet fieri certificatio de his, quia principaliter et magis intenta est a natura propter rerum generationem et corruptionem in hoc mundo.

That by straight lines is the strongest.

Et primo considerandum est de proprietate actionis secundum lineas, deinde secundum figuras; et primo secundum lineas rectas. Quod autem super eas sit melior actio, dicit Aristoteles quinto Physicorum et probat illud, dicens; natura operatur breviori modo quo potest, sed linea recta est brevissima omnium linearum ductarum ab eodem puncto ad aliud punctum unum et idem, ut ipse ibidem dicit, et patet ad visum. Ut si ab *a* puncto ducatur linea recta ad *q*

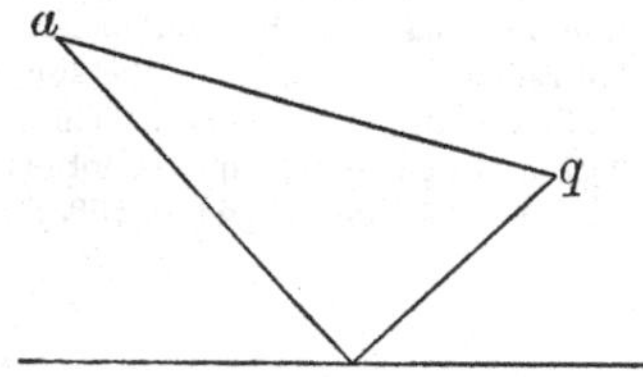

FIG. 97.

punctum, erit brevior quam linea reflexa inter illa puncta. Similiter linea recta est brevior linea fracta, ut *a q* linea recta est brevior quam *a q* fracta duplici fractione. Sit *a* punctus sol, *a q* sit linea perpendicularis cadens super vas vitreum rotundum, quod est *d*, primo frangetur *a p* radius in superficie vasis, quod est corpus alterius diaphaneitatis quam aer extra. Item cum transit aliam partem vasis frangetur adhuc in *c*, quia aer est alterius diaphaneitatis quam vas, et sic per duplicem fractionem cadet radius fractus in punctum *q*. Sed *a q* linea perpendicularis non fracta est brevior, ut manifestum est sensui. Similiter est in una fractione, ut patet in figura. Nam in hoc triangulo *a b* linea continet cum basi angulos rectos, ergo *a b d* angulo opponitur maximum latus per decimam nonam primi Euclidis; sed *b o* et *d e* latera parallelogrammi sunt aequalia; nam ex hypothesi trahuntur ad aequalitatem [1]; ergo per conceptionem oportet quod *a e* linea sit longior quam *a o*.

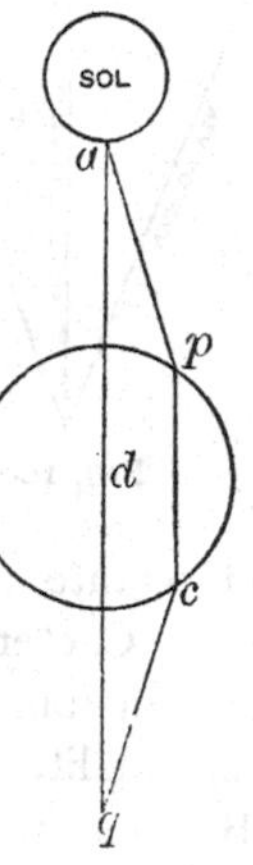

FIG. 98.

Similiter patet quod linea recta est brevior quam tortuosa, ut ipsa lineatio ostendit. Sed tamen non oportet comparari tortuosam aliis in actione, quia nihil deperit ejus actioni propter virtutem animae, quae speciem dirigit tortuosam; non enim debetur lineae tortuosae aliqua multiplicatio secundum se, sed propter animam; et ideo non oportet comparari eam ad alias. Non enim accidit in corporibus

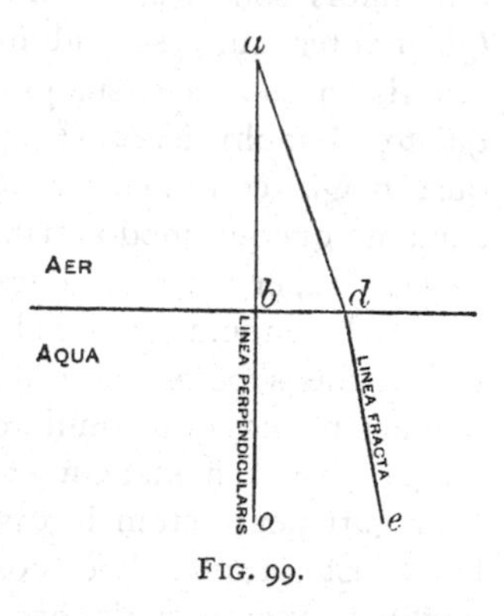

FIG. 99.

[1] The line *d e* is of course not parallel to *b o*, as Bacon was well aware. His use of the word parallelogrammi is therefore an oversight. It does not, however, affect his reasoning. The length of the lines *b o* and *d e* being arbitrary, they are taken to be equal. It follows that $a\,d + d\,e$ are greater than $a\,b + b\,o$. The figure in Jebb's edition is wrong.

mundi inanimatis. Similiter est brevior[1] quam accidentalis longe magis, quia linea accidentalis non potest nisi per incurvationem fractionis aut reflexionis venire a termino uno lineae rectae principalis ad terminum alium hoc modo.

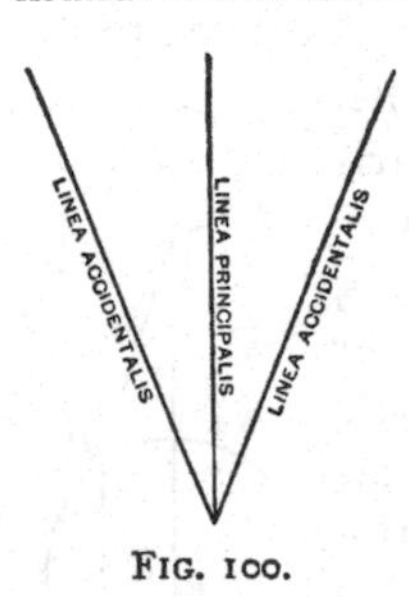

FIG. 100.

Quapropter cum natura eligit rectam lineam, nisi impediatur, fortius aget per species venientes super lineas rectas; quanto enim patiens magis appropinquat agenti, tanto plus recipit de ejus virtute, et quanto species minus recedit a sua origine, tanto fortior est. Caeterum linea recta est uniformis et aequalis. Sed in omnibus aliis est difformitas et diversitas, et quaedam inaequalitas; sed melius est aequale inaequali, ut dicit Boetius in sua Practica Geometriae, et natura operatur semper meliori modo. Et dicitur in libro de Causis, quod omnis virtus unita est fortioris operationis; sed diversitas et difformitas contrariantur unitati, et unitioni, et uniformitati. Quapropter cum secundum lineam rectam sit uniformitas virtutis in suo decursu, praecipue cum Aristoteles ostendit quinto Metaphysicorum[2], quod linea recta magis est una, quia magis continua, et non habet angulum, aliae habent angulum quoquo modo, manifestum est quod fortior est virtus veniens super rectam lineam quam super alias. Et hoc est intelligendum per se loquendo, non per accidens, quia per accidens potest fieri major actio, et per reflexionem et fractionem, eo quod multae virtutes et species possunt congregari per reflexionem et fractionem, quae non possunt aggregari per rectum incessum, sicut satis patebit sequentibus. Et propter hoc possunt aggregari radii infiniti in quolibet puncto aeris per reflexionem factam a superficie terrae et aquae et corporum densorum inferiorum, quoniam fiunt infinitae reflexiones, et per has accidit intersectio radiorum infinitorum in quolibet puncto medii, et ideo est generatio caloris qui non generaretur per radios incidentales, et hoc

Uniformity of straight lines explains their efficiency.

[1] i. e. recta est brevior.
[2] *Met.* iv. cap. 6, § 5 ἡ εὐθεῖα τῆς κεκαμμένης μᾶλλον ἕν.

magis manifestabitur post. Sed de linea accidentali est universaliter tenendum quod est debilior omnibus, propter hoc quod ab agente non venit, sed a specie, et est species speciei, ut est prius dictum, et ideo de ea non est amplius dicendum respectu aliarum.

Lines making equal angles more effective than those making unequal.

Sed linea recta aut cadit ad angulos aequales aut inaequales sed fortior est actio ad angulos aequales, quia aequale melius est, ut dictum est. Et similiter virtus magis uniformiter venit, et non tantum diversificatur in angulis aequalibus sicut in angulis inaequalibus, et virtus uniformis est majoris operationis. Et illa quae ad angulos inaequales cadit est de necessitate longior, ut patet tam in casu super lineam rectam quam circularem, quia *a f* linea cadens ad angulos aequales super lineam rectam est brevior *a q* linea per decimam nonam primi Euclidis. Si enim *a f q* angulus est aequalis angulo sibi conterminali, tunc rectus est per definitionem, et ideo per tricesimam secundam primi *a f q* angulus est maximus in triangulo, ergo ei opponitur maximum latus, quod est propositum. Similiter quando cadit super lineam circuli *a q*, vere facit angulos aequales sed obtusos, quod patet si ducatur linea contingens circulum in puncto *p*, ut expositum est in quarta parte hujus tractatus, si proprie velimus loqui, *a q* est brevior quam *a p*, sicut patet per octavam tertii Euclidis, quia perficit diametrum circuli. Si vero virtus veniat ad angulos aequales rectos, melior est operatio, quam ad aequales obtusos [1].

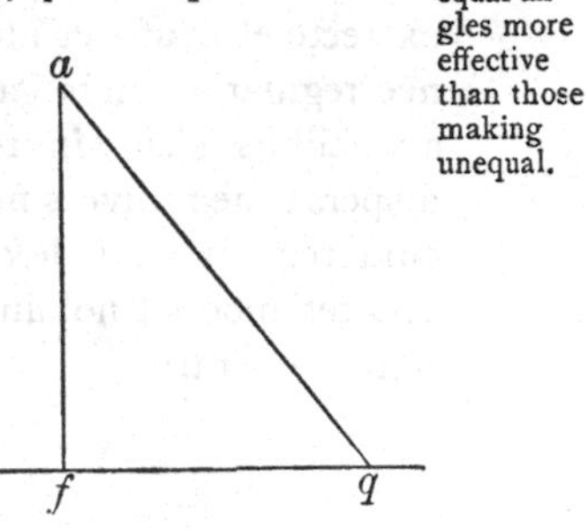

FIG. 101.

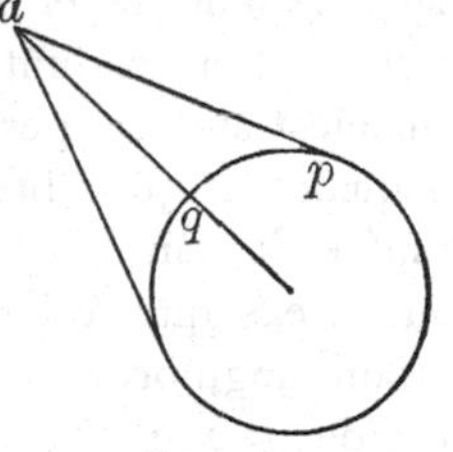

FIG. 102.

Aristoteles autem primo Coeli et Mundi dicit, quod grave descendit ad angulos rectos, et hoc dicit Alhazen primo Aspec-

[1] It is not easy to follow Bacon's reasons for this statement. They are repeated in the next chapter.

tuum; et eadem ratio est de omni actione naturae quantum possibile est. Et Averroes dicit super secundum Coeli et Mundi, quod sol magis nos calefacit circa solstitium aestivale quam ante, quia ejus radii magis accedunt ad rectitudinem. Et hoc patet per praedicta. Et etiam magis dispergitur et diversificatur virtus in angulos obtusos aequales quam in rectos, propter hoc quod angulus ille obtusus est compositus ex recto et acuto, et ideo non est tanta uniformitas, nec unitas, nec regularis congregatio et unitio virtutis in angulis obtusis aequalibus sicut in rectis. Sed omnis virtus unita et non dispersa nec diversificata est majoris operationis. Atque cum rectum sit index sui et obliqui, secundum Aristotelem, oportet quod sit nobilius et melius, et super ipsum magis eligit natura operari.

CAPITULUM II.

Perpendicular rays the strongest whether on plane or curved surfaces.

Caeterum linearum quaedam dicuntur cadere perpendiculariter, quaedam non, secundum auctores Aspectuum. Incessus perpendicularium est fortissimus, et ideo natura eligit super illas operari; et hoc patet de omni genere perpendicularium, sive cadant super lineas, sive super superficies et corpora. Quando vero cadunt super lineas, tunc si cadant super rectas manifestum est per definitionem, quod cadunt ad angulos aequales, et quod breviores sunt aliis, et quod habent majorem uniformitatem. Et ideo ex his tribus causis virtus fortior venit super eas quia etiam cadunt ad angulos rectos, et rectitudo etiam angulorum ex sua proprietate melior est obliquitate, et ideo augmentat adhuc fortitudinem actionis. Similiter quando cadit super convexitatem circuli, habet fortitudinis causas plures, sed non tot sicut quando cadit super rectam lineam; colligitur enim ejus fortitudo ex brevitate lineae et uniformitate virtutis, in quantum uterque angulus est obtusus, et ex aequalitate; linea enim perpendicularis super circulum ut ostensum est in quarta parte hujus tractatus, est quae super ejus circumferentiam cadit ad angulos aequales et obtusos; linea vero non perpendicularis cadit ad angulos inaequales et obliquos, quorum unus obtusus est et alius acutus; ut patet ex octava tertii Euclidis, quod linea perpendicularis brevior est, quoniam illa perficit diametrum circuli. Quando vero comparatur linea perpendicularis ad superficies vel ad corpora, in idem redit, quia corpora non recipiunt nisi mediantibus superficiebus; perpendicularis autem super superficiem planam est proprie, quae est brevior omnibus lineis rectis ab eodem puncto exeuntibus cum ista perpendiculari ad superficiem planam, ut ex quarta [1] parte hujus tractatus manifestum est; et nihilominus constituit angulos rectos cum omnibus lineis rectis exeuntibus ab eodem puncto cum ea in superficie plana ad quam terminantur; et continet angulos rectos cum linea quae est differentia communis suae superficiei et superficiei planae ad quam terminatur, sicut prius declaratum est. Et ideo multipliciter patet per praedicta quod hanc eligit natura in sua actione.

Perpendicularis vero super corpus sphaericum convexum est proprie, sicut ostensum est in quarta parte, quae brevior est omnibus lineis ductis ab eodem puncto extra sphaeram ad superficiem sphaerae. Et licet hoc secundum rationem sphaerae sicut videtur in plano, non inveniat [2] angulum, tamen cum omnibus lineis contingentibus circulum circumdantem sphaeram facit angulos rectos, et cum linea quae est communis differentia suae superficiei et superficiei planae tangentis sphaeram continet angulos rectos; et cum circulis super idem punctum revolutis in superficie sphaerae, facit angulos aequales, licet obtusos; ex quibus omnibus per praedicta patet quod natura eligit operari super lineam hanc magis quam super aliam. Sed cum perpendicularis super concavitatem circuli sit, quae per centrum transit et cadit ad aequales angulos super illam concavitatem, haec non facit ita bonam

[1] The reference seems to be to vol. i. pp. 120–127, and is probably a gloss.

[2] This is the reading of Reg.: it is better than immutat, which is given by O. A line, Bacon means, cannot make angles with the surface of the sphere; but it can with the lines in the plane tangent to the sphere. Further, the perpendicular line here spoken of will make equal, though 'obtuse,' angles with any great circle drawn through the point at which the line meets the surface of the sphere. 'Communis differentia suae superficiei,' &c., is a lengthy way of indicating the intersection of the incident with the tangent plane.

operationem sicut aliae perpendiculares, quia longior est quam multae perpendiculares, ut patet ex septima et octava tertii Euclidis. Similiter cum perpendicularis super sphaerae concavitatem sit illa, quae transit per centrum ad angulos aequales super communem differentiam suae superficiei et superficiei planae contingentis concavitatem sphaerae; similiter quia continet angulos aequales cum omnibus circulis super idem punctum transeuntibus ad quod perpendicularis terminatur, oportet quod sit longior aliis per septimam et octavam tertii Euclidis, et ideo non oportet quod species incidens super hujusmodi perpendiculares faciat ita fortem actionem sicut aliae perpendiculares super convexitatem sphaerae. Et per jam dicta de sphaera, patet de columna rotunda et pyramide.

Refracted rays stronger than reflected. Refraction away from the normal weaker than if towards it.

Species autem veniens super lineas habet comparationem in fortitudine. Nam fracta est fortior quam reflexa, quia fortior vadit in partem incessus recti, licet parum ab eo declinet. Reflexio vero vadit in contrarium recti incessus, et ideo magis debilitat speciem quam fractio. Sed fractio quae est per recessum a perpendiculari, quae fractio et perpendicularis exeunt ab eodem puncto, est debilior quam ista quae appropinquat eidem perpendiculari, quoniam perpendicularis est fortior, et ideo accessus ad eam habet fortitudinem majorem, quamvis diversae fractiones accidunt diversimode in planis et sphaericis diversum situm habentibus, et secundum quod res in diversis corporibus habent situm diversum. Nam in corporibus mundi sphaericis incipiendo a sursum in deorsum, fractio semper vadit declinando ad perpendicularem quae ab eodem puncto egreditur cum ea. Quod si corpora densiora essent superius e contrario modo accideret. Et cum densiora sint inferiora secundum situm naturalem corporum mundi, planum est quod fractio posita inter centrum mundi et superius recedit a perpendiculari, ut patet in figura. Nam si *a* sit res, *a b* radius fractus recedit a perpendiculari *c f*.

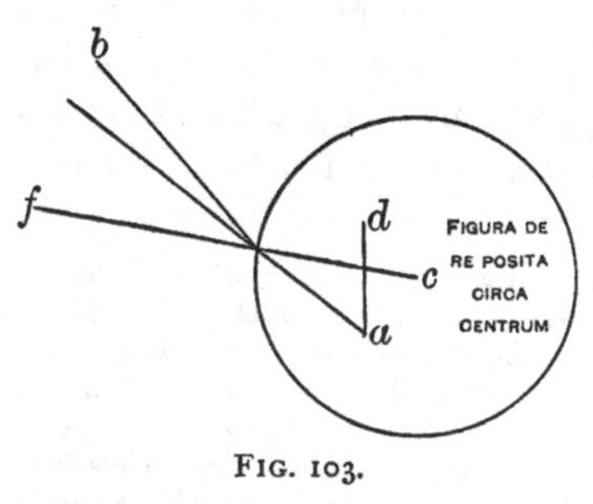

FIG. 103.

Et illa quae venit a re posita ultra centrum mundi, si posset facere speciem suam superius in partem centri, iret ad perpendicularem, ut patet in figura. Nam *d b* radius fractus vadit versus perpendicularem *o c* in corpore subtili, ut in figura patet. Sed licet in corporibus mundi non sunt hujusmodi fractiones a rebus positis in medio ultra centrum, aut non bene possibiles propter densitatem terrae, tamen in aliis corporibus sphaericis positis in medio, ut sunt vitra, crystallum, et vapores sphaerici, quorum centrum non est centrum mundi, et hujusmodi, possibile est

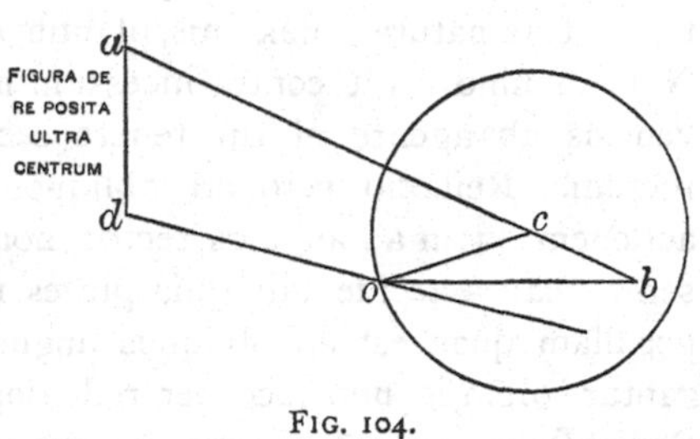

FIG. 104.

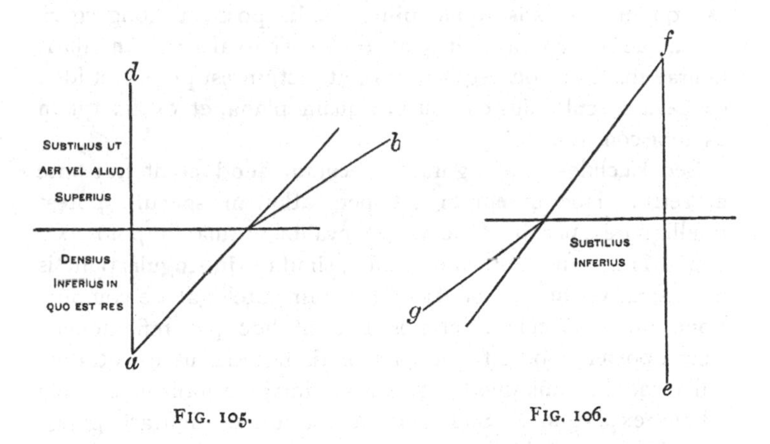

FIG. 105. FIG. 106.

fieri ambas fractiones, secundum quod res ponuntur ex una parte centri vel alia. Sed in planis corporibus quomodocunque situentur sursum vel deorsum, fractio in subtiliori corpore secundo recedit a perpendiculari quae exit ab eodem puncto, ut patet figuranti. Nam posito subtiliori superius patet quod radius *a b* fractus recedit a perpendiculari *a d*; et posito inferius patet *f g* radium fractum recedere a perpendiculari *f e*.

Reflexio vero quae est ad angulos aequales illa[1] est fortior ratione geminationis radii duplicis in eodem loco. Sed quantum est de natura reflexionis, planum est quod magis debilitat. Nam omnino vadit contra incessum naturalem, quem species veniens ab agente nititur tenere secundum incessum suum rectum. Reflexio vero ad obliquos angulos majorem facit actionem quam ad angulos rectos, non solum ex causa dicta, sed ex causa accidentali, quia plures radii possunt congregari per illam quae est ad obliquos angulos. Duo enim congregantur solum in uno loco per reflexionem ad angulos rectos. Sed infiniti possunt congregari per reflexionem ad angulos obliquos, sicut accidit in quolibet puncto aeris nostri, qui sumus inter tropicum cancri et polum septentrionalem. Omnes enim radii solares cadunt semper ad angulos obliquos in his regionibus. Reflexio quidem quae fit a speculis planis debilior est quam ab aliis, quia plures radii possunt congregari, praecipue per concava, et quae est quasi ovalis vel annularis figurae maxime congregat radios, ut dictum est prius[2], et ideo concava specula plus comburunt quam plana, et ovalia quam caetera concava.

Oblique reflected rays more effective than vertical, because more of them can be concentrated by mirrors.

Sed Euclides docet figurare speculum quod comburat ante et retro. Hoc autem si fiat per rationem speculi, potest intelligi de speculis concavis et ovalibus, quia in polo axis inferiori retro fit combustio et ante, similiter in singulis punctis axis, sicut volumus. Si vero ad literam intelligat de combustione ultra speculum, et possibile sit hoc per reflexionem, tunc oportet quod sit quasi annularis figurae, ut ex utraque parte cadant radii, quod est difficilis imaginationis, nec a me adhuc expertum[3]. Sed certum est quod figurari potest perspicuum, ut sit concavum ex alia, habens spissitudinem

[1] i. e. refractione. The ray generally speaking is more weakened by reflexion, Bacon thinks, than by refraction. But in the special case of reflexion at right angles the forces of the incident and the reflected ray are combined, so as to produce a more intense, but as he goes on to explain, a less effective result than when the rays fall obliquely. J.'s punctuation is here extremely confusing.

[2] Cf. Part II. ch. 7; ovalia here means parabolic.

[3] An arrangement of mirrors is used for lighting staircases, in which two equal parabolic mirrors are each cut by a plane perpendicular to the axis, and

magnam, quatenus retro fiat combustio per fractionem et ante per reflexionem. Si vero in omnibus his combustionibus maxime objiciatur, quod combustibile cadit inter solem et speculum, quare non fieret reflexio, nec combustio, nec radiorum incidentia; dicendum est quod combustibile non directe apponetur, sed a latere et cum cautela, quam sciunt experimentatores, non cavillantes inexperti.

CAPITULUM III.

Dicto de varietate actionis penes lineas et angulos, nunc dicendum est penes figuras. Et licet sphaerica figura sit propria actioni quae est ipsa speciei multiplicatio, tamen fortitudo actionis consideratur penes figuram pyramidalem, cujus basis est superficies agentis, et ejus conus in parte patientis determinata. Nam per hanc figuram potest species venire a qualibet parte agentis objecta patienti ad singula puncta patientis, quod non accidit in aliqua alia figura. Nam radii venientes a singulis partibus agentis congregantur in conum pyramidis, qui figitur in aliquo puncto patientis. Et quia infinitae pyramides tales veniunt ab eadem superficie agentis, quarum omnium ipsa superficies basis est, ideo ad singula puncta patientis venit sua pyramis radiosa, ut actio fiat completa. Nam si ab una parte agentis ad unam partem patientis veniat radius, non posset esse nisi unus, et ille parum ageret, et ideo elegit natura pyramidem, ut in ea congreget omnes radios qui veniunt a tota superficie agentis, et multiplicet eos secundum numerum partium patientis.

Cones of rays come to each part of the surface acted on.

Et tunc considerandum est quod pyramis brevior magis operatur quam longior, quia conus brevioris pyramidis distat minus ab agente, et ideo minus debilitatur virtus veniens super eam. Ex distantia enim debilitatur virtus, et ideo patiens ad quem conus pyramidis brevioris pertingit magis alteratur. Item conus pyramidis brevioris est obtusior, et majorem

The shorter the cone the stronger the action.

passing through the focus, and are then united at the plane of section, so that the focus is the same for both. A light placed at the focus will then send parallel rays in opposite directions. It may be a mirror of this kind that Bacon had heard of. In this case, however, there would be no combustion, though good illumination.

angulum continent ejus radii, sicut patet ex prima et vicesima primi Elementorum, ut patet in figura. Cum ergo quatuor anguli circa conum trianguli brevioris non valent nisi quatuor rectos, et similiter anguli quatuor circa conum pyramidis longioris, quia circa punctum unum in superficie non possunt esse nisi quatuor recti aut valentes eos, ut patet ex corollario quindecimae, oportet quod postquam angulus pyramidis brevioris—sit major angulo pyramidis longioris, quod angulus contrapositus angulo brevioris pyramidis sit major angulo contraposito in longiori; quia anguli contrapositi sunt aequales per quintam decimam primi Euclidis. Sed si isti anguli contrapositi sint majores circa conum pyramidis brevioris, quam anguli contrapositi eis aut eis consimilibus circa conum pyramidis longioris, oportet quod anguli duo alii contrapositi a lateribus coni pyramidis brevioris sint minores duobus angulis contrapositis linealiter circa conum pyramidis longioris, quia hinc inde non valent quatuor anguli nisi quatuor angulos rectos, et ideo quatuor anguli circumstantes conum pyramidis brevioris simul sumpti sunt aequales quatuor angulis pyramidis longioris simul sumptis. Quapropter si duo contrapositi a parte pyramidis brevioris sunt majores duobus consimilibus a parte pyramidis longioris, erunt alii duo minores aliis duobus. Sed quanto radii continent minorem angulum, tanto magis vicinantur; ergo radii omnes qui sunt de corpore pyramidis brevioris, et continentes angulos cum radiis eis conterminalibus exeuntibus a cono ejus, magis vicinantur et appropinquant, quam radii consimiles in longiore pyramide. Sed vicinia radiorum magis operatur et fortior est. Quapropter conus pyramidis brevioris magis operatur [1].

FIG. 107.

Objection that the longer cone may be the stronger considered.

Si vero arguatur in contrarium, videlicet quod radii infiniti veniunt ad conum pyramidis longioris sicut brevioris, et cum ille conus sit angustior, major est radiorum vicinia et congregatio, quapropter magis intendetur operatio; atque simul si dicatur, quod omnes radii pyramidis longioris magis

[1] Cf. vol. i. pp. 123–4.

appropinquant incessui perpendicularium exeuntium a terminis basis agentis, quia pyramis longior includit breviorem ut patet in figura, et incessus perpendicularium est fortissimus, et quanto magis fit ei appropinquatio erit major fortitudo; dicendum est, quod hae rationes duae procedunt quantum possunt, sed aliae in contrarium sunt fortiores sine comparatione, praecipue prima, et ideo priores praevalent in hac parte. Et quum ostensum est prius quod species pyramidalis non potest venire a tota medietate corporis sphaerici, nec

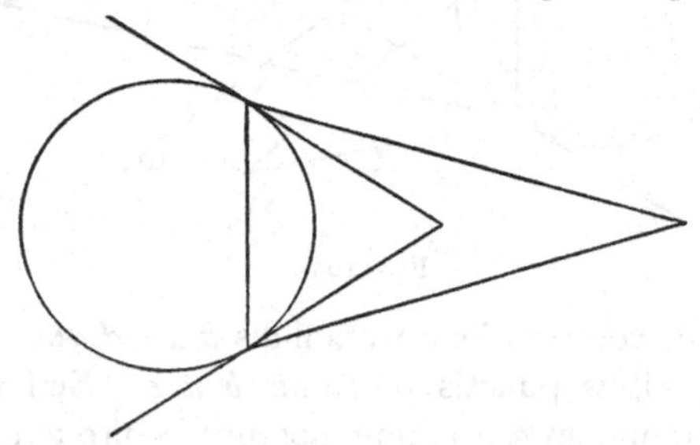

FIG. 108.

a majori portione, sed necessario a minore; et exemplificatum est in figura quomodo pyramides longiores fiunt, et breviores, et quae est omnium brevissima, quoniam illa cujus latera sunt lineae contingentes sphaeram in terminis diametrorum ductarum a terminis chordae intersecantium se, ut patuit in figura; nunc planum est quod haec magis est activa propter hoc, quod multipliciter patet ex dictis, quia brevitas figurarum et linearum faciunt vehementem operationem propter propinquitatem agentis et patientis.

Other cases considered.

Et non solum est fortis actio in ista pyramide, licet fortior quam in aliis, sed in omnibus pyramidibus, et non solum illis quae cadunt ultra conum pyramidis ductae infra intersectionem illarum linearum contingentiae, quae continebant pyramidem praedictam. Et hae sunt illae pyramides quae includunt dictam pyramidem; et ideo sunt fortioris actionis quam illae pyramides quarum coni cadunt extra intersectionem illam, et quae non continent pyramidem praedictam brevissimam. Quia radii qui sunt de compositione istarum pyramidum quarum coni non includuntur infra dictam intersectionem, non possunt a tot partibus portionis agentis venire sicut illi, qui sunt de compositione pyramidum quarum coni cadunt infra dictam intersectionem, ut patet in figura subscripta.

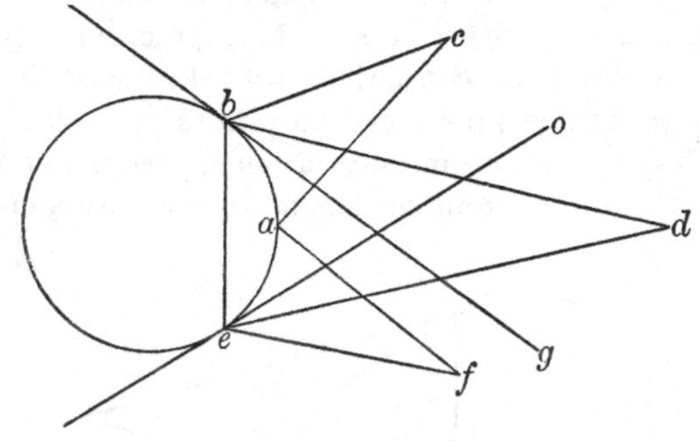

FIG. 109.

Radii enim in compositione pyramidis *b a e d* veniunt ab *e* et *a* et *b* et omnibus punctis portionis *b a e*. Sed radii componentes pyramidem *b a c*, non possunt venire a tot punctis. Nam cum *e o* linea contingit circulum non poterit a termino suo, qui est *e*, alia linea duci inter eam et circumferentiam, per decimam sextam tertii Elementorum Euclidis, et eadem ratione nulla intercipitur inter *b g* lineam et circumferentiam, ut exeat ab ipso *b*.

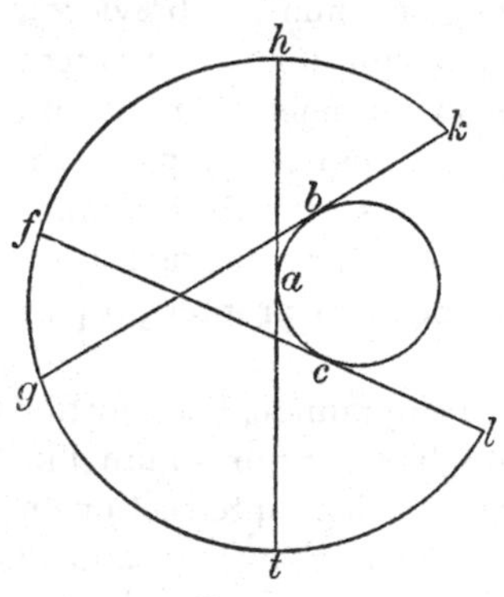

FIG. 110.

Similiter alio modo considerandum quod corpus sphaericum aliud objectum sibi fortius alterat, et aliud minus, ut docet Jacobus Alkindi. Nam corpus luminosum sit *a b c*[1], a puncto igitur *a* illuminatur totum *h t*, quia totum illuminatur a puncto quolibet, ad quod possunt duci lineae rectae. Ergo et *f g* illuminabitur ab ipso *b*. Item ab ipso *c* totum *f l* illuminatur, ergo et *f g*, quare a tota portione *b a c* illuminatur *f g*; sed

[1] The references to this diagram in Jebb's text contain several errors which make the passage unintelligible.

portio *f h* non potest illuminari nisi a punctis *a* et *b* per decimam sextam tertii ; non enim potest linea duci a *c* puncto inter *f l* lineam et circumferentiam. Similiter *g t* non illuminabitur nisi ab *a* et *c* per rationem consimilem. Sed *h k* non illuminabitur nisi ab ipso *b* solum, quia ab ipso *a* non ducetur linea recta ultra *h*, nec ab *c* ultra *f*, per decimam sextam tertii : similiter *t l* non illuminabitur nisi ab ipso *c* per consimilem rationem ; quare *f g* patiens plus alterabitur quam alia, et hoc est quod demonstrare volumus.

PARS SEXTA

MULTIPLICATIONIS SPECIERUM.

Incipit pars sexta hujus tractatus.

CAPITULUM I.

The ray is destructible like other generated things.

Dicto de generatione speciei et multiplicatione, nunc dicendum est de corruptione. Et patet eam esse corruptibilem, quia est generabilis. Omne enim generabile, vel quod generatur, natum est corrumpi, sicut Aristoteles testatur, et philosophia confitetur. Item nos videmus per experientiam quod hujusmodi species corrumpantur, ut lumen in aere corrumpitur nocte; et lumen lunae corrumpitur in eclipsi, et sic de aliis.

Si autem objiciatur quod hujusmodi speciebus, ut luci et multis aliis, nihil est contrarium, ergo non corrumpitur, cum omnis corruptio est per contrarium, ut omnes allegant, et Aristoteles vult libro de Vita et Morte; dicendum, quod ipse tertio Coeli et Mundi dicit corruptionem duplicem esse, unam per contrarium, aliam per defectum rei debilis in se[1]. Sua ergo auctoritas, quam vulgus sequitur, libro de Vita et Morte, intelligenda est de corruptione facta ab alio inferente passionem. Species autem propter debilitatem sui esse non habet unde se conservet et ideo deficit. Atque quia in omnes diametros agit se multiplicando, destruitur et debilitatur in tantum quod deficit ab operatione et tandem ab esse. Caeterum natura patientis specifica nata est ad contrarium speciei, si con-

[1] *De Coelo*, lib. iii. cap. 6 *Δύο δὲ τρόπους ὁρῶμεν φθειρόμενον τὸ πῦρ· ὑπό τε γὰρ τοῦ ἐναντίου φθείρεται σβεννύμενον, καὶ αὐτὸ ὑφ' αὑτοῦ μαραινόμενον.* The same view is repeated in cap. v. of the treatise previously quoted, *De Vita et Morte*. Cf. note on pp. 113–114 of Dr. Ogle's translation.

trarium habeat, vel ad dispositionem contrariam illi quae per speciem inducitur, ut natura aeris specifica, quae nata est carere rarefactione vel aliqua alia passione quam lux inducit, tandem praevalet super illam dispositionem ei contrariam et corrumpit eam, et sic per consequens species lucis vel alterius corrumpitur per accidens per contrarium, etsi non per se.

Si dicatur quod natura patientis desiderat assimilari agenti per speciem, et quod generatio speciei non est in corruptionem, sed in perfectionem et salutem, ut prius dictum est, ergo natura rei specifica non aget ad ejus corruptionem, nec per se nec per accidens, nec ad corruptionem dispositionis naturalis ad ipsam speciem; dicendum, quod natura rei patientis est in potentia et appetitu naturali consistens respectu hujus speciei et ad dispositionem naturalem ad ipsam. Sed majorem et perfectiorem potentiam et appetitum habet ad ea quae sunt suae naturae specificae. Et ideo ea quae sunt naturae suae specificae nata est conservare, et contraria corrumpere quantum est de se. Nec habet species de se unde se conservet, sed indiget aliquo conservante, ut generante vel fortitudine ipsarum propria potente conservare; et ideo cum nec fortitudo propria, nec causa extrinseca sufficit, natura propria patientis invalescit super omne quod est ei alienum, et perficit se secundum ea quae sunt ei propria; quare non habet posse conservandi alia, licet habet aptitudinem ad ea. Quoniam ergo res ita habeat potentiam et appetitum speciei alienae naturae, cum tamen per ipsam nec fiat nec conservetur, sed per aliud, ideo cum res sibi ipsi relinquitur, redit ad naturam suam propriam integra, et sic per accidens incidit corruptio speciei. Et concedendum est quod natura propria rei specifica potest aliquid corrumpere, quod appetit secundario, et per actionem et conservationem alterius, sicut est de specie.

The medium while yielding readily to disturbance yet opposes a certain passive resistance to it.

CAPITULUM II.

Deinde secundo quaeritur, an in absentia generantis speciem recedat. Et non potest dici, quod recedat cum generante, et transmutetur de loco in locum secundum mutationem localem

In the absence of the agent the action

gradually ceases.

generantis; nam species tunc esset corpus, et defluxus corporis, quod Aristoteles negat secundo de Anima de luce, et prius improbatur. Et sic exiret necessario ab agente, et continuaretur cum ejus substantia; sed prius improbatum est hoc. Quapropter alia causa corruptionis ejus quaerenda est in absentia generantis; et non est alia quam duplex praedicta, scilicet debilitas sui esse et natura propria patientis quae praevalet. Sed quomodo in coelestibus, in quibus nihil est contrarium, ut Aristoteles dicit et omnes fatentur, potest natura propria praevalere ut destruatur species, et maxime completa, sicut est lux lunae quae destruitur in eclipsi? Dicendum est, quod in coelestibus non est contrarietas quae est penes quatuor qualitates activas et passivas, quae sunt caliditas, frigiditas, humiditas, siccitas; calor enim negatur in coelestibus. Sed tamen contrarietas quae est inter rarum et densum, lucidum et tenebrosum, et hujusmodi, est ibi. Nam una pars lunae est rarior alia, eo quod macula lunae habet plus de densitate coelestis substantiae et luna est densior caeteris corporibus coelestibus; atque potest rarefieri per generationem lucis in ea, et iterum redit ad hujusmodi densitatem naturalem per privationem lucis.

Influence of parent on offspring, how explained.

Item si dicatur quod idem facit virtus patris in seminibus quod facit virtus coeli in materia putrefacta, ut dicit Avicenna septimo, et philosophi naturales et medici confitentur, quod in semine sunt virtutes patris, et remanent in generatione prolis; quapropter possunt species remanere in absentia generantis eas, et hoc in absentia patris; ergo similiter poterit esse in aliis; dicendum est, quod pater et mater sint ejusdem naturae specificae, et ideo species et virtus patris recepta in matre conservatur per praesentiam matris, quae sufficit in loco patris propter identitatem naturae specificae. Si dicatur, quod in multis rebus manet, ut lapis calefactus bene retinet calorem et calx viva, et multa alia, dicendum quod non solum est ibi species, sed effectus completior; et natura densi bene conservantis speciem cooperatur. Si dicatur quod luna et stellae sunt corpora multum densa, sicut Averroes docet secundo Coeli et Mundi, et in libro de Substantia Orbis, et multiplex probatio currit super hoc, quae non est modo necessaria, et tamen privantur lumine et eclipsantur plures earum, et omnes possunt eclipsari, si contingeret eas carere radiis solaribus, sicut est de luna ; dicendum quod non omnis densitas facit ad quamcunque speciem conservandam. Densitas tamen terrestris multum facit ad conservationem caloris. Siccum enim terrestre est combustibile, et causa est quia siccitas exigitur ad aptitudinem caloris, sed ad caliditatem exigitur siccitas cum densitate elementari, quare duo non sunt nisi in materia terrestri. Propter quod Averroes super quartum Coeli et Mundi, et alii plures, volunt quod ignis de sua essentia caliditatem non habeat, nec in sua sphaera, sed aptitudinem solam propter siccitatem, quae aptitudo ad actum reducitur, quando siccitas jungitur cum densitate terrestri.

CAPITULUM III.

The successive propagations of force are to be regarded as individually distinct.

Deinde tertio considerandum est quod cum idem agens iterum redeat super eandem naturam patientis, facit impressionem seu speciem diversam numero a priore, quae jam corrupta est, quia actio alia et alia est numero, et ideo effectus numeratur[1]. Si dicatur, quod idem manens idem semper natum est facere idem, ut dicit Aristoteles secundo de Generatione, et ideo eandem faciet actionem et per consequens eundem effectum ; dicendum est quod ipse dicit quinto Physicorum, quod actio numeratur subjecto, specie et tempore, et ideo oportet quod in diversis temporibus actiones faciat diversas. Et propter hoc ista auctoritas secundi de Generatione intelligitur de identitate in specie et non in numero. Si dicatur quod tempus non facit actionem nec aliquid ipsius actionis, unde nullo modo est causa efficiens, sed mensura durationis et quantitas in nullo activa, ergo a diversitate temporis non erit causa diversitatis actionis, sed ab ipsa potentia activa, quae totaliter causat actionem ; dicendum est, quod actio et passio et motus sunt successiva, nec educuntur de potentia, quia non sunt res fixae;

First objection and reply.

Second.

[1] This, which is the reading of Reg., is better than mutatur, which Jebb has preferred. The action, and also the result of the action, are to be separately counted. The use of such words as *wave, oscillation, undulation*, would make Bacon's meaning clear.

et ideo non corrumpuntur in eam, et propter hoc omnino deficiunt in se et in nihil. Nam de creaturis fixis et permanentibus verificatur quod non cedunt in nihil et esse in purum nihil; sed non de successivis. Sed infinita distantia est inter purum nihil et esse, quam finita potentia non potest pertransire, et ideo nullum agens creatum potest suam actionem in idem numero renovare post corruptionem, quia omne agens creatum est potentiae finitae.

Third. Si objiciatur quod tunc in eis quae de potentia materiae generantur, cum eadem sit potentia materiae et eadem potentia agentis, ergo idem fiet effectus, quod e converso; et tunc in eodem aere idem agens, ut sol, in singulis diebus artificialibus, licet nox intercipiatur, faciet eandem diem numero, quae prius fuit corrupta, cum ejus generatio sit de potentia materiae; dicendum est quod hoc non requiritur, quia ad effectum hunc non pervenitur, nisi per actionem agentis, quam oportet renovari, ut dictum est, et ideo effectus renovatur. Fourth. Si vero objiciatur quod, si species esset immediatus effectus agentis, tunc posset facere eandem speciem numero secundum hanc rationem, quia eadem est potentia materiae et eadem potentia agentis; similiter etiam non dependet ab aliquo quod caderet in purum nihil, et in potentia finita posset facere idem numero: dicendum est, quod impossibile est quod species sit effectus immediatus agentis creati, nec aliquid quod de potentia materiae educitur, quia oportet aliquid successivum intercipi quod de nullo fit, nec in aliquid corrumpitur, et ideo dependet iteratio effectus ab iteratione actionis et non potest esse unus numero, sicut nec actus. Fifth. Si dicatur, quod tunc productio actionis et hujusmodi successivorum erit creatio, et ita agens creatum erit creator, dicendum est quod licet ipsa actio et motus et tempus et passio, quae sunt via in effectum, non cedunt in potentia materiae, nec ex ea producuntur nec ex aliquo, tamen productio istorum non est creatio. Nam creatio non est successivorum, secundum quod sumitur in usu; quia non accipitur creatio nisi respectu permanentium et rerum fixarum in esse de nihilo, et ideo bene potest successivum produci, non ex aliquo nec de potentia materiae, et tamen ejus productio non est creatio, nec ipsum agens est creator, propter hoc quod actus creandi est solum respectu permanentium producendorum ex nihilo.

Si dicatur quod arca jam facta, si resolvatur, et iterum conjungantur partes, eadem arca erit in numero et ejusdem pretii, ergo agens finitae potentiae potest facere idem numero; dicendum est, quod materialia arcae sunt eadem numero penitus, sed compositio partium est alia numero quam prius, et haec compositio est forma arcae quam artifex introducit; quia materia rei artificialis est naturalis substantia, et forma artificialis est accidens et debile quid respectu materiae talis, ideo vulgus materiam talem aestimat magis arcam quam compositionem. Sed tamen unde artificiatum est, oportet quod constituatur in esse specifico per ipsam compositionem quam ars introducit, quia ars solum introducit compositionem illam, eo quod ars non facit nisi formam artificialem, et ideo arca, unde arca est res artificialis, dicetur una numero vel plures per unitatem vel numerositatem compositionis, et non materiae arcae.

Sixth. A box taken to pieces and reconstructed, is it the same box?

CAPITULUM IV.

Deinde quaeritur quarto, an in aere et hujusmodi diaphanis, quando continuatur praesentia agentis super ea, species prima maneat continue, dum agens est praesens, vel corrumpatur, et alia renovetur, et sic quasi infinities in die artificiali eadem fiat species in aere et corrumpatur per actionem solis. Quod vero quasi infinities corrumpatur et renovetur, patet per auctores Perspectivae. Nam Alhazen in secundo libro determinat, quod alteratio diaphani per hujusmodi species non est fixa nec permanens, sed cito generatur et cito corrumpitur.

The agent being present, the generation and destruction of the *species* alternate in imperceptible periods.

Item hoc patet per hoc, quod si multiplicatio lucis et collectio in eodem loco per modicam fractionem et reflexionem, ut prius exemplificatum est, inducit combustionem sensibilem, tunc longe magis fieret sensibilis combustio si ab ortu solis semper maneret prima species, et intenderetur continue usque ad occasum per continuas multiplicationes praecipue ut hic non esset reflexio nec fractio, praecipue duplex, quae cum accidit in praedictis[1] multum debilitat lucem. Sed a parte solis non est nisi una fractio et illa est debilis, quia variatio diaphani in sphaera coelesti et sphaera ignis non est tanta sicut est crystalli et aeris. Item in raro est dispersio corporalium partium, et ideo species multum dispergitur et non unitur, et non colliguntur multa in parvo loco sicut in denso. Quapropter oportet quod sit debilis operationis, et ideo in libro de Causis dicitur quod virtus dispersa est debilis operationis, et ideo haec est causa quare non potest diu conservare se in raro quamvis in denso.

Alia causa est, quia ab omni puncto aeris lucidi fit multiplicatio lucis secundum omnes diametros, et ideo quando est magna quantitas sicut accidit in raro, quasi sine comparatione est major dispersio speciei ab eo quam a denso, et ista multiplicatio infinita inducit debilitationem speciei, praecipue cum sit in materia aliena. Et quia debilitatur multum per actionem exteriorem, accidit quod non potest se conservare in materia in qua est, et ideo deficit in potentia materiae. Et his de causis potest natura medii diaphani specifica invalescere super speciem debilitatem et corrumpitur statim necessario post generationem sine tempore sensibili intercepto.

In dense matter the species has more permanence than in rare.

Sed in denso potest diu manere et intendi propter rationes contrarias, ut in luna et stellis, dum radiositas solis sit praesens eis, quia in parvo loco multum de specie colligitur et a parva quantitate respectu rari, quod tantum haberet de substantia dispersa quod sit modica dispersio per multitudinem exteriorem; et ideo fortificatur species et intenditur in tali denso, et non corrumpitur nisi per privationem actionis agentis. Unde luna et stellae semper lucent nisi per eclipsin, et ideo haec est causa duplex, quare densum bene retinet lucem et hujusmodi species, quia bene incorporantur in eo, et non sic in raro. Si dicatur quod in regionibus sub Cancro et alibi est magis combustio elementaris, et est ibi mala habitatio nec continua, ut dicit Ptolemaeus libro de Dispositione Sphaerae, quapropter manebunt species et continuabuntur sine corruptione; dicendum est, quod non oportet, quia licet corrumpantur quasi infinities illic in die sicut hic,

[1] i.e. as we saw previously: e.g. in p. 536 and elsewhere.

tamen aer ibi propter magnam moram solis super capita eorum quasi per quatuor dies, ut dicit Ptolemaeus propter parvitatem declinationum solis equidistantium[1], recipit majorem dispositionem ad combustionem quam hic. Sicut videmus quod propter moram solis magnam accidit in aere nostro; quod prope finem octavae horae et principium nonae est major calor quam in sexta hora, quando magis appropinquat capitibus nostris. Quamvis ergo species corrumpatur successive quaelibet, tamen relinquit ex sua praesentia aliquam dispositionem caloris, et sic potest plus et plus calor augmentari propter moram solis super eundem aerem. Si etiam dicatur, quod cum rara non retinent species sed densa, tunc terra et ligna et lapides et hujusmodi deberent magis abundare in specie lucis et per consequens in calore quam aer, potest dici quod hujusmodi densa exterius habent magis de his quam aer et aqua et perspicua, ut in partibus exterioribus apparet quando tangimus ea. Nam lapidem expositum soli magis calidum sentimus quam aerem, et magis etiam visibilis est ex praesentia lucis quam aer, quia solum densum natum est terminare visum. Sed in partibus interioribus[2] densi non sic est, neque quantum ad visum, neque quantum ad tactum, quando aerem percipimus visu in profundo et calorem ejus sentimus, quia de facili recipit speciem per sui profundum; sed densum non sic, quia difficulter recipit speciem propter sui compactionem, licet bene retineat, postquam receperit.

Videlicet[3] hoc est intendendum in istis rebus inferioribus corporalibus. In rebus vero incorporalibus potest vera species animae compleri in effectum completum sine destructione patientis. [Nam] natum est ad hujus effectum de natura sua; ut stellae et luna natae sunt habere lucem perfectam quam exigit natura sua, licet sol plus habeat de luce. Et tunc in principio fit species lucis usque ad lunam et stellas, et postea completur in eis sicut fuit a prima creatione, et sicut

[1] solis confusionem equidistantiam, J.

[2] This is clearly intended, though the MSS. give exterioribus.

[3] The passage from this point to the end of the treatise is omitted by Jebb, and is not found in the Oxford MS. I take it from the much older MS. Reg.

post eclipses stellarum accidit; nam primo debilitatam habent lucem, tanquam similem et speciem, et post hoc claram et completam. Cujus signum est quod luna videtur in eclipsi rubea, et quod exit in umbra; et quando est in umbra habet speciem lucis debitae quae venit de luce transeunte per latera et fines umbrae, sicut postea [1] magis explanabitur.

Veruntamen sciendum quod species solis quae est de vera ejus substantia non potest compleri in luna et stellis, licet in eis fiat: quia tunc oporteret lumen et stellas fieri solem, quod est impossibile. Lux enim est quantitas communis soli et stellis et igni, licet magis sit in sole; et ideo potest species lucis compleri in luna et stellis, et non species similis soli; quia sol et luna et stellae durant in sua substantia, sicut posterioribus erit manifestum. Et lux non est de eorum substantia, sed est aeris communis eis et igni; licet aliquando solebant dicere lucem esse formam substantialem solis et stellarum. Sed hoc est falsum [2].

[1] Cf. pp. 104–5 of this volume. It is probable, however, that the reference here, and a few lines lower down, is to a subsequent section of the work, of which the present treatise is but a portion.

[2] The treatise here ends with the words 'Explicit tractatus fratris R. Bacoun de multiplicatione specierum.' In another and more recent handwriting the words are added, 'Post istum tractatum sequi debet perspectiva.' The fact that this treatise was sent to the Pope at the same time as the *Opus Majus* accounts for its having been incorporated into that work by the transcriber of O. (followed by D.). Though there are references in it, like that on p. 408, which imply that it was a portion of an encyclopaedic treatise, partly written, partly projected, yet there are other references, like that on p. 534, to the *Opus Majus* itself. These I incline to regard as glosses, added perhaps by Bacon's pupils or transcribers.

The scholastic style of the work contrasts strongly with that of the *Opus Majus*, which, as we know, was a *Persuasio Praeambula*. It has been less studied than Bacon's other works, not so much from its difficulty as from the notion that it was a mere recast of Aristotelian Physics, and from the further notion that Aristotelian Physics were not worth studying. Both of these positions, I venture to think, will be abandoned, when the same attention shall have been given to the history of science that has been given during the last half century to other departments of Evolution. What lifts Bacon's discussions upon force to a higher level than that of barren dialectical debate is, that they were animated by constant reference to a living and growing science due to the later Greeks, and still more to the Arabians, the science of Optic, including the study of the organs of vision and perception no less than that of the force acting on them. For Bacon the radiation of light was a type of all other radiant forces.

INDEX

THE END

aliorum sapientum usque ad hec ultima tempora. nam vidimus aliquos de antiquis qui laboraverunt multum in linguis sicut fuit dominus Robertus presentis translator et episcopus. et Thomas venerabilis antistes [illegible] nuper defunctus et frater Adam de Marisco. et magister Hermannus translator. et quidam alii sapientes. [illegible] qui eos non imitamur [illegible] ultra id quod accidi potest. defficimus a potestate sapientie quia expositiones autenticas non possumus intelligere et per consequens nec intellectum sapientie possumus obtinere. et pro infinitis pono duo exempla. Jeronimus dicit in prologo Danielis quod Daniel et Esdras scripserunt literis hebreis. sed caldeo sermone et una pericope Jeremie. hanc autem pericopen omnes theologi dicunt esse ternos Jeremie quia pericope idest quod pars seu particula. et omnes hebrei sciunt quod verum scripserunt litteris hebreis et hebreo sermone. et quicquid scitur aliquid de hebreo [illegible] vnde pueri [illegible] non ignorant [illegible]. deinde possumus dicere hanc pericopen ex decimo capitulo Jeremie [illegible] dii qui celum et terram non fecerunt pereant de terra. et de [illegible] sub celo sunt. nam hoc [illegible] in Jeremia. Jeronimus sermone caldeo. sicut omnes hebrei [illegible] [illegible] caldeus et hebreus [illegible] eandem linguam [illegible] ydioma sicut gallicus et picardus. ydioma enim est proprietas lingue apud aliquam nationem determinata. unde hebreus dicit [illegible] pro deo vel diis caldeus dicit [illegible]. et pro celo vel celis dicit hebreus samaim caldeus [illegible]. et pro non hebreus dicit lo. caldeus vero dicit la. et sic in aliis diversitatibus accidentalibus eiusdem lingue diversificatur. et ita est in pericope predicta. [illegible] tamen [illegible] hec pericope scribatur hic sermone hebreo et caldeo ponatur alphabetum hebreum. ut facilius valeat intelligi constructio proposita. et primo scribuntur figure hebraici alphabeti. secundo in linea superiori ponuntur nomina. et supremo assignantur littere nostre que litteris hebreis correspondent. ut licteras hebreorum sciamus virtutes et potestates sonorum [illegible] quod quedam sunt vocales quedam consonantes.

z	v	e	d	g	b	a
zain	vaf	he	daleth	gimel	bet	aleph
ז	ו	ה	ד	ג	ב	א

m	m	l	ch	ch	i	t	h
mem clause	mem	lamed	chaf	chaf	ioth	tet	heth
ם	מ	ל	ך	כ	י	ט	ח

t	s	r	k	p	f	[illegible]	[illegible]	a	s	n	n
taf	sin	res	kof	pe	fe	tsade	tsade [illegible]	ain	samech	nun [illegible]	nun [illegible]
ת	ש	ר	ק	ף	פ	ץ	צ	ע	ס	ן	נ

Sunt autem sex vocales aleph ain he heth ioth vau. relique sunt consonantes. he et heth aspirantur ut he in principio. heth non solum in principio sed in fine. et he generatur in gutture. he in ore. aleph similiter in ore et ain in gutture. Secundo considerandum quod solum ioth habet unum sonum i. sicut i. nostrum et fit consonans et vocalis sicut i. apud nos. v. vero ut dicit Jeronimus in hebraicis questionibus [illegible] habet duplicem sonum scilicet v. nostrum et o. Reliqua quatuor sunt [illegible] sonum quinque vocalium nostrarum scilicet a e i o u [illegible] patet per Jonam in libro [illegible]. et hanc diversitatem sonorum designant per puncta et tractus. nam si sub aleph trahatur linea sine puncto sic. א vel cum puncto sub linea sic א sonatur a. si vero duo puncta fiant iacentia sub aleph ex transverso. א vel duo stantia א vel tria in modum trianguli א vel quinque puncta hoc modo. א sonatur e. si non tria puncta iacentia sub aleph et obliquo ex obliquo descendentia sic א sonatur [illegible]. si vero unus punctus ponatur sub littera א sonatur i. si vero unus punctus fiat supra, sonatur o. sic א. et ita est de ain et he et heth. quia habent hos quinque sonos. per istorum signorum diversitatem. et cum vaf. sonat v. potest esse signum cum punctum [illegible] est sic. ו. vel potest poni unus punctus in vertice sic ו. cum autem [illegible] scribuntur [illegible] figure vocalium et [illegible] per eas [illegible]. adhuc ponuntur signa predicta. Ideo oportet scire quod ad consonantes ponuntur hec signa. ut sciatur sonus vocalis syllabicandus cum consonante. ut si volo designare ba be bi bo bu. scribam: בַ בֶ בִ בֹ בֻ; Jeronimus habent alia signa per que [illegible] sonos consonantium aliquando [illegible] aliquando [illegible]. unde quando [illegible]

VATICAN 4086, f. 15b.

ponitur supra literam tunc remittitur. quando punctus in ventre ponitur tunc fortificatur. Unde quando supra daleth ponitur tractus sic ד̄ tunc debilem sonat quasi nun [illegible], ut cum dico adamas. quando vero punctus in ventre eius collocatur sic ד tunc fortiter sonat ut cum dico daleth, et sic invenitur hic in hoc hebreo quod sequitur.

celum qui dii eis dicetis sic

semaa di elaa lehom temerun chidena

כדנה תאמרון להום אלהיא די שמיא | Litera hebraica sermo caldeus

sub de et terra et pereant fecerunt non etiam et

thehot min arca me ielbedu chadu la arcka ue

וארקא לא עבדו יאבדו בארעא ומתחות

celo

semaa

שמיא:

celum qui dii eis dicetis sic

samaim eser elohim lahem tomeru co

כה תאמרו להם אלאהים אשר שמים | Litera hebraica sermo hebraicus

isto celo sub de et terra et pereant fecerunt non terra et

ele samaim thahat mi eres me iobedu asu lo ares ue

וארץ לא עשו יאבדו בארץ ומתחת שמים אלה:

Manifestus igitur est et talis est error omnium in hac parte propter ignoranciam harum linguarum. Aliud exemplum non ponitur de greco. et quia multa exempla greca addentur in scriptis, ideo volo hic ponere alphabetum grecum cum diptongis quibus scribuntur. multa enim videbitis [illegible] per hoc patebunt que dicenda sunt.

a	b	g	d	e	z	i	th	i	k	l
alpha	vita	gamma	delta	e penti id est e parvum	zita	ita	thita	iota	kappa	labda
Α	Β	Γ	Δ	Ε	Ζ	Η	Θ	Ι	Κ	Λ

m	n	x	o	p	r	s	t	y grecum apud latinos	ph	ch
mi	ni	xi	o micron	pi	ro	sima	taf	y psilo	phi	chi
Μ	Ν	Ξ	ο	Π	Ρ	Ϲ	Τ	υ	Φ	Χ

ps	o
psi	o mega id est magnum
Ψ	ω

Habent autem septem vocales quantum ad figuras divisas. quia habent triplex i et duplex o. Sed quinque tantum habent quantum ad sonum principalem. videlicet a e i o. Diptongus apud grecos est coniunctio duarum vocalium sonum unius vocalis tenentium vel vocalis cum consonante. Et finales littere in diptongis grecis sunt iota et ypsilo. potest igitur ypsilo consequi alpha sic. αυ. et tunc quantum a cum v consonante. quia sonus aliquantulum similis est sono ipsius a cum f. et ideo vulgariter exemplificatur quod sonat af. vel potest consequi e sic ευ et tunc sonat quantum e vocalis cum v consonante. et quasi ef. ut dictum est de alpha et ypsilo. vel potest consequi ita sic ηυ et sonat quasi if. ut dictum est de aliis. vel ypsilo consequi potest omicron sic ου. et tunc sonat v vocalem et sic solum habent greci sonum huius vocalis v.

VATICAN 4086, f. 16a.

THE "OPUS MAJUS" OF ROGER BACON

EDITED WITH
INTRODUCTION AND ANALYTICAL TABLE
BY

JOHN HENRY BRIDGES
FELLOW OF THE ROYAL COLLEGE OF PHYSICIANS; SOMETIME
FELLOW OF ORIEL COLLEGE

SUPPLEMENTARY VOLUME: CONTAINING—REVISED
TEXT OF FIRST THREE PARTS; CORRECTIONS;
EMENDATIONS; AND ADDITIONAL NOTES

With Facsimile of Bacon's Hebrew and Greek Writing

"Induire pour déduire afin de construire."
AUGUSTE COMTE.

"Omnes scientiae sunt annexae, et mutuis se fovent auxiliis, sicut partes ejusdem totius, quarum quaelibet opus suum peragit non solum pro se sed pro aliis."
ROGER BACON, *Opus Tertium.*

WILLIAMS & NORGATE
14 HENRIETTA STREET, COVENT GARDEN, LONDON
20 SOUTH FREDERICK STREET, EDINBURGH
AND 7 BROAD STREET, OXFORD
1900

PREFACE.

Three motives prompted me, in 1893, to undertake a new edition of Roger Bacon's Opus Majus. One was that the sixth centenary of one of the earliest and perhaps the greatest of Oxford thinkers was at hand. A second reason was that this work brings into prominence the connection of Greek Science with that of the modern world, through the mediation of the Arabic Schools of Bagdad and Spain. And thirdly, the Opus Majus, when published in its entirety, appeared to me to present to the world a scheme of culture contrasting strongly with any that was offered in Bacon's time or in the centuries that followed. Combining the comparative study of language with a comprehensive grasp of physical science, conceiving these studies as progressive, and yet holding them subordinate to a supreme ethical purpose, it surpassed any that was put before the world till the publication of the philosophical and social works of Auguste Comte.

But the work was undertaken with insufficient equipment of expert skill in deciphering manuscripts; with the result that, though many errors in the edition of 1733 were corrected, and especially the fundamental error of omitting the ethical treatise which completes and crowns the work, yet far too many were retained. Further, I had not had the opportunity of consulting the important MS. (Vat. 4086) to which attention was called by Dr. Gasquet, when in the July issue of the *Engl. Hist. Review* 1897, he presented an unpublished fragment of Bacon of which more will be said afterwards. This MS., here called V., resembles in many important respects, though by no means in all, the Cottonian MS. Julius D.V. already noted on p. xv of vol. i. (spoken of there as Jul., but in this volume as J.). J. is the oldest of all known MSS. of the Opus Majus. It contains much that is not found in the Bodleian MS. (O.); but in the 2nd and 3rd parts it is much mutilated by fire. V., though probably not less than thirty years later in date, enables us to supply many of the deficiencies of J.

It was thus necessary that steps should be taken to repair the defects of the edition as it stood. The Delegates of the Clarendon Press, for whose considerate treatment of the matter I offer my grateful acknowledgments, had already spent much money on the work and were unwilling to incur further expenditure. They offered, however, to transfer to me the stock and copyright. This offer was accepted, and the work, including the present volume, will in future be sold by Messrs. Williams and Norgate.

A revised text of the first three parts of the Opus Majus is here presented, based in the main upon V. of which a photographic copy was obtained in Rome. It has been carefully collated by Mr. J. A. Herbert of the British Museum, with J. and also with the Bodleian MS. Digby 235 (here called O.), which was entrusted to the Keeper of MSS. of the British Museum for this purpose. As the footnotes show, the readings of J. and of O. have been frequently adopted.

It will be seen that this revised text contains much that has not been printed before, and that it throws new light on Bacon's zeal for philological culture. This is further illustrated by facsimiles of f. 15, b. and f. 16 of the Vat. MS., which contain the Greek and Hebrew alphabets, and the remarkable passage in which Hebrew is compared with Chaldean.

For the remaining parts of the Opus Majus, a minute collation of my text has been made by Mr. Herbert with the best MSS. available, with results shown in the appended list of Corrections and Emendations, and in the Additional Notes. To have reprinted the whole work in the form adopted for parts i.–iii. was a task beyond my means, nor did it seem to be needed. Among the Notes will be found the missing preamble to *Multiplicatio Specierum*, contained in the early fourteenth century MS., Add. 8786; and the Vatican MS. 4091 (denoted X.), for knowledge of which, as well as of other Vatican MSS., I have to thank Mr. Bliss, has supplied some important passages of Part VI., which O. omits.

In the preface to vol. i. pp. xiii–xvii, something was said of the MSS. of the Opus Majus. Of the most important of those some further details are subjoined.

The Oxford MS. Digby 235 (denoted O.) is the earliest MS. containing all seven parts of the Opus Majus. From it, as was stated vol. i. p. xiv, the Dublin MS. was copied; the Gale MS. in Trin. Coll. Camb. (see Brewer, Rogeri Bacon Opera Inedita, pp. xliii–iv), being a copy of this latter. O. is a small folio volume of 269 vellum leaves [ff. 2–269, paged incorrectly from 1 to 539]. For its history, see Macray's *Annals of the Bodleian Library* 1890, pp. 7, 8, 316, and *Catalogus Codicum MSS. Kenelmi Digby* 1883, col. 244. The volume contains :—

1. One leaf from a fourteenth century copy of the Speculum Historiale of Vincent de Beauvais.

2. Opus Majus of Roger Bacon, parts I.–V. There is no general heading.

Part I. is headed, Pars prima hujus persuasionis in qua excluduntur quatuor universales causae tocius ignorancie humane habens quatuor distinciones ; and begins, Sapiencie perfecta consideracio consistit in duobus. Part of an unfinished fourteenth century MS. (ff. 125–148) has been skilfully embodied, the later scribe ending a short quire on f. 124 b. at the precise point where the older fragment begins, and continuing the text on f. 148 b., which his predecessor had left blank. Part V. ends "veritatem non posset sustinere." Colophon : "Finitur quinta pars majoris operis fratris Rogeri Bacon."

3. "Tractatus Magistri Rogeri Bacon de Multiplicacione Specierum," begins "Primum igitur capitulum circa influenciam agentis," f. 153, ends "licet bene retinet post quam recipit." Colophon : "Explicit tractatus M. Rogeri Bacon de multiplicacione specierum."

4. Opus Majus, Parts VI. and VII. Part VI. is headed, "Pars sexta hujus persuasionis et est sexta pars maioris operis de scientia experimentali ;" and begins, "Positis radicibus sapiencie Latinorum penes linguas, etc.," f. 194. It ends, "secreta nature et artis indagarent," f. 209 b. near the top of col. 2. The rest of the column is left blank, and Part VII. begins a new quire (but the text is in the same hand as in the preceding part). Heading, Incipit pars septima huius persuasionis de morali philosophia habens distinctiones et capitula. Begins, Manifestavi in praecedentibus quod cognitio linguarum, etc., f. 210. The leaves numbered pp. 471–498 (ff. 235–248) are misbound and ought to come in the following order : 487–498, 483–486, 471–482. Ends, "et quid potest homo plus petere in hac vita?" Here the MS. ends. Cf. vol. ii. p. 403.

The insertion of the Multiplicatio Specierum between Parts V. and VI. may possibly not have been the original arrangement of the volume, since that treatise and Part VI. both begin new quires. We know from the Opus Tertium that the Multiplicatio Specierum was intended to be read in connection with Part V. (Brewer's ed., pp. 38, 117) ; but we also know that it was regarded by Bacon as distinct from the Opus Majus. (Op. Tert., p. 272.)

O., as already stated, is of the fifteenth century, probably of its second quarter. For earlier authority we have to consult MSS. which contain only a portion of the work. Of these, the oldest, undoubtedly of the thirteenth century, and possibly written at the very time when Bacon was composing his work, or very shortly afterwards, is the Cottonian MS. Jul. D.V. spoken of in this Appendix as J. It is a small parchment quarto and consists of 81 folios, (ff. 71–151b), covering pp. 1–241, l. 7 of the text of vol. i. In the last half of Part I., the whole of Part II., and the beginning of Part III., it is much injured, some folios being almost entirely destroyed. Many of the rubrics are illegible : what is left of them show that the first three parts, as well as the first portion of Part IV., were divided into Distinctiones as well as Capitula.

In this MS. the transition from Part III. to Part IV. is attended with great confusion. On f. 104, after the passage (p. 96 of vol. i.) ending, cum vario sapientiae damno languent, follow the words, Quodque non avertunt, ideo necessitate compulsi sunt moderni damnum cum vituperio sustinere, a quibus omnes sancti doctores, philosophi et sapientes antiqui remanserunt immunes. Then, without any break beyond an ordinary full stop and capital, come the words Secundum impedimentum est majus isto, nam una est scientia qua ignorata nulla alia sciri potest : et qua scita possunt aliae de facili edoceri ; et haec fuit in usu omnium sanctorum doctorum et philosophorum et sapientum antiquorum propter sui infinitam utilitatem et pulchritudinem et magnificentiam, et haec est mathematica. Unde totius studii destructio est negligentia mathematicae. Quoniam qui ignorat quantitates continuas et discretas et earum applicationes ad caeteras res et scientias ignorabit omnia. Et, quod pejus est, omnis homo ignorans hoc suam ignorantiam non potest percipere (et seq. as in vol. i. pp. 97–108, as far as the end of Distinctio Prima, sed hoc non est praesentis speculationis). J. then proceeds with the first six words of Distinctio Secunda (vol. i. p. 109) Quod de scientiis jam ostensum est, and there stops. He then interpolates a long passage, printed here for the first time, and given by no other MS., which is of great importance, because it fills up a gap in Part III. which would be otherwise inexplicable. On vol. i. p. 92 Bacon had expressed his intention of describing the value of linguistic studies not merely (1) in themselves but (2) for the government of the Christian commonwealth, and (3) for the conversion, or (4), if necessary, the repression of the heathen. In the text as it stands, the second of these topics is left unfinished, the third and fourth are not treated of at all.

In J. the sense, broken off on f. 104 with the words raro sufficiunt, is carried forward on f. 107 with the words raro sufficiunt interpretes ad intelligentiam plenam, et rarius inveni[un]tur fideles (et seq.). This passage, here restored to its proper place, completes the second subject, and discusses in full the two others.

After the conclusion of this passage, J. then proceeds with what is given in vol. i. on the authority of other MSS. (P. and O.) as the opening of Part IV. (vol. i. p. 97), Manifesto (*sic*) quod multae et praeclarae radices sapientiae dependent ex potestate linguarum (et seq.), as far as the words ac per contrarium hujus scientiae notitia (last line of p. 97), and then stops. On this there follow the first words of Distinctio Secunda, p. 109, Quod de scientiis jam ostensum est (et seq.).

The Hebrew passage, following on the Hebrew alphabet (vol. i. p. 75), is so incorrectly written, whether as regards the Hebrew words, their transliteration, or the Latin translation of them, that it was omitted from my text. V., the MS. next to be spoken of, offers a complete contrast in this respect, as the annexed photographic reproduction will show.

J. has other faults of a kind which make it difficult to believe that this MS. can have been prepared under Bacon's superintendence. Thus the word gnomone (p. 103, l. 18) is written by him cognomone ; p. 161, l. 22, atagonis for heptagonis ; p. 222, l. 13, Yndorum for Numerorum, and other blunders of the same kind. In the displaced passage above mentioned on the conversion and repression of the heathen, the text, as will be seen from the footnotes, is extremely corrupt. There are some remarkable omissions. That of the table, p. 208, with the commentary on it, is common to J. with V. But there is another of eight lines on p. 138, and a still more important one of five pages (pp. 231–6). On f. 84 and on f. 148 there is a drawing of a man's head in the margin of the page. As Bacon speaks of his practice of using this sign to call attention to certain passages (see Op. Tert. ed. Brewer, p. 68), these instances have been thought to prove Bacon's supervision of this MS. The evidence is quite inadequate to such a conclusion.

Vatican 4086, here spoken of as V., is a beautifully written MS. (parchment) in 74 folios, of the first quarter of the 14th century. A photographic copy of it, and also of the unpublished fragment previously mentioned, has been given to the Museum by Dr. Gasquet (Add. 35,253). It includes the first 376 pages of vol. i., ending with the words principalem scripturam, which close the geographical section. V. is without rubrics, but leaves spaces for them which on the whole correspond to the divisions in J. It follows J. in omitting the last chapter of Part I., and the table on p. 208, and like J. it passes from Part III. to Part IV. without clearly marking the division. The mathematical section begins simply as a new paragraph with the words Secundum impedimentum est majus isto, and continues as in J. to the words praesentis speculationis at the foot of page 108, proceeding then with Quod de Scientiis ostensum est, as on p. 109. The passage as to conversion and subjugation of the heathen is not contained in V., and there is no indication, like that given in J., of the opening to Part IV. which is adopted in the ed. of 1733 and in my own.

The principal value of V. is that it restores to us passages which in J. are destroyed or made illegible by fire, and that the Hebrew sentences are more accurately transcribed. In the scientific portions of Part IV. there are many errors and omissions which render it of less value than J. or O. or than P., which is next to be spoken of. In the thirty-two pages, for instance (197–228), there are eight omissions, amounting to 107 words, all of which interfere fatally with the sense. It has many mistakes, moreover, in the computations of astronomical magnitudes.

A copy of this Vatican MS. will be found in the Paris Library (Nouvelles Acquisitions Latines 1715). It is complete, except that the Hebrew passages are omitted, though a place is left for them. It is probably of the beginning of the sixteenth century.

Royal 7 F vii (here spoken of as P.) contains a complete copy of the fourth part of the Opus Majus. It appears to be of the first half of the fourteenth century, and is very boldly and clearly written, in 6 folios of four columns. On the margin at the foot of f. 10b and f. 11 is a long quotation from Albertus Magnus in a very different handwriting, but also clearly of the fourteenth century, on the subject of the tides, which will be found among the additional notes (p. 139).

On f. 62b, after the words principalem scripturam (p. 376), there follows, in a later handwriting, Hic sequi debet tractatus qui incipit, Post locorum descriptionem (cf. vol. i. pp. 376–403). And on f. 68 this treatise will be found in another hand of the same period; another fragment, De visu et speculis, occupying the intervening space. (It has been held by some critics that it should be regarded as part of the introductory work called by Bacon Opus Minus, or Secundum, of which we possess other fragments. It is addressed to the Pope, and contains references to the various parts of the Opus Majus. On the whole it appeared best to leave it in the position assigned to it in O.) The text of this astrological section in P. is extremely imperfect, very inferior to the corresponding text in O.

In P. Part IV. is clearly defined as a separate section of the work. The rubric is, Pars quarta in qua ostenditur potestas mathematicae in scientiis et rebus et occupationibus hujus mundi, habens distinctiones. Prima habet tria capitula. In primo datur intentio istius partis. Like V., it contains the section (pp. 269–285) on the correction of the Calendar. In the scientific portions of the work, and especially in arithmetical calculations, it is much more accurate than V.

The above are the only MSS. known to me containing the fourth part that are as early as the fourteenth century. In the fifteenth it was several times copied. The Cottonian MS. Tiberius C.V. has been mentioned in the Preface (p. xv). It covers 71 folios (49–119) of the same volume that contains one of the principal MSS. of Opus Tertium. There are no rubrics and no divisions of chapters. The Correctio Calendarii, although it will be found in the Opus Tertium (ff. 40b–43b) is not given here, nor the concluding astrological treatise. The MS. ends as in V. with the final words of the Geographia,—principalem Scripturam. It is apparently of the middle of the fifteenth century.

Another copy of the fourth part is in the possession of Corpus Christi College, Cambridge ; and yet another in the Lambeth Library. These are approximately of the same date as the Cottonian.

Of the fifth part of the Opus Majus (Perspectiva) the most important MS. is Royal 7 F viii. (ff. 47 et seq.) already spoken of on pp. xiii and xv of the Preface. The rubric, displaced from its proper position, is, Tractatus perspectivae habens tres partes ; prima est de communibus ad caeteras duas ; secunda pars descendit in speciali ad visionem rectam principaliter ; tertia ad visionem reflexam et fractam. Prima pars habet duodecim distinctiones. Prima est de proprietatibus istius scientiae et de partibus animae et cerebri et instrumenti videndi, habens capitula. Primum est de proprietatibus scientiae hujus.

The treatise begins, Hic aliqua dicenda sunt de perspectiva. Auctores quidem multi tractant de hac scientia ; sed quidam nimis parum, et seq. as in the extract from Combach's edition, quoted in the note to vol. ii. pp. 1–2. This MS., like the greater part of that which precedes it in the same volume (ff. 13-46b), is of the 13th century.

The rubric of the second part of Perspectiva is, Hic incipit pars secunda hujus tractatus, et seq. as in the text of this edition.

The rubric of the third part is simply, Tertia pars perspectivae principalis.

It will be noted that 12 distinctions are spoken of in the first part. O., however, speaks of nine only. The two MSS., however, agree in giving ten distinctions, and they entirely coincide in their contents.

Next in antiquity is the MS. of Perspectiva contained in Add. MS. 8786 (a small volume entitled Baconis Opuscula Physica), f. 84 (et seq.). This MS. is in very small writing, in double columns, of the early part of the fourteenth century. It is headed, Incipit tractatus de modo videndi, and begins, Quoniam praecipua delectatio nostra est in visu, et lux et color habent specialem pulcritudinem (et seq.). Chapters are marked by red letters, but without titles. Of Distinctiones, in the first part, nothing is said. The diagrams are scanty and imperfect.

In the Vatican Library (Palatine 828) there is a MS. of Perspectiva stated in the colophon to have been completed on Sept. 29, 1349, of which the title is Tractatus perspectivae habens tres partes principales extractus ex multis auctoribus perspectivae compilatus per fratrem Rogerum Bacon ordinis fratrum minorum. Pars prima hujus persuasionis habens 9 distinctiones; prima habet capitula 5; primum est de pulcritudine et utilitate hujus partis in universali.

The MS. begins: Propositis radicibus sapientiae tam divinae quam humanae quae sumuntur penes linguas a quibus scientiae Latinorum sunt translatae nunc volo radices aliquas discutere quae ex potestate perspectivae oriuntur (et seq. as in this edition). But the nine distinctions spoken of in this MS. are not identical with those of Reg. and O. They cover the whole of the three parts of the treatise. Thus Dist. iii. cap. i. appears in this MS. as Dist. ii. cap. 4.; Dist. v. cap. i. as Dist. iii. cap. i.; Dist. viii. cap. i. as Dist. iv. cap. i.; Dist. x. cap. i. as Dist. v. cap. i.; Part II. Dist. iii. cap. i. as Dist. vi. (the second distinction of Part II. being omitted). Part III. Dist. i. is Dist. vii.; Part III. Dist. ii. is Dist. viii.; Part III. Dist. iii. is Dist. ix.

Other and later MSS. of this portion of the Opus Majus are, Harleian 80, Sloane 2156; Magd. Coll., Cambridge, possesses a copy of it; also St. Mark's Library, Venice (Lat. 133), and Paris Bibl. Nat. (Nouv. Fonds Latins 10260). This last is on paper, beautifully written, of the sixteenth century. Combach's edition published in 1614 is said by him to be founded on "very old Oxford MSS." What these were he has not told us; nor can the variants of this edition be connected with any of the MSS. known to us. Some of them probably are of his own devising.

It thus appears that for the first five parts of the Opus Majus, containing two thirds of the whole work, early manuscript authority is not wanting. The case is far otherwise with the sixth and the seventh parts, for which we have principally to depend upon O. In Part VI., indeed, some assistance has been afforded by the Vatican MS. 4091, to which attention has been called in the additional notes. It extends, however, only to the first third of the section.

For Part VII. we have, besides O., the Royal MS. 8 F ii., here spoken of as M. It is of the early part of the fifteenth century, perhaps thirty years older than O. But the text is far more corrupt than that of O., and it only covers the first 52 pages, not a third part of the section.

Coming to what is here printed as an Appendix to the Opus Majus, the Multiplicatio Specierum, we find again an abundance of manuscript material. The oldest MS., contemporary with Bacon, is contained in Royal 7 F viii. ff. 13 (et seq.) preceding the MS. of Perspectiva already spoken of. Next in order to this is the Museum MS. Add. 8786 (early fourteenth century in double columns, ff. 20b–45b). In the additional notes mention is made of an interesting preamble to this treatise, given in this MS. only, which fixes its position as part of a larger philosophical work. There are certain passages in it not given elsewhere against which the word *superfluit* is written in the margin in a contemporary hand. Further, some of the chapters of Parts II. and III. are removed from their proper position: *e.g.*, f. 35d is continued on f. 37a, and chapter ix. of Part II. is found embedded in Part IV.

Later MSS. of the Multiplicatio will be found in Sloane 2156, in Magd. Coll., Cambridge, following on the MS. of Perspectiva already mentioned; and in the library of St. Mark's, Venice (Lat. vi. 133), preceding a MS. of Perspectiva.

In framing a text from the foregoing MSS. it will be noticed that the principal difficulty occurs in the transition from Part III. to Part IV. In J. and also in V., which rank among the oldest (the first being of the thirteenth, the second of the beginning of the fourteenth century), the distinction is by no means clearly marked. On the other hand in P., a MS. not later than 1350, and in all other MSS. of the fourth Part, the division of this section is very distinctly indicated. Some clue to this discrepancy is probably to be found in a remarkable passage occurring in the Baconian fragment published by Dr. Gasquet in the English *Historical Review*, July 1897: Sentiens meam imbecillitatem nihil scribo difficile quod non transeat usque ad quartum vel quintum exemplar antequam habeam quod intendo. J. and V. represent perhaps one, or more probably two, of the earlier drafts. J. appears to represent a somewhat more advanced "state" of the work than V.

There remains the difficulty of accounting for the many curious inaccuracies in J.; errors so gross as to render it impossible that the copy could have been made, as some critics have supposed that it was made, under Bacon's superintendence. To this difficulty Bacon has himself supplied the clue when explaining to the Pope, as he does in Opus Tertium. In the second chapter of that work he speaks of the difficulty of getting his work transcribed: "It could not," he said, "be fairly written out except by scribes who stood outside our body; and these would transcribe on their own account, whether I liked it or not, in the way in which writings are very frequently published in Paris fraudulently." It is far from improbable that J., or at any rate the first portion of J., represents one of these pirated editions.

The question was raised by one of my reviewers, whether there was any such work as the Opus Majus? Although the question seems to carry scepticism rather far, it may be well to answer it. The earliest evidence for the Opus Majus as a whole is its existence in the MS. here spoken of as O. O., as already stated, can hardly be considered earlier than 1440. If it were not genuine, the alternative would be to suppose it an artificial compilation of Baconian treatises made at some date between the end of the thirteenth and the middle of the fifteenth century. Against this somewhat gratuitous supposition is to be set, first, the internal evidence to be found in the work itself; secondly, the external evidence derived from the Opus Minus or Secundum, and the Opus Tertium.

The internal evidence consists (*a*) in frequent references to Pope Clement IV. to whom the work was addressed. The letter of the Pope to Bacon requesting him to send to him the results of his researches was copied by Wadding from the Vatican archives, and has been verified by myself after inspection of the original document. In a work written subsequently to the Opus Majus (Compendium Studii, Brewer, p. 424), Bacon mentions Clement IV. as the Pope in question. Among these references to the Pope in the Opus Majus may be mentioned vol. i. pp. 1, 12, 17, 23, 72, 81, 285, 376–7, 403, vol. ii. p. 377. They are found in the earlier MSS., no less than in the later.

The second branch of internal evidence (*b*) consists in the numerous cross-references from one part of the Opus Majus to another. Thus Part II. is spoken of (vol. i. 33) as a continuation of Part I. Frequent references to Part II. are made in Part VII., as vol. ii. pp. 225, 229, 233, and 237. The opening sentence of Part III. refers to the results of Part II.; that of Part IV. to Part III.; that of Part V. to Parts III. and IV.; that of Part VI. to Parts III., IV., and V.; that of Part VII. to Parts II., III., IV., V., and VI. Part VI. is spoken of in Part IV. (vol. i. p. 213); Part VII. in Part I. (i. p. 57); and numerous references are made in Part VII. to Part IV. (vol. ii. pp. 369, 370, 371, 380, 389).

To this internal evidence is to be added the external proof derived from the Opus Minus and the Opus Tertium. For the first it is sufficient to refer to pp. 316–20 of Brewer's edition (Rolls series 1859), including both these treatises. In the case of the second the evidence is more abundant. Reference to Part I. will be found in cap. xxi. and xxii.; to Part II. in cap. xxiii. and xxiv.; to Part III. in cap. xxv.–xxvii.; to Part IV. in cap. xxviii.–lxxv.; to Part V. in cap. xii.; to Part VI. in cap. xiii.; to Part VII. in cap. xiv. It may be added that mention is made of the Opus Tertium, under the title tertia scriptura, in a contemporary marginal note on f. 32b. of V. On the whole, it will be hard to find in the history of literature a work the authenticity of which rests on a sounder foundation. These, and other questions of a more doubtful kind would be at once disposed of, could the original MS. sent in 1267 to Rome be discovered. But of this there is little hope. We have no knowledge that the work ever reached Pope Clement. In whichever of the many stages between Paris and Rome it may have been detained, it probably did not survive the condemnation which, as we now know from an Assisi document, was passed on Bacon and his works ten years afterwards. (See Add. Notes, p. xxxiii.)

I conclude this preface with cordial acknowledgment of the assiduous and intelligent assistance given me by Mr. Herbert throughout this work.

Denotation of the principal MSS. used in this work.

O. Bodleian Digby, 235.
J. Cottonian Jul. D.V.
V. Vatican, 4086.
P. Royal, 7 F vii.
Reg. Royal, 7 F viii.
A. Additional (Br. M.), 8786.
M. Royal, 8 F ii.
T. Cottonian Tib. C.V.
L. Lambeth, 202.
X. Vatican, 4091.

FRATRIS ROGERI BACON

ORDINIS MINORUM, OPUS MAJUS.

PARS PRIMA

CAPITULUM I.

SAPIENTIAE perfecta consideratio consistit in duobus, videlicet ut videatur quid ad eam requiritur quatenus optime sciatur, deinde quomodo ad omnia comparetur, ut per eam modis congruis dirigantur. Nam per lumen sapientiae ordinatur ecclesia Dei, respublica fidelium disponitur, infidelium conversio procuratur, et illi qui in malitia obstinati sunt valent per virtutem sapientiae reprimi, ut melius a finibus ecclesiae longius pellantur, quam per effusionem sanguinis Christiani. Omnia vero quae indigent regimine sapientiae ad haec quatuor reducuntur nec potest pluribus comparari. De hac igitur sapientia tam relate quam absolute scienda nunc secundum tenorem epistolae praecedentis, quod[1] possum ad praesens probabili[2] persuasione, donec certius scriptum et plenius compleatur[2], vestrae Celsitudini[3] praesentare conabor. Quoniam autem illa de quibus agitur sunt grandia et insolita, gratiam et favorem humanae fragilitatis requirunt. Nam et[4] secundum Philosophum septimo Metaphysicae, ea quae sunt

[1] J., quid. For quod—conabor, O. has, quicquid possum circa persuasionem ad praesens vestrae Beatitudini praesentare conabor.

[2] J. omits probabili—compleatur. [3] J., Beatitudine. [4] J. omits et.

maximae cognitionis secundum se, sunt minimae apprehensionis quoad[1] nos. Involuta enim veritas in alto latet, et in profundo posita est, ut dicit[2] Seneca septimo de beneficiis, et quarto Naturalium; et Marcus Tullius in Hortensio[3] dicit[4] quod omnis intellectus noster multis obstruitur difficultatibus, quoniam ipse se habet ad manifestissima in sua[5] natura, sicut oculus noctuae et vespertilionis ad lucem solis, ut Philosophus dicit secundo Metaphysicae, et velut surdus a nativitate ad delectationem harmonicam, sicut nono[6] Metaphysicae dicit Avicenna. Quapropter sufficit nobis[7] in inquisitione veritatis proprii intellectus imbecillitas, ut quantum possumus causas et occasiones erroris extraneas longius a debilitate sensus nostri relegemus.

Quatuor vero sunt maxima comprehendendae veritatis offendicula, quae omnem quantumcunque sapientem impediunt, et vix aliquem permittunt ad verum titulum sapientiae pervenire, videlicet fragilis et indignae auctoritatis exemplum, consuetudinis diuturnitas, vulgi sensus imperiti, et propriae ignorantiae occultatio cum ostentatione sapientiae apparentis. His omnis homo involvitur, omnis status occupatur. Nam quilibet in singulis actibus vitae et studii et omnis negotii tribus pessimis ad eandem conclusionem utitur argumentis, scilicet, hoc exemplificatum est per majores, hoc est consuetum, hoc vulgatum est; ergo tenendum. Sed oppositum conclusionis longe melius sequitur ex praemissis, sicut per auctoritatem et experientiam et rationem multipliciter probabo. Si vero haec tria refellantur aliquando magnifica rationis potentia, quartum semper in promptu est, et in ore cujuslibet, ut quilibet suam ignorantiam excuset, et licet nihil dignum sciat, illum tamen magnificet impudenter[8], ut sic saltem suae stultitiae infelici solatio veritatem opprimat et elidat. Ex his autem pestibus mortiferis accidunt omnia mala generis humani[9]; nam ignorantur utilissima et maxima et pulcherrima sapientiae documenta, et omnium scientiarum

[1] O., apud.
[2] J., dicit, also O. V., ait.
[3] V., Hortensis. J., Hortensio.
[4] J., dicit. V., dicunt.
[5] J., sua. V., sui.
[6] O., undecimo.
[7] J. omits nobis. O. and V. retain it.
[8] J., impudenter. V. and O., imprudenter.
[9] O., humano generi.

et artium secreta; sed pejus est quod homines horum quatuor caligine excaecati[1] non percipiunt suam ignorantiam, sed eam omni cautela palliant et defendunt, quatenus remedium non inveniant; et quod pessimum est, cum sint in tenebris errorum densissimis, aestimant se esse in plena luce veritatis; propter quae verissima reputant esse in fine falsitatis, optima nullius valoris, maxima nec pondus nec pretium obtinere; et e contrario falsissima celebrant, pessima laudant, extollunt vilissima, caecutientes ad omnem sapientiae fulgorem fastidientes de eis[2] quae magna facilitate[3] possunt adipisci; et propter stultitiae magnitudinem ponunt summos labores, consumunt tempora multa, magnas expensas effundunt in his quae nullius utilitatis vel parvae[4] sunt, nec dignitatis alicujus secundum judicium sapientis; et ideo necesse est ut violentia et malitia harum quatuor causarum omnis mali cognoscantur in principio et reprobentur[5], et longius[6] a consideratione sapientiae relegentur. Nam ubi haec tria dominantur, nulla ratio movet, nullum jus judicat, nulla lex ligat, fas locum non habet, naturae dictamen perit, facies rerum mutatur, ordo confunditur, praevalet vitium, virtus extinguitur, falsitas regnat, veritas exsufflatur. Et ideo nihil magis necessarium consideratione, quam certa damnatio[7] istorum quatuor per sententias sapientum electas, quibus non poterit contradici.

Quoniam vero sapientes tria prima simul colligunt[8] et reprobant, et quartum propter singularem stultitiam propriam limaturam desiderat[9], ideo primo trium malitiam aperire conabor. Sed quamvis auctoritas sit unum ex istis, nulla loquor ratione de solida et vera auctoritate, quae vel Dei judicio collata est Ecclesiae, vel quae ex merito et dignitate personae nascitur in sanctis et perfectis philosophis[10] et aliis sapientibus, qui juxta humanam possibilitatem in studio sapientiae experti sunt; sed de illa auctoritate loquor, quam sine Dei consilio violenter usurpaverunt multi in hoc mundo, nec ex merito

[1] J., obcaecati. [2] O. omits de eis. [3] O., facilitate. V., falsitate.
[4] O. om. vel parvae. [5] V., inserts in fine, after reprobentur; omitted by J. and O.
[6] longe, O. [7] J., damnatio; V., damnatione.
[8] O., collidunt. [9] J., desiderat. V., desiderant.
[10] O., in sanctis philosophis et perfectis prophetis; om. et aliis sapientibus.

sapientiae, sed ex propria praesumptione et desiderio famae, et quam vulgus imperitum multis concessit in pernicionem propriam judicio Dei justo. Nam secundum scripturam propter peccata populi multoties regnat hypocrita; de sophisticis enim auctoribus multitudinis insensatae[1] loquor, qui[2] aequivoce sunt auctores, sicut oculus lapideus aut[3] depictus nomen habet oculi, non virtutem[4].

CAPITULUM II.

Haec[5] tria reprobat sacra scriptura, sancti doctores condemnant, jus canonicum vetat[6], philosophia reprehendit; sed propter rationes prius tactas de[7] philosophicis allegandis, et quia minus vulgatae sunt sententiae philosophorum circa haec tria, eas principaliter introducam. Simul vero omnes has tres pestes Seneca libro secundarum epistolarum prope finem uno sermone condemnat. Dicit igitur, 'Inter causas[8] malorum nostrorum est, quod vivimus[9] ad exempla[10], nec ratione componimur, sed consuetudine adducimur[11]; quod si pauci facerent nollemus imitari, cum plures facere coeperint, quia frequentius quam[12] honestius id facimus, et recti locum apud nos tenet error, ubi publicus factus est.' Philosophus vero per totam philosophiam suam persequens auctoritatem indignam secundo Metaphysicae causas erroris humani asserit praecipuas consuetudinem et populi testimonium. Et iterum Seneca in[13] libro de vita beata dicit, Nemo sibi soli errat, sed alieni erroris causa et auctor est, versatque nos et praecipitat traditus per manus error, et alienis perimus exemplis. Et in secundo libro de ira, propter malitiam consuetudinis ait, Difficulter reciduntur vitia quae nobiscum creverunt. Et in libro de vitae beatitudine contra vulgi sententiam refert, Nulla res majoribus malis nos implicat, quam[14] quod ad rumorem componimur, optima rati ea quae magno assensu recepta sunt, nec ad rationem sed ad similitudinem vivimus. Inde est ista tanta coacervatio aliorum

[1] J., insensatae, V. insensata.
[2] O., quæ aequivoce sunt.
[3] J., aut. V., et.
[4] J., veritatem.
[5] O., Sed.
[6] O., vetat. V. J., vitat.
[7] J. O., de. V., esse.
[8] J. O., causas. V., casus.
[9] J., vovimus.
[10] O., exemplar.
[11] O. abducimur.
[12] J., quamsi.
[13] J. omits 'in.'
[14] J., quam quod. V., quam.

super[1] alios ruentium. Quod enim in strage hominum magna evenit, cum ipse se populus premit, nemo ita cadit ut non alium in se attrahat, primique sunt exitio[2] sequentibus. Hoc in omni vita accidere videas[3]. Et item dicit in eodem, Stat contra rationem defensor[4] mali sui populus; et infert, Non tam bene cum rebus humanis agitur, ut meliora pluribus placeant, et sequitur, Argumentum pessimum turba est. Et Marcus Tullius tertio de quaestionibus Tusculanis ait, 'Cum magistris traditi sumus, ita variis imbuimur erroribus, ut vanitati veritas, et opinioni confirmata ipsa natura cedit.' Atque in Lucullo dicit, 'Quidam obsecuti amico cuidam aut una cum aliquo[5] quem audierunt[6] oratione capti, de rebus incognitis judicant, et ad quamcunque sint disciplinam quasi tempestate delati, tanquam ad saxum inhaerescunt; plerique[7] errare maluerunt[8], eamque sententiam quam adamaverunt defendere, quam sine pertinacia[9] perquirere quid constantissime dicunt.' Et propter pravitatem consuetudinis quaerit in primo de divina natura, 'Non pudet speculatorem naturae ab animis consuetudine imbutis petere testimonium veritatis?' Et contra vulgi sensum dicit in proemio secundi quaestionum, Philosophia est paucis contenta[10] judicibus, multitudinem ipsam consulte fugiens, eique suspecta et invisa. Et in eodem secundo ait, 'Laudabiliora mihi videntur omnia quae sine populo teste fiunt.' Sed alii divisim haec tria persequuntur. Nam in libro Quaestionum Naturalium Adalardi[11] quaeritur[12] de auctoritate fragili, 'Quid est aliud auctoritas hujusmodi quam capistrum? ut bruta quippe animalia capistro ducuntur quolibet, nec quo nec quare ducantur discernunt[13]; sic[14] nec paucos bestiali credulitate captos ligatosque ipsa auctoritas in periculum ducit.' Et in libro de aeternitate mundi[15] dicitur,[16] 'Qui elegerit alteram partem quaestionis propter amorem consuetudinis non potest recte

[1] J., supra.
[2] J., exitio. V., ex vitio.
[3] O. om. Hoc—videas.
[4] J. O., defensor. V., defensorum.
[5] J., alia.
[6] J., audiant; audierunt, V.
[7] J., populique.
[8] J. O., malunt.
[9] J. O., pertinacia. V., pertumacia.
[10] J., conjuncta.
[11] J. O., Alardi.
[12] J., quaeritur. V., quærit.
[13] J., discernunt. V., discunt
[14] J. O., sic. V., sed.
[15] O., Dei, J. V., mundi.
[16] V. om. dicitur.

discernere veram opinionem.' Et Averroes in fine[1] secundi Physicorum dicit, 'Consuetudo est maxima causa impediens a pluribus rebus manifestis. Quemadmodum enim consuetus ad aliquas operationes licet nocivas erunt ei faciles, et ideo credit[2] eas esse utiles; similiter cum assuetus fuerit credere sermones falsos a pueritia, erit illa consuetudo causa ad negandum veritatem, sicut quidam tantum assueti fuerunt[3] comedere venenum, quod factum est eis cibus.' Et idem Averroes vult super secundum Metaphysicae, quod 'opposita principiorum cum fuerint famosa sunt magis receptibilia a multitudine et sequentibus testimonium multorum, quam ipsa principia.' Atque Hieronymus in prologo quinti libri super Jeremiam asserit veritatem paucis contentam esse, et hostium multitudine non terreri. Johannesque[4] Chrysostomus super Matthaeum dicit quod a veritate nudos se esse professi sunt, qui multitudine se armaverunt.

Capitulum III.

Quod per auctoritates probatum est, experientia cujuslibet certius[5] dijudicat.

Nam experimur in nobis et aliis quod haec tria ut pluribus[6] amplectuntur mala, frequentius[7] falsis adhaerent. Quod si aliquando bonis et veris implicentur fere semper sunt imperfecta, et debilem gradum obtinent sapientiae. Matris quidem exempla[8] ut in pluribus sequitur filia, patris natus, domini servus, regis bajulus[9], praelati subditus, magistri discipulus. Quia familiare est filiis[10] Adae sibi auctoritatem vindicare et sua exempla spargere in lucem. Nam omnes homines, secundum Aristotelem quarto Ethicorum, amant sua opera ut parentes natos, et poetae metra[11], et sic de aliis. Et ideo multi nimia scribendi licentia usi sunt, adeo ut pravis[12] et bestialibus viris insinuare non dubitaverunt, cur chartas non[13]

[1] J., ante finem.
[2] J. O., credit. V., credunt.
[3] J. O., fuerunt. V., fuerint.
[4] J., Johannes (omitting 'que').
[5] J. O., certius. V., distinctius.
[6] J. V., ut pluribus. O., ut in pluribus.
[7] J., frequentiis.
[8] O., opera.
[9] J., bailivus. V. et O., baiulus.
[10] J. O., filiis. V., filius.
[11] J., metra. V., metrum.
[12] J. V., pueris bestialibus.
[13] J., nunc.

impletis, cur a tergo non scribitis? Et hi sunt sicut pastor claudus et caecutiens cum ovibus multis, quas errantes per devia falsitatis non possunt nec sciunt ad saniora sapientiae pascua revocare, et sunt similes avibus, quae optant sine alis volare, prius de magisterio praesumentes, quam boni discipuli gradum adepti sunt. Qui necessario tot incidunt in errores, quod otiosi comparatione ipsorum reputant se felices; sicut quando multi currunt in stadio, ille quem desperatio currere non permittit, quantumcunque sibi videatur bravium [1] pretiosum, se tamen felicem reputat comparatione illius qui currens cadit in foveam non praevisam [2]. Et ideo videmus fide oculata [3] quod pro uno exemplo veritatis tam in scientia quam in vita sunt plus quam mille falsitatis [4]. Mundus enim plenus est hujusmodi exemplis, atque unum exemplum verae perfectionis decem millia imperfecta invenit de facili. Natura enim in numeris formavit nobis proprium perfectionis et imperfectionis documentum. Nam cum numerus perfectus dicatur, cujus partes aliquotae ipsum praecise constituant, non est nisi unus infra denarium, scilicet senarius; et unus inter decem et centum, ut 28; et unus inter centum et mille, ut quadringenta nonaginta sex; et unus inter mille et decem millia, ut octo millia centum viginti octo; et sic ultra; et utinam sic esset inter homines, et hoc humano generi sufficeret. Sed nunquam fuit hoc nec in veritate vitae nec scientiae [5], neque erit usque ad finalem peccati destructionem, quoniam non solum est raritas eorum, qui in omni virtute et scientia perfecti sunt, sed eorum qui ad perfectionem unius virtutis vel scientiae devenerunt. Primi sunt et erunt ac fuerunt semper paucissimi. Nam sunt vere perfecti; de decem enim [6] millibus hominum unus non invenitur sic perfectus neque in statu vitae neque in professione sapientiae; utinam de secundo genere perfectorum infra denarium unus esset, et sic ultra, ut perfectio numerorum in hominibus conservetur. Sed non est ita, immo longe aliter invenitur. Similiter de consuetudine probamus per experi-

[1] O. omits bravium (Med. Lat. for prize of victory).
[2] O., eam invisam.
[3] O. om. fide oculata.
[4] V., falsitates.
[5] O., nec in vita nec in scientia.
[6] O. om. enim.

entiam in actibus nostris, quod nunc dictum est in exemplis personarum[1]. Revolvat quilibet vitam suam ab infantia sua, et inveniet quod in pluribus ejus operibus facilius mala et falsa duxit in consuetudinem; nam in bonis et veris identitas humanae fragilitatis[2] mater est satietatis, et delectatur miser homo in varietate[3] utilium secundum sententiam auctoritatum, quas in principio allegavi; e contrario quidem in malis et falsis ac nocivis sibi et aliis. Nam ut in pluribus actibus, nisi gratia specialis[4] et privilegium divinum in aliquibus perfectis obvient, humana corruptio diligenter continuat ea quae veritati et saluti sunt contraria; nec taedio afficitur in peccati continuatione, nec fastidium de facili invenit in rebus vanis. Quod si aliquis a juventute applicetur ad vitae et scientiae veritatem, hic ut in pluribus suis occupationibus[5] continuat imperfectionem, et in ea jocundatur; perfectio vero contristat eum frequentius, nam paucissimos delectat, et maxime in virtutum et scientiarum plenitudine; et ideo accidit quod aetas juvenilis vix cavet ab errore, et senectus cum summa difficultate ad perfectionem in aliquo transcendit. De vulgo vero est idem judicium. Nam multitudo generis humani semper erravit in Dei veritate, et paucitas Christianorum illam recepit; atque scimus quod plebs Christianorum imperfecta est; nam paucitas sanctorum hoc ostendit. Similiter de philosophica doctrina; vulgus enim mundi[6] semper caruit sapientia philosophiae. Brevis enim philosophorum numerus hoc declarat. Et vulgus quidem philosophantium imperfectum semper remansit. Nam de philosophis famosis solus Aristoteles cum sua familia notatus est judicio omnium sapientum, quoniam ipse partes[7] philosophiae digessit secundum possibilitatem sui temporis; sed tamen ad finem sapientiae non pervenit, sicut satis manifestabitur inferius.

Capitulum IV.

Sed tamen quantumcunque fragilis sit auctoritas, nomen habet honoris, et consuetudo violentior est ad peccatum quam

[1] O. om. personarum. [2] J. V., fragilitatis, O., fragilitati.
[3] J. O., varietate. V., arietate. [4] J., spiritualis. V. et O., specialis.
[5] O., actibus. [6] O. om. mundi. [7] J., partes omnis.

ipsa; utraque autem earum impetuosior est sensus vulgi. Nam auctoritas solum allicit, consuetudo ligat, opinio vulgi obstinatos parit et confirmat. Consuetudo enim est altera natura, ut dicit Philosophus in[1] libro de memoria et reminiscentia, et in libro problematum; et ideo majorem violentiam quam auctoritas inducit. Unde Philosophus decimo[2] Ethicorum sententiae Jeremiae de pelle Aethiopum adhaeret, dicens, quod impossibile est vel difficile eum, qui per consuetudinem in malis induratus est, mutari ad bonum. Et Sallustius in Jugurthino sensum Solomonis profert cum ait, 'Ubi adolescentiam habuere, ibi senectutem agunt.' Sententia quidem vulgi caeteris improba magis est. Nam ut ait Seneca tertio declamationum libro, 'Multitudo semel mota modum servare non potest'; propter quod Johannes Chrysostomus super Matthaeum dicit, Convenerunt ut multitudine vincerent, quem ratione superare non poterant. Et considerandum est diligenter quod vulgus imperitum non solúm violentius est ad persuasionem mali quam reliqua duo, sed stultius est et magis elongatum a fine sapientiae. Nam exemplum perfectionis trahitur ab aliquo in consuetudinem, sed vulgo sufficit ut non erret. In nullo enim statu Ecclesiae requiritur quod ejus perfectionem teneat multitudo. Nam etiam apud religiosos paucitas figitur in centro perfectionis suae, et multitudo in circumferentia vagatur; et sic est in statu clericorum[3] secularium, et in statu laicorum, ut cernimus ad oculum evidenter. Turba enim sicut cum Moyse in montem[4] non ascendit, sic nec cum Christo. Nec in transfiguratione Christi multitudo discipulorum assumpta est, sed tres electi specialiter; et cum magistrum perfectionis Christum turba secuta est per annos duos praedicantem, post haec dimisit eum, et in fine clamavit, Crucifige. Nam vulgus nihil perfectum continuare potest; utinam in vita vel in studio[5] non erraret. Et sicut hoc videmus[6] in veritate fidei, sic in philosophiae professoribus. Nam semper sapientes contra vulgus divisi sunt, et arcana sapientiae non toti mundo solum sed plebi philosophantium

[1] J. omits in.
[2] J. O., x⁰. V., secundo.
[3] O., in statu multorum saecularium.
[4] J. O., montem; monte, V.
[5] J., studio sapientiae. O., nec in studio errasset.
[6] J., nos videmus hoc.

velaverunt[1]. Quoniam sapientes Graeci nocturnis vigiliis congregati vacabant sine vulgo collationibus sapientiae, de quibus A. Gellius conscribit in libro Noctium Atticarum, id est collationum sapientiae nocturnalium, quas sapientes Attici, id est Athenienses Graeci celebra[ba]nt ut multitudinem vitarent. In quo etiam dicit, Stultum est asino praebere lactucas, cum ei sufficiant cardui[2], loquens de vulgo cui rudia et vilia et imperfecta sapientiae sufficiunt alimenta. Nec oportet margaritas spargi inter porcos; nam rerum majestatem minuit, qui vulgat mystica; nec manent secreta, quorum fit turba[3] conscia, sicut in libro Gemmarum edocetur. Atque Aristoteles in libro secretorum dicit se fore fractorem sigilli coelestis, si secreta naturae vulgaret. Et propter hoc sapientes licet darent in scriptis radices arcanorum sapientiae, tamen ramos et flores et fructus vulgo philosophantium non dederunt. Nam vel omiserunt scribere, vel per sermones figurativos et multis aliis modis, de quibus non est ad praesens dicendum[4], occultaverunt. Quoniam secundum sententiam[5] Aristotelis in libro secretorum, et Socratis magistri sui, secreta scientiarum non scribuntur in pellibus caprarum et ovium, ita quod a vulgo valeant aperiri. Sapientissimi enim et maxime experti multoties maximam difficultatem in libris reperiunt antiquorum. Et cum Philosophus dividat probabile primo[6] Topicorum, separat vulgus a sapientibus: nam dicit probabile esse quod videtur omnibus, vel pluribus, vel sapientibus; sub omnibus enim comprehenduntur vulgus et sapiens communiter, ergo per plures vulgus designatur; quare de consortio sapientum non est ipsum vulgus insensatum. Et hoc accidit ei non solum propter sui[7] propriam stultitiam, sed quia ut in pluribus caput recipit languidum et infirmum[8], quod erroribus proclive est et auctor imperfectionis, cujus nutu[9] ducitur in omnem eventum, ut in epistola praeeunte notavi[10]. Et

[1] O., non toti mundo sed plebi philosophantium revelaverunt.
[2] J. O., cardui. V., cardi.
[3] J., turba fit. O., turba est.
[4] O. om. de quibus—dicendum.
[5] J., sententiam. V., scientiam.
[6] J., in primo. O., primo libro.
[7] J., suam. O. om. propriam.
[8] J. omits et infirmum.
[9] J. O., nutu. V., initium.
[10] J., ut in epistola praeeunte notavi. V., ut suo loco magis explicabitur. O. ends sentence with eventum.

ideo vulgus imperitum nunquam ad perfectionem sapientiae potest ascendere; nam nescit uti[1] dignissimis[1] rebus[1]; quas si aliquando a casu contingat, omnia convertit in malum, et ideo justo Dei judicio negatae sunt ei viae perfectionis, et optime secum agitur, quando[2] permittitur non errare. Et suum nomen ostendit omnia quae praedicta sunt; nam apud omnes auctores vocatur vulgus imperitum vel insensatum. Imperitia vero in errore et in imperfectione consistit, et ideo vulgo familiaris est error et imperfectio, et saepius errat quam velit licet imperfecte sentire veritatem[3]. Nam multi sunt vocati, pauci vero electi ad veritatis divinae receptionem, et similiter philosophicae. Quia Philosophus dicit secundo Topicorum, quod sentiendum[4] est ut pauci[5], licet loquendum sit ut plures, pro loco et tempore[6]; quia stultitiam vulgi aliquando simulare providentia summa aestimatur, praecipue cum est in furore suo. Ex his igitur[7] omnibus colligitur malitia et stultitia horum trium, et damnum humani generis infinitum, et ideo suspecta sunt in omni causa, nec eis confidendum; et maxime vulgi sensus est negligendus propter dictas rationes speciales, non quin[8] aliquando cadant haec super vera, sed[9] quia ut in pluribus falsis implicantur; et rarissime exemplum et consuetudo perfectionem habent; vulgus autem nunquam pertingit ad eam, ut prius explanatum est.

CAPITULUM V.

Munimen[10] vero ac[11] defensionem contra haec habere non possumus, nisi mandata et consilia Dei ac[12] scripturae suae et juris canonici, sanctorum ac philosophorum et omnium sapientum antiquorum, sequamur. Et si his mandatis et consiliis adhaereamus, non possumus errare, nec debemus in aliquo reprobari. In praedictis igitur per philosophica[13] principaliter allegatum est ad ostendendum horum pravitatem et

[1] J., rebus uti dignissimis.
[2] J. O., quando. V., quoniam.
[3] O. om. et saepius—veritatem.
[4] J., sciendum. O. et V., sentiendum.
[5] J., rauci.
[6] O. om. pro loco et tempore.
[7] J. omits igitur.
[8] J. O., quin. V., quando.
[9] J. O., sed. V., et.
[10] V., Lunimen.
[11] J., ad.
[12] J., aut.
[13] O., philosophiam.

stultitiam, propter quas ipsa[1] possemus et deberemus evitare. Sed propter causas assignatas de inducendis philosophorum testimoniis silui fere in aliis; ad hoc[2] idem[2] quae nunc supponenda sunt, ac si essent proposita. Nunc autem possum innuere[3] consilia, testimonia in quibus consilium vel mandatum de obviando istis expressius habetur. Contra igitur sensum vulgi teneamus mandatum Exodi, Non sequeris turbam ad faciendum malum, nec in judicio plurimorum acquiesce sententiae, ut a vero devies. Et consilium Tullii in fine de quaestionibus[4] impleamus dicentis, 'Tu autem etsi in oculis sis multitudinis, tamen in ejus judicio stare noli, nec quod ipsa putet idem putare pulcherrimum.' Et Seneca libro de copia verborum invitat nos et consolatur recedentes a via multitudinis, dicens, 'Nondum felix es, si nondum te turba deriserit.' Et contra consuetudinem impleamus consilium Cypriani, Consuetudo sine veritate vetustas erroris est, propter quod relicto errore, sequamur veritatem. Et Augustinus praecipit quod veritate manifesta, cedat consuetudo veritati, quia consuetudinem veritas et ratio semper excludunt[5]. Et Isidorus, Usus auctoritati cedat; pravum usum lex et ratio vincant[6]. Et ideo Tullius libro[7] de immortalitate animae, laudans et extollens eos qui fugiunt consuetudinem, dicit, 'Magni animi est cogitationem a consuetudine revocare. Nomen autem auctoritatis[8] favorabile est. Et ideo majores nostri venerandi sunt, sive habeant auctoritatem veram, sive apparentem, quae est auctoritas ducum vulgi.' Et contra usum apparentis auctoritatis non solum sunt propria consilia et mandata secundum vias Dei et sanctorum et philosophorum et omnium sapientum, sed quicquid contra vitia humanae fragilitatis apud auctores veros dici potest, commune est eis qui auctoritate abutuntur praesumpta. Et ideo si consilia et mandata habemus contra defectus[9] verorum auctorum, multo magis contra abutentes. Sed quia auctores

[1] J. O., ipsa. V., ipsas.
[2] J., hoc idem. V., hæc idem. O. omits ad hoc—essent proposita.
[3] J., invenire. [4] J., quaestionibus in fine.
[5] J. O., excludit. [6] O., vincant. V., vincat. [7] O. om. libro.
[8] J., auctoritas. O., auctoritatis. [9] J., defectum. O. V., defectus.

veridici, ut sancti et philosophi principales[1], juverunt nos in consideratione veritatis, regratiandum eis est, sicut Aristoteles primo Metaphysicae regratiatur suis praedecessoribus, et in fine Elenchorum de inventis multas ipsemet cupit habere grates. Quoniam vero prima fundamenta[2] jecerunt, est eis non solum regratiandum, sed quasi totum cum quadam reverentia ascribendum. Secundum quod Seneca vult tertio Naturalium, 'Si quid a posterioribus inventum est, nihilominus referendum antiquis, quia magni animi fuit rerum latebras primitus dimovere, et plurimum ad inveniendum contulit, qui speravit posse reperiri; et quamvis propter humanam fragilitatem in multis defecerunt, tamen excusandi sunt.' Nam ut in libro memorato ait Seneca, 'Cum excusatione veteres audiendi sunt.'

J. much mutilated here, only beginnings of lines left.

CAPITULUM VI.

Sed quoniam propter peccatum originale et propria[3] cujuslibet peccata partes[4] imaginis laesae sunt, nam ratio caecutiens est, memoria fragilis, ac voluntas depravata, et verum ac bonum uno modo sunt, falsum autem cuilibet vero oppositum, et malum cuilibet bono contrarium infinitis modis variantur; quia ut Philosophus secundo Ethicorum[5] exemplificat, facile est diverti[6] a signo dato, propter multiformem declinationis possibilitatem, sed veritas et virtus sunt in puncto; infinitae etiam sunt veritates ac virtutes, atque innumerabiles gradus in qualibet veritate ac virtute sunt; manifestum est quod mens humana non sufficit dare quod necessarium est in omnibus, nec potest in singulis vitare falsum nec malum. Et ideo ad auctorum dicta verorum potest convenienter addi, et possunt corrigi[7] in quampluribus. Et hoc egregie docet[8] Seneca in libro quaestionum naturalium, quoniam tertio libro dicit 'Opiniones veteres parum exactas esse et rudes, circa verum adhuc errabatur[9]. Nova erant omnia primo tentantibus, postea eadem illa limata sunt, nulla res consummata est, dum incipit.' Et in

J. comparatively perfect again.

[1] O. om. principales. [2] O., qui vero prima principia. [3] O., proprium.
[4] J., partis. O. V., partes. [5] J. O., Ethicorum. V., Topicorum.
[6] V., diversi. [7] O., potest communiter addi et corrigi.
[8] O., Hoc egregie docet. V., haec egregia dicit. [9] O. om. adhuc errabatur.

quarto libro dicit, 'Veniet tempus quo ista quae nunc latent in lucem dies extrahat[1], et longioris aevi diligentia ad inquisitionem tantorum una aetas[2] non sufficit. Multa venientis aevi populus ignota nobis sciet, et veniet tempus, quo posteri nostri[3] tam aperta nos nescisse mirentur.' Et ideo dicit Priscianus[4] in prologo majoris voluminis, quod nihil est perfectum in humanis inventionibus, et affert, 'quanto juniores, tanto perspicaciores,' quia juniores, id est posteriores, successione temporum ingrediuntur labores priorum. Et cum jam per causam et auctoritatem verificatum sit quod volo, nunc tertio per effectum[5]. Nam semper posteriores addiderunt ad opera priorum, et multa correxerunt, et plura mutaverunt, sicut patet per Aristotelem maxime, qui omnes sententias praecedentium discussit. Et etiam Avicenna et Averroes plura de dictis ejus correxerunt. Et adhuc reprehenditur de mundi aeternitate, quam nimis inexpressam[6] reliquit; nec mirum, cum ipsemet fateatur se non omnia scivisse. Nam quadraturam circuli se ignorasse confitetur, quod his diebus scitur veraciter; et cum hoc ignoravit, multo magis majora. Atque Avicenna dux et princeps philosophiae post eum, ut dicit commentator super capitulum de Iride in libro Meteororum Aristotelis,[7] et opera in totam philosophiam ab eo digesta[8] ab Aristotele hoc manifestant,[7] dixit se naturam Iridis ignorasse, sicut praedictus commentator fatetur. Et in tertio Physicorum se ignorare unum de decem praedicamentis, scilicet praedicamentum habitus, dicere non veretur. Et proculdubio in libro suo de philosophia vulgata errores et falsa continentur, ut in nono[9] Metaphysicae ponitur error de mundi[10] productione, in quo dicitur quod Deus propter infinitam unitatem quam habet, et ne recipiat varietatem dispositionum, non potest creare nisi unum, scilicet angelum primum, qui creavit secundum cum coelo primo, et secundus tertium cum coelo secundo, et sic ultra. Et cum in decimo ponat omne peccatum habere fines

J. very imperfect again, only ends of line left.

[1] J., extraxat. [2] J., res. [3] J. O., posteri nostri. V., posterum.
[4] J., ps. [=prius? praedictus?] O., praeterea. [5] O., per effectum probabo.
[6] V., virtus expressam. O., nimis inexpressam.
[7] O. om. Aristotelis—manifestant. [8] V., digesta sunt.
[9] O., undecimo. [10] O. om. mundi.

purgationis suae in alia vita, et singulas[1] animas peccatrices redire ad gloriam, manifeste errat, et sic in multis. Et Averroes maximus post eos sicut in multis[2] redarguit Avicennam, sic et sapientes nostri eum in pluribus corrigunt, non immerito, quia proculdubio erravit in multis locis, quamvis optime dixit in aliis. Et si isti majores erraverunt, multo fortius alii[3] minores. Quoniam autem in errores inciderunt, multo magis defecerunt in necessariis, superflua et inutilia cumulantes, dubia et obscura et perplexa spargentes; et haec omnia peccata in libris eorum manifesta sunt cuilibet, et per effectum in nobis probantur. Nam tanta difficultate videndi[4] veritatem premimur et vacillamus[5], quod fere quilibet philosophantium contradicet alii, ita quod vix in una vanissima quaestione, vel in uno vilissimo sophismate, vel una operatione sapientiae, sicut in medicina et chirurgia et aliis operationibus scientiarum[6], unus cum alio concordat. Sed non solum philosophi, immo sancti aliquid humanum in hac parte sunt passi. Nam ipsimet retractaverunt dictorum suorum quamplurima. Unde Augustinus, qui major in inquisitione veritatum occultarum reputatur, fecit librum de retractatione eorum, quae non bene praedixerat. Et Hieronymus super Isaiam, et alibi[7] pluries, non veretur suam sententiam retractare. Nam celeritate dictandi in transferendo pluries se confitetur deceptum fuisse, et multis aliis modis; et sic omnes alii doctores fecerunt. Sancti etiam ipsi mutuo suas correxerunt positiones, et sibi invicem fortiter resistebant. Etiam Paulus Petro restitit, sicut ipsemet confitetur. Et Augustinus sententias Hieronymi reprehendit; et Hieronymus Augustino contradicit in pluribus. Haec exemplis eorum manifesta sunt[8], et posteriores priorum dicta correxerunt. Nam Origenem, maximum doctorem secundum omnes, in multis posteriores reprobant, quia inter caetera posuit errorem Avicennae de animabus peccatricibus, scilicet quod nulla finaliter damnabitur. Et cum multi sacri doctores ac famosi exposuerunt Israel ut dicatur *vir videns*

J. comparatively perfect again.

[1] O. om. singulas. [2] O., eum in multis. [3] O. om. alii.
[4] J. O., videndi. V., intendi. [5] J., vacillamus. V., evacillamus.
[6] O. om. una operatione—operationibus scientiarum.
[7] O., alii plures. [8] O., manifesta sunt ut inferius exponetur.

Deum, venit Hieronymus super Genesim, et probat falsam[1] esse expositionem per rationes irrefragabiles, sicut inferius exponetur. Unde dicit, Quamvis auctoritatis sint, et eorum umbra nos opprimat, qui[2] Israel virum videntem Deum interpretati sunt, tamen magis consentimus Deo vel angelo qui hoc nomen imposuit, quam auctori[3] alicujus eloquentiae secularis. Et doctores catholici in studiis solemnibus constituti nunc temporis in publicis multa[4] mutaverunt quae sancti dixerunt, eos pie[5] exponentes ut possunt salva veritate.

CAPITULUM VII.

Quoniam igitur haec ita se habent, non oportet nos adhaerere omnibus quae audivimus et legimus, sed examinare debemus districtissime sententias majorum, ut addamus quae eis defuerunt, et corrigamus quae errata sunt, cum omni tamen[6] modestia et excusatione. Et ad hanc audaciam erigi possumus, non solum propter necessitatem, ne deficiamus vel erremus, sed[7] per exempla et auctoritates eorum, ut in nullo simus reprehensibiles de praesumptione. Nam Plato dicit, Amicus est Socrates magister meus, sed magis amica veritas. Et Aristoteles dicit se magis velle veritati consentire, quam amicitiae Platonis doctoris nostri carissimi. Haec ex vita Aristotelis et primo Ethicorum et libro Secretorum manifesta sunt. Et Seneca dicit in[8] libro de quatuor virtutibus cardinalibus, Non te moveat dicentis auctoritas. Non quis, sed quid dicat intendito[9]. Et Boetius libro de disciplina scholarium, 'Stultum est magistratus orationibus omnino confidere, nam primo credendum, donec videatur quid sentiat; postea est fingendum eundem in dicendo errasse, si forte reperire queat discipulus quod commissae obviat sedulitati magistrali[10].' Et Augustinus dicit ad Hieronymum, quod solos auctores scripturae sacrae vult credere in scribendo

[1] O., falsum esse, omitting seven following words.
[2] J. O., qui. V., quod.
[3] J., auctoritati.
[4] J., multa mutaverunt. V. om. mutaverunt.
[5] J., eos pie. V. om. eos.
[6] J. O., omni tamen. V. om. omni.
[7] J., vel per. O. and V., sed per.
[8] J. omits in.
[9] O. om. dicat intendito.
[10] V. om. Et Boetius--sedulitati magistrali. J. O., give the passage

non errasse, sed in scripturis aliorum, quantumcunque sanctitate et doctrina polleant, non vult verum putare nisi per canonem, et alios auctores, vel per rationes sufficientes possint probare quod dicunt. Et ad Vincentium dicit, Negare non possum nec debeo, sicut in ipsis majoribus ita multa esse in tam multis opusculis meis, quae possunt justo judicio et nulla temeritate culpari. Et in prologo libri tertii de Trinitate[1] dicit, Meis litteris nisi certum intellexeris, noli firmum tenere. Item ad Fortunatum, 'Neque[2] quorumlibet disputationes, quamvis catholicorum et laudatorum hominum, veluti scripturas canonicas habere debemus, ut nobis non liceat, salva honorificentia quae illis debetur hominibus, aliquid in eorum scriptis improbare atque respuere, si forte invenerimus quod aliter senserint quam veritas habeat, divino adjutorio vel ab aliis intellecta, vel a nobis[3]. Talis ego sum in scriptis aliorum quales volo esse intellectores meorum.' Si igitur propter necessitatem vitandae falsitatis et consequendi[4] perfectiorem statum sapientiae possumus et debemus, et consulimur per sanctos et philosophos dignos, ut eorum dicta mutemus loco et tempore et ad sententias[5] addamus, multo fortius licentiamur ad hoc et cogimur in eis quae vulgi sunt, et ideo [eorum] qui vulgo praesunt imperito, praecipue cum capita multitudinis istius temporis non attingant ad dignitatem auctoritatis sanctorum et philosophorum magnorum, nec sapientum antiquorum, quorum aliquos nostro tempore conspeximus.

CAPITULUM VIII.

Remedium vero contra haec tria non est, nisi ut[6] tota virtute[7] auctores validos[8] fragilibus, consuetudini rationem, sensibus vulgi sententias sapientum praeponamus; et non confidamus in argumento triplicato, hoc exemplificatum est, vel consuetum, aut vulgatum, ergo tenendum. Patet enim[9] ex praedictis secundum sententias sanctorum et omnium

No mark of fresh chapter in V. But it is plainly marked in J.

[1] J. O., Trinitate. V., veritate. [2] J., neque ad. [3] O. om. divino—a nobis.
[4] J., consequendae. O. V., consequendo.
[5] J., sententias eorum. O., eorum sententias. [6] J., in. V. O., ut.
[7] J. O., virtute. V., virtutes. [8] J. O., validos. V., solidos. [9] J., ergo.

sapientum[1] quod longe magis sequitur oppositum conclusionis ex eisdem praemissis. Et licet totus mundus sit[2] his causis erroris[3] occupatus, tamen audiamus libenter contraria consuetudini vulgatae. Nam hoc est magnum remedium horum malorum, secundum quod Averroes dicit in fine secundi Physicorum, quod mala consuetudo auferri potest per consuetudinem audiendi contraria. Nam multum operatur in opinione, quae est per consuetudinem audire res extraneas, quod confirmat per effectum, dicens, quod ideo opinio vulgi est fortior quam fides philosophantium, quia vulgus non consuevit audire diversa, sed philosophantes multa audiunt. Propter quod igitur Vestra Sapientia non miretur, nec indignetur Auctoritas, si contra consuetudinem vulgi et exempla vulgata laborem. Nam haec est via sola perveniendi ad considerationem veritatis et perfectionis.

CAPITULUM IX.

Non solum quidem eae[4] causae generales sunt malorum in studio et in vita, sed quarta nequior his tribus est similiter communis in omni statu, et apud quamlibet personam regnare demonstratur. Conjunxi quidem praedictas tres causas propter hoc quod sapientes eas saepius conjungunt, et separavi hanc ab illis propter malitiam principalem. Haec enim est singularis fera, quae depascit et destruit omnem rationem, quae est desiderium apparentis sapientiae, quo fertur omnis homo. Nam quantumcunque parum sciamus, et licet vile, illud tamen extollimus; celebramus etiam multa quae ignoramus, ubi possumus occultare ignorantiam, scienter ostendimus, ut de nihilo gloriemur. Et quicquid nescimus, ubi scientiam[5] ostentare non valemus, negligimus, reprehendimus, reprobamus et annihilamus, ne videamur aliquid ignorare, quatenus saltem mundo muliebri et fuco meretricio nostram ignorantiam infami remedio coloremus[6]. Unde utilissima et maxima et omni decore[7] plena et sua proprietate

[1] O., sententias sanctorum aut sapientum. [2] J. omits sit. [3] J., errens.
[4] J., hae. [5] J., sententiam. O. V., scientiam.
[6] J., toleramus. O. V., coloremus. [7] J., doctore. O. V., decore.

certissima a nobis per hanc viam et ab aliis relegamus. Haec vero pestis praeter malitiam absolutam quam habet recipit cumulum suae pravitatis in eo quod est fons et origo causarum trium praedictarum. Nam propter zelum nimium[1] sensus proprii et excusandi ignorantiam statim exoritur fragilis auctoritatis praesumptio, qua nitimur propria extollere et reprehendere aliena. Deinde cum omnis homo diligat opera sua, ut dicit Aristoteles, nostra libenter trahimus in consuetudinem. Et cum nemo sibi soli errat, sed dementiam[2] suam spargere gaudet in proximos, ut dicit Seneca libro secundarum epistolarum, nostris[3] adinventionibus[4] occupamus alios, et eas in vulgus[5] quantum possumus dilatamus. Necesse vero est causas universales has praemitti, ad hoc ut error vitetur et veritas relucescat. Nam in morbo spirituali evenit sicut in morbo corporali; medici[6] per signa causas proprias et particulares morbi cognoscunt[7]; sed tam haec quam illas praecedit causarum universalium notitia, quas actionibus[8] naturalium medicus habet scire; quia dicit Philosophus libro de Sensu et Sensato, ubi terminantur principia naturalis philosophiae incipiunt principia medicinae. Similiter igitur in cura ignorantiae et erroris, ut veritas sana inducatur, ante ipsius propositi exhibitionem requiritur ut signa et causae particulares ostendantur; sed prae omnibus exiguntur causae universales, sine quibus nec signa aliquid ostendunt, nec causae particulares demonstrant. Nata enim nobis est via cognoscendi ab universalibus ad particularia, sicut dicit Philosophus in principio[9] Physicorum. Nam ignoratis communibus ignorantur quae post communia relinquuntur.

Haec autem quarta causa[10] multum invaluit ab antiquo, sicut nunc improba invenitur, quod in theologicis sicut in philosophia manifesto per experientiam et exempla. Moyses

[1] J., minimum. O. V., nimium.
[2] J. V. O., sententiam; Seneca, dementiam. [3] J., et nostris.
[4] J. O., adinventionibus. V., adulationibus.
[5] J. O., vulgum. [6] J. O., medici enim.
[7] J. O., cognoscunt, V., cognoscant. [8] O., a communibus naturalium.
[9] J., primo. O. V., principio.
[10] J., nam haec causa quarta. O., Haec autem. V. (beginning fresh chapter), Lec autem.

enim simplicissimus recepit sapientiam legis a Deo, contra quam Pharao et Aegyptii et populus Hebraeorum et omnes nationes murmurabant, ita quod plebs Dei electa vix hanc sapientiam voluit recipere; et tamen praevaluit lex contra adversarios, qui neglexerunt et impedierunt sapientiam quam non didicerunt. Similiter Dominus Christus omni simplicitate et sine plica falsitatis incedens, et apostoli simplicissimi intulerunt sapientiam mundo, quibus satis contradictum erat propter ignorantiam solam tantae novitatis, et tandem, licet cum summa difficultate, sacra veritas est recepta[1]. Deinde sancti doctores cum profluvia expositionum legis divinae voluerunt dare, et magno impetu aquarum sapientiae Ecclesiam irrigare, diu reputabantur[2] haeretici, et compositores falsitatum. Nam sicut prologi beati Hieronymi in Bibliam et alia ejus opera probant, ipse vocabatur corruptor Scripturae[3] et falsarius, et haeresium seminator, et in tempore suo succubuit, nec potuit sua opera in publico ponere[4]; sed tandem post mortem suam veritas suae translationis claruit, et sua expositio, ac per omnes ecclesias dilatatae sunt, ita ut nullum vestigium[5] translationis antiquae, scilicet 70 interpretum, qua prius usa fuit Ecclesia, valeat reperiri. Dum etiam beatissimus Papa Gregorius auctoritate functus est[6] libris ejus non fuit contradictum; sed post mortem famosi in Ecclesia egerunt ad hoc ut comburerentur[7], et per miraculum Dei pulcherrimum fuerunt salvati, et apparuit mundo sapientia cum suavi veritate et devotione plenissima. Et similiter concurrit impedimentum veritatis apud omnes sacrae scripturae doctores. Nam renovantes studium semper receperunt contradictionem et impedimenta, et tamen veritas invalescit et invalescet usque ad dies Antichristi.

Similiter de philosophia. Aristoteles enim voluit complere[8] scripta priorum et multa renovare, qui licet sapientissimus homo[9], tamen repulsam et occultationes suae sapientiae visus est usque fere ad haec tempora recepisse. Nam primus

[1] J. O., recepta. V., reperta. [2] J., reputabantur. V., reputabamur.
[3] J. O., scripturae. V., Bibliae. [4] J. O., promovere.
[5] J. O., vestigium translationis antiquae. V. omits translationis antiquae.
[6] J. omits est. O. V., functus est. [7] J., comburerentur. V., comburentur.
[8] J. O., contradicere prioribus. V., complere scripta priorum. [9] O. om. homo.

Avicenna revocavit [1] philosophiam Aristotelis apud Arabes in lucem plenam. Vulgus enim philosophantium ipsum ignoravit; pauci enim et modicum philosophiae Aristotelis attigerunt ante tempus Avicennae, qui diu post tempus Machometi nuper [2] philosophatus est. Avicenna vero [3] praecipuus Aristotelis expositor et maximus imitator multas rebelliones [4] passus est ab aliis. Nam Averroes major post eos et alii condemnaverunt Avicennam ultra modum; sed his temporibus gratiam sapientum [5] obtinuit quicquid dicat Averroes, qui etiam diu neglectus fuit et repudiatus, ac reprobatus a sapientibus famosis in studio, donec paulatim patuit ejus sapientia satis digna, licet in aliquibus dixit minus bene [6]. Scimus enim quod temporibus nostris Parisius diu fuit contradictum naturali philosophiae et metaphysicae Aristotelis per Avicennam et Averroem [7] expositis, et ob densam ignorantiam fuerunt libri eorum excommunicati et utentes eis per tempora satis longa. Cum igitur haec ita se habent [8], et nos moderni approbamus viros praedictos tam philosophos quam sanctos; et scimus quod omnis additio et cumulatio sapientiae quas dederunt sunt dignae omni favore, licet in multis aliis diminuti, et in pluribus superflui, et in quibusdam corrigendi, et in aliquibus explanandi, manifestum nobis est quod illi qui per aetates singulas impediverunt documenta veritatis et utilitatis, quae oblata fuerunt eis per viros praedictos, nimis erraverunt, et quod vitiosi plurimum fuerunt in hac parte; sed hoc fecerunt propter scientiam extollendam [9], et propter ignorantiam palliandam. Ergo in nobis ipsis debemus facere idem argumentum, ut cum nos [10] respuamus et vituperemus quae ignoramus, clamemus hoc esse propter ignorantiae nostrae defensionem, et ut illa modica, quae scimus, sublimius attollamus. Permittamus igitur labores introduci congaudentes veritati, quia proculdubio licet cum difficultate veritas semper praevalebit apud sapientes, donec

[1] J. O., revocavit. V., renovavit.
[2] O. om. nuper.
[3] J. O., autem.
[4] O. rebellitates.
[5] O., sapientiam.
[6] J., bene minus. O. V., minus bene.
[7] J. V. O., Aueroys.
[8] J., se habent ita.
[9] J., scientiae extollendae. O., scientiae extollentiam. O. om. palliandam.
[10] J. omits nos.

Antichristus et ejus appareant praecursores. Nam semper bonitas Dei est parata sapientiae donum augumentare per subsequentes et subsequentium sententias in melius transformare.

Capitulum X.

Caeterum duo sunt hic discutienda, scilicet praesumptae scientiae ostentatio, et excusatio ignorantiae infrunita[1]. Propter primum debemus advertere diligenter, quod cum infinitae sint veritates Dei et creaturarum, atque in qualibet sint gradus innumerabiles, oportet quod pauca sciantur a quolibet, et ideo de multitudine scitorum non oportet aliquem gloriari. Et cum intellectus noster se habet ad maxima, sicut oculus vespertilionis ad lucem[2] solis, ut prius secundum Philosophum allegatum est, oportet quod sint pauca[3] quae veraciter sciamus; nam pro certo ubi[4] intellectus noster de facili comprehendat illud valde modicum est et vile, et quanto cum majori difficultate intelligit, tanto est nobilius quod acquiritur. Sed tamen omne illud super quod potest intellectus noster ut intelligat et sciat, oportet quod sit indignum respectu eorum, ad quae in principio credenda sua debilitate obligatur[5], sicut sunt divinae veritates et multa naturae et artis complentis naturam secreta, de quibus nulla ratio humana dari potest in principio; sed oportet quod per experientiam illuminationis interioris a Deo recipiat intellectum, scilicet in sacris veritatibus gratiae et gloriae, et per experientiam sensibilem in arcanis naturae et artis expergefactus inveniat rationem.

Et adhuc minora sunt longe quae credimus quam quae ignoramus, sicut sunt secreta Dei et arcana vitae aeternae, quae utcunque vidit apostolus ad tertium coelum raptus, nesciens utrum in corpore vel extra corpus, quae tanta sunt, ut non liceat homini loqui de illis. Et similiter in rebus creatis; nam ob magnam nostri intellectus difficultatem certum[6]

[1] J. O., infrunita. V., infinita.
[2] O., lumen.
[3] J. O., parva.
[4] J. O., ubi. V., nisi.
[5] J., obligatur. V., sunt debilitate obligatum. The reading in the text is that of O. with which J. as far as it is decipherable agrees.
[6] O. om. certum est.

est antequam videatur Deus facie ad faciem, nunquam homo sciet aliquid[1] in fine certitudinis. Et ideo si per[2] infinita seculorum[3] secula viveret in hac mortalitate, nunquam ad perfectionem sapientiae in multitudine scibilium et certitudine pertingeret. Nam nullus est ita sapiens in rerum naturis qui sciret certificare de veritatibus omnibus quae sunt circa naturam et proprietates unius muscae, nec sciret dare causas proprias coloris ejus, et quare tot pedes nec[4] plures nec pauciores haberet, nec rationem reddere de membris et ejus proprietatibus[5]. Est igitur homo impossibilis ad perfectam sapientiam in hac vita, et ad imperfectionem veritatis est nimis[6] difficilis, et multum pronus et proclivis[7] ad falsa et vana quaecunque. Quapropter non est homini gloriandum de sapientia, nec debet aliquis[8] magnificare et extollere quae scit. Pauca enim sunt et vilia respectu eorum quae non intelligit sed credit, et longe pauciora respectu eorum quae ignorat, nec novit fide nec scientia. Et quoniam respectu eorum quae scit homo restant infinita quae ignorat, et sine omni comparatione majora et meliora et pulchriora, insanus est qui de sapientia se extollit. Maxime[9] insanit qui ostentat, et tanquam portentum suam scientiam nititur devulgare.

J. very imperfect here, more than half a leaf gone, except for a few words in each line.

Praeterea quis audet de sapientia gloriari, cum totam medullam quam unus quantumcunque studiosus addiscit per 30 vel 40 annos[10] cum expensis et laboribus gravissimis[11], valeat uni puero docili certo scripto et verbo sufficienter ostendere[12] per annum unum vel in tempore minori. Nam hoc probavi in puero praesenti, qui cum paupertate magna et modicam habens instructionem quantitatem anni vix ponens in addiscendo novit tot et tanta quod omnes mirantur qui eum cognoscunt. Nam secure[13] dico quod licet aliqui sciant plus de philosophia et linguis, et in diversis diversi ipsum excedant, non tamen inter Latinos sunt[14] qui eum ex omni parte transcendunt[15], et

[1] V., nec aliquid. J. O. omit 'nec.'
[2] J. O., si per. V., super.
[3] O. om. seculorum.
[4] J. O., et non. O. om. nec pauciores.
[5] O. om. et proprietatibus.
[6] J., minus. O. V., nimis.
[7] J., proclivus.
[8] J., aliquid.
[9] J., et maxime.
[10] O. per nonaginta annos.
[11] O. om. cum—gravissimis.
[12] O., ostenderet, *pro* valeat ostendere.
[13] O., securus.
[14] V. om. sunt.
[15] J., transcendunt. V., transcedunt.

ipse singulis illorum[1] est in aliquibus par, et in aliquibus[2] singulos excedit. Nec est aliquis inter Latinos quin multa bona valeat ab hoc puero auscultare. Nec aliquis tam sapiens est, cui non sit necessarius multis modis. Quamvis enim omnia quae scit[3] didicit meo consilio et regimine et adjutorio, et multa[4] ipsum docui verbo et scripto, tamen me senem in multis transcendit propter meliores radices quas recepit quam ego[5], ex quibus potest flores et[6] fructus salubres expectare, ad quos ego nunquam pertingam. Quare igitur gloriabor de scientia? Nec aliquis, quantumcunque in studio senuerit, cum hic puer curret citius in magnalia sapientiae, si adhuc bono consilio dirigatur, sicut ei hactenus est provisum[7]? Non dico quin sapientes et experti[8] poterunt[9] per suam propriam virtutem facilius et citius eruere multa secreta sapientiae quam hic puer per seipsum, quia non est expertus vires suas, nec percipit quantum novit, nec aliquid potest facere juxta fundamenta sibi data[10]. Sed sicut in radicibus excedit alios, ut dictum est, sic vero, si sano et efficaci consilio et auxilio juxta fontalem plenitudinem quam habet dirigeretur, nullus senior[11] consequeretur eum in sapientialium profluviis rivulorum. Et quoniam sapientes se sentiunt magis vacuos quam insipientes volunt[12] de ipsis confiteri, ideo videmus homines quanto sapientiores sunt tanto humilius se inclinare ad doctrinam alterius suscipiendam, nec dedignantur simplicitatem docentis, sed ad rusticos vetulas et pueros se humiliant; quoniam simplices et idiotae aestimati[13] sciunt multoties magna quae latent sapientes, sicut Aristoteles docet in libro de Somno et Vigilia secundo. Nam cum simplicibus est sermocinatio Dei secundum scripturam, et experientia reddit nos certos in hac parte, quoniam plura secreta sapientiae semper inventa sunt apud simplices et neglectos, quam apud famosos in vulgo; quia homines famosi occupantur in eis[14] quae vulgantur. Et haec non possunt esse magnalia, sicut patuit in prioribus, plura etiam

[1] V., illorum quorum quatuor. O. om. quorum quatuor. [2] J., quibusdam.
[3] O. om. quae scit. [4] O. om. multa. [5] O. om. quam ego.
[6] O. om. flores et. [7] O. om. Nec aliquis—provisum.
[8] J. O., experti. V., experte. [9] O., potuerunt.
[10] O. om. nec percipit—sibi data. [11] J.O., seniore. V., senior.
[12] O., vel volunt. [13] J. O., aestimati. V., aestimare. [14] J., his.

utilia et digna sine comparatione didici ab hominibus magna simplicitate detentis, nec nominatis in studio, quam ab omnibus doctoribus meis famosis. Proposui igitur Vestrae Sapientiae hoc exemplum, et transmisi personam non solum propter duas causas superius annotatas, sed in argumentum perfectum, ut nullus glorietur de sapientia, nec despiciat simplices qui sciunt proponere ea quae famosis hominibus in scientia Deus non concessit[1], et sciunt revelare et renovare multa sapientiae[2] secreta dignissima quae sapientes[3] nondum perceperunt.

CAPITULUM XI.

Secundum vitium quod hic reperitur est quod ignorantia obtinet locum persuasionis. Sed cum veritas impugnatur nefas est et puritas malitiae[4]; deinde ignorantiae turpitudo crescit magis et clarius revelatur. Crescit quidem quia nititur a se et ab aliis excludere sapientiam ; apertius quidem revelatur, quoniam coram Deo et omnibus[5] sanctis veraciter innotescit, ac secundum judicium omnis sapientis, quamvis[6] sit languens ignorantia apud ignorantes et stultos, suam confusionem palliare vitant[6]. Tertio cum judex teneatur habere scientiam causae, non habet homo ignorans auctoritatem judicandi de his quorum habet ignorantiam, et ideo si affirmet[7], vel neget, ejus judicio stari non debet, immo ex hoc vehementius resistendum, quod sententia qualiscunque feratur ex ignorantia quae auctoritatem non habet. Unde si verum diceret, verisimile non esset, et sententiam ignorantia foedaret[8]. Nam ut dicitur in libro de virtutibus cardinalibus, ibi nullam auctoritatem habet sententia, ubi qui damnandus est damnat. Quapropter sive sapiens[9] apud vulgus[10], sive secundum veritatem, sive bonus seu sanctus affirmet vel reprobet quod ignoret, et maxime in excusationem suae ignorantiae vel ostentationem sapientiae apparentis, approbari non debet de hac parte, sed negligi et contradici, quamvis in aliis fuerit magnifice collaudandus.

[1] V., cognoscit ; O., concessit. [2] O. om. sapientiae.
[3] O., sapientes vulgati. [4] O., malitia. [5] O., hominibus.
[6] O. om. quamvis—vitant. [7] J. O., de illis affirmet.
[8] J. is imperfect : '. . . [? sententiam] ignorantia foedaret.' V., sententiandis ignorantia foedaretur. O. omits the words.
[9] O., sapientes. [10] J., sive vulgum.

CAPITULUM XII.[1]

Hanc[2] vero[2] causam omnium malorum nostrorum cum aliis tribus ideo specialiter introduxi, ut sciamus nunc sicut retroactis temporibus multa quae sunt utilissima et omnino necessaria studio absolute considerato et quatuor modis relate praetactis negari, negligi, et ex sola ignorantia reprobari; et pro infinitis latius explicandis posterius in singulis partibus sapientiae, volo nunc aliqua exempla praemittere grossiora. Cum enim linguarum cognitio et mathematicae est maxime necessaria studio Latinorum, ut tactum est superius, et exponetur loco opportuno, et fuit praecipue in usu sanctorum et omnium sapientum antiquorum, nos moderni negligimus hoc et annihilamus et reprobamus, quia ista et eorum utilitatem nescimus. Deinde si aliqui sapientes et sancti aliqua neglexerunt aut humana fragilitate devicti aut ex causa rationabili, nos praesentis temporis obstinate et pertinaciter negligimus et reprobamus, fortificantes nostram negligentiam propter hoc quod sapientes et sancti neglexerunt, non volentes considerare quod in omni homine est multa sapientiae imperfectio, tam in sanctis quam in sapientibus, ut prius evidenter et multipliciter probatum est tam per eorum exempla et auctoritates quam per rationem et experientiae certitudinem. Praeterea non solum [non] volumus humanam fragilitatem considerare, sed nec causas rationabiles, quas sancti et sapientes multi[3] habuerunt, quare pro tempore et loco multa utilia vitaverunt propter abusum hominum in eis, quia ea convertebant ad impedimentum majoris[4] utilitatis et salutis. Ne igitur nos simus causa erroris nostri et fiat magnae sapientiae[5] impedimentum ex eo quod vias sanctorum et sapientum non intelligimus ut expedit, possumus auctoritate sanctorum et sapientum antiquorum multipliciter prius assignata considerare mente pia et animo reverenti propter veritatis dignitatem, quae omnibus

Again the greater part of a leaf lost in J.

[1] J., Rubric: 'Distinctio quarta in qua ostenduntur causae quare sancti et primitiva ecclesia non habuerunt usum scientiarum magnarum; quae tamen [MS. tunc] locum non habent modo ut vitemus artium sapientialium magnalia, licet vulgus hoc faciat allegans quod sancti doctores et ecclesia primitiva his non utebantur . . .'

[2] J., Hanc. V., Nunc. O. om. vero.

[3] O. om. multi.

[4] O., majora impedimenta.

[5] O. om. sapientiae.

antefertur, si sancti et sapientes caeteri aliqua quae humanam [1] imperfectionem [1] important protulerunt in quibus seu affirmatis seu negatis non oportet quod nos imitemur ex fronte.

Scimus quidem quod non solum dederunt nobis consilium et licentiam faciendi hoc [2], sed conspicimus quod ipsi multa posuerunt magna auctoritate quae postea majori humilitate retractarunt; ergo latuit in eis magna imperfectio prioribus temporibus. Quod si vixissent usque nunc, multo plura correxissent et mutassent; cujus signum est sicut et argumentum principalis intenti, quod doctores posteriores quamplurima de sententiis sanctorum mutaverunt, et pie ac reverenter interpretati sunt in sensum quem eorum litera non praetendit. Praeterea sancti adinvicem fortiter contendebant et mutuas positiones acriter mordebant et reprobabant ut taedeat nos conspicere, et supra modum miramur; quod evidens est in epistolis beatorum Augustini et Hieronymi, et multis aliis modis [3]. Cum enim Hieronymus se comparavit bovi lasso, qui fortius figit pedem, propter hoc quod jam in studio sacro senuerat [4], et Augustinus fuit junior eo, quamvis episcopus, respondit monacho pontifex quod bos senex fortius figit pedem non animi vigore sed corporis senectute. Et cum Augustinus multa quaereret ab Hieronymo, dicit Hieronymus, 'Diversas tu nominas quaestiones, sed ego sentio meorum opusculorum reprehensiones continentes. Praetermitto salutationis [5] officia, quibus meum demulces caput; taceo de blanditiis quibus reprehensionem meam niteris consolari, ut ad ipsas causas veniam; observari quidem ceremonias non potest esse indifferens, sed aut bonum aut malum; tu vero bonum, ego assero malum; dum aliud vitas, ad aliud devolveris; dum enim metuis Porphyrium blasphemantem, Ebionis haeretici laqueos incurris.' Et talia innumerabilia colliguntur ex libris sanctorum et historiarum [6] quae tam in rebus de quibus est contentio quam in modo reprehensionis multum in sanctis humanae fragilitatis ostendunt, qua affirmabant quae non

[1] J., . . . imperfectionem. O., humanam imperfectionem. V., humana imperfectione.
[2] J., hoc faciendi.
[3] O. om. modis.
[4] O., senuerit.
[5] O., salutationes.
[6] O. om. et historiarum.

debebant. Sed constat non ex certa scientia haec fecerunt; ergo ex apparenti et aestimata laboraverunt in hac parte.

Capitulum XIII.

Caeterum non solum[1] ex hujus mortalitatis imperfectione multa reprobabant, quibus non oportet nos obstinate inhaerere, immo magis ad honorem eorum pie et reverenter interpretari, secundum leges veritatis; multa et maxima neglexerunt ex causis certis. Una est quia non fuerunt translata in linguam latinam, nec ab aliquo Latinorum composita, et ideo[2] non fuit mirum si illorum non aestimabant valorem. Platonis enim libros doctores omnes assumebant in manibus, quia translati fuerant, aut inveniebant in Graeco[3]; sed libri Aristotelis non fuerunt tunc temporis[4] translati. Nam Augustinus fuit primus translator Aristotelis et expositor, sed in minimo et primo libellorum suorum, scilicet in praedicamentis; nec fuit philosophia Aristotelis tunc temporis Graecis philosophis nota, nec Arabibus[5], sicut prius tactum est. Et ideo sancti sicut alii neglexerunt philosophiam Aristotelis, cujus usum non habebant[6], laudabant tamen Platonem. Et quia intellexerunt quod Aristoteles persecutus est Platonicas sententias, Aristotelem in multis reprobant, et dicunt ipsum haereses congregasse[7]; sicut Augustinus dicit libro de Civitate Dei, ipsum adhuc magistro suo, scilicet Platone[8], vivente, multos in suam haeresim congregasse. Sed tamen omnium philosophantium testimonio Plato nullam comparationem respectu Aristotelis noscitur habuisse. Si igitur sancti vidissent philosophiam ejus pro certo ea usi essent, et altius extulissent, quia veritatem non negassent manifestam, nec maxima pro minimis declinassent. Caeterum ex libro praedicamentorum manifestum est quantum sancti laudassent Aristotelis[9] magnalia, postquam illum libel-

[1] O. has non solum after caeterum, V. omits; J. is wanting.
[2] O. om. ideo.
[3] O. om. aut—Graeco.
[4] O. om. temporis.
[5] J., . . . bicis. O. om. nec. Arabibus . . . tactum est.
[6] O. om. cujus usum non habebant.
[7] O. om. et dicunt—congregasse.
[8] J., Platone scilicet.
[9] V., Aristotelem.

lum, qui respectu suae sapientiae in mille tractatibus diffusae unam non valet festucam, magnifice extulerunt[1]. Nam Augustinus ipse transtulit illum[2] de Graeco in Latinum pro filio suo, et exposuit diligenter, plus laudans Aristotelem de hoc nihilo quam nos extollamus eum[3] pro magna parte suae sapientiae. Quoniam in principio illo[4] praedicamentorum dicit, 'Cum omnis scientia et disciplina non nisi oratione tractetur, nullus tamen, o fili, in quovis genere[5] pollens inventus est, qui de ipsius orationis vellet origine principiove tractare. Idcirco miranda est diligentia Aristotelis philosophi, qui disserendi de omnibus cupidus ab ipsius cepit examine quam sciret et praetermissam a cunctis et omnibus necessariam.' Et in fine dicit, 'Haec sunt, fili carissime, quae jugi labore assecuti ad utilitatem tuam de Graeco in Latinum vertimus, scilicet ut ex his quoque bonam frugem studii a nobis perfecti suscipias.' Et Alcuinus de expositoribus sacrae scripturae unus, et magister magni Caroli, illam translationem Augustini de praedicamentis mire laudavit, et metrico prologo decoravit sub his verbis.

Again a great part of a leaf lost in J.

Continet iste decem naturae verba libellus,
Quae jam verba tenent rerum ratione stupenda
Omne quod in nostrum poterit decurrere sensum.
Qui legit ingenium veterum mirabile laudet,
Atque suum studeat tali exercere labore.
Nunc Augustino placuit transferre magistro
De veterum gazis Graecorum clave Latina,
Quem tibi, rex magne, sophiae sectator, amator,
Munere qui tali gaudes modo[6] mitto legendum.

Boetius quidem[7] longe fuit post sanctos doctores, qui primus incepit libros Aristotelis plures transferre. Et ipse aliqua logicalia et pauca naturalia et aliquid de Metaphysicalibus transtulit[8] in Latinum. Nec adhuc medietatem nec partem meliorem habemus. Nam Aristoteles quidem fuit diu ignotus etiam philosophantibus, nedum[9] aliis, et vulgo Latinorum[10]. Caete-

[1] O. om. Caeterum—extulerunt. A few words of it can be read in J.
[2] J., ipsum. O., librum praedicamentorum.
[3] J. omits eum.
[4] J., illorum.
[5] J. O., in quovis genere pollens. V. om. genere.
[6] V., non, *pro* modo.
[7] J., quidem fuit . . .
[8] O., pauca de aliis transtulit.
[9] V., nondum.
[10] O. om. Nam—vulgo Latinorum.

rum sancti[1] grammaticalia, logicalia et rhetorica, et communia mathematicae multum efferunt, et in sacris abundanter utuntur. Unde Augustinus libro de doctrina Christi secundo, tertio, quarto docet ista applicari ad divina, et alibi similiter tangit de eisdem; necnon et sancti caeteri idem volunt. Sed de aliis raro et parum loquuntur, et rarius[2] immo multum negligunt et negligi edocent aliquando, sicut patet per Ambrosium super Epistolam ad Colossenses, et per Hieronymum[3] super illam ad Titum, et per Rabanum de pressuris ecclesiasticis, et sic in locis aliis quamplurimis. Sed constat omnibus philosophantibus et theologicis scientias has nullius valoris esse respectu caeterarum, nec alicujus dignitatis. Quapropter si sancti habuissent usum scientiarum philosophiae magnarum, nunquam cineres philosophicos in tantum extulissent, et ad sacros usus convertissent[4]; quanto enim scientiae meliores sunt et majores, tanto sunt aptiores ad divina. Sed quia ad manus eorum non devenerunt libri nisi grammatici, logici, rhetorici ac de communibus mathematicae, ideo his se juverunt secundum gratiam eis datam, quicquid[5] poterunt de his laudabiliter extrahere, convertunt copiosius ad legem Dei, ut in expositionibus eorum et tractatibus singulis manifestum est; et hoc suo loco planius exponetur[5].

CAPITULUM XIV.

Deinde considerandum est diligenter, quod quamvis habuissent multa de majoribus scientiis, vel si aliqua habuerunt, tamen non fuit tempus utendi eis, nisi in duobus casibus[6], scilicet, astrologia[7] pro calendario, et musica pro officio divino. Patet enim per[8] historias, quomodo[9] Eusebius Caesariensis et Beatus Cyrillus[10] et Victorinus et Dionysius Abbas Romanus, cujus doctrinam nunc sequitur Ecclesia, et alii ex

[1] V., Caeterum cum grammaticalia. [2] O. om. et rarius.
[3] J. O., per Hieronymum. V., Hieronymus. [4] O. om. et--convertissent.
[5] O. om. quicquid—exponetur. [6] J. O., duobus casibus. V. om. casibus.
[7] J. O., astronomia. [8] J. O., enim per. V. om. enim.
[9] J., quomodo. V., quando. [10] J. O., beatus Cyrillus. V., Boncus Cyrilius.

mandato apostolico per leges astronomiae[1] laboraverunt in hac parte. Sed aliae scientiae majores fuerunt neglectae, et praecipue illae[2] quae judicia et opera sapientiae magnifica noscuntur continere. Et hujus causa fuit quadruplex[3]. Nam philosophia ante Christi adventum dedit leges mundo, praeterquam populo Hebraeorum, tam de cultu divino quam de moribus et legibus justitiae, pacis inter cives, et belli contra adversarios reipublicae[4]. Et quoniam hujusmodi leges fuerunt datae quantum potuit humana ratio, secundum quod[5] Aristoteles vult in fine Ethicorum, ubi transit ad librum legum dicens, Dicamus nunc quantum possibile est philosophiae in rebus humanis, principes mundi per philosophos regulati[6] noluerunt recipere legem Christi, quae fuit supra rationem humanam, et ideo philosophia ingressum fidei impedivit, in hoc quod mundus ea deductus legi celsiori horruit consentire.

Caeterum non solum hoc modo philosophia retardavit fidem Christi, sed jure legum suarum de reipublicae defensione ab omni contrario sensu visa est per judicia futurorum, et ostensionem rerum occultarum praesentium, et per opera mirabilia supra naturae et artis communiter operantium potestatem, contendere cum fidei praedicatoribus, quorum proprium fuit non per naturam et artem, sed per Dei virtutem, prophetiam de futuris eructare, occulta producere in lucem, miracula suscitare. Nam quod prophetiae[7] potestas valeat magnifica peragere, quae vulgus non solum laicorum sed clericorum duceret pro miraculis, sequentia declarabunt. Necnon rectores rerum publicarum ubique per consilia philosophorum suas leges zelantium persecutionis et mortis judicia sanctis Dei graviter intulerunt. Insuper ars magica per totum orbem invalescens, occupans homines in omni superstitione et fraude religionis[8], quamvis fuerit[9] philosophis odiosa et ab omnibus debellata, ut certificabitur suo loco, tamen sancti primitivi invenientes mundum hac occupatum

[1] O. places per leges astronomiae after Ecclesia. [2] O., istae.
[3] O., quintiplex. [4] O. om. reipublicae. [5] O., ut *pro* secundum quod.
[6] O. om. per philosophos regulati: after rationem humanam, O. has, et ipsi fuerunt regulati secundum philosophos.
[7] O., prophetica. [8] O. om. religionis. [9] J. O., fuerat.

sicut philosophia pro eodem artificio utramque reputabant, quoniam ambae fidei fructum impediebant multis modis. Nam sicut magi Pharaonis Moysi resistebant, et populum Aegypti mandato Dei inobedientem faciebant, sic fuit in principio Ecclesiae per artis magicae violentiam. Quae cum in eundem effectum, scilicet contra opus fidei, cum philosophia concordabat[1], totum ejus vituperium in philosophiam, quae principalis fuit, redundabat.

Praeterea Deo placuit a principio Ecclesiae quod nullum testimonium humanum ei daretur, sed ut veritas fidei tanto vigore mundo radiaret, ut probaretur solum Deo auctore[2] promulgari per testes ab ejus imperio destinatos. His igitur de causis philosophia fuit ab Ecclesia in principio et sanctis Dei non solum neglecta, sed eis odiosa[3], non tamen propter aliquid quod in ea continetur[4] contrarium veritati. Nam licet imperfecta sit respectu professionis Christianae, tamen ejus potestas non est Christi sectae[5] dissona, immo totaliter[6] ad eam disposita et ei utilissima ac omnino necessaria, sicut omnes credunt et certificabitur evidenter. Non igitur propter aliquod malum philosophiae Ecclesia Dei neglexit et reprobavit eam a principio, sed propter abusores ejus qui voluerunt eam suo fini, qui est veritas Christiana, copulare. Et propter hanc causam Ecclesia primitiva non fuit sollicita de translatione scientiarum magnarum philosophiae, et ideo sancti doctores Latini copiam magnalium philosophicorum non habebant, et configurantes se primordiis Ecclesiae neglexerunt multa philosophica dignissima, sicut in principio fuerunt propter causas neglecta supradictas, non propter aliquid falsum vel indignum quod in philosophica potestate[7] reperiri possit; et haec[8] certius suo loco per ipsos Dei sanctos patebunt[9]. Nam ostenditur quod sancti Patriarchae et Prophetae a principio mundi omnes scientias receperunt a Deo, quibus illam vitae longitudinem magnam dedit, ut possent experiri

Again the greater part of a leaf missing in J.

[1] V., concordabant. O., concordabat.
[2] J. O., auctore. V., actore.
[3] J. O., sed eis. V., sed odiosa.
[4] V., contineatur.
[5] J., sectae Christi.
[6] J. O., totaliter. V., taliter.
[7] O., philosophia, *pro* philosophica potestate.
[8] O. om. haec.
[9] O., patebit.

quod eis fuerat revelatum, quatenus, fide Christi introducta et evacuata artis magicae fraudulentia, potestas philosophiae ad divina utiliter rapiatur.

Capitulum XV.

Sicut vero doctores sacri magnificas scientias philosophiae non habuerunt in usu, sic nec posteriores, scilicet Gratianus, Magistri sententiarum et historiarum, Hugo de Sancto Victore, et Ricardus de eodem. Nam non fuerunt in eorum temporibus translatae, nec in usu Latinorum, et ideo neglexerunt eas, nec dignas sacris mysteriis sciverunt judicare, sed humano sensu respuebant, quorum exercitium [1] non habebant, et in multis obloquuntur, sumentes nihilominus occasionem ex hoc quod sancti doctores easdem [2] neglexerunt; sed non attendebant causas sanctorum, scilicet quia non fuerunt translatae in eorum tempore, et quia Ecclesia neglexit eas jubere transferri propter causas quinque prius tactas. Moderni vero doctores vulgi licet multa de philosophiae magnalibus [3] sint translata, tamen non habent eorum usum, cum etiam in parvis et vilibus delectati duos libros logicae meliores negligunt, quorum unus translatus est cum [4] commentario Alpharabii super illum, et alterius expositio per Averroem facta sine textu Aristotelis est translata. Et longe magis caetera quae majorem obtinent dignitatem, sicut novem scientias mathematicae, et sex scientias magnas naturales, quae multas alias sub se comprehendunt [5], atque morales quatuor partes negligunt dignissimas; et suae ignorantiae quaerunt miserabile solatium per Gratianum et caeteros magistros authenticos, qui non habuerunt notitiam partium philosophiae, sicut [6] nec praesentes; et per dicta sanctorum aliquorum simplicia, non intelligentes causas antedictas [6]. Nam sancti post Christum non sunt usi multa philosophiae dignitate, non propter hoc quod ipsa sit sacris contraria sententiis vel indigna, cum ad

[1] O., usum. [2] O., prius easdem. [3] O., de philosophia.
[4] O., cum. V., a. [5] J., comprehenderunt. O. V., comprehendunt.
[6] O. om. sicut nec praesentes—antedictas.

theologica absolute intelligenda et respectu Ecclesiae Dei ac reipublicae fidelium et conversionis[1] infidelium et reprobationis praescitorum utiliter ac magnifice possit adjuvare, sicut certificabitur cum erit necesse. Et tanto mirabilius est quod multitudo studentium modernorum magnas negligit scientias, cum tamen fuerint introductae post Gratianum et[2] alios et in usu per viros sapientiae excellentis, quos oculis nostris conspeximus[2]; et aliqui adhuc vivunt qui in solemnibus studiis eas sapientibus perlegerunt.[3]

CAPITULUM XVI.[4]

[Quamvis autem istas causas malorum omnium universales persequor ex animo, et vellem omnia reduci ad auctoritatem solidam, et sensum sapientum et expertorum, qui pauci sunt, non tamen credat Serenitas Vestra, quod ego intendam[5] Vestrae clementiam Sanctitatis excitare, ut auctores fragiles et ipsam multitudinem Majestas Papalis violenter invadat; nec quod ego indignus sub umbra Gloriae Vestrae suscitem aliquam super facto studii molestiam; sed ut mensa Domini ferculis sapientialibus cumulata, ego pauperculus micas necessarias[6] mihi colligam decidentes. Poterit igitur[7] Vestrae Potentiae magnitudo sibi et successoribus suis providere de totius sapientiae compendiosa plenitudine non solum absolute habenda, sed quatuor modis praedictis comparata. Deinde cum Vestrae Paternitatis discretio pleniorem de his certitudinem reportaverit, poterit auctoritatis vestrae judicium studiosis et sapientibus de facili persuadere, ut quod vulgus studentium capere non potest, cupidi sapientiae se gaudeant obtinere; insuper quantum sufficit multitudini spes promittit. Nam Hieronymus dicit super Isaiam, 'Multitudo, accepta veritate, de facili

[1] V., om. infidelium. O. om. reprobationis praescitorum.

[2] O. om. et alios—conspeximus.

[3] O., qui in studiis eas perlegerunt.

[4] This chapter is omitted in J. and V. But it is found in another context and in another part of the Vatican MS. 4086. See additional notes.

[5] O., intendo.

[6] O. om. necessarias.

[7] O., enim.

mutat sententiam.' Et hoc verum est nisi quando[1] capitibus malesanis retractetur. Nam licet vulgus de se sit proclivius[2] ad malum, et quia saepius invenit[3] caput languidum, tamen nisi qui praesit impediat, satis facile est ad bonum imperfectum, quia suapte natura instabile[4] est, et semel motum[5] modum servare non potest, et ideo de facili quantum est de se vertitur ad contraria secundum regimen praesidentis; quoniam omni vento doctrinae flectitur, velut arundo, et quod principi ejus placet apud ipsum[6] legis habet vigorem. Nos enim hoc videmus in omni congregatione hominum, quod secundum arbitrium capitis membra moventur. Nam si qui praeest bonum negligit, subditi obdormiunt; si ad malum excitat[7], in illud[8] currunt cum furore; si ad bonum imperfectum[9], similiter sine discretione festinant[10]. Si tamen[11] vias perfectionis moveat[12], tunc olfacit a longe multitudo, sed gustare nec potest nec curat[13] nec ab ea debet requiri, ut superius ostensum est[14]. Quod si non esset temporis vestri omnia apud vulgum consummare; poterit Vestra Magnificentia locare fundamenta, fontes eruere, radices figere, quatenus[15] Vestrae Sanctitatis successores quod feliciter inceptum fuerit valeant facilius adimplere.]

[1] Vat. om. quando. [2] O., proclive. [3] O., invenitur.
[4] O., instabilis. [5] O., mota. [6] O. om. apud ipsum.
[7] O., excitati. [8] O., idem. [9] O. om. imperfectum.
[10] O., festinat. [11] O., Et si. [12] O., movet.
[13] O. om. nec curat. [14] O., ut superius ostensum est. Vat., ut loco proprio exponetur. [15] O., ut.

PARS SECUNDA[1]

HUJUS PERSUASIONIS.

CAPITULUM I.

Relegatis igitur in infernum[2] quatuor causis totius erroris humani generalibus et penitus ab hac persuasione suspensis, volo in hac secunda distinctione ostendere[3] unam sapientiam esse perfectam et hanc in sacris literis contineri, de cujus radicibus omnis veritas exivit[4]. Dico igitur quod vel[5] est una scientia dominatrix aliarum, ut theologia cui reliquae penitus sunt necessariae, et sine quibus ad effectum perveniri non valet[6], quarum virtutem in suum jus vindicat, ad cujus nutum et imperium caeterae subjacent; aut melius[7] una est tantum sapientia perfecta, quae in sacra scriptura totaliter continetur, per jus canonicum et philosophiam explicanda. Expositio etenim[8] veritatis divinae per illas scientias habetur. Nam ipsa cum eis velut in palmam explicatur, et tamen totam sapientiam in pugnum colligit per seipsam; quoniam ab uno Deo data est tota sapientia et uni mundo, et propter finem unum. Quapropter haec sapientia ex sua triplici comparatione unitatem sortietur. Caeterum via salutis una est, licet gradus multi; sed sapientia est via in salutem. Omnis enim consideratio hominis, quae non est salutaris, est plena caecitate, ac ad finalem inferni deducit caliginem; propter quod multi sapientes famosi in hoc mundo damnati sunt, quia veram

[1] In J. the greater part of f. 83, on which Part ii. begins, is destroyed. V., (in margin) 2ª distinctio. O., Secunda pars hujus persuasionis.

[2] O. om. in infernum.

[3] O. om. ostendere.

[4] O., eruitur.

[5] O. om. vel.

[6] O., pervenire non potest.

[7] O., una tamen est.

[8] O., et expositio.

sapientiam non habuerunt, sed apparentem et falsam, unde se aestimantes sapientes stulti facti sunt secundum scripturam. Caeterum [1] Augustinus loquens de sacra scriptura dicit libro [2] secundo de doctrina Christiana, si alibi est veritas, hic invenitur; si noxium, hic damnatur. Et vult [3] quod ubicunque invenerit Christianus Domini sui intelligat esse veritatem, ut a principio dictum est.[4] Et veritas Jesu Christi est sapientia sacrae scripturae. Ergo non est alibi veritas, nisi quae in illa continetur scientia. Et Ambrosius super Epistolam ad Colossenses dicit, Omnis ratio supernae scientiae et terrenae creaturae in eo est qui est caput et auctor, ut qui hunc novit, nihil ultra quaerat, quia hic est perfecta virtus et sapientia. Quicquid alibi quaeritur, hic perfecte invenitur. Cum ergo sacra scriptura dat nobis hanc sapientiam quae Christus est, manifestum est quod hic omnis veritas sit conclusa. Caeterum [5] si alibi dicatur sapientia, tunc si est contraria huic erit erronea, nec habebit nisi nomen sapientiae, vel [6] licet non dicatur contraria est tamen diversa.[6] Sed diversitas, quamvis alibi non faciat contrarietatem, hic tamen eam [7] inducit, sicut patet per evangelicam auctoritatem, Qui non est mecum, contra me est. Sic de hac sapientia verum est, ut quod illi annexum non est, contra illam esse probetur, et ideo Christiano [8] abhorrendum.

CAPITULUM II.[9]

Hoc [10] autem manifestius patet consideranti divisionem scientiarum aestimatam [11]. Nam si nitamur separare scientias ab invicem, non possumus [12] dicere non theologiam [esse] et scientiam

J., f. 83b., almost entirely wanting until near foot of page.

[1] O. om. Caeterum. [2] J., 'hoc libro.' O., secundo libro.
[3] V., cum velit. O., vult. [4] O. om. ut— dictum est.
[5] O., Si autem est sapientia huic contraria erit erronea.
[6] O. om. vel—diversa. [7] O. om. eam. [8] J., Christianae.
[9] J., Rubric, Capitulum secundum in quo [osten] ditur [pro] positum descendendo ad jus canonicum.
[10] J., Haec. O., Haec . . . patent. [11] O. om. aestimatam.
[12] O., non possumus dicere theologiam ; om. et scientiam—philosophiam. V., non possumus dicere non theologiam (*et seq.*).

juris canonici et philosophiam; sub una enim parte philosophiae, scilicet sub scientia morali, quam civilem nominavit Aristoteles, continetur jus civile, ut inferius enotescet. Canonicum vero jus vel a scripturis canonicis nuncupatur, non ab aliis, sicut ipsum nomen demonstrat; quae scripturae canonicae dicuntur libri Veteris Testamenti, sicut Decretorum parte prima distinctione nona pluries[1] habetur, et alibi; aut ab eodem, scilicet a canone nuncupantur[1], nam canon Graece regula Latine dicitur. Et tam jus canonicum quam divinum regularem modum vivendi reddere comprobatur. Caeterum jus canonicum totaliter fundatur super auctoritate scripturae et expositorum[2] ejus, sicut clarius patet per totum corpus Decreti et Decretalium. Nam aut[3] pro constitutionibus canonum[4] allegantur auctoritates[5] expositorum sacrae scripturae, ut Augustini, Hieronymi, Gregorii, Ambrosii, Isidori, Cypriani, Hilarii et aliorum, aut sacri[6] et summi pontifices pro suis statutis inducunt auctoritates et exempla Novi et Veteris Testamenti; et ideo hoc jus non est nisi explicatio voluntatis Dei in scriptura. Item jus canonicum vocatur jus[7] ecclesiasticum, quo regitur in spiritualibus Dei Ecclesia tam in capite quam in membris. Sed nihil aliud sonat haec[8] scriptura nisi hoc regimen. Praeterea jus naturale continetur in sacra scriptura, sicut docetur in principio Decreti[9], sed quaecunque moribus recepta sunt vel scriptis comprehensa, si naturali juri fuerint adversa, vana et irrita sunt habenda, ut parte prima distinctione octava continetur. Et ideo jura canonica non possunt esse aliena a jure divino, immo de fontibus illius oportet ea derivari. Et jus commune vel est divinum vel humanum. Divinum est, quod sensu[10] et spiritu Dei allatum est mundo in sua scriptura; humanum, quod sensu hominis est adinventum. Sed constat Ecclesiam regi[11] sensu et spiritu divino, et ideo jure divino quod sacris literis includitur, et certum est Ecclesiam regi jure canonico. Quapropter id

[1] O. om. pluries; after habetur, O. has aut canones nuncupantur.
[2] O., expositore; om. sicut—decretalium. [3] V., dum. [4] O., om. canonum.
[5] O., auctores sacræ scripturæ ut Augustinus et alii; om. Hieronymi—et aliorum.
[6] O. om. sacri et. [7] O. om. jus. [8] O. om. haec.
[9] O., in principio Decreti manifeste, omitting rest of sentence.
[10] O. om. sensu et.
[11] O., regi jure canonico, omitting intermediate words.

jus est divinum de thesauro sacrae scripturae eruendum. Et hoc manifestum est consideranti partes juris canonici. Nam[1] ordinat[2] gradus ecclesiasticorum officiorum, vel sacramenta Dei determinat, vel forum conscientiae discutit, aut causas ecclesiasticas descindit. Sed horum omnium radices et ipsa stipes erecta apud sacram scripturam reperiuntur; rami vero penes expositores ejusdem, ut in canonum[3] corpore folia flores et fructus salutiferi capiantur[4]. Nam sermonis[5] canonici suavis ornatus foliis comparatur[6] secundum scripturam, florum autem et fructuum utilitas sub propria metaphora praedicta quatuor comprehendit. Et ideo canones non sunt nisi culmi[7] segetum aurei, et palmites uvarum maturitio per virtutem scripturae suae offerendi. Quoniam igitur ita est jus canonicum sub potestate scripturae in uno corpore continetur, sicut unius[8] arboris corpus ex radicibus et stipite, ramis, floribus et fructibus constituitur.

CAPITULUM III.[9]

Quod autem philosophiae potestas non sit aliena a Dei sapientia sed in ipsa conclusa, manifestandum est in[10] universali et particulari. Nunc autem per auctoritates et exempla et rationes communes hoc declarato, deinceps uberius explicabitur ad quatuor vel quinque partes philosophiae descendendo juxta singularum scientiarum et artium potestatem[10]. Si enim a philosophis tanquam injustis possessoribus rapere debent Christiani utilia, quae in libris eorum continentur, sicut[11] tetigi a principio per sententiam Augustini, patet quod philosophia est condigna et propria[12] sacrae veritati. Et[13] in eodem libro

f. 84 of J. begins here; it is as imper-

[1] O., nam vel. [2] V. O., ordinant. [3] O., in canone.
[4] O., capiuntur. [5] O., sermones. [6] O., comparantur.
[7] J., cubii. [8] J., uni.
[9] J., Rubric: Capitulum tertium in quo ostenditur propositum descendendo ad philosophiam et hoc per sententias beati Augustini principaliter.
[10] O. om. in universali—artium potestatem.
[11] O., sicut dicit Augustinus. [12] O., om. et propria.
[13] O., Et iterum in libro octavo de doctrina Christiana.

fect as the preceding leaf.

dicit quod philosophorum aurum[1] et argentum non ipsi instituerunt, sed de quibusdam quasi metallis divinae providentiae, quae ubique infusa[2] est, eruuntur, quod praefiguratum fuisse ostendit dicens, 'Sicut Aegyptii[3] vasa atque ornamenta de auro et argento et vestem, quae ille populus[4] exiens de Aegypto sibi potius tanquam ad usum meliorem vindicavit, sic doctrinae gentilium liberales disciplinas usui veritatis aptiores et morum praecepta utilissima continent, deque ipso Deo colendo nonnulla[5] inveniuntur apud eos, quod eorum tanquam aurum et argentum debet ab eis auferre Christianus ad bonum usum praedicandi Evangelii[5].' Et hoc explicat in omnibus humanis tractatibus quae vel sunt moralia vel historialia, vel artificialia, vel naturalia, vel logicalia et grammaticalia. Nam pro moralibus dicit, 'Vestem quoque illorum[6], id est hominum quaedam instituta, sed tamen accommodata humanae societati, qua in hac vita carere non possumus, in usum convertenda Christianum[7] [habuere licuerit].' De historialibus dicit, 'Historia gentilium plurimum nos adjuvat ad sanctos libros intelligendos. Nam[8] et per Olympiadas et consulum nomina multa saepe quaeruntur a nobis, et ignorantia[9] consulatus quo passus est Dominus nonnullos errare coegit, ut putarent quadraginta annorum et sex aetate passum Dominum, quia per tot annos aedificatum templum esse dictum est a Judaeis, quod imaginem dominici corporis habebat.' Et istud manifestum est per loca quasi innumerabilia in Novo et Veteri Testamento[8]. De aliis vero considerationibus humanis, tam artificialibus quam naturalibus, dicit, 'Artium autem caeterarum, quibus aliquid fabricatur, vel quod post operationem remanet, ut domus, scamnium[10], vas et hujusmodi, vel medicina et agricultura et gubernatio[11], vel quorum omnis effectus actio est, sicut saltationum, cursionum, luctaminum[12]': harum autem cognitio

[1] O., aurum sapientiae. [2] O., est effusa. [3] V., episcopi Aegyptii.
[4] V., philosophus; O., populus. [5] O., nulla; O. om. quod eorum—Evangelii.
[6] V. O., quorum illorum. [7] O., Christianum debet.
[8] O. om. Nam et—Testamento. In J. this passage is destroyed, in V., incorrectly transcribed.
[9] V., ignoramus consulatus quod.
[10] V., scannu. J., stramium. O., domus et hujusmodi.
[11] O. om. et gubernatio. [12] O. om. luctaminum.

usurpanda est ad judicandum ne omnino nesciamus quid scriptura velit insinuare, cum de his artibus aliquas figuratas [1] locutiones [2] inserit, et licet large sumere [3] naturalia, ut sub eis medicinalia contineantur [4], et quae agriculturae sunt. Nam de rebus naturalibus istae scientiae constituuntur, atque sunt duae de octo praecipuis naturalibus, ut inferius elucescet. Tamen universaliter [2] pro omnibus naturalibus dicit, 'Benignam sane operam faceret pro sacra scriptura, qui proprietates temporum et locorum, lapidum et caeterarum rerum inanimatarum, plantarum et animalium colligeret.' Et pro logicalibus dicit primo [5], quod disputationis disciplina ad omnia genera quaestionum, quae in literis sanctis sunt penetranda et dissolvenda, plurimum valet. Et alias [6] in eodem dicit, quod secus est de logica et aliis scientiis [5]. Nam de eis pro theologia possunt quaedam necessaria colligi et condigna, sed Non video, ut ait, utrum hoc possit fieri de logica, quia ipsa per totum textum scripturarum colligitur nervorum vice. Atque in libro tertio [7] de ordine disciplinae dicit, quod ad scientiam sacram nullus debet accedere sine scientia [8] potentiae logicalis. De grammaticalibus vero assumendis ad sacra, fere secundus tertius et [9] quartus liber per totum hortantur. Et Hieronymus super Epistolam ad Titum, loquens de utilitate grammaticae respectu theologiae prae multis aliis scientiis dicit, Grammaticorum doctrina potest et proficere ad vitam dum fuerit in meliores usus assumpta, de qua magna et plura in sequentibus [10] sunt ponenda [8]. Sed de mathematicis dicit Cassiodorus in suo libro de hac scientia, 'Has scientias quatuor, scilicet geometriam, arithmeticam, astronomiam, musicam, cum sollicita mente revolvimus, sensum acuunt, limumque [11] ignorantiae detergunt, et ad illam speculativam [12] contemplationem, Domino largiente, perducunt,

f. 84b of J. begins here, the upper half almost entirely wanting.

[1] J., figuras. V., signatas. O., aliquas facit figuras.
[2] O. om. locutiones inserit—tamen universaliter. [3] V., sumendo.
[4] J., continentur. [5] O. om. primo—aliis scientiis.
[6] J., alias. V., aliquis. [7] J. O., 2⁰.
[8] O., sine scientia logicali; omitting what follows as far as ponenda.
[9] J. omits et.
[10] J., 'se quaestionibus,' the last word being altered to 'quae sequuntur.'
[11] J., lumenque. O., limamque. V., limumque.
[12] O., divinam.

quas merito sancti patres legendas persuadent[1], quoniam ex magna parte per eas appetitus a carnalibus rebus extrahitur, et faciunt desiderare quae solo animo largiente[2] corde possumus respicere.' Sed[3] haec copiose manifestabuntur suo loco. Et si de his ita se habet, multo fortius metaphysicalia sunt consona colloquiis divinis. Nam loco unius partis theologiae apud philosophos metaphysica est, quae cum philosophia morali ideo ab eis scientia divina et theologia physica vocatur, ut patet ex primo Metaphysicae Aristotelis et undecimo et ex nono et decimo Metaphysicae Avicennae. Nam de Deo et angelis et hujusmodi divinis multa considerat, et sic patet quod omnis sapientiae potestatem vindicat sacra scriptura[3]. Sed non solum Augustinus docet praedicta sed hoc multos sanctos fecisse commemorat cum quaerit, 'Nonne aspicimus quanto auro subfarcinatus exierit de Aegypto Cyprianus doctor suavissimus et martyr beatissimus, quanto Lactantius, quanto Victorinus[4] Optatus, Hilarius, ut de vivis taceam, quanto innumerabiles Graeci, quod prior ipse fidelissimus Dei famulus Moyses[5] [fecerat], de quo scriptum est quod eruditus fuerit omni sapientia Aegyptiorum[6]?'

CAPITULUM IV.[7]

Non solum quidem beatus Augustinus, sed etiam alii sancti asserunt, quod[8] et iste, et figuratum etiam ostendunt et sanctos sic fecisse testantur[8]. Nam Hieronymum[9] ad magnum oratorem censeo[10] ad praesens vocandum, qui dicit, 'Quid autem quae-

[1] O. om. quas—persuadent.
[2] O. om. animo largiente.
[3] O. om. Sed haec copiose—sacra scriptura.'
[4] V., Victorius Aptatus.
[5] V. om. fecerat.
[6] O. om. reference to Lactantius and Hilarius, and generally condenses the passage.
[7] J., Rubric: [Capi]tulum quartum, in quo idem ostenditur per Hieronymum et Bedam.
[8] O. om. quod—testantur.
[9] O., Hieronymus—dicit; O. begins the quotation with Si scripturas, ends it with gentilium libris, condensing the remainder, and shifting the reference to Epimenides, and Menander to end of chapter.
[10] V., Senteo.

ris? cur in opusculis nostris secularium literarum interdum ponamus exempla, et candorem Ecclesiae ethnicorum sordibus polluamus? Responsum breviter habeto. Nunquam hoc quaereres, nisi te totum Tullius possideret; si scripturas sanctas legeres, si interpretes earum omisso[1] Vulcatio evolveres. Quis enim nesciat et in Moyse ac prophetarum voluminibus quaedam assumpta de gentilium libris, et Solomonem philosophis Tyri et proposuisse nonnulla et aliqua respondisse? Unde in exordio Proverbiorum commonet, ut intelligamus sermones[2] prudentiae[3] versutiasque verborum, parabolas et obscurum sermonem, dicta sapientum et aenigmata quae proprie dialecticorum[4] et philosophorum sunt. Sed et Paulus apostolus Epimenidis poetae usus versiculo est, scribens ad Titum, Cretenses semper mendaces, malae bestiae, ventres pigri. In alia quoque epistola Menandri[5] ponit senarium, Corrumpunt bonos mores confabulationes pessimae. Et apud Athenienses in Martis Curia disputans Aratum testem vocat, Ipsius enim et genus sumus, quod est Graece clausula[6] versus heroici. Ac ne parum hoc esset, ductor Christiani exercitus et orator invictus pro Christo causam agens etiam inscriptionem fortuitam arte torquet in argumentum fidei. Didicerat enim a vero David extorquere de manibus hostium gladium, et Goliae superbissimi caput proprio mucrone truncare. Legerat enim in Deuteronomio Domini voce praeceptum, mulieris captivae radendum caput, supercilia, omnes pilos et ungues corporis amputandos, et sic eam habendam conjugio. Quid ergo mirum, si et ego sapientiam secularem propter eloquii venustatem et verborum pulchritudinem de ancilla atque captiva Israeliten[7] facere cupio? et si quid in ea mortuum est idolatriae voluptatis erroris libidinum vel praescido[8] vel rado, et mixtus purissimo corpori vernaculos ex ea genero[9] Domino Sabaoth, labor meus in familia Christi proficit. Julianus Augustus septem libros in expeditione Parthica adversus Christum evomuit; si contra hunc

f. 85 of J. begins here, imperfect like

[1] V., emissio. [2] J., symonis. V., sermonis.
[3] J., prudentem. V., versutias verborumque parabolas.
[4] J., deabeticorum. [5] J., Menandi. V., Menandum. [6] J., clasula.
[7] V., Israelitae. [8] J., praecido. [9] V., generatio.

preceding leaves.

scribere tentavero puto interdicis mihi ne rabidum canem philosophorum et Stoicorum doctrinis, id est Herculis clava[1] repercutiam?' Et inducit ad hujusmodi probationem prophetas et omnes doctores famosos a principio Ecclesiae qui philosophorum doctrinis fidem Christi persuaserunt principibus et infidelibus ac roboraverunt multipliciter. Et Beda super librum Regum dicit quod liberalium scientiarum utilia[2] quasi sua sumere licet Christianis ad divina. Alioquin Moyses et Daniel sapientia et literis[3] Aegyptiorum et Chaldaeorum non paterentur erudiri. Item in libro[4] de factura templi dicit Solomonem cum suis servis significare[5] Christum, et Hiram cum suis designare[6] philosophos et sapientes de gentilibus, ut templum Dei, hoc est Ecclesia, non solum sapientia apostolica sed philosophorum construeretur. Et dicit[7] scriptura, Servi Hiram doctiores erant servis Solomonis ad caedendum[7]. Quia, ut dicit Beda super hoc[8], gentiles ab errore conversi atque ad veritatem Evangelii transformati melius ipsos gentium errores noverant, et quo certius noverunt, eo artificiosius hoc expugnare atque evacuare didicerunt. Paulus Evangelium quod per revelationem didicerat melius novit. Sed Dionysius melius revincere poterat falsa Athenarum dogmata, quorum cum erroribus similibus[9] argumenta a puero noverat, et ideo Solomon dicit, Scis enim quod non est in populo meo vir qui noverit ligna caedere sicut Sidonii. Haec et hujusmodi multa allegat venerabilis Beda, et multi alii, sed haec nunc sufficiant.

CAPITULUM V.

Causae autem quare sancti sic affirmant[10] quod quaerimus, et figuratum fuisse declarant et a sanctis effectui mancipatum denunciant[11], possunt assignari. Primo propter hoc quod ubicunque veritas invenitur, Christi judicatur, secundum

[1] V., clausula. [2] O. om. utilia. [3] O. om. et literis.
[4] O. om. in libro. [5] O., figurare. [6] O., significare.
[7] O. om. Et dicit—caedendum.
[8] O. om. ut dicit—hoc. [9] O. om. similibus.
[10] J., affirmant et figuratum fu . . .
[11] O. om. et a sanctis—denunciant.

sententiam[1] et auctoritates Augustini[2] superius allegatas: secundo[3], quamvis aliquo modo veritas philosophiae dicatur esse eorum, ad hanc tamen habendam primo lux divina influxit in animos eorum, et eosdem superillustravit. Illuminat enim omnem hominem venientem in hunc mundum, sicut dicit scriptura, cui sententiae ipsi philosophi concordant. Nam ponunt intellectum agentem et possibilem. Anima vero humana dicitur ab eis possibilis, quia de se est in potentia ad scientias et virtutes et eas recipit aliunde. Intellectus agens dicitur, qui influit in animas nostras illuminans[4] ad scientiam et virtutem, quia licet intellectus possibilis possit dici agens ab actu intelligendi, tamen sumendo intellectum agentem, ut ipsi sumunt, vocatur influens et illuminans possibilem ad cognitionem[5] veritatis. Et sic intellectus agens, secundum majores philosophos, non est pars animae, sed est substantia intellectiva alia et separata per essentiam ab intellectu possibili. Et quia istud est necessarium ad propositi persuasionem, ut ostendatur quod philosophia sit per influentiam divinae illuminationis, volo istud efficaciter probare, praecipue cum magnus error invaserit[6] vulgus philosophantium in hac parte, necnon multitudinem magnam theologorum, quoniam qualis homo est in philosophia, talis in theologia esse probatur. Dicit igitur[7] Alpharabius in libro de intellectu et intellecto, quod intelligentia[8] agens, quam[8] nominavit Aristoteles in tertio tractatu suo de Anima, non est materia, sed est substantia separata. Et Avicenna quinto de Anima et nono[9] Metaphysicae idem docet. Necnon ipse Philosophus dicit quod intellectus agens est separatus a possibili et immixtus. Item vult quod intellectus agens sit incorruptibilis secundum esse et substantiam, quoniam dicit ipsum differre a possibili penes incorruptionem. Sed possibilis est incorruptibilis secundum substantiam et corruptibilis[10] secundum esse, propter separationem ejus. Ergo agens

f. 85b of J. begins here, imperfect like preceding pages, especially in the upper two-thirds.

[1] O., sententias. [2] O., om. Augustini. [3] O., idcirco.
[4] V. J., illuminationes. O., illuminans. [5] J., congre[g]ationem (*sic*).
[6] J., invaserit error. [7] O., enim.
[8] O., intellectus agens quem. [9] O., decimo.
[10] O., corruptibilis. V., corporalis.

secundum esse et substantiam erit incorruptibilis, quapropter non erit pars animae, quoniam tunc secundum esse suum in corpore corrumperetur quando separaretur. Et dicit quod se habet ad possibilem sicut artifex ad materiam, et sicut lux solis ad colores. Artifex autem [1] est extra materiam in qua [2] agit, et separatus per essentiam ab ea. Similiter lux solis expellens tenebras a coloribus [3] et aliis rebus separata [4] est per essentiam ab eis, et advenit aliunde. Dicit etiam quod intellectus agens scit omnia et semper in actu, quod nec animae rationali [5] nec angelo convenit, sed soli Deo. Item [6] si esset pars animae, tunc anima sciret idem per agens, et ignoraret per possibile, quia agens est in actu quale est possibile in potentia, ut Aristoteles testatur [6]. Item a digniori parte magis habet res denominari, ergo magis dicetur sciens per agentem, quam ignorans per possibilem ante inventionem et doctrinam. Si [7] dicatur quod agens, licet sit pars animae, non tamen est actus et forma corporis sicut possibilis, et ideo homo habet operationes possibilis et non agentis, hoc est contra definitionem animae, qua dicitur quod anima est actus corporis physici. Nam si una pars ejus tantum est actus, quod forma corporis tunc male datur differre animae totalis, et absolute et simpliciter per actum corporis, et ideo tunc debet excipi illa pars quae non est actus corporis, sicut ipse Aristoteles in principio secundi libri, quando ponit aliquas partes animae esse non solum actus corporis totius, sed partium ejus, ut sensitivam et vegetativam, excipit intellectum, quem negat esse actum et perfectionem partis corporis, quia non est alligatus organo sicut caeterae partes animae [7]. Et [8] ad hoc expressius intimandum, dicit quod [8] intellectus est in corpore sicut nauta in navi, quoniam ad hoc quod non est alligatus alicui parti, sicut nec nauta navi, licet [9] sit actus et perfectio totius [9]. Nauta tamen non est navis [10] perfectio, sed motor tantum. Item [11] tunc componetur anima ex substantia separata

[1] O., enim.
[2] O., quam.
[3] O., corporibus ; om. et aliis rebus.
[4] O., separatus.
[5] O. om. rationali.
[6] O. om. Item si—testatur.
[7] O. om. Si dicatur—partes animae.
[8] O., Item Aristoteles dicit quod
[9] O. om. licet—totius.
[10] O. om. navis.
[11] O. om. Item tunc—speciei oppositae.

et conjuncta, sed hoc est impossibile. Nam intelligentia, sive angelus, et anima differunt secundum speciem penes unibile [1] et non unibile, et ideo anima non componetur ex aliquo quod est actus corporis, et ex aliquo quod non est tale. Nam species una non componitur ex aliquo alterius speciei oppositae. Cum ergo haec sententia [2] sit consona veritati, et textus Philosophi hoc evidenter praetendat atque ejus [3] expositores maximi [4] ipsum sub hac forma [4] declarant, et [5] haec verba agens et possibilis sunt a Philosopho non a sanctis accepta, longe melius est secundum Philosophi sententiam agentem intellectum penitus dicere substantiam separatam ab anima per essentiam. Non enim est dubium experto in philosophia quin haec sit sua sententia, et in hoc omnes sapientes antiqui experti concordant. Nam universitate Parisiensi convocata, bis vidi et audivi venerabilem antistitem dominum Gulielmum Parisiensem Episcopum felicis memoriae coram omnibus sententiare quod intellectus agens non potest esse pars animae; et dominus Robertus Episcopus Lincolniensis et frater Adam de Marisco et hujusmodi majores hoc idem firmaverunt. Qualiter vero refellantur quae hic objici possunt, manifestabitur in opere principali, cum de naturalibus fiet sermo. Verumtamen ne [5] cavillator aliquis a latere insurgat, allegans illud quo vulgus decipitur, dico quod cum [6] Aristoteli imponantur [7] haec verba, 'Quoniam autem in omni natura est aliquid quod agat et aliquid quod patiatur ita et in anima,' primo [8] respondeo quod multoties falso translatum est, et pluries obscure. Nam cum tertio Coeli et Mundi dicatur quod circulus et figura orbicularis replent locum, istud est falsum, ut sciunt experti in naturalibus et geometricis, sicut Averroes demonstrat ibidem. Et quod tertio Meteororum dicitur [9] quod iris non ex luna nisi in 50 bis, et hoc est iterum falsum. Nam experientia docet quod quandocunque luna sit plena et pluat, nec ipsa sit nubibus co-operta, accidit iris. Et sic sunt multa alia falso translata, cujus causa patebit ex tertia parte

f. 86 of J. begins here; as in the preceding leaves, the whole of first few lines are lost, and more than half of all the remaining lines except the last 8 or 10; only the last 5 are complete.

1 J., 'unibile [altered from 'unile'] et non . . .' V., inibile.
2 J., sententiam [*sic*].
3 O. om. ejus.
4 O. om. maximi—forma.
5 O. om. thirteen and a half lines resuming with Ne cavillator.
6 O. om. cum.
7 O., imponuntur.
8 O., immo.
9 O., dicitur de iride.

hujus operis, cum[1] fiet mentio de vitiis translatorum[1]; sed longe plura sunt obscure et non intelligibiliter translata, in quibus quilibet[2] alii potest contradicere. Et in hoc loco accidit utrumque vitium vel saltem secundum, quod probo per ipsum Aristotelem. Nam ipse dicit secundo Physicorum, quod materia non coincidit cum aliis causis in eodem secundum numerum, ergo in nulla natura sunt simul agens et materia, ergo nec in anima. Si igitur ad literam teneatur textus male translatus, tunc omnino falsus est, et contra Aristotelem alibi; et non[3] contradicit sibi tantus auctor. Et qualitercunque contingat, verbum suum in secundo Physicorum est verum et ab omnibus concessum; ergo sermo suus tertio de Anima est falso translatus, vel indiget expositione. Nam nihil aliud intendit nisi quod in anima et[4] in operatione animae[4] requirantur[5] duo, scilicet agens et materia, sicut in omni natura. Id est, in omni operatione naturae duo exiguntur, scilicet efficiens et materia, et illud est verum; sed agens est semper aliud a materia, et extra eam secundum substantiam, licet operetur in eam.[6] Caeterum possumus aliter hunc locum consolari. Nam Aristoteles quarto Physicorum dicit quod octo modi sunt essendi in aliquo, quorum unus est ut movens est in moto, quia movens seu agens est secundum virtutem suam in materia mota[7], licet non secundum substantiam. Et sic agens[8] est in omni natura in quam[9] operatur, et ita in anima. Et sic nullo modo sequitur quod intellectus agens sit pars animae, ut vulgus fingit. Et haec sententia est tota fidelis, et a sanctis confirmata; sciunt[10] enim omnes theologi, quod[10] Augustinus dicit in Soliloquiis et alibi, quod soli Deo est anima rationalis subjecta in illuminationibus et influentiis omnibus principalibus. Et quamvis angeli purgent mentes nostras et illuminent et excitent multis modis, et sint ad animas nostras sicut stellae respectu oculi corporalis, tamen Augustinus ascribit Deo influentiam principalem sicut soli influentia luminis cadentis per fenestram ascribitur, et angelus aperienti fenestram com-

[1] O. om. cum—translatorum.
[2] O., quilibet; V., cuilibet.
[3] O. om. non.
[4] O., scilicet in operatione; om. animae.
[5] O., requiruntur.
[6] O., ea.
[7] O., sua.
[8] O. om. agens.
[9] O., qua.
[10] O. om. sciunt—quod.

paratur, secundum Augustinum in glossa super illud[1] Psalmi, Da mihi intellectum. Et quod plus est, vult pluribus locis quod non cognoscimus aliquam veritatem nisi in veritate increata et in regulis aeternis, et hoc saltem habet[2] intelligi effective et per influentiam; licet Augustinus non solum hoc velit, sed aliud innuit in verbis suis, propter quod quidam posuerunt[3] eum majora hic sentire, ut scitur communiter. Quae omnia attestantur in hoc quod agens principale illuminans et influens intellectum possibilem est substantia separata, hoc est ipse Deus. Cum igitur Deus illuminaverit animas eorum in percipiendis veritatibus philosophiae, manifestum est quod eorum labor non est alienus a sapientia divina.

CAPITULUM VI.

Tertia causa propter quam sapientia philosophiae reducitur ad divinam est quia non solum mentes eorum illustravit Deus ad notitiam sapientiae acquirendam, sed ab eo ipsam habuerunt, et eam illis revelavit, praestitit[4] et dedit. Omnis enim sapientia a Domino Deo est sicut dicit auctoritas scripturae, quia, ut ait Apostolus, quod notum est Dei manifestum est in illis, Deus enim illis revelavit[4]. Et Augustinus dicit super Johannem quod eis praestitit[5], et summus[6] Philosophus Aristoteles in libro Secretorum asserit manifeste totam philosophiam fuisse a Deo datam et revelatam. Et unus de maximis philosophorum[7], scilicet Marcus Tullius, primo de Quaestionibus Tusculanis quaerit, Philosophia quid est nisi ut Plato donum, ut ego[8], inventum Dei? Unde etiam dicit quod nec poeta grave plenumque carmen sine coelesti aliquo mentis instinctu[9] effudit. Et Augustinus octavo de Civitate Dei docet et approbat quod Socrates pater philosophorum magnorum firmavit, quod non potest homo causas rerum scire nisi in luce divina, et per donum ejus, et quilibet potest

f. 87 of J. which begins here is very imperfect, only the last few lines being complete; the upper lines are entirely wanting.

[1] O. om. super illud.
[2] J., habet. V., habent.
[3] J., imposuerunt.
[4] O. om. praestitit et dedit—Deus enim illis revelavit.
[5] O., praestitit sapientiam.
[6] O. om. summus philosophus.
[7] O., philosophis.
[8] O., ut ego credo.
[9] O., instructu.

per se experiri quod nihil primo ab homine invenitur, quod sit de potestate philosophiae. Et pono[1] exemplum in minimo; quoniam licet universalia Porphyrii sint apud eum fere[2] sufficienter explicata, et alibi per logicam et metaphysicam et naturalem philosophiam et perspectivam[3] sufficienter[4] exposita, tamen non est homo ita bene studiosus quin oportet quod doctores multipliciter habeat et per longa tempora audiat et studeat antequam sciat totam veritatem universalium. Et nullus vix ante mortem haec sufficienter[5] cognoscit, quantum-[cun]que habeat doctores[6], quod patet propter[7] discordiam omnium in hac parte; quia aliqui ponunt ea sola in anima, aliqui[8] solum extra, aliqui secundum esse in rebus, sub ratione tamen universalis in anima. Et Avicenna ostendit super Porphyrium sextum universale ei defuisse et ipsum plures falsitates dixisse[9]. Si ergo ignorantia horum est apud quemlibet, quamvis per totam vitam suam studeant in libris philosophorum, et licet doctores habeant solemnes, multo magis quilibet homo ignorabit haec, et nunquam per se inveniret horum veritatem sine libris et doctoribus. Quapropter necesse est horum veritatem a principio fuisse homini revelatam. Si etiam aliquis quantumcunque sciens universalia tradidisset oblivioni librum Porphyrii et omnia quae necessaria sunt universalibus sciendis, et non posset libros vel doctores habere, impossibile esset quod unquam[10] veritatem universalium explicaret. Loquor[11] de universalibus secundum eorum esse, verum sicut metaphysicus habet considerare, non solum secundum puerilem doctrinam Porphyrii et secundum logicae rationem. Quapropter quilibet potest per se considerare quod revelatio necessaria est in hac parte; et cum haec sint puerilia et minima, multo fortius erit hoc in tota sapientia philosophiae. Quod autem a Deo et quod ipse revelavit et praestitit et dedit, oportet quod suae sapientiae sit omnino conforme.

[1] V., pone.
[2] O. om. fere.
[3] O. om. et perspectivam.
[4] O., sufficientissime.
[5] O. om. haec sufficienter.
[6] O. om. quantumcunque—doctores.
[7] J., per.
[8] O., aliqui extra, aliqui medio modo.
[9] O. much condenses remainder of chapter; see 1st ed.
[10] J., unquam. V., nunquam.
[11] J., et loquor.

CAPITULUM VII.

Caeterum et totus [1] philosophiae decursus consistit ut per cognitionem creaturae [2] cognoscatur Creator, cui propter reverentiam majestatis et beneficia [3] creationis et conservationis et futurae felicitatis serviatur in cultu honorifico et morum pulchritudine et legum utilium honestate, ut in pace et justitia vivant homines in hac vita. Philosophia enim speculativa decurrit usque ad cognitionem creatoris per creaturas, et moralis philosophia morum honestatem, leges justas et cultum Dei statuit, et persuadet de futura felicitate utiliter et magnifice secundum possibile [4] philosophiae. Haec sunt certa discurrentibus per omnes partes philosophiae principales, sicut sequentia docebunt. Cum igitur haec sint omnino necessaria Christianis et omnino consona sapientiae Dei, manifestum est quod philosophia necessaria [est] legi divinae et fidelibus in ea gloriantibus.

f. 87b of J. begins here, very imperfect except in the last few lines.

CAPITULUM VIII.

Item omnes sancti et sapientes antiqui in suis expositionibus sensum literalem colligunt ex naturis rerum et proprietatibus earum, ut per convenientes adaptationes et similitudines eliciant sensus spirituales. Quod declarat Augustinus in libro de Doctrina Christiana secundo, ponens exemplum de verbo Domini dicentis apostolis [5], Estote prudentes sicut serpentes et simplices sicut columbae. Nam voluit Dominus per hoc, ut ad similitudinem serpentis totum corpus exponentis pro defensione capitis [6], apostoli et apostolici viri se et sua darent pro Christo capite suo et pro fide ejus [7]. Et propter hoc omnis creatura in se vel in suo simili vel in universali vel in particulari, a summis coelorum usque ad terminos eorum ponitur in scriptura, ut sicut Deus fecit creaturas et scripturam,

[1] O., totius. [2] O., suae creaturae. [3] O., beneficium.
[4] O., secundum quod possible est. [5] O. om. Apostolis.
[6] O. om. capitis. [7] O., sua.

sic voluit ipsas res factas ponere in scriptura ad intellectum ipsius tam sensus literalis quam spiritualis. Sed tota philosophiae intentio non est nisi rerum naturas et proprietates evolvere, quapropter totius philosophiae potestas in sacris literis continetur; et hoc maxime patet, quia longe certius ac melius et verius accipit scriptura creaturas quam labor philosophicus sciat eruere[1]. Quod pro infinitis exemplis pateat in iride ad praesens. Philosophus Aristoteles suis obscuritatibus nos perturbat, nec aliquid quod dignum sit valemus per eum intelligere; nec mirum, cum Avicenna ejus[2] praecipuus imitator[2], princeps et dux philosophiae post[3] eum, ut super capitulum Aristotelis de Iride tertio Meteororum dicit commentator[3], fateatur se naturam iridis non bene agnovisse. Et causa hujus est quia philosophi causam finalem iridis ignoraverunt, et ignorato fine, ignorant[4] ea quae ad finem sunt, quia finis imponit necessitatem his quae ad finem ordinantur, ut Aristoteles vult secundo Physicorum. Causa vero finalis iridis est dissipatio humiditatis aqueae, sicut patet ex libro Genesis, unde semper in apparitione iridis est nubium resolutio in stillicidia infinita, et consumuntur aqueae humiditates tam in aere quam in mari et terra; quia una pars iridis cadit in sphaeras aquae et terrae. Consumptio vero aqueae[5] humiditatis[5] non potest esse per iridem nisi propter radios solis facientes eam, nam per varias reflectiones et fractiones congregantur radii infiniti, et congregatio radiorum est causa resolutionis et consumptionis aquarum, et ideo iris generatur per reflectiones multiplices. Non enim possunt radii congregari nisi per fractionem et reflectionem, ut postea suo loco scietur[6]. Ex scriptura igitur[7] Geneseos cum dicitur, Ponam arcum meum in nubibus coeli, ut non sit amplius diluvium super terram, accipitur causa finalis ipsius iridis, ex qua[8] investigari potest causa efficiens et modus generandi iridem, qui modus non fuit notus philosophis sufficienter, secun-

f. 88 of J. begins here; it wants all the first few lines, and only the last few are complete.

[1] J. O., eruere. V., enarrare.
[2] O. om. ejus—imitator.
[3] O. om. post eum—commentator.
[4] J., '. . . antur ea quae.' O., ignorantur.
[5] O., aquae. .
[6] O., patebit., om. suo loco.
[7] O. om. igitur.
[8] O., quo.

dum quod libri eorum nobis manifestant. Et ita est de omni creatura. Impossibile enim est quod homo sciret veritatem creaturae ultimam, secundum quam accipitur in scriptura, nisi fuerit specialiter a Deo illustratus. Nam creaturae accipiuntur ibi propter veritates gratiae et gloriae eliciendas, quas philosophi nesciverunt, et ideo ad potestatem ultimam sapientiae creaturarum non venerunt, sicut sacra scriptura eam in suis continet visceribus. Unde tota philosophiae virtus jacet in sensu literali sacris mysteriis gratiae et gloriae decorata, tanquam quibusdam picturis et coloribus nobilissimis redimita.

Capitulum IX.

Et hoc ultimo confirmari potest per hoc quod eisdem personis data est philosophiae plenitudo, quibus et lex Dei, scilicet sanctis patriarchis et prophetis a mundi principio. Et non solum est necessarium propter articulum qui hic tractatur, sed propter totum negotium sapientiae certificandum. Nam impossibile fuit homini ad magnalia scientiarum et artium devenire per se, sed oportet quod habuerit revelationem, qua probata nihil debet apud nos dubitari de arcanis sapientiae repertis apud auctores, quamvis[1] nos in illis fuerimus inexperti. Sed nullum capitulum sapientiale est tanti laboris sicut est certificatio hujus rei, eo quod est magnum fundamentum totius comprehensionis humanae, atque contrarietates et dubia multipliciter intercurrunt[2], et oportet auctores et volumina abundantius revolvi quam pro aliquo alio articulo, qui in toto sapientiae studio valeat reperiri. Dico igitur quod eisdem personis a Deo data est potestas philosophiae, quibus et sacra scriptura, scilicet sanctis ab initio, ut sic appareat una esse sapientia completa hominibus necessaria. Soli enim patriarchae et prophetae fuerunt veri philosophi qui omnia sciverunt, scilicet[3] non solum legem Dei, sed omnes partes philosophiae. Hoc enim ipsa sacra[4] scriptura nobis satis[5] evidenter ostendit,

[1] O. om. quamvis—inexperti. [2] O., intercurrerunt.
[3] O. om. scilicet. [4] O., nostra. [5] J., satis nobis.

quae dicit Joseph erudivisse principes Pharaonis et senes Aegypti prudentiam docuisse, et Moysem fuisse peritum in omni sapientia Aegyptiorum. Et Bezaleel[1] et Aholiab hoc demonstrant, qui omni intellectu et sapientia rerum naturalium fuerunt illustrati; uno enim flatu Spiritus Sanctus eos illuminavit et docuit totam potestatem naturae in rebus metallicis et caeteris mineralibus. Sed et Solomon sapientior omnibus praecedentibus et subsequentibus secundum testimonium scripturae plenam obtinuit philosophiae potestatem. Et Josephus primo[2] antiquitatum libro dicit quod cum filii Adae per Seth fuerint[3] viri religiosi et ab ipso Deo facti, Deus dedit eis sexcentos vivere annos propter gloriosas partes philosophiae, in quibus studuerunt, ut quod Deus eis revelavit possent experiri per vitae longitudinem. Et addit[4] quod Noe et filii ejus Chaldeos docuerunt partes philosophiae, et quod Abraham intravit Aegyptum et docuit Aegyptios. Et postea in octavo libro addit, quod nullam naturam inexaminatam Solomon praeteriit, sed de omnibus philosophatus est, et disciplinam proprietatum earum evidenter exposuit, et tangit quomodo descendens ad singula composuerit[5] quatuor millia librorum et quinque; et[6] adjungit multa quae naturam communiter operantem scimus nullatenus adimplere.[6]

Et maximus Aristoteles ipsa veritate coactus dicit in libro Secretorum, Omnem sapientiam Deus revelavit suis prophetis et justis et quibusdam aliis quos praelegit, et illustravit spiritu divinae sapientiae, et dotavit eos dotibus scientiae. Ab istis sequentes viri[7] philosophi philosophiae principium et originem habuerunt, Indi[8], Latini, Persae[9] et Graeci. Ab istis enim habuerunt[8] et scripserunt artium et scientiarum principia et secreta, quia in scriptis ipsorum nihil firmum, nihil reprobum invenitur, sed a sapientibus approbatum. Philosophi enim ab eis habuerunt omnia et maxime Graeci, quia magis fuerunt studiosi. Et Averroes dicit super principium Coeli et Mundi

f. 88b of J. begins here (imperfect, see p. 52).

[1] V., Besleel et Ocliab. O., Beseleel et Eliab. J., Besleel et Ochab.
[2] O., primo libro capitulo secundo.
[3] J., fuerunt.
[4] O., addidit.
[5] O. om. composuerit.
[6] O. om. et adjungit—adimplere.
[7] O. om. viri.
[8] O. om. Indi—habuerunt.
[9] V., Perses.

quod in tempore antiquorum ante Aristotelem et caeteros[1] philosophos fuit philosophia completa, ad cujus completionem Aristoteles suo tempore aspirabat[2]. Et[3] in prologo compositionis astrolabii Ptolemaei[3], et apud Albumasar in majori introductorio et alibi et penes alios[4] habetur multipliciter quod Noe et Sem filius ejus multiplicarunt philosophiam, et praecipue primogenitus[5] Sem prevaluit in hac parte. Deinde post istos fuerunt viri qui philosophi vocabantur[6] nomine vulgato. Omnes philosophi et poetae famosi[7] et majores et minores fuerunt post Noe et filios suos, et post[8] Abraham. Nam Aristoteles et omnes consentiunt in hoc quod primi philosophantes fuerunt Chaldaei et Aegyptii, unde adhaeret sententiis patrum Chaldaeorum in undecimo Metaphysicae. Et in Aegypto scholasticum studium primo institutum est, ut dicit in primo Metaphysicae. Quia licet Noe et filii ejus docuerunt Chaldaeos antequam Abraham docuit Aegyptios, tamen non fuit studium more scholastico regulariter ita cito institutum, sed paulatim crevit ordo ejus et exercitium.

Quatenus igitur omnis dubitatio tollatur in hac parte, videamus decursum et seriem infidelium philosophorum et poetarum, et omnium sollicitantium de studio sapientiali, ut percipiamus quod post Abraham et praedecessores[9] suos, quibus a Deo omnis[10] sapientia revelata est, inventi sint singuli qui aliquem titulum sapientiae laudabiliter[11] adepti sunt. Nam quamcunque volumus strictius computare, Zoroastres[12] invenit artes magicas secundum Augustinum vicesimo primo de Civitate Dei, et secundum omnes auctores hoc vulgatum est; sed hic fuit Cham filius Noe, ut Clemens libro suo et Magister Historiarum et Speculum Historiale conscribunt. Deinde Io, quae postea Isis dicta est, dedit literas Aegyptiis, ut Augustinus dicit libro de Civitate Dei octavo decimo ; ante cujus tempora non fuit secundum Augustinum sapientiae studium literis et

[1] O., alios.
[2] V., conspirabat. O., aspirabat.
[3] O. om. et in prologo—Ptolomaei.
[4] O., aliquos.
[5] O. om. primogenitus.
[6] O. has hiatus in place of qui philosophi vocabantur.
[7] O. om. famosi.
[8] O. om. post.
[9] O., decessores.
[10] O. om. omnis.
[11] O. om. sapientiae laudabiliter.
[12] J., Zoroastes.

scriptis pertractatum, quamvis doctrina[1] verbi Abraham eos instruxit. Et haec[2] Isis, ut Augustinus ait, dicitur fuisse filia Inachi, qui fuit primus rex Argivorum, qui regnavit primo anno Jacob et Esau nepotum Abrahae, sicut Augustinus et historiae confitentur; quamquam et aliqui[3] voluerunt quod Isis venerit de Aethiopia in Aegyptum regina[4], et eis literas dedit, et multa beneficia contulit, sicut recitat Augustinus. Sed tamen ante tempus Inachi non fuit, nec[5] in ordine regum Aegypti in[6] chronicis reperitur. Eodem tempore fuit Minerva aetate virginali apparens, multorum ut ait Augustinus[7] operum inventrix, quae Pallas dicitur, et apud poetas dea sapientiae nuncupatur, et Athena vocatur atque Tritonia, ut dicit Augustinus. Et Isidorus hunc locum esse in Africa, qui Trito vocatur, refert octavo libro Etymologiarum, et Plinius quinto libro, a quo Pallas dicitur Tritonia, et fuit tempore diluvii et[8] Ogygii regis quod illi ascribitur, quia in Achaia accidit tempore ejus, qui secundum Augustinum, Eusebium et Hieronymum, ac Solinum libro de mirabilibus[9] mundi, fuit tempore Phoronei filii Inachi. Regnavit autem Inachus quinquaginta annis, et Phoroneus ejus filius 61[10], cujus tempore facta est repromissio Jacob, sicut patri suo, ut dicit Augustinus. Et ideo Ogygius[11] fuit tempore Jacob, unde Solinus dicit diluvium primum in Achaia fuisse tempore Ogygii[12] et Jacob patriarchae, quod diluvium fuit ante diluvium Deucalionis per sexcentos annos, ut idem narrat Solinus. Nam ut Hieronymus et Eusebius narrant, regnante Cecrope[13] rege Atheniensium, sub quo Moyses eduxit filios Israel de Aegypto, fuit Deucalionis diluvium. Et sub Phoroneo moralis philosophia incepit apud infideles. Nam Augustinus dicit quod sub eo[14] legum et judiciorum Graecia clarior facta est institutis. Sed prius fuerunt mores et jura vivendi, quod patet per inhibitionem sanguinis, et licentiam de esu carnium post diluvium, et de

f. 89 of J. begins here, very imperfect at the top, and only complete at the foot. Much of the rest is illegible from discoloration of the vellum.

[1] O., doctrina Abraham instructi fuerunt. [2] O. om. haec.
[3] O., alii. [4] O. om. regina. [5] O., ut.
[6] J. O., Aegypti in chronicis. V., in chronicis Aegypti.
[7] J., Augustinus libro dicto. O., libro praedicto.
[8] O. om. et. [9] J., ruralibus.
[10] J., lx. [11] J. V., Egigus. O., Ogigus. [12] V., Egigi. O., Ogigi.
[13] O., Cicrope primo rege. [14] O. om. eo.

emptione et venditione apud Abraham pro spelunca duplici, et de circumcisione et hujusmodi[1], atque sanctitas Abrahae et patrum suorum leges honestas et sacras vivendi concludit fuisse ab eis edoctas[2]. Et cum minus utiles scientias perfecerunt, non debuit tantorum virorum sapientia scientiam morum utilissimam negligere. Deinde primus inter viros titulo majoris sapientiae insignitus[3] fuit Prometheus[4], quem poetae ferunt de luto formasse homines, quia optimus sapientiae doctor[3] fuisse perhibetur, ut Augustinus dicit decimo[5] octavo[5] de Civitate Dei. Cujus frater, ut idem ait Augustinus, fuit Atlas magnus astrologus; unde occasionem, ut Augustinus refert, fabula[6] invenit ut eum portare coelum confingeret[7], quamvis mons ejus nomine nuncupetur, cujus altitudine potius coeli portatio in opinionem vulgi[8] venisse videatur, qui in extremis Africae maritimis prope Gades Herculis attollitur velut in coelum. Sed priores fuerunt filii Noe et Abraham qui fuerunt periti astronomi, ut Josephus narrat, et Isidorus libro tertio, et Clemens libro primo, hoc[9] idem de Abraham confitentur[9]. Nam hi secundum Augustinum floruerunt quando Moyses natus est, et Isidorus concordat libro quinto dicens quod Atlas fuit sub servitute[10] filiorum Israel ante natum Moysen. Atlas vero, ut dicit Augustinus, fuit avus maternus Hermetis Mercurii majoris, qui magnarum artium peritus claruit, et eas hominibus tradidit, propter quod eum tanquam deum post mortem venerati sunt, et hic, ut dicit Augustinus decimo octavo libro, fuit tempore quo Moyses eduxit filios Israel de Aegypto[11]. Cujus nepos fuit Hermes Mercurius qui ad differentiam alterius dictus est Trismegistus, qui famosus fuit philosophus Aegypti et[12] partium meridionalium maxime in moralibus, et quae ad cultum et divina pertinere noscuntur[12], sicut Augustinus docet octavo de Civitate Dei; et hic[13] scripsit ad Asclepium, sicut patet in libro de divinitate, qui satis habetur; cujus Asclepii

[1] O. om. et de—hujusmodi. [2] O., edoctos.
[3] In O. the words *insignitus* and *doctor* have been interchanged.
[4] O., Prometha. [5] O., octavo, *pro* decimo octavo.
[6] O., fabulam. [7] O., quod—finxerit. V., quod—confinxerit.
[8] V. O., altitudinem vulgi om. venisse. [9] O. om. hoc—confitentur.
[10] V., virtute. O., servitute. [11] O. om. de Aegypto.
[12] O. om. et partium meridonalium—noscuntur. [13] O., hoc.

avus fuit Aesculapius primus medicinae auctor apud philosophos infideles, secundum quod Augustinus recitat octavo libro. Sed tamen Isidorus dicit tertio libro Etymologiarum quod Apollo pater fuit Aesculapii, qui primo inter philosophos infideles dicitur docuisse artem medicinae. Nam et patri ascribitur medicina quantum ad documenta prima; sed filio magis, quia hanc artem ampliavit[1] et certiori modo docuit. Nam Apollo per carmina et hujusmodi remedia processit, Aesculapius per veritatem experientiae, ut[2] Isidorus dicit, et creditur esse Apollo magnus[3], qui a poetis fingitur esse inter deos et dare responsa in templo Apollinis in Delos insula, unde vocatur Apollo Delphicus. Et tamen ante istos fuit inaestimabilis gloria medicinae, secundum quod Aristoteles tangit in libro de Regimine Vitae, quam Adae et Enoch magis ascribit quam sequentibus philosophis. Et cum medicina sit magis necessaria homini quam multae aliae scientiae, non est dubium quin filii Adae et Noe illam adinvenerint[4], quibus sapientiae plenitudo data fuit, et quibus concessum est tamdiu vivere propter studium sapientiae perficiendum.

CAPITULUM X.[5]

Post haec, tempore Othonielis Judicis Israel, regnavit Cadmus Thebaeus[6], qui primus dedit literas Graecis, ut in chronicis Cluniacensibus edocetur. Et Beda in libro temporum minore et caeteri concordant [quod] sub Aoth Judice Amphion musicus floruit; qui Aoth fuit primus post Othonielem, sub Debbora[7] et Barac. Fuit alius Apollo philosophus, secundum chronicam Cluniacensem auctor medicinae, contemporaneus[8] Herculi secundo, cujus facta celebrantur, sicut dicit Augustinus decimo octavo de Civitate Dei, qui Hercules in

f. 89b of J. begins here, more legible than the other side.

[1] O., applicavit.
[2] O. om. ut.
[3] O., magus, J. V., magnus.
[4] O., invenerunt.
[5] J., Rubric: Tertium capitulum, in quo descenditur ad Cadmum et poetas theologos.
[6] O., Thebeus. J. V., Thebeis.
[7] O. om. Debbora et.
[8] O., temporaneus.

tempore Abimelech Judicis Trojam vastavit[1], et pilas suas in India statuit, et in Gadibus columnas erexit, et dolorem morbi non ferens seipsum tempore Jephthae Judicis cremavit, ut per Augustinum et dicta chronica confirmatur. De hoc Hercule secundo propter hoc narravi, quia alius fuit Hercules prope tempus Mercurii majoris, qui parum post eum fuit, ut narrat Augustinus. Et post eum fuit tertius, qui certamen Olympiacum constituit, quod intermissum filius ejus Picus[2] instauravit post excidium Trojae anno quadringentesimo[3] octavo, ut Solinus scribit. Unde multi decepti fuerunt, unum Herculem aestimantes, qui omnia fecerit[4] quae de pluribus scripta sunt, ut dicit Augustinus. Similiter erratum est de hoc philosopho Apolline. Nam omnes, ut dicit Augustinus, aestimant ipsum fuisse illum qui pro deo in Delos insula colebatur, tanquam[5] unus et idem esset, cujus contrarium ostenditur[6] multis testimoniis. Nam ille Apollo qui in templis dabat testimonia invenitur saltem respondisse quando primo facta est civitas Athenarum ut[7] Athena, quae est Minerva, pro dea coleretur, et ideo[8] hic philosophus non potest esse, qui pro deo Delphico colebatur. Sed secundum[9] quod dicit Augustinus, fuit filius Latonae, cujus soror Diana. Et Isidorus octavo libro idem dicit. Similiter non videtur esse ille de quo Hieronymus scribit in Epistola ad Paulinum quae Bibliis praeponitur Latinorum. Nam ille Hiarchum invenit in aureo throno sedentem et docentem, qui Hiarchus dicitur esse Abrachis astronomus, qui post mortem Alexandri magni fuit, sicut docet Ptolemaeus in Almagesti. Et ideo secundum hoc tres fuerunt Apollines, sicut Hercules. Deinde sub Gideone Orpheus et Linus claruerunt[10], secundum quod Beda refert. Et hi, scilicet Amphion et Orpheus et Linus et hujusmodi sui temporis[11] dicti sunt poetae theologi, secundum quod Augustinus dicit, eo quod Diis carmina faciebant; secundum Solinum autem Nicostrate[12] mater Evandri regis Romani dicta est a vaticinio

[1] O., devastavit.
[2] O. om. Picus.
[3] O., quadringenti.
[4] V., sencit. O., fecerit.
[5] V., et tanquam. O. om. et.
[6] V., ostendit. O., ostenditur.
[7] O., ut Athena. V. om. ut.
[8] O. om. ideo.
[9] O., istud.
[10] O., fuerunt.
[11] O., suo tempore.
[12] V., Nicostrates. O., incostrates [*sic*].

Carmentis quae in Capitoli[n]o monte Romae habitavit, et Latinis primo literas dedit. Et hoc ut Beda refert fuit tempore Jair Judicis Israel, secundum tamen chronicam Cluniacensem fuit tempore judicis qui[1] post Jair transactis septemdecim annis judicavit[2]. Sed de hoc non est vis[3] quantum ad praesentem intentionem.

Propter vero Sibyllas et maxime Erythraeam, quae omnes praedictos et praedictas infideles philosophantes longe supergressa est, oportet excidium Trojae certificari[4]. Nam Augustinus refert octavo de Civitate Dei quod multi auctores scripserunt eam fuisse tempore Trojani belli, licet alii tempore Romuli et Achaz[5] vel Ezechiae regis Juda, voluerint[6] eam fuisse, ut dicit Augustinus. Excidium vero Trojae fuit ante Romulum per quadringentos[7] annos. Nam Solinus probat Romam fuisse[8] conditam Olympiade septima quadringentesimo tricesimo tertio post bellum Trojanum, sicut docet evidenter per Herculem et Picum filium suum supradictos[9], et per alios. Et secundum Augustinum octavo[10] praefato[10] vult quod Troja capta sit judicante Hebraeos Labdon[11] supradicto, unde in chronicis Cluniacensibus dicitur quod tertio anno ipsius Labdon[11] Troja capta est. Deinde[12] tempore Samuelis secundum chronicam Cluniacensem, sed expressius in gestis majorum Britonum, fuit Homerus poeta famosus[12]. Deinde Hesiodus philosophus successit Homero ante Romam conditam, ut ait Tullius in libro de Quaestionibus Tusculanis. Et postea Archilochus, regnante Romulo, sicut ibidem scribitur, et ideo[13] tempore Achaz vel Ezechiae regum[14] Juda. Nam[15] primo anno Numitoris avi Romuli, qui fuit ultimus rex Albanorum in Italia, sicut Augustinus dicit, fuit Roma condita[15]. Et ideo simul regnaverunt Numitor et ejus nepos Romulus, et tunc cessavit regnum et nomen Albanorum, et

[1] O. om. qui.
[2] O. om. judicavit.
[3] O., cura.
[4] O., etiam nos certificare.
[5] J., Achai. V., Acha^ni. O., Achaz.
[6] O., voluerunt.
[7] O., quadringentos triginta.
[8] J., fuisse conditam. V. om. fuisse.
[9] O. om. supradictos.
[10] O., 8° de Civitate Dei.
[11] J., Labdon. V., Iabdon.
[12] O. om. Deinde—famosus.
[13] O. om. ideo.
[14] J. V., regum. O., regis.
[15] O. om. Nam primo—Roma condita.

vocati sunt Romani reges; et rex tunc erat in Juda Achaz, vel sicut alii putant qui ei successit[1] Ezechias, quem[2] quidem constat optimum et piissimum regem, Romuli regnasse temporibus[2].

f. 90 of J. begins here; the first twelve lines are imperfect.

CAPITULUM XI.

Haec Augustinus; sed sub eodem Romulo Thales Milesius fuisse perhibetur secundum[3] Augustinum, qui fuit primus de septem sapientibus[3]. Nam[4] post poetas theologos crevit sapientia, et dediti[5] sapientiae[5] vocati sunt Sophi, id est, sapientes. Secundum tamen Bedam in libro Temporum, et secundum Isidorum quinto Etymologiarum et alios[6] Thales fuit sub Josia, qui physicus rerum naturam scrutatus est et astrologus tempore quo populus Hebraeorum, ut Augustinus refert, ductus est in captivitatem. Alius de septem sapientibus apparuit, scilicet Pittacus[7] nomine, et[8] patria ac gente Mytilenus[8]; et alii quinque fuerunt tempore captivitatis, quorum nomina sunt haec, Solon Atheniensis, Chilon Lacedaemonius, Pariandrius[9] [Periander] Corinthius, Cleobulus Li[n]dius, Brias [Bias] Prienaeus[10]. De his Solon dedit leges Atheniensibus ad quas transferendas decem viros populus Romanus misit, et vocantur leges duodecim tabularum, sicut scribit Isidorus quinto libro, et[11] Gratianus accepit ab eo. Alii vero quatuor nihil in scriptis reliquerunt, ut Augustinus dicit. Hi tamen omnes dicti sunt sapientes secundum Augustinum octavo de Civitate Dei, qui ab aliis hominibus vitae genere distinguebantur quibusdam praeceptis ad bene vivendum accommodatis, et secundum Augustinum octavo hi sapientes fuerunt Ionici, id est Graeci, ubi nunc Graecia nominatur[11]. Aliud vero genus hominum sapientiae deditorum post eos exortum est in lingua Graeca, quod tamen vocatur Italicum[12], sed ex ea

[1] O. om. qui ei successit.
[2] O. om. quem—temporibus.
[3] O., qui fuit unus de septem sapientibus et primus secundum Augustinum.
[4] In O. chapter begins here.
[5] O., auctores sapientiae.
[6] O. om. et alios.
[7] O., Putacus.
[8] O. om. et patria—Mytilenus.
[9] J. V. O., Pariandrius.
[10] O. Prierius.
[11] O. om. et Gratianus—Graecia nominatur.
[12] O., Ytalia.

parte qua Italia dicebatur antiquitus Magna Graecia, et quia[1] hi studuerunt in Italia, licet Graeci et in lingua Graeca. Et isti non voluerunt se vocari sapientes, sed amatores sapientiae; quorum princeps fuit Pythagoras[2] Samius a Samo insula, a quo cum quaereretur quis esset respondit quod philosophus, id est amator sapientiæ, sicut Augustinus dicit libro octavo; sed decimo octavo libro de Civitate Dei dicit Augustinus quod apparuit Pythagoras eo tempore quo Judaeorum soluta est captivitas. Et secundum Tullium in libro primo de Quaestionibus Tusculanis, Tarquinio Superbo regnante Romanis, qui fuit septimus[3] a Romulo et ultimus rex Romanorum, post quem consules[4] exorti sunt, venit in Italiam Pythagoras, et illam Magnam Graeciam tenuit[5] cum honore, cum disciplina, cum auctoritate; per[6] multa secula postea sic viguit Pythagor[e]orum nomen, ut nulli alii docti viderentur. Et hic[7] Tarquinius, ut scribit Beda, tempore Cyri regis Persarum, qui laxavit captivitatem Judaeorum, incepit[8] regnare ac regnavit tempore Cambysis filii ejus et duorum fratrum magorum, et Darii, in cujus anno secundo templum aedificatum est, et tunc clarus habebatur Pythagoras, ut dicit Beda, et Zorobabel, Aggaeus, Zacharias, et Malachias prophetae claruerunt[9]. Pythagoras quidem edoctus fuit a Pherecyde Syrio[10], ut dicit Tullius libro praedicto, qui Pherecydes primus animos[11] hominum posuit immortales; cujus tempora non certificantur nisi per tempus Pythagorae discipuli sui, quamvis et Isidorus libro primo dicat quod Pherecydes scripsit historias tempore Esdrae, quod potuit forte esse versus finem vitae ipsius Pherecydis et in juventute Esdrae. Nam a tempore quo dictus[12] est Pythagoras claruisse[12] fluxerunt triginta sex anni quibus regnavit Darius, et viginti sex quibus Xerxes, et septem menses quibus Artabanus[13], et sex anni Artaxerxis Longi-

[1] O. om. quia. [2] O., Phitagoras. [3] O., secundus.
[4] O., proconsules. [5] J., retinuit.
[6] J., multaque secula postea sic. O., et postea sic viguit.
[7] O. om. hic. [8] V. repeats incepit regnare.
[9] J., narraverunt. [10] O., Ciro. V., Syro.
[11] O., animas. [12] O., dictus Phitagoras dicitur claruisse.
[13] J., Arthabanus. O., Arthabas. V., Arthabali.

mani[1], antequam Esdras ascendit de Babylone in Jerusalem. Nam septimo anno regni ejus prima die mensis primi Esdras, secundum scripturam et chronicam[2], profectus est.

CAPITULUM XII.[3]

Haec autem duo genera philosophantium, scilicet Ionicum et Italicum, ramificata sunt per multas sectas et varios successores usque ad doctrinam Aristotelis, qui correxit ac mutavit omnium praecedentium positiones, qui philosophiam perficere conatus est. Successerunt vero Pythagorae Archytas Tarentinus et Timaeus inter alios maxime nominati. Sed praecipui philosophi ut Socrates et Plato et Aristoteles non descenderunt ex hac linea, immo[4] Ionici et veri Graeci fuerunt, quorum primus fuit Thales Milesius. Quomodo autem huic caeteri successerunt, ostendit Augustinus octavo libro de Civitate Dei. Nam post Thalem fuit primus Anaximander ejus discipulus, cujus successor fuit Anaximenes, et hi duo fuerunt tempore Judaicae captivitatis, ut[5] dicit Augustinus decimo octavo de Civitate Dei, et alii similiter[6] concordant in hoc. Anaxagoras vero et Diogenes Anaximenis auditores[7] eidem successerunt sub Dario Hydaspi, cujus anno secundo templum cepit aedificari. Anaxagorae, ut dicit Augustinus, successit Archelaus ejus discipulus, cujus auditor Democritus secundum Isidorum octavo libro[8], et Socrates secundum Augustinum octavo libro, Archelai fuisse discipulus perhibetur. Socrates autem natus est secundum Bedam sub Artabano[9], qui Persis regnavit annis septem, cui in idem regimen[10] successit Artaxerxes Longimanus, in cujus anno septimo Esdras descendit de Babylone; et ideo simul fuerunt Esdras et Socrates, sed tamen[11] prior natu fuit Esdras, sicut

f. 90b of J. begins here, imperfect in the first dozen lines.

[1] O., Longimanus.
[2] O., scripturas et chronicas.
[3] J., Rubric: Capitulum quintum, in quo tangitur de r[amificatione ?] philosophorum a septem sapientibus us[que] ad Aristotelem.
[4] O., immo vero.
[5] O., haec.
[6] J., sic.
[7] O., auditores fuerunt et.
[8] O., octavo libro de Civitate Dei.
[9] J., sub Artabano. O., Archadabao. V., ab Archelao.
[10] O. regnum.
[11] O. om. tamen.

ex nunc dictis claret. Et ideo dicit decimo octavo libro[1] Augustinus quod post Esdram fuit Socrates, hoc est posterior natu. Nam quando floruit Esdras apud regem Persarum et Judaeos, tunc Socrates exortus est. Hic est Socrates qui dicitur pater philosophorum magnorum, quoniam Platonis et Aristotelis magister, a quibus omnes sectae philosophantium descenderunt. Plato quidem, secundum Bedam in tractatu majori de temporibus, natus est sub Sogdiano[2], qui mensibus septem regnavit, cui successit Darius cognomento[3] Nothus, quamquam sub eodem Dario Beda in majori[4] tractatu de temporibus scribat[5] natum esse Platonem. Sed in illo tractatu tempus Sogdiani, quia modicum fuit, computat sub regno Darii. Nam continuat eum cum Artaxerxe Longimano. Nascente vero Platone Hippocrates[6] medicus, ut dicit Beda, insignis habetur, et hoc tempore Empedocles et Parmenides inventi sunt; sed Plato Socratica primo addiscens, et ea quae Graeciae fuerunt, magister Athenarum Aegyptum petiit, et Archytam Tarentinum et Timaeum, eandemque[7] oram Italiae quae Magna Graecia dicebatur, laboriosissime peragravit, ut dicit Hieronymus ad Paulinum. Et contra Rufinum scribit Hieronymus quod Plato post Academiam et innumerabiles discipulos, sentiens multum suae deesse doctrinae, venit ad Magnam Graeciam, ibique ab[8] Archyta Tarentino Timaeoque[9] Locrensi Pythagorae doctrina eruditus elegantiam et leporem cum hujusmodi instituit[10] disciplinis. Et iste Plato omnibus philosophis antefertur secundum sanctos, quoniam ejus libri ad manus eorum devenerunt, et quia sententias de Deo pulchras et de moribus et vita futura multa conscripsit, quae sacrae Dei sapientiae multum concordant, ut in parte philosophiae moralis explanabo; et ob hoc aestimaverunt multi viri catholici quod audiverit Jeremiam prophetam in Aegypto. Nam[11] Aegyptum petiit propter sapi-

[1] O., libro de Civitate Dei.
[2] O., Sogdiane.
[3] J., cognomento. V., cognomenti. O., cognomine natus.
[4] J., minori. O., in eodem tractatu.
[5] J., scribit. V. O., scribat.
[6] J. V. O., Ypocras.
[7] J., eandemque. V., eandem. O. om. eandemque—dicebatur.
[8] J., ad.
[9] O. om. Timaeoque—doctrina.
[10] J. O., miscuit.
[11] O., Non.

entiam et a barbaris sacerdotibus[1] instructus est, ut scribit Tullius de eo[2] quinto Academicorum libro. Sed tamen Augustinus dicit quod non fuit tempore Jeremiae. Nam Jeremias, ut dicit decimo octavo de Civitate Dei, primo prophetavit tempore quarti regis a Romulo, qui vocatus est Ancus Martius, et in tempore quinti regis, scilicet Tarquinii Prisci. Sed Plato tunc non fuit, immo post tempus Jeremiae fere per annos centum, ut Augustinus dicit libro octavo, natus est Plato, nec[3] tamen[3], ut alii aestimabant, invenit LXX. interpretes, a quibus instrueretur. Nam sicut Augustinus dicit libro octavo, et Tullius libro de Senectute, Plato mortuus est octogesimo primo anno vitae suae, et hoc in fine regni Artaxerxis, qui Ochus dicebatur, ut scribit Beda; et a mortis ejus anno, ut dicit Augustinus, fuerunt fere triginta anni ad LXX. interpretes, quapropter ab eis doctus non est in divinis rebus. Sed aestimat Augustinus quod cum fuerit scientiae cupidus didicit literas Hebraeas, et libros Veteris Testamenti perlegit, quod ostendit per mundi creationem quam posuit conformiter scripturae, atque per nomen Dei quod Ipse imposuit in Exodo, Ego sum qui sum, quando Moyses quaesivit a Deo quod esset nomen ejus; hoc autem nomine Dei Plato usus est, et ipsum esse nomen ejus affirmat.

f. 91 of J. begins here; first few lines entirely lost, and all the upper half imperfect and more or less illegible.

Capitulum XIII.

Ante vero mortem Socratis natus est Aristoteles, quoniam[4] per tres annos auditor ejus fuit, sicut in vita Aristotelis legitur. Et secundum Bedam natus est sub Artaxerxe[5] qui cognominatus est Mnemon[6], qui successit Dario Notho; et in decimo septimo anno vitae suae fuit auditor Socratis, et ipsum per tres annos audivit; et post mortem Socratis factus est auditor Platonis, secundum Bedam, et ipsum audivit viginti annos,[7] ut in vita sua legitur; et post mortem Platonis vixit viginti tres annos[7]; unde in universo non vixit nisi sexaginta tres annos[7], sicut ex dictis patet. Et hoc similiter scribitur

[1] J. O., sacerdotibus. V., sapientibus.
[2] O. om. de eo.
[3] J., Attamen.
[4] V., quando.
[5] O., Artharge.
[6] V., Invemenon. O. om. qui—Mnemon.
[7] V., annis.

in libro Censorini de die natali; quem ille Censorinus refert contra passionem mortalem per tres annos animi magnitudine magis quam medicinae virtute luctatum fuisse. Hic Aristoteles magister Alexandri magni effectus duo millia hominum auctoritate[1] discipuli sui misit per mundi regiones, ut naturas rerum exquirerent, sicut[2] Plinius narrat in Naturalibus octavo libro, et[3] mille libros composuit, ut in ejus vita legitur. Hic enim philosophorum praecedentium errores evacuavit, et augmentavit philosophiam, aspirans ad ejus complementum quod habuerunt antiqui patriarchae, quamvis non potuit singula perficere. Nam posteriores ipsum in aliquibus correxerunt, et multa ad ejus opera addiderunt, et adhuc addentur usque ad finem mundi, quia nihil est perfectum in humanis adinventionibus[4], ut in prioribus expositum est. Hunc natura firmavit, ut dicit Averroes tertio de Anima, ut ultimam perfectionem hominis inveniret. Hic omnium philosophorum magnorum testimonio praefertur philosophis, et philosophiae ascribendum est illud solum quod ipse affirmavit; unde nunc temporis autonomatice[5] Philosophus nominatur in auctoritate philosophiae, sicut Paulus in doctrina sapientiae sacrae Apostoli[6] nomine intelligitur. Quievit autem et siluit philosophia Aristotelis pro majori parte, aut propter occultationem exemplarium et raritatem, aut propter[7] difficultatem, aut propter invidiam, aut[8] propter guerras Orientis, usque post tempora Machometi, quando Avicenna et Averroes et caeteri revocaverunt philosophiam Aristotelis in lucem plenae[9] expositionis. Et licet aliqua logicalia et quaedam alia translata fuerint[10] per Boetium de Graeco, tamen a tempore Michaelis Scoti, qui annis Domini 1230 transactis apparuit deferens librorum Aristotelis partes aliquas de Naturalibus et Metaphysicis[11] cum expositionibus authenticis[12], magnificata est philosophia Aristotelis apud Latinos. Sed respectu multitudinis et magnitudinis sapientiae suae in mille tractatibus

[1] O. om. auctoritate discipuli sui.
[2] J. O., sicut. V., nam.
[3] V., mille. O., et mille.
[4] J., inventionibus. O., perfectionibus.
[5] J., autonomasice. O., autonomatice. V., authonomasice.
[6] O. om. Apostoli—intelligitur.
[7] O. om. propter difficultatem aut.
[8] O. om. aut—orientis.
[9] O., plenam. J., plenae.
[10] J. O., fuerunt.
[11] O., mathematicis.
[12] O., sapientibus.

comprehensae [1], valde modicum adhuc in linguam Latinam est translatum, et minus est in usu vulgi studentium. Avicenna quidem praecipue imitator et expositor Aristotelis, et complens philosophiam secundum quod ei fuit possibile, triplex volumen condidit philosophiae, ut ipse dicit in prologo libri Sufficientiae: unum vulgatum juxta communes sententias philosophorum Peripateticorum, qui sunt de secta Aristotelis; aliud vero secundum puram veritatem [2] philosophiae, quae non timet ictus lancearum contradicentium, ut ipse asserit; tertium vero fuit conterminum [3] vitae suae, in quo exposuit priora et [4] secretiora naturae et artis recollegit [3]. Sed de his voluminibus duo non sunt translata; primum autem secundum aliquas partes habent Latini, qui vocatur liber Assiphae [5], id est, liber Sufficientiae. Post hunc venit Averroes, homo solidae sapientiae, corrigens multa [6] priorum et addens multa, quamvis corrigendus sit in aliquibus, et in multis complendus. Nam [7] faciendi plures libros nullus est finis, ut scribit Solomon in Ecclesiaste [7].

f. 91b of J. begins here (imperf., see note at beginning of f. 91).

CAPITULUM XIV. [8]

His consideratis, patet intentum principale, et manifestum est quod omnes philosophi infideles et poetae et Sibyllae et quicunque sapientiae dediti fuerunt, inventi sunt post philosophos veros et fideles et perfectos, qui fuerunt filii Seth et Noe cum filiis suis, quibus Deus dedit vivere sexcentos annos ad minus [9] propter studium sapientiae complendum, ut dicit Josephus primo Antiquitatum, asserens quod in minori tempore non potuerunt complere philosophiam, praecipue propter astronomiam, in qua est major difficultas eo quod a coelestibus homines mortales multum distant. Sed Deus eis revelavit omnia, et dedit eis vitae longitudinem ut philosophiam per experientiam complerent. Sed propter malitiam hominum

[1] O., comprehensum. V. J., comprehensae.
[2] O., veritatem. V. J., virtutem.
[3] O., cum termino.
[4] J., priora secretiora. V., priora et secretiore. O., exposuit secretiora naturae.
[5] O., Assephae. J. V., Assiphae.
[6] O., dicta.
[7] O. om. Nam—Ecclesiaste.
[8] This chapter appears in O., p. 36, as Pt. iii. cap. 2 (ed. 1897, vol. i. p. 64).
[9] O. om. ad minus.

qui abusi sunt viis sapientiae, ut primo Nemroth[1] et Zoroastes et Atlas et Prometheus et Mercurius Trismegistus[2] et Æsculapius et Apollo et Minerva et hujusmodi qui[3] colebantur[4] sicut Dii propter sapientiam, Deus obscuravit insipiens cor multitudinis; et cecidit paulatim usus philosophiae usquequo iterum Solomon eam revocavit et perfecit omnino, sicut Josephus docet octavo Antiquitatum. Et iterum propter hominum peccata evanuit studium sapientiae paulatim, donec Thales Milesius resumpsit eam, et ejus successores dilataverunt, usquequo Aristoteles consummavit, quantum fuit possibile juxta tempus illud. Sed isti ab Hebraeis didicerunt omnia, sicut Aristoteles dicit in libro Secretorum, ut prius[5] expositum est. Quoniam igitur primi philosophi infideles, ut Nemroth[6] et Prometheus, Atlas et Apollo et alii fuerunt post Seth et Noe et Sem et Abraham, et[7] post filios eorum qui compleverunt philosophiam[7]; et post Solomonem qui secundo perfecit eam, fuerunt[8] reliqui philosophi infideles, Thales et Pythagoras et[9] Socrates et Plato et Aristoteles, manifestum est quod philosophiae perfectio fuit primo data sanctis patriarchis[10] et prophetis, quibus lex Dei similiter fuit ab uno et eodem Deo revelata; quod non fuisset factum nisi philosophia omnino esset sanctis Dei et legi sacrae conformis, et utilis ac necessaria propter intellectum legis et executionem[11] et defensionem; insuper ut fiat ejus persuasio et probetur et communicetur et dilatetur, nam omnibus modis his necessaria est, sicut discurrendo per partes philosophiae singulas apparebit. Et ideo philosophia non est nisi sapientiae divinae explicatio per doctrinam et opus. Et propter hoc una est sapientia perfecta quae sacris literis continetur, et[12] sanctis a Deo data; per philosophiam tamen, sicut per jus canonicum, explicanda.

[1] J. O., Nemroth. V., Nenproth.
[2] O., ac Trismegistus. V., attrismegistus.
[3] O., Apollo et alii qui.
[4] J. O., colebantur. V., colebatur.
[5] J., prius. V., primo. O. om. ut—expositum est.
[6] O., Nemphroth et alii fuerunt.
[7] O. om. et post—philosophiam.
[8] J., fuerint.
[9] J. omits et.
[10] V., patribus patriarchis. J. O., om. patribus.
[11] O., excusationem.
[12] O. om. et sanctis—explicanda.

CAPITULUM XV.[1]

Ex his sequitur necessario quod nos Christiani debemus uti philosophia in divinis, et in philosophicis multa assumere theologica, ut appareat quod una sit sapientia in utraque relucens. Quam necessitatem volo[2] certificare non solum propter unitatem sapientiae, sed propter hoc quod inferius[3] oportet nos in philosophia revolvere sententias fidei et theologiae magnificas, quas reperimus in libris philosophorum et in partibus philosophiae; ut non sit mirum quod in philosophia tangam sacratissimas veritates, quoniam philosophis Deus multas concessit sapientiae suae veritates. Oportet igitur ut trahatur philosophiae potestas ad sacram[4] veritatem quantum[5] possumus, nam valor philosophiae aliter non lucescit, quoniam philosophia secundum se considerata nullius utilitatis est. Philosophi vero infideles damnati sunt, et 'cognoverunt Deum, nec[6] sicut Deum glorificaverunt, et ideo stulti facti sunt, et evanuerunt a cogitationibus suis,' et ideo philosophia non potest aliquid dignitatis habere nisi quantum de ea[7] requirit Dei sapientia. Totum enim residuum est erroneum et inane; et propter hoc dicit Alpharabius in libro de Scientiis, quod sicut puer indoctus se habet ad hominem sapientissimum in philosophia, sic homo talis ad sapientiam Dei revelandam[8] noscitur se habere. Quapropter philosophia secundum se nihil est, sed tunc recipit vigorem et dignitatem, quando sacram sapientiam dignatur assumere[8]. Praeterea[9] semper crescere potest in hac vita studium sapientiae, quia nihil est perfectum

J. f. 92 begins here; it wants almost the whole of the first twelve lines; only the last ten are perfect.

[1] J., Rubric: Tertia distinctio in qua ostenditur necessitas utendi philosophia in divinis non solum propter unitatem sapientiae perfectae sed quia in sequentibus partibus hujus persuasionis adducuntur multae veritates divinae quae de in [*sic*] libris philosophorum extrahuntur; et habet quinque capitula. This chapter and the next form Pt. iii. cap. 2 in O., p. 37 (ed. 1897, vol. i. p. 56).

[2] O., voluero.

[3] O., quod inferius tangam.

[4] J. omits sacram.

[5] J. O., quantum. V., quam.

[6] J., non.

[7] O., aliquid dignitatis habere nisi quantum de ea. V. om. habere, and has 'n̄' for nisi.

[8] O. om. revelandam—dignatur assumere.

[9] O., praeterea. V., propterea.

in humanis inventionibus. Quapropter antiquorum defectum deberemus nos posteriores supplere, quia introivimus in labores eorum, per quos, nisi simus asini, possumus ad meliora excitari; quia miserrimum est semper uti inventis et nunquam inveniendis, ut dicit Boetius, et probatum est efficaciter superius suo loco. Item Christiani debent ad suam professionem, quae sapientia Dei est, caetera pertractare, et[1] vias philosophorum infidelium complere, non solum quia sumus posteriores et debemus addere ad eorum opera, sed ut cogamus sapientiam philosophorum nostrae deservire. Nam hoc infideles philosophi faciunt ipsa[2] veritate coacti quantum[3] ipsis est datum[3]; nam totam philosophiam deducunt ad divinam[4], ut ex libris Avicennae in Metaphysica et Moralibus, et per Alpharabium et Senecam et Tullium, et per Aristotelem[5] in Metaphysica et Moralibus [patet]. Nam omnia reducunt ad Deum, sicut exercitus ad principem, inferen[te]s de angelis et de aliis multis; quoniam principales articuli fidei reperiuntur in eis; nam ut in moralibus exponetur, Deum esse docent, et[6] quod sit unus in essentia, infinitae potentiae et sapientiae et bonitatis, trinus in personis, scilicet Pater et Filius et Spiritus Sanctus, qui omnia creavit ex nihilo; et de Domino Jesu Christo, et de beata Virgine multa tangunt. Similiterque de Antichristo et[7] angelis et custodia hominum per eos[8], necnon de resurrectione mortuorum et de judicio futuro et de vita futurae felicitatis[9], quam Deus promittit[10] obedientibus sibi, et de miseria futura quam proponit inferre[11] his qui mandata ejus non observant. Scribuntque innumerabilia de morum honestate, de legum gloria, de legislatore, quod debet accipere legem a Deo per revelationem, qui sit mediator Dei et hominum et vicarius Dei in terra, Dominus terreni mundi; de quo cum probatum fuerit, quod receperit legem a Deo, ei credendum sit in omnibus exclusa omni dubitatione et hesitatione; qui debet totum genus huma-

[1] O. om. et.
[2] J. O., ipsa. V., prima.
[3] J. O., in quantum eis datum est.
[4] J., divina.
[5] O., per Aristotelem patet.
[6] J. omits et.
[7] J., atque de. O. om. de.
[8] O. om. per eos.
[9] O. de felicitate futura.
[10] J., promittit. O., promisit. V., praemittit.
[11] J. omits inferre. V. O., proponit inferre.

num ordinare in cultum Dei et legibus justitiae ac pacis, et in virtutum exercitu propter reverentiam Dei ac futuram felicitatem. Et quod idolorum cultura[1] deberet destrui[1], et quod prophetaverunt[2] de tempore Christi. Haec et his similia undecunque[3] habuerunt philosophi, in libris tamen eorum hujusmodi reperimus, sicut probatio certa docebit[4] in sequentibus, et quilibet potest experiri qui vult libros[5] philosophorum perlegere. Negare enim non possumus quin scripta sint ab eis, undecunque[6] hujusmodi receperunt[7]. Nec mirandum est quod philosophi talia scribant; nam omnes philosophi fuerunt post patriarchas et prophetas, sicut[8] de hoc prius facta est consideratio suo loco[8], et ideo legerunt libros prophetarum et patriarcharum qui sunt in sacro textu.

CAPITULUM XVI.[9]

Et similiter alios libros fecerunt[10], tangentes Christi mysteria, ut in libro Enoch et in libro de[11] testamentis[11] patriarcharum et[12] in libris Esdrae tertio, quarto et quinto, et in multis aliis libris de quorum aliquibus fit mentio in sacro textu, ut de libris Nathan et Samuelis et Abdon prophetarum. In hujusmodi enim libris tanguntur expresse articuli fidei, et longe expressius quam in canone scripturae. Nam praeter caeteros libros liber de testamentis patriarcharum ostendit omnia quae de Christo adimpleta[13] sunt. Quilibet enim patriarcha in morte praedicavit filiis suis et tribui suae, et praedixit eis ea quae de Christo tenenda sunt, sicut manifestum est ex libro illo[14]. Et hi libri licet non sint in canone scripturae[15], tamen sancti et

f. 92b of J. begins here (see note on f. 92).

1 J., debeat destrui cultura.
2 J., prophetizaverunt.
3 V., undecunque. O., nunquam.
4 J., licebit [*sic*]. O. et V., docebit.
5 J., hos libros.
6 J., ubicunque.
7 J., receperuerunt [*sic*].
8 O., sicut prius dictum est.
9 J., Rubric: Capitulum secundum. In O. no space for a chapter is indicated. (See above, p. 69.)
10 O., quos fecerunt.
11 V., et in testamento.
12 O. om. et.
13 O., impleta.
14 O., suo.
15 O. om. scripturae.

sapientes Graeci et Latini usi sunt eis a principio ecclesiae. Nam beatus Judas de libro[1] Enoch accepit auctoritatem, et Augustinus quarto [quinto decimo][2] de Civitate Dei multum fundatur super illum librum ut ostendat[3] quod prius[4] fuit sapientia apud sanctos quam apud philosophos, et ait quod magis[5] propter nimiam antiquitatem ille liber non est in auctoritate, quam propter aliud[6]. De libris autem aliis[7] manifestum est[7] quod in usu sanctorum et sapientum antiquorum sunt propter hoc quod planas veritates de Christo continere noscuntur. Philosophi igitur curiosi et diligentes in studio sapientiae peragrarunt regiones diversas, ut sapientiam inquirerent, et ideo[8] libros sanctos[9] perlegerunt[10], et didicerunt[10] ab Hebraeis multa. Nam Avicenna in radicibus moralis philosophiae recitat verba Esaiae de vita aeterna, dicens illam esse quam oculus non vidit nec auris audivit, et recitat quod[11] eleemosyna tollit peccatum, sicut propheta veritatis dicit, scilicet Tobias. Et Augustinus vult octavo de Civitate Dei quod Plato legerat librum Genesis, propter creationem mundi quam posuit similem ei quae[12] ibi describitur ; et quod legit[13] librum Exodi[13], propter nomen Dei quod ibi ponitur, scilicet, Ego sum qui sum. Nam hoc usus est Plato, et alibi non potuit invenire, ut consentit[14] Augustinus. Et praeter sacros libros prophetales patriarchae et prophetae composuerunt libros philosophiae, immo totam philosophiam bis perfecerunt ; et quod philosophi non habuerunt nisi ab eis, sicut Aristoteles dicit[15], ostensum est in praecedentibus evidenter. Et quia una est sapientia completa[16] quae sufficit humano generi, ideo sancti in libris philosophicis miscuerunt divina multa cum aliis, quantum potuit philosophia recipere. Et propter hoc per istos libros philosophicos sanctorum multa perceperunt philosophi de divinis veritatibus.

[1] O., de hoc Enoch.
[2] O., decimo.
[3] V., ostendit.
[4] V. O., primo.
[5] O., jam.
[6] O., aliquid aliud.
[7] J., manifestum est aliis.
[8] O. om. ideo.
[9] J. O., sanctorum.
[10] O., perlegerant et didicerant.
[11] O. om. quod.
[12] J., qui [*sic*].
[13] O., legis librum legit, scilicet Exodi.
[14] O., dicit.
[15] O. om. sicut Aristoteles dicit.
[16] O. om. completa.

CAPITULUM XVII.[1]

Praeterea cum ipsi philosophi fuerint dediti veritatibus et omni vitae bonitati, contemnentes divitias delicias et honores, aspirantes ad futuram felicitatem quantum potuit humana fragilitas, immo victores effecti humanae naturae, sicut Hieronymus scribit de[2] Diogene in libro contra Jovinianum, non est mirum si Deus, qui in his minoribus illuminavit, daret eis aliqua lumina veritatum majorum; et si non principaliter propter eos, tamen propter nos, ut eorum persuasionibus mundus disponeretur ad fidem. Et ad hoc facit quod Sibyllae multae inventae sunt, decem scilicet prophetissae, sicut omnes sancti[3] concordant, ut Augustinus decimo octavo libro de Civitate Dei, et Isidorus libro Etymologiarum septimo, et alii similiter[4]. Necnon historiae et philosophi et poetae concordant universaliter in his Sibyllis. Sed certum est eas recitasse divina, et ea quae de Christo habentur, et de judicio futuro et hujusmodi. Ergo multo magis probabile est quod philosophi sapientissimi et optimi a Deo receperunt hujusmodi veritates. Quod vero Sibyllae locutae sunt veritates divinas, manifestum est per sanctos et alias; et sufficit recitare quod Augustinus dicit in libro de Civitate Dei decimo octavo. Dixerunt igitur istae mulieres hujusmodi sermones; 'dabunt Deo alapas manibus incestis, et[5] impurato ore exspuent[6] venenatos sputos, dabit vero ad verbera simpliciter sanctum dorsum, et[7] colaphos accipiens tacebit, et corona spinea coronabitur. Ad cibum autem fel, et ad potum acetum dederunt. Insipiens gens, Deum tuum non intellexisti ludentem[8] mortalium mentibus, sed spinis coronasti, horridum[9] fel miscuisti. Templi vero velum scindetur, et medio

f. 93 of J. begins here; the first 9 lines are more or less imperfect, especially the first 6. The rest is practically complete.

[1] J., Rubric: Capitulum tertium. Pt. iii. cap. 4 in O., p. 39 (ed. 1897, vol. i. p. 59).
[2] J. om. de.
[3] O., scilicet decem, sicut omnes sancti. J. omits sancti.
[4] O. om. et alii similiter.
[5] J. om. et.
[6] J., exspuen . . . O., expuent. V., spuent.
[7] O. om. et.
[8] J. et O., ludentem. V., bidentem.
[9] J. et O., horridum. V., hordium.

die nox erit tenebrosa tribus horis. Et morte morietur tribus diebus somno suscepto.' Et iterum metrice dixit Sibylla,

Judicii signum tellus sudore madescet,
Ex caelo rex adveniet per secla futurus,
Scilicet in carne praesens ut judicet orbem,
Unde Deum cernent incredulus atque fidelis
Celsum cum sanctis aevi jam termino[1] in ipso,
Sic animae cum carne aderunt quas judicet ipse,
Exuret terras ignis pontumque polumque.
. . . . Sontes[2] aeternum flamma cremabit.
Actus occultos retegens[3] tunc quisque loquetur,
Secreta atque Deus reserabit pectora luci.
Eripitur solis jubar et chorus interit[4] astris,
Volvetur caelum, lunaris splendor abibit,
Ejiciet colles, valles extollet ab imo.
Sic pariter fontes torrentur[5] fluminaque igni.
Tartareumque Chaos monstrabit terra dehiscens.
Excidet e caelis[6] ignis que et sulphuris[6] amnis."

Si igitur mulierculae fragiles hujusmodi dixerunt, longe magis credendum est philosophos sapientissimos hujusmodi gustasse veritates. Et Augustinus vult decimo octavo de Civitate Dei alios percepisse Dei veritatem quam illi qui de linea Abraham usque ad Christum et deinceps descenderunt[7]. Nam Job scivit resurrectionem et Dei veritates. Et in chronicis Eusebii legitur, quod Helena[8] et Constantino imperantibus fuit cadaver effosum, cum quo inveniebatur scriptura haec, Credo in Christum; sub Helena[8] et Constantino iterum me videbit sol. Et nunc tempore Domini Alexandri Papae quarti Saracenus in Bozea mundum contemnens, vacans in lege sua Deo et virtuti[9] et contemplationi alterius vitae, recepit visitationem angelicam et consilium ut converteretur ad fidem

[1] J., 'jam . . . er . . . o' [? termino] O., jam termino. V., ejus a termino in ipso.

[2] O. before Sontes has tradetur, which refers to a previous line omitted in the quotation: after sontes all MSS. have aeterna for aeternum. See add. notes.

[3] J., deteges [but perhaps the mark over the last 'e,' denoting an 'n,' has been obliterated by the fire]. V. O., detegens.

[4] J., interit. O., vicerit. V., intererit.

[5] O., torrentque.

[6] So quoted by St Augustine. V's reading is, caelo et ignis sulphuris.

[7] J., descendunt.

[8] J., Hirena. O., Hireno.

[9] J., veritate.

Christi, et baptizatus est per sacerdotem mercatorum Januensium[1]. Hoc Domino Alexandro et multis notum fuit, et adhuc recolunt quamplures.

Capitulum XVIII.[2]

Potest etiam adhuc hoc idem ostendi per proprietates duas metaphysicae[3]. Nam haec scientia est de illis quae omnibus rebus et scientiis conveniunt, et ideo ostendit numerum scientiarum, et quod oportet esse[4] aliam scientiam[4] ultra philosophiam, cujus proprietates tangit in universali, licet in particulari non possit eam assignare. Scit enim philosophia suam imperfectionem, et quod deficit a plena cognitione eorum quae maxime sunt cognoscenda, sicut Aristoteles dicit in Metaphysica pluries[5], et Avicenna similiter, ut tactum est superius, et[6] iterum suo loco tangetur. Et propter hoc devenit philosophia ad inveniendum[7] scientiam altiorem, et probat quod debet esse, licet[8] non in speciali valeat eam explicare, et haec scientia est tota divina[8], quam theologiam perfectam vocant philosophi, et ideo philosophia elevat se ad scientiam divinorum. Item soliciti fuerunt philosophi super omnia inquirere de certificatione sectae in qua esset salus hominis, et dant modos probandi hoc praeclaros, sicut ex moralibus manifestum erit[9]. Et inveniunt[10] certitudinaliter quod aliqua debet esse secta fidelis et sufficiens mundo, cujus proprietates assignant, quae non possunt reperiri nisi in[11] secta Christi, ut probatur suis locis, et ostenditur quod de bonitate Dei est et[12] necessitate humana quod sciatur ab hominibus[13] haec secta fidelis. Sed non potest hoc probari

f. 93b of J. begins here (see beginning of f. 93).

[1] J. has here Rubric: 'Capitulum quartum.' O. om. per—Januensium (and then passes on to 'Ante vero mortem Socratis,' as in p. 65 above. Cf. O., p. 40, l. 3).

[2] O. has this and the following chapter on pp. 32–34, as Pt. ii. cap. 13, 14 (ed. 1897, vol. i. pp. 61, 62).

[3] J. O., metaphysicae. V., mathematicae.

[4] J., scientiam esse.

[5] O. om. pluries.

[6] O. om. et—tangetur.

[7] O., inveniendum scientiam. V., veniendum in.

[8] O. om. licet non—tota divina.

[9] O., est.

[10] O., invenerunt.

[11] J. et O., nisi in. V. om. nisi.

[12] O., de, *pro* et.

[13] O. om. ab hominibus.

infidelibus[1] per legem Christi, nec per auctores sacros, quia ex lege disputationis possunt negare omnia quae in lege Christi sunt, sicut Christiani negant ea quae in aliis legibus continentur. Et etiam quia Christum negant, non est mirum si auctoritates Christianorum negent. Persuasio autem fidei necessaria est, sed non potest hoc esse nisi duobus modis, aut per miracula[2] quae sunt supra fideles et infideles, de quibus nullus potest praesumere[3], aut per viam[3] communem fidelibus et infidelibus, sed hoc non est nisi per philosophiam. Ergo philosophia habet dare modos probationis fidei Christianae. Articuli vero hujus[4] fidei[4] sunt principia propria theologiae; ergo philosophia habet descendere ad probationes principiorum theologiae, licet minus profunde quam[5] ad principia[6] aliarum[6] scientiarum; et hoc modo supponatur ex hac ratione donec veniatur ad probationem sectarum. Nam ibi ostendetur quod moralis philosophia efficacius theologiae[7] deservit in hac parte, et ideo licet secundum veritatem[8] hujusmodi[9] sunt theologica, nihilominus tamen sunt philosophica, sed[10] propter theologiam[10].

CAPITULUM XIX.[11]

Praeterea tota philosophia speculativa ordinatur in finem suum qui est philosophia moralis. Et quia finis imponit necessitatem eis quae sunt ad finem, ut Aristoteles dicit secundo[12] Physicorum, ideo speculativa[13] scientia[13] semper aspirat ad finem suum, et erigit se ad eum, et quaerit vias utiles in ipsum, et propter hoc potest philosophia speculativa praeparare principia moralis philosophae. Sic igitur se habent

[1] J., in fidelibus.
[2] J., miracula. O. V., mirabilia.
[3] J., praesumere, aut per viam. V., potest sumere viam. O., potest praesumere viam.
[4] J., fidei hujus.
[5] J. O., quam. V. quantum.
[6] O., ad aliquam aliam.
[7] O., in homine.
[8] O., virtutem.
[9] J., hujus. V. et O., hujusmodi.
[10] O. om. sed propter theologiam.
[11] J., Rubric: Capitulum quintum.
[12] J. O., 'secundo.' V. has '3.'
[13] J. O., philosophia speculativa.

duae partes sapientiae apud infideles philosophos; sed apud Christianos[1] philosophantes scientia moralis propria[2] et perfecta est theologia, quae[3] super majorem philosophiam infidelium addit fidem[3] Christi et veritates quae proprie sunt divinae. Et hic finis habet suam speculationem praecedentem, sicut moralis philosophia infidelium habet suam. Quae igitur est[4] proportio finis ad finem est proportio speculationis ad speculationem; sed finis, ut lex Christiana, super[5] legem philosophorum addit[6] articulos fidei expressos per quos complet[7] legem moralis philosophiae[7], ut fiat una lex completa. Nam lex Christi leges et mores philosophiae sumit et assumit, ut certum est per sanctos et in usu theologiae et ecclesiae. Ergo speculatio Christianorum praecedens legem suam debet super speculationem alterius legis addere ea quae valent ad legem Christi docendam et probandam, ut consurgat[8] una speculatio completa, cujus initium erit[9] philosophia[10] speculativa philosophorum infidelium; et complementum ejus erit superinductum theologiae et secundum proprietatem legis Christianae. Et ideo philosophia completa apud Christianos debet sapere multum de divinis plus quam apud philosophos infideles; et propter hoc Christiani debent considerare philosophiam ac si modo esset de novo inventa, ut scilicet eam facerent aptam suo fini; et ideo debent multa addi in philosophia Christianorum, quae[11] philosophi infideles scire non poterant. Et hujusmodi sunt rationes exsurgentes in nobis ex fide et auctoritatibus[12] legis et sanctorum qui sapiunt philosophiam, et possunt esse communia philosophiae completae et theologiae. Et haec cognoscuntur per hoc quod debent esse communia fidelibus et infidelibus, ut sint ita nota cum proferuntur et probantur quod negari non possunt a sapientibus et instructis in philosophia infidelium. Nam philosophi infideles multa ignorant in praesenti de divinis,

f. 94 of J. begins here. The first line or two entirely gone, and the next 8 or 9 lines imperfect at beginning and end. The remainder (two-thirds of page) practically complete.

[1] V., apud bonos Christianos. J. O. om. bonos.
[2] J., proprie et perfecta. V., propria et perfecta. O., proprie et perfecte.
[3] O., quae semper majorem philosophiam fidelibus addit et fidem.
[4] V. om. est.
[5] O., semper.
[6] O., addidit.
[7] O., completur moralis philosophia.
[8] O., surgat.
[9] J., est.
[10] O. om. philosophia.
[11] J. et O., quae. V., qui.
[12] O., auctoribus.

quae si[1] convenienter[1] proponerentur eis et probarentur per principia philosophiae completae, hoc est per vivacitatem rationis, quae sumit originem a philosophia infidelium, licet complementum a fide Christi, reciperent sine contradictione et gauderent de proposita sibi veritate, quia avidi sunt sapientiae et magis studiosi quam Christiani. Non tamen dico quod aliquid de specialibus articulis fidei Christianae reciperetur in probatione, sed multae sunt veritates communes rationales quas omnis sapiens de facili reciperet ab alio, quamvis secundum se ignoraret[2], sicut omnis homo studiosus et desiderans scientiam multa addiscit ab alio et recipit per rationales persuasiones, licet prius ignoraverit[3] eadem.

Non igitur mirentur philosophantes si habeant elevare philosophiam ad divina et ad theologicas[4] veritates et sanctorum auctoritates, et uti eis abundanter cum fuerit opportunum, et probare eas cum necesse est, et per illas alia[5] probare; quoniam proculdubio philosophia et theologia communicant in multis. Et sancti non solum loquuntur theologice, sed philosophice, et philosophica multipliciter introducunt. Et ideo Christiani philosophiam[6] volentes[6] complere debent in suis tractatibus non solum dicta philosophorum de divinis veritatibus colligere, sed longe ulterius progredi usquequo totius philosophiae potestas compleatur. Et propter hoc complens philosophiam per hujusmodi veritates non debet ideo dici theologicus[7], nec transcendere metas philosophiae; quoniam illa[8] quae sunt communia philosophiae et theologiae potest secure tractare[9], et ea quae communiter habent recipi a fidelibus et infidelibus. Et talia multa sunt praeter dicta philosophorum infidelium, quae tanquam propria infra limites philosophiae debet recte philosophans colligere, ubicunque ea invenit[10], et tanquam sua habet congregare, sive in libris sanc-

[1] O. om. si convenienter.

[2] J. has "ignoraret" with what is perhaps meant for "ur" added. V. O., ignoraret. O. om. sicut omnis—ignoraverit eadem.

[3] J., ignoraverat.

[4] O., theologiae.

[5] O., alias.

[6] J., volentes philosophiam.

[7] J., theologicus. V., theologiis. O. om.

[8] J., ista.

[9] J., contractare. O., tractare.

[10] O., invenerit.

torum, sive in libris philosophorum, sive in scriptura sacra, sive in historiis sive alibi. Nullus enim auctor est quin[1] praeter principalem intentionem aliqua incidenter recitet quae sunt alibi magis propria; et hujusmodi[2] causa est annexio scientiarum, quia quaelibet ab alia quodammodo dependet. Sed omnis qui debito modo tractat de aliquo debet quae sunt ei propria assignare, et quae necessaria et suae competunt[3] dignitati; et ideo ubicunque ea inveniat novit[4] sua recognoscere, et ideo[5] tanquam propria habet rapere et in locis propriis collocare. Propter quod philosophans Christianus potest multas auctoritates et rationes varias[6] et sententias quamplurimas de scripturis[7] aliis quam de libris philosophorum infidelium adunare, dummodo sint propria philosophiae, vel communia ei et theologiae, et quae communiter habent infideles et fideles recipere[8]. Et nisi hoc fiat non perficietur, sed multum ei derogabitur. Et non solum debet hoc fieri propter complementum philosophiae, sed propter conscientiam Christianam quae[9] habet omnem veritatem reducere[9] ad divinam, ut ei subjiciatur et famuletur; atque propter hoc quod[10] philosophia infidelium est penitus nociva, et nihil valet secundum se considerata. Nam philosophia secundum se ducit ad caecitatem infernalem, et ideo oportet quod secundum se sit tenebra et caligo.

f. 94b of J. begins here (see beginning of f. 94).

[1] J., qui. [2] J., hujus.
[3] O., competentia. [4] O., velut sua cognoscere. [5] O. om. ideo.
[6] O. om. varias. [7] O., scriptis. [8] O., reperire.
[9] J., "quae h . . . reducere." O., quae habet omnem veritatem ducere. V., quae habet casum mentem reducere. [10] O. om. quod.

PARS TERTIA HUJUS PERSUASIONIS.

DE UTILITATE GRAMMATICAE.[1]

CAPITULUM I.

Declarato igitur quod una est sapientia perfecta quae sacris literis continetur, per jus canonicum et philosophiam exponenda[2], qua mundus habet regi, nec alia requiritur scientia[3] pro utilitate generis humani, nam[4] totam juris et philosophiae continet in se potestatem[4]; nunc volo descendere ad ea philosophica[5] quae maxime valent hujus sapientiae magnificae expositioni. Et haec sunt quinque, sine quibus nec divina nec humana sciri possunt, quorum certa cognitio reddit nos faciles ad omnia cognoscenda. Et primum est Grammatica in linguis alienis exposita, ex quibus emanavit sapientia Latinorum. Impossibile enim est quod Latini perveniant ad ea quae eis[5] necessaria sunt in divinis et humanis nisi per notitiam aliarum linguarum, nec perficietur eis sapientia absolute, nec relate ad Ecclesiam Dei, et reliqua tria praenotata[6]. Quod volo nunc declarare, et primo respectu scientiae absolutae. Nam totus textus sacer a Graeco et Hebraeo transfusus est, et philosophia ab his et Arabico deducta est; sed impossibile est quod proprietas unius linguae servetur in alia. Nam et

[1] O., Rubric: 'Tertia pars hujus persuasionis de utilitate grammaticæ.' J., Rubric: 'Seq[uitur pars tertia] de uti[litate sciendi] li[n]guas alien[as habens] tres distinctiones [quarum] prima habet quinque ca[pitula in] primo ponuntur tre[s ratio] nes de necessitate li[nguarum].'

[2] O. om. exponenda.

[3] J. om. scientia.

[4] O. om. Nam—potestatem.

[5] O. om. philosophica.

[6] O., praenominata.

idiomata ejusdem linguae variantur apud diversos, sicut patet de lingua Gallicana, quae[1] apud Gallicos et Picardos et Normannos et Burgundos et[2] caeteros[2] multiplici idiomate variatur[3]. Et quod proprie et[2] intelligibiliter[2] dicitur in idiomate Picardorum horrescit apud Burgundos, immo apud Gallicos viciniores, quanto magis[4] igitur[4] accidet[2] hoc[2] apud linguas diversas? Quapropter quod bene factum est in una lingua non est possibile ut transferatur in aliam secundum ejus proprietatem quam habuit in priori. Unde Hieronymus in epistola de optimo genere interpretandi sic dicit, 'Si ad verbum interpretor, absurdum resonat. Quod si cui[5] non videtur linguae gratiam interpretatione mutari, Homerum ad verbum exprimat in Latinum. Plus aliquid dicam; eundem[6] in sua lingua prosae[7] verbis[8] interpretetur, videbit ordinem ridiculum[9] et poetam eloquentissimum vix loquentem.' Quicunque enim aliquam scientiam ut logicam vel aliam quamcunque[10] bene sciat, eam[11] nitatur in linguam convertere maternam, videbit se non solum in sententiis sed in verbis deficere, ita[12] quod scientiam sic translatam nullus intelligere poterit secundum ipsius scientiae potestatem.[12] Et ideo nullus Latinus sapientiam scripturae sacrae et philosophiae poterit ut oportet intelligere, nisi intelligat linguas a quibus sunt translatae.

f. 95 of J. begins here; it wants the whole of the first six lines, and part of the next six.

Secundo[13] considerandum est quod interpretes non habuerunt vocabula in Latino pro scientiis transferendis, quia non fuerunt primo compositae in lingua Latina. Et propter hoc posuerunt infinita de linguis alienis, quae sicut non[14] intelliguntur ab eis qui illas[2] linguas ignorant sic nec rite[15] proferuntur nec scribuntur ut decet. Atque, quod vile est, propter ignorantiam linguae Latinae posuerunt Hispanicum, et alias linguas mater-

1 O., quae est.
2 Omitted in O.
3 O., variantur.
4 J., O., igitur magis.
5 O., cuique.
6 J. V., eundem. O., Si quis autem eundem.
7 J. V. O., per se. Jer. (ed. Migne) prosae.
8 J., verbum.
9 O., ridiculosum. V. rudiculum.
10 J. O., quamcunque. V. quantumcunque.
11 O., eam et si.
12 O. om. ita—potestatem.
13 O., et secundo.
14 O., nec.
15 O., recte.

nas, quasi infinities pro Latino. Nam pro mille millibus exemplis unum ponatur de libro Vegetabilium Aristotelis, ubi dicit 'Belenum in Perside pernitiosissimum transplantatum [1] Jerusalem fit [2] comestibile.' Hoc vocabulum non est scientiale sed [3] laicorum [3] Hispanorum [3]. . Nam jusquiamus [4], vel semen cassilaginis, est ejus nomen in Latino; quod sicut multa alia prius [5] ab Hispanis scholaribus meis [6] derisus cum non intelligebam quae legebam, ipsis vocabula linguae maternae scientibus, tandem didici ab eisdem.

Tertio cum [7] oporteat interpretem [7] optime scire [8] scientiam quam vult transferre et duas linguas a qua [9] et in quam [10] transferat, solus Boethius primus interpres novit plenarie linguarum potestatem; et solus dominus Robertus dictus Grossum Caput, nuper [6] episcopus [6] Lincolniensis [6], novit scientias. Alii quidam [11] medii, ut Gerardus Cremonensis, Michael Scotus, Aluredus Anglicus, Hermannus Alemannus quem vidimus Parisius, defecerunt multum tam in linguis quam in scientiis; sicut idem Hermannus de se ipso et de aliis est confessus quod ostendit ipsorum translatio [11]. Nam tanta est perversitas et cruditas [12] et horribilis difficultas maxime in libris Aristotelis translatis, quod nullus potest eos intelligere, sed quilibet alii contradicit, et multiplex reperitur falsitas, ut patet ex collatione diversorum interpretum et textuum diversarum linguarum. Et similiter in textu sacro inveniuntur falsa et male translata quamplurima. Nam Hieronymus probat translationem LXX interpretum et Theodotionis et Aquilae multas habuisse falsitates, quae quia fuerunt vulgatae [13] per totam Ecclesiam, et omnes stabant maxime pro translatione LXX sicut pro vita, reputabatur Hieronymus falsarius et corruptor scripturarum, donec paula-

[1] O., sed transplantatum.
[2] J. O., fit. V., sit.
[3] O., laico Hispanicorum.
[4] J. O., jusquiamus. V., jusqueamus.
[5] J. O., prius. V., primo.
[6] Omitted in O.
[7] O., oportet quod interpres.
[8] O., sciat.
[9] O., quibus.
[10] O., quas.
[11] O., quidem medici translatores defecerunt multum tam in scientiis quam in linguis, quod ostendit ipsorum translatio, instead of the passage quidam medii . . . . ipsorum translatio.
[12] V., crudelitas. O. om.
[13] J. et O., vulgatae. V., vulgata.

tim claruit veritas Hebraica per sanctum Hieronymum in Latinum conversa. Ne tamen nimia novitate deterreret[1] Latinos, ideo ut ipse scribit, aliquando co-aptavit se LXX interpretibus, aliquando Theodotioni, aliquando Aquilae; et ideo multa dimisit ut[2] fuerunt[2] per[2] alios[2] translata[2], et propter hoc remanserunt plura falsa. Nam, ut Augustinus probat secundo de doctrina Christiana, male translatum est quod habetur in libro Sapientiae, Spuria vitulamina non dabunt altas radices. Nam deberet[3] esse, spuriae plantationes, vel[2] adulterinae[2] plantationes[2], ut Augustinus probat per Graecum. Et tamen Hieronymus dimisit hoc, sicut multa[2] alia, propter pacem[4] Ecclesiae[4] et doctorum. Atque scitur manifeste quod Hieronymus humanum aliquid passus aliquando in translatione sua oberravit, sicut ipsemet pluries confitetur. Nam quod decimum nonum Isaiae male transtulerat resumit in originali[5] quinto libro[2] dicens, 'In eo quoque quod transtulimus *incurvantem et refrenantem*[2] possumus[2] dicere *incurvantem*[2] *et*[2] *lascivientem*. Nos autem verbum Hebraicum *acmon*, dum celeriter quae[2] scripta sunt[2] vertimus, ambiguitate decepti *refrenantem* diximus.' Et aliud quod in eodem capitulo male transtulerat revolvit dicens, 'melius reor proprium errorem reprehendere quam dum erubesco imperitiam confiteri in errore persistere. In eo vero quod transtuli, "et erit terra Juda Aegypto in festivitatem," in Hebraico legitur *agga* quod interpretari potest et *festivitas*, unde *aggeus* in festivum vertitur, et *timor* quod significantius Aquila transtulit *girosin*[6], cum aliquis pavidus et timens circumfert oculos et advenientem[7] formidat inimicum[8]; ergo, si voluerimus in bonam partem accipere quod recordatio Judaeae[9] Aegypto sit gaudii, recte *festivitas* dicitur; sin autem, ut arbitror, in timore pro festivitate vertitur in formidinem vel pavorem'.[10]

f. 95 of J. begins here, is imperfect (see note at beginning of f. 95).

[1] J. O., deterreret. V., decurreret.
[2] Omitted in O.
[3] V., debent.
[4] J., Ecclesia pacem.
[5] O., saginali.
[6] O., gerosin.
[7] O., adveniens.
[8] O., initium.
[9] O., Judaeae. V., indice.
[10] Between this chapter and the next O. has four chapters which belong properly to Part II. (see above, pp. 67, 69, 73).

CAPITULUM II.

Quarta ratio [1] hujus rei est[2] quod quamplurima adhuc desunt Latinis tam philosophica quam theologica. Nam vidi duos libros Machabaeorum in Graeco, scilicet tertium et quartum, et scriptura facit mentionem de libris Samuelis et Nathan et Gad videntis, et aliorum quos non habemus. Atque cum tota certificatio historiae sacrae sit a Josepho in antiquitatum libris, et omnes sancti expositionum suarum radices accipiant a libris illis, necesse est Latinis ut habeant illum librum [3] incorruptum. Sed probatum est quod codices Latini sunt omnino corrupti in omnibus locis in quibus vis historiae consistit, ita ut textus ipse [4] sibi contradicat ubique; quod non est vitium tanti auctoris; ergo ex translatione mala hoc accidit, et [2] ex corruptione ejus per Latinos, nec [5] est remedium nisi de novo transferatur [6], vel ad singulas [7] radices sufficienter corrigatur [8]. Similiter libri doctorum magnorum ut beatorum Dionysii, Basilii, Johannis [2] Chrysostomi [2], Johannis Damasceni et aliorum multorum deficiunt; quorum tamen aliquos dominus Robertus, praefatus episcopus, vertit in Latinum, et alii quosdam alios ante eum; cujus opus est valde gratum theologis. Et si istorum libri translati essent, non solum gloriose[2] augmentaretur sapientia Latinorum, sed haberet Ecclesia fortiora [9] adjutoria contra Graecorum haereses et schismata, quoniam per sanctos [10] eorum [10] proprios ,[10] quibus non possunt contradicere convincerentur.

Similiter omnia fere secreta philosophiae adhuc jacent in linguis alienis. Nam solum quaedam [11] communia et vilia ut in pluribus sunt translata; et de hujusmodi etiam multa desunt.

[1] O., causa est et ratio.
[2] Omitted in O.
[3] V. J. om. illum.
[4] O., ille.
[5] O., non.
[6] O., transferantur.
[7] O., singulas. V., linguas.
[8] O., corrigantur.
[9] J., O., fortia.
[10] O., sanctorum eorum sententias.
[11] J. et O., quaedam. V., quidem.

Nam lineae[1] infinities quasi et[1] capitula et partes librorum et libri integri omittuntur in Metaphysicis[2] et[3] Naturalibus et[3] Logicalibus et aliis, praeter magna secreta scientiarum et artium et naturae arcana quae nondum sunt translata; ut est secunda philosophia Avicennae quam vocat orientalem, quae traditur secundum puritatem philosophiae in se, nec timet ictus contradicentium lancearum, et tertia quae fuit contermina[4] vitae suae, in qua experientias secretas congregavit, sicut ipse in prologo primae philosophiae suae annotavit. Et similiter cum Aristoteles complevit octo partes naturalis philosophiae principales, quae multas sub se continent[5] scientias, de prima parte non habemus omnia, de aliis vero quasi nihil. Et eodem modo de mathematicis[6], quae sunt novem scientiae[7], cum ipse compleverit eas, nihil habemus de textu[7] ejus[7]. De[7] metaphysicis[8] vero[7] quod[7] habemus[7] nulla dignitate notari[9] potest propter defectus multiplices et praegrandes. De moralibus vero, cum sint quinque scientiae magnae, non habemus nisi primam et parum de secunda. Etiam de[10] logica deficit liber melior inter omnes[11], et alius post eum in bonitate secundus male translatus[12] nec potest sciri nec adhuc est in usu vulgi, quia nuper venit ad Latinos, et cum defectu translationis et squalore. Nec est mirum si dico istos libros logicae meliores, nam oportet esse quatuor argumenta veridica; duo enim movent intellectum speculativum seu rationem, scilicet dialecticum per debilem habitum et initialem, qui est opinio, ut disponamur ad scientiam, quae est habitus completus et finalis in quo quiescit mens speculando veritatem. Et hic habitus animi[13] acquiritur per demonstrativum argumentum[7]. Sed cum voluntas seu intellectus practicus sit[14] nobilior[14] quam speculativus, et virtus cum felicitate excellit in infinitum scientiam nudam,

f. 96 of J., which begins here, is complete, but the upper part stained and often illegible.

[1] O. omits lineae—et.
[2] O., mathematicis.
[3] O., et in.
[4] O., conscientia.
[5] O., continet.
[6] O., metaphysicis.
[7] Omitted in O.
[8] J. O., mathematicis.
[9] J. O., vocari.
[10] J. here apparently interpolates l. 17 of p. 81; but many of the words in this and in the next few lines are undecipherable.
[11] O., omnes alios.
[12] O., male translatus. V. om. male.
[13] O., non, *pro* animi.
[14] O., sit nobilior. V., fit melior.

et nobis magis est necessaria sine comparatione, necesse est ut habeamus argumenta ad excitandum [1] practicum intellectum, praecipue cum magis simus [2] infirmi in hac parte quam in speculatione. Libenter enim omnes gustamus de ligno scientiae et [3] boni et mali, sed difficiles sumus ad lignum vitae ut virtutum dignitatem amplectamur propter futuram felicitatem. Quapropter oportet quod habeat intellectus practicus sua adjutoria, et excitetur per propria argumenta sicut speculativus per sua. Et ideo necesse fuit ut traderetur [4] doctrina [3] de his argumentis, quibus moralis philosophia et theologia utuntur abundanter. Nam sicut speculativae [5] scientiae gaudent argumentis speculativis opinionis et scientiae nudae, sic practicae scientiae, ut theologia et moralis philosophia practica, considerant argumenta, quibus ad praxim, id est ad opus bonum, excitemur et flectamur ad amorem felicitatis aeternae. Et hic [6] sunt duo modi flectendi nos. Unus est qui promovet animum ad credendum et consentiendum et commiserandum et compatiendum [7] et ad hujusmodi [8] actus, et sua [9] contraria cum necesse [10] est [10]; et hoc argumentum vocatur rhetoricum, et est respectu intellectus practici sicut argumentum dialecticum ad intellectum speculativum. Nam [11] facit debilem habitum, scilicet persuasionem credulitatis et fidei [12], ut sequatur habitus completus, qui est [13] amor crediti et dilectio per opinionem confirmanda.[11] Et hic habitus [14] qui flectit nos ad amorem boni operis habetur per argumentum poeticum, quia poetae veraces, ut Horatius et alii Graeci et Latini, vitia prosequuntur et virtutes magnificant, ut alliciantur homines ad amorem [15] boni [15] et odium peccati. Nam ut ille [16] dicit,

> Aut prodesse volunt aut delectare poetae.
> Omne tulit punctum qui miscuit utile dulci.

[1] O., exercitandum per. [2] J. O., simus. V., fimus. [3] Omitted in O.
[4] J., tradentur (*sic*). [5] J. O., speculativae. V., speculatione.
[6] O., hi. [7] O., complacendum.
[8] J., hujusmodi. O., eorum. V., hujus.
[9] J., sunt. O., ad. [10] O., necessitate.
[11] O. om. Nam—confirmanda. [12] J., fide. [13] J., est ibi.
[14] V., hic est habitus. J. O. om. est. [15] O., honorem.
[16] J. O., ut ille. V. om. ut.

Non enim parum prodest civibus qui delectat[1] in moribus, oportet enim non solum docere, sed delectare et promovere. Unde tam poeta quam orator debet haec tria facere, ut docendo reddat auditores dociles, per delectationem faciat attentos, et promovendo[2] seu flectendo[3] cogat in opus. Et haec argumenta in salutiferis rebus sunt fortissima, in puris[4] speculativis impotentia[5]; sicut demonstratio efficacissima est in speculationibus nudis, sed impotens omnino[6] in practicis et in his quae pertinent ad salutem; secundum quod Aristoteles dicit primo Moralis Philosophiae, quod par peccatum est mathematicum uti argumento rhetorico et rhetorem demonstrationem experiri, quoniam[7], ut dicit secundo, haec scientia[8] non est contemplationis nudae[9] gratia, sed ut boni fiamus. Aristoteles igitur fecit libros[10] de his argumentis, et[11] Averroes[11] et[11] Alpharabius[11] exposuerunt in suis commentariis, et Avicenna docet in logicalibus de his argumentis[11]; et Alpharabius in libro de scientiis affirmat duas partes logicae debere constitui de his duobus argumentis, quia sola logica debet[12] docere cujus modi[13] sunt argumenta et qualiter componuntur, propter usum omnium aliarum scientiarum; et tunc logica servit[14] speculativis scientiis per argumenta duo[15] speculativa[14], quae sunt dialecticum et demonstrativum. Moralibus autem ministrat[16] practica argumenta. Et quia theologia et jus canonicum mores et leges et jura determinant, ideo haec duo argumenta sunt eis necessaria, et[17] omnis theologus et jurista ac philosophans moraliter utitur his argumentis necessario, ex consuetudine et usu, sive fiat persuasio[18] praelato seu principi seu judici vel populo vel privatae personae,[17] quamvis[19] Latini nondum habent scientiam horum argu-

f. 96b of J. begins here; this page is complete, as also are the folios that follow, except in some of the marginal words (*cf.* p. 88).

[1] O., delectant.
[2] O., promovendo. V., permovendo.
[3] J. O., flectando.
[4] O., puris. J. V., pure.
[5] J., in potentia.
[6] O., est omnino.
[7] J. O., quoniam. V., quia.
[8] J., scientiam (*sic*).
[9] O. om. nudae.
[10] J., libellos.
[11] O. om. et Averroes et Alpharabius—argumentis.
[12] O., deberet.
[13] J., cujusmodi. V., cujus.
[14] Omitted in O.
[15] O., v. duo.
[16] J., ministra.
[17] O. om. et omnis—privatae personae.
[18] J. V., praesuasio.
[19] O., etiam quamvis.

mentorum secundum artis logicae potestatem[1]. Qualiter autem componantur haec argumenta non est ad praesens dicendum; sed in opere[2] quod Vestra Beatitudo postulavit debent[3] explicari. Nihil[4] tamen de scientiis speculativis utilius est propter fidem probandam infidelibus, ut flectantur ad credendum et ad amorem fidei Christianae; et similiter ut artificialiter praedicemus omnibus quibus praedicatio necessaria est, et sic de aliis persuasionibus utilibus ad salutem. Magnum autem adjutorium habemus per Augustinum in tertio et quarto de doctrina Christiana, et per libros Tullianos, et per libros Senecae, et epistolas eorum[5], et[5] quaedam[5] alia[5] quae possunt colligi in lingua Latina de his argumentis, quamvis ipse textus[6] Aristotelis nobis deficiat.

CAPITULUM III.[7]

Quinta ratio est ad hoc, quoniam eodem[8] sensu sunt scientiae[5] compositae et expositae, et ideo cum scientiae fuerunt traditae Latinis linguis[9] alienis omnes sancti et philosophi Latini, qui exponunt scientias, usi sunt linguis[5] caeteris copiose, et multiplicant nobis infinita[5] vocabula Graeca et Hebraea et Chaldaea et Arabica, praeter illa[10] quae in textibus continentur. Et nos sumus filii et successores sanctorum et sapientum philosophorum, ut Boethii, Plinii[5], Senecae, Tullii, Varronis et aliorum sapientum, usque ad haec ultima tempora. Nam vidimus aliquos de antiquis qui laboraverunt multum in[5] linguis[5], sicut fuit dominus Robertus praefatus translator et[8] episcopus, et[11] Thomas venerabilis antistes Sancti David nuper[5] defunctus[5], et frater Adam de Marisco, et[5] magister[5] Hermannus[5] translator, et quidam

[1] O., traditionem; tamen necessaria sunt multis modis.
[2] O., hoc opere.
[3] O., debet.
[4] O., Nihil. V., vel.
[5] Omitted in O.
[6] O., textura.
[7] No break here in J.; but in margin '[Capitulum t]ertium de [quin]ta causa.'
[8] O., ex.
[9] J. O., a linguis.
[10] O., ea.
[11] O., et dominus.

alii sapientes. Sed quoniam eos non imitamur, ideo ultra id quod credi potest deficimus a potestate scientiarum, quia expositiones authenticas non possumus intelligere et per consequens nec intellectum scientiarum possumus obtinere. Et pro infinitis pono duo exempla. Hieronymus dicit in prologo Danielis, quod Daniel et Esdras scribuntur[1] literis Hebraicis sed Chaldaeo sermone, et una pericope Jeremiae. Hanc autem pericopem[2] omnes theologi dicunt esse Threnos Jeremiae, quia pericope idem est quod pars[3] parva seu particula. Sed omnes Hebraei sciunt quod Threni scribuntur[1] literis Hebraicis et Hebraeo sermone. Et[4] quicunque scit aliquid de Hebraeo potest hoc percipere; unde puer hic non ignorat istud[4]. Deinde possumus dicere[5] hanc pericopem ex decimo capitulo Jeremiae, ubi dicitur, Sic ergo dicetis eis, Dii qui coelum et terram non fecerunt pereant de terra, et[6] de his quae sub coelo sunt. Nam hoc tantum in Jeremia habet[7] sermonem Chaldaeum, sicut omnes Hebraei literati sciunt. Et certum est quod[8] Chaldaeus[9] et[9] Hebraeus[9] habent eandem linguam sed diversum idioma, sicut Gallicus et Picardus; idioma enim est proprietas linguae apud aliquam nationem determinata[10]. Unde Hebraeus dicit Heloim pro *Deo* vel *Diis*, Chaldaeus dicit Heloa, et[11] pro *caelo* vel *caelis* dicit[12] Hebraeus Samaim, Chaldaeus Samaa[12], et[11] pro *non* Hebraeus dicit lo, Chaldaeus vero dicit la; et sic in aliis diversitatibus[13] accidentalibus ejusdem linguae diversificantur. Et ita est in pericope praetacta. Ante[13] tamen quam[14] haec pericope scribatur hic sermone Hebraeo et Chaldaeo, ponetur alphabetum Hebraeum, ut facilius valeat intelligi quaestio proposita. Et primo scribuntur figurae Hebraici[15] alphabeti[15], secundo in linea superiori ponuntur nomina, et supremo assignantur

[1] O., scribimus.
[2] O., pericope Jeremiae.
[3] J. O., pars parva. V. om. parva.
[4] O. om. Et quicunque—istud.
[5] J., dare. V., dicere. O. omits.
[6] J. O. om. et.
[7] J. O., habet. V., item.
[8] J. O., quod. V., quia.
[9] O., Hebraei et Chaldaei.
[10] O., determinatam.
[11] Omitted in O.
[12] Omitted in O.; supplied in margin by a modern hand.
[13] O. omits diversitatibus—Ante.
[14] O., quod.
[15] O., Hebraicae.

literae nostrae[1] quae literis Hebraicis correspondent; ut literarum Hebraicarum sciamus virtutes et potestates[2] sonorum secundum[3] quod quaedam sunt vocales, quaedam consonantes.

z	*v*	*e*	*d*	*g*	*b*	*a*
zain	vaf	he	dalet	gimel	bet	aleph
ז	ו	ה	ד	ג	ב	א
m	*l*	*ch*	*ch*	*i*	*t*	*h*
mem uverte	lamet	chaf	chaf	iot	teis	heis
מ	ל	ך	כ	י	ט	ח
s	*s*	*a*	*s*	*n*	*n*	*m*
sazake dreite[8]	sazake torte[7]	ain	samech	nun dreite[6]	nun torte[5]	mem close[4]
ץ	. צ	ע	ס	ן	נ	ם
	t	*s*	*r*	*k*	*p*	*p*
	taf	sin	ris	kof	pe	pe
	ת	ש	ר	ק	ף	פ

Sunt autem sex vocales, aleph[9], ain, he, heth, iot, vav; reliquae sunt consonantes; he et heth aspirantur ut he in principio, heth non solum in principio sed in fine, et heth[10] generatur in gutture, he in ore. Aleph similiter in ore et ain in gutture. Sed considerandum quod solum iot habet unum sonum[11], scilicet[12] j, sicut j nostrum, et fit consonans et vocalis sicut j apud nos. V[13] vero, ut dicit Hieronymus in Hebraicis quaestionibus, habet duplicem sonum, scilicet v nostrum et o. Reliqua[14] quatuor habent sonum quinque vocalium nostrarum scilicet a e i o u[15], sicut patet per Hieronymum in libro interpretationum. Et hanc diversitatem sonorum designant[16] per puncta et tractus. Nam si sub aleph trahatur linea[17] sine

[1] J., vestrae. O. omits.
[2] O., potestatem.
[3] O. omits secundum . . . (to the end of the Hebrew alphabet); after sonorum it begins (fresh paragraph) sunt autem, etc.
[4] J., cose. V., clase.
[5] J., tor.
[6] J., drait.
[7] J., saziketor.
[8] J., sazikedrait.
[9] J. O., scilicet aleph.
[10] J., V., hec. O. omits.
[11] O., sonum. V. J., solum.
[12] J., scilicet. O., V., omit.
[13] O., Vau.
[14] O., Reliqua vero.
[15] O., et u.
[16] O., signant (*altered to* signat).
[17] J., liam (*sic*).

puncto sic, אַ, vel cum puncto sub linea[1] sic, אָ, sonatur a. Si vero duo puncta fiant jacentia sub aleph ex transverso, אֵ, vel duo stantia, אְ, vel tria in modum trianguli, אֶ, vel quinque puncta hoc modo, אֱ, sonatur e. Si vero tria puncta jacentia sub aleph ex obliquo descendentia sic, אֻ, sonatur u[2]. Si vero unus punctus ponatur sub litera, אִ, sonatur i. Si vero unus punctus fiat supra, sonatur o, sic אֹ. Et ita est de ain et he et heth, quod habent hos quinque sonos per istorum signorum diversitatem. Et cum vaf sonat u, potest esse signum trium punctorum ut dictum est sic, וֻ, vel potest poni unus punctus in ventre sic, וּ. Quoniam autem parum[3] scribuntur[4] per figuras vocalium, et quando per eas scribitur, adhuc ponunt signa praedicta. Ideo oportet sciri quod ad consonantes ponunt haec signa ut sciatur sonus vocalis syllabicandus cum consonante, ut si volo designare ba, be, bi, bo, bu, scribam[5]: ba בַ be בֵ bi בִ bo בֹ bu בֻ Item habent alia signa per quae designant sonos consonantium aliquando[7] fortificari, aliquando[8] remitti. Unde quando tractus ponitur supra literam tunc remittitur, quando punctus in ventre ponitur tunc fortificatur. Unde quando supra daleth ponitur tractus sic, דֿ, tunc debilem sonum [designat] quasi nostrum[9] z, ut cum dico, *adamas*. Quando vero[10] punctus in ventre ejus collocatur sic, דּ, tunc fortiter sonat, ut cum dico, *dabo*. Et sic invenitur hic in hoc Hebraeo quod sequitur[11].

dii	eis	dicetis	sic	Litera Hebraica
elaa	lehom	temerun	chidena	Sermo Chaldaeus.
אֱלָהַיָּא	לְהוֹם	תֵּאמְרוּן	כִּדְנָה	
non	terram et	coelum	qui	
la	areka ve	semaa	di	
לָא	וְאַרְקָא	שְׁמַיָּא	דִּי	

[1] J., litera. O. inserts here *Dc* underlined (probably an ignorant effort to write the Hebrew Aleph). After sonatur a, O. continues, Si vero duo puncta fiant jacentia, breaks off here, and begins again with cap IV. Sexta ratio, et seq.

[2] Erasure in J. [3] J., parvum (*sic*). [4] J., scribunt.

[5] J., scribam sic. [6] J., בַּ.

[7] J., al[i]um. [8] J., alium.

[9] J., nostri. [10] J. omits vero.

[11] The Hebrew in the passage that follows is inaccurately written in J., and the Latin words are not rightly superposed. As to Bacon's vocalization, see addit. notes.

terra de	pereant	fecerunt
area me	iebedu	ebadu
מֵאַרְעָא	יֵאבְדוּ	עֲבַדוּ

coelo	sub de et
semaa	thehot mi u
שְׁמַיָּא :	וּמִתְּחוֹת

dii	eis	dicetis	sic	Literae Hebraicae
elohim	lahem	tomeru	co	Sermo
אֱלָהִים	לְהֶם	תֵּאמְרוּ	כְּדְנָה	Hebraicus.

fecerunt	non	terram et	coelum	qui
asu	lo	ares ve	samaim	eser
עֲשׂוּ	לָא	וְאַרְקָא	שְׁמַיָּא	אֱשֶׁר

sub de et	terra de	pereant
thahat mi u	eres me	iobedu
וּמִתַּחַת	מֵאֶרֶץ	יֹאבְדוּ

isto	coelo
ele	samaim
אֵלֶּה :	שָׁמַיִם

Manifestus igitur et vilis est error omnium in hac parte propter ignorantiam harum linguarum. Aliud exemplum accipitur de Graeca. Et quia multa exempla Graeca addentur in sequentibus, ideo volo hic ponere alphabetum Graecum cum diphthongis quibus scribunt; multo enim evidentius per hoc[1] patebunt quae dicenda sunt.

a	*b*	*g*	*d*	*e*	*z*
alpha	vita[2]	gamma	delta	e. penti, *i.e.* quintum	zita
α	β	γ	δ	ε	ζ
i	*th*	*i*[3]	*k*	*l*	*m*
ita	thita	iota	kappa	labda	mi
η	θ	ι	κ	λ	μ
n	*x*	*o*	*p*	*r*	*s*
ni	xi	o. micron	pi	ro	sima
ν	ξ	ο	π	ρ	σ
t	*y. Graecum apud Latinos*	*ph*	*ch*	*ps*	*o*
taf	y. psilo[4]	phi	chi	psi	o. mega, *i.e.* magnum
τ	υ	φ	χ	ψ	ω

Habent autem septem vocales quantum ad figuras diversas, quoniam habent triplex i et duplex o. Sed quatuor tantum habent quantum ad sonum principalem, videlicet a, e, i, o. Diphthongus apud Graecos est conjunctio duarum vocalium

[1] J., haec. [2] J., vita Licinus dicit beta. [3] J., e.
[4] J., ipsilo.

sonum unius vocalis habentium, vel vocalis cum consonante; et finales literae in diphthongis Graecorum sunt iota et ipsilo. Potest igitur ipsilo consequi alpha sic, αυ, et tunc quantum a cum υ consonante, qui sonus aliquantulum similis est sono ipsius a cum f, et ideo vulgariter exemplificamus quod sonat af; vel potest consequi e sic, ευ, et tunc sonat quantum e vocalis cum υ consonante, et quasi ef, ut dictum est de alpha et ipsilo; vel potest consequi ita sic, ηυ, et sonat quasi if, ut dictum est[1] de aliis; vel ipsilo consequi potest omicron sic, ου, et tunc sonat u vocalem; et sic solum habent Graeci sonum hujus vocalis u. Si vero iota consequatur alpha sic, αι, tunc sonat e: si e sic, ει, tunc sonat i per iota; si o sic, οι, tunc sonat y per ipsilo. Potest etiam consequi ipsum ypsilo sic υι, et tunc sonat i per ypsilo. Et hi octo diphthongi vocantur proprii. Sed alii tres dicuntur improprii, et fiunt per subscriptionem hujus literae iota ad alpha, ita, et ω mega, sic, ᾳ, ῃ, ῳ. Aliquando tamen ponitur iota in linea post literam sicut in aliis diphthongis, sic, αι, sed in istis nunquam sonus renovatur, sed remanet sonus literae principalis, scilicet ejus cui subscribitur iota. Nam quando subscribitur ei quod est alpha, sonatur a; quando veri ei quod ita, sonatur ita, quando vero ei quod est ω mega, sonatur solum ω mega. Et his tribus dipthongis utuntur Graeci semper in dativo casu primae declinationis et secundae [2].

Exemplum autem in praesenti loco est de Jacob, qui cum obviavit Esau fratri suo veniens de Mesopotamia et dixit[3], Sic enim vidi faciem tuam, quasi vultum Dei, quaerit Augustinus in libro Quaestionum, et est in glossa, qualiter poterat sanctus homo hominem reprobatum comparare Deo, et tanquam Deum reputare? et solvit quod Deus[4] multipliciter[4] accipitur in scriptura, aliquando pro vero Deo et[5] aliquando aliter, et hoc multis modis; sed ut LXX interpretes designarent[6] quod non loquebatur de

[1] O. omits est.

[2] Hiatus evident here, though not indicated in J. or V. *Cf.* vol. i. p. 76, ed. of 1897.

[3] J., disceret. V., diceret. [4] J., multiplex Deus. [5] J. omits et.

[6] J., designaverint.

vero Deo, ideo apposuerunt articulum Graecum ad nomen Dei. Nam hoc est de proprietate articuli, quod veritatem rei demonstrat; sed hoc non apparet in Latino, quia Latini non habent articulum. Sed satis innotescit in Gallico; unde cum dicitur Parisius, *li reis vient*[1], iste articulus *li* designat proprium et verum regem talis loci, quoniam regem Franciae. Et non sufficeret hoc ad denotandum adventum regis Angliae ad civitatem Parisiensem[2]. Nullus enim diceret de rege Angliae veniente Parisius, *li reis vient*[1], sed adjungeret aliquid dicens, *li reis de Engleterre*[3] *vient*[1]. Et ideo articulus solus sufficit ad veritatem et proprietatem rei de qua est sermo designandam. Propter quod dicit Augustinus quod Graecum habet sic, *προσωπον θεου*, quod in Graeco sonat prosopon theu sine articulo; non sic, *προσωπον*[4] *του*[4] *θεου*[4]. Prosopon hic signat[5] vultum vel faciem, theu est genitivus casus hujus nominis theos, quod est Deus, et tu est articulus genitivi. Magna igitur necessitas est ut Latini sciant linguas propter dicta sanctorum et caeterorum sapientum.

CAPITULUM IV.[6]

Sexta ratio est propter correctionem errorum et falsitatum infinitarum in textu tam theologiae quam philosophiae, non solum in litera sed in sensu. Quod autem correctio sit necessaria probo per corruptionis magnitudinem. Et quoniam violentius[7] et[7] periculosius erratur in textu Dei quam in textu[8] philosophiae, ideo convertam linguarum potestatem ad corruptionem textus sacri, ut pateat necessitas earum propter[9] corruptionem infinitam exemplaris vulgati quod est Parisiense. Et Deus[10] novit quod nihil tam valida indigens correptione potest Apostolicae Sedi praesentari sicut haec corruptio infinita[9]. Nam litera ubique in exemplari vulgato falsa est

[1] J., vent. [2] V., Pariensem. [3] J., Engeltere.
[4] J., prosopon *προσωπον*. *του* tu. theu *θεου*, quod est Graeco sermone prosopon tu theu. [5] J., significat.
[6] Title in margin of J.: 'Capitulum quartum, in quo sexta ratio assignatur [in] universali.' O. begins again here.
[7] Omitted in O. [8] J. om. textu. [9] O. om. propter—infinita.
[10] J., Deus ipse.

vel[1] dubia homini qui consideravit hanc corruptionem[1], et si litera sit falsa vel dubia tunc sensus tam[2] spiritualis quam[3] literalis falsitatem et dubitationem ineffabilem continebit; quod volo nunc ostendere sine contradictione possibili[4]. Nam Augustinus dicit contra Faustum, si discordia est in codicibus Latinis, recurrendum est ad antiquos et plures[5]. Nam antiqui, ut[2] sententiat[2], praeponendi[6] sunt novis et plures paucioribus praeferuntur. Sed omnes antiquae Bibliae quae ubique[2] jacent in monasteriis, quae non sunt adhuc glossatae nec tactae, habent veritatem translationis quam sacrosancta a principio recepit Romana Ecclesia, et jussit per omnes Ecclesias divulgari.

Sed haec[7] in infinitis[8] contradicit[9] exemplari Parisiensi. Ergo hoc exemplar magna indiget correctione per antiqua. Caeterum Augustinus ibidem dicit, quod si dubitatio adhuc remaneat in antiquis Bibliis, recurrendum est ad linguas Hebraicam[10] et Graecam. Et hoc dicit secundo de doctrina Christiana, et[2] ostendit[2] in[2] exemplis[2]. Et Hieronymus hoc docet[11] ad Frecellam et[2] Sunniam et super Zachariam, et omnes sancti concordant in[12] hoc, et quilibet habens rationem. Sed Graecum et Hebraeum stant cum antiquis Bibliis contra exemplar Parisiense[12], ergo oportet quod sit[13] multipliciter[13] corrigendum[13]. Caeterum Hieronymus dicit ad Damasum[14] in hoc casu quod[2] ubi est diversitas non est veritas nota. Sed illi[15] qui nituntur[16] cum omni veritate[17] quam sciunt corrigere textum, scilicet[15] duo ordines Praedicatorum et[18] Minorum, jam de corruptione formaverunt varias scripturas, et plus quam una Biblia contineat; contendunt ad invicem et contradicunt in-

[1] O. om. vel dubia—corruptionem.
[2] Omitted in O.
[3] O., et.
[4] O., possibili. V., populi.
[5] J. O., plures. V., pluries.
[6] J. O., proponendi.
[7] O., hae.
[8] O., infinitum.
[9] O., distant ab.
[10] O., scilicet Hebraicam.
[11] O., dicit.
[12] For the passage in hoc—Parisiense, O. has sed antiquis Bibliis concordant lingua Graecorum et Hebraeorum contra exemplar Parisiense.
[13] O., corrigatur.
[14] O., Damascenum.
[15] O. om. illi qui—scilicet.
[16] J., nituntur. V., vincuntur.
[17] J., veritate qua. V., virtute qua.
[18] J. O., et. V. om.

finities[1]; et non solum ordines ad invicem, sed utriusque[2] ordinis fratres sibi invicem contrariantur plus quam ordines totales. Nam omnis[2] domus alii contradicit, et in eadem correctores sibi invicem succedentes mutuas eradunt positiones cum infinito scandalo et confusione. Unde cum jam[3] a[4] viginti annis[5] praedicatores redegerunt[6] correctionem in scriptis[7], venerunt alii et novam ordinaverunt correctionem quae continet plus medietate unius Bibliae, cujus[8] flores aliqui collecti[9] vix ponuntur in tanta scriptura quam Novum continet Testamentum[8]. Et quia vident se errasse in[10] antiqua correctione, jam fecerunt statutum[11] quod nullus illi[12] adhaereat, et tamen[13] secunda correctio propter sui horribilem quantitatem simul cum veritatibus multis habet sine comparatione plures falsitates[14] quam prima correctio, sicut[15] Vestra Gloria evidenter poterit intueri, cum probatio in speciali auctoritati vestrae praesentetur[16].

CAPITULUM V.[17]

Quod autem dixi[18] in universali, potest patere in exemplis. Nam infinities accidit corruptio additione, subtractione, immutatione[3], conjunctione, divisione orationis[19], dictionis, syllabae, literae, diphthongi, aspirationis notae[19], ut[20] non solum litera sed sensus literalis et spiritualis mutentur.[21] Et non solum[22] cadunt haec vitia contra unam orationem, sed contra multas, immo[3] penes[3] folia[3] quamplura[3]. Et nunc[3] de singulis unum ponam exemplum, vel duo. Nam multi prologi superflue[23] ponuntur in textu, cum non sint prologi textus in quibus redditur ratio

[1] J. omits infinities.
[2] O. om. utriusque— omnis.
[3] Omitted in O.
[4] J. O., ad.
[5] O., annos.
[6] J. O. V., redigerunt.
[7] O., scripturis.
[8] O. om. cujus flores—Testamentum.
[9] J., telecti.
[10] J. om. in.
[11] O., statuta.
[12] O., ei.
[13] J., omni (for omnino).
[14] J., facultates.
[15] O. omits sicut . . . (to end of chapter).
[16] J., praesentetur. V., praesententur.
[17] No break in text of J.; but title in margin. '[Ca]pitulum quintum in quo explicatur [sext]a ratio in particulari.'
[18] J., nunc dixi.
[19] O. omits orationis—notae.
[20] O., et.
[21] O., mutantur.
[22] O., solum. J. V., tantum.
[23] O., superflui.

translationis librorum quibus praeponuntur[1]; sed sunt vel[2] epistolae familiaribus missae, prout[3] epistola Hieronymi ad Paulinum quae in capite Bibliae reputatur prologus et vocatur a vulgo, quae tamen in libro epistolarum Hieronymi[2] continetur; vel[4] sunt prologi in commentarios in[5] originalia non in textum, sicut illud quod praemittitur ante librum Ecclesiastes. Nam proculdubio prologus est ipsius originalis et patet ex sententia[4]. Et sic est de multis aliis quae non sunt in Bibliis antiquatis. De una oratione superflua est exemplum Deuteronomii xxvii°[6], Maledictus qui dormit cum uxore proximi sui, et dicet[7] populus[8] Amen; quoniam nec antiqui codices nec Hebraeus nec Graecus habent[9] versum. De superfluitate dictionis horribile est ac nefandum exemplum[2] octavo Genesis, cum dicitur quod corvus non est ad arcam reversus. Nam[2] Hebraeum[2] habet[2] affirmativam[2], et omnes Judaei de[2] mundo[2] sentiunt[2] hoc[2]: et omnes Bibliae[10] antiquae[10] habent affirmativam[11], et[12] Hieronymus[12] in[13] originali. Et accepta[14] est negatio a paucis temporibus de alia translatione, scilicet LXX. interpretum, cujus falsitatem Hieronymus ostendit locis infinitis, et quae jam a tempore Isidori et ante evacuata est. Nam ipse dicit in libro de Officiis quod generaliter omnes Ecclesiae Latinae utuntur translatione Hieronymi, pro eo quod veracior sit in sententiis et clarior in verbis, excepto quod propter[15] nimium usum psallendi in Ecclesia solius psalterii translatio secundum LXX. interpretes remansit. Sed antequam Romana Ecclesia jussit translationem hanc ubique haberi, Augustinus et alii et ipsemet Hieronymus tempore suo usi sunt, sicut Ecclesia, translatione antiqua. Et ideo Augustinus quando recitat textum hunc

[1] J., ponuntur.
[2] Omitted in O.
[3] J. O., ut.
[4] O. omits vel sunt—sententia.
[5] J., et in.
[6] J., xxvii°. O., 27. V., xxviii°.
[7] O., dicit.
[8] J. O., omnis populus.
[9] J. O., habet hunc.
[10] O., libri antiqui.
[11] et omnes Judaei—affirmativam omitted in text of J.; but [et] omnes Judaei [s]entiunt hoc is supplied in margin, *prima manu*.
[12] O. omits et Hieronymus—pro contradictione ponatur (p. 98).
[13] J. om. in.
[14] J., accepta est. V., om. est.
[15] J., propter. V., praeter.

sexto decimo de Civitate Dei et exponit, oportuit quod uteretur translatione quae fuit vulgata et recepta apud Latinos, nec potuit aliud facere. Quoniam vero glossator a centum annis infixit glossas super textum, accepit auctoritatem Augustini de Civitate Dei, et eam posuit juxta textum, sed non mutavit eum nec intulit negationem. Moderni autem non advertentes diversitatem translationum, nec considerantes qua utuntur translatione, inseruerunt negationem auctoritate propria et primo [ali]quis famosus inter caeteros hoc fecit[1]. Et sic vulgatus est horribilis error, cum contradictorium pro contradictione[2] ponatur. Sed videmus[3] in philosophia quod ejusdem libri est aliquando[4] duplex et triplex translatio, et una habet diversum vel aliquando contrarium alii[5]. Sed nullus est qui ausus est translationem unam miscere cum alia.

Quod autem libri[6] ecclesiastici habent in legenda negationem, hoc est[7] ex[8] corruptione exemplaris apud studentes ad ecclesiasticos libros[9] derivatum. Et de syllabae mutatione[10], et per consequens totius dictionis, exemplum[11] mirabile est de Joseph, qui dicitur in exemplari vulgato venditus fuisse triginta argenteis propter exemplum Domini. Sed secundum antiquos codices et Hebraeum et Graecum et Arabicum, et Hieronymum in originali, et Josephum in primo[12] antiquitatum, ibi[13] debent esse viginti non triginta. Et similiter in psalterio ad syllabae mutationem mutatur tota dictio cum infinito errore, cum dicitur, Sitivit[14] anima mea ad Deum fontem vivum. Nam cum Ecclesia in psalterio[15] solo[15] utatur[16] translatione LXX. interpretum, Hieronymus correxit hanc translationem bis, et posuit *fortem* ubi ponimus *fontem* per errorem propter[17] similitudinem dictionum, et propter hoc quod in praecedenti versu fit mentio de fonte, et propterea quod sitis

[1] J., fecit. V., fecerit.
[2] J., contradictione. V., contradictorio.
[3] J., videtur.
[4] J., obiter.
[5] O., alteri.
[6] Omitted in O.
[7] J. O., est. V., et.
[8] O., de.
[9] J., hos. O. omits.
[10] J., immutatione.
[11] O., et exemplum.
[12] O., libro.
[13] O., quod.
[14] J., Si scivit.
[15] J., solo psalterio.
[16] O., utatur translatione. V. J., om. translatione.
[17] O. om. propter similitudinem—fecit de Hebraeo (p. 99).

ordinatur ad aquam. Sed ut dixi, Hieronymus correxit *fortem*; et ita est in Hebraeo et Graeco et in translatione Hieronymi propria, quam fecit de Hebraeo[1]; et ita est in omnibus antiquis Bibliis, et[2] in psalteriis antiquis monasteriorum. Nam hoc diligenter inspexi, et omnino certum est quod non est ibi nisi error[3] vilissimus propter similitudines praedictas[2].

De literae mutatione hoc[4] est exemplum notabile primo Judicum, cum dicitur in monte Hares, quod interpretatur testateo, ut penultima litera sit[5] e, non i; sed communiter habetur testatio per i, ut sit nominativus casus et idem quod testificatio a teste; sed debet[6] esse ablativus derivatus a testa, nam in omnibus antiquis libris[7] est testateo per e, et in Graeco et in[8] Hebraeo, ut habetur Hares. Hieronymus transtulit testam, vel aliquid[9] derivatum a testa, vel[10] aliquid consimile, ut later vel ariditas[10]. Nam Hares in Hebraeo testam vel aliquod[11] praedictorum significat[12] in Latino. Unde Hieronymus in sexto libro super Isaiam exponens illud verbum sexti decimi capituli, 'His qui laetantur super muros cocti lateris' dicit, 'Hares testam sive coctum laterem significat,' et in octavo libro super illud vicesimo quarto Isaiae, 'Erubescit[13] luna,' dicit quod hares testam[14] vel ariditatem significat[15]. Quod vero tricesimo primo Jeremiae et tricesimo[16] secundo[16] confunduntur haec nomina Ananeel et Anameel[17] per errorem, ut literae[18] m et n[19] indifferenter ponantur[20] in[21] penultima[21], est[22] error magnus in mutatione unius literae. Nam Hieronymus dicit in originali quod Ananeel[23] per n scriptum est turris, per m est filius Sellum[21] patruelis Jeremiae; et sic invenitur in Hebraeo.

[1] O. om., as stated p. 98.
[2] O. om. et in psalteriis—praedictas.
[3] J., herror, om. nisi.
[4] J. O. omit hoc.
[5] J. O., sic. V., scilicet.
[6] O., si deberet.
[7] J. O., bibliis.
[8] J. om. in.
[9] J., quid.
[10] O. om. vel—ariditas.
[11] O., aliquid.
[12] J. O., significat. V., signat.
[13] J. O., erubescet.
[14] O., testam sive coctum.
[15] J. O., sonat.
[16] O., 32°, altered to 22°.
[17] O. Emameel.
[18] V. J. O., in litera
[19] J. omits 'm.' O. omits 'm et n.'
[20] J. O., ponuntur.
[21] Omitted in O.
[22] O., et est.
[23] J. O., Ananeel. V., Amaneel.

De[1] diphthongo est illud[2] Proverbiorum sexto decimo, lapides *sacculi* secundum Hebraeum et Graecum et antiquos, quamvis communiter habeatur *seculi* sine diphthongo pro[3] *saeculi* in aliquibus non multum antiquis; cujus error inolevit quod hoc nomen seculum debet scribi per diphthongum[4], et sic veraciter scribitur apud omnes libros antiquos in omni facultate. Et quia modica differentia est inter c et e, ideo[5] aliqui de antiquis prope modernos tamen decepti mutaverunt primum c in e, ut scriberent saeculi; et quia moderni non scribunt per diphthongum, ideo retinuerunt hoc nomen seculum scriptum more suo, et neglexerunt hoc nomen sacculum quod est vera litera.

De aspirationis nota exemplum est prima[6] ad Thessalonicenses secundo, cum[7] dicitur '·Ad tempus[8] ore,' ut sit ablativus casus hujus nominis *os oris*, et non genitivus hujus nominis *hora horae*. Scribitur igitur[9] in ablativo casu, et glossatur non a sancto sed a Magistro Sententiarum qui glossavit epistolas; sed sicut multipliciter alibi[10] defecit in expositione propter ignorantiam Graeci, ita defecit[11] hic, quoniam[12] proculdubio in Graeco, a quo sumptum est, genitivus casus hujus nominis *hora* invenitur *horas*, et aspiratur tam apud Graecum quam Latinum. Sed *os oris* non aspiratur, hoc enim nomen *hora* est Graecum, licet Latino more declinatum sicut *domina*. Sed Graecus declinat sic *hora horas hora horan*[13] *hora*. Unde nominativus dativus[14] et vocativus similes sunt, accusativus in *an*, genitivus in *as*, ablativum non habent Graeci. Et hoc[15] in Graeco est *horas*, sicut ego legi diligenter, et quilibet potest probare qui[16] scit Graecum, et in antiquis invenitur aspiratio.

Haec exempla volui afferre, ut aliqua[17] probatio innuatur quod necesse est linguas alienas sciri propter textus Latini corruptionem, tam in theologia quam in philosophia. Quo-

[1] O. omits the whole paragraph De diphthongo—vera litera.
[2] J., illud. V., aliud. [3] J., vel. [4] J., diphthongum. V., diphthongan.
[5] J., oi͡ [=omni; probably a blunder for ι͡ο, *i.e.*, ideo].
[6] O., primo. [7] J., quod cum. [8] O., cujus.
[9] O., enim. [10] Omitted in O. [11] J. O., fecit.
[12] O. om. quoniam proculdubio et seq, to end of chapter. [13] J., horam (*sic*).
[14] J., et dativus. [15] J., hic. [16] J., quid. [17] J., quicquam.

modo vero decurrit plana probatio, et in speciali per omnes corruptiones Bibliae, in aliud tempus differtur propter rei magnitudinem, quae potest, cum volueritis jubere, Vestrae Sanctitati praesentari, sed non per me ut sufficiat, sed magis per alium; quam vobis in sequentibus explicabo.

CAPITULUM VI.[1]

Septima ratio, quare[2] necesse est ut Latini sciant linguas, est[3] specialiter propter sensus falsitatem, etsi litera esset verissima[4]. Nam tam in theologia quam in philosophia necessariae sunt interpretationes, et praecipue in textu sacro et in textu medicinae et scientiarum secretarum, quae nimis occultantur propter ignorantiam interpretationum. Nam medici confusi sunt propter malas interpretationes, quas vocant synonyma. Non[5] est autem possibile eis uti medicinis authenticis propter errorem istorum syno[ny]morum[5], et ideo accidit in manibus eorum infinitum periculum. Eodem modo in[6] textu sacro; nam summa difficultas, quae est apud ipsum sciendum, est propter varietatem et obscuritatem infinitarum interpretationum, ut[7] in exemplo familiari pro[8] infinitis[8] aliis[8] apparet. Vulgus enim hoc nomen Israel pro patriarcha interpretatur *virum*[9] *videntem*[9] *Deum*, et[10] praevaluit hoc in usu usque ad tempus Hieronymi, et etiam usquequo sua translatio et sua expositio jussae sunt per omnes ecclesias divulgari. Sed ipse dicit in originali, 'Quamvis grandis auctoritatis sunt et eorum umbra nos opprimat, qui Israel *virum videntem Deum* interpretati sunt[10], nos tamen magis consentimus Deo vel angelo qui hoc[11] nomen imposuit, quam auctoritati alicujus eloquentiae secularis.' Et[12] ideo probat

[1] Title in margin of J.: '[Distinctio] secunda in qua spe[cialiter ratio septima] et octava po[nuntur] habens sex [capitula].'

[2] J., quare. V., quia. [3] V. J., et, for est. [4] J., veracissima.

[5] Non est—synonymorum is from J. V. omits. O. agrees with J. down to propter, then errorum istorum synonymorum ignorantiam, et.

[6] O., est in. [7] O., et. [8] Omitted in O.

[9] O., vir videns. [10] O. om. et praevaluit—interpretati sunt.

[11] O., in hoc. [12] O. om. Et—affirmat.

egregie quod affirmat.[1] Nam illi qui sic interpretati sunt crediderunt quod hoc vocabulum significet idem conjunctum et divisum, sicut[2] respublica apud nos. Sed hoc non est generaliter verum, immo in pluribus habet[3] instantiam in omni lingua. Apud vero Hebraeos[3] *is* est vir, *ra* videns, *el* Deus, et ideo crediderunt multi quod hoc nomen patriarchae habeat[4] resolvi in illa tria. Sed Hieronymus reprobat per multa argumenta; quatuor enim possunt ex dictis suis sumi a parte vocis, et quatuor vel quinque a parte rei. Nam in illis tribus nominibus aliae literae et plures quam in nomine patriarchae, et aliter ordinatae et syllabicatae reperiuntur. Ex[5] hoc igitur triplici argumento sumpto per[6] literas concluditur per Hieronymum quod idem significari non potest hinc inde; cum ratio significationis ejusdem sumatur propter vocis identitatem. Sed patet[7] vocem et literas nimis variari, quoniam in nomine patriarchae sunt hae quinque literae per ordinem, Iod, Sin, Res, Aleph, Lamet, sicut ipsum Hebraeum hic positum declarat יִשְׂרָאֵל, Iserael[8]. Sed in hoc triplici vocabulo hae octo literae hunc habent ordinem, scilicet Aleph, Iod, Sin Res, Aleph, He, Aleph, Lamet, ut hoc Hebraeum ostendit

el	ra	is
אֵל	רָאָה	אִישׁ

Et quarto argui potest ex pronuntiatione. Nam sicut puncta ostendunt, nomen proprium non retinet apud Hebraeum sonum praecisum illorum vocabulorum trium, sed majorem habet, quia Iserael sonatur in quatuor syllabis; trium vero vocabulorum sonus in solis tribus syllabis coarctatur, ut dicatur *is*, *ra*, *el*; quoniam punctum unum sub litera sonat *i*, duo puncta sonant *e*, et linea cum puncto sub ea sonat *a*. Sed argumenta fortiora trahuntur ex sensu vocis[5] secundum[9] Hieronymum[9]. Nam[9] per textum Hebraeum et Graecum et Latinum, et per Josephum, patet quod Israel non debet dici

[1] O. om. Et—affirmat.
[2] J. O., sicut. V., sic.
[3] For habet—Hebraeos, O. has est falsum. Nam apud Hebraeos.
[4] O., habet.
[5] O. omits Ex hoc—sensu vocis.
[6] J., penes.
[7] J. omits patet.
[8] J., Iserael. V., Iserel.
[9] O., Nam secundum Hieronymum et.

vir videns Deum, sed principans[1] vel princeps cum Deo, quoniam in Hebraeo ad literam est sic, 'Et dixit Deus, non vocabitur nomen tuum amodo Jacob, sed Israel, quoniam si principatus[1] vel princeps fuisti cum Deo, et cum hominibus poteris principari.' Et ideo dicit Hieronymus quod sensus est, Non vocabitur nomen tuum supplantator, hoc est Jacob, sed vocabitur nomen tuum princeps cum Deo, hoc est Israel. Quoniam enim[2] ego princeps sum, sic[3] enim[3] tu qui mecum luctari potuisti princeps vocaberis. Si autem mecum pugnare potuisti[4], quanto magis cum hominibus, hoc est cum Esau, quem formidare non debes. Et[5] hoc ostendit ipsum Hebraeum hic scriptum hoc modo.

Jacob iaecove יַעְקֹב	non lo לֹא	dixit et[6] iomer va וַיֹּאמֶר	
nomen tuum simecha שִׁמְךָ	amodo oze עוֹד	dicetur ieamer יֵאָמֵר	
quoniam ki כִּי	Israel icerael יִשְׂרָאֵל	si[7] im אִם	quoniam[7] ki כִּי
Deo elohim אֱלֹהִים	simul im עִם	principatus[8] saritha שָׂרִיתָ	
poteris et[9] tuchal va וַתּוּכָל	hominibus enasime אֲנָשִׁים	simul et im ve וְעִם	

[1] O., principalis. [2] Omitted in O. [3] O., sicut. [4] O., invaluisti.

[5] O. omits Et hoc ostendit—to end of Hebrew passage, beginning again Et textus Graecus.

[6] The Hebrew in J. is too faulty to be worth insertion. See additional notes.

[7] In inner margin of J. and V. (partly hidden in latter) is a marginal note on *quoniam si* (same hand as text:—'Modus loquendi Hebraicus est, hoc est Sed Israel (scilicet dicetur nomen tuum.')

[8] Note on *principatus* in outer margin of V. and J. (in same hand as text): 'fuisti vel princeps fuisti. Nam in Gallico Hebraei dicunt princeias verbaliter uno vocabulo pro praeterito tempore indicativi modi, et sic est in Hebraeo et Graeco, licet Latinum habeat duo vocabula in tali praeterito. (J. writes: *ceias verbas* for *princeias verbaliter* and omits *tempore.*)

[9] Note on *poteris* in V. and J. (in same hand as text): 'principari scilicet, sed superfluit una copulatio; sed modus Hebraicus est.'

Et textus Graecus habet sic: quia invaluisti cum Domino, et cum hominibus valebis. Atque Latinum habet: quoniam si contra Deum fortis fuisti, quanto magis contra homines praevalebis. Et Josephus, primo antiquitatum libro, Israel ideo appellatum dicit, quia contra angelum [1] steterit. Omnia igitur haec, scilicet principari cum Deo, et invalescere, et fortem esse, et [2] stare [2] contra [2] vel [2] cum [2] Deo [2], reducuntur ad eundem sensum, ut [2] patet [2], sed diversis vocabulis interpretatum [3], quorum nullum de virtute suae significationis potest elicere visionem Dei. Et ideo vera interpretatio est *princeps cum Deo.* Et adhuc confirmat hoc Hieronymus per argumentum derivationis. Nam Sarith, quod [4] ab Israel nomine derivatur, principem [5] sonat ut [2] dicit [2]. Unde et [2] Sara uxor Abrahae princeps dicitur, sicut [6] dicit Hieronymus super [2] decimum [2] septimum [2] capitulum [2] Geneseos [2]. Quapropter si vulgus vel aliqui antiqui, ut Eusebius Caesariensis in libro nominum Hebraeorum, quem Hieronymus in Latinum vertit, et alii, famosa abutentes interpretatione, dicant [7] Israel interpretari [8] per *virum videntem Deum* [2], dicamus cum Hieronymo; 'Illud [9] autem quod in libro nominum interpretatur Israel *vir videns Deum*, omnium pene sermone decretum, non tam vero quam violenter, nihil interpretatum videtur.' Si igitur per Eusebium in libro nominum, quem Hieronymus transtulit in Latinum, et per Ambrosium et alios forsan [10] sanctos, allegare quis contendat quod recta [11] expositio [12] hujus [12] vocabuli [12] Israel sit *vir videns Deum*, dicendum est quod locuti sunt secundum vulgatam expositionem antequam veritas fuit patefacta, quam postea beatus Hieronymus vera et recta interpretatione Latinis revelavit; sicut in ejus libris continetur, et in glossa etiam habetur [9]. Si [13] vero [13] dicatur [13] quod consuetudo vulgi theologorum modernorum hanc interpretationem frequentet, patet responsio per supradicta secundum Augustinum et Cyprianum et Isidorum et alios et [2] per [2] varias [2] declara-

[1] O., Dominum.
[2] Omitted in O.
[3] O., interpretationum.
[4] O., et.
[5] O., et principem.
[6] O., ut.
[7] O., dicunt.
[8] J., interpretati (*sic*).
[9] O. omits Illud autem—habetur.
[10] J., forsitan.
[11] J., rita.
[12] J., hujus vocabuli expositio.
[13] O., Et si forsan dicitur.

tiones[1]. Nam secundum eos manifestatae[2] veritati[3] cedat consuetudo, ut[4] relicto errore vulgi sequamur veritatem; et quod ex[5] ignorantia venit non debet allegari, sicut accidit in proposito. Et praecipue contra auctorem et[1] doctorem[1] sacrum non licet contraire ubi[6] pro se rationes sufficientes et auctoritates allegat. Porro[7] ad omnium affirmationem potest quilibet Hebraeos[8] peritos consulere, et inveniet sententiam beati Hieronymi ratam et inconcussam[7]. Summa vero necessitas remediorum falsitatis requiritur in his interpretationibus propter formam Hebraei sermonis. Nam in interpretationibus vulgatis, quae in fine Bibliae ponuntur, sunt infinitae occasiones errorum propter hoc quod unum vocabulum[9] aestimatur secundum[10] normam Latinam, quae est multiplex apud Hebraeos. Et abundantius erratur quod tali vocabulo dantur variae interpretationes, tanquam ejusdem sint vocabuli Hebraei[1], cum tamen quaelibet sit diversi, eo quod vocabulum Hebraeum apud nos male consideratum in scriptura una habet diversas literas apud Hebraeos et[1] diversas[1] scripturas[1], penes quas recipit[11] diversas interpretationes; secundum quod Hieronymus ponit exemplum in epistola de Mansionibus. Nam *or*, si scribatur per aleph, significat *lumen*; si per ain, *pellem*[12]; per heth, *foramen*; per he[13], *montem*. Dicit igitur quod vicesimo Numerorum quidam interpretati sunt his modis quatuor; sed opiniones tres destruit, quia in Hebraeo scribitur hic per he[14] literam[1], et ideo solum *montem* in hoc loco designat. Sed in praedicando et legendo theologi recurrunt ad omnes quatuor expositiones[15] in hoc vocabulo; et sic in[16] aliis[16] propter[17] hoc quod sic habetur in interpretationibus[17].

Ultima ratio scientialis de necessitate linguarum aliarum[1] est quod grammatica in lingua Latinorum tracta est a Graeco et Hebraeo. Nam literas accepimus a Graecis, ut docet

[1] Omitted in O. [2] J., manifeste. [3] J., veritate.
[4] O., et. [5] J. O., ex mera. [6] O., nisi.
[7] O. om. Porro—inconcussam. [8] J., Hebraeo.
[9] O., vocabulorum. [10] O., simplex secundum.
[11] J., recepit. [12] O., pedalem. [13] O., heu.
[14] J. omits he. [15] J., exceptiones. [16] O., alias.
[17] For propter—interpretationibus, O. has igitur multipliciter errant.

Priscianus, et [1] totam rationem tractandi partes orationis Priscianus accepit a Graecis, ut testatur, et miscet Graecum in magna abundantia [2] per omnes libros suos. At ipsa vocabula linguae Latinae [1], et tam theologica quam philosophica, ab alienis linguis pro parte maxima sunt transfusa; quorum [3] aliqua Latini suspicantur esse alterius linguae, et de aliquibus non considerant quod ab alia lingua descendunt [3]. Multa [4] vero [4] aestimantur [4] quod sint penitus Latina, cum tamen sint Graeca vel Hebraea, Arabica vel Chaldaea, in quibus tam in pronuntiatione quam in scriptura et sensu accidit multiplex error Latinorum. Nec est modicum inconveniens [5] errare in vocabulis; quia per consequens homo [6] errat [7] in orationibus, deinde in argumentis, et tandem in his quae [8] aestimantur [8] concludi [8]. Nam Aristoteles dicit, Qui [9] virtutis [5] nominum sunt ignari saepe paralogizantur. Et primum et principale fundamentum doctrinae ponit Boethius in certa et integra cognitione terminorum, sicut docet in libro de Disciplina Scholarium; atque nos experimur hoc [10] in singulis scientiis. Nam principalis difficultas [5] et [5] utilitas sunt [11] ut [11] homo sciat intelligere vocabula quae dicuntur in scientia, et prudenter et [5] sine errore proferre. Quando vero [12] hoc [12] sit [12], aliquid [5] potest per seipsum proficere sine ulteriori doctrina si sit diligens in studio. Nam textus scientiarum sunt ei plani postquam [13] noverit [13] proprie ac recte intelligere et interpretari; et sine difficultate potest quemlibet sapientem intelligere, et cum quolibet sufficienter conferre, et [14] a quolibet si necesse est edoceri [14]. Et [15] Aristoteles dicit primo [16] Coeli et Mundi, Parvus [17] error in principiis [18] est magnus in principiatis. Qui enim in fundamento [19] errat, necesse est eum [20] errore totum aedificium cumulare.

[1] O. omits et totam—Latinae.
[2] J., Abundamus.
[3] O. omits quorum—descendunt.
[4] O., et multi vero aestimant.
[5] Omitted in O.
[6] J., hic. O. omits.
[7] O., errabit.
[8] O., aestimatur conclusio.
[9] O., quod qui.
[10] J. omits hoc.
[11] O., est quod.
[12] O., veraciter scit hoc.
[13] J., plusquam voverit. O., quando noverit.
[14] O. om. et a quolibet—edoceri.
[15] J. omits et.
[16] O., in primo.
[17] O., quod parvus.
[18] O., principio.
[19] O., fundamentis.
[20] O., ei in.

Aestimamus igitur linguam nostram Latinis dictionibus esse compositam, et pauca esse vocabula aliarum linguarum, cum tamen quae[1] communiter utimur[2] sint[3] de linguis alienis, ut domus[4], scyphus[5], clericus, laicus, diabolus[6], Sathanas, ego, pater, mater, ambo, leo, bos, ager, malum[6], et sic de paene[7] infinitis quae vix in[8] magno volumine possent congregari; praecipue si scrutarentur[9] vocabula singularum[10] scientiarum, et maxime theologiae et medicinae; quo volumine nihil esset utilius, si[11] vocabulorum omnium recta scriptura ac pronuntiatio[12] debita cum fideli derivatione et certa interpretatione praeberentur[13]. Sed nunc in his quatuor erramus[7] infinities[7] in magnum totius sapientiae detrimentum; quod paucis exemplis potest intelligi. Nos enim non consideramus ordinem linguarum, nec quod prior lingua non recipit interpretationem posterioris, nec quod diversae linguae, in eo quod diversae sunt, non se mutuo exponunt, secundum quod dicit Hieronymus Ge[nesis][14] septimo decimo, 'Nemo aliqua lingua quodlibet vocans etymologiam sumit vocabuli ex altera'; et Servius dicit hoc in commentariis Virgilii[14]. Et maxime prior ex posteriori non potest originem habere, ut certum est omni homini rationem habenti. Unde Graecum non oritur ex Latino, nec Hebraeum ex Graeco. Et ideo[7] non debet Hebraeum etymologiam[15] capere[15] ex Graeco, nec Graecum ex Latino. Unde Hieronymus contra quosdam dicit loco[16] memorato[16], Sarra non Graecam sed Hebraeam[17] debet habere rationem, Hebraeum[18] enim est. Et[19] Servius dicit quod Lenaeus a *leno*, lacu, dicitur, non a[20] *lenio*[20], quia Graecum nomen non[21] potest Latinam etymologiam recipere. Sed contra hoc facimus communiter et indifferenter[19]. Nam dicimus[22] quod

[1] O., qui. [2] O., utuntur. [3] J., tam sint. O., sunt.
[4] O., domus. V. J., doma. [5] O., ciphus. [6] O. om. diabolus—malum.
[7] Omitted in O. [8] O., etiam in. [9] O., scrutemur.
[10] O., singulorum et singularum. [11] J. O., si. V., sed.
[12] J. O., pronuntiatio. V., pronuntiatione. [13] O., praeliarentur.
[14] O. omits Ge—Virgilii. [15] J., capere etymologiam.
[16] O., quod. [17] J., Hebraicam. [18] O., Hebraea.
[19] For Et Servius—et indifferenter, O. has et nos contra.
[20] J., a leino. V., ab alieno. [21] J., nomen non. V. om. nomen.
[22] J., discimus.

amen, licet sit Hebraeum, dicitur ab *a* Graeca[1] praepositione[1], quod est sine, et *mene* Graeco, quod est defectus. Et cum *Parasceve* sit Graecum, dicimus quod dicitur a *paro paras* et *coena coenae*, quae sunt Latina. Et[2] dicunt quod *dogma* dicatur a *doceo*, et quod *jubileum* a *jubilo*[2], et sic de infinitis, quae omnia falsa sunt. Et non solum vulgus Latinorum[1] sed[3] auctores in[1] his[1] oberrant; ut Hugutio[4] et ejus sequaces, qui[5] aestimant jubileum a jubilo derivari, cum tamen jubileum debet esse Hebraeum, et[6] jubilus est Latinum. Sed nec debet dici jubileum, ut litera *i* sit in secunda syllaba sicut in jubilo, immo debet ibi esse *e* litera ut dicatur jubeleus[7], sicut vult Isidorus et Papias, et omnes libri antiqui sic habent. Nam diciter a jobel, quod est Hebraeum.

Capitulum VII.[8]

Quoniam autem scimus quod multa vocabula, quae sunt in usu Latinorum, debent exponi per alias linguas, assueti in hoc credimus quod longe plura quam veritas sit capiant[9] etymologiam aliunde. Nam sola illa vocabula quae oriuntur et derivantur ex[10] Graeco et Hebraeo debent habere interpretationem[11] per linguas illas. Ea enim quae pure[12] Latina[12] sunt[12] non possunt habere expositionem nisi per vocabula Latina. Nam purum Latinum est omnino diversum ab omni lingua, et ideo non recipit[13] interpretationem aliunde. Sed Latini hoc non considerant, immo indifferenter pura Latina per alias linguas interpretantur, sicut[14] a Graecis derivata. Unde multis modis hoc nomen *caelum*, quod est pure Latinum, Graece interpretantur[14], dicentes quod[1] caelum dicitur tanquam *casa*

[1] Omitted in O.
[2] O. omits Et dicunt—jubilo.
[3] O., sed etiam.
[4] J., Hugocio. O., Hugo.
[5] O. omits qui aestimant—to end of chapter.
[6] et omitted or erased in J.
[7] J., jubileus (*sic*).
[8] Title in margin of J.: 'capitulum tertium q[uod non de]bent vocabula [pu]re Latina [exponi] per Graecum.'
[9] O., capiunt.
[10] J. O., ex. V., a.
[11] O., interpretationes.
[12] J., pura sunt Latina.
[13] O., potest habere.
[14] O. omits sicut—interpretantur.

helios [1], id est domus solis, nam sol dicitur helios. Sed incongrue dicunt et falso. Nam cum helios sit nominativi casus et [2] non genitivi,casa heliös incongrue dicitur: deberent enim dicere *casa heliu*, quia heliu est genitivi casus. Deinde [2] falso dicitur; nam sicut [3] Varro peritissimus Latinorum, ut sanctorum et philosophorum utar eloquio, docet, et [3] Plinius in [4] prologo naturalis philosophiae confirmat [4], caelum dicitur a *caelo caelas*, quod est *sculpo—pis* [5], quia stellis sculptum est et ornatum, quod [6] manifestum est ex lege scripturae vocabulorum. Nam caelo—las pro sculpo—pis [7], scribitur per diphthongum *ae* in omnibus libris [8] antiquis; et similiter hoc nomen caelum apud omnes codices antiquos scribitur per diphthongum eandem, et ideo derivatur a caelo, quod est sculpo. Et ex hoc sequitur quod non derivatur a *celo celas*, quod est *occulto—tas* [9], sicut illi dicunt qui huic nomini dant etymologiam Latinam, dicentes sic dici quia occultatur et elongatur a nobis, vili errore sicut priores decepti [6]. Similiter hoc nomen *ave*, quod est pure Latinum, Graece exponunt, dicentes quod dicitur ab *a*, quod est sine, et *ue* [10], quasi *sine ue* [10]. Sed hoc fieri non debet, quia hoc vocabulum non sumitur a Graeco vocabulo cognatae [11] significationis [11]. Nam *chere* in Graeco significat [12] *ave* in Latino, sed haec duo non concordant, et [13] ideo multo magis ab aliis suam non trahet [14] expositionem. Hoc igitur est unus modus quo infinitis quasi vocabulis errant Latinis. [15]

CAPITULUM VIII. [16]

Alius modus est quod in Graecis vocabulis non attendimus [17] scripturam quam habent multipliciter variatam, quodque [18]

[1] J., helaos. O. has casehlios for casa helios.
[2] For et non genitivi—deinde, O. has li enim est genitivi casus, et ideo.
[3] O. omits sicut Varro—et.
[4] For in prologo—confirmat, O. has dicit quod.
[5] J., sculpis.
[6] O. omits quod manifestum—decepti.
[7] J., sculpis.
[8] J., his.
[9] J., occultas.
[10] [=vae?].
[11] Omitted in O.
[12] J., significat. V., signat.
[13] O. omits et ideo—to end of chapter.
[14] J., trahat.
[15] J., Latini.
[16] Title in margin of J.: Capitulum q[uartum] de scriptura [erro]nea Graecorum [vo]cabulorum. No break in O.
[17] O., intelligimus sacram.
[18] J., quod. O., quia.

vocabula consimilia in sono distinguunt[1] in significato. Unde habent triplex *i* et duplex *o* et duplex *t* ac *p* et *c*; et habent undecim diphthongos et multa alia, ut sic varietatem suorum vocabulorum in significando designent. Nam *cenos*, quod est inanis, a quo *cenodoxia*, id est inanis gloria, de quo Deuteronomii septimo, scribitur per *e* breve; et *cenos* quod est novus, a quo *encenia*, id est innovationes ut nova festa et dedicationes ecclesiarum [2], de quo Johannis decimo [3], scribitur per *ae* diphthongum, sic *caenos*. *Cenos* vero quod est[2] communis, a quo *cenobium* et *epicenon*, scribitur per *oi* dipthongum, quamvis Latinus proferat *e*, sed deberet proferre *i*, ut diceret *cinos*. Unde ab hoc dicitur *cinomia*, quod est secundum Hieronymum in correctione psalterii, communis vel omnimoda musca. Unde Papias dicit quod scribitur per diphthongum in prima syllaba sic *coinomia*[4], et hoc manifestum est ex Graeco psalterio. Et etiam[2] *cynos*, canis, quando scribitur per *y* Graecum, unde *cynomia* id est musca canina, de qua Exodi octavo. Et *xenos* per *x* est peregrinus, a quo *xenia* quae sunt munera seu dona, de quibus primo Machabaeorum et[5] vicesimo[6] Ecclesiastici. Et *schenos* per *sch*[7] est funis, a quo *schenobates* qui graditur in fune et super[8] funem; et[2] *scena* est umbra vel tabernaculum, a quo *scenopegia*, id est fixio tabernaculi, et scenofactoria ars in[9] qua Paulus apostolus laborabat. Cum ergo derivativa istorum vocabulorum et composita sic variantur in significatis, licet sint similia in sermone et sono, sicut[2] primitiva[2], manifestum est quod non est possibile evadere in sensu literali sine errore, qui non advertit scripturam hujusmodi dictionum[2]. Unde magni vivi et famosi expositores aliquando decepti sunt, sicut[10] Rabanus, qui octavo[11] decimo[11] Actuum[11] dicit quod scenofactoria ars docet facere funes, quia aestimabat quod schenos, quod est funis, esset illud a quo nomen derivatur. Sed Beda docet contrarium, volens quod a *scena*[12] derivetur[13]. Et hoc manifestum est per scripturam vocabuli, scilicet[14] octavo decimo

[1] O., distinguunt, V. distinguant.
[2] Omitted in O.
[3] O., 18° [perhaps 10° badly written ?].
[4] J., cionomia (*sic*).
[5] J. omits et.
[6] J. 30° (altered from 20°). O., 2°.
[7] O., sche.
[8] O., supra.
[9] O., est in.
[10] O., sicut. V. J. sic.
[11] O., 8.
[12] O., schena.
[13] J., O., derivatur.
[14] O. omits scilicet octavo decimo—per aspirationem.

Actuum in Graeco textu scribitur vocabulum prima syllaba sine aspiratione, et per vocalem quae vocatur *ita*, scilicet quae est *i* longum, et sic scribitur *scena* pro tabernaculo; sed *schenos* pro fune scribitur per *oe*[1] diphthongum et per aspirationem[2]. Et sic contentio est inter doctores de *cynomia* et[3] caeteris praedictis. Unde de[4] *xeniis* credit vulgus quod nihil sit; et corrigunt in textu sacro, dicentes *exenia*[5]. Sed in Bibliis[6] antiquis non est[7] sic, nec in Graeco, nec[8] potest sic dici secundum Graecam grammaticam, quia oporteret quod *ex*, praepositio Graeca, poneretur ibi, quod non est possibile; postquam vocabulum incipit per consonantem, sicut patet ex grammatica Graecorum[8]. Per hunc modum accidit error quasi in infinitis vocabulis.

CAPITULUM IX[9].

Et[7] tertius modus est quod licet Latini multum communicant cum Graecis, tamen in aliquibus differunt, quod non observatur ut oportet. Nam cum dicat Priscianus et omnes Latini sciunt quod nomen arboris apud Latinos est feminini generis et terminatur[10] in us, et nomen fructus est neutrum et terminatur in um, ut *pomus pomum*, *pirus pirum*, et sic de aliis, aestimant quod hoc sit intelligendum de omnibus vocabulis quae sunt in usu Latinorum, ut[11] de *malo* et de *amigdalo* et aliis. Nam regula Latinorum est solum intelligenda de Latinis dictionibus, non de Graecis nec aliis. Et quod hoc sit verum patet primo, quia Latinus dat regulas de Latinis, et non pertinet ad eum ordinare regulas de linguis alienis; deinde Pris[cianus] dicit quod omne Graecum cadens in usum Latinorum retinet genus suum quod habuit[11] apud Graecos; et ideo cum *malum* pro arbore sit Graecum et neutri

[1] J., oe. V., ae. [2] O. omits scilicet octavo decimo—per aspirationem.
[3] J., O., et de. [4] O., et de. [5] O., xeunia.
[6] J., O., Bibliis. V., libris. [7] Omitted in O.
[8] O. om. nec potest—Graecorum.
[9] Title in margin of J.: '[ca]pitulum quintum de de[ri]vatione Graecorum vocabulorum falsa in usu Latinorum.' [10] J., terminantur (*sic*).
[11] For ut de malo—quod habuit, O. has id est, ut teneant genus suum, quod habent.

generis, erit sic apud usum Latinorum ; et ideo [1] tam pro fructu quam pro arbore erit ejusdem generis et ejusdem terminationis. Et [2] hoc probatur per Virgilium qui dicit in Georgicis *mala insita*; arbores quidem inseruntur, non [3] fructus; et super hoc [4] Servius [2] commentator [5] qui fuit major quam [6] Priscianus [6], nam [6] ejus [6] auctoritate saepius utitur [7], dicit quod haec regula, Omne nomen arboris est feminini generis, intelligenda est de Latinis non de Graecis. Malum [8] autem Graecum est, ut infert; et certum est quod [8] est Graecum, licet secundum morem Latinorum aliquantulum aliter [9] prolatum, quia [10] nulla dictio apud Graecos terminatur in m literam, sed in n; et Latinus [11] consuevit [11] terminare dictiones suas in m, ut *scamnum*[12], *lignum*, *pomum* [13] et hujusmodi. Item multoties Latinus mutat aliquam vocalem in vocabulo Graeco, ut ubi Graecus dicit *grammaticos* Latinus dicit *grammaticus*, et sic multipliciter; et sic est hic; Graecus enim dicit [14] *melon* pro arbore et fructu; Latinus mutat e in a, sicut n in m, et dicit malum. Sed ista mutatio non mutat vocabulum secundum substantiam et secundum radicem; quia acceptum est a Graeco, licet aliter prolatum, et hoc omnes auctores testantur. Caeterum per textum Latinorum in antiquis libris tam de theologia quam de philosophia invenitur semper malum pro arbore. Nam in primo Joelis invenitur communiter apud omnes Biblias malum pro arbore; et[15] usque nunc[10] correctores dimiserunt illud in novis Bibliis, et in [10] omnibus[10] antiquis[10] quatuor Canticorum similiter[10], ubi [16] dicitur, Sicut malum inter ligna silvarum; et sic exponit Beda in originali. Et duodecimo Ecclesiastis est amigdalum in [10] omnibus [10] antiquis [10]: et malogranatum in singulari et malogranata in plurali in[10] libris[10] legis[10] invenitur[10]; quod non fieret si malum non esset neutri generis. Mutantur igitur haec [17] vocabula secundum formam Latinarum [18] dictionum [19] incon-

[1] O., tunc. [2] For Et hoc—Servius, O. has sed Servius.
[3] J. in (*sic*). [4] J., super hoc. V., ideo. [5] J., commendator.
[6] O., Prisciano, cujus. [7] J. O., utitur. V., utimur.
[8] For Malum—quod, O. has Et certum est quod malum.
[9] O., sit aliter. [10] Omitted in O. [11] O., Latini omnes consueverunt.
[12] J. O., scannum. V., stagnum. [13] J. omits pomum.
[14] O., Nam Graecus dicit. V. J. om. dicit. [15] O., etiam. [16] O., ibi.
[17] O., hujusmodi. [18] O., Latinorum. [19] O. omits dictionum—to end of chapter.

venienter, et praecipue mirum est quod in aliquo correctores dimittunt antiquam literam, et in alio abradunt, quod est omnino contra rationem.

CAPITULUM X.[1]

Similiter in pronuntiatione literarum Graecarum multum erratur propter hoc quod Latini volunt formam suam pronuntiandi[2] servare in Graecis dictionibus. Et in hoc peccatur maxime; cum omnes poetae Latini[3] et[3] omnes[3] antiqui[3] proferebant secundum primam institutionem. Sed nos moderni violavimus hoc[4] multis modis contra usum omnium antiquorum et[2] auctorum[2]. Verbi gratia, cum[5] Priscianus dicit quod nomina possessiva desinentia in *nus* longantur et acuuntur in penultima, ut *Latinus*, *bovinus*, *equinus* et hujusmodi[6], intelligenda est regula de Latinis dictionibus, non de Graecis, propter[7] aliquas rationes tactas prius[7]. Et ideo cum *adamantinum*, *byssinum*, *crystallinum*, *hyacinthinum*, *bombycinum*, *onychinum*, *amethystinum*, *smaragdinum* et hujusmodi, sint[8] Graeca, debent breviari in penultima, sicut Graeci faciunt. Praeterea nec ista sunt possessiva;[2] nam duae tantum sunt terminationes possessivorum apud Graecos, scilicet in *cos*, ut *grammaticos*, et in *os*[9], ut *uranios*, id est caelestis. Caeterum omnes poetae Latini breviant penultimam, et ideo non est poetica licentia, quia[2] communiter[2] fit[2] ab[2] omnibus[2] et[2] ubique[2]; quod enim raro fit et ex causa licentiae poeticae ascribendum est, sed non quod fit semper[2] et[2] communiter. Unde Juvenalis *Amethystina*[10] *convenit illi*. Et idem dicit *grandia tolluntur crystallina*, penultimam corripiendo. Et[11] Persius abbreviat dicens *hyacinthina laena* in fine versus[11], et sic omnes faciunt et nullus facit contrarium. Ergo non est poetica licentia, sed[2] ex[2] lege[2] naturali[2]. Et cum secundo Regum decimo septimo[12] capitulo habeatur quasi siccaret ptis-

[1] Title in margin of J.: Capitulum sextum de pronuntiatione.
[2] Omitted in O.
[3] O., et omnes antiqui Latini.
[4] J. O., hoc. V., haec.
[5] V., nam cum. J., nam (om. cum).
[6] O. om. equinus et hujusmodi.
[7] O. omits propter prius.
[8] V. J., sicut.
[9] O., nios.
[10] O., amatistiam (*sic*).
[11] O. omits Et Persius—versus.
[12] J. O., 17°. V. septimo.

anas, expositio famosa vocabulorum Bibliae, cui omnes adhaerent, nititur [1] probare quod media sit producta; et auctor illius expositionis defendit se per versum Horatii, qui [2] dicit [2].

Tu cessas agedum [3] sume hoc ptisanarium oryzae.

Sed error est, nam, sicut per omnes auctores probari [4] potest [4], nunquam abscinditur in metro nisi una syllaba in fine dictionis; et ideo sic debet scandi, *hoc* [2] *ptisanari oryzae*, ut haec syllaba *sa* brevietur et quod [2] haec syllaba *na* longetur. Et hoc patet aliter, quia in omnibus derivativis *a* ante *rium* [5] longatur, ut [6] *contrarium*, *armarium* et hujusmodi infinita; quod observatur in hac scansione, sed non in vulgata cum dicitur *ptisanar oryzae*, ut duae syllabae auferantur, quia ibi breviatur haec syllaba *na* ut patet. Ergo oportet quod media hujus dictionis *ptisana* sit brevis et gravanda [6]. Praeterea erratur in scriptura. Nam in novis Bibliis habetur *tipsanas*, quod nihil est; et ideo [2] debet *p* anteponi, sicut in hoc nomine Ptolemaeus et multis [7]. Et in hoc modo errandi [2] erratur infinities in aliis vocabulis; et tam [8] violenter mutavimus [9] veras accentuum [10] regulas, quod non est remedium per magistros; quoniam consuetudo cogit omnes male proferre, ut in uno patet exemplo pro millibus [11]. Butyrum habet penultimam correptam apud auctores. Unde Statius Achilleidos [2],

Lac tenerum cum melle bibit, butyrumque comedit.

Et Macer in libro herbarum,

Cum butyro modicoque oleo decocta tumorem.

Et Graecus sic breviat, atque componentia ipsum requirunt hoc. Nam componitur de *tyros* et *bos*, et tyros est breve in prima syllaba; et est [12] lacticinium, quod a bove venit. Sed longe sunt majores errores apud [13] multos, et ignorantia veritatis apud omnes circa accentus. Sed major disputatio requiritur [13] quam praesens scriptura concedit [14].

[1] J. V., innititur. O., nititur.
[2] Omitted in O. [3] V., agendum; J. et O., agedum.
[4] O., probatur. [5] O., u. [6] O. omits ut contrarium. gravanda.
[7] J., multis aliis. O. omits et multis. [8] J., tamen. [9] O., mutamus.
[10] O., accidentium causas et. [11] O., mille millibus.
[12] J. V., tyros est. [13] O. omits apud multos—requiritur.
[14] O., concedit inquirere. Part III. ends here in O.

CAPITULUM XI.[1]

Cum jam manifestavi quomodo cognitio linguarum est necessaria Latinis propter studium sapientiae absolutum, nunc volo declarare quomodo oporteat[2] eam haberi propter sapientiam comparatam ad Dei Ecclesiam, et rempublicam fidelium, et conversionem[3] infidelium, et eorum reprobationem qui converti non possunt. Nam quatuor modis[4] necessaria est Ecclesiae, primo videlicet propter officium divinum, eo quod Graecis, Hebraeis et Chaldaeis utuntur in officio, sicut in scriptura; et plura accipimus quorum scriptura non habet usum, sicut agios, atheos[5], athanatos, iskiros, imas[6], eleyson, kyrie[7] et hujusmodi. Cum igitur ignoramus scripturam et pronuntiationem rectam et sensum, multum deficiemus a veritate et devotione psallendi; nam loquimur sicut pica et psittacus et caetera bruta animalia quae voces imitantur[8] humanas, sed nec rite proferuntur nec intelliguntur quae dicuntur. Cum enim dicimus *alleluia* infinities in anno, deceret multum et expediret ut omnes per totam Ecclesiam psallentes scirent quod sunt duo vocabula, scilicet *allelu* et *ia*. Nam *allelu* significat idem quod *laudate*, et *ia* denotat *Dominum*, quoniam est unum de decem nominibus Dei, sicut Hieronymus scribit ad Marcellam; et praecipue significat invisibilem, et Deus est maxime invisibilis. Unde non quemcunque[9] invisibilem sed Deum designat. Et cum in omni missa dicimus *Osanna*, haec dictio est composita ex corrupto et integro. Nam ut Hieronymus dicit ad Damasum Papam, *osi*[10] est idem quod salvifica, et *anna* est interjectio deprecantis, secundum quod per aleph scribitur syllaba prima. Unde significat idem quod *salva deprecor.* Nam aliter scribitur prima syllaba per *he* literam, et tunc significat[11] conjunctionem quam Latinus sermo

[1] Title in margin of J.: [Distin]ctio tertia [refere]ns linguas [ad Ec]clesiam, etc., habens 4 [c]apitula.
[2] J., oportet.
[3] J., conversionem. V., conversationem.
[4] J., in eis.
[5] J. V., otheos.
[6] J., ymas.
[7] J. omits kyrie.
[8] J., emitantur (*sic*).
[9] J., quemque.
[10] J., os.
[11] J., significat. V., signat.

non habet. Et cum gloriosam Virginem salutamus dicentes, Ave Maria gratia plena, Dominus tecum [1], multum esset necessarium ad intellectum veracem et devotum ut quilibet literatus sciret sensum vocabuli, et praecipue cum multi aestimantes se scire multa hic oberrent. Syrum quidem vocabulum est *Maron*, et significat *Dominum*, a quo venit *Maria*; et idem est quod dominatrix, ut dicit Hieronymus in interpretationibus. Et hoc valde competit beatissimae Virgini, quia dominatur super omnem immunditiam peccati expellendam [2] a nobis, et omni diabolicae fraudi et nequitiae, quia ipsa est terribilis peccato et daemonibus, sicut castrorum acies ordinata; et non solum ipsa, sed omnes qui in ea veraciter confidunt. Haec vero interpretatio rectissima est et sine calumnia. Dicit vero Hieronymus in interpretationibus, quod multi aestimaverunt Mariam debere interpretari *illuminatricem* vel *Smyrnam maris*; quod ipse non recipit, sed dicit quod debet dici *stella maris* vel *amarum mare* secundum Hebraicam interpretationem. Et vere dicitur Stella Maris, ut nos dirigat ad portum salutis, et Amarum Mare, quia in omni paupertate et amaritudine temporali vixit in hoc mundo, et tandem ipsius animam pertransivit gladius in morte Filii, ut sit nobis in exemplum omnis patientiae, et confortatrix in omni adversitate hujus mundi. Necesse est igitur nobis in omnibus psalmodiis et obsecrationibus nostris ut sciamus rite proferre et intelligere, quodque juxta verborum proprietatem sciamus devote petitiones nostras formare, ut quod recte et devote petimus, Dei et sanctorum pietate et meritis Ecclesiae consequamur. Sed hoc non possumus facere sine notitia vocabulorum alterius linguae; et ideo multum expedit et necessarium est ut hoc sciamus.

Secunda causa est quia [3] Ecclesiae Dei necessaria est cognitio linguarum, propter sacramenta et consecrationes. Nam intentio necessaria est sacramento, ut theologi sciunt. Et intentionem praecedit intellectus, et notitia rei faciendae. Et ideo per omnem modum expediret Ecclesiae ut sacerdotes et praelati omnia vocabula sacrificiorum et sacramentorum et

[1] J., Dominus tecum. V. om. Dominus tecum.

[2] J., expellandam.

[3] J., quare.

consecrationum scirent rite proferre et intelligere; sicut a principio sacri et summi pontifices, et omnes sancti patres et institutores ordinum ecclesiasticorum, constituerunt et sciverunt qualiter in verbis et sensibus mysteria Dei consistunt. Unde incipiendo a primis ut ab exorcismis et catharizationibus et sic per baptismum [1] et omnia sacramenta discurrendo, non solum decens est sed expediens et necessarium esset, ut ab eis qui ministrant sacramenta sciretur recta pronuntiatio et debitus intellectus, quatenus in nullo derogaretur sacramento. Sed modo per universam Ecclesiam innumerabiles proferunt verba instituta ab Ecclesia et nesciunt quid dicunt, nec verborum servant rectam pronuntiationem; quod esse non potest sine injuria sacramenti. Utinam fiat cum plena efficacia effectus sacramentalis! Et cum Ecclesia statuit haec ex certa notitia, et omnes patres antiqui sciverunt rectam pronuntiationem et sensum vocabulorum secundum quod competebat sacramentis, nos nullam habemus excusationem; sed turpis et vilis ignorantia est, nulla tergiversatione excusanda. Et quando in consecrationibus ecclesiarum cuspide [2] baculi pastoralis fiunt literae alterius linguae secundum ordinem alphabeti, certum est quod paucissimi faciunt figuras debitas, secundum quod a sanctis patribus et Ecclesia fuerunt institutae, propter ignorantiam characterum [3] linguae [3] alterius [3]. Et praecipue in hoc erratur quod tres figurae fiunt, quae nullo modo scribi deberent in alphabeto Graeco. Nam proculdubio figurae quae vocantur episemon [4] ς, koppa, et character ϡ [4], non sunt de alphabeto Graecôrum, nec Graeci unquam inseruerunt in ordine literarum; sed sunt figurae et notae numerorum. Moderni vero Latini non considerant quod Graeci numerant per literas alphabeti, et quod ad complendum computationem interserunt tres figuras prius nominatas, scilicet has ς ϙ ϡ [5]. Sed hoc faciunt quando numerant, non quando utuntur [6] figuris pro literis

[1] J., baptismum. V., baptisma. [2] J., cupide (*sic*).

[3] J., caracterarum alterius linguae.

[4] V. J. have episimon scopita et caractira. It would seem that the scribe mistaking s for ɛ, prefixed it to the *koppa*, and by joining the cross-bars of *sanpi* turned it into *a*.

[5] V. leaves a blank space for these symbols. J. omits the first, and gives the second imperfectly. [6] J., nominatur (*sic*).

et scripturis; unde in scribendo nunquam utuntur his tribus figuris, nec ponunt[1] eas in ordine alphabeti. Sed Ecclesia instituit quod literae solae alphabeti scriberentur in consecratione Ecclesiae, et decrevit uti literis non notis numerorum. Quapropter valde indignum est quod per universam Ecclesiam fiat hujusmodi erronea scriptura.

Et vile est quod haec nomina IHC. XPC. scribuntur per literas Graecas, et aestimatur quod sint Latinae, aut nescitur cujusmodi sint Graecae. Nam proculdubio in hoc nomine IHC. prima est *iota*, quae valet *j* nostrum; secunda est *ita*, quae valet *e* longum; tertia est *sima*, quae valet *s* nostrum. Et in hoc nomine XPC. prima est *chi*, quae valet *ch* aspiratum; secunda est *ro*, quae valet *r* nostrum; tertia est *sima*.

Tertia vero causa est de notitia linguarum Ecclesiae Dei necessaria. Nam multi Graeci et Chaldaei et Armeni et[2] Syri et Arabes, et aliarum[3] linguarum nationes subjiciuntur[4] Ecclesiae Latinorum, cum quibus[5] habet multa ordinare, et illis varia mandare. Sed non possunt haec rite pertractari, et ut oportet utiliter, nisi Latini scirent linguarum hujusmodi rationem. Cujus signum est, quod omnes dictae nationes vacillant fide et moribus, et negligunt ordines Ecclesiae salutares, quia persuasionem sinceram non recipiunt in lingua materna. Unde ubique apud tales nationes sunt mali Christiani, et Ecclesia non regitur ut oportet.

Quarta vero causa est propter totius Ecclesiae decursum a principio usque in finem dierum. Nam dicit Dominus, Iota unum aut unus[6] apex non praeteribit a lege, donec omnia fiant. Et ideo docetur pulchre in libro de sensibus scripturarum quomodo singulae literae alphabeti Hebraei signabant super populum antiquum, et ostendunt[7] numerum centenariorum annorum quibus decurrebat status illius gentis juxta singulas aetates et secula, secundum[8] speciales vires et potestates literarum; et deinde decursum Ecclesiae Latinorum per virtutes literarum Latinarum. Et consimilis[9] est consideratio super Ecclesia Graeca per literas sui alphabeti. Et in hujus-

[1] J., ponant. [2] J., Armeni et. V.om. Armeni et. [3] J., alia.
[4] J., scribuntur, corrected in margin to sub[jici]unt[ur]. [5] V., quilibet (*sic*).
[6] V. J., unum apex. [7] V. J., ostendit. [8] J., secundum. V., per. [9] J., cum similis.

modi consideratione mirabili notantur[1] tempora secundum omnes status Ecclesiae usque in finem, et per quot centenarios annorum durabit quaelibet mutatio quae accidit Ecclesiae in decursu suo. Cui considerationi mirabili si prophetias et testimonia digna necteremus, possemus per Dei gratiam praesentire utiliter ea quae Ecclesia recipiet tam in prosperis quam adversis. Et ideo nihil utilius esset quam hujusmodi virtutem literarum considerare cum aliis considerationibus similibus. Nam ad certificationem tantarum rerum multae viae requiruntur, quarum saltem una non ignobilis est per literas linguarum diversarum. Et nequeo satis admirari qualiter fuit[2] haec consideratio excogitata, cum videatur inexpertis habere debile fundamentum, scilicet literas alphabeti, quae sunt prima puerorum rudimenta. Sed secundum documentum Apostoli, minora sunt magis necessaria et majori honore circumdanda. Et sicut Deus elegit infirma ut fortia quaecunque[3] confundat, ita in rebus quas reputamus minimas posuit majestas majora quam possit intelligere mens humana. Et sic est in his literis triplicis alphabeti; unde non sine causa[4] in epitaphio Domini scriptum est Hebraice Graece et[5] Latine, ut doceremur quod Ecclesia cruce Domini redempta habeat considerare virtutes literarum triplicis alphabeti; praecipue cum Ecclesia incepit in Hebraeis, et profecit in Graecis, et consummata est in Latinis.

CAPITULUM XII.[6]

Secundo est multum necessaria reipublicae Latinorum dirigendae cognitio linguarum propter tria. Unum est communicatio utilitatum necessariarum in mercaturis et negotiis sine quibus Latini esse non possunt, quia medicinalia et omnia pretiosa recipiuntur ab aliis nationibus, et inde oritur magnum damnum Latinis et fraus eis infertur infinita, quia linguas ignorant alienas quantumcunque[7] per interpretes eloquantur;

[1] J. omits notantur. [2] J., fuerit. [3] J., quaeque.
[4] J., maxima causa. [5] J. omits et.
[6] Title in margin of J.: [capitulum] secundum de comparatione [rerum necessari]arum ad rempu[blica]m Latinorum. [7] J., quamhabet (*sic*) for quamlibet?

nam raro sufficiunt[1] interpretes ad intelligentiam plenam, et rarius inveniuntur[2] fideles. Secunda causa est propter justitiam requirendam. Nam infinitae injuriae fiunt Latinis apud alias nationes a plebe, tam clericis quam laicis et religiosis ac fratribus praedicatoribus et minoribus qui vadunt propter varias utilitates Latinorum. Sed quia linguas nesciunt non possunt coram judicibus causas peragere nec justitiam consequuntur. Tertia causa est propter pacem obtinendam[3] inter principes aliarum nationum et inter Latinos et ut [bella] sedentur[4]. Nam quando nuntii solemnes cum literis et instrumentis diriguntur in lingua propria ex utraque parte, pereunt saepissime quae magnis laboribus et expensis coepta sunt propter ignorantiam idiomatis alieni. Et non solum nocivum est, valde verecundum est, quando inter omnes sapientes Latinorum praelati et principes non inveniunt unum hominem qui unam literam Arabicam vel Graecam sciat interpretari, nec uni nuntio respondere, sicut aliquando accidit; ut intellexi quod Soldanus Babyloniae scripsit domino Regi Franciae qui nunc est, et non fuit inventus in toto studio Parisiensi nec in toto regno Franciae qui sciret literam sufficienter exponere, nec nuntio ut oportuit respondere. Et dominus Rex de tanta ignorantia multum mirabatur, et valde ei displicuit quod sic invenit clerum ignorantem.

[CAPITULUM XIII.]

Tertio[5] linguarum cognitio necessaria est Latinis propter conversionem infidelium. Nam in manibus Latinorum residet potestas convertendi. Et ideo pereunt Judaei inter nos infiniti quia nullus eis scit praedicare, nec scripturas interpretari in lingua eorum, nec conferre[6] cum eis nec disputare juxta sensum literalem, quia et veram literam habent [et] suas expositiones

[1] Paragraph ends here in V. and J. As explained elsewhere, the remainder of this text, with the exception of the concluding paragraph, is from J. only (ff. 107–108b), where it is displaced from its context.

[2] J., invenitur. [3] J., abtinendam. [4] J., seduntur.

[5] J., Tertio. There is no indication in the MS. of a new chapter; but this is obviously the third of those mentioned in the title noted on page 115.

[6] J., cum ferre.

antiquas secundum [sententiam . . .][1] et aliorum sapientum quantum literalis expositio requirit, et in universali quantum ad sensum spiritualem. Nam textus ubique spiritualiter sonat Messiam quem[2] Christum dicimus, sicut ipsi Hebraei non ignorant, eo quod expectant ipsum venturum, sed in tempore sui adventus decepti sunt. O damnum ineffabile animarum, cum facile esset innumerabiles Judaeos[3] converti! Quod esset pessimum quia ab eis fundamentum fidei nostrae incepit, et deberemus considerare quod sunt de semine patriarcharum et prophetarum, et, quod plus est, de eorum stirpe Dominus natus est et gloriosa Virgo et apostoli et innumerabiles [sancti][4] a principio Ecclesiae descenderunt. Deinde Graeci et Rutheni et multi alii schismatici[5] similiter in errore perdurant quia non praedicatur eis veritas in eorum lingua, et Saraceni similiter et Pagani, ac Tartari, et caeteri infideles per totum mundum. Nec valet bellum contra eos quoniam aliquando confunditur Ecclesia in bellis Christianorum, ut ultra mare saepe accidit et maxime in ultimo exercitu, scilicet domini Regis Franciae ut totus mundus [scit][6]; et alias si vincunt Christiani, non est qui terras occupatas defendat. Nec sic convertuntur sed occiduntur et mittuntur in infernum. Residui vero qui supersunt post bella filii eorum irritantur magis ac magis contra fidem Christianam propter istas guerras, et in infinitum a fide Christi elongantur, et inflammantur ut omnia mala quae possunt faciant Christianis. Unde Saraceni propter hoc in multis mundi partibus fiunt impossibiles conversioni; et maxime ultra mare et in Prussia[7] et terris vicinis Alemanniae, quia Templarii[8] et Hospitalarii et fratres de Domo Teutonica multum perturbant conversionem infidelium propter guerras quas semper movent, et propter hoc quod [vo]lunt[9] omnino dominari. Non enim est dubium quin[10] omnes nationes infidelium ultra Alemanniam fuissent diu conversae, nisi esset violentia fratrum de Domo Teutonica, quia gens paganorum fuit multoties parata recipere fidem in pace secundum[11] praedi-

[1] J], Senans, followed by a blank space.
[2] J., quam.
[3] J., Judaeis.
[4] Space left blank in J.
[5] J., Scimastici.
[6] Blank in J.
[7] J., Pruscia.
[8] J.,Templani.
[9] MS. worn here.
[10] J., qui.
[11] J. sed.

cationem. Sed illi de Domo Teutonica nolunt sustinere, quia volunt eos subjugare et redigere in servitutem, et sub[tilibus] [1] persuasionibus [1] Romanam Ecclesiam jam a multis annis deceperunt. Notum est istud, aliter hoc non formarem. Praeterea fides ingressa non est in hunc mundum per arma sed per simplicitatem praedicationis, ut manifestum est. Atque pluries audivimus et certi sumus quod multi quamvis imperfecte sciverunt linguas et habuerunt debiles interpretes, fecerunt tamen magnam utilitatem praedicando, et innumerabiles converterunt ad fidem Christianam. O quam considerandum esset hoc negotium, et timendum est ne Deus requirat a Latinis quod ipsi negligunt linguas ut sic negligant praedicationem fidei! Nam pauci sunt Christiani, et tota mundi latitudo est infidelibus occupata; et non est qui eis ostendat veritatem.

[CAPITULUM XIV.]

Quartum,[2] quod est reprobatio eorum qui converti non possunt, magis requirit vias sapientiae quam bellicum laborem. Nam semper redeunt infideles ad suarum [propria] [3] provinciarum, sicut patet ultra mare et citra in Prussia [4] et terris paganorum vicinis Alemanniae et ubique; quia Christiani cruce signati etsi aliquando vincant, tamen facta peregrinatione ad propria revertuntur, et indigenae remanent et multiplicantur. Sed oporteret ut primo praedicaretur fides per homines sapientes in omni scientia, sed qui bene scirent linguas vel optimos haberent interpretes et fideles. Et cum perciperetur quod aliqua gens fuisset obstinata non oporteret militiam [5] solam praeparari, sed sapientes congregari qui non ad tempus nec partem infidelium deberent [subjugare] sed totum [6] genus [6] eorum quod est prope Christianos ut saltem [sancta] [7] terra cum Jerusalem in possessione Christianorum semper remaneret sine timore amittendi in perpetuum. Et cum multa hic arcana scientiarum et artium

[1] J. leaves blank space after sub; prosuasionibus for persuasionibus.
[2] No new chapter indicated in J. But *cf.* p. 120.
[3] Left blank in J.
[4] J., priscia.
[5] J., miliam.
[6] J., totum gens (*sic*).
[7] Blank in J.

magnalium requirantur, de quibus postea diversis locis facio sermonem, non solum propter praesentes sed propter Antichristum et suos, non est tamen despicienda[1] linguarum et literarum diversarum potestas. Nam tanta virtus potest in verbis consistere quod nullus mortalium sufficiat indagare. Et ad hoc volo innuere per multas vias, quia materia difficilis est et magnae contradictionis. Nam videmus quod verba sacramentorum habent infinitam virtutem. Et scimus quod ad imperium et verba sanctorum a mundi principio mutabantur jura naturae, et obediebant elia (*sic*) et bruta alia ita ut innumerabilia miracula facta sint. Sed non est abbreviata manus Dei; et credere debemus quod si auctoritate Ecclesiae et ex recta intentione et forti desiderio multi veri et sapientes Christiani voces sacras[2] proferrent ad pro[pagationem][3] fidei et destructionem falsitatis, quod multa bona possint Dei gratia provenire. O quanti et quot tyranni et mali sunt ad verba efficacia confusi et convicti magis quam per bella! Et non solum per verba sanctorum vel fidelium, sed per verba philosophorum sunt ita attoniti quod coacti fuerunt obedire veritati. Historiae nos certificant de istis, et vidimus plures de plebe qui per orationes quasdam[4] liberaverunt multos a maximis periculis. Nam per versus duos in quibus continentur nomina trium regum Coloniensum accidit quod[5] . . . . Et novi hominem qui cum fuerat puer invenit hominem in campis qui ceciderat de morbo caduco, et scripsit illos[6] versus ac posuit circa collum ejus, et statim sanatus est; et nunquam postea ei accidit donec post multa tempora uxor ejus volens eum confundere propter amorem clerici cujusdam quem[7] amavit fecit eum n[udari][8] ut saltem balnei tempore propter aquam deponeret cedulam de collo suo ne per aquam violaretur.[9] Quo facto statim arripuit eum infirmitas in ipso balneo; quo miraculo percussa mulier iterum ligavit cedulam et curatus est. Quis erit ausus interpretari hoc in malum, et daemonibus ascribere,[10] sicut aliqui inexperti et insipientes

[1] J., despiciendi.
[2] J., sacros.
[3] Left blank in J.
[4] J., quosdam.
[5] Blank space in J.
[6] J., allos.
[7] J., quam.
[8] Left blank in J.
[9] J., inviolaretur.
[10] J., acrebere.

multa daemonibus ascripserunt[1] quae Dei gratia aut per opus naturae et artium sublimium potestatem multoties facta sunt? Quomodo enim probavit mihi aliquis quod opus daemonis fuit istud, quoniam nec puer decipere sciebat nec volebat? Et mulier, quae decipere volebat non solum virum sed se per fornicationem dum abstulit scripturam, viso miraculo pietate mota cedulam[2] religavit. Malo hic pie sentire ad laudem beneficiorum Dei quam ex praesumptione magna damnare quod verum est. Similiter in Polonia et in multis regionibus fiunt exorcismi de ferro quod portatur in manibus vel super quod ambulatur. Et similiter de aqua in qua ponitur accusatus, et haec fiunt per Ecclesiam et sacerdotes, et innocens evadit sine periculo, peccatores vero committuntur[3]; sicut in lege veteri mulier de adulterio accusata bibit aquam consecratam et liberata est si fuit innocens, si vero culpabilis, peccatum ejus ostendebatur. Certum autem est quod anima rationalis, quae est nobilior creaturarum post angelos, habet secundum jura suae dignitatis respectu creaturarum viliorum magnam potestatem; sicut nos videmus quod caelestia, quia nobiliora sunt, habent posse super inferiora. Et quodlibet inferiorum quod est [nobilius][4] virtute potest minus nobile alterare, ita quod ignobiliora mutant ad suas naturas nobiliora, ut vinum inebriat hominem et ignis comburit eum. Sed hoc est in quantum vinum vel ignis nobilius est; nam omne agens est nobilius patiente, ut Aristoteles dicit, et certum est, quia propter defectum cujuslibet creaturae vilior habet aliquam praerogativam qua caret nobilior. Cum ergo anima rationalis sit dignior omni anima corporali quasi sine comparatione, non est dubium quin ipsa habeat magnam in suis operibus potestatem quando[5] immaculata[6] est a peccato[7] vel mandata per gratiam Dei, et magno desiderio et certa intentione operetur. Sed praecipuum[8] ejus opus est verbum, et ideo semper sancti per verborum prolationem fecerunt mirabilia. Caeterum ipsa anima rationalis scit eligere tempus electarum constellationum ad omnia opera sua, ut medicus peritus elegit tempus

[1] J., ascrepunt. [2] J., cedula. [3] J. cum mittuntur. [4] Blank in J.
[5] J., quoniam. [6] J., immacula. [7] J., peccati.
[8] J., principium. Cf. vol. i. p. 395, l. 8.

opportunum pro medicinis et minutionibus et aliis, secundum quod Hippocrates et Galienus et Aristoteles et Ptolemaeus et alii auctores certificant. Et non solum in his, sed in omnibus ad quae corpora mundi alterantur per caelorum virtutes; et ideo sapientes, non solum puri philosophi sed sancti ut Moses et alii, fecerunt opera in electis constellationibus, sicuti inferius exponam suo loco, per quas regiones alteraverunt[1] et homines excitaverunt ad multa salva libertate arbitrii. Unde et bella gesserunt utiliter et multa magnalia operati sunt. Et ideo sicut alia opera in debitis temporibus fecerunt mirifica, sic et formaverunt verba quae magnam receperunt virtutem ex ipsa constellatione caelesti, et ideo fecerunt multa per haec verba. Sed haec dependent ex sequentibus; et ideo pertranseo de his usque ad loca opportuna. Si tamen alia opera recipere possunt virtutem ex anima immaculata, et desiderio forti, et certa intentione, et virtute caelesti, credunt multi sapientes quod longe magis potest verbum, quod est principium et primum opus animae rationalis, et maxime in triplici lingua quae consecratae sunt divinis mysteriis, ut sunt Hebraea, Graeca, Latina. Sed haec hactenus. Nam haec intelligi non possunt[2] ut oportet sine posterioribus.

Ex[3] his igitur quae circa linguas dicta sunt, patens est quod Latini magnum habent sapientiae detrimentum propter linguarum ignorantiam. Unde ex hac parte gloriari non possunt de sapientia, immo multum inglorii et cum vario sapientiae damno languent; quod quia[4] non advertunt,[5] ideo necessitate compulsi sunt moderni damnum cum vituperio sustinere, a quibus omnes sancti doctores, philosophi et sapientes antiqui remanserunt immunes.

[1] J., alteraverint. [2] J., ut possint.

[3] This paragraph occurs in V. f. 21, and in J. f. 104. The reason for its position here is elsewhere explained. (*Cf.* Preface to this volume and add. note on Vol. i., p. 96.)

[4] J., quia, altered to que. V. quia. [5] J., avertunt. V., advertunt.

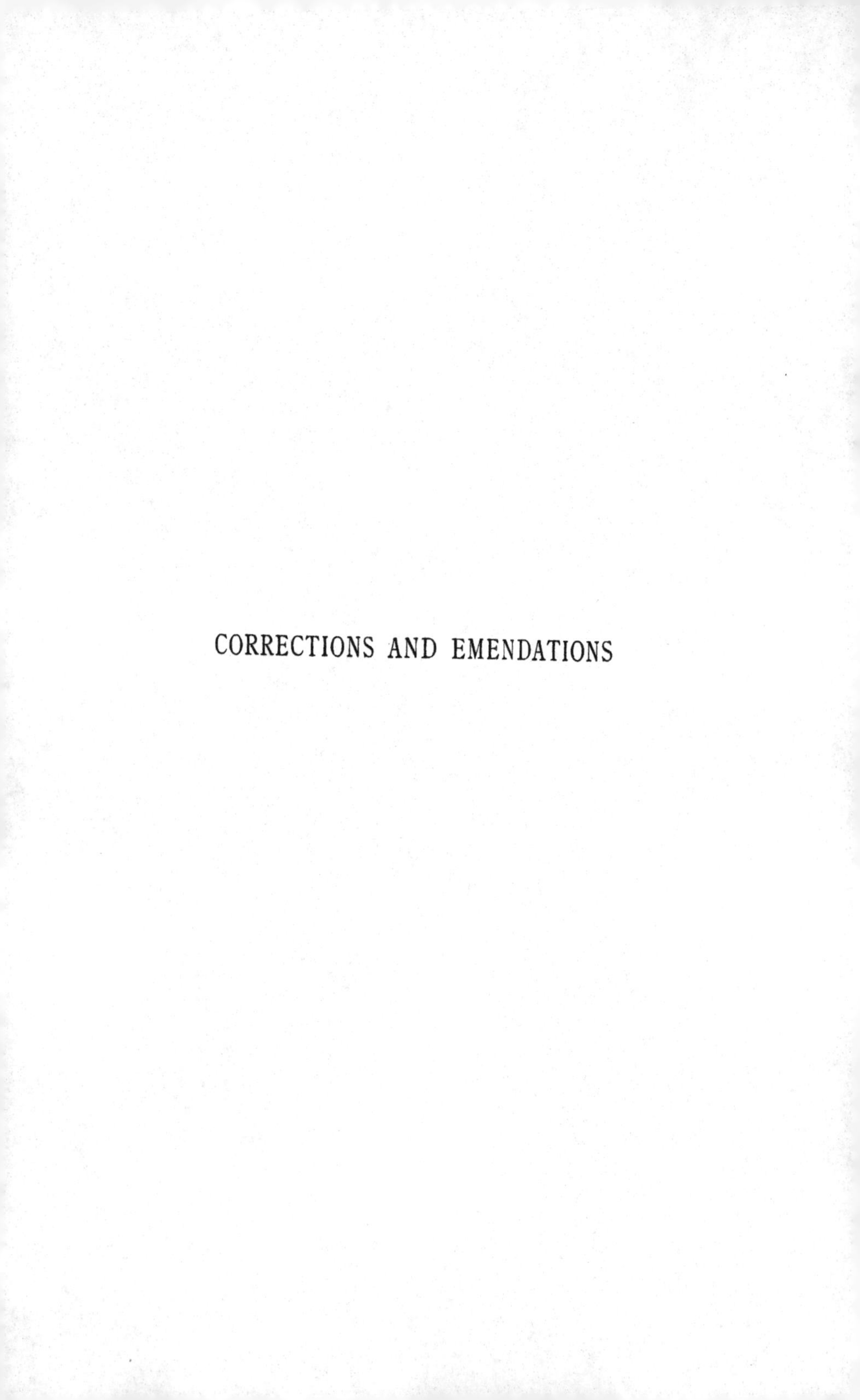

CORRECTIONS AND EMENDATIONS

CORRECTIONS AND EMENDATIONS.

VOL. I. PART IV.

p. 99, l. 9,	*for*	eo	*read*	Deo.
p. 100, l. 16,	,,	libris	,,	libro.
p. 101, l. 10,	,,	in secundo Physicae	,,	secundo Physicorum.
p. 102, l. 28,	,,	incompositum	,,	et incompositum.
p. 104, l. 12,	,,	difficilia	,,	difficiliora.
p. 105, l. 19,	,,	physicae	,,	Physicorum.
,, l. 20,	,,	metaphysico	,,	Metaphysicae.
p. 106, l. 30,	,,	nonum	,,	nono.
p. 107, l. 13,	,,	quoniam	,,	cum.
p. 109, cap. i., l. 20,	*for*	compositiones	,,	operationes.
p. 111, l. 10,	*for*	per rerum generationem	,,	pro rerum generatione.
p. 113, l. 5,	,,	perspectiva	,,	perspectivae.
,, l. 35,	,,	a sole	,,	a quolibet puncto solis.
p. 115, l. 13,	,,	videbit	,,	videbit *a*.
,, l. 20, 21,	,,	columnari et pyramidali annulari et ovali	,,	vel columnari vel pyramidali vel annulari vel ovali.
p. 118, l. 37,	,,	xiii.	,,	xv.
p. 120, l. 2,	,,	unigenius	,,	unigeneus.
p. 121, l. 4,	,,	ab alto	,,	ab alto perpendiculariter.
p. 122, l. 15,	,,	nulla	,,	illa.
,, l. 32,	,,	quando	,,	quod.
p. 123, l. 24,	,,	xvii.	,,	xiii. (see add. notes).
p. 125, l. 32,	,,	tum	,,	tamen.
p. 126, l. 15,	,,	judicamus	,,	judicamus quando consideramus.
p. 130. l. 9,	,,	aetates	,,	aetates singulas.
p. 132, l. 28,	*after*	magnitudinem	*insert*	et altitudinem.
,, cap. iii., l. 2,	*for*	eorum	*read*	earum.
p. 133, l. 24,	*for*	adhuc	,,	ad hoc.
p. 135, l. 1,	,,	leni	,,	levi.

p. 135, l. 19,	*for*	lenitatem	*read*	levitatem.
p. 136, l. 9,	,,	redeunt	,,	ac deinde redeunt.
,, l. 29,	,,	et ut fere	,,	et fere.
p. 137, l. 23,	,,	et Libra satis	,,	et satis.
,, l. 27,				chapter should be continued to confirmare, p. 138, l. 2.
p. 138, l. 25,	,,	descinduntur	*read*	deciduntur.
p. 140, l. 3,	,,	ab ejus	,,	a sua.
,, l. 17,	,,	potest hoc scire	,,	potest scire.
p. 141, l. 12–14,				place full stop after terrae, and comma after occidentis.
,, l. 23,	,,	existentes	*read*	existentis.
,, l. 32,	,,	hic intelligo quod sit	,,	intelligo quod hic sit.
p. 142, l. 33,	,,	somnis	,,	somno.
p. 143, l. 2,	,,	nascuntur	,,	irascuntur.
p. 144, l. 9,	,,	quod	,,	quia.
,, l. 11,	,,	quod actus a forma	,,	quia actus id est forma.
p. 145, l. 13,	,,	quod	,,	quin.
,, l. 19,	,,	potentia	,,	potentia continui.
p. 147, l. 31,				comma after d, not after c.
,, l. 38,	,,	F ipsi A	*read*	*f* ipsi *a*.
p. 148, l. 15,	cap. viii. to end, cap. ix. to begin.			
,, l. 20,	after numero,			add, et quod omnia essent unum corpus numero.
p. 154, l. 14,	*for*	figurae, intra	*read*	figurae intra.
p. 155, l. 7,	,,	ἴσων	,,	iso.
,, l. 8,	,,	περι μετρον	,,	peri metron.
,, l. 10,	,,	superficiales	,,	superficies.
p. 156, l. 8,	,,	xxviii.	,,	xviii.
,, l. 37,	,,	aeque	,,	aquae.
p. 157, cap. xi., l. 1,	*for*	per	,,	juxta.
p. 158, l. 20,	*for*	xxxviii.	,,	xxviii.
p. 159, l. 31,	,,	τετράς	,,	tetras.
p. 160, l. 15,	,,	quinque anguli vel tres	,,	quinque anguli vel quatuor vel tres.
p. 161, l. 1,	,,	et rectus	,,	rectus.
,, l. 20,	,,	figura corporalis	,,	figura regularis corporalis.
p. 162, l. 9,	,,	magis	,,	magis proprie.
p. 163, l. 25,	,,	sit	,,	fit.
,, l. 36,	,,	insulis Hiberniae et India	,,	in solis Hibernia et India.
p. 164, l. 12,	,,	hic non computantur	,,	hoc non computatur.
p. 166, l. 16,	,,	in mente	,,	immediate.
,, l. 18, 31,	,,	linearum	,,	linearem.

p. 167, cap. xv., l. 9,	*for*	descendant	*read*	descendent.
,, l. 15, 17,	*for*	centrum	,,	caelum.
p. 172, l. 20,	,,	ergo	,,	primo.
p. 173, l. 17,	,,	gravior	,,	gravius.
p. 174, l. 1,	,,	quod hujusmodi	,,	quod per hujusmodi.
p. 177, l. 10,	,,	sexto libro	,,	et per sextum librum.
,, l. 31,	,,	detegunt	,,	detergunt.
p. 178, l. 14,	,,	caetera	,,	caeca.
,, l. 20,	,,	omerium	,,	Memorium.
p. 179, l. 23,	,,	actoris	,,	auctoris.
p. 181, l. 8,	,,	Almagesto	,,	Almagesti.
p. 182, l. 17,	,,	operationem	,,	comparationem.
,, l. 30,	,,	dictat	,,	dicat.
,, l. 36,	,,	quia	,,	quasi.
p. 183, l. 31,	,,	longitudinem latitudinem	,,	longitudinem et latitudinem.
p. 184, l. 24,	,,	chirographiam	,,	chorographiam.
p. 185, l. 18,	,,	naturam	,,	materiam.
,, l. 38,	,,	viam	,,	veram.
p. 189, l. 1,	,,	contrario	,,	e contrario.
p. 190, l. 30,	passage omitted (see additional notes).			
p. 191, l. 17,	*for*	alteratio	*read*	altercatio.
,, l. 32,	,,	lux	,,	aux.
p. 194, l. 23,	,,	Aegypto in	,,	in Aegypto.
p. 196, l. 24,	,,	quem	,,	quam.
p. 199, l. 34,	,,	xxvii.	,,	dies xvii^{ma}.
p. 200, l. 7,	,,	quare	,,	quod.
p. 201, l. 37,	passage omitted; see additional notes.			
p. 203, l. 23,	*for*	vicesimo septimo	*read*	tricesimo secundo.
,, l. 24,	,,	tabularum	,,	tabularem.
p. 205, l. 25,	,,	sequentes	,,	sequaces.
p. 206, l. 35,	,,	Quapropter	,,	Praeterea.
p. 211, l. 14,	,,	pomeas	,,	*pumeus* (see add. notes).
p. 213, l. 16,	,,	propter	,,	per.
p. 214, l. 11, 12,	,,	propter quod	,,	propter hoc quod.
,, l. 30,	,,	incedunt	,,	intendunt.
p. 218, l. 27,	,,	est	,,	esca.
p. 223, l. 2,	,,	geometra	,,	geometer.
,, l. 33,	,,	quantum	,,	quoniam.
p. 228, l. 5,	,,	542,570	,,	542,750.
p. 231, l. 13,	,,	huic correspondentis	,,	huic cordae correspondentis.
,, l. 26,	,,	primae	,,	pinnae.

p. 234, l. 13,	*for*	quae	*read*	qua.
,, l. 21,	,,	Almagestum	,,	Almagesti.
p. 236, l. 32,	,,	octava	,,	octavo.
p. 240, l. 7,	,,	superstitionis	,,	superstitiosis.
,, l. 20,	,,	falsidica	,,	fatidica
p. 241, l. 9,	,,	damnant	,,	damnantur.
p. 243, l. 17,	,,	existentia	,,	esse.
p. 244, l. 9,	,,	quicunque	,,	quandoque.
p. 245, l. 17,	,,	quicunque	,,	quandoque.
p. 246, l. 35,	,,	reprobant	,,	reprobent.
p. 247, l. 7,	,,	homilia	,,	homiliis.
p. 249, l. 8,	,,	cogitur	,,	cogatur.
p. 250, l. 2,	,,	juvatur	,,	innititur.
,, l. 33,	,,	diversae	,,	diversi.
,, l. 38,	,,	propinqui	,,	propinquae.
p. 251, l. 25,	,,	nativitatem	,,	nativitatum.
,, l. 30,	,,	occidere	,,	accidere.
p. 252, l. 29,	,,	contrarium	,,	contrariam.
,, l. 31,	,,	voluntatem	,,	voluntatum.
p. 253, l. 1,	,,	habeat	,,	habet.
p. 254, l. 11,	*after*	mundi	*insert*	quae sunt sex.
p. 255, l. 10,	*for*	horizontem	*read*	orientem.
,, l. 32,	,,	fuerunt	,,	fuerint.
p. 257, l. 16,	,,	habent	,,	habet.
p. 263, l. 12,	,,	conjungitur	,,	junguntur.
p. 264, l. 31,	,,	cursos	,,	cursus.
p. 266, l. 18,	,,	hic	,,	hoc.
p. 267, l. 22,	,,	ostenderentur	,,	ostenderet.
p. 268, l. 32,	,,	locis eis	,,	locis illis.
p. 269,	cancel footnote 2. See add. notes.			
p. 270, l. 28,	*for*	tamen	*read*	tandem.
p. 271, l. 19,	,,	crescit	,,	crescunt.
p. 272, l. 15,	,,	tenuit	,,	tenuerit.
,, l. 16,	,,	mutavit	,,	mutaverit.
p. 274, l. 7,	,,	propter	,,	post.
p. 278, l. 1,	,,	xix.	,,	xxix.
p. 281, l. 35,	,,	lunaris dici primatio	,,	lunam dici primam.
p. 283, l. 13,	,,	parte prima	,,	parte secunda.
p. 284, l. 24,	,,	ecclesiae	,,	ecclesia.
p. 286, l. 12,	,,	debet	,,	dabit.
,, l. 15,	,,	mundo	,,	ea.
,, l. 17,	,,	primo	,,	quarto.
,, l. 23,	,,	dissere	,,	disserere.

p. 286, l. 23,	*for*	utilitates	*read*	utiliter.
p. 287, l. 7,			*omit*	causantur.
p. 287, l. 9,	,,	sciant	*read*	sciantur.
p. 288, l. 8,	,,	prope	,,	proprie.
,, *ib.*	,,	primo	,,	primus.
,, l. 11,	,,	ut hoc autem	,,	ad hoc autem quod.
,, l. 16,			*omit*	terrae.
,, l. 28,	,,	diversas positiones	*read*	differentias positionis.
,, l. 30,	,,	imaginabimur	,,	imaginaverimus.
,, l. 37,	,,	eam	,,	eum.
p. 289, l. 1,	,,	imaginemur	,,	imaginamus.
,, l. 38,	,,	alia	,,	aliae.
p. 291, l. 9,			see add. notes.	
p. 292, l. 29,	,,	essent—distantes	*read*	esset—distantia.
p. 293, l. 4,	,,	orientem et occidentem	,,	oriens et occidens.
p. 294, l. 21,	,,	circuet	,,	circuiet.
,, l. 25,	,,	hujus	,,	hujusmodi.
p. 296, l. 16,	,,	concursum	,,	concursu.
p. 297, l. 13,	,,	horizonte	,,	horizonta.
p. 299, l. 31,	,,	orientis	,,	horizontis.
p. 301, l. 14,	,,	possit	,,	posset.
,, l. 38,	,,	vadit	,,	vadat.
p. 302, l. 9,	,,	multis	,,	in multis.
p. 303, l. 3,	,,	ideo	,,	et ideo.
,, l. 7,	,,	item	,,	heu.
,, l. 17,	,,	quando	,,	quoniam.
p. 305, l. 11,	,,	praedicta	,,	praedicto.
,, l. 14,	,,	tantam	,,	tamen.
,, l. 38,	,,	umbram nullo	,,	umbras nusquam.
p. 306, l. 22,	,,	ultra	,,	vel ultra.
p. 308, l. 12,	,,	quod	,,	quod quia.
p. 310, l. 2,	,,	mare	,,	mari.
,, l. 4,	,,	tangat	,,	tangit.
p. 311, l. 16,	,,	horis	,,	horae.
p. 312, l. 26,	,,	Selac	,,	Sesac.
p. 313, l. 7,	,,	Hespera	,,	Hesperia.
p. 314, l. 14,	,,	cx	,,	170.
p. 316, l. 7,	,,	filio Cham. filio Noe	,,	filii Cham, filii Noe.
p. 317, l. 11,	,,	Tharsus	,,	Tharsis.
,, l. 35,	,,	Quum	,,	Quoniam.
p. 318, l. 11,	,,	aut	,,	et.
p. 319, l. 19,	,,	singulari	,,	singulare.
,, l. 22,	,,	Aegyptia	,,	Aegyptiae.

p. 320, l. 19,	*for*	in accolis	*read*	accolis.
,, l. 20,	,,	convenientiora	,,	quietiora.
p. 321, l. 29,	,,	sustinet	,,	sentit.
p. 322, l. 4,	,,	quum	,,	quando.
p. 325, l. 21,	,,	et	,,	id est.
p. 326, l. 27,	,,	ut	,,	et ut.
p. 327, l. 31,	,,	quinque—triginta duo	,,	25ma—32^{am}.
p. 328, l. 23,	,,	Deuteronomiae xi.	,,	Deuteronomia ii.
,, l. 24,	,,	nomine	,,	nomine Ar.
,, l. 3,	,,	Deuteronomiae	,,	Deuteronomii.
p. 329, l. 11, 12,	,,	Exodi xxii et Numerorum	,,	Ex. xxii Numerorum et.
p. 331, l. 7,	,,	Sabae	,,	Saba (throughout the passage).
p. 334, l. 13,	,,	funditur	,,	finditur.
p. 335, l. 20,	,,	vel	,,	vel scilicet.
p. 336, l. 28,	,,	Agar	,,	ager.
,, l. 31,	,,	sic	,,	sicut.
p. 337, l. 22,	*after*	bituminis	*insert*	dicitur.
p. 338, l. 27,	*for*	lavari	*read*	levari.
,, l. 31,	,,	dlxx	,,	dlxxx.
p. 339, l. 22, 35,	,,	Jordanes	,,	Jordanis.
,, l. 32,	,,	Daneadem	,,	Paneadem.
p. 340, l. 3,	,,	Jordanes	,,	Jordanis.
p. 342, l. 14,	,,	post	,,	post hoc.
,, l. 38,	,,	mille quingenti	,,	mille quinquaginta.
p. 346, l. 25,	,,	Pera	,,	Perea.
p. 347, l. 10,	,,	Philippus	,,	fuit Philippus.
p. 348, l. 15,	,,	fieri	,,	ferri.
,, l. 17,	,,	dicatur	,,	dicitur.
,, l. 25,	,,	tota	,,	toto.
p. 349, l. 29,	,,	Coele-Syria	,,	Coele-Syriae.
p. 350, l. 23,	,,	totas—regiones	,,	totam—regionem.
p. 351, l. 18,	,,	Babylonem	,,	Babyloniam.
,, l. 33,	,,	cum	,,	cum quibus.
p. 352, l. 4,	,,	Hydaspis	,,	Hystaspis.
p. 352, l. 34,	,,	praecipue	,,	praecipua.
,, note (1),	,,	O. Sericum	,,	O. siticum.
p. 354, l. 13,	,,	ut	,,	et.
p. 357, l. 25,	,,	longitudinem et latitudinem	,,	longitudine et latitudine.
p. 358, l. 15,	,,	Leucoviam	,,	Leuconiam.
,, l. 29,	,,	postea	,,	post in.
p. 359, l. 22, 26,	,,	Balchi, Balchiam	,,	Blachi, Blachiam.
p. 361, l. 2,	,,	cum exercitu	,,	cum suo exercitu.

p. 363, l. 8,	*for*	beati	*read*	beatus.
p. 364, l. 25,	,,	latus	,,	littus.
,, l. 34,	,,	irruerunt	,,	irruerent.
p. 365, l. 19,	,,	proelati	,,	praelati.
p. 367, l. 13, 14,	,,	Balchi, Balchia	,,	Blaci, Blacia.
p. 369, l. 18,	,,	divisit	,,	dimisit.
p. 370, l. 8,	,,	egressu	,,	congressu.
p. 371, l. 1,	,,	mulgeri	,,	mungi.
,, l. 2,	,,	rubris pannis	,,	rubeis.
p. 372, l. 16,	,,	octo et viginti	,,	viginti.
,, l. 18,	,,	exaltae	,,	excelsae.
p. 374, l. 25,	,,	Balchia	,,	Blachia.
p. 375, l. 7, (et alibi)	,,	Scycione	,,	Sicyone.
,, l. 16,	,,	ad	,,	apud.
,, l. 27,	,,	Libnia	,,	Liburnia.
p. 376, l. 12,	,,	quingenti	,,	quingenta.
p. 377, l. 32, 33,	,,	egressum	,,	excessum.
p. 378, l. 3,	,,	aequalis	,,	aequales.
,, l. 34,	,,	qui	,,	quae.
p. 379, l. 12,	,,	Haec	,,	Hae.
,, l. 32,	,,	putrefica	,,	putrefacta.
p. 381, l. 7,	,,	non	,,	nec.
p. 382, l. 24,	,,	qui	,,	quoniam.
,, l. 31,	,,	aspectum	,,	respectum.
p. 385, l. 3,	,,	igitur	,,	similiter.
,, l. 9,	,,	sed	,,	sic.
,, l. 10,	,,	quum	,,	quoniam.
,, l. 36,	,,	ita	,,	ille.
p. 386, l. 14,	,,	consuetae	,,	consueta.
p. 387, l. 13,	,,	eget	,,	indiget.
,, l. 37,	,,	oppositionem	,,	oppositum.
p. 388, l. 18,	,,	significationes	,,	certificationes.
p. 389, l. 18,	,,	comparatis	,,	compertis.
,, l. 22,	,,	qui	,,	quod.
p. 390, l. 3,	,,	annunciatum	,,	annumeratum.
,, l. 23,	,,	provisione	,,	praevisione.
,, l. 24,	,,	utramlibet	,,	utrumlibet.
,, l. 32,	,,	incaute	,,	incauti.
p. 391, l. 24,	,,	videret	,,	viderit.
p. 392, l. 16,	,,	fuisset	,,	fuit.
p. 394, l. 3,	,,	Moysis	,,	Moysi.
,, l. 7,	,,	quicunque	,,	quaecunque.

p. 394, l. 24, *for* enim *read* etiam.
p. 395, l. 8, *omit* uti.
,, l. 30, ,, quum *read* quoniam.
p. 396, l. 4, ,, defamatur ,, diffamatur.
,, l. 22, ,, quae ,, quia.
,, l. 28, ,, fuerunt ,, fuerint.
,, l. 36, ,, quum ,, quando.
p. 397, l. 9, ,, objectum ,, objectio, tum.
,, l. 10, ,, horizonte. Nam ,, horizonte; nam.
p. 398, l. 17, ,, oculus ,, oculis.
,, l. 32, ,, firmat ,, format.
p. 399, l. 11, ,, explicavi ,, explanavi.
,, l. 31, ,, quid ,, quod.
p. 400, l. 16, *omit* evidens.
,, l. 22, ,, cum.
p. 401, l. 27, ,, vidi cum *read* vidi eum.
p. 402, l. 7, ,, sancta consilia ,, facta consimilia.
p. 403, l. 10, ,, pluvia ,, pluviae.

VOL. II. PART V.

p. 1, title of distinctio prima, *for* instrumentis *read* instrumenti.
p. 3, l. 4, *for* brutis ,, nobis et brutis.
p. 4, l. 21, sentence to end at divisiones.
p. 5, l. 23, *after* phantasia, *read* seu virtus fantastica.
p. 6, l. 15, *for* convexum ,, convexio.
,, l. 19, ,, formaque ,, formae.
,, l. 33, ,, terminabiles ,, terminabilis.
p. 7, l. 12, *omit* per.
,, l. 13, ,, sentiantur *read* sentiuntur.
,, cap. iv., title, *for* memoriae ,, memorativae.
p. 8, l. 11, *for* complexionales ,, complexionum.
p. 9, l. 11, ,, de replentibus ,, de figuris replentibus.
p. 10, l. 1, ,, distinctionem ,, divisionem.
,, l. 4, ,, quoniam ,, quasi.
p. 12, l. 1, ,, libro ,, libris.
,, cap. iv., l. 7, *for* legit ,, legat.
p. 13, l. 4, *for* sit ,, sit nimis.
p. 14, l. 11, ,, duo ,, plura.
,, l. 28, ,, involuta ,, involutae.
p. 15, note (1), ,, MSS. ,, MS. and Reg. and O.
,, l. 9, ,, interioris ,, interiori.
,, cap. ii., l. 18, *for* uveae ,, uvae.

p. 16, l. 6,	*for* tum	*read*	tamen.
,, l. 9,	,, corneae	,,	cranii.
p. 17, l. 17,	,, uvae	,,	uveae.
p. 19, l. 7,	,, anterioris	,,	anterius.
,, l. 28,	,, est, aequi distans	,,	est aequi distans.
p. 21, l. 16,	,, citius	,,	certius.
,, cap. iii., l. 7-11,		see add. notes.	
p. 22, l. 14,	*for* etiam	*read*	tunc.
p. 24, note (1), l. 2,	*for* these MSS.	,,	O. or H.
p. 26, cap. i., l. 3,	*for* cornea	,,	corneae.
,, l. 19,	*for* aliquod	,,	aliquid.
p. 27, cap. ii. l. 17,	*for* nimiae	,,	nimia.
p. 28, cap. iii., l. 8,	*for* quae est nutrimentum	,,	quia est nutrimentum.
p. 29, l. 7,	*for* quoniam	,,	quidem.
,, cap. iv., l. 6,	*for* supponantur	,,	superponantur.
p. 30, l. 13,	*for* quod veniunt	,,	quae veniunt.
p. 31, l. 38,	,, ab luce	,,	ad lucem.
p. 32, l. 2,	,, vermis quidam	,,	vermes quaedam.
,, l. 3,	,, oritur	,,	oritur super illa.
,, cap. ii. (title),	*after* in nervo	*add*	communi.
,, cap. ii., l. 4,	*for* quia	*read*	quare.
p. 33, l. 2,	*for* quia	,,	quando.
p. 34, l. 23,	,, judicium quod	,,	indivisa quae.
p. 35, (title of dist.),	*for* capita	,,	capitula.
,, l. 29,	*for* posset	,,	possit.
p. 37, cap. ii., l. 3,	*for* multiplicationis	,,	multiplicationum.
p. 38, l. 19,	*for* visum adeo fortem	,,	duo scilicet visum fortem.
,, note (2),	,, adeo	,,	duo.
,, l. 34,	,, propter ea	,,	propter aliud.
p. 39, cap. iii., l. 2,	*for* purum	,,	plenum.
p. 40, l. 14,	*for* genere colorum	,,	genere coloris.
p. 44, l. 8,	,, sensum	,,	sensu.
,, l. 12,	,, sensibile	,,	visibile.
,, l. 26,	,, per	,,	propter.
p. 45, l. 9,	,, medio	,,	in medio.
,, l. 24,	,, nervum	,,	numerum.
p. 46, l. 2,	,, tum	,,	tamen.
,, l. 16,	,, stoici	,,	sancti.
p. 47, cap. i., l. 1,	*for* ostendum	,,	ostendendum.
,, l. 2,	*for* in quibus inest error	,,	inconvenientia.
,, l. 28,	,, quod est alterius	,,	qui est alterius.
p. 50, cap. iii., l. 1, 2,	*for* de Animalibus	,,	de Anima.
p. 52, l. 1,	*for* earum	,,	eorum.

p. 52, cap. iv., l. 8, *for* certa cognitio *read* circa cognitionem.
,, l. 11, *for* in visu ,, in visum.
p. 54, cap. i., l. 12, *for* etiam ,, tunc.
,, l. 18, *for* in timore ,, ex timore.
p. 56, cap. ii., l. 2, *for* fracto ,, facto.
p. 59, l. 21, *for* quarta ,, quartam.
,, l. 34, ,, ejusdem diametris terrae ,, eisdem diametris.
p. 62, cap. i., l. 28, *for* verum ,, vere.
p. 63, l. 2, *for* tamen ,, cum.
,, l. 19, ,, caerulei ,, azurini.
p. 65, l. 6, ,, eos ,, eas.
,, l. 17, ,, hoc ,, hic.
,, l. 18, ,, intellectu ,, intellectus.
,, l. 21, ,, consequentiae ,, consequenti.
,, l. 32, ,, debitam ,, perfectam.
p. 67, l. 7, ,, pertransirit ,, transibit.
p. 69, l. 12, ,, existantiae ,, existentiae.
p. 70, l. 4, ,, ultimi ,, vult.
,, l. 28, ,, verum esse ,, esse vere.
p. 71, l. 5, ,, quiescerent ,, quiesceret.
,, cap. iv. (title), *for* veritates ,, veritatem.
p. 72, l. 10, *for* educationem ,, eductionem.
,, l. 35, ,, cui accidit ,, coaccidit
p. 73, l. 33, ,, in sensibili ,, insensibili.
,, ,, ,, erat ,, erit.
p. 75, l. 14, ,, videt ,, vidit.
,, l. 29, ,, an Robertus ,, vel Robertus.
,, note (3), ,, equally ,, more.
p. 76, l. 9, ,, tum ,, tamen.
,, l. 17, ,, quaelibet ,, cujuslibet.
,, l. 30, ,, faciunt ,, faciant.
p. 78, l. 5, ,, visu ,, visum.
,, l. 30, ,, usque ,, usque ad.
p. 80, l. 10, 11, *omit* sed—stellarum ; see add. notes.
p. 81, l. 18, ,, elegit *read* eligit.
,, l. 25, ,, mathematicis ,, metaphysicis.
p. 82, l. 17, ,, hic ,, haec.
p. 83, cap. i., l. 2, *for* Animalibus ,, Anima.
p. 85, l. 5, *for* in ,, et.
,, l. 6, ,, experientia efficaciori ,, experientiae efficacia.
p. 86, l. 17, ,, sit ,, fit.
,, l. 18, ,, qui ,, quae.

p. 89, l. 32,	*for*	Animalibus	*read*	Anima.
,, l. 34,	,,	philosophiae	,,	physicae.
p. 90, l. 1,	,,	Animalibus	,,	Anima.
,, l. 17,	,,	recepit	,,	recipit.
p. 91, l. 2,	,,	libris	,,	libris suis.
,, l. 7,	,,	quum	,,	cum.
,, l. 28,	,,	sic	,,	sit.
p. 92, cap. i., l. 5,	*for*	nubilia	,,	nubila.
p. 93, l, 8,	*for*	propter	,,	praeter.
p. 96, l. 14,	,,	*h a*	,,	*h d.*
p. 97, l. 27,	,,	appareat	,,	apparet.
,, l. 30,	,,	omnibus	,,	omnibus illis.
p. 99, l. 15,	,,	septem	,,	novem (see add. notes).
p. 100, l. 2,	,,	videntur	,,	viderentur.
p. 101, l. 4,	,,	aliquo	,,	aliquo loco.
,, l. 23,	,,	species	,,	sphaeras.
p. 103, l. 19,	,,	sicut	,,	sic.
,, l. 32,	,,	discernere	,,	dividere.
p. 104, l. 18,	,,	potest	,,	scit.
p. 106, l. 3,	,,	foramina	,,	ea.
,, l. 7,	,,	per	,,	propter.
p. 107, l. 8,	,,	subjectum	,,	lima.
p. 108, l. 26,	,,	extremitatis	,,	extremitatum.
p. 109, l. 23,	,,	curva	,,	curta.
p. 110, l. 28,	,,	hic	,,	hunc.
,, l. 32,	,,	cuilibet	,,	cujuslibet.
p. 111, l. 15,	,,	circularis quae	,,	circuli qui.
,, l. 27,	,,	gibbositatis	,,	gibbositas.
,, l. 30,	,,	arcus solaris	,,	arcus pyramidis solaris.
,, l. 35,	,,	ad invicem	,,	ab invicem.
p. 114, l. 6,	,,	sicut	,,	sed.
p. 115, note (1)			to be	cancelled.
p. 116, l. 5, 6,	,,	compositionem — subjectam	*read*	comparationem—subitam.
,, l. 30,	,,	dicetur	,,	docetur.
p. 117, l. 2,	,,	quarto	,,	quinto.
,, l. 9,	,,	videtur. Sed	,,	videtur, sicut.
,, l. 13, 15, 20,	,,	oriente	,,	orizonte.
,, l. 16,	,,	possunt	,,	potest.
p. 118, l. 6,	,,	accessionem	,,	accessum.
,, l. 7,	,,	diminutio	,,	divisio.
,, l. 8,	,,	nubium motus	,,	nubium.

p. 118,	l. 9,	*for*	et ad stellam	*read*	ad stellam et.
,,	l. 11,	,,	decernimus	,,	discernimus.
,,	l. 26,	,,	procedendo	,,	precedendo.
p. 119,	l. 5,	,,	ea, aestimet	,,	eas, aestimat.
,,	l. 14,	,,	res	,,	vis.
p. 120,	l. 6,	,,	resolutionem	,,	revolutionem.
,,	l. 20,	,,	movetur	,,	videtur.
p. 121,	l. 16,	,,	29,240	,,	29,250.
p. 122,	l. 1,	,,	totum	,,	tantum.
,,	l. 7,	,,	exprimitur	,,	comprimitur.
p. 124,	l. 22,	,,	visibilem	,,	visibilis.
p. 126,	l. 14,	,,	quod	,,	quam.
,,	l. 16,	,,	hic	,,	haec.
p. 127,	l. 4,	,,	mathematicis	,,	metaphysicis.
p. 128,	l. 23,	,,	pertinet	,,	pertinent.
,,	*ib.*	,,	collatio	,,	collectio.
p. 132,	l. 3,	,,	*a b*—facit	,,	*a* et *b*—faciunt.
p. 134,	l. 3,	,,	quam	,,	quem.
p. 136,	l. 18,	,,	visu	,,	visum.
p. 138,	l. 14,	,,	intra	,,	inter.
,,	l. 20,	,,	forma	,,	forma *t*.
p. 139,	l. 8,	,,	nulla enim	,,	nulla enim forma.
p. 141,	cap. v., l. 12,	*for*	canda	,,	cauda.
p. 142,	l. 3,	*for*	manifesto	,,	manifeste.
,,	l. 5,	,,	propterea	,,	propter earum.
p. 144,	l. 27,	,,	videntur	,,	viderentur
,,	l. 31,	,,	quod promisi	,,	quem promisi.
p. 146,	l. 1,	,,	mutatur	,,	numerantur.
,,	l. 19,	,,	occurrerent	,,	occurreret.
p. 148,	l. 4,	,,	possint	,,	possunt.
,,	cap. ii., l. 5,	*for*	quando	,,	quomodo.
p. 151,	note (1),	*for*	quum	,,	quando.
,,	*ib.*	,,	et concavitas	,,	cujus concavitas.
p. 153,	cap. iv., l. 9,	*for*	quando	,,	quoniam.
p. 155,	l. 16,	*for*	nec est haec	,,	nec est hic.
p. 157,	l. 14,	,,	imaginis ad sensum	,,	imaginis. Ad secundum.
,,	l. 23,	,,	suppositi	,,	superpositi.
p. 158,	l. 22,	,,	aliquando	,,	alium.
p. 161,	l. 9,	,,	aliquot et	,,	aliqua ut.
,,	l. 19,	,,	compleatur	,,	completur.
,,	l. 21,	,,	deputandae	,,	deputanda.
p. 162,	l. 6,	,,	nimiae	,,	nimia.
,,	l. 32,	,,	certior	,,	incertior.

p. 163, l. 7, 8,	*for*	quam—deprehendet	*read*	qua—dependet.
,, l. 9,	,,	quantacunque	,,	quantumcunque.
,, ,, 22,	,,	Propter hoc	,,	propterhoc quod.
,, l. 29,	,,	comparantur	,,	comparatur.

VOL. II. PART VI.

p. 167, l. 9,	,,	scire	*read*	sciri.
,, l. 17,	,,	probavit	,,	probaverit.
p. 168, l. 12,	,,	experientia	,,	sua experientia.
,, l. 19,	,,	tunc	,,	tantum.
p. 169, l. 6,	,,	arguitur	,,	arguit.
p. 170, l. 11,	,,	diffitentes	,,	diffinientes.
,, l. 18,	,,	hoc	,,	hujus.
p. 171, l. 14,	,,	donare	,,	demonstrare.
,, l. 26,	,,	capiuntur	,,	rapiuntur.
p. 172, l. 11,	,,	artis	,,	artis et naturae.
,, l. 13, 14,	,,	sophisticam artem	,,	sophisticum argumentum.
,, l. 18,	,,	experimenta	,,	experientiam.
p. 173, l. 10,	,,	auctoritate	,,	autonomatice.
,, l. 22,	,,	ergo	,,	primo ergo.
,, l. 26, 27,	,,	et—inveniet	,,	ut—inveniat.
p. 174, l. 5,	,,	coloris	,,	colorum.
p. 175, l. 32,	,,	venit	,,	veniat.
p. 177, l. 3,	,,	inter horizontem	,,	super horizontem.
,, l. 10,	,,	solum	,,	bene.
,, l. 20,	,,	suppositam	,,	supremam.
p. 178, l. 11,	,,	usque	,,	usque quo.
p. 179, l. 1,	,,	extendantur	,,	extenduntur.
,, l. 14,	,,	pyramidum	,,	pyramidis.
p. 180, l. 2, 6,	,,	verum	,,	unde.
,, l. 13,	,,	quum	,,	quoniam.
,, l. 19,	,,	tamen	,,	tum.
,, l. 27,	,,	superius	,,	saepius.
p. 181, l. 10,	,,	quum	,,	quoniam.
,, l. 12,	,,	fit	,,	sit.
p. 182, l. 2,	,,	sunt	,,	tunc sunt.
,, l. 7,	,,	sub	,,	quasi sub
,, l, 12,	*after*	horizontem	*insert*	et dictum est quod iris apparere non potest quando sol est 42 graduum super horizontem.

p. 183, l. 10,	*for*	exeunte	*read*	existente.
,, l. 27,	,,	idem	,,	illud.
,, l. 31,	,,	verum	,,	unde.
p. 184, l. 8, 17, 20,	*for*	exeunte	,,	existente.
p. 185, l. 20,	*for*	annon	,,	an.
,, l. 32,	,,	verum	,,	unde.
p. 186, l. 13,			,,	[ad quae].
p. 187, l. 21,	,,	quo	,,	quibus.
,, l. 34,	,,	motum	,,	motus.
p. 188, l. 14, 20,	,,	quum	,,	quoniam.
,, l. 15,	,,	verum	,,	unde.
,, l. 21,	,,	est	,,	erit.
p. 189, l. 5,	,,	quum	,,	quoniam.
,, l. 8,	,,	totum	,,	contra.
,, l. 18,	,,	videntem, quum	,,	videntem quantum.
,, l. 29,	,,	quum	,,	quando.
p. 190, l. 14,	,,	nebulosum	,,	nubilosum.
,, l. 16,	,,	quem	,,	quam.
,, l. 28,	,,	orientem	,,	occidentem.
p. 191, l. 1,	,,	creare	,,	causare.
,, l. 2,	,,	per	,,	secundum.
,, l. 3,	,,	quum	,,	quando.
,, l. 20,	,,	aliquid	,,	aliquod.
p. 192, l. 3,	,,	quum	,,	quando.
,, l. 30,	,,	patet	,,	patuit.
p. 194, l. 3,	,,	idem	,,	illud.
,, l. 22,	,,	nube	,,	nubem.
,, *ib.*	,,	istud	,,	istud primo.
,, l. 25,	,,	prius	,,	primo.
p. 195, l. 11,	,,	altera	,,	alia.
p. 196, l. 1,	,,	alteram	,,	aliam.
,, l. 13,	,,	fit	,,	sit.
,, l. 14,	,,	quod	,,	quod tunc.
,, l. 20, 24,	,,	angulo	,,	angulis.
,, l. 33,	,,	colorum	,,	coloris.
p. 197, l. 16,	,,	quum	,,	quod.
,, l. 22,	,,	numerum	,,	numerum rerum.
,, l. 23,	,,	naturalem	,,	numeralem.
p. 198, l. 4,	,,	eorum	,,	ipsorum.
,, l. 17,	,,	portione	,,	portionem.
,, l. 25,	,,	quum	,,	quando.
p. 199, l. 17,	,,	quum	,,	quando.
p. 200, l. 31,	,,	exiens	,,	existens.

p 200, l. 34,	*for*	veniant	*read*	veniunt.
p. 201, l. 8,	,,	quae	,,	quid.
,, l. 10,	,,	impossibilem	,,	mihi possibilem.
,, l. 16,	,,	quaestiones	,,	conclusiones.
p. 202, l. 7,	,,	quum	,,	quoniam.
,, l. 8,	,,	sint	,,	sunt.
,, l. 11,	,,	prius habeat	,,	post.
,, l. 13,	,,	sequitur	,,	sequatur.
,, l. 23,	,,	describuntur	,,	describantur.
p. 203, l. 7,	,,	Alpharagius	,,	Alpetragius.
p. 204, l. 5,	,,	longae	,,	longa.
,, l. 9,	,,	fuerit	,,	fuit.
,, l. 17,	,,	in quo est	,,	in quo erit.
,, l. 34,	,,	quum	,,	quando.
p. 205, l. 34,	,,	temperato usu	,,	temperamento.
,, l. 36,	,,	animae	,,	animi.
p. 207, l. 1,	,,	dictione	,,	divisione.
,, l. 9,	,,	senectutis	,,	sanitatis.
,, l. 15,	,,	potuerunt	,,	poterunt.
,, l. 31,	,,	Causarum	,,	Canonis.
p. 208, l. 6,	,,	alia	,,	alia animalia.
,, l. 21,	,,	viriditatis	,,	virtutis.
p. 209, l. 14,	,,	experientias. Verum et	,,	experientias verum. Et.
,, l. 18,	,,	itaque	,,	ita quod.
,, l. 26,	,,	occultato	,,	occultatum.
		cancel first sentence of note (2).		
p. 210, l. 2,	*for*	quia	,,	quasi.
,, l. 3,	,,	videret	,,	viderat.
p. 211, l. 2,	,,	proprietatem	,,	potestatem.
,, l. 6,	,,	passionem	,,	passiones.
,, l. 13,	,,	eam	,,	eum.
,, l. 17,	,,	froena	,,	fraena.
p. 213, l. 8,	,,	quum	,,	quoniam.
p. 214, l. 14, 16,	,,	quum	,,	quando.
,, l. 19,	,,	sunt	,,	sint.
,, l. 21,	,,	et naturam	,,	in naturam.
p. 216, l. 12,	,,	proprietas	,,	potestas.
,, l. 28,	,,	plus assentiunt	,,	philosophi asserunt.
				note 4 to be cancelled.
p. 217, l. 6,	,,	virtutes	*read*	virtutem.
,, l. 22,	,,	quo tangerent	,,	quod tangerent.
,, l. 25,	,,	Aristoteles	,,	Aristotalis.
,, *ib.*	,,	de quo	,,	de quibus.

p. 218, l. 34,	*for*	capit	*read*	rapit.
p. 220, l. 19,	,,	quantum	,,	quoniam.
,, l. 28,	,,	qui vocantur	,,	quae vocantur.
p. 221, l. 11,	,,	quum	,,	quoniam.
,, l. 37,	,,	quum	,,	quando.
p. 222, l. 2,	,,	quingentos ; tamen	,,	quingentos tantum.
,, l. 9,	,,	quadraginta	,,	quadringenta.
,, l. 10,	,,	per hoc	,,	post hoc.
,, l. 16,	,,	ei	,,	ejus.
,, l. 19,	,,	Et hoc	,,	Et haec.
,, l. 20,	,,	parcatur	,,	parceretur.

VOL. II. PART. VII.

p. 224, l. 11,	,,	internus	,,	intra.
p. 225, l. 33,	,,	libro	,,	libris.
p. 226, l. 14,	,,	istius	,,	illius.
,, l. 18,	,,	veritatibus	,,	multis.
p. 227, l. 1,	,,	potentiae	,,	potentiae infinitae.
,, l. 11,	,,	materiae	,,	naturae.
,, l. 32,			cancel	foot-note (3).
p. 228, l. 20,	,,	unumquidque	*read*	unumquodque.
,, l. 24,	,,	cedant	,,	cadant.
p. 229, l. 19,	,,	vel	,,	sed.
,, l. 27,	,,	Flium	,,	Filium.
,, note (4),	,,	ut probatum	M. has	nam . . . probatum est.
,, note (6),	,,	immutabili consilio	*read*	ingenio immutabili.
p. 231, l. 26,	,,	Mathematicis	see note.	
,, l. 27,	,,	deus	*read*	deum.
p. 232, l. 4,	,,	Spiritus	,,	Spiritus Sanctus.
p. 233, l. 6,	,,	ideo quod	,,	ideoque.
,, l. 26,	,,	Jesum	,,	suum.
,, l. 27,	,,	figuras	,,	fixuras.
,, l. 33,	,,	masculas	,,	masculos.
p. 234, l. 26,	,,	aliae	,,	alias.
p. 235, l. 14,	,,	mathematicis	,,	metaphysicis.
,, l. 30,	,,	concordat	,,	concordet.
p. 236, l. 9,	,,	corrumpantur sed maneant	,,	corrumpuntur sed manent.
,, l. 11,	,,	corrumpantur	,,	corrumpuntur.
,, l. 28,	,,	ultra	,,	ultro.
,, note (4),	,,	motores	,,	motiones.
p. 237, l. 16,	,,	visat	,,	viset.

p. 237, l. 33,	*for*	philosophis	*read*	prophetis.
p. 238, l. 13,	,,	irrationabiliter	,,	irrationabilibus non.
,, l. 25,	,,	utiles	,,	universales.
,, l. 29,	,,	istum	,,	illum.
p. 239, l. 10,	,,	comprehendit	,,	reprehendit.
p. 240, l. 1, 2,	,,	ad eadem, Anima	,,	quod eadem anima.
,, l. 2,	,,	enim vero	,,	numero.
,, l. 27 et 30,	,,	autem	,,	enim.
p. 241, l. 22,	,,	philosophiam	,,	philosophum.
,, l. 23,	,,	propter	,,	praeter.
,, l. 29,	,,	potuerant	,,	potuerunt.
				foot-note (1) to be cancelled.
p. 242, l. 26,	,,	istius	*read*	illius.
				foot-note (1) to be cancelled.
p. 243, l. 19,	,,	recepit	*read*	recipit.
p. 245, l. 2,	,,	omnis	,,	omnium.
,, l. 28,	,,	consiliis	,,	consilio.
p. 246, l. 1,	,,	quae	,,	quod.
p. 247, l. 2,				brackets should be removed.
,, l. 5,	,,	secunda	*read*	secundo.
note (3),	,,	curarent, O. relegerent M.	,,	curarent, O. et M.
p. 248, l. 16,	,,	cum gratia	,,	gratiae cum.
,, l. 19,	,,	tuum	,,	unum.
,, l. 21,	,,	digneris	,,	dignaris.
p. 249, l. 4,	,,	quam	,,	quem.
p. 251, l. 17,	,,	instituendus	,,	constituendus.
p. 252 (foot-note),	,,	O. et D.	,,	D.
p. 254, l. 16,	,,	hominem	,,	homines.
p. 255, l. 2,	,,	partim	,,	partem.
,, cap. ii., l. 2,	*for*	ipsam	,,	ipsum.
p. 256, l. 13,	*for*	haec	,,	hae.
,, l. 18,	,,	vel	,,	ut.
p. 257,				foot-note (4) to be cancelled.
p. 258, l. 2,			*omit*	quoque.
p. 259, l. 10,	*for*	interjectio	*read*	injectio.
,, l. 25,	,,	similiter	,,	suum.
p. 260, l. 14,	,,	Xalenchus	,,	Zaleuchus.
,, l. 15,	,,	adulteris	,,	adulterio.
p. 261, l. 30,	,,	hos	,,	nos.
p. 262, l. 22,	,,	produceret	,,	perduceret.
p. 263, l. 3,	,,	speciem	,,	seriem.
,, l. 15,	,,	enim	,,	etiam.
p. 264, l. 15,	,,	quaecunque, parva	,,	quantumcunque parva.

p. 264, l. 24,	*for*	fingimtur	*read*	sumuntur.
note (1),	,,	M.	,,	O.
p. 265, l. 29,	,,	parvum	,,	parum.
note (1),	,,	And saepius	,,	D. and O. have saepius.
,,	,,	And M. is	,,	and are.
note (4),	,,	insurgunt	,,	incidunt.
p. 266,				note (4) to be cancelled.
p. 267, l. 18,	,,	cujus est	*read*	cujas esset.
p. 270, l. 20,	,,	aut alium	,,	vel aliud.
p. 271, l. 3,	,,	mente . . . ratione . . . cogitatione	,,	mentem . . . rationem . . . cogitationem.
,, ,,	,,	posset	,,	posse.
p. 272, l. 16,	*after*	adolescens	*insert*	peccat, senex.
,, l. 31–2,				haec ipsa—levitatem should be bracketed.
p. 273, l. 7,	*for*	nolite	*read*	noli te.
p. 274, l. 22,			,,	[carne].
,, l. 23,			,,	[licet].
,, l. 26,	,,	[dicit]	,,	dicit.
,, l. 35,	,,	autem	,,	enim.
p. 275, l. 2,	,,	sed	,,	verum.
,, l. 19,			,,	[animus].
p. 276, l. 1,	,,	in	,,	de.
p. 277, l. 23,			,,	[facies].
,, l. 28,			,,	[spiritu].
p. 280, l. 3,	,,	promit	,,	proponit.
,, l. 20,	,,	habeat unum	,,	habet unam.
p. 282, l. 22,			,,	[ille].
,, l. 36,	,,	ostendum	,,	ostendendum.
p. 284, l. 35,			,,	[intentis morbus].
p. 285, l. 19,	,,	ut	,,	ut sunt.
p. 286, note (1),	,,	nunquam	,,	num quid.
p. 287, l. 21,	,,	incuriam	,,	injuriam.
,, l. 31,				see additional note.
p. 289, l. 11,	,,	sunt	*read*	sint.
note (4),	,,	rabies	,,	rabiens.
p. 291, l. 25,	,,	alium	,,	aliud.
p. 292, l. 1,	,,	maledicenti	,,	maledicente.
p. 293, l. 4,			,,	[suos].
p. 295, l. 3,			,,	[ipsi].
,, . 5,	,,	decipiunt	,,	decipiant.
,, . 10,			,,	[parti].
p. 297, l. 6,			,,	[secessu].

p. 299, l. 27,	*for* adversos	*read*	adversus.
p. 300, l. 5,	,, quasit	,,	quasi.
p. 303, l. 5,	,, et	,,	et argento et.
,, l. 27,	,, nunquam	,,	nullum.
,, l. 28,		,,	[honore].
p. 304, note (2),	,, ins. MSS.	,,	inserted by Bacon.
p. 305, l. 2,		,,	[aliquo].
p. 306, l. 11,		,,	[non].
,, l. 13,		,,	[virum].
,, l. 18,		,,	[si quis].
note (3)	,, MSS.	,,	D.
p. 307, l. 16,		,,	[hominumque].
p. 308, l. 7,	*after* minora	*insert*	scilicet contumalies.
,, l. 26,	*for* adversos	*read*	adversus.
p. 309, l. 16,		,,	[si].
,, l. 35,	,, quum	,,	cum.
p. 310, l. 21,		,,	[esse].
p. 311, l. 5,	,, imprudentia	,,	imprudentibus.
,, cap. xii., l. 18,	*for* matri	,,	matri suae.
p. 312, l. 5,		,,	[enim].
,, l. 8,	*for* possum	,,	possem.
p. 314, l. 10,	*after* genitum est	*insert*	Deinde ad propositum redit, dicens.
,, l. 21,	*for* sic	*read*	si.
,, l. 29,	,, dirigitur	,,	erigitur.
,, l. 36,		,,	[sibi].
p. 315, l. 4,		,,	[viro].
,, l. 11,		,,	[omne].
p. 317, l. 11,		,,	[aliquando].
,, l. 34,		,,	[tuo].
p. 319, l. 1,	,, similiter	,,	sequitur.
,, cap. xiv., l. 22,		,,	[suos].
p. 321, l. 8,		,,	[aeterna].
,, l. 15,	*for* jussit	,,	[jussit].
p. 322, l. 8,		,,	[illa].
,, l. 16,	*after* mors est	*insert*	quia in tanta constantia turbaque rerum nil nisi quod praeterierit certum est.
p. 323, l. 5,	*for* sermonem	*read*	sermone.
,, l. 12, 13,		,,	ad divina doctrinam philosophorum (om. [dicta]).

p. 323, l. 18,	*for*	contumeliae et injuriae	*read*	*contumelia et injuria.*
p. 325, l. 25,			,,	[illum].
,, l. 27,	,,	supervacaneum	,,	supervacuum.
p. 326, l. 2,	,,	deinde	,,	denique.
,, l. 18,	transfer brackets from vacavit to nihil—fuit.			
p. 327, l. 8,	*for*	omnia	*read*	omnia sua.
note (1)	,,	D	,,	D. et O.
note (2)	,,	quomodo	,,	quoque.
p. 328, l. 12,			,,	[multa].
,, l. 21,	,,	jusseritis	,,	jusseris.
p. 329, l. 1,	,,	quum	,,	cum.
,, l. 18,			,,	[suo].
,, l. 27,	,,	quum	,,	qui.
p. 330, l. 1,	,,	nunc	,,	nunc quoque.
,, l. 6,	,,	[Boccho jaculatoribus]	,,	[Boccho] jaculatoribus.
,, l. 18,	,,	antiquorum	,,	antiquam.
,, l. 33,	,,	tuentur	,,	bene tuentur.
p. 331, l. 8,	,,	quum	,,	cum.
,, l. 14,			,,	[quam].
p. 332, l. 31,			,,	[atque].
p. 333,			cancel note (2).	
p. 334, l. 8,			*omit*	quidem.
,, l. 18,			*read*	[nota].
p. 335, cap. xviii., l. 15,			,,	[hic].
ib.			,,	[caeteris].
p. 336, l. 1,	*for*	superius	,,	supra.
,, l. 31,			,,	[quoque].
p. 337, l. 9, 10,			,,	[ac detrimento].
,, l. 30,			,,	[caducum].
			latter part of foot-note cancelled.	
p. 338, l. 19,			*read*	[vir].
p. 339, l. 28,	,,	quod	,,	quam.
p. 340, note	,,	est quas	,,	ut quos.
p. 341, notes (1, 2)	,,	D.	,,	D. and O.
,, l. 19,	,,	corpora	,,	corpus.
p. 342, l. 18,	,,	sciat	,,	sciet.
,, l. 21,			,,	[illud].
p. 343, l. 5,	,,	homini	,,	omnium.
,, l. 23,			,,	[ab optimis], [istud].
,, l. 26,	,,	virtutem adorem et	,,	virtutem ' adorem ' et.
p. 344, l. 3,			,,	[illi].
,, l. 24,	,,	deos	,,	Deum.
,, l. 31,			,,	[philosophiae].

p. 345, l. 5,	*for*	abundantia	*read*	abundanti.
,, l. 27,				divitiae without brackets.
p. 346, l. · 6,			*read*	[primum].
p. 347, l. 2,			,,	[optimus].
p. 348, note (2),	reading in O. is quique sunt discursus siderum quique fuerunt.			
p. 349, cap. xx., l. 8,	*for*	porro	*read*	primo.
,, l. 14,			,,	[non].
,, l. 18,			,,	[non].
p. 350, l. 6,			,,	[et].
,, l. 18,			,,	[et].
,, l. 20,			,,	[scilicet].
,, l. 37,	*for*	corporis	,,	corporum
p. 351, l. 12,	,,	super	,,	secundum.
,, l. 20,			,,	[efficere].
p. 352, l. 9,			,,	[servat].
p. 353, l. 34,			,,	[non].
p. 354, l. 30,			,,	[alia].
,, l. 32,			,,	[nobis].
note (4),	,,	D. et. O.	,,	D.
note (5),	,,	illud	,,	istud.
p. 355, l. 26,			,,	[nobis].
p. 356, l. 35,			,,	[ubi].
p. 357, l. 34,	,,	citra exempla	,,	citra [quam] exempla [hortentur].
p. 359, l. 10,	,,	antea	,,	ante.
,, l. 12,			,,	[hoc].
p. 360, l. 22,	,,	casus	,,	status.
,, l. 31,	,,	submersa.	,,	submersa.
p. 361, l. 7,	,,	me istum antecedere	,,	me ' istum ' antecedere.
,, l. 21,	,,	in	,,	ex.
p. 362, l. 11,	in sufferendo pericula, to precede neminem.			
note (2),	*for*	expedicus	*read*	expediens.
p. 363, l. 1,	,,	monachos	,,	monachos suos.
ib.	,,	patientiae	,,	penitentiae.
,, l. 3,	,,	nam	,,	ne.
,, l. 5,	,,	quod	,,	quae.
p. 364, l. 18,	,,	Liber	,,	Liber '
ib.	,,	non	,,	' non.
,, l. 34,	,,	homine	,,	ore.
p. 367, l. 10,	,,	legem	*read*	finem.
,, l. 19,	,,	quo	,,	quae.
			note (3).	See additional notes.
p. 368, l. 8,	,,	fidelium	*read*	fidelis.

p. 368, l. 26,	*for*	iste	*read*	ille.
p. 371, l. 2,	,,	distinctionem	,,	divisionem.
,, l. 15,	,,	aliud	,,	aliquid.
p. 373, l. 32,	,,	a philosophis	,,	philosophis.
,, l. 35,	,,	est	,,	erit.
p. 374, l. 15,	,,	principio	,,	primo.
p. 375, l. 1,	,,	vegetivam	,,	vegetativam.
p. 376, l. 5,	,,	homines	,,	omnes.
,, l. 16,	,,	potuit	,,	poterit.
,, l. 27,	,,	alios	,,	alias.
,, l. 32,	,,	conferent	,,	conferrent.
p. 377, l. 1,	,,	demittere	,,	dimittere.
,, l. 14,	,,	infinitae	,,	infinita.
,, l. 20, 21,	,,	quare, si	,,	quod si.
,, l. 28,	,,	est	,,	erit.
p. 379, l. 16,	,,	aliquid	,,	aliquod.
,, l. 20,	,,	majus	,,	magis.
p. 380, l. 4,	,,	contradictorum	,,	contradictoria.
p. 381, l. 10,	,,	possent	,,	possunt.
p. 382, l. 8,	,,	alias	,,	alios.
p. 383, l. 15,	,,	vero	,,	veri.
p. 384, l. 3,	,,	hujusmodi	,,	hujus mundi.
,, l. 4,	,,	similia	,,	sensibilia.
,, l. 26,	,,	veritatem	,,	veritates.
p. 387, l. 14,	,,	Manguncha	,,	Manguchan.
p. 388, l. 29,	,,	vita sanctorum	,,	in vitis patrum.
p. 389, l. 18,	,,	homines	,,	hominem.
p. 390, l. 2,	,,	et aquilone	,,	ab aquilone,
,, l. 4,	,,	tredecim	,,	a tredecim.
,, l. 5,	,,	istius	,,	illius.
,, l. 13,	,,	fidem	,,	finem.
,, l. 29,	,,	fas	,,	fas est.
p. 391, l. 3,	,,	quingenti	,,	quingentos.
,, l. 27,	,,	primorum	,,	illorum.
p. 393, l. 21,	,,	Moysis	,,	Moysi.
p. 394, l. 5,	,,	illi	,,	isti.
p. 395, l. 18,	,,	alterius	,,	alicujus.
,, l. 19,	,,	item	,,	idem.
,, l. 35,	,,	in Moysi	,,	Moysi.
p. 396, l. 8,	,,	quum—alius	,,	quoniam—aliquis.
p. 398, l. 1,	,,	a	,,	de.
,, l. 36, 37,	,,	et vera est	,,	omit.
p. 399, l. 5,	,,	qualem	,,	quantum.

p. 399, l. 12,	*for*	ex	*read*	in.
				note (1) to be cancelled.
p. 400, l. 16,	,,	voluit	*read*	volet.
p. 401, l. 27,	,,	illius	,,	istius.
p. 403, l. 17,	,,	bonum	,,	hoc bonum.

MULTIPLICATIO SPECIERUM.

p. 409, l. 12,	,,	quanto	*read*	quinto.
ib.	,,	apud	,,	ut apud.
p. 410, l. 26,	,,	quum	,,	quoniam.
,, l. 32,	,,	speciem et	,,	speciem in.
p. 411, l. 8,	,,	in actu tale quale est agens	,,	in potentia tale quale [agens est in actu.
,, l. 9,	,,	idem	,,	ibidem.
,, l. 30, 31,	,,	completa	,,	complenda.
				first sentence of note (1) to be cancelled.
p. 412, l. 9,	,,	subalterne	*read*	subalterna.
,, l. 30,	,,	sensibilem	,,	sensibiliter.
p. 413, l. 2,	,,	organum	,,	organa.
,, l. 16,	,,	sit renovatum	,,	sic renovatum.
,, l. 17,	,,	et sit	,,	sit.
p. 414, l. 32,	,,	tamen	,,	tunc.
p. 416, l. 23,	,,	tantum	,,	tamen.
p. 417, l. 2,	,,	quamcunque	,,	quodcunque.
,, l. 22,	,,	quando	,,	quomodo.
p. 418, l. 19,	,,	agant	,,	agunt.
				note (3) transpose O. and Reg.
p. 419, l. 8,	,,	et quod	*read*	eo quod.
,, l. 16,	,,	modi	,,	modo.
,, l. 25,	,,	et ignis	,,	ut ignis.
p. 420, l. 10,				
,, l. 11,	,,	Et. illud	,,	Item.
,, l. 13,	,,	sint	,,	sunt.
,, l. 18,	,,	quum	,,	quoniam.
p. 421, l. 6,	,,	quum	,,	quoniam.
,, l. 32,	,,	Aristoteles	,,	Aristotelis.
,, l. 34,	,,	hic	,,	hoc.
p. 422, l. 1,	,,	auctores	,,	auctoritates.
,, l. 21,	,,	hic	,,	hoc.
,, l. 24,	,,	quae		quod.
ib.	,,	contradicentis	,,	consequentis.
p. 423, l. 11,	,,	corpore	,,	corpus.

p. 423, l. 23,	*for*	ea forma proprie	*read*	forma propria.
p. 424, l. 12,	,,	sed dico	,,	dico.
p. 425, l. 35,	,,	Metaphysicae	,,	Meteororum.
p. 426, l. 27,	,,	e forti	,,	a forti.
p. 427, l. 1,	,,	percipimus	,,	perciperemus.
,, l. 10,	,,	et densum	,,	si densum.
,, l. 14,	,,	dicitur	,,	debet.
,, l. 26,	,,	quae	,,	quod.
,, l. 26, 27,	,,	eorum pariter	,,	corrumpantur.
p. 428, l. 28,	,,	fiant	,,	sint.
,, l. 30,	,,	requiritur	,,	exigitur.
p. 429, l. 23,	,,	faciat	,,	facit.
p. 430, l. 4,	,,	quum sint	,,	quoniam sunt.
,, l. 9,	,,	autonomatici	,,	autonomatice.
,, l. 19,	,,	singularum	,,	singularium.
p. 432, l. 24,	,,	vel patiens	,,	et patiens.
,, l. 28,	,,	materia	,,	materiae.
,, l. 30,	,,	quarundem	,,	quarundam.
p. 433, l. 17,	,,	quod modo habent similitudinem	,,	quae hoc modo habent solvi.
p. 434, l. 22,	,,	verum	,,	unde.
,, l. 23,	,,	principale	,,	principalem.
,, l. 29,	,,	quia sequitur	,,	quin sequatur.
p. 435, l. 16,	,,	gignitur	,,	ignitur.
,, l. 23,	,,	vel	,,	sed materiam aeris vel.
p. 436, l. 5,	,,	continente	,,	continue.
,, l. 7,	,,	necessitatem	,,	naturam.
p. 437, l. 17,	,,	radius solis	,,	radius debilis solis.
p. 438, cap. iv., l. 1,	*for*	illa	,,	ista.
,, l. 27,	*for*	veniens	,,	adveniens.
p. 439, l. 1,	,,	universaliter	,,	similiter.
,, l. 14,	,,	lux solaris dicitur	,,	lux solis debet.
,, l. 15,	,,	resistet	,,	resistat.
,, l. 25,	,,	alteret aliquid	,,	alterat aliquod.
p. 440, l. 5,	,,	distinctio	,,	divisio.
,, l. 25,	,,	contradistinctione	,,	conditione.
,, l. 27,	,,	quae non	,,	quod non.
,, l. 32,	,,	hic intelligi ad	,,	hoc intelligi quantum ad.
p. 441, l. 1,	,,	quoad	,,	quantum ad.
,, l. 3,	,,	media	,,	medii.
,, l. 28,	,,	similes	,,	simul.
,, l. 31,	,,	in superficie	,,	a superficie.
p. 442, l. 16,	,,	quam fieri	,,	quantum fieri.

p. 442, l. 18, *for* alterare *read* alterari.
p. 443, l. 10, ,, aliam ,, aliquam.
,, l. 16, ,, generalibus ,, generabilibus.
,, l. 25, ,, aliam ,, aliquam.
,, l. 28, ,, secundam ,, secunda.
p. 444, l. 7, ,, prima ,, primae.
,, l. 26, ,, quae ,, quia.
p. 447, l. 9, ,, non ,, et non.
,, l. 22, ,, quidem ,, quidam.
,, l. 25, ,, alterius cujusque ,, cujuslibet alterius.
p. 448, l. 12, ,, ad quam ,, quoniam.
,, l. 29, ,, eodem ,, de eodem.
,, l. 30, ,, idem ,, illud.
,, l. 35, ,, est aliud ,, est aliquid.
p. 449, l. 10, ,, hujus ,, hujusmodi.
p. 450, l. 7, ,, substantia spiritualis ,, substantiae spirituales.
,, l. 27, ,, vel ,, et.
p. 451, l. 5, ,, verum ,, unde.
p. 452, l. 17, ,, naturalis ,, materialis.
,, l. 20, ,, posita ,, positae.
,, l. 21, ,, sufficiunt ,, sufficit.
p. 457, l. 9, ,, capitulo decimo ,, capitulis decem.
p. 458, l. 7, ,, et alterius ,, vel alterius.
,, l. 9, *insert* (*after* nullam) sed non secundum nullam.
,, l. 10, *for* directionem *read* differentiam.
,, l. 21, ,, quae exeat ,, quod exeat.
,, l. 31, ,, directiones ,, differentias.
,, l. 34, ,, terminantur ,, continuantur.
p. 459, l. 7, ,, et fractionis ,, aut fractionis.
,, l. 15, ,, faciunt ,, faciat.
p. 460, l. 9, ,, divisionem ,, dimensionem.
,, l. 12, ,, impeditur ,, quando impeditur.
,, l. 13, ,, incessum ,, incessum speciei.
,, l. 25, ,, vero ,, enim.
p. 461, l. 4, ,, idem ,, illud.
,, l. 5, ,, stellae ,, stella.
,, l. 6, ,, ut aqua vel aer ,, ut aer.
p. 462, l. 25, ,, ut inferius ,, et inferius.
p. 463, l. 21, ,, e toto ,, a toto.
,, l. 29, ,, operationum ,, operum.
p. 464, l. 12, ,, verum ,, unde.
p. 465, cap. iii., l. 12, *for* rectum ,, acutum.
ib. *for* concavum ,, concavam.

p. 466, l. 8,	*for*	specierum	*read*	superficierum.
p. 468, l. 19,	,,	faciat	,,	faciet.
,, l. 23,	,,	aptatur	,,	aptetur.
p. 469, l. 14,	,,	stat	,,	stet.
,, l. 18,	,,	tantum	,,	tamen.
p. 470, l. 1,	,,	feratur	,,	ferebatur
,, l. 33,	,,	similiter	,,	simul.
,, l. 38,	,,	urinale	,,	uriualis.
p. 471, l. 16,	,,	occurrat	,,	occurrit.
p. 472, cap. iv., l. 7,	*for*	secundum	,,	sciendum.
p. 473, l. 12,	*for*	utrique	,,	utique.
,, l. 18,	,,	fuerit	,,	fuerint.
p. 474, l. 30,	,,	in qua	,,	in quo.
p. 475, l. 15,	,,	pervenient	,,	pervenirent.
p. 476, l. 14,	,,	veniret	,,	venerit.
,, l. 18,	,,	dicunt	,,	dicit.
,, l. 26,	,,	qui exit	,,	quae exit.
,, l. 28,	,,	hic	,,	haec.
,, l. 33,	,,	qui est	,,	quae est.
p. 447, l. 5,	,,	exeuntium	,,	existentium
p. 478, cap. v., l. 8,	*for*	transeunt	,,	transeant.
ib.	*for*	alii	,,	alibi.
p. 479, l. 6,	,,	esset	,,	essent.
,, l. 9,	,,	crystallum	,,	crystallus.
,, l. 26,	,,	partes	,,	partes ejus.
,, l. 29,	,,	quum	,,	quoniam.
,, l. 34,	,,	figuretur	,,	figatur.
p. 480, l. 26,	,,	verum	,,	unde.
p. 482, l. 4 et 12,	,,	directæ	,,	differentia.
,, l. 17,	,,	contingentes	,,	contingens.
,, note (1),	,,	directa communis	,,	differentia communis.
p. 483, l. 16,	,,	lineantur	,,	lineentur.
,, l. 17,	,,	veniunt	,,	veniant.
,, l. 20,	,,	in foramina	,,	a foramine.
,, l. 21,	,,	circumstant	,,	circumstent.
,, l. 26,	,,	continenda	,,	contuenda.
p. 485, l. 5,	,,	uterque	,,	uterque sit
,, l. 26,	,,	anguli	,,	trianguli.
p. 486, l. 9,	,,	qui	,,	quae.
,, l. 12,	,,	æqualitatis	,,	aequalitas.
p. 487, l. 28,	,,	circulo	,,	speculo.
p. 489, l. 1,	,,	quoniam	,,	qui.
p. 490, l. 32,	,,	quantum	,,	quam.

p. 491, l. 1,	*for*	pateat	*read*	patent.
p. 492, l. 10,	,,	proprietate	,,	potestate.
,, l. 28,	,,	aliquantum	,,	aliquantulum.
,, l. 37,	,,	proportioni	,,	portioni.
p. 493, l. 28,	,,	continentur	,,	continenti.
ib.	,,	fracto	,,	frigido.
,, l. 33,	,,	stat	,,	staret.
p. 494, l. 20,	,,	ejus	,,	cujus.
,, cap. ix., l. 3,	*for*	modo	,,	mundo.
p. 495, l. 6,	*for*	duobus	,,	duabus.
,, l. 13,	,,	in umbram	,,	umbra.
p. 496, l. 11,	,,	aliquando	,,	aliquae.
p. 498, l. 29,	,,	veniat	,,	venit.
p. 499, l. 6,	,,	optimum	,,	opportunum.
p. 501, l. 25,	,,	operationem	,,	operationi.
p. 502, l. 5,	,,	multiplicata	,,	multiplicatae.
,, l. 16,	,,	dato	,,	data.
,, l. 20,	,,	quæ cedat	,,	qua cedat.
p. 503, l. 4,	,,	quia de se	,,	quia se.
,, l. 7,	,,	corpora	,,	corpus.
p. 504, l. 22,	,,	proprie	,,	primo.
p. 505, l. 6,	,,	in qua sit	,,	in qua fit.
p. 506, l. 4,	,,	in quo sit	,,	in quo fit.
,, l. 12,	,,	tenebrae	,,	tenebra.
,, l. 17,	,,	possibilis	,,	passibilis.
,,			note (3) to be cancelled.	
p. 508, l. 8,	,,	multipliciter	*read*	multiplex.
,, l. 36,	,,	trinas dimensiones	,,	trinae dimensionis.
p. 509, l. 8,	,,	materia	,,	materiae.
,, l. 17,	,,	naturale	,,	materiale.
p. 510, l. 25,	,,	recepit	,,	recipit.
p. 511, l. 11,	,,	decimo	,,	decimi.
,, l. 30,	,,	naturale	,,	materiale.
p. 512, l. 13,	,,	mixta ab eis	,,	mixta ex eis.
p. 513, l. 26,	,,	manifestando	,,	manifestandae.
p. 514, l. 3,	,,	contrariam	,,	contrarium.
p. 515, l. 8,	,,	relinquit	,,	relinquat.
,, l. 9,	,,	quum	,,	quoniam.
,, l. 23,	,,	in foramine	,,	a foramine.
,, l. 30,	,,	quod tenendum	,,	quid tenendum.
p. 516, l. 15,	,,	quomodocunque	,,	quodcunque.
p. 517, cap. i., l. 9,	*for*	densationem	,,	condensationem.

p. 518, l. 23, 24, propter generationem—in natura wrongly repeated.

p. 518, l. 28,	*for*	debilitatem	*read*	debilitationem.
p. 519, l. 4,	,,	quae	,,	qui.
,, l. 6,	,,	debilitatem	,,	debilitationem.
p. 520, l. 11,	,,	aggregatur	,,	aggregetur.
,, l. 21,	,,	similiter	,,	simul.
p. 521, note (1),	,,	a deorsum in sursum	,,	a sursum in deorsum.
p. 522, l. 13,	,,	natura	,,	materia.
,, l. 19,	,,	infinita	,,	finita.
p. 523, l. 5,	,,	prius	,,	cum prius.
p. 524, l. 8,	,,	pluvia	,,	pluma.
,, l. 18,	,,	conclusioni	,,	quaestioni.
,, l. 23, 28,	,,	e terra	,,	a terra.
p. 525, l. 8, 9,	,,	infinitae	,,	infinita.
p. 526, l. 26,	,,	instante	,,	instanti.
p. 527, l. 13,	,,	in sensum	,,	in secundam.
p. 528, l. 28,	,,	manet	,,	movet.
,, l. 33,	,,	quare agentia	,,	quia agentia.
p. 531, l. 4,	,,	sol	,,	solis.
p. 532, l. 20,	,,	sit uniformitas	,,	fit uniformitas.
,, l. 31,	,,	aggregari	,,	congregari.
,, l. 36,	,,	incidentales	,,	incidentes.
p. 533, l. 34,	,,	primo	,,	secundo.
p. 535, note (2),	1st line,		omit	'which is given by O.'
p. 536, l. 14,	*for*	super lineas	*read*	super lineas alias.
,, l. 15,	,,	fortior	,,	fractio.
,, l. 25,	,,	diversis	,,	ipsis.
,, l. 38,	,,	si *a* sit res	,,	si *ad* sit res.
p. 538, l. 30,	,,	concavum ex alia	,,	concavum ex una parte. et convexum ex alia.
p. 539, cap. iii., l. 23,	*for*	ad quem	,,	ad quod.
p. 540, l. 8,			*omit*	dash after brevioris.
,, l. 22,	*after*	quatuor angulis	*insert*	circumstantibus conum.
,, l. 36, 37,	*for*	simul si	*read*	simul cum hoc si.
p. 541, l. 8,	,,	Et quum	,,	Et quoniam.
,, l. 22,	,,	pyramidis ductae	,,	pyramidis dictae.
p. 543, l. 9,	,,	volumus	,,	voluimus.
p. 544, cap. i., l. 1,	*after*	multiplicatione	*insert*	et actione,
,, l. 6,	*for*	corrumpantur	*read*	corrumpuntur.
p. 545, l. 21,	,,	ipsarum	,,	ipsorum.
,, l. 26,	,,	ita habeat	,,	ita habet.
,, cap. ii., l. 2,	*for*	recedat	,,	species recedat.
p. 546, l. 14,	*for*	calor	,,	talis.
,, l. 29,	,,	sint ejusdem	,,	sunt ejusdem.

p. 547, l. 8,	*for*	quare duo	*read*	quae duo.
p. 548, l. 3, 5, 22,	,,	purum	,,	pure.
,, l. 15,	,,	requiritur	,,	sequitur.
,, l. 37,	,,	ejus productio	,,	sua productio.
p. 549, l. 9,	,,	quia	,,	unde quia.
,, l. 16,	,,	unde arca est res	,,	et hoc est unde est res.
p. 550, l. 20,	,,	debilitatem	,,	debilitatam.
,, l. 26,	,,	multitudinem	,,	multiplicationem.
p. 551, l. 28,	,,	vera	,,	bene.
,, l. 29,	,,	animae	,,	aliqua.
p. 552, l. 1,	,,	debilitatam	,,	debiliter.
,, l. 3,	,,	videtur	,,	vel.
,, l. 4,	,,	et quod exit	,,	est quia existit.
,, l. 5,	,,	debitae	,,	debilem.
ib.	,,	transeunte	,,	transeunte extra.
,, l. 7, 8,	,,	vera ejus substantia	,,	natura ejus specifica.
,, l. 9,	,,	lumen	,,	lunam.
,, l. 13,	,,	durant in sua substantia	,,	differunt in substantia specifica.
,, l. 15,	,,	aeris communis	,,	accidens commune.

ADDITIONAL NOTES.

VOLUME I.

p. xiii. l. 6. They have been] This sentence should begin: They have been collated with and in part recopied from those of a MS., etc. It should be added that fig. 47 is inaccurately drawn.

p. xiv. l. 22. These two MSS.] This should be: The unpublished parts of these two MSS.

p. xv. l. 11. Jul. and Tib. are spoken of in this Supplement as J. and T. Further remarks on these and other MSS. of which use has been made, will be found in the Preface to this volume.

p. xxxiii. l. 1. condemnation in 1277] Doubt has been thrown on the condemnation and imprisonment of Bacon on the ground that no earlier authority can be found for it than that of Antoninus. But the following extract from the Chronica xxiv Generalium Ordinis Minorum (Assisi MS. 329, f. 109a), which I owe to the kindness of M. Paul Sabatier, the discoverer and editor of the earliest life of St. Francis, carries the authority at least a century further back than Antoninus.

Hic Generalis frater Jeronimus de multorum fratrum consilio condempnavit et reprobavit doctrinam Rogerii Bachonis Anglici sacre theologie magistri continentem aliquas novitates suspectas propter quas fuit idem Rogerius carceri condempnatus precipiendo omnibus fratribus ut nullus illam teneret sed ipsam vitaret ut per ordinem reprobatam; super hoc etiam scripsit Domino Pape Nicholao prefato ut per eius auctoritatem doctrina illa periculosa totaliter sopiretur.

Of this *Chronica* M. Sabatier remarks, 'Elle a été composée sûrement dans la première moitié du XIVme siècle (puis continuée jusqu'en 1374). Ce passage sur Roger Bacon (109 *a*) a toutes les allures d' un extrait des Chroniques officielles de l'ordre, tenues sans cesse à jour (mais perdues pour cette époque) et constamment utilisées par le compilateur de la Chron. xxiv. Gen.' Scepticism as to Bacon's imprisonment has no basis but the absence of any complaint from him in the treatise (Compendium Theologiae) written after his release. He was then very old. Whether religion or fear restrained him, we do not know; but either would suffice to explain his silence.

p. xciii. Analysis, chapter ii.] Abelard here printed by mistake for Adelard.

p. xcviii.-ix. chapter xiv.] The chapter marked in the text xviii should follow chapter xiii; chapter xiv should be xv and xvi; and the other chapters should follow; the section ending with chapter xvii. Cf. revised text as printed in this Supplementary volume.

p. ci. Analysis of Part III. last line] add, (6) for conversion of the heathen, (7) resistance to the enemies of Christendom. (Cf. rev. text, pp. 120–5.)

p. 1. Opus Majus] The title *Opus Majus* is not found in the work itself. But as the treatise is continually spoken of by this name in the Opus Tertium it is convenient to preserve it here. The heading here given to *Pars Prima* is from O. In V. there are no rubrics. In J. nearly all of those in Part I. have been destroyed; we see however that the last of the four *distinctiones* began with cap. xii. (rev. text, p. 26). O. numbers the chapters consecutively without reference to distinctiones.

p. 1. (note) epistolae praecedentis] It seems clear that the reference is not to the Pope's letter, but to the *Opus Minus*, or as Bacon frequently calls it *Opus secundum* or *secunda scriptura*, which as we learn from the opening sentences of the Opus Tertium was conveyed to the Pope by the same messenger who was charged with the *Opus Majus*. See O. T. p. 5, in which this work is spoken of as *Introductoria Scriptura*. Further on (O. T. p. 7) a long extract from it is given, in the course of which (O. T. p. 9) it is spoken of as *hac epistola praeeunte*. (See also notes to p. 11. l. 2 and to p. 31.)

p. 2. l. 4. septimo Metaphysicae] Met. vi. cap. 4. § 1, 2.

p. 2. l. 7. Seneca] De Benef. vii. 1; and Natur. Quaest. vii. 32.

p. 2. l. 8. in Hortensio] Acad. Prior. ii. 3, 7.

p. 2. l. 12. secundo Metaphysicae] Met. lib. i. (minor) cap. 1 § 2.

p. 2. l. 14. Avicenna] Gundisalvi's translation of Avicenna's Metaphysics, made at Toledo in the 12th century, was printed at Venice in 1498. The passage cited will be found lib. ix. cap. 7.

p. 4. cap. ii. l. 6. libro secundo epistolarum] O. has secundo; V. and J. rightly secundarum. The ref. is to the 123rd letter (lib. xx. Ep. vi. ed. Haase). The quotation is slightly condensed.

p. 6. l. 4. in periculum ducit] This passage is corrected in the revised text. O. V. and J. all have crudelitate, but Adelard wrote credulitate.

p. 6. l. 5. aeternitate Dei] Thus O.; but V. and J. have aeternitate mundi. The reference is probably to the work on this subject of Joannes Grammaticus Philoponus, an Alexandrian writer of the 7th century. In the Latin translation of it by Jean Mahot (Lyons 1557) there is a passage (lib. vii. cap. 2) which is perhaps the one here meant.

p. 6. l. 8. Consuetudo est] The passage will be found as indicated in the Venice edition of 1495 of Averroes' Commentary. In the edition of 1552 it has been shifted from the second book of the Physics into the first.

p. 6. l. 15. opposita principiorum] See Averr. Comm. Met. lib. ii., near the end.

p. 6. l. 18. Jerome's words are, Quae (veritas) et suorum paucitate contenta est et multitudine hostium non terretur.

p. 7. l. 7. quarto Ethicorum] Eth. iv. cap. 1 § 20.

note (1). Add; cf. Boetius De Arithmetica lib. i. cap. 20. De generatione numeri perfecti.

p. 9. l. 7. libro problematum] Sectio xxviii. 1.

p. 9. l. 8. 10mo Ethicorum] Eth. x. 9 § 5.

p. 9. l. 11. Et Sallustius] Bell. Jugurth. cap. 90.

p. 9. l. 15. multitudo semel mota] M. Ann. Sen. Excerpt. Controv. lib. iii. Controv. 8.

p. 10. note (2), primo libro Topicorum] Top. lib. i. cap. 1 § 7 (not cap. 2 as in text).

p. 11. l. 2. in omnem eventum] Here V. adds, ut suo loco magis explicabitur. In place of these words, J. has, ut in epistola praeeunte notavi. Cf. Dr. Gasquet's 'Unpublished fragment' (Eng. Hist. Review, July 1897, pp. 497–8. The passage here referred to is on p. 505).

p. 11. l. 13. secundo Topicorum] Top. lib. ii. cap. 2 § 5.

p. 12. l. 6. de copia verborum] From the collection of Seneca's aphorisms usually called De Moralibus (No. 23 ed. Haase). Seneca has dimiserit for deriserit.

p. 12. l. 11. Augustinus praecipit] De baptismo contra Donatistas iii. cap. 8.

p. 12. l. 29. regratiatur] Met. i. cap. 3 § 1, 2.

p. 13. Addition to note (1). Here, as in other references to the Nat. Quaest. of Seneca, it appears that in Bacon's copy the books were not arranged as in the text now received.

p. 13. cap. vi. l. 6. secundo Ethicorum] Eth. ii. 6 § 14.

p. 13. l. 24. dicit in prologo] This should be dicit Priscianus. The word is omitted in O. and illegibly written in J. but clear enough in V. In Proem. vol. maj. Priscian speaks of the mistake made by Latin grammarians in imitating the faults of the older of their Greek predecessors, neglecting the younger and more vigorous.

p. 14. l. 6. nimis inexpressam] Cf. De Caelo i. 10. The reading is that of O. V. has virtus expressam, which is unintelligible. In J. the words are destroyed.

p. 14. l. 7. quadraturam circuli] Met. i. 2 § 12. Aristotle died thirty-five years before the birth of Archimedes, who dealt with the problem conclusively.

p. 14. l. 23. omne peccatum] In the 7th chapter of the ninth book of his Metaphysics, Avicenna maintains that the soul after death will gradually become purified from sin: ex quo sequitur ut poena quæ debetur huic non sit perennis sed removeatur et deleatur paulatim, quousque purificata anima perveniat ad felicitatem sibi propriam.

p. 15. l. 21. quamvis auctoritatis] Lib. Hebraic. Quaest. in Genesim (vol. iii. col. 998–9 ed. Migne).

p. 16. l. 6. se magis velle] Eth. i. 6 § 1.

p. 16. l. 11. Boetius] De disciplina Scholarium cap. 5. This quotation is omitted in V. but given by J. and O.

p. 16. l. 24. de Trinitate] Aug. vol. viii. col. 869 (ed. Migne). Augustine's words are: In istis [meis litteris] quod certum non habebas nisi certum intellexeris noli firmiter retinere.

p. 18. l. 21. cum omnis homo] Eth. iv. 1 § 20.

p. 18. l. 23. nemo sibi soli] Senec. Ep. 94 (lib. xv. Ep. 2, § 54 ed. Haase) secundo should be secundarum, as on p. 4. Seneca has dementiam: changed by J. V. and O. to sententiam.

p. 19. l. 3. Nata enim nobis] Nat. Auscult. i. 1 § 2.

p. 19. l. 32. post mortem famosi] The story is told by Johannes Diaconus in the life of Gregory commonly prefixed to his works (vol. i. col. 221–2, ed. Migne).

Johannes Diaconus lived late in the 9th century. There is no contemporary authority for the statement.

p. 20. l. 21. Parisius] The text should be, Parisius diu fuit contradictum naturali philosophiae et metaphysicae Aristotelis per Avicennam et Averroem expositis. The decree of the Council of Paris on this subject will be found in Jourdain, pp. 189–90. It enacted that the body of Amaury of Rennes should be disinterred and thrown into unconsecrated ground: that a long list of clergymen should be degraded, imprisoned, or handed over to the secular arm; that the works of David of Dinant should be burnt; nec libri Aristotelis de naturali philosophia nec commenta legantur Parisius publico vel secreto. In 1215 Robert de Courçon, papal legate, renewed the prohibition, expressly including the Metaphysics. In 1231 a bull of Gregory IX. modified this decision. The prohibited books were not to be used 'quousque examinati fuerint et ab omni errorum suspicione purgati.'

p. 21. l. 7. infructuosa] J. and O., infrunita: V., infinita.

p. 21. l. 13. ut prius] p. 2.

p. 22. l. 22. et ipse] After singulis eorum V. has quorum quatuor, which is unintelligible. The reading in the text is that of O. In J. the passage is destroyed. What Bacon seems to have meant is, 'He is a match for all of them in some things: in some points more than a match.'

p. 24. l. 5. omnis sapientis] Here V. supplies words (see revised text, p. 25) which are not very intelligible. In J. they are nearly erased.

p. 24. l. 11. verisimile non esset] Here V. adds et sententiandis ignorantia foedaretur. J. is imperfect, but ignorantia foedaret can be deciphered. Sententiam should probably be supplied.

p. 24. l. 12. de virtutibus] Cf. Sen. De remediis fortuitorum, cap. 7.

p. 24. l. 19. Capitulum xii.] Here J. has the following rubric, the first that has been preserved: Distinctio quarta in qua ostenduntur causae quare sancti et primitiva ecclesia non habuerunt usum scientiarum magnarum quae tunc (*sic*) locum non habent modo ut vitemus artium sapientialium magnalia licet vulgus hoc faciat allegans quod sancti doctores et ecclesia primitiva his non utebantur. The substitution of tamen for tunc would make this intelligible. Cf. rev. text, p. 26.

p. 25. l. 32. cum enim Hieronymus] For this correspondence see Aug. vol. ii. (ed. Migne) Ep. lxvii., lxviii. and lxxiii.

p. 26. cap. xiii. l. 19. De Civitate Dei] lib. viii. cap. 12.

p. 27. l. 6. declinassent] Note the passage here supplied by V. (rev. text, pp. 28, 29), in which Bacon's disregard for formal logic is illustrated. (Cf. vol. ii. p. 81, and O. T. cap. 28.)

p. 27. l. 32. Boetius] V. has (revised text, p. 29) for pauca de aliis, pauca Naturalia et aliquid de metaphysicalibus. Boethius is stated in a letter written to him by Theodoric, preserved in Cassiodorus, to have translated many Greek scientific works, notably those of Euclid, Archimedes and Ptolemy. Among the authors mentioned in this letter is Aristoteles *logicus*. Of Aristotle's Physics and Metaphysics there is no mention; and certainly nothing was known of Aristotle in Christian Europe during the 11th and 12th centuries, except the aliqua logicalia of which Bacon speaks. The pauca naturalia et aliquid de metaphysicalibus may possibly be attributed to a Dominican who bore the name of Boetius. (See Jourdain pp. 52–58.)

p. 28. l. 3. de doctrina Christiana] lib. ii. cap. xi.

p. 28. l. 6. per Ambrosium] Ep. ad Coloss. cap. ii. v. 8, 9.

p. 28. l. 8. per Rabanum] Rabanus, a pupil of Alcuin, became in 817 abbot of Fulda, d. 856. What work is here referred to is uncertain. But cf. De Clericorum institutione lib. iii. cap. 16–26.

p. 29. l. 5. in fine Ethicorum] Eth. x. 9 § 22.

p. 30. l. 29. Magister] This should be Magistri; viz., Petrus Lombardus and Petrus Comestor. See note vol. i. p. 194.

p. 31. l. 4. duos libros logicae] That is, the theoretical parts of Rhetoric and Poetic. See O. T. cap. lxxv., also p. 71 and pp. 100–102 of vol. i. of this work.

p. 31. Capitulum xvi.] This chapter is omitted by J. and V. It is contained however in a tract by Bacon found by Dr. Gasquet in the same volume as V. (Vat. 4086, ff. 75–82), and published by him in the Engl. Historical Review (July 1897). Dr. Gasquet, while at first of opinion that this tract was a fragment of the Opus Minus, arrived finally at the opinion that it was an independent summary or introduction written expressly for the Opus Majus, and distinct alike from the Opus Minus and the Opus Tertium.

I cannot but think that the first of those views is the better founded. That the Opus Majus was accompanied by an *epistola praecedens* is certain. But Bacon's words in the beginning of Opus Tertium seem to show that the whole of the Opus Minus or Opus Secundum (two titles repeatedly used in the Opus Tertium as identical) was regarded by him as forming this preliminary letter. After a brief reference to Opus Majus, he speaks (O. T. p. 5) of the necessity of an opuscule which should indicate the general purport of the principal work. Velut introductoriam volui secundam parare scripturam. On p. 7 (of O. T.) he goes on to say, Primo igitur *in Opere secundo* . . . . . sub his verbis incepi perorare, Cum tantae reverentiae dignitas etc. What follows in O. T., quoted from Opus Secundum or Minus, is almost identical for nearly six pages with the opening part of Dr. Gasquet's fragment. It seems therefore that in any edition of Bacon's complete works this tract should take its place as an addition or rather prefix to the fragment of the Opus Minus edited by Brewer. The Opus Minus is expressly designated by Bacon himself, in the citation from it given in O. T., as *epistola praeeuns*. In hac epistola praeeunte philosophorum sententias securius allegabo (O. T. p. 9).

In any case the fragment discovered by Dr. Gasquet is of great interest. And though nearly all that it contains has been repeated in the Opus Tertium, there is a sentence in it which throws a new light on Bacon's method of composition, and which may help to explain many of the perplexities which confront his editors. *Sentiens meam imbecillitatem nihil scribo difficile quod non transeat usque ad quartum vel quintum exemplar antequam habeo quod intendo.* V. and J. represent perhaps two of these preliminary drafts; J. differing materially from V., and containing much (*e.g.*, pp. 120–5 of rev. text) that V. omits. There are grounds for thinking that O., with all its imperfections and omissions, was copied from a more finished draft than either J. or V.; and this may perhaps account for the transposition of chapter xvi., which in any case fits the place assigned to it in the text.

p. 33. Pars secunda] The heading in the text is that of O. In the margin V.

has secunda distinctio. In J. fol. 83, on which this part began, is nearly destroyed. See rev. text, p. 36.

p. 33. l. 7. virtutem] quarum has been omitted before virtutem.

p. 33. l. 8. una tamen] This should be as in V., aut melius una est tantum.

p. 34. ll. 3, 4. si verum est] De doctr. Christiana, ii. 42. Neither in O. nor in V. is the passage correctly quoted. Augustine wrote, quicquid homo extra didicerit, si noxium est, ibi damnatur ; si utile est, ibi invenitur.

p. 34. l. 8. ad Colossenses] col. 427 of Ambrose's Commentary on this Epistle (ed. Migne). The quotation is very freely condensed from the original.

From this point onwards throughout part ii. the omissions in O., as compared with V., and, where possible, with J., become frequent and copious, as will be seen by reference to the revised text (hereafter noted as r. t.).

p. 34. Cap. ii.] Rubric preserved in J. : Capitulum secundum in quo ostenditur propositum descendendo ad jus canonicum. Cf. r. t. p. 37.

p. 34. l. 24. non possumus dicere theologiam] This reading of O. is unintelligible. J. is wholly wanting. In V. we have, non possumus dicere non theologiam et scientiam juris canonici et philosophiam. If *esse* be supplied after *theologiam*, the sense becomes more clear. The three are inseparable parts of one whole.

p. 35. Cap. iii.] Here the rubric is preserved in J. Capitulum tertium in quo ostenditur propositum descendendo ad philosophiam ; et hoc per Sententias beati Augustini principaliter. V. in this chapter has twice the number of words that are in O. ; and the excess continues, though not in the same proportion, throughout this part. It will be noted however that O. loses little of the meaning : and as Bacon frequently tells us how he detested *horribilis prolixitas*, it is not impossible that at least part of this condensation may have taken place by his orders, in his final draft. (Cf. r. t. p. 39.)

p. 36. l. 7. sicut Aegyptii] August., de Doct. Christ., lib. ii. cap. 28.

p. 36. l. 22. artium autem ceterarum] Ibid. cap. 25. Cf. also cap. 39, 40.

p. 36. l. 35. dicit Cassiodorus] Cf. p. 177, where this quotation is repeated. For an account of Cassiodorus' (or Cassiodorius') encyclopedic work, *De artibus ac disciplinis liberalium literarum*, see Cantor, vol. i. pp. 481–4. See Migne, vol. 70, col. 1203–4.

p. 37. l. 12. si scripturas] See Jerome's Ep. lxx. (sometimes numbered lxxxiv.) addressed, Ad magnum oratorem urbis Romae. The quotation is given at much greater length in V. and J. than in O.

p. 37. l. 21. Solomonem] Beda, de templo Salomonis, cap. 2.

p. 38. l. 15. impotens] This should be, in potentia.

p. 39. l. 32. soli Deo] Note the passage inserted from V. in r. t. p. 46.

p. 39. l. 35. et doctrinam] Here O. omits a yet longer passage, in which the view that the intellectus agens is not pars animae is reinforced. The passage is not transcribed correctly in V., and is erased in J. But the meaning is fairly clear, if in the sentence beginning *Nam si una pars ejus*, *quod* be omitted before *forma corporis*, *differentia* or *diffinitio* be substituted for *differre*, and *pro actu* for *per actum*.

p. 40. l. 5. declarant] Here O. omits a long and interesting passage, including the reference to William of Auvergne, Grosseteste and Adam Marsh, given in O. T., cap. 23. In V. most of this is given; omitting however Adam's keen rejoinder to captious questioners. Quando per tentationem et derisionem aliqui Minores praesumptuosi quaesiverunt a fratre Adam, Quid est intellectus agens? respondit, Corvus Eliae: volens per hoc dicere quod fuit Deus vel angelus. Sed noluit exprimere, quia tentando et non propter sapientiam quaesiverunt.

p. 40. l. 11. istud est falsum] (Addition to note 1.) Nevertheless, neither of the above errors is to be found in the Latin version of Aristotle printed with Averroes' Commentary in Venice, 1495. This edition includes the Physics, De Caelo, De Anima, and Meteorologica. Of the first three, two versions of Aristotle are given. One of these is made directly from the Greek, and corresponds to the extracts numbered vii., x., xix. in Jourdain (pp. 405-18). The other version is from the Arabic, corresponding to extracts v. and viii. of Jourdain. Of the Meteorologica, only the Greco-Latin version is given. This is probably that made by William of Moerbeka for Thomas Aquinas. In this version Aristotle's remark about the lunar rainbow is correctly translated: In annis quinquaginta bis comperimus solum. In the passage from de Caelo of which Bacon speaks, both the Greco-Latin and the Arabico-Latin version are substantially accurate. The version used by Albertus Magnus was also Arabico-Latin, but by another translator, perhaps Michael Scotus. If we refer to his Commentary on the Meteorologica, we shall find the error which Bacon denounces; and it will be seen that Albert had also rejected it. Albert observes, Dicit enim (Aristoteles) quod non videtur iris lunae in quinquaginta annis nisi bis. But trustworthy observers, he says, had seen it twice in the same year. He himself had seen a lunar rainbow when the moon was in the south and not quite full. He adds, Puto ego quod istud Aristoteles recitaverit ex opinionibus aliorum, et non ex veritate demonstrationis vel experimenti. Vincent of Beauvais and Bartholomew, the two principal encylopedists of the 13th century, perpetuate the error without the correction. (See Albert., Meteor., lib. iii. Tract. 4. cap. 11 ed. Borgnet, 1891; Bartholom., De Proprietatibus, lib. xi. cap. 5, and Vincent. Belluac. Speculum Naturale, lib. iv. cap. 79). In O. T. cap. 23 Bacon admits the existence of other translations: aliae translationes habent aliter. (Cf. r. t. p. 47.)

p. 40. l. 20. secundo Physicorum] Nat. Auscult., lib. ii. cap. 1.

p. 41. l. 10. soli Deo] Cf. Aug. in Joannis Evang., tractat. 23.

p. 41. Cap. vi. l. 8. Philosophia quid est] Tusc. disp., i. 26.

p. 41. Cap. vi. l. 12. Socrates] De Civ. Dei, viii. 3.

p. 43. Cap. viii. l. 24. ignorasse] O. omits here a reference to Averroes' criticism of Avicenna, who had attacked the explanation of the rainbow put forward by the Peripatetics, while, as Averroes says, knowing nothing of the matter himself. (See Averroes' Comm., f. 379 b and c, Venice, 1495.) See r. t. p. 52.

p. 43. Cap. viii. l. 26. imponit necessitatem] Nat. Auscult., ii. 3 § 3.

p. 44. cap. ix. Distinctio finalis] The reference to 'the MSS.' is to D. and O. only. In J. this, as well as all previous notices of *distinctiones* in Part ii., is destroyed. Further on, however, p. 56, the chapter beginning Ex his sequitur is marked in J. as tertia distinctio; (wrongly printed in the text as quarta).

p. 45. l. 26. Josephus] Antiq. Jud., i. 3 § 9. The second reference is to viii. 2 § 5.

p. 46. l. 8. partem] Error for principium. See Averroes (Venice, 1495), f. 166 b.

p. 46. l. 14. V. supplies the hiatus indicated in the note: qui philosophi vocabantur.

p. 46. l. 17. primi philosophantes] Cf. Metaph., i. 1 § 11 and xiii. 4 § 4.

p. 46. l. 29. artes magicas] De Civ. Dei, xxi. 14.

p. 46. l. 32. speculum historiale] Part of the *Speculum quadruplex* of Vincent of Beauvais: the other sections being, *doctrinale, naturale, and morale.* Vincent died 1256.

p. 47. ll. 4,9, 20. filia Machi] It is regrettable that Jebb's mistake of writing Machus for Inachus should have been repeated in the text.

p. 47. l. 14. Isidorus] Etymol., lib. viii. 11 § 74. Cf. note on p. 178. The Etymologiae (otherwise called *Origines*) occupy col. 9–728 of Migne's 82nd volume.

p. 47. l. 23. Solinus] See note on p. 143. Cf. p. 52 B. of ed. of 1554.

p. 48. l. 11. tertio libro] Etymol. lib. iii. 25 § 1.

p. 48. l. 13. quinto libro] Etymol. v. 38 § 9.

p. 48. l. 21. philosophus Aegypti] De Civ. Dei, viii. 23. This chapter contains a long quotation from Apuleius' translation of the dialogue Hermetis Aesculapio.

p. 49. Cap. x. l. 4. juniori] Erratum for minore. Cf. Beda, De Temporibus, cap. 19. This was the earlier, the shorter, and the more elementary of his two chronological works. The second and in every way more important work is De Temporum Ratione.

p. 49. l. 15. celebrantur] De Civ. Dei, xviii. 13 (the footnote here refers not to the Cottonian MS. but to Jebb's ed.).

p. 49. l. 25. ut Solinus scribit] p. 7 B (ed. citat).

p. 50. l. 1. filius Latonae] De Civ. Dei, xviii. 13. Cf. Isid., Etymol. iv. 4.

p. 50. l. 3. Hieronymus] Epist. 53. Jerome is speaking here not of Apollo, but of Apollonius.

p. 50. l. 13. Nicostrates] Sic O. and V. It should be Nicostrate.

p. 50. l. 24. multi auctores] De Civ. Dei, xviii. 23.

p. 50. l. 33. Abdon] V. Jabdon. J. gives the right reading Labdon. Cf. De Civ. Dei, xviii. 19.

p. 51. l. 4. Thales] De Civ. Dei, xviii. 24.

p. 51. Cap. xi. l. 24. Tullium] Tusc. Disp. i. 16.

p. 52. l. 3. Tarquinius] Bede, de temp. ratione, vol. i. col. 537 (Migne).

p. 52. l. 10. Syro] sic V. O. has Ciro. Syrio is apparently meant.

p. 52. l. 13. Isidorus] Etymol. i. 42.

p. 53. l. 7. secundum Isidorum] Etymol. viii. 6.

p. 53. l. 21. sub Sogdiano] De Temp. rat. col. 539–40 (Migne).

p. 53. l. 32. contra Rufinum] Jerome vol. ii. col. 486–7 (Migne).

p. 54. l. 6. scribit Tullius] De finibus v. 29.

p. 54. Cap. xiii. l. 6. auditor Platonis] Bede vol. i. col. 539–40 (Migne).

p. 54. ,, l. 10. libro Censorini] De die natali cap. 14.

p. 55. l. 4. Plinius narrat] Nat. Hist. viii. 16. Cf. Comp. Studii (Brewer) p. 473.

p. 55. l. 26. Michael Scoti] For an account of Scotus' life and work, see Jourdain pp. 124–134. Bacon's expression, apparuit deferens partes aliquas etc., is curious. In Compend. Studii (Brewer p. 472), Bacon says that though Michael claimed these translations as his own, they were really made by a Jew named Andrew. In any case some of them, perhaps all, were very bad Albertus Magnus confirms Bacon's unfavourable judgment. In his Comment. on Arist. Meteor. he says, (lib. iii. tract iv. cap. 26) Michael Scotus . . . in rei veritate nescivit naturas, nec bene intellexit libros Aristotelis. Cf. vol. ii. p. 85 (*note*). Whether Scotus deserved the place allotted to him by Dante is another question.

p. 56. l. 8. assephae] Kitab alchéfâ, according to Jourdain's transliteration (p. 388).

p. 56. cap. xiv. It will be seen that in the revised text the last chapter of Part ii. (cap. xviii.) is here inserted. (p. 67, r. t.). Further, the present chapter is divided into two; the division taking place (p. 58 l. 11) Et similiter etc. The present chapter, therefore, becomes cap. xv. and cap. xvi.; cap. xv. becomes cap. xvii.; cap. xvi. cap. xviii.; cap. xvii., which ends part ii., becomes cap. xix.

p. 57. l. 10. Boetius] De disciplina scholarium cap. v.

p. 57. l. 22. nam ut in Moralibus] Much of this paragraph is repeated in the first division of Part vii. Cf. vol. ii. pp. 228–30. In the Metaphysics of Avicenna, especially in the ninth and tenth books, much is said of future rewards and punishments, and of other doctrines here mentioned. The final chapter of lib. x. is headed De eligendo successore et de summo sacerdote et de artibus et moribus. Of such a man, when endowed with intellectual and moral virtue, he says, fortasse fiet deus humanus quem licet adorare post Deum, quia ipse rex terreni mundi est et est vicarius Dei in illo. (See however note 2 on p. 228, and note 2 on p. 230 of vol. ii.) This version of Avicenna's Metaphysics, Venice 1498, is described in the colophon as *optime castigata* by two theologians; who were perhaps inclined to strain his language into accordance with Christian doctrine.

p. 58. l. 13. In testamento Patriarcharum] Matthew Paris (ad. ann. 1252) mentions the discovery of this work at Athens by John of Basingstoke, and its translation from the Greek by Grosseteste. (*Et* should be supplied in the text after Patriarcharum.) See Migne Patrol. Graeca, vol. xi. col. 1026–1159.

p. 58. l. 26. multum fundatur] De Civ. Dei, xviii. 38. Cf. xv. 23. The reference is wrongly given both in O. and V.

p. 59. l. 1. recitat verba Esaiae] Avicenn. Metaph. x. 2.

p. 60. l. 5. imputato] erratum for impurato.

p. 60. l. 13. metrice] See 8th book of Sibylline poems (ed. Aloisius Rzach Prague, 1891). As St. Augustine explains (De Civ. Dei, xviii. 23), the initial letters of the Greek lines, when fully written, form the words 'Ιησοῦς Χρειστὸς Θεοῦ υἱὸς σωτὴρ, condensed, by again taking the initial letters, into the word ἰχθὺς; in quo nomine mystice intelligitur Christus, eo quod in hujus mortalitatis abysso velut in aquarum profunditate vivus, hoc est sine peccato, esse potuerit. St. Augustine gives an avowedly faulty rendering of the Greek verses into Latin. And, moreover, the version is here quoted by Bacon in a mutilated form destroying the acrostich.

p. 62. cap. xvii.] In the revised text this chapter is cap. xix., and closes Part ii. (p 76, r. t.)

p. 62. Cap. xvii. l. 3. eis quae sunt ad finem] Nat. Auscult. ii. 8.

p. 64. cap. xviii.] This in the revised text is cap. xiv.

p. 65. l. 4. primo antiquitatum] Antiq. Jud. i. 3 § 9.

p. 65. l. 15. per fecit omnino] Antiq. Jud. viii. 2 § 5.

p. 66. note 1] The expression 'all the MSS.' is true only of O., and of those primarily or secondarily derived from it. (D. and the copy of D. in the Gale MS. of Trin. Coll. Camb.) V. omits all headings. J. divides this section into three distinctions. The first has five chapters: the second, beginning on p. 81. l. 27, has six; the third (p. 92. l. 5) has four. (Cf. r. t. pp. 80, 101, 115.) With the whole of this section should be compared pp. 331–359 of O. Min.; cap. lx.–lxiii. of O. T.; and Compendium Studii, cap. vi.–xii.; all in Brewer's ed. of Opera Inedita.

p. 67. l. 4. Si ad verbum] Jerome Ep. lvii. (ad Pammachium). The quotation ends (l. 9) with vix loquentem.

p. 67. l. 23. libro vegetabilium] I. 17. ed. Meyer (Lips. 1841). The treatise περὶ φυτῶν (quoted vol. i. p. 133 and vol. ii. p. 234) is a Renascence translation into Greek of the Latin version made by Alfredus from the Arabic. Nicolaus Damascenus was the author: Isaac ben Honain the Arabic translator.

p. 69. l. 17. Spuria vitulamina] De Doct. Christ. ii. 12.

p. 69. l. 22. Nam quod] Jerome, Comment. in Isaiam, cap. 19.

p. 69. l. 23. saginali] Err. of O. for originali.

p. 69. l. 34. adveniens formidat initium] This reading of O. should be changed to advenientem formidat inimicum (V. and J.). Cf. p. 83 of r. t.

p. 70. l. 3. Quarta causa] cap. ii. (of first Distinct.) in J., cap. ii. V.

p. 73. l. 9. Quinta ratio] cap. iii. J. and V.

p. 73. l. 25. prologo Danielis] Jerome's prologue to his Comment. on Daniel does not contain any allusion to Chaldaean. But cf. Comment. on Dan. iv. 3.

p. 74. l. 4. caelis] After caelis supply the words (omitted in O. but supplied in V. and J.) dicit Hebraeus, Samaim, Chaldaeus Samaa.

p. 74. l. 25. non solum in primo] Primo wrongly printed for principio.

p. 74. l. 14. et seq.] The following points need notice. In V. and J. the Hebrew letters are in the upper line, the Roman letters in the lowest line. Two forms of *mem* are given, spoken of as *uverte* and *close*. Two forms of *nun* and of *tzadik*, called respectively *torte* and *dreite*. Two forms of *pe*. Further, *tzadik* precedes *pe*. (See p. 90, r. t.)

p. 75. l. 22. dabo] Here follows a passage written in Hebrew, and again in Chaldaean. But in J. it was so inaccurately transcribed that it was omitted from the printed text. In the revised text an exact copy of V. has been given, as will be seen in the facsimiles from ff. 15, 16 of V. contained in this volume. Dr. S. A. Hirsch, in his important article in the *Jewish Quarterly Review* for October 1899, "Early English Hebraists: Roger Bacon and his predecessors," has referred at length to this passage, and to that given in p. 83 (p. 103 of r. t.). I am indebted to his kindness for the following note: "The vocalization in the Hebrew quotations is altogether faulty. It appears that the writer inserted the points, not from a written copy, but in accordance with the sounds the transliteration attributed to them. Hence ַ for ָ, the transliteration of either being *a*; ֵ for ֶ, transliteration: *e*; שׁ for שׂ, transliteration: s," etc.

p. 76. l. 20. obviaret] This should be obviavit, to be followed in the next line by dixit (distaret is inserted by mistake).

p. 77. l. 16. Sexta ratio] This is the beginning of Cap. iv. in J. and V. It should be compared with Op. Minus pp. 334–349.

p. 77. l. 30. contra Faustum] xi. cap. 2. The quotation is freely condensed from the original.

p. 78. l. 11. ad Frecellam] Jerome Ep. 106 (Migne).

p. 78. l. 15. ad Damascenum] Sic O.; but Damasum (V. J.) is meant.

p. 78. l. 30. fecerunt statuta] In Chartularium Universitatis Parisiensis (Denifle et Chatelain 1889), there is a record of a chapter of Dominicans held in Paris in 1236, which made the following order: Volumus et mandamus ut secundum correctionem quam faciunt fratres quibus hoc injungitur in provincia Franciae aliae bibliae ordinis corrigantur et punctentur. Another Dominican chapter held in 1256 ordered as follows: Item correctionem bibliothecae (err. for bibliae) Senonensem non approbamus; nec volumus quod illi correctioni fratres aliquatenus innitantur. There was another Correctio Parisiensis Cardinalis Hugonis: and yet another of the Dominicans.

p. 79. l. 6. ad Paulinum] Ep. 53, which contains brief remarks on each book of the Bible. The prologue to Jerome's commentary on Ecclesiastes is addressed to Paula and Eustochium; that to the commentary on Jeremiah to Eusebius.

p. 79. l. 23. quod generaliter] Isidorus de ecclesiasticis officiis i. 12 § 8.

p. 79. l. 36. negationem] The lacuna here indicated is filled up in revised text (p. 98).

p. 80. l. 11. viginti] Jerome's version and comment is: et vendiderunt Joseph Ismaelitis viginti aureis. Pro *aureis* in Hebraeo *argenteis* habet. Neque enim viliori metallo Dominus venumdari debuit quam Joseph.

p. 80. l. 12. In Psalterio] Jerome Breviar. ad Psalmos. vii. 949 (Migne).

p. 80. l. 34. hares] Jerome iv. 237 (Migne) cf. iv. 287.

p. 81. l. 3. Ananeel] Jerome iv. 886.

p. 81. l. 5. in Hebraeo] In revised text here follows a paragraph, omitted by O., as to errors connected with mode of writing diphthongs. Note the expression, moderni non scribunt per diphthongum (p. 100, r. t.).

p. 81. l. 16. horam] J. has horam, instead of horan. The error is repeated in the next line, not in J., but in the printed text.

p. 81. l. 28. Septima ratio] Here begins in J. the second *distinctio.*

p. 82. l. 9–13. This quotation from Jerome is wrongly transcribed, as the revised text will show. See Jerome iii. 988–9 (Migne).

p. 83. l. 3. Et hoc] This, with the accompanying Hebrew passage, should be placed 18 lines lower down. See revised text (p. 103).

p. 85. l. 6. *inimicum*] This should be *pellem.* Jerome Ep. lxxvii. (Mansio 34).

p. 86. l. 19. probarentur] Praeberentur is the right reading.

p. 86. l. 31. Hebraea enim est] Hebr. Quaest. in Gen. xvii. 15. Saepius wrongly printed for Servius.

p. 87. l. 4. Hugo] Read Hugutio.

p. 87. l. 13. Assueti] Distinct. ii. cap. 3 in J.

p. 87. l. 32. coelum] In the printed text the conventional spelling coelum was adopted. Bacon of course wrote *celum*; cf. p. 81 (note) moderni non scribunt per diphthongum. But he believed *ae* to be the right diphthong.

p. 88. l. 8. alius modus] Cap. 4 of Distinct. ii. in J.

p. 88. l. 37. Rabanus] No commentary on the Acts by Rabanus is contained in Migne's collection, or in the Cologne edition of 1627. He is known, however, to have written one.

p. 89. l. 1. Beda] Super Act. Apost. ad cap. xviii.

p. 89. l. 17. Tertius] Cap. 5 of Dist. ii. in J.

p. 89. l. 35. Servius] Comm. Aeneid. xii. 764.

p. 90. l. 18. sicut malum] Beda, Cant. canticorum cap. ii. 3.

p. 90. l. 20. amygdalum] Eccl. xii. 5.

p. 91. l. 8, 9. Juvenalis] Sat. vii. 136; vi. 155.

p. 91. l. 15. Horatii] Serm. ii. 3, l. 155.

p. 91. l. 33. Statius] The verse is of a later unknown author: perhaps Valgius.

p. 91. l. 35. Macer] De virtutibus herbarum lib. 1 (De ruta). The next line continues Matricis subjecta tepens fugat.

p. 92. l. 5. cum jam manifestavi] Here J. has: Distinctio tertia; habens quatuor capitula. Cf. O. T. cap. 26.

p. 92. l. 24. Hieronymus] Ep. 26 ad Marcellam.

p. 92. l. 28. ad Damasum] Ep. 20. '*Osi* ergo *salvifica* interpretatur; *anna* interjectio deprecantis est.

p. 93. l. 2. veracem et intellectum] Err. for veracem et devotum.

p. 93. l. 4. mirum] Err. for Syrum.

p. 93. l. 7. interpretationibus] Jerome, liber de nominibus Hebraeis (de Matthaeo).

p. 93. l. 10. de moribus] Err. for demonibus.

p. 94. l. 21. episemon] The symbol used in Greek numeration for 6, and which is a debased form of digamma, ought to follow here, as Prof. Bywater has suggested. Perhaps the first letter of scopita was inserted by mistake for that symbol, leaving copita to represent koppa, the symbol for 90. The explanation of caractira given on p. 117 of r. t. was suggested by Mr. Herbert. On l. 26 V. leaves a blank space for the three symbols: J. omits the first, writes the second imperfectly, like the medieval form of 5; but gives sanpi with fair correctness.

p. 95. l. 17. senibus] Err. for sensibus.

p. 95. l. 18. Graeci] Err. for Hebraei.

p. 95. l. 34. admirari] The words qualiter fuit haec consideratio excogitata should follow here.

p. 95. l. 37. munera] Err. for minora.

p. 96. l. 9. Quinto] Err. for secundo. Here the 2nd chapter of the third Distinction begins. It had, as we see, from note to p. 92. l. 5, four chapters.

p. 96. l. 16. sufficiunt] With this word J. and V. come to a stop. They proceed with a new paragraph beginning Sunt autem alii modi quamplures ab his tribus nunc factis in quibus singulis erratur vocabulis quae non cadunt sub numero de facili. Et propter damnum scientiale vilissima est haec ignorantia, cum sit eorum quae pueri debent scire. Nam grammaticalia sunt, atque aggravatur vilitas quod nos utimur eis quae nescimus; nam loquimur quae ignoramus et scribimus, nec intelligimus quid faciamus. Cum enim Latini scribunt hoc nomen $\overline{\text{XPC}}$ aestimant cum asinina stultitia quod literas scribunt Latinas, cum tamen sint Graecae et nulla Latina. Similiter in hoc nomine $\overline{\text{IHC}}$; nam Graecae sunt omnes nisi quod prima est communis Graeco et Latino, sed Latini a principio non scripserunt illam primam nisi quia Graeca fuit sicut caeterae. There follows a condensed repetition of the remarks on numerical symbols on p. 94; and the passage ends, Similiter legimus et psallimus per totam Ecclesiam quotidie quae non intelligimus praesentialiter, ut allelu et ia, et Osanna Sabaoth, et sic de multis quae sunt verba devotissima, in quibus devotionem eis debitam non possumus habere postquam non intelligimus quae dicimus.

Then follows the paragraph which in the revised text I have placed as the conclusion of Part iii.

I have shown in the Preface to this volume, and in r. t. (pp. 120–125) that the words *raro sufficiunt* are continued in a passage supplied by J. only, and in that MS. put out of its proper place, which completes Part iii. by speaking, as promised on p. 92, of the welfare of Christendom, of the conversion of the heathen, and the repression of obstinate enemies of the faith.

p. 97. Pars Quarta] The title is that of O., and agrees with that of P. In P. is added, habens distinctiones. In primo datur intentio istius partis. The opening sentences of the chapter, as stated in Preface to Supplement, are given in J. but not in V.

p. 121. Fig. 6] Given in P. and O., but not in J. or V.

p. 121. note (1)] add: the words in the following sentence, Et maxime—signentur circuli in, are omitted in V. The last sentence of the paragraph, sed tamen—geometrae, omitted in O.

p. 121. l. 37. et magis—explicabitur (p. 122, l. 8) V. and P. as in text; J. and O. have, Et propter hoc multum deficit visus a veritate visibilis quando videt per reflexionem et longe magis quam per fractionem.

p. 129. l. 6. Libro de proprietatibus] Bartholomaeus, viii. 28.

p. 137. Fig. 13] omitted in J.; given in V. P. and O.

p. 139. l. 21. capitulum vi.] In Royal 7 F. vii (spoken of here as P.) there is an interesting quotation from Albertus Magnus at the foot of the pages f. 10b and f. 11, in a handwriting very different from the rest of the manuscript, but evidently of the 14th century.

Considerandum hic secundum quod docet Albertus super 2. Meteororum tractatu 3° capitulo 5 quod causa quare mare currit ab aquilone in meridiem est coarctatio littorum ejus, et contractio plus quam sustineat aqua quae est in eis, et ideo partes se impellunt a loco altiori ad locum magis declivem sicut ab aquilone in meridiem. Et ideo communiter loquendo cursus est ex parte septentrionis in meridiem; quia pars septentrionalis altior est parte meridiei. Et hoc est quod tangit Seneca libro 3 naturalium quaestionum, capitulo 4: ut stet, inquit, aqua aut fluat, loci positio efficit. In devexo fluit: in plano continetur et stagnat. Sed in solo motu fluxus et refluxus oportet reddere aliam causam, ut patebit. Quod ergo mare fluit ab aquilone in meridiem causa est quia altius est in aquilone quam in meridie. Causa autem altitudinis est quia frigus aquilonis generet plus de aqua in aquilone quam possit capere litorum distantia secundum latitudinem, et in meridie plus consumitur de aqua a calore, quod non implet litorum latitudinem et profunditatem ; et ideo ab aquilone pars aquae impellit aliam partem aquae versus meridiem ad locum devexum sibi infra litora praeparatum, et sic per accidens movetur extra locum suum in quo generatur, quia cum sit humida fluit ad retinens eam siccum. Non retinet autem eam devexum, fluit ergo per totum devexum in meridiem, et non redundat quia consumitur ibi in multa parte calore solis. Causa autem continuitatis fluxus hujusmodi est quod continue regeneratur in aquilone, et continue consumitur in meridie.

Si quis autem objiciat quod distantia utriusque poli equalis est ab equinoctiali circulo, et cum distantia ab equinoctiali circa quem movetur sol equaliter utrimque declinando ab eo sit equalis frigoris, tantum frigus erit in polo meridionali quantum est in polo aquilonari, erit ergo equalis causa generationis aquarum in meridie et in aquilone ; responsio patet quia haec responsio [objectio ?] procedit ex ignorantia principiorum astronomiae. Cum enim sol movetur secundum astronomos in circulo eccentrico cujus centrum non est idem cum centro terrae, oportet quod si diameter circuli solis transit per utrumque centrum, scilicet suum et terrae, quod major pars diametri sit ad unam partem et minor pars ad aliam respectu centri terrae. Est autem compertum ratione geometrica quod major longitudo diametri est circa 18 gradum Geminorum in hoc tempore nostro. Minor ergo longitudo respectu centri terrae est in 18 gradu Sagittarii, quod signum opponitur Geminis. Ergo vicinior est sol terrae meridionali quando movetur in meridie quam sit aquilonari quando movetur in aquilone ; ergo plus comburet aquas et terras in parte meridionali quam faciat in aquilone.

p. 143. Cap. viii.] O. has here, Distinctio 5ta. From this point onwards, there are no numbers or titles of chapters in any of the MSS. though spaces indicating fresh chapters are left. The titles in the text are taken from Combach's ed. of the first division of Part iv., and perhaps were found in the "very old Oxford MSS." which he says that he consulted, but which have not been identified with any MS. now known to exist. In the case of chapters xii., xiv., and xvi. no indication of a chapter is given either in J. V. P. or O.

p. 144. note (1). J. in this note refers to Jebb's ed. The passage is contained in the MS. here called J. as well as in O. In the third line, quod actus a forma (O.) is wrong. It should be, quia actus, id est forma (J.). In the last sentence but one, J. has, after universalis, sed singularis erit, et una numero erit in omnibus, praecipue cum hoc dicat Averroes in undecimo Metaphysicae. Et sic per hujusmodi sophismata et auctoritates male translatas et pejus intellectas persuadere nituntur.

p. 148. l. 15. Sicut vero] Here all the MSS. except O. indicate that Cap. ix. should begin. O. om. sicut—opponit.

p. 148. l. 21. primo libro] Nat. Auscult. i. Cap. 2.

p. 156. l. 37. xxviii. should be xviii., cf. p. 154, l. 3. The reference to xxxii. is to 3rd corollary, as given in older editions of Euclid, Barrow's for instance.

p. 158. (Addition to footnote.) Jordanus' treatise *De triangulis*, printed by Maximilian Curtze for the Copernicus Society of Thorn in 1887, has four books ; the last of which only has as many as 28 propositions. In none of these will be found the statement referred to in the text. It will be found, however, in an appendix to this fourth book entitled *De similibus arcubus*, which contains several propositions as to chords in concentric circles. [Mitteilungen des Copernicus Vereins für Wissenschaft und Kunst zu Thorn 1887 (vi. Heft).] Bacon's reference to this treatise on p. 172 indicates that in the MS. used by him the propositions were not numbered in the same way as in the MS. used by Curtze.

p. 159. (Addition to footnote.) Cf. Averroes' Comm. f. 243 b, of Venice ed. 1495.

p. 160. l. 5. The Greek words here, and on p. 155, are in Roman letters in J., P., V., and O. All of them, moreover, write tetracedron, octocedron, duodecedron, icocedron. It has been suggested by Mr. H. B. Walters that the words were originally written in Greek letters, with the rough breathing above the ε of ἕδρον; the scribe transliterating the aspirate into c.

p. 165. l. 6. ergo alibi] On the margin of V. (f. 32, b) are the words in a contemporary hand. In his duabus verita[tibus] [adjic]iunt quae in tertia scriptura p[onuntur]. This I believe to be the earliest mention of the Opus Tertium. Cf. O. T., Cap. xli.

p. 169. De motu Librae] The reasoning in this chapter is very interesting from the point of view of the history of Physics. Fig. 20 in all the MSS. I have seen, and also in Combach's edition, is wrongly drawn, making the horizontal parallels equidistant.

p. 175. l. 1. Postquam] Though the second of the two subjects indicated on p. 98, l. 9, begins here, there is no title or rubric in any of the MSS.; merely the ordinary indication of a new chapter. The heading here given is my own.

p. 178. l. 20. Omerium] So in J. V. and P. The letter was to Memorius.

p. 179. l. 4. Non pauca] De Doct. Christ. ii. cap. 16 § 26.

p. 179. l. 10. The quotation from Cassiodorus on Music is a cento of two passages. See Migne vol. 70, col. 1209 and 1212. For the passages on Astronomy, see col. 1216 and 1218.

p. 180. l. 3. Augustinus] De Doct. Christ. lib. ii. cap. 29.

p. 184. l. 7. Prologo secundi Paralipomenon] This appears to be not Jerome's work, but that of a contemporary of Rabanus Maurus. See Jerome, Migne's ed., vol. iii. col. 1327–30, and vol. ix. col. 39.

p. 184. l. 23. Eusebius etiam Caesariensis] See Preface to Jerome: Liber de situ et nominibus locorum Hebraicorum. *Chorographiam* here is the right reading, though given by none of the MSS.

p. 184. l. 30. Origenes quidem] Origen, vol. ii. (ed. Migne) col. 938.

p. 190. On line 29, the following passage has been omitted from the text after Aprili: non fiet seminatio in Octobri illius anni sed expectabitur usque ad Octobrem anni octavi, qui annus incipiet ab Aprili; et tunc in principio anni noni ab Aprili (et seq.). The quotation from Jerome's epistola de solemnitatibus that follows is omitted by J. and V. but is given in P.

p. 191. l. 12. Josephus] Antiq. Jud. lib. i. cap. 3 § 3.

p. 194. l. 12. Josephus] Same reference as above. Cf. Bede De Temporum Ratione cap. xi.

p. 194. l. 25. magister in historiis] For this error of Peter Comestor, see Historia Scolast. (col. 1084 ed. Migne vol. 198).

p. 196. l. 32. opus algoristicum] See footnote on p. lvii. of Introduction.

p. 199. l. 6. magister in historiis] Pet. Com. col. 1085–6, ed. Migne.

p. 199. l. 12. Noe] Bede de Temporum Ratione cap. xi. col. 343 (Migne).

p. 199. l. 28. ex glossa Strabi] Walafridus Strabus, a monk of Fulda, pupil of Rabanus Maurus, said by some to be of English, more probably of German, nationality, original author of the Commentary known as *Glossa Ordinaria*, much augmented by the labours of succeeding commentators. For his note on this passage see vol. i. col. 110 (Migne).

p. 200. l. 26. magister dicit] Pet. Com. col. 1163.

p. 200. l. 34. Bede De Temporum Ratione cap. xi. (col. 342, ed. Migne); some words are omitted by Bacon in this quotation.

p. 201. l. 37. after facere cibaria, J. V. O. have as follows (om. in P.): in die Jovis pro die Veneris et die Sabbati, quod esset grave et tediosum et maxime in calida regione et in calido tempore sicut est terra Hebraeorum. Iterum si aliquis esset mortuus in die Jovis, non sepeliretur usque ad diem Dominicam, quod non esset tolerabile in terra illa. Si vero die Veneris inciperet annus, tunc decima dies esset dies Dominica, et tunc eadem inconvenientia nunc dicta sequeretur, quia non est vis sive decima dies praecedat Sabbatum sive sequatur. Quapropter oportet sciri bene tabulam et caetera ei annexa si quis vult habere legis intellectum.

p. 202. l. 3. propter rerum magnitudinem] Cf. the corresponding passage in O. T. cap. lvii.

p. 206. l. 7. si revolvamus] Petr. Comest. col. 1616 (Migne). The latter part of the quotation somewhat modified.

p. 208. l. 17. Quatenus] J. and V. omit this passage, and all that follows (including the table) as far as p. 210. l. 16. It is given by P. O. T. and L. Note the fact mentioned on p. 209, that the tables were constructed for the meridian of Novara; probably by Campano. Cf. vol. ii. p. 365 (note).

p. 211. ll. 9 and 14. Cf. Pet. Comest. col. 1171-2 (ed. Migne); where however nothing is said against the sphericity of these ornaments. The word printed pomeas in the text, and pumeas in O., should be *pumeus* as in J. and P. It is the plural of the old French word *pomel* or *pumel*. See quotations given in Fr. Godefroy's Dictionnaire de l'Ancienne Langue Française.

p. 212. l. 15. All the MSS. (J. V. P. O.) have *reperiri* after *vitiorum*. This seems to require *potest* or some such word.

p. 212. l. 28. Quare] is an emendation of quod, which is the reading of the MSS.

p. 213. l. 8. Finem] emendation of finis, which is the reading of the MSS.

p. 214. l. 10. tripliciter] *i.e.* (1) by incident rays; (2) by reflected rays; (3) by the action of the cloud as a lens, resulting in convergence of rays to a focus.

p. 214. l. 28. J. P. O. have medium interstitium aeris. V. om. medium.

p. 215. l. 10. nullos] It is difficult to see what is meant by nullos here as opposed to rectos. Bacon refers apparently to the absence of any angle (privatio anguli) between the incident and the reflected ray.

p. 221. ll. 29, 30. ccc currus] Pet. Comest. (col. 1157, Migne) says tulitque trecentos currus proprios et trecentos ab Aegyptiis.

p. 222. l. 4. de antiqua translatione] Pet. Comest. (Migne, col. 1190) says, Alia translatio habet viginti tria millia.

p. 223. l. 7. libro de Trinitate] Richard of Saint Victor, of Scotch or Irish nationality, was prior of the abbey of Saint Victor 1162–1173. His treatise is in Migne's collection. In lib. iii. cap. 14 he shows that there must be two persons for perfect happiness : three for perfect love. Mere duplication of the single person is not enough. Summus ille benignitatis gradus in divinitate locum non haberet si in illa personarum pluralitate tertia persona deesset ; et certe in sola geminatione personae non esset cui posset quivis duorum praecipuas jucunditatis suae delicias communicare. The discussion of the three proportions spoken of in the text will be found lib. v. cap. 14.

p. 224. l. 21. Averroes consentit] See f. 225b of ed. of 1495 (Venice). He represents the degree as 60 miles.

p. 231. l. 29. et hoc instrumentum] With these words the MS. J. stops short ; continuing with Musicalia, on last line of p. 236.

p. 234. l. 8. tota superficies solis] This calculation of the circumference and of the surface of the sun is in hopeless disaccordance with the data given. Assuming the sun's diameter to be 35941, this sum has been multiplied by three with addition not *septimae partis*, but *tertiae partis*, to get 119803 as the circumference. [The MSS. V. P. O. T. all have tertiae, an error which is not committed in the other analogous calculations.] Next, the multiplication of the figures representing diameter and circumference yields no such result as is given in the text, but one seventy times less. The calculations on pp. 226, 227 will be found to be accurate, assuming the data from which Bacon starts.

p. 240. l. 13. in libris magicis] Here J. has a remarkable variant : in libro magico cujus titulus insanus est, scilicet, Theoria artis magicae, quam plures mutaverunt in librum de Radiis, quia auctor illius libri multa praeclara praemittit de radiorum multiplicatione quae physica sunt, ut magis alliciat animos legentium ad venenum falsitatis quod principaliter intendit. *Alliciat* refers to *libro magico.* The book had assumed the title of an innocent work of Bacon on a scientific subject (*Multiplicatio specierum*, otherwise *Tractatus de Radiis*) in order to conceal its pernicious tendency. Cf. vol. ii. pp. 407–8 (note) and O. T. p. 227.

p. 241. l. 7. damnant] With this word the MS. J. terminates.

p. 269. note 2. l. 3. For Cottonian MS. Jul. should be read Cottonian MS. Tib. It should be added that this discussion of the Calendar is not contained in the portion of Tib. C. v. which contains Part IV. of Opus Majus, but in the MS. of Opus Tertium bound up in the same volume. Cf. Cott. Tib. C. v. ff. 40b–43b. The Lambeth MS. of part IV. also omits the section on the Calendar. It is contained however in V. and in P.

p. 274. l. 21–25. Et quoniam—Aprilis] This passage is omitted in V. and P. The authority for it therefore is Op. Tert. as indicated in the above note.

p. 276. l. 1, 2. quia—horae] Omitted in V. and P.

p. 278. l. 28. dies 6940] Both V. and P. have here the same error, 69340. There is a similar agreement in error on l. 36 ; XL. for quatuor. It may be said generally that in this section on the Calendar, V. and P. are in very close agreement.

p. 281. l. 22–30. Et sicut—veritatem] Omitted in V. and P. It will be found in Tib. f. 42, b.

p. 284. l. 16. lapide selenite] Bede, De Temp. Rat. col. 482.

p. 288. l. 10. caeli] O. has caelestis, et coni isti sunt diversi in natura et pyramides similiter, quia diversas habent bases propter diversitates horizontium, ut superius visum est.

p. 291. l. 9. Indiam] V. adds, Et ideo illud principium Indiae non potest multum distare a fine Hispaniae sub terra. Propter quod sequitur quod tam parvum (et seq.).

p. 291. l. 24. octavo Naturalium] Plin. viii. 16.

p. 294. l. 16. duo genera Aethiopum] Cf. Ptol. Cosmog. i. 8. In Ptolemy's fourth map of Africa, Aethiopia sub Aegypto is distinguished from Aethiopia Interior. Fig. 23 omitted in V.

p. 305. l. 37. ex Plinio] ii. 73 and v. 9. Lucan Pharsal. ii. 587 umbras nusquam flectente Syene.

p. 312. l. 31. Troglodytae gens.] Etymolog. ix. 2 § 129.

p. 314. l. 14. ut dicit Plinius] Plin., v. 6, has clxx., which is the reading of V.

p. 314. l. 23. Cadmus] Etymolog. xv. 1 § 35.

p. 315. l. 5. libro Locorum] Lib. de situ et nominibus. Jerom. iii. col. 916 (Migne).

p. 316. l. 3. ut dicit Sallustius] Bell. Jugurth. xxi.

p. 317. l. 20. Sallustio referente] Bell. Jugurth. lxxx.

p. 318. l. 33. Cyrenaicae regionis] Plin. v. 5 and 8.

p. 319. l. 5. affirmat Orosius] Lib. i. 2.

p. 319. l. 16. Nilum oriri] Plin. v. 9.

p. 320. l. 20. loca convenientiora] Sen. Natur. Quaest. iv. 2.

p. 325. l. 9. Arabiae] Plin. vi. 28.

p. 329. l. 1. Aroer] Jerom. Lib. de situ, vol. iii. col. 864 and 868 (Migne).

p. 330. l. 34. Saba regio] Plin. vi. 28.

p. 332. l. 7. Hebraicis quaestionibus] Jerom. vol. iii. col. 955 (Migne).

p. 334. l. 1. secundum Plinium] Plin. vi. 27.

p. 335. l. 16. Gaza] Lib. de situ, col. 899 (Migne).

p. 336. l. 6. Gerara] Lib. de situ, col. 898.

p. 336. l. 36. Ziph] Lib. de situ, col. 887 and 928.

p. 337. l. 16. Orosius] Lib. i. 5.

p. 337. l. 29. Zoara] Lib. Hebr. Quaest. in Gen. col. 959 (Migne).

p. 340. l. 28. Bethsan] Lib. de situ, col. 883.

p. 341. l. 7. de quo] In O. the words, habetur Judith primo, are supplied in the margin. V. P. T. L. C. omit. After occisus, l. 8, a blank space is left in some MSS., but there is no hiatus.

p. 342. l. 23. in glossa magna] See Strabus vol. ii. col. 204 (Migne).

p. 343. l. 22. civitas Philadelphia] Lib. de situ, col. 917.

p. 343. l. 31. Antilibanus] Lib. de situ, col. 868.

p. 344. l. 18. Epiphania] Lib. de situ, col. 870.

p. 345. l. 15. Plinius dicit] Plin. v. 19, 20.

p. 345. l. 27. Damascus est] Lib. de situ, col. 890.

p. 347. l. 16. Bosra] Lib. de situ, col. 880.

p. 348. l. 1. glossa super Matthaeum] Strab. vol. ii. col. 86 (Migne).

p. 348. l. 11. non ad aliam] Ib. col. 202.

p. 349. l. 19. octavo libro] Comm. in Isaiam lib. viii. cap. 27 § 2.

p. 351. l. 7. Orosius] Lib. i. cap. 2.

p. 353. l. 7. epistola Hieronymi] Ep. 53 (ad Paulinum).

p. 353. l. 12. ad Palladium] This is probably apocryphal. See Migne vol. xvii. col. 1131–1146. The passage in the text to the end of the paragraph is accurately quoted from Ambrose. V. prolongs the quotation for several lines.

p. 362. l. 25. secundo libro] Jerom. Ep. cvii. (ad Laetam). It may be noted, as illustrating the floating orthography of MSS., that V. spells Ararat in four ways in three consecutive sentences.

p. 374. l. 12. sensum dictionum] V. adds, et omnes istae regiones Tartarorum et aquilonares ab Alamannia usque in oriens dicuntur Scythia apud antiquos, a quo Scythae.

p. 376. l. 20. scripturam] Here in P. (f. 62 d.) is written in a later handwriting, Hic sequi debet tractatus qui incipit, Post locorum descriptionem. This treatise is contained in P. (f. 68 a) after interpolation of a treatise of seven folios on vision and mirrors. The text however in P. is extremely corrupt, and in what follows dependence has to be placed mainly on O. The treatise is given in no other MS. of the fourth part of Opus Majus that has come to my knowledge.

p. 380. l. 1. libro Vegetabilium] See add. note on p. 67. l. 23.

p. 395. l. 11. nam ubi intentio] Cf. Opus Tertium cap. 26. Hic aer sic figuratus voce et habens fortem speciem animae rationalis potest alterari per hanc virtutem et alterare res in eo contentas in varios effectus et passiones varias. Similiter corpus fortiorem speciem facit ex his cogitationibus et desideriis animae et intentione et confidentia (et seq.). On line 22, there is a reference to Part iii. This is to the last three pages of the revised text (previously unpublished).

p. 402. l. 30. cogitationibus] With this word P. stops. The remainder is from O. only.

VOLUME II.

p. 1. The exordium to the fifth section of the Opus Majus varies in different MSS. In Reg. after the rubric (which having been at first erased was replaced by a marginal annotation) we have Hic aliqua dicenda sunt de perspectiva. Auctores quidem multi tractant de hac scientia. Sed quidam nimis parum (et seq. as in Combach's version). The Sloane MS. (2156) begins, Hic incipit tractatus perspectivae habens tres partes; Prima est (et seq. as in the rubric of Reg.). Then Hic aliqua (et seq. as in Reg.). The MS. of the Perspectiva in St. Mark's Library, Venice, begins with Cupiens te et alios etc., as in Combach's ed. None of these MSS. have the reference to previous parts of the O. M. with which the printed text begins; (Propositis radicibus, et seq.). This is given by O., and also by the Vatican MS. of Perspectiva (Palatine 828, the date of which is fixed by a colophon at 1349).

p. 5. In O. the rubric is: Capitulum tertium in quo determinat de 29 sensibilibus; and cap. 3 begins thus: Similiter in prima parte ultimae cellulae est una virtus quae judicat de quibusdam sensibilibus; nam sciendum est (et seq.).

p. 6. l. 29. inelementalis] Here O. reads in elementatis, Reg. in elementis. Combach reads as in the text, which is explained in Arist. De Gener. II. 2 § 6-8. In l. 33. Reg. has terminares. But terminabilis (Comb. and O.) is the right reading.

p. 7. Cap. iv.] The rubric in the text is Combach's. O. has, Capitulum 4^{m}, in quo assignantur cetere virtutes 3, scilicet estimacio, memoria, cogitacio. Reg. has Capitulum de investigatione estimative.

p. 9. Capitulum v.] This chapter in O. begins at the next sentence. Quoniam autem etc.; the rubric being, Capitulum quintum in quo solvuntur 3 dubitaciones. Rubric of Reg. as in text.

p. 11. l. 32. species] Reg. and O. have spiritus. H., species. Spiritus is the right reading.

p. 12. Distinctio secunda] O. has Distinccio 2$_a$ de composicione oculi et figuracione habens 6 capitula. Capitulum primum de neruis opticis. O., however, has only three chapters, like Reg.

p. 16. l. 11. sclerotica] The reading in Reg. is schyros, in H. schiros, in O. sclyros.

p. 17. title. araneae] Aranea in Reg., H. and O.

p. 17. l. 2. anteriori] Reg. and H. have inferiori; O., interiori.

p. 20. Cap. ii. l. 2. sphaera minor] O. has sphaera minor, id est uveae, a majore scilicet corneae. Reg. as in the text.

p. 21. Cap. iii. ll. 7–10. Reg., H. and O., have manifesti for manifesta, or manifestae, throughout this passage. In line 7, in anteriori is to be omitted. In line 10, *manifesta et oculi* should be *et manifesti oculi* (the visible part of the eye).

p. 23. l. 4–6. certitudine] Reg. omits the words unam rem . . . visibilis. O. and Comb. add the words, licet non in fine certitudinis.

p. 23. l. 16. Hanc-autem] All from here to the end of the chapter is omitted in O. O. however gives Fig. 25; but not the alternative figure. H. also omits this; but Reg. does not. It is quite unintelligible.

p. 26. capitulum primum] To this title O. adds, De utilitate parcium oculi.

p. 29. l. 4. O. reads, after cerebrum, et est concavus quatenus, which makes the meaning clearer. Reg. and H. as in the text.

p. 30. l. 28. Primum capitulum] O. has, Capitulum primum quod species rei requiritur ut veniat ad visum.

p. 33. l. 19–20. The last six words of the chapter are superfluous and are omitted by Reg., O. and H.

p. 36. l. 1. aut male per] O. here cumbers the sense by incorporating two glosses which are omitted in Reg. and H.

p. 38. l. 19. In H. adeo is substituted for duo in a later writing.

p. 44. l. 1. distinguenti, (H), seems better than diligenti (Reg. and O.).

p. 45. l. 24. ponitur] Reg., O. and H. have ponit in numerum. Ponitur seems called for.

p. 50. l. 4. visuales] This is the first word of the fourteenth century fragment (ff. 125–148) of O., spoken of in vol. 1. p. xiv. and in preface to this vol.

p. 50. l. 13. note (1). vi. § 21, is probably the passage in Bacon's mind. "Ut igitur nos ad capienda spatia locorum diffusio radiorum juvat qui e brevibus pupulis in aperta emicant et adeo sunt nostri corporis, ut quanquam in procul positis rebus quas videmus a nostra anima vegetentur."

p. 51. l. 16. Quondam porticus] The poem referred to is the fourth *Metrum* in the 5th book. Bacon's confusion of the two Zenos is not however shown by this passage; though it may be inferred from the 3rd line of the following page.

p. 52. l. 9. visus—passivus] O. and Comb. have virtus activa et passiva. Reg. as in the text.

p. 56. Cap. ii. l. 19. quod sit] O. has multiplicatio soni as a marginal gloss between quod and sit.

p. 58. l. 10. per lineam *a b*] The diagram in Reg. and O. illustrating this has been omitted in the text and is given here.

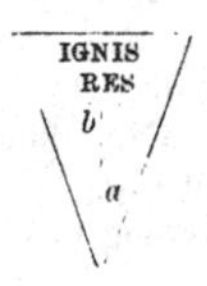

p. 59. In fig. 33 Reg. has at the larger internal angle the words *oculi in suppremo terrae*; at the smaller internal angle, *oculus in centro*.

p. 60. In Reg. the words *scilicet o h d* (l. 2.) are put out of their place into l. 1. In O. the larger circle is labelled spera celi; the left hand small circle, spera glacialis, the right hand small circle spera uveae; points *h* and *t* are marked centrum glacialis and centrum uveae: *d* and *o* are not joined.

p. 62. Cap. i. l. 23. et raritatis] Reg.; O. om.

p. 63. l. 19. caerulei] Reg. and O. azurini.

p. 65. l. 33. debitam] O. and Reg. have perfectam.

p. 67. l. 9. hoc non esset] hoc and esset omitted by Reg. and O., also ei in l. 11. Text as in Combach. In l. 25. O. and Reg. have visionem for visum.

p. 69. l. 15. Socrates] Cf. Nat. Auscult. lib. viii. cap. 8 § 6.

p. 70. l. 4. in fine] Cf. Nat. Auscult. lib. viii. cap. 10 §§ 1–3. Ultimi, err. for vult.

p. 70. l. 17. quarto Physicorum] Nat. Auscult. lib. iv. cap. 11.

p. 72. l. 35. cui accidit should be coaccidit (O.) Reg. quo accidit.

p. 77. l. 5. alia] The reading *alia* is supported by Reg. A. and O. But I cannot doubt that it is wrong.

p. 77. l. 29. medium sensibilium] Cf. De Anima lib. ii. cap. xi. § 11 where sensation is spoken of as a medium between opposite qualities in the objects of sense

p. 80. ll. 10, 11. sed si—stellarum] These words are omitted in O. and are superfluous and misleading. The passage should continue the foregoing paragraph; cujuslibet illarum prius visarum, sed cognoscunt (et seq.). Reg. and A. omit Sed si—secundum Alhazen.

p. 80. l. 26. sed modos—proveniunt] omitted in Reg. and A.

p. 83. title] Hic incipit, et seq. given in A. Reg. O.

p. 83. Cap. i. l. 3. rectum est index] De Anima i. cap. 5 § 16.

p. 84. note 2] Jebb's and Combach's reading of cohabitationem is justified by Reg. and O. But the reading in the text is preferable.

p. 87. ll. 34, 35. inhabilis—illis] omitted in Reg. A. ends the sentence with inhabilis.

p. 91. l. 28. quod—expertus] omitted in Reg., A., O.

p. 95. l. 36. videbitur unum] Here Reg. repeats fig. 41, changing the letters *k*, *o*, and *h*, into *c*, *d*, *e*. In O., the lettering of figs. 40 and 41 is confused and inaccurate.

p. 97. l. 31. non solum] A. and Reg. have Non solum quidem fit diversa positio respectu axium, (et seq.).

p. 99. l. 15. septem capitula] Reg. and O. have, rightly, novem. A chapter should begin p. 123. l. 32 ; this would complete the required number.

p. 101. ll. 13, 16. Sciendum—requiratur] omitted in Reg.

p. 103. l. 21. Prima causa est] omitted in Reg., A., and O.

p. 103. l. 26. compressione] Reg., O., comprehensione. A., compressione.

p. 104. Cap. ii. l. 1. sunt per distinctionem] O. has cognoscibilia, in margin, before sunt. Some such word seems wanted.

p. 107. l. 8. subjectum] Reg. A. O. have lima ; *i.e.* dryness brings out the full effect of heat.

p. 108. ll. 13, 14. quia—figurae] om. in O. Reg. A.

p. 119. l. 29. O. and Reg. have quintam decimam for xix.

p. 121. l. 16. 29,240] O. Reg. have 29,250 ; cf. vol. i. p. 235.

p. 123. l. 32. si objiciatur] This is marked in Reg. as well as in O., as the beginning of a new chapter.

p. 126. l. 34. El jam in fine] marked as a new chapter in O., not in Reg.

p. 130. The heading to Part iii., given in the text, is that of Combach. Reg. has merely Tertia pars perspectivae principalis in the margin. O. and A. omit heading.

p. 132. l. 4. facit] We should expect faciunt as on the last line but one of the foregoing page. But facit is the reading of Reg., O., and Comb.

p. 133. ll. 18–20. vel quod—stellae] omitted in Reg.

p. 135. ll. 22, 23. veruntamen—speculo] omitted in Reg.

p. 136. ll. 17–19. ut ergo—quam a plano] omitted in Reg.

p. 137. l. 23. capitulum iv.] In Reg. cap. iv. begins p. 138. l. 8.

p. 139. l. 8. nulla enim] forma is to be understood ; O. supplies it.

p. 144. l. 33. capitulum vi.] chapter not indicated in Reg. or in A.

p. 146. l. 4. Distinctio secunda] O. omits title. Reg. has Distinctio secunda tertiae perspectivae capitulum i.

p. 150. fig. 61-68] om. in A. and O.

p. 157. l. 14. ad sensum] The reading in the text is Combach's ; in O., A., and Reg. the previous sentence ends with imaginis, and Ad secundum begins a new sentence.

p. 163. ll. 7, 8. quam—deprehendet] O. and Reg. have qua—dependet.

p. 168. l. 3. In Vat. 4091 (here called X., see preface to this vol.) this is given rather more fully. Et oportet nos experiri ; et hoc placet etiam ubi argumentum existimatur esse fortissimum. Nam in mathematicis est demonstratio fortissima, et maxime in geometria quae est fundamentum omnium mathematicalium ; et prima inter omnes est fortior quia per illam ceterae sumunt vigorem, quoniam ejus conclusio est principium probandi cetera. Si igitur fiat haec demonstratio sine experientia, Omnes lineae ductae a centro ad circumferentiam sunt equales, sed utrumque latus trianguli constituti super lineam datam egreditur a centro ad circumferentiam sicut illa linea, ergo utrumque latus est equale lineae ; sed quae uni et eidem sunt equalia sibi invicem sunt equalia : quapropter utrumque latus non solum est equale lineae datae sed ad invicem sunt equalia, et ideo triangulus erit equilaterus: quicumque vero hanc demonstrationem potissimam habet sine experientia (et seq.).

p. 168. l. 21. sine demonstratione] X. has sine dubitatione, which is doubtless right.

p. 168. l. 22. et hoc patet] X. has, Et si argumentum non sufficit ad certificationem veritatis, longe minus auctoritas sufficit, quoniam debilior est ratione; et argumentatio habet virtutem cum per rationem recipiat stabile fundamentum. Haec igitur scientia vult docere quod non est confidendum argumento aut auctoritati nisi aliqua experientia fortis vel levis habeatur, et hoc patet (et seq.).

p. 168. l. 24. quae sunt omnino] quae sunt non solum dubia sed omnino (X.).

p. 168. l. 29. elaboratum est ad hoc] X. continues, et plures sapientes et experti tentaverunt hoc, et non invenerunt, quapropter vulgus falsum aut dubium asserit in hoc casu.

p. 168. l. 30. vidi oculis meis] X. has, probavi per experientiam ante oculos meos.

p. 168. l. 31. hujus lapides] X. adds, et hoc sciunt rustici qui dediti sunt experimentis gemmarum.

p. 169. l. 1. sua testimonia] X. has, suos testiculos loco naturali, quapropter castorea non sunt testiculi, sed humorum specialis congregatio quam natura propter utilitates magnas sagaciter operatur, et hoc scitur ab eis qui viderunt et experti sunt; et ideo quod (et seq.).

p. 169. l. 4. abscindit castorea] X. adds, et haec si essent extra corpus, nunquam brutum animal sciret quid libertas arbitrii humani cogitaret.

p. 169. l. 7. inimici sibi obviantes] X. adds, et quod aqua calida sit rarior propter quod fortius penetrat frigus, et ita pro falsissimo sententiant et credunt optimas causas assignare; sed certum est (et seq.).

p. 169. l. 8. experienti] sicut quilibet potest probare per experientiam (X.).

p. 169. l. 14. congelabitur frigida] X. inserts, Similiter famosi naturales et perspectivi credunt quod speculo posito in aqua contra radios solis fit apparitio stellae cum sole ut stellae fixae, vel veneris solem concomitantis, quae non multum a solis vicinia elongatur. Quia negligunt candelam experiri decipiuntur, ut prius expositum est; et ad radios lunae similiter apparent duo idola, unum majus et reliquum minus; cujus velocitatem nulla stella potest concomitari. Quia igitur in his et infinitis credimus sermonibus vulgaribus et fantasticis argumentis non possumus esse sapientes; et quod mirum est, in textu Aristotelis et suorum expositorum multa reperiuntur falsa, quae tamen forte debentur malis translationibus, propter defectum experientiae in scientiis et in rebus. Per has igitur vias docet haec scientia experientialis speculativa quod non est in argumentis aut auctoribus sine experientia confidendum. Oportet igitur certificari omnia per veritatem experientiae.

p. 169. l. 20. sicut] similiter, X.

p. 169. l. 21. hominum] hominum fidelium, X.

p. 170. l. 2. ut dicit] X. adds, Et qui habet utramque perfectus est in sapientia, ut ipse et Hali commentator ejus declarant.

p. 170. l. 6. dicit] pulcre sententiat, X.

p. 170. l. 11. diffitentes] diffinientes, X.

p. 170. l. 14. propter quod ait] X. has, et sic patet per vitam philosophorum et sententias eorum, ut in moralibus uberius exponetur; propter quod Scriptura dicit quod in malivolam animam non introibit sapientia, nec in corpore subdito peccatis. Nam (et seq.).

p. 170. l. 21. veritatem] virtutem, X.

p. 171. l. 30. scientiis humanis] X. adds, Et quilibet deberet ad has experientias anhelare, non solum per vitam spiritualem, sed per certificationem sapientiae non solum divinae sed humanae. Experientia igitur necessaria est nobis, et non sufficit argumentum. Et ideo (et seq.).

p. 172. Cap. ii. l. 1. Et quia] Before this X. has, Nobiliorem autem scientiarum et utiliorem post moralem dico esse scientiam experimentalem.

p. 172. l. 3. ostendantur] X. adds, Quam brevissime igitur possim transcurram ejus radices altissimas inter scientias, et ostendam quomodo utilior est theologiae quam aliqua aliarum de speculativis scientiis. Haec igitur sola novit proferre certe quid possit fieri per naturam, quid per artes hominum, quid per operationes spirituum veras, quid per fraudes malorum; quid volunt (et seq.).

p. 172. l. 16. ex principiis inventis] ex principiis inventis ad illas conclusiones, X.

p. 173. l. 7. sine mathematica] X. adds, ut prius ostensum est; et aliquae scientiae aliae habent experientias particulares incompletas, ut medicina et alkimia et hujusmodi. Sed si (et seq.).

p. 173. l. 10. auctoritate] autonomatice, X. and O.

p. 173. l. 13. apparet] apparent, X.

p. 173. l. 18. in hac parte] X. adds, Sed sermones eorum inutiles [sunt] et per argumenta sine experientiis conclusionum sufficientibus, et ideo nullam certitudinem generant in cordibus auditorum. Et non solum dubia inveniuntur apud doctos sed falsa. Nam in translatione libri Meteororum pervulgata dicitur quod a radiis lunae non fit iris nisi bis in quinquaginta annis. Et maximus naturalis et perspectivus quem vidi voluit et hoc verum salvare et ejus causam reddere, dum ejus auditor a juventute fuerit constitutus. Sed ipse argumentis seductus [fuit] et translatione falsa, quoniam experientia docet quod in omni plenilunio si luna lucet sine impedimento nubium et vaporum, et materia rorida sit generata in oppositione lunae, generabitur iris necessario. Sic est de halo et linea perpendiculari quam fingunt esse tertiam impressionem coloratam. Sed licet textus Aristotelis pronuntiet hanc perpendicularem tanquam distinctam impressionem, et Seneca similiter in hoc de his impressionibus hoc idem asserat, tamen experimentator scit quod id quod vocatur perpendicularis ab Aristotele, et virga a Seneca, non est impressio nova et distincta ab halo, sicut postea exponit experimentator, quia suspendit auctoritates et argumenta per instrumenta. Et cum omnes nudi naturales, et parum exercitati in experientiis, dicant hos colores iridis et halo fieri penes diversitatem nubis in spissitudine et raritate secundum est quod mala translatio Aristotelis innuit, sed nec Aristoteles (et seq.).

p. 174. l. 9. a rotis molendini] X. adds, solis radii penetrantes rores sparsos faciunt colores apparere. Similiter cum aquae descendunt cum impetu a loco alto, ut a rupe et fiat roratio in aere, apparebunt colores.

p. 174. l. 18. et similiter] X. has, atque quod majus est si facie revelata aspiciat contra solem in radiis sub umbra ciliorum, et iterum si apponat vas vitreum plenum aquae, ut urinale vel aliud, in radio solis apparebunt colores iridis ; et si claudat omnes fenestras domus et ostia praeter aliquam parvam fenestram per quam radius intrat solis, et convertat dorsum ejus ad solem sedens sub radio solis ita quod linea veniens a centro solis transeat per oculum aspicientis sedentis sub radio, et recipiat aquam in ore et fortiter spargat ita quod guttulae fiant subtiles infinitae et tenues, videbit colores iridis ; aut si alius stet a latere et fortiter spargat aquam et in abundantia videbit colores. Et si per lampadem (et seq.).

p. 174. Cap. iii. l. 9. et experimur] X. has, ut saepius experimur ; et in aspersionibus inveniuntur fracti circuli et portiones circulorum, sed quod fortius et plenius et aliquantulum remotius fiat apparitio.

p. 175. l. 9. horizonta] O. has horizontem.

p. 175. l. 32. in maxima altitudine] X. adds, super orizonta, et incipit postea declinare et descendere ad occasum donec cadat sub orizonte. Et hic circulus (et seq.).

p. 176. l. 2. in sphaera] X. has, in sphaera mundi. Et quarta istius circuli altitudinis continetur ab intersectione ejus cum horizonte usque ad zenith capitis, et alia quarta a zenith usque ad intersectionem ejus secundam cum horizonte. Et [si] omnes triangulos [*sic*, for circulos] dividamus in trecenta sexaginta partes sive gradus, quarta continebit xc gradus. Altitudo igitur (et seq.).

p. 176. l. 27. sint inaequales] X. inserts, et quaelibet inferior habet minorem circulum ; omnes tamen possunt intelligi in eadem superficie, et contineri infra circulum altitudinis stellae fixae, et ut quaelibet major contineat minorem, et ut sint concentrici per quorum diametros transit axis horizontis ; et licet (et seq.).

p. 177. l. 10. corporum illorum] X. adds, sed bene habet comparationem ad distantiam lunae, et maxime illorum quae in aere (et seq.).

p. 177. l. 29. ut dictum est] X. adds, nam quando sic est, sol est in maxima depressione, et quanto sol deprimitur tanto iris elevatur ; et ideo si materia (et seq.).

p. 178. l. 10. et ideo in fervore] X. has, et ideo tunc in meridie, et prope, non potest iris apparere in caelo quamvis nubes sit praeparata ; et sic est in septimo climate in quo vixit Aristoteles, et in quinto in quo fuit Seneca natura non est magna diversitas, et ideo in hoc conveniunt quod post equinoctium in fervore aestatis non accidit iris in meridie et prope meridiem, ut in septimam horam vel octavam, quousque sol descendat ad minorem altitudinem quam sit xlii gradus, et tunc potest apparere, et similiter in mane antequam sol veniat ad illam altitudinem.

p. 178. Cap. iv. l. 12. horizontem] O. has horizonta.

p. 180. l. 27. superius] X. saepius.

p. 182. l. 12. super horizontem] A passage is here omitted from O. : et dictum est quod iris apparere non potest quando Sol est 42 graduum super horizontem.

p. 183. l. 10. exeunte] existente, X.

p. 184. l. 20. exeunte] existente, X.

p. 185. l. 8. potest fieri iris] X. adds, habitantibus sub polo.

p. 185. l. 18. oppositum solis] Here the correspondence of X. with O. ceases ; with f. 58 b., X. passes to the subject of haloes ; and on 62 b. to extracts from Bacon's tractatus de potestate artis et naturae (Brewer, p. 523).

p. 253. l. 5. For nunc est, the reading of O., M. has, non est. But Bacon complains frequently of the undue diffusion of civil law. (Cf. O. T. ed. Brewer, p. 84.)

p. 254. l. 14. After de Anima, M. has, et in radicibus moralis philosophiae quod.

p. 254. l. 16. After majores, M. has, et propter hoc in septimo Metaphysicae vult Aristoteles quod bonum publicum est majus et melius quam privatum.

p. 261. l. 25. note (4). The reading of M. is imperfectly given; it is Militaris viri pars est gloriae tolerantia adversitatum; exempla gloriantur (et seq.).

p. 273. l. 25. transeunt . . . . et] The dots here, and in the numerous quotations from Seneca that follow, are not to be understood as indicating a hiatus in O. They simply mean that Bacon left words or sentences unquoted. Words introduced from Seneca to complete the sense have been placed in brackets. See note on p. 365; also add. note.

p. 287. l. 30. after libro secundo should follow: Et non solum se ipsos amittunt sed proximos; et non solum quos reputant inimicos de quibus planum est, sed amicos. Nam, ut Seneca dicit libro secundo, Irati mortem liberis imprecantur, amicissimis hostes vitandique carissimis. Dicit, Ira patri luctum, marito divortium attulit, magistratui odium. Et magnifica ponit exempla quomodo in amicos irruerunt.

p. 300. l. 1. After pugnat, O. has Ecce spectaculum dignum ad quod respiciat intentus operi suo Deus.

p. 365. ll. 5–9. This passage has needed much correction. O. and the Dublin copy of O. read volens for volentis, intendatur animus vigorum for intendat animi vigorem, and saltem for psalterium. In general O., while very full of mistakes in his readings of Seneca, appears to be accurate, and at any rate is usually intelligible, in his rendering of Bacon; the passage here referred to being a rare exception. With regard to the Seneca quotations, it has been objected that I should have done better to reproduce accurately the readings of the manuscript. They have been carefully recorded by Mr. Herbert, and may be found useful hereafter, in the event of a complete edition of Bacon's works being contemplated. But the errors in the Seneca quotations are so numerous that to embody them in the text would have made it in many places quite unintelligible. To determine how many are due to Bacon's copyist, how many to scribes of the fourteenth and fifteenth centuries, would hardly be possible. Bacon seems to have discovered these 'dialogues,' perhaps by Campano's help, during the progress of his work. If so, the copy would have been made hastily.

p. 377. l. 4. fratres de domo Teutonica] Cf. what is said on this subject in Part iii. (pp. 121-2 of revised text).

p. 407. l. 8. Primum igitur capitulum] Add. MS. 8786 contains on f. 20 b. col. 2 a preamble to this treatise, indicating its position as part of a larger philosophical treatise. The two extracts here subjoined show its purport.

Postquam habitum est de principiis rerum naturalium, quae sunt materia et forma et privatio potentiae activae et passivae, quae omnia sunt ordinata ad productionem rerum naturalium et sunt a parte principii materialis, nunc dicendum est de hiis quae consequuntur ordine naturali. Ad productionem vero rerum na(tura)lium de potentia materiae patientis primo incurrit influentia agentis in hanc materiam, ut de potentia talis materiae effectus naturales producantur. Et ideo oportet sciri actionem agentis et modum agentis in materiam antequam sciamus ipsam productionem sive generationem rei de potentia materiae per virtutem agentis. Virtus enim activa agentis transmutat materiam naturalem et assimilat eam sibi, ut per hanc assimilationem faciat effectus completos univocos vel equivocos. Univocus effectus est qui nomine et diffinitione concordat cum agente, ut homo generatus cum homine generante. Equivocus effectus est qui non communicat in nomine cum agente nec diffinitione ; ut lux generat calorem et calor putrefactionem, et sic de infinitis. Nisi igitur sciatur haec actio agentis in materiam naturalem quam vocamus influentiam agentis in materiam patientem nil poterimus scire de effectuum productione, et ideo immediate post praedicta oportet tractari hanc influentiam. Circa eam vero plene intelligendam et distincte oportet ordinari x capitula, quorum principia aliqua habebunt capitula aliqua subalternata eis propter veritatum multitudinem quae in uno particulari capitulo non possunt concludi ; quoniam primo oportet eam considerari in corporalibus agentibus et patientibus, secundo in spiritualibus ad invicem et respectu corporalium. In corporalibus vero oportet primo [Pars i. cap. 1] sciri quomodo vocetur haec influentia et quae sit. Secundo [Pars i. cap. 2] quae res possunt sic influere et agere. Tertio [Pars i. cap. 3, 4] de modo generali efficiendi hujusmodi influentiam in patiens ab agente. Quarto [Pars i. cap. 5] de natura et proprietate patientium et recipientium hujusmodi influentiam ab agentibus eis proportionalibus. Quinto [Pars i. cap. 6] a quibus agentibus in quibus patientibus potest haec influentia compleri in effectus similes agentibus scilicet nomine et diffinitione. Sexto [Pars ii.] de modo multiplicandi hujusmodi influentiam in corporibus ab agente et a loco suae generationis primo secundum modos linearum et angulorum et figurarum in quibus fiunt multiplicationes naturales. Septimum [Pars iii.] est de modis specialibus essendi hujusmodi influentiarum in rebus in quibus multiplicatae sunt. Octavum [Pars iv. et v.] est de actione et alteratione naturali in corporibus inficienda, cum plena investigatione totius fortitudinis et debilitatis et omnium graduum istius actionis, secundum omnem varietatem ejus penes lineas rectas fractas et reflexas, et penes angulos rectos et obliquos, et penes figuras sphaericas et pyramidales et alias in quibus actio naturae pulcris modis variatur. Nono [Pars vi.] de corruptione istarum influentiarum. Et capitulo x ut tangit spirituales substantias.

Bacon proceeds to explain that in the examination of these subjects our principal reliance must be placed on such writers as Ptolemy, Alhazen, Alkindi, Tideus, and others who have studied Optical Science ; but little aid can be obtained from Aristotle, Avicenna, and Averroes. He continues :

Sed haec 5 capitula prima paucas habent veritates nec principales circa hanc influentiam, sed introductorias tantum ad ea quae principaliter requirantur, ut patet ex serie tractatus. Scire enim debet philosophans in rebus naturalibus cognoscendis quod naturalis philosophus duo considerat in quibus stat pondus et potestas naturalis philosophiae, scilicet motum secundum formam et motum secundum locum circularem et rectum. Sed motus secundum formam comprehendit generationem, corruptionem, augmentum, diminutionem, et alterationem ; et non potest intelligi nec demonstrari sine multis, quorum unum est influentia agentium naturalium qui faciunt hos motus per suas influentias. Haec enim influentia non potest sciri causaliter nisi per auctores aspectuum cum adjutorio Euclidis, Theodosii, et Apollonii, et hujusmodi, ut pars praesens manifeste docebit ;

sicut nec motus secundum locum rectus sciri sine libris ponderum potest nec circularis sine astrologia, quia ille motus adducit universalia generantia, quae sunt stellae, ad singulas partes habitationis prout expedit mundo. Motus enim numorum et elementorum mixtionis in generatione rerum naturalium secundum gradus et proportiones varias, ut exigitur in rerum generatione mixtarum, sciri non potest sine potestate scientiarum quarum est omnia genera proportionum considerare et harum rationem dare. Et hujusmodi sunt libri Elementorum, et liber de proportionibus, et arithmetica non solum speculativa sed etiam practica, ex quibus Jacobus Alkindi suam scientiam utilem de gradibus extrahit. Similiter de generantibus ipsis universalibus, quae sunt caeli et stellae, non solum astrologia speculativa sed etiam practica necessariae sunt. De geometria non solum speculativa sed magis practica certum est quod effectus naturales satis egent, sicut accidit in fabricatione speculorum comburentium, et figuratione perspicuorum et multorum instrumentorum in quibus ostenduntur, et per quae fiunt miracula operationum naturae, ut explanabitur inferius. Et ideo volens scire generationem rerum universalem naturalium non potest proficere nisi per mathematicas practicas et speculativas et scientias aspectuum et ponderum ; sicut desiderans scire in particulari generationem harum rerum non potest scire aliquid dignum sine alkimia, et agricultura physica, et scientia experimentali, eo quod, ut patuit in prima parte hujus operis, et in prima specie qualitatis in qua scientiae distinguuntur, alkimistae determinant de omnibus rebus inanimatis in particulari ab elementis usque ad partes animalium et plantarum inclusive, et agricultura physica determinat in propria disciplina omnes varietates naturarum et proprietatum in plantis et animalibus ; secundum quod Aristoteles 50 voluminibus explicavit naturas et proprietates animalium, et in multis libris eas quae ad plantas pertinent explicaverunt ipse et alii philosophi, qui in libris naturalibus quorum est in universali de illis determinare non possunt nec debent coarctari, sicut nec ea quae de rebus inanimatis scienda sunt, et quae alkimistae explicant in particulari. Scientia autem particularis docet certificari omnes conclusiones naturalis philosophiae, quod non potest naturalis philosophia tradita in libris Aristotelis apud Latinos vulgatis nisi circa sua principia, quoniam per argumenta convenit (continet ?) conclusiones ex principiis sed non invenit eas per experientiam, et ideo certificare non potest sine hac scientia. Quapropter non est mirandum si circa certificationem agentium naturalium volo procedere per scientias aspectuum et alias practicas, quando naturaliter philosophans in libris naturalibus quibus vulgus utitur Latinorum nudus est sine aliis scientiis, nec potest multum nisi per viam narrationis et argumenta dialectica et per effectus et causas remotas procedere, et multum in universali per omnia. Jam enim patuit quod philosophia naturalis communiter et large sumpta habet novem scientias principales, quarum una et vilior est qua Latini utuntur in libris Aristotelis, Avicennae, Averrois et aliorum. Communia enim haec sunt et leviter explicata in libris eorum qui apud Latinos sunt ; quorum intentionem cum causarum assignatione conabor ut potero assignare. Primum igitur capitulum (et seq. as on vol. ii. p. 407).

Few passages throw a stronger light on Bacon's philosophical position than the foregoing. While anticipating the scientific renascence of the 16th century, he never lost his hold, as the second Bacon did, of the scientific inheritance handed down from the Greeks through the Arabians. Specially remarkable is the part assigned to *scientia particularis* as the foundation of sound philosophy. Without it the philosopher was *nudus*, unequipped. His work was a mere collection of deductions from a few abstract, remote, and undemonstrated principles.

p. 411. l. 18. consimilis agenti] After agenti, Reg. has (in margin, same hand,) et ideo species cum sit primus effectus agentis erit similis in natura (et seq.).

p. 416. l. 13. ut docebatur prius] O. has ut docebitur postea. Cf. Pars i. cap. vi.

p. 417. l. 7. Reg. om. etiam—voluntatem, and has si agat.

p. 418. l. 15. capitulum ii.] This is the second of the ten divisions of the treatise spoken of in the foregoing preamble. In Reg. this chapter is subdivided into six sub-chapters.

p. 418. Cap. ii. l. 12. nam rarefiunt—situ naturali] omitted in O.

p. 419. l. 8. quia—primo] omitted in O.

p. 420. l. 2. ergo cum—caloris] This sentence, and also the next but one, ergo—substantiae are omitted in Reg.

p. 425. l. 35. Metaphysicae] O. and Reg. have Meteororum (cf. Meteor. iv. cap. i. § 1-4).

p. 430. l. 16. accidens] Here Reg. inserts (in early fourteenth writing), Item non determinatur aliqua alia natura activa ab Aristotele nisi in substantia et qualitate; quare patet quod alia non faciunt speciem. Item nullam faciunt transmutationem naturalem in rebus. Sed non fit species nisi per hujusmodi alterationes: quare ista non faciunt species.

p. 431. capitulum iii.] This and the following chapter form the third of the ten divisions of the treatise. In Reg. cap. iii. is divided into two sub-chapters.

p. 433. ll. 16-17. sed non plena—similitudinem] omitted in O.; contained in Reg.

p. 435. l. 4. non evadet—effectum principalem] omitted in Reg.

p. 435. l. 37. omne generabile—sit corruptibilis] omitted in O.

p. 438. capitulum iv.] In Reg. this has six sub-chapters.

p. 445. capitulum v.] This is the fourth of the ten divisions. In Reg. it has three sub-chapters.

p. 446. ll. 1-3. et quod illa—in materia] omitted in O.

p. 449. capitulum vi.] the fifth of the ten divisions.

p. 450. ll. 17, 18. quando vero] ideo non, O.

p. 457. l. 9. capitulo decimo] This should be capitulis decem. This second part forms the sixth of the ten divisions of the treatise. The title in Reg. is: Pars secunda hujus tractatus. Primum capitulum habens quatuor conclusiones.

p. 459. l. 23. nisi per—naturae] omitted in Reg.

p. 460. l. 9. sed oportet] Cap. ii. should begin here, as in Reg.

p. 462. l. 34. quod vadit] O. and Reg. have quae vadit. But neither reading is intelligible. We should expect, incessum qui vadit. Fig. 73 and also Fig. 74 are omitted in O.

p. 496. ll. 31, 33. undevicesimam] Prop. 19 in our editions. O. and Reg. have 29.

p. 498. l. 18. decimam sextam] O. and Reg. have 25am, and also on p. 499. l. 29, 30, and on p. 500. l. 1.

p. 502. Pars tertia] This is the seventh of the ten divisions of the treatise. Reg. marks no division. O. has Incipit tertia pars hujus tractatus.

p. 504. l. 8. alias accidentaliter] om. in Reg.

p. 506. l. 34. minus] note 3 is in error. Reg. has mitius. In O. the word is scored through.

p. 512. ll. 7, 8. loquendo—loquimur] omitted in O.

p. 517. Pars quarta] indicated by both Reg. and O.

p. 521. Cap. ii. l. 11. ageret in infinitum] O. has, in infinitum crescit.

p. 526. ll. 11, 12. quare—in instanti] omitted in Reg.

p. 526. ll. 17, 18. et ita in tempore] omitted in Reg.

p. 527. l. 27. delationis] Sic. Reg. O. has dilatationis.

p. 529. ll. 16, 17. tempus—dictum est] om. in Reg.

p. 535. l. 11. ad quam terminantur] omitted in Reg.

p. 537. ll. 6, 7. in corpore subtili] *i.e.*, the object being in corpore subtili. Reg. has, versus perpendicularem *a. b.* But *o. c.*, drawn from the *locus fractionis* to the centre seems meant. O. omits fig. 104 ; and gives fig. 103 unintelligibly.

p. 544. Pars sexta] This is the ninth of the ten divisions spoken of in the preamble. The tenth appears to be wanting. This part in Reg. (ff. 44b.-46b.) is in a different and somewhat later hand. There is no heading ; but in the margin are the words (in contemp. writing), Tractatus de radiis, sive de speciebus. O. has, Incipit pars sexta hujus tractatus.

p. 548. ll. 28, 30. si dicatur—creator] omitted in O.

p. 549. Cap. iv. ll. 7, 8. compositio—et haec] omitted in O.

p. 549. ll. 5, 6. per actionem—corrumpatur] omitted in Reg.

p. 551. ll. 15, 16. potest dici—et aqua] omitted in O.

p. 551. l. 26. receperit] O. ends here with the colophon ; Explicit tractatus M. Rogeri bacon de multiplicatione specierum. What follows in Reg. is marked for omission by the note *vacat* in the margin. The tenth division of the treatise spoken of in the preamble is wanting.
